PHP/MySQL
avec Flash MX
2004

J.-M. DEFRANCE. – **PHP/MySQL avec Dreamweaver MX 2004.**
N°11414, 2004, 550 pages.

J.-M. DEFRANCE. – **PHP/MySQL avec Dreamweaver MX.**
N°11456, 2004, 534 pages.

M. CAPRARO et *al.* – **Flash MX 2004 Magic.**
N°11513, 2004, 164 pages.

J. ENGELS. – **PHP 5.**
Cours et exercices.
N°11407, 2005, 518 pages.

E. DASPECT et C. PIERRE de GEYER. – **PHP 5 avancé.**
N°11323, 2004, 724 pages.

S. MARIEL. – **Les Cahiers du Programmeur PHP 5.**
N°11234, 2004, 276 pages.

J.-M. CULOT. – **PHP 5.**
N°11487, 2003, 390 pages.

J.-P. LEBOEUF. – **Les Cahiers du Programmeur PHP/MySQL (1).**
Première application avec PHP4 et MySQL.
N°11069, 2002, 228 pages.

P. CHALÉAT et D. CHARNAY. – **Les Cahiers du Programmeur PHP/MySQL (2).**
Ateliers Web professionnels avec PHP/MySQL et JavaScript.
N°11089, 2002, 168 pages.

S. MARIEL. – **PostgreSQL.**
Services Web professionnels avec PostgreSQL et PHP/XML.
N°11166, 2002, 122 pages.

J.-M. AQUILINA. – **MySQL.**
N°25460, 2003, 384 pages.

J.-M. AQUUILINA. – **PHP 4.**
N°11202, 2003, 416 pages.

PHP/MySQL avec Flash MX 2004

Jean-Marie Defrance

EYROLLES

ÉDITIONS EYROLLES
61, bd Saint-Germain
75240 Paris CEDEX 05
www.editions-eyrolles.com

Table des matières

PARTIE III

Programmation structurée 215

CHAPITRE 8

Introduction à la programmation structurée 217

CHAPITRE 9

PHP et la programmation structurée 233

CHAPITRE 24

Mise au point des programmes Flash ActionScript 663

Avant-propos

Les technologies du Flash dynamique

Aujourd'hui, Flash s'est imposé dans l'univers d'Internet comme un standard pour la création et la publication de contenu multimédia en ligne. Désormais, plus de 98 % des navigateurs sont équipés du plug-in Flash, ce qui rend ses animations utilisables – sans téléchargement préalable – par tous les internautes, et devrait convaincre les derniers concepteurs encore réticents à utiliser Flash dans leurs créations.

Cependant, les exigences des réalisateurs d'animations Flash ne se limitent plus à la composition d'interfaces sonorisées et au graphisme élaboré. Leurs créations doivent maintenant permettre de mettre en œuvre des applications Web dynamiques à la fois puissantes et esthétiques. La solution qui répond pleinement à ces nouvelles attentes est le « Flash dynamique », car il permet de créer des applications associant la souplesse d'un client léger à la puissance des technologies serveur couplées avec une base de données.

En effet, avec les dernières avancées du langage ActionScript 2.0, Flash est désormais en mesure de prendre en charge des traitements algorithmiques complexes. Toutefois, même si l'ActionScript 2.0 est encore plus rapide et performant que les versions précédentes, la création d'une animation Flash dynamique nécessite toujours l'intervention d'un second langage de programmation côté serveur, afin d'assurer la liaison avec une base de données.

Dans le cadre de cet ouvrage, nous utiliserons le couple PHP-MySQL qui est désormais l'une des technologies serveur les plus utilisées dans les applications Web dynamiques. De plus, PHP dispose d'un nombre important de bibliothèques de fonctions qui viendront compléter les scripts de l'AS 2.0 tout en permettant d'équilibrer la charge entre le poste client et le serveur pour obtenir une application encore plus performante.

Enfin, nous pourrions difficilement présenter le Flash dynamique sans consacrer une partie au XML. En effet, grâce à ses nombreuses fonctions qui permettent de traiter nativement un fichier XML, Flash peut désormais échanger très facilement ses données avec tout type de technologie. De même, si la structure des informations d'un fichier XML lui permet de se substituer à l'usage d'une base de données, en Flash dynamique elle sera surtout exploitée pour acheminer les informations issues d'une base de données vers l'animation Flash, tout en conservant sa structure initiale.

Ainsi, l'usage conjoint de ces différentes technologies permet d'élaborer des applications Flash dynamiques à la fois dotées d'une interface client esthétique et sonore, mais aussi de ressources serveur puissantes, capables de sauvegarder des données complexes ou encore de gérer tout type d'informations en temps réel.

Objectifs de l'ouvrage

Le contenu de ce volume a été pensé de façon à répondre aux attentes des concepteurs Web désirant créer des applications Flash dynamiques à l'aide des technologies ActionScript 2.0, PHP, MySQL et XML. Aucun prérequis en programmation ni en base de données n'est nécessaire, mais une expérience dans la création d'animations Flash est souhaitable.

L'ouvrage est divisé en plusieurs parties abordant progressivement les différentes techniques de programmation depuis la syntaxe d'un langage jusqu'à la programmation objet.

Dans chacune de ces parties, un chapitre d'introduction vous permettra de découvrir les concepts de base. Il est suivi de deux autres chapitres traitant de la mise en œuvre de ces techniques en Action-Script et en PHP. L'étude parallèle des deux langages facilitera ainsi le transfert de connaissances ou d'expériences préalables d'une technologie à l'autre.

Deux autres parties sont consacrées aux bases de données et aux structures XML afin de mettre rapidement en pratique l'utilisation conjointe de ces différentes technologies pour réaliser des applications Flash dynamiques.

Nous vous présenterons aussi les différents types d'interfaçages possibles entre une application cliente Flash et des ressources serveur TXT, PHP, MySQL ou XML. Ces interfaçages pourront être ensuite très facilement adaptés à vos futurs projets, vous permettant ainsi d'améliorer la productivité de vos créations.

Études de cas

Afin d'illustrer le fonctionnement des différentes techniques présentées, chaque partie se termine par diverses études de cas pratiques :

- un annuaire (Flash + TXT) (chapitre 11) ;
- un répertoire (Flash + PHP) (chapitre 11) ;
- un compteur de visite Flash (Flash + PHP + TXT) (chapitre 11) ;
- un back-office d'administration d'une base de données (PHP + MySQL) (chapitre 18) ;
- un contrôle d'accès dynamique (Flash + PHP + MySQL) (chapitre 18) ;
- un menu déroulant XML (Flash + XML) (chapitre 22) ;
- une visionneuse de diapos (Flash + PHP+XML) (chapitre 22) ;
- un système de signets dynamiques (Flash+XML + PH P+ MySQL) (chapitre 22) ;
- un système de discussion en ligne – *Chat* (Flash + XML + socket PHP) (chapitre 22).

1

Flash MX 2004 et les sites dynamiques

Dans ce premier chapitre, nous allons rappeler le fonctionnement des sites statiques pour mieux comprendre celui des sites dynamiques et plus particulièrement celui des applications Flash dynamiques. Nous vous présenterons aussi, en guise d'exemple, quelques applications Web dynamiques à la fois puissantes et esthétiques exploitant le couple Flash-PHP.

Du HTML au Flash dynamique

Les sites statiques et le HTML

Le langage HTML

Avant de présenter les langages utilisés pour la conception de sites dynamiques, rappelons quelques notions de base sur les pages Web statiques. Nous appelons « page Web » toute page pouvant être affichée dans un navigateur (Internet Explorer, Netscape…). Le langage utilisé pour la conception d'une page Web est le Hyper Text Markup Language. Il ne s'agit pas d'un langage de programmation au sens propre, mais d'un langage de description d'une page Web. Le fichier qui contient la description de cette page porte en général l'extension .htm ou .html. Il est constitué du texte et des liens aux images à afficher, répartis entre des balises (par exemple : <p>…</p>) qui déterminent la façon dont ces éléments seront présentés dans le navigateur. Certaines de ces balises permettent également de transformer un texte ou une image en lien hypertexte (<a>…</a>). Ces hyperliens (les liens hypertextes) sont très importants dans une page Web, puisqu'ils permettent d'organiser la navigation dans un site en reliant les pages entre elles. Les internautes peuvent passer d'une page à l'autre grâce à un simple clic sur ces liens, d'où l'expression « naviguer » ou « surfer » sur le Web (voir figures 1-1 et 1-2).

Figure 1-1

*Exemple
de code HTML
d'une page Web.*

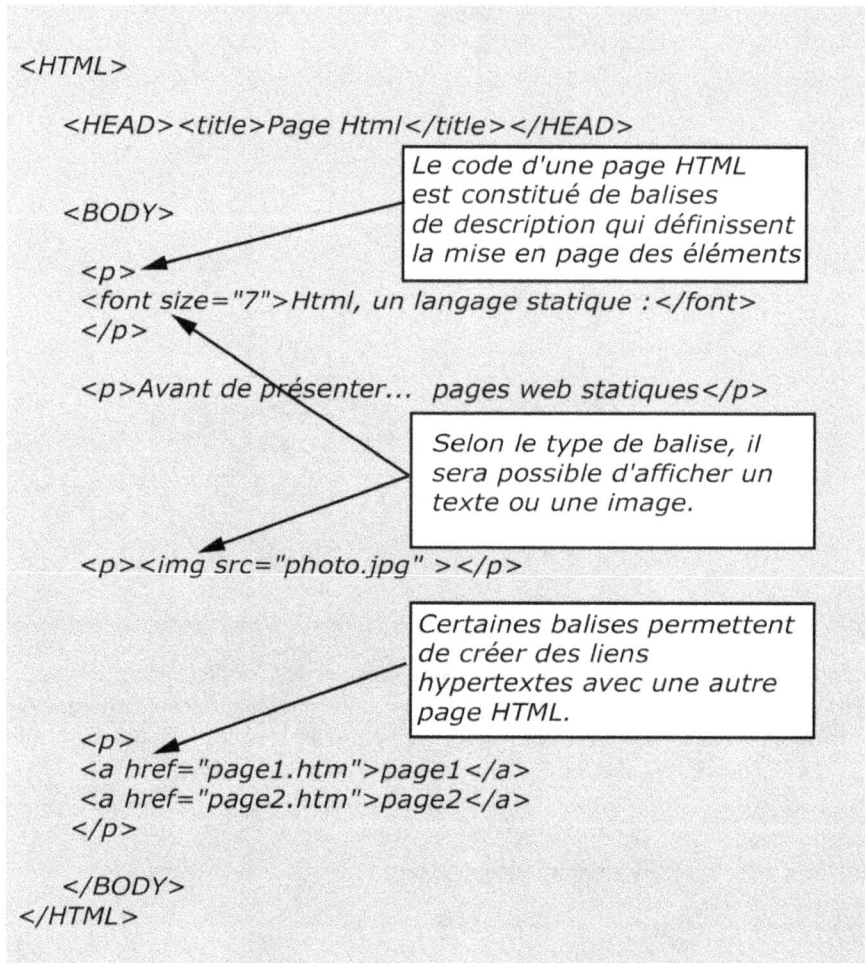

```
<HTML>

    <HEAD><title>Page Html</title></HEAD>

    <BODY>

    <p>
    <font size="7">Html, un langage statique :</font>
    </p>

    <p>Avant de présenter...   pages web statiques</p>

    <p><img src="photo.jpg" ></p>

    <p>
    <a href="page1.htm">page1</a>
    <a href="page2.htm">page2</a>
    </p>

    </BODY>
</HTML>
```

> Le code d'une page HTML est constitué de balises de description qui définissent la mise en page des éléments

> Selon le type de balise, il sera possible d'afficher un texte ou une image.

> Certaines balises permettent de créer des liens hypertextes avec une autre page HTML.

Vous pouvez ainsi mettre en forme votre texte et disposer les images à votre convenance dans la page en les reliant entre elles par des liens hypertextes. Cependant, vous ne disposez d'aucune instruction pour réaliser un traitement différent en fonction d'un événement ou d'une condition particulière. C'est pourquoi une page HTML est dite « statique » : elle s'affiche toujours sous la même forme et toutes les pages susceptibles d'être appelées doivent être stockées sur le serveur (voir figure 1-3).

Nous verrons plus loin que d'autres langages, comme PHP (*Personal Home Page*, devenu par la suite *Hypertext Preprocessor*), permettent de créer des pages « dynamiques » qui peuvent être personnalisées selon une requête ou le profil de l'internaute. Ils utilisent pour cela un seul et même fichier modèle, en interaction avec une base de données.

Figure 1-2

Interprétation et affichage du code de la figure 1-1 dans un navigateur Internet : le navigateur reçoit le code HTML de la page et l'affiche à l'écran en interprétant les différentes balises qu'il contient.

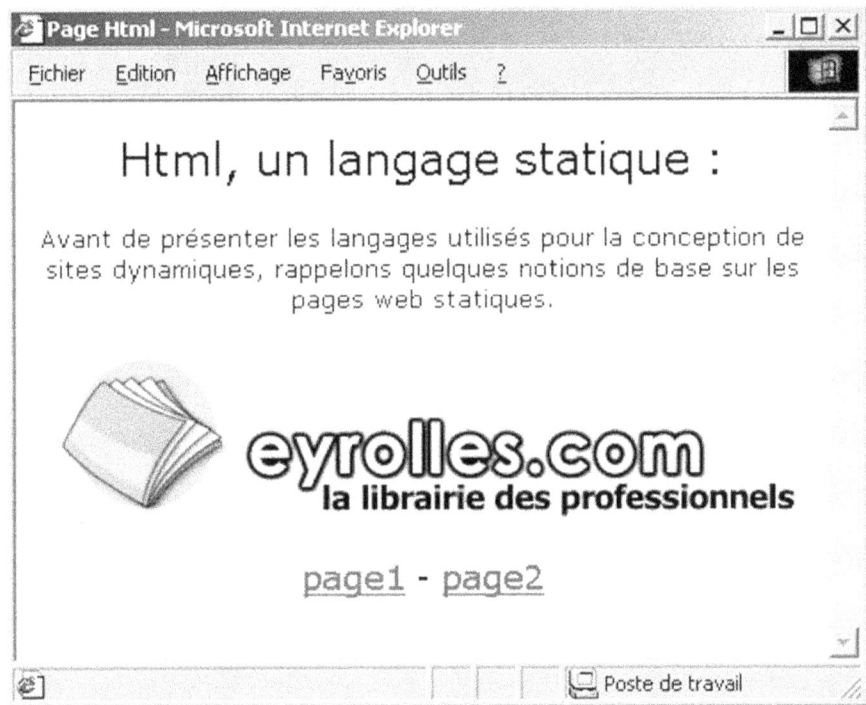

Figure 1-3

Arborescence d'un site statique : toutes les pages du site doivent être présentes sur le serveur.

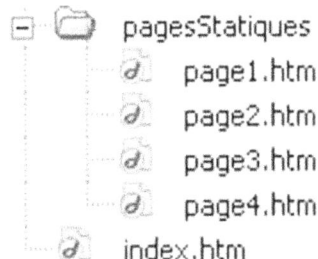

L'architecture client-serveur

Nous venons de voir que les sites statiques sont constitués d'un ensemble de pages HTML reliées entre elles par des liens hypertextes qui permettent de naviguer de l'une à l'autre. Le protocole utilisé pour transférer des informations sur Internet s'appelle HTTP (*Hyper Text Transfer Protocol*). Une requête HTTP (par exemple : *http://www.eyrolles.com/page.htm*) est envoyée vers le serveur afin d'accéder à la page désirée et de la visualiser dans le navigateur du poste client (voir étape 1 de la figure 1-4).

Lorsque le serveur Web reçoit cette requête, il recherche la page demandée parmi toutes les pages HTML présentes sur le site concerné et la renvoie ensuite au client (voir étape 2 de la figure 1-4). Le code HTML reçu par le poste client est alors interprété et affiché par le navigateur (voir étape 3 de la figure 1-4). C'est ce qu'on appelle l'architecture client-serveur (je demande, on me sert) : le client est le navigateur Internet (Internet Explorer, Netscape...) et le serveur est le serveur Web sur lequel est stocké le site Internet.

Ce type de site est très simple à réaliser et on peut s'en contenter dans le cadre de petits projets de quelques dizaines de pages et dont la mise à jour n'est pas fréquente. Cependant, il affiche vite ses limites pour la conception d'applications plus conséquentes ou nécessitant de fréquentes mises à jour. Les sites marchands et autres portails d'informations ne peuvent pas être réalisés sur ce modèle.

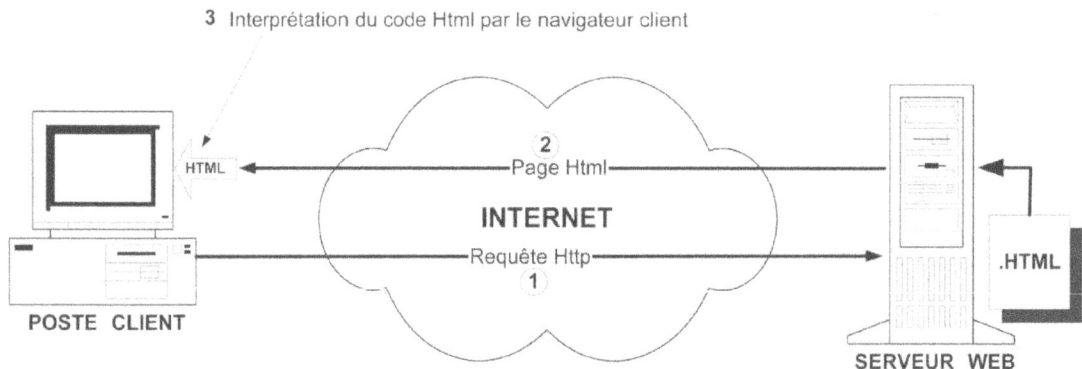

Figure 1-4

L'architecture client-serveur : le poste client envoie au serveur une requête HTTP ; le serveur Web recherche puis fournit au poste client la page demandée, qui est ensuite interprétée par le navigateur.

Le code HTML est un langage interprété et non compilé comme le sont les différents programmes dédiés à un type d'ordinateur spécifique (PC, Mac...). Pour illustrer ce qu'est un programme compilé, prenons le cas de votre éditeur de texte (Word, par exemple). Lorsque vous l'avez acheté, vous avez dû préciser si vous aviez un PC ou un Mac, car il a été compilé différemment selon le type d'ordinateur auquel il est destiné. Ce programme ne peut fonctionner que sur la plate-forme pour laquelle il a été compilé. Ce n'est pas le cas des langages interprétés, qui ont un code commun à tous les types d'ordinateurs. La raison de cette polyvalence est que le code source est interprété du côté client par le logiciel adapté à la machine (voir figure 1-5). Ce genre de langage est donc bien adapté à Internet où le parc d'ordinateurs est très hétérogène. On peut ainsi envoyer le même code HTML à tous les navigateurs des internautes, quel que soit leur ordinateur. En revanche, cela oblige le serveur à envoyer tout le code source sur le poste client, laissant à quiconque la possibilité de le copier et de l'utiliser comme bon lui semble. Cet inconvénient n'est pas négligeable car, dans ces conditions, il devient difficile de protéger son code source et la confidentialité des informations qu'il pourrait contenir.

Nous verrons plus loin que le langage PHP n'hérite pas de ce défaut, car son code source est préinterprété et transformé en équivalent HTML côté serveur ; seul le code HTML ainsi produit est envoyé au client, ce qui préserve les sources PHP et leur contenu.

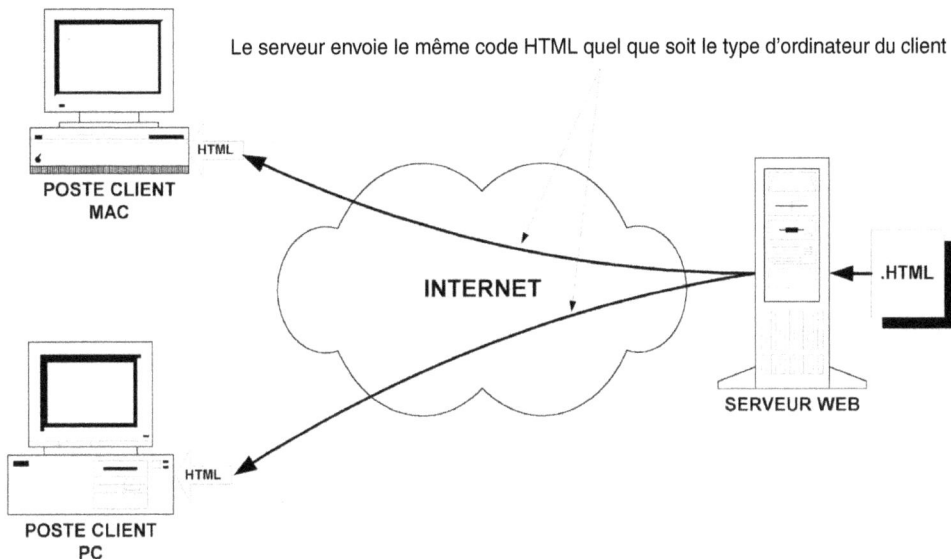

Le serveur envoie le même code HTML quel que soit le type d'ordinateur du client

POSTE CLIENT
MAC

HTML

INTERNET

.HTML

SERVEUR WEB

HTML

POSTE CLIENT
PC

Figure 1-5

L'interprétation du code HTML côté client permet d'envoyer le même code quel que soit le type d'ordinateur de l'internaute. Chaque navigateur étant adapté à la plate-forme sur laquelle il est installé, il interprète le code HTML en l'adaptant aux particularités de l'ordinateur du client.

Les sites interactifs et les langages de script

Heureusement, l'évolution des techniques Internet permet désormais de développer des pages interactives beaucoup plus intéressantes et attractives pour l'internaute.

Pour créer de l'interactivité sur un site, le concepteur multimédia dispose de plusieurs technologies qui peuvent être exécutées côté client (JavaScript dans une simple page HTML ou ActionScript dans une animation Flash) ou côté serveur (PHP, ASP, JSP, CFML, etc.). Le choix du type de technologie dépend de l'application à mettre en œuvre, de son niveau de sécurité, de la qualité de son interface et de sa rapidité d'exécution.

Interactivité côté client avec JavaScript

JavaScript

JavaScript (à ne pas confondre avec Java) est un langage très largement employé sur Internet côté client, même s'il peut aussi fonctionner côté serveur. Il a été mis au point par Netscape Communications. Ses instructions sont incluses dans le code HTML des pages envoyées sur le poste client et sont traitées directement par le navigateur.

La solution la plus simple pour créer de l'interactivité consiste à intégrer quelques lignes de code ActionScript dans une page HTML. Lorsqu'une requête HTTP appelle la page HTML (voir étape 1 de la figure 1-6), le serveur Web la retourne au poste client afin qu'elle puisse être interprétée comme une page HTML classique (voir étapes 2 et 3 de la figure 1-6). Le script inclus dans la page est ensuite traité par le navigateur dès que l'événement pour lequel il a été programmé survient (voir étape 4 de la figure 1-6).

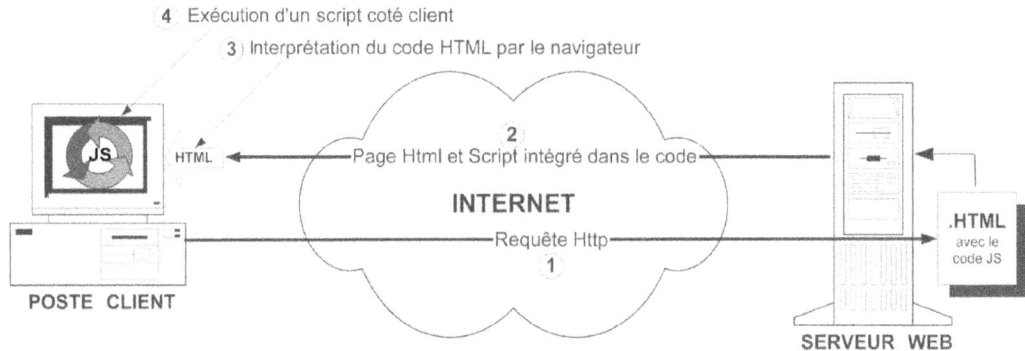

Figure 1-6

Utilisation d'un script côté client avec JavaScript : il existe une dépendance relative au navigateur client mais l'interactivité est rapide.

Les scripts côté client sont très réactifs car le script s'exécute directement sur le poste client. En revanche, les programmes JavaScript peuvent se comporter différemment selon le type d'ordinateur et la version du navigateur. Par exemple, un script en JavaScript peut parfaitement fonctionner sur Firefox mais poser des problèmes avec Internet Explorer ou créer des erreurs sous IE 5 alors qu'il fonctionne sous IE 6. De même, les résultats peuvent varier selon qu'on utilise un PC ou un Mac. Tout cela impose au concepteur multimédia de réaliser des tests importants s'il désire que sa page interactive fonctionne sur toutes les plates-formes et dans toutes les configurations.

Interactivité côté client avec ActionScript

Une autre solution pour mettre en œuvre de l'interactivité côté client consiste à créer une animation Flash dans laquelle sera intégré un programme ActionScript. Le script étant présent sur le poste client, l'application est aussi réactive qu'avec le Javascript, mais la qualité de l'interface et son esthétique expliquent l'engouement toujours croissant des développeurs pour cette solution.

Cependant, même si le plug-in Flash est présent par défaut sur plus de 98 % des navigateurs actuels (source site Macromedia), sa version peut ne pas être compatible avec celle de votre animation Flash. Il faudra vérifier ce paramètre à l'aide d'un détecteur de version (en utilisant le Dispatcher de Macromedia, par exemple) afin d'aiguiller le visiteur vers l'espace de téléchargement du plug-in si sa version n'est pas adaptée à votre animation.

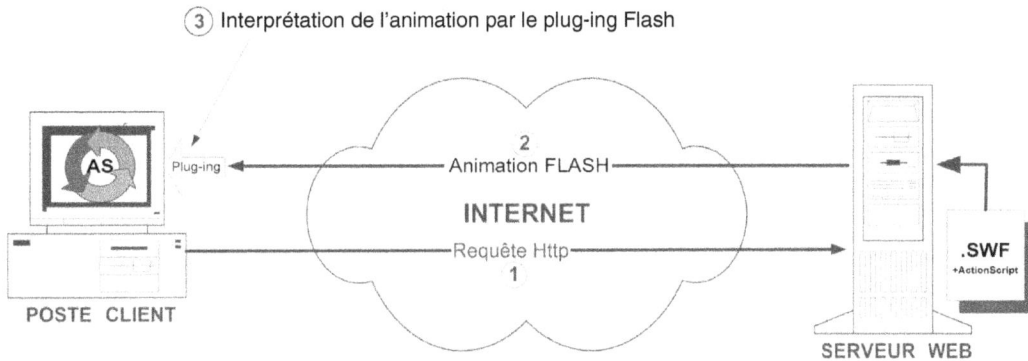

Figure 1-7

Utilisation d'une animation Flash avec ActionScript : l'interactivité est aussi rapide qu'avec JavaScript côté client, mais l'interface est plus esthétique.

Interactivité côté serveur avec PHP

L'interactivité peut être placée côté serveur. Dans ce cas, le serveur Web doit disposer d'un préprocesseur PHP afin de traiter les scripts PHP intégrés dans la page avant de l'envoyer au poste client qui en a fait la demande (voir étapes 1 et 2 de la figure 1-8).

Si on le compare avec un script côté client, la réaction à un événement d'un script côté serveur est beaucoup plus lente car elle nécessite l'envoi d'une requête au serveur (voir figure 1-8, étape 1), son exécution sur le serveur (étape 2), le retour de la réponse par le réseau Internet (étape 3) et le chargement de la page dans le navigateur (étape 4).

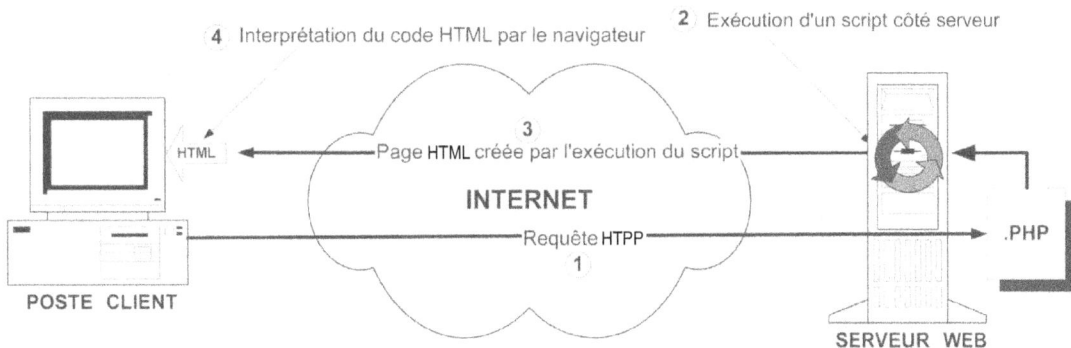

Figure 1-8

Utilisation d'un script côté serveur : il n'y pas de dépendance vis-à-vis du navigateur client mais l'interactivité est plus lente.

En revanche, les langages côté serveur sont indépendants de la plate-forme du client ou de la version de son navigateur. En effet, l'interprétation du script est réalisée côté serveur et le code envoyé vers l'ordinateur du client est compatible avec le standard HTML et donc interprété de la même manière par tous.

> **À noter**
>
> Parmi les inconvénients des scripts côté serveur, il faut signaler que leur utilisation nécessite la disponibilité d'un serveur adapté. Même si les offres des hébergeurs qui proposent des serveurs intégrant des scripts dynamiques sont de plus en plus accessibles, il faut en tenir compte lors de votre choix.

Les sites dynamiques et les bases de données

Création de modèles dynamiques

L'exécution du script côté serveur permet de créer une page « à la volée » lors de son exécution par le préprocesseur PHP intégré au serveur. La page ainsi créée contient les mêmes informations qu'une simple page HTML. Elle peut donc être interprétée sans problème par le navigateur côté client (voir figure 1-9). Lors de la création de cette page, les scripts intégrés au fichier dynamique sont exécutés et, si nécessaire, établissent une connexion à un serveur de données. Avec ce processus, la page dynamique devient un modèle de présentation des informations. Ce modèle est personnalisé par des contenus différents selon la requête du client.

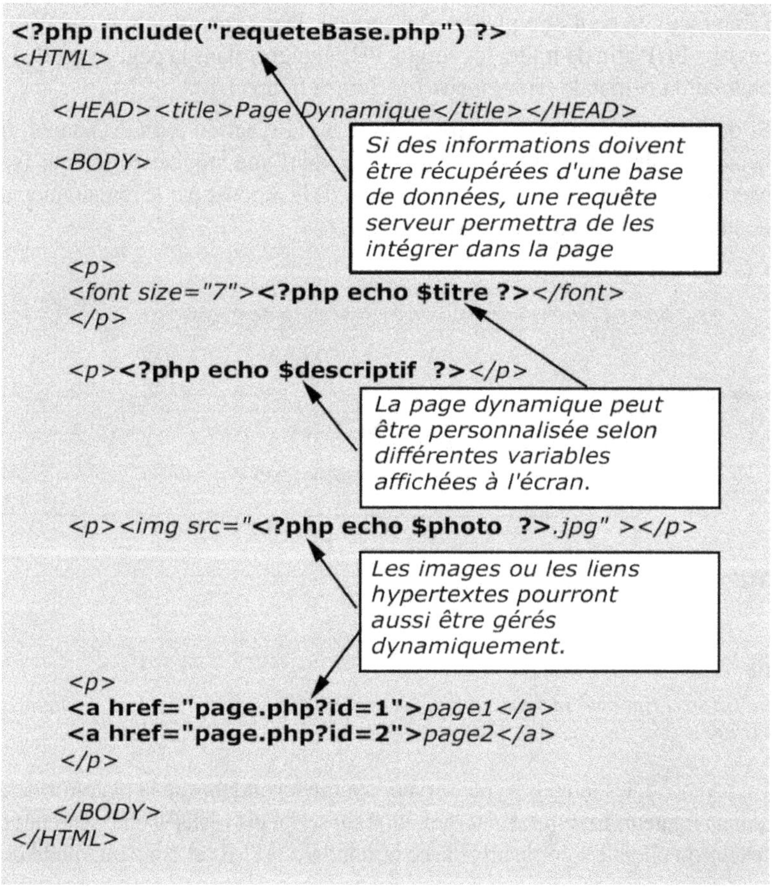

Figure 1-9

Exemple de code d'une page dynamique produisant le même affichage que la page de la figure 1-2.

```
<?php include("requeteBase.php") ?>
<HTML>

    <HEAD><title>Page Dynamique</title></HEAD>

    <BODY>
```

> Si des informations doivent être récupérées d'une base de données, une requête serveur permettra de les intégrer dans la page

```
    <p>
    <font size="7"><?php echo $titre ?></font>
    </p>

    <p><?php echo $descriptif ?></p>
```

> La page dynamique peut être personnalisée selon différentes variables affichées à l'écran.

```
    <p><img src="<?php echo $photo ?>.jpg" ></p>
```

> Les images ou les liens hypertextes pourront aussi être gérés dynamiquement.

```
    <p>
    <a href="page.php?id=1">page1</a>
    <a href="page.php?id=2">page2</a>
    </p>

    </BODY>
</HTML>
```

Il n'est donc plus nécessaire, par exemple, de créer une page spécifique pour présenter chaque produit d'un catalogue : une seule page dynamique peut être utilisée. Il suffit de lui indiquer l'identifiant du produit demandé grâce à une variable qui lui est transmise en même temps que son appel ; la page renvoyée au client contient toutes les informations et photos relatives au produit concerné. L'arborescence du site est simplifiée puisque cette page dynamique remplace les nombreuses pages statiques correspondant à chaque produit (voir figure 1-10).

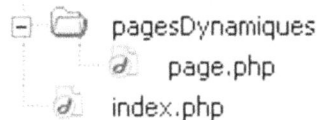

Figure 1-10

L'arborescence d'un site dynamique contient beaucoup moins de fichiers que celle d'un site statique : les fichiers dynamiques faisant office de modèles, il suffit de leur envoyer une variable différente pour qu'ils se personnalisent à la demande.

Pourquoi utiliser une base de données ?

Nous venons d'expliquer que l'utilisation des scripts crée de l'interactivité dans un site. En effet, ils permettent d'intégrer dans une page des instructions conditionnelles pour réaliser des traitements différents en fonction de l'état des variables testées. Les pages créées par ces scripts sont élaborées avec des informations contextuelles fournies par l'internaute lui-même ou issues d'un traitement réalisé à partir de celles-ci. Ces informations sont exploitables uniquement le temps de la session active et ne peuvent pas être mémorisées d'une session à l'autre, ce qui limite considérablement les applications utilisant uniquement des scripts serveur. Une première solution pour conserver ces informations consiste à les enregistrer dans de petits fichiers (cookies) côté client, afin de récupérer le profil de l'internaute lors de sa prochaine visite. Cependant, de nombreux internautes interdisent l'enregistrement d'informations sur leur ordinateur. Une deuxième solution s'appuie sur l'enregistrement de ces informations dans des fichiers de données, mais du côté serveur cette fois. Dans ce cas, la disponibilité de ces fichiers n'est plus tributaire du bon vouloir de l'internaute, mais cette solution manque de souplesse dans l'exploitation des informations et son organisation devient vite ingérable pour des sites conséquents. La troisième solution est d'utiliser une base de données dans laquelle on stocke toutes les informations utiles aux applications du site. Le script côté serveur contient alors les procédures de connexion à la base de données et des instructions spécifiques pour lire, ajouter, modifier ou créer des enregistrements. Même si cette solution nécessite la présence d'une base de données et le développement de scripts de gestion de ses enregistrements, c'est de loin la plus efficace et la plus souple dans une grande majorité d'applications. Elle est actuellement employée sur la plupart des sites professionnels définis comme dynamiques. Les sites dynamiques sont donc caractérisés par le fait qu'ils fonctionnent avec des scripts côté serveur et qu'ils exploitent les informations issues d'une base de données.

Pour pouvoir exploiter une base de données, le système doit être organisé selon une architecture à trois niveaux (dite architecture trois tiers) mettant en relation le client, le serveur Web et la base de données. Même si la base de données est souvent installée sur le même ordinateur que le serveur Web, ce modèle est valable dans la plupart des cas (voir figure 1-11 et figure 1-12).

Applications dynamiques avec PHP-MySQL

Les étapes de traitement d'un site dynamique classique (sans animation Flash) sont les suivantes :

1. Le poste client envoie une requête HTTP sur un fichier comportant un script PHP (voir étape 1 de la figure 1-11).

2. Le serveur Web localise le fichier dynamique et l'exécute (voir étape 2 de la figure 1-11).

3. Si le script nécessite des informations issues de la base de données, il adresse une requête SQL au serveur de la base de données MySQL qui lui renvoie les informations demandées (voir étape 3 de la figure 1-11).

4. Les informations issues de la base de données sont ensuite intégrées dans la page dynamique (voir étape 4 de la figure 1-11).

5. La page ainsi créée est ensuite envoyée au client et interprétée comme une simple page HTML par le navigateur (voir étapes 5 et 6 de la figure 1-11).

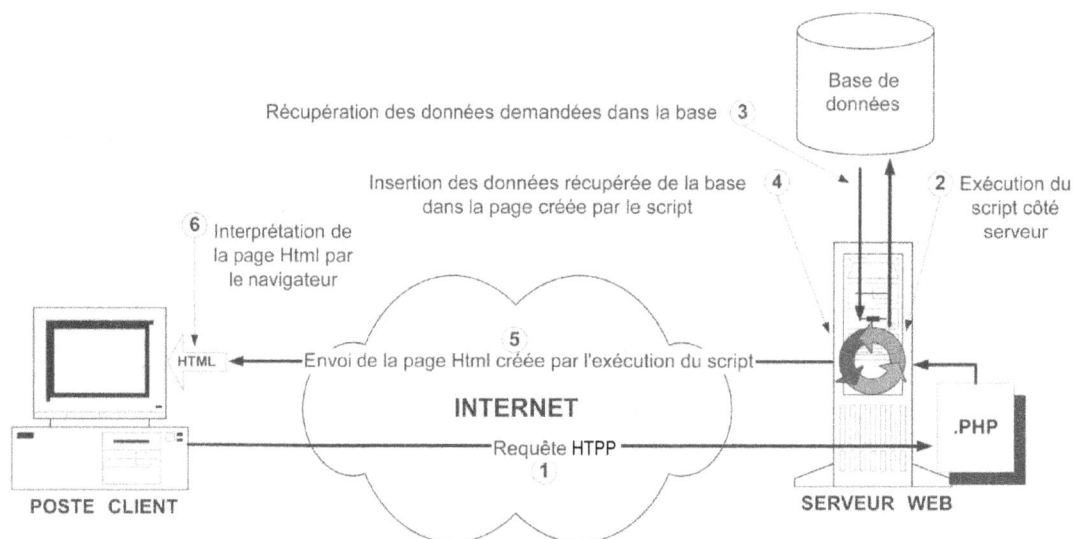

Figure 1-11

Fonctionnement d'un site dynamique classique PHP-MySQL.

Applications dynamiques avec PHP-MySQL et Flash

Avec un site dynamique classique, le serveur Web envoie au navigateur une page HTML entière générée à la volée par le préprocesseur PHP. Le fonctionnement est différent dans le cas d'une animation Flash dynamique. En effet, la première étape consiste à charger l'animation Flash dans le navigateur (voir étapes 1, 2 et 3 de la figure 1-12) comme nous l'avons expliqué dans la partie consacrée à l'interactivité côté client avec ActionScript (revoir figure 1-7). Ensuite, lorsqu'un événement nécessitant une information dynamique survient (voir étape 4 de la figure 1-12), une requête est envoyée directement par l'animation Flash au serveur Web (voir étape 5 de la figure 1-12). Cette requête cible cette fois un script PHP spécifique (voir étape 6 de la figure 1-12) qui, contrairement à celui d'un site dynamique classique, ne génère pas une page HTML dynamiquement mais crée et renvoie à l'animation Flash une structure de données au format couple variable-valeur ou, mieux encore, au format XML (voir étapes 7, 8, 9 et 10 de la figure 1-12). Cette structure de données est ensuite réceptionnée puis traitée par l'animation Flash qui exploite les informations reçues comme de simples variables internes.

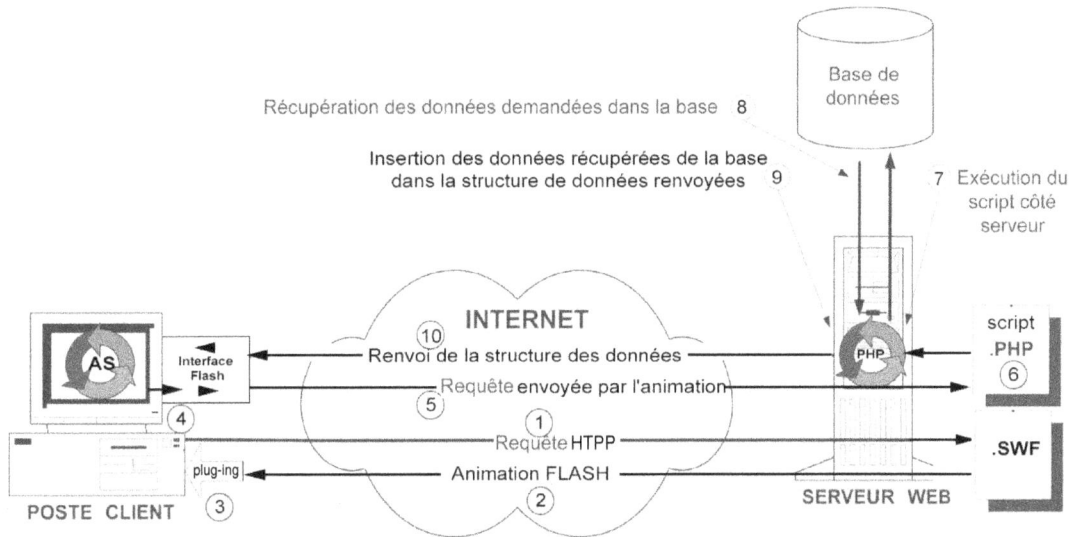

Figure 1-12

Fonctionnement d'un site dynamique PHP-MySQL couplé avec une application client Flash.

Exemples d'applications Flash dynamiques

Si la conception d'une application Flash dynamique est un peu plus compliquée que celle d'une simple animation Flash et demande l'apprentissage de nouveaux langages (ActionScript, PHP, SQL, XML), les avantages qui en découlent compensent largement votre investissement initial. Voici quelques exemples qui devraient vous en convaincre.

Mises à jour automatisées

Dès que votre application commence à prendre de l'embonpoint, les mises à jour des contenus textuels deviennent longues et fastidieuses. En utilisant un langage de programmation côté serveur, vous pouvez automatiser totalement ou partiellement ces mises à jour. En effet, si les informations affichées dans votre animation sont issues d'une base de données, il vous suffit de préparer vos différentes mises à jour en indiquant la date à partir de laquelle elles doivent apparaître sur le site. Vous pouvez ainsi programmer plusieurs semaines à l'avance les actualisations ou promotions que vous désirez voir apparaître sur le site.

Une maintenance assistée

En construisant judicieusement votre animation et en centralisant ses paramètres de configuration dans une base de données (ou dans un fichier XML), vous pouvez très facilement modifier la présentation des différents écrans de l'animation en n'intervenant que sur les paramètres du fichier de configuration. Dans le cas d'un site mixte intégrant une version HTML et une version complètement Flash, vous pouvez modifier de la même manière la configuration des deux versions simultanément grâce à des paramètres de configuration communs qui pourront ensuite être lus aussi facilement depuis les pages PHP ou à partir de l'animation Flash.

Sites multilangues

Si vous désirez créer une animation en plusieurs langues, il vous suffit de prévoir des zones de texte dynamiques liées à une base de données. Ces champs seront renseignés par le texte correspondant à la langue choisie par l'internaute. En outre, avec ce système, l'ajout d'une langue supplémentaire ne requiert que l'insertion d'un nouveau champ dans la base de données et ne nécessite pas d'intervention dans les zones d'affichage.

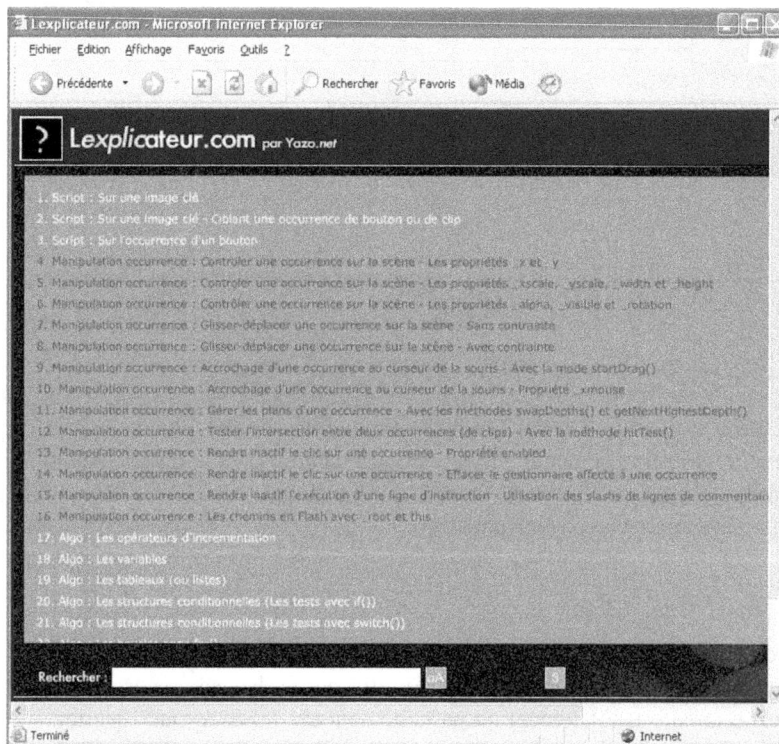

Figure 1-13

Le site www.lexplicateur.com est dédié aux développeurs d'animation Flash. Un champ de recherche permet de saisir un mot-clé pour rechercher rapidement le petit morceau de code ActionScript qui vous manque. Ce site est structuré autour d'une interface Flash couplée avec une base de données MySQL.

Recherche multicritère

Sur Internet, tous les outils de recherche utilisent des technologies dynamiques pour créer « à la volée » les pages de résultats correspondant aux requêtes des internautes. Certains de ces outils ajoutent à la puissance de leur serveur une interface graphique Flash qui permet de présenter ces résultats sous forme de cartes interactives et animées (voir figure 1-14).

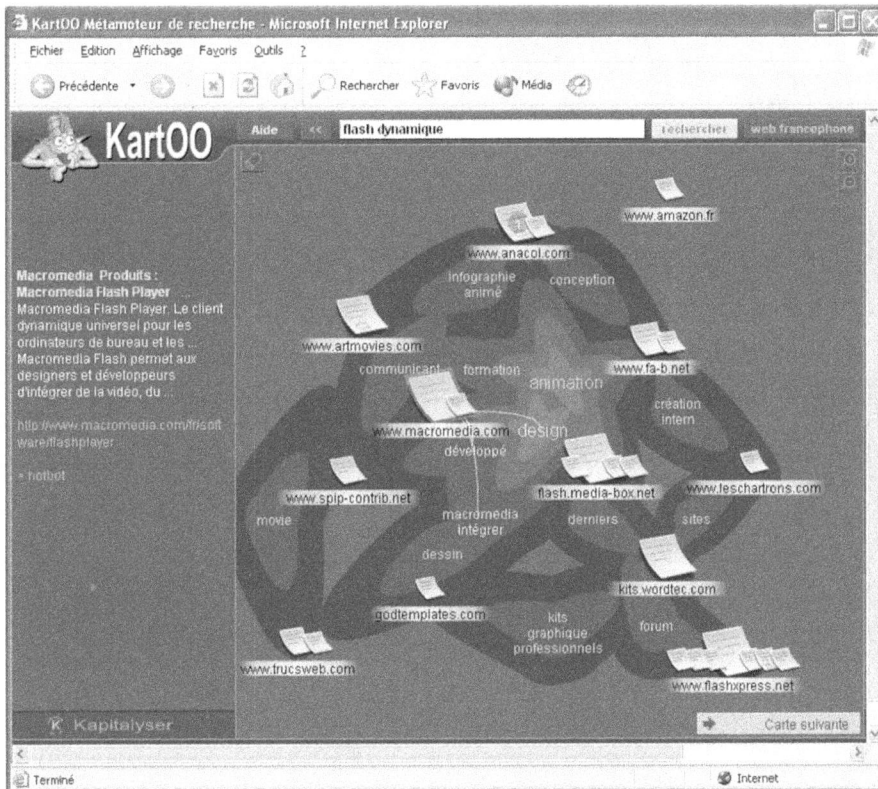

Figure 1-14

Le site www.kartoo.com est un métamoteur de recherche qui présente ses résultats sous forme de carte.
Il exploite judicieusement la puissance de ses scripts serveur et de sa base de données, associés à une interface
client en Flash qui affiche les résultats sous forme de cartes interactives et animées.

Diffusions d'information en temps réel

La qualité graphique d'une interface Flash, couplée avec la puissance d'une base de données, permet de réaliser des applications animées pour diffuser des médias en temps réel (résultats sportifs, cotations boursières, résultats d'élections…). Pour ce type de site, les informations sont généralement centralisées par des journalistes dans une base de données en ligne. Les animations Flash des postes client interrogent cette base de données pour récupérer l'information, qui sera affichée dans l'interface client en temps réel (voir figures 1-15 et 1-16).

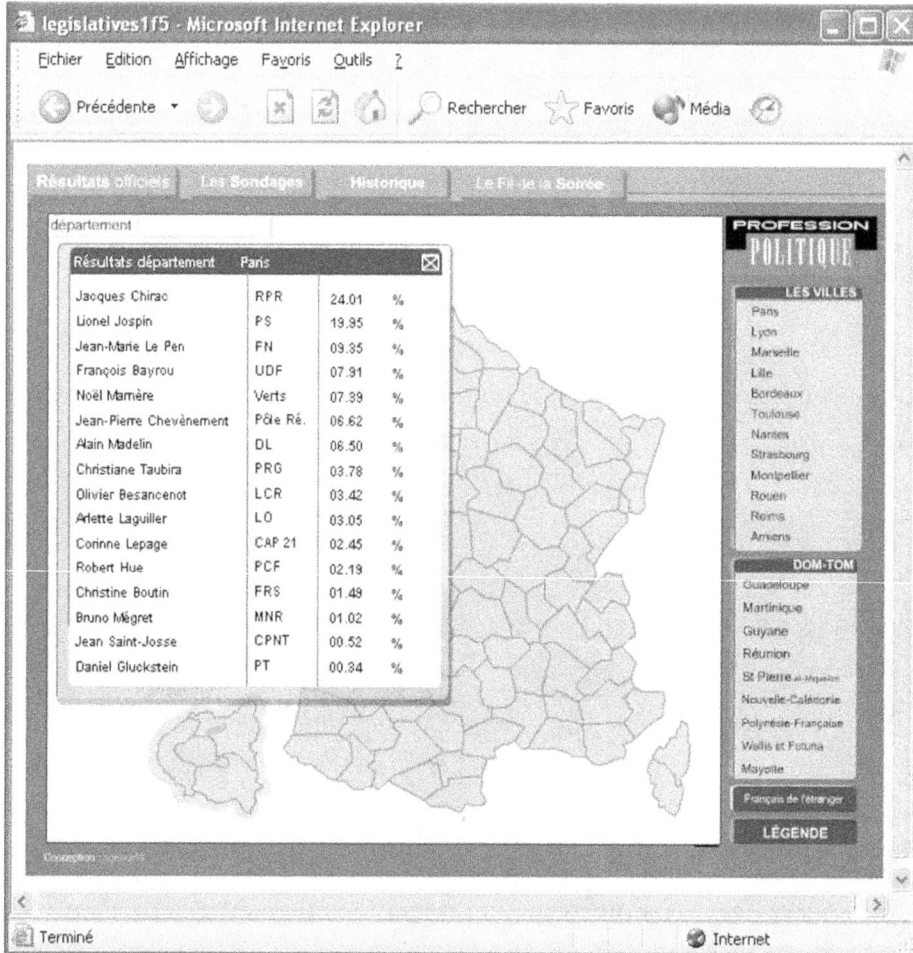

Figure 1-15

L'affichage des résultats des dernières élections présidentielles utilisait une carte de France Flash couplée avec une base de données MySQL en ligne. Lors des dépouillements, les journalistes mettaient à jour la base de données afin que les animations Flash des postes client puissent actualiser en temps réel les résultats affichés dans leur interface.

Reporting industriel ou financier

Le Flash dynamique permet d'élaborer en temps réel des tableaux de bord ergonomiques pour visualiser l'évolution de l'activité économique d'un réseau commercial (ventes, stocks...). Il suffit pour cela que les responsables de chaque agence saisissent périodiquement leurs chiffres dans une base de données en ligne. Lors de la première consultation, les tableaux de bord seront automatiquement actualisés.

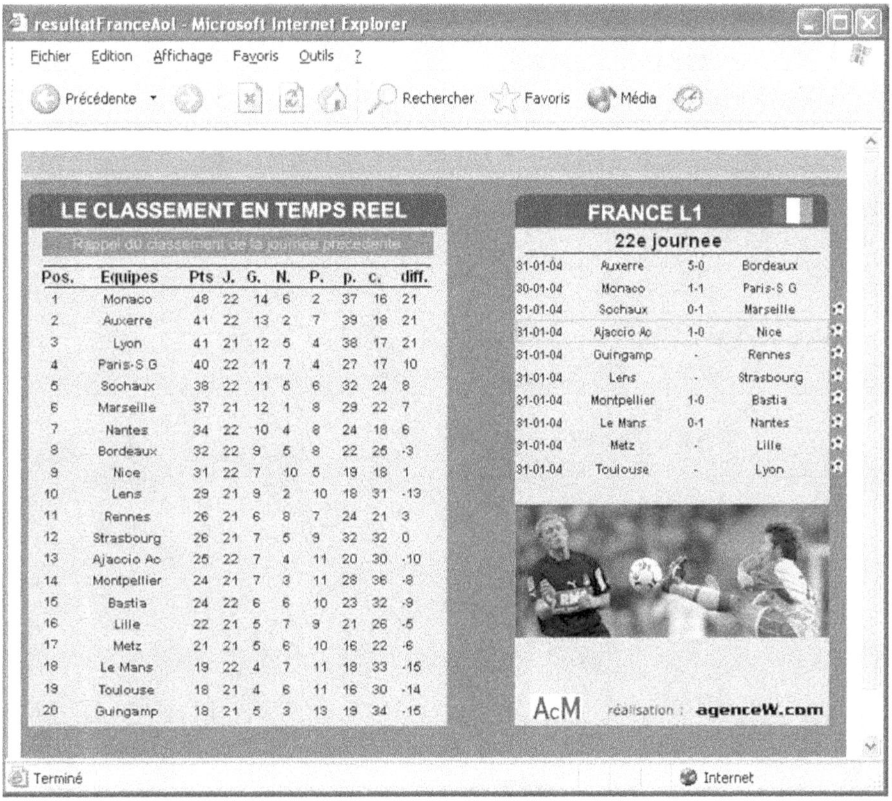

Figure 1-16

Grâce au Flash dynamique, les résultats des rencontres de football et les événements qui ont ponctué les matchs peuvent être diffusés en temps réel. De plus, les photos numériques du match peuvent être visualisées dès qu'elles sont téléchargées sur le serveur.

Interfaces client personnalisées

Si votre site est doté d'une interface Flash dynamique, vous pouvez proposer à vos visiteurs de définir leur propre interface personnalisée. Après que le visiteur a configuré l'interface, chaque paramètre est mémorisé dans une base de données. Il suffit de récupérer ces informations lors de son prochain passage pour personnaliser de nouveau son interface dynamiquement.

Carte d'information dynamique

Si vous désirez mettre à jour en ligne les coordonnées des distributeurs d'un réseau commercial et définir dynamiquement la situation de l'agence sur une carte, créez une interface Flash dynamique couplée avec quelques scripts PHP et une base de données MySQL. Les visiteurs de votre site disposeront instantanément des informations à partir d'une carte dynamique qui affiche les nouvelles coordonnées lors d'un simple survol de la zone concernée.

Jeux en ligne

En général, les fonctions ActionScript suffisent pour créer des jeux Flash mono-utilisateur. Cependant, si vous désirez mémoriser les meilleurs scores ou créer des jeux multi-utilisateurs, il est alors nécessaire de faire appel au Flash dynamique (voir figure 1-17).

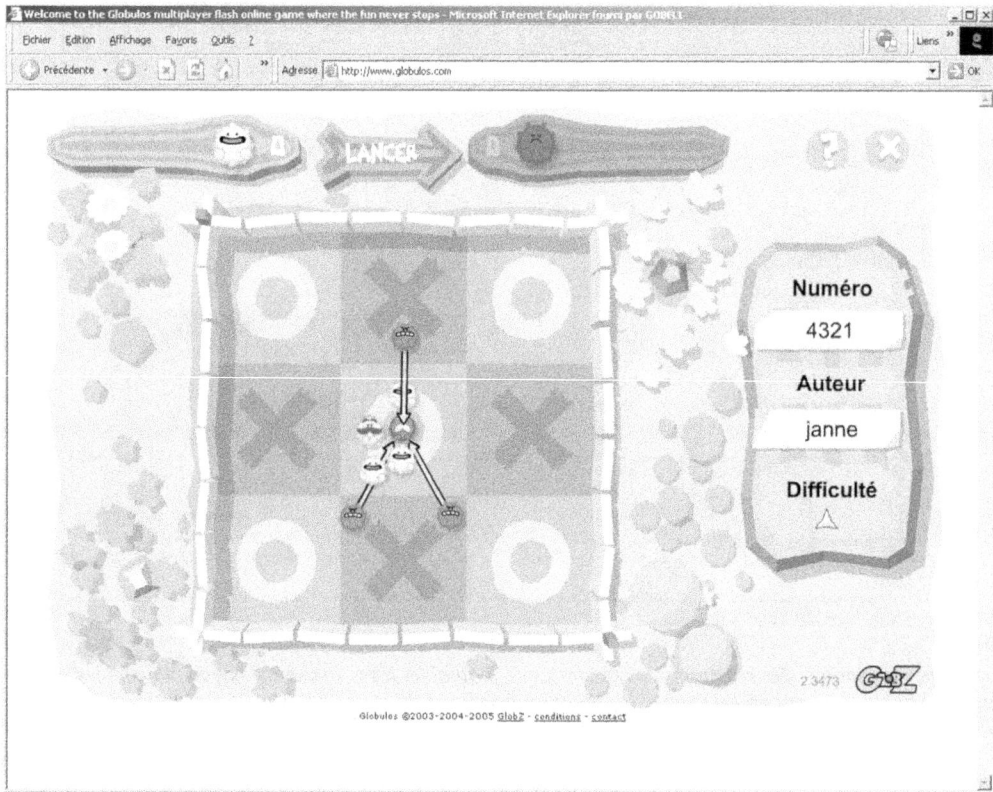

Figure 1-17

Parmi les nombreux jeux développés en Flash, certains exploitent aussi la technologie PHP-MySQL comme l'illustre le jeu du « Défi » du site globulos.com. Dans ce jeu, les différents paramètres d'un défi proposé par un premier joueur sont mémorisés dans une base de données MySQL puis récupérés à l'aide d'une requête SQL afin d'être exploités par le second joueur désirant relever le défi.

Boutiques de produits en ligne

Si vous désirez doter votre boutique de produits en ligne d'une interface graphique attractive tout en conservant la souplesse de la gestion centralisée des produits dans une base de données, le Flash dynamique est la technologie qu'il vous faut.

Partie I

Environnement de développement

2

Infrastructure
serveur PHP-MySQL

Choix de l'infrastructure serveur

Contrairement à un site statique, un site dynamique doit disposer d'une infrastructure serveur. En effet, comme nous l'avons indiqué dans le chapitre précédent, plusieurs applications sont nécessaires à son fonctionnement côté serveur :

- un serveur Web (le serveur Apache est le plus fréquemment utilisé) ;
- un langage de script serveur (dans cet ouvrage, nous utiliserons PHP) ;
- un serveur de base de données (dans cet ouvrage, nous utiliserons MySQL).

Selon les ressources matérielles dont vous disposez, plusieurs solutions peuvent être exploitées.

La première solution concerne les développeurs, qui disposent d'une connexion permanente et rapide à Internet et d'un serveur Web distant équipé d'une base de données MySQL et d'un moteur de scripts PHP (voir figure 2-1).

La deuxième solution est la plus exigeante. Elle concerne surtout les sociétés de développement Internet qui ont à leur disposition un serveur Web en local, avec PHP et MySQL, en plus de leur serveur distant de production (voir figure 2-2).

La troisième solution est accessible à tous, puisqu'il suffit d'installer sur son poste de développement une infrastructure serveur avec PHP et MySQL qui émule en local le même comportement que le serveur Web distant (voir figure 2-3).

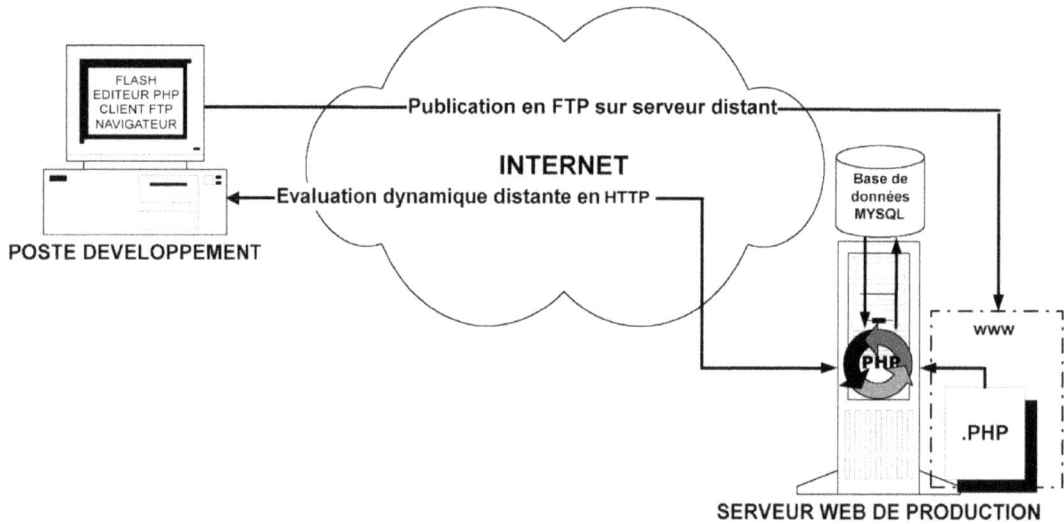

Figure 2-1

Infrastructure serveur utilisant le serveur distant pour les évaluations dynamiques.

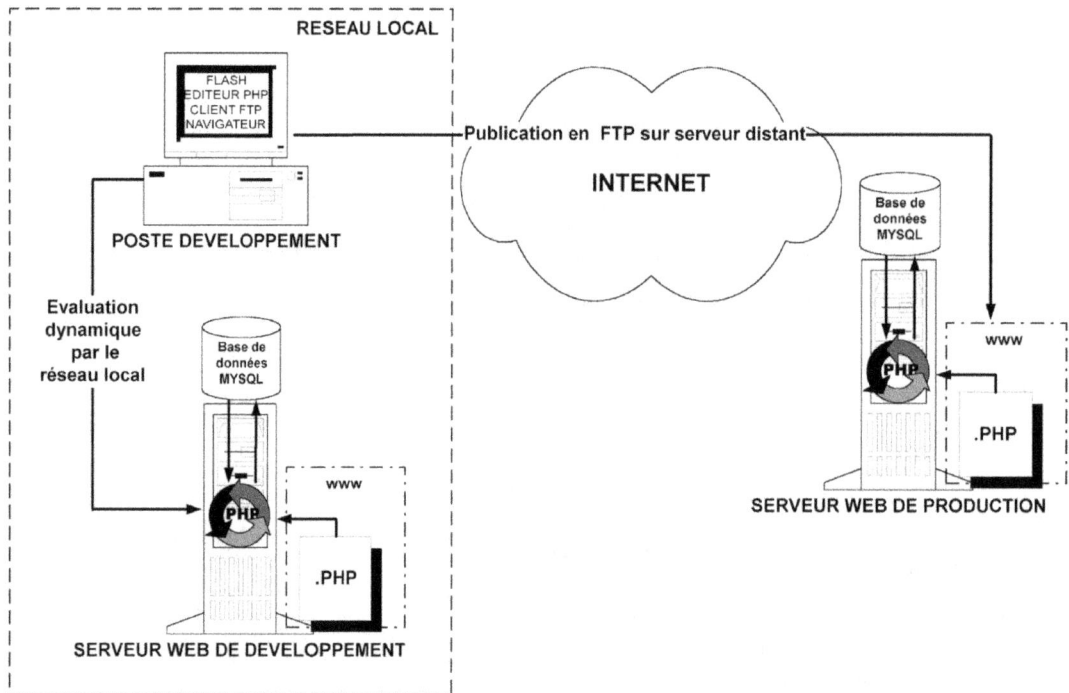

Figure 2-2

Infrastructure serveur utilisant un serveur du réseau local pour les évaluations dynamiques.

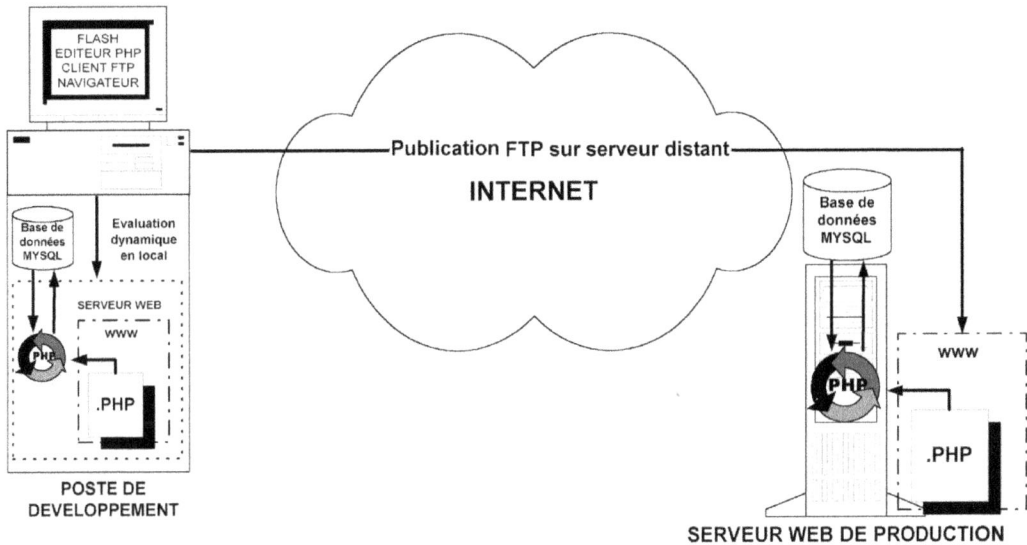

Figure 2-3

Infrastructure serveur utilisant un serveur local intégré dans le poste de développement (WebLocal d'EasyPHP par exemple) pour les évaluations dynamiques.

Nous avons retenu la troisième solution pour réaliser toutes les démonstrations de cet ouvrage. Cependant, les concepts développés sont identiques quelle que soit la méthode retenue.

Afin de vous accompagner dans la mise en œuvre de votre plate-forme de développement, le paragraphe suivant sera consacré à l'installation d'une infrastructure serveur locale.

Installation d'une infrastructure serveur locale (EasyPHP)

Pour installer une infrastructure serveur en local sur votre poste de développement, vous pouvez utiliser les procédures d'installation de chacune des applications nécessaires (Apache, PHP, MySQL) ou utiliser une suite logicielle qui vous permet d'installer automatiquement ces trois éléments en une seule procédure.

En effet, il existe actuellement plusieurs suites logicielles susceptibles de répondre à nos besoins. Certaines d'entre elles, comme Linux Easy Installer, sont dédiées à Linux ; d'autres, comme PHPtriad ou EasyPHP, sont conçues pour s'installer sur une plate-forme Windows. Dans cet ouvrage, nous utiliserons une plate-forme Windows et installerons EasyPHP, qui présente l'avantage d'être en français.

À noter

Pour les plates-formes Mac OS X, l'installation d'une suite logicielle comme EasyPHP n'est pas nécessaire, car il suffit d'activer le serveur Apache et le module PHP préinstallé par défaut (cette procédure d'activation est détaillée en annexe A).

Choix de la version d'EasyPHP

Même si vous utilisez une infrastructure locale comme EasyPHP pour mettre au point vos programmes, la finalité de votre projet est de mettre en ligne votre site afin que tous les internautes puissent y accéder. Aussi est-il judicieux de vérifier la configuration et les versions de PHP et de MySQL installées sur votre futur serveur distant. Pour connaître la configuration et la version de PHP installées sur votre serveur distant, il suffit d'afficher une simple page .php contenant la fonction `phpinfo()`. De même pour connaître la version de MySQL, il suffit d'afficher les écrans du gestionnaire phpMyAdmin où elle est indiquée. Une fois ces informations connues, nous vous conseillons de choisir une version d'EasyPHP (1.6 ou 1.7 par exemple) dont les applications PHP et MySQL sont les plus proches de celles installées sur votre serveur distant. Vous limiterez ainsi les risques d'erreur d'environnement lors du transfert de vos pages sur votre serveur distant. Nous utiliserons la version 1.7 d'EasyPHP, qui correspond à PHP 4.3.3 et à MySQL 4.0.15. Toutefois, si vous choisissez une autre version, vous n'aurez aucun problème à adapter les procédures présentées ci-après à votre environnement, car les différences d'une version à l'autre sont mineures.

Étapes d'installation de la suite EasyPHP

Vous pouvez télécharger gratuitement la dernière version d'EasyPHP sur le site *www.easyphp.org.* Copiez le fichier `easyphp1-7_setup.exe` (ou une version plus récente) sur votre ordinateur et lancez l'installation en cliquant deux fois sur le fichier. Un message vous demande alors si vous désirez installer EasyPHP. Lorsque vous validez cette première fenêtre, l'écran de bienvenue apparaît (voir figure 2-4) et vous recommande de fermer toutes les applications actives avant de lancer l'installation. Cliquez ensuite sur Suivant pour faire apparaître les conditions d'utilisation. Dans l'écran suivant, vous pouvez choisir le répertoire dans lequel vous allez installer le logiciel. Nous vous suggérons de valider l'option par défaut (Program Files/EasyPHP, voir figure 2-5), y compris pour le choix du répertoire dans lequel seront enregistrés les raccourcis (EasyPHP). L'écran suivant vous signale que tout est prêt pour démarrer l'installation ; il suffit alors de cliquer sur Installer. Enfin, une nouvelle fenêtre vous propose d'ouvrir la page d'accueil en cliquant sur Terminer (voir figure 2-6).

Après la procédure d'installation, la page d'accueil d'EasyPHP s'affiche dans le navigateur (voir figure 2-7). En bas de cet écran sont indiqués les différents composants qui viennent d'être installés, ainsi que leur version. À titre d'exemple, avec la version 1.7 d'EasyPHP, vous disposez d'un serveur Web Apache version 1.3.27, de l'interpréteur de scripts PHP version 4.3.3, d'une base de données MySQL version 4.0.15 et de son gestionnaire phpMyAdmin version 2.5.3. En haut de l'écran, trois liens hypertextes vous permettent d'accéder à un écran dédié à l'utilisation du logiciel, au support en ligne (FAQ, forum, liste de discussion) et à une FAQ locale qui rassemble les questions les plus fréquentes sur PHP. Nous vous conseillons de consulter ces trois pages et d'imprimer l'introduction, qui indique les procédures de base pour utiliser le logiciel.

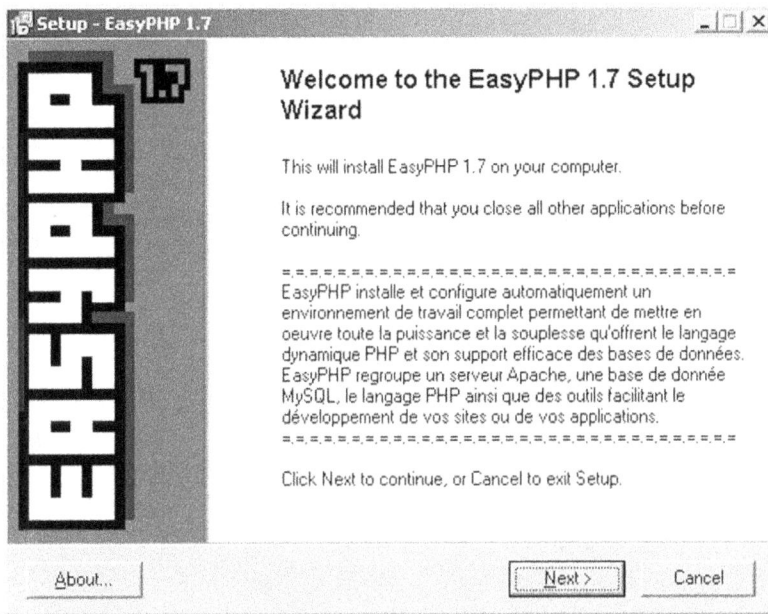

Figure 2-4

Installation d'EasyPHP : écran de bienvenue affiché au début de l'installation.

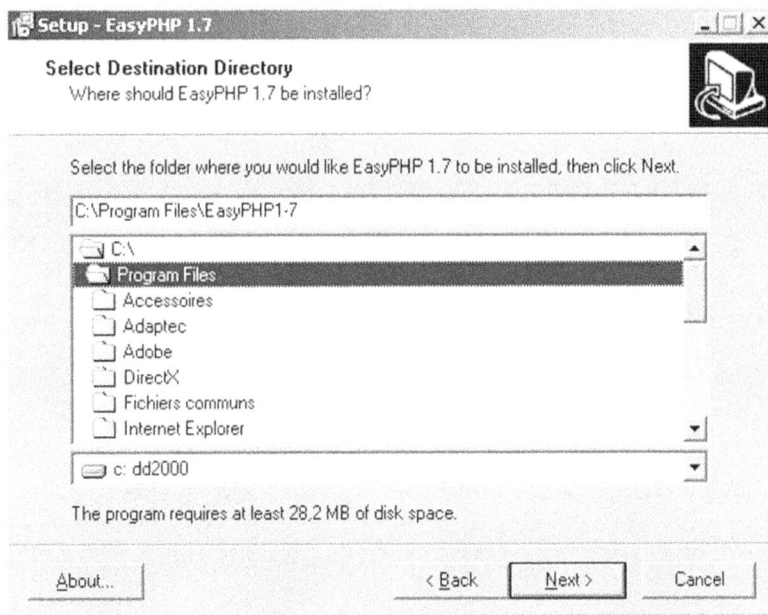

Figure 2-5

Installation d'EasyPHP : choix du répertoire d'installation.

Figure 2-6

Installation d'EasyPHP : à la fin de l'installation, EasyPHP vous propose d'ouvrir la page d'accueil.

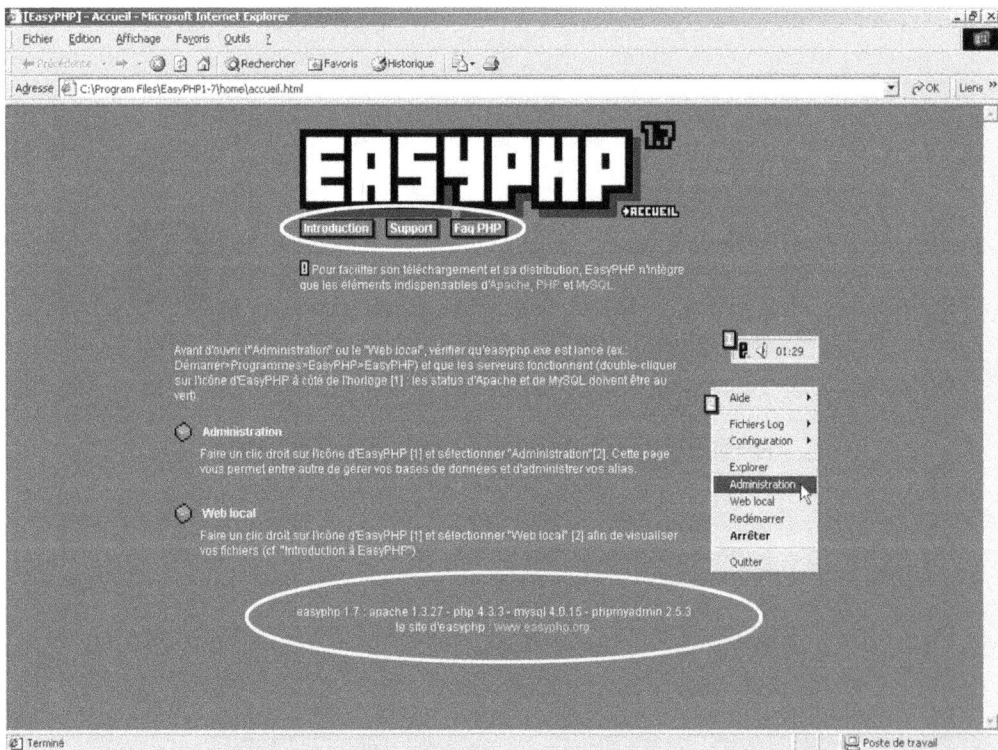

Figure 2-7

Écran d'accueil d'EasyPHP : les différentes versions des logiciels de la suite sont indiquées en bas de l'écran. En haut, trois hyperliens vous permettent d'accéder à une page de présentation, à l'assistance en ligne et à une FAQ locale sur PHP.

Arrêt et démarrage d'EasyPHP

Avant d'utiliser EasyPHP, il est nécessaire de rappeler la procédure de démarrage du logiciel. Pour commencer, je vous invite à quitter EasyPHP, car par la suite, il faudra toujours arrêter le serveur Web avant la mise hors tension de votre ordinateur. Pour cela, placez le pointeur de votre souris sur l'icône d'EasyPHP dans la zone d'état en bas à droite (petit E noir avec un point rouge qui clignote) et cliquez sur le bouton droit. Dans le menu contextuel qui s'affiche, cliquez sur Quitter. L'icône doit alors disparaître de la zone d'état. Vous pouvez arrêter votre ordinateur sans risque. Pour relancer EasyPHP, comme vous le ferez lors du prochain démarrage de votre ordinateur, parcourez le menu Programmes du bouton Démarrer puis, dans le dossier EasyPHP, cliquez sur l'icône du même nom pour redémarrer l'application. Une fenêtre EasyPHP s'affiche à l'écran afin de vous indiquer que les serveurs Apache et MySQL ont démarré (les deux voyants doivent être verts) ; vous pouvez redémarrer l'un des serveurs si son voyant reste rouge. Un curseur placé en haut à droite vous permet de sélectionner les informations que vous désirez afficher dans cette fenêtre (voir repère 2 de la figure 2-10). Réduisez ensuite cette fenêtre en cliquant sur le deuxième bouton placé à droite dans la barre de titre de la fenêtre (voir repère 1 de la figure 2-10). Par la suite l'icône clignotant dans la zone d'état indique que le serveur est actif.

À noter

Si le point rouge de l'icône ne clignote pas, votre serveur n'est pas opérationnel. Faites un clic droit sur l'icône et sélectionnez l'option Démarrer pour l'activer.

Figure 2-8

Arrêt d'EasyPHP : n'oubliez pas de quitter le serveur Web avant d'arrêter votre ordinateur pour ne pas causer de messages d'erreur lors de la fermeture de Windows.

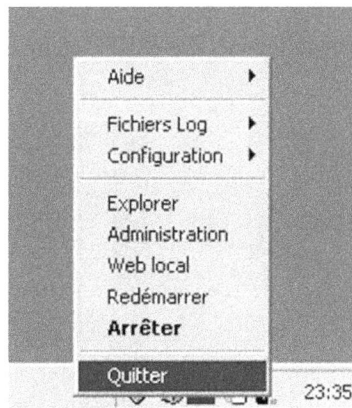

Découverte du menu d'EasyPHP

Le menu contextuel d'EasyPHP s'affiche lorsqu'on clique avec le bouton droit sur l'icône Easy-PHP (située dans la zone d'état, voir figure 2-9). Il permet d'accéder aux fonctions suivantes :

- `Aide` : rappelle la page d'introduction à PHP et permet d'accéder à l'assistance en ligne.

- `Fichier Log` : permet d'afficher toutes les erreurs produites par Apache ou MySQL.

- `Configuration` : affiche une fenêtre qui permet de modifier la configuration du logiciel et de s'assurer que le serveur Apache et MySQL fonctionnent correctement (dans ce cas, les deux voyants doivent être verts, voir figure 2-10).

- `Explorer` : donne accès à un explorateur Windows configuré pour s'ouvrir automatiquement dans le répertoire racine `www`.

- `Administration` : donne accès à un écran d'administration (voir figure 2-11), pour ajouter des alias (les alias permettent de placer vos scripts dans des répertoires différents de la racine du serveur Apache), accéder au gestionnaire de base de données phpMyAdmin, afficher un tableau récapitulatif des paramètres de configuration actuellement actifs (`phpinfo` : voir figure 2-12) ou encore la liste des extensions chargées et de toutes les fonctions correspondantes.

- `Web local` : donne accès au Web local (voir figure 2-13) et permet de tester toutes les pages développées, qui sont enregistrées dans des répertoires spécifiques pour chaque site sous la racine `www` (`C:\Program Files\EasyPHP\www\`).

- `Redémarrer` : permet de redémarrer le serveur Web Apache et le serveur de la base de données MySQL.

- `Démarrer` ou `Arrêter` : permet d'arrêter ou de démarrer EasyPHP.

- `Quitter` : ferme le logiciel EasyPHP (à faire impérativement avant d'arrêter son ordinateur).

Figure 2-9

Le menu d'EasyPHP s'affiche grâce à un simple clic droit sur son icône dans la zone d'état. Les différentes rubriques du menu vous permettent d'accéder à toutes les fonctions du logiciel.

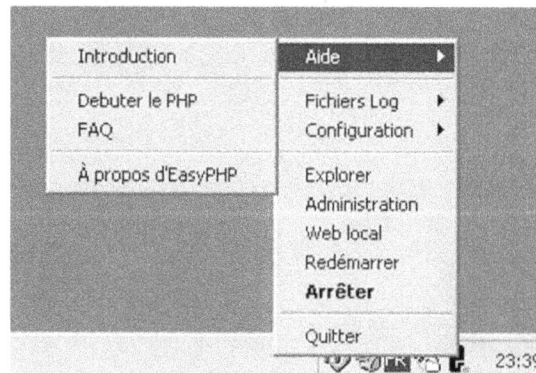

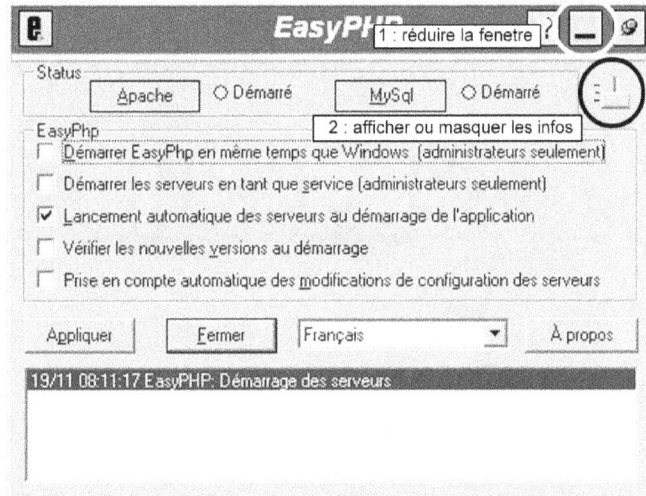

Figure 2-10

La fenêtre de la rubrique Configuration permet de s'assurer du bon fonctionnement du serveur Apache et du serveur MySQL ou encore de modifier les options d'EasyPHP.

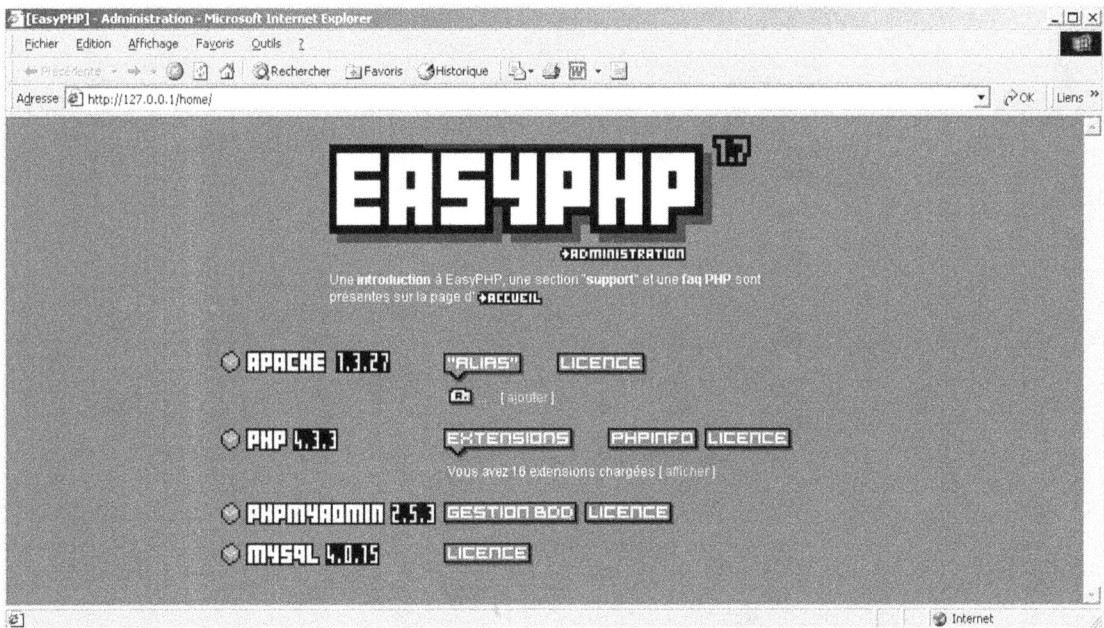

Figure 2-11

La page de la rubrique Administration permet d'ajouter ou de modifier des alias, d'afficher les informations relatives à l'environnement et surtout d'accéder à l'administrateur de la base de données phpMyAdmin.

Figure 2-12

La page phpinfo
affiche tous
les paramètres
de configuration PHP.

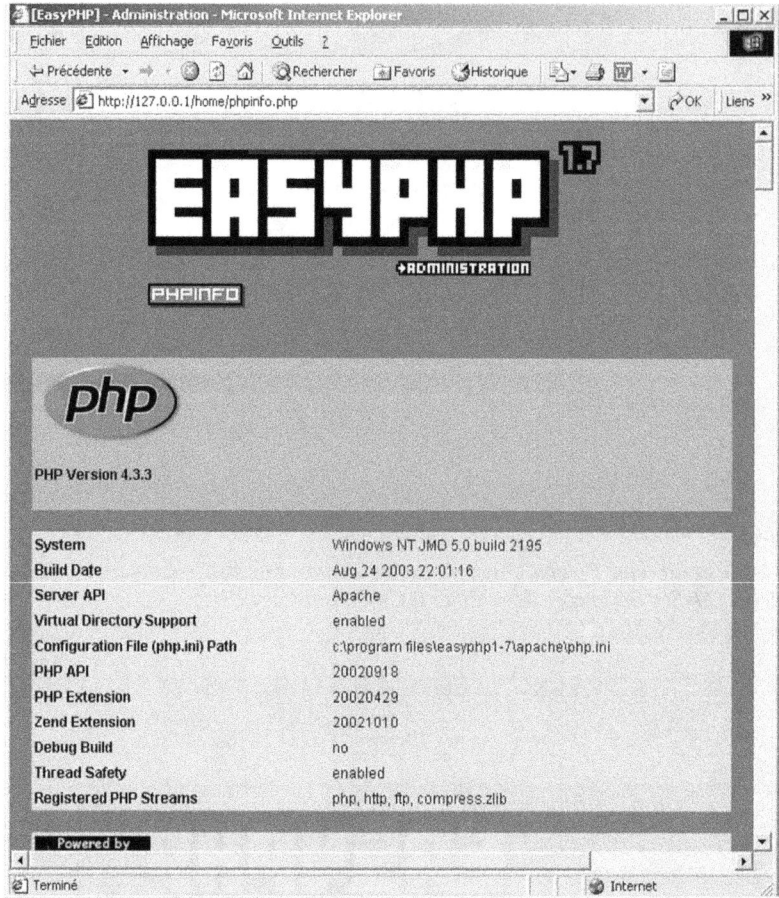

D'une version à l'autre

Selon la version d'EasyPHP et de votre système d'exploitation, les écrans et les procédures peuvent être très légèrement différentes. À titre d'exemple, nous avons utilisé la version 1.7 d'EasyPHP pour nos démonstrations ; si vous utilisez une version antérieure, le menu contextuel, qui s'affiche lorsqu'on clique droit sur l'icône Easyphp de la zone d'état (en bas à droite de l'écran), est organisé différemment. Il n'en demeure pas moins que le fonctionnement de ces logiciels reste identique d'une version à l'autre et que vous n'aurez pas de difficulté à adapter les procédures détaillées ici.

Test du serveur local

Pour tester le bon fonctionnement du serveur Web et du moteur PHP, nous allons commencer par créer un script PHP à l'aide d'un simple éditeur de texte. Ouvrez le Bloc-notes (notepad) de Windows à partir du menu Démarrer (Programmes>Accessoires>Bloc-notes) ou Simple Texte si vous utilisez un Macintosh. Saisissez ensuite les trois lignes de code suivantes dans l'éditeur :

```
< ?php
echo "Bonjour, PHP fonctionne" ;
?>
```

Enregistrez ensuite ce fichier dans C:\Programmes Files\EasyPHP\www\SITEflash sous le nom bonjour.php, en prenant soin de sélectionner le type Tous fichiers et en ajoutant au nom du fichier l'extension .php. Le répertoire SITEflash sera créé sous www lors de l'enregistrement (voir figure 2-14). Ce même répertoire sera utilisé dans les chapitres suivants pour tester certaines interactions entre des fichiers AS et des fichiers PHP, c'est pourquoi nous vous conseillons d'utiliser les mêmes conventions de nommage. De retour dans le bloc-notes, assurez-vous que le nom du fichier apparaît bien dans la barre de titre de la fenêtre (voir figure 2-15) puis fermez le bloc-notes.

Ne jamais supprimer le fichier index.php de la racine www.

La page Web local qui s'affiche quand vous faites un clic droit sur l'icône d'EasyPHP n'est ni plus ni moins que l'index.php qui se trouve à la racine www. Si vous tenez à conserver cette page qui affiche les différents répertoires de vos sites, il faudra veiller à ne pas supprimer ce fichier. Enfin, nous vous conseillons de créer un répertoire différent sur cette même racine à chaque fois que vous ajouterez un nouveau site sur votre serveur local. Cela vous permettra d'accéder à vos différents sites très facilement depuis la page du Web local.

Figure 2-13

La page Web local correspond à la racine du serveur installée par la suite EasyPHP (actuellement vide car nous n'avons pas encore créé de pages).

Figure 2-14

Enregistrez votre premier script sous le nom bonjour.php en vous assurant que le type de fichier sélectionné est bien Tous fichiers.

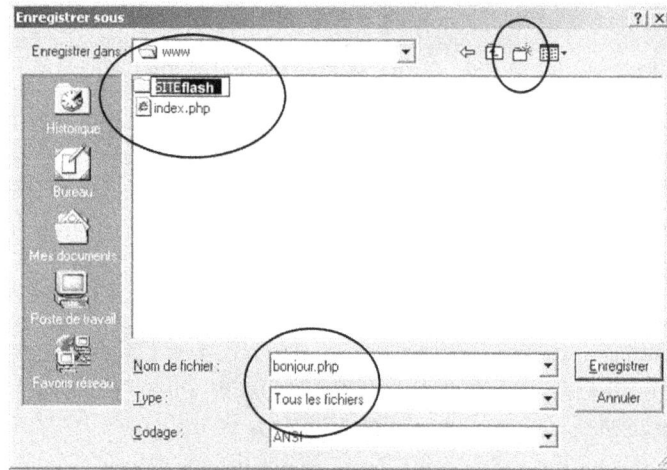

Figure 2-15

Après son enregistrement, la barre de titre du bloc-notes doit afficher bonjour.php.

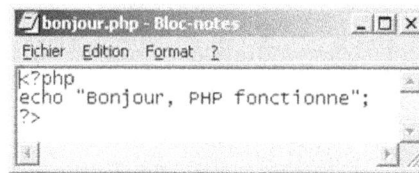

Ouvrez maintenant la page Web Local à partir du menu contextuel d'EasyPHP (clic droit sur l'icône E de la zone d'état). Le répertoire SITEflash doit apparaître (voir figure 2-16). Cliquez sur le lien SITEflash pour ouvrir une fenêtre qui dresse la liste de tous les fichiers contenus dans ce répertoire : dans le cas présent, nous retrouvons uniquement notre fichier bonjour.php (voir figure 2-17).

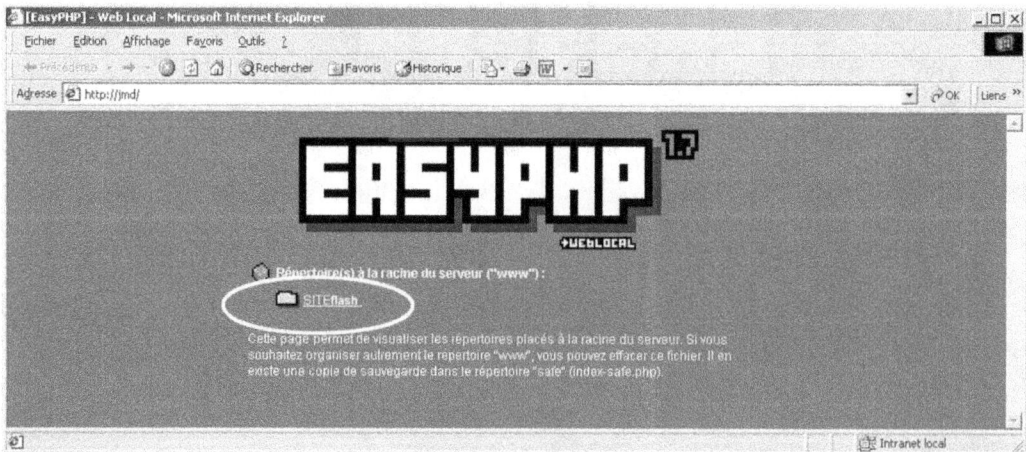

Figure 2-16

La page Web local permet d'accéder au répertoire SITEflash.

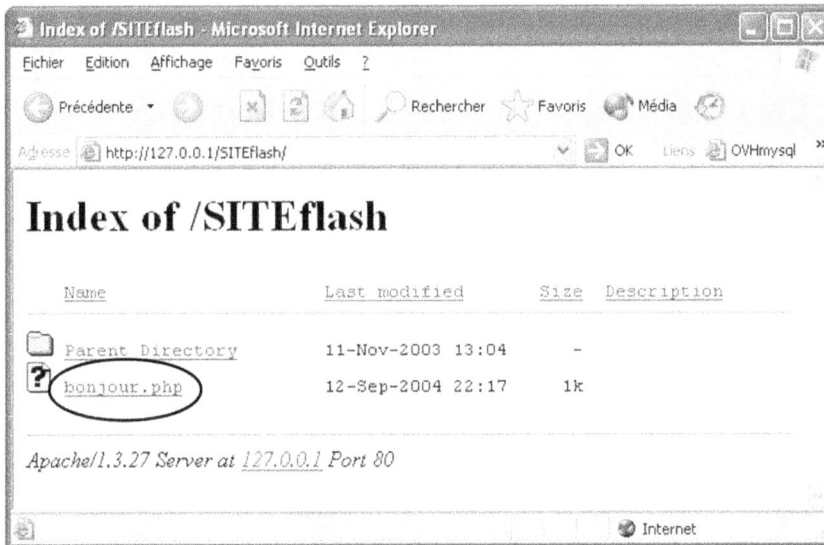

Figure 2-17

Dans le répertoire SITEflash, nous retrouvons le fichier bonjour.php précédemment créé.

Si vous cliquez maintenant sur le fichier bonjour.php, vous envoyez une requête au serveur Apache pour ouvrir le fichier dans le navigateur. Si le serveur Web et le moteur PHP fonctionnent correctement, le message « Bonjour, PHP fonctionne » doit s'afficher dans le navigateur (voir figure 2-18). Il est d'ailleurs intéressant d'observer le code source envoyé au navigateur en cliquant sur Source dans le menu Affichage (voir figure 2-19). On remarque que le code ne comporte plus les balises PHP ni l'instruction echo saisies lors de la création du fichier (revoir figure 2-15), mais uniquement le message affiché dans le navigateur. En effet, lors de l'appel du fichier, celui-ci est d'abord exécuté par le moteur PHP du serveur Apache et c'est la page résultante qui est ensuite envoyée au navigateur pour son interprétation finale (revoir le concept des sites dynamiques au chapitre 1).

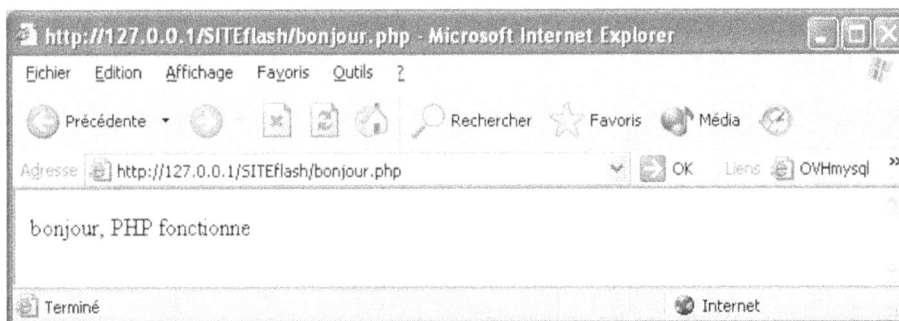

Figure 2-18

Lors de l'appel du fichier bonjour.php, le message d'accueil doit s'afficher dans le navigateur si le serveur fonctionne correctement.

Figure 2-19

En observant le code source du fichier interprété par le navigateur, on remarque qu'il ne comporte plus aucune trace d'instructions PHP.

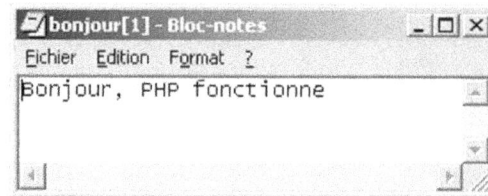

Configuration du fichier php.ini

Le fichier php.ini permet de configurer de nombreux paramètres et options d'exécution de PHP. Il est lu à chaque démarrage du serveur Apache. Il suffit donc de redémarrer celui-ci pour que les nouvelles options soient prises en compte. Pour vos premiers tests, nous vous conseillons de l'utiliser avec ses options par défaut. Par la suite, vous pourrez facilement le modifier à l'aide d'un simple éditeur. Dans EasyPHP 1.7, ce fichier se trouve dans le répertoire EasyPHP1-7/apache/ et si vous l'ouvrez à partir d'un éditeur, vous découvrirez un grand nombre de paramètres accompagnés de commentaires qui vous guideront dans leur configuration. Parmi ces paramètres, nous avons choisi de vous en présenter trois dont il conviendra de vérifier la configuration :

- magic_quote_gpc : s'il est initialisé avec la valeur On, ce paramètre permet de préfixer automatiquement les apostrophes d'un texte envoyé par un formulaire ou issu d'un cookie avant de l'enregistrer dans la base MySQL. Il évite d'avoir à utiliser les fonctions addSlashes() et stripSlashes() à chaque insertion.

- register_globals : s'il est initialisé avec la valeur On, ce paramètre permet d'utiliser les variables globales (variables simples comme $var1) lors du passage d'une variable d'une page à l'autre (GET) ou de la récupération de la valeur d'un champ de formulaire (GET ou POST). Cette option est configurée par défaut à Off depuis la version 4.2 du PHP, ce qui contraint à utiliser les tableaux des variables serveur ($_POST['var1'], $_GET['var1']…). Vous pouvez configurer ce paramètre à On si vous utilisez des anciens scripts et que vous ne souhaitez pas les modifier. Cependant, nous vous conseillons vivement de laisser sa valeur à Off si vous développez de nouveaux scripts afin qu'ils soient exploitables quelle que soit la version du PHP.

- error_reporting : cette option peut être paramétrée selon le niveau de contrôle des scripts souhaité. Dans les dernières version de PHP (c'est le cas de la version 4.3.3 livrée avec easyphp 1.7), elle est configurée par défaut avec la valeur E_ALL qui est le niveau maximal de contrôle. Avec ce paramétrage, toutes les variables non initialisées provoqueront automatiquement un message d'alerte (Undefined variable). Si vous désirez les éviter, vous pouvez remplacer la valeur actuelle par E_ALL & ~ E_NOTICE.

Remarque pour PHP 4.0.2 et les versions antérieures

Pour ceux qui disposent encore d'une version de PHP antérieure à 4.0.2, sachez que si vous désirez utiliser les tableaux de variables HTTP, il faudra vous assurer au préalable que le paramètre track_var est bien configuré à On dans le fichier php.ini (pour toutes les versions ultérieures, ce paramètre sera toujours activé par défaut).

Gestion des extensions PHP

Extensions installées par défaut

Les extensions PHP sont des bibliothèques de fonctions dédiées à une utilisation spécifique. Il existe ainsi des extensions dédiées à MySQL, aux sessions ou encore au transfert ftp.

Lorsque vous avez installé EasyPHP, certaines extensions PHP ont été installées par défaut et sont donc immédiatement disponibles. La liste de ces extensions est affichable depuis l'écran administration en cliquant sur le lien afficher situé juste en dessous de la rubrique PHP 4.3.3 Extensions (voir figure 2-20).

Les différentes fonctions de ces extensions peuvent aussi être listées sur ce même écran en cliquant sur le lien fonctions en regard de l'extension visée.

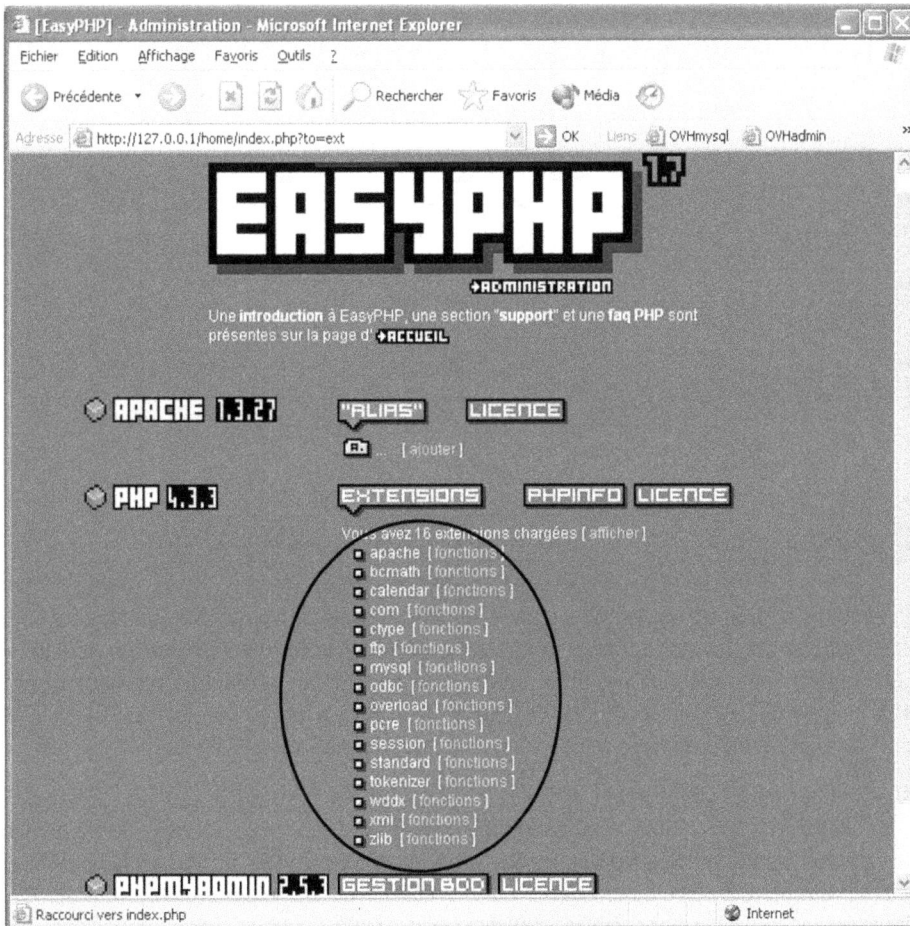

Figure 2-20

Liste des extensions installées par défaut avec EasyPHP.

Installation d'extensions supplémentaires

Si vous désirez installer une nouvelle extension PHP, il vous faudra l'activer avant que ses fonctions soient utilisables dans vos futurs scripts. Pour cela, cliquez avec le bouton droit sur l'icône EasyPHP en bas à droite de votre écran. Choisissez ensuite l'option Configuration puis Extensions php. Dans la fenêtre PHP Extensions, cochez l'extension désirée (pour illustrer notre procédure, nous choisirons l'extension php_domxml) puis validez en cliquant sur le bouton Appliquer.

Figure 2-21

Pour installer une extension, ouvrez la fenêtre PHP extensions, cochez l'extension désirée et cliquez sur le bouton Appliquer.

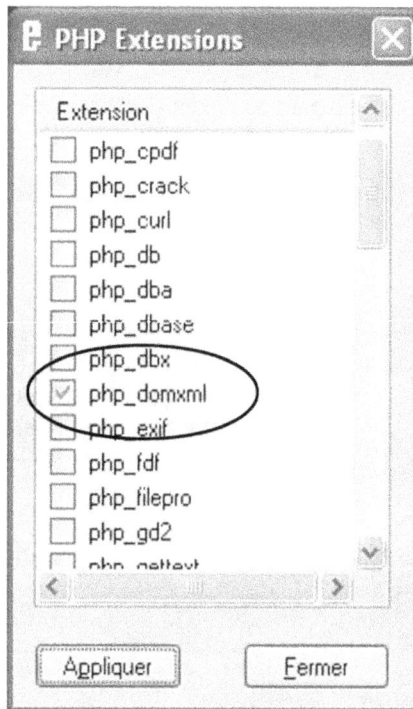

Selon la configuration de votre ordinateur, il se peut qu'une DLL soit manquante et qu'un message d'erreur indique que l'installation de l'extension est impossible. Pour illustrer la démarche, admettons que la DLL iconv.dll n'ait pas été trouvée. Pour résoudre ce problème, vous devrez alors copier la DLL manquante depuis le répertoire EasyPHP1-7\www\php\ vers le répertoire WINDOWS\ system32\ (voir figure 2-22 dans le cas d'un système d'exploitation XP).

Vous pouvez procéder de la même manière si plusieurs DLL sont manquantes. Ensuite, retournez dans la fenêtre PHP extensions pour renouveler votre demande d'installation de l'extension. Après son installation, vous devriez la voir apparaître ainsi que toutes ses fonctions dans la liste des extensions installées (voir figure 2-23).

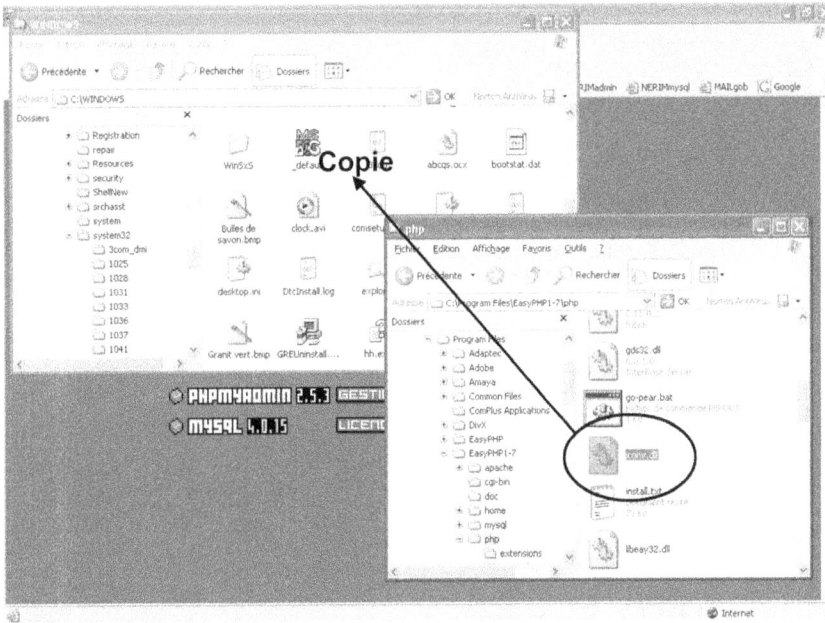

Figure 2-22

Copie d'une DLL manquante.

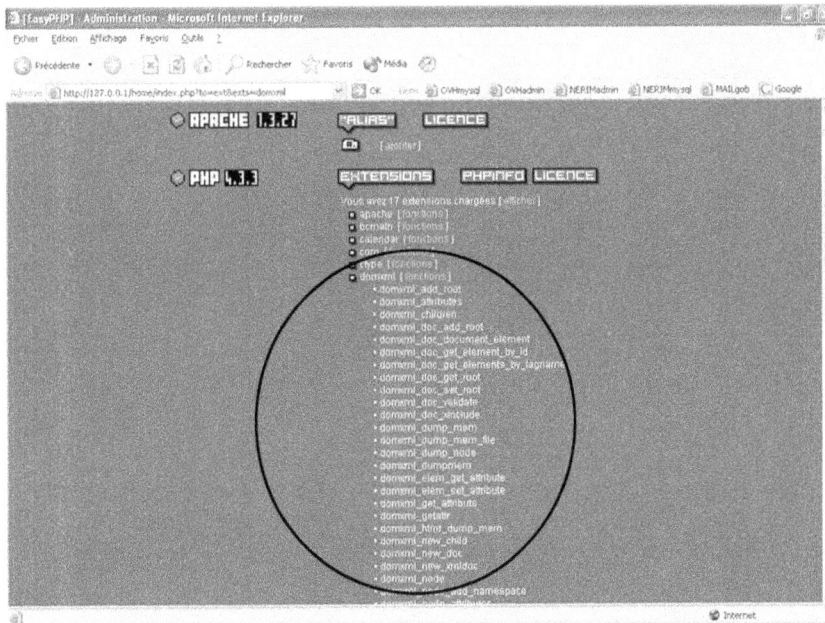

Figure 2-23

Après son installation, la nouvelle extension et ses fonctions doivent être visibles depuis l'écran d'administration.

Gestionnaire phpMyAdmin

La suite EasyPHP comprend aussi une base de données MySQL et son gestionnaire phpMyAdmin. Pour accéder au gestionnaire phpMyAdmin et administrer la base de données, il faut cliquer sur l'icône d'EasyPHP avec le bouton droit, puis sélectionner l'option Administration. Dans l'écran d'administration, cliquez ensuite sur le lien phpMyAdmin (voir figure 2-24).

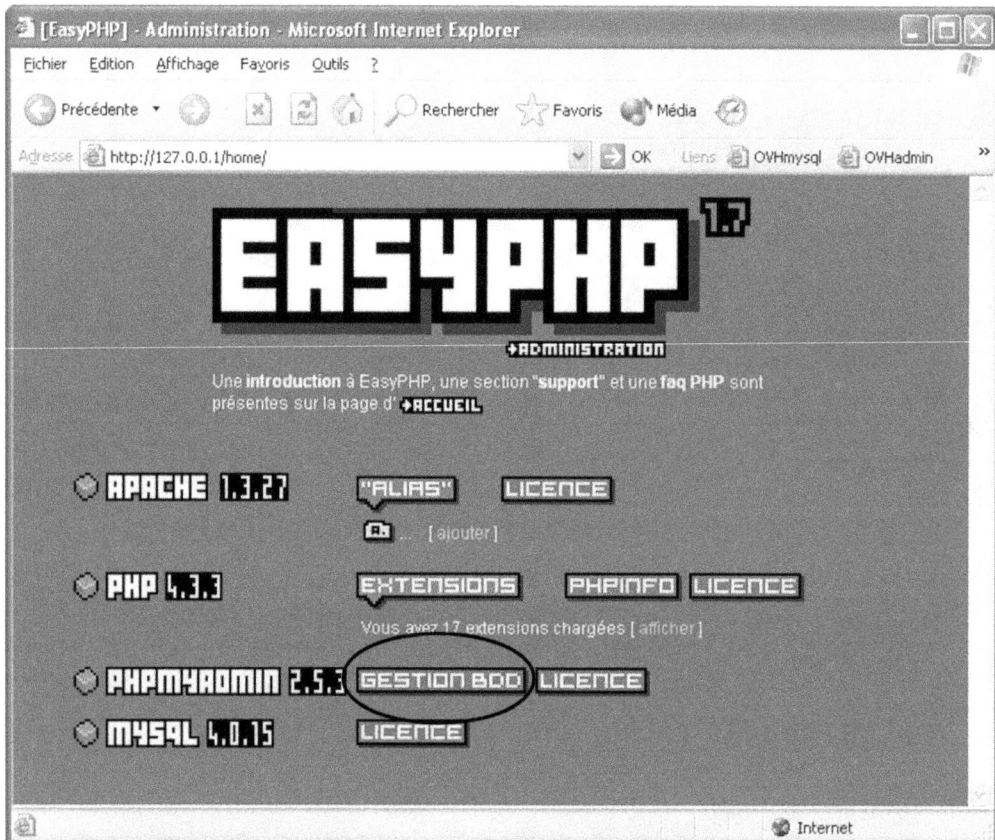

Figure 2-24

Pour accéder au gestionnaire de la base de données MySQL, il faut cliquer sur le lien phpMyAdmin de l'écran d'administration.

L'interface du gestionnaire phpMyAdmin s'affiche alors dans le navigateur (voir figure 2-25). Les différentes fonctionnalités de ce gestionnaire seront présentées en détail dans le chapitre 16.

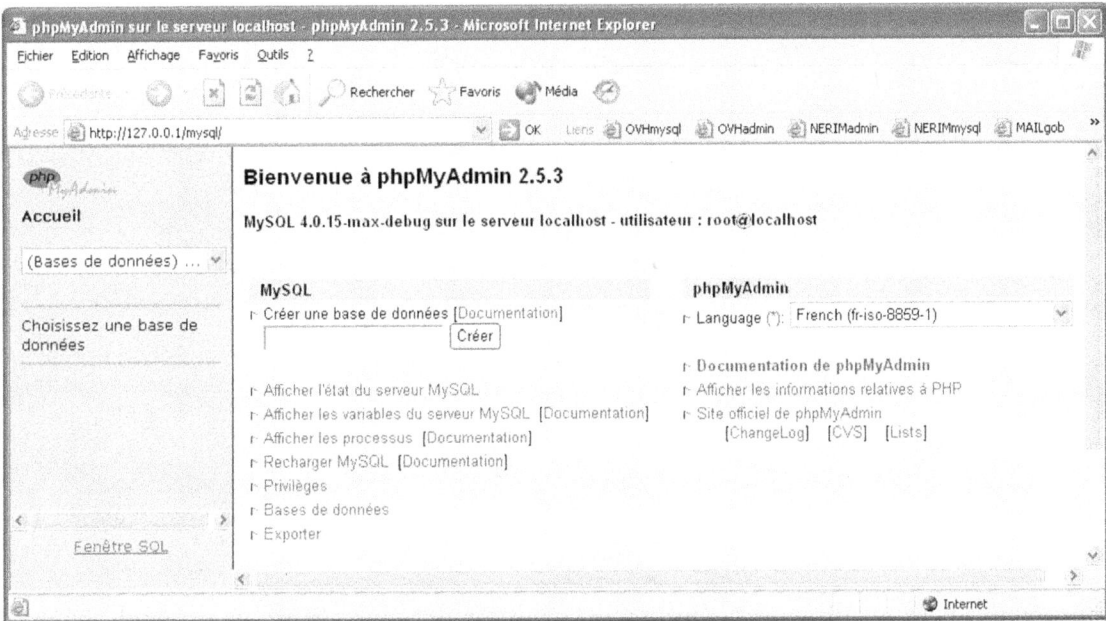

Figure 2-25

Interface du gestionnaire de base de données phpMyAdmin.

3

Interface Flash MX 2004

Présentation de l'interface

Ce chapitre présente les différentes fonctionnalités de l'interface dédiées à la programmation ActionScript. Les concepts de base de l'interface Flash et les fonctionnalités utilisées pour créer de simples animations ne seront donc pas abordés. Nous vous invitons à consulter un ouvrage d'initiation à Flash MX 2004 si vous ne maîtrisez pas encore ces fonctionnalités.

Flash MX 2004 standard ou professionnel

Flash MX 2004 est désormais décliné en deux versions : Flash MX 2004 et Flash MX professionnel 2004 (Flash Pro). Nous étudierons les fonctionnalités spécifiques à la version Pro. La majorité des applications présentées dans cet ouvrage peut être réalisée avec la version de base, mais pour réaliser des animations Flash avancées, l'idéal est de disposer de la version Pro (pour réaliser les visuels de cet ouvrage, nous avons utilisé la version 7.2. Il se peut que de petites différences apparaissent si vous ne disposez pas de la même version).

Outre les fonctions disponibles dans la version standard de Flash MX 2004, Flash MX Professionnel 2004 propose les fonctions suivantes :

- Un éditeur intégré de fichier ActionScript externe (.as) — Avec cet éditeur, il n'est plus nécessaire de faire appel à un éditeur externe pour rédiger les fichiers de déclarations de classe ou autres fichiers de librairies de fonctions externes. Cet éditeur intégré met à votre disposition une assistance à la saisie de code ActionScript.

- Un environnement visuel de programmation par écran — Vous pouvez créer deux types d'écrans différents dans ce mode de programmation : des diapositives (présentations séquentielles) et des formulaires. Un diaporama Flash utilise des diapositives comme type d'écran par défaut (le comportement par défaut permet aux utilisateurs de naviguer entre les diapositives à l'aide de touches fléchées). Une application de formulaires Flash utilise des formulaires comme type d'écran par défaut. Toutefois, vous pouvez mélanger des diapositives et des formulaires dans un même document composé d'écrans, afin de tirer profit de leurs fonctionnalités respectives et de créer une structure complexe dans une présentation ou une application.

• De nouveaux composants avancés (version 2) — Les nouveaux composants de Flash MX professionnel 2004 proposent des fonctionnalités nouvelles comme la prise en charge de la gestion du focus qui permet, par exemple, de contrôler la navigation par tabulation. Pour information, le système des composants Flash permet aux programmeurs de créer des fonctionnalités puis de les encapsuler dans des composants que les concepteurs pourront ensuite utiliser et personnaliser dans leurs applications.

• Un nouveau système de liaison des données — Ce nouveau système de liaison de données fournit une architecture souple basée sur des composants et un modèle d'objet qui permet de se connecter à des sources de données externes (côté serveur), de gérer les données et de les lier aux composants d'interface utilisateur (côté client). Actuellement, les serveurs utilisant ces composants sont basés sur des technologies de type Cold Fusion, J2EE ou encore ASP.NET.

• Des connecteurs de données prédéfinis pour les services Web et XML — De nouveaux composants vous permettent de vous connecter facilement aux services Web et aux sources de données XML (composant `Tree`, par exemple).

• Un nouveau panneau de gestion de projet — Le panneau Projet permet la gestion centralisée de plusieurs documents dans une seule et même entité projet (les informations d'un projet sont mémorisées dans un fichier xml portant l'extension .flp). Ce nouveau type d'élément Flash permet de regrouper plusieurs fichiers associés pour créer des applications complexes. De plus, des fonctions de contrôle de la version permettent de s'assurer que l'on travaille sur les versions de fichiers adéquates, afin d'éliminer tout risque d'écrasement accidentel des informations (idéal pour des utilisateurs qui travaillent en équipe).

Découverte de l'interface

Utilisez la version de Flash MX 2004 dont vous disposez et commençons la présentation de l'interface. Dès le lancement de l'interface auteur, un panneau central s'affiche (voir figure 3-1). Sa partie haute est divisée en trois zones qui vous permettent d'ouvrir rapidement un élément récent, de créer un nouvel élément (avec Flash Pro plusieurs types d'éléments sont proposés : voir figure 3-2) ou encore de créer un nouvel élément selon un modèle spécifique (formulaire, diaporama, vidéo…). Pour continuer la découverte de l'interface, nous allons créer un nouveau document Flash en cliquant sur le petit dossier situé dans la partie gauche du panneau central (le panneau central doit ensuite être remplacé par la fenêtre du scénario et la zone de la scène).

Figure 3-1

Interface de Flash MX 2004 (standard).

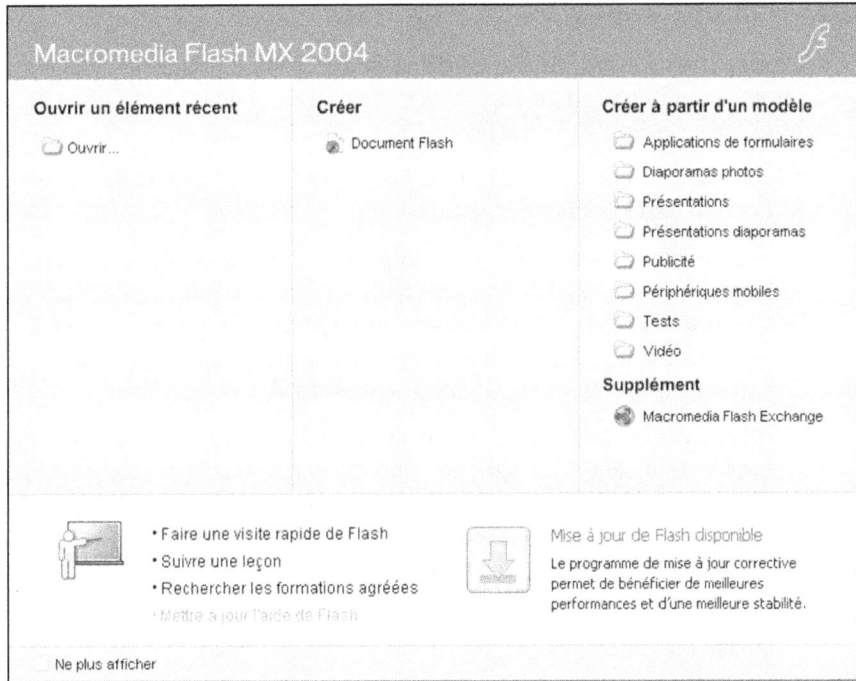

Figure 3-2

Interface de Flash MX professional 2004.

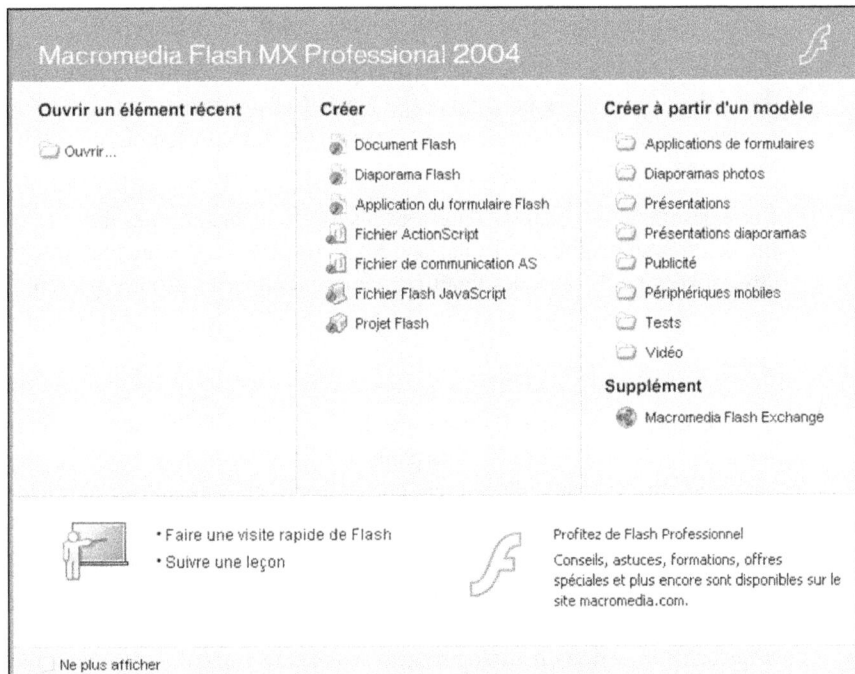

Les différents éléments de l'interface

Comme nous l'avons précisé en début de ce chapitre, toutes les fonctionnalités de l'interface ne seront pas présentées dans cet ouvrage. Cependant, il nous semble utile de rappeler les fonctions de ses éléments principaux (voir figure 3-3) :

- Zone de la scène — La scène est la zone de travail centrale de l'interface qui contient tous les éléments de l'animation (repère 1).

- Fenêtre du scénario — Le scénario permet d'organiser les différentes images d'une animation. Cette zone est constituée de lignes (les calques) et de colones (les étapes de l'animation). L'intersection d'une ligne et d'une colonne correspond à une image de la scène. Lors de la lecture d'une animation, la tête de lecture du Player se déplace d'une étape à l'autre à la cadence définie dans l'animation (par exemple : 12 images par seconde), (repère 2).

- Fenêtre des propriétés — La fenêtre des propriétés, appelée aussi « inspecteur de propriétés », permet de modifier les attributs d'un document ou objet sans avoir à accéder aux menus ou panneaux qui contiennent ces mêmes fonctionnalités (repère 3). Selon ce qui est sélectionné, la fenêtre des propriétés affiche d'une manière contextuelle les informations et les paramètres d'un document, d'un texte, d'un symbole, etc.

- Barre d'outils principale — Permet d'accéder rapidement aux principaux outils pour créer ou modifier les différents éléments d'une animation (repère 4).

- Barre d'outils d'édition — Semblable aux barres d'édition que l'on retrouve dans la plupart des éditeurs (Word, etc.), elle permet d'accéder aux tâches usuelles de gestion d'un document (nouveau, ouvrir, enregistrer, copier, couper, coller, etc.), (repère 5).

- Panneaux (Actions, Composant, Historique…) — De nombreux panneaux permettent de créer ou de paramétrer les éléments d'un projet Flash. Ces panneaux sont classés selon leur usage (création graphique, développement ou autres) (repère 6). Nous présentons en détail le panneau Actions plus loin dans ce chapitre.

- Barre des menus — Comme dans tous les logiciels, la barre des menus permet d'accéder à la totalité des fonctionnalités de l'interface Flash (repère 7). Ces mêmes fonctionnalités peuvent aussi être activées par le biais des fenêtres, panneaux et barres d'outils présentés précédemment.

Aménagez votre interface

Dans sa configuration de base, l'interface de Flash MX 2004 présente différents panneaux ancrés par défaut à des endroits spécifiques. Ces panneaux vous permettent d'afficher, d'organiser et de modifier les actifs et leurs attributs. Ils peuvent être déplacés en cliquant sur la poignée située à gauche de la zone de titre, et en maintenant le bouton de la souris enfoncé lors de leur déplacement vers l'endroit désiré. Les panneaux peuvent aussi être affichés, masqués pour laisser la scène apparente (la touche F4 masque ou affiche tous les panneaux) ou redimensionnés. Si certains panneaux n'apparaissent pas dans l'interface, vous pouvez les activer (ou les désactiver) depuis le menu en sélectionnant Fenêtre puis en cochant (ou décochant) le panneau désiré dans l'une des trois familles de panneaux : panneaux graphiques, panneaux développement ou autres panneaux.

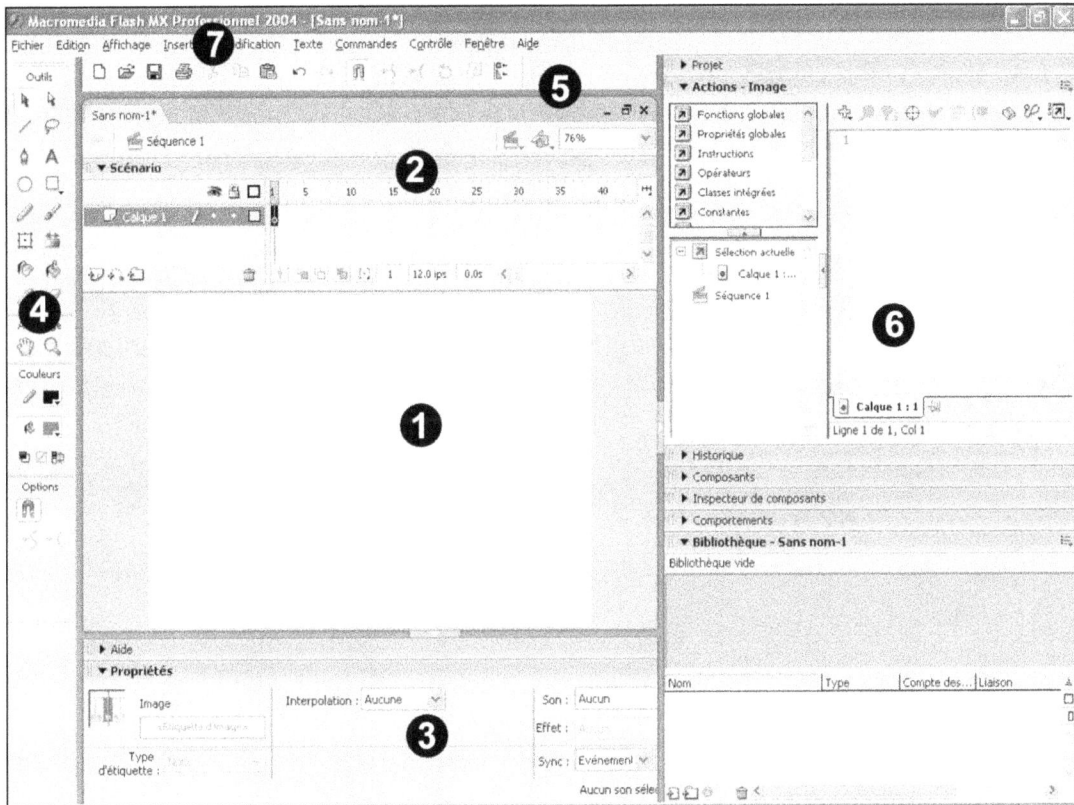

Figure 3-3

Principaux éléments de l'interface Flash.

Utilisez le menu contextuel et les raccourcis clavier

Vous pouvez afficher un menu contextuel en cliquant sur le bouton droit de la souris (ou avec la touche Ctrl pour un Macintosh). Le menu est différent selon la position du curseur et vous propose les commandes spécifiques à l'élément pointé. Par exemple, lorsque vous sélectionnez une image dans la fenêtre Scénario, le menu contextuel contient les commandes permettant de créer, de supprimer ou de modifier des images et des images clés. Des menus contextuels existent pour de nombreux éléments et contrôles des différents emplacements, tels que la scène, le scénario, le panneau Bibliothèque ou le panneau Actions.

L'utilisation des raccourcis clavier de Flash est une autre façon d'accéder aux différentes tâches de l'interface. De nombreux raccourcis clavier intégrés sont déjà programmés mais vous pouvez les personnaliser selon vos habitudes et même ajouter une série complète de raccourcis utilisés dans une autre application (Fireworks, Illustrator, Photoshop...). Les raccourcis clavier correspondant aux différentes tâches de l'interface sont affichés à droite de chaque option disponible depuis la barre de menu. Pour ajouter vos propres raccourcis clavier, il suffit d'afficher la fenêtre Raccourcis clavier depuis le menu : Edition puis Raccourcis clavier (ou Flash puis Raccourcis clavier pour un Macintosh). Au cours de cet ouvrage, nous indiquerons de nombreux raccourcis clavier et nous vous invitons à les mémoriser et à les utiliser le plus souvent possible.

Les menus contextuels et les raccourcis clavier vous font gagner du temps.

Afin d'obtenir l'environnement le plus adapté au développement d'ActionScript, nous vous conseillons de déplacer le panneau Actions dans la partie droite de l'interface et d'activer les fenêtres Historiques et Bibliothèques. Si votre ordinateur dispose de deux écrans, nous vous conseillons de détacher le panneau Actions de l'interface Flash et de le placer dans le second écran afin de pouvoir ajuster sa dimension librement. Vous pouvez évidemment effectuer d'autres modifications de l'environnement par défaut pour l'adapter à vos besoins.

Une fois l'agencement des panneaux réalisé, enregistrez-le en lui attribuant l'étiquette « développement ». Pour cela, sélectionnez l'entrée Fenêtre depuis le menu puis Enregistrez la disposition des panneaux. Une fenêtre apparaît. Saisissez « développement » dans le champ de cette fenêtre puis validez. La disposition de vos différents éléments d'interface est maintenant mémorisée. Pour revenir à la disposition par défaut depuis le menu Fenêtre, sélectionnez Jeu de panneaux puis Disposition par défaut. Pour rappeler la disposition précédemment enregistrée, sélectionnez son étiquette (soit déve-loppement) dans la liste des options (voir figure 3-4).

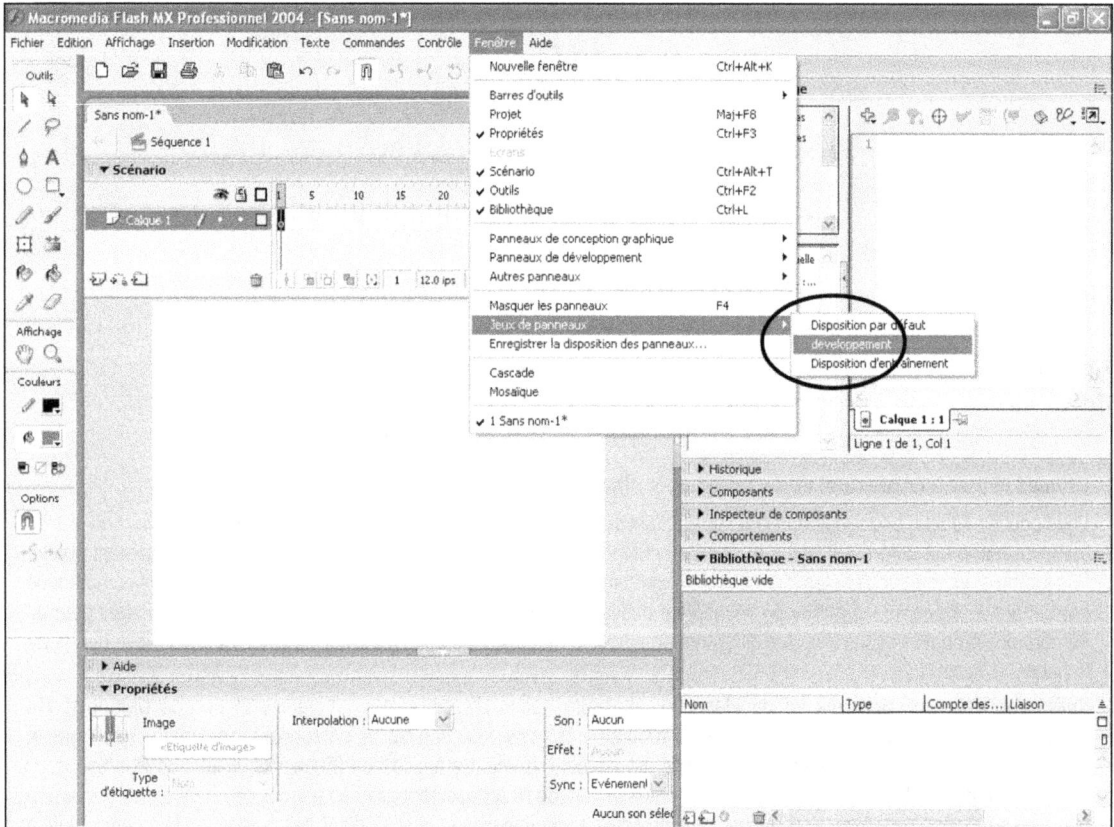

Figure 3-4

Modification de l'agencement des panneaux.

Le panneau Actions

Le panneau Actions permet de créer et de mettre au point des lignes de codes ActionScript associées à un gestionnaire d'événement ou intégrées à une image. Dans la section précédente, nous avons configuré l'interface Flash afin que le panneau Actions soit toujours actif et placé dans la partie droite de l'interface. S'il n'est pas visible, vous pouvez l'activer par le menu en sélectionnant l'entrée Fenêtre puis l'option Panneaux de développement et Actions. Pour dérouler le panneau Actions, il suffit de cliquer sur la petite flèche située dans la zone de tête du panneau ou d'utiliser le raccourci clavier F9.

La panneau Actions est divisé en trois parties (voir figure 3-5) :

- Éditeur de script — zone de saisie du code (repère 1).
- Boîte à outils — liste des commandes classées par thèmes (repère 2).
- Navigateur de script — affiche la structure hiérarchique des éléments de l'animation et permet d'afficher dans la fenêtre de script le code placé sur un élément par une simple sélection de ce dernier dans l'arborescence (repère 3).

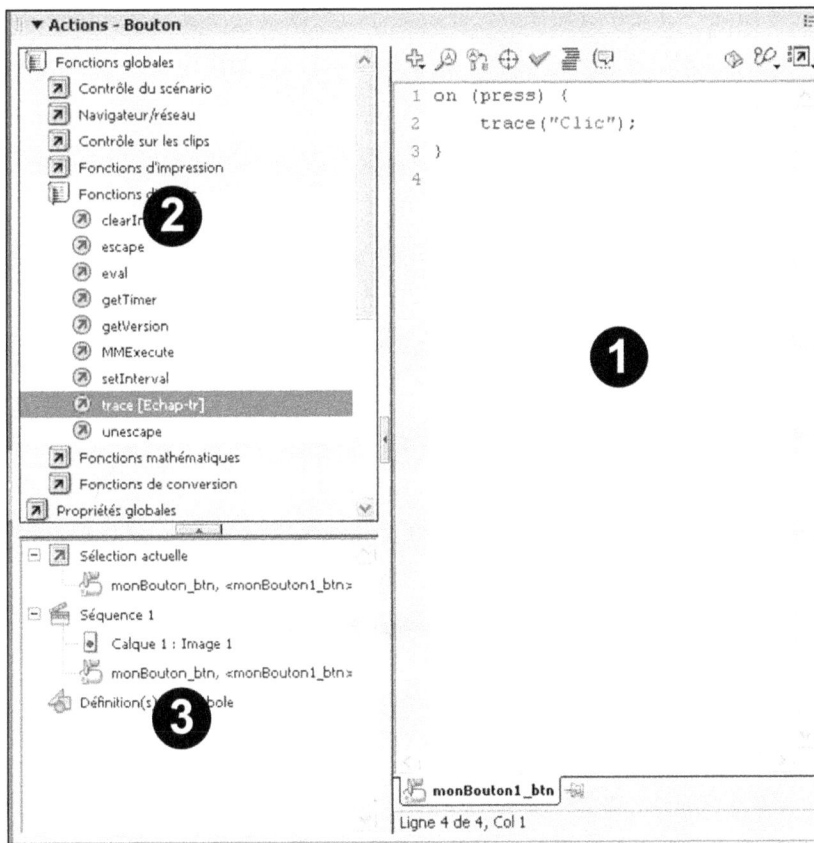

Figure 3-5

Les trois parties du panneau Actions.

Il est possible de modifier l'apparence du panneau Actions en affichant le navigateur de script dans sa partie gauche (en cliquant sur le bouton A de la figure 3-6) ou en affichant la fenêtre de script dans toute la zone du panneau (en cliquant sur le bouton B de la figure 3-6). Vous pouvez ainsi adapter la configuration du panneau à votre niveau et à vos besoins (voir figure 3-6). En pratique, la boîte à outils est fréquemment masquée car les ressources sont disponibles à partir du bouton + de la fenêtre de script (voir figure 3-7).

Figure 3-6

Les deux boutons A et B permettent d'afficher ou de masquer certaines zones du panneau Actions.

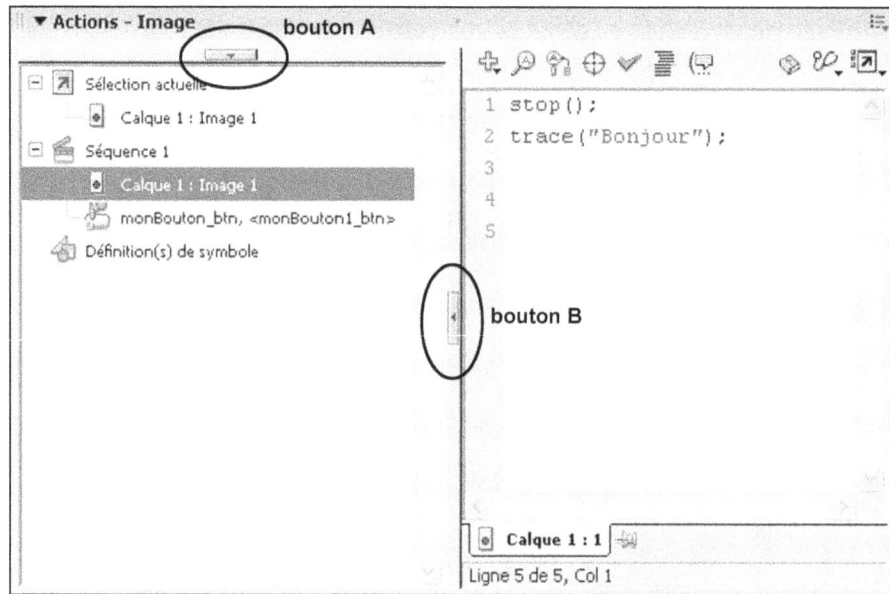

Figure 3-7

Les ressources sont accessibles depuis le bouton + de la fenêtre de script. La zone de la boîte à outils est donc souvent masquée.

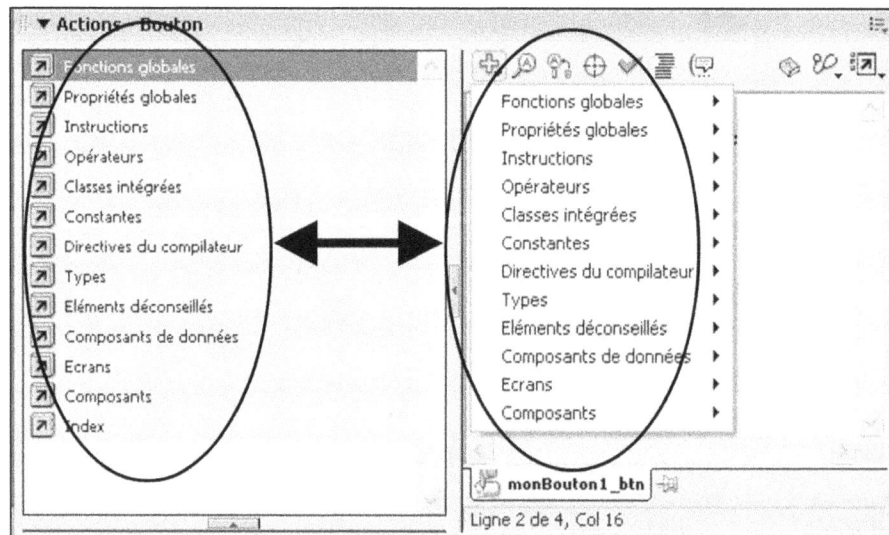

Dans les versions précédentes de Flash, il existait deux modes d'édition : le mode Normal (mode assisté dans lequel vous complétiez des options et des paramètres pour créer du code) et le mode Expert (mode destiné aux programmeurs confirmés dans lequel vous ajoutiez des commandes directement dans la fenêtre de script). L'éditeur ActionScript de Flash MX 2004 ne propose plus désormais qu'un seul mode d'édition dont nous allons vous présenter les particularités.

Où devez-vous enregistrer vos scripts AS ?

Vos fichiers ActionScript peuvent être enregistrés dans le répertoire de votre choix. Cependant, comme vous serez amené par la suite à tester vos documents Flash en interaction avec des programmes PHP, il est judicieux d'enregistrer dès maintenant vos scripts AS dans un sous-répertoire du dossier www d'EasyPHP (www est la racine du serveur local). Par exemple, pour les scripts de démonstration présentés ci-après, nous avons créé un répertoire nommé SITEflash placé dans le dossier racine www d'EasyPHP dont voici le chemin complet :

```
C:\Program Files\EasyPHP1-7\www\SITEflash\
```

Le navigateur de script

Le navigateur de script est une des nouveautés de Flash MX 2004. C'est une représentation visuelle de la structure de votre fichier FLA qui vous permet de le parcourir pour localiser rapidement du code ActionScript.

Pour ajouter du code ActionScript à une animation, il faut en premier lieu sélectionner l'élément sur lequel sera intégré le code (image clé du scénario, clip ou bouton). Si aucun élément valide n'est sélectionné, la saisie de code est impossible. La première branche du navigateur de script Sélection actuelle indique quel élément est sélectionné (voir figure 3-8). Lors de l'ouverture d'un nouveau document Flash, c'est la première image clé qui est sélectionnée par défaut. Dès qu'une ligne de code a été ajoutée à un élément, elle apparaît dans la seconde branche du navigateur de script correspondant à la séquence en cours : Séquence 1 (si l'élément est placé directement sur le scénario principal) ou dans la branche Définition des symboles portant le nom du clip parent (s'il s'agit d'un clip enfant placé sur un clip père)(voir figure 3-8). La branche Définition des symboles représente les symboles (semblable au contenu de la bibliothèque) avec les différentes images clés comportant du code de leur scénario respectif.

À noter

Pour qu'un symbole puisse être accessible depuis la branche Définition des symboles, il faut qu'au moins une des images clés de son scénario possède une ligne de code.

Lorsque plusieurs éléments comportent du code, vous pouvez ensuite passer de l'un à l'autre par une simple sélection (un seul clic) de l'élément désiré dans la branche Séquence 1 ou dans l'une des branches Définition des symboles s'il y a plusieurs niveaux de clip (le code de l'élément sélectionné s'affiche alors dans la fenêtre de script).

Dans l'exemple de la figure 3-8, l'élément sélectionné monClipEnfant1_mc est placé sur un clip parent monClip1_mc, lui-même placé sur le scénario principal.

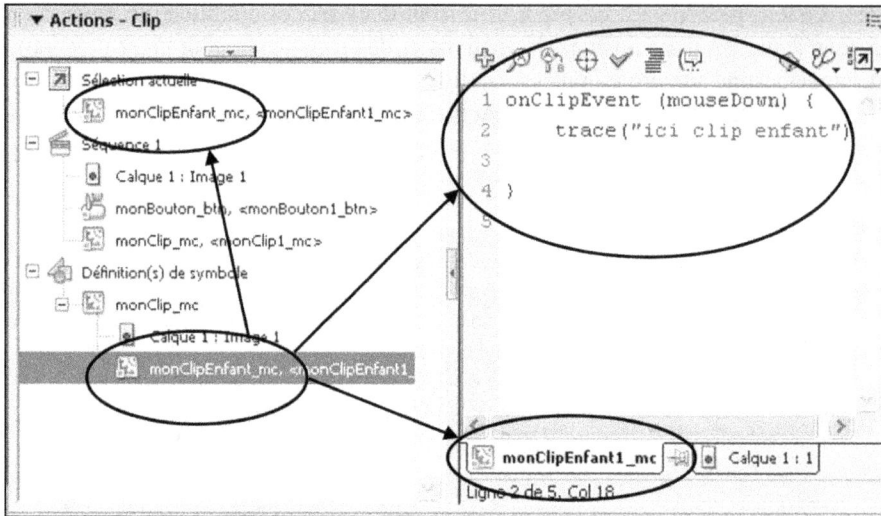

Figure 3-8

La sélection d'un élément dans le navigateur de script permet d'afficher le code en rapport dans la fenêtre de script.
D'autre part, l'élément sélectionné est indiqué dans la branche Sélection actuelle ainsi qu'en bas de la fenêtre de script.

Il est également possible de verrouiller un script spécifique en réalisant un double-clic sur l'élément auquel il est attaché. Lorsqu'un script est verrouillé, il est accessible grâce aux onglets placés en bas de la fenêtre (voir figure 3-9). On peut ainsi verrouiller plusieurs script et passer de l'un à l'autre très rapidement (l'onglet le plus à gauche affiche toujours la sélection effectuée dans la structure du FLA). Pour déverrouiller une fenêtre de script, il suffit de la sélectionner et de cliquer sur la petite punaise située à droite du premier onglet.

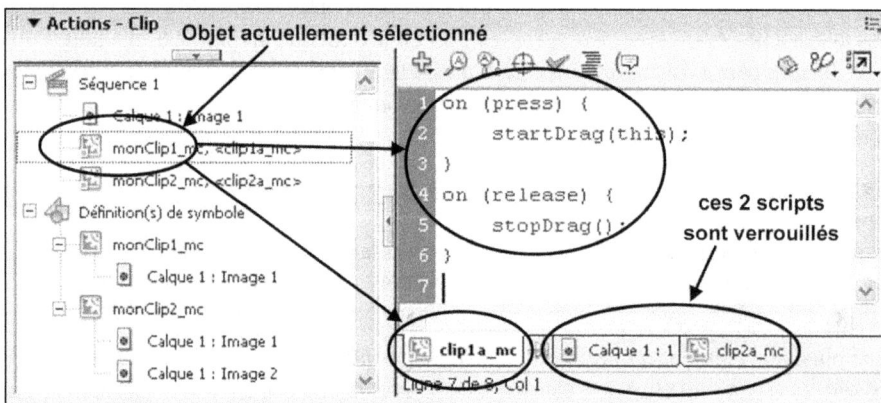

Figure 3-9

Il est possible de verrouiller une ou plusieurs fenêtres de script en double-cliquant dans le navigateur de script sur l'élément auquel est attaché le script. Dans l'exemple de cette figure, deux scripts sont verrouillés ; l'onglet le plus à gauche affiche toujours le code sélectionné.

La boîte à outils

Il existe plusieurs possibilités pour ajouter du code dans la fenêtre de script. La première solution consiste à utiliser les commandes classées par thèmes disponibles dans la boîte à outils du panneau Actions.

Avant d'ajouter le code, il faut d'abord sélectionner l'élément auquel vous désirez associer une commande. Si l'élément possède déjà du code, il est présent dans la branche Séquence 1. Vous pouvez alors le sélectionner directement à partir du navigateur de script (voir ci-dessus), sinon il faut le sélectionner sur la scène (s'il s'agit d'un clip ou d'un bouton) ou depuis le scénario (si vous désirez ajouter du code à une image clé).

Remarquez que dès qu'un élément est sélectionné, le titre du panneau Action change en rapport avec le type de l'élément sélectionné. Si l'élément sélectionné est une image, le titre sera Action – image ; si l'élément est un objet (clip...), le titre sera Action – Objet et enfin si l'élément sélectionné est un bouton, le titre sera Action – Bouton.

Une fois l'élément sélectionné, déroulez les thèmes de la boîte à outils afin de localiser la commande à insérer. Vous pouvez ensuite ajouter cette commande par un simple glisser-déposer de la boîte à outils vers la fenêtre de script (voir figure 3-10) ou en effectuant un double-clic sur l'icône de la commande dans la boîte à outils. Complétez la commande si elle nécessite des paramètres puis recommencez en suivant la même procédure pour ajouter les autres instructions du script.

À noter

Lorsque vous positionnez votre pointeur sur un élément du langage ActionScript dans la boîte à outils, vous pouvez utiliser l'option Afficher l'aide du menu contextuel (clic droit de la souris) pour afficher une page d'aide concernant cet élément.

D'autre part, selon la version du Player Flash que vous avez définie dans les paramètres de publication (menu Fichier>Paramètres de publication), certaines commandes peuvent s'afficher en jaune afin de vous signaler qu'elles ne doivent pas être exploitées pour la version de Player sélectionnée.

Dans l'exemple de la figure 3-10 nous avons ajouté une commande stop() à l'image clé 1. Dès qu'une ligne de commande est ajoutée à l'image, un petit « a » apparaît dans le scénario sur l'image clé concernée.

Figure 3-10

Ajout d'une commande par glisser-déposer depuis la boîte à outils.

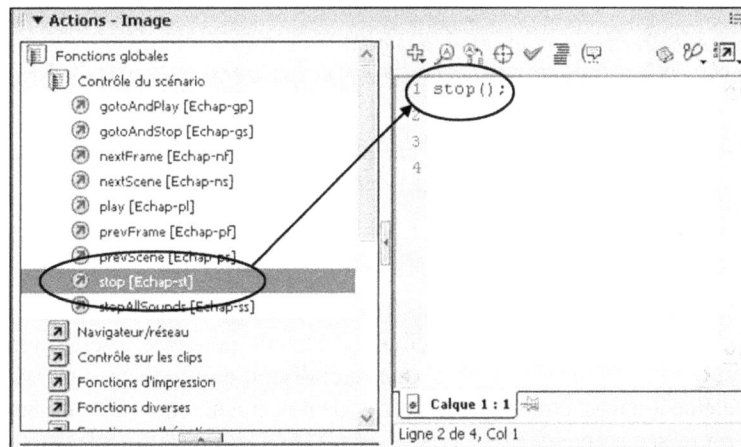

L'éditeur de script du panneau Actions

L'éditeur de script du panneau Actions permet de saisir du code directement dans la zone de saisie. Il est également possible d'ajouter une commande en cliquant sur le bouton Ajouter (+) (situé en haut de l'éditeur, voir figure 3-11) afin d'accéder à une liste des commandes semblable à celle de la boîte à outils (revoir figure 3-7).

Un menu situé en haut du panneau permet d'accéder à de nombreuses fonctions :

- **Ajouter un élément** – permet de sélectionner une commande dans une liste des commandes ActionScript classées par thèmes et de l'insérer dans la zone d'édition de l'éditeur de script (voir figure 3-11).

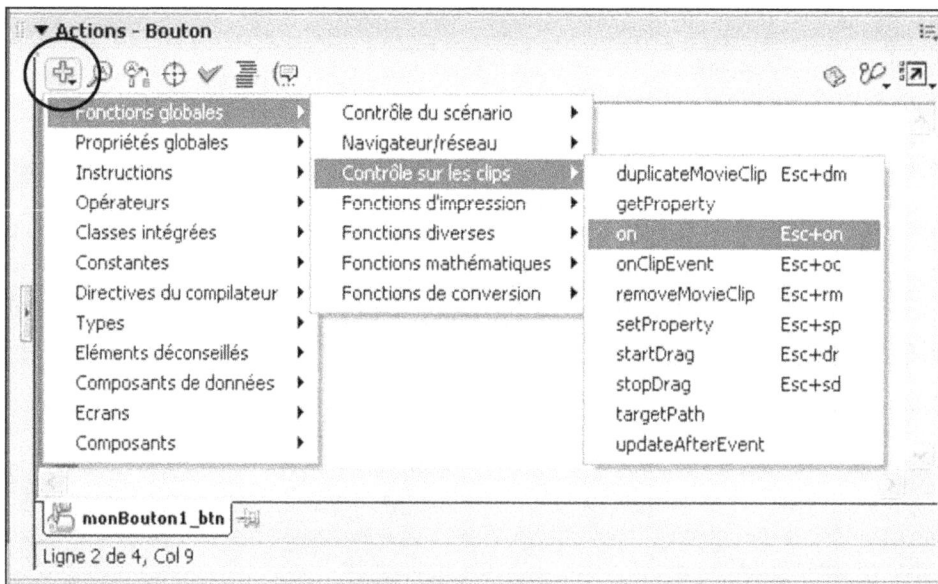

Figure 3-11

Le bouton + de la fenêtre de script permet d'accéder à une liste des commandes classées par thèmes.
Un simple clic sur la commande sélectionnée permet de l'ajouter dans la zone d'édition à l'endroit du curseur.

- **Rechercher** – permet de lancer une recherche par rapport à un mot précis afin de localiser rapidement la zone de code correspondante (voir figure 3-12).

- **Remplacer** – permet de lancer une recherche par rapport à un mot précis avec la possibilité de remplacer le mot-clé par un autre mot (voir figure 3-13).

- **Chemin cible** – permet d'insérer rapidement et sans risque d'erreur de frappe le chemin correspondant à un élément ciblé. Le chemin peut être inséré en mode relatif (par rapport au scénario dans le quel sera ajouté le code) ou en mode absolu (voir figure 3-14). Pour qu'un élément puisse être inséré dans le code de cette manière, il faut que son nom d'occurrence soit renseigné au préalable.

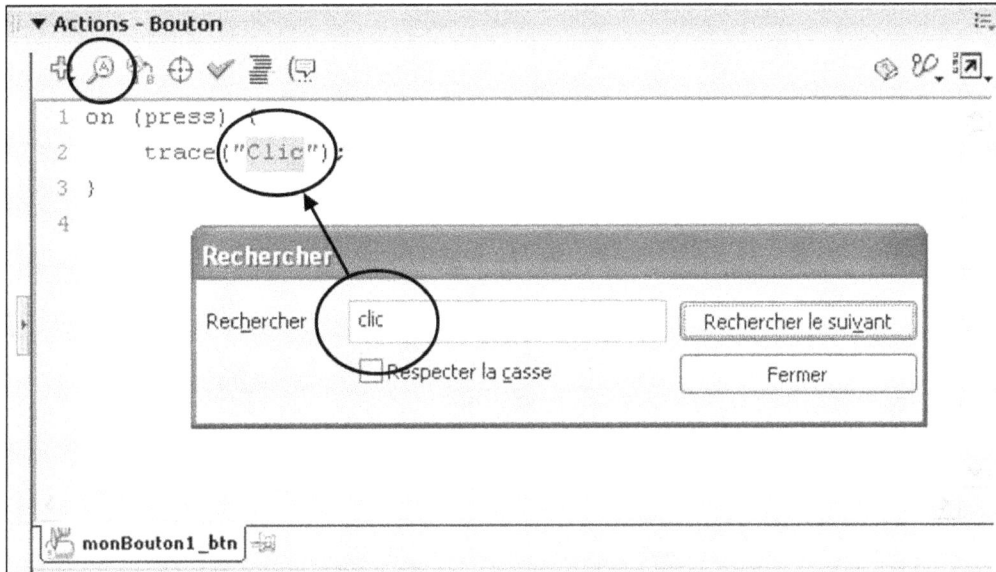

Figure 3-12
Recherche les endroits où se trouve le mot-clé saisi.

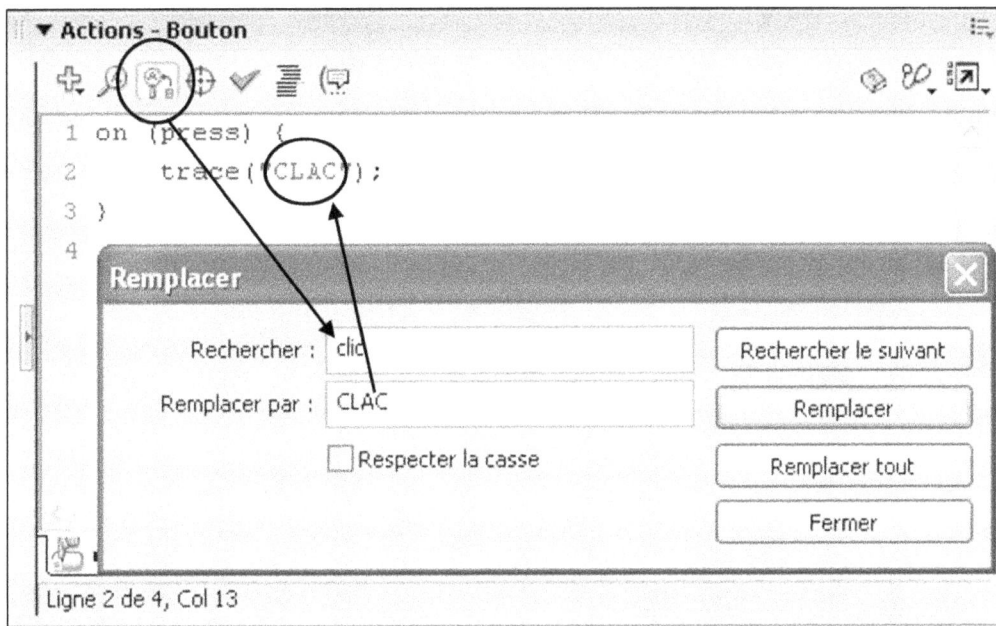

Figure 3-13
Recherche et remplace un mot spécifique dans le code.

Figure 3-14

*Ajout du chemin
cible d'un élément.*

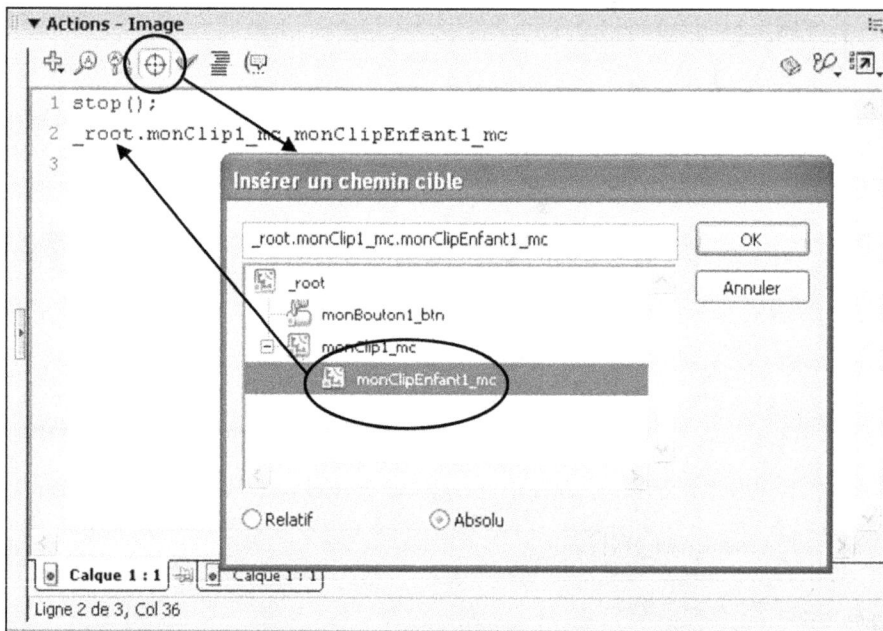

- **Vérifier la syntaxe** – permet de vérifier la syntaxe du script sans nécessairement passer en mode de test (voir figure 3-15).

Figure 3-15

*Vérification de la
syntaxe du script.*

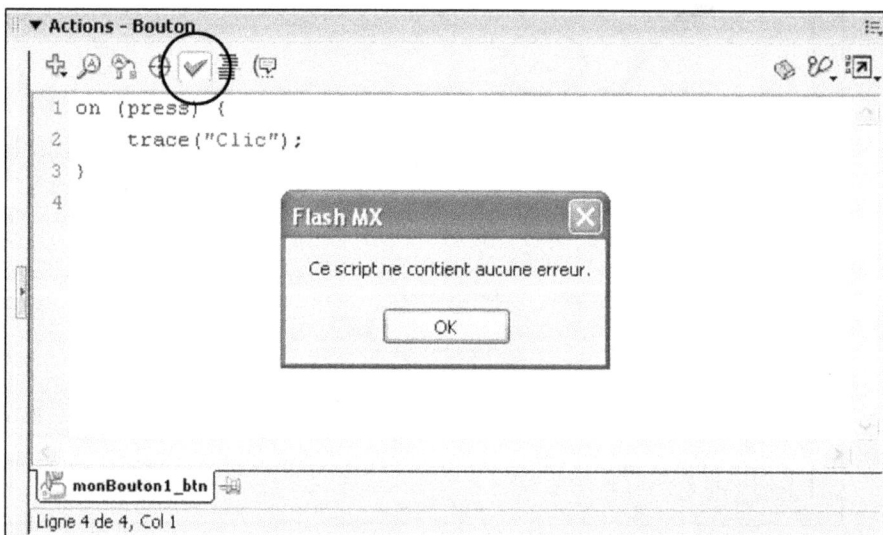

- **Format automatique** – permet de formater automatiquement les lignes de code du script en appliquant l'indentation idéale pour avoir une bonne lisibilité du script concerné (voir figure 3-16).

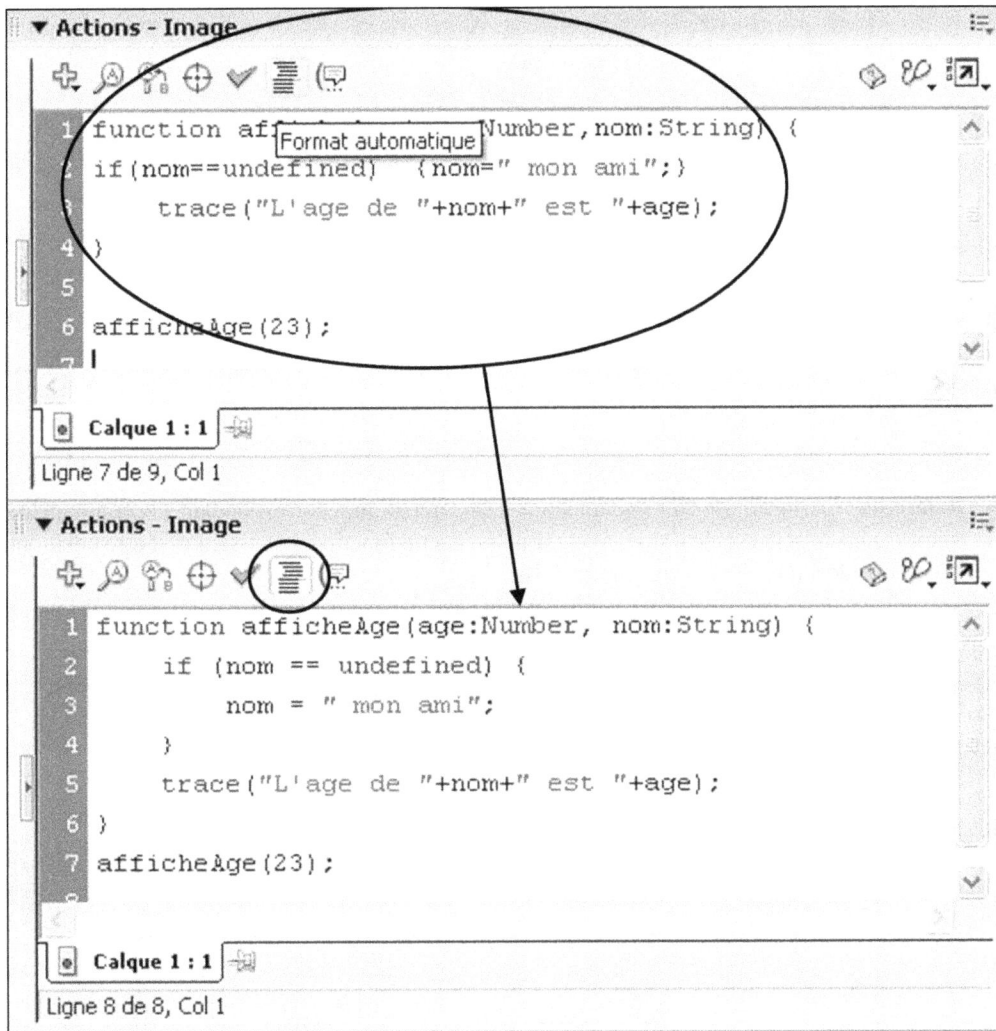

Figure 3-16

Applique l'indentation idéale aux différentes lignes de code de la zone d'édition.

- **Afficher les conseils de code** – permet d'afficher les informations de l'assistant (sous forme d'infobulles) en rappelant la syntaxe à laquelle doit répondre la commande. Avant d'activer cette fonction, vous devez positionner le curseur à l'endroit correspondant à la commande à renseigner (voir figure 3-17).

Figure 3-17

*Affiche les
informations
de l'assistant
de code.*

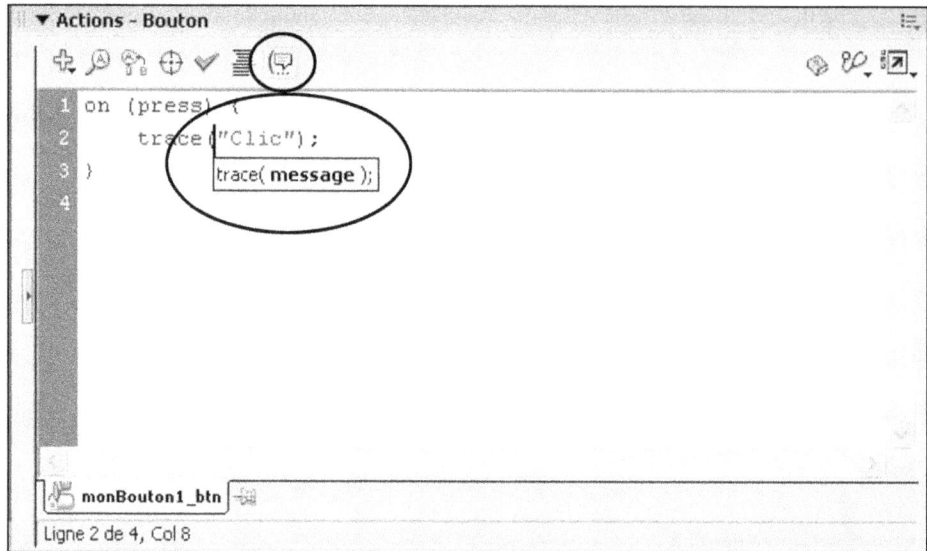

* **Référence** – permet d'afficher rapidement les caractéristiques correspondant à la commande sélectionnée dans le panneau de l'aide. Avant d'activer cette fonction, le curseur doit être positionné sur la commande à renseigner (voir figure 3-18).

Figure 3-18

*Affiche l'aide
correspondant
à la commande
sélectionnée.*

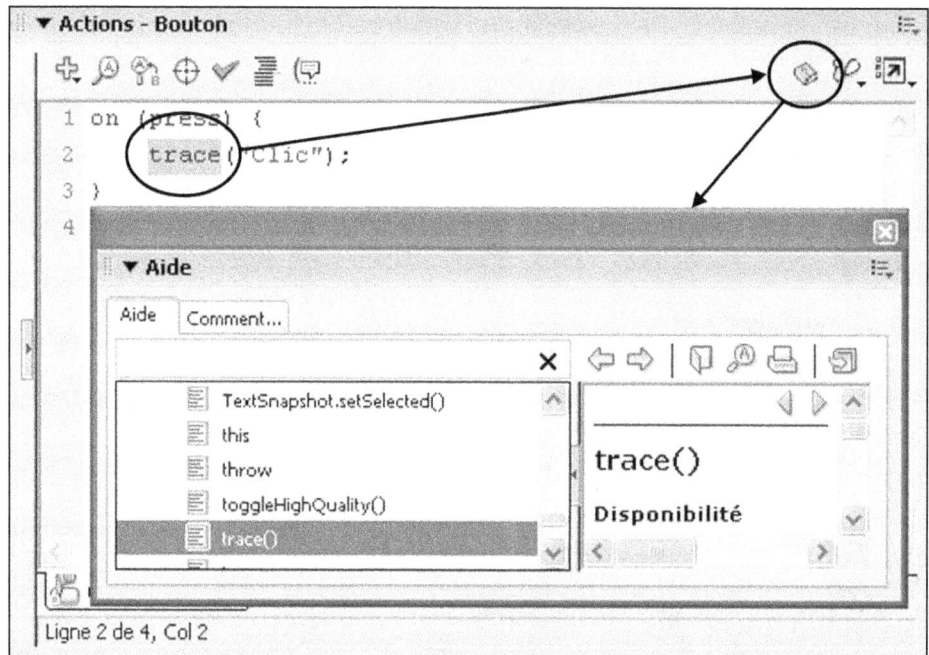

> **À noter**
>
> Une fonctionnalité semblable à celle du bouton Référence peut être obtenue par le biais du menu contextuel (clic droit puis option Afficher l'aide) en sélectionnant au préalable la commande dans la fenêtre de script.

- **Option de débogage** – permet de créer ou de supprimer des points d'arrêt qui seront utilisés pour le débogage du script. L'ajout et la suppression des points d'arrêt peuvent être aussi gérés par un simple clic dans la zone bleue à gauche de la ligne de code (voir figure 3-19).

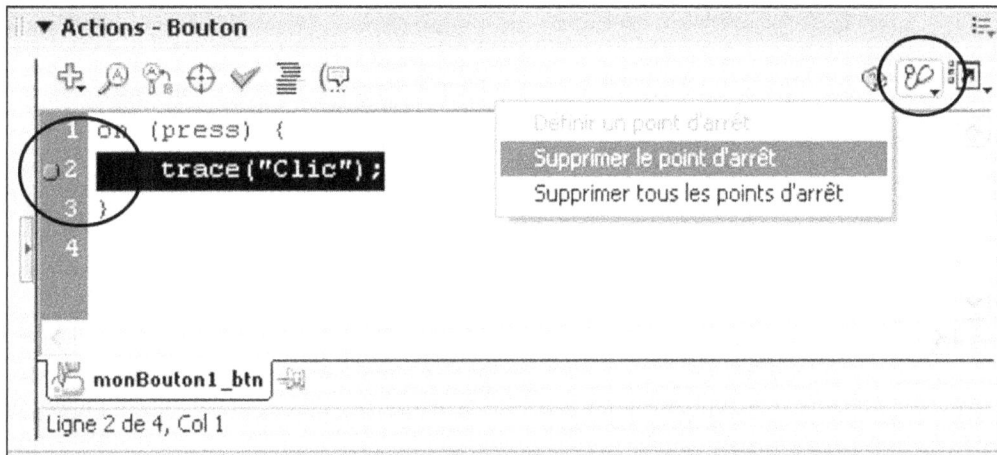

Figure 3-19

L'option de débogage permet d'ajouter ou de supprimer des points d'arrêt.

> **Attention !**
>
> Depuis l'ajout de cette nouvelle fonctionnalité, il faut appuyer sur la touche Ctrl (ou Commande pour un Macintosh) et cliquer sur une ligne de code pour la sélectionner (alors que dans les versions antérieures, il suffisait de cliquer sur la ligne pour la sélectionner).

- **Option d'affichage** – permet d'afficher les touches de raccourci Echap et les numéros de ligne et de gérer le retour à la ligne dans la zone de saisie (voir figure 3-20). L'affichage des numéros de ligne est très utile pour localiser une erreur lors du débogage de votre programme : en général, les messages d'erreur indiquent le numéro de la ligne dans laquelle se trouve le problème.

Figure 3-20

L'option d'affichage permet de configurer les options de la zone de saisie.

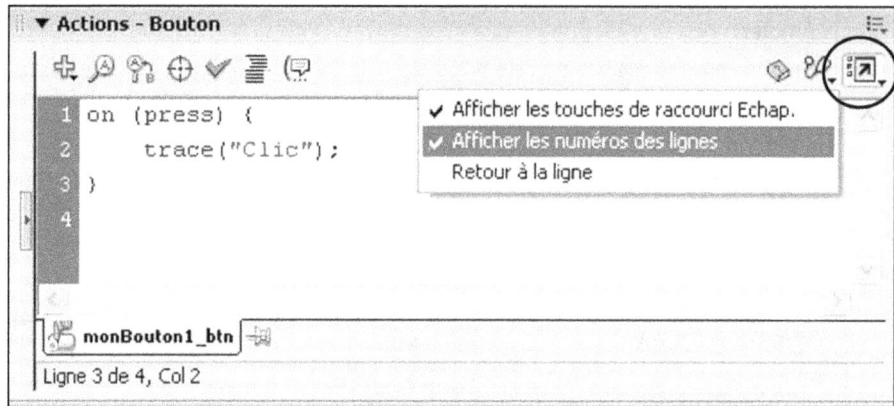

Utilisation du panneau Actions

Que votre code soit lié à un objet clip, à un bouton ou intégré dans une image clé, vous devrez utiliser le panneau Actions pour le saisir. Dans le cas de code associé à des images clés, il est préférable de regrouper les différentes instructions dans la première image du scénario. Ainsi, votre code ne sera pas éparpillé et vous ne serez pas obligé de le rechercher dans les différentes images clés du document. De même, il est conseillé de créer un calque appelé Actions et d'y placer exclusivement du code. Ainsi, même si votre application nécessite de placer du code dans différentes images clés, il vous suffira de consulter ce calque pour le retrouver.

> **À noter**
>
> Si vous désirez créer des scripts externes, vous devrez utiliser votre éditeur de texte préféré ou, dans Flash Professionnel, la fenêtre de script (éditeur de fichier externe intégré dans l'interface de Flash — voir ci-après). Toutefois que vous utilisiez le panneau Actions ou la fenêtre de script, le fonctionnement de l'éditeur ActionScript est identique (hormis le navigateur de script, qui n'est pas disponible dans la fenêtre de script).

Insertion assistée d'une commande

Il existe deux solutions pour insérer une commande en mode assisté dans la zone de saisie de l'éditeur de script :

- **Avec la boîte à outils** – recherchez la commande désirée en déroulant le menu de la boîte à outils puis faites glisser la commande sélectionnée dans la zone de saisie (l'insertion peut aussi être déclenchée par un doucle-clic sur la commande).

- **Avec le bouton + de l'éditeur de script** – cliquez sur le bouton Ajouter (+) situé à gauche du menu de l'éditeur de script (voir figure 3-21). Sélectionnez ensuite les différentes catégories de classement des commandes et cliquez sur la commande désirée.

Ces deux procédures évitent d'avoir à rédiger toutes les commandes et réduisent considérablement les erreurs de saisie.

Figure 3-21

*Insertion
d'une commande
à l'aide du bouton
Ajouter (+).*

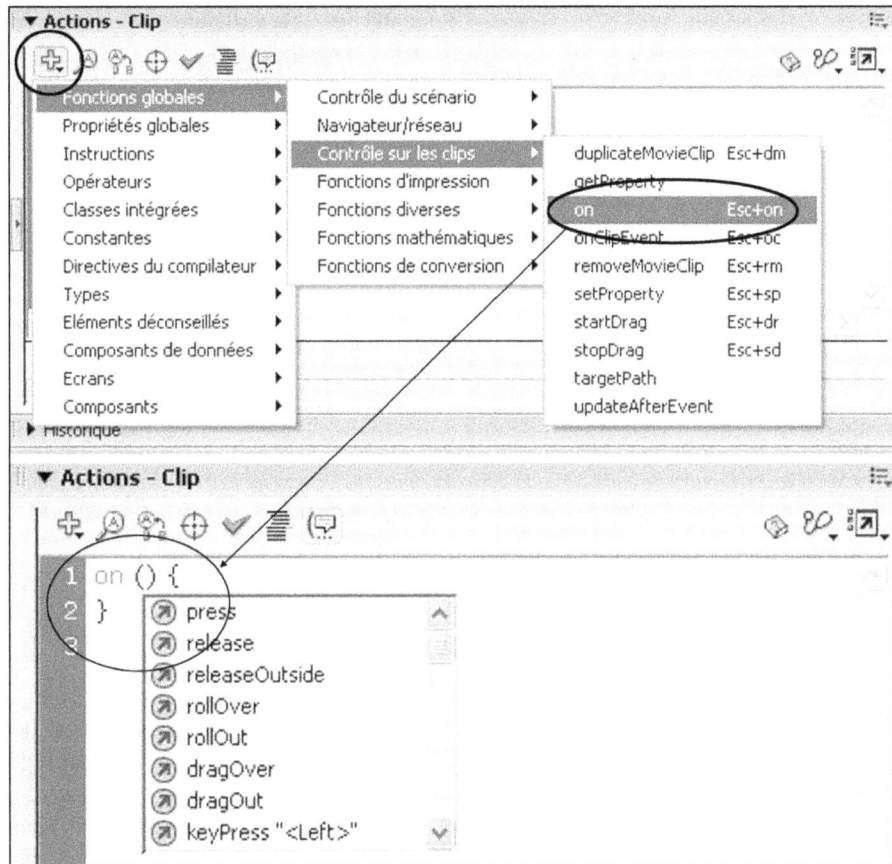

Les touches de raccourcis Echap

Lors de la saisie directe d'un code, il est également possible d'utiliser des touches de raccourcis Echap, afin d'ajouter rapidement des commandes ou des structures de code. Cette fonction est particulièrement efficace et nous vous invitons à l'utiliser sans modération dans la rédaction de vos futurs programmes. Pour utiliser une touche de raccourci Echap, vous devez commencer par appuyer sur la touche Echap de votre clavier (en haut à gauche) puis taper les deux lettres correspondant au code de la commande. Pour connaître les différents codes, consultez la boîte à outils (les codes sont affichés à droite de chaque commande). Par exemple, si vous saisissez la séquence Echap suivante : Echap fn, vous afficherez la structure d'une déclaration de fonction dans la zone de saisie et votre curseur sera placé à droite du mot-clé `function`, prêt à saisir le nom de la fonction à créer :

```
function _ () {
}
```

Après la saisie du nom, il suffit d'appuyer sur les touches Fin puis Entrée de votre clavier pour placer le curseur entre les deux accolades et compléter votre structure en saisissant les différentes lignes de code du bloc de la fonction.

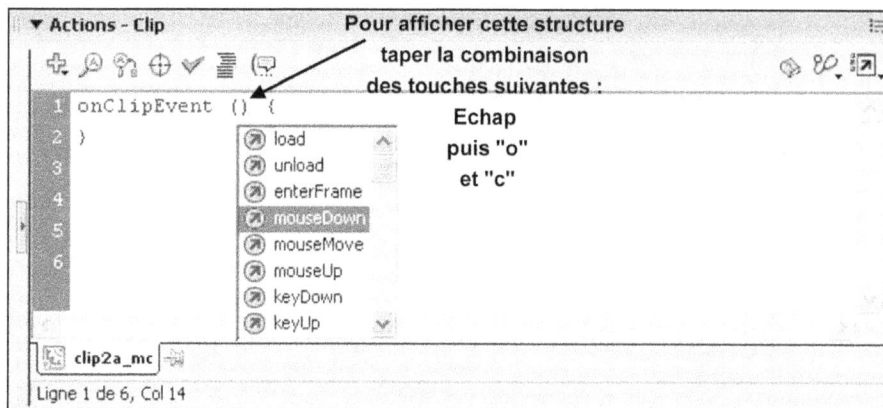

Figure 3-22
Insertion d'une structure de code à l'aide des combinaisons de touche Echap. Dans cet exemple, nous avons appuyé sur la touche Echap puis successivement sur la touche O puis C pour insérer une structure onClipEvent() dans la zone de saisie.

Conseils de code

Lorsque vous travaillez dans l'éditeur ActionScript (dans le panneau Actions ou dans la fenêtre de script), Flash peut détecter l'action que vous lancez et afficher un conseil de code (une infobulle contenant la syntaxe complète de l'action en cours ou un menu contextuel répertoriant des noms de propriétés ou des méthodes possibles). Les conseils de code apparaissent pour les paramètres, propriétés et événements si vous avez utilisé les suffixes recommandés par Macromedia pour chaque objet (exemple : _mc pour un objet MovieClip) ou si vous avez déclaré strictement vos objets de sorte que l'éditeur ActionScript sache quel conseil de code afficher.

Conseils de code pour élément typé strictement

Les objets issus de classes intégrées peuvent être typés strictement lors de leur instanciation (exemple : var monTableau:Array=new Array();. Le typage strict sera présenté en détail dans le chapitre 7). Dans ce cas, l'éditeur peut reconnaître son type dès que l'on saisit l'identifiant de l'objet dans l'éditeur. Il lui est alors possible d'afficher des conseils de code relatifs au type de l'objet reconnu. En pratique, une infobulle affiche la liste des méthodes et propriétés disponibles pour l'objet identifié dès que vous saisissez le nom de l'objet suivi d'un point (exemple : monTableau. voir figure 3-23).

Conseils de code pour élément avec suffixe

Il existe une seconde solution pour afficher automatiquement des conseils de code. Pour cela, vous devez ajouter un suffixe spécial au nom de chaque objet lors de sa création. Par exemple, le suffixe qui doit être ajouté à un identifiant d'objet de la classe Array est _array. Un tableau des différents suffixes est disponible dans l'aide de l'interface Flash. Ce tableau figure aussi dans la section concernant les identifiants utilisés en ActionScript du chapitre 7 de cet ouvrage.

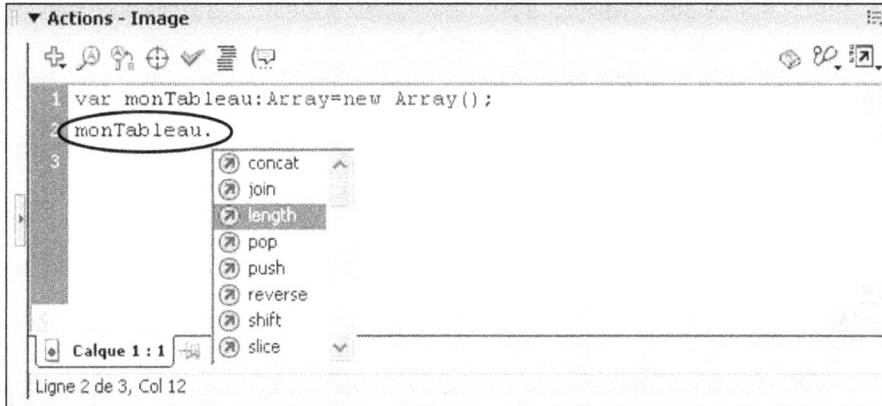

Figure 3-23

Affichage de conseils de code pour un objet strictement typé.

Si vous déclarez un objet tableau en utilisant la syntaxe suivante :

```
Var monTableau_array = new Array();
```

vous pourrez ensuite bénéficier de l'affichage des conseils de code lors de l'utilisation du nom de l'objet dans l'éditeur de script. Les conseils de code apparaissent dès l'ajout du point (.) placé après le nom de l'objet comme dans l'exemple ci-dessous.

```
MonTableau_array.
```

Vous pourrez choisir dans la liste la propriété ou la méthode de l'objet que vous désirez insérer dans votre script (voir figure 3-24).

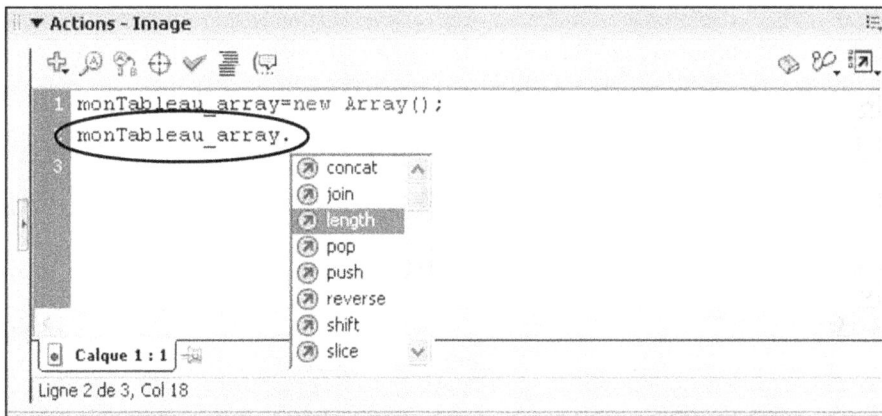

Figure 3-24

Affichage de conseils de code pour un objet avec suffixe.

Dans le cas où l'objet est créé sur la scène (`MovieClip`, `Button`, `Champ texte`), vous devrez saisir l'identifiant avec son suffixe (`monClip_mc`, par exemple) dans le champ du nom d'occurrence du panneau des propriétés (voir figure 3-25).

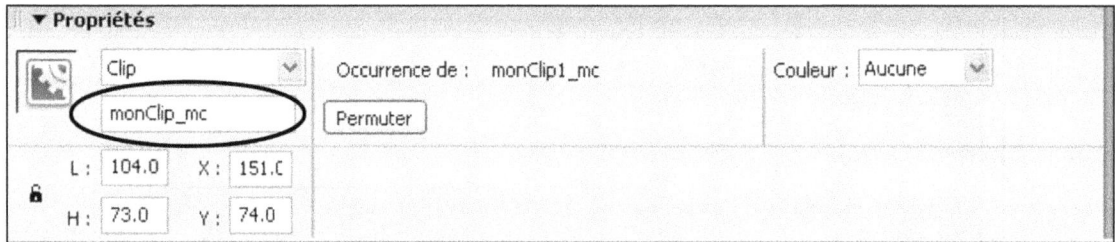

Figure 3-25
Le fait d'attribuer un nom d'occurrence avec suffixe à un MovieClip permet de disposer des conseils de code lors de la saisie de son identifiant suivi d'un point dans l'éditeur de code.

Les suffixes d'identifiant

Même si les suffixes d'identifiant ne sont pas nécessaires au déclenchement des conseils de code lorsque vous définissez strictement le type d'un objet, nous vous conseillons de toujours appliquer cette convention de nommage afin d'améliorer la lisibilité de vos programmes.

Options de l'éditeur ActionScript

Certains réglages de l'éditeur de code peuvent être configurés depuis la fenêtre Préférences (voir figure 3-26) de l'interface (menu Edition>Préférences ou avec le raccourci Ctrl + U, puis cliquer sur l'onglet ActionScript).

Vous pourrez ainsi valider ou invalider :

- **L'indentation automatique** – facilite la lisibilité du programme en décalant certaines lignes de code d'une tabulation. La valeur de cette tabulation peut être définie.

- **Les conseils de code** – permet d'afficher les conseils de code si l'élément est strictement typé ou si un suffixe a été ajouté à son identifiant (voir ci-dessus). Le délai d'affichage des conseils de code peut être ajusté afin de ne pas perturber votre saisie si vous êtes un programmeur confirmé.

Remarque

Si vous rejetez cette option, vous aurez toujours la possibilité d'afficher les conseils de code à la demande à l'aide du bouton Afficher les conseils de code du menu de l'éditeur de script.

- **Police et taille du texte** – permet de choisir la police ainsi que la taille du texte utilisé dans l'éditeur de code. Il est conseillé de le désactiver par défaut pour le mappage des polices dynamiques car il ralentit les performances lors de la programmation, sauf si vous travaillez avec des textes multilingues.

- **Coloration de la syntaxe** – permet de mettre en évidence certaines parties d'un script en leur attri-buant des couleurs différentes afin d'en faciliter la lecture et de détecter d'éventuelles erreurs de syntaxe. Ces options permettent de modifier les couleurs attribuées par défaut aux différentes parties : texte courant (premier plan), fond de l'éditeur (second plan), mots-clés, identifiants de variable, chaînes et commentaires. Cela vous permet, le cas échéant, d'adapter la coloration syntaxique de l'éditeur AS à celle de votre éditeur de code habituel.

- **Paramètres d'ActionScript 2.0** – ce bouton permet d'accéder à une fenêtre de configuration des chemins de classe (pour plus de détail sur les chemins de classe, reportez-vous au chapitre consacré à AS et à la POO – programmation orientée objet).

Figure 3-26

La configuration des options de l'éditeur ActionScript peut être réalisée à l'aide de la fenêtre Préférences.

Fenêtre de script : l'éditeur de fichiers externes

Dans la version Flash Professionnel, un éditeur intégré à l'interface permet de créer des fichiers externes. Vous pouvez ainsi bénéficier de l'assistance à la programmation de l'éditeur de script Flash (voir ci-dessus) et enregistrer vos codes dans des fichiers externes sans utiliser un autre éditeur.

> **Remarque**
>
> Les utilisateurs de Flash MX 2004 standard peuvent aussi créer des fichiers externes, mais ils devront pour ce faire utiliser leur éditeur de code favori qui ne bénéficiera pas de l'assistance à la programmation AS.

Pour créer un fichier de code externe, il faut utiliser le suffixe .as comme extension afin que les scripts inclus soient identifiés en tant que code ActionScript (AS). Cette possibilité est particulièrement intéressante pour enregistrer des fonctions dans des bibliothèques ou pour créer des classes ActionScript 2.0.

> **À noter**
>
> Chaque classe doit être enregistrée dans un fichier .as spécifique et porter le même nom que la classe concernée. Pour accéder au code stocké en externe, il suffit d'intégrer une instruction #include dans le document FLA concerné.

> **Attention !**
>
> Lors de la publication, de l'exportation, du test ou du débogage d'un fichier FLA, le code ActionScript enregistré dans des fichiers externes est compilé dans le fichier SWF. Par conséquent, lorsque vous modifiez un fichier externe vous devez l'enregistrer puis recompiler tout fichier FLA qui l'utilise.

L'interface de la fenêtre de script est identique à celle de l'éditeur de script du panneau Actions, hormis le fait que tous les autres panneaux avoisinants sont inactifs (grisés). La coloration de la syntaxe, les conseils de code et d'autres préférences sont aussi pris en charge par l'éditeur. Une boîte à outils identique à celle du panneau Actions est également disponible.

Pour afficher l'éditeur de fichiers externes intégré, cliquez sur Fichier>Nouveau, puis sélectionnez le type de fichier externe à créer (voir figure 3-27). Vous pouvez ouvrir plusieurs fichiers externes simultanément ; les noms des fichiers s'affichent alors dans des onglets en haut de la fenêtre de script (cette fonction est uniquement disponible sous Windows).

Le mode test de Flash

Passage en mode test

Pour tester un document Flash, vous pouvez ouvrir votre animation en mode test dans un fichier SWF depuis l'interface auteur de Flash. Pour passer en mode test, sélectionnez le menu Contrôle, puis l'option tester l'animation, ou utilisez directement le raccourci clavier Ctrl + Entrée.

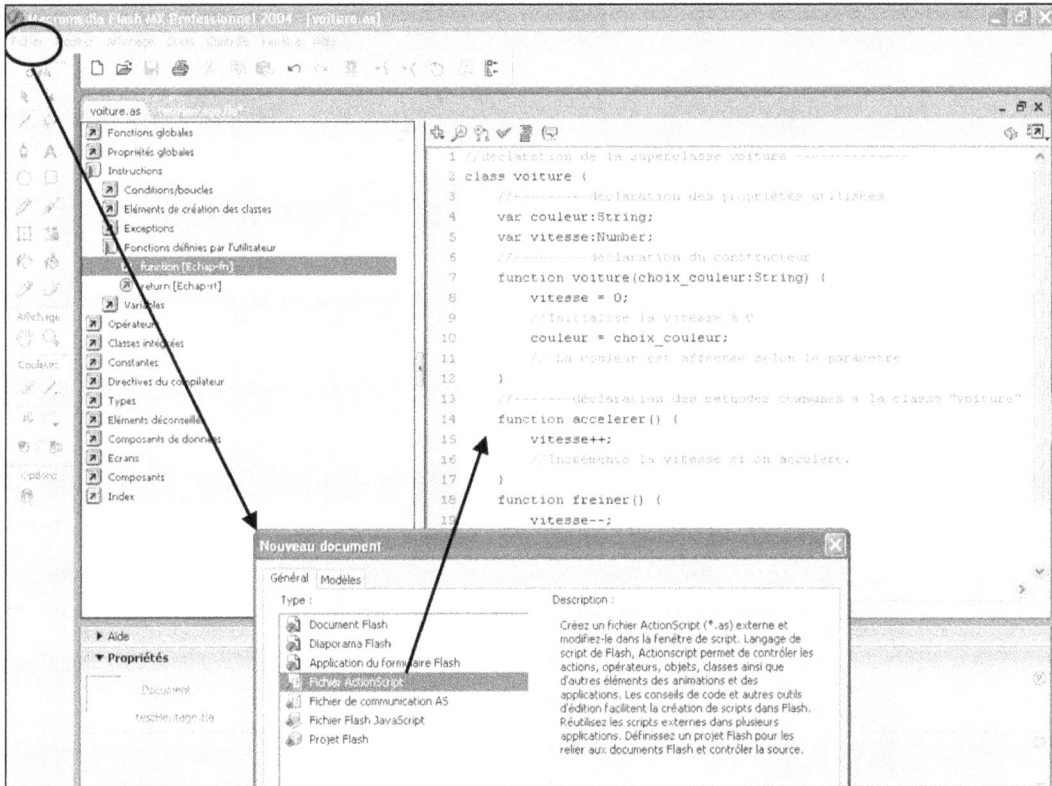

Figure 3-27

L'éditeur de fichiers externes intégré à l'interface Flash permet de disposer des mêmes fonctionnalités que celles de l'éditeur de script du panneau Actions.

À noter

Dans le cas d'animations possédant plusieurs séquences, il est possible de ne tester que la séquence active (sélectionnez le menu Contrôle, puis tester la séquence ou utilisez le raccourci clavier Ctrl + Alt + Entrée). De même, mais uniquement pour les utilisateurs de la version professionnelle, il est possible de tester tous les documents Flash regroupés dans un même projet (sélectionnez le menu Contrôle, puis tester le projet ou utilisez le raccourci clavier Ctrl + Alt + P).

Le panneau Sortie

En mode test, le panneau Sortie affiche des informations facilitant le dépannage de votre fichier SWF. Certaines de ces informations, telles que les erreurs de syntaxe, s'affichent automatiquement. D'autres informations sont disponibles à l'aide des commandes Lister les objets et Lister les variables accessibles depuis le menu du mode test (menu Déboguer>Lister les objets ou Lister les variables). Si vous utilisez l'instruction trace() dans vos scripts, vous pouvez envoyer des informations spécifiques au panneau de sortie au cours de l'exécution du fichier SWF. Il peut s'agir d'un simple texte d'information ou de la valeur d'une variable (voir figure 3-28).

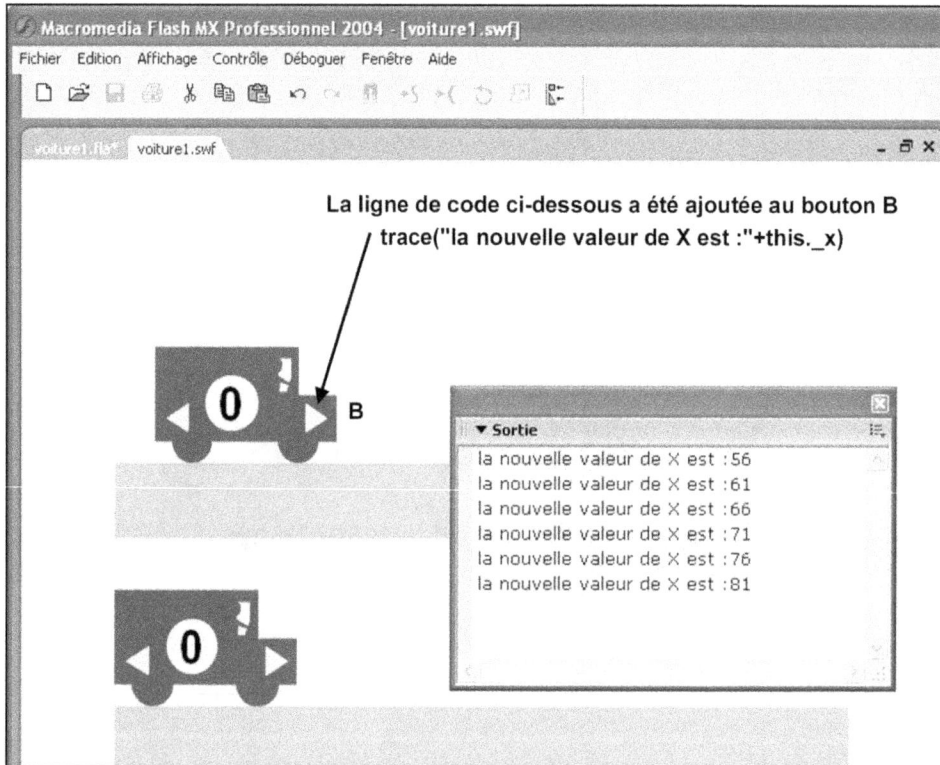

Figure 3-28

Interface du mode test d'une animation. Dans cet exemple, une instruction trace() a été ajoutée au bouton B. Ainsi, à chaque clic sur ce bouton, la nouvelle coordonnée de la voiture s'affiche dans le panneau Sortie.

Le mode débogage de Flash

Activer le débogueur

Outre le mode test présenté précédemment, vous pouvez activer un débogueur. Le débogueur permet de visualiser l'évolution de différentes valeurs de l'animation (variables, propriétés, etc.) afin de repérer d'éventuelles erreurs lors du déroulement de l'animation. Le débogueur dispose d'une fonctionnalité points d'arrêt (points ajoutés à un script afin d'arrêter temporairement son exécution). Cette fonction très intéressante permet d'exécuter le programme pas à pas afin d'observer l'évolution des valeurs d'une ligne de code à l'autre.

Pour passer en mode test et activer le débogueur, ouvrez le menu Contrôle, puis sélectionnez l'option Déboguer l'animation ou utilisez le raccourci clavier Ctrl + Maj + Entrée.

Le débogueur

En mode débogage (mode test avec le débogueur activé), le débogueur est automatiquement mis en pause afin de vous permettre d'ajouter d'éventuels points d'arrêt dans vos scripts. Il faut ensuite cliquer sur le bouton de lecture (flèche verte située dans la barre de commande du débogueur) pour que le débogage puisse commencer.

Remarque

Vous pouvez ajuster les fenêtres du débogueur en tirant sur la barre de séparation horizontale (voir figure 3-29).

La fenêtre du débogueur est composée de plusieurs zones (voir figure 3-29) :

Figure 3-29

Les différentes parties d'une interface de débogage.

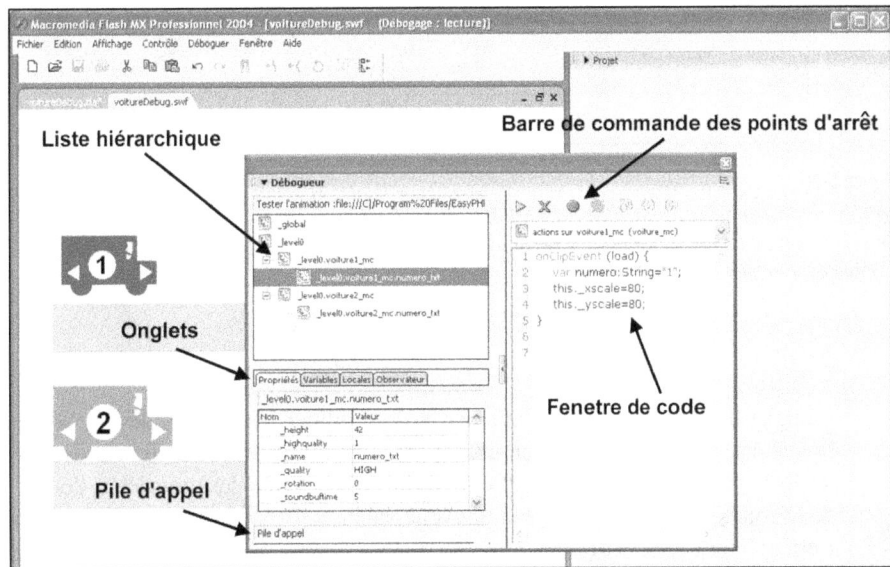

Exemple d'utilisation du débogueur

Des exemples d'utilisation du débogueur seront présentés à la fin de cet ouvrage dans le chapitre consacré à la mise au point de programmes ActionScript.

La liste hiérarchique

Lorsque le débogueur est activé, il présente une vue de la liste hiérarchique des éléments de l'animation principale (clips, champs texte, élément _global, etc.). Lorsque vous ajoutez des clips au fichier ou en supprimez, la liste est immédiatement mise à jour. Dès que vous sélectionnez un élément de la liste, ses propriétés et ses valeurs sont affichées dans l'onglet concerné. Par exemple, dans la figure 3-30 nous affichons les variables globales de l'animation.

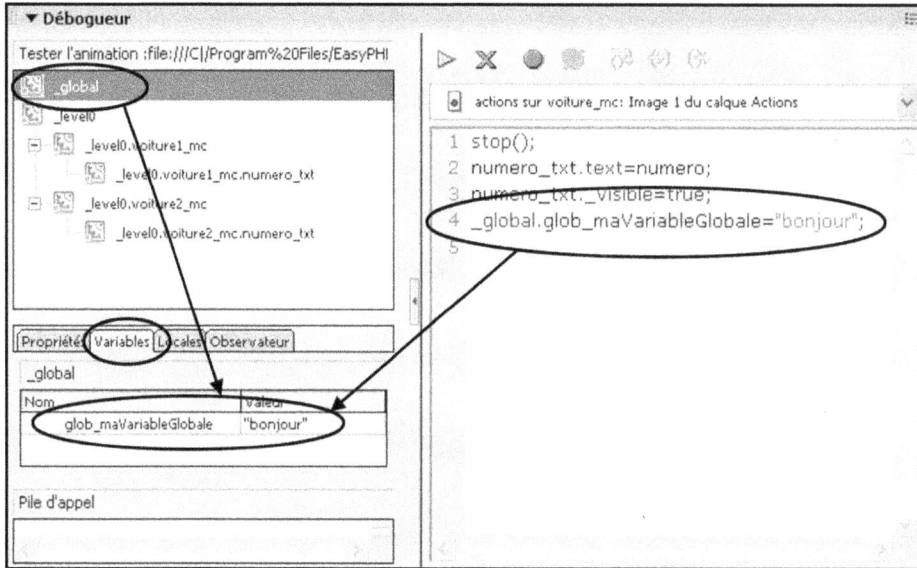

Figure 3-30

La liste hiérarchique présente l'organisation hiérarchique de tous les éléments contenus dans l'animation principale. En sélectionnant l'élément _global, vous pouvez contrôler les variables globales de la même manière que les variables attribuées à un simple clip.

L'onglet Propriétés

L'onglet Propriétés permet d'afficher et de modifier les valeurs des propriétés de l'élément sélectionné dans la liste hiérarchique. Il indique le nom et la valeur correspondante des propriétés courantes de l'animation sélectionnée. Pour modifier les valeurs des propriétés, double-cliquez sur le champ de la colonne Valeur, saisissez la nouvelle valeur dans le champ et validez en appuyant sur la touche Entrée (voir figure 3-31).

À noter

Si certaines valeurs apparaissent grisées, leur modification n'est pas autorisée. Les valeurs saisies peuvent être des chaînes (délimitées par des guillemets), des valeurs numériques ou des valeurs booléennes (`true` ou `false`).

L'onglet Variables

L'onglet Variables permet d'afficher et de modifier les valeurs des variables de l'élément sélectionné dans la liste hiérarchique. Il indique le nom et la valeur correspondante des variables courantes de l'animation sélectionnée. Pour modifier les valeurs des variables, double-cliquez sur le champ de la colonne Valeur, saisissez la nouvelle valeur dans le champ et validez en appuyant sur la touche Entrée (voir figure 3-32).

Figure 3-31

L'onglet Propriétés permet d'afficher et de modifier toutes les propriétés de l'élément sélectionné dans la liste hiérarchique. Dans notre exemple, le clip voiture1_mc est sélectionné et on peut ainsi suivre l'évolution de toutes les valeurs des propriétés du clip : _height, _rotation... et éventuellement les modifier.

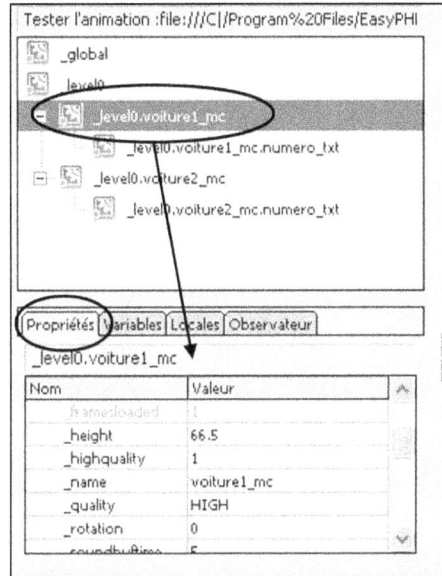

À noter

Il est possible d'afficher les valeurs des éléments Object et Array mais leur modification n'est pas autorisée. Les valeurs saisies peuvent être des chaînes (délimitées par des guillemets), des valeurs numériques ou des valeurs booléennes (true ou false).

Figure 3-32

L'onglet Variables permet d'afficher et de modifier toutes les variables de l'élément sélectionné dans la liste hiérarchique. Dans notre exemple, le clip voiture1_mc est sélectionné et on peut ainsi suivre l'évolution de toutes les valeurs des variables du clip (exemple : la variable numero) et éventuellement les modifier.

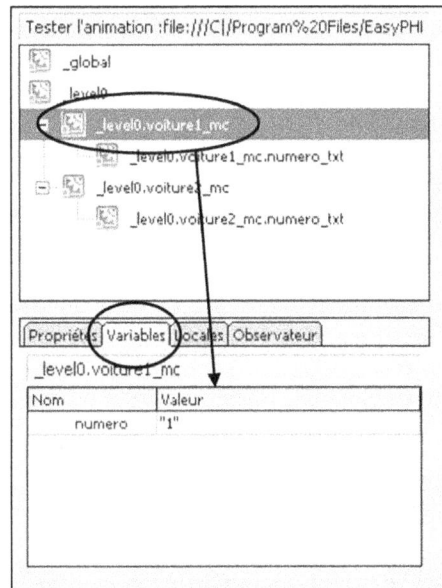

L'onglet Locales

L'onglet Locales permet d'afficher les variables locales d'une fonction lorsqu'elle est analysée à l'aide des points d'arrêt (voir figure 3-33).

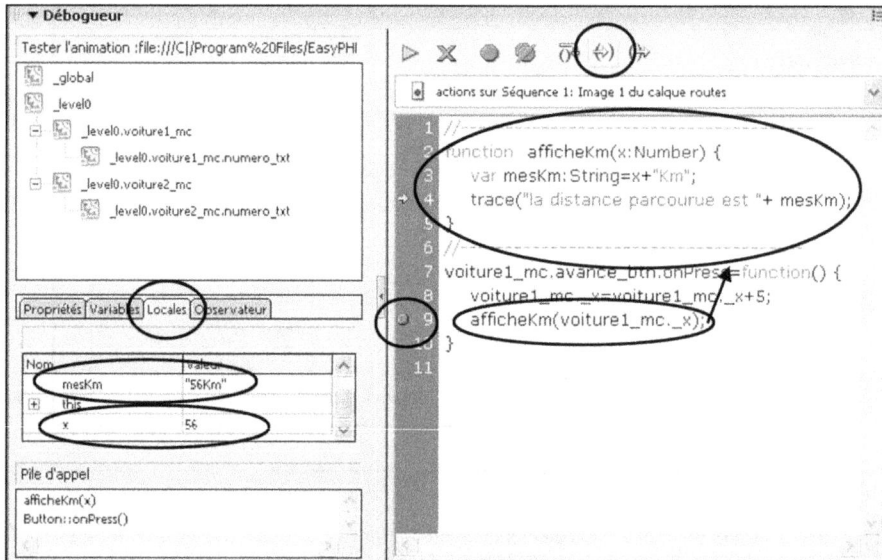

Figure 3-33

L'onglet Locales permet d'afficher et de modifier toutes les variables locales d'une fonction (paramètres passés en argument). Pour afficher les valeurs des variables locales d'une fonction, il faut placer un point d'arrêt au niveau de l'appel de la fonction afin de passer en mode « pas à pas » et d'afficher, ligne par ligne, l'évolution des variables temporaires.

L'onglet Observateur

L'onglet Observateur permet de visualiser une sélection de variables préalablement mémorisées. Il est ainsi possible de regrouper dans cet onglet des variables issues de plusieurs clips différents afin de suivre leur évolution sans avoir à sélectionner à chaque fois dans la liste hiérarchique le clip en rapport. Pour ajouter une variable de clip dans la fenêtre de l'onglet Observateur, sélectionnez le clip dans la liste hiérarchique. Cliquez sur l'onglet Variables et sélectionnez la variable désirée. Faites ensuite un clic droit et sélectionnez l'option Observateur dans le menu contextuel. La variable et sa valeur doivent ensuite être visibles dans la fenêtre de l'onglet Observateur (voir figure 3-34).

La pile d'appel

La pile d'appel permet de visualiser les appels à des fonctions depuis un script. On peut ainsi voir la liste chronologique des différents appels successifs afin d'optimiser le programme, en réduisant si besoin est le nombre d'étapes nécessaires à la réalisation d'une tâche spécifique.

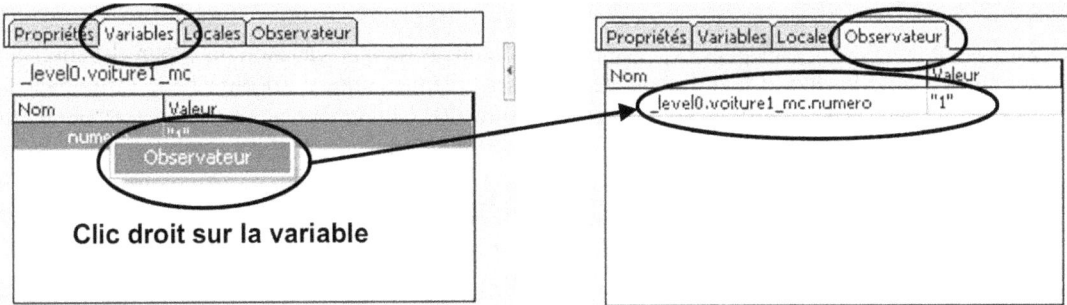

Figure 3-34

L'onglet Observateur permet de centraliser les variables locales de différents éléments dans un même onglet.
Pour surveiller l'évolution de variables depuis l'onglet Observateur, il faut les y ajouter au préalable.

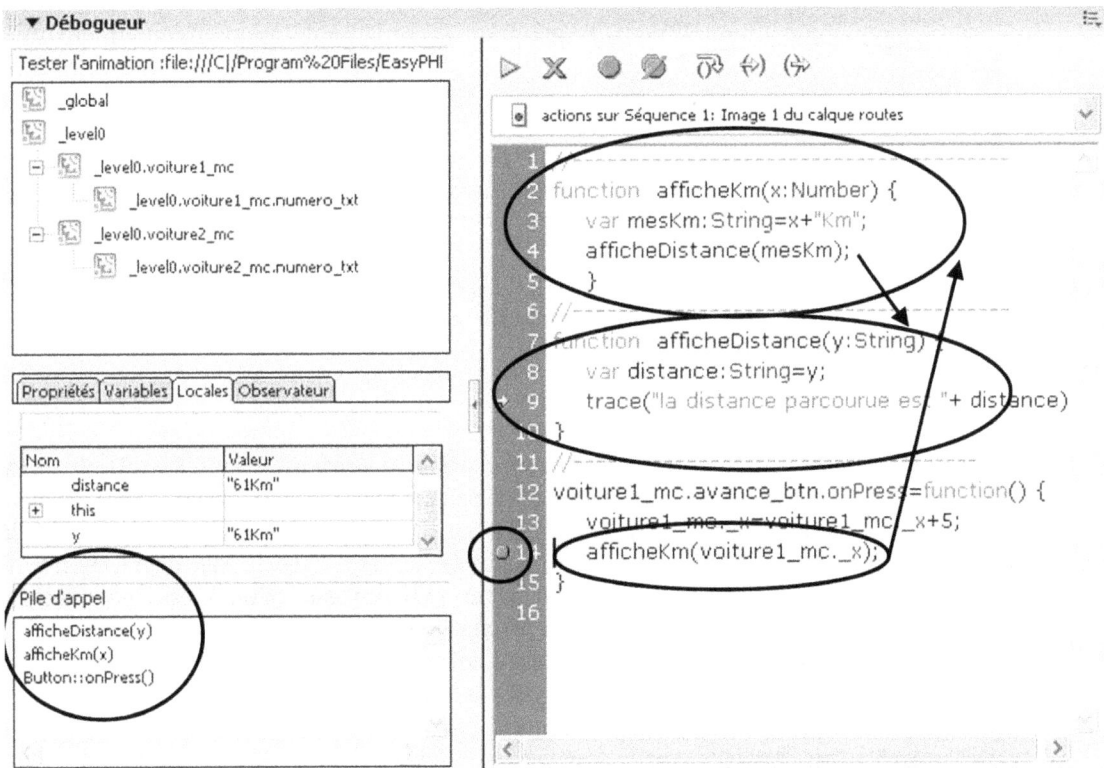

Figure 3-35

La pile d'appel permet de surveiller l'enchaînement des différents appels à des fonctions. Dans notre exemple, le script
réalise la même action que dans l'exemple de la figure 3-33, mais avec un appel supplémentaire à une seconde fonction
(ajoutée pour la démonstration). On peut ainsi détecter dans la pile d'appel que la seconde fonction est superflue et que
les deux fonctions peuvent être regroupées dans une seule et même fonction, comme dans le script de la figure 3-33.

La fenêtre de code

La fenêtre de code du débogueur est semblable à l'éditeur du panneau Actions. Pour visualiser un script dans cette fenêtre, il faut d'abord sélectionner l'élément auquel est rattaché le script dans la liste déroulante située en haut de la fenêtre (voir figure 3-36). La fenêtre affiche également automatiquement le script d'un élément dès qu'un point d'arrêt est rencontré. Il est d'ailleurs possible de placer des points d'arrêt directement dans cette fenêtre si vous ne l'aviez pas fait dans l'éditeur du panneau Actions avant de lancer le mode Débogage. Pour placer un point d'arrêt, il suffit de cliquer dans la barre bleue à gauche en regard de la ligne sur laquelle vous désirez ajouter un point d'arrêt.

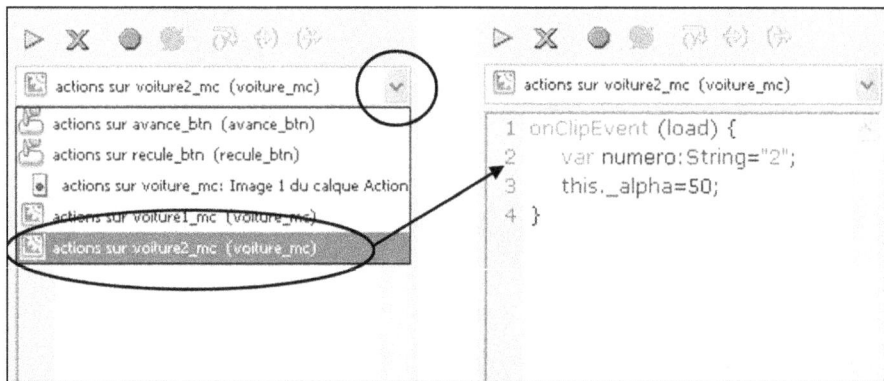

Figure 3-36

La fenêtre de code permet d'afficher le code d'un élément et de suivre l'évolution du pointeur de programme ligne par ligne en mode pas à pas. Pour afficher directement le script d'un élément particulier de l'animation, choisissez l'élément désiré dans la liste du menu déroulant.

La barre de commande des points d'arrêt

La barre de commande regroupe des boutons qui permettent de contrôler les points d'arrêt. De gauche à droite, ces boutons ont pour fonction de démarrer ou de poursuivre le débogage (repère 1 de la figure 3-37), d'arrêter le débogage (repère 2 de la figure 3-37), de supprimer ou de réactiver un point d'arrêt (repère 3 de la figure 3-37 ; dans ce cas il faut que le curseur soit sur la ligne du point d'arrêt concerné), de supprimer tous les points d'arrêt (repère 4 de la figure 3-37), de passer en mode pas à pas principal (repère 5 de la figure 3-37 ; dans ce cas l'exécution du script est relancée jusqu'au prochain point d'arrêt), de passer en mode pas à pas détaillé depuis un point d'arrêt (repère 6 de la figure 3-37 ; dans ce cas le script est exécuté ligne par ligne) ou de sortir du mode pas à pas (repère 7 de la figure 3-37).

Figure 3-37

La barre de commande permet de contrôler les points d'arrêt du débogueur.

4

L'éditeur de code PHP
de Dreamweaver

Dans le chapitre consacré à l'environnement serveur, vous avez créé un petit script pour tester le fonctionnement du serveur (revoir le fichier bonjour.php dans le chapitre 2). Pour créer ce premier fichier PHP, vous avez utilisé le bloc-notes de votre PC (ou Simple Text si vous avez un Macintosh). Même s'il est possible de créer tous vos scripts PHP de cette manière, il est plus inté-ressant d'utiliser un éditeur plus évolué et surtout mieux adapté à la création de scripts PHP (avec des fonctions de coloration syntaxique ou de mémorisation de fragments de code, par exemple). Il existe plusieurs éditeurs spécialisés dans la rédaction de programmes PHP, mais nous avons choisi de vous présenter l'éditeur intégré de Dreamweaver (Dreamweaver étant un produit Macromédia, son interface a un air de famille avec celle de Flash et vous êtes certainement nombreux à en disposer si vous possédez la suite Studio MX 2004). En matière de performances et de fonctionnalités, Dreamweaver n'a rien à envier aux plates-formes de développement de renom. Pour vous le prouver, nous allons faire un tour d'horizon des nombreux outils d'édition de code que Dreamweaver met à votre disposition.

Définition d'un site

Avant de créer un fichier avec Dreamweaver, il est fortement recommandé de définir la configuration du site. Nous allons configurer Dreamweaver avec le répertoire racine de EasyPHP afin que nos fichiers Flash et PHP soient accessibles depuis le serveur Web Local.

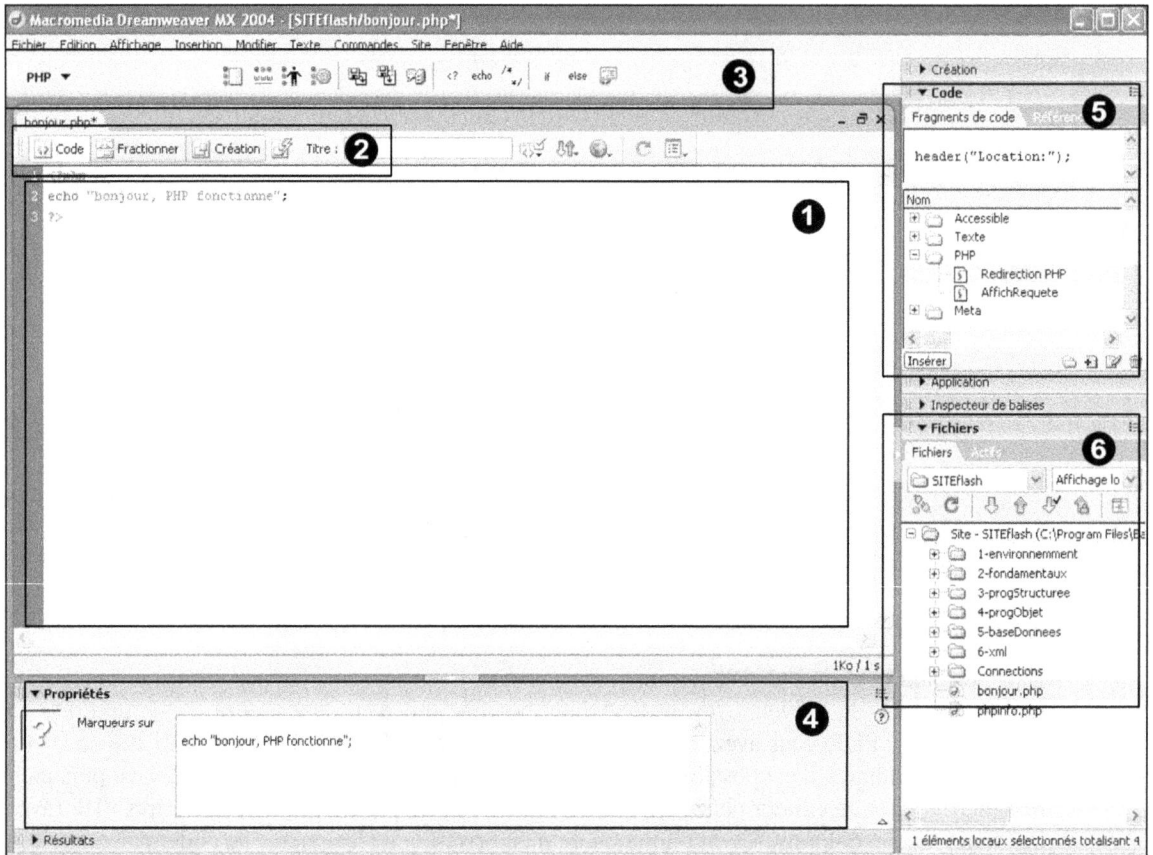

Figure 4-1

L'interface de Dreamweaver MX 2004 est composée d'une fenêtre document (repère 1) en haut de laquelle on trouve trois boutons (repère 2) qui permettent de sélectionner le mode (mode Code, Fractionner ou mode Mixte et mode Création). Une barre d'outils nommée Insérer (repère 3) permet d'accéder à plusieurs catégories de boutons classés par thèmes à partir d'un menu déroulant. De nombreux panneaux disposés à droite et en bas de la fenêtre de document permettent de paramétrer les éléments de la page ou d'accéder aux fonctionnalités de l'éditeur. Le panneau Propriétés (repère 4) affiche les caractéristiques de l'élément sélectionné dans la page. Le panneau Fichiers (repère 6) permet d'ouvrir les différents fichiers du site. Le panneau Code (repère 5) permet de mémoriser des fragments de code et d'afficher des références sur la syntaxe PHP ou MySQL.

Depuis le menu, sélectionnez Site puis Gérer les sites. Dans la fenêtre Gérer les sites, cliquez sur le bouton Nouveau puis sélectionnez Site (voir figure 4-2). La fenêtre Définition d'un site s'affiche à l'écran (voir figure 4-4). Pour définir un nouveau site, vous pouvez utiliser l'assistant (onglet Elémentaire) ou le mode Avancé (onglet Avancé). Cliquez sur l'onglet Avancé car nous allons saisir nos paramètres sans utiliser l'assistant de configuration.

Figure 4-2

Pour ouvrir
un nouveau site,
cliquez sur le bouton
Nouveau puis
sélectionnez Site.

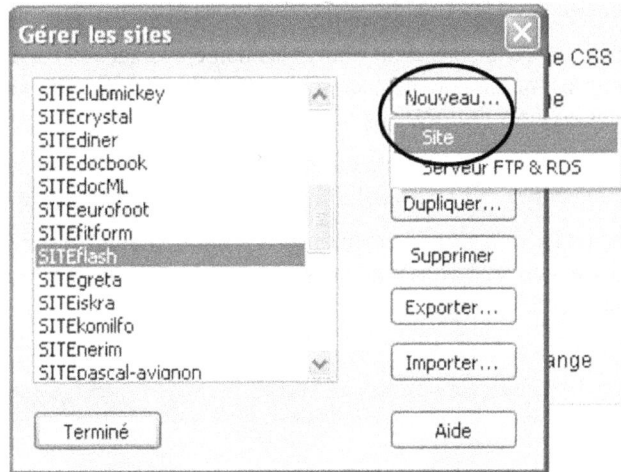

Informations locales

La première catégorie sélectionnée affiche la page dédiée aux informations locales (voir figure 4-4).

- Le premier champ permet de renseigner le nom du site, soit SITEflash dans notre exemple.

- Le second champ permet d'indiquer le chemin vers le répertoire dans lequel seront stockés les fichiers du site. Dans notre exemple, nous sélectionnerons le chemin qui correspond au répertoire SITEflash déjà créé lors de l'installation de l'infrastructure serveur (voir figure 4-3) :

```
C:\Program Files\EasyPHP1-7\www\SITEflash\
```

Figure 4-3

Sélection du
répertoire SITEflash
placé dans la racine
du serveur local www.

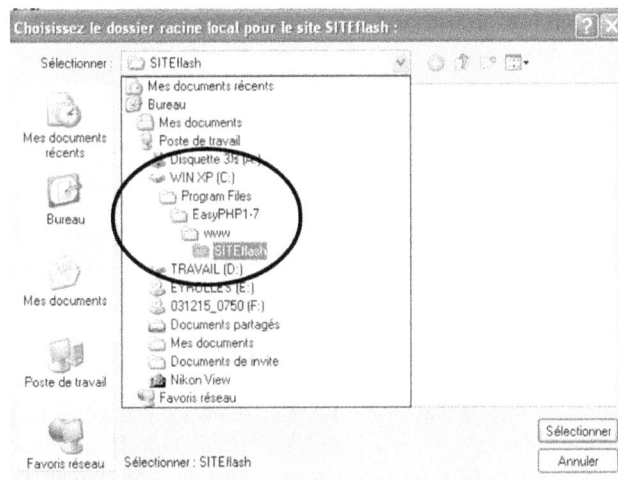

En dessous de ces deux champs, d'autres options peuvent être configurées (voir figure 4-4) :

- Un dossier spécial permet de stocker les fichiers images (il est d'usage de séparer les médias dans la structure d'un site Internet ; les fichiers HTML, images, sons, vidéos, etc., sont toujours enregistrés dans des répertoires différents).

- Un champ Adresse HTTP permet d'indiquer l'URL sous laquelle votre site sera consultable en ligne. Ainsi, Dreamweaver peut vérifier la validité des hyperliens que vous avez intégrés dans le site.

- Un champ Cache permet de mémoriser les informations du site afin d'accélérer les différents traitements de l'éditeur. Vous pouvez cocher cette option, mais elle sera surtout indispensable pour les sites de grande envergure.

Figure 4-4

La catégorie Infos locales de la fenêtre Définition du site permet de définir le nom du site et le dossier racine sous lequel seront stockés les fichiers du projet.

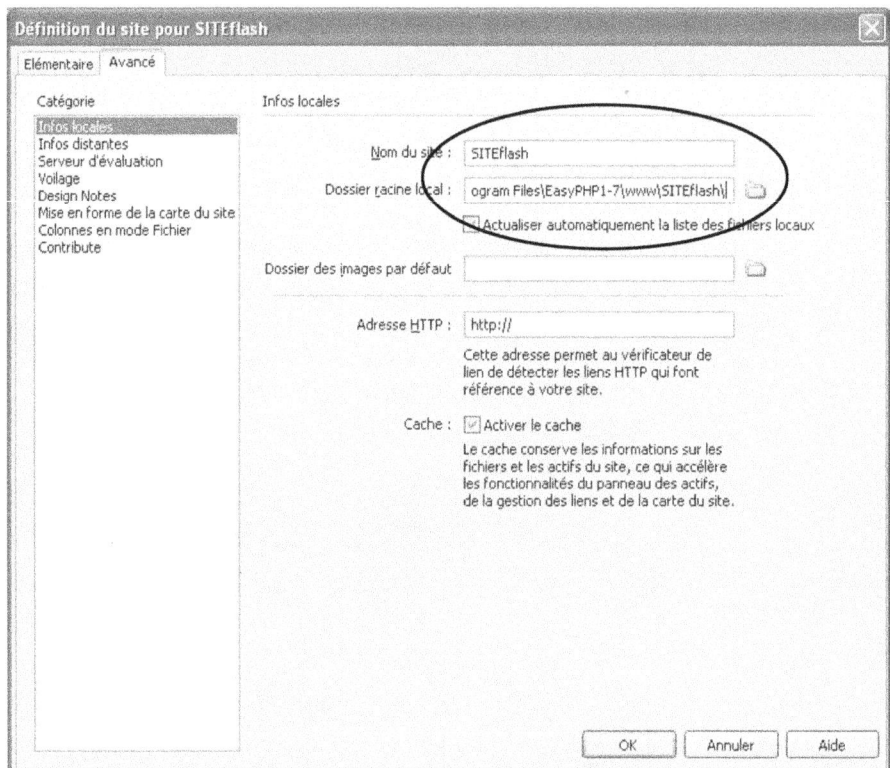

Informations distantes

Sélectionnez ensuite la catégorie Infos distantes dans le cadre de gauche (voir figure 4-5). Elle permet de transférer vos fichiers sur un serveur distant. Dans le cadre de cet ouvrage, vous utiliserez uniquement le serveur local précédemment installé avec EasyPHP et vous n'aurez pas à utiliser de serveur distant. Cependant, nous détaillons la procédure de paramétrage de cette catégorie afin que vous puissiez par la suite transférer vos applications sur un serveur de production.

Dans la partie de droite, sélectionnez l'option FTP dans le menu déroulant. Saisissez ensuite les paramètres de votre compte FTP dans les champs appropriés de la fenêtre. Les informations concernant l'hôte FTP, le répertoire de l'hôte, le nom de l'utilisateur et le mot de passe doivent vous être fournis par votre hébergeur (à titre d'illustration, vous trouverez dans le tableau 4-1 des exemples de paramètres possibles pour un compte FTP).

Tableau 4-1. Description des paramètres d'un compte FTP et exemples de configuration (ces paramètres doivent vous être communiqués par votre hébergeur)

Hôte FTP	Adresse Internet (nom ou IP) du serveur FTP	ftp.monsite.com (ou 213.185.36.111)
Répertoire	Répertoire distant dans lequel vous devez télécharger vos fichiers. (champ optionnel chez certains hébergeurs)	/web/ (ou /html/...)
Nom de l'utilisateur	Nom du compte FTP	Flash
Mot de passe	Mot de passe FTP	1234

Au terme de votre saisie, vous pouvez vérifier l'exactitude de vos informations en cliquant sur le bouton Test. Cliquez ensuite sur OK puis sur le bouton Définition du site de la fenêtre Modifier les sites pour confirmer vos modifications.

Figure 4-5

La catégorie Infos distantes de la fenêtre Définition du site permet de définir les différents paramètres pour la publication de votre site sur le serveur distant en FTP.

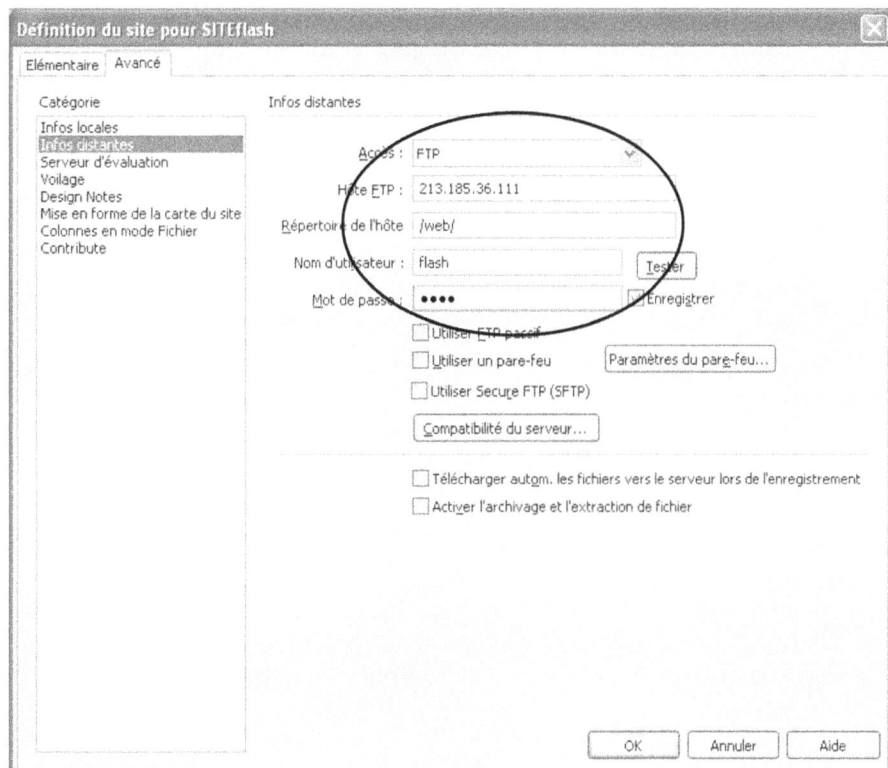

Dans la partie inférieure de la fenêtre, d'autres options peuvent également être configurées. Selon les particularités de votre connexion à Internet ou de votre pare-feu, vous pouvez utiliser l'option FTP passif ou indiquer les paramètres de votre pare-feu dans la fenêtre Préférences de Dreamweaver (si votre réseau local est équipé d'un pare-feu). L'option SSH permet de vous connecter en mode sécurisé codé si votre site distant a été configuré en conséquence. En bas de la page, deux autres options peuvent être activées. Télécharger automatiquement les fichiers sur le serveur permet de mettre automatiquement à jour vos fichiers sur le serveur distant lors de chaque enregistrement exécuté en local. Enfin, Activer l'archivage et l'extraction de fichier vous permet de travailler en équipe sur le même serveur distant. Dans ce cas, vous devez indiquer votre identifiant et votre e-mail dans les champs qui s'affichent lorsque vous validez cette option.

Serveur d'évaluation

Nous venons de configurer la connexion FTP et nous pourrions valider nos modifications et quitter la fenêtre Définition du site. Cependant, nous vous suggérons de sélectionner la catégorie Serveur d'évaluation afin de découvrir les options qu'elle contient.

La page de la catégorie Serveur d'évaluation regroupe les paramètres destinés à configurer le serveur de test afin de pouvoir utiliser les comportements serveur de Dreamweaver. Ils permettent de générer automatiquement des scripts PHP en interaction avec une base de données. Dans le cadre de cet ouvrage, nous n'utiliserons pas les comportements serveur de Dreamweaver mais nous verrons plus tard que la configuration du serveur d'évaluation permet de disposer de certaines fonctionnalités dédiées à MySQL qui faciliteront le développement de vos futurs sites dynamiques. Vous pouvez vous reporter au chapitre 18 si vous désirez configurer cette catégorie dès maintenant.

Éditeur en mode Code

L'éditeur de Dreamweaver permet de travailler selon trois modes différents : mode Création, mode Code ou mode Mixte. Nous allons nous intéresser plus particulièrement à l'utilisation du mode Code et à ses fonctions, afin d'écrire nos propres scripts PHP.

Avant d'utiliser l'éditeur, nous allons créer une nouvelle page PHP. Pour cela, cliquez dans le menu sur Fichier puis sélectionnez Nouveau (ou utilisez le raccourci clavier Ctrl + N). Dans la fenêtre Nouveau document, sélectionnez Page dynamique dans la première colonne et PHP dans la seconde (voir figure 4-6) puis validez en cliquant sur le bouton Créer.

Une fois le nouveau document créé, vous pouvez passer en mode Code en le sélectionnant dans le menu Affichage>Code ou en cliquant sur le bouton Afficher le code situé à gauche de la barre d'outils document.

Avant de saisir la première ligne de code, assurez-vous que toutes les options sont configurées correctement. Pour cela, cliquez sur le bouton d'options à droite de la barre d'outils document (voir figure 4-7 ; si cette barre d'outils n'apparaît pas, cliquez sur Affichage>Barre d'outils et cochez Document).

Figure 4-6

*Création
d'un nouveau
document PHP*

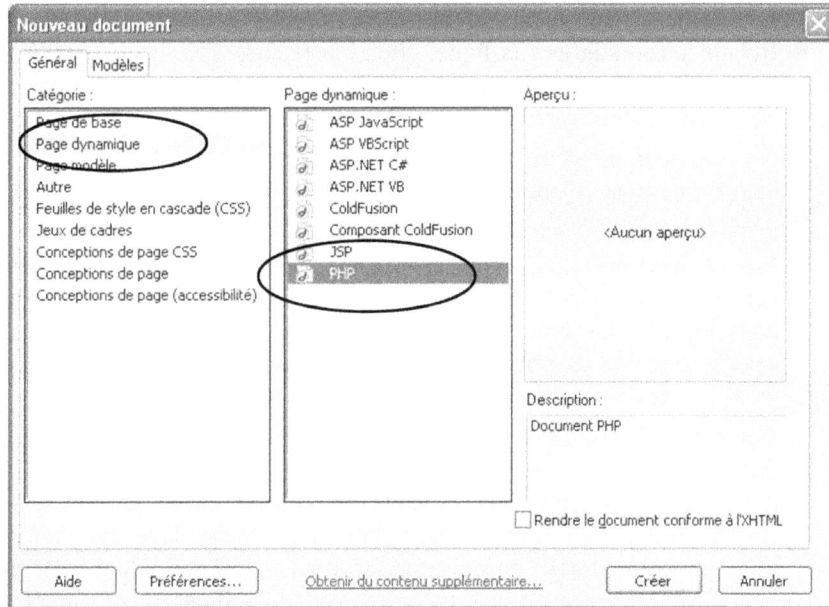

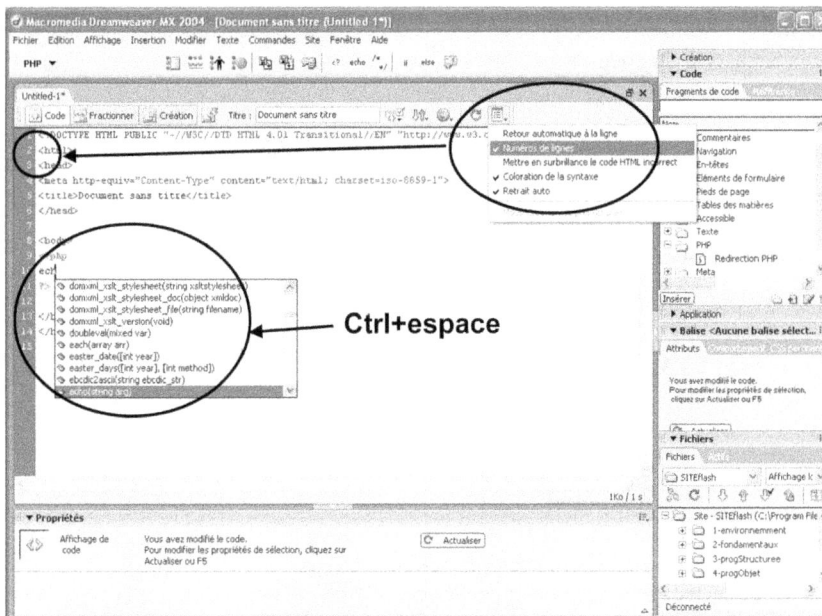

Figure 4-7

*Le mode Code de Dreamweaver permet de saisir vos scripts avec le même confort qu'avec un éditeur dédié
au développement de code source. Pour faciliter votre saisie des fonctions PHP, nous vous conseillons d'utiliser
le raccourci clavier Ctrl + Espace. De même, le bouton d'options de la barre d'outils document active
différentes fonctions de la fenêtre document, très appréciables pour une utilisation en mode Code.*

Les différents choix du menu Option correspondent aux définitions des options suivantes :

- **Retour automatique à la ligne** – Renvoie le code à la ligne lorsqu'il excède la largeur de la fenêtre de l'éditeur. Nous vous conseillons de cocher cette option car elle rend la lecture plus confortable lors de la rédaction des scripts.

- **Numéro de ligne** – Permet la numérotation des lignes dans la fenêtre document en mode Code ou dans l'inspecteur de code. Cette option est fort utile lors de vos premiers dépannages de scripts, pour repérer la ligne signalée par le message d'erreur PHP.

- **Mettre en surbrillance le code HTML incorrect** – Pour éviter les erreurs de ce type, il est indispensable de respecter l'équilibre du code HTML (une balise d'ouverture doit toujours être fermée) dans lequel vous émulerez des balises HTML à l'aide de scripts PHP (par exemple : echo "<TABLE>"). Cela permet notamment aux graphistes de pouvoir afficher correctement le document en mode Création, même après l'ajout d'un script PHP dans la page.

- **Coloration de la syntaxe** – La coloration syntaxique est très utile pour la recherche de pannes et pour la saisie. Dreamweaver permet d'utiliser la coloration syntaxique du langage PHP et il serait dommage de s'en priver. Il est possible de configurer chaque couleur selon le type de code représenté (voir figure 4-8 : pour accéder à cet écran, affichez la fenêtre Préférences, rubrique Coloration syntaxique et PHP, puis cliquez sur le bouton Modifier le modèle de coloration). Pour une bonne lisibilité de votre code source, nous vous conseillons de conserver les couleurs attribuées par défaut.

- **Retrait auto** – Automatise la mise en retrait du code dès que vous appuyez sur la touche Entrée lors de la rédaction du code.

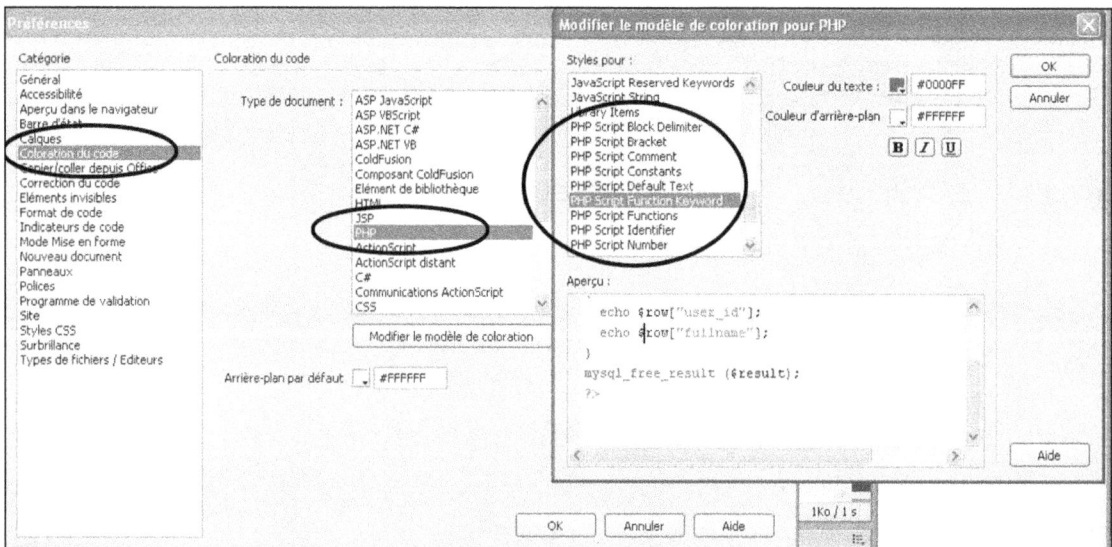

Figure 4-8

Depuis la fenêtre Préférences, vous pouvez modifier les différentes couleurs de la « coloration syntaxique » de l'éditeur de code.

Outils de gestion de code

Les outils de Dreamweaver

Dreamweaver dispose de nombreux outils pour intervenir directement dans le code des pages Web. Certains sont bien adaptés à la gestion des balises HTML ou à l'insertion de balises PHP isolées. D'autres vous permettent d'enregistrer des fragments de code PHP afin de capitaliser vos développements. Même si plusieurs d'entre eux vous paraissent redondants, les connaître vous donnera la possibilité de choisir l'outil adapté au contexte de votre intervention.

Indicateur de code

L'indicateur de code vous guide dans la saisie de vos codes. Vous pouvez l'utiliser depuis la fenêtre du document en mode Code. Pour le configurer, ouvrez la fenêtre Préférences, rubrique Indicateur de code (voir figure 4-9). Vous pouvez le désactiver ou augmenter son temps de réaction si vous le trouvez trop envahissant. De même, depuis cette fenêtre, vous pouvez neutraliser la création automatique de la balise de fin (décocher l'option Activer l'achèvement automatique) ou réduire son action à certains types de codes (cochez les cases correspondant aux actions désirées : noms des balises, noms des attributs, valeurs des attributs, valeurs des fonctions…).

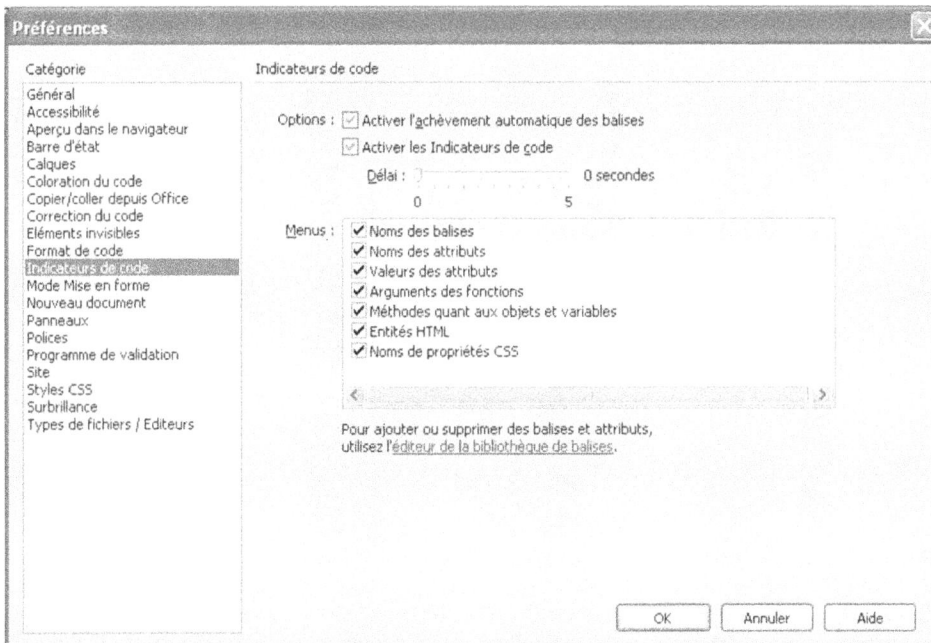

Figure 4-9

La fenêtre Préférences, rubrique Indicateur de code, vous permet de configurer les différentes options disponibles pour l'indicateur de code.

L'indicateur de code est très pratique dès qu'on commence à bien savoir l'exploiter. Il permet de saisir du code HTML ou PHP facilement et rapidement, sans avoir à se référer à la documentation. Pour illustrer son fonctionnement, nous vous proposons de commenter son utilisation pour la création d'une balise d'un tableau HTML, puis pour le paramétrage des arguments d'une fonction PHP.

- **Création d'une balise de tableau HTML avec l'indicateur de code** (voir figure 4-10) – Depuis un éditeur de code (fenêtre mode Code ou inspecteur de code), saisissez le début d'une balise de tableau, par exemple <t. L'indicateur apparaît et vous propose les différentes balises HTML commençant par t (si la première lettre n'est pas suffisante pour afficher la bonne balise, saisissez une deuxième lettre et ainsi de suite jusqu'à l'affichage correct de la balise désirée). Dès que vous pouvez sélectionner la balise désirée dans le menu déroulant, validez-la en appuyant sur la touche Entrée. Le début de la balise est complété automatiquement. Appuyez sur la touche Espace pour afficher de nouveau l'indicateur de code, cette fois en mode Attribut (notez qu'une petite icône précède chacun des attributs afin de vous rappeler le type de fonction auquel il appartient). De la même manière que pour les balises HTML, il suffit de valider l'attribut désiré pour qu'il apparaisse dans le code. Cette fois, le pointeur de la souris est positionné entre les guillemets de la valeur de l'attribut. Si les valeurs attendues sont standards, un nouveau menu déroulant propose les choix possibles. Dans le cas contraire, saisissez la valeur (par exemple 1 pour l'attribut border). Ensuite, appuyez sur la touche du clavier fin pour vous placer après les guillemets, puis sur la touche Espace pour saisir un autre argument. Renouvelez la même opération pour le deuxième argument et terminez votre saisie par un caractère >, afin que l'inspecteur affiche automatiquement la balise de fermeture correspondante.

Figure 4-10

*L'indicateur
de code vous
permet de saisir
facilement vos
balises HTML
sans avoir
à vous référer à
la documentation.*

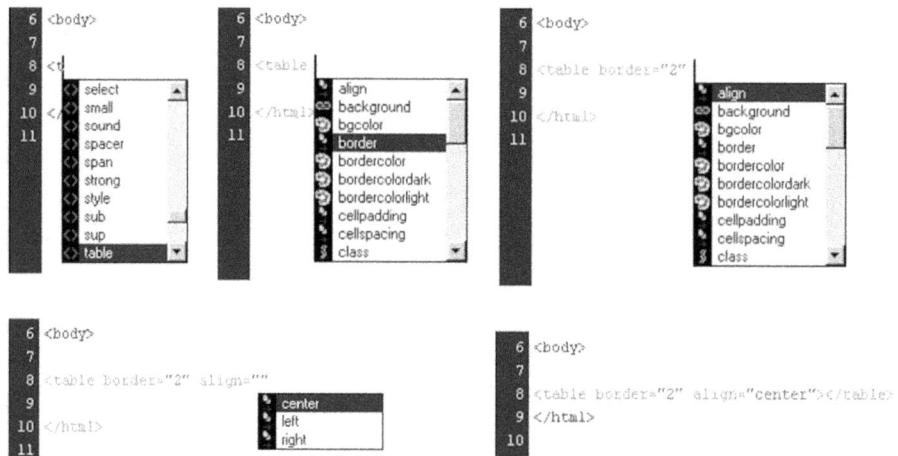

- **Création d'une fonction PHP avec l'indicateur de code** (voir figure 4-11) – L'indicateur de code peut aussi gérer les différentes fonctions PHP, ainsi que les variables HTTP (par exemple, si vous saisissez $, il vous propose les différents types de variables serveurs disponibles dans un menu déroulant : $ _ GET, $ _ POST...). En guise d'illustration, voici la démarche à suivre afin d'exploiter pleinement les possibilités de cet outil pour déclarer une constante insensible à la casse (nous utilisons pour cela la fonction define(), avec comme troisième argument la valeur 1, voir figure 4-11).

Commencez par saisir le début de la fonction dans une zone PHP de votre page (zone encadrée par les balises <?php et ?>), soit « define(». Une zone d'assistance s'affiche alors en dessous de la fonction et vous rappelle le type et le rôle des différents arguments attendus pour la fonction. Commencez la saisie en suivant ces indications (il est à noter que, dès que la saisie du premier argument commence, la zone d'assistance disparaît). Si vous ajoutez ensuite une virgule, la zone d'assistance apparaît de nouveau et vous informe sur les arguments restants à saisir. Procédez de la même manière pour tous les arguments attendus et terminez votre saisie par une parenthèse fermante. N'oubliez pas le point-virgule si vous êtes à la fin de l'instruction.

Figure 4-11

L'indicateur de code vous permet de connaître les différents arguments attendus par les fonctions PHP.

Fragment de code

Les fragments de code permettent de stocker des parties de code préenregistrées afin de les réutiliser. Vous pouvez créer et insérer des fragments de code en HTML, JavaScript ou PHP. Dreamweaver contient également quelques fragments de code prédéfinis. Pour ouvrir la fenêtre des fragments de code depuis le menu, sélectionnez Fenêtre>Fragments de code.

Le fragment de code peut soit envelopper une sélection, soit se présenter comme un bloc de code. Vous pouvez par ailleurs assortir vos fragments de code de commentaires destinés aux autres utilisateurs.

À noter

Les fragments de code se trouvent dans le sous-dossier Configuration\Snippets du dossier de l'application Dreamweaver MX. Vous pouvez facilement les copier pour les utiliser sur un autre poste ou pour les transmettre à d'autres développeurs.

Voici la procédure pour créer un fragment de code :

1. Cliquez sur l'icône Nouveau dossier située en bas du panneau Fragments de code et nommez ce dossier PHP.

2. Cliquez sur l'icône Nouveau fragment de code située en bas du même panneau.

3. La boîte de dialogue Fragment de code s'affiche (voir figure 4-12). Saisissez un nom explicite pour votre futur fragment (exemple : Redirection PHP), puis décrivez l'action du code dans la zone Description. Sélectionnez l'option Envelopper la sélection ou Insérer le bloc selon les besoins ; dans notre exemple, nous désirons envelopper la sélection avec les deux blocs de code suivants : `header(Location:"` et `");`. Saisissez ensuite votre code dans la ou les fenêtres destinées aux codes. Configurez enfin l'option Type d'aperçu en sélectionnant la valeur Code en bas de la fenêtre, puis cliquez sur OK.

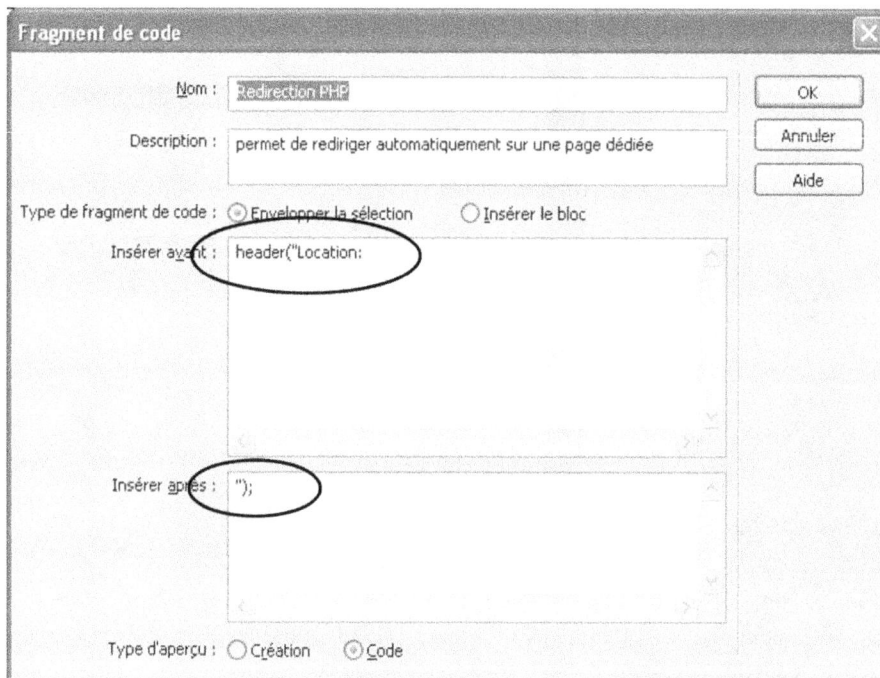

Figure 4-12

La fenêtre de création d'un nouveau fragment permet de saisir le code soit en un seul bloc, soit dissocié en deux parties afin d'envelopper le texte sélectionné, comme ici.

Voici la procédure pour insérer un fragment de code :

1. Placez le point d'insertion à l'endroit du document qui vous convient (dans le cas d'un fragment d'un seul bloc) ou délimitez la sélection à envelopper (dans le cas d'un code enveloppant composé de deux parties).

2. Dans le panneau Fragments de code, double-cliquez sur le fragment de code désiré (voir exemple figure 4-13). Vous pouvez également cliquer avec le bouton droit de la souris (Windows) ou en maintenant la touche Ctrl enfoncée (Macintosh) sur le fragment de code, puis choisir Insérer dans le menu contextuel. Vous devez ensuite ajouter le code dans l'éditeur.

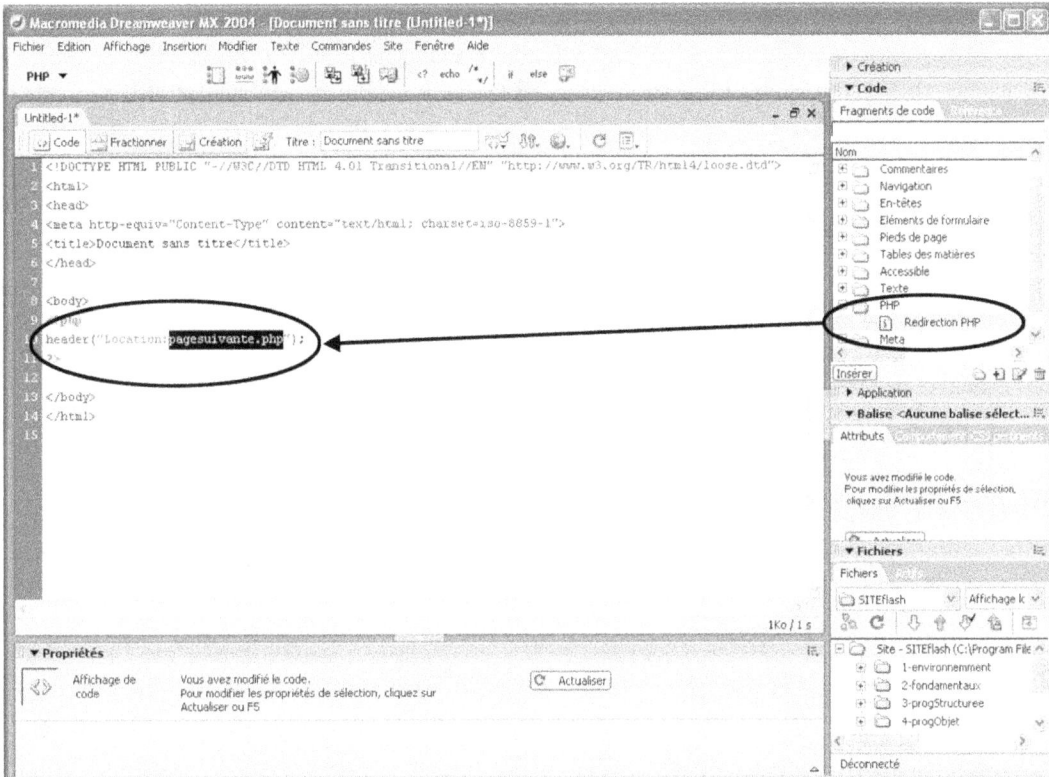

Figure 4-13

Pour insérer un fragment de code, il faut au préalable sélectionner le code à envelopper par le fragment (dans le cas d'un fragment en deux blocs), puis faire un double-clic sur le fragment de code désiré.

Voici enfin la procédure pour modifier ou supprimer un fragment de code :

1. Sélectionnez le fragment de code à modifier ou supprimer.

2. Cliquez sur l'icône Modifier le fragment de code ou Supprimer située en bas du panneau Fragments de code (voir figure 4-14) selon l'action désirée.

Figure 4-14

Les icônes situées en bas de la fenêtre Fragments de code vous permettent d'ajouter, de modifier ou de supprimer un fragment.

La barre d'outils Insérer, option PHP

L'option PHP de la barre d'outils Insérer permet d'ajouter rapidement des balises PHP dans la fenêtre document en mode Code (voir figure 4-15). Pour que l'onglet PHP apparaisse, il faut se trouver dans une page dynamique PHP (menu Fichier>Nouveau>Général>Page dynamique + PHP). Hormis le bouton d'insertion de commentaire, les différents boutons du panneau insèrent des balises PHP de début et de fin (`<?php` et `?>`). Ce panneau est destiné à insérer du code PHP isolé dans le code source d'une page HTML et non à vous assister dans l'édition d'un script PHP de plusieurs instructions. Le bouton situé à l'extrême droite du panneau permet d'appeler le sélecteur de balises que nous détaillerons ci-dessous. Ainsi, vous pouvez accéder à d'autres balises PHP, mais aussi à toutes les balises HTML proposées en standard par Dreamweaver. Les fonctions des boutons de l'onglet PHP sont les suivantes :

• Ajout de variables de formulaires :

```
<?php $_POST[]; ?>
```

• Ajout de variables d'URL :

```
<?php $_GET[]; ?>
```

• Ajout de variables de sessions :

```
<?php $_SESSION[]; ?>
```

• Ajout de variables de cookies :

```
<?php $_COOKIE[]; ?>
```

• Ajout de la fonction `Inclure` :

```
<?php include(); ?>
```

• Ajout de la fonction `Nécessite` :

```
<?php require(); ?>
```

• Ajout d'un bloc de code PHP :

```
<?php ?>
```

• Ajout de la fonction `Echo` (affichage) :

```
<?php echo ?>
```

• Ajout d'un commentaire dans le code :

```
/* */
```

• Ajout de la fonction `If` (test d'une condition) :

```
<?php if ?>
```

• Ajout de la fonction `Else` (complémentaire de la fonction `If`) :

```
<?php else ?>
```

• Ajout d'une balise par le biais du sélecteur de balise.

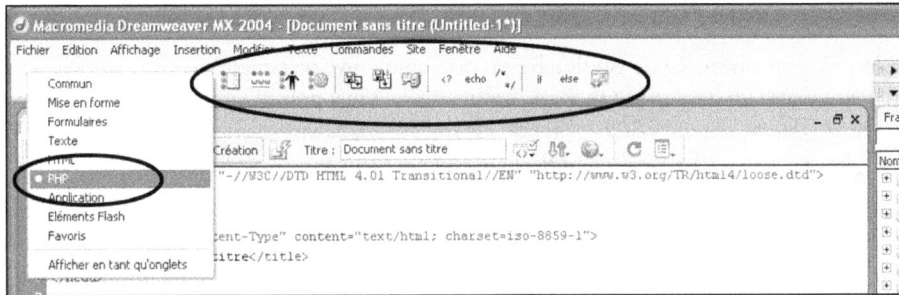

Figure 4-15

L'option PHP de la barre d'outils Insérer permet d'ajouter rapidement un code accompagné de ses balises PHP.

Les références PHP de poche

Dans le panneau Code onglet Référence, Dreamweaver met à votre disposition un dictionnaire de poche regroupant toutes les syntaxes des fonctions PHP. Pour y accéder, ouvrez le panneau Code et cliquez sur l'onglet Référence (n'hésitez pas à élargir la fenêtre afin de pouvoir lire les différentes options des menus déroulants). Dans le haut du panneau, sélectionnez O'REILLY – Référence PHP de poche dans le premier menu déroulant Livre puis la famille de fonction que vous désirez consulter dans le deuxième menu déroulant (voir figure 4-16) et enfin la fonction dans le troisième menu déroulant. N'hésitez pas à consulter fréquemment ces informations si vous avez un doute sur la syntaxe d'une fonction.

Figure 4-16

Le panneau Code onglet Référence permet de consulter un mini-dictionnaire de toutes les fonctions PHP.

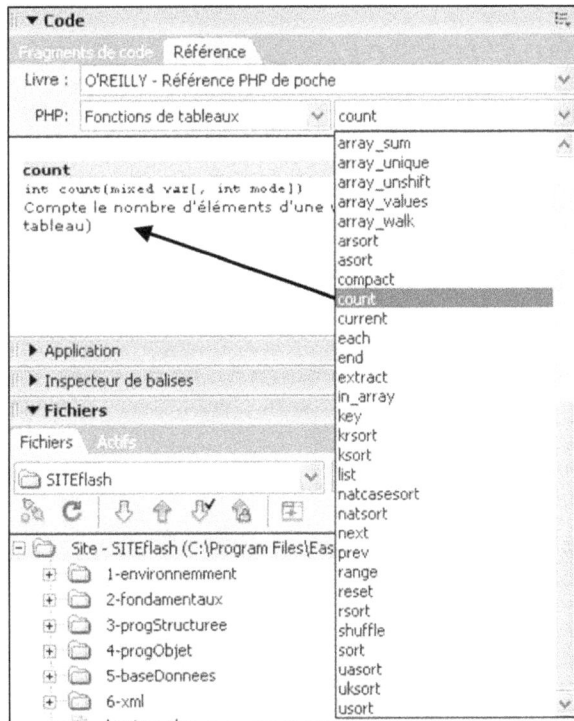

Les références du langage SQL

Dans le même panneau Code onglet Référence, Dreamweaver met à votre disposition un second dictionnaire dédié au langage SQL (voir figure 4-17). Vous pourrez ainsi vous assurer de la validité de la syntaxe de vos requêtes SQL avant de les intégrer dans vos scripts PHP. Le chapitre 17 présente en détail les requêtes et les clauses SQL couramment utilisées.

Pour accéder à ce dictionnaire, vous devez au préalable ouvrir le panneau Code et cliquer sur l'onglet Référence (n'hésitez pas à élargir la fenêtre afin de pouvoir lire les différentes options des menus déroulants). Dans le haut du panneau, sélectionnez O'REILLY – Référence du langage SQL dans le premier menu déroulant Livre puis la rubrique que vous désirez consulter dans le deuxième menu déroulant (sélectionnez, par exemple, la rubrique Référence des commandes) et enfin la sous-rubrique dans le troisième menu déroulant (dans notre exemple, ce troisième menu affiche une liste de commandes parmi lesquelles nous sélectionnons SELECT).

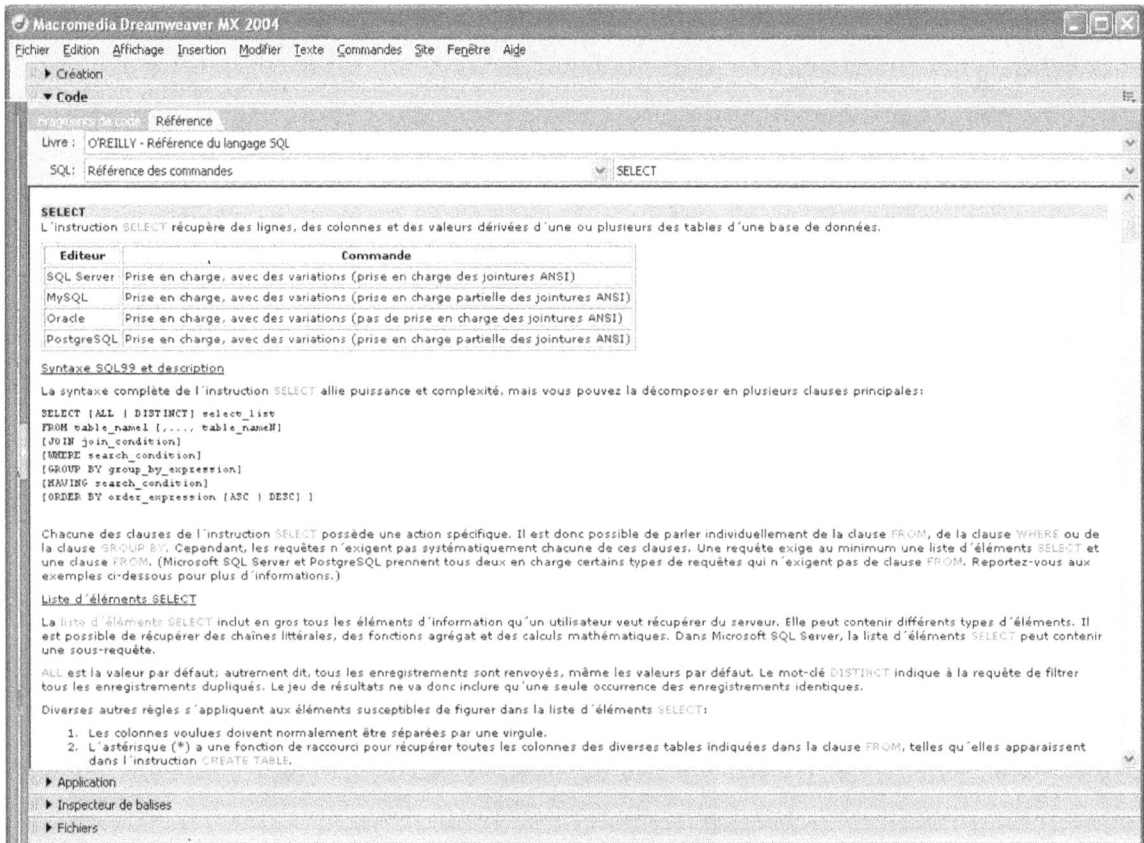

Figure 4-17

Le panneau Code onglet Référence permet de consulter un mini-dictionnaire de toutes les fonctions et commandes SQL.

Création et test d'un fichier PHP

Nous venons de présenter les différentes fonctionnalités de l'éditeur Dreamweaver. Pour clore ce chapitre, nous vous proposons maintenant de créer puis de tester un premier fichier PHP avec Dreamweaver. Vous aurez l'occasion de mettre en pratique cette procédure à maintes reprises dans le reste de cet ouvrage et nous vous invitons à noter les raccourcis clavier utilisés car ils vous feront gagner un temps précieux dans vos futurs développements.

Création d'un document PHP

Avant de créer un document, vous devez sélectionner le site dans lequel celui-ci sera intégré. Dans notre exemple, nous utiliserons le site nommé SITEflash que nous avons configuré précédemment (si vous n'avez pas encore configuré le site SITEflash, reportez-vous à la section précédente qui détaille la procédure de définition d'un site).

Le document que nous allons créer devra afficher une page phpinfo. Cette page utilisera la fonction phpinfo() pour afficher à l'écran toutes les informations utiles sur la version et la configuration du PHP installé sur votre serveur.

À noter

Une page phpinfo est déjà disponible sur votre serveur local par l'intermédiaire de la suite EasyPHP (clic droit sur l'icône puis sélectionnez Administration et cliquez sur le lien phpinfo sur la ligne PHP 4.3.3, voir figure 4-18). Cependant, la page que nous allons créer vous sera certainement utile si vous possédez un hébergement car elle vous permettra de connaître les caractéristiques du PHP installé sur votre serveur distant. Nous rappelons à ce sujet qu'il faut choisir un serveur de développement local dont les caractéristiques sont proches de celles de votre serveur distant (évidemment, si vous n'avez pas encore choisi votre hébergeur, l'inverse est aussi valable...).

Cliquez depuis le menu sur Fichier puis Nouveau (ou utilisez le raccourci clavier Ctrl + N). Dans la fenêtre Nouveau document (onglet Général), sélectionnez Page dynamique dans la colonne Catégorie puis PHP dans la colonne Page dynamique et cliquez sur le bouton Créer pour valider vos choix (voir figure 4-19). Un nouveau document encore indéfini s'ouvre dans la fenêtre centrale de l'éditeur (fenêtre document). Enregistrez tout de suite votre document sous le nom phpinfo.php dans la racine de SITEflash (voir figure 4-20). À la racine de SITEflash, vous devez retrouver le fichier bonjour.php créé lors du test de l'infrastructure serveur. Les autres répertoires présents à cet endroit (voir figure 4-20) sont destinés à recevoir les futurs fichiers correspondant à chaque chapitre de cet ouvrage. Si vous désirez créer dès maintenant ces répertoires, vous pouvez le faire depuis la fenêtre Enregistrer sous en cliquant sur le bouton Créer un nouveau dossier.

Assurez-vous que vous êtes bien en mode Code (si besoin, cliquez sur le bouton Code placé en haut à gauche de la fenêtre document). Dans la barre des outils, déroulez la liste et sélectionnez l'option PHP (voir figure 4-21). Placez votre pointeur entre les balises `<body>` et `</body>` puis cliquez sur le bouton Bloc de code (voir figure 4-22) afin d'ajouter automatiquement les balises ouvrante et fermante d'un script PHP (`<?php` et `?>`). Ajoutez ensuite entre ces deux balises l'instruction suivante : `phpinfo();` (voir figure 4-23) puis enregistrez votre fichier en utilisant le raccourci clavier Ctrl + S.

Figure 4-18

*Page phpinfo
disponible
depuis l'écran
d'administration
d'EasyPHP.*

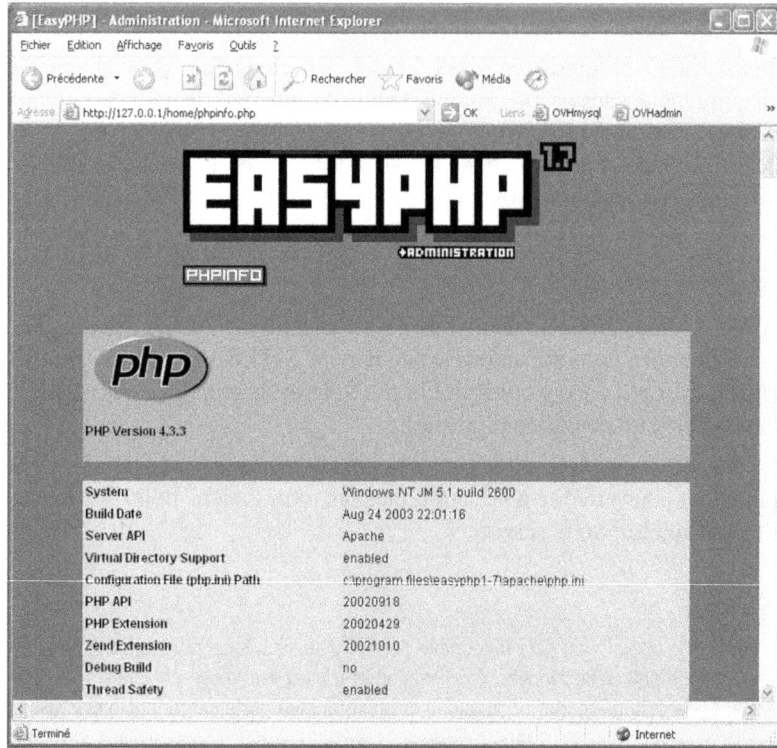

Figure 4-19

*La fenêtre document
permet de choisir
le type de document
à ouvrir.*

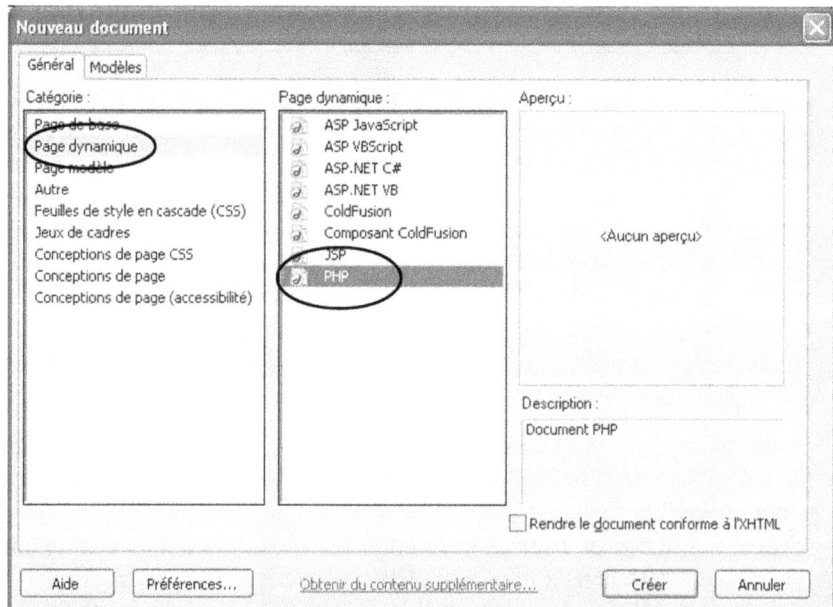

Figure 4-20

Notre fichier phpinfo.php est enregistré dans la racine de SITEflash.

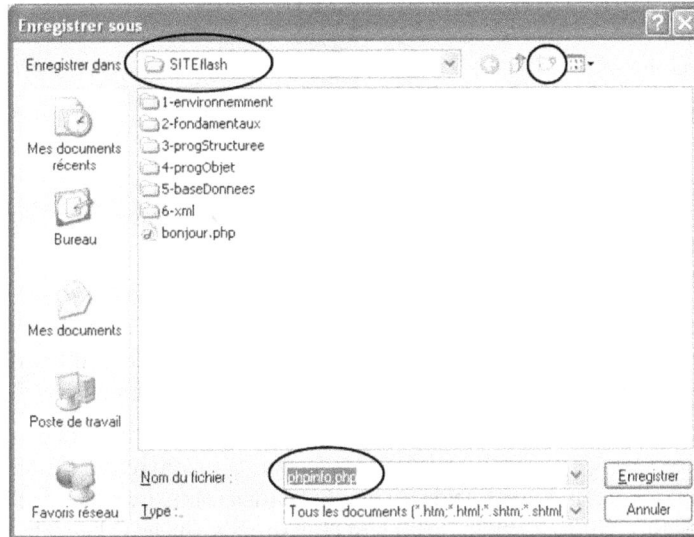

Figure 4-21

Pour changer de barre d'outils, il suffit de dérouler le menu de sélection placé à gauche de la barre d'outils. Ici, nous sélectionnons la barre PHP.

Figure 4-22

Le bouton Bloc de code de la barre d'outils PHP permet d'ajouter automatiquement les balises PHP dans la fenêtre document.

Figure 4-23

L'instruction
phpinfo(); doit être
insérée entre les deux
balises PHP afin
d'être interprétée
par le module PHP.

Test d'un document PHP

Contrairement à un fichier HTML pour lequel il suffit d'ouvrir un navigateur pour le tester, un document PHP doit obligatoirement être appelé depuis le serveur Web local d'EasyPHP afin que l'interpéteur PHP du serveur puisse exécuter les instructions incluses dans le document.

Pour appeler un document depuis le serveur local, cliquez avec le bouton droit sur l'icône EasyPHP et sélectionnez l'option Web Local. La fenêtre qui s'ouvre (voir figure 4-24) affiche les répertoires des sites présents à la racine du serveur local (dans notre exemple, il n'y a qu'un seul dossier nommé SITEflash). Cliquez sur le dossier SITEflash puis sur le fichier phpinfo.php. Le fichier que nous venons de créer est alors demandé au serveur. Son extension étant .php, le fichier est orienté vers le préprocesseur PHP du serveur qui analyse le contenu à la recherche de balises PHP (<?php … ?>). Dès que le préprocesseur trouve une balise PHP, il interprète son contenu et renvoie le résultat (au format HTML) en lieu et place de la précédente balise PHP. Ainsi dans notre exemple, l'interprétation de l'instruction phpinfo() renvoie un tableau HTML contenant toutes les caractéristiques du module PHP installé sur le serveur (voir figure 4-25).

Figure 4-24

La page d'index placée à la racine du serveur (répertoire www) présente les différents dossiers de sites placés à ce niveau.

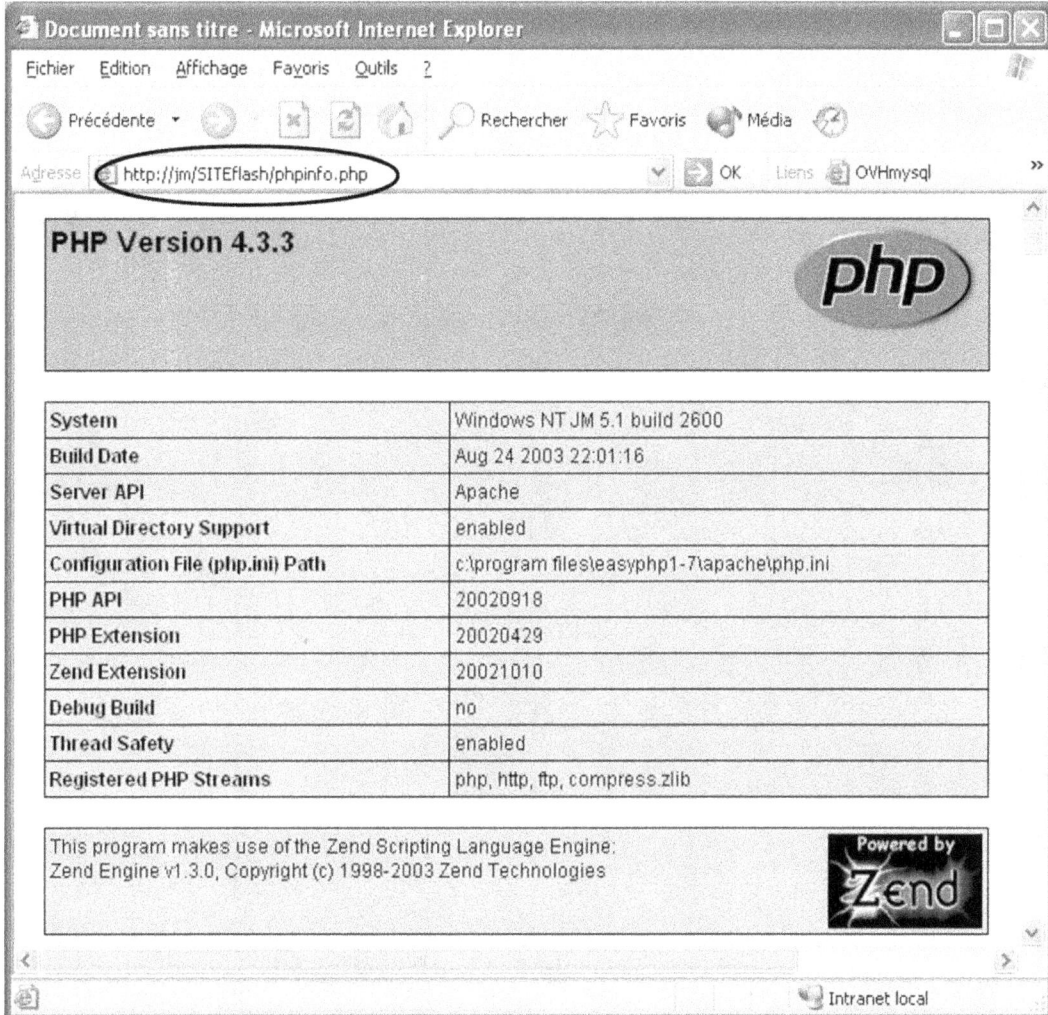

Figure 4-25

La page phpinfo.php affiche dans une seule page HTML toutes les caractéristiques du module PHP du serveur.

Raccourcis clavier pour la mise au point d'un document PHP

Théoriquement, la barre des tâches de votre ordinateur (zone située au centre et en bas de l'écran du PC) affiche deux boutons. L'un correspond à l'éditeur Dreamweaver et l'autre au navigateur qui affiche la page phpinfo.php (voir figure 4-26). Pour passer d'une fenêtre à l'autre, il suffit de cliquer sur le bouton correspondant à la page désirée, mais il est beaucoup plus rapide d'utiliser le raccourci clavier Alt + Tab.

Imaginons maintenant que le résultat de la page que nous venons de créer ne vous convienne pas. Il vous faut alors basculer de nouveau dans l'éditeur (en utilisant évidemment le raccourci clavier Alt + Tab) afin de modifier le contenu du code source de la page PHP. Pour illustrer cette démarche, nous allons ajouter le titre PHPINFO à la page (voir figure 4-26). Une fois la modification effectuée, enregistrez votre page (en utilisant le raccourci clavier Ctrl + S) puis basculez dans le navigateur (Alt + Tab) afin de voir le résultat. Une fois dans le navigateur, vous devrez actualiser la page à l'aide du raccourci F5 (ou en cliquant sur le bouton Actualiser de votre navigateur) pour voir apparaître l'écran modifié.

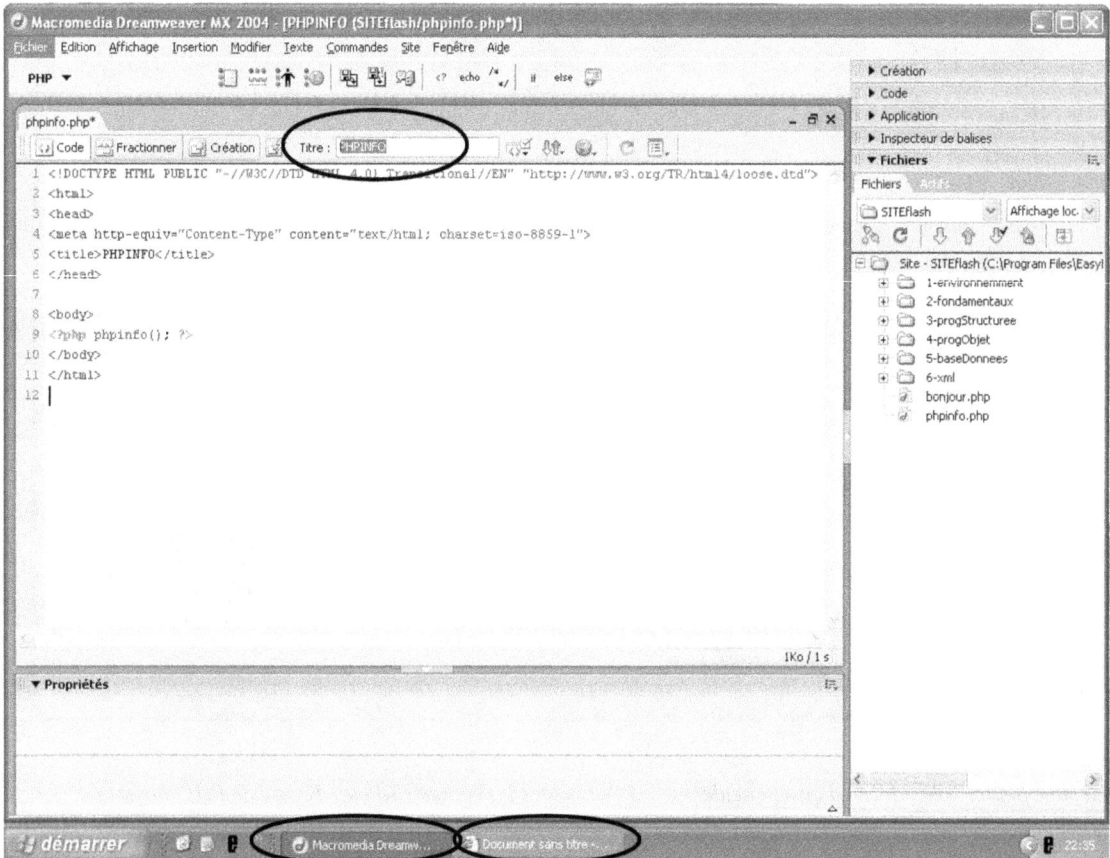

Figure 4-26

Lors de la mise au point d'un programme, vous aurez besoin de basculer de l'éditeur Dreamweaver au navigateur de multiples fois. Pour ce faire, vous pouvez cliquer sur les boutons placés en bas de l'écran mais il est beaucoup plus rapide d'utiliser le raccourci clavier Alt + Tab.

En phase de développement, vous devrez très souvent effectuer les manipulations que nous venons d'indiquer. Nous vous suggérons de privilégier l'emploi des raccourcis clavier afin de gagner du temps (voir figure 4-27).

Procédure de mise au point d'un fichier PHP

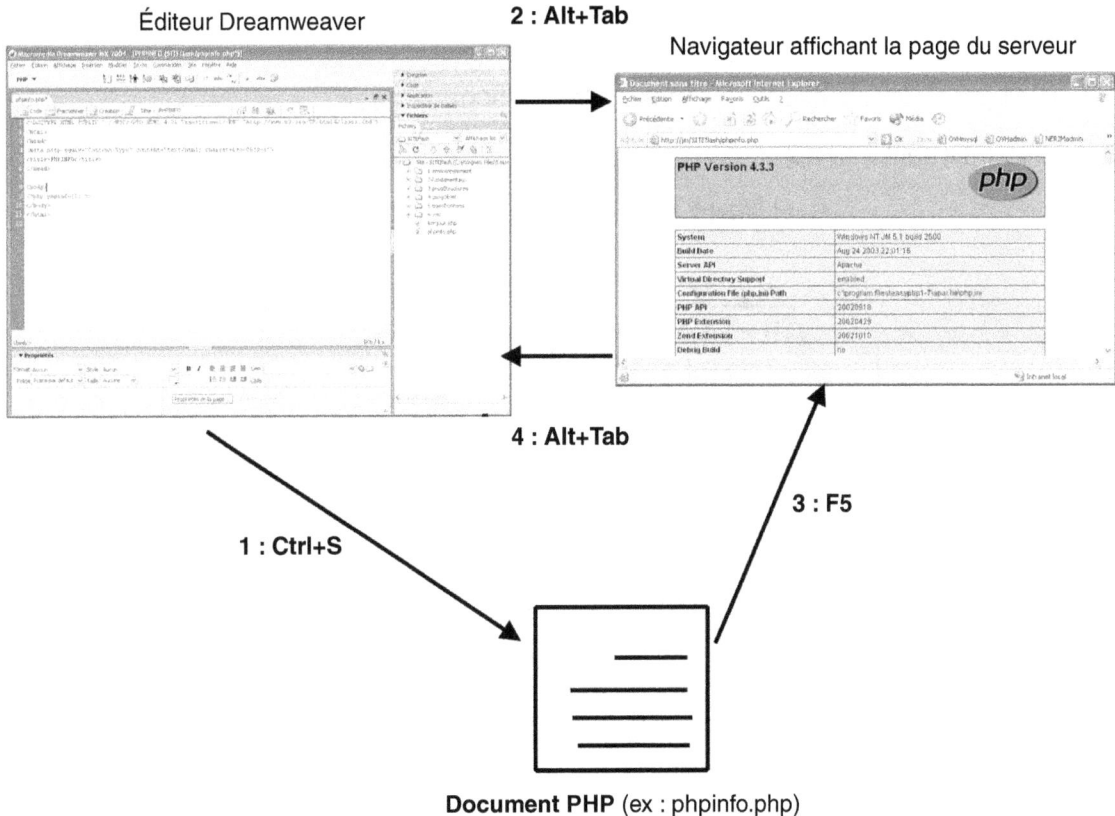

Figure 4-27

Enchaînement des différents raccourcis clavier utilisés en phase de développement.

Par la suite, vous serez amené à mettre au point simultanément des documents PHP et AS et vous devrez par conséquent tester le bon fonctionnement des interactions entre ces deux types de programme. Dans ce cas, trois applications devront être ouvertes en même temps, l'éditeur Dreamweaver pour l'édition des programmes PHP, Le navigateur destiné à contrôler le fonctionnement du projet depuis le Web Local et l'éditeur Flash pour l'édition des codes ActionScript.

Pour tester l'interfaçage entre le document PHP et l'animation Flash, la démarche précédente devra être complétée comme l'indique la figure 4-28.

À noter

Pour exploiter les raccourcis clavier de la figure 4-28, il faut avoir lancé les trois applications dans l'ordre suivant : Dreamweaver, Web Local et Flash.

Procédure de mise au point d'interaction
entre un document PHP et Flash

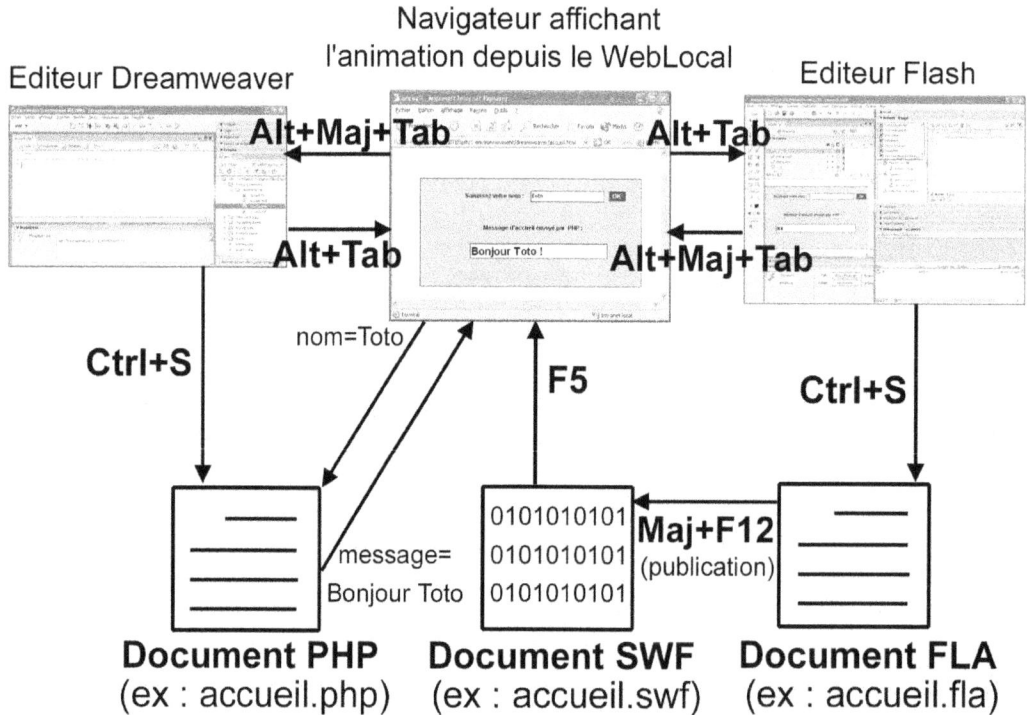

Figure 4-28

Les différents raccourcis clavier utilisés en phase de développement afin de tester l'interaction entre un document PHP et une animation Flash.

Partie II

Les fondamentaux de la programmation

5

Introduction à la programmation

Avant de vous présenter les premières bases de PHP et ActionScript, nous vous proposons un petit rappel des concepts indispensables à l'apprentissage d'un langage de programmation.

Notion et définition de la variable

Si la notion de variable paraît évidente aux programmeurs initiés, il n'en est pas de même pour les débutants. Pourtant, cette notion est fondamentale en programmation, car c'est la variable qui contient l'information traitée par le programme. En outre, il est difficile d'appréhender d'autres concepts tels que l'affectation ou le typage si l'on n'a pas bien compris celui de la variable.

En informatique, une variable est une étiquette qui sert à identifier un emplacement spécifique de la mémoire de l'ordinateur (voir figure 5-1). Si la variable n'existait pas, le programmeur devrait identifier l'emplacement de la mémoire dans lequel il désire stocker une information en utilisant l'adresse numérique de ce dernier. La variable lui permet donc de se détacher de ces contraintes technologiques en utilisant une étiquette correspondant à l'adresse numérique sans se soucier de l'organisation physique de la mémoire.

Définition d'une variable

Une variable est un objet repéré par son nom, contenant des valeurs pouvant être modifiées lors de l'exécution du programme.

Mémoire de l'ordinateur   **Programme**

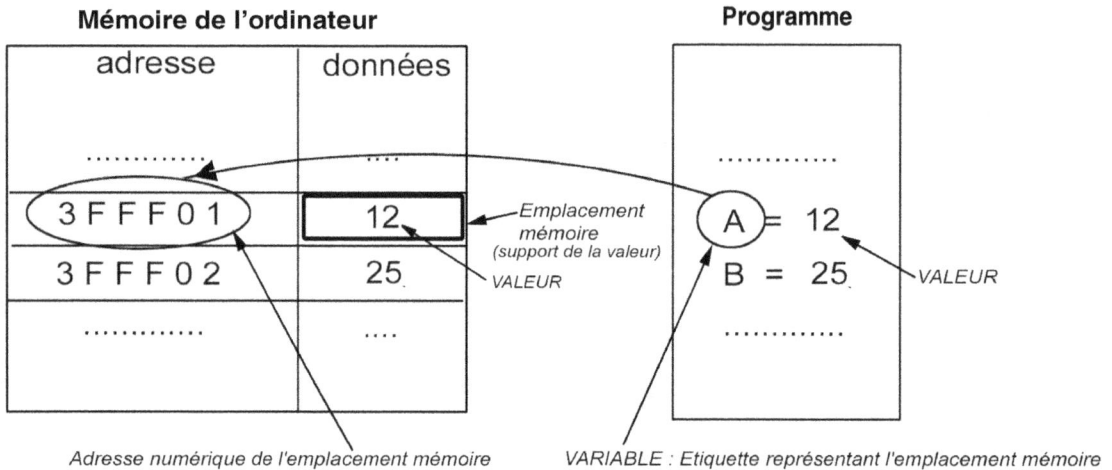

Figure 5-1

Système d'adressage d'un emplacement mémoire.

La métaphore de la boîte

Pour illustrer le concept de la variable, imaginez des boîtes dans lesquelles nous aurions inséré des ardoises. La boîte représente la variable (donc l'adresse de l'emplacement mémoire) et l'ardoise le support de la valeur (donc l'emplacement mémoire lui-même). Pour identifier facilement les nombreuses boîtes, une étiquette personnalisée est appliquée sur chacune d'elles (voir figure 5-2). Enfin, comme vous l'avez certainement deviné, l'étiquette apposée sur les boîtes correspond au nom de la variable.

Limites de la métaphore

Les principes de fonctionnement de notre système de boîtes n'ont pas tous un équivalent parmi les concepts abstraits de la variable. Nous vous conseillons donc d'exploiter les différentes similitudes que nous avons rassemblées dans ce chapitre avec une grande prudence et de ne pas extrapoler d'autres concepts.

Concept de la déclaration d'une variable

Dans notre métaphore, le simple fait d'ajouter une boîte permet de préparer une nouvelle ardoise afin de mémoriser son information (voir figure 5-3). En programmation, l'ajout d'une nouvelle boîte correspond au concept de la déclaration d'une variable. Ainsi, dès qu'une variable est déclarée, un espace mémoire (dont la taille dépend du type de la variable ; voir le concept de typage de la variable ci-après) est réservé afin d'accueillir sa future valeur. Tant que la variable n'est pas été affectée, l'espace mémoire réservé est vide (Empty).

Figure 5-2

Métaphore de la boîte.

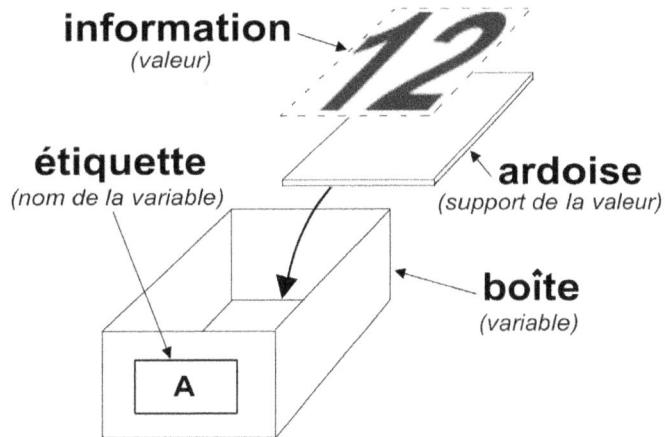

Figure 5-3

*Concept
de la déclaration
d'une variable.*

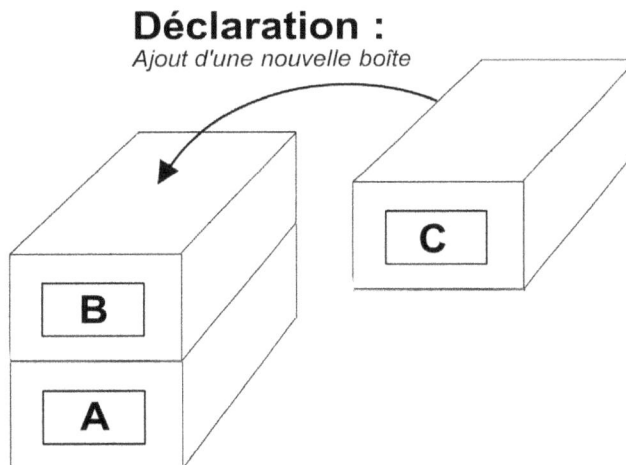

En pratique, la déclaration d'une variable est souvent associée à l'instruction de typage (voir le concept de typage d'une variable ci-après) ou effectuée automatiquement lors de sa première affectation (voir le concept de l'affectation ci-après).

À noter

Dans certains langages, les noms des variables doivent être précédés par convention d'un signe caractéristique. C'est le cas notamment de PHP, dans lequel chaque nom de variable doit commencer par le signe $ (exemple : $A).

Concept du typage d'une variable

Imaginez maintenant qu'il existe plusieurs familles de boîtes caractérisées par des formes différentes (rondes, triangulaires, carrées…). Chaque famille de boîte ne pouvant contenir qu'une information de même forme, il est évident qu'une information ronde (à taille égale) ne pourra pas être insérée dans une boîte triangulaire (voir figure 5-4). En programmation, cela correspond au concept de typage des variables. Évidemment, dans ce cas, il ne s'agit plus de formes de boîte mais de types de variable différents (entier, chaîne de caractères, date…). Si l'on attribue un type particulier à une variable, il faudra ensuite lui affecter des valeurs de même type.

Figure 5-4

Concept du typage d'une variable.

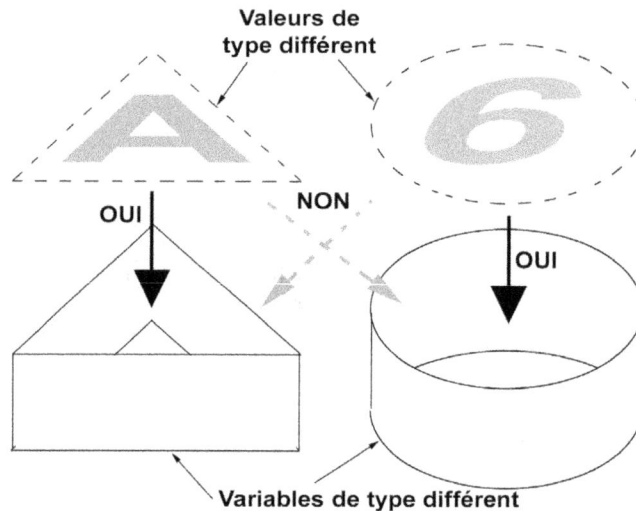

À noter

En pratique, le typage d'une variable peut être réalisé automatiquement lors de la première affectation (par exemple en PHP ou AS 1 ; dans ce cas, le type de la variable est celui de la valeur affectée) ou d'une manière explicite à l'aide de mots-clés lors de sa déclaration. Par exemple, si vous utilisez le typage strict en ActionScript 2.0, le typage d'une variable A associé à sa déclaration pourra être réalisé avec l'instruction AS 2 suivante : `var A:Number`.

D'autre part, des langages de programmation « faiblement typés », comme le PHP, autorisent l'affectation d'une variable même si le type de la valeur ne correspond pas à celui de la variable. Cependant, cette souplesse va souvent à l'encontre de la fiabilité des programmes et elle est souvent à l'origine de nombreuses erreurs. Il est donc conseillé de toujours respecter le typage d'une variable, même si le langage utilisé ne l'impose pas.

Concept de la lecture d'une variable

Si nous reprenons nos boîtes, il est intéressant de remarquer que même si elles sont nombreuses, il est toujours facile d'accéder à une information particulière à partir de l'étiquette de sa boîte. Ainsi, pour consulter l'information d'une boîte spécifique, il faut la localiser en se référant à l'étiquette de sa boîte, puis ouvrir celle-ci pour lire l'information inscrite sur l'ardoise (voir figure 5-5). En programmation, une procédure similaire, appelée lecture d'une variable, renvoie la valeur correspondant à la variable.

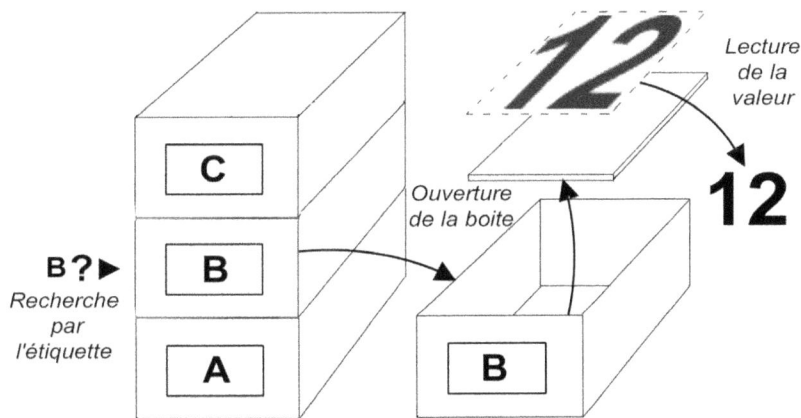

Figure 5-5
Concept de la lecture d'une variable.

À noter

En pratique, chaque fois que vous utilisez le nom d'une variable dans une expression comme A = B + 5 (ou $A = $B + 5 en PHP), vous faites appel à la procédure de lecture d'une variable. Lors du traitement de l'expression, la variable est remplacée par sa valeur. Ainsi, dans l'exemple précédent, si la valeur de B est égale à 2, l'expression traitée est équivalente à A = 2 + 5 (ou $A = 2 + 5 en PHP).

Concept de l'affectation par une valeur

Si vous désirez écrire ou modifier une information sur l'ardoise, la démarche est identique à celle de la lecture. Il faut localiser l'ardoise à l'aide de l'étiquette de sa boîte pour ensuite la sortir et inscrire (ou modifier) l'information (voir figure 5-6). En programmation, la procédure correspondante s'appelle l'affectation. Elle consiste simplement à placer une valeur dans une variable.

À noter

Si l'affectation est réalisée en même temps que la déclaration (ou juste après), on parle de l'initialisation de la variable.

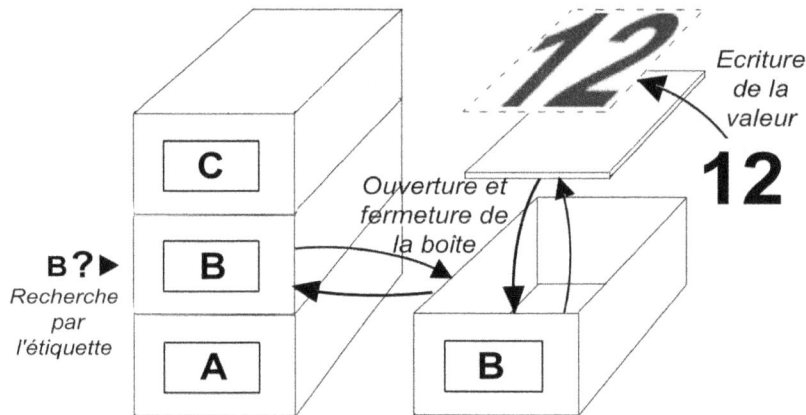

Figure 5-6
Concept de l'affectation par une valeur.

> **À noter**
>
> En pratique, le signe « = » est souvent utilisé pour signifier une affectation. Par exemple, pour affecter la valeur 6 à la variable A, vous utiliserez la syntaxe suivante : B = 6 (ou $B = 6 en PHP).

Concept de l'affectation par une autre variable

Pour copier une information d'une ardoise sur une autre, il faut commencer par une procédure de lecture, mémoriser l'information puis enchaîner avec une procédure d'affectation correspondant à l'écriture de l'information mémorisée (voir figure 5-7). En programmation, la valeur à placer dans une variable peut provenir directement d'une autre variable. On parle alors d'affectation directe variable à variable. Dans ce cas, il est important de comprendre que le concept est similaire à celui de la métaphore et que la valeur est copiée et non transférée. D'autre part, dès que la copie est effectuée, les variables ne sont plus liées et peuvent évoluer indifféremment l'une de l'autre (contrairement à ce qui se passe dans l'affectation par référence que nous allons présenter ci-après).

> **À noter**
>
> En pratique, de nombreux langages de programmation utilisent le signe « = » (A = B) pour signifier une affectation, mais malgré sa simplicité, l'utilisation de ce signe peut prêter à confusion. La première ambiguïté est liée au fait qu'il ne fait pas apparaître le sens de l'affectation (la variable A est-elle affectée à B ou l'inverse ?). Pour lever cette ambiguïté, sachez qu'en programmation, les affectations se font toujours de la droite vers la gauche (dans l'exemple précédent, c'est donc la valeur de la variable B qui est affectée à la variable A). D'autre part, si vous incrémentez votre variable avec l'instruction A = A + 1 (ou $A = $A + 1 en PHP), l'égalité mathématique n'est pas respectée. Il est donc important de se rappeler qu'en programmation, le signe « = » est un symbole utilisé pour signifier une affectation de la droite vers la gauche mais en aucun cas le signe de l'égalité mathématique.

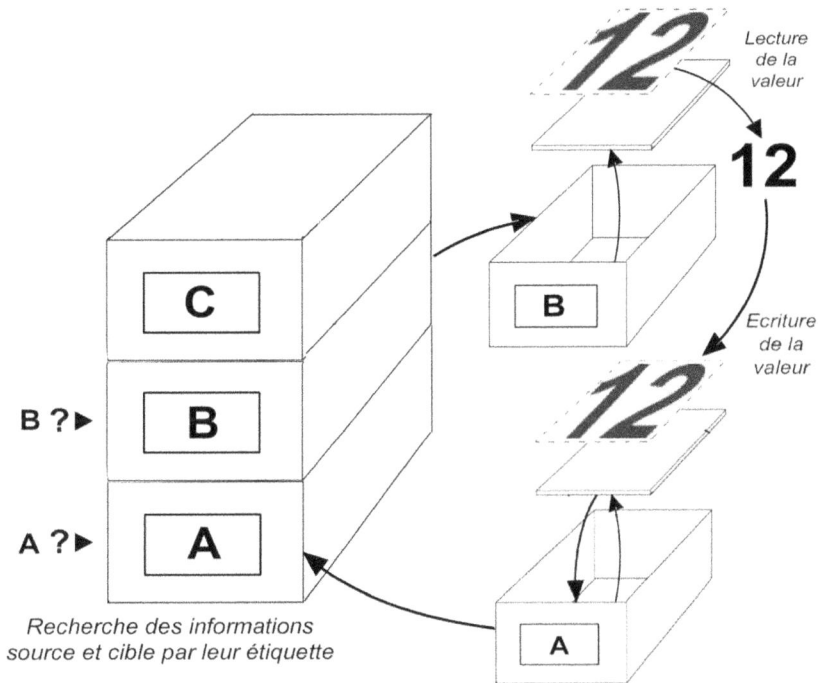

Figure 5-7
Concept de l'affectation par une autre variable.

Concept de l'affectation par référence

Imaginez que nous attachions deux étiquettes différentes à une même boîte. Dans ce cas, on peut accéder à la même information par deux moyens différents. Si nous modifions l'information de l'ardoise en utilisant la première étiquette et accédons ensuite à cette même ardoise par la seconde étiquette, l'information lue sera celle qui a été précédemment écrite (voir figure 5-8). En programmation, il existe une procédure d'affectation particulière d'une variable à une autre variable dont le concept est similaire à l'action de coller une seconde étiquette sur une boîte. Cette action s'appelle l'affectation par référence et correspond en quelque sorte à la création d'un alias de la variable et non à une simple copie de sa valeur dans une nouvelle variable. Après une telle affectation, les deux variables sont liées, même si elles portent des noms différents. La modification de l'une d'entre elles aura automatiquement une incidence sur la valeur de l'autre (contrairement au principe de l'affection classique d'une variable par une autre variable présenté ci-dessus).

À noter

En pratique, la syntaxe d'une affectation par référence est différente de celle d'une affectation classique. En PHP, par exemple, il faut faire précéder le nom de la variable par le caractère & comme dans l'exemple suivant : $D = &$B (le nom d'une variable PHP étant toujours précédé par convention d'un caractère $).

Figure 5-8

*Concept de l'affectation
par référence.*

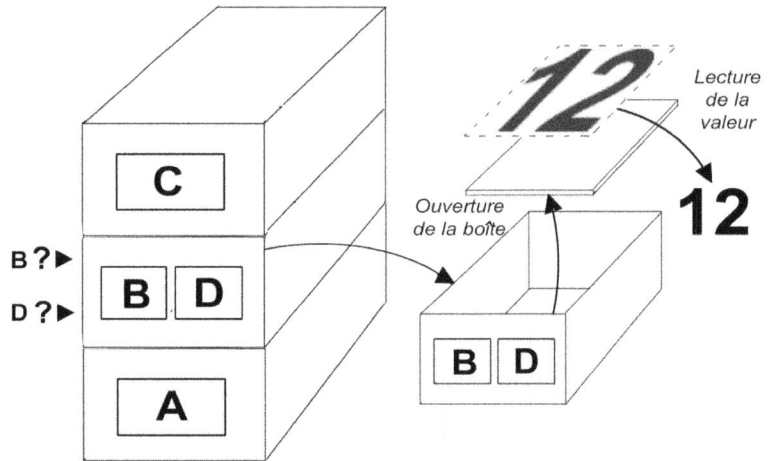

*Les étiquettes B ou D permettent
d'accéder à la même information*

Concept de la variable de variable

Avec notre système de boîtes, le nom d'une étiquette peut être lui-même mémorisé comme une information classique sur l'ardoise d'une seconde boîte (voir figure 5-9). Dans ce cas, il faut lire la seconde boîte et récupérer le nom de l'étiquette de la première pour pouvoir accéder à l'information

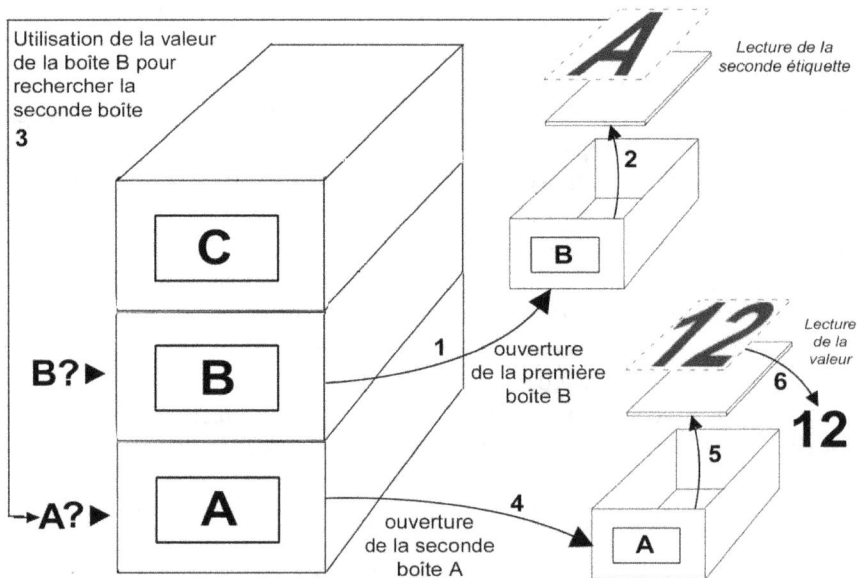

Figure 5-9

Concept de la variable de variable.

finale. En programmation, ce fonctionnement correspond à celui du concept de la variable de variable. En effet, il est quelquefois intéressant d'utiliser un nom de variable dynamique afin de pouvoir appliquer un même traitement à une série de variables sans avoir à dupliquer des traitements personnalisés pour chaque nom de variable de la série.

> **À noter**
>
> En pratique, la syntaxe d'une variable de variable est différente de celle d'une variable classique. En PHP, par exemple, il faut faire précéder le nom de la variable par un second caractère $ comme dans l'exemple suivant : $$B = 6 (le nom d'une variable PHP étant toujours précédé par convention d'un caractère $).

Concept d'un tableau de variables

Avec notre système de boîtes, nous désirons maintenant mémoriser les notes des élèves d'une même classe. Plutôt que d'utiliser des boîtes individuelles pour chaque note, nous allons créer une boîte particulière avec plusieurs compartiments contenant chacun sa propre ardoise. Ainsi, les notes de la classe seront regroupées dans une seule boîte identifiée par une étiquette commune tout en conservant la possibilité de modifier individuellement les notes de chaque élève (voir figure 5-10). En programmation, cela correspond au concept du tableau de variables. Les tableaux de variables permettent de regrouper une « collection » de valeurs ayant un lien entre elles dans une même variable portant le nom de la collection. Ils sont fréquemment utilisés pour appliquer rapidement un même traitement à tous les éléments d'une collection de valeurs.

Figure 5-10

Concept d'un tableau de variables.

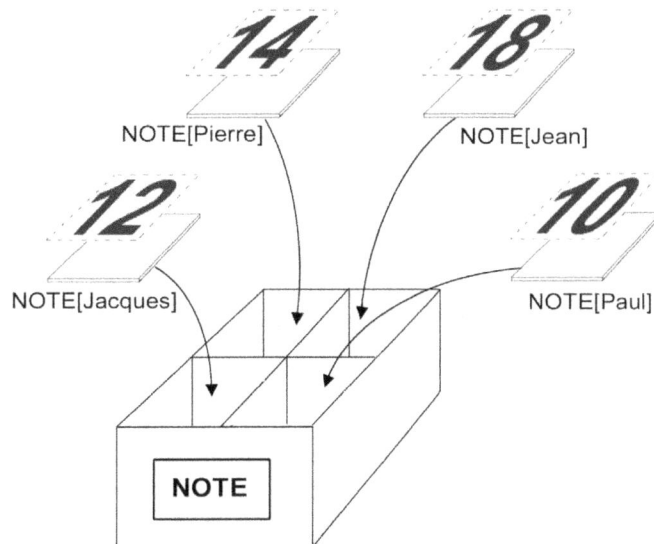

> **À noter**
>
> En pratique, on accède individuellement à chaque élément d'un tableau en utilisant une clé placée entre crochets après le nom de la variable. Pour reprendre notre exemple, NOTES[jean] et NOTES[pierre] (ou $NOTES[jean] et $NOTES[pierre] en PHP) correspondent aux notes de Jean et de Pierre et peuvent par exemple être affectés de la valeur 18 et 14.

Concept de la constante

Toujours avec notre système de boîtes, imaginez qu'une information soit inscrite sur l'ardoise avec un stylo indélébile ! Évidemment, toute modification devient impossible mais la boîte pourra cependant toujours être utilisée en lecture (voir figure 5-11). En programmation, cela correspond au concept de la constante. Une constante est une variable particulière dont la valeur n'est pas modifiable pendant l'exécution du programme. Elle permet notamment de déclarer des paramètres communs à un ensemble de programmes en ayant la certitude que leur valeur ne sera pas modifiée par erreur.

> **À noter**
>
> Il existe de nombreuses constantes système (définies par défaut par le programme) qui permettent d'accéder à une valeur spécifique par le biais d'un nom mnémotechnique (par exemple, le code des touches en AS : SPACE, TAB…).

Figure 5-11

Concept de la constante.

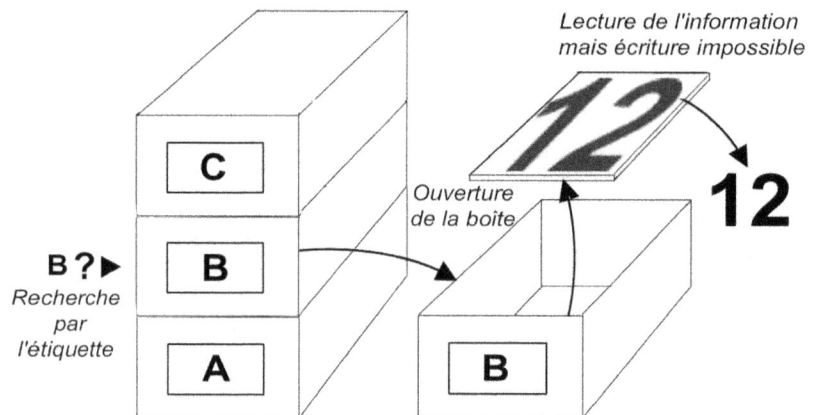

> **À noter**
>
> En pratique, les noms des constantes sont souvent en majuscules. Elles peuvent être prédéfinies (comme les constantes système) et ne nécessitent pas d'être déclarées ou définies par le programmeur en début de programme. Par exemple, en PHP l'instruction suivante : define(MONREPERTOIRE,"/chezmoi/") permet de déclarer une constante MONREPERTOIRE qui sera toujours égale à la valeur /chezmoi/.

6

PHP, les bases du langage

Les différents emplacements d'un script

Extension de fichier PHP

Comme nous l'avons expliqué dans le chapitre 1, le code PHP doit être interprété avant d'être envoyé vers le navigateur du client. Pour cela, le code source d'un script est toujours enregistré dans un fichier portant l'extension .php, pour que l'interpréteur PHP l'identifie et l'analyse (exemple : mapage.php).

Balises de code PHP

Le script intégré dans la page doit en outre être encadré par deux balises <?php et ?>, afin que l'interpréteur PHP puisse évaluer le code ainsi délimité. (Dans cet ouvrage, nous utiliserons toujours ces deux balises, mais sachez qu'il existe d'autres manières de les écrire, voir tableau 6-1.)

Tableau 6-1. Les différents types de balises acceptées par PHP

Balise de début	Balise de fin
`<?php`	`?>`
`<?`	`?>`
`<script language="php">`	`</script>`
`<%`	`%>`

Lorsque l'interpréteur PHP détecte la balise de début (`<?php`), il traite le code qui suit comme des instructions PHP et les interprète jusqu'à ce que la balise de fin (`?>`) soit rencontrée. Après celle-ci, il considère que le code est en HTML et l'envoie tel quel au navigateur du destinataire.

Voici un premier script PHP :

```
<?php
echo "Bonjour";
?>
```

Dans l'exemple ci-dessus, la première ligne du programme est composée de la fonction echo qui affiche Bonjour à l'écran. La page PHP peut comprendre uniquement ce script ou du code HTML dans lequel on a intégré le script PHP. Dans ce cas, seul le script PHP délimité par ses balises est interprété par l'interpréteur PHP ; le code HTML est quant à lui retranscrit à l'identique dans la page finale envoyée au navigateur. Si vous enregistrez ce code PHP dans un fichier bonjour.php et que vous testez cette page, le navigateur affiche Bonjour. Par la suite, nous enregistrerons toujours nos fichiers comportant du code PHP avec l'extension .php. De même, dans les différents exemples de cet ouvrage, nous ne mentionnerons pas les balises PHP car nous considérerons que tous les codes affichés doivent être encadrés par <?php et ?>.

La fonction d'affichage echo

Nous abordons l'étude des fonctions intégrées PHP un peu plus loin dans ce même chapitre. Cependant, nous utiliserons la fonction echo dès maintenant, afin d'afficher facilement les valeurs des variables ou d'émuler du code HTML dans un script PHP. Voici quelques informations sur l'utilisation de cette première fonction. Sachez pour commencer que la fonction echo est la seule fonction qui ne nécessite pas l'usage de parenthèses pour encadrer ses arguments. Elle permet d'afficher des textes ou des balises HTML s'ils sont encadrés par des guillemets simples ou doubles. Par exemple, echo "bonjour"; ou echo 'bonjour'; affichent le mot « bonjour » dans la page Web. echo "<br>"; émule la balise HTML <br> et provoque un retour à la ligne. La commande echo permet également d'afficher la valeur d'une variable si elle est encadrée par des doubles guillemets ou ne comporte pas de guillemets. Par exemple, echo "$var1"; ou echo $var1; affichent la valeur de la variable $var1 dans la page Web. Attention ! Si vous passez dans l'argument le nom d'une variable encadré par des guillemets simples, vous affichez son nom et non sa valeur.

Les commentaires

Dans un script PHP (zone encadrée par les balises <?php et ?>), il est possible de commenter le code PHP en utilisant trois syntaxes différentes selon le type de commentaire.

Commentaires de simple ligne //

Si on désire insérer un commentaire sur une ligne ou à la fin d'une instruction, il faut écrire deux barres obliques // devant celui-ci :

```
echo "Bonjour"; //Ici c'est un commentaire en bout de ligne
// Ici c'est un commentaire sur une ligne complète
```

Commentaires de tête

On peut également utiliser le symbole # pour commenter une ligne. Cette syntaxe est souvent utilisée en tête de programme pour indiquer les différents paramètres qui caractérisent le script de la page (fonctions réalisées par le script, informations en entrée et en sortie...) :

```
##################################################
# Programme de mise à jour - version du 15.01.2003
```

```
# information en entrée : $var1, $var2, $var3, $var4
# information en sortie : actualisation de la table AGENCES
#######################################################
```

Commentaires multilignes /* et */

Si on désire insérer plusieurs lignes de commentaire, il faut employer le signe /* au début de la zone de commentaire et */ à la fin de celle-ci :

```
/*
ceci est un commentaire
sur plusieurs
lignes
*/
```

Utiliser les commentaires pour déboguer

Dans le cadre du dépannage d'un script PHP, vous pouvez utiliser les commentaires pour neutraliser une ligne ou un bloc de code. Cela permet de tester la page sans interpréter la partie neutralisée et d'identifier quel script produit l'erreur. Pour plus d'information sur le débogage d'un programme, reportez-vous au chapitre dédié à la mise en œuvre des programmes.

Les variables

La variable et sa valeur

Les variables sont des symboles auxquels on affecte des valeurs. Après leur affectation, vous pouvez modifier les variables à tout moment au cours du déroulement du programme. La déclaration d'une variable n'est pas obligatoire en PHP (contrairement à ce qui se passe avec des langages comme le C), car la variable peut être créée lors de sa première affectation. De même, les variables prennent le type correspondant à la valeur qui leur est affectée.

À noter

Le type d'une variable PHP peut lui aussi changer au cours d'un même programme selon la valeur qu'on lui affecte (contrairement à ce qui se passe dans l'AS).

Noms des variables

Les noms des variables sont toujours précédés du caractère $ et suivis du nom choisi pour identifier la variable, qui ne doit comporter que des caractères alphanumériques (sauf le premier caractère, qui ne doit pas être un chiffre) ou le caractère souligné _. En pratique, il est judicieux de choisir un nom explicite et de se fixer une règle de nommage.

Types des variables

Les variables peuvent être de plusieurs types :

Tableau 6-2. Les variables PHP peuvent être de différents types selon leur affectation

Type de variable	Description	Exemples
Chaîne de caractères (string)	Leurs valeurs sont des lettres, chiffres ou symboles. Pour affecter une valeur alphanumérique à une variable, vous devez l'encadrer par des guillemets. À noter : les guillemets peuvent être double (") ou simple ('). Une chaîne encadrée par des guillemets simples peut contenir des guillemets doubles et vice versa. Si vous devez intégrer des guillemets de même type dans la chaîne, il faut les faire précéder du caractère d'échappement (\\).	`$var1="Dupond";` `$var2="bonjour M. $var1";` `$var3="254";` `$var4="total=150";` `$var5= "d'en face" ;` `$var5= 'd\'en face';` `$var6= 'hight="20" ' ;` `$var7= "hight=\"20\" " ;`
Numériques entiers (integer)	Leurs valeurs sont uniquement des nombres entiers. Pour affecter un entier à une variable, il ne doit pas être encadré par des guillemets.	`$var1=152;` `$var2=5;` `$var3=45+$var1;`
Numériques décimales (double)	Leurs valeurs sont uniquement des nombres décimaux. Pour affecter un décimal à une variable, il ne doit pas être encadré par des guillemets. À noter : le séparateur des valeurs décimales utilisé en PHP est le point (.) et non la virgule (,).	`$var1=152.20;` `$var2=124.50;` `$var3=45.85+$var1;`
Booléens (boolean)	Leurs valeurs sont soit TRUE (vrai), soit FALSE (faux). Ces valeurs sont affectées à la variable en utilisant une expression de condition (exemple : $var1==$var2). La valeur FALSE peut être le 0, une chaîne vide "" ou le caractère "0" et la valeur TRUE toutes les autres valeurs.	`$var1=5 ;//var num` `$var2=2 ;//var num` `$var3=($var1==$var2);` `/* $var3 est une variable booléenne et sa valeur est FALSE dans ce cas */`
Tableaux (array)	Un tableau est une série de valeurs ayant en commun le même nom de variable. Il peut être indicé ou associatif. Le premier indice d'un tableau est toujours zéro.	`$mois[0]="janvier";` `$mois[1]="février";` `$mois[2]="mars";` ...
Objets (object)	Les objets (ou classes) sont des ensembles de variables et de fonctions définies par l'utilisateur.	`class chrono {` `var $var1=2;` `function debut()` `{this->$var1=time() }` `}`

Comment connaître le type d'une variable ?

En cours de développement, vous aurez peut-être besoin de connaître le type d'une variable avant de l'exploiter. Dans ce cas, il suffit d'utiliser la fonction `gettype($var1)`, qui retourne le type de la variable `$var1`. En phase de mise au point d'un programme, vous pouvez intégrer provisoirement dans votre page l'instruction suivante : `echo gettype($var1);`, qui affiche le type de la variable directement dans la page Web (`string`, `integer`, `double`, `boolean`, `array`, `object`).

Variables simples

La façon la plus simple de manipuler une variable est d'utiliser son nom précédé d'un caractère $ (exemple : $var1). Cette syntaxe est utilisée aussi bien pour son affectation que lors de son utilisation au sein d'une page Web (pour les versions de PHP supérieures à 4.2, ce type de variable devra être utilisé uniquement au sein d'une même page). Dans l'exemple ci-dessous, le type de la variable $var1 est numérique comme le type de la valeur qui lui est affectée.

```
//affectation d'une variable simple
$var1=100;
//utilisation d'une variable
echo $var1;//ici la valeur de la variable sera affichée dans la page
```

Comment tester si une variable existe ?

Pour tester si une variable a déjà été affectée, on peut utiliser la fonction isset($var1), qui retourne TRUE (vrai) si la variable existe (si elle est déjà affectée, même avec une chaîne vide ou un 0) et FALSE dans les autres cas (si elle n'existe pas encore ou si elle n'a pas été affectée). À l'inverse, la fonction empty($var1) permet de tester si une variable est vide (une variable vide vaut 0 dans le cas d'une variable numérique ou est une chaîne vide dans le cas d'une chaîne de caractères). Si elle est vide, la fonction retourne TRUE ; elle retourne FALSE dans tous les autres cas. (Attention ! Si la variable testée contient une chaîne vide ou un 0, les deux fonctions retournent TRUE.)

À titre d'exemple, voici un cas pratique : afin d'éviter de multiples messages d'erreur du genre Undefined variable lors de l'affichage de la page, vous serez certainement amené à vérifier si vos variables sont bien initialisées. Le code suivant (placez-le en début de page) initialise la variable en question uniquement si elle n'existe pas encore (l'instruction if() utilisée dans ce test est présentée dans le chapitre) :

```
if(!isset($variable)) $variable=" ";
```

Variables de variables

Le nom d'une variable peut lui-même être une variable. Dans ce cas, il faut faire précéder l'identifiant de la variable de variable par deux $. Dans l'exemple ci-dessous, l'affectation du mot bonjour à $$var1 équivaut à l'affectation du même mot à la variable traditionnelle $var2 :

```
$var1=var2;
$$var1="bonjour";
//à noter : si l'on remplace $var1 par sa valeur (var2) dans la ligne de code ci-dessus,
➥l'expression est alors équivalente à $var2="bonjour";
echo $var2; //affiche "bonjour" à l'écran
```

Variables par référence

Depuis PHP4, il est possible d'affecter à une variable une autre variable par référence. En pratique, la nouvelle variable se comporte comme un alias de la variable initiale. Quand vous affectez une variable par référence, ce n'est pas la valeur de cette variable qui est affectée à une autre variable, mais son adresse mémoire. Les deux variables pointent sur la même adresse mémoire et toute modification de la nouvelle variable entraîne une modification de l'ancienne et vice versa. Les performances des affectations d'une variable par référence sont bien plus intéressantes que celles d'une affectation classique. Pour affecter une variable par référence, il suffit de faire précéder la nouvelle variable du caractère & lors de son affectation :

```
$var1="bonjour";
$var2=&$var1;
// Affectation de var2 par référence (la variable affectée est précédée de &).
$var1="hello"; //modification de $var1
echo $var1; // Les deux variables $var1 et $var2 sont modifiées.
echo $var2; // Elles affichent donc toutes les deux "hello" à l'écran.
```

Variables en tableaux indicés

Les tableaux sont des séries de valeurs regroupées sous le même identifiant. On distingue chaque élément de la série par un indice entre crochets (exemple : $tab1[0]). Les tableaux qui utilisent des indices numériques pour distinguer leurs éléments s'appellent des tableaux indicés. Les indices des tableaux commencent toujours à 0.

Comment connaître les valeurs contenues dans un tableau ?

En cours de développement, vous aurez peut-être besoin d'afficher rapidement le contenu d'un tableau afin de tester votre script. Dans ce cas, il suffit d'utiliser la fonction print_r($tab1), qui affiche directement à l'écran les différentes valeurs du tableau $tab1. Par exemple, si vous désirez connaître les valeurs du tableau $agence après son affectation (voir le premier exemple de tableau ci-dessous), vous pouvez intégrer provisoirement dans votre page l'instruction suivante :

```
print_r($agence)
```

qui affiche les informations suivantes dans la page Web :

```
Array([0]=>Paris [1]=>Lille [2]=>Marseille)
```

Si vous désirez afficher des tableaux plus importants, il est préférable de formater la mise en forme des résultats à l'aide de la balise HTML <pre> comme dans l'exemple ci-dessous :

```
echo "<pre>";
print_r($agence);
echo "</pre>";
```

Le contenu du tableau est alors affiché avec la mise en forme suivante :

```
Array
(
  [0] => "Paris"
  [1] => "Lille"
  [2] => "Marseille"
)
```

Il existe plusieurs manières d'affecter des valeurs à un tableau. La première consiste à affecter sa valeur à chaque élément en précisant de manière explicite l'indice de l'élément. L'exemple ci-dessous initialise un tableau qui mémorise des noms d'agences :

```
$agence[0]="Paris";
$agence[1]="Lille";
$agence[2]="Marseille";
```

La deuxième consiste à ne pas préciser l'indice de l'élément du tableau lors de son affectation. Dans ce cas, le premier élément affecté est d'indice 0 et les autres sont incrémentés au fur et à mesure des affectations. L'exemple ci-dessous réalise exactement la même affectation que l'exemple précédent utilisant des indices :

```
$agence[]="Paris";
$agence[]="Lille";
$agence[]="Marseille";
```

La troisième manière consiste à utiliser la fonction array(). Il convient alors de préciser les différentes valeurs du tableau dans les arguments de la fonction (séparés par des virgules) :

```
//affectation des valeurs
$agence=array("Paris","Lille","Marseille");
//utilisation des variables
echo $agence[0];//affiche "Paris"
```

Variables en tableaux associatifs

Il est également possible de remplacer les indices par un nom explicite (la clé). Dans ce cas, le tableau est dit associatif (exemple $tab1["nom"]).

Nous avons décliné ci-dessous les exemples expliqués précédemment, mais en utilisant cette fois des tableaux associatifs :

```
$agence["centre"] = "Paris";
$agence["nord"] = "Lille";
$agence["sud"] = "Marseille";
```

ou bien :

```
//affectation des valeurs
$agence=array(
"centre"=>"Paris",
"nord"=>"Lille",
"sud"=>"Marseille");
//utilisation des variables
echo $agence["centre"];//affiche "Paris"
```

Variables en tableaux multidimensionnels

PHP ne gère pas les tableaux à deux dimensions. Il est toutefois possible de créer une telle matrice en déclarant une autre structure de tableau à la place des différentes variables du tableau principal.

Le tableau principal se comporte alors comme un tableau à deux dimensions (voir le tableau 6-3 et l'exemple ci-dessous).

Tableau 6-3. Matrice équivalant à l'exemple ci-dessous ($tableauprincipal)

[x][y]	[y]=[0]	[y]=[1]
[x]=[0]	A1	A2
[x]=[1]	B1	B2

```
//initialisation d'un tableau à 2 dimensions
$ligneA=array("A1","A2");
$ligneB=array("B1","B2");
$tableauprincipal=array ($ligneA,$ligneB);
//utilisation de ses éléments
echo $tableauprincipal[0][0]; //affiche A1
echo $tableauprincipal[0][1]; //affiche A2
echo $tableauprincipal[1][0]; //affiche B1
echo $tableauprincipal[1][1]; //affiche B2
```

Variables HTTP

Les variables HTTP sont des sources de contenu dynamique que vous pouvez utiliser dans une application Web. Il existe plusieurs familles de variables (variable de formulaire, d'URL, de session ou de cookie). Elles sont stockées dans des tableaux différents selon leur famille ($_POST['var1'], $_GET['var1'], $_SESSION['var1'], $_COOKIE['var1']). Ces tableaux sont disponibles si l'option track_var est activée dans le fichier php.ini. Cette option est toujours activée par défaut dans toutes les versions de PHP supérieures à 4.0.2. Avant la version 4.1, une syntaxe plus longue et donc plus difficile à saisir dans le code était utilisée ($HTTP_POST_VARS['var1'], $HTTP_GET_VARS['var1'], $HTTP_COOKIE_VARS['var1'], $HTTP_SESSION_VARS['var1']). Selon la version PHP de votre serveur, vous devrez utiliser l'une de ces deux syntaxes.

Quelle génération de tableaux de variables HTTP doit-on utiliser ?

Dans cet ouvrage, nous utiliserons la dernière génération de tableaux de variables HTTP($_POST['var1'], etc.). Afin d'assurer la compatibilté avec les versions antérieures, les dernières moutures de PHP permettent d'utiliser en parallèle les deux générations de tableaux. Nous vous conseillons cependant d'utiliser si possible les tableaux de deuxième génération ($_POST['var1'], etc.) pour tous vos nouveaux scripts, car il est possible que l'utilisation de la première génération de tableaux ne soit plus autorisée dans une future version de PHP...

Nous vous rappelons que depuis la version 4.2 de PHP, le paramètre register_globals du fichier php.ini est configuré à off par défaut. Par conséquent, l'utilisation d'une simple variable pour récupérer une valeur n'est plus possible. Il faut utiliser les tableaux des variables HTTP que nous vous avons présentés ci-dessus. Ainsi, avec une variable nomVar envoyée par un formulaire en méthode POST, on devra utiliser la variable HTTP $_POST['nomVar'] pour récupérer sa valeur. Cependant, si vous désirez utiliser d'anciens scripts sans les modifier, vous pouvez modifier la configuration de PHP et mettre le paramètre register_globals à On dans le fichier php.ini. Une autre solution consiste à utiliser la fonction import_request_variables() qui transforme les variables stockées dans les différents tableaux de variables HTTP en variables simples. Par exemple, la fonction suivante : import_request_variables("gpc", "var_") permet de récupérer toutes les variables envoyées en GET,

POST et COOKIE (grâce à l'option "gpc") sous le même nom que celui de la variable mais préfixée par "var_" (par exemple, si vous désirez récupérer la valeur d'un champ de formulaire nommé adresse, vous devez utiliser la syntaxe $var_adresse dans votre script).

Les variables de fichier (lors du téléchargement d'un formulaire en méthode POST) suivent les mêmes règles. Ainsi, lorsque le paramètre register_globals vaut On dans php.ini, la variable $file_name est identique à la variable HTTP $_POST['file']['name'], de même que les trois autres variables de fichier présentées dans le tableau 6-4. En revanche, si ce paramètre vaut Off (configuration par défaut pour PHP 4.2 et plus), il faut utiliser les variables HTTP correspondantes.

Le fichier de configuration php.ini contient une option error_reporting qui peut être paramétrée selon le niveau de contrôle souhaité pour les scripts. Dans les dernières versions de PHP (c'est le cas de la version 4.3.3 livrée avec EasyPHP 1.7), cette option est configurée par défaut avec la valeur E_ALL, qui est le niveau maximal de contrôle. Avec ce paramétrage, toutes les variables non déclarées provoqueront automatiquement un warning (Undefined variable). Pour éviter ces messages d'erreur, l'idéal est d'ajouter une instruction d'initialisation de la variable concernée (revoir l'utilisation de l'instruction isset() présentée au début de ce chapitre). Vous pouvez aussi remplacer la valeur par défaut par E_ALL & ~ E_NOTICE ou encore intégrer ponctuellement la fonction error_reporting(7); dans le script de la page concernée.

Tableau 6-4. Les variables HTTP de PHP

Famille de variable	Syntaxe du tableau de variables	Description
variable de formulaire utilisant la méthode POST.	$HTTP_POST_VARS['var1'] ou $_POST['var1'] (PHP4.1 et+)	Tableau des variables de formulaire qui stocke les informations récupérées lors d'une requête d'un formulaire utilisant la méthode POST.
variable passée dans l'URL ou issue d'un formulaire utilisant la méthode GET.	$HTTP_GET_VARS['var1'] ou $_GET['var1'] (PHP4.1 et +)	Tableau des variables d'URL qui stocke les valeurs transmises par l'URL (exemple : bonjour.php?var1=100) ou saisies par l'internaute dans un formulaire utilisant la méthode GET.
variable de session	$HTTP_SESSION_VARS['var1'] ou $_SESSION['var1'] (PHP4.1 et +)	Tableau des variables de session qui mémorise des informations enregistrées pendant toute la durée de la visite de l'internaute (la session).
variable de cookie	$HTTP_COOKIE_VARS['var1'] ou $_COOKIE['var1'] (PHP4.1 et +)	Tableau des variables de cookie qui permet de récupérer une information stockée au préalable sur le poste client.
variables de fichier Lors du chargement d'un fichier depuis un formulaire en méthode POST, il est stocké dans un répertoire temporaire. Il conviendra donc de le copier ensuite dans le répertoire désiré (à l'aide de la fonction copy ou move_uploaded_file par exemple)	$_FILES['file'] ['name'] correspond au nom du fichier $_FILES['file'] ['type'] correspond au type MIME du fichier $ _FILES['file'] ['size'] correspond à la taille en octets du fichier $ _FILES['file'] ['tmp_name'] correspond au nom temporaire du fichier Il existe aussi les mêmes tableaux sous la forme $HTTP_POST_FILES['file'] ['XX'] pour les versions antérieures à PHP4.1	Tableau des informations correspondant à un fichier téléchargé par la méthode POST. Dans les exemples ci-contre, on suppose que le nom du fichier téléchargé (soit le nom du champ du formulaire) est file. Attention ! Le formulaire dans lequel est intégré le champ de téléchargement de fichier (balise input de type="file") doit être configuré avec l'attribut enctype="multipart/form-data" et la méthode POST.

D'autres variables prédéfinies fournissent des renseignements précieux, comme les noms du navigateur client et du système d'exploitation ou encore l'adresse IP de l'internaute qui consulte votre site. Vous pouvez facilement exploiter ces variables à l'aide du tableau $_SERVER['nom_var'], qui regroupe toutes les variables HTTP. La plupart de ces valeurs sont attribuées par le serveur : vous pouvez les exploiter dans de multiples applications, mais vous ne devez pas les modifier. Le tableau 6-5 propose une liste non exhaustive de ces variables.

Tableau 6-5. Liste non exhaustive de quelques variables HTTP prédéfinies disponibles sur le serveur Web

Nom de la variable	Définition
$HTTP_USER_AGENT	Contient le nom et la version du navigateur utilisé par l'internaute.
$HTTP_ACCEPT_LANG UAGE	Contient le code de la langue paramétrée dans le navigateur de l'internaute (par exemple fr, si le navigateur est en version française).
$REMOTE_ADDR	Contient l'adresse IP de l'internaute qui consulte la page.
$DOCUMENT_ROOT	Contient le nom du répertoire de la page affichée.
$QUERY_STRING	Contient les informations passées dans l'URL après le caractère ?
$PHP_SELF	Contient le chemin et le nom de la page Web en cours de traitement.

Pour les versions ultérieures à PHP 4.2, vous devez exploiter toutes ces variables HTTP comme suit :
$HTTP_SERVER_VARS['nom_var'] (utilisable par défaut pour toutes les versions de PHP 4.0.2 et +) ou $_SERVER['nom_var'] (uniquement pour PHP4.1 et +)

Exemple :
```
echo $_SERVER['PHP_SELF'];
//affiche le chemin de la page en cours
echo $_SERVER['QUERY_STRING'];
/* affiche les informations passées dans l'URL après le point d'interrogation
(exemple : si dans l'URL page.php?var1=20, alors var1=20 est affiché à l'écran) */
```

Les constantes

Il est possible de définir des constantes à l'aide de la fonction define(). Contrairement aux variables, les valeurs affectées initialement à une constante ne peuvent plus être modifiées. Les deux principaux avantages des constantes sont qu'elles rendent le code plus explicite et qu'on peut modifier leur valeur en un seul point alors qu'elles sont accessibles globalement en tout endroit du code (contrairement aux variables, qui ont une durée de vie limitée à l'exécution du script de la page). Il est d'usage (mais ce n'est pas obligatoire) de nommer les constantes avec des majuscules. Vous pouvez accéder à une constante en indiquant son nom. (Attention ! Ne mettez pas de $ devant ce nom.)

Tableau 6-6. Définition d'une constante

Syntaxe
define (nom_constante, valeur)
Exemple : define(REP_IMAGES, "/monsite/images/");

Pour définir une constante, il faut utiliser la fonction `define()`.

À noter

Il existe des constantes prédéfinies par PHP comme `_FILE_`, qui contient le nom du fichier en cours d'utilisation, `_LINE_`, qui contient le numéro de ligne actuellement exécuté ou encore `PHP_VERSION`, qui contient la version de PHP installée sur le serveur. (`_FILE_` et `_LINE_` sont des exceptions et sont appelées constantes magiques, car leur valeur n'est pas figée comme dans le cas d'une véritable constante mais peut évoluer au cours du programme.)

Voici un exemple d'utilisation de constantes :

```
define(ANNEENAISSANCE,1960);
define(TEXTE,"Je suis né ");
echo TEXTE."en".ANNEENAISSANCE;
//affiche alors "Je suis né en 1960";
```

Expressions et instructions

Les expressions

On appelle « expression » tout regroupement d'éléments du langage de script qui peut produire une valeur (une simple variable $a peut donc être considérée comme une expression puisqu'elle produit une valeur lors de son évaluation). Les expressions sont constituées de variables, d'opérateurs ou de fonctions. On les utilise pour construire des instructions ; dans ce cas, elles sont terminées par un point-virgule et elles peuvent être exécutées. Les expressions servent également pour élaborer des conditions de tests, que nous étudierons dans le chapitre dédié aux structures de programme ; dans ce cas, elles sont converties en booléen TRUE ou FALSE lors de leur évaluation par l'interpréteur PHP.

Voici quelques exemples d'expressions (en gras) :

```
$a=100
$resultat=fonction()
if ($a>5)
```

Les instructions

On appelle « instruction » une expression terminée par un point-virgule. Les instructions sont traitées ligne par ligne lors de l'interprétation du code PHP.

Voici quelques exemples d'instructions :

```
$a=100;//cette première instruction affecte la valeur 100 à la variable $a
echo $a;//cette deuxième instruction affiche la valeur de $a (soit 100)
```

Les opérateurs

Les opérateurs permettent de lier des variables ou des expressions. Il existe différentes familles d'opérateurs selon les fonctions réalisées ou les expressions avec lesquelles on peut les employer (affectation, arithmétique, comparaison, logique ou de chaîne).

Opérateurs d'affectation

L'opérateur d'affectation est le plus courant. On peut aussi l'utiliser sous une forme compacte intégrant une opération arithmétique puis une affectation.

Tableau 6-7. Opérateurs d'affectation

Symbole	Définition
=	Affectation de base
+=	Addition puis affectation
-=	Soustraction puis affectation
*=	Multiplication puis affectation
/=	Division puis affectation
%=	Modulo puis affectation

L'opérateur d'affectation de base permet d'attribuer une valeur issue d'une expression. Les autres opérateurs d'affectation permettent en outre de réaliser des opérations arithmétiques.

Voici quelques exemples :

```
$var1=0;//affectation de base (initialisation de $var1 à 0)
echo $var1;
$var1+=2;//ici $var1 vaut 2 (0+2)
echo $var1;
$var1+=14;//et maintenant $var1 vaut 16 (2+14)
echo $var1;
```

Opérateurs arithmétiques

Lorsqu'on gère des variables de type numérique, on dispose d'opérateurs arithmétiques qui peuvent réaliser toutes les opérations mathématiques standards.

> **À noter**
> Si l'on désire forcer la priorité d'exécution d'une opération, il est possible d'utiliser les parenthèses pour encadrer l'expression à exécuter en premier.

Enfin, l'incrémentation et la décrémentation (addition ou soustraction d'une unité) sont souvent utilisées en programmation et PHP fournit des opérateurs spécifiques pour ce faire (++ et --).

> **À noter**
> Vous pouvez placer les opérateurs avant ou après la variable. La différence est que la variable est modifiée avant (exemple : ++$a) ou après ($a++) que le résultat de l'expression ne soit retourné.

Tableau 6-8. Les opérateurs arithmétiques permettent d'appliquer des opérations mathématiques à des variables de type numérique

Symbole	Définition
+	Addition
-	Soustraction
/	Division
*	Multiplication
%	Modulo : l'expression $a % $b retourne le reste de la division de $a par $b
++	Incrément ($a++ ou ++$a)
--	Décrément ($a-- ou --$a)

Voici quelques exemples :

```
$var1=5+2;//addition de deux valeurs numériques
echo $var1;
$var2=2+$var1;// addition d'une valeur numérique et d'une variable
echo $var2;
//-------------------------------
$var5=14;
$var4=$var5%5; //14 modulo 5 est égal à 4 (14/5=2 et reste 4)
echo $var4 ;
//-------------------------------
$var3=($var2+$var1)/2;
//utilisation des parenthèses pour forcer les priorités des opérateurs
echo $var3;
++$var3; //après cette incrémentation, la variable est égale à "$var3+1"
echo $var3;
```

Opérateurs de comparaison

Les opérateurs de comparaison sont utilisés dans les expressions de condition des structures de programme (voir le chapitre sur les structures de programme) ou avec l'opérateur ternaire présenté ci-après. Ils permettent de comparer deux expressions. L'expression qui résulte de cette comparaison est égale à TRUE (vrai ou 1) lorsque la condition à contrôler est vérifiée et à FALSE (faux ou 0) dans le cas contraire.

Tableau 6-9. Opérateurs de comparaison

Symbole	Définition
==	Égal
<	Inférieur strict
>	Supérieur strict
<=	Inférieur ou égal
>=	Supérieur ou égal
!=	Différent

L'opérateur de comparaison permet d'élaborer des expressions de condition que vous pouvez utiliser dans les instructions de structure du programme (if, while, for...).

Voici quelques exemples d'utilisation d'expressions de condition :

```
$var1=5; //initialise la variable pour le test
$var2=($var1==5);//évaluation de la condition. Attention ! il y a deux signes "="
//teste si $var1 est égale à 5. Après l'évaluation de cette expression de
//condition, la variable $var2 prend la valeur "TRUE" dans le cas présent
//et devient donc une variable de type booléen.
echo $var2;
//si le test est positif, $var2 affiche "TRUE"
//-----------------------------------
if($var1>2) //teste l'expression de condition
 {echo "le test est positif";}
//-----------------------------------
echo ($var1>2)?"le test est positif":"le test est négatif";
//utilisation d'une expression de condition avec l'opérateur ternaire
```

Opérateur ternaire

L'opérateur ternaire permet de tester rapidement une expression de condition et d'effectuer une action spécifique selon le résultat du test. Nous verrons qu'il est possible d'utiliser les structures de choix (avec les instructions if et else) pour réaliser la même action. Dans ce cas, la syntaxe est moins concise.

Tableau 6-10. Opérateur ternaire

Syntaxe
[expression de condition]?[expression effectuée si vrai]:[expression effectuée si faux]
Exemple: ($var1>2)?($var3="oui"):($var3="non")   dans le cas où $var1 est supérieure à 2, oui est affecté à $var3, sinon c'est non.

L'opérateur de choix ternaire permet de réaliser l'équivalent d'une petite structure de choix utilisant if et else.

Voici un exemple :

```
$lg="fr";
echo ($lg=="fr")?"bonjour":"hello";
//le test ternaire est très bien adapté à la personnalisation d'un petit texte selon
//la langue choisie par l'utilisateur (à l'aide d'une variable "$lg" initialisée
//avec "fr" ou "en" par exemple).
```

Opérateurs logiques

Les opérateurs logiques permettent de composer des expressions de condition complexes à partir de variables booléennes ou d'autres expressions de condition. Vous pouvez utiliser les parenthèses pour forcer les priorités entre les opérateurs ou pour améliorer la lisibilité du code en encadrant les expressions de condition.

Tableau 6-11. Opérateurs logiques

Symbole	Exemple	Fonction	Définition
&&	$var1 && $var2	ET	Renvoie TRUE (vrai) si les deux variables $var1 ET $var2 sont TRUE.
AND	$var1 AND $var2		
||	$var1 || $var2	OU	Renvoie TRUE (vrai) si au moins l'une des deux variables $var1 OU $var2 est TRUE.
OR	$var1 OR $var2		
XOR	$var1 XOR $var2	OU exclusif	Renvoie TRUE (vrai) si l'une des deux variables $var1 OU $var2 est TRUE, mais pas les deux.
!	!$var1	Négation	Renvoie la négation de $var1.

L'opérateur logique permet de relier logiquement deux expressions booléennes.

Voici deux exemples :

```
if($var1>2) AND ($var1<5)
 {echo "la variable $var1 est plus grande que 2 mais inférieure à 5";}
//------------------------------
if($var1=="jean") OR ($var1=="fred") OR ($var1=="marie")
 {echo "la variable $var1 est jean, fred ou marie";}
```

Opérateur de concaténation

L'opérateur de concaténation est souvent utilisé pour former des expressions à partir d'éléments de différents types (variable avec du texte par exemple) ou à partir d'autres expressions. L'opérateur utilisé pour relier ces expressions est le point. Comme pour les opérateurs arithmétiques, il existe une forme compacte d'affectation d'une concaténation. Elle est fréquemment utilisée pour regrouper différentes expressions dans une même variable (voir exemple ci-dessous).

Tableau 6-12. Opérateur de concaténation

Syntaxe
Forme normale : [expression 3]=[expression 1].[expression 2] ;
Légende : [xxx] : le code xxx est facultatif (Attention ! Vous ne devez surtout pas saisir les crochets [et] dans le code.)
Exemple : $var3=$var1."euros" ; // si $var1 est égale à 50, alors $var3 est égale à "50 euros"
Forme compacte : [expression 3].=[expression 2] ;
Exemple $var1="Monsieur"; $var1.="Dupond"; Après ces deux instructions, $var1 est égale à Monsieur Dupond

L'opérateur de concaténation permet de regrouper deux expressions et d'affecter ce résultat à l'expression de gauche.

Voici quelques exemples :

```
$var1="Jean";
$var2="Fred";
$var3=$var1." et ".$var2;
echo $var3;//on affiche "Jean et Fred" à l'écran
//-------------------------------
$var3="Bonjour";
$var3.=$var1;
$var3.=" et ";
$var3.=$var2;
echo $var3;//on affiche "Bonjour Jean et Fred" à l'écran.
```

Bibliothèques de fonctions intégrées à PHP

On appelle bibliothèque un ensemble de fonctions qui permettent de réaliser des tâches relatives à un même domaine. Vous pouvez regrouper ces fonctions dans un fichier commun avec include() ou les intégrer à des bibliothèques natives PHP. Dans le deuxième cas, il est plus utile de faire référence aux fichiers externes qui contiennent les fonctions, car celles-ci restent en permanence dans la mémoire de l'ordinateur et sont ainsi interprétées automatiquement lors de leur appel. Ces fonctions intégrées sont regroupées en bibliothèques et sont facilement identifiables par leur nom, qui contient souvent un préfixe commun à chaque bibliothèque (exemple : mysql_connect(), strpos()...). La liste des fonctions intégrées est longue. Nous en avons sélectionné quelques-unes que nous présentons ci-dessous. Nous vous invitons à consulter la documentation PHP (*www.php.net*) si vous désirez exploiter une fonction spécifique.

Consulter les références de poche PHP

Dans le chapitre 4, nous avons présenté le mini-dictionnaire des fonctions PHP intégré au panneau Code, onglet Référence de Dreamweaver. Nous vous invitons à consulter sans modération cette ressource afin de compléter notre sélection de fonctions intégrées.

Fonctions PHP générales

Tableau 6.13. Les principales fonctions PHP générales

Syntaxes et exemples	Description
empty($var)	Retourne le booléen FALSE si la variable $var est définie ou a une valeur. Retourne TRUE dans le cas contraire.
define(nom_cst,valeur,option)	Définit une constante nom_cst qui a pour valeur valeur. Par défaut, le nom de la constante est sensible à la casse, mais si l'argument option est égal à 1, le nom est insensible à la casse.

Tableau 6.13. Les principales fonctions PHP générales *(suite)*

Syntaxes et exemples	Description
header("chaîne")	Produit un en-tête HTTP comme Content-type, Location, Expires...
isset($var)	Retourne TRUE si la variable $var est définie et a une valeur. Retourne FALSE dans le cas contraire.
md5("chaîne")	Fonction de codage qui retourne une chaîne de 32 octets associée à l'argument chaîne.
phpinfo()	Affiche les informations sur l'interpréteur PHP installé sur le serveur.
rand()	Retourne une valeur aléatoire.

Fonctions PHP dédiées aux tableaux

Les tableaux de variables sont fréquemment employés en programmation. PHP propose de nombreuses fonctions pour gérer leur contenu (tri, navigation dans le tableau, accès aux éléments…). Le tableau 6-14 récapitule les fonctions les plus couramment employées.

Tableau 6-14. Principales fonctions PHP dédiées aux tableaux

Syntaxes et exemples	Descriptions
array_walk($tab1,nom_fonction)	Exécute la fonction nom_fonction sur chaque élément du tableau $tab1.
arsort($tab1)	Trie le tableau $tab1 par ordre décroissant.
asort($tab1)	Trie le tableau $tab1 par ordre croissant.

count($tab1)
$tab1=array("Paris","Rennes","Lille");
echo count($tab1);
//affiche le nombre d'éléments, donc 3
	Retourne le nombre d'éléments contenus dans le tableau $tab1.

current($tab1)	Retourne l'élément courant du tableau $tab1 mais n'avance pas le pointeur interne du tableau.
each($tab1)	Retourne chaque paire clé/valeur du tableau $tab1 et avance le pointeur interne du tableau. Si le pointeur arrive à la fin du tableau, retourne FALSE.
end($tab1)	Place le pointeur interne sur le dernier élément du tableau $tab1.
key($tab1)	Retourne la clé de la position courante d'un tableau associatif $tab1.
next($tab1)	Avance le pointeur interne du tableau $tab1 et retourne l'élément suivant du tableau ou FALSE en fin de tableau.
prev($tab1)	Recule le pointeur interne du tableau $tab1.
reset($tab1)	Place le pointeur interne sur le premier élément du tableau $tab1.

Fonctions PHP dédiées aux dates

Les fonctions de date et d'heure de PHP se réfèrent au tampon horaire UNIX. Ce tampon contient le nombre de secondes qui se sont écoulées depuis le début d'UNIX, soit le premier janvier 1970 à 0 h 00 (heure Greenwich GTM).

Tableau 6-15. Principales fonctions PHP dédiées aux dates

Syntaxes et exemples	Description

`checkdate($month,$day,$year)`
`checkdate(03,20,2002);`
`//retourne TRUE car la date`
`du 20 mars 2002 existe`
	Vérifie la validité d'une date et retourne TRUE si elle est valide et FALSE dans le cas contraire.

`date("format",$date)`
`$aujourdhui=date("d/m/y");`
`//retourne la date du jour au format`
`suivant : 30/01/03`
	Formate une date. Retourne une chaîne de caractères au format imposé par format (il existe de nombreux formats possibles). La date est fournie par $date, mais si ce paramètre n'est pas mentionné, c'est par défaut la date courante qui est retournée.

`mktime($h,$min,$sec,$mon,$day,$`
`year[,int is_dst])`
`mktime(10,0,0,1,25,2003,1);`
`//retourne en secondes : 1043481600`
	Retourne le tampon UNIX (temps référence en secondes depuis le 1er janvier 1970) correspondant à la date indiquée en paramètre.
	À noter : l'argument optionnel is_dst permet de tenir compte de l'heure d'hiver (si l'heure d'hiver est appliquée, is_dst=1 et 0 sinon).

`getdate(tampon_UNIX)`
`//ce script affiche l'heure actuelle`
`//par exemple : il est 18 h 45`
`$datejour=getdate();`
`$heure=$datejour[hours];`
`$min=$datejour[minutes];`
`echo "il est ".$heure." h ".$min;`
	Appelée sans paramètre, cette fonction retourne un tableau associatif qui contient la date et l'heure actuelle. Si une valeur de tampon UNIX est indiquée, le tableau contient les informations en rapport avec ce tampon. Pour récupérer une information de ce tableau, il faut utiliser la clé adaptée, par exemple :
	`$aujourdhui=getdate();`
	`echo $aujourdhui[mday];//jour du mois (numérique de 1 à 31);`
	`echo $aujourdhui[mon];// mois (numérique de 1 à 12);`
	`echo $aujourdhui[year];//année (numérique par ex : 2004);`
	`echo $aujourdhui[hours];//heure (numérique de 0 à 23);`
	`echo $aujourdhui[minutes];//minutes (numérique de 0 à 59);`
	`echo $aujourdhui[secondes];//secondes (numérique de 0 à 59);`

Fonctions PHP dédiées aux chaînes de caractères

Certaines fonctions de gestion des chaînes de caractères sont très importantes dans les sites dynamiques. En effet, lorsqu'on ajoute dans une base de données une chaîne comportant des caractères spéciaux (« ' » par exemple), le serveur MySQL signale une erreur. La solution consiste à faire précéder ces caractères spéciaux d'une barre oblique inverse grâce à la fonction `AddSlashes()`. La fonction `StripSlahes()` permet ensuite de les supprimer.

Tableau 6-16. Principales fonctions PHP dédiées aux chaînes de caractères

Syntaxes et exemples	Description
`trim($chaine)`	Supprime les espaces initiaux et finaux d'une chaîne de caractères $chaine.
`str_replace($ch1,$ch2,$ch3)`	Substitue une chaîne $ch2 à toutes les occurrences d'une chaîne de recherche $ch1 dans une chaîne spécifique $ch3.

Tableau 6-16. Principales fonctions PHP dédiées aux chaînes de caractères *(suite)*

Syntaxes et exemples	Description

`StripSlashes($chaine)`
`$chaine1="aujourd\'hui";`
`$chaine2=StripSlashes($chaine1);`
`echo $chaine2;`
`//affiche "aujourd'hui"`
	Supprime les barres obliques inverses devant les caractères spéciaux de la chaîne `$chaine`.

`AddSlashes($chaine)`
`$chaine1="aujourd'hui";`
`$chaine2=AddSlashes($chaine1);`
`echo $chaine2;`
`//affiche "aujourd\'hui"`
	Ajoute une barre oblique inverse devant les caractères spéciaux d'une chaîne `$chaine`.

`strtolower($chaine)`	Renvoie la chaîne `$chaine` en minuscules.
`strtoupper($chaine)`	Renvoie la chaîne `$chaine` en majuscules.

`explode($separe,$chaine)`
`$chaine1="Paris:Rennes:Lille";`
`$tab1= explode(":",$chaine1);`
`//retourne le tableau suivant :`
`array("Paris","Rennes","Lille")`
	Scinde la chaîne `$chaine` en plusieurs parties selon le séparateur `$separe`. Retourne un tableau des valeurs ainsi séparées.

`implode($separe,$tab)`
`$tab=array("Paris","Ren-`
`nes","Lille");`
`$chaine1= implode(":",$tab);`
`echo $chaine1;`
`/* affiche la chaîne suivante :`
`"Paris:Rennes:Lille" */`
	Retourne une chaîne de caractères constituée de tous les éléments du tableau `$tab` séparés par `$separe`.

Fonctions PHP dédiées aux fichiers

La plupart des opérations de base réalisables avec des fonctions PHP nécessitent le passage en argument d'un identifiant de fichier que nous noterons `$id` dans le tableau 6-17. Cet identifiant est obtenu lors de l'ouverture du fichier à l'aide de la fonction `fopen()`. Pour toutes les opérations d'écriture, il faut s'assurer au préalable que les droits du fichier sont configurés en conséquence (vous pouvez rapidement réaliser ce paramétrage à l'aide de la fonction `chmod` de votre outil de FTP).

Tableau 6-17. Principales fonctions PHP dédiées aux fichiers

Syntaxes et exemples	Description
`fopen("nom_fichier","mode")` `$id=fopen("monfichier.txt","r");`	Ouverture d'un fichier selon le mode mode (voir détail ci-dessous). Retourne un identifiant (`$id` par exemple)nécessaire dans d'autres fonctions de manipulation de fichiers.

Tableau 6-17. Principales fonctions PHP dédiées aux fichiers *(suite)*

Syntaxes et exemples	Description
Le paramètre mode de la fonction fopen() définit les modes d'ouverture suivants : "r" : ouvre un fichier en lecture seule et place le pointeur en début du fichier. "r+" : ouvre un fichier en lecture et en écriture et place le pointeur en début du fichier. "w" : ouvre un fichier en écriture seule et place le pointeur en début du fichier, mais en supprimant le contenu existant. Si le fichier n'existe pas, il est créé. "w+" : ouvre un fichier en lecture et écriture et place le pointeur en début du fichier, mais en supprimant le contenu existant. Si le fichier n'existe pas, il est créé. "a" : ouvre un fichier en écriture seule et place le pointeur à la fin du fichier (ajout). Si le fichier n'existe pas, il est créé. "a+" : ouvre un fichier en lecture et écriture et place le pointeur à la fin du fichier (ajout). Si le fichier n'existe pas, il est créé.	

`copy($source,$destination)`
`$fichier="index.php";`
`copy($fichier,$fichier.'.bak');`
`//ici, on réalise une copie de sau-`
`vegarde "index.php.bak"`
	Copie le fichier $source dans le fichier $destination (si $destination n'existe pas, il est créé). Si l'opération est effectuée, la fonction retourne TRUE sinon FALSE.

`fpassthru("nom_fichier")`	Lit complètement le fichier et l'affiche dans le navigateur. Le fichier peut être un fichier texte ou un fichier image (binaire).
`file_exists("nom_fichier")`	Retourne la valeur TRUE si le fichier le fichier existe. Sinon retourne FALSE.
`file("nom_fichier")`	Lit un fichier et retourne un tableau contenant une ligne du fichier dans chacun de ses éléments.
`fgetc($id)`	Lit un caractère du fichier ouvert avec $id.
`fgets($id, "nombre")` `fread($id,"nombre")`	Lit un nombre donné d'octets (nombre) du fichier ouvert avec $id.
`fputs($id,"chaine")` `fwrite($id,"chaine")`	Écrit une chaîne de caractères (chaîne) dans un fichier ouvert avec $id.
`rewind($id)`	Place le pointeur du fichier au début du fichier ouvert avec $id.
`feof($id)`	Retourne la valeur TRUE si le pointeur de fichier se trouve à la fin du fichier ou s'il y a une erreur. Sinon retourne FALSE.
`fclose($id)`	Ferme un fichier ouvert par la fonction `fopen()`.

Dans l'exemple ci-dessous, la valeur du fichier est lue, incrémentée puis enregistrée dans le même fichier.

```php
<?php
$fichier=fopen("monfichier.txt","r+");
//ouverture du fichier "monfichier.txt" en mode lecture/écriture
$sortie=fgets($fichier,10);
$sortie++;//incrémente la valeur
fseek($fichier,0);//positionne le pointeur en début de fichier
fputs($fichier, $sortie);
```

```
//écriture de la nouvelle valeur dans le fichier
fclose($fichier);// fermeture du fichier
?>
```

Dans l'exemple ci-dessous, un texte est ajouté à la suite du contenu actuel du fichier :

```
<?php
$fichier=fopen("monfichier.txt","a");
//ouverture du fichier "monfichier.txt" en mode ajout
fwrite($fichier,"texte ajouté à la suite");
//écriture d'un texte à la suite du contenu du fichier
fclose($fichier);// fermeture du fichier
?>
```

Dans l'exemple ci-dessous, chaque ligne du fichier est enregistrée dans un élément de tableau puis affichée à l'écran :

```
<?php
$tableau=file("monfichier.txt");
//lecture du fichier et enregistrement des lignes dans un tableau
foreach ($tableau as $numero => $ligne) {;
echo $numero." : ".$ligne."<br>";
}
//affichage de chaque ligne du tableau
?>
```

Dans l'exemple ci-dessous, une image est lue puis affichée dans le navigateur :

```
<?php
$fichier=fopen("monimage.gif","r");
//ouverture du fichier "monimage.gif" en mode lecture
fpassthru($fp);
//lecture et affichage du fichier dans le navigateur
exit;// sortie du script (la fermeture du fichier est réalisée automatiquement à la fin
➡de la lecture du fichier)
?>
```

Dans l'exemple ci-dessous, chaque ligne du fichier est lue puis affichée :

```
<?php
$fichier=fopen("montexte.txt","r");
//ouverture du fichier "montexte.txt" en mode lecture
while(!feof($fichier)) {
//test de boucle (conditionnée par la fin du fichier)
 $ligne=fgets($fichier,4096);// lecture d'une ligne
 echo $ligne;// affichage de la ligne à l'écran
 }
fclose($fichier);// fermeture du fichier
?>
```

Fonctions PHP dédiées à MySQL

PHP dispose de nombreuses fonctions dédiées à la gestion de la base MySQL. Ces fonctions commencent toujours par `mysql_`. Nous vous présentons ci-dessous celles qui sont le plus couramment utilisées.

Tableau 6-18. Principales fonctions PHP dédiées à MySQL

Syntaxes et exemples	Description

`mysql_connect ("nom_hote","login","password")`
`//ci-dessous la même fonction avec l'option connexion persistante`
`mysql_pconnect ("nom_hote","login","password")`
`//exemple : création d'un identifiant de connexion "$id"`
`$id=mysql_connect ("locahost","sport", "eyrolles");`
	Permet d'établir la connexion avec le serveur de base de données MySQL. Le nom de l'hôte, l'identifiant et le mot de passe sont communiqués comme arguments de cette fonction. Ils doivent évidemment être configurés au préalable sur le serveur MySQL. Dans le cas d'un hébergement mutualisé, ces informations vous sont communiquées par votre hébergeur.
	Cette fonction retourne un identifiant de connexion qu'il convient d'enregistrer dans une variable (exemple : $id), afin de pouvoir l'utiliser dans les autres fonctions MySQL.

`mysql_select_db ("nom_base_donnees")`
`//exemple : sélection de la base de données "sport_db"`
`mysql_select_db ("sport_db");`
	Permet de sélectionner une base de données dont le nom est communiqué en argument de la fonction.

`mysql_query ("requete_SQL","id_connexion")`
`//exemples :`
`$result=mysql_query ("SELECT * FROM adherents ", $id);`
`$result=mysql_query ($query,$id);`
	Permet d'envoyer une requête SQL au serveur. Vous pouvez saisir la requête directement dans la fonction ou la déterminer au préalable dans une variable (exemple : $query) et la passer en argument dans la fonction.

`mysql_fetch_array ("resultat_query"`
`[,type_tableau])`
`    //argument optionnel : type_tableau :`
`    //MYSQL_ASSOC : tableau associatif`
`    //MYSQL_NUM : tableau indicé`
`    //MYSQL_BOTH : tableau mixte (par défaut)`
`//exemple :`
`$membres=mysql_fetch_array ($result);`
	Permet de fournir le résultat de la requête dans un tableau associatif, indicé ou mixte (selon l'argument optionnel `type_tableau`). La variable contenant le résultat de la requête doit être passée en paramètre dans le premier argument (exemple : $result).

`mysql_free_result ("id_query")`
`//exemple :`
`mysql_free_result ($result);`
	Permet de vider les résultats obtenus à l'aide de la précédente requête avant de sortir de la procédure.

Légendes :	[xxx] : le code xxx est facultatif (Attention ! Vous ne devez surtout pas saisir les crochets [et] dans le code.)

L'exemple ci-dessous est un script complet de connexion et d'affichage des noms d'adhérents de la base sport_db :

```
/* Script de connexion à la base "sport_db" et d'affichage de la table "adherents" */
//----------------------------------------------
$id=mysql_connect("localhost","sport","eyrolles");
//Le serveur est "localhost", l'identifiant "sport" et le mot de passe "eyrolles".
//----------------------------------------------
mysql_select_db("sport_db");
//Sélection de la base de données "sport_db".
//----------------------------------------------
$query="SELECT * FROM adherents";
//Élaboration de la requête SQL et enregistrement dans la variable "$query".
//----------------------------------------------
$result=mysql_query($query,$id);
//La requête "$query" est envoyée au serveur accompagnée de son identifiant "$id"
//----------------------------------------------
while ($agences=mysql_fetch_array($result))
 {
 echo "L'adhérent ".$adherent[nom]." est inscrit au club de SPORT <br>";
 }
//Récupération des données dans le tableau $adherents[] et affichage.
//----------------------------------------------
mysql_free_result($result);
//Libère la mémoire des résultats obtenus.
```

Dans le chapitre consacré aux bases de données, vous trouverez un exemple d'application de la gestion des requêtes SQL au projet SPORT.

Ne mélangez pas les langages !

Dans le chapitre 1, nous avons vu qu'une page dynamique était composée de scripts PHP intégrés dans une structure de page HTML. Le langage SQL prend place dans la même page dynamique. On le retrouve notamment en argument de la fonction PHP mysql_query(), qui permet de transmettre la requête SQL à la base de données. Ces trois langages sont donc intégrés dans le même code d'une page dynamique et il est très important de ne pas les mélanger : ce sont des langages différents dont il faut respecter la syntaxe.

7

ActionScript, les bases du langage

Notions de base et terminologie

Présentation de Flash et d'ActionScript

Flash, un outil d'animation et de programmation

Flash permet de créer des animations simples mais aussi des applications Web complexes et interactives. Ces applications peuvent être enrichies d'images, de son et même de vidéo. Flash propose de nombreuses fonctionnalités avancées, qui en font un outil à la fois puissant et facile d'emploi.

Lorsque vous travaillez dans l'environnement auteur de Flash, vous travaillez dans un document Flash qui porte l'extension .fla. Si vous désirez diffuser son contenu, vous devez le publier et créer pour ce faire un fichier SWF. Les fichiers portant l'extension .swf peuvent ensuite être consultés à l'aide d'une application nommée Flash Player. Elle est chargée d'exécuter les animations créées dans Flash. Flash Player est intégré par défaut dans la plupart des navigateurs Internet et ne requiert de télécharger aucun plug-ing sur le poste de l'utilisateur lors de la consultation des fichiers SWF (s'il s'agit d'une version récente de navigateur). Il est également possible de mettre à jour gratuitement Flash Player pour les anciennes versions de navigateur.

Programmer dans Flash avec ActionScript 2.0

ActionScript est le langage de programmation utilisé pour développer des applications interactives dans Flash. Évidemment, vous pouvez très bien utiliser Flash sans ActionScript mais si l'interactivité est une de vos priorités ou si vous souhaitez créer des applications évoluées, ActionScript est indispensable.

Depuis son introduction, ActionScript n'a cessé d'évoluer. Chaque version de Flash voit l'ajout de nouveaux mots-clés, objets, méthodes et autres éléments de langage. Cependant, contrairement aux versions antérieures, dans Flash MX 2004 et Flash MX Professionnel 2004, plusieurs nouveaux éléments de langage facilitant la programmation orientée objet améliorent considérablement la mise au point et le débogage des scripts. Ces nouveautés constituent une amélioration significative du langage et ont motivé sa nouvelle appellation : ActionScript 2.0.

> **Remarque**
>
> Dans cet ouvrage, nous utiliserons la version 2.0 d'ActionScript ainsi que Flash Player 7 pour exécuter les animations.

Terminologie employée en programmation ActionScript

Voici les termes utilisés dans la programmation ActionScript. Rassurez-vous : même si ces explications succinctes vous semblent un peu floues, vous aurez de multiples occasions de conforter ces notions au fil de la lecture de cet ouvrage.

> **Remarque**
>
> Ces termes ne sont pas classés par ordre alphabétique mais par niveau de complexité afin de faciliter leur lecture.

Projet

Avec Flash Professionnel MX 2004, il est possible de regrouper plusieurs éléments Flash (documents d'animation FLA, fichiers AS externes…) au sein d'une même entité nommée projet (disponible uniquement avec Flash MX 2004 Professionnel).

Identifiants

On appelle identifiants les noms des différents éléments de Flash (variables, objets, fonctions, propriétés ou méthodes). Les caractères utilisés pour construire un identifiant peuvent être une lettre, un chiffre ou un trait de soulignement. Le premier caractère ne doit jamais être un chiffre.

Variables

On appelle variables les identifiants qui contiennent des valeurs (quel que soit leur type : booléen, numérique ou chaînes de caractères). Les variables permettent de mémoriser des valeurs afin de les exploiter plus tard dans le programme. Une variable doit être préalablement déclarée (et éventuellement initialisée) avant de pouvoir être utilisée (par exemple : `var nomVar:Numeric;`). L'affectation consiste à attribuer une valeur à une variable (par exemple : `nomVar=15;`).

Les champs « texte de saisie » ou « dynamiques » possèdent une variable qu'il est possible de nommer en renseignant le champ `Var` dans le panneau des propriétés. Si vous nommez la variable d'un champ texte `nomVar`, vous pourrez ensuite accéder à sa valeur de la même manière qu'avec une variable traditionnelle.

> **À noter**
>
> Le concept objet appliqué aux champs texte permet aussi d'accéder à la valeur d'une variable en utilisant la propriété `text` appliquée au nom de l'occurrence du champ texte concerné. Ainsi, si l'occurrence d'un champ texte est `nomVar_txt`, il est possible d'accéder à sa valeur en utilisant `nomVar_txt.text`.

Constantes

On appelle constantes les identifiants qui contiennent des valeurs qui ne peuvent pas être modifiées. En général, les noms des constantes sont en majuscules (exemple : SPACE, BACKSPACE…).

Mots-clés

Les mots-clés sont des mots réservés avec une signification particulière en ActionScript. Par exemple, `var` est un mot-clé utilisé pour déclarer des variables locales. Vous ne pouvez pas utiliser le mot-clé `var` comme identifiant d'un élément de Flash (variable, objet, fonction…).

Action

Avec les actions (ou instructions), l'utilisateur devient un acteur : il peut interagir avec l'animation à l'aide du clavier ou de la souris de son ordinateur. Nous parlerons donc d'animation interactive. Cette interactivité est possible grâce aux actions (pour un ensemble d'actions, nous utiliserons aussi le terme « script »). Une action est une instruction qui ordonne à Flash Player d'exécuter une opération spécifique lors de sa lecture.

Script

Un script (appelé aussi bloc d'actions) est un jeu d'actions ActionScript qui s'exécute lorsqu'un événement particulier survient. Les scripts peuvent être placées à deux endroits différents : dans une image clé ou sur un clip (ou un bouton). Dans le deuxième cas, il faut utiliser un gestionnaire d'événement pour définir quel événement déclenchera le script.

Compilation

Dans Flash, le moment où vous publiez, exportez, testez ou déboguez votre document Flash est appelé « compilation ». Le document FLA est alors transformé en un document SWF qui pourra être interprété par Flash Player.

Exécution

Dans Flash, le moment où votre script s'exécute dans Flash Player est appelé exécution.

Événement

Les événements sont des actions qui se produisent lors de la lecture d'un fichier SWF. La détection d'un événement permet de lancer un script particulier lors de la lecture d'une animation. Différents types d'événements peuvent déclencher un script : par exemple la tête de lecture atteint une image spécifique ou l'utilisateur utilise sa souris ou son clavier pour interagir sur l'animation (en cliquant sur un bouton ou en appuyant sur une touche particulière, par exemple) ou encore un clip ou un fichier externe est chargé.

Gestionnaire d'événements

Si vous désirez déclencher une action à partir d'un bouton ou d'un clip, vous devrez utiliser un gestionnaire d'événements afin de préciser quel événement doit déclencher le script et pour délimiter le jeu d'instructions qui correspond aux actions générées. Dans le gestionnaire, le jeu d'instructions est délimité par des accolades { et }. On distingue les gestionnaires d'événements de souris (`on()`) et les gestionnaires d'événements de clip (`onClipEvent()`).

Méthode de gestionnaire d'événement

Comme les gestionnaires d'événements, les méthodes de gestionnaire d'événement permettent de programmer le déclenchement d'une action à partir d'un événement spécifique. Contrairement aux gestionnaires classiques, qui doivent être placés sur un clip ou sur un bouton spécifique, les méthodes sont directement intégrées dans une image clé de l'animation. Ce mode de programmation a l'énorme avantage de centraliser tous les scripts de gestion d'événement en un point unique. Il permet en outre d'appliquer des gestions d'événement à d'autres objets que le clip ou le bouton (comme l'objet son, l'objet `LoadVars`, l'objet `Xml`, etc.).

Fonctions

Les fonctions sont des blocs d'actions déclarés au préalable et réutilisables à différents endroits d'un programme. Pour déclarer une fonction, il faut utiliser le mot-clé `function` (exemple : `function nomFonction() { //bloc d'actions }`). Pour utiliser une fonction après l'avoir déclarée, il suffit de la nommer dans une instruction. La valeur résultat sera retournée à la place du nom de la fonction (exemple : `monResultat=nomFonction();`). Dans certains cas, il est possible de passer des paramètres (valeurs ou variables de tout type) en argument (entre les parenthèses de la fonction) afin de personnaliser l'appel de la fonction (exemple : `monResultat=nomFonction(23,"bonjour");`).

Objets

Les objets sont des entités regroupant des propriétés (attributs de l'objet) et des méthodes (tâches spécifiques à l'objet). L'objet naît lorsque l'on crée une occurrence d'une classe particulière. On distingue les objets issus d'une classe Flash intégrée (présentés dans ce même chapitre) et les objets issus d'une classe personnalisée (la classe personnalisée doit être déclarée au préalable dans un fichier externe. Ce second type d'objets est présenté dans le chapitre 14 dédié à la programmation orientée objet).

Propriétés

Les propriétés sont des attributs qui définissent un objet. Par exemple, `_visible` est une propriété de tous les objets de la classe MovieClip qui définit si ceux-ci sont visibles ou masqués. Pour manipuler une propriété, vous devez rappeler l'identifiant de l'objet concerné, suivi d'un point et du nom de la propriété (par exemple, l'instruction suivante permet de rendre invisible un objet de la classe Movie-Clip : `monClip_mc._visible=false;`).

À noter

Les noms des propriétés issues des précédentes versions de Flash sont précédés d'un caractère de soulignement (_) mais depuis Flash MX les noms des propriétés ne suivent plus cette convention de nommage (exemple : `length`).

Méthodes

Les méthodes sont des tâches qui peuvent être réalisées par un objet. Ce sont en quelque sorte des fonctions attachées à chaque classe et dont leurs occurrences (les objets) héritent. Pour appeler une méthode, il faut rappeler l'identifiant de l'objet concerné, suivi d'un point, du nom de la méthode et de deux parenthèses (exemple : l'appel de la méthode suivante permet de trier les éléments d'un objet de la classe `Array` : `monObjet_array.sort();`)

Occurrence

Les occurrences sont des objets qui appartiennent à une certaine classe. Chaque occurrence d'une classe hérite de toutes les propriétés et des méthodes de cette classe. Par exemple, comme tous les clips sont des occurrences de la classe MovieClip, vous pouvez utiliser n'importe quelle méthode ou propriété de la classe MovieClip avec n'importe quelle occurrence de clip.

Nom d'occurrence

Les noms d'occurrence sont des noms uniques attribués à chaque objet d'une animation et qui permettent de les cibler. Si l'objet est généré dynamiquement (par le programme), l'instruction de création doit définir son nom d'occurrence. Si l'objet est créé sur la scène, il faut utiliser l'inspecteur des propriétés pour lui affecter un nom.

Classe

Comme nous venons de le voir, la classe donne naissance à un objet lors de la création d'une occurrence. Il existe des classes d'objets intégrés prédéfinies dans le langage ActionScript, mais vous pouvez créer vos propres classes utilisateur. Pour créer une nouvelle classe utilisateur, utilisez le mot-clé `class` dans un fichier de script externe portant le même nom que la classe créée.

Chemins

Les chemins sont les adresses hiérarchiques des noms de variables ou d'objets (appelées aussi chemin cible). Les différents éléments d'un chemin sont séparés par un point. Le scénario principal (qui porte le nom `_root`) sert de point de référence aux chemins absolus (exemple : `_root.monClip1.maVariable`). Vous pouvez utiliser un chemin cible (on appelle aussi cela référencer un élément) pour appeler une méthode d'un objet ou pour manipuler la valeur d'une variable (exemple : `_root.monTableau_array.sort()` ou `_root.monClip.maVariable=40;`).

Syntaxe et éléments fondamentaux d'ActionScript

Régles d'écriture

Les identifiants utilisés en ActionScript doivent répondre à certaines contraintes. Vous trouverez ci-après quelques règles à suivre pour respecter ces contraintes.

Les mots-clés interdits

Les noms des différents éléments de Flash (variables, objets, fonctions…) ne doivent comporter que des caractères alphanumériques ou le caractère souligné _ mais jamais d'espace.

Il est également interdit d'utiliser des mots-clés pour éviter les erreurs d'interprétation de code. Les mots-clés spécifiques à l'ActionScript suivants ne devront jamais être utilisés comme noms de variable :

```
break, case, class, continue, default, delete, do, dynamic, else, extends, finally, for,
function, get, if, implements, import, interface, in, instancef, new, null, private, public,
return, static, switch, this, throw, try, typeof, undefined, var, void, while, with
```

Les identifiants sont sensibles à la casse

Depuis ActionScript 2.0, les noms des éléments sont sensibles à la casse. Une variable nommée `nomVariable` sera différente de la variable `NomVariable` ou encore de `nomvariable`.

Convention de nommage

Dans cet ouvrage, nous utiliserons les minuscules pour les identifiants, sauf si deux noms sont concaténés pour former l'identifiant. Dans ce cas, la première lettre du second nom sera une majuscule (`nomVar`, par exemple). Utilisez des noms explicites afin de les mémoriser sans peine et de les identifier facilement (exemple : `totalPrix`, `nomUtilisateur`, `fichierData`…).

Préfixe des identifiants d'éléments globaux

Nous utiliserons le préfixe `glob_` devant l'identifiant d'un élément global afin d'éviter les conflits entre un élément global et un élément local de même nom. Pour déclarer globalement la variable `maVariable`, attribuez-lui l'identifiant `glob_maVariable`.

Suffixes des identifiants d'objet

Macromedia recommande l'utilisation de suffixes dans le nommage des identifiants de chaque objet (exemple : il faut ajouter le suffixe `_lv` au nom d'un objet LoadVars, soit `monEnvoi_lv`). Flash détecte le type d'élément lors de la saisie de cet identifiant dans l'éditeur ActionScript et affiche un conseil de code en rapport (une infobulle contenant la syntaxe complète de l'action en cours ou un menu contextuel répertoriant des noms de propriétés ou de méthodes utilisables pour le type d'objet concerné).

Dans le cas où l'objet est créé sur la scène (`MovieClip`, `Button`, `Champ texte`), vous devez saisir l'identifiant avec son suffixe (`monClip_mc` par exemple) dans le champ du nom d'occurrence du panneau des propriétés.

Tableau 7-1. Suffixes recommandés par Macromedia

Type d'élément	Suffixe à ajouter à l'identifiant de l'élément
Array	`_array`
Button	`_btn`
Camera	`_cam`
Color	`_color`
ContextMenu	`_cm`
ContextMenuItem	`_cmi`
Date	`_date`
Error	`_err`
LoadVars	`_lv`
LocalConnection	`_lc`
Microphone	`_mic`
MovieClip	`_mc`
MovieClipLoader	`_mcl`
PrintJob	`_pj`
NetConnection	`_nc`
NetStream	`_ns`
SharedObject	`_so`
Sound	`_sound`
String	`_str`
TexrField	`_txt`
TestFormat	`_fmt`
Vidéo	`_video`
XML	`_xml`
XMLNode	`_xmlnode`
XMLSocket	`_xmlsocket`

Principaux symboles de la syntaxe ActionScript

Comme dans tous les langages, certaines contraintes d'écriture doivent être respectées afin que l'interpréteur du langage puisse analyser puis exécuter les instructions demandées. Ces contraintes définissent des règles de structure et de syntaxe que vous devez connaître pour réaliser un programme opérationnel. Afin de vous initier à l'écriture de scripts, nous vous présentons ci-après les principaux symboles utilisés en ActionScript ainsi que le contexte dans lequel ils sont utilisés pour encadrer les instructions et structurer les programmes. Nous étudierons ensuite les différents éléments qui constituent les instructions.

Le point-virgule pour clôturer une instruction

L'instruction est l'élément de base de tout programme. Une instruction est constituée d'une expression, elle-même constituée de mots-clés et d'opérateurs, et se termine par un point-virgule. Toutefois, contrairement au PHP pour lequel le point-virgule est obligatoire, Flash accepte les expressions sans cette ponctuation. Nous vous conseillons toutefois de l'ajouter à la fin de toutes vos instructions, ne serait-ce que pour contribuer à la bonne lisibilité de vos programmes.

Exemples d'instructions :

```
monAccueil ="Bonjour";//instruction d'affectation d'une valeur "Bonjour" à une variable nommée
➥monAccueil
gotoAnPlay(1);//fonction de contrôle du scénario (renvoie la tête de lecture à l'image clé 1)
```

Les accolades pour délimiter un bloc d'actions

Dans les programmes ActionScript, il est souvent nécessaire de regrouper une série d'actions (instructions) dont l'exécution a été préalablement conditionnée par une expression entre parenthèses (test d'un événement, expression de condition, expression de boucle...). On utilise les accolades pour délimiter le début et la fin de la série d'instructions. L'ensemble ainsi balisé s'appelle un bloc.

Exemples :

```
//exemple de bloc utilisé avec un gestionnaire d'événement
on (release) {
 monAccueil ="Bonjour";//première ligne du bloc
 memo=true;//dernière ligne du bloc
 }
//exemple de bloc utilisé avec une structure de condition
if (x>4) {
 monAccueil ="Bonjour";//première ligne du bloc
 memo=true;//dernière ligne du bloc
 }
//exemple de bloc utilisé avec une structure de boucle
for (x=0;x<5;x++) {
 monAccueil ="Bonjour";//première ligne du bloc
 memo=true;//dernière ligne du bloc
 }
```

Des blocs sont parfois imbriqués pour les besoins du programme :

```
//exemple de blocs imbriqués
for (x=0;x<5;x++) {//début du bloc principal
     if (x>4) {
     monAccueil ="Bonjour";//première ligne du bloc
        memo=true;//dernière ligne du bloc
     }
     else {
        monAccueil="Bonsoir";//première ligne du bloc
        memo=false;//dernière ligne du bloc
      }
}//fin du bloc principal
```

À noter

Les accolades sont également utilisées pour délimiter les différentes actions qui doivent être exécutées lors de l'appel d'une fonction utilisateur comme dans l'exemple ci-dessous.

```
maFonction=function() {
 trace("bonjour à tous");
 }
```

Rappel

Les variables locales déclarées en début d'un bloc expirent à la fin de celui-ci. Une variable locale ne peut donc être manipulée que dans son propre bloc. Si vous désirez augmenter la portée d'une variable, il faut la déclarer en tant que variable globale.

Le point pour lier les éléments d'un chemin

Le point est fréquemment utilisé en programmation objet et en ActionScript 2.0. On nomme cette technique « syntaxe pointée » (pour la distinguer de la « syntaxe à barre oblique » utilisée dans les anciennes versions de Flash). Le point permet de lier les différents objets ou propriétés pour élaborer un chemin qui permettra d'accéder un élément spécifique. Le chemin ainsi élaboré est représentatif de la hiérarchie des différents éléments.

Voici un exemple de chemin pointant vers une variable maVar d'un clip monClip2, lui-même placé sur monClip1 (utilisé avec les anciennes versions 3, 4 et 5 de Flash) :

```
monClip1/monClip2:maVar
```

Avec Flash MX 2004, tous les chemins doivent être constitués d'éléments liés exclusivement par des points. Voici un exemple équivalent au précédent (à utiliser avec Flash MX 2004 ou ultérieur) :

```
monClip1.monClip2.maVar
```

La syntaxe pointée utilise également deux alias spéciaux, _root et _parent. L'alias _root fait référence au scénario principal. Vous pouvez l'utiliser pour créer un chemin cible absolu. L'instruction suivante appelle la fonction maFonction() située dans le clip monClip_mc du scénario principal :

```
_root.monClip_mc.maFonction();
```

Vous pouvez utiliser l'alias _parent pour faire référence à un clip dans lequel est imbriqué l'objet courant ou pour créer un chemin cible relatif. Par exemple, si le clip monClip1_mc est imbriqué dans le clip monClip2_mc, l'instruction suivante, placée dans l'occurrence monClip1_mc, indique à monClip2_mc de s'arrêter :

```
_parent.stop();
```

Les crochets pour accéder au contenu des tableaux

Les crochets ([et]) permettent d'encadrer l'indice d'un élément de tableau et d'accéder facilement à sa valeur. Par exemple, si vous désirez accéder à l'élément d'indice 2 du tableau monTableau_array, il faut utiliser la ligne de code suivante :

```
MonTableau_array[2]
```

Il est ainsi possible de manipuler facilement les valeurs des tableaux pour les modifier, les copier ou les supprimer.

Exemples :

```
maVar=monTableau_array[2];//copie de la valeur de l'élément d'indice 2 du tableau monTableau
➥dans la variable maVar
monTableau_array[3]="Bonjour";//mise à jour de la valeur d'indice 3 du tableau monTableau
avec la chaîne de caractères "Bonjour"
```

Les crochets sont aussi utilisés pour évaluer une expression avant qu'elle ne soit interprétée.

Exemples :

```
_root[nomBouton+"_btn"].onRelease ;//l'expression ci-contre sera évaluée avant d'être interprétée.
➥Ainsi, si la variable nomBouton est égale à rouge, l'expression finalement interprétée sera la suivante :
_root.rouge_btn.onRelease;

_root[nomFonction](); //de même, il est possible d'appeler dynamiquement une fonction selon
➥la valeur d'une variable (nomFonction dans l'exemple). Ainsi, si cette variable est égale à
➥calculMoyenne, alors l'expression finalement interprétée sera la suivante et c'est la fonction
➥du même nom qui sera exécutée :
_root.calculMoyenne();
```

Dans les exemples précédents, nous avons utilisé le mot-clé _root[…] car les éléments concernés (bouton et fonction) se trouvaient sur le scénario principal _root mais il est également possible d'utiliser _parent[…] this[…] ou nomClip[…], selon l'emplacement de l'élément à appeler.

Les parenthèses pour encadrer les paramètres

Les noms des actions, des méthodes ou des fonctions sont fréquemment suivis d'une parenthèse ouvrante et d'une parenthèse fermante (exemple : `maFonction()`). Il est quelquefois nécessaire de les personnaliser à l'aide de paramètres passés en argument. Ces paramètres sont alors ajoutés entre les parenthèses. Si plusieurs paramètres doivent être transmis, ils seront séparés par des virgules.

Exemples :

```
maFonction() ; //appel d'une fonction sans paramètre
maFonction(parametre1,parametre2) ; //appel d'une fonction avec passage de deux paramètres
gotoAnPlay(1);//appel de l'action gotoAnPlay(1) avec passage du paramètre 1 en argument
➥dans ce cas, le paramètre précise le numéro de l'image clé sur laquelle doit se caler
➥la tête de lecture)
monClip1_mc.duplicateMovieClip("monClip2_mc");//dans cet exemple, le nom du clip à créer
➥(monClip2) est passé en paramètre lors de l'appel de la méthode duplicateMovieClip()
```

Les guillemets pour déclarer des chaînes de caractères

Les variables peuvent être de différents types : numérique, booléens ou chaîne de caractères. Lorsque l'on affecte une valeur de type chaîne de caractères à une variable, il faut l'encadrer par des guillemets (simples ou doubles). À l'inverse, si l'on affecte une valeur numérique à une variable, il ne faut pas utiliser de guillemets, sinon le nombre sera enregistré comme une suite de caractères et non comme une valeur numérique.

Exemples :

```
maVar= "Bonjour";//une chaîne de caractères doit être encadrée par des guillemets lors de
➥son affectation à une variable
monScore= 32;//dans le cas d'une valeur numérique, il ne faut pas utiliser de guillemets
```

Deux barres obliques pour commenter une simple ligne

Dans un script ActionScript, il est possible de commenter le code en utilisant deux syntaxes différentes selon qu'il s'agit d'une simple ligne ou d'un ensemble de lignes.

Si on désire insérer un simple commentaire sur une ligne ou à la fin d'une instruction, il faut écrire deux barres obliques // devant celui-ci :

```
Rond_mc.rotation = 90 ; //Ici c'est un commentaire en bout de ligne
// Ici c'est un commentaire sur une ligne complète
```

La barre oblique et l'astérisque pour les commentaires multilignes

Si on désire écrire plusieurs lignes de commentaire, il faut employer /* au début de la zone de commentaire et */ à la fin de celle-ci :

```
/*
ceci est un commentaire
sur plusieurs
lignes
*/
```

Utiliser les commentaires pour déboguer

Comme avec le PHP, en ActionScript vous pouvez utiliser les commentaires pour neutraliser une ligne ou un bloc de code. Cela permet de tester un script sans interpréter la partie neutralisée et d'identifier la partie du code qui produit l'erreur.

Les variables et les constantes

Les variables permettent de mémoriser une information en lui affectant une valeur afin de l'exploiter dans la suite du script. Par exemple, si vous désirez mémoriser le score d'un joueur, vous l'affecterez à une variable scoreJoueur1 pour pouvoir ensuite le comparer avec le score des autres joueurs. Cependant avant d'utiliser une variable, il faut la déclarer soit grâce à une simple affectation initiale (comme c'était souvent le cas en ActionScript 1.0 ; le type de la variable est alors celui de la valeur affectée), soit en utilisant la syntaxe du typage strict (solution conseillée si vous utilisez ActionScript 2.0) grâce à laquelle le type de la variable est explicitement indiqué.

Déclaration et typage des variables

Les variables peuvent être de différents types selon les valeurs que l'on désire leur affecter (nombre, texte, booléen…). Contrairement au PHP, avec ActionScript, le type de la variable n'est pas modifié automatiquement si on lui affecte une valeur d'un autre type. Par exemple, si le texte "30" (et non le nombre 30) a été affecté à une variable, il est impossible de lui appliquer une opération arithmétique sans l'avoir au préalable transformé (à l'aide de la fonction Number(), par exemple). Il est donc primordial de bien définir le type de chaque variable et de veiller par la suite à ne leur affecter que des valeurs de même type au cours de l'animation.

La fonction trace()

L'instruction trace() est souvent utilisée pour déboguer les programmes ActionScript. Elle permet d'afficher le résultat obtenu dans le panneau Sortie lors du test de l'animation. Les fonctions de ce type seront traitées à la fin de ce chapitre , mais il est intéressant de connaître dès maintenant la syntaxe de cette fonction afin de pouvoir l'interpréter et l'utiliser dans les scripts des exemples ci-dessous.

Syntaxe :

```
trace(valeur ou variable à afficher);
```

Exemples :

```
trace("bonjour"); //affiche le mot "Bonjour" dans le panneau Sortie
nomVar="Defrance";
trace(nomVar); //affiche "Defrance" dans le panneau Sortie
trace("bonjour M."+nomVar);//affiche "bonjour M.Defrance" dans le panneau Sortie
```

L'affectation d'une variable

Les variables sont des conteneurs dont le contenu (la valeur) peut être modifié. Pour modifier une valeur de variable, il suffit d'indiquer son identifiant, suivi d'un signe égal (=) et de la valeur que l'on désire lui attribuer. Cette opération s'appelle l'affectation.

Exemple :

```
nomVar = 54 ;
// dans ce cas la valeur numérique 54 est affectée à la variable nomVar
```

L'initialisation

Il est toujours judicieux d'affecter une valeur connue à une variable que vous définissez pour la première fois. En pratique, cette opération, appelée initialisation, est souvent effectuée dans la première image clé de l'animation.

Exemple de script d'initialisation placé dans l'image 1 du scénario principal :

```
nomVar1 = 30 ;
nomVar2 = "bonjour" ;
nomVar3 = true ;
```

Le typage automatique par affectation

La simple initialisation d'une variable (celle que l'on a coutume d'utiliser en ActionScript 1.0) permet d'attribuer automatiquement à celle-ci un type qui sera celui de la valeur affectée. Ainsi, il suffit d'affecter une valeur à une variable pour la déclarer et lui attribuer automatiquement le type de cette valeur :

```
nomVar = 30 ; //dans ce cas, la variable sera de type numérique (Number)
```

Pour affecter une chaîne de caractères à une variable (et du même coup lui attribuer le type String), il suffit d'encadrer le texte par des guillemets (simples ou doubles) :

```
nomVar="Maurice Dupond";// dans ce cas la variable sera de type texte (String)
```

Pour affecter un nombre à une variable (et du même coup lui attribuer le type Number), il faut saisir ce nombre sans guillemet :

```
nomVar=100;// dans ce cas la variable sera de type numérique (Number)
```

À noter

Si vous affectez la valeur 30 encadrée par des guillemets à une variable, il s'agit alors d'une chaîne de caractères et non d'un nombre. Par conséquent, le type de la variable sera String et non Number.

```
nomVar = "30";//dans ce cas la variable sera de type texte (String)
```

Le typage strict

Déclaration

En ActionScript 2.0, une variable peut être déclarée et typée en utilisant une syntaxe spécifique constituée du mot-clé var et du caractère « : » suivi du type de la variable (String, Number, Boolean). On parle alors de typage strict des données.

Exemple :

```
var nomVar:Number ;
// déclaration d'une variable "nomVar" de type numérique
```

Déclaration et initialisation

Le typage strict des données permet d'initialiser la variable en ajoutant, à la suite de l'instruction de déclaration, un signe égal (=) suivi de la valeur à appliquer :

```
var nomVar:Number = 30 ; //déclaration et initialisation avec la valeur 30 d'une variable
➥"nomVar" de type numérique
```

On peut ainsi déclarer et initialiser tout type de variable (String, Number, Boolean...) :

```
var nomVar1:String = "Jean Dupond" ; //déclaration et initialisation avec la valeur
➥"Jean Dupond" d'une variable "nomVar1" de type chaîne de caractères.
var nomVar2:String = nomVar1 ; //déclaration et initialisation avec la valeur de la variable
➥"nomVar1" de type chaîne de caractères.
```

Il est également possible de déclarer une nouvelle variable dont la valeur sera issue de la concaténation (à l'aide de l'opérateur +) de plusieurs textes et/ou variables de même type :

```
var nomVar3:String = nomVar1 + " Monsieur "+ nomVar2 ; //déclaration et initialisation avec
➥concaténation d'une variable "nomVar3" de type chaîne de caractères. Le résultat de nomVar3
➥sera "Bonjour Monsieur Jean Dupond".
```

Attention !

Si vous concaténez des variables de type texte, les textes seront collés les uns aux autres alors que si vous ajoutez des variables de type numérique, le résultat sera égal à l'addition arithmétique de leur valeur. Si dans les éléments concaténés se trouve au moins une valeur de type texte, le résultat final sera de type texte, même si toutes les autres valeurs sont de type numérique) :

```
var nomVar4:Number = 10 ; //déclaration et initialisation d'une variable "nomVar4" de
➥type numérique.
var nomVar5:Number = nomVar4 + 20 ; //déclaration et initialisation avec concaténation
➥d'une variable "nomVar5" de type numérique. La valeur d'initialisation de la variable
➥nomVar5 sera alors égale à 30.
```

À noter

Le typage strict des données permet aussi de créer tout type d'objet (Array, MovieClip, Sound...). Dans ce cas, on utilise le mot-clé new et une syntaxe différente. Nous détaillerons l'utilisation et la création des différents objets Flash dans la section suivante.

```
var nomVar:Array = new Array() ; //déclaration et initialisation d'une variable "nomVar4"
➥de type numérique.
```

Déclarer les variables en début de scénario

Même si vous pouvez manipuler une variable (c'est-à-dire modifier ou récupérer sa valeur) depuis n'importe quel scénario en utilisant le chemin cible adapté, comme dans l'exemple suivant, nous vous conseillons de déclarer vos variables dans le scénario dont elles dépendent :

```
_root.monClip_mc.maVariable ="bonjour";
//ciblage d'une variable déclarée initialement dans le scénario monClip_mc
```

En effet, il n'est pas possible d'utiliser le mot-clé var devant un chemin cible référençant une variable située dans un autre scénario :

```
var _root.monClip_mc.maVariable:String="bonjour";
//Attention, cette syntaxe n'est pas autorisée
```

En pratique, il est judicieux de déclarer toutes les variables d'un même scénario dans la première image clé de celui-ci. Cela permet, d'une part, d'utiliser le typage strict et de bénéficier de ses avantages et facilite, d'autre part, la lisibilité du programme (toutes les déclarations de variables sont regroupées).

Avantages du typage strict

Même si le typage strict est plus compliqué à mettre en œuvre, il permet à Flash de reconnaître automatiquement le type de chaque donnée et de vous assister dans votre rédaction.

À noter

Cette assistance à la rédaction peut aussi être activée par l'ajout d'un suffixe au nom des éléments (_mc, _btn, _txt...) en rapport avec leur type (pour plus de détails sur les suffixes de nom d'élément, revoir le tableau 7-1.

Les incompatibilités de type de données sont souvent à l'origine d'erreurs de compilation. Le typage strict évite d'affecter une valeur dont le type est incorrect par rapport à celui défini lors de la déclaration de la variable (pour tester la compatibilité des types, utilisez le bouton Vérifier la syntaxe depuis le panneau Actions).

Le typage strict permet également d'optimiser l'espace de la mémoire réservé à chaque variable afin d'exploiter au mieux les ressources de l'ordinateur client.

Il améliore les performances de vos scripts car lorsque Flash connaît le type des données, il peut anticiper ses actions.

Macromedia conseille d'utiliser le typage strict des variables dans tous les scripts. Nous vous invitons à suivre ce conseil si vous voulez réaliser des programmes performants.

Différences entre ActionScript 1.0 et 2.0

Avec ActionScript 1.0, il était d'usage d'initialiser une variable sans préciser son type :

```
nomVar = 30 ;
```

ActionScript 2.0 introduit le typage strict des données et suggère d'utiliser le mot-clé var et d'indiquer le type de variable (Number, String, Boolean...) dans la déclaration (même si l'initialisation simple est toujours possible) :

```
var nomVar:Number = 30 ;
```

Tableau 7-2. Les variables ActionScript peuvent prendre différents types selon le mot-clé utilisé lors de leur déclaration.

Mot-clé	Type de variable	Description	Exemples

String	Chaîne de caractères	Leurs valeurs sont des lettres, des chiffres ou des symboles. Pour affecter un texte (valeur alphanumérique) à une variable, vous devez l'encadrer par des guillemets. Si vous placez des chiffres entre guillemets, ils seront enregistrés en tant que texte et non comme une valeur numérique. Si vous devez intégrer des guillemets dans la chaîne, il faut les faire précéder du caractère d'échappement \. Si vous devez assembler plusieurs chaînes de caractères, vous pouvez utiliser l'opérateur d'addition +. Il est également possible d'assembler des variables préalablement initialisées.	`//------Déclaration`
			`var maRue:String="5 rue d'Alésia";`
			`var maMaison:String="villa \"Le bleuet\" ";`
			`var maVille:String="Paris";`
			`var monCode:String="75014";`
			`var monAdresse:String;`
			`//------Utilisation`
			`monAdresse="5 rue d'Alésia" + "Paris" + "75014" ;`
			`//la variable ci-dessous est identique à la variable précédente`
			`monAdresse= maRue + monCode + maVille;`

Number	Valeurs numériques	Leurs valeurs sont des nombres (entiers ou décimaux). Pour affecter un nombre à une variable, il ne doit pas être encadré par des guillemets, sinon il faudra le convertir à l'aide de la fonction `Number()`.	`//------Déclaration`
			`var prixArticle:Number=70;`
			`var nbArticle:Number=2;`
			`var prixTotal:Number;`
			`//------Utilisation`
			`prixTotal= prixArticle+ nbArticle;`

Boolean	Booléens	Leurs valeurs sont soit `true` (vrai), soit `false` (faux). Ce type de variable peut être utilisé à la place d'une expression de condition (voir exemple ci-contre). À noter : de nombreuses propriétés d'objet sont des variables booléennes (`_visible`...). La valeur false peut aussi être le chiffre 0 et la valeur true le chiffre 1.	`//------Déclaration`
			`var etatDrapeau:Boolean=true;`
			`var interMusique:Boolean=false;`
			`//------Utilisation`
			`etatDrapeau:Boolean=false;//modif état variable`
			`if(etatDrapeau) {…}`

Variable numérique PHP et ActionScript

En PHP, il existe plusieurs types de variable numérique (entier, décimale, double précision) alors qu'en ActionScript, il n'en existe qu'un type. Par défaut, il correspond au type le plus précis et pourra donc être employé dans tous les cas de figure.

Comment connaître le type d'un élément ?

En cours de développement, vous aurez peut-être besoin de connaître le type d'un élément (variable, objet…) avant de l'exploiter. Dans ce cas, utilisez la fonction `typeof(nomElement)`, qui retourne le type de l'élément. En phase de mise au point d'un programme, vous pouvez intégrer provisoirement dans votre page l'instruction suivante : `trace (typeof(nomElement));`, qui affiche le type de la variable.

Par exemple, l'instruction de débogage suivante :

```
trace("Type de mesData_lv = "+typeof(mesData_lv));
```

affiche dans le panneau Sortie le message suivant :

```
Type de mesData_lv = object
```

Évaluation de variable

Comme PHP, ActionScript permet d'utiliser une variable en tant qu'identifiant d'une autre variable. Dans ce cas, il faut utiliser les crochets [et] pour délimiter l'expression qui sera préalablement évaluée avant que l'instruction finale ne soit exécutée. Les mots-clés this, _root, _parent ou encore l'identifiant d'un clip peuvent être utilisés selon que la variable ciblée se trouve dans le même scénario ou dans un scénario différent du script qui l'appelle.

Exemples des différentes solutions possibles :

```
monResultat = this[monIdentifiant];
monResultat = _root[monIdentifiant];
monResultat = _parent[monIdentifiant];
monResultat = monClip1[monIdentifiant];
/*dans les exemples ci-dessus la variable monIdentifiant a pour valeur l'identifiant de
➡la variable à affecter à monResultat.
Par exemple, si la variable monIdentifiant="monMessage" et monMessage="bonjour", la variable
➡monResultat aura pour valeur "bonjour" après l'une des quatre affectations.*/
```

Dans l'exemple ci-dessous, nous allons créer une variable (monIdentifiant) à laquelle nous allons affecter l'identifiant d'une autre variable (monMessage) préalablement initialisée avec la valeur "bonjour". Nous utiliserons la syntaxe à crochets pour évaluer le nom de la variable affectée à la variable finale monResultat. Au terme de ce script, la variable monResultat contiendra la valeur "bonjour".

```
var monMessage:String="bonjour";
var monIdentifiant:String="monMessage";
var monResultat = this[monIdentifiant];
trace(monResultat);//affiche bonjour
```

Imaginez maintenant que l'on désire afficher plusieurs types de message selon une variable numérique spécifique (modifiée dans une structure de boucle, par exemple). Il suffit de modifier légèrement notre premier script pour obtenir le résultat voulu, soit le script suivant :

```
var monIdentifiant:Number =0;//init de la variable monIdentifiant
var monMessage1:String="bonjour";
var monMessage2:String="à bientôt";
//--------------
monIdentifiant =1;
var monResultat = this["monMessage"+monIdentifiant];
trace(monResultat);//affiche bonjour
//--------------
monIdentifiant =2;
var monResultat = this["monMessage"+monIdentifiant];
trace(monResultat);//affiche à bientôt
```

Les constantes

On appelle constantes les identifiants qui contiennent des valeurs qui ne peuvent pas être modifiées. En général, les noms des constantes sont en majuscules. De nombreux objets disposent de constantes dans leurs propriétés. Par exemple, les constantes SPACE, BACKSPACE, TAB sont des propriétés de l'objet Key et font référence aux codes des différentes touches du clavier.

Les classes d'objets intégrés

Flash met à votre disposition de nombreux objets intégrés préconfigurés. Vous avez la possibilité de personnaliser certains d'entre eux (voir chapitre 14).

Les objets prêts à l'emploi vous permettent d'intégrer rapidement différentes fonctionnalités évoluées dans vos animations.

Avant de les utiliser, il faut créer une occurrence pour la plupart de ces objets. (Cette occurrence est aussi appelée instance. En pratique, l'occurrence de l'objet est souvent nommée « objet ».) Pour illustrer ce concept, sachez que lorsque vous placez un clip sur la scène, vous créez automatiquement une occurrence de l'objet originel MovieClip.

Cependant, pour la plupart des objets, il n'est pas possible de créer une occurrence par un simple glisser-déposer de l'objet originel. Il faut faire appel à la programmation en utilisant le mot-clé new suivi d'une fonction spécifique nommée constructeur. Celle-ci reprend en général le nom de l'objet originel (exemple : Color() ou encore Sound()).

Une fois créées, les occurrences d'objet disposent de caractéristiques que vous pouvez personnaliser (en programmation orientée objet, nous ne parlerons pas de caractéristiques mais de propriétés) et de fonctions qui permettent de réaliser des tâches spécifiques (en programmation orientée objet, nous ne parlerons pas de fonctions mais de méthodes).

Ces occurrences d'objets sont organisées en classes correspondant à des ensembles d'objets ayant des propriétés et des méthodes communes (les classes d'objet correspondent en quelque sorte à ce que nous appelions jusqu'à présent l'objet originel). Chaque occurrence d'objet appartient à une classe précise qui permet d'utiliser des méthodes particulières, de configurer des propriétés spécifiques et quelquefois d'utiliser des constantes prédéfinies. Chacune peut être personnalisée (aspect ou fonctionnalités différents, par exemple) tout en disposant des propriétés et des méthodes propres à la classe dont elle est issue.

À noter

Pour des raisons historiques, le caractère « _ » est utilisé en préfixe des noms des propriétés apparues avec ActionScript 1.0 (exemple : _visible, _rotation...). Les noms des propriétés plus récentes ne suivent plus cette convention de nommage (exemple : length, enabled...). Avec ou sans préfixe « _ », toutes les propriétés peuvent être utilisées de la même manière.

Voici une petite sélection des nombreuses classes d'objets intégrés de Flash que nous avons regroupées par familles afin d'illustrer le fonctionnement des classes. De même, le nombre de méthodes et de propriétés étant souvent très important, nous n'en indiquons que quelques-uns à titre d'exemple.

Si vous désirez connaître d'autres classes ou leurs propriétés et méthodes associées, consultez le dictionnaire ActionScript ou utilisez l'assistant d'édition du panneau Actions (cliquez sur le bouton + et sélectionnez Classes intégrées dans les options du menu).

Les classes des variables

Les variables `Number`, `String` et `Boolean` que nous avons déjà présentées peuvent, elles aussi, être traitées comme des objets. En effet, elles disposent aussi d'une syntaxe de création utilisant un constructeur qui peut être utilisée comme solution alternative au mode de déclaration déjà présenté. Cependant, en pratique le résultat étant le même, il est rare d'utiliser le constructeur, dont la syntaxe est plus compliquée, pour déclarer une simple variable.

Tableau 7-3. Syntaxe de la classe Number

Classe Number
Permet de créer une occurrence de la classe d'objet `Number` équivalente à la déclaration d'une variable numérique. Dans ce cas, la valeur d'initialisation est passée en argument dans le constructeur.
Syntaxe de création d'une occurrence : `var nomVar:Number = new Number(valeur);`
Méthodes : `toString, valueOf`

Exemples de création d'occurrence et d'utilisation des propriétés et des méthodes :
`var prixArticle:Number = new Number(70); //création d'une occurrence`
`var prixArticle:Number=70; //alternative à la syntaxe précédente`

Tableau 7-4. Syntaxe de la classe String

Classe String
Permet de créer une occurrence de la classe d'objet `String` équivalente à la déclaration d'une variable chaîne de caractères. Dans ce cas, la valeur du texte d'initialisation est passée entre guillemets en argument dans le constructeur.
Syntaxe de création d'une occurrence : `var nomVar:String = new String(valeur);`
Méthodes : concat, joint, pop, reverse, shift, slice, sort, sortOn, splice, toString, unShift
Propriétés : `length`

Exemples de création d'occurrence et d'utilisation des propriétés et des méthodes :
`var monNom:String = new String("Defrance");//création d'une occurrence avec init.`
`var monNom:String = "Defrance"; //alternative à la syntaxe précédente`
`trace(monNom.length);//affiche le chiffre 8 (car la chaîne comporte 8 caractères)`
`trace(monNom.conca(" Jean-Marie"));//affiche "Defrance Jean-Marie"`

Tableau 7-5. Syntaxe de la classe Boolean

Classe Boolean
Permet de créer une occurrence de la classe d'objet Boolean équivalente à la déclaration d'une variable booléenne. Dans ce cas, la valeur de l'état d'initialisation est passée en argument dans le constructeur.
Syntaxe de création d'une occurrence : `var nomVar:Boolean = new Boolean(valeur);`
Méthodes : `toString, valueOf`

Exemples de création d'occurrence et d'utilisation des propriétés et des méthodes :
`var monEtat:Boolean = new Boolean(true);//création d'une occurrence avec init. à true`
`var monEtat:Bolean = true; //alternative à la syntaxe précédente`
`monEtat=false;//force la valeur à false`
`trace(monEtat.valueOf());//affiche false dans le panneau Sortie`
`monEtat = (10<20);//à l'issue du test, la variable sera égale à true car 10 est inférieur à 20`
`trace(monEtat.valueOf());//affiche la nouvelle valeur, soit true, dans le panneau Sortie`

Les classes graphiques

Lorsque vous créez un bouton, un clip ou un champ texte sur la scène par le biais de l'interface de Flash, vous créez automatiquement une occurrence de ces objets. Comme tous les autres objets, ils possèdent des propriétés et des méthodes qui permettent de les contrôler et de les personnaliser (couleur, position, dimension, etc.). Nous avons regroupé ces trois objets sous le nom d'objets graphiques afin de les différencier des classes d'objets traditionnelles qui ne peuvent être créées qu'à l'aide de leur constructeur.

À noter
Ces classes graphiques ne possèdent pas de constructeur car leurs occurrences sont créées en mode visuel par le biais de l'interface Flash (sauf pour les champs dynamiques de l'objet TextField).

Tableau 7-6. Syntaxe de la classe MovieClip

Classe MovieClip
La classe MovieClip est la plus importante dans Flash car elle permet de créer des clips. Pour créer une occurrence de la classe d'objet MovieClip, vous devez utiliser l'interface visuelle de Flash (par exemple, en déplaçant sur la scène, par un simple glisser-déposer, une occurrence d'un clip depuis la bibliothèque ou en convertissant un dessin en symbole de comportement clip).
Suffixe de nom d'occurrence : `_mc`
Exemples de méthodes (liste non exhaustive) : `AttachMovie, createEmptyMovieClip, duplicateMovieClip, loadMovie, gestURL, play, stop…`

Tableau 7-6. Syntaxe de la classe MovieClip *(suite)*

Classe MovieClip

Exemples de propriétés (liste non exhaustive) :
`_alpha, _rotation, _visible, _width, _height, _x, _y, menu...`
Exemples d'utilisation des propriétés et des méthodes :
```
/* une occurrence de la classe MovieClip nommée monClip1_mc a été créée
 au préalable à l'aide de l'interface de Flash */
monClip1_mc._xscale=50;//diminue la largeur du clip de 50%
monClip1_mc.duplicateMovieClip("monClip2_mc");//crée un second clip nommé monClip2
monClip2_mc._x=200;//déplace le clip créé de 200 pixels à droite
```

Tableau 7-7. Syntaxe de la classe Button

Classe Button

La classe `Button` permet de créer des boutons. Les boutons sont dotés par défaut de quatre états prédéfinis qui réagissent à certains événements de la souris.

Pour créer une occurrence de la classe d'objet Button vous devez utiliser l'interface visuelle de Flash (par exemple, en déplaçant sur la scène, par un simple glisser-déposer, une occurrence d'un bouton depuis la bibliothèque ou en convertissant un dessin en symbole de comportement bouton).

Suffixe de nom d'occurrence :
`_btn`

Méthode :
`getDepth`

Exemples de propriétés (liste non exhaustive) :
`_alpha, _rotation, _visible, _width, _height, _x, _y, menu...`

Exemples d'utilisation des propriétés et des méthodes :
```
/* une occurrence de la classe Button nommée monBouton1_btn
```
a été créée au préalable à l'aide de l'interface de Flash */
```
monBouton1_btn._alpha=20;//règle l'alpha du bouton à 20%
monBouton1_btn._rotation=45;//positionne le bouton à 45˚
```

Tableau 7-8. Syntaxe de la classe TextField

Classe TextField

La classe `TextField` permet de créer des champs texte statiques, dynamiques ou de saisie. Pour créer une occurrence de la classe d'objet `TextField`, vous pouvez utiliser l'interface visuelle de Flash (par exemple, en créant un champ texte sur la scène en utilisant l'outil Texte) ou la méthode `createTextField()` pour créer un champ dynamique.

Suffixe de nom d'occurrence :
`_txt`

Tableau 7-8. Syntaxe de la classe TextField *(suite)*

Classe TextField
Exemples de méthodes (liste non exhaustive) :   `getDepth, addListener, removeListener, replaceText, setTextFormat...`
Exemples de propriétés (liste non exhaustive) :   `Align, height, scaleMode, showMenu, witdth...`

Exemples d'utilisation des propriétés et des méthodes :
 `/* une occurrence de la classe TextField nommée monChamp1_txt a été créée.`
 `sur la scène au préalable à l'aide de l'interface de Flash.`
 `(à noter : l'affichage de la bordure a été validé dans le panneau Propriétés)*/`
 `root.createTextField("monChamp2_txt",0,10,10,200,20);//alternative pour créer un champ dynamiquement.`
 `monChamp2_txt.text="Bonjour";//initialisation du texte du champ précédemment créé`
 `trace(monChamp1_txt.text);//affiche le texte du champ dans le panneau Sortie`
 `monChamp1_txt.textColor=0x00FF00;//change la couleur du texte du champ en vert`
 `monChamp1_txt.backgroundColor=0x0000FF;//modifie la couleur du fond du champ en bleu`

Les classes programmées

Pour créer des animations interactives, Flash met à votre disposition de nombreuses classes qui permettent de créer dynamiquement des objets. Nous avons regroupé sous le nom de classes programmées toutes celles qui donnent naissance à des occurrences en utilisant leur méthode constructeur. Elles sont très nombreuses et en voici une petite sélection.

Tableau 7-9. Syntaxe de la classe Array

Classe Array
Un objet tableau de variables (`Array`) permet de regrouper sous une même étiquette une série d'éléments ayant des liens communs. Il y a deux solutions pour créer une occurrence de tableau : avec le constructeur `Array()` ou à l'aide de l'opérateur d'accès tableau `[]`. Pour accéder aux valeurs du tableau, il faut utiliser l'opérateur d'accès tableau `[]`. Les méthodes de la classe `Array` permettent, entre autres, d'ajouter, de modifier ou encore de trier les éléments du tableau.
Suffixe de nom d'occurrence :   `_array`

Syntaxe de création d'une occurrence :
 `var nomTab:Array= new Array(element1, element2, …);//création avec le constructeur`
 `var nomTab:Array= [element1, element2, …];//syntaxe alternative de création d'un tableau`
 Il est également possible de créer un tableau vide en précisant simplement le nombre d'éléments en paramètre :
 `var nomTab:Array= new Array(3);//création d'un tableau de trois élément non initialisés`

Exemples de méthodes (liste non exhaustive) :   `concat, join, pop, push, reverse, sort, splice…`

Tableau 7-9. Syntaxe de la classe Array *(suite)*

Classe Array
Propriété : `length`

Exemples de création d'occurrence et d'utilisation des propriétés et des méthodes :
<pre>var mesAmis1_array:Array= new Array("Jean","Paul","Marie");
//création avec le constructeur d'un tableau regroupant le nom d'amis
trace(mesAmis1_array.length);
// affiche le nombre d'éléments du tableau (3)
trace(mesAmis1_array.join(", "));
//affiche les différents éléments du tableau séparés par une virgule
trace(mesAmis1_array[1]);
//affiche le deuxième élément du tableau soit "Paul"
mesAmis1_array.push("Alain");
//ajoute au tableau un quatrième élément initialisé avec la valeur "Alain"
var monMeilleurAmi:String= mesAmis1_array[0];
//permet de copier une valeur d'un élément de tableau dans une variable de type chaîne de caractères
mesAmis1_array.sort();
//trie par ordre alphabétique des éléments du tableau</pre>

Tableau 7-10. Syntaxe de la classe Date

Classe Date
Un objet Date permet d'accéder à l'heure en cours et de spécifier le jour, la semaine, le mois ou l'année. Pour créer une occurrence de tableau, il faut utiliser le constructeur `Date()`. Si aucun paramètre n'est précisé, l'occurrence créée renvoie l'heure du système d'exploitation sur lequel Flash Player est exécuté. Pour connaître le jour, la semaine, le mois ou l'année en cours, il faut ensuite utiliser les méthodes de la classe.
Suffixe de nom d'occurrence : `_date`

Syntaxe de création d'une occurrence :
`var nomDate:Date= new Date (année, mois [, date [, heure [, minute [, seconde [, milliseconde ]]]]]);`
`//création avec le constructeur`
Seuls les paramètres année et mois sont obligatoires.
Année : une valeur entre 0 et 99 indique une année entre 1900 et 1999. Pour les années à partir de 2000, les quatre chiffres de l'année doivent être spécifiés (exemple : 2004).
Mois : un entier compris entre 0 (janvier) et 11 (décembre).
Date : un entier compris entre 1 et 31.
Heure : un entier compris entre 0 (minuit) et 23 (23 h 00).
Minute : un entier compris entre 0 et 59.
Seconde : un entier compris entre 0 et 59.
milliseconde : un entier compris entre 0 et 999.

Tableau 7-10. Syntaxe de la classe Date *(suite)*

Classe Date
Exemples de méthodes (liste non exhaustive) : getDate, gestFullYear, getHours, getMinutes, getMonth, setDate...

Exemples de création d'occurrence et d'utilisation des propriétés et des méthodes :
actuellement_date = new Date();
//création avec le constructeur d'une occurrence retournant l'heure actuelle
trace(actuellement_date.getMonth() + 1);
// affiche le numéro du mois actuel (exemple : 4 + 1 = 5 pour le mois de mai)
/* attention, hormis les numéros des dates, du jour et des années, les autres numéros étant incrémentés à partir du chiffre 0, il faut ajouter une unité pour compenser cette particularité (exemple pour le mois : getMonth() renvoie 4 donc il faut faire l'opération 4 + 1 pour afficher le chiffre 5 du mois de mai). */
trace(actuellement_date.getDate());
// affiche le numéro du jour (exemple : 25 pour le 25 mai)
trace(actuellement_date.getFullYear());
// affiche le numéro de l'année (exemple : 2004 pour l'année 2004)
dateNaissance_date = new Date (60, 4, 18);
//initialise une occurrence Date avec une date précise : 18 mai 1960.
/* attention : pour les années antérieures à 2000, seuls les deux derniers chiffres sont nécessaires (exemple : 60 pour 1960) alors que pour les années à partir de 2000, il convient de préciser quatre chiffres (exemple : 2004) */

Tableau 7-11. Syntaxe de la classe XML

Classe XML
Un objet XML est utilisé pour charger, analyser, envoyer, construire et manipuler des arborescences de documents XML. Pour créer une occurrence de la classe XML, il faut utiliser le constructeur XML(). Si aucun paramètre n'est passé dans les parenthèses, l'objet sera créé vide. À l'inverse, si le document XML ou la variable dans lequel il a été préalablement enregistré est passé en paramètre, l'objet XML sera créé et initialisé avec le document XML indiqué.
Suffixe de nom d'occurrence : _xml
Syntaxe de création d'une occurrence : var nomXml:XML= new XML(docXml);//création avec le constructeur
Exemples de méthodes (liste non exhaustive) : appendChild, cloneNode, createElement, load, send, insertBefore, parseXML, …
Exemples de propriétés (liste non exhaustive) : attributes, childNodes, firtChild, lastChild, loaded, nextSibling, nodeName...

Tableau 7-11. Syntaxe de la classe XML *(suite)*

Classe XML

Exemples de création d'occurrence et d'utilisation des propriétés et des méthodes :

```
var mesEnfants_xml:XML = new XML();
//création d'une occurrence d'objet XML vide
var mesEnfants_xml:XML = new XML("<root><enfant>Mélanie</enfant><enfant>Claire</enfant>");
//création d'une occurrence d'objet XML avec un document XML source
trace(mesEnfants_xml.childNodes);
//les lignes suivantes clonent le document XML et le copient dans un autre objet
mesEnfantsCopie = new XML();
copieNoeud = mesEnfants_xml.lastChild.cloneNode(true);
mesEnfantsCopie.appendChild(copieNoeud);
trace(mesEnfantsCopie.childNodes);
```

Tableau 7-12. Syntaxe de la classe LoadVars

Classe LoadVars

Un objet `LoadVars` permet de transférer des variables entre un serveur et une application Flash. Les méthodes de cette classe permettent, par exemple, de vérifier que le chargement des données a réussi, d'obtenir les indications de prog ression ou encore les données de flux pendant le téléchargement. Pour créer une occurrence de tableau, il faut utiliser le constructeur `LoadVars()`. Si aucun paramètre n'est passé dans les parenthèses, l'objet sera créé vide (il est cependant possible par la suite de lui affecter des éléments directement dans le code avec par exemple : `mesData_lv.var1=80;`). À l'inverse, si l'URL à laquelle se trouve le fichier à télécharger est passée en paramètre, l'objet `LoadVars` sera créé et initialisé avec les couples variable/valeur du fichier source (exemple de contenu d'un fichier source : `var1=10&var2=40`).

Suffixe de nom d'occurrence :
`_lv`

Syntaxe de création d'une occurrence :
`var nomData:LoadVars= new LoadVars(url);//création avec le constructeur`
Attention : le paramètre de l'URL doit cibler un fichier placé sur le même domaine que le document Flash qui l'appelle (e xemple : *http://www.phpmx.com/fichierData.txt* si le document Flash se trouve à la racine de ce site).

Exemples de méthodes (liste non exhaustive) :
`getBytesLoaded, getBytesTotal, load, send, sendAndLoad…`

Propriétés :
contentType, loaded

Tableau 7-12. Syntaxe de la classe LoadVars *(suite)*

Classe LoadVars

Exemples de création d'occurrence et d'utilisation des propriétés et des méthodes :

```
/* Dans l'exemple ci-dessous, on suppose qu'un fichier nommé fichierData.txt a préalablement été créé
dans le même répertoire que le document Flash et qu'il contient les couples variables/valeurs suivants :
var1=10&var2=40
*/
function chargementData(){
    trace("ok, les données sont chargées");
    trace("var1="+mesData_lv.var1);
    trace("var2="+mesData_lv.var2);
}
var mesData_lv:LoadVars=new LoadVars();
//création de l'objet mesData_lv
mesData_lv.onLoad=chargementData;
//appel de la fonction chargementData conditionné par la fin du chargement signalé par onLoad
mesData_lv.load("fichierData.txt");
//utilisation de la méthode load pour télécharger les données du fichier fichierData.txt

/*
Après l'exécution du script les informations ci-dessous seront affichées dans le panneau Sortie :
ok, les données sont chargées
var1=10
var2=40
*/
```

Les membres de classe

Les membres de classe (appelés aussi membres statiques ou encore classes de haut niveau) se caractérisent par le fait qu'il est impossible d'en créer une occurrence. En effet, ces classes représentent et contrôlent les fonctions de haut niveau d'une animation (comme la classe Mouse, la classe Math ou encore la classe Stage) avec lesquelles il faut exclusivement utiliser les méthodes et propriétés de la classe et non celles de ses occurrences (vous pouvez donc accéder à ces propriétés et à ces méthodes sans utiliser de constructeur).

Par exemple, toutes les propriétés de la classe Math sont statiques. Si vous désirez l'exploiter pour connaître le plus grand d'entre deux nombres, il vous faut utiliser la méthode max() appliquée directement à la classe Math :

```
var MonResultat:Number = Math.max(2,4);
```

Tableau 7-13. Syntaxe de la classe Mouse

Classe Mouse

La classe Mouse contrôle la visibilité du curseur et permet de masquer ou d'afficher le pointeur de la souris. Vous pouvez, par exemple, le masquer et implémenter un pointeur personnalisé en le remplaçant par un clip particulier comme dans l'exemple ci-dessous.

Exemples de méthodes (liste non exhaustive) :
hide, addListener, removeListener, show

Exemples d'utilisation des propriétés et des méthodes (pointeur personnalisé) :

```
/* Dans l'exemple ci-dessous, on suppose qu'un clip nommé clipCurseur_mc a été préalablement créé sur
la scène et que le code ci-dessous a été ajouté dans l'image 1 du scénario de ce même clip */
onClipEvent (enterFrame) {
 Mouse.hide();
 _root.clipCurseur_mc._x = _root._xmouse;
 _root.clipCurseur_mc._y = _root._ymouse;
}
```

Tableau 7-14. Syntaxe de la classe Math

Classe Math

Les méthodes de la classe Math permettent d'effectuer de nombreux calculs. De même, ses propriétés intègrent de nombreuses constantes fréquemment utilisées dans les formules de calcul de Flash.

Exemples de méthodes (liste non exhaustive) :
abs, acos, asin, cos, sin, log, max, min, random, round...

Exemples de propriétés (liste non exhaustive) :
E, LN2, LOG2E, LOG10E, SQRT2, PI...

Exemples d'utilisation des propriétés et des méthodes :

```
Math.floor(12.5);
//renvoie le nombre entier directement inférieur ou égal à la valeur 12,5 soit 12
Math.pow(5, 3);
//renvoie le nombre 5 élevé à la puissance 3
```

Tableau 7-15. Syntaxe de la classe Stage

Classe Stage

La classe Stage permet d'accéder aux informations sur les limites d'une animation Flash et de les manipuler. Vous pouvez par exemple détecter le redimensionnement d'une animation par l'utilisateur afin de déclencher un script spécifique comme dans l'exemple ci-dessous.

Méthodes :
addListener, removeListener

Tableau 7-15. Syntaxe de la classe Stage *(suite)*

Classe Stage
Propriétés : `align, height, scaleMode, showMenu, witdth`

Exemples d'utilisation des propriétés et des méthodes (détection d'un redimensionnement) :
 	
``
monEcouteur = new Object();
//création d'un objet d'écoute
monEcouteur.onResize = function () {
  //script spécifique
  //déclenché en cas de redimensionnement de l'animation SWF
  }
Stage.scaleMode = "noScale";
//configuration de la propriété de Stage
Stage.addListener(monEcouteur);
//utilisation de la méthode de Stage pour ajouter un écouteur
``

Tableau 7-16. Syntaxe de la classe Key

Classe Key
La classe Key permet de déterminer l'état des touches clavier. Vous pouvez, par exemple, détecter si une touche spécifique est enfoncée afin de déclencher un script spécifique comme dans l'exemple ci-dessous.
Exemples de méthodes (liste non exhaustive) : `addListener, removeListener, hide, show...`
Exemples de propriétés (liste non exhaustive) : `BACKSPACE, ESCAPE, SPACE, TAB, CAPSLOCK...`

Exemples d'utilisation des propriétés et des méthodes (détection d'une touche enfoncée) :
 	
``
if(Key.getCode() == Key.ENTER) {
 alert = "Voulez-vous commencer l'animation ?";
 controlMC.gotoAndStop(2);
}
``

Les opérateurs

Les opérateurs permettent de lier des variables ou des expressions entre elles. Le langage ActionScript dispose d'un grand nombre d'opérateurs et nous vous proposons d'en découvrir quelques-uns que nous avons classés dans différentes familles selon les fonctions réalisées ou les expressions avec lesquelles on peut les employer (affectation, arithmétique, comparaison, logique ou de chaîne). Si vous désirez vous informer sur les caractéristiques d'autres opérateurs, reportez-vous au dictionnaire d'ActionScript (dans l'aide en ligne) rubrique Opérateurs, où la liste exhaustive des opérateurs et de leurs propriétés est disponible.

Opérateurs d'affectation

L'opérateur d'affectation est le plus courant. On peut aussi l'utiliser sous une forme compacte intégrant une opération arithmétique puis une affectation.

Tableau 7-17. Opérateurs d'affectation

Symbole	Définition
=	Affectation de base
+=	Addition puis affectation
-=	Soustraction puis affectation
*=	Multiplication puis affectation
/=	Division puis affectation
%=	Modulo puis affectation

L'opérateur d'affectation de base permet d'attribuer une valeur issue d'une expression. Les autres opérateurs d'affectation permettent en plus de réaliser des opérations arithmétiques d'une manière très compacte :

```
maVar1=0;//affectation de base (initialisation de maVar1 à 0)
trace("maVar1="+maVar1);
maVar1+=2;//ici maVar1 vaut 2 (0 + 2)
trace("maVar1="+maVar1);
maVar1+=14;//et maintenant maVar1 vaut 16 (2 + 14)
trace("maVar1="+maVar1);
```

Opérateurs arithmétiques

Lorsqu'on gère des variables de type numérique, des opérateurs arithmétiques permettent de réaliser toutes les opérations mathématiques standards.

À noter

Afin de forcer la priorité d'exécution d'une opération, utilisez les parenthèses pour encadrer l'expression à exécuter en premier.

ActionScript fournit des opérateurs spécifiques (++ et --) pour l'incrémentation et la décrémentation (addition ou soustraction d'une unité), souvent utilisées en programmation.

Tableau 7-18. Les opérateurs arithmétiques permettent d'appliquer tout type d'opération mathématique à des variables de type numérique

Symbole	Définition
+	Addition
-	Soustraction
/	Division
*	Multiplication
%	Modulo : l'expression maVar1 % 5 retourne le reste de la division de maVar par 5
++	Incrémentation (exemple : maVar++)
--	Décrémentation (exemple : maVar--)

Voici quelques exemples :

```
maVar1=5+2;//addition de deux valeurs numériques
trace("maVar1="+maVar1);//affiche 7 dans le panneau Sortie
maVar2=2+maVar1;// addition d'une valeur numérique et d'une variable
trace("maVar2="+maVar2);//affiche 9 dans le panneau Sortie
//--------------------------------
maVar5=14;
maVar4= maVar5%5; //14 modulo 5 est égal à 4 (14/5 = 2 et reste 4)
trace("maVar4="+maVar4);//affiche 4 dans le panneau Sortie
//--------------------------------
maVar3=(maVar2+ maVar1)/2;
//utilisation des parenthèses pour forcer les priorités des opérateurs
trace("maVar3="+maVar3);//affiche 8 dans le panneau Sortie
maVar3++; //après cette incrémentation, la variable est égale à "maVar3+1"
trace("maVar3="+maVar3);//affiche 9 dans le panneau Sortie
```

Opérateurs de comparaison

Les opérateurs de comparaison sont utilisés dans les expressions de condition des structures de programme, ou encore avec l'opérateur ternaire présenté ci-après. Ils permettent de comparer deux expressions. L'expression résultant de cette comparaison est égale à true (vrai) lorsque la condition à contrôler est vérifiée ou à false (faux) dans le cas contraire.

Tableau 7-19. Opérateurs de comparaison

Symbole	Définition
==	Égal
===	Égal strict (la valeur et le type doivent être identiques)
<	Inférieur strict
>	Supérieur strict

Tableau 7-19. Opérateurs de comparaison *(suite)*

Symbole	Définition
<=	Inférieur ou égal
>=	Supérieur ou égal
!=	Différent
!==	Différent strict (opérateur inverse de ===)

L'opérateur de comparaison permet d'élaborer des expressions de condition que vous pouvez utiliser dans les instructions de structure de programme (if, while, for...).

Voici quelques exemples d'utilisation d'expressions de condition :

```
maVar1=5; //initialise la variable pour le test
maVar2=(maVar1==5);// attention il y a deux signes "="
/*teste si maVar1 est égale à 5. Après l'évaluation de cette expression de condition,
➡la variable maVar2 prend la valeur "true" dans le cas présent et devient donc une variable
➡de type booléen.*/
trace("maVar2="+ maVar2);//affiche maVar2=true
//---------------------------------
maVar3=(maVar1>2) //teste l'expression de condition
trace("maVar3="+ maVar3);//affiche maVar3=true
//---------------------------------
var maVar1:String="5";
var maVar2:Number=5;
monResultat=(maVar1==maVar2);
monResultatStrict=(maVar1===maVar2);
trace("monResultat="+monResultat);//affiche monResultat=true
trace("monResultatStrict="+monResultatStrict);//affiche monResultatStrict=false
//utilisation et comparaison d'un opérateur d'égalité stricte
```

Opérateur ternaire

L'opérateur ternaire permet de tester rapidement une expression de condition et d'effectuer une action spécifique selon le résultat du test. C'est une instruction très compacte. Nous verrons plus loin qu'il est également possible d'utiliser les structures de choix (avec les instructions if et else) pour réaliser la même action. Dans ce cas, la syntaxe est moins compacte.

Tableau 7-20. Opérateur de choix ternaire

Syntaxe
[expression de condition]?[expression effectuée si vrai]:[expression effectuée si faux]
Exemple: (maVar1>2)?(maVar3="oui"):(maVar3="non") Dans le cas où maVar1 est supérieure à 2, oui est affecté à maVar3, sinon c'est non.

L'opérateur ternaire permet de réaliser une petite structure de choix équivalant à l'utilisation de if et else :

```
maLangue="fr";
monAccueil=(maLangue=="fr")?"bonjour":"hello";
trace("monAccueil ="+ monAccueil);//affiche monAccueil = "bonjour"
```

Opérateurs binaires

Les opérateurs binaires agissent au niveau du bit (0 ou 1) et non au niveau de la valeur numérique. Ils servent à manipuler des données à l'aide d'opérations de décalage d'un certain nombre de bits à droite ou à gauche et d'opérateurs logiques agissant au niveau du bit.

Tableau 7-21. Opérateurs binaires

Symbole	Définition
&	AND au niveau du bit
&=	Affectation AND au niveau du bit
^	XOR au niveau du bit
^=	Affectation XOR au niveau du bit
|	OR au niveau du bit
|=	Affectation OR au niveau du bit
~	NOT au niveau du bit
<<	Décalage gauche au niveau du bit
<<=	Décalage gauche au niveau du bit et affectation
>>	Décalage droit au niveau du bit
>>=	Décalage droit au niveau du bit et affectation
>>>	Décalage droit non signé au niveau du bit
>>>=	Décalage droit non signé au niveau du bit et affectation

Dans l'exemple suivant, l'entier 1 est décalé de 10 bits vers la gauche.

```
maVarBinaire = 1 << 10 ;
```

Le résultat de cette opération est maVarBinaire = 1 024. En effet, la valeur 1 en décimal est égale à 0000000001 en binaire. Si l'on décale cette valeur de 10 bits sur la gauche, on obtient la valeur 10 000 000 000, qui correspond à la valeur 1 024 en décimal.

Opérateurs logiques

Les opérateurs logiques permettent de composer des expressions de condition complexes à partir de variables booléennes ou d'autres expressions de condition. Ici aussi, vous pouvez utiliser les parenthèses pour forcer les priorités entre les opérateurs ou simplement pour améliorer la lisibilité du code en encadrant les expressions de condition.

Tableau 7-22. Opérateurs logiques

Symbole	Exemple	Fonction	Définition
&&	maVar1 && maVar2	ET	Renvoie true (vrai) si les deux variables maVar1 ET maVar2 sont true.
||	maVar1 || maVar2	OU	Renvoie true (vrai) si au moins l'une des deux variables maVar1 ou maVar2 est true.
!	!maVar1	Négation	Renvoie la négation de maVar1.

L'opérateur logique permet de relier logiquement deux expressions booléennes.

À noter

Pour insérer le symbole logique OU (||), utilisez la combinaison de touches Alt Gr + 6.

Voici deux exemples :

```
If((maVar1>2) && (maVar1<5))
{
trace("la variable maVar1 est plus grande que 2 mais inférieure à 5");
}
//-----------------------------
if((maVar1=="Jean") || (maVar1=="Fred") || (maVar1=="Marie"))
{
trace("la variable maVar1 est Jean, Fred ou Marie");
}
```

Opérateurs de concaténation

L'opérateur de concaténation est souvent utilisé pour former des expressions à partir d'éléments de différents types (variable avec du texte, par exemple) ou à partir d'autres expressions. L'opérateur utilisé pour relier ces expressions est le signe plus (+).

À noter

Comme l'opérateur + est aussi utilisé pour les opérations arithmétiques, la concaténation ne sera effectuée que si l'un des éléments à concaténer est une chaîne de caractères (voir les exemples ci-dessous).

Tableau 7-23. Opérateur de concaténation

Syntaxe
Forme normale : [expression 3]=[expression 1]+[expression 2] ;
Légende :   [xxx] : le code xxx est facultatif Attention ! vous ne devez surtout pas saisir les crochets [et] dans le code.
Exemple : maVar2=maVar1+"euros" ; // si maVar1 est égale à 50, alors maVar2 est égale à "50 euros"

L'opérateur de concaténation permet de regrouper deux ou plusieurs expressions (si au moins l'une d'entre elles est une chaîne de caractères) et d'affecter ce résultat à l'expression de gauche. Comme pour les opérateurs arithmétiques, il existe une forme compacte pour affecter une concaténation (voir le second exemple ci-dessous). Cette forme est fréquemment utilisée pour cumuler différentes expressions dans une même variable :

```
maVar1="Jean";
maVar2="Fred";
maVar3=maVar1+" et "+maVar2;
trace("maVar3="+maVar3);//affiche maVar3=Jean et Fred
//------------------------------
maVar3="Bonjour";
maVar3+=maVar1;
maVar3 +=" et ";
maVar3+=maVar2;
trace("maVar3="+maVar3);//affiche maVar3=Bonjour Jean et Fred
```

Les fonctions intégrées

Les méthodes des classes d'objets intégrés présentées précédemment sont des fonctions particulières qui ne peuvent être appliquées qu'à certaines classes.

Rappel

Pour relier ces méthodes aux objets de la classe correspondante, il faut utiliser la syntaxe pointée (exemple : `objetDate.getMonth()` ou `objetArray.push("Alain")`).

Flash propose également des fonctions traditionnelles qui ne sont pas liées à des objets particuliers. Elles peuvent être appelées directement (sans syntaxe pointée) depuis n'importe quel scénario (comme la fonction `trace()` que nous utilisons depuis le début de ce chapitre pour afficher des informations dans le panneau Sortie). Ces fonctions sont regroupées sous différentes rubriques dans le menu du panneau Actions. Nous vous en présentons quelques-unes ci-dessous, classées selon ces rubriques. Vous pouvez accéder à toutes les fonctions intégrées de Flash en consultant le dictionnaire ActionScript ou en utilisant l'assistant d'édition du panneau Actions (cliquez sur le bouton + et sélectionnez Fonctions globales dans les options du menu).

Fonctions ActionScript d'impression

Tableau 7.24. Fonctions ActionScript d'impression

Syntaxe	Description
`print(cible, "régionDimpression")`	Imprime le clip cible en fonction des limites spécifiées dans le paramètre `région-Dimpression` (bmovie, bmax ou bframe).
`print(niveau, "régionDimpression")`	Imprime le niveau en fonction des limites spécifiées dans le paramètre régionDimpression (bmovie, bmax ou bframe).
`printAsBitmap (cible, "régionDimpression")`	Imprime le clip cible en tant que bitmap en fonction des limites spécifiées dans le paramètre régionDimpression (bmovie, bmax ou bframe).
`printAsBitmapNum (cible, "régionDimpression")`	Imprime le niveau en tant que bitmap en fonction des limites spécifiées dans le paramètre régionDimpression (bmovie, bmax ou bframe).

Fonctions ActionScript diverses

Tableau 7.25. Fonctions ActionScript diverses

Syntaxe	Description
`getTimer()`	Renvoie le nombre de millisecondes écoulées depuis le démarrage de la lecture du fichier SWF.
`getVersion()`	Renvoie une chaîne contenant la version de Flash Player et les informations de plate-forme.
`escape(expression)`	Convertit le paramètre expression en une chaîne et l'encode dans un format d'URL où tous les caractères non alphanumériques sont échappés avec des séquences hexadécimales.
`unescape(x)`	Évalue le paramètre x comme une chaîne, décode la chaîne d'un format de code URL (convertit toutes les séquences hexadécimales en caractères ASCII) et renvoie la chaîne.
`setInterval(NomDeFonction, intervalle [, param1, …])`	Appelle une fonction, une méthode ou un objet à intervalles périodiques pendant la lecture d'un fichier SWF. Vous pouvez utiliser une fonction d'intervalle pour mettre à jour des variables d'une base de données ou mettre à jour un temps affiché. Description des paramètres de la fonction : NomDeFonction : un nom de fonction ou une référence à une fonction anonyme. intervalle : le temps qui s'écoule entre les appels du paramètre en millisecondes. param1, … : paramètres facultatifs transmis à la fonction ou au paramètre NomDeMéthode.
`clearInterval(IDsetInterval)`	Annule un appel à `setInterval()`. Le paramètre `IDsetInterval` permet de préciser l'appel `setInterval` qui doit être arrêté.
`trace(expression)`	Évalue l'expression passée en argument et affiche les résultats dans le panneau Sortie en mode test. Cette action est souvent utilisée pour afficher des messages dans le panneau Sortie pendant le test d'une animation. Utilisez le paramètre expression pour vérifier si une condition existe ou pour afficher les valeurs dans le panneau Sortie.

Fonctions ActionScript mathématiques

Tableau 7.26. Fonctions ActionScript mathématiques

Syntaxe	Description
isFinite(expression)	Évalue expression et renvoie true s'il s'agit d'un nombre fini et false s'il s'agit d'infini ou d'infini négatif. La présence d'infini, ou d'infini négatif, indique une condition d'erreur mathématique (une division par 0, par exemple).
isNaN(expression)	Évalue expression et renvoie true si la valeur n'est pas un nombre (NaN), ce qui indique la présence d'erreurs mathématiques.
parseInt(chaîne)	Convertit chaîne en entier. Si la chaîne spécifiée ne peut pas être convertie en un nombre, la fonction renvoie NaN. Les chaînes commençant par 0x sont interprétées comme des nombres hexadécimaux. Les entiers commençant par 0 ou spécifiant une base de 8 sont interprétés comme des nombres octaux. Les espaces précédant les entiers valides sont ignorés, tout comme les caractères non numériques à droite.
parseFloat(chaîne)	Convertit chaîne en nombre à virgule flottante. La fonction analyse et renvoie les nombres d'une chaîne jusqu'à ce qu'elle atteigne un caractère qui n'appartient pas au nombre initial. Si la chaîne ne commence pas par un nombre qui peut être analysé, parseFloat renvoie NaN. Les espaces précédant les entiers valides sont ignorés, tout comme les caractères non numériques à droite.

Fonctions ActionScript de conversion

Tableau 7.27. Fonctions ActionScript de conversion

Syntaxe	Description
Array([élément0 [, élément1, …]])	Convertit les éléments spécifiés en un tableau.
Boolean(expression)	Convertit expression en valeur booléenne ou renvoie une valeur selon le type de donnée de l'expression.
Number(expression)	Convertit expression en valeur numérique ou renvoie une valeur selon le type de donnée de l'expression.
Objet(expression)	Convertit expression en objet ou renvoie une valeur selon le type de donnée de l'expression.
String(expression)	Convertit expression en chaîne ou renvoie une valeur selon le type de donnée de l'expression.

Gestion des événements

Nous vous avons présenté les principaux éléments utilisés dans le code ActionScript et vous pouvez désormais écrire des instructions et réaliser de petits scripts.

Cependant, dans Flash, chaque script doit être déclenché par un événement (clic de la souris, appui sur une touche de clavier, apparition d'un clip sur la scène, déplacement de la tête de lecture sur une image spécifique…). Pour contrôler ces différents événements afin qu'ils exécutent un script, vous devrez placer le script sur une image précise d'un scénario (dans le cas des événements d'images) ou dans le bloc code d'un gestionnaires d'événements (dans le cas des événements de souris et de clips). Nous allons nous pencher sur les différentes solutions de gestion d'événements.

Événements d'images

La lecture d'une animation Flash est similaire au fonctionnement d'un magnétoscope dans lequel une tête de lecture parcourt une bande magnétique afin d'en lire le contenu puis l'affiche à l'écran. Dans le cas de Flash, le tête de lecture se déplace sur le scénario d'une animation (scénario principal ou celui d'un clip) et interprète son contenu d'une image à l'autre. Si l'image contient une simple animation de clip, celle-ci est transcrite par un mouvement du clip sur la scène ; de même, si l'image clé comporte un script, toutes ses instructions seront exécutés.

Les événements d'images sont souvent employés pour déclencher des actions à un moment donné du déroulement de l'animation et pour synchroniser son déclenchement avec l'apparition d'un élément sur la scène.

À noter

Dans la plupart des animations dynamiques, il est nécessaire d'initialiser de nombreuses variables dès le début de l'animation (initialisation de variables, déclaration de fonctions…). La tête de lecture se plaçant toujours sur la première image d'une animation, il est judicieux de placer les instructions d'initialisation dans l'image 1 du scénario principal afin qu'elles soient exécutées dès le lancement du projet.

En pratique, pour ajouter un script à une image clé d'un scénario, il faut d'abord sélectionner celle-ci dans le scénario puis ouvrir le panneau Actions afin d'y saisir le script qui sera déclenché lors du passage de la tête de lecture sur cette image.

À noter

Dès qu'un script est saisi dans le panneau Actions pour une image clé, un petit « a » est ajouté à l'icône de l'image dans le scénario.

Événements de souris : on()

Nous avons vu précédemment que les scripts d'événements d'images étaient associés à une image clé spécifique. Dans le cas des événements de souris, le gestionnaire d'événements doit être associé à une occurrence de bouton ou de clip spécifique (pour les clips, voir la remarque ci-après).

> **À noter**
>
> En pratique, pour mettre en place un gestionnaire d'événements, il faut d'abord sélectionner le bouton concerné sur la scène, puis ouvrir le panneau Actions afin d'y ajouter le gestionnaire d'événements puis le script en rapport.
>
> Dans le panneau Actions, il est intéressant d'utiliser le raccourci clavier Esc + on afin d'afficher la structure du gestionnaire de souris. Le pointeur se positionne automatiquement entre les parenthèses du gestionnaire et une fenêtre vous invite à sélectionner l'événement à gérer. Sélectionnez dans cette liste l'événement désiré et validez votre choix. Il ne vous reste plus qu'à saisir le script entre les accolades (pour placer rapidement le pointeur entre les accolades, appuyez sur les touches Fin puis Entrée).

Gestionnaire de souris associé à un clip

Depuis Flash MX, les événements de souris peuvent être associés aux occurrences de clips. Voici quelques conseils d'utilisation :

- Dans la plupart des cas, il ne faut pas associer à la même occurrence un événement de souris et un événement de clip (en cas d'absolue nécessité, utilisez les méthodes de gestionnaire d'événements présentées dans ce chapitre).

- Lorsqu'on attribue à une occurrence de clip un gestionnaire de souris, le curseur prend la forme d'une main comme s'il s'agissait d'un bouton. Il conserve cependant toutes ses fonctionnalités de clip.

- S'il est possible d'attribuer un gestionnaire de souris à une occurrence de clip, l'attribution d'un gestionnaire de clip à une occurrence de bouton reste impossible.

On peut maintenant attribuer des noms d'occurrence à un bouton et utiliser les propriétés et méthodes de clip habituelles pour un bouton (exemple : `bouton_btn._rotation` pour appliquer une rotation au symbole du bouton). Cependant, les boutons ne deviennent pas pour autant des scénarios indépendants (comme les clips) et restent des éléments de scénario. Il convient donc d'utiliser les chemins en rapport avec le scénario qui contient les boutons à cibler.

Bouton de souris maintenu : on(press)

Ce gestionnaire détecte si le bouton de la souris est enfoncé alors que le pointeur se trouve au-dessus de l'occurrence du bouton (ou du clip).

Il permet d'émuler la saisie d'un objet sur la scène, par exemple.

Tableau 7-28. Gestionnaire de clic souris

Syntaxe
| ```
on(press) {
//actions exécutées si l'événement est détecté
}
``` |
| Exemple (ce script doit être placé sur l'occurrence d'un bouton ou d'un clip) :<br>```
on (press) {
  trace("clic bouton souris détecté");
}
``` |

Bouton de souris relâché : on(release)

Ce gestionnaire détecte si le bouton de la souris est relâché alors que le pointeur se trouve au-dessus de l'occurrence d'un bouton (ou d'un clip).

Il est fréquemment utilisé pour détecter la sélection d'un objet sur la scène (la zone sensible de l'objet peut être délimitée par un bouton transparent, par exemple).

Tableau 7-29. Gestionnaire de bouton de souris relâché

Syntaxe
| ```
on(release) {
//actions exécutées si l'événement est détecté
}
``` |
| Exemple (ce script doit être placé sur l'occurrence d'un bouton ou d'un clip) :<br>```
on (release) {
  trace("bouton souris relâché détecté");
}
``` |

Bouton de souris relâché en dehors de la zone sensible : on(releaseOutSide)

Ce gestionnaire détecte si le bouton de la souris est relâché alors que le pointeur se trouve en dehors de l'occurrence du bouton ou du clip (après un clic préalable sur le bouton de la souris pendant que le pointeur était à l'intérieur de l'occurrence du bouton ou du clip).

Il peut être utilisé pour créer un jeu dans lequel l'utilisateur doit glisser-déposer un élément particulier.

Tableau 7-30. Gestionnaire de bouton de souris relâché en dehors de la zone sensible

Syntaxe
| ```
on(releaseOutSide) {
//actions exécutées si l'événement est détecté
}
``` |
| Exemple (ce script doit être placé sur l'occurrence d'un bouton ou d'un clip) :<br>```
on (releaseOutSide) {
  trace("un relâchement du bouton de la souris en dehors de l'occurrence est détecté");
}
``` |

Touche clavier enfoncée : on(keyPress)

Ce gestionnaire détecte si la touche spécifiée dans l'argument est enfoncée. Pour préciser quelle touche déclenchera le script, il faut ajouter son code (exemple : 65 pour la touche A) ou son nom (exemple : <Space> pour la touche Espace) en argument après le mot-clé keyPress. Pour connaître les codes ou les noms des différentes touches du clavier, consultez le guide de référence ActionScript de l'aide à la rubrique Touches du clavier et valeur de code.

Ce gestionnaire peut être utilisé pour démarrer une animation dès que l'utilisateur appuie sur une touche déterminée ou pour contrôler le déplacement d'un clip à l'aide du clavier.

Tableau 7-31. Gestionnaire de touche de clavier enfoncée

Syntaxe
| ```
on(keyPress "touche") {
//actions exécutées si l'événement est détecté
}
``` |
| Exemple (ce script doit être placé sur l'occurrence d'un bouton ou d'un clip) :<br>```
on (keyPress "<Space>") {
  trace("l'appui sur la touche Espace est détecté");
}
``` |

Survol du pointeur de la souris : on(rollOver)

Ce gestionnaire détecte si le pointeur de la souris passe au-dessus de l'occurrence d'un bouton ou d'un clip.

Il peut être utilisé pour afficher des informations complémentaires lors du survol d'un bouton avant que l'utilisateur clique dessus.

Tableau 7-32. Gestionnaire de survol du pointeur de la souris

Syntaxe
| ```
on(rollOver) {
//actions exécutées si l'événement est détecté
}
``` |
| Exemple (ce script doit être placé sur l'occurrence d'un bouton ou d'un clip) :<br>```
on (rollOver) {
  trace("le bouton est actuellement survolé par la souris");
}
``` |

Éloignement de la zone sensible : on(rollOut)

Ce gestionnaire détecte si le pointeur de la souris s'éloigne de l'occurrence d'un bouton ou d'un clip.

Il peut être utilisé pour afficher un message lorsque l'utilisateur s'éloigne de la zone active d'un bouton ou d'un clip.

Tableau 7-33. Gestionnaire d'éloignement de la zone sensible

Syntaxe
| ```
on(rollOut) {
//actions exécutées si l'événement est détecté
}
``` |
| Exemple (ce script doit être placé sur l'occurrence d'un bouton ou d'un clip) :<br>```
on (rollOut) {
  trace("le pointeur de la souris est maintenant en dehors de la zone active du bouton");
}
``` |

Déplacement sur la zone sensible : on(dragOver)

Ce gestionnaire détecte si, après avoir cliqué sur l'occurrence d'un bouton ou d'un clip, le pointeur sort de la zone sensible puis revient au-dessus.

Il peut émuler l'action de frotter un objet sur la scène.

Tableau 7-34. Gestionnaire de déplacement sur la zone sensible

Syntaxe

```on(dragOver) {```
 ```//actions exécutées si l'événement est détecté```
 ```}```

Exemple (ce script doit être placé sur l'occurrence d'un bouton ou d'un clip) :
 ```on (dragOver) {```
 ``` trace("le pointeur de la souris frotte la zone active du bouton");```
 ```}```

Clic et sortie de la zone sensible : on(dragOut)

Ce gestionnaire détecte si, après avoir cliqué sur l'occurrence d'un bouton ou d'un clip, le pointeur sort de la zone sensible sans y revenir.

Il peut émuler le comportement d'un utilisateur qui clique sur un objet et s'éloigne aussitôt.

Tableau 7-35. Gestionnaire de clic et sortie de la zone sensible

Syntaxe

```on(dragOver) {```
 ```//actions exécutées si l'événement est détecté```
 ```}```

Exemple (ce script doit être placé sur l'occurrence d'un bouton ou d'un clip) :
 ```on (dragOut) {```
 ``` trace("le pointeur de la souris est sorti de la zone après l'avoir sélectionnée");```
 ```}```

Événements de clips : onClipEvent()

Contrairement aux gestionnaires d'événements de souris, qui peuvent être intégrés à une occurrence de bouton ou de clip, les gestionnaires d'événements de clips ne peuvent être intégrés qu'à une occurrence de clip.

Ils permettent de déclencher des scripts lorsqu'un clip est ajouté ou supprimé de la scène, mais aussi de tester le chargement complet de données issues d'un fichier extérieur ou de détecter le mouvement de la souris ou l'action sur une combinaison de touches du clavier.

Instanciation d'un clip : onClipEvent(load)

Ce gestionnaire détecte si un clip spécifique (celui dans lequel est intégré le gestionnaire) est instancié (création d'une occurrence de clip) et apparaît sur la scène.

Il peut être utilisé pour déclencher un script d'initialisation du clip concerné lors de son apparition sur la scène.

Tableau 7-36. Gestionnaire d'instanciation d'un clip

Syntaxe

```onClipEvent(load) {```
 ```//actions exécutées si l'événement est détecté```
 ```}```

Exemple (ce script doit être placé exclusivement sur l'occurrence d'un clip) :
 ```onClipEvent (load) {```
 ``` trace("le clip "+this+" vient d'apparaître sur la scène");```
 ```}```
 ```//Si, par exemple, le gestionnaire ci-dessus a été ajouté à l'occurrence de clip monClip1_mc sur le```
 ```scénario principal (_root ou encore _level0), dès le chargement du clip, le message suivant est affi-```
 ```ché dans le panneau Sortie :```
 ```le clip _level0.monClip1_mc vient d'apparaître sur la scène```

Suppression d'un clip : onClipEvent(unLoad)

Ce gestionnaire détecte si une occurrence du clip dans lequel il est intégré quitte la scène.

Il peut être utilisé pour afficher un message lorsqu'un clip est supprimé de la scène.

Tableau 7-37. Gestionnaire de suppression d'un clip

Syntaxe

```onClipEvent(unLoad) {```
 ```//actions exécutées si l'événement est détecté```
 ```}```

Exemple (ce script doit être placé exclusivement sur l'occurrence d'un clip) :
 ```onClipEvent (unLoad) {```
 ``` trace("le clip "+this+" vient de disparaître de la scène");```
 ```}```
 ```//Si, par exemple, le gestionnaire ci-dessus a été ajouté à l'occurrence de clip monClip1_mc sur le```
 ```scénario principal (_root ou encore _level0), dès la suppression du clip, le message suivant est```
 ```affiché dans le panneau Sortie :```
 ```le clip _level0.monClip1_mc vient d'être supprimé de la scène```

Moteur de script : onClipEvent(enterFrame)

Ce gestionnaire est déclenché continuellement à la cadence du clip, d'ou son nom. Par exemple, si la cadence d'affichage des images est de douze images par seconde (12 ips), le script du gestionnaire sera exécuté douze fois par seconde.

À noter

Le script associé à l'événement est traité avant les actions associées aux images.

Ce gestionnaire peut être utilisé pour surveiller l'apparition d'un état spécifique (comme la collision de deux clips) afin de générer un programme en rapport ou encore pour faire évoluer un compteur dès que le clip est actif (voir exemple ci-dessous).

Tableau 7-38. Gestionnaire de moteur de script

Syntaxe
| ```
onClipEvent(enterFrame) {
//actions exécutées en continu
}
``` |
| Exemple (ce script doit être placé exclusivement sur l'occurrence d'un clip) :<br>```
onClipEvent (enterFrame) {
 _root.x++;
 trace("la nouvelle valeur du compteur est "+_root.x);
}
```<br>//Dans cet exemple, la variable du compteur a été initialisée à 0 sur l'image 1 du scénario principal (var x:number=0;).<br>//Le gestionnaire ci-dessus a été ajouté sur l'occurrence de clip monClip1_mc qui est placé sur le scénario principal.<br>//Dès que le clip monClip1_mc est chargé, les valeurs successives du compteur sont affichées dans le panneau Sortie (1 puis 2, 3…). |

Détection de mouvement de souris : onClipEvent(mouseMove)

Ce gestionnaire détecte chaque déplacement de la souris. Pour connaître la position de celle-ci, vous pouvez utiliser les propriétés _xmouse et _ymouse comme dans l'exemple ci-dessous.

Tableau 7-39. Gestionnaire de détection de mouvement de souris

Syntaxe
| ```
onClipEvent(unLoad) {
//actions exécutées si l'événement est détecté
}
``` |
```

Tableau 7-39. Gestionnaire de détection de mouvement de souris *(suite)*

Syntaxe

Exemple (ce script doit être placé exclusivement sur l'occurrence d'un clip) :
 	
`onClipEvent(mouseMove) {`
 `sourisX=_root._xmouse;`
 `sourisY=_root._ymouse;`
 `trace("le curseur de la souris se trouve en X="+sourisX+"et en Y="+sourisY");`
`}`
 	
`//Si, par exemple, le gestionnaire ci-dessus a été ajouté à l'occurrence de clip monClip1_mc sur le scénario principal (_root ou encore _level0), dès que la souris se déplace, le message suivant est affiché dans le panneau Sortie :`
`le curseur de la souris se trouve en X=596 et en Y=268`

Bouton de souris enfoncé : onClipEvent(mouseDown)

Ce gestionnaire détecte que le bouton de la souris est enfoncé quelle que soit la position du curseur sur la scène.

> **À noter**
>
> Contrairement aux gestionnaires `on(press)` et `on(release)`, pour lesquels le script est déclenché uniquement si le bouton de la souris est enfoncé ou relâché sur l'occurrence du clip, les gestionnaires `onClip-Event(mouseDown)` et `onClipEvent(mouseUp)` réagissent aux mêmes actions quelle que soit la position du curseur sur la scène.

Ce gestionnaire peut être utilisé pour afficher un message lorsque le bouton de la souris est pressé à un endroit quelconque de la scène.

Tableau 7-40. Gestionnaire de bouton de souris pressé

Syntaxe

`onClipEvent(mouseDown) {`
`//actions exécutées si l'événement est détecté`
`}`

Exemple (ce script doit être placé exclusivement sur l'occurrence d'un clip) :
 	
`onClipEvent(mouseDown) {`
  `trace("bouton souris pressé");`
`}`
 	
`//Si, par exemple, le gestionnaire ci-dessus a été ajouté à l'occurrence de clip monClip1_mc sur le scénario principal, dès que le bouton de la souris est pressé, quelle que soit sa position sur la scène, le message suivant est affiché dans le panneau Sortie :`
`bouton souris pressé`

Bouton de souris relâché : onClipEvent(mouseUp)

Ce gestionnaire détecte que le bouton de la souris est relâché quelle que soit la position du curseur sur la scène.

Il peut être utilisé pour afficher un message lorsque le bouton de la souris est relâché à un endroit quelconque de la scène.

Tableau 7-41. Gestionnaire de bouton de souris relâché

Syntaxe

```
onClipEvent(mouseUp) {
//actions exécutées si l'événement est détecté
}
```

Exemple (ce script doit être placé exclusivement sur l'occurrence d'un clip) :

```
onClipEvent(mouseUp) {
  trace("bouton souris relâché");
}
```

//Si, par exemple, le gestionnaire ci-dessus a été ajouté à l'occurrence de clip monClip1_mc sur le scénario principal, dès que le bouton de la souris est relâché, quelle que soit sa position sur la scène, le message suivant est affiché dans le panneau Sortie :

```
bouton souris relâché
```

Touche pressée onClipEvent(keyDown)

Ce gestionnaire détecte si une touche du clavier est pressée.

À noter

Malgré leur ressemblance avec l'événement de souris on(keyPress), ce gestionnaire et le gestionnaire onClipEven(keyUp) sont plus puissants car ils permettent notamment de détecter des combinaisons de touches (pour mettre en place des raccourcis clavier par exemple) ou encore de détecter si une touche est relâchée.

Ce gestionnaire peut être utilisé pour détecter si une touche particulière est activée et exécuter une action en conséquence. L'événement d'animation keyDown est généralement utilisé en conjonction avec une ou plusieurs méthodes et propriétés associées à l'objet Key. Le script ci-dessous utilise Key.getCode() pour déterminer la touche enfoncée par l'utilisateur : si la touche enfoncée correspond à la propriété Key.RIGHT, l'animation est envoyée vers l'image suivante ; si la touche enfoncée correspond à la propriété Key.LEFT, l'animation est envoyée vers l'image précédente.

Tableau 7-42. Gestionnaire de touche de clavier pressée

Syntaxe

```
onClipEvent(keyDown) {
//actions exécutées si l'événement est détecté
}
```

Tableau 7-42. Gestionnaire de touche de clavier pressée *(suite)*

Syntaxe

Exemple (ce script doit être placé exclusivement sur l'occurrence d'un clip) :
 	
``onClipEvent(keyDown) {
 if (Key.getCode() == Key.RIGHT) {
  _parent.nextFrame();
 } else if (Key.getCode() == Key.LEFT){
  _parent.prevFrame();
 }
}```
 	
```//Si, par exemple, le gestionnaire ci-dessus a été ajouté à l'occurrence de clip monClip1_mc sur les trois images clés du scénario principal, vous pourrez naviguer d'une image à l'autre en utilisant les touches Droite et Gauche du clavier.```

Touche de clavier relâchée : onClipEvent(keyUp)

Ce gestionnaire détecte si une touche du clavier est relâchée.

Il peut être utilisé pour afficher un message si la touche Fin du clavier est relâchée.

Tableau 7-43. Gestionnaire de touche de clavier relâchée

Syntaxe

``onClipEvent(keyUp) {
//actions exécutées si l'événement est détecté
}```

Exemple (ce script doit être placé exclusivement sur l'occurrence d'un clip) :
 	
``onClipEvent(keyUp) {
 if (Key.getCode() == Key.END) {
  trace("la touche Fin est relâchée");
 }
}```
```//Si, par exemple, le gestionnaire ci-dessus a été ajouté à l'occurrence du clip monClip1_mc, lorsque la touche Fin du clavier est relâchée, le message suivant est affiché dans le panneau Sortie :```
```la touche Fin est relâchée```

Données chargées : onClipEvent(data)

Ce gestionnaire détecte si une source de données externe est complètement chargée. Les données externes peuvent être chargées à l'aide d'une action loadVariables() ou loadMovie(). La détection de l'événement data lance le traitement des données uniquement si celles-ci sont disponibles, afin d'éviter d'appeler une donnée manquante et de provoquer des erreurs.

> **À noter**
>
> Lorsqu'il est spécifié avec une action loadVariables(), l'événement data ne survient qu'une seule fois, quand la dernière variable est chargée. Lorsqu'il est spécifié avec une action loadMovie, il se répète plusieurs fois, au fur et à mesure que les sections de données sont récupérées.

Tableau 7-44. Gestionnaire de données chargées

Syntaxe

```
onClipEvent(data) {
//actions exécutées si l'événement est détecté
}
```

Exemple (ce script doit être placé exclusivement sur l'occurrence d'un clip) :

```
onClipEvent (load) {
 loadVariables("maDate.txt",this);
}
onClipEvent (data) {
 trace("la date du RDV est le "+monJour+"/"+monMois+"/"+monAnnee);
}
```

//On suppose qu'un fichier texte maDate.txt contenant les informations suivantes : monJour=23&monMois=mai&monAnnee=2004

a été préalablement enregistré dans le même répertoire que l'animation Flash.

//Dès le chargement du clip sur lequel ont été intégrés les deux gestionnaires ci-dessus, le message suivant est affiché dans le panneau Sortie :

la date du RDV est le 23/mai/2004

Méthodes de gestionnaires d'événements

Les méthodes de gestionnaires d'événements permettent de détecter des événements abstraits (son, XML, configuration de la scène, chargement dynamique de données, etc.) pour lesquels il n'est pas possible d'utiliser un gestionnaire d'événements traditionnel (gestionnaires de souris ou de clip). Ces méthodes peuvent également être exploitées pour dépasser les limites d'utilisation des gestionnaires traditionnels. Elles permettent notamment de modifier les événements pour lesquels ils doivent réagir ainsi que les scripts qu'ils doivent exécuter, ou encore de définir dynamiquement un gestionnaire traditionnel.

Tableau 7-45. Syntaxe d'une méthode de gestionnaires d'événements

```
nomObjet.nomEvenement=function() {
//actions exécutées si l'événement est détecté
}
```

`nomObjet` : nom de l'objet auquel doit être appliqué le gestionnaire d'événements. Il peut s'agir d'une occurrence de clip, de bouton, d'un champ texte, d'un objet son ou d'un objet XML.

`nomEvenement` : nom de l'événement qui déclenchera l'exécution du script. Il peut s'agir d'un événement traditionnel comme `onPress`, `onRelease`, `onRollOver`... (voir tableau 7-46) ou d'un événement ne possédant pas d'équivalence traditionnelle comme `onSetFocus`, `onSoundComplete`, `onSelect` (voir tableau 7-47).

Pour déclarer une méthode de gestionnaires d'événements, vous devez sélectionner une image dans le scénario puis ouvrir le panneau Actions. Saisissez ensuite le nom de l'objet (utilisez les suffixes d'objet : _btn, _mc, _txt...) auquel doit s'appliquer le gestionnaire, puis le nom de l'événement qui déclenchera le script, séparé par un point (voir les listes d'événements dans les tableaux 7-46 et 7-47).

À noter : dès que le point est saisi, une fenêtre d'assistance s'affiche et propose les différents événements disponibles selon le type d'objet concerné. Sélectionnez l'événement désiré dans la liste et validez à l'aide de la touche Entrée. Ajoutez ensuite un signe égal (=) et le mot-clé `function()` puis une accolade ouvrante (utilisez le raccourci Esc + fn). Sur les lignes suivantes, saisissez les instructions du script et clôturez le bloc en ajoutant une accolade fermante sur la dernière ligne de la déclaration.

Attention !

À la différence d'un gestionnaire d'événements traditionnel, la déclaration d'une méthode de gestionnaires d'événements doit être intégrée dans une image clé et non sur l'occurrence concernée.

L'occurrence de l'objet concerné doit être présente sur la scène (ou déjà créée dans le cas d'un objet abstrait) lors de la déclaration de la méthode.

La déclaration de la méthode est supprimée dès que l'occurrence quitte la scène. Il faut donc déclarer de nouveau la méthode si l'objet revient sur la scène.

Comparatif de la déclaration d'un événement traditionnel avec la syntaxe standard et avec la syntaxe d'une méthode de gestionnaires d'événements :

Syntaxe d'un gestionnaire standard (ce script doit être placé sur l'occurrence du bouton `monBouton_btn`) :

```
on(press) {
  trace("Vous avez cliqué sur le bouton");
}
```

Syntaxe d'une méthode de gestionnaire (ce script doit être placé sur une image clé et le bouton `monBouton_btn` doit être présent sur la scène) :

```
monBouton_btn.onPress = function(){
  trace("Vous avez cliqué sur le bouton");
}
```

Au lieu d'employer un bloc de script intégré au gestionnaire, vous pouvez aussi faire référence à une fonction déclarée au préalable et contenant le script. Dans ce cas, la syntaxe de déclaration d'une méthode de gestionnaire est la suivante :

Syntaxe alternative d'une méthode de gestionnaire (ce script doit être placé sur une image clé et le bouton `monBouton_btn` doit être présent sur la scène) :

```
detectionBouton function(){
  trace("Vous avez cliqué sur le bouton");
}
  monBouton_btn.onPress = detectionBouton ;
```

Tableau 7-45. Syntaxe d'une méthode de gestionnaires d'événements *(suite)*

Annulation d'une méthode de gestionnaires d'événements :

Remarque : dans les exemples ci-dessous, on suppose que la méthode de gestionnaires d'événements suivante a été préalablement déclarée (ce gestionnaire déclenche la rotation permanente du clip) :

```
monClip_mc.onEnterFrame = function() {
    this._rotation +=10
}
```

Il existe deux syntaxes pour supprimer une méthode :

Syntaxe 1 : `monClip_mc.onEnterFrame = null;`

Syntaxe 2 : `delete monClip_mc.onEnterFrame ;`

Les méthodes de gestionnaires d'événements peuvent également détecter tous les événements traditionnels. Il faut dans ce cas utiliser des noms d'événements équivalents à ceux utilisés avec la syntaxe standard. On les construit en préfixant le nom de l'événement standard par on et en remplaçant la première lettre de l'événement par une majuscule. Par exemple, pour construire l'équivalent d'un événement press (dont la syntaxe traditionnelle est on(press)), il suffit d'ajouter le préfixe on, ce qui donne onPress.

Tous les gestionnaires d'événements traditionnels ont leur équivalent. Le tableau 7-46 répertorie les plus courants.

Tableau 7-46. Équivalences avec les gestionnaires d'événements traditionnels

Événements traditionnels	Équivalence : événements avec méthode
`on(press)`	`nomClipOuBouton.onPress`
`on(release)`	`nomClipOuBouton.onRelease`
`on(releaseOutside)`	`nomClipOuBouton.onReleaseOutside`
`on(keyPress)`	`nomClipOuBouton.onKeyPress`
`on(rollOver)`	`nomClipOuBouton.onRollOver`
`on(rollOut)`	`nomClipOuBouton.onRollOut`
`on(dragOver)`	`nomClipOuBouton.onDragOver`
`on(dragOut)`	`nomClipOuBouton.onDragOut`
`onClipEven(load)`	`nomClip.onLoad`
`onClipEven(unLoad)`	`nomClip.onUnLoad`
`onClipEven(enterFrame)`	`nomClip.onEnterFrame`
`onClipEven(mouseMove)`	`nomClip.onMouseMove`
`onClipEven(mouseDown)`	`nomClip.onMouseDown`
`onClipEven(mouseUp)`	`nomClip.onMouseUp`
`onClipEven(keyDown)`	`nomClip.onKeyDown`
`onClipEven(keyUp)`	`nomClip.onKeyUp`
`onClipEven(data)`	`nomClip.onData`

Les fondamentaux de la programmation

Certains événements utilisables avec une méthode de gestionnaires d'événements (comme les objets abstraits son, XML…) ne possèdent pas d'équivalences standards. Voici la liste de ces événements spécifiques.

Tableau 7-47. Méthodes de gestionnaires d'événements

Objets concernés	Événements spécifiques
Bouton ou clip	nomClipOuBouton.onKillFocus
Bouton ou clip	nomClipOuBouton.onSetFocus
Son	nomSon.onLoad
Son	nomSon.onSoundComplete
Son	nomSon.onID3
Champ de texte	nomChampDeTexte.onChanged
Champ de texte	nomChampDeTexte.onKillFocus
Champ de texte	nomChampDeTexte.onScroller
Champ de texte	nomChampDeTexte.onSetFocus
Stage	stage.onLoad
StyleSheet	nomFeuilleStyle.onResize
contextMenu	nomMenu.onSelect
contextMenuItem	nomElémentMenu.onSelect
loadVars	nomObjetLoadVars.onLoad
ShareObjets	nomObjetPartagé.onStatus
localConnection	nomConnexionLocale.allowDomain
localConnection	nomConnexionLocale.onStatus
netConnection	nomConnexionNet.onStatus
netStream	nomFluxNet.onStatus
XML	nomXML.onData
XML	nomXML.onLoad
XMLSocket	nomXMLSocket.onClose
XMLSocket	nomXMLSocket.onConnect
XMLSocket	nomXMLSocket.onData
XMLSocket	nomXMLSocket.onXML

Voici plusieurs scripts qui utilisent les méthodes des gestionnaires d'événements :

Exemple 1 : Dans cet exemple, dès qu'un caractère est inséré dans le champ texte monChamp_txt, l'événement est détecté par la méthode monChamp_txt.onChanged qui exécute un script faisant pivoter de 45° le clip voyant_mc (un champ texte nommé monchamp_txt et un clip voyant_mc doivent être créés au préalable sur la scène).

(Ce script doit être placé sur une image clé et les occurrences des éléments doivent être présentes sur la scène.)

```
monChamp_txt.onChanged = function(){
  voyant_mc._rotation += 45;
}
```

Exemple 2 : C'est une évolution du premier exemple (les éléments monChamp_txt et voyant_mc sont toujours sur la scène). La première méthode déclenche la rotation continue (événement onEnter-Frame) du voyant dès que le pointeur de la souris est placé dans le champ texte (événement onSetFo-cus). La deuxième méthode permet de détecter un changement dans le champ texte (événement onChanged) et annule les deux actions précédemment activées (onSetFocus et onEnterFrame) puis pivote le voyant de 45° dans le sens inverse pour chaque caractère saisi.

(Ce script doit être placé sur l'image clé 1 et les occurrences des éléments doivent être présentes sur la scène.)

```
monChamp_txt.onSetFocus = function(){
  voyant_mc.onEnterFrame = function(){
      this._rotation += 45;
  }
}
monChamp_txt.onChanged = function(){
    monChamp_mc.onSetFocus = null;
    voyant_mc.onEnterFrame = null;
  voyant_mc._rotation -= 45;
}
```

Exemple 3 : les méthodes de gestionnaires d'événements donnent aussi la possibilité de changer l'événement qui contrôle une action (ici modification de l'alpha du bouton). Pour cela, nous avons créé deux images clés dans lesquelles se trouve un bouton nommé monBouton_btn. Dans la première image clé nous avons configuré deux méthodes qui contrôlent l'alpha avec un clic souris et qui déplacent la tête de lecture sur l'image 2 lorsque le bouton est relâché. Dans l'image 2, les deux premières lignes annulent les méthodes précédentes. Les lignes suivantes décrivent deux méthodes qui gèrent l'alpha du bouton, cette fois contrôlé avec rollOver et rollOut.

Script de l'image 1 :

```
stop();
monBouton_btn.onPress=function () {
  this._alpha=50;
}
monBouton_btn.onRelease=function () {
  this._alpha=100;
  gotoAndStop(2);
}
```

Script de l'image 2 :

```
stop();
monBouton_btn.onPress=null;
```

```
monBouton_btn.onRelease=null;
monBouton_btn.onRollOver=function () {
   this._alpha=50;
}
monBouton_btn.onRollOut=function () {
   this._alpha=100;
}
```

Mieux programmer avec les méthodes de gestionnaires d'événements :

Lorsque vous utilisez des méthodes de gestionnaires d'événements, leurs scripts, au lieu d'être dispersés sur les différents objets auxquels ils se rapportent, sont centralisés dans le panneau Actions de l'image clé. En termes de programmation, c'est très intéressant car il n'est pas nécessaire de se positionner sur les objets pour modifier un script. Nous vous conseillons donc d'utiliser le plus souvent possible ces méthodes dans vos futurs programmes.

Les écouteurs d'événements

Les gestionnaires précédents peuvent répondre aux attentes de la plupart de vos projets. Cependant, dans certains cas, vous aurez peut-être besoin d'appliquer un gestionnaire d'événements à un objet qui n'est pas prévu pour réagir à l'événement en question. Dans ce cas, l'utilisation d'un écouteur d'événements peut être la solution.

Les écouteurs d'événements permettent à un objet, appelé objet d'écoute, de recevoir des événements générés par un autre objet, appelé objet diffuseur.

Prenons un exemple concret. Posons l'hypothèse que vous désirez créer une application qui affiche le texte « CLIC » dans un champ texte dès que l'on clique dessus. L'idéal serait d'utiliser l'événement onMouseDown appliqué à un champ texte, mais cela n'est pas possible avec un gestionnaire d'événements traditionnel (ni avec une méthode d'événements, d'ailleurs) car l'objet TextField ne dispose pas d'événements onMouseDown. Pour vous en convaincre, saisissez le nom de l'occurrence du champ texte suivi d'un point (soit monChamp_txt.) pour faire apparaître la liste des propriétés, méthodes et événements disponibles pour cet objet. Aucun événement onMouseDown n'apparaît dans la liste.

Dans ce cas, la solution consiste à utiliser un écouteur d'événements en déclarant un objet diffuseur associé à un gestionnaire d'événements approprié (l'objet d'écoute). Créez un objet Champ de texte dynamique nommé monChamp_txt. Sélectionnez ensuite l'image clé 1 du scénario principal et saisissez la méthode de gestionnaires d'événements monChamp_txt.onMouseDown qui fera office d'objet d'écoute comme indiqué dans le script ci-dessous :

```
monChamp_txt.onMouseDown=function () {
   monChamp_txt.text="CLIC";
}
```

Cependant, comme nous l'avons indiqué précédemment, le gestionnaire d'événements onMouseDown (l'objet d'écoute) ne peut pas être appliqué à un objet Champ de texte (classe TextField). Pour que le gestionnaire réagisse à l'événement onMouseDown, il faut ajouter un objet diffuseur en saisissant l'instruction suivante :

```
Mouse.addListener(monChamp_txt);
```

Tableau 7-48. Syntaxe des écouteurs d'événements

Déclaration d'un objet d'écoute :

```
nomObjetEcoute.nomEvenement=function() {
//actions exécutées si l'événement est détecté par le diffuseur et transmis à l'objet d'écoute
}
```

Enregistrement d'un objet d'écoute par un objet diffuseur :

```
nomObjetDiffuseur. addListener(nomObjetEcoute);
```

`nomObjetEcoute` : nom de l'objet d'écoute auquel doit être appliqué le gestionnaire d'événements. L'objet d'écoute recevra les événements de l'objet diffuseur dès qu'il les aura détectés. Les objets d'écoute peuvent être des objets génériques (object) mais aussi des clips, des boutons, des champs texte, des tableaux (`Array`) ou tout type d'objet ActionScript.

`nomEvenement` : nom de l'événement qui déclenchera l'exécution du script. Attention ! À la différence d'un gestionnaire d'événements standard, l'événement ne fait pas partie des propriétés de l'objet d'écoute mais doit être référencé parmi les méthodes d'écouteur de la classe de l'objet diffuseur.

`nomObjetDiffuseur` : nom de l'objet diffuseur qui transmettra l'événement à l'objet d'écoute. Ce nom est le nom d'une classe d'objets possédant des méthodes d'écouteur. Ces méthodes sont disponibles pour les objets des classes suivantes : `Key`, `Mouse`, `MovieClipLoader`, `Selection`, `TextField` et `Stage`. Pour obtenir la liste des méthodes d'écouteurs disponibles pour chaque classe, consultez les entrées de ces classes dans le dictionnaire d'ActionScript.

Remarque :

1 Les écouteurs d'événements utilisent la même syntaxe que les méthodes de gestionnaires d'événements, à deux différences près :

– L'objet auquel vous affectez le gestionnaire d'événement (l'objet d'écoute) n'est pas l'objet qui émet l'événement.

– Outre la déclaration du gestionnaires d'événements, il faut appeler une méthode spéciale de l'objet diffuseur, `addListener()`, qui enregistre l'objet d'écoute (le nom de l'objet d'écoute est passé en paramètre) pour recevoir ses événements.

2 Plusieurs objets d'écoute peuvent recevoir des événements d'un seul objet diffuseur. Un seul objet d'écoute peut recevoir des événements de plusieurs objets diffuseurs.

Exemple :

```
//déclaration de l'objet d'écoute
monChamp_txt.onMouseDown=function () {
    monChamp_txt.text="CLIC";
}
//déclaration de l'objet diffuseur
Mouse.addListener(monChamp_txt);
```

Annulation d'un écouteur d'événements :

Pour annuler l'enregistrement d'un objet d'écoute afin qu'il ne reçoive plus d'événements, il faut appeler la méthode `removeListener()` de l'objet diffuseur, en lui transmettant le nom de l'objet d'écoute.

Syntaxe :

`nomObjetDiffuseur.removeListener(nomObjetEcoute);`

Exemple :

`Mouse.removeListener(monChamp_txt);`

Tableau 7-49. Méthodes d'écouteur de la classe Key

Méthode	Description
Key.onKeyDown()	Détecte qu'une touche du clavier est enfoncée.
Key.onKeyUp()	Détecte qu'une touche du clavier est relâchée.

Tableau 7-50. Méthodes d'écouteur de la classe Mouse

Méthode	Description
Key.onMouseDown()	Détecte que le bouton de la souris est enfoncé.
Key.onMouseUp()	Détecte que le bouton de la souris est relâché.
Key.onMouseMove()	Détecte que la souris est déplacée.
Key.onMouseWheel()	Détecte qu'une action sur la molette de la souris est déclenchée.

Tableau 7-51. Méthodes d'écouteur de la classe MovieClipLoader

Méthode	Description
MovieClipLoader.onLoadComplete(cible_mc)	Détecte si un fichier chargé à l'aide de MovieClip-Loader.loadClip() est entièrement téléchargé.
MovieClipLoader.onLoadError(cible_mc, codeErreur)	Détecte si le chargement d'un fichier à l'aide de MovieClip-Loader.loadClip() a échoué.
MovieClipLoader.onLoadInit(cible_mc)	Détecte si les actions sur la première image du clip ont été exécutées.
MovieClipLoader.onLoadProgress(cible_mc [, loadedBytes [, totalBytes]])	Détecte chacune des fois où le contenu de chargement est enregistré sur disque durant le processus de chargement.
MovieClipLoader.onLoadStart(cible_mc)	Détecte si un appel de MovieClipLoader.loadClip() a initié le téléchargement d'un fichier.

Tableau 7-52. Méthodes d'écouteur de la classe Selection

Méthode	Description
Selection.onSetFocus()	Détecte lorsque le focus de saisie change.

Tableau 7-53. Méthodes d'écouteur de la classe TextField

Méthode	Description
TextField.onChanged()	Détecte lorsque le contenu du champ de texte change.
TextField.onSchroller()	Détecte lorsque la propriété scroll ou maxscroll d'un champ de texte change.

Tableau 7-54. Méthodes d'écouteur de la classe Stage

Méthode	Description
Stage.onResize()	Détecte lorsque Stage.scaleMode a pour valeur "noScale" et que le fichier SWF est redimensionné.

Exemple 1 :

Il montre comment utiliser l'écouteur d'événements `Selection.onSetFocus` pour créer un gestionnaire de focus simple pour un groupe de champs de saisie de texte. La bordure du champ de texte qui reçoit le focus clavier est activée et la bordure du champ de texte qui a perdu le focus est désactivée. L'objet d'écoute utilisé est un objet générique créé pour cet usage (`ecouteur-DeFocus`).

(Deux champs de texte de saisie doivent être créés au préalable et porter les noms `monChamp1_txt` et `monChamp2_txt`. L'option `Afficher la bordure autour du texte` doit être activée depuis le panneau de propriétés pour le premier champ.)

```
var ecouteurDeFocus = new Object();
ecouteurDeFocus.onSetFocus = function(monChamp1_txt, monChamp2_txt) {
monChamp1_txt.border = false;
monChamp2_txt.border = true;
}
Selection.addListener(ecouteurDeFocus);
```

Exemple 2 :

Dans cet exemple, nous avons créé un écouteur de clavier qui a pour fonction de détecter l'appui sur une touche. Dès que la touche P est actionnée, un message s'affiche dans le panneau `Sortie`. L'objet d'écoute utilisé est un objet générique créé pour cet usage (`ecouteurDeClavier`).

```
var ecouteurDeClavier = new Object();//créa objet générique
ecouteurDeClavier.onKeyDown = function() {
if(Key.isDown(80)){
 trace ("la touche 'P' est enfoncée");
        }
}
Key.addListener(ecouteurDeClavier);
```

Incidences des événements sur les clips

Vous connaissez désormais les différents types de gestionnaires d'événements que l'on peut utiliser dans Flash. Selon leur type et la manière dont ils sont appliqués à une occurrence de clip, ils peuvent avoir une incidence ponctuelle sur celle-ci ou étendue à toutes les autres occurrences issues du clip maître.

Pour illustrer ce point important, nous allons utiliser une petite animation didactique dans laquelle deux occurrences de clip (issues d'un même clip maître représentant une voiture) seront configurées à l'aide de différents types de gestionnaires.

Le but de cette application est de démontrer les points suivants :

• Les événements de souris appliqués à un bouton de l'occurrence d'un clip ou les événements d'images intégrés dans le scénario de l'occurrence d'un clip changent les fonctionnalités et les propriétés du clip maître, modifiant du même coup par héritage toutes les occurrences de clip issues de ce celui-ci.

- À l'inverse, les événements de clip (ou les événements de souris, sous certaines conditions) appliqués à l'occurrence du clip ont uniquement une incidence sur les fonctionnalités et les propriétés de celle-ci et non sur le clip maître. Ils permettent de personnaliser chaque occurrence de clip tout en conservant les propriétés du clip maître.

Avant de commencer la réalisation de l'animation, souvenez-vous que lorsque vous créez un symbole de type clip, le clip maître ainsi créé hérite des propriétés et des méthodes de la classe d'objet Movie-Clip et qu'il est automatiquement ajouté à la bibliothèque de l'animation. Lorsque vous dupliquez ce clip maître sur la scène par un simple glisser-déposer, une occurrence de ce clip est créée. Celle-ci hérite des méthodes et propriétés de la classe MovieClip, mais aussi des caractéristiques et des fonctionnalités du clip maître.

Il est ensuite possible de personnaliser chaque occurrence en lui attribuant des caractéristiques ou fonctionnalités spécifiques si l'on respecte certaines conditions.

Réalisation d'une animation didactique

1. Ouvrez un nouveau document Flash puis enregistrez-le sous le nom voiture.fla. Nommez l'unique calque du scénario principal Route.

2. Créez un symbole de type Clip nommé voiture_mc (par le menu : Insertion>Nouveau symbole ou à l'aide du raccourci clavier Ctrl + F8)

3. Dans le scénario du clip, créez quatre calques nommés Actions, Numéro, Boutons et Graphique.

4. Dans le calque Graphique, dessinez schématiquement une voiture.

5. Placez-vous dans le calque Numéro et ajoutez un champ texte dynamique. Nommez son occurrence numero_txt. Saisissez le chiffre 0 dans la valeur initiale du champ de texte et ajustez sa taille si besoin.

6. Revenez sur l'image 1 du scénario principal et ajoutez deux occurrences du clip maître voiture_mc sur la scène (positionnez la première occurrence en haut à gauche et nommez-la voiture1_mc ; positionnez la seconde en bas à gauche et nommez-la voiture2_mc), (voir figure 7-1).

7. Ouvrez une des deux occurrences. Placez-vous dans le calque Boutons et ajoutez deux boutons : l'un à l'avant de la voiture, dont l'occurrence sera nommée avance_btn, et l'autre à l'arrière, dont l'occurrence sera nommée recule_btn (voir figure 7-2).

8. Sélectionnez le bouton avance_btn et ajoutez le gestionnaire d'événements de souris suivant dans le panneau Actions :

```
on (press) {
this._x=this._x+5;
}
```

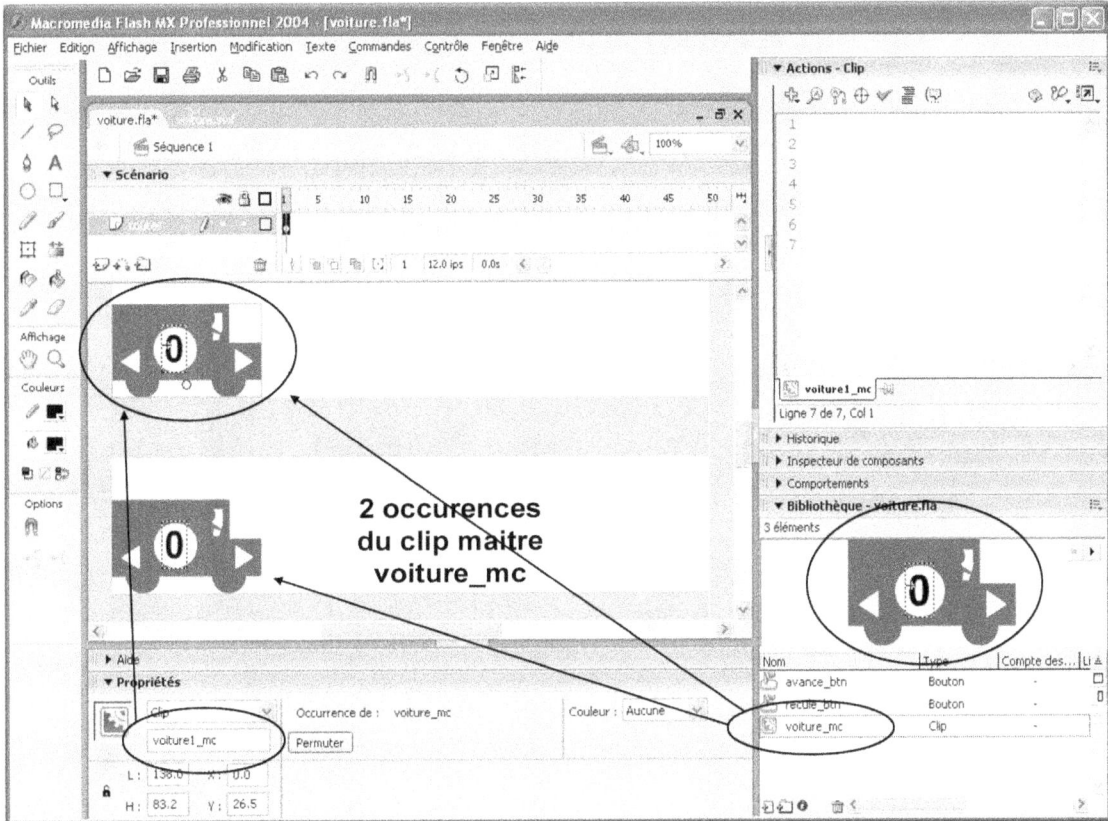

Figure 7-1

Création des deux occurrences du clip maître voiture_mc.

9. Sélectionnez le bouton recule_btn et ajoutez le gestionnaire d'événements de souris suivant dans le panneau Actions. Cliquez ensuite sur l'icône Séquence afin de revenir sur le scénario principal.

```
on (press) {
this._x=this._x-1;
}
```

10. Revenez sur le scénario principal et testez une première fois votre animation (utilisez le raccourci clavier Ctrl + Entrée). Les voitures doivent être identiques et porter toutes deux le numéro zéro initialisé par défaut. Assurez-vous que vous pouvez faire avancer et reculer les deux voitures en cliquant sur le bouton ad hoc (grâce aux deux gestionnaires d'événements de souris appliqués aux boutons du clip). Ce premier test permet de constater qu'un événement de souris appliqué à un bouton situé dans une occurrence de clip se répercute sur le clip maître et sur toutes les occurrences de clip issues de ce dernier.

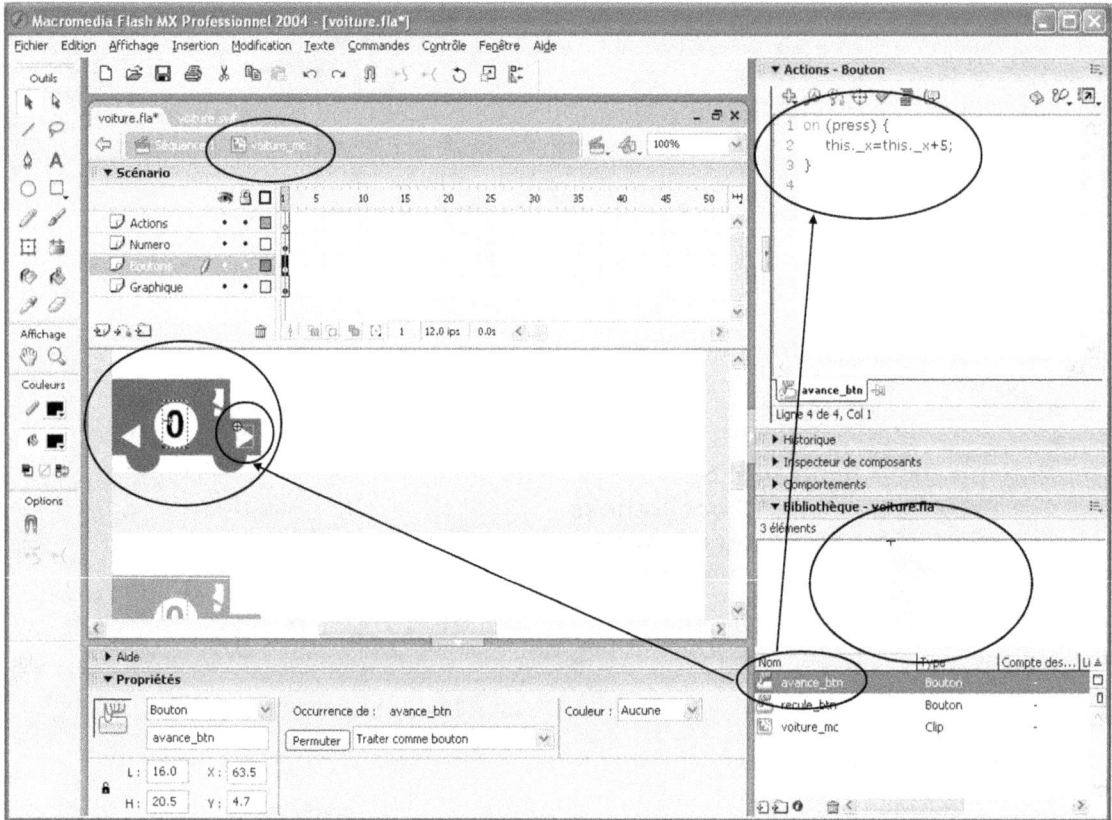

Figure 7-2

Modification d'une occurrence du clip voiture_mc : ajout du bouton avance_btn et de son gestionnaire d'événements de souris.

11. Revenez dans l'éditeur et ouvrez le clip voiture_mc. Dans le calque Actions, créez une image clé sur l'image 5 puis une seconde image clé sur l'image 10. Pour les trois autres calques du scénario, créez une image clé directement dans l'image 10.

12. Dans l'image clé 1 du calque Actions, saisissez le script ci-dessous, qui sera exécuté lors du passage de la tête de lecture sur les images 1 à 4 (événement d'image). La première ligne permet d'affecter la valeur de la variable numero au champ texte numero_txt. La deuxième ligne rend visible le champ texte numero_txt.

```
numero_txt.text=numero;
numero_txt._visible=true;
```

13. Dans l'image clé 5, saisissez le script ci-dessous, qui sera exécuté lors du passage de la tête de lecture sur les images 5 à 10 (événement d'image). Cette ligne de code rend invisible le champ texte numero_txt (voir figure 7-3).

```
numero_txt._visible=false;
```

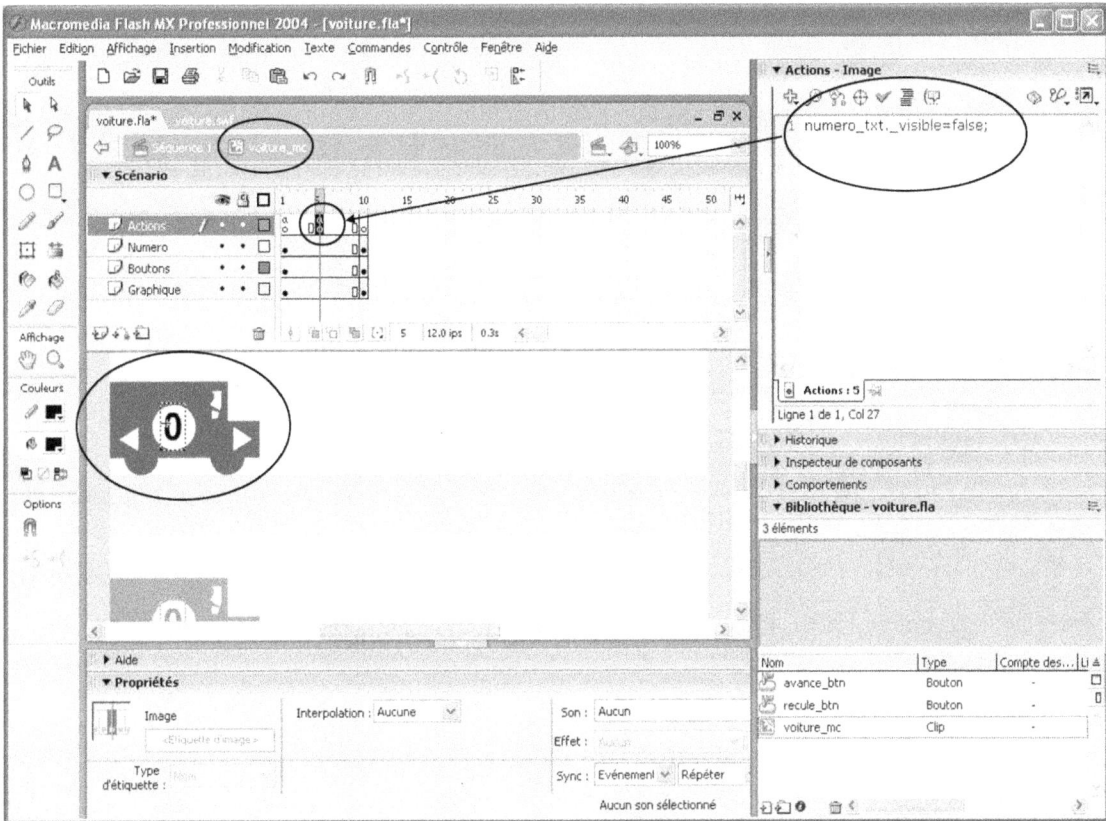

Figure 7-3

Modification d'une occurrence du clip voiture_mc : ajout d'une image clé dans le calque Actions (événement d'image) et du script correspondant.

14. Revenez sur le scénario principal et testez une seconde fois l'animation. Les deux voitures ont encore des caractéristiques communes (même taille et même numéro 0). Les fonctionnalités des deux occurrences étant héritées du clip maître et donc identiques, vérifiez que les numéros des voitures clignotent (grâce à l'événement d'image). Ce deuxième test permet de constater qu'un événement d'image appliqué au scénario d'une occurrence de clip se répercute sur le clip maître et donc sur toutes les occurrences de clip issues de ce dernier.

15. Fermez l'environnement de test et retournez dans l'environnement de développement. Placez-vous sur la séquence et sélectionnez la première occurrence, voiture1_mc, puis ajoutez le gestionnaire d'événements de clip ci-dessous dans le panneau Actions afin de personnaliser l'occurrence. La première ligne du bloc d'actions permet de personnaliser le numéro de l'occurrence de cette voiture en déclarant puis en affectant le chiffre 1 à la variable numero. Les deux autres lignes de code modifient la taille de l'occurrence en appliquant un coefficient d'échelle de 80 % (voir figure 7-4).

```
onClipEvent (load) {
var numero:String="1";
```

```
this._xscale=80;
this._yscale=80;
}
```

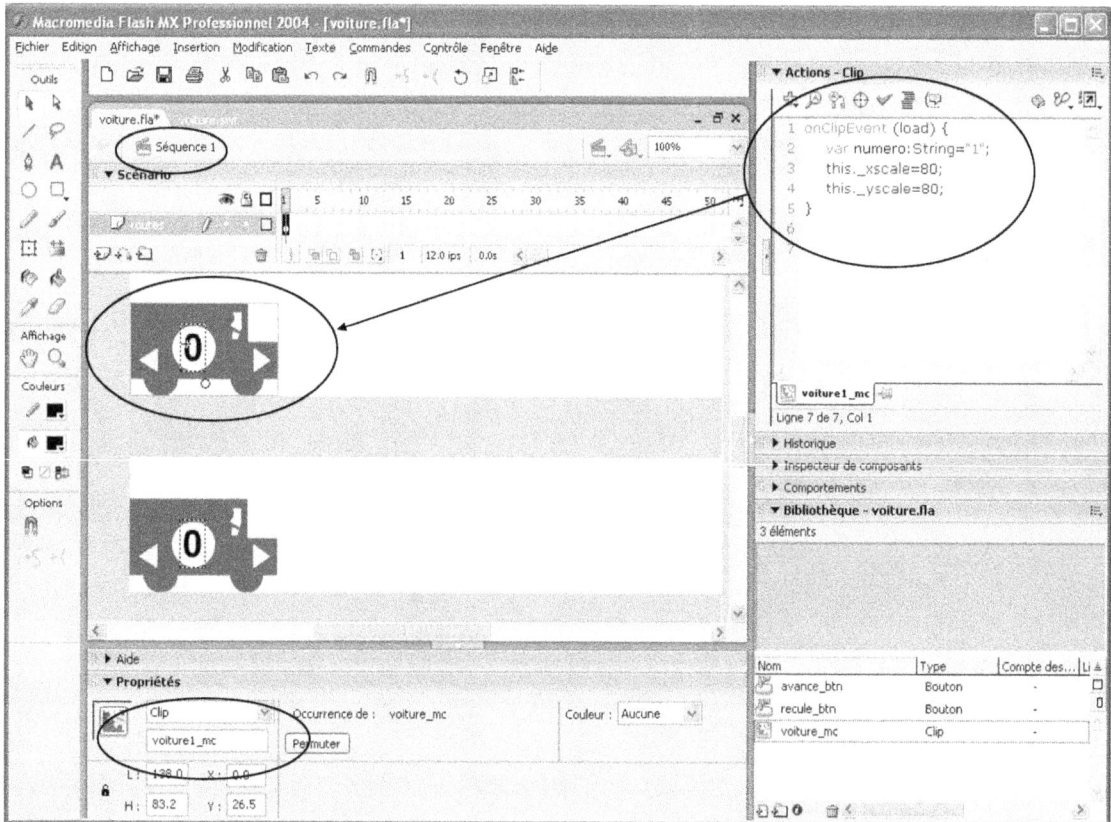

Figure 7-4

Ajout d'un gestionnaire d'événements de clip et du script correspondant sur l'occurrence voiture1_mc.

16. Sélectionnez ensuite la deuxième occurrence, voiture2_mc, et ajoutez de la même manière le gestionnaire d'événements de clip suivant. La première ligne du bloc de code déclare et attribue le chiffre 2 à la variable numero. La deuxième ligne modifie l'alpha du graphique de l'occurrence en appliquant un coefficient de 50 % d'opacité.

```
onClipEvent (load) {
var numero:String="2";
this._alpha=50;
}
```

17. Testez de nouveau l'animation dans l'environnement de test (Ctrl + Entrée). Cette fois, les deux voitures sont personnalisées : la première est légèrement plus petite et porte le numéro 1, alors que la seconde est plus transparente (alpha = 50 %) et porte le numéro 2. Ces personnalisations sont liées aux gestionnaires d'événements de clip appliqués aux deux occurrences de clip

(voir figure 7-5). Vérifiez le fonctionnement des boutons et le clignotement des numéros afin de vous assurer que leurs fonctionnalités restent inchangées. Ce troisième test permet de constater qu'un gestionnaire d'événements de clip appliqué à une occurrence de clip n'a d'incidence que sur cette occurrence (il en serait de même avec un gestionnaire d'événements de souris).

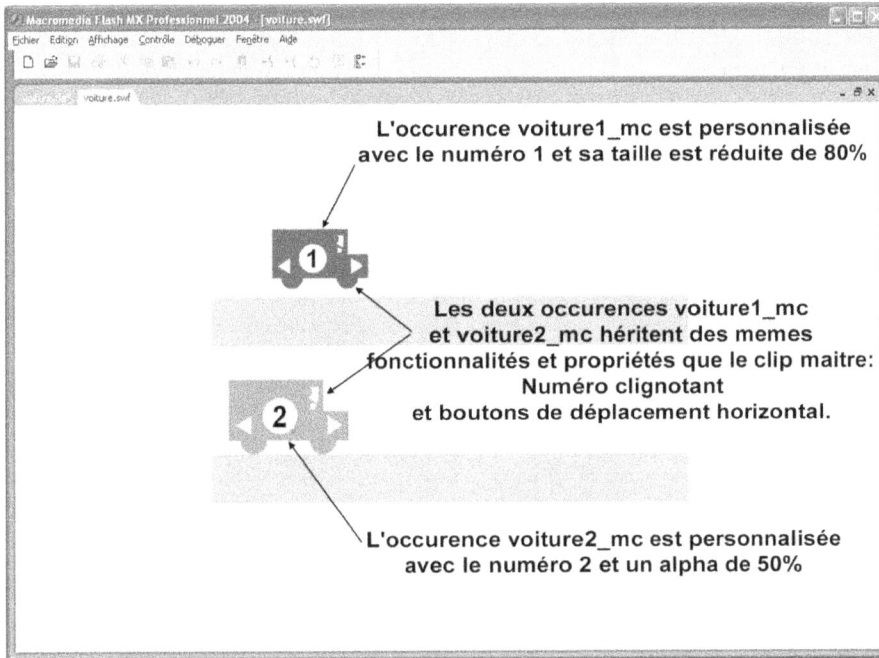

Figure 7-5

Test final de l'application.

18. Fermez l'environnement de test et retournez dans l'environnement de développement pour enregistrer votre document.

Figure 7-6

Si on observe l'explorateur d'animation, on peut facilement identifier les gestionnaires d'événements de clip appliqués aux deux occurrences voiture1_mc et voiture2_mc (repère 1) et les gestionnaires d'événements de souris ainsi que les événements d'image appliqués au clip maître voiture_mc (repère 2).

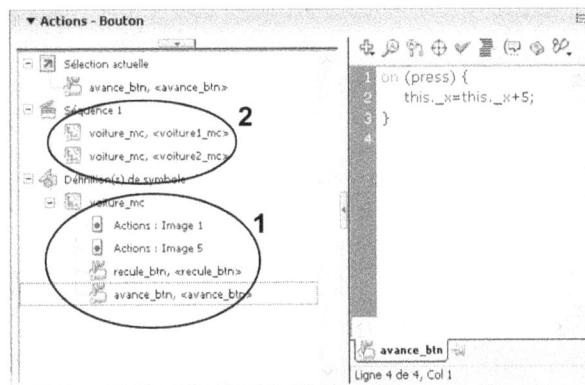

Synthèse de l'animation didactique

Cette animation nous a permis de démontrer l'incidence des événements selon leur type et la manière dont ils sont appliqués. Nous pouvons ainsi les classer en deux familles distinctes :

- les événements qui modifient les caractéristiques et fonctionnalités du clip maître et ont une répercussion sur toutes les occurrences issues de celui-ci ;
- les événements qui ne modifient que les caractéristiques et fonctionnalités d'une occurrence particulière et qui permettent de personnaliser chaque occurrence tout en conservant l'héritage du clip maître.

Tableau 7-55. Classement des événements selon leur incidence sur un clip

Familles	Types d'événements et méthodes d'application
Événements modifiant le clip maître (pour définir des caractéristiques et fonctionnalités communes à toutes les occurrences issues du clip maître)	Événements d'image appliqués à une image clé du scénario du clip maître. Événements de souris appliqués aux boutons ou aux clips enfants intégrés au clip maître Événements de clip appliqués aux clips enfants intégrés au clip maître
Événements modifiant l'occurrence du clip (pour personnaliser chaque occurrence de clip en lui attribuant des caractéristiques et fonctionnalités spécifiques)	Événements de clip appliqués à une occurrence du clip maître Événements de souris appliqués à une occurrence du clip maître

Ciblage des éléments

Dans les projets Flash, vous aurez souvent besoin de référencer un élément particulier afin de récupérer ou modifier la valeur d'une variable ou d'une propriété, ou encore d'appeler une fonction ou une méthode d'objet. Chaque élément d'un scénario doit pouvoir cibler un élément situé dans un scénario différent. Nous utiliserons par la suite le terme de « chemin cible » pour désigner le nom de l'élément et ses éventuels préfixes qui permettent de référencer sans ambiguïté un élément Flash. Voici les différentes manières de structurer ce chemin cible (nous parlerons par la suite de « ciblage »).

Utilisez le bouton Chemin cible de l'éditeur de script

Le bouton *Chemin cible* placé dans la barre de menu de l'éditeur de script permet d'insérer rapidement et sans risque d'erreur de frappe le chemin correspondant à un élément ciblé (voir figure 7-7). Le chemin peut être inséré en mode relatif (par rapport au scénario dans lequel sera ajouté le code) ou en mode absolu (par rapport au scénario principal _root). Pour que le chemin menant à un élément puisse être inséré dans le code, il faut que son nom d'occurrence et celui de tous les éléments insérés dans le chemin soient renseignés au préalable. Une fois le chemin inséré dans la zone de script, il suffit de saisir un point (.) pour obtenir la liste des propriétés ou méthodes correspondant à l'objet ciblé.

Figure 7-7

Le bouton Chemin cible de l'éditeur de script permet d'insérer rapidement un chemin absolu ou relatif lors de la rédaction d'un script.

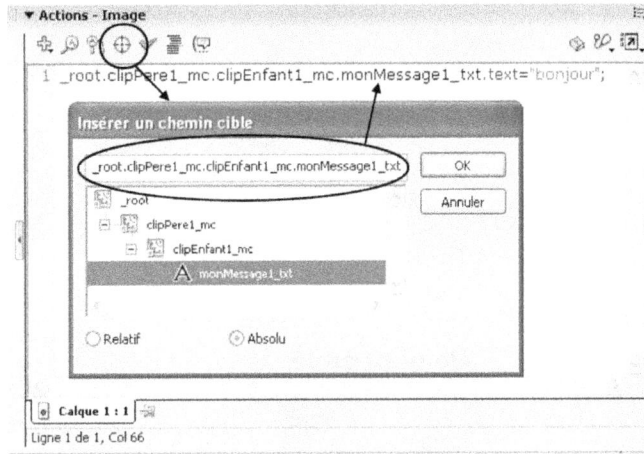

Chemin cible relatif ou absolu

Pour écrire un chemin cible, nous utiliserons la syntaxe pointée (chaque partie constituant le chemin est séparée par un point). Un chemin cible peut être absolu ou relatif.

Un chemin cible absolu décrit en premier le conteneur le plus élevé (soit l'animation principale caractérisée par le scénario principal : _root) puis nomme successivement les différents conteneurs enfants suivant l'ordre d'héritage. Le dernier élément du chemin est la propriété (comme dans l'exemple ci-dessous avec .text) ou la méthode de l'objet ciblé.

Exemple de chemin cible absolu :

```
_root.clipPere1_mc.clipEnfant1_mc.monMessage1_txt.text
```

Les chemins cibles absolus ont l'avantage de pouvoir être utilisés (sans être modifiés) depuis n'importe quel endroit de la hiérarchie d'un projet Flash.

Un chemin cible relatif contient le pointeur optionnel this suivi d'un ou plusieurs pointeurs _parent. Le pointeur _parent permet de remonter au père du clip courant. Si plusieurs pointeurs _parent sont utilisés, on peut remonter de plusieurs niveaux. Le reste du chemin est composé des différents éléments (séparés par des points) menant à l'élément ciblé (voir figure 7-9).

Exemple de chemin cible relatif :

(Dans l'exemple ci-dessous, deux clips sont placés sur le scénario principal (clipFrereA1_mc et clipFrereB1_mc.) Le chemin cible est placé dans le clip clipFrereA1_mc et a pour fonction d'affecter la valeur "bonjour" au champ texte dynamique placé dans le clip clipFrereB1_mc.

```
this._parent.clipFrereB1_mc.monMessageB1_txt.text="bonjour";
```

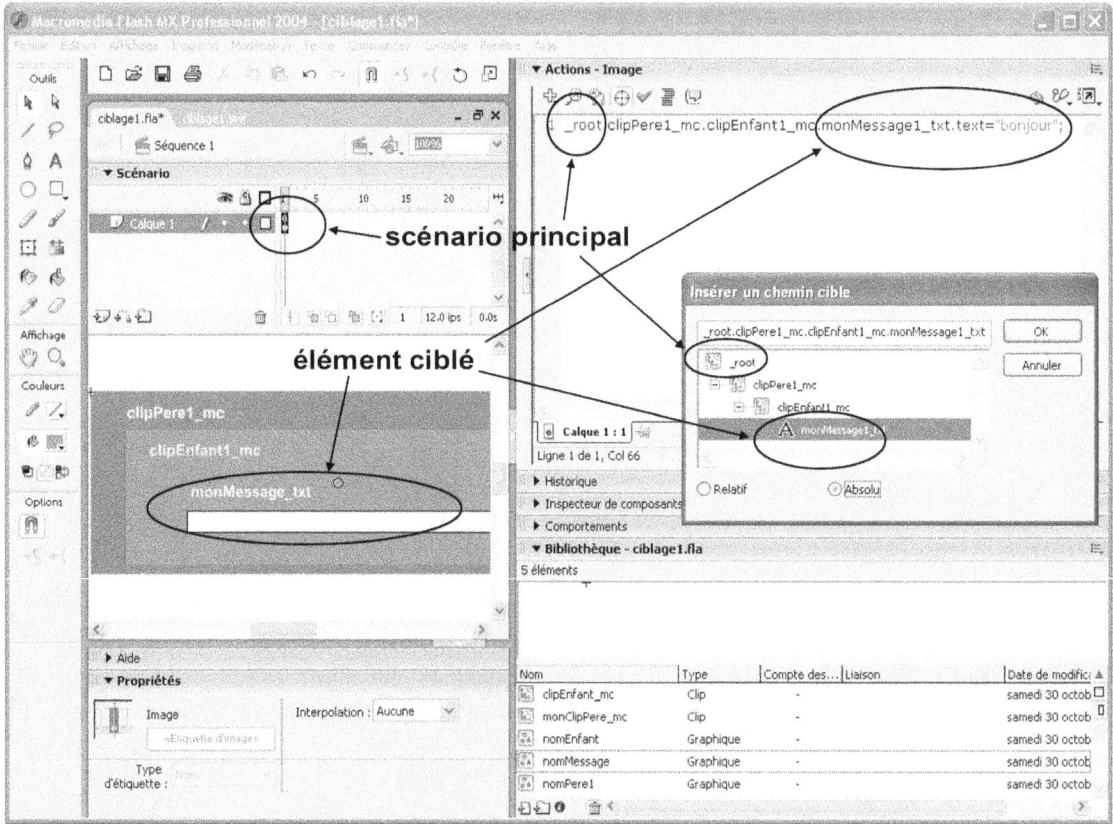

Figure 7-8

Exemple de ciblage absolu de la valeur (.text) d'un champ de texte dynamique (monMessage1_txt) situé dans le clip clipEnfant1_mc, lui-même placé dans le clip clipPere1_mc.

Attribuer un nom d'occurrence à chaque objet

Si vous désirez cibler une propriété ou une méthode d'un objet créé dans l'environnement de développement visuel (bouton, champ de texte, clip), il est indispensable d'avoir attribué au préalable un nom d'occurrence à l'objet ciblé (par exemple, le chemin ciblant la propriété _x d'un bouton monBouton1_btn placé sur le scénario principal sera _root.monBouton1_btn._x). Pour attribuer un nom d'occurrence, il suffit de sélectionner l'objet sur la scène puis de saisir le nom désiré dans le champ du panneau des propriétés nommé Champ d'occurrence. Ne confondez pas le nom du symbole et celui attribué à une occurrence de ce dernier. Cependant, il est pratique de nommer l'occurrence d'un objet en rappelant le nom de l'objet maître (clip, bouton...). Nous vous suggérons d'utiliser la convention de nommage qui consiste à ajouter un indice au nom de l'objet maître pour nommer toutes les occurrences de ce dernier (par exemple, vous pouvez utiliser le nom d'occurrence monBouton1_btn si le bouton maître dont il est issu s'appelle monBouton_btn, voir la figure 7-10).

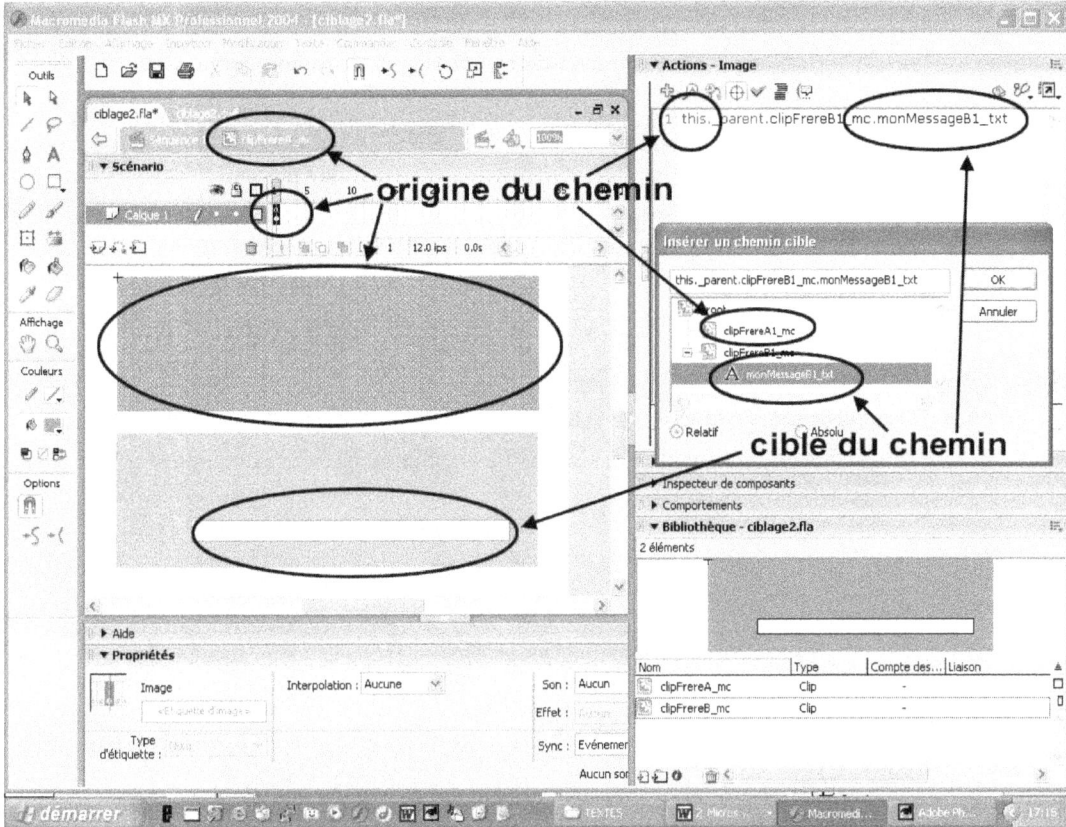

Figure 7-9

Exemple de ciblage relatif de la valeur (.text) d'un champ de texte dynamique (monMessageB1_txt) situé dans le clip clipFrereB1_mc, depuis un autre clip clipFrereA1_mc placé au même niveau que le précédent.

Figure 7-10

Attribution du nom d'occurrence monBouton1_btn à un objet bouton issu du clip maître monBouton_btn.

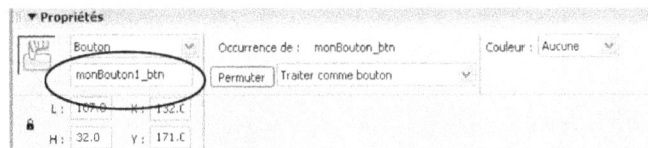

Structure d'un chemin cible

Un chemin cible est constitué de trois parties distinctes :

- **le point de référence du chemin** – (_root pour un chemin absolu ou this pour un chemin relatif) ;
- **l'ordre hiérarchique des scénarios** – (liste optionnelle des différentes occurrences des clips menant à l'élément ciblé, séparés par un point et ordonnés selon leur hiérarchie) ;
- **l'occurrence de l'élément ciblé** – (suivi éventuellement d'une de ses propriétés ou de ses méthodes).

Le tableau 7-56 présente plusieurs structures de chemin cible.

Tableau 7-56. Exemples de structures d'un chemin cible

Point de référence	Ordre hiérarchique des scénarios (optionnel)	Occurrence de l'élément ciblé (éventuellement suivi d'une propriété ou méthode à cibler)
`_root.`	`monClip1_mc.`	`nomVariable`
`this._parent.`	`ClipPere1_mc.clipEnfant1_mc.`	`monTexte_txt.text`
`this._parent._parent.`		`_x`
...	...	...

Point de référence d'un chemin relatif

Le point de référence des chemins cibles relatifs doit toujours correspondre :

• au scénario contenant l'image clé s'il s'agit d'un chemin intégré dans une image clé de scénario (voir figure 7-11) ;

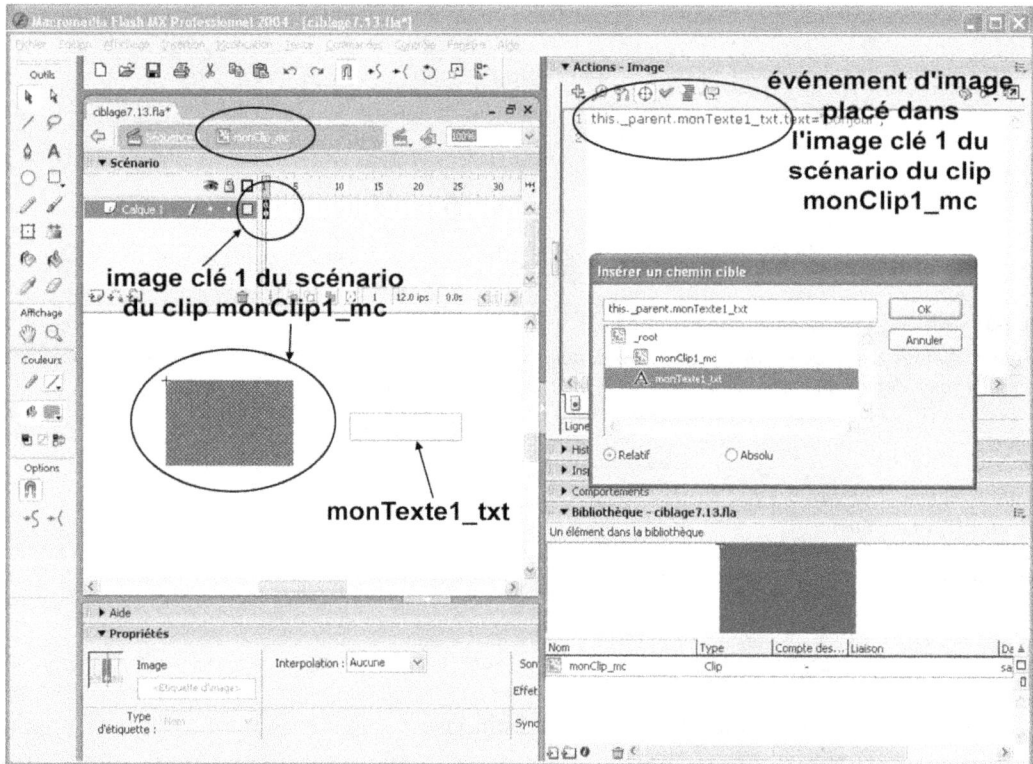

Figure 7-11

Définition du point de référence d'un chemin cible intégré dans une image clé de scénario du clip monClip1_mc.

- au scénario dans lequel est intégré le bouton dans le cas d'un chemin intégré dans un gestionnaire d'événements de souris appliqué à un bouton (voir figure 7-12) ;

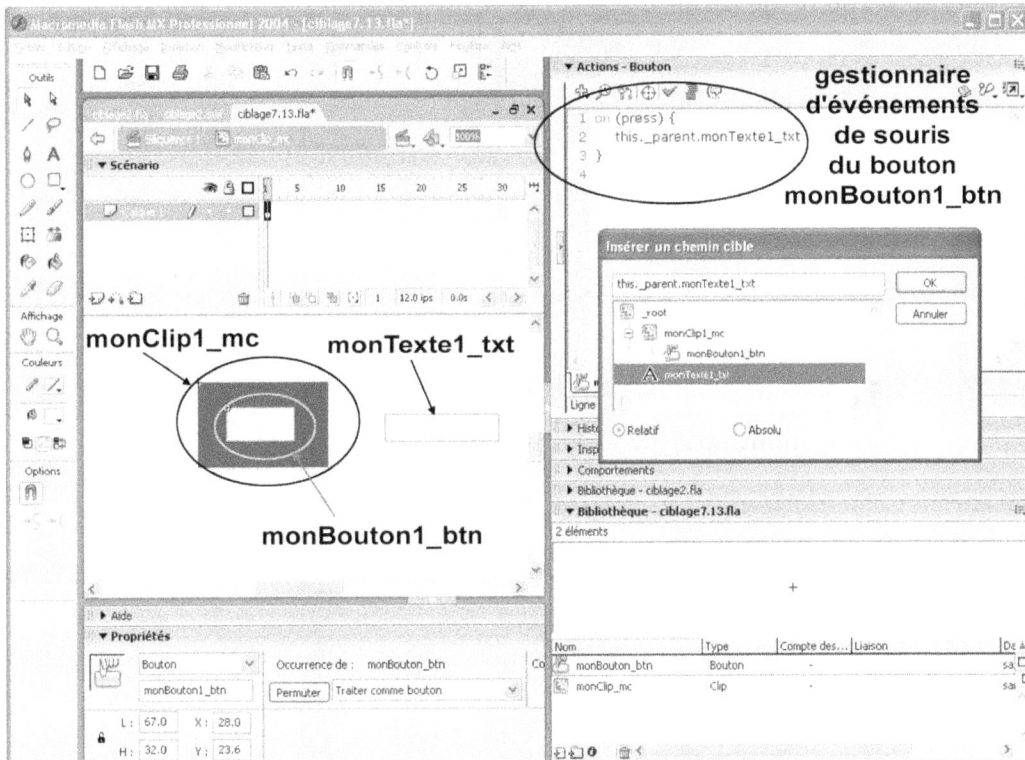

Figure 7-12

Définition du point de référence d'un chemin cible intégré dans un gestionnaire d'événements de souris appliqué à un bouton placé dans le clip monClip1_mc.

- ou au scénario du clip sur lequel est appliqué le gestionnaire d'événements s'il s'agit d'un chemin intégré dans un gestionnaire d'événements de clip ou de souris appliqué à une occurrence de clip (voir figure 7-13).

Dans les trois exemples des figures 7-11, 7-12 et 7-13, un chemin ciblant la valeur d'un même champ texte dynamique placé sur le scénario principal est intégré à différents endroits d'un clip monClip1_mc (placé sur le scénario principal).

```
this._parent.monTexte1_txt.text
```

Dans ces trois cas de figure, le point de référence est toujours le scénario du clip monClip1_mc. Il est identifié par les mots-clés :

```
this._parent
```

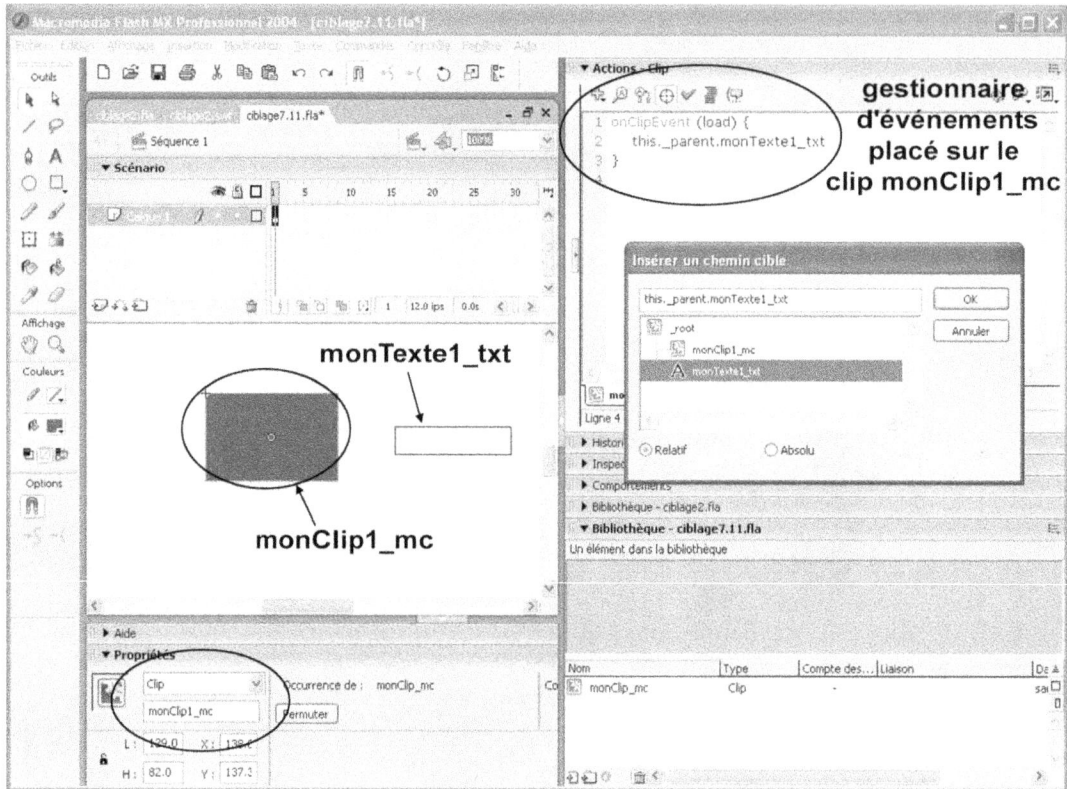

Figure 7-13

Définition du point de référence d'un chemin cible intégré dans un gestionnaire d'événement placé sur le clip
monClip1_mc.

Point de référence d'un chemin absolu

Le point de référence des chemins cibles absolus est toujours _root. En effet, le scénario principal
(_root) est le scénario racine de tous les scénarios du projet et permet d'accéder à n'importe quel
élément de l'animation.

L'exemple ci-dessous permet de cibler le champ texte monTexte_txt placé sur le scénario principal
depuis un scénario quelconque du projet :

```
_root.monTexte_txt
```

Dans ce chemin absolu, le point de référence est :

```
_root
```

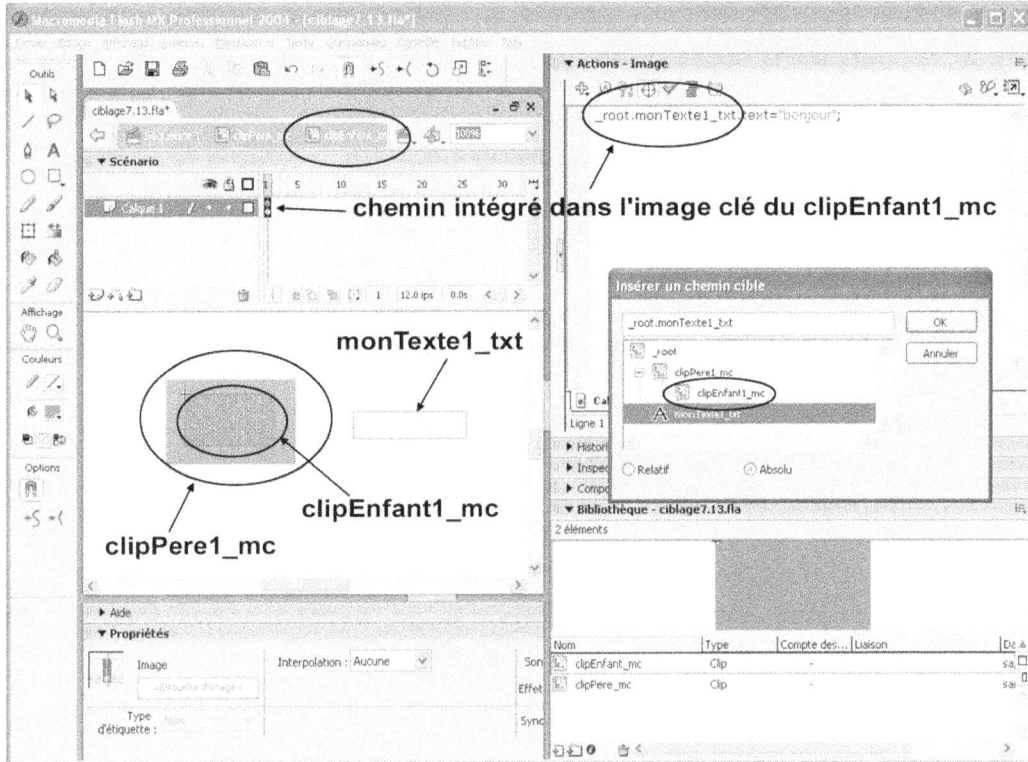

Figure 7-14

*Définition du point de référence d'un chemin cible absolu. Quel que soit l'endroit où est intégré le chemin,
il peut être utilisé sans modification (dans l'exemple de la figure, le chemin est intégré dans l'image clé
du clip clipEnfant1_mc).*

Ordre hiérarchique des scénarios

L'ordre hiérarchique des scénarios commence par le conteneur placé directement après le point de
référence, suivi des différents conteneurs enfants suivant leur ordre d'héritage. Les différents conteneurs sont séparés par un point et sont identifiés par le nom d'occurrence du clip correspondant au
scénario. Si l'élément ciblé se trouve directement placé sur la scène, le chemin cible ne comportera
pas d'ordre hiérarchique de scénarios (exemple : _root.monTexte_txt.text).

Par exemple, si l'élément ciblé est la valeur d'un champ de texte dynamique monTexte_txt placé dans
un clip clipEnfant1_mc lui-même placé dans un clip clipPere1_mc, le chemin cible absolu est :

```
_root.clipPere1_mc.clipEnfant1_mc.monTexte_txt.text="bonjour";
```

dans lequel l'ordre hiérarchique des scénarios est :

```
clipPere1_mc.clipEnfant1_mc
```

Occurrence de l'objet cible

Si un chemin cible (absolu ou relatif) référence une propriété ou une méthode d'un objet (bouton, champ de texte, Array...), le nom de l'occurrence de cet objet doit être inclus dans le chemin juste avant le nom de la propriété ou de la méthode ciblée.

Par exemple, si votre projet est constitué d'un clip monClip1_mc dans lequel est intégré un bouton monBouton1_btn et que vous désirez modifier la position horizontale du bouton, le chemin cible absolu est le suivant :

```
_root.monClip1_mc.monBouton1_btn._x=200;
```

Dans cet exemple, le chemin cible pointe bien sur l'occurrence du clip visé (monClip1_mc) mais précise aussi le nom de l'objet dont la propriété doit être modifiée, soit ici le nom d'occurrence du bouton :

```
monBouton1_btn
```

Présentation des différents types de ciblage

Ciblage absolu d'éléments sur le scénario principal (_root)

Pour cibler un élément placé sur le scénario principal en utilisant le même chemin cible depuis n'importe quel scénario du projet, il faut utiliser le ciblage absolu. Dans ce cas, le chemin cible est construit à partir du point de référence _root suivi d'un point et de l'élément à référencer :

```
_root.monTexte_txt.text
```

Dans l'exemple ci-dessus, l'élément ciblé est la valeur d'un champ texte monTexte_txt placé sur le scénario principal (_root).

> **À noter**
>
> Dans cet exemple, le chemin est placé dans un clip monClipEnfant1_mc lui-même placé dans un clip monClipPere1_mc mais la même syntaxe pourrait être utilisée depuis n'importe quel endroit du projet.

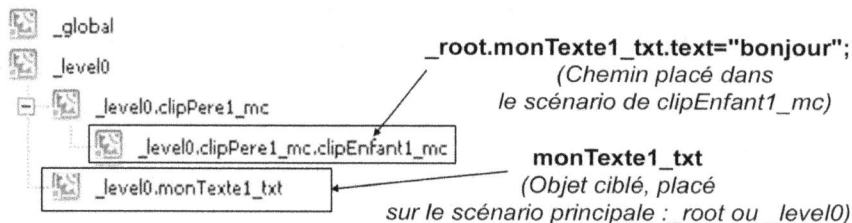

Figure 7-15

Ciblage absolu d'un élément situé sur l'animation principale (scénario root).

Pour illustrer le ciblage de différents types d'éléments placés sur le scénario principal, voici quelques exemples commentés :

Exemple 1 : cette instruction permet de référencer la variable `maVariable` située sur le scénario principal et d'affecter sa valeur à une variable locale `monMessage` placée sur le même clip que l'instruction d'affectation.

```
monMessage=_root.maVariable;
```

Exemple 2 : cette instruction affiche le mot `"bonjour"` dans le champ de texte `monTexte` placé sur le scénario principal. Elle peut fonctionner avec la même syntaxe quel que soit le scénario dans lequel elle est exécutée.

```
_root.monTexte_txt.text="bonjour";
```

Exemple 3 : cette instruction permet de déplacer la tête de lecture du scénario principal sur l'étiquette `etape2`. La même syntaxe peut être conservée quel que soit l'endroit où est exécuté cet ordre.

```
_root.gotoAndStop("etape2");
```

Ciblage absolu d'éléments sur un scénario de clip (_root.monClip_mc)

Pour référencer un élément situé sur le scénario d'un clip à l'aide d'un chemin absolu, il suffit d'ajouter au pointeur `_root` l'ordre hiérarchique des scénarios menant à l'élément ciblé en mentionnant toutes les occurrences des clips ordonnées par héritage puis le nom de l'élément.

Exemple :

```
_root.monClipPere1_mc.monClipEnfant1_mc.monTexte_txt.text
```

Dans l'exemple ci-dessus l'élément ciblé est la valeur d'un champ de texte dynamique `monTexte_txt` placé sur un clip `monClipEnfant1_mc` lui-même placé dans un autre clip `monClipPere1_mc`.

> **À noter**
>
> Dans cet exemple, le chemin est placé dans un clip `monClipEnfantA1_mc` lui-même placé dans un autre clip `monClipPereA1_mc` mais la même syntaxe pourrait être utilisée depuis n'importe quel endroit du projet.

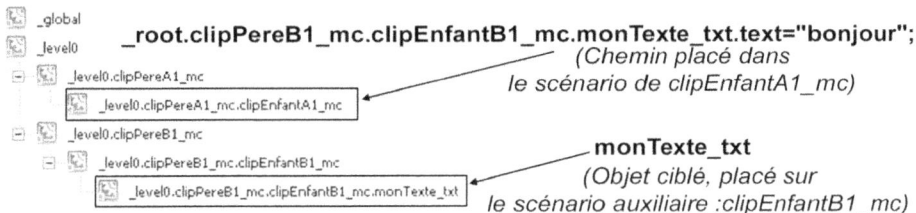

Figure 7-16

Ciblage absolu d'éléments situés sur une animation auxiliaire (clip auxiliaire).

Voici quelques exemples commentés correspondant à ce type de ciblage :

Exemple 1 : cette instruction déplace sur l'axe horizontal le clip monClip1_mc placé sur le scénario principal. Cette instruction peut être exécutée avec la même syntaxe dans toutes les animations du projet.

```
_root.monClip1_mc._x ++;
```

Exemple 2 : cette instruction arrête l'animation du clip monClip1_mc placé sur le scénario principal. Elle peut être exécutée avec la même syntaxe dans toutes les animations du projet.

```
_root.monClip1_mc.stop();
```

Exemple 3 : cette instruction affiche le mot "bonjour" dans le champ de texte monTexte_txt placé sur le clip monClip1_mc. Cette instruction peut être exécutée avec la même syntaxe dans toutes les animations du projet.

```
_root.monClip1_mc.monTexte_txt.text="bonjour";
```

Ciblage relatif d'éléments en local (this)

Si l'on utilise un chemin cible contenant uniquement le nom de l'élément à référencer (par exemple : monTexte_txt.text), Flash cible de manière implicite l'élément portant ce nom situé dans l'animation en cours.

Dans l'exemple ci-dessous, la valeur "bonjour" sera affectée à la valeur du champ de texte dynamique monTexte_text s'il est situé sur la même animation que celle où est saisie l'instruction d'affectation :

```
monTexte_txt.text="bonjour";
```

Cependant, Flash suggère d'utiliser le pointeur this afin d'indiquer d'une manière explicite que l'élément ciblé se trouve dans la même animation. La ligne de code ci-dessous réalise la même affectation que celle de l'exemple précédent :

```
this.monTexte_txt.text="bonjour";
```

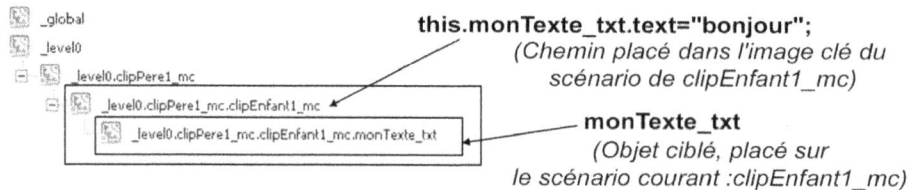

Figure 7-17

Ciblage local d'éléments situés sur l'animation courante.

Évidemment, il est possible de cibler de la même manière tout type d'élément situé sur l'animation en cours. On peut ainsi modifier les propriétés d'un objet (_x, _y, _alpha...) ou appeler une fonction ou une méthode d'objet (play(), stop()...) comme dans les exemples commentés ci-dessous.

Exemple 1 : cette instruction modifie la position horizontale du clip dans lequel elle est exécutée (clip courant).

```
this._x=200;
```

Exemple 2 : cette instruction affecte à la variable monNom le contenu du champ texte monChamp_txt situé sur le même clip. Cette ligne de code doit être exécutée sur le clip où se trouve le champ texte.

```
this.monNom=this.monChamp_txt.text;
```

Exemple 3 : cette instruction démarre l'animation courante si elle est exécutée sur le scénario courant.

```
this.play();
```

Exemple 4 : cette instruction permet de rendre invisible le clip monClipEnfant1_mc placé dans l'animation courante (il ne sera plus affiché sur la scène). Cette ligne de code doit être exécutée dans l'animation courante du clip concerné.

```
this.monClipEnfant1_mc._visible=false;
```

Exemple 5 : ces instructions permettent de déplacer le clip courant lorsque le bouton de la souris est enfoncé. Elles doivent être exécutées dans le scénario du clip concerné.

```
on (press) {
 startDrag(this);
}
on (release) {
 stopDrag();
 }
```

Ciblage relatif d'éléments sur un scénario parent (_parent)

Nous avons présenté précédemment le ciblage relatif d'un élément dans le cas où il se situe dans la même animation que l'instruction d'appel (en préfixant le chemin par le pointeur this ou en n'indiquant aucun pointeur). Il existe un autre pointeur de ciblage relatif qui permet d'indiquer que le point de référence à partir duquel est construit le reste du chemin se trouve au niveau de l'animation parente. Pour construire un chemin cible relatif de ce type, il suffit d'ajouter au pointeur _parent le chemin menant à l'élément ciblé en mentionnant toutes les occurrences des clips ordonnées par héritage.

Dans l'exemple ci-dessous, la valeur "bonjour" sera affectée à la valeur du champ de texte dynamique monTexte_text s'il est situé sur le scénario parent de l'animation courante où est saisi l'instruction d'affectation :

```
_parent.monTexte_txt.text="bonjour";
```

Lors de l'utilisation du pointeur _parent, Flash suggère d'ajouter le préfixe this afin d'indiquer d'une manière explicite que l'élément ciblé est parent de l'animation courante. La ligne de code ci-dessous réalise la même affectation que celle de l'exemple précédent :

```
this._parent.monTexte_txt.text="bonjour";
```

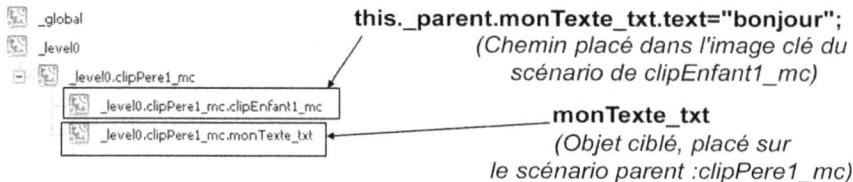

Figure 7-18
Ciblage relatif d'éléments situés sur une animation parente (clip parent).

Voici quelques exemples commentés correspondant à ce type de ciblage :

Exemple 1 : cette instruction additionne deux variables situées dans l'animation parente du clip courant et mémorise le résultat dans une variable monResultat placée dans le clip courant. Attention ! Cette instruction ne peut pas être exécutée si les variables additionnées ne sont pas situées dans le clip parent.

```
this.monResultat=this._parent.maVariable1+ this._parent.maVariable2;
```

Exemple 2 : cette instruction applique une rotation de 45° au clip monClipFrere1_mc placé dans la même animation parente que le clip courant (le clip ciblé est donc le clip frère du clip courant). Attention ! Cette instruction ne peut pas être exécutée si le clip visé ne se trouve pas dans le clip parent.

```
this._parent.monClipFrere1_mc._rotation=45;
```

Exemple 3 : cette instruction règle l'alpha du bouton monBouton1_btn placé dans l'animation parente du clip courant. Attention ! Cette instruction ne peut pas être exécutée si le bouton ciblé n'est pas situé dans le clip parent.

```
this._parent.monBouton1_btn._alpha=50;
```

Exemple 4 : cette instruction permet de cibler une variable monMessage située dans un clip situé deux niveaux au-dessus de l'animation courante (l'animation ciblée est donc en quelque sorte la grand-mère de l'animation courante). Attention ! Cette instruction ne peut pas être exécutée si la variable ciblée n'est pas située dans le clip grand-père.

```
this.maVariable= this._parent._parent.monMessage;
```

Ciblage d'éléments sur un niveau (_level1)

Flash permet de charger plusieurs fichiers SWF simultanément dans un même projet à l'aide de l'instruction loadMovieNum(). Afin de distinguer les éléments des fichiers SWF entre eux, chaque fichier doit être placé à un niveau différent. Le premier fichier SWF appelé est automatiquement chargé au niveau 0 (c'est notamment ce qui se passe lorsqu'on appelle un fichier SWF dans Flash Player, _level0 et _root étant dans ce cas équivalents). Les différentes animations se superposent les unes aux autres et il est possible de gérer la place d'une animation SWF (premier plan ou arrière-plan) selon le niveau où elle est chargée (un peu comme avec les calques dans un scénario).

Chaque fichier SWF appelé possède son propre scénario principal (_root) et il peut être utilisé comme pointeur au sein du niveau pour cibler un élément interne. Si l'on désire cibler un élément d'un fichier SWF placé à un autre niveau, il faut utiliser un pointeur spécifique correspondant au niveau ciblé. Par exemple, le pointeur _level2 permet de cibler le scénario principal du niveau 2, de même que le pointeur _level0 correspond au pointeur _root du premier fichier SWF appelé. Pour s'en convaincre, il suffit d'afficher le pointeur _root depuis l'image clé 1 d'un fichier SWF pour constater que le nom affiché dans le panneau Sortie sera _level0 et non _root.

```
trace(_root);
```

Si vous exécutez l'instruction trace() ci-dessus depuis une image clé du scénario principal, le panneau Sortie affiche le nom du pointeur du niveau 0 soit :

```
_level0
```

En utilisant un pointeur de niveau (_level1 ou _level2, par exemple), vous pouvez cibler un élément placé sur le scénario principal de ce niveau mais aussi tous les éléments placés sur les différents clips qu'il peut contenir.

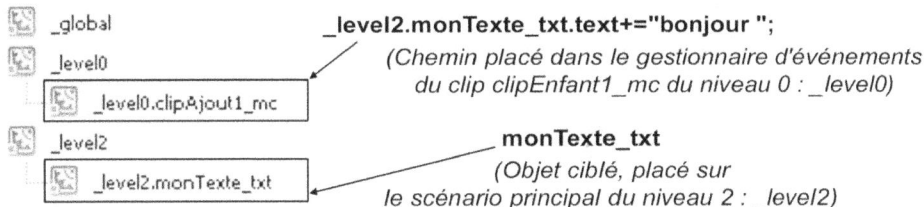

Figure 7-19
Ciblage d'éléments situés sur une animation d'un niveau différent (scénario principal du niveau 2).

Pour illustrer ce type de ciblage, nous allons créer un petit projet composé de deux fichiers SWF. L'un, nommé principal.swf, est le fichier appelé initialement, alors que le second, nommé secondaire.swf, est chargé par le premier fichier dans le niveau 2 de Flash Player.

1. Créez le fichier secondaire en ouvrant un nouveau document et en l'enregistrant sous le nom secondaire.fla.

2. Dans l'animation principale de ce fichier, créez un champ texte dynamique positionné au centre de la scène dont l'occurrence est nommée monTexte_txt. Enregistrez le fichier et publiez-le sous le même nom, soit secondaire.swf.

3. Ouvrez maintenant un nouveau document Flash et enregistrez-le sous le nom principal.fla. Après sa publication, le fichier `principal.swf` ainsi créé sera l'animation principale du projet (chargée au niveau 0).

4. Placez-vous sur l'image clé 1 du scénario principal et saisissez l'instruction suivante afin de charger le fichier secondaire.swf dans le niveau 2 :

```
loadMovieNum("secondaire.swf",2);
```

5. Créez ensuite un clip d'occurrence `clipAjout1_mc` sur le scénario principal et appliquez-lui le gestionnaire d'événements de souris ci-dessous :

```
on (press) {
    _level2.monTexte_txt.text+="bonjour ";
}
```

6. Ce gestionnaire d'événements de souris permet (à chaque clic de souris sur le clip) d'ajouter le mot `"bonjour"` à la valeur précédente du champ de texte `monTexte_txt` situé dans l'animation chargée au niveau 2. Enregistrez l'animation dans le même répertoire que le fichier précédent et passez dans l'environnement de test pour vérifier le bon fonctionnement du projet Flash.

7. Le clip Ajout bonjour du fichier principal.swf ainsi que le champ de texte du fichier secondaire.swf doivent apparaître dans la fenêtre de l'environnement de test. À chaque clic sur le clip `Ajout bonjour` (chargé dans le niveau 0), le mot `"bonjour"` (chargé dans le niveau 2) doit s'ajouter à la valeur précédente (voir figure 7-20).

Ciblage d'éléments globaux (_global)

La portée d'un élément Flash (qu'il s'agisse d'une simple variable, d'une fonction ou d'un objet) délimite sa zone d'utilisation dans un programme.

Par défaut, un élément Flash est local et sa portée est limitée au bloc de script dans lequel il a été déclaré (zone délimitée par les accolades { et }) ou à tout son scénario s'il s'agit d'un élément déclaré dans une image clé d'un scénario.

À l'inverse, un élément Flash global reste accessible dans tous les scénarios d'une animation. Vous pouvez donc le cibler directement (sans préciser son chemin cible) quel que soit le scénario dans lequel vous vous trouvez.

Utilisation d'une variable globale dans des scénarios différents

Pour créer un objet global, il suffit de le déclarer en ajoutant à son nom le préfixe _global.

Exemple de création d'une variable globale :

```
_global.maVariableGlobale="bonjour";
```

Une fois créée, la variable globale peut être référencée de la même manière depuis n'importe quel scénario d'une animation comme l'illustrent les deux exemples ci-dessous (attention : contrairement aux différents types de ciblage présentés précédemment, le mot-clé _global n'est pas utilisé dans la syntaxe du chemin cible) (voir figure 7-21) :

```
monTexte1_txt.txt=maVariableGlobale;//appel depuis un clip
monTexte2_txt.txt =maVariableGlobale;//appel depuis le scénario principal.
```

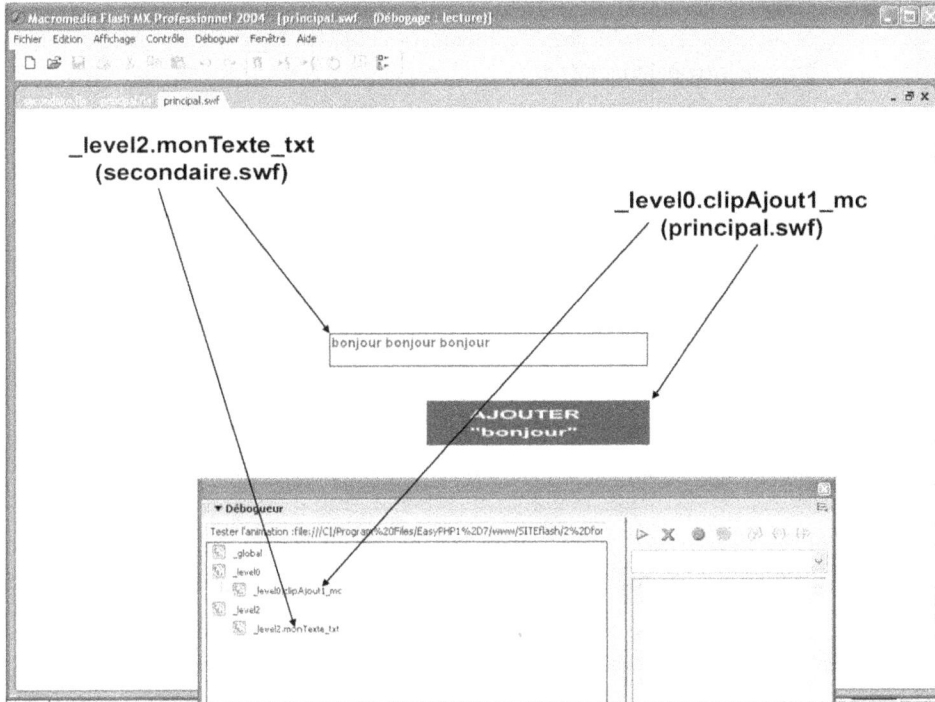

Figure 7-20

Exemple de ciblage entre deux niveaux d'un même projet.

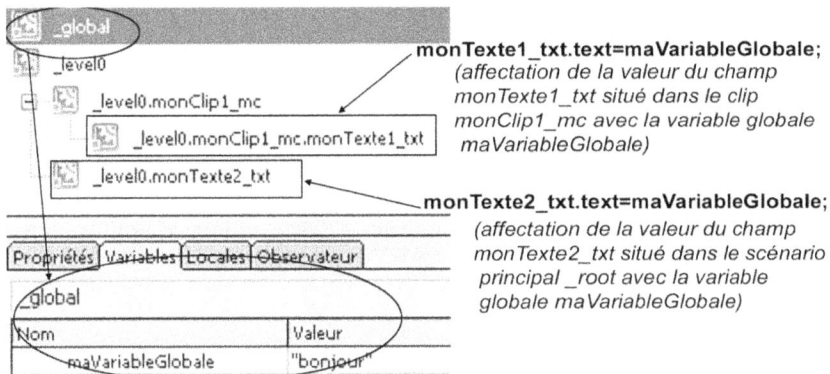

Figure 7-21

Exemple de ciblage d'un élément global depuis le scénario principal et depuis un scénario auxiliaire monClip1_mc.

À titre de comparaison, voici la syntaxe de la déclaration (sur le scénario principal puis sur le scénario d'un clip) et du ciblage absolu de cette même variable, déclarée cette fois-ci comme variable locale, depuis un scénario quelconque :

Exemple avec une déclaration sur le scénario principal :

```
maVariableLocale ="bonjour";
//déclaration de la variable sur le scénario principal
motAccueil=_root.maVariableLocale;
//appel de la variable depuis un scénario quelconque
```

Exemple avec une déclaration sur le scénario d'un clip :

```
maVariableLocale ="bonjour";
//déclaration de la variable sur le scénario du clip monClip1_mc
motAccueil=_root.monClip1_mc.maVariableLocale;
//appel de la variable depuis un scénario quelconque
```

Exemple 1 :

Il en est de même pour tous les objets :

```
_global.monObjetGlobal_array=new Array("vert","rouge","bleu"); //création d'un objet tableau global
```

On peut appeler l'une de ses méthodes ou utiliser une propriété depuis différents scénarios avec la même syntaxe :

```
monObjetGlobal_array.sort();//appel à la méthode sort() depuis le scénario principal
monObjetGlobal_array.sort();//appel à la méthode sort() depuis un clip
```

Exemple 2 :

Les fonctions peuvent de la même manière être déclarées comme fonctions globales (l'utilisation des fonctions utilisateur globalisées sera détaillée dans le chapitre 10 consacré à la programmation structurée en ActionScript) :

```
_global.maFonctionGlobale=function() {
//ici le bloc d'actions de la fonction globale
}
```

On peut ensuite référencer la fonction avec la même syntaxe à partir de n'importe quel scénario, à l'instar des fonctions Flash intégrées :

```
maFonctionGlobale();
//appel d'une fonction globale depuis un clip

maFonctionGlobale();//appel d'une fonction globale depuis le scénario principal
```

Exemple 3 :

Dans certains cas, il est intéressant de convertir un objet local en objet global afin de pouvoir le manipuler dans tous les scénarios de l'animation. Par exemple, si vous désirez contrôler facilement une occurrence de clip `monClip2_mc`, il est possible de le convertir en élément global à l'aide de l'instruction suivante :

```
_global.monClipGlobal_mc=_root.monClip1_mc.monClip2_mc;
```

Il suffit par la suite d'utiliser son nom global pour le contrôler depuis tous les scénarios du projet comme dans l'exemple ci-dessous :

```
monClipGlobal_mc.play();
```

Utilisation d'une variable globale dans des niveaux différents

Nous venons de voir qu'une variable globale peut être utilisée dans tous les scénarios d'une animation en se référant uniquement à son nom (c'est-à-dire sans utiliser son chemin cible). Elle peut être utilisée de la même manière depuis les différents niveaux d'un projet.

Pour vous le démontrer, nous allons créer un petit projet composé de deux fichiers SWF. L'un, nommé principal2.swf, est le fichier appelé initialement, alors que le second, nommé secondaire2.swf, est chargé par le premier fichier au niveau 2 de Flash Player.

1. Créez le fichier secondaire en ouvrant un nouveau document et en l'enregistrant sous le nom secondaire2.fla.

2. Dans l'animation principale de ce fichier, créez un champ texte dynamique positionné au centre de la scène dont l'occurrence est nommée `monTexte_txt`. Enregistrez le fichier et publiez-le sous le même nom, soit secondaire2.swf.

3. Ouvrez maintenant un nouveau document Flash et enregistrez-le sous le nom principal2.fla. Après sa publication, le fichier principal.swf créé sera l'animation principale du projet (chargée au niveau 0).

4. Placez-vous sur la scène du scénario principal et créez un clip d'occurrence `clipInit1_mc`.

5. Appliquez-lui le gestionnaire d'événements ci-dessous qui sera appelé dès le chargement du clip :

```
onClipEvent (load) {
_global.maVariableGlobale="bonjour";
loadMovieNum("secondaire2.swf",2);
}
```

6. Ce gestionnaire d'événements permet de déclarer la variable globale `maVariableGlobale` et de lui affecter le mot `"bonjour"` puis de charger l'animation secondaire dans le niveau 2. Enregistrez l'animation dans le même répertoire que le précédent fichier et passez dans l'environnement de test avec débogage (Ctrl + Maj + Entrée) pour vérifier le bon fonctionnement de votre projet.

7. Dans la fenêtre de débogage, cliquez sur le niveau global (`_global`) et sélectionnez l'onglet Variables afin de suivre l'initialisation de la variable globale lors du chargement du clip. Cliquez ensuite sur la flèche verte de la fenêtre du débogueur afin de démarrer l'animation principale. La variable globale (initialisée avec `"bonjour"`) apparaît dans l'onglet Variables ainsi que dans le champ texte de l'animation secondaire (voir figure 7-22).

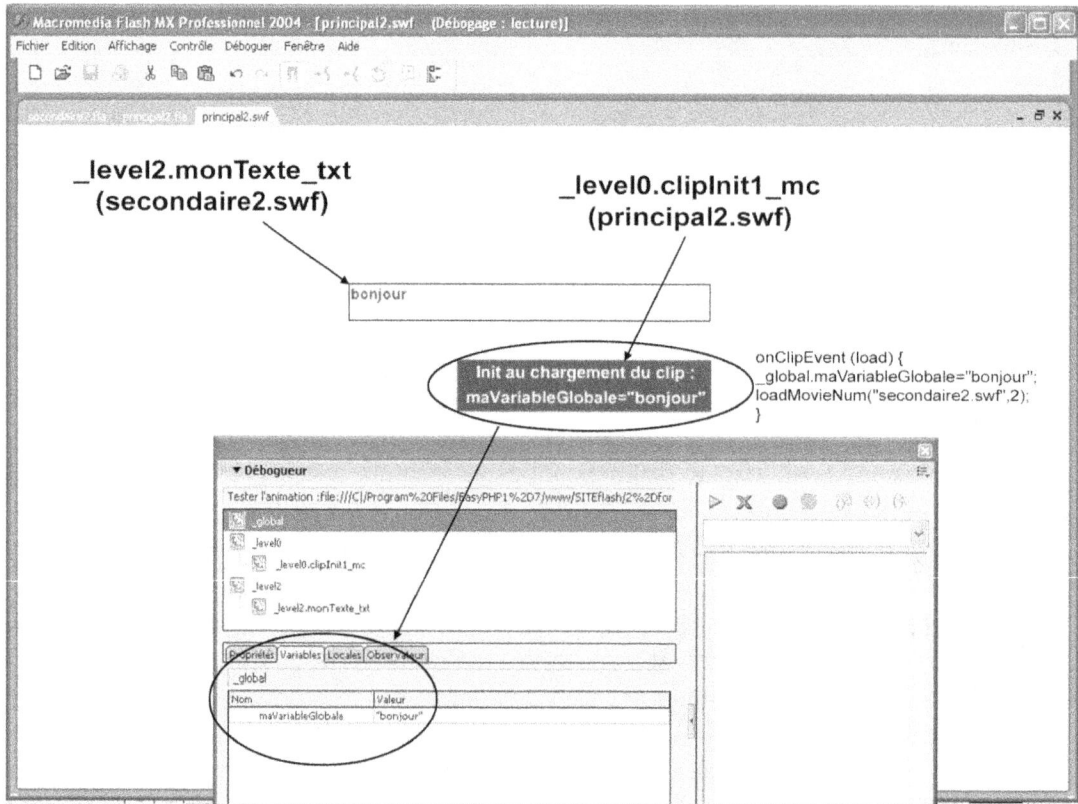

Figure 7-22

Exemple d'utilisation d'une variable globale entre deux niveaux d'un même projet.

Convention de nommage d'une variable globale

Après ces différents exemples, vous comprendrez aisément qu'il est intéressant de déclarer en élément global tout élément fréquemment utilisé dans différents scénarios du projet. Cependant, il est primordial de s'assurer que le nom de l'élément global n'a aucune chance de rentrer en conflit avec un des éléments portant le même nom utilisé dans un des scénarios de l'animation. Pour éviter ce genre d'erreur, le mieux est de définir une convention de nommage spécifique pour tous les éléments globaux.

Par exemple, nous pourrions convenir d'utiliser le préfixe glob_ devant tous les noms d'éléments globaux :

```
var _global.glob_maVariable="bonjour";
```

Il n'y a plus aucun risque de conflit, même si une autre variable maVariable existe dans l'un des scénarios de l'animation.

Ciblage groupé d'éléments (with)

Lorsque plusieurs propriétés ou méthodes d'un même objet doivent être ciblées, utilisez l'action with : cela vous épargne de répéter le chemin cible à chaque appel. Par exemple, pour modifier les propriétés _y, _x et _alpha du clip monClip_mc situé sur le scénario principal, il faudrait théoriquement écrire les trois lignes de code suivantes :

```
_root.monClip_mc._x=200;
_root.monClip_mc._y=100;
_root.monClip_mc._alpha=50;
```

L'autre alternative consiste à utiliser l'action with avec la syntaxe suivante :

```
with(_root.monClip_mc){
  _x=200;
  _y=100;
  _alpha=50;
  }
```

Bien sûr, dans l'exemple ci-dessus, le gain de temps et de lisibilité du code n'est pas flagrant, mais si le chemin cible est complexe ou si les références à l'objet sont nombreuses, cette syntaxe devient très intéressante.

> **À noter**
> L'action with n'est pas limitée au chemin cible des clips. Elle peut également être utilisée avec de nombreux objets ActionScript (boutons, champs de texte…).

Comparatif des différents types de ciblage

Nous venons de vous présenter les différentes manières de cibler un élément Flash. Un même élément peut souvent être référencé à l'aide de plusieurs types de ciblage. Il faut donc connaître les avantages et inconvénients de chacun afin de choisir le plus approprié.

Le tableau 7-53 (en référence à la figure 7-23) liste les différentes solutions de ciblage possibles selon le scénario dans lequel est intégré le chemin cible et la place de l'élément ciblé. Il résume tous les types de ciblage étudiés dans cette partie et vous permet de les transposer facilement à votre projet.

Figure 7-23

Comparatif des différentes solutions de ciblage.

Tableau 7-57. Comparatif des différentes alternatives de ciblage

Variables à cibler	maVarA	maVarB	maVar2	maVarC	maVarG
Depuis le scénario 0 maVar0 this.maVar0 _level0.maVar0 _root.maVar0	this.ClipA.maVarA _root.ClipA.maVarA _level0.ClipA.maVarA	this.ClipB.maVarB _root.ClipB.maVarB _level0.ClipB.maVarB	_level2.maVar2	_level2.ClipC.maVarC	maVarG
Depuis le scénario A this._parent.maVar0 _level0.maVar0 _root.maVar0	this.maVarA _root.ClipA.maVarA _level0.ClipA.maVarA	this._parent.ClipB.maVarB _root.ClipB.maVarB _level0.ClipB.maVarB	_level2.maVar2	_level2.ClipC.maVarC	maVarG
Depuis le scénario B this._parent.maVar0 _level0.maVar0 _root.maVar0	this._parent.ClipA.maVarA _root.ClipA.maVarA _level0.ClipA.maVarA	this.maVarB _root.ClipB.maVarB _level0.ClipB.maVarB	_level2.maVar2	_level2.ClipC.maVarC	maVarG
Depuis le scénario 2 _level0.maVar0	_level0.ClipA.maVarA	_level0.ClipB.maVarB	this.maVar2 _root.maVar2 _level2.maVar2	this.ClipC.maVarC _root.ClipC.maVarC _level2.ClipC.maVarC	maVarG
Depuis le scénario C _level0.maVar0	_level0.ClipA.maVarA	_level0.ClipB.maVarB	this._parent.maVar2 _root.maVar2 _level2.maVar2	this.maVarC _root.ClipC.maVarC _level2.ClipC.maVarC	maVarG

Avantage des chemins cibles relatifs

Les chemins cibles relatifs (pointeurs `this` ou `_parent`) permettent le déplacement d'un ensemble de scénarios d'un endroit à l'autre du projet, voire dans un autre projet, tout en préservant les liens entre les scénarios de l'ensemble.

Avantage des chemins cibles absolus

Les chemins cibles absolus prennent comme référence la racine de l'animation principale (`_root`). Par conséquent, leur syntaxe est la même quel que soit le scénario dans lequel est intégré le chemin. Ils sont donc appréciables pour cibler un élément à partir d'un même script (une fonction, par exemple) exécuté dans des scénarios différents du projet.

Avantage des ciblages d'éléments sur un niveau

Dès qu'un projet devient conséquent, il est intéressant de le découper en plusieurs fichiers SWF, chargés à des niveaux différents. Dans ce cas, l'utilisation des pointeurs de niveaux (`_level1`, `_level2`...) permet d'établir des interactions entre les éléments de ces différents fichiers. Cependant, au sein d'un même fichier SWF, il est préférable d'utiliser des chemins relatifs ou absolus (`this`, `_parent` ou `_root`) et non le pointeur de niveau `_level1` si le fichier est chargé dans le niveau 1, par exemple, afin de ne pas perturber le fonctionnement des scripts si le fichier SWF devait être chargé dans un autre niveau.

Avantage des éléments globaux

Les éléments référencés globalement (à l'aide de `_global`) peuvent ensuite être utilisés dans tous les scénarios d'un même projet (quel que soit leur niveau) sans qu'il soit nécessaire de préciser leur chemin cible. Il est donc très intéressant de déclarer en élément global les éléments fréquemment référencés depuis différents scénarios d'un projet.

## Partie III

Programmation structurée

8

Introduction
à la programmation structurée

Contrairement à la programmation séquentielle (dans laquelle des blocs d'instructions sont parcourus l'un après l'autre), la programmation structurée permet de créer des programmes interactifs qui réagissent différemment selon des événements (structures de choix) ou exécutent d'une manière répétitive le même bloc d'instructions (structure de boucle).

L'usage des fonctions permet en outre de mieux structurer le programme en le fractionnant en de multiples petits blocs d'instructions simples réutilisables dans d'autres contextes.

Dans ce chapitre, nous vous présenterons les principales notions de la programmation structurée grâce à des exemples d'algorithmes simples. Les deux chapitres suivants vous permettront d'appliquer ces concepts aux langages de programmation PHP et ActionScript.

Notion d'algorithme

La programmation structurée, c'est aussi une méthodologie qui conduit le programmeur à développer une application par la construction méthodique d'un algorithme. En effet, « bien programmer » ne consiste pas seulement à réaliser une application qui fonctionne mais surtout à la structurer afin qu'elle soit facile à maintenir. Si l'algorithme a été élaboré avec soin et méthode avant d'être traduit en programme, on pourra ensuite facilement modifier ce dernier sans remettre en cause sa structure.

Un algorithme est une description de l'application utilisant des instructions proches du langage parlé (interprétables par tous sans connaissance préalable) qui permet d'élaborer une première structure du programme à partir de l'analyse de son cahier des charges. L'algorithme est universel et indépendant de tous les langages de programmation ; il peut donc être facilement traduit en instructions du langage de programmation final (AS ou PHP dans le cadre de cet ouvrage).

La première partie de l'algorithme est destinée à déclarer les variables utilisées par le programme.

Dans un algorithme, on distingue deux familles d'instructions :

- Les instructions de base, qui permettent la manipulation d'une variable (affectation, lecture, écriture...).
- Les instructions de structuration, qui indiquent comment doivent s'enchaîner ces instructions de base.

Les instructions de structuration utilisent des expressions de condition pour définir comment doivent s'enchaîner les instructions (structure de choix ou de boucle). Lors du test, ces expressions de condition s'exécutent et renvoient une valeur booléenne (vrai ou faux) qui permet à la structure de prendre la bonne décision.

Les opérateurs utilisés dans ces expressions sont les suivants :

- A == B : teste si A est égal à B.
- A != B : teste si A est différent de B.
- A > B : teste si A est strictement supérieur à B.
- A < B : teste si A est strictement inférieur à B.
- A >= B : teste si A est supérieur ou égal à B.
- A <= B : teste si A est inférieur ou égal à B.

Pour illustrer la création d'un algorithme, prenons l'exemple d'un programme de soustraction de deux nombres A et B. Les valeurs de ces deux nombres sont saisies au clavier par l'utilisateur :

```
#Déclaration des variables
A : entier
B : entier
RES : entier
#Début du programme
Écrire ("Indiquez la première valeur :")
Lire (A)
Écrire ("Indiquez la seconde valeur :")
Lire (B)
RES=A-B
Écrire (RES)
#Fin du programme
```

Ce petit programme se passe de commentaire et c'est d'ailleurs l'intérêt d'un algorithme : il peut être compris par tous sans connaissance préalable !

Structures de choix

Les structures de choix permettent de traiter des blocs différents selon la valeur renvoyée par l'expression de condition. Les expressions de condition sont constituées de variables, de constantes et d'opérateurs. Lors de leur exécution, elles renvoient une valeur booléenne (vrai ou faux). En fonction de celle-ci, un bloc différent sera exécuté par le programme.

Structures de choix si()-alors-finSi

La structure `si()-alors-finSi` est la plus simple des structures de choix. Elle permet d'exécuter un bloc d'instructions uniquement si la condition est vraie (voir figure 8-1). Les instructions à traiter sont rassemblées dans un bloc délimité par `alors` et `finSi`.

Figure 8-1

Structure de choix si( )-alors-finSi.

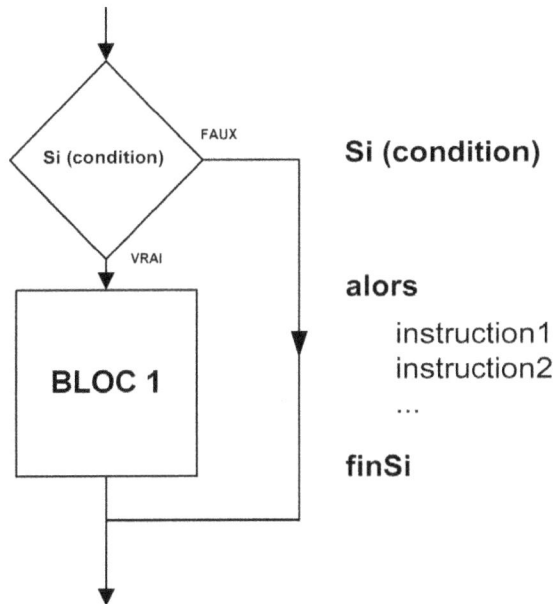

L'exemple ci-dessous permet d'afficher le texte `le résultat est positif :` suivi de la valeur du résultat uniquement s'il est positif :

```
#Déclaration des variables
A : entier
B : entier
RES : entier
#Début du programme
Écrire ("Indiquez la première valeur :")
Lire (A)
Écrire ("Indiquez la seconde valeur :")
Lire (B)
RES=A-B
Si (RES>=0) alors
     Écrire ("Le résultat est positif :")
     Écrire (RES)
finSi
#Fin du programme
```

Structures de choix si()-alors-sinon-finSi

La structure de choix précédente ne traite que le cas où la condition est vraie ; dans le cas contraire, aucune instruction n'est exécutée. Avec la structure de choix `si()-alors-sinon-finSi`, il est possible de traiter les deux cas et d'exécuter un bloc d'instructions différent selon la valeur retournée par l'expression de condition (voir figure 8-2).

Figure 8-2

Structure de choix si()-alors-sinon-finSi.

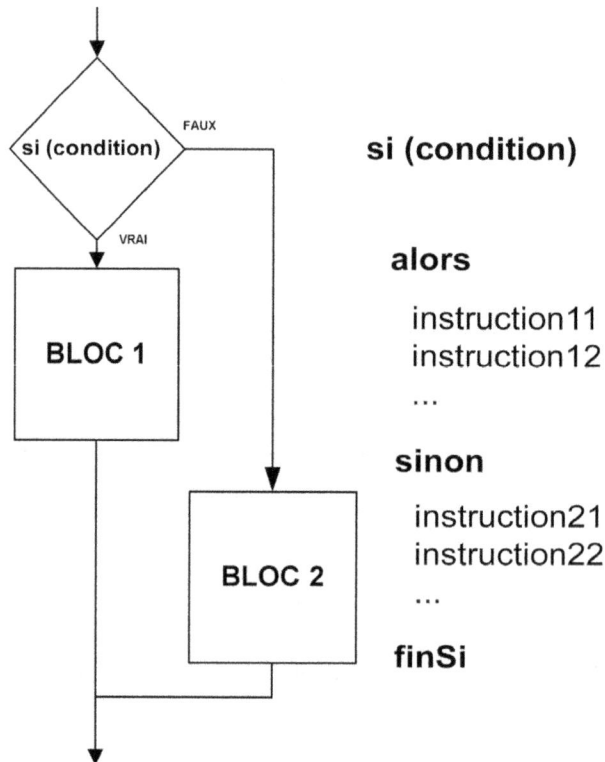

L'exemple ci-dessous permet d'afficher le résultat dans les deux cas mais en précisant si le résultat est positif ou négatif :

```
#Déclaration des variables
A : entier
B : entier
RES : entier
#Début du programme
Écrire ("Indiquez la première valeur :")
Lire (A)
Écrire ("Indiquez la seconde valeur :")
Lire (B)
RES=A-B
```

```
si (RES>=0) alors
    Écrire ("Le résultat est positif :")
    sinon
    Écrire ("Le résultat est négatif :")
finSi
Écrire (RES)
#Fin du programme
```

Structures de choix avec si()-alors-sinonSi()-finSi

Dans le cas où plusieurs conditions doivent être testées, il est possible d'utiliser la structure `si()`-`alors`-`sinonSi()`-`sinon`-`finSi`. L'instruction `sinonSi()` introduit une nouvelle condition et pourra être répétée autant de fois qu'il y aura de cas à tester (voir figure 8-3).

Figure 8-3

*Structure
de choix si( )-alors-
sinonSi( )-finSi.*

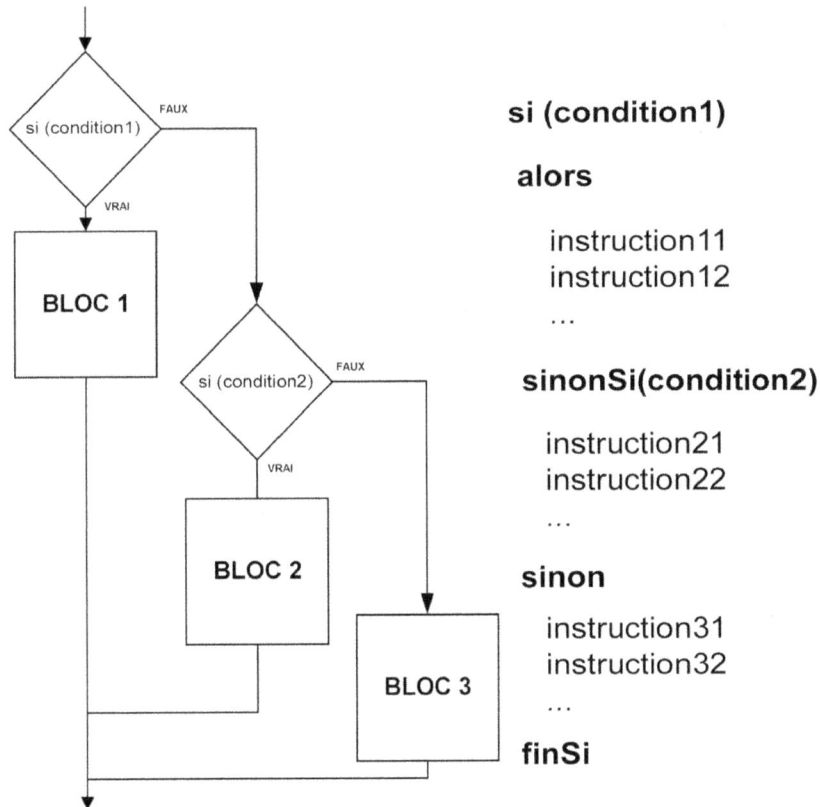

L'exemple ci-dessous permet de tester trois cas différents : si le résultat est strictement positif, si le résultat est égal à zéro ou s'il est négatif. Dans les trois cas, un message en rapport sera affiché, suivi de la valeur du résultat :

```
#Déclaration des variables
A : entier
B : entier
RES : entier
#Début du programme
Écrire ("Indiquez la première valeur :")
Lire (A)
Écrire ("Indiquez la seconde valeur :")
Lire (B)
RES=A-B
si (RES>=0) alors
    Écrire ("Le résultat est positif :")
    sinonSi(RES==0)
    Écrire ("Le résultat est nul :")
    sinon
    Écrire ("Le résultat est négatif :")
finSi
Écrire (RES)
#Fin du programme
```

Structures de choix avec test()-cas()-finCas-finTest

Si toutes les expressions de condition sont des tests d'égalité et que le nombre de cas à tester est important, il faut avoir recours à une autre solution. La structure test()-cas()-finCas-finTest est spécialement adaptée au test de cas multiples (voir figure 8-4). L'instruction test() permet d'indiquer quelle variable doit être testée, alors que les instructions cas() indiquent les valeurs des différents cas possibles et introduisent les blocs à exécuter si la variable correspond à cette valeur (chaque bloc se termine par une instruction finCas).

L'exemple ci-dessous permet de tester la langue choisie par l'utilisateur à l'aide de la structure test()-cas()-finCas-finTest. Un message souhaitant Bonjour dans la langue choisie est ensuite affiché :

```
#Déclaration de la variable

LG : texte
#Début du programme
Écrire ("Indiquez la langue désirée parmi les choix ci-après : fr, en, es ou de")
Lire (LG)
test (LG)
    cas("fr")
        Écrire ("Bonjour")
    finCas
    cas("en")
        Écrire ("Hello")
    finCas
```

```
        cas("es")
            Écrire ("Hola")
        finCas
        cas("de")
            Écrire ("Guten Tag")
        finCas
    finTest
    #Fin du programme
```

Si l'utilisateur saisit en, le programme affichera le texte suivant :

```
    Hello
```

Figure 8-4

*Structure
de choix test()-
cas()finCas-finTest.*

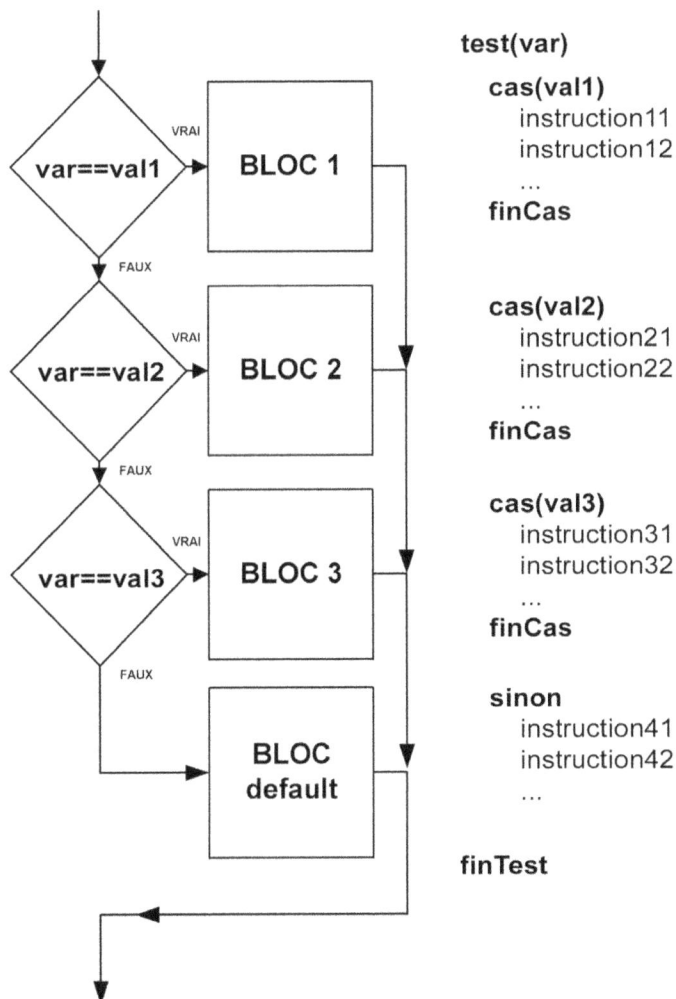

```
test(var)
    cas(val1)
        instruction11
        instruction12
        ...
    finCas

    cas(val2)
        instruction21
        instruction22
        ...
    finCas

    cas(val3)
        instruction31
        instruction32
        ...
    finCas

    sinon
        instruction41
        instruction42
        ...

finTest
```

Structures de boucle

La structure de boucle permet d'exécuter un bloc d'instructions autant de fois que la condition de boucle renvoie la valeur vrai. On peut ainsi exécuter le même bloc d'une manière répétitive selon les besoins du programme. Pour que la boucle puisse fonctionner, il faut commencer par initialiser une variable spécifique appelée « compteur de boucle » qui aura pour fonction de compter le nombre de fois que le bloc (appelé « corps de boucle ») a été exécuté. Il faut ajouter une instruction d'incrémentation (ajoute une unité) ou de décrémentation (retranche une unité) dans le corps de boucle afin que le compteur de boucle puisse évoluer d'un tour à l'autre et tendre progressivement vers la valeur limite de la condition de boucle.

Deux structures différentes peuvent être utilisées selon que l'on désire ou pas exécuter au moins une fois le corps de boucle.

Structures de boucle avec boucleSi()-finBoucle

Avec la structure boucleSi()-finBoucle, le corps de boucle ne sera pas exécuté si la condition de boucle est fausse dès le départ (voir figure 8-5).

Dans l'exemple ci-dessous, le programme exécutera trois fois le corps de boucle :

```
#Déclaration et initialisation du compteur de boucle

COMPTEUR : entier
COMPTEUR=3
#Début du programme
boucleSi(COMPTEUR>0)
    Écrire ("Nombre de tours :")
    Écrire (COMPTEUR)
    COMPTEUR=COMPTEUR-1
finBoucle
Écrire ("Fin du programme")
#Fin du programme
```

Informations affichées par le programme :

```
Nombre de tours : 3
Nombre de tours : 2
Nombre de tours : 1
Fin du programme
```

Dans ce second exemple, le programme n'exécute pas le corps de boucle car la condition de boucle est fausse dès le début du programme :

```
#Déclaration et initialisation du compteur de boucle
COMPTEUR : entier
COMPTEUR=0
#Début du programme
boucleSi(COMPTEUR>0)
    Écrire ("Nombre de tours :")
    Écrire (COMPTEUR)
```

```
        COMPTEUR=COMPTEUR-1
finBoucle
Écrire ("Fin du programme")
#Fin du programme
```

Dans ce cas, aucune information n'est affichée, hormis celle qui indique la fin du programme :

```
Fin du programme
```

Figure 8-5

Structure de boucle boucleSi()-finBoucle.

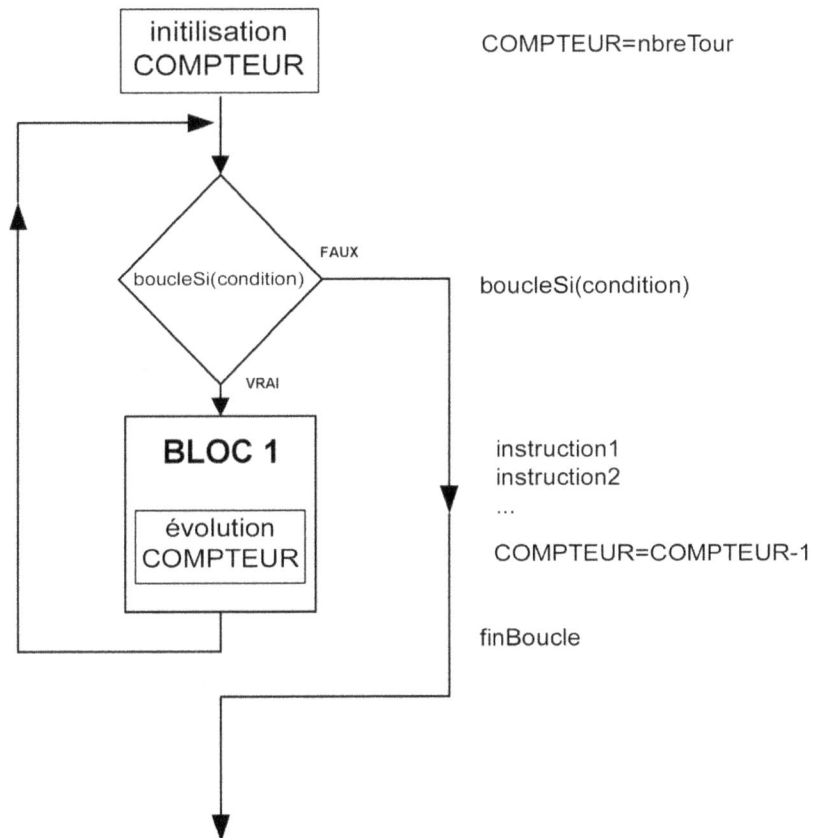

Structures de boucle avec debutBoucle-boucleSi()

Contrairement à la structure présentée ci-dessus, le test boucleSi() est placé après le bloc de code et oblige le programme à exécuter au moins une fois le corps de boucle, même si la condition de boucle est fausse dès le départ (voir figure 8-6).

Figure 8-6

*Structure de boucle
debutBoucle-boucleSi( ).*

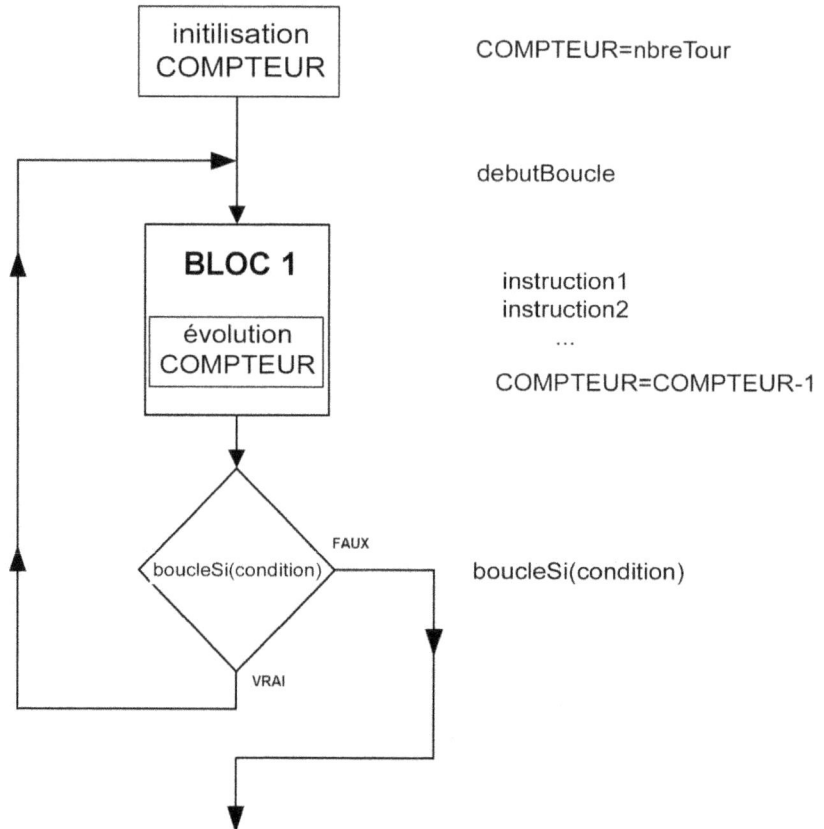

Dans l'exemple ci-dessous, le programme exécutera trois fois le corps de boucle :

```
#Déclaration et initialisation du compteur de boucle
COMPTEUR : entier
COMPTEUR=3
#Début du programme
debutBoucle
     Écrire ("Nombre de tours :")
     Écrire (COMPTEUR)
     COMPTEUR=COMPTEUR-1
boucleSi(COMPTEUR>0)
Écrire ("Fin du programme")
#Fin du programme
```

Informations affichées par le programme :

```
Nombre de tours : 3
Nombre de tours : 2
Nombre de tours : 1
Fin du programme
```

Dans ce second exemple, le programme exécute une fois le corps de boucle bien que la condition de boucle soit fausse dès le début du programme :

```
#Déclaration et initialisation du compteur de boucle
COMPTEUR : entier
COMPTEUR=0
#Début du programme
debutBoucle
     Écrire ("Nombre de tours :")
     Écrire (COMPTEUR)
     COMPTEUR=COMPTEUR-1
boucleSi(COMPTEUR>0)
Écrire ("Fin du programme")
#Fin du programme
```

Informations affichées par le programme :

```
Nombre de tours : 0
Fin du programme
```

Instructions de contrôle de boucle

Instruction de contrôle avec quitterBoucle

Il est quelquefois nécessaire de sortir de la boucle avant que l'expression de boucle ne renvoie une valeur fausse. L'instruction de contrôle quitterBoucle peut être utilisée pour forcer le programme à quitter la boucle (voir figure 8-7). En général, cette instruction est conditionnée par une structure de choix.

Dans l'exemple ci-dessous, le programme sortira complètement de la boucle dès que la variable ARRET sera activée (si elle est égale à vrai) même si les trois tours de boucle ne sont pas encore effectués :

```
#Déclaration et initialisation du compteur de boucle
ARRET : booleen
COMPTEUR : entier
COMPTEUR=3
#Début du programme
boucleSi(COMPTEUR>0)
     si(ARRET)
          quitterBoucle
     finSi
```

```
        Écrire ("Nombre de tours :")
        Écrire (COMPTEUR)
        COMPTEUR=COMPTEUR-1
FinBoucle
Écrire ("Fin du programme")
#Fin du programme
```

Si la valeur ARRET est activée lors du second tour, les informations affichées par le programme seront les suivantes :

```
Nombre de tours : 3
Fin du programme
```

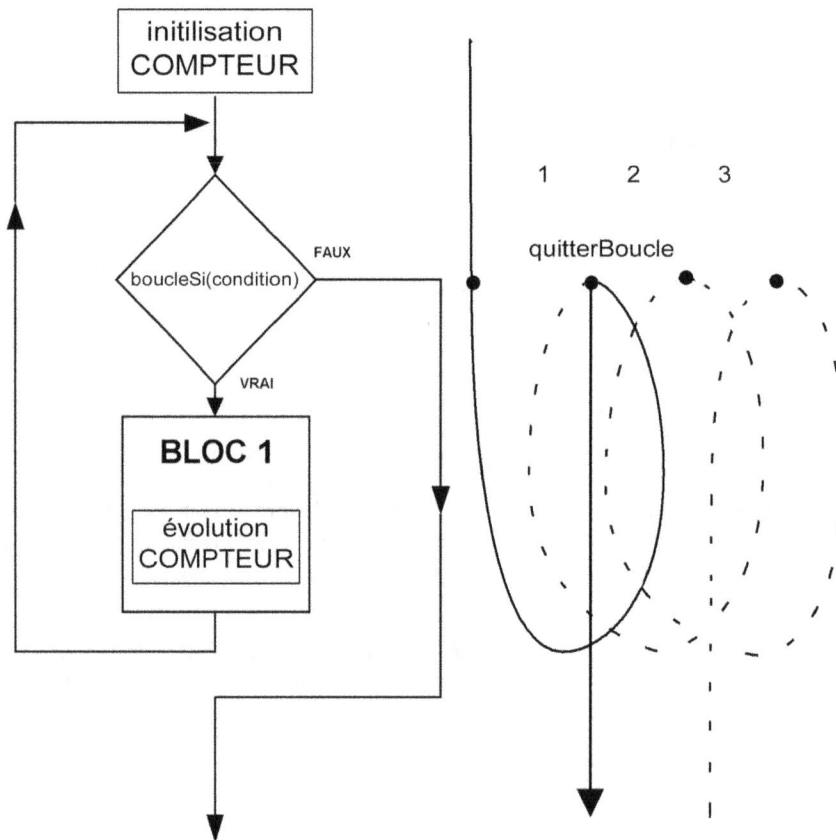

Figure 8-7

Instruction de contrôle quitterBoucle.

Instruction de contrôle avec boucleSuivante

Une autre instruction de contrôle de boucle permet au programme de passer directement au tour de boucle suivant (voir figure 8-8). Comme pour l'instruction précédente, l'utilisation de boucle-Suivante est souvent conditionnée par une structure de choix.

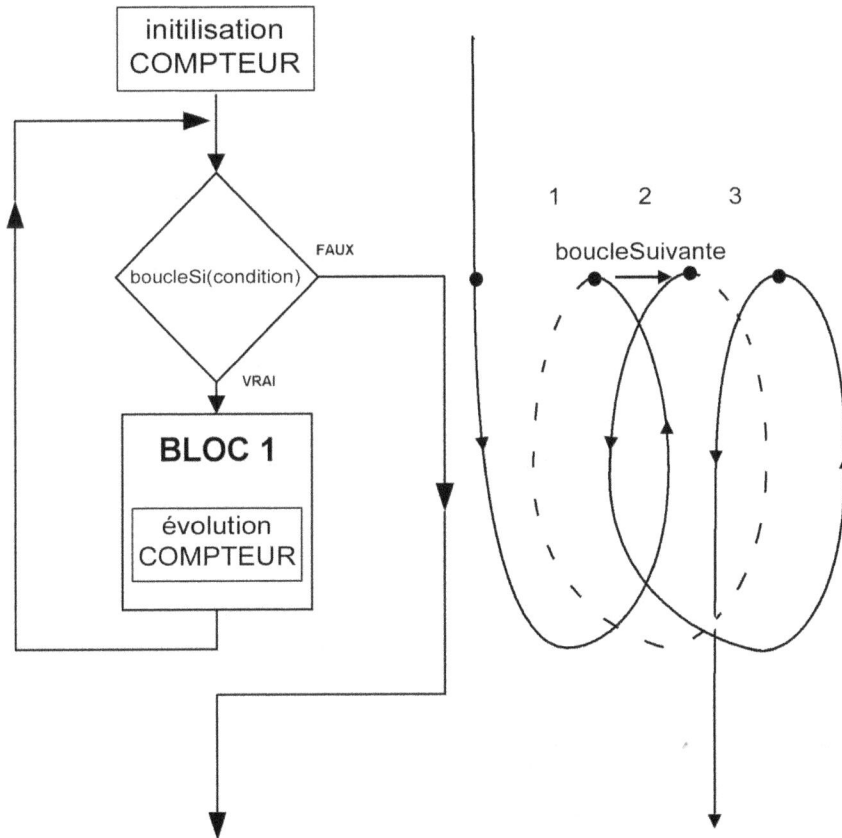

Figure 8-8

Instruction de contrôle boucleSuivante.

Dans l'exemple ci-dessous, le programme passe directement à la boucle suivante si la variable SUIVANT est activée (si elle est égale à vrai) :

```
#Déclaration et initialisation du compteur de boucle
SUIVANT : booleen
COMPTEUR : entier
COMPTEUR=3
#Début du programme
```

```
boucleSi(COMPTEUR>0)
    si(SUIVANT)
        boucleSuivante
    finSi
    Écrire ("Nombre de tours :")
    Écrire (COMPTEUR)
    COMPTEUR=COMPTEUR-1
FinBoucle
Écrire ("Fin du programme")
#Fin du programme
```

Si la valeur SUIVANT est activée lors du second tour, le programme affichera les informations ci-dessous :

```
Nombre de tours : 3
Nombre de tours : 1
Fin du programme
```

Concept de la fonction

Une fonction permet d'utiliser une même suite d'instructions à plusieurs reprises depuis tout point d'un programme. Cela devient très intéressant dès que l'on désire faire appel plusieurs fois à un même ensemble d'instructions. La plupart des langages de programmation disposent par défaut de nombreuses fonctions intégrées qui ne nécessitent pas d'être déclarées. Vous pouvez également créer vos propres fonctions utilisateur.

La déclaration d'une fonction commence par un en-tête qui identifie la fonction (son nom, ses éventuels arguments…). Le corps de la fonction est constitué d'un bloc d'instructions semblable à celui qui est utilisé dans les structures de choix et de boucle. En début du bloc, on retrouve une partie dédiée à la déclaration des variables locales. La vie des variables locales d'une fonction est limitée aux frontières de son bloc, ce qui permet d'éviter les conflits entre noms de variables identiques utilisés dans des fonctions différentes. Le reste du bloc regroupe les instructions de la fonction, éventuellement clôturées par une instruction de renvoi du résultat au programme appelant.

Une fonction peut être générique et se contenter d'exécuter un même bloc à un moment donné, mais on peut aussi la personnaliser en lui passant des paramètres lors de son appel. Ces paramètres sont ensuite récupérés et peuvent être exploités comme des variables locales dans le bloc de la fonction. Une autre caractéristique des fonctions est qu'elles peuvent renvoyer le résultat final de la fonction au programme appelant. Dans ce cas, la valeur retournée se substitue à l'instruction d'appel, ce qui permet de l'affecter à une variable du programme afin de l'exploiter dans les instructions suivantes (voir figure 8-9).

Figure 8-9

Illustration du processus d'appel d'une fonction.

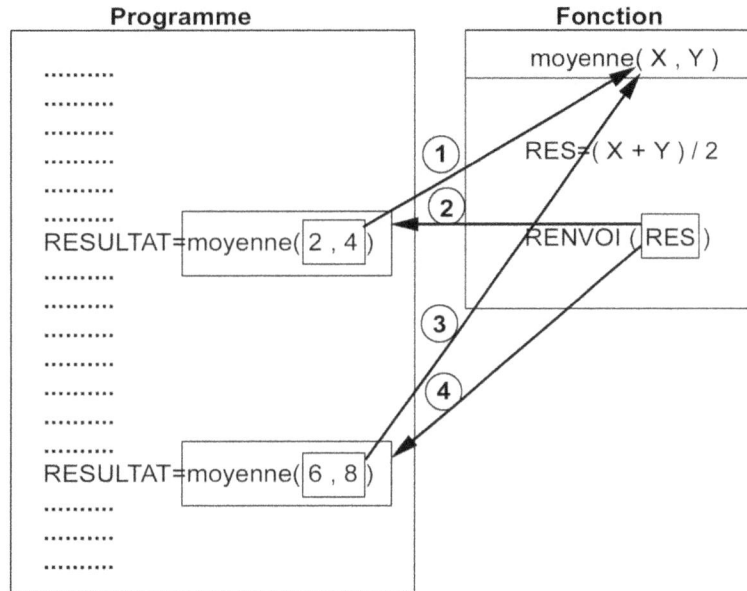

Dans l'exemple ci-dessous, le programme principal appelle la fonction moyenne() à deux reprises en lui transmettant des paramètres différents. Les résultats obtenus sont ensuite affichés :

```
#Déclarations des variables et des fonctions
Fonction : moyenne(X,Y)
     debutFonction
         RES : entier
         RES=(X+Y)/2
         RENVOI(RES)
     finFonction
RÉSULTAT1 : entier
RÉSULTAT2 : entier
#Déclaration des variables
A : entier
B : entier
RES : entier
#Début du programme
Écrire ("Indiquez la première valeur :")
Lire (A)
Écrire ("Indiquez la seconde valeur :")
Lire (B)
RÉSULTAT1=moyenne(A,B)
Écrire ("La moyenne de vos deux valeurs est :")
Écrire(RÉSULTAT1)
Écrire ("Indiquez la première valeur :")
Lire (A)
Écrire ("Indiquez la seconde valeur :")
```

```
Lire (B)
RÉSULTAT2=moyenne(A,B)
Écrire ("La moyenne de vos deux valeurs est :")
Écrire(RÉSULTAT2)
Écrire ("Fin du programme")
#Fin du programme
```

Si l'on teste ce programme, les informations ci-dessous seront alors affichées (les valeurs en italiques sont des valeurs saisies par l'utilisateur et les valeur en gras sont celles qui seront affichées par le programme) :

```
Indiquez la première valeur : 4
Indiquez la première valeur : 2
La moyenne de vos deux valeurs est : 3
Indiquez la première valeur : 8
Indiquez la première valeur : 6
La moyenne de vos deux valeurs est : 7
```

## 9

PHP et la programmation structurée

Jusqu'à présent, nous avons réalisé de petits programmes PHP composés d'un enchaînement linéaire d'instructions, mais, en pratique, les programmes sont rarement constitués d'une simple suite d'instructions. Pour créer des programmes avancés, PHP met à votre disposition plusieurs structures qui permettent de diviser le programme en de multiples sous-programmes (function()) et de contrôler son déroulement en utilisant des structures de choix (if, else...) ou de boucle (while, for...).

Portée des variables

Définition d'un bloc

Vous pouvez regrouper les instructions à l'aide d'accolades { et } pour constituer des blocs d'instructions. Chaque bloc ainsi constitué se comporte comme une instruction. Un ensemble de blocs peut être regroupé au sein d'un autre bloc. La création d'un bloc isolé, comme dans l'exemple ci-dessous, n'a pas d'application pratique ; en revanche, les blocs sont fréquemment utilisés dans la déclaration de programmes utilisateur et dans les structures de choix et de boucles.

```
//exemple d'un bloc simple
{
$var1="bonjour";
echo $var1;
}
```

Temps de vie des variables

Selon le contexte dans lequel elles sont utilisées, les variables ont un temps de vie différent : le temps de vie d'une variable de fonction est limité à la durée de la fonction, alors que le temps de vie d'une variable de programme est limité à la durée d'utilisation de la page dans laquelle elle a pris naissance. Dans chaque cas, il est possible de prolonger ce temps de vie (appelé aussi « portée »). Si on reprend l'exemple de la variable de fonction, sa portée peut être étendue au programme qui l'appelle en la déclarant comme variable globale (pour plus d'informations sur la déclaration d'une variable globale, reportez-vous à la section Fonctions utilisateur, plus loin dans ce chapitre). Il est également possible d'étendre la portée d'une variable de programme, normalement limitée à la page dans laquelle elle a pris naissance, aux autres pages grâce à différentes techniques. Cette possibilité n'est pas négligeable, car dans un site interactif, il faut souvent mémoriser des informations spécifiques à un visiteur durant toute la durée de sa visite (la session). De même, dans un site marchand, il est indispensable de mémoriser les produits commandés par l'internaute avant de l'aiguiller vers le terminal de paiement en ligne. Dans un autre contexte, les outils de statistiques peuvent mémoriser le parcours de chaque internaute afin de définir, après traitement, les chemins les plus utilisés. Enfin, dans un site protégé, il est difficilement concevable de demander l'identifiant et le mot de passe de l'internaute à chaque nouvel écran.

Le protocole HTTP ne conservant aucune information sur les échanges réalisés entre l'internaute et le serveur Web, il faut trouver des solutions pour conserver l'état de certaines variables d'une page à l'autre, pendant toute la durée d'une session ou, mieux encore, d'une session à l'autre. Parmi les différentes techniques disponibles, certaines étendent la portée de la variable à la page suivante appelée par l'internaute (formulaires POST/GET ou passage de variables par l'URL), d'autres mémorisent certaines variables pendant toute la durée de la session (variables de session ou cookies temporaires) et, enfin, certaines techniques, plus élaborées, enregistrent ces variables d'une session à l'autre, voire pour une durée infinie (cookies enregistrés sur le disque de l'internaute ou mémorisation des informations dans une base de données côté serveur). Nous vous présentons ci-dessous ces différentes techniques.

Utilisez les tableaux de variables HTTP

Avec une version de PHP 4.2 ou supérieure, les tableaux de variables HTTP sont nécessaires pour récupérer les valeurs depuis un formulaire. Concrètement, vous ne pouvez plus utiliser une simple variable comme $nomDeVariable dans les cas énoncés précédemment. Il faut recourir à $_POST['nomDeVariable'] ou $HTTP_POST_VARS['nomDeVariable'], par exemple, pour récupérer une variable issue d'un formulaire paramétré avec la méthode POST. Cependant, si vous désirez exploiter d'anciens scripts sur un serveur doté d'une version récente de PHP, il vous reste toujours la possibilité de modifier le fichier de configuration de PHP php.ini en initialisant le paramètre register_global avec la valeur On.

Depuis la version 4.1 de PHP, les tableaux de variables HTTP sont remplacés par une nouvelle série de tableaux plus simples à écrire ($_POST[], $_GET[], $_COOKIE[] et $_SESSION[]). Cependant, l'ancienne série (de type $HTTP_XXX_VARS[]) est utilisable quelle que soit la version du PHP.

Les formulaires

L'utilisation des formulaires est très fréquente dans les sites Web. Il y a différents moyens d'exploiter les données envoyées lors de la soumission du formulaire par l'internaute, selon ce que vous désirez faire avec ces informations et la plate-forme dont vous disposez. Le plus simple consiste à configurer l'attribut action de la balise <form> pour rediriger les données vers l'e-mail du webmestre (exemple : <form action="mailto:info@agencew.com">). Cependant, si votre serveur Web interprète le PHP, il est plus judicieux de rediriger ces données vers un script PHP (exemple : <form action="reception.php">), afin de traiter les informations avant de les envoyer sur l'e-mail du webmestre, de les mémoriser dans une base de données ou encore de créer une page dynamique exploitant les valeurs ainsi récupérées.

Dans la balise <form>, il faut définir l'attribut méthode, afin d'indiquer par quelle technique sont transmises les données. Vous pouvez utiliser deux valeurs : GET ou POST. La méthode GET ajoute les noms des variables et leur valeur à la suite de l'URL (méthode de transmission identique à celle du passage dans l'URL détaillée ci-dessous), alors que la méthode POST demande au navigateur d'empaqueter les données avant de les envoyer au serveur. Le script désigné dans l'attribut action peut récupérer des données, simplement à l'aide de variables créées automatiquement dans le tableau associatif HTTP correspondant (soit $_POST[], soit $_GET[] selon la méthode employée). L'indice du tableau porte dans ce cas le même nom que celui des objets du formulaire correspondant. Par exemple, vous pouvez récupérer la valeur d'un champ texte nommé var1 dans la page du formulaire en utilisant la variable $_GET['var1'] ou $_POST['var1'], selon la méthode utilisée lors de l'envoi (GET ou POST) dans la page cible.

Voici un exemple d'utilisation de formulaire :

```
/* Ci-dessous le formulaire de la page source "formulaire.htm". */
<form action="reception.php" methode="POST">
 <table><tr>
 <td>Nom : </td>
 <td><input type="text" name="var1"></td>
 </tr>
 <tr>
 <td>Valider : </td>
 <td><input type="Submit" value="Valider"></td>
 </tr></table>
</form>
//ci-dessous le script PHP de la page cible "reception.php"
<?php
echo "Bonjour ".$_POST['var1'];
?>
```

À noter

Selon la configuration de votre serveur, il se peut que des messages d'erreur vous informent que l'une des variables utilisées dans la page n'est pas déclarée. Il suffit dans ce cas d'ajouter un test en haut de la page afin d'initialiser la variable si elle n'a pas été encore déclarée. Voici le code du test à ajouter pour l'exemple ci-dessus :

```
if(!isset($_POST['var1'])) $_POST['var1']="";
```

Le passage dans l'URL

Pour passer des variables dans l'URL, on doit indiquer, à la suite du chemin menant à la page demandée, le nom de la variable, suivi de sa valeur (exemple : `pagesuivante.php?var1=150`). Dans la page cible, il est ensuite possible de récupérer la valeur grâce à une variable portant le même nom au moyen des tableaux de variables HTTP (exemple : `$_GET['var1']`). Cependant, cette solution est limitée par la longueur de l'URL (255 caractères au maximum) et par son manque de confidentialité (les variables et les valeurs sont visibles dans l'URL à chaque passage d'une page à l'autre).

En pratique, on peut utiliser cette technique en paramétrant un lien hypertexte traditionnel déclenché par l'internaute (voir le premier exemple ci-dessous), ou encore à partir d'un script PHP en utilisant la fonction `header()` (voir le deuxième exemple ci- dessous).

L'exemple suivant illustre le passage de paramètres par un lien hypertexte :

```
<a href="pagesuivante.php?var1=produit1">produit1</a>
```

Ce second exemple illustre le passage de paramètres par un script PHP :

```
if($selection= ="produit1")
 header("Location:pagesuivante.php?var1=produit1") ;
```

Tableau 9-1. Passage de variables dans l'URL

Syntaxe
`nom_du_fichier?variable1=valeur1[&variable2=valeur2]`
Exemple : `fichier.php?var1=100&var2=bonjour&var3=ok`
Légendes :   `[xxx]` : le code xxx est facultatif mais peut être dupliqué autant de fois qu'il y a de variables à passer. (Attention ! Vous ne devez surtout pas saisir les crochets `[` et `]` dans le code.)

Les cookies

Un cookie est une information envoyée par le serveur sur le poste du client, sur lequel elle est mémorisée pendant une durée déterminée. Dans certains cas, cette durée excède le temps de la visite de l'internaute ; il faut alors enregistrer l'information dans un fichier texte sur le disque dur de l'ordinateur client.

> **À noter**
>
> Seul le serveur ayant enregistré initialement le cookie sur l'ordinateur client peut y accéder par la suite, ce qui évite qu'un autre serveur ne puisse exploiter des données qui ne le concernent pas.

Vous devez impérativement appeler la fonction setcookie() en début de programme, avant tout affichage à l'écran du navigateur.

Tableau 9-2. Fonction setcookie()

Syntaxe	
setcookie("nom_cookie"[,value][,expire][,path][,domaine][,secure])	
Légende :	[xxx] : le code xxx est facultatif. (Attention ! Vous ne devez surtout pas saisir les crochets [et] dans le code.)
nom_cookie	Le nom du cookie est le seul argument obligatoire. Le fait d'envoyer un cookie avec uniquement son nom détruit tout cookie portant ce nom sur le navigateur client.
value	Valeur mémorisée dans le cookie. Ce paramètre peut être une valeur ou une variable.
expire	Précise la durée de vie du cookie, exprimée en secondes. En pratique, on utilise la fonction time(), à laquelle on ajoute la durée de validité en secondes (exemple : time()+3600 correspond à une heure).
path	Indique le répertoire dans lequel le cookie est valable. Si on ne précise pas de chemin, le cookie est visible partout sur le site.
domaine	Indique le domaine pour lequel le cookie est valable. Si on ne définit pas de domaine, c'est celui du serveur qui a créé le cookie qui est pris en compte (attention, le domaine doit obligatoirement comporter deux points, exemple : .agencew.com).
secure	Indique que le cookie doit être obligatoirement transmis par une connexion sécurisée (protocole HTTPS) si cet argument est fixé à 1.

Attention !

Vous devez impérativement appeler la fonction setcookie() avant toute interprétation de balise HTML..

Les cookies ne sont accessibles qu'après un nouveau chargement de la page.

Si vous envoyez un cookie sans aucune option (uniquement avec son nom), il supprime le cookie portant le même nom sur le poste client.

Exemples :

```
SetCookie("email","monmail@aol.com",time()+3600);
//cookie "email" mémorisant le mail "monmail@aol.com" pendant 1h
$unan=365*24*60*60 ; //temps en secondes correspondant à un an
$pwd="1234";
SetCookie("pass",$pwd,time()+$unan);
//cookie "pass" mémorisant la valeur de la variable $pwd pendant 1 an
SetCookie("admin",$memo,time()+3600,"/prive/",".agencew.com",1);
//cookie "admin" mémorisant la valeur de la variable $memo pendant 1 heure et uniquement
➡dans le répertoire "prive" pour l'usage exclusif du site "agencew.com" en mode HTTPS
SetCookie("badcooke");
//dans ce cas, le cookie badcooke est supprimé.
```

Récupérer un cookie :

Les valeurs des cookies sont automatiquement stockées dans le tableau $_COOKIE (exemple : $_COOKIE["email"]) ou $HTTP_COOKIE_VARS[ ] pour PHP antérieur à 4.1.

Voici un exemple d'utilisation de cookie :

```
<?php
    //cookie comptabilisant le nombre de passages de l'internaute sur la page du site
```

```php
//--------initialisation des variables si non déclarées
if(!isset($_COOKIE['cookie1'])) $_COOKIE['cookie1']="";
//---------code du cookie intégré dans le code de la page Web
++$_COOKIE['cookie1']; //incrémentation à chaque affichage
//print_r($_COOKIE);//à utiliser pour les tests
setcookie("cookie1",$_COOKIE['cookie1'],time()+3600);
//appel de la fonction "SetCookie()"
echo $_COOKIE['cookie1']; //affiche la nouvelle valeur à l'écran
?>
```

L'exemple ci-dessus mémorise dans un cookie une seule variable. Si vous désirez mémoriser plusieurs variables dans le même cookie, il faut gérer le cookie comme un tableau (et ajouter des crochets après son nom). L'exemple ci-dessous, utilisé pour le traitement des commandes d'un caddie, enregistre les différents produits dans un cookie :

```php
<?php
//--------déclaration des variables
if(!isset($_COOKIE['cpt'])) $_COOKIE['cpt']="";
if(!isset($_GET['produit'])) $_GET['produit']="";
else {
//---------code du cookie intégré dans le code de la page Web
++$_COOKIE['cpt']; //incrémentation à chaque affichage
setcookie("cpt",$_COOKIE['cpt'],time()+3600);//appel de la fonction "SetCookie()"
//------Le compteur "cpt" est repris en indice dans le tableau du second cookie
  $cpt=$_COOKIE['cpt'];//récupération du compteur
  setcookie("caddie[$cpt]",$_GET['produit'],time()+3600);
  print_r($_COOKIE['caddie']); //affichage du caddie
  }
?>
```

Il est également possible d'utiliser un cookie pour contrôler l'accès à une page pendant le temps d'une session, sans avoir à ressaisir le mot de passe. Pour qu'il soit valide tout le temps de la session, il suffit de ne pas préciser l'argument expire. De plus, afin que le cookie soit utilisable en tant que variable, il faut intégrer une fonction header() afin de recharger la page dès que le cookie est enregistré dans la session. Le programme ci-dessous comprend le formulaire HTML affiché lors du premier appel de la page et le script de gestion du cookie.

Voici un exemple de protection d'une simple page nommée pagePrivee.php avec un cookie :

```php
<?php
//déclaration des variables
if(!isset($_POST['pwd'])) $_POST['pwd']="";
if(!isset($_COOKIE['cookiepass'])) $_COOKIE['cookiepass']="";
//------------------------
if($_POST['pwd']=="eyrolles") {
    setcookie("cookiepass",$_POST['pwd']);
/* Le cookie est enregistré sous le nom "cookiepass". */
header("Location:".$HTTP_SERVER_VARS['PHP_SELF']);
```

```
    /* La page est rechargée afin que le cookie soit exploitable sous le nom de
       variable $cookiepass". */
    }

if($_COOKIE['cookiepass']=="eyrolles")
    {
     //print_r($_COOKIE); à utiliser pour les tests
    ?>
    Votre mot de passe est correct
    Insérezici la zone protégée
    <?php
    }
else
    {
    ?>
    <form method="post" action=" pagePrivee.php" >
        <table><tr>
        <td><input type="password" name="pwd"></td>
        <td><input type="Submit" value="Entrer"></td>
        </tr></table>
    </form>
    <?php
    }
    ?>
```

Les sessions

Depuis PHP 4, la gestion des sessions est plus facile. Dès qu'une nouvelle session est demandée, un identifiant de session est automatiquement créé, auquel on associe les différentes variables mémorisées durant la session. Concrètement, un fichier temporaire du même nom que l'identifiant de session est créé sur le serveur Web (dans le répertoire /tmp sur les serveurs UNIX). Ainsi, lorsqu'une variable doit être actualisée ou ajoutée, on écrit dans le fichier de session. De même, pour récupérer la valeur d'une variable de session, on lit dans ce fichier. L'identifiant de la session (PHPSESSID) est envoyé par le serveur Web via un cookie au poste client, afin de le mémoriser pendant la durée de sa visite. Toutefois, dans le cas où le client refuse les cookies, PHP transmet automatiquement par l'URL (exemple : mapage.php?PHPSESSID=xxxxx) l'identifiant de la session ouverte, afin d'assurer sa mémorisation pendant la visite de l'internaute.

Tableau 9-3. Fonctions de gestion des sessions

Fonction	Définition
session_start()	Initialise la session. Si la session n'existe pas encore, un identifiant de session est créé puis transmis dans un cookie. Si la session existe déjà, la fonction actualise toutes les variables mémorisées dans la session existante. Attention ! Vous devez impérativement appeler cette fonction avant toute interprétation de balise HTML.
session_destroy()	Détruit toutes les données associées à une session.
session_id()	Renvoie l'identifiant de la session en cours.

Tableau 9-3. Fonctions de gestion des sessions *(suite)*

Fonction	Définition

`session_register("var1")`
Attention ! Pour les versions de PHP supérieures à 4.1, il conviendra d'utiliser les tableaux de variables HTTP soit :
`$HTTP_SESSION_VARS['var1']="valeur"`
ou `$_SESSION['var1']="valeur"`
	Mémorise la variable $var1 dans la session en cours.
	Remarque : si vous utilisez la fonction `session_register("var1")`, vous devrez affecter la valeur dans une instruction différente (par exemple : `$var1="valeur" ;`).
	En revanche, si vous utilisez le tableau HTTP, l'affectation et la mémorisation dans la session seront réalisées avec la même instruction (par exemple : `$_SESSION['var1']= "valeur" ;`).

`session_unregister("var1")`
Attention ! Pour les versions de PHP supérieures à 4.1, il faut utiliser les tableaux de variables HTTP associés à la fonction unset() pour supprimer une variable de session.
Exemple :
`unset($_SESSION['var']);`
	Supprime la variable $var1 de la session en cours.

`session_is_registered("var1")`	Renvoie dans la session en cours la valeur booléenne TRUE si la variable $var1 est mémorisée et la valeur FALSE si elle ne l'est pas.

Voici un exemple d'enregistrement et d'utilisation d'une variable de session :

```
/* à placer en haut d'une première page : enregistrement de la variable "$var1"
  dans la session en cours */
session_start();
    $_SESSION['var1'] = "bonjour";
/* à placer en haut d'une autre page : récupération de la variable "$var1" depuis
  la session en cours */
session_start();
    echo $_SESSION['var1'];//affiche la valeur récupérée
```

Voici maintenant un exemple de protection d'une simple page pagePrivee.php avec une session :

```
<?php
session_start ();
 //----initialisation des variables
 if(!isset($_SESSION['pass'])) $_SESSION['pass']="";
 if(!isset($_POST['pwd'])) $_POST['pwd']="";
 //----test la variable de formulaire
 if ($_POST['pwd']=="eyrolles")
    //enregistre la pwd dans la session
    $_SESSION['pass']=$_POST['pwd'];
 //----test la variable de session
 if ($_SESSION['pass']=="eyrolles")
 {
 //echo print_r($_SESSION); //à utiliser pour les tests
 ?>
 Votre mot de passe est correct
 Vous pouvez mettre $$$indiquer ?$$$ici la zone protégée
 <?php
```

```
    }
else
    {
    ?>
    <form method="post" action=" pagePrivee.php"  >
        <table><tr>
        <td><input type="password" name="pwd"></td>
        <td><input type="Submit" value="Entrer"></td>
        </tr></table>
    </form>
    <?php
    }
    ?>
```

Fonctions utilisateur

Dans le chapitre 6, nous avons déjà présenté les nombreuses fonctions intégrées par défaut dans PHP. Cependant, en pratique il est souvent nécessaire de créer des fonctions utilisateurs adaptées aux besoins du programme.

Gestion des fonctions utilisateur

Déclaration et utilisation des fonctions

Une fonction permet d'exploiter une même partie de code à plusieurs reprises dans un programme, ce qui est très intéressant pour les routines standards souvent utilisées en programmation (affichage d'une valeur, calculs mathématiques courants, conversions…). PHP propose de nombreuses fonctions intégrées en standard, que nous étudierons dans la section suivante (echo(), par exemple). Vous pouvez également réaliser vos propres fonctions en les déclarant à l'aide du mot-clé function(). Dans une fonction, il est possible d'exploiter des variables sans risque de conflit avec celles du programme principal, car elles n'ont qu'une portée locale. La déclaration d'une fonction comporte une tête et un corps. Le mot-clé function est placé dans la tête de la fonction, suivi du nom de celle-ci et, entre parenthèses, de la liste des arguments attendus séparés par une virgule (lorsque la fonction ne comporte pas d'argument, les parenthèses sont vides). La tête de la fonction est suivie du corps encadré par des accolades (comme pour un bloc). Les fonctions ont généralement une valeur de retour, désignée par le mot-clé return, suivi du résultat retourné dans le programme.

Important

La valeur retournée avec return (exemple : return $res) se substitue à l'appel de la fonction (exemple : moyenne(4,6)) dans le programme principal. Il est alors possible d'affecter ce résultat à une autre variable pour l'exploiter ultérieurement.

Par exemple, si la fonction est appelée de cette manière :

        $moncalcul=moyenne(4,6);

et si le résultat retourné est $res (return $res), l'appel de la fonction est alors équivalent à l'affectation suivante :

        $moCalcul=$res;

Tableau 9-4. Fonctions utilisateur

Syntaxe de la déclaration d'une fonction

```
function nom_de_fonction (arg1,arg2…)
  {
  instruction1;
  instruction2;

  …
[return $var0;]
  }
```

Syntaxe de l'utilisation d'une fonction

```
nom_de_fonction (arg1,arg2…) ;
```

Remarques	Le nom de la fonction ne doit comporter ni espace ni point.
	Les parenthèses permettent de passer des arguments séparés par des virgules.
	Les arguments peuvent être des variables ou des constantes.
	La durée de vie d'une variable de fonction est limitée au temps d'exécution de la fonction.
	return permet de retourner une variable résultat $var0 dans le programme, mais sa présence n'est pas obligatoire.
	[xxx] : le code xxx est facultatif.
	(Attention ! Vous ne devez surtout pas saisir les crochets [et] dans le code.)

Exemple : création d'une fonction moyenne() pour le calcul de la moyenne de deux valeurs.

```
//Déclaration de la fonction -------------------------------------
function moyenne ($a,$b) //tête de la déclaration
  { //début du corps
  $res=($a+$b)/2; //instructions de la fonction
  return $res; //information retournée au programme
  } //fin du corps
//Utilisation de la fonction dans le programme -------------
$moncalcul=moyenne(4,6); //appel de la fonction
echo "la moyenne de 4 et de 6 est égale à $moncalcul";
```

Utilisation avancée des fonctions

Retour de plusieurs résultats

Avec le mot-clé return, il est possible de renvoyer une variable résultat dans le programme principal. Cependant, dans certaines applications, il est utile de récupérer plusieurs valeurs de résultat. Dans ce cas, la solution consiste à utiliser un tableau en guise de variable retournée par return(), comme le montre l'exemple ci-dessous :

```
//Déclaration de la fonction --------------------
function calcul($a,$b,$c)
  {
  $res1=($a+$b);
  $res2=($a+$c);
  $res=array ($res1,$res2);
//le résultat est un tableau de valeurs
```

```
   return $res;
  }
//Utilisation de la fonction dans le programme --
$moncalcul=calcul(4,6,5);
echo $moncalcul[0];
echo $moncalcul[1];
/* appel de la fonction et récupération du résultat dans le tableau $moncalcul[] ; les deux
➡résultats du calcul peuvent ainsi être exploités dans le programme principal. */
```

Arguments facultatifs

Les arguments d'une fonction peuvent devenir facultatifs s'ils sont paramétrés avec leur valeur par défaut dans la déclaration. La valeur par défaut d'un argument doit obligatoirement être une constante. De même, il convient de placer les arguments dotés d'une valeur par défaut à la fin de l'énumération des arguments dans la parenthèse. L'exemple ci-dessous reprend la même fonction moyenne() que précédemment, mais avec la possibilité de passer un troisième argument optionnel : si ce troisième argument n'est pas passé dans l'appel de la fonction, il prend sa valeur par défaut, soit la valeur euros :

```
//Déclaration de la fonction --------------------
function moyenne($a,$b,$c="euros")
// $c est initialisée avec "euros" par défaut
  {
 $res=($a+$b)/2;
 $res.=$c;
//ajoute l'unité au résultat exemple : 5 euros
 return $res;
  }
//Utilisation de la fonction dans le programme --
$moncalcul=moyenne(4,6);
/* appel de la fonction avec deux arguments uniquement */
echo "la moyenne de 4 et de 6 est égale à $moncalcul";
/* dans ce cas, la ligne ci-dessus affiche :
"la moyenne de 4 et de 6 est égale à 5 euros" */
```

Voici maintenant un exemple avec passage de trois paramètres et trois arguments :

```
//Déclaration de la fonction --------------------
function moyenne ($a,$b,$c="euros")
//$c est initialisée à "euros" par défaut
  {
 $res=($a+$b)/2;
 $res.=$c;
//ajoute l'unité au résultat exemple : 5 dollars
 return $res;
  }
//Utilisation de la fonction dans le programme --
$moncalcul=moyenne(4,6,"dollars");
//appel de la fonction avec trois arguments
echo "la moyenne de 4 et de 6 est égale à $moncalcul";
/* dans ce cas, la ligne ci-dessus affiche :
"la moyenne de 4 et de 6 est égale à 5 dollars"*/
```

Variables globales

Par défaut, les variables définies dans une fonction ont une portée limitée à celle-ci (variables locales). Ainsi, dans l'exemple précédent, vous pouvez très bien exploiter la variable $res à la fois dans la fonction et dans le programme principal sans risque de conflit. De même, il n'est pas possible de récupérer la valeur qui a été affectée à cette variable dans le programme principal sans la retourner avec le mot-clé return. Il existe toutefois une solution pour augmenter la portée d'une variable afin qu'elle puisse être exploitée dans la fonction et dans le programme principal (variable globale) : il faut la déclarer dans la fonction en utilisant le préfixe global, comme le montre l'exemple ci-dessous (selon la version de votre PHP, la syntaxe pour la déclaration et l'utilisation des variables globales peut varier mais le principe reste le même) :

```
//Déclaration de la fonction --------------------
function moyenne($a,$b)
 {
 global $res; //la variable $res est maintenant de type global
 $res=($a+$b)/2;
 }
//Utilisation de la fonction dans le programme --
moyenne(4,6);
/* La variable $res peut maintenant être exploitée dans le programme principal */
echo $res; //affiche la valeur 5
```

Utilisation de fonctions externes

Inclusion de fichiers avec require()

Pour éviter de déclarer dans chaque programme vos fonctions utilisateur, vous pouvez les regrouper dans un même fichier, mesfonctions.php par exemple, inséré dans le script grâce à la commande require(). Si le fichier appelé ne se trouve pas dans le même répertoire que le fichier appelant, il faut préciser le chemin pour accéder au fichier bibliothèque (exemple : require("bibliotheques\mesfonctions.php")). En outre, la variante require_once() évite d'inclure plusieurs fois le fichier appelé.

Voici un exemple d'inclusion de fichier avec require() :

```
//----------------------------------------------
//contenu du fichier "mesfonctions.php"
<?
function moyenne ($a,$b )
 {
 $res=($a+$b)/2;
 return $res;
 }
?>
//----------------------------------------------
/* Contenu d'un autre fichier utilisant les fonctions du fichier "mesfonctions.php" */
<?php
require("mesfonctions.php");
```

```
$moncalcul=moyenne(4,6);
// appel de la fonction
echo "la moyenne de 4 et de 6 est $moncalcul";
?>
```

Inclusion de fichiers avec include()

La commande `require()` est bien adaptée à l'inclusion d'un fichier regroupant des fonctions, car il ne doit être appelé qu'une seule fois au début de la page. Cependant, cette commande n'est pas une fonction et reste indépendante des structures de programme. Vous ne pouvez donc pas intégrer une commande `require()` dans une boucle (car elle n'est exécutée qu'une seule fois, quel que soit le nombre de boucles) ou dans une structure de choix (car elle est toujours exécutée, que la condition de choix soit vraie ou fausse). Si vous désirez ajouter un fichier géré par une structure de programme, il faut utiliser la fonction `include()`. Cette fonction est bien adaptée lorsque vous voulez inclure des blocs de code plusieurs fois dans la même page ou les conditionner par une instruction de choix. Comme pour la fonction `require()`, la variante `include_once()` évite d'inclure plusieurs fois le fichier appelé.

Voici un exemple illustrant la différence entre `include()` et `require()` :

```
if ($condition=="oui")
  {include('fichier.php')}
/* Dans ce cas, si le test est positif, le fichier est inclus ; dans le cas contraire,
   il n'est pas inclus. */
//----------------------------------------------
if ($condition=="oui")
  {require('fichier.php')}
/* Dans ce deuxième cas, le fichier est inclus quel que soit le résultat du test, car
   il est inclus avant l'interprétation du script. */
```

Structures de programme

Les structures des programmes permettent de créer des scripts qui réagissent différemment selon des événements (structures de choix) ou exécutent d'une manière répétitive le même bloc d'instructions (structure de boucle).

Structures de choix

Structures de choix avec if

Les structures de choix sont utilisées pour traiter les alternatives logiques au cours de l'exécution du script, afin d'orienter le déroulement du programme en fonction du résultat de l'alternative. Elles comprennent en général une expression de condition. Les expressions de condition sont constituées de variables ou de constantes reliées par des opérateurs logiques. Si l'expression de condition entre parenthèses est vraie, l'instruction qui suit est exécutée, sinon il ne se passe rien et le programme continue de se dérouler après le bloc du `if`.

Tableau 9-5. Instruction conditionnelle if

Syntaxe

```
if (expression_de_condition)
  {
  instruction1;
  instruction2;

  …
  }
```

Forme simplifiée (s'il n'y a qu'une seule instruction à traiter) : if (expression_de_condition)instruction1;

Voici un exemple :

```
if ($var1>4)
 echo "la valeur est supérieure à 4";
/* ci-dessus un exemple de structure "if" avec une seule instruction */
//-----------------------------------
if ($var1>4)
 {//début du bloc if
 echo "la valeur est supérieure à 4";
 echo "<br> elle est exactement égale à $var1";
 }//fin du bloc if
//ci-dessus un exemple de structure "if" avec un bloc d'instructions
```

Structures de choix avec if et else

La structure de choix utilisant l'instruction if ne traite que les structures de programme où la condition est vraie ; dans le cas contraire, aucune instruction n'est exécutée. Avec l'instruction else, vous pouvez définir les instructions à exécuter dans le cas où la condition testée serait fausse. Ces instructions sont regroupées dans un autre bloc qui suit l'instruction else.

Tableau 9-6. Instructions conditionnelles if et else

Syntaxe

```
if
(expression_de_condition)
    {
   instruction1;
   instruction2;

   …
   }
else
   {
   instruction3;
   instruction4;

   …
   }
```

Voici un exemple :

```
if ($var1>4)
 {
 echo "la valeur est supérieure à 4";
 echo "<br> elle est exactement égale à $var1 ";
 }
else
 {//début du bloc else
 echo "la valeur est inférieure ou égale à 4";
 echo "<br> elle est exactement égale à $var1";
 }//fin du bloc else
//ci-dessus un exemple de structure "if" avec "else"
```

Structures de choix avec if, elseif et else

En pratique, lors d'un choix, plusieurs conditions doivent être testées. Dans ce cas, il faut utiliser l'instruction elseif, qui est en quelque sorte une combinaison du else et du if suivant ; elle se place à la suite d'une instruction if pour introduire le bloc à exécuter au cas où sa condition serait fausse (comme le else) et introduit une nouvelle condition (comme le if). Vous pouvez ainsi créer autant de conditions imbriquées que vous le souhaitez selon le nombre d'instructions elseif utilisées.

Tableau 9-7. Instructions conditionnelles if, elseifet else

Syntaxe

```
if
(expression_de_condition)
  {
  instruction1;
  instruction2;
  …
 }
elseif (expression_de_condition)
  {
  instruction3;
  instruction4;
  …
  }
else
  {
  instruction5;
  instruction6;
  …
 }
```

Voici deux exemples de cette structure :

```
//-------------------------Exemple 1
if ($var1>4)
 {
```

```
  echo "la valeur est supérieure à 4";
  echo "<br> elle est exactement égale à $var1";
  }
elseif ($var1>2)
  {//début du bloc elseif
  echo "la valeur est supérieure à 2 mais inférieure ou égale à 4";
  echo "<br> elle est exactement égale à $var1";
  }//fin du bloc elseif
else
  {
  echo "la valeur est inférieure ou égale à 2";
  echo "<br> elle est exactement égale à $var1";
  }
/* ci-dessus un exemple de structure "if" avec "else" et une seule instruction
  "elseif" */

//--------------------------Exemple
2if ($var1>4)
  {
  echo "la valeur est supérieure à 4";
  echo "<br> elle est exactement égale à $var1";
  }
elseif ($var1>2)
  {//début du bloc 1 elseif
  echo "la valeur est supérieure à 2 mais inférieure ou égale à 4";
  echo "<br> elle est exactement égale à $var1";
  }//fin du bloc 1 elseif
elseif ($var1>1)
  {//début du bloc 2 elseif
  echo "la valeur est supérieure à 1 mais inférieure ou égale à 2";
  echo "<br> elle est exactement égale à $var1";
  }//fin du bloc 2 elseif
else
  {
  echo "la valeur est inférieure ou égale à 1";
  echo "<br> elle est exactement égale à $var1";
  }
/* ci-dessus un exemple de structure "if" avec "else" et deux instructions
  "elseif" */
```

Structures de choix avec switch ... case

Vous pouvez remplacer une structure avec plusieurs elseif par une structure exploitant l'instruction switch. Celle-ci permet de tester l'égalité d'une valeur passée en paramètre (valeur_testée) avec une série de valeurs possibles (valeur1, valeur2...). Si l'une des valeurs correspond à la valeur testée, le bloc d'instructions correspondant est exécuté. L'exécution des instructions doit se terminer par une instruction `break`, afin que le programme puisse sortir de la structure de choix. On peut ajouter une branche `default` à la fin d'un bloc, afin de traiter tous les cas non prévus dans la structure.

Tableau 9-8. Instruction switch ... case

Syntaxe

```
switch (valeur_testée)
  {
  case valeur1:
    instruction1;
    break;
  case valeur2:
    instruction2;
    break;
  case valeur3:
    instruction3;
    break;

  …
  …
  default:
  instructionD;
  }
```

Voici un exemple de cette structure :

```
$var1="fr"; //cette variable mémorise la langue choisie par l'internaute
switch($var1)
{
case "fr":
echo "Bonjour";
break;
case "en":
echo "Hello";
break;
case "es":
echo "Hola";
break;
case "de":
echo "Guten Tag";
break;
}
//pour dire "bonjour" dans la langue de l'internaute
```

Structures de boucle

Structures de boucle avec while

Lorsqu'un ensemble d'instructions doit être exécuté plusieurs fois en fonction d'une condition, utilisez les structures de boucle. En PHP, la structure la plus simple est réalisée à l'aide de l'instruction while. Le bloc d'instructions est exécuté et répété tant que l'expression de condition retourne TRUE (vrai). Lorsque la condition est ou devient fausse (FALSE), le programme sort de la boucle pour exécuter les instructions qui se trouvent après la fin du bloc. Dans cette structure, il est fréquent d'utiliser une variable dédiée pour le compteur de boucle (exemple : $i). Vous devez initialiser cette variable avant la boucle. Elle est ensuite testée dans l'expression de condition, puis incrémentée (ou décrémentée selon les cas) dans le corps de boucle. La valeur de l'expression de condition étant évaluée avant chaque début de boucle, les instructions du bloc peuvent ne jamais être exécutées si la condition est évaluée à FALSE dès le début. Pour faire évoluer le compteur de boucle, on utilise généralement un opérateur d'incrémentation ou de décrémentation ($i++ ou $i--). Choisissez le bon type d'opérateur, en fonction de la valeur de l'initialisation du compteur et de l'expression de condition choisie, sinon vous risquez d'obtenir une boucle infinie.

Tableau 9-9. Instruction de boucle while

Syntaxe

``
while (expression_de_condition)
{
  instruction1;
  instruction2;
}
``

Voici deux exemples de boucle while :

```
//--------------------------Exemple 1
$i=5; //initialisation du compteur de boucle à 5
while($i>0)
  {
 echo "Encore $i tour(s) à faire <br>";
 $i--; //décrémentation du compteur de boucle
  }
echo "Voilà, c'est enfin terminé";
/* ci-dessus un exemple qui affiche cinq fois le même texte (tant que $i est supérieur à 0)
avant d'afficher le texte final. */

//--------------------------Exemple 2
$i=0; //initialisation du compteur de boucle
while($i>0)
  {
 echo "Encore $i tour(s) à faire <br>";
 $i--; //décrémentation du compteur de boucle
  }
echo "Voilà, c'est enfin terminé";
//ci-dessus un exemple qui n'affiche pas le texte du corps de boucle car l'expression
de condition est fausse dès le début.
```

Structures de boucle avec do ... while

La structure do ... while est semblable à la précédente, mais l'expression de condition est évaluée après la première exécution du bloc (le corps de boucle) : celui-ci est donc toujours exécuté au moins une fois, même si l'expression de condition est fausse dès le début.

Tableau 9-10. Instruction de boucle do ... while

Syntaxe

```
do
 {
 instruction1;
 instruction2;
 }
while (expression_de_condition) ;
```

Voici deux exemples de boucle do ... while :

```
//---------------------------Exemple 1
$i=5; //initialisation du compteur de boucle
do
 {
 echo "Ce texte est affiché au moins une fois <br>";
 $i--; //décrémentation du compteur de boucle
 }
while($i>0);
echo "Fin";
/* ci-dessus un exemple qui affiche cinq fois le même texte (tant que $i est supérieur à 0)
avant d'afficher le texte final. */


//---------------------------Exemple 2
$i=0; //initialisation du compteur de boucle
do
 {
 echo "Ce texte est affiché au moins une fois <br>";
 $i--; //décrémentation du compteur de boucle
 }
while($i>0);
echo "Fin";
/* ci-dessus un exemple qui affiche le texte une seule fois car l'expression de
  condition est fausse dès le premier tour. */
```

Structures de boucle avec for

L'instruction for est une troisième solution pour traiter les boucles. Sa syntaxe est cependant radicalement différente de celle des deux structures précédentes, car les parenthèses de l'instruction contiennent trois expressions différentes, séparées par des points-virgules. Cette syntaxe très compacte est particulièrement appréciable quant à la lisibilité du code.

Tableau 9-11. Instruction de boucle for

Syntaxe	
``for (expression1[,…];expression2[,…];expression3[,…])
{
instruction1;
instruction2;
…
}```	
Légende	expression1 : expression évaluée en début de boucle. Fréquemment utilisée pour initialiser le compteur de boucle à l'aide de l'opérateur d'affectation (exemple : « $i = 5 »). expression2 : expression évaluée au début de chaque passage de boucle. Si le résultat de l'évaluation est TRUE (vrai), le bloc d'instructions de la boucle est de nouveau exécuté. Dans le cas contraire, le programme sort de la boucle pour exécuter les instructions qui suivent le bloc. Cette expression est fréquemment utilisée pour tester le compteur de boucle à l'aide d'un opérateur de comparaison (exemple : $i > 0). expression3 : expression évaluée à la fin de chaque boucle. Fréquemment utilisée pour incrémenter ou décrémenter le compteur de boucle à l'aide d'un opérateur d'auto-incrémentation ou de décrémentation (exemple : $i --). À noter : pour chaque zone (délimitée par un point-virgule), il est possible d'exécuter plusieurs expressions, qui doivent être séparées par de simples virgules. Cela permet notamment de gérer plusieurs variables de compteur (exemple : for ($i=5,$x=1;$i>0;$i--,$x++)). [xxx] : le code xxx est facultatif. (Attention ! Vous ne devez surtout pas saisir les crochets [et] dans le code.)

Voici un exemple de bloc for :

```
for ($i=5;$i>0;$i--)
  {
  echo "Encore $i tour(s) à faire <br>";
  }
echo "Voilà, c'est enfin terminé";
//ci-dessus un exemple qui réalise la même boucle que celle donnée en exemple pour
l'instruction "while".
```

Structures de boucle avec foreach

La boucle foreach est dédiée à la manipulation des tableaux de variables. Elle permet en effet de lire rapidement le contenu d'un tableau sans avoir à écrire beaucoup de code. Vous avez le choix entre deux syntaxes selon le type de tableau (indicé ou associatif). Le principe de cette instruction est semblable à celui d'une boucle pour laquelle un pointeur interne au tableau est placé sur le premier élément du tableau (0 pour les tableaux indicés et première clé pour les tableaux associatifs). À chaque tour de boucle, la variable $var (voir tableau ci-dessous) contient la valeur de l'élément pointé : vous pouvez ainsi l'exploiter dans les instructions du corps de la boucle. À la fin de chaque boucle, le pointeur se déplace sur l'élément suivant dans le tableau et ainsi de suite jusqu'à la fin du tableau.

> **À noter**
>
> Dans la syntaxe du tableau associatif, il est également possible d'exploiter la clé de chaque élément ($cle) dans les instructions du corps de la boucle.

Tableau 9-12. Instruction de boucle foreach

Syntaxe pour tableau indicé

```
   foreach($tableau as $var)
 {
    instruction utilisant $var;
 }
```

Syntaxe pour tableau associatif

```
   foreach($tableau as $cle=>$var)
 {
    instruction utilisant $cle et $var;
 }
```

Voici deux exemples d'application de l'instruction foreach :

```
//-------------------------Exemple 1
$agence=array("Paris","Lille","Marseille");
foreach ($agence as $ville)
 {
 echo "Ville:$ville <br>";
 }
/* ci-dessus un exemple qui affiche toutes les villes des agences contenues
  dans le tableau indicé $agence. */
//-------------------------Exemple 2
$agence=array("centre"=>"Paris","nord"=>"Lille","sud"=>"Marseille");
foreach ($agence as $cle=>$ville)
 {
 echo "L'agence du secteur $cle se trouve à $ville <br>";
 }
/* ci-dessus un exemple qui affiche tous les secteurs et les villes correspondantes
  des agences contenues dans le tableau associatif $agence. */
```

Instructions de contrôle

Instruction de contrôle avec break

Dans certaines applications, il peut s'avérer nécessaire de sortir de la boucle avant que l'expression de condition ne l'impose (c'est valable pour toutes les boucles : while, do … while, for, switch … case et foreach). L'instruction break permet de quitter la boucle pour que le programme passe à l'exécution des instructions qui se trouvent après celle-ci. Si plusieurs boucles sont imbriquées, précisez combien de boucles doivent être stoppées avec l'argument n de l'instruction : break n. L'exécution du programme passe alors directement à la boucle de niveau supérieur, si elle existe (par défaut, cet argument est égal à 1).

> **À noter**
>
> Cette instruction est obligatoire dans les structures switch … case afin d'éviter d'exécuter les instructions qui suivent la branche du case sélectionné.

Tableau 9-13. Instruction de contrôle de boucle break

Syntaxe	
break [n]	
Légende :	n : nombre de boucles imbriquées qui sont interrompues.
	Par défaut, n est égal à 1.
	[xxx] : le code xxx est facultatif.
	(Attention ! Vous ne devez surtout pas saisir les crochets [et] dans le code.)

Voici un exemple d'application de l'instruction break :

```
$i=5; //initialisation du compteur de boucle
while($i>0)
  {
  if ($commande[$i]="arret")
      {break;} //arrête la boucle si cette variable est égale à "arret"
  echo "Encore $i tour(s) à faire <br>";
  $i--; //décrémentation du compteur de boucle
  }
echo "Voilà, c'est enfin terminé";
/* ci-dessus un exemple qui reprend le script de la première boucle "while", dans lequel
on a ajouté une instruction "break" conditionnée par la variable "$commande". Si l'expression de
condition renvoie "TRUE", le programme sort prématurément de la boucle et le message de fin
s'affiche. */
```

Instruction de contrôle avec continue

L'instruction continue est également une instruction de contrôle de boucle. Contrairement à l'action break, elle permet de passer au passage de boucle suivant. De même que pour break, on peut lui préciser, par le biais d'un argument optionnel, le nombre de passages de boucle qu'on désire court-circuiter.

Tableau 9-14. Instruction de contrôle de boucle continue

Syntaxe	
continue [n]	
Légende :	n : nombre de passages de boucle ignorés.
	[xxx] : le code xxx est facultatif.
	(Attention ! Vous ne devez surtout pas saisir les crochets [et] dans le code.)

Voici un exemple d'application de l'instruction `continue` :

```
for($i=5; $i>0; ++$i)
 {
 if (!($i%2))
     {continue;} //court-circuite l'affichage des tours impairs
 echo "Encore $i tour(s) à faire <br>";
     }
echo "Voilà, c'est enfin terminé";
/* ci-dessus un exemple dans lequel on a ajouté une instruction "continue", exécutée pour
➡tous les tours impairs (grâce à l'utilisation de l'opérateur modulo dans l'expression de
➡condition !($i%2)). Au final, l'affichage du message de boucle est réalisé uniquement sur
➡les tours pairs. */
```

Redirection interpage

Nous venons d'étudier différentes structures qui permettent de gérer le cheminement du programme au sein d'une même page. Cependant, il faut fréquemment rediriger le programme automatiquement vers une autre page du site. Cette redirection peut être le résultat d'un test de condition (revoir les instructions de choix `if`, `else`, `elseif` et `switch`) ou bien se situer à la fin d'un script PHP (par exemple : après un script d'ajout d'un nouvel enregistrement, pour rediriger l'internaute vers une page affichant la liste actualisée de tous les enregistrements présents dans la base). Plusieurs solutions utilisant des langages différents (PHP, Javascript ou HTML) permettent de réaliser une redirection dans un script PHP. Chacune a ses avantages et ses inconvénients. Nous les présentons ci-dessous afin que vous puissiez utiliser la technique la plus adaptée à vos besoins.

Redirection en PHP

La fonction `header()` permet de rediriger l'internaute vers une page ou une URL sans intervention de sa part. L'inconvénient de cette fonction est que vous devez toujours l'utiliser avant tout envoi vers le navigateur, qu'il s'agisse de codes HTML ou d'affichages provoqués par des fonctions PHP comme `echo()` ou `print()`. Il faut donc veiller à ce que cette fonction soit appelée au début du script.

Tableau 9-15. Fonction de redirection header()

Syntaxe	
`header("Location:nom_cible")`	
Légende :	`nom_cible` : la cible vers laquelle on redirige l'internaute peut être un chemin relatif comme `monfichier.php` ou un chemin absolu comme `http://www.agencew.com`.

Voici un exemple de redirection PHP par la fonction `header()` :

```
<?php
/* ce script permet de rediriger l'internaute vers la page "suite.php" */
header("Location:suite.php");
?>
```

Voici maintenant un exemple de redirection PHP par la fonction `header()` conditionnée par l'instruction `if` :

```php
<?php
//ce script permet de rediriger l'internaute selon l'état de la variable
//$profil vers la page suite.php
if($profil=="admin")
 header("Location:suite.php");
?>
```

Redirection en JavaScript

JavaScript possède également une fonction de redirection, que vous pouvez exploiter dans le même contexte. Pour ce faire, utilisez la méthode `windows.location()`. Vous pouvez émuler le script Java-Script grâce à la fonction `echo()`, comme pour une balise HTML, sinon il est placé en dehors des balises PHP (voir les exemples ci-dessous). Cette solution peut être utilisée à tout endroit de la page, contrairement à la fonction `header()`. Elle peut également être temporisée si on l'utilise avec la fonction `setTimeout()`.

Voici un exemple de redirection JavaScript émulée par la fonction `echo()` :

```php
<?php
//ce script permet de rediriger l'internaute vers la page suite.php
echo "<script language=\"JavaScript\" type=\"text/javascript\">";
echo "document.location=\"suite.php\";";
echo "</script>";
?>
```

Voici maintenant un exemple de redirection instantanée avec JavaScript :

```php
<?php
//le script PHP de cette page est exécuté puis l'internaute est
//redirigé vers la page "suite.php".
?>
<script language="JavaScript" type="text/javascript">
<!--
document.location="suite.php";
//-->
</script>
```

Ce troisième exemple montre une redirection temporisée avec JavaScript :

```php
<script language="JavaScript" type="text/javascript">
<!--
function redirection(){
 document.location="suite.php";
 }
//-->
</script>
...
<body onLoad="setTimeout('redirection()',2000)">
<?php
echo "Vous allez bientôt être redirigé";
```

```
/* Ce script permet de rediriger l'internaute vers la page "suite.php" après
   une temporisation réglable. */
?>
...
```

L'exemple ci-dessous montre une redirection instantanée avec JavaScript et conditionnée par l'instruction PHP if :

```
<?php
//L'internaute est redirigé vers la page "suite.php"
//selon la valeur de la variable "$admin"
if($profil=="admin")
 {//début du bloc conditionné
 ?>
 <script language="JavaScript" type="text/javascript">
 <!-
 document.location="suite.php";
 //-->
 </script>
 <?php
 }//fin du bloc conditionné
?>
```

Redirection en HTML

Une troisième possibilité permet de rediriger un internaute vers une autre page. Elle consiste à utiliser la balise meta Refresh du HTML. Comme pour le JavaScript, vous pouvez soit émuler cette balise par la fonction echo au sein d'un script PHP, soit l'exploiter normalement en dehors des balises PHP. Cette balise peut être utilisée à tout endroit de la page, contrairement à la fonction header(). Elle peut également être temporisée en fonction des besoins (l'attribut content indique le nombre de secondes de la temporisation).

Voici un exemple de redirection instantanée avec la balise meta émulée par la fonction echo() :

```
<?php
echo "<meta http-equiv=\"Refresh\" content=\"0; url=suite.php\">";
?>
```

Ce deuxième exemple est une redirection temporisée avec la balise meta en dehors des balises PHP :

```
<?php
echo "Vous allez bientôt être redirigé";
?>
<meta http-equiv="Refresh" content="2; url=suite.php">
```

Ce troisième exemple est une redirection avec la balise meta conditionnée par l'instruction PHP if :

```
<?php
//l'internaute est redirigé vers la page suite.php
//selon la valeur de la variable $admin.
if($profil=="admin")
 {//début du bloc conditionné
 ?>
```

```
<meta http-equiv="Refresh" content="0; url=suite.php">
<?php
}//fin du bloc conditionné
?>
```

ActionScript
et la programmation structurée

Comme en PHP, ActionScript met à votre disposition plusieurs structures qui permettent de diviser le programme en de multiples sous-programmes (`function()`) et de contrôler son déroulement en utilisant des structures de choix (`if`, `else`...) ou de boucle (`while`, `for`...). Cette partie vous présente les principales structures utilisées lors de la réalisation de programmes élaborés.

Portée des variables

Définition d'un bloc

On appelle bloc l'ensemble des instructions délimité par une accolade ouvrante { et fermante }.

Exemple de bloc :

```
{
message="bonjour";
trace(message);
}
```

Dans le chapitre 7, nous avons présenté les gestionnaires d'événements qui utilisent des blocs pour délimiter les instructions exécutées lorsque l'événement est détecté. Cependant, les blocs sont également utilisés dans d'autres structures tel que les fonctions ou les structures de choix et de boucle.

Portée d'une variable locale

Lorsqu'une variable est déclarée dans un bloc, elle est considérée comme une variable locale. Sa portée est limitée aux frontières du bloc (entre les deux accolades). De même, les paramètres transmis à une fonction (arguments) sont considérés comme des variables locales. Leur portée est limitée au bloc de la fonction. Cela évite d'éventuels conflits entre des variables de même nom déclarées dans des blocs différents, ce qui limite les risques d'erreur. On peut ainsi utiliser les mêmes noms de variables dans différents blocs sans risque d'altération de leur contenu par un script externe puisque leur temps de vie est limité aux frontières du bloc (elles sont détruites automatiquement à la sortie de celui-ci). En pratique, c'est particulièrement intéressant lors de l'utilisation de variables génériques (comme i ou x) pour mettre en place des compteurs de boucle ou des drapeaux (variables booléennes utilisées pour mémoriser un état) sans se soucier de l'usage de ces mêmes variables à l'extérieur du bloc.

Exemple (ce script est déclaré dans une image clé du scénario principal (_root)) :

```
//déclaration d'une variable de scénario
afficheMessage=function() {
 var monNom   :String="Dupond";
 trace("Dans le bloc : bonjour Monsieur "+monNom);
}
//appel de la fonction (pour affichage de la variable depuis l'intérieur du bloc)
afficheMessage();
//l'utilisation externe d'une variable locale n'est pas possible
trace("En dehors du bloc : bonjour Monsieur "+monNom);
```

Après exécution de ce script, le message suivant est affiché dans le panneau Sortie :

```
Dans le bloc : bonjour Monsieur Dupond
En dehors du bloc : bonjour Monsieur undefined
```

La première ligne du message correspond à l'affichage de la valeur de la variable monNom à l'intérieur du bloc (Dupond). La deuxième ligne du message démontre que cette même variable n'est plus valide à l'extérieur du bloc (undefined).

Portée d'une variable de scénario

Une variable déclarée dans une image clé reste valide pour tout le scénario dans lequel elle a été déclarée.

> **À noter**
> À l'inverse des variables locales, les variables de scénario peuvent franchir les frontières du bloc et être exploitées dans n'importe quel bloc de ce scénario.

Exemple (ce script est déclaré dans une image clé du scénario principal (_root)) :

```
//déclaration d'une variable de scénario
var monNom   :String="Dupond";
//déclaration de la fonction et de son bloc
afficheMessage=function() {
trace("Dans le bloc : bonjour Monsieur "+monNom);
}
```

```
//appel de la fonction (pour affichage de la variable depuis l'intérieur du bloc)
afficheMessage();
//affichage de la valeur de la variable de scénario
trace("En dehors du bloc : bonjour Monsieur "+monNom);
```

Après exécution de ce script, le message suivant est affiché dans le panneau Sortie :

```
Dans le bloc : bonjour Monsieur Dupond
En dehors du bloc : bonjour Monsieur Dupond
```

La première ligne du message correspond à l'affichage de la valeur de la variable de scénario monNom à l'intérieur du bloc (Dupond) et démontre qu'une variable de scénario est valide à l'intérieur d'un bloc. La deuxième ligne du message affiche la variable de scénario qui reste valide dans tout le scénario de l'animation (Dupond).

Portée d'une variable globale

Appel d'une variable de scénario à l'aide de son chemin cible

Même si l'appel simple d'une variable de scénario (on ne mentionne que son nom sans préciser le chemin cible de la variable) est limité à son propre scénario, elle reste cependant valide dans les autres scénarios (contrairement aux variables locales, qui sont détruites à l'extérieur du bloc). Pour appeler une variable de scénario depuis un scénario externe, il suffit de préciser son chemin cible (voir le chapitre 7 consacré aux bases du langage ActionScript).

Exemple (le script ci-dessous est déclaré dans une image clé d'un clip monClip1_mc situé sur le scénario principal) :

```
//déclaration d'une variable
// dans le scénario du clip monClip1_mc
var monNom    :String="Dupond";
//appel interne de la variable de scénario
//placé sur le scénario du clip monClip1_mc
trace("Appel interne au scénario : bonjour Monsieur "+monNom);
```

Le script ci-dessous est placé sur le bouton monBouton1_mc situé sur le scénario principal :

```
//appels externes de la variable de scénario
//placé dans le gestionnaire d'un bouton
//situé sur le scénario principal
on (press) {
 trace("Appel externe sans chemin : bonjour Monsieur "+monNom);
 trace("Appel externe avec chemin : bonjour Monsieur "+_root.monClip1_mc.monNom);
}
```

Après exécution de ce script, le message suivant est affiché dans le panneau Sortie :

```
Appel interne au scénario : bonjour Monsieur Dupond
Appel externe sans chemin : bonjour Monsieur undefined
Appel externe avec chemin : bonjour Monsieur Dupond
```

Cet exemple démontre que pour appeler une variable déclarée dans un scénario spécifique (par exemple le scénario de l'occurrence de clip `monClip1_mc`), il faut préciser son chemin cible absolu (comme dans l'exemple ci-dessous) ou relatif.

Appel d'une variable de scénario globalisée

Il existe une autre solution pour appeler une variable de scénario sans avoir à préciser son chemin. Elle consiste à déclarer la variable globalement à l'aide du mot-clé `_global`. Elle pourra ainsi être appelée depuis n'importe quel scénario du projet sans qu'il soit nécessaire de préciser son chemin cible.

Exemple (le script ci-dessous est déclaré dans une image clé d'un clip `monClip1_mc` situé sur le scénario principal) :

```
//déclaration d'une variable globale
//dans le scénario du clip monClip1_mc
_global.monNom="Dupond";
//appel interne de la variable de scénario
//placé sur le scénario du clip monClip1_mc
trace("Appel interne au scénario : bonjour Monsieur "+monNom);
```

Le script ci-dessous est placé sur le bouton monBouton1_mc situé sur le scénario principal :

```
//appel externe de la variable de scénario
//placé dans le gestionnaire d'un bouton
// situé sur le scénario principal
on (press) {
 trace("Appel externe sans chemin : bonjour Monsieur "+monNom);
}
```

Après avoir appuyé sur le bouton, le message suivant est affiché dans le panneau Sortie :

```
Appel interne au scénario : bonjour Monsieur Dupond
Appel externe sans chemin : bonjour Monsieur Dupond
```

Ce second exemple démontre qu'une variable déclarée comme variable globale dans un scénario peut ensuite être appelée uniquement grâce à son nom (sans son chemin cible) depuis tous les scénarios du projet.

Appel d'une variable de bloc globalisée

Si nous déclarons une variable globale à l'intérieur d'un bloc, cette dernière pourra être appelée de la même manière depuis tous les scénarios du projet mais aussi depuis tous les autres blocs de ceux-ci.

Exemple (le script ci-dessous est déclaré dans une image clé de l'occurrence de clip `monCip1_mc` situé sur le scénario principal) :

```
//déclaration de la fonction
//avec une variable globale
afficheMessage=function() {
_global.monNom="Dupond";
 trace("Dans le bloc : bonjour Monsieur "+monNom);
 }
```

```
//appel de la fonction (pour affichage
//de la variable depuis l'intérieur du bloc)
afficheMessage();
//affichage de la variable
//globale à l'extérieur du bloc
trace("En dehors du bloc : bonjour Monsieur "+monNom);
```

Le script ci-dessous est placé sur le bouton monBouton1_mc situé sur le scénario principal :

```
//appel externe au scénario
//de la variable globalisée.
on (press) {
 trace("Appel externe sans chemin : bonjour Monsieur "+monNom);
}
```

Après exécution de ce script, le message suivant est affiché dans le panneau Sortie :

```
Dans le bloc : bonjour Monsieur Dupond
En dehors du bloc : bonjour Monsieur Dupond
Appel externe au scénario sans chemin : bonjour Monsieur Dupond
```

Cet exemple démontre qu'une variable déclarée comme globale à l'intérieur d'un bloc étend sa portée à l'extérieur des frontières de ce bloc et donc au scénario dans lequel se trouve le bloc, mais aussi à tous les scénarios et à tous les scripts du projet. La variable peut désormais être référencée depuis n'importe quel endroit du projet. Elle peut aussi être modifiée, voire supprimée, de la même manière. Cela représente un danger, car les variables d'un bloc risquent d'être altérées par erreur depuis un autre script utilisant une variable de même nom. Il faut donc être extrêmement prudent et exploiter la déclaration d'une variable globalisée dans un bloc uniquement lorsque c'est indispensable. D'autre part pour éviter les conflits entre une variable locale et une variable globale, nous vous conseillons de nommer vos variables globales en ajoutant le préfixe glob_ à leur identifiant (exemple : glob_monNom).

Fonctions utilisateur

Jusqu'à présent nous avons utilisé uniquement les fonctions intégrées de Flash (trace() ou typeof(), par exemple) ou encore les différentes méthodes des classes d'objets présentées précédemment (les méthodes fonctionnent en quelque sorte comme des fonctions qui seraient exclusivement dédiées à certaines classes d'objets).

Cependant, comme en PHP, ActionScript vous permet de créer vos propres fonctions utilisateur afin de disposer d'instructions correspondant exactement aux tâches que vous devez effectuer.

À la différence des fonctions intégrées, les fonctions utilisateur doivent être déclarées avant de pouvoir être réutilisées autant de fois que nécessaire dans la suite du programme. L'usage des fonctions utilisateur évite d'effectuer de multiples copier-coller du même code et facilite la maintenance du programme (en cas de modification, il suffit d'intervenir uniquement sur les instructions de la déclaration initiale).

Une fonction utilisateur peut simplement exécuter un script ou renvoyer la valeur d'un résultat à l'expression qui a initié l'appel de la fonction (à l'aide du mot-clé `return` suivi du résultat à retourner).

Afin d'obtenir une fonction générique qui exécutera toujours les mêmes actions, une fonction sans information entre les parenthèses peut être créée. Cependant, il est souvent intéressant de transmettre des informations à la fonction afin de la personnaliser. Ces informations (nommées arguments ou encore paramètres) seront indiquées entre parenthèses et séparées par une virgule.

Déclaration et utilisation des fonctions

Avant d'utiliser une fonction, il est impératif de l'avoir déclarée (en pratique, les fonctions sont fréquemment déclarées dans l'image 1 du scénario dans lequel elles sont utilisées). Pour déclarer une fonction, utilisez le mot-clé `function`. Deux syntaxes peuvent être utilisées, mais la syntaxe d'utilisation de la fonction est commune aux deux types de déclaration (voir tableau 10-1 ci-dessous).

Raccourci pour déclarer une fonction

Vous pouvez afficher rapidement la structure d'une déclaration de fonction en utilisant le raccourci clavier Esc + fn. La structure ci-dessous s'affiche automatiquement dans le panneau Action. Le pointeur est positionné automatiquement à droite du mot-clé `function` pour la saisie du nom de la fonction :

```
function _() {

}
```

De même, pour saisir rapidement le mot-clé return, vous pouvez utiliser le raccourci clavier Esc + rt qui affiche l'expression ci-dessous avec le curseur prépositionné entre les parenthèses pour la saisie du nom de la variable qui sera retourné par la fonction :

```
return (_);
```

Tableau 10-1. Fonctions utilisateur

Syntaxe 1 de la déclaration d'une fonction

```
function nom_de_fonction (arg1:typeArgument1,arg2:typeArgument2,…)
  {
  instruction1;
  instruction2;
  …
[return (monResultat);]
  }
```

Syntaxe 2 de la déclaration d'une fonction

```
nom_de_fonction = function (arg1:typeArgument1,arg2:typeArgument2,…)
  {
  instruction1;
  instruction2;
  …
[return (maVar0);]
  }
```

Tableau 10-1. Fonctions utilisateur *(suite)*

Syntaxe commune d'utilisation d'une fonction
`nom_de_fonction (arg1,arg2…) ;`

Remarques :	Le nom de la fonction ne doit comporter ni espace ni point.
	Les parenthèses permettent de passer des arguments séparés par des virgules.
	Les arguments peuvent être déclarés et typés directement dans la parenthèse.
	Les arguments peuvent être des variables ou des constantes.
	La durée de vie d'une variable de fonction est limitée au temps d'exécution de la fonction.
	`return` permet de retourner une variable résultat `monResultat` dans le programme mais sa présence n'est pas obligatoire.
	`[xxx]` : le code `xxx` est facultatif
	(Attention ! vous ne devez surtout pas saisir les crochets [et] dans le code.)

Exemple (création d'une fonction `moyenne()` pour le calcul de la moyenne de deux valeurs) :

```
//Déclaration de la fonction -----------------------------------
function moyenne (maVar1:Number,maVar2:Number) //tête de la déclaration
  { //début du corps
  var monResultat:Number=(maVar1+maVar2)/2; //instructions de la fonction
  return (monResultat); //information retournée au programme
  } //fin du corps
//Utilisation de la fonction dans le programme -------------
monCalcul=moyenne(4,6); //appel de la fonction
trace( "la moyenne de 4 et de 6 est égale à"+ monCalcul);
```

Appel d'une fonction

Appel d'une fonction depuis le scénario dont elle dépend

Avant de présenter la syntaxe d'appel d'une fonction, nous vous rappelons qu'avant d'utiliser une fonction, il est impératif de l'avoir déclarée au préalable. Si vous utilisez la fonction dans le même scénario que sa déclaration, il suffit de rappeler son nom en précisant les éventuels paramètres en argument.

Exemple :

```
//la déclaration de fonction ci-dessous a été saisie dans l'image clé 1 de l'animation
➥principale (_root)
afficheAccueil=function(monNom:String) {
  trace("bonjour Monsieur "+monNom);
}
//l'appel de la fonction ci-dessous est intégré dans un gestionnaire d'événements de souris
➥appliqué à un bouton lui aussi placé sur l'animation principale (_root)
on (press) {
  afficheAccueil("Dupond");
}
```

Si l'on clique sur le bouton, le panneau Sortie affiche le message suivant :

```
bonjour Monsieur Dupond
```

Appel d'une fonction depuis un autre scénario

Si vous désirez appeler une fonction depuis un autre scénario, le scénario dans lequel elle a été déclarée doit être utilisé pour construire le chemin cible. Comme pour tous les éléments Flash, vous pouvez utiliser différents types de ciblage pour appeler la fonction (revoir le chapitre 7 consacré aux bases d'ActionScript).

Exemple :

```
//la déclaration de fonction ci-dessous a été saisie
//dans l'image clé 1 du clip monClip1_mc placé
//sur l'animation principale
afficheAccueil=function(monNom:String) {
 trace("bonjour Monsieur "+monNom);
}
//l'appel de la fonction ci-dessous est intégré
//dans un gestionnaire d'événements de souris
//appliqué à un bouton placé directement sur
//l'animation principale (_root)
on (press) {
 _root.monClip1_mc.afficheAccueil("Dupond");
}
```

Dans notre exemple, nous avons déclaré la fonction dans le clip monClip1_mc. Par conséquent, il est nécessaire d'utiliser le ciblage absolu _root.monClip1_mc.afficheAccueil() pour référencer la fonction. Ainsi, si l'on clique sur le bouton, le panneau Sortie affiche le message suivant, comme dans le premier exemple :

```
bonjour Monsieur Dupond
```

Appel d'une fonction globalisée

Comme vous déclarez des variables globales (à l'aide du mot-clé _global) afin qu'elles soient accessibles depuis tous les scénarios d'un même projet, vous pouvez utiliser la même syntaxe pour rendre accessible une fonction depuis n'importe quel scénario sans avoir à préciser son chemin cible. Ainsi une fonction utilisateur peut être appelée aussi simplement qu'une fonction Flash intégrée (par exemple : trace("bonjour")).

Exemple :

```
//la déclaration globalisée de fonction ci-dessous a
//été saisie dans l'image clé 1 de l'animation
//principale
_global.afficheAccueil=function(monNom:String) {
 trace("bonjour Monsieur "+monNom);
}
//l'appel de la fonction ci-dessous est intégré
//dans un gestionnaire d'événements de souris appliqué
//à un bouton placé sur un scénario différent
on (press) {
 afficheAccueil("Dupond");
}
```

Dans notre exemple, nous avons déclaré la fonction globalisée dans l'animation principale (_root). Nous pourrons l'appeler depuis n'importe quel scénario du projet sans avoir à préciser son chemin cible. Lorsqu'on clique sur le bouton, le panneau Sortie affiche le message suivant, comme dans le premier exemple :

```
bonjour Monsieur Dupond
```

Une fonction globalisée est simple d'utilisation. L'employer vous évite d'alourdir vos scripts avec des chemins cibles inutiles et vous permet de placer le script utilisant la fonction dans n'importe quel scénario sans modifier son code. En pratique, dès qu'une fonction doit être appelée depuis différents scénarios, il est judicieux de la déclarer comme une fonction globalisée dans l'image 1 du scénario principal.

Appel dynamique d'une fonction

Il est souvent intéressant d'appeler dynamiquement une fonction en substituant à son nom le contenu d'une simple variable. Il faut alors utiliser les symboles crochets [et] pour évaluer cette variable et appeler la fonction :

```
_root[maVariable]();
```

Dans cet exemple, la variable maVariable a été initialisée au préalable avec le nom de la fonction à appeler : "maFonction". L'exécution de l'appel dynamique équivaut à l'appel de fonction ci-dessous :

```
_root.maFonction();
```

Exemple :

```
//la déclaration de fonction ci-dessous a
//été saisie dans l'image clé 1 de l'animation principale
afficheAccueil=function(monNom:String) {
 trace("bonjour Monsieur "+monNom);
}
//l'appel de la fonction ci-dessous est réalisé
//dynamiquement depuis un gestionnaire d'événements
//de souris appliqué à un bouton placé sur
//un scénario quelconque
on (press) {
 x="afficheAccueil";
 _root[x]("Dupond");
}
```

Dans notre exemple, nous avons déclaré la fonction dans l'animation principale (_root) et nous l'avons appelée dynamiquement depuis un scénario quelconque du projet. La variable x étant initialisée avec la valeur "afficheAccueil" (nom de la fonction appelée), l'évaluation de l'instruction d'appel dynamique équivaut à l'instruction suivante :

```
_root.afficheAccueil("Dupond");
```

Par conséquent, lorsqu'on clique sur le bouton, le panneau Sortie affiche le message suivant, comme dans le premier exemple :

```
bonjour Monsieur Dupond
```

Fonction générique

Les parenthèses de la fonction permettent de passer des paramètres en argument afin de personnaliser son exécution. Si vous laissez ces parenthèses vides, vous créez une fonction générique qui sera exécutée de la même manière lors de chaque appel.

Exemple :

```
//déclaration de la fonction générique
ditBonjour=function() {
  trace("Bonjour Monsieur");
}
//appel de la fonction générique
afficheTexte();
```

Fonction avec passage d'arguments

Passer les arguments avec des constantes ou des variables

Lors de l'appel d'une fonction, les arguments peuvent être indiqués entre les parenthèses à l'aide de constantes ou de variables.

Les deux appels de fonction suivants sont identiques :

```
monCalcul=moyenne(4,6);
```

est identique au script ci-dessous :

```
var maVar1:Number=4;
var maVar2:Number=6;
monCalcul=moyenne(maVar1,maVar2);
```

À noter

Dans le cas où la constante passée en argument est de type texte, il faut utiliser des guillemets pour encadrer sa valeur entre les parenthèses.

Exemple d'une fonction affichant le texte `"Bonjour"` dans le panneau Sortie lors de son appel :

```
afficheTexte=function(monTexte:String) {
  trace(monTexte);
}
afficheTexte("Bonjour");
```

Respectez l'ordre des arguments

Lorsque vous envoyez plusieurs informations en argument lors de l'appel d'une fonction, respectez l'ordre qui a été utilisé lors la déclaration de la fonction.

Par exemple, pour utiliser la fonction `afficheAge()` ci-dessous, il est impératif de respecter l'ordre des arguments utilisés dans la déclaration de la fonction :

```
afficheAge=function(age:Number,nom:String) {
trace("L'age de "+nom+" est "+age);
}
```

L'appel ci-dessous est correct :

```
afficheAge(23,"Alain");
```

L'appel suivant est incorrect :

```
afficheAge("Alain",23);
```

Utilisez le bon nombre d'arguments

Lors de l'appel d'une fonction, il faut respecter le type des arguments indiqués lors de la déclaration de celle-ci (comme nous venons de le voir ci-dessus) mais aussi leur nombre. Si une valeur d'argument est omise lors de l'appel d'une fonction, elle sera considérée comme variable indéfinie (undefined) s'il s'agit du dernier argument. Une erreur d'incompatibilité de type sera générée si vous avez pris le soin de préciser le type de chaque argument dans la déclaration de la fonction (par exemple : afficheAge(age:Number,nom:String)).

Par exemple, si nous reprenons la fonction afficheAge() précédente et si nous l'appelons en omettant le deuxième argument :

```
afficheAge(23);
```

la variable nom est considérée comme indéfinie et le message suivant est affiché dans le panneau Sortie :

```
L'age de undefined est 23
```

De même, si nous appelons la fonction en omettant le premier argument :

```
afficheAge("Alain");
```

le message d'erreur suivant est affiché :

```
**Erreur** : Incompatibilité de types.
```

À l'inverse, si le nombre d'argument est supérieur à celui qui a été défini lors de la déclaration de la fonction, le dernier argument sera ignoré si les types des précédents arguments correspondent à ceux de la déclaration originelle.

Dans l'exemple suivant, un argument supplémentaire a été ajouté lors de l'appel de la fonction :

```
afficheAge(23,"Alain","Dupond");
```

Dans ce cas, le processus de la fonction n'est pas perturbé et l'affichage est correct mais le dernier argument n'est pas exploité :

```
L'age de Alain est 23
```

Déclaration d'arguments optionnels

Pour éviter les messages d'erreur en cas d'omission du dernier argument (voir ci-dessus) ou pour configurer une fonction avec un ou plusieurs arguments optionnels, il suffit d'ajouter une instruction de test au début du script pour chaque argument optionnel.

> **À noter**
>
> Les arguments optionnels doivent impérativement être placés en dernier dans la liste des arguments de la fonction afin de conserver la correspondance de type des autres arguments de la fonction.

Dans l'exemple suivant, le second argument est optionnel. En cas d'absence du nom, celui-ci sera remplacé automatiquement par la valeur `"mon ami"` :

```
afficheAge=function(age:Number,nom:String) {
if(nom==undefined) {nom=" mon ami";}
  trace("L'age de "+nom+" est "+age);
}
```

Si l'on appelle la fonction avec un seul argument :

```
afficheAge(23);
```

le message suivant est affiché dans le panneau Sortie :

```
L'age de mon ami est 23
```

Utilisation du tableau temporaire des arguments

À chaque appel d'une fonction avec passage d'arguments, un tableau temporaire nommé `arguments` est créé automatiquement. Il contient toutes les valeurs des arguments indiqués entre les parenthèses lors de l'appel de la fonction (même si aucun argument n'a été spécifié lors de la déclaration initiale de la fonction). Il est possible d'exploiter son contenu dans le bloc de la fonction en utilisant les mêmes méthodes et propriétés que pour un objet `Array` traditionnel (revoir si besoin le chapitre 7 consacré aux objets intégrés).

Nous allons créer une fonction d'affichage qui s'adaptera automatiquement au nombre d'argument précisé lors de l'appel de la fonction.

Dans cet exemple, la déclaration de la fonction ne précise aucun argument prédéfini (pour plus d'information sur les boucles ActionScript utilisées dans l'exemple ci-dessous, reportez-vous à la section consacrée aux boucles plus loin dans ce chapitre) :

```
//---déclaration de la fonction
afficheListe=function() {
 var compteur:Number = arguments.length;
//affectation du nombre d'arguments passés à la
//fonction (correspondant au nombre d'éléments
//du tableau "argument") à une variable nommée "compteur"
 trace("voici la liste des arguments :");
 while (compteur>0) {
     compteur--;
     trace(">"+arguments[compteur]);
 }
}
//---utilisation de la fonction
afficheListe("Alain", "Jean");
```

L'exécution de ce script affiche le texte suivant dans le panneau Sortie :

```
voici la liste des arguments :
>Jean
>Alain
```

Fonction avec gestion du résultat

Fonction sans retour de résultat

Une fonction peut se contenter de réaliser une action sans nécessiter le retour d'un résultat. Dans ce cas, le bloc de la fonction ne comporte pas d'action `return`.

Exemple :

```
//déclaration d'une fonction sans retour de résultat
calculStat=function(para1:Number,para2:Number) {
var somme:Number=para1+para2;
trace("La somme est "+somme);
}
```

Si l'on appelle la fonction :

```
calculStat(10,20);
```

le message suivant est affiché dans le panneau Sortie :

```
La somme est 30
```

Fonction avec retour d'une simple variable

Les fonctions peuvent recevoir des paramètres (arguments) mais elles peuvent aussi en retourner. Dans ce cas, il faut utiliser l'action `return` en indiquant le nom de la variable qui contient le résultat.

Exemple :

```
//déclaration d'une fonction avec retour de résultat
calculStat=function(para1:Number,para2:Number) {
var somme:Number=para1+para2;
return(somme);
}
```

Si l'on exécute les deux lignes de code ci-dessous :

```
resultat=calculStat(10,20);
trace("La somme est "+resultat);
```

le message suivant est affiché dans le panneau Sortie :

```
La somme est 30
```

Pour bien comprendre le fonctionnement de l'action `return`, il faut considérer que la variable indiquée entre les parenthèses de `return` (soit `somme` dans l'exemple précédent) se substitue à l'expression d'appel de la fonction (soit `calculStat(10,20)` dans l'exemple précédent).

Au final, lors de l'appel de la fonction, la ligne de code :

```
resultat=calculStat(10,20);
```

équivaut à l'instruction suivante (avec la valeur 30 affectée préalablement à la variable somme) :

```
resultat=somme;
```

Il est donc normal que la deuxième ligne de code :

```
trace("La somme est "+resultat);
```

affiche le message suivant dans le panneau Sortie :

```
La somme est 30
```

Fonction avec retour de plusieurs variables

L'action return ne peut retourner qu'un seul élément entre parenthèses. Cependant, dans certaines fonctions, il est nécessaire de retourner plusieurs variables au programme appelant. Il est alors possible de retourner un objet Array à la place d'une simple variable. Dans ce cas, il suffit d'enregistrer les différentes variables dans le tableau Array avant d'exécuter l'action return dans la fonction, puis de les extraire du tableau après l'appel de la fonction dans le programme appelant.

Exemple :

```
//déclaration d'une fonction avec plusieurs résultats dans un Array
calculStat=function(para1:Number,para2:Number) {
var res:Array=new Array();
res[0]=para1+para2;
res[1]=res[0]/2;
return(res);
}
//appel de la fonction
resultat=calculStat(10,20);
//affichage des résultats à l'extérieur du bloc
trace("En dehors du bloc : somme= "+resultat[0]+" et moyenne ="+resultat[1]);
```

Après l'appel de la fonction, le message suivant est affiché dans le panneau Sortie :

```
En dehors du bloc : somme= 30 et moyenne =15
```

Autres solutions pour retourner le résultat d'une fonction

Pour transmettre plusieurs résultats après l'exécution de la fonction, il existe une alternative à l'emploi d'un tableau Array. Elle consiste à utiliser une variable globale accessible à la fois depuis le bloc de la fonction et le programme appelant (revoir si besoin la portée d'une variable de bloc globalisée présentée en début de ce chapitre). Les résultats à retourner pourront être mémorisés dans ces variables globales puis récupérés dans le programme appelant.

Exemple (les scripts ci-dessous sont saisis dans une image clé d'un même scénario) :

```
//déclaration d'une fonction
//avec plusieurs résultats globalisés
```

```
calculStat=function(para1:Number,para2:Number) {
_global.somme=para1+para2;
_global.moyenne=somme/2;
}
//appel de la fonction
 calculStat(10,20);
//affichage des variables globales
//à l'extérieur du bloc
trace("En dehors du bloc : somme= "+somme+" et moyenne ="+moyenne);
```

Si l'on appelle la fonction :

```
calculStat(10,20);
```

le message suivant est affiché dans le panneau Sortie :

```
En dehors du bloc : somme= 30 et moyenne = 15
```

Commentez vos déclarations de fonctions

Dès que vous créez une fonction, intégrez-y dès le début du bloc de nombreux commentaires. Cet en-tête vous permet de préciser les actions réalisées par la fonction mais aussi quels sont les arguments acceptés en n'oubliant pas d'indiquer leur type (texte, numérique, booléen...) ou encore sous quelle forme seront retournés le ou les résultats au programme appelant.

Exemple :

```
calculStat=function(para1:Number,para2:Number) {
/****************************************************************
* FONCTION DE STATISTIQUE calculStat
* Entrées 2 arguments : valeurs numériques à analyser
* Sorties 2 résultats renvoyés avec return de type Array avec :
*     - l'indice 0 = la somme des 2 valeurs
*     - l'indice 1 = la moyenne des 2 valeurs
****************************************************************/
var res:Array=new Array();
res[0]=para1+para2;
res[1]=res[0]/2;
return(res);
}
```

Bibliothèques de fonctions externes

Au cours de vos développements, vous aurez certainement l'occasion de créer de nombreuses fonctions utilisateur. Pour capitaliser ces scripts, archivez-les afin d'en disposer rapidement dans tous vos projets.

Il existe plusieurs méthodes pour archiver ces fonctions. La plus simple consiste à les enregistrer dans un document spécifique pour pouvoir ensuite les copier puis les insérer dans le scénario de votre choix. Vous pouvez aussi créer un modèle de scénario dans lequel les fonctions sont intégrées dans l'image clé 1. Ainsi dans chaque nouveau scénario créé à partir de ce modèle, vous disposerez automatiquement des fonctions originelles. La troisième solution consiste à créer un fichier externe dans lequel sont rassemblées les fonctions. Il suffit ensuite de l'appeler à l'aide de l'instruction #include pour en disposer dans votre projet. Les fonctions regroupées dans ces fichiers externes peuvent être classées par thème afin de créer des bibliothèques de fonctions.

Tableau 10-3. Instruction #include

Syntaxe de l'instruction #include
`#include "nom_du_fichier.as";`
Remarques : L'extension .as du fichier nom_du_fichier indique qu'il contient du code ActionScript. Ces fichiers sont fréquemment utilisés pour regrouper des déclarations de fonctions dans des bibliothèques externes ou pour définir une classe d'objet (la création d'une classe d'objet sera présentée dans un prochain chapitre). Un fichier .as peut être déclaré directement dans l'interface Flash (menu Fichier, puis Nouveau et Fichier ActionScript) ou en utilisant un éditeur externe comme le bloc-notes.

Cette dernière solution étant la plus intéressante, nous vous proposons de l'illustrer en reprenant le document de l'exemple utilisé précédemment pour l'étude d'une fonction avec retour d'une simple variable :

1. Dans l'image clé 1, sélectionnez puis coupez le script correspondant à la déclaration de la fonction, soient les lignes de codes suivantes :

```
//déclaration d'une fonction avec retour de résultat
calculStat=function(para1:Number,para2:Number) {
var somme:Number=para1+para2;
return(somme);
}
```

2. Ouvrez ensuite un éditeur de votre choix (un simple bloc-notes fera l'affaire) ou utilisez l'éditeur Flash du panneau Actions (Menu Fichier, puis sélectionnez Nouveau et Fichier ActionScript). Collez dans l'éditeur les lignes de codes précédemment coupées (voir figure 10-1). Enregistrez ensuite le fichier sous le nom mesFonctions.as dans le même répertoire que le document Flash.

3. Revenez ensuite dans l'image clé 1 du document Flash et copiez l'instruction suivante à la place des lignes de code supprimées (voir figure 10-2) :

```
#include "mesFonctions.as";
```

4. Testez ensuite votre animation afin de vous assurer qu'elle fonctionne exactement comme dans la configuration initiale.

Vous pouvez ajouter de nombreuses déclarations de fonction dans le même fichier externe et créer ainsi vos propres bibliothèques de fonctions. Ces fonctions étant externes au document Flash, il est ensuite très facile de les mettre à jour en modifiant un seul fichier et sans nouvelle publication du document.

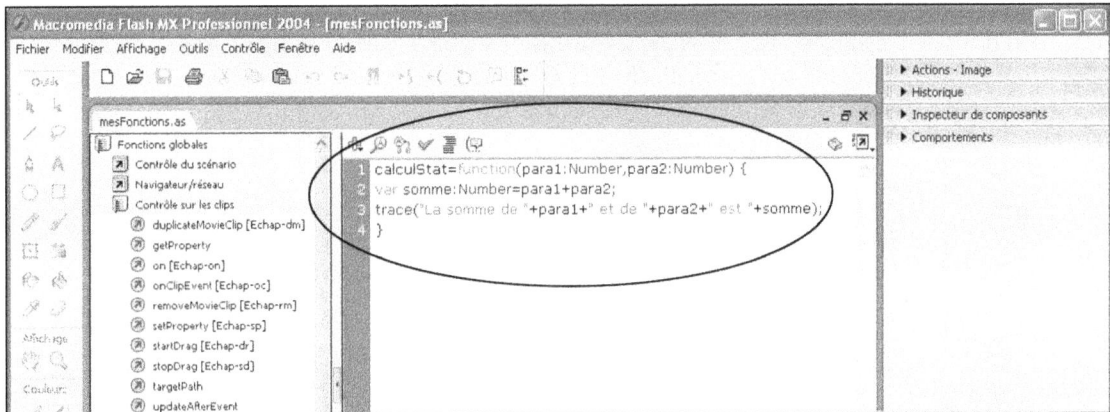

Figure 10-1

Enregistrement de la fonction dans mesFonctions.as avec l'éditeur de fichier externe de Flash

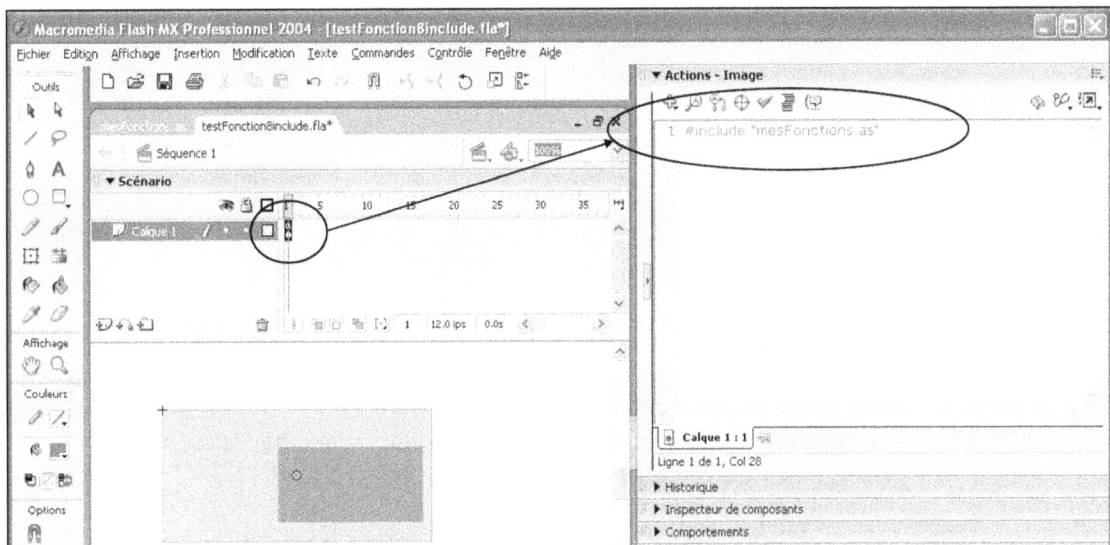

Figure 10-2

Une simple instruction #include insérée dans l'image clé du scénario principal permet de disposer de toutes les fonctions enregistrées dans le fichier mesFonctions.as.

Structures de choix

Structures de choix avec if

Les structures de choix permettent d'ajouter de l'interactivité à vos projets. En effet, le chemin du programme peut être dérivé selon diverses conditions (exemple : une réponse saisie par l'utilisateur dans un formulaire, l'heure ou la date actuelle ou encore la position de la souris sur la scène). Comme en PHP, les structures de choix comprennent une expression de condition qui permet de déterminer le chemin à prendre. Les expressions de condition sont constituées de variables ou de constantes reliées par des opérateurs logiques. Si l'expression de condition entre parenthèses est vraie, le bloc d'instructions (délimité par les accolades { et }) qui suit est exécuté ; sinon il ne se passe rien et le programme continue son déroulement après le bloc du if.

Tableau 10-4. Instruction conditionnelle if

Syntaxe
``if (expression_de_condition)
{
instruction1;
instruction2;
…
}```
Forme simplifiée (s'il n'y a qu'une seule instruction à traiter) : ```if (expression_de_condition)
instruction1;```

Exemple :

```
if (maVar>4)
 {//début du bloc IF
 trace( "la valeur est supérieure à 4");
 trace( "elle est exactement égale à "+maVar);
  }//fin du bloc IF
```

Structures de choix avec if et else

La structure de choix utilisant l'instruction if ne traite que les structures de programme où la condition est vraie ; dans le cas contraire, aucune instruction n'est exécutée. Avec l'instruction else, vous pouvez définir les instructions à exécuter dans le cas où la condition testée serait fausse. Ces instructions sont regroupées dans un autre bloc qui suit l'instruction else.

Tableau 10-5. Instructions conditionnelles if et else

Syntaxe
``if (expression_de_condition)
{
instruction1;
instruction2;
…
}
else
{
instruction3;
instruction4;
…
}```

Exemple :

```
if (maVar>4)
  {
  trace( "la valeur est supérieure à 4");
  trace( "elle est exactement égale à "+maVar);
  }
else
  {//début du bloc ELSE
  trace( "la valeur est inférieure ou égale à 4");
  trace( "elle est exactement égale à "+maVar);
  }//fin du bloc ELSE
```

Structures de choix avec if, else if et else

En pratique, lors d'un choix, il est fréquent d'avoir plusieurs conditions à tester. Dans ce cas, il faut utiliser l'instruction else if, qui est en quelque sorte une combinaison du else et du if. Elle se place à la suite d'une instruction if pour introduire le bloc à exécuter au cas où sa condition serait fausse (comme le else) et introduit une nouvelle condition (comme le if). On peut créer autant de conditions imbriquées qu'on le désire selon le nombre d'instructions else if utilisées.

Tableau 10-6. Instructions conditionnelles if, else if et else

Syntaxe

```
  if (expression_de_condition)
{
   instruction1;
   instruction2;
   ...
  }
  else if (expression_de_condition)
  {
  instruction3;
  instruction4;
  ...
  }
  else
  {
  instruction5;
  instruction6;
  ...
  }
```

Exemple :

```
if (maVar>4)
  {
  trace( "la valeur est supérieure à 4");
  trace( "elle est exactement égale à "+maVar);
  }
```

```
else if (maVar>2)
 {//début du bloc ELSE IF
 trace( "la valeur est supérieure à 2 mais inférieure ou égale à 4");
 trace( "elle est exactement égale à "+maVar);
 }//fin du bloc ELSE IF
else
 {
 trace( "la valeur est inférieure ou égale à 4");
 trace( "elle est exactement égale à "+maVar);
 }
```

Structures de choix avec switch ... case

À la place d'une structure avec plusieurs `else if`, on peut utiliser une structure exploitant l'instruction `switch`. Elle permet de tester l'égalité d'une valeur passée en paramètre (`valeur_testée`) avec une série de valeurs possibles (`valeur1`, `valeur2`...). Si l'une des valeurs correspond à la valeur testée, le bloc d'instructions correspondant est exécuté. Si la structure de votre programme le permet, l'utilisation d'une instruction `switch` ... `case` raccourcit votre code et en facilite la lecture.

À noter

L'exécution des instructions doit se terminer par une instruction `break`, afin que le programme puisse sortir de la structure de choix (sinon le programme passerait automatiquement au mot-clé `case` suivant). De même, il est judicieux d'ajouter une branche `default` à la fin d'un bloc afin de traiter tous les cas non prévus dans la structure.

Tableau 10-7. Instruction switch ... case

Syntaxe

```
switch (valeur_testée)
{
  case valeur1:
    instruction1;
    break;
  case valeur2:
    instruction2;
    break;
  case valeur3:
    instruction3;
    break;

  ...
  ...
  default:
  instructionD;
}
```

Dans l'exemple ci-dessous la tête de lecture de l'animation est orientée vers une étiquette différente (chaque étiquette correspond à un écran d'accueil dans une langue différente) selon la langue que l'utilisateur a mémorisée dans la variable maLangue :

```
var maLangue:text="fr";
//cette variable mémorise la langue choisie par l'internaute
switch(maLangue)
{
case "fr":
gotoAndPlay("Bonjour");
break;
case "en":
gotoAndPlay("Hello");
break;
case "es":
gotoAndPlay("Hola");
break;
case "de":
gotoAndPlay("GutenTag");
break;
}
```

Déclenchement des structures de choix

Comme tous les scripts ActionScript, les structures de choix peuvent être déclenchées par différents types d'événements selon l'effet désiré (test de la condition de choix effectué à un moment spécifique ou en continu…) (voir tableau 10-8).

Tableau 10-8. Les différents types d'événement pouvant déclencher une structure de choix

Type d'événement	Test de la condition de choix
Événement d'image : structure de choix placée dans une image clé	Le test de la condition de choix est réalisé lorsque la tête de lecture arrive sur l'image clé.
Événements de souris ou de clip (sauf enterFrame) : structure de choix placée dans un gestionnaire d'événements de souris ou de clip.	Le test de la condition de choix est réalisé lorsque l'événement est détecté (clic sur un bouton, touche de clavier actionnée, déplacement de souris, chargement d'un clip ou de données…).
Événement enterFrame : structure de choix placée dans un moteur de script (gestionnaire de clip enterFrame).	Le test de la condition de choix est réalisé en boucle (la fréquence dépend de la cadence de l'animation).

Structures de boucle

En programmation, vous devrez souvent effectuer plusieurs fois les mêmes actions. Dans ce cas, utilisez une structure de boucle afin d'automatiser l'exécution de ces actions selon la configuration de paramètres spécifiques à ce type de structure (valeur d'initialisation du compteur de boucle, condition de sortie de boucle et pas d'incrémentation ou de décrémentation du compteur à chaque tour de boucle). ActionScript met à votre disposition plusieurs structures.

Structures de boucle avec while

En ActionScript, la structure la plus simple est réalisée à l'aide de l'instruction while. Le bloc d'instructions est exécuté et répété tant que l'expression de condition retourne true (vrai). Lorsque la condition est ou devient fausse (false), le programme sort de la boucle pour exécuter les instructions qui se trouvent après la fin du bloc.

Avant d'utiliser une structure while, vous devez au préalable initialiser un compteur de boucle. Cette variable (la lettre i est fréquemment employée comme compteur dans une boucle) est ensuite testée dans l'expression de condition, puis incrémentée (ou décrémentée selon les cas) dans le corps de boucle.

Comme nous l'avons déjà mentionné dans la présentation de la boucle while PHP, le type d'opérateur (incrémentation ou décrémentation) utilisé pour le compteur dans le corps de boucle doit être choisi en fonction de la valeur d'initialisation du compteur et de l'expression de condition, sinon vous risquez d'obtenir une boucle infinie.

D'autre part avec une boucle while, la valeur de l'expression de condition étant évaluée avant chaque début de boucle, les instructions du bloc peuvent ne jamais être exécutées si la condition est évaluée à false dès le début (contrairement à la boucle do ... while présentée ci-après).

Tableau 10-9. Instruction de boucle while

Syntaxe

```
while (expression_de_condition)
{
   instruction1;
   instruction2;
}
```

Exemple 1 (dans l'exemple ci-dessous, un texte qui indique le nombre de tours de boucle restant à effectuer est affiché tant que la condition de boucle reste valide. Au terme de la boucle, un texte de fin est affiché) :

```
var i:Number=5; //initialisation du compteur de boucle à 5
while($i>0)
 {
 trace( "Encore "+i+" tour(s) à faire ");
 --i; //décrémentation du compteur de boucle
 }
trace("Voilà, c'est enfin terminé");
```

Exemple 2 (dans cet exemple, la boucle while est utilisée pour dupliquer quatre fois le clip monClip_mc. Les deux autres lignes du corps de boucle permettent d'attribuer des coordonnées différentes à chaque clip dupliqué en se référant au compteur de boucle i) :

```
var i:Number=0;
while(i <=4) {
monClip_mc.duplicateMovieClip("monClip"+i+"_mc", i);
```

```
_root["clip"+i+"_mc"]._x=100+i*10;
_root["clip"+i+"_mc"]._y=100+i*10;
++i;
}
```

Structures de boucle avec do ... while

La structure do ... while est semblable à la précédente, mais l'expression de condition est évaluée après la première exécution du bloc (le corps de boucle) : celui-ci est donc toujours exécuté au moins une fois, même si l'expression de condition est fausse dès le début.

Tableau 10-10. Instruction de boucle do ... while

Syntaxe

```
  do
{
  instruction1;
  instruction2;
  }
  while (expression_de_condition) ;
```

Voici deux exemples de la même structure de boucle do … while avec des valeurs d'initialisation de compteur différentes :

```
//Exemple 1
var i:Number=5; //initialisation du compteur de boucle à 5
do    {
 trace("Ce texte est affiché au moins une fois <br>");
 --i; //décrémentation du compteur de boucle
 } while(i>0)
/* ci-dessus un exemple qui affiche cinq fois le même texte (tant que $i est supérieur à 0)
➥avant d'afficher le texte final. */
//---------------------------------------------------
//Exemple 2
var i:Number=0; //initialisation du compteur de boucle à 0
do    {
 trace("Ce texte est affiché au moins une fois <br>");
 --i; //décrémentation du compteur de boucle
 } while(i>0)
/* ci-dessus un exemple qui affiche le texte une seule fois car l'expression de condition est
➥fausse dès le premier tour. */
```

Structures de boucle avec for

L'instruction for est une troisième solution pour traiter les boucles. Sa syntaxe est cependant plus compacte que la structure avec while, car tous les paramètres de la boucle sont regroupés entre les parenthèses de l'instruction. En une seule ligne, il est possible d'initialiser le compteur de boucle, de définir la condition de boucle et de configurer l'incrémentation (ou la décrémentation) qui aura lieu automatiquement à chaque tour de boucle. Ces trois paramètres sont intégrés dans les parenthèses et séparés par des points-virgules.

À noter

Dans le cas de boucles imbriquées, cette syntaxe très compacte est particulièrement appréciable quant à la lisibilité du code.

Tableau 10-11. Instruction de boucle for

Syntaxe

```
for (expression1[,…];expression2[,…];expression3[,…])
{
   instruction1;
   instruction2;

   …
     }
```

Légende	expression1 : expression évaluée en début de boucle. Fréquemment utilisée pour initialiser le compteur de boucle à l'aide de l'opérateur d'affectation (exemple : var i:Number= 5).
	expression2 : expression évaluée au début de chaque passage de boucle. Si le résultat de l'évaluation est true (vrai), le bloc d'instructions de la boucle est de nouveau exécuté. Dans le cas contraire, le programme sort de la boucle pour exécuter les instructions qui suivent le bloc. Cette expression est fréquemment utilisée pour tester le compteur de boucle à l'aide d'un opérateur de comparaison (exemple : i > 0).
	expression3 : expression évaluée à la fin de chaque boucle. Fréquemment utilisée pour incrémenter ou décrémenter le compteur de boucle à l'aide d'un opérateur d'auto-incrémentation ou de décrémentation (exemple : --i ou ++i).
	[xxx] : le code xxx est facultatif
	(Attention ! Vous ne devez surtout pas saisir les crochets [et] dans le code.)

L'exemple ci-dessous réalise la même boucle que celle de l'exemple présenté précédemment avec la structure while mais exploitant cette fois une structure for :

```
for (var i:Number=5;i>0; --i)
 {
 trace("Encore"+i+" tour(s) à faire ");
 }
trace("Voilà, c'est enfin terminé");
```

Exemple 2 (cet exemple réalise la même duplication de clip que celle de l'exemple présenté précédemment avec la structure while avec une structure for) :

```
for(var i:Number=0;i<=4;++i) {
monClip_mc.duplicateMovieClip("monClip"+i+"_mc", i);
_root["clip"+i+"_mc"]._x=100+i*10;
_root["clip"+i+"_mc"]._y=100+i*10;
}
```

Structures de boucle avec for ... in

La structure `for ... in` permet d'accéder aux noms et aux valeurs des différentes propriétés d'un objet. En effet, chaque propriété d'un objet est stockée dans un tableau associatif (dont les clés sont les noms des propriétés de l'objet). À l'aide de la boucle `for ... in`, il est possible de parcourir toutes les propriétés d'un objet et de récupérer du même coup leur valeur. Ce type de structure peut être exploité pour connaître le nom et la valeur d'un objet de scénario ou encore d'un objet XML.

Tableau 10-12. Instruction de boucle for ... in

Syntaxe	

``
for (clé_propriété in nom_objet)
{
  …. nom_objet[pointeur_propriété];
    }
``	

Légende	clé_propriété : déclaration de la clé des propriétés de l'objet (exemple : `var p:String= 5`). `nom_objet` : nom de l'objet. `nom_objet[clé_propriété ]` : permet d'accéder aux valeurs des propriétés de l'objet dans le corps de boucle.

Prenons comme exemple un objet `appartement` auquel on ajoute trois propriétés : surface, étage et prix :

```
var appartement:Object=new Object();
appartement.surface=150;
appartement.etage=4;
appartement.prix=80000;
//-----------------------------
for(var p:String in appartement) {
 trace(p+" = "+appartement[p]);
}
```

Si nous ajoutons ensuite une structure `for ... in` configurée avec le nom de cet objet, le texte suivant est affiché dans le panneau Sortie :

```
prix = 80000
etage = 4
surface = 150
```

Instructions de contrôle

Instruction de contrôle avec break

Dans certaines applications, il peut être nécessaire de sortir de la boucle avant que l'expression de condition ne l'impose (c'est valable pour toutes les stuctures : `while`, `do ... while`, `for` et `switch ... case`). Dans ce cas, utilisez l'instruction `break` pour quitter la structure de boucle et pour que le programme passe à l'exécution des instructions qui se trouvent après celle-ci.

> **À noter**
>
> Cette instruction est obligatoire dans les structures `switch` … `case` afin d'éviter d'exécuter les instructions qui suivent la branche du `case` sélectionné.

Tableau 10-13. Instruction de contrôle de boucle break

Syntaxe
`break ;`

L'exemple ci-dessous présente une structure de boucle dans laquelle on a ajouté une instruction `break` conditionnée par une structure de choix (`if(interrupteur>2)`). À chaque tour de boucle, la variable `interrupteur` est incrémentée jusqu'au moment où sa valeur est supérieure à 2. À ce moment, l'expression de condition renvoie `true`, l'instruction `break` est exécutée et le programme sort prématurément de la boucle :

```
var i:Number=6; //initialisation du compteur de boucle
var interrupteur:Number=0; //initialisation de la variable de la structure de choix
while(i>0)
  {
  if (interrupteur>2) break; //arrête la boucle si interrupteur est > 3
  trace( "Encore "+i+ "tour(s) à faire ");
  i--; //décrémentation du compteur de boucle
    interrupteur++;//incrémente l'interrupteur
  }
trace("Voilà, c'est enfin terminé");
```

Après l'exécution de ce script, le message suivant est affiché dans le panneau Sortie :

```
Encore 6 tour(s) à faire
Encore 5 tour(s) à faire
Encore 4 tour(s) à faire
Voilà, c'est enfin terminé
```

Instruction de contrôle avec continue

L'instruction `continue` est également une instruction de contrôle de boucle, mais, contrairement à l'action `break`, elle permet seulement d'interrompre la boucle en cours et de passer au tour de boucle suivant.

Tableau 10-14. Instruction de contrôle de boucle continue

Syntaxe
`continue`

Dans exemple ci-dessous, une instruction `continue` est conditionnée par une structure de choix (`if(i==2)`), elle-même insérée dans le corps d'une boucle `for`. La structure de choix et l'instruction `continue` permettent de court-circuiter le tour de boucle pour lequel le compteur `i=2` :

```
for(var i:Number=4;i>0;i--)
 {
 if (i==2)continue; //court-circuite l'affichage des tours impairs
 trace( "Encore "+i+" tour(s) à faire ");
 }
trace("Voilà, c'est enfin terminé");
```

Après l'exécution de ce script, le message ci-dessous est affiché dans le panneau Sortie :

```
Encore 4 tour(s) à faire
Encore 3 tour(s) à faire
Encore 1 tour(s) à faire
Voilà, c'est enfin terminé
```

Interfaçage Flash-PHP- Txt

Utiliser une interface Flash en interaction avec des scripts PHP permet de réaliser de nombreuses applications qui exploitent à la fois la convivialité des animations Flash et la puissance des scripts PHP. Ce premier type d'interfaçage permet d'envoyer et de charger des données dans un simple fichier texte via un script PHP adapté. Par la suite, toujours par l'intermédiaire de scripts PHP, nous aborderons l'interfaçage Flash-PHP-MySQL qui relie une application Flash avec les données d'une base MySQL afin de mémoriser les informations d'une animation Flash en dehors des limites de la session d'un internaute ou de récupérer des informations complexes depuis une base de données MySQL (se reporter au chapitre 18).

Pour illustrer le principe de ces échanges, nous allons vous présenter plusieurs modes d'interfaçage Flash-PHP-Txt utilisant différentes fonctions Flash.

Terminologie spécifique aux sources de données

Source de données

Dans Flash, on appelle source de données la localisation d'un ensemble de données externes qui pourront être chargées puis exploitées dans l'animation Flash. Une source de données peut être un simple fichier texte, un fichier XML ou encore la résultante de l'exécution d'un script PHP mettant au format d'URL des données issues d'une base de données. Pour que ces sources de données puissent être exploitées au sein d'une application Flash, elles doivent être formatées selon leur type et l'objet Flash qui aura en charge de les récupérer (par exemple, un fichier texte géré par la classe loadVars ou encore un fichier XML géré par la classe XML...).

Transfert de données : chargement et envoi

On appelle transfert de données l'action de transférer les valeurs d'un ensemble de données d'une entité à l'autre. Il peut être effectué depuis une source de données externe (informations au format texte ou XML mémorisées dans un fichier ou générées dynamiquement) vers une animation Flash (on parle alors de chargement). Il peut également être effectué depuis l'animation Flash vers une autre application (un script serveur par exemple ; on parle alors d'envoi de données).

Interfaçage entre deux applications

On appelle interfaçage un système assurant le transfert bidirectionnel des données entre deux entités (envoi et chargement). Ainsi, il peut y avoir des interfaçages entre une animation Flash et une application serveur (script PHP, par exemple), entre une animation Flash et une base de données MySQL (via un script PHP) ou encore entre une animation Flash et une structure XML. Selon les cas, ces interfaçages pourront être plus ou moins complexes.

Compléments techniques concernant les transferts de données

L'encodage UTF-8

L'UTF-8 est un type d'encodage utilisé par Unicode qui permet de gérer des flux de données quelle que soit la langue utilisée, ce qui évite les problèmes d'interprétation des accents ou autres caractères spéciaux spécifiques à chaque langue. Ce type d'encodage est utilisé par défaut dans les animations Flash. L'encodage usuel des données en langue française étant l'ISO-8859-1 (jeu de caractères Europe occidentale, Latin-1), il est souvent nécessaire de décoder (ou d'encoder) les données échangées avec une animation Flash.

Selon l'origine de la source de données, voici les actions à effectuer afin d'obtenir des données au format UTF-8 :

• Pour les données issues d'un fichier créé par un éditeur, il suffit d'enregistrer les fichiers texte (.txt) ou XML (.xml) en sélectionnant le format UTF-8 (Unicode). Les fichiers XML devront en outre commencer par une balise spécifiant l'encodage utilisé :

```
<?xml version="1.0" encoding="UTF-8" ?>
```

• Pour les fichiers générés par un script PHP, il faut utiliser la fonction utf8_encode(). Si ces données sont transmises par l'URL (méthode GET), il faut en outre utiliser la fonction urlencode() comme dans l'exemple ci-dessous :

```
echo "maDonnee=".urlencode(utf8_encode($maChaineIso));
```

Fonctions PHP pour l'encodage et le décodage UTF-8

Tableau 11-1. Syntaxe de la fonction utf8_encode()

utf8_encode()
Cette fonction PHP convertit une chaîne ISO-8859-1 en UTF-8
Syntaxe de la fonction : `utf8_encode(nomDeLaChaine_ISO);`
Exemple : `$maVariable=utf8_encode($chaineIso);` Dans cet exemple, la chaîne `$chaineIso` est décodée en UTF-8 et enregistrée dans la variable `$maVariable` avant d'être envoyée à l'animation Flash.

Tableau 11-2. Syntaxe de la fonction utf8_decode()

utf8_decode()
Cette fonction PHP convertit une chaîne UTF-8 en ISO-8859-1
Syntaxe de la fonction : `utf8_decode(nomDeLaChaîne_UTF8);`
Exemple : `$maVariable=utf8_decode($chaineUtf8);` Dans cet exemple, la chaîne `$chaineUtf8` (issue, par exemple, d'un formulaire Flash) est décodée en ISO-8859-1 et enregistrée ensuite dans la variable `$maVariable`.

Fonctions AS pour la gestion de l'encodage

Tableau 11-3. Syntaxe de la fonction useCodePage()

System.useCodePage
Si vous affectez la valeur vrai (`true`) à ce paramètre dans la première image clé de votre scénario principal, le format des données ne sera plus le format par défaut UTF-8 mais l'ISO-8859-1. Si l'utilisation de l'UTF-8 est impossible dans votre application, vous pourrez quand même gérer des données importées au format ISO-8859-1 dans votre animation Flash en ajoutant cette instruction.
Syntaxe de l'affectation de ce paramètre : `System.useCodePage=true;`

Les méthodes GET et POST

Pour échanger des données entre une application client (une animation Flash ou un simple formulaire HTML) et une application serveur (un script PHP, par exemple), il faut utiliser des méthodes HTTP pour transférer les couples variable/valeur à l'application serveur afin qu'ils soient traités. Deux techniques différentes peuvent être utilisées : la méthode GET ou la méthode POST.

La méthode GET

Si vous utilisez la méthode GET, les couples variable/valeur seront ajoutés dans l'URL à la suite du nom du fichier cible selon une syntaxe spécifique (format d'URL). Si vous envoyez à un script affiche.php deux champs nommés nom et message depuis un formulaire HTML (ou depuis une animation Flash) en utilisant la méthode GET, vous verrez apparaître l'URL suivante dans la zone d'adresse du navigateur :

```
affiche.php?nom=toto&message=bonjour
```

Le fait que toutes les données soient visibles dans l'URL empêche d'utiliser cette méthode pour envoyer des informations confidentielles. D'autre part, le nombre de données envoyées avec la méthode GET est limité à 255 caractères, ce qui représente une seconde contrainte. Cependant, la méthode GET peut être facilement construite à l'aide d'un script PHP, ce qui est un avantage (revoir les instructions de concaténation de PHP). En outre, l'URL de sa requête peut être mémorisée dans vos favoris (ce qui n'est pas le cas avec la méthode POST).

Figure 11-1

*Envoi de données
à l'aide de
la méthode GET*

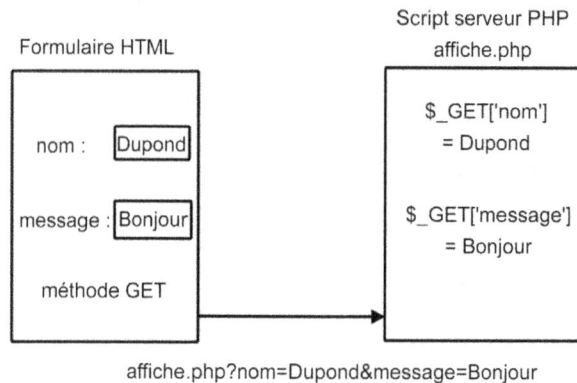

Tableau 11-4. Syntaxe de la méthode GET

Méthode GET
Méthode HTTP d'envoi de données dans l'URL
Syntaxe de la fonction : `NomDuFichierCible.php?nomVar1=valeur1& nomVar2=valeur2& nomVar3=valeur3`
Légende : Le signe ? placé après le nom du fichier cible introduit les couples variable/valeur. Dans les couples variable/valeur, la valeur est reliée à la variable par un signe =. Si plusieurs couples doivent être transmis, le séparateur & est utilisé entre chaque couple.
Remarque : L'utilisation de la méthode GET est très simple. Cependant, les données transmises sont visibles aux yeux de tous dans l'URL et le nombre de caractères est limité à 255.

Les données transmises à un script PHP par la méthode GET sont ensuite disponibles depuis un tableau $_GET[ ]. Si nous reprenons l'exemple précédent, les valeurs des variables nom et message pourront être récupérées en utilisant les éléments de tableau $_GET['nom'] et $_GET['message'].

La méthode POST

Si vous utilisez la méthode POST, les couples variable/valeur sont regroupés dans l'en-tête de la requête HTTP. Si vous envoyez à un script affiche.php deux champs nommés nom et message depuis un formulaire HTML (ou depuis une animation Flash) en utilisant la méthode POST, rien n'apparaît dans l'URL puisque les données sont envoyées dans l'en-tête de la requête. Cette méthode préserve vos données des regards indiscrets et n'est pas limitée à 255 caractères.

Figure 11-2

Envoi de données
à l'aide de
la méthode POST

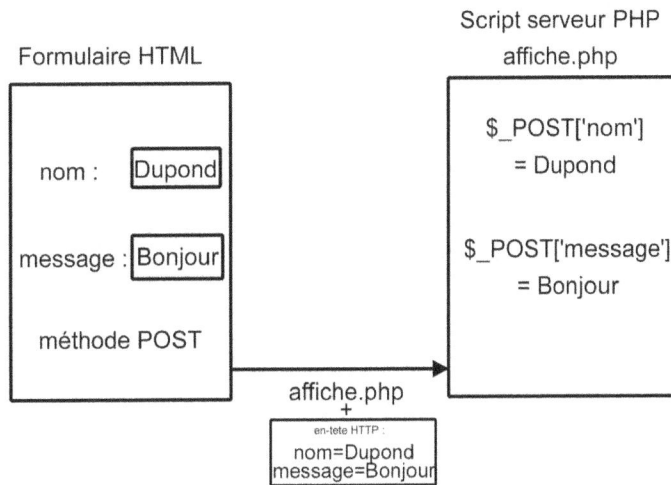

Les données transmises à un script PHP par la méthode POST sont ensuite disponibles depuis un tableau $_POST[ ]. Si nous reprenons l'exemple précédent, les valeurs des variables nom et message pourront être récupérées en utilisant les éléments de tableau $_POST['nom'] et $_POST['message'].

Fonctions PHP pour le transfert des données

Tableau 11-5. Syntaxe de la fonction urlencode()

urlencode()

Cette fonction PHP retourne une chaîne dont laquelle les caractères spéciaux (les lettre accentuées, les guillemets ou encore les caractères < et >, par exemple) sont remplacés par une séquence commençant par un caractère % suivi de deux chiffres hexadécimaux. Si la chaîne comporte des espaces, ils seront remplacés par des signes +.

Syntaxe de la fonction :
```
urlencode(nomDeLaChaîne);
```

Exemple :
```
$chaîne="Bonjour à tous";
echo '<a href="maPage.php?maVariable='.urlencode($chaîne).' ">clic ICI</a>';
```
Dans cet exemple, la chaîne envoyée en paramètre dans l'URL sera codée de la manière suivante (le caractère à est remplacé par %E0 et des signes + sont ajoutés pour lier les mots entre eux) :
```
maVariable=Bonjour+%E0+tous
```

Tableau 11-6. Syntaxe de la fonction urldecode()

urldecode()
Cette fonction PHP décode les séquences d'URL (au format %xx) et les remplace par leur valeur d'origine.
Syntaxe de la fonction : `urldecode(nomDeLaChaîne);`

Exemple :
`$chaîne=" Bonjour+%E0+tous";`
`echo urldecode($chaîne);`
Dans cet exemple, la chaîne est décodée et affiche le texte suivant :
`Bonjour à tous`

Les problèmes de cache

Dans vos futures applications Flash dynamiques, vous serez certainement confronté à des problèmes liés au cache du navigateur (surtout avec IE) ou aux serveurs proxy-cache. En effet, dès qu'un fichier (simple fichier texte, fichier XML ou fichier généré par un script PHP) est chargé dans une animation Flash, il est également copié dans le cache du navigateur (ou dans des serveurs proxy-cache selon la configuration de votre réseau). Si vous rappelez cette ressource et que les données contenues dans le fichier ont été modifiées, vous risquez de ne pas voir ces modifications apparaître dans votre application Flash.

Pour résoudre ce problème, il existe plusieurs solutions.

Ajouter des balises meta dans la page HTML

Vous pouvez ajouter des balises meta dans l'en-tête de vos pages HTML pour indiquer au navigateur de ne pas stocker vos pages dans les répertoires caches comme il le fait habituellement pour optimiser l'affichage des pages Web :

```
<head>
<meta http-equiv="Content-Type" content="text/html; charset=iso-8859-1" />
<meta HTTP-EQUIV="expires" content="0">
<meta HTTP-EQUIV="Pragma" content="no-cache">
<meta http-equiv="Cache-Control" content="no-cache" />
<title>compteur</title>
</head>
```

La première ligne à ajouter dans la balise head (en gras) met à 0 la valeur expires (cette balise META permet d'indiquer une date de péremption pour la page HTML. Les navigateurs ne doivent pas conserver cette page dans leur cache au-delà de la période d'expiration, soit 0 dans notre cas). Les deux autres lignes interdisent la mise en cache dans le navigateur (pour HTTP 1.0 et HTTP 1.1).

Ajouter des header dans vos pages PHP

Si vos données sont générées par des scripts PHP, vous pouvez créer une en-tête à l'aide de l'instruction header() afin de bloquer la mise en cache des informations de la page comme dans le script ci-dessous (Attention ! Ce script doit être placé au début de la page PHP) :

```
//-----------------------Blocage du Cache
header("Expires: Mon, 12 Jul 1995 02:00:00 GMT");
// Date d'expiration antérieure à la date actuelle
header("Last-Modified: " . gmdate("D, d M Y H:i:s") . " GMT");
// Indique de toujours modifier la date
header("Cache-Control: no-cache, must-revalidate");
// no-cache pour HTTP/1.1
header("Pragma: no-cache");
// no-cache pour HTTP/1.0
```

Nous vous recommandons de placer ces lignes de code dans un fichier externe et de l'appeler au début de chaque fichier PHP. Par exemple, si vous enregistrez ces lignes de code dans un fichier nommé blocageCache.php (n'oubliez pas de placer les balises PHP au début et à la fin du fichier), utilisez l'instruction suivante pour l'inclure dans chaque fichier PHP :

```
require_once('blocageCache.php');
```

Utiliser une variable aléatoire dans Flash

Une autre solution consiste à ajouter une variable aléatoire à la fin du nom de fichier appelé par une méthode LoadVariables, LoadVariablesNum ou la classe LoadVars. La valeur de la variable étant différente à chaque appel, cela force le navigateur, qui croit qu'il s'agit d'un fichier différent, à récupérer la nouvelle version du fichier.

> **À noter**
>
> Dans notre exemple, nous avons utilisé maVar comme nom de variable aléatoire, mais vous pouvez utiliser le nom de votre choix, cela n'a aucune importance. D'autre part, vous ne pourrez pas tester ce système depuis l'environnement test de Flash, car la variable aléatoire est passée dans l'URL. Il est donc impératif de publier votre animation et de l'appeler ensuite depuis le WebLocal.

```
//exemple avec la méthode LoadVariablesNum
LoadVariablesNum("monFichier.php?maVar="+GetTimer(),2);
//exemple avec la classe LoadVars
monObjet_lv = new LoadVars();
monObjet_lv.load("monFichier.php?maVar="+GetTimer());
```

Le fichier crossdomain

Flash 7 renforce la restriction de sécurité concernant l'usage de sources de données situées sur un domaine différent de celui de l'animation. En effet, avec Flash 6, toutes les sources de données situées dans le même superdomaine que le fichier SWF pouvaient être exploitées. Si le domaine du fichier SWF était *www.eyrolles.com*, le chargement des données pouvait être réalisé depuis une source de données placée dans des domaines ftp.eyrolles.com ou data.eyrolles.com. Depuis la version 7 de Flash Player, les domaines doivent être strictement identiques et seules des données situées dans les domaines *www.eyrolles.com* pourront désormais être chargées par le SWF.

Il est toutefois possible d'obtenir une autorisation pour utiliser des données d'un autre domaine d'accès grâce à un fichier crossdomain.xml placé à la racine du domaine fournissant les données. Votre domaine doit figurer dans ce fichier de régulation si vous désirez accéder aux données.

Exemple de fichier crossdomain.xml autorisant les deux domaines *www.phpmx.com* et *www.agencew.com* à exploiter les données situées dans le domaine où a été placé ce fichier :

```
<cross-domain-policy>
    <allow-access-form-domain="www.phpmx.com" />
    <allow-access-form-domain="www.agencew.com" />
</cross-domain-policy>
```

> **À noter**
>
> Si vous désirez mettre vos données à la disposition de tous les domaines (et donc sans aucune restriction), utilisez le caractère * à la place du nom de domaine, comme dans le fichier crossdomaine.xml ci-dessous :
>
> ```
> <cross-domain-policy>
>     <allow-access-form-domain="*" />
> </cross-domain-policy>
> ```

Envoi de données de Flash vers PHP avec GetURL

Initialement, la méthode GetURL() est destinée à appeler une URL (une URL est un chemin absolu ou relatif qui permet de localiser une ressource) depuis une animation Flash. Cette méthode permet aussi de transmettre des données depuis Flash vers un script PHP d'une manière unidirectionnelle.

Lorsqu'on utilise GetURL, les informations sont envoyées avec la méthode GET (passage de variables dans l'URL) ou POST (passage de variables dans l'en-tête HTTP). Les variables transmises par l'une de ces deux méthodes sont disponibles dans le fichier PHP comme des variables envoyées par un formulaire HTML traditionnel (les valeurs récupérées sont stockées dans un tableau $_GET[nomVar] ou $_POST[nomVar] selon la méthode employée).

Tableau 11-7. Syntaxe de la méthode getURL()

getURL()	
Appelle un document ciblé par son URL puis le charge dans une fenêtre spécifique. Si la méthode est précisée (paramètre variables : GET ou POST), les variables de l'animation seront transmises au document ciblé.	
Syntaxe de la méthode : getURL("url" [, "fenêtre" [, "variables"]])	
Légende	url : URL absolue ou relative du document ciblé.
	fenêtre : paramètre facultatif qui permet de préciser la fenêtre ou le cadre HTML dans lequel doit s'ouvrir le document ciblé. Il est possible d'indiquer le nom d'une fenêtre spécifique ou l'une des options suivantes :
	_self : pour indiquer la fenêtre courante
	_blank : pour indiquer une nouvelle fenêtre
	_parent : pour indiquer le parent de la fenêtre courante.
	_top : pour indiquer le premier niveau par rapport à la fenêtre courante.
	variables : permet de spécifier la méthode HTTP utilisée (GET ou POST). Si ce paramètre n'est pas précisé, aucune variable ne sera transmise au document ciblé.
	[xxx] : le code xxx est facultatif.
	(Attention ! Vous ne devez surtout pas saisir les crochets [et] dans le code.)

Pour illustrer l'échange de données depuis Flash vers un script PHP avec la fonction getURL(), nous vous proposons de créer un petit formulaire dans une animation Flash (formulaire.fla) et un fichier PHP (affiche.php) qui permet d'afficher les variables envoyées par le formulaire Flash.

Une zone texte portant le nom de variable message est créée dans l'interface Flash. La valeur saisie dans ce champ est ensuite transmise à un fichier PHP, dans lequel on récupère l'information dans une variable nommée $message.

Le document Flash

1. Créez un nouveau document Flash et sauvegardez-le sous le nom formulaire.fla dans un sous-répertoire du dossier www/SITEflash/ de votre serveur local. Pour classer les différents scripts de cet ouvrage, nous avons enregistré le document Flash dans le répertoire SITEflash/3-progStructu-ree/chap11/transfertGetUrl/ mais vous pouvez utiliser tout autre répertoire de votre choix dans la mesure où il se trouve dans le dossier www/SITEflash/.

2. Créez quatre calques : Fond, Message, Bouton et Action.

3. Personnalisez le calque Fond (texte d'information, couleur de fond…).

4. Ajoutez une zone de texte sur le calque Message. Sélectionnez le type Texte de saisie et saisissez le nom message dans le champ Var (voir figure 11-3).

Figure 11-3

Création de la zone texte nommée message qui servira à la saisie du message envoyé au script PHP.

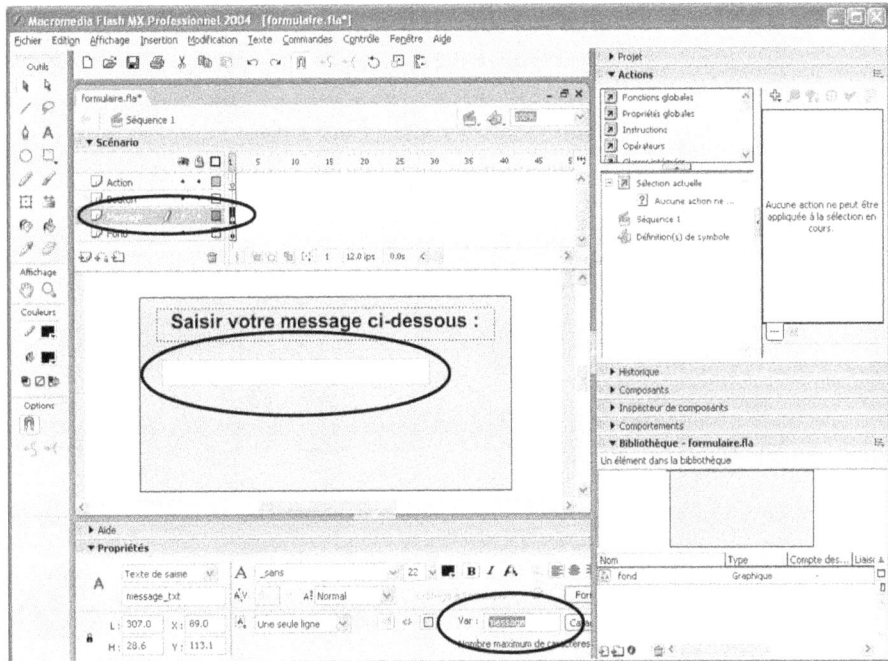

5. Créez un symbole de type bouton (envoi_btn) puis placez une occurrence nommée envoi1_btn sur le calque Bouton (voir figure 11-4).

Figure 11-4

Création du bouton d'envoi du message. L'occurrence de ce bouton doit être nommée envoi1_btn.

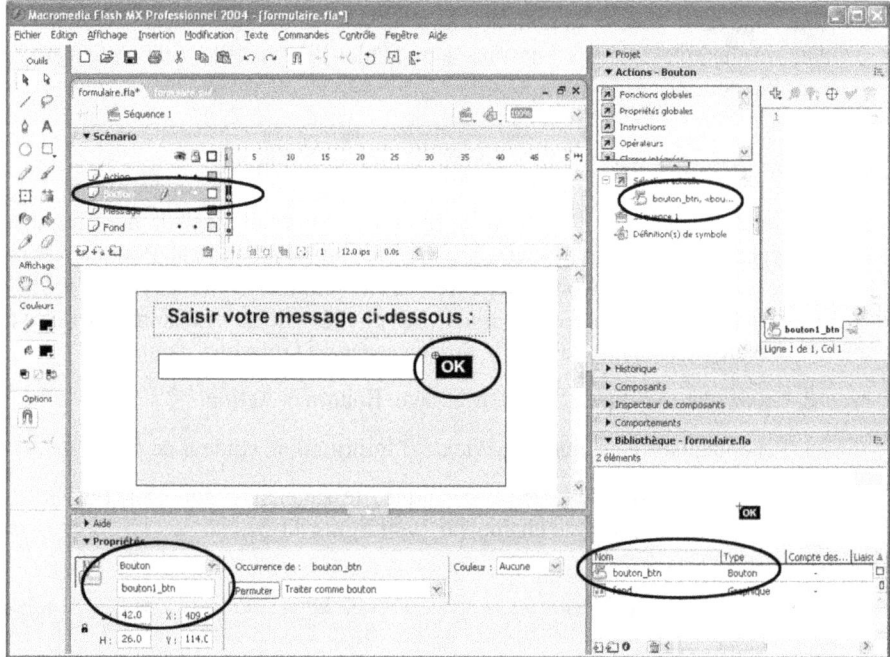

Figure 11-5

Script de gestion du bouton.

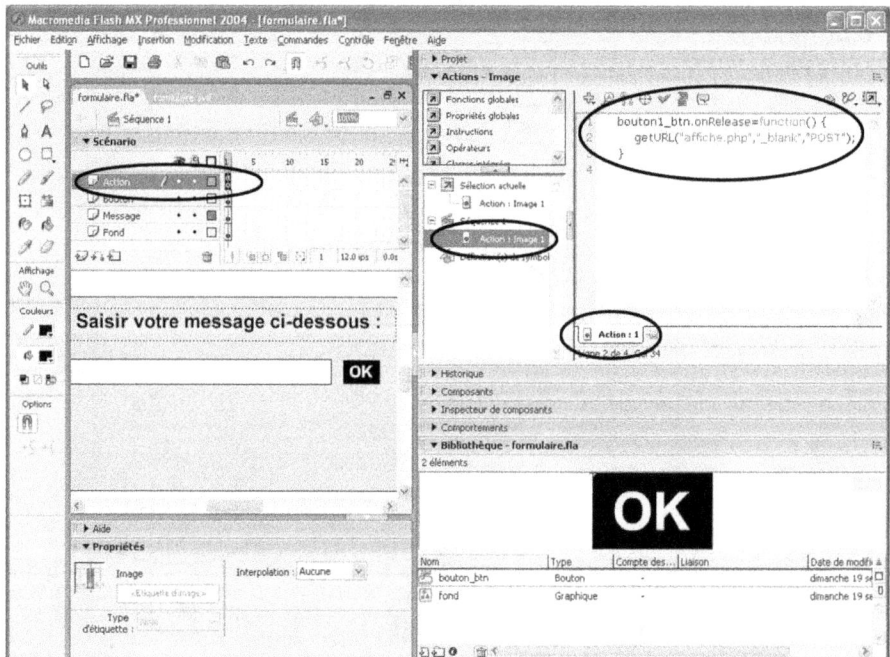

6. Saisissez ensuite le script suivant dans l'image clé 1 du scénario principal (voir figure 11-5). Dans ce script, le premier paramètre de la méthode getURL() indique que le fichier ciblé se trouve dans le même répertoire que l'animation et se nomme affiche.php. Le deuxième paramètre précise que le fichier devra s'ouvrir dans une nouvelle fenêtre (option _blank). Enfin, le troisième paramètre spécifie que la méthode POST sera utilisée pour le transfert des données :

```
bouton1_btn.onRelease=function() {
    getURL("affiche.php","_blank","POST");
}
```

7. Enregistrez votre fichier et publiez-le dans une page HTML sous le même nom que la source, soit formulaire.htm.

Le document PHP

Côté PHP, le script est très simple puisqu'il contient uniquement un test destiné à s'assurer de l'existence de la variable $message, suivi d'une instruction echo qui affiche la valeur de cette dernière.

1. Créez un nouveau document PHP (Fichier>Nouveau>Page dynamique>PHP) et sauvegardez-le sous le nom affiche.php dans le même répertoire que le document Flash.

2. Passez en mode Code et saisissez le script ci-dessous dans la fenêtre du document (voir figure 11-6).

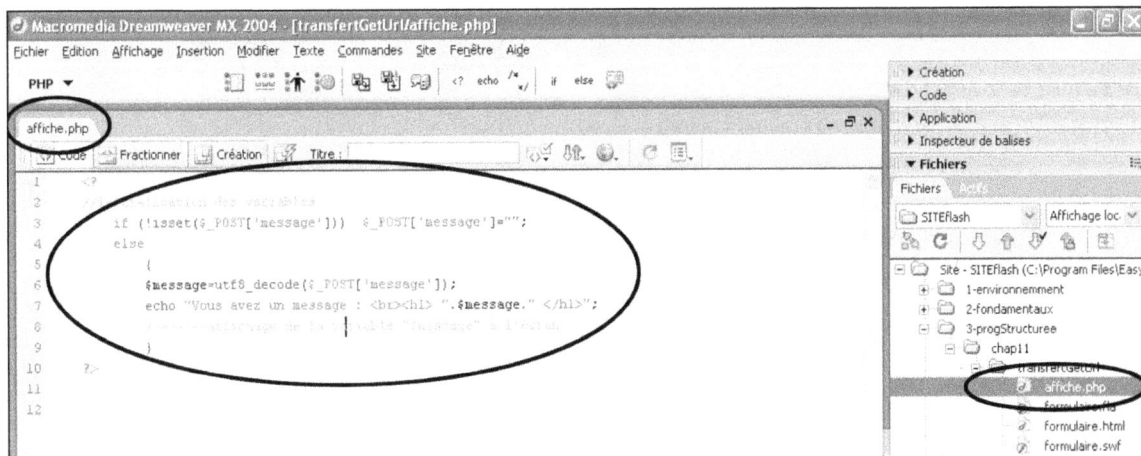

Figure 11-6

Le code PHP ci-dessus permet d'afficher le message envoyé par le formulaire Flash dans une nouvelle fenêtre du navigateur.

```
<?
//initialisation des variables
   if (!isset($_POST['message'])) $_POST['message']="";
   else
      {
         $message=utf8_decode($_POST['message']);
         echo "Vous avez un message : <br><h1> ".$message." </h1>";
         //------affichage de la variable "$message" à l'écran
      }
?>
```

3. Enregistrez le document PHP (Ctrl + S).

Test dans le WebLocal

Pour le test, il suffit d'appeler le fichier formulaire.htm depuis votre Web local (cliquez droit sur l'icône d'EasyPHP puis sélectionnez WebLocal. Cliquez ensuite successivement sur les différents dossiers afin d'afficher le fichier formulaire.htm). Une fois le formulaire affiché à l'écran, saisissez un texte dans la zone message et cliquez sur le bouton OK. Le message doit alors s'afficher dans une nouvelle fenêtre (voir figure 11-7).

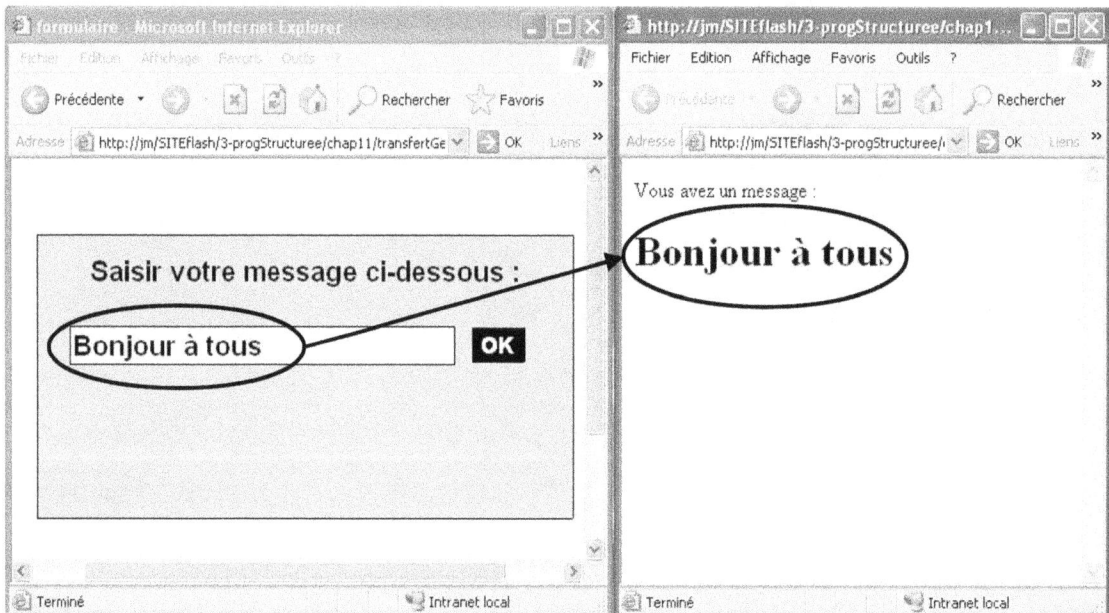

Figure 11-7

Test de l'envoi de données de Flash vers PHP avec la fonction getURL().

Chargement d'un fichier texte avec loadVariables() ou loadVariablesNum()

Ces deux méthodes se différencient principalement par l'élément dans lequel les données seront chargées. Pour loadVariables(), il s'agit d'un clip (identifié par son nom d'occurrence) alors que pour loadVariablesNum(), il s'agit d'un niveau (identifié par son numéro, exemple : 2 pour _level2), d'ou la présence du suffixe Num.

Tableau 11-8. Syntaxe de la méthode loadVariables()

loadVariables()	
Charge les variables d'une source de données externe (simple fichier texte ou texte généré par un script PHP) et définit les variables en rapport dans le clip cible.	
Syntaxe de la méthode : `loadVariables("url" , "occurrence" [, "variables"] )`	
Légende	url : URL absolue ou relative de la source de données (fichier texte ou script PHP générant dynamiquement les variables). occurrence : chemin cible de l'occurrence du clip qui recevra les variables. variables : permet de spécifier la méthode HTTP utilisée (GET ou POST). Si aucune variable ne doit être envoyée depuis l'animation Flash, ce paramètre peut être omis. [xxx] : le code xxx est facultatif. (Attention ! Vous ne devez surtout pas saisir les crochets [et] dans le code.)
Remarques	Les noms des variables des champs de texte du document Flash doivent correspondre aux noms des variables de la source de données. L'URL de la source de données doit être du même domaine que le fichier SWF lorsque l'accès se fait par un navigateur Web. Pour plus d'information sur ces restrictions, consultez la partie concernant le fichier crossdomain au début de ce chapitre.

Exemples	`loadVariables("data.txt" , "_root.monClip_mc" )`
	Chargement d'un simple fichier texte data.txt dans le clip monClip_mc placé sur le scénario principal.
	`loadVariables("process/chargeur.php" , "_root.monClip_mc", "GET")`
	Chargement dans un clip monClip_mc d'une source de données générée dynamiquement par le script chargeur.php (placé dans le répertoire processeur) et transfert de toutes les variables du clip vers le même script en méthode GET.

Figure 11-8

Utilisation de la méthode loadVariablesNum pour charger un fichier texte dans une animation Flash.

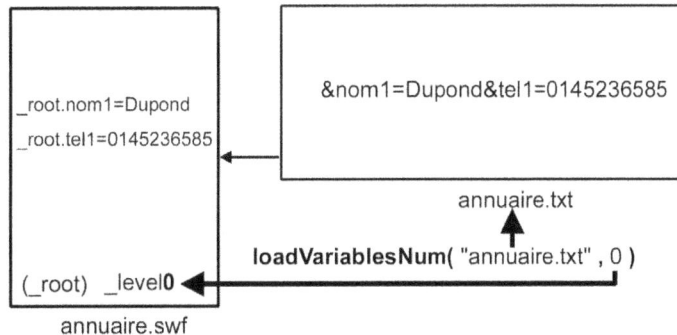

Tableau 11-9. Syntaxe de la méthode loadVariablesNum()

loadVariablesNum()	
Charge les variables d'une source de données externe (simple fichier texte ou texte généré par un script PHP) et définit les variables en rapport dans le niveau cible.	
Syntaxe de la méthode : `loadVariables("url" , niveau [, "variables"] )`	
Légende	`url` : URL absolue ou relative de la source de données (fichier texte ou script PHP générant dynamiquement les variables). `niveau` : numéro du niveau qui recevra les variables (par exemple : 2 pour le _level2). `variables` : permet de spécifier la méthode HTTP utilisée (`GET` ou `POST`). Si aucune variable ne doit être envoyée depuis l'animation Flash, ce paramètre peut être omis. [xxx] : le code xxx est facultatif. (Attention ! Vous ne devez surtout pas saisir les crochets [et] dans le code.)
Remarques	Les noms des variables des champs de texte du document Flash doivent correspondre aux noms des variables de la source de données. L'URL de la source de données doit être du même domaine que le fichier SWF lorsque l'accès se fait par un navigateur Web. Pour plus d'information sur ces restrictions, consultez la partie concernant le fichier crossdomain au début de ce chapitre.

Exemples	`loadVariablesNum("http://www.eyrolles.com/chargeur.php", 0)`
	Chargement d'une source de données générée dynamiquement par un script chargeur.php placé à la racine du site *www.eyrolles.com* dans le scénario principal de l'animation (_level0). Rappel : Dans ce cas, l'animation Flash doit elle aussi se trouver dans le domaine *www.eyrolles.com*.
	`loadVariablesNum("chargeur.php", 2 , "POST")`
	Chargement dans le niveau 2 (_level2) de l'animation d'une source de données générée dynamiquement par l'appel du script chargeur.php. Le troisième paramètre (variables) étant spécifié, toutes les variables du niveau concerné seront également envoyées au script chargeur.php par la méthode `POST`.

Un annuaire Flash-Txt (étude de cas)

Pour illustrer le chargement d'un simple fichier texte dans une animation Flash avec la méthode `loadVariables()`, nous vous proposons de créer un petit annuaire téléphonique. L'interface sera réalisée par une animation Flash (annuaire.fla) qui affichera les données (nom et téléphone des contacts) dans un champ texte. Les données utilisées seront issues d'un simple fichier texte (annuaire.txt) que nous réaliserons au préalable.

Le fichier texte

Avant de créer l'animation Flash, nous allons définir la structure et les valeurs du fichier de données au format .txt. Les informations transmises pour chaque contact de l'annuaire sont composées d'une variable nom suivi d'un numéro (exemple : nom1) et d'une variable tel suivi du même numéro (exemple : tel1). Pour illustrer le fonctionnement de l'animation, nous saisirons dix contacts séparés par un caractère & :

```
nom1=Dupond&tel1=0145235620&nom2=Vermont&tel2=0145683689&…
```

Après cette suite de couples variables/valeurs constituant les données à exploiter dans l'annuaire, nous ajouterons deux autres variables. La première indique le nombre de contacts envoyés, soit dix dans notre exemple (nbre=10). La deuxième clôture la chaîne de données et sera testée dans l'animation lors du chargement afin de s'assurer que toutes les variables ont bien été chargées (fin=ok). La fin de la chaîne de données ressemble à l'exemple ci-dessous :

```
…&nom10=Bidaut&tel10=0459932204&nbre=10&fin=ok&
```

Création du fichier annuaire.txt avec Dreamweaver :

1. Créez un nouveau document Texte à partir de Dreamweaver (menu Fichier>Nouveau>Catégorie Autre>Texte).

2. Saisissez les données selon l'exemple de la figure 11-9.

3. Enregistrez le fichier au format texte sous le nom annuaire.txt dans un sous-répertoire du dossier www/SITEflash/ de votre serveur local (prendre par exemple le répertoire www/SITEflash/3-progStructuree/chap11/loadVariables/).

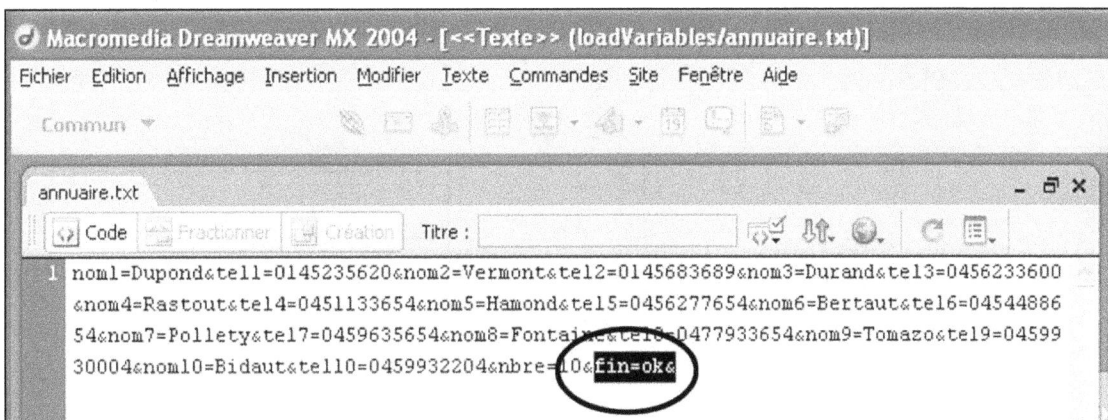

Figure 11-9
Création du fichier de données annuaire.txt avec Dreamweaver.

Le document Flash

1. Créez un nouveau document Flash et sauvegardez-le sous le nom annuaire.fla dans le même sous-répertoire du dossier www/SITEflash/ que le fichier annuaire.txt.

2. Créez six calques : Fond, Chargement, Liste, Boutons, Action et Label.

3. Personnalisez le calque Fond en ajoutant un cadre qui contiendra les éléments de l'application et insérez une image clé dans l'image 17.

4. Dans le calque Chargement, ajoutez un texte pour indiquer le chargement en cours. Insérez ensuite une image clé vide dans l'image 10.

5. Dans le calque Liste, insérez une image clé dans l'image 10. Dans l'image 10, ajoutez sur la scène une zone de texte dynamique multiligne puis nommez son occurrence `liste_txt`. Saisissez le nom `liste` dans son champ variable.

6. Dans le calque Boutons, insérez une image clé dans l'image 10. Dans l'image 10, ajoutez sur la scène deux boutons. Nommez-les `haut1_btn` et `bas1_btn`. Ils serviront à faire défiler les contacts dans le champ texte `liste`.

7. Dans le calque Action, ajoutez l'instruction `loadVariablesNum` dans l'image clé 1 (voir figure 11-10). Le fichier annuaire.txt sera ainsi chargé dans le niveau 0 de l'animation (les variables de la source de données seront disponibles depuis le scénario principal de l'animation). Vous remarquerez que la source de données étant un simple fichier texte, nous n'avons pas indiqué de méthode (`POST` ou `GET`) afin que le chargement de données soit unidirectionnel et qu'aucune information ne transite de l'animation Flash vers la source.

Code de l'image clé 1 du calque Action :

```
loadVariablesNum("annuaire.txt",0);
```

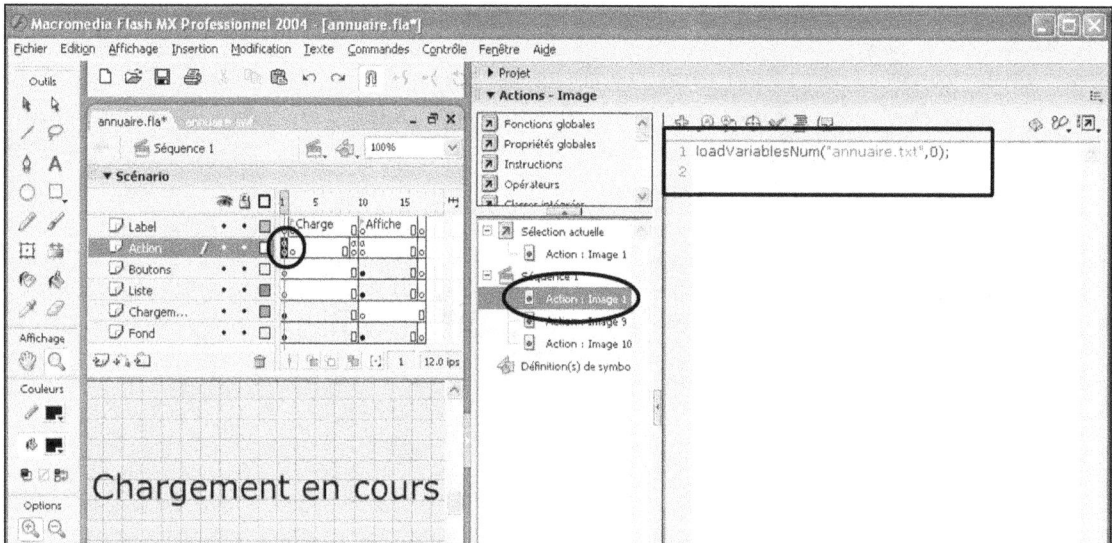

Figure 11-10

Script de chargement intégré dans l'image clé 1 du calque Action.

8. Toujours dans le même calque, insérez ensuite une image clé vide dans l'image 2 puis une image clé dans l'image 9. Dans l'image 9, saisissez le code du test contrôlant la fin du chargement des données (voir figure 11-11). Tant que la valeur de la dernière variable (`fin="ok"`) ne sera pas disponible, l'animation bouclera sur l'étiquette Charge. Une fois toutes les données chargées, la tête de lecture de l'animation passera à l'étiquette Affiche.

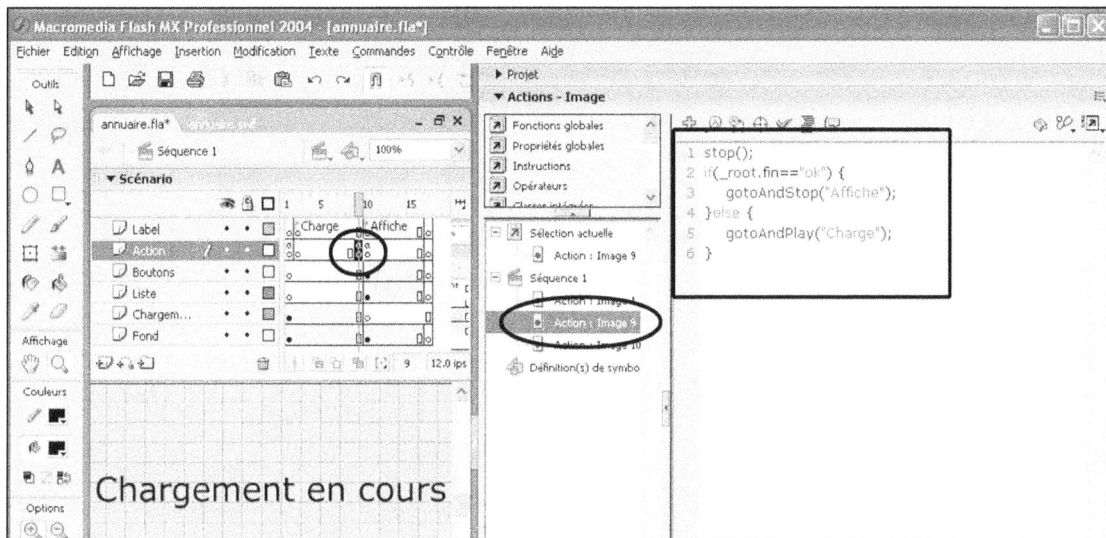

Figure 11-11

Script de test de la fin du chargement intégré dans l'image clé 9 du calque Action.

Code de l'image clé 9 du calque Action :

```
if(_root.fin=="ok") {
 gotoAndStop("Affiche");
}else {
 gotoAndPlay("Charge");
}
```

9. Insérez ensuite une image clé vide dans l'image 10 et saisissez dans cette même image le code d'affectation des données à la variable liste ainsi que les deux scripts de gestion (utilisant des méthodes de gestionnaire d'événements) des boutons de défilement du texte (voir figure 11-12).

Code de l'image clé 10 du calque Action :

```
//----------------------
//Affectation des valeurs à la liste
liste = "";
for (i=1; i<=_root.nbre; i++) {
    liste += _root["nom"+i]+"\t"+_root["tel"+i]+newline;
}
//----------------------
//gestion du bouton haut
haut1_btn.onRelease = function() {
    liste_txt.scroll -= 1;
};
//----------------------
//gestion du bouton bas
bas1_btn.onRelease = function() {
    liste_txt.scroll += 1;
};
```

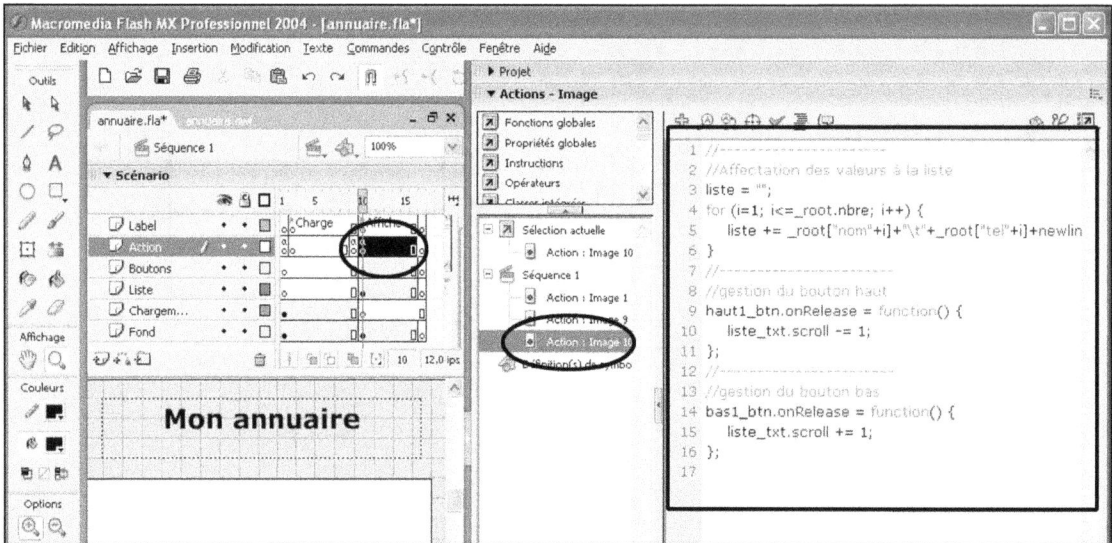

Figure 11-12

Dans l'image clé 10 du calque Action sont intégrés les scripts d'affectation des données à la variable du champ texte (liste) et de gestion des boutons de défilement du texte (bas1_btn et haut1_btn).

10. Dans le calque Label, insérez une image clé vide dans l'image clé 2 et renseignez le champ Image du panneau des propriétés avec l'étiquette Charge. Insérez ensuite une autre image clé vide dans l'image 10 et indiquez cette fois l'étiquette Affiche.

11. Enregistrez votre fichier, publiez votre animation dans une page HTML sous le même nom que le source, soit annuaire.htm, et testez-la depuis un navigateur (voir figure 11-13).

Figure 11-13

Test de l'annuaire dans un navigateur.

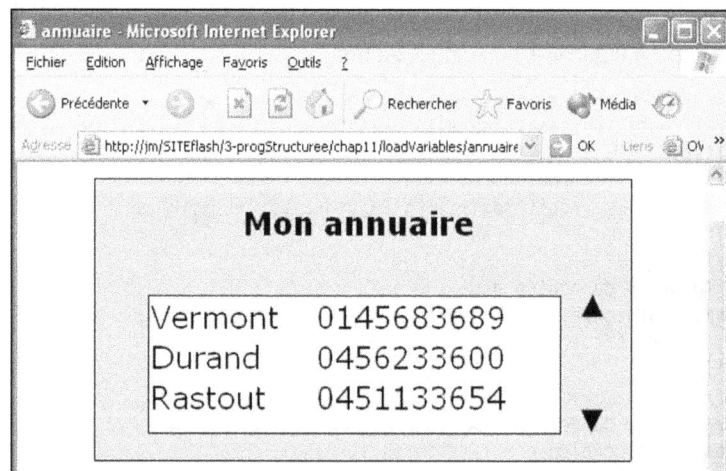

> **À noter**
>
> Dans cet exemple, il n'est pas indispensable de tester l'application depuis le WebLocal puisque aucun fichier PHP n'est utilisé.

Interfaçage Flash-PHP avec loadVariables() ou loadVariablesNum()

Dans l'exemple précédent, nous avons utilisé la méthode loadVariablesNum sans préciser de méthode (POST ou GET). Par conséquent, seules les données du fichier ont été chargées dans l'animation.

Cependant, les méthodes loadVariables et loadVariablesNum permettent aussi de transférer des données d'une manière bidirectionnelle (de la source de données vers Flash et de Flash vers la source de données). Il suffit pour cela de définir la méthode à utiliser (GET ou POST) dans les paramètres de la fonction. Évidemment, dans ce cas, la source du chargement ne peut être un simple fichier texte car le même document devra générer dynamiquement les informations envoyées à l'application Flash et récupérer d'autres données retournées par Flash en méthode GET ou POST. Afin d'assurer cette double fonction, nous utiliserons un script PHP (voir le fichier repertoire.php dans l'exemple de la figure 11-14).

Figure 11-14

Utilisation de la méthode loadVariables pour échanger des données entre une animation Flash et un script PHP.

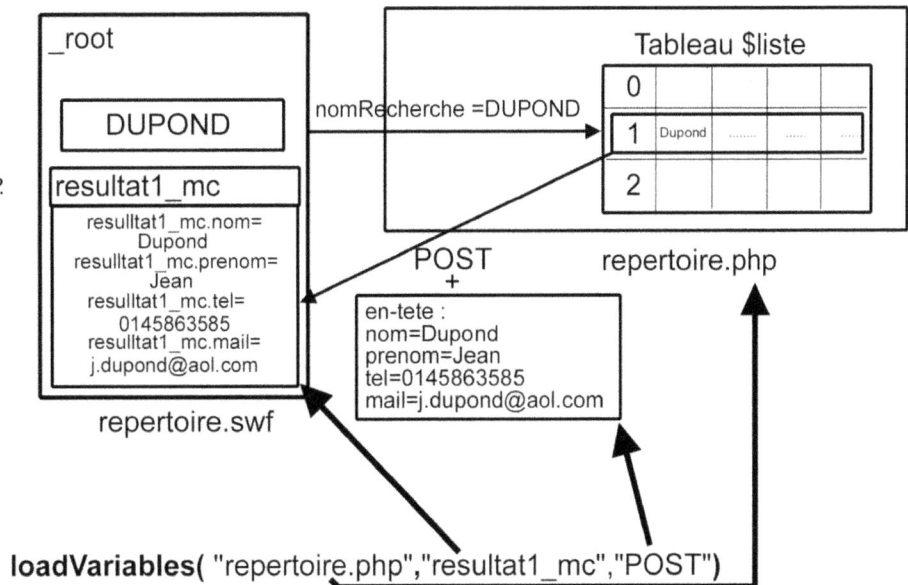

Un répertoire Flash-PHP (étude de cas)

Pour illustrer cet interfaçage Flash-PHP, nous vous proposons de créer un petit répertoire réalisé à l'aide d'une animation Flash (repertoire.fla) couplée à un script PHP (repertoire.php).

L'interface Flash est constituée d'un champ de saisie dans lequel l'utilisateur peut saisir le nom de la personne recherchée. Un bouton de validation permet d'appeler la méthode `loadVariables` afin d'envoyer en POST la valeur de ce champ au script PHP. En retour, le script PHP renvoie dans un clip `resultat1_mc` les coordonnées de la personne. Dans le clip, une boucle (semblable à celle utilisé dans l'exemple précédent) s'effectue tant que la dernière valeur à charger n'est pas disponible (une valeur spécifique, `fin="ok"`, sera envoyée pour indiquer la fin du chargement des données). Dès que toutes les données sont chargées dans le clip, l'animation est dirigée vers l'étiquette Affiche qui permet d'afficher les coordonnées du contact. Si aucun nom de contact ne correspond au nom recherché, le script renvoie la valeur `Inconnu`.

Le document Flash

L'interface Flash est composée d'un formulaire contenant un champ texte de saisie (nom de variable : `nomRecherche`) et d'un bouton qui permet d'appeler la méthode `loadVariables` (nom d'occurrence du bouton : `bouton1_btn`). Un clip, dont l'occurrence est nommée `resultat1_mc`, est dédié à la récupération des données retournées par le script PHP. Ce clip comporte une étiquette `Recherche` sur laquelle l'animation boucle tant que toutes les données ne sont pas complètement chargées. Une autre étiquette nommée Affiche correspond à l'affichage du tableau des coordonnées du contact. Ce tableau contient autant de champs texte dynamiques que de valeurs retournées par le script. Les noms de variable de chaque champ sont les mêmes que les noms des variables générées par le script PHP (`nom`, `prenom`, `tel`, `mail`).

1. Créez un nouveau document Flash et sauvegardez-le sous le nom repertoire.fla dans un sous-répertoire du dossier www/SITEflash/. Vous pouvez prendre par exemple le répertoire www/SITEflash/3-progStructuree/chap11/loadVariables/.

2. Créez quatre calques : Fond, Résultat, Formulaire et Action.

3. Personnalisez le calque Fond en ajoutant un cadre qui contiendra les éléments de l'application.

4. Dans l'image 1 du calque Résultat, créez un clip `resultat_mc` et nommez son occurrence `resultat1_mc`. Ajoutez dans l'image clé 1 du clip `resultat1_mc` quatre champs dynamiques et nommez respectivement leur champ Var : `nom`, `prenom`, `tel` et `mail`.

5. Dans l'image 1 du calque Formulaire, insérez un champ texte de saisie et nommez son champ Var : `nomRecherche`.

6. Dans l'image 1 du calque Action, ajoutez une méthode de gestionnaire d'événements afin d'appeler la méthode `loadVariables` et une méthode `gotoAnPlay` (cette méthode est appliquée au clip et permet de démarrer la boucle de chargement) dès que l'utilisateur clique sur le bouton `bonton1_btn` (voir figure 11-15).

Code à ajouter dans l'image 1 du scénario principal :

```
bouton1_btn.onRelease= function() {
    loadVariables("repertoire.php","resultat1_mc","POST");
    resultat1_mc.gotoAndPlay("Recherche");
    }
```

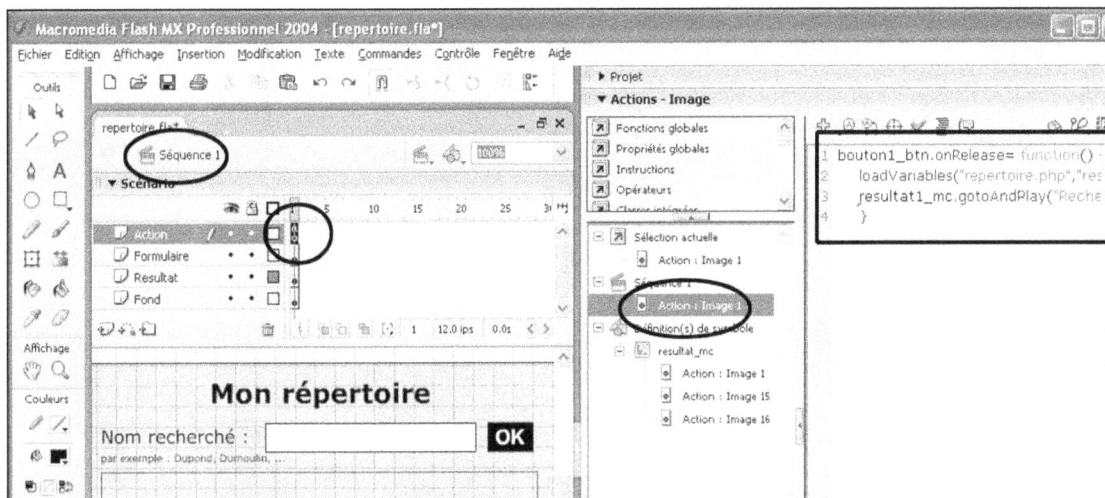

Figure 11-15

Création des quatre calques du scénario principal et intégration du code dans l'image clé 1 du scénario principal.

7. Ouvrez le scénario du clip resultat1_mc et créez trois calques : Fond, Action et Label (voir figure 11-16).

8. Dans le calque Fond, ajoutez sur la scène un cadre destiné à délimiter la zone de résultat et insérez une image clé dans l'image 22.

9. Dans l'image 1 du calque Action, ajoutez une instruction stop().

10. Dans l'image 15 du calque Action, insérez une image clé vide et ajoutez les lignes de code suivantes afin de tester la fin du chargement (voir figure 11-16) :

```
if(fin=="ok"){
    gotoAndPlay("Affiche");
}else{
    gotoAndPlay("Recherche");
}
```

11. Dans l'image 16 du calque Action, insérez une image clé vide et ajoutez une instruction stop() puis ajoutez sur la scène quatre champs de texte dynamiques respectivement nommés : nom, prenom, tel et mail (voir figure 11-17).

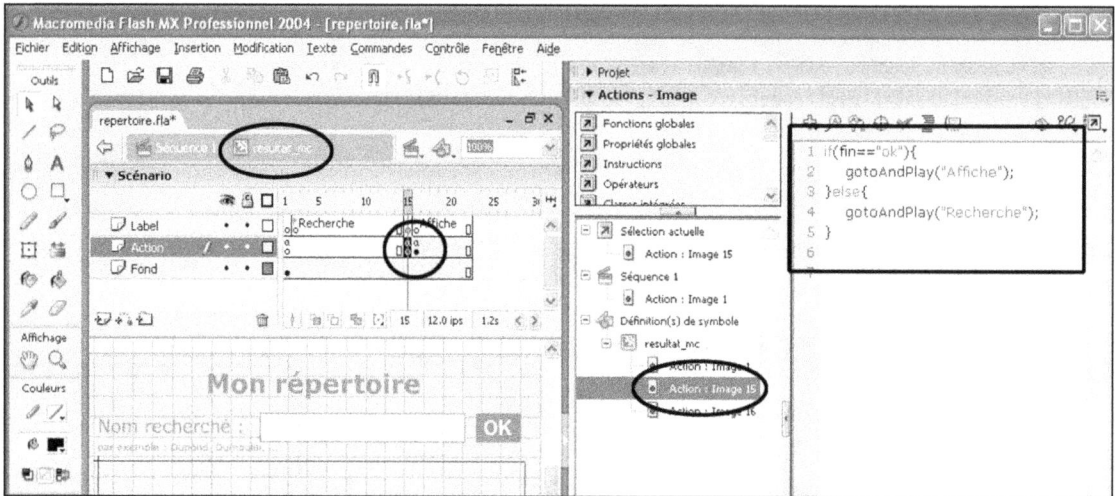

Figure 11-16

Intégration du script de test de la boucle de chargement dans l'image clé 15 du scénario du clip resultat1_mc.

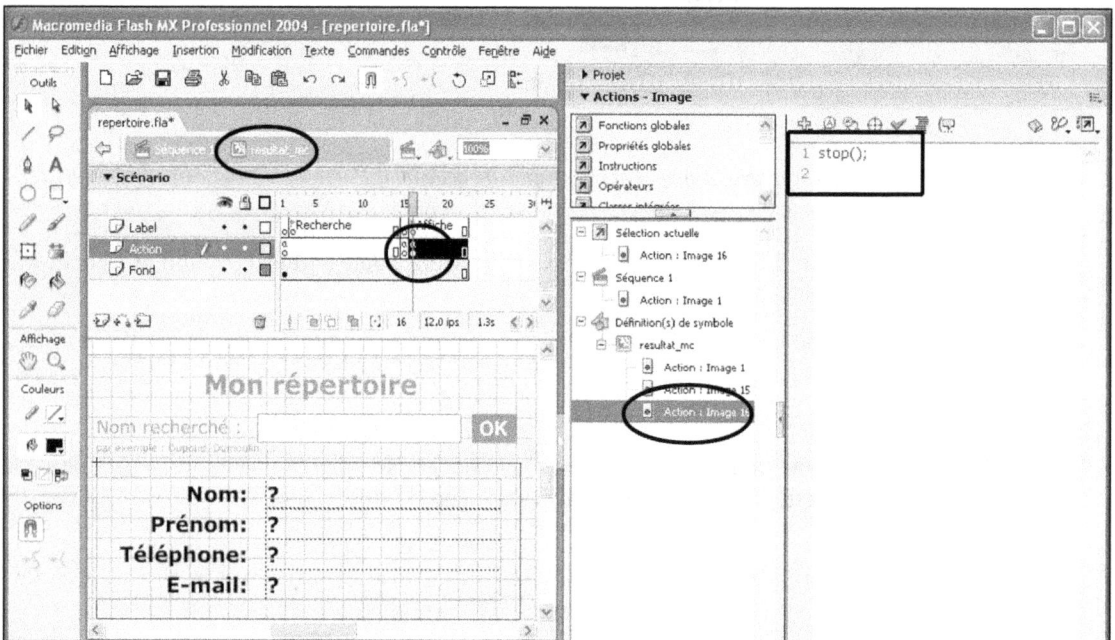

Figure 11-17

Création des quatre champs de texte dynamiques dans l'image clé 16 du scénario du clip resultat1_mc.

12. Dans le calque Label, définissez une zone nommée Recherche de l'image 2 à 14 et une deuxième zone nommée Affiche de l'image 16 à 22.

Figure 11-18

Structure de l'animation complète affichée avec l'explorateur d'animation.

```
Séquence 1
  Action
    Image 1
      Actions sur Image 1
        bouton1_btn.onRelease= function() {
          loadVariables("repertoire.php","resultat1_mc","POST");
          resultat1_mc.gotoAndPlay("Recherche");
        }
  Formulaire
    Image 1
      bouton_btn, <bouton1_btn>
  Resultat
    Image 1
      resultat_mc, <resultat1_mc>
  Fond
    Image 1
      fond
```

resultat1_mc

```
  Label
  Action
    Image 1
      Actions sur Image 1
        stop();
    Image 15
      Actions sur Image 15
        if(fin=="ok"){
          gotoAndPlay("Affiche");
        }else{
          gotoAndPlay("Recherche");
        }
    Image 16
      Actions sur Image 16
        stop();
  Fond
```

Le document PHP

Le fichier repertoire.php a une double fonction :

• recueillir le nom du contact recherché ($nomRecherche) puis réaliser une recherche dans un tableau de variables contenant tous les contacts du répertoire ;

• mettre en forme les différentes coordonnées du contact trouvé afin de renvoyer les données vers l'interface Flash.

La mémorisation des contacts sera réalisée à l'aide d'un tableau de variables ($liste) à deux dimensions. Le premier indice correspond au numéro du contact. Le second permet de distinguer les quatre types de coordonnées d'un contact (nom, prenom, tel et mail). Les valeurs du tableau sont affectées directement dans le script, mais il est facile de construire un tableau de données similaire à partir d'une source de données externe (fichier texte, XML ou base de données).

La valeur de la variable $nomRecherche (envoyée par le formulaire Flash) est utilisée dans la boucle de recherche afin de tester la correspondance de ce nom avec l'un des noms du tableau $liste. Afin d'éviter que la saisie d'un nom en majuscules ou en minuscules ne perturbe la recherche, la variable $nomRecherche est automatiquement transformée en majuscules avant d'être utilisée dans la boucle de recherche (instruction PHP strtoupper($nomRecherche)). Dès que le contact est trouvé, son numéro (premier indice du tableau $liste) est mémorisé dans une variable $iDresultat. Lors de la mise en forme des données des résultats, cette même variable est utilisée pour récupérer les quatre coordonnées issues du tableau $liste.

> **À noter**
>
> Pour la mise en forme des données, une fonction envoi() est utilisée afin d'éviter de répéter le script de mise en forme pour chaque couple de variable/valeur.

1. Créez un nouveau document PHP (Fichier>Nouveau>Page dynamique>PHP) et sauvegardez-le sous le nom repertoire.php dans le même répertoire que le document Flash.

2. Passez en mode Code et saisissez la première ligne de script ci-dessous dans la fenêtre du document (voir figure 11-19).

```
<?php
//initialisation des variables (paramètre de recherche : nomRecherche envoyé en POST
➥par Flash)
if(isset($_POST['nomRecherche'])) $nomRecherche=$_POST['nomRecherche']; else
➥$nomRecherche="";
```

3. Ajoutez à la suite le script suivant, destiné à déclarer la fonction envoi() utilisée pour la mise en forme des données renvoyées à Flash (voir figure 11-19) :

```
// envoi() Fonction de mise en forme des données retournées vers Flash
// ENTREE : deux arguments : $var = le nom de la variable et $val = la valeur correspondante
// SORTIE : affiche le couple &variable=valeur conforme au format de chargement de données
➥Flash
function envoi($var, $val){
echo "&".$var."=".utf8_encode($val);
}
```

4. Ajoutez ensuite le script suivant, destiné à initialiser le contenu du tableau $liste contenant les différents contacts du répertoire :

```
//------Création d'un tableau de contacts $liste pour les tests
$contact0=array("Inconnu","--","--","--");
$contact1=array("DUPOND","Jean","0145863585","j.dupond@aol.com");
$contact2=array("VERMONT","Patrice","0145568749","p.vermont@wanadoo.fr");
$contact3=array("DUMOULIN","Maurice","0460258936","m.dumoulin@free.fr");
$liste=array($contact0,$contact1,$contact2,$contact3);
```

5. Ajoutez ensuite le script suivant, qui permet de générer la boucle de recherche et de parcourir ainsi tous les noms du tableau $liste (voir figure 11-19) :

```
//------Recherche des coordonnées du contact
$nomRecherche=strtoupper($nomRecherche);
//transforme le nom recherché en Majuscule
$iDresultat=0;
//init de l'ID du contact correspondant à la recherche
for($i=1;$i<=count($liste);$i++){
if($liste[$i][0]==$nomRecherche) $iDresultat=$i;
}
```

6. Ajoutez enfin ce dernier script afin de mettre au format URL les données à renvoyer à Flash en appelant la fonction envoi() déclarée ci-dessus :

```
//------Mise en forme de la réponse envoyée à Flash
envoi("nom",$liste[$iDresultat][0]);
envoi("prenom",$liste[$iDresultat][1]);
envoi("tel",$liste[$iDresultat][2]);
envoi("mail",$liste[$iDresultat][3]);
envoi("fin","ok");//drapeau de fin de données
```

Figure 11-19

Saisie et enregistrement avec Dreamweaver des scripts du fichier repertoire.php.

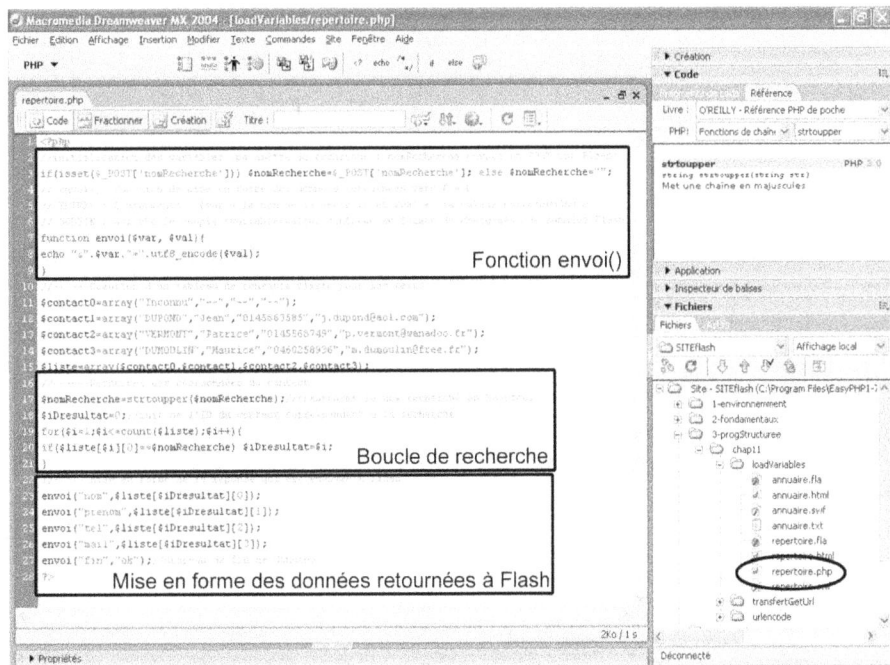

7. Enregistrez le document PHP.

Test dans le WebLocal

Pour le test, il suffit d'appeler le fichier repertoire.htm depuis votre Web local (cliquez droit sur l'icône d'EasyPHP puis sélectionnez WebLocal. Cliquez ensuite successivement sur les différents dossiers afin d'afficher le fichier repertoire.htm). Une fois le formulaire de recherche affiché à l'écran, saisissez un nom dans le champ (Dupond, par exemple) et cliquez sur le bouton OK. La recherche est lancée et les résultats doivent s'afficher dans l'interface (voir figure 11-20).

Figure 11-20

Test du répertoire dans le WebLocal.

Interfaçage Flash-PHP avec la classe loadVars

L'utilisation de la classe LoadVars est une alternative à l'utilisation des méthodes loadVariables() et loadVariablesNum() pour l'échange des données entre Flash et une source de données ou une application serveur (script PHP, par exemple).

Une fois l'instance de la classe créée (objet LV créé avec new LoadVars()), il suffit ensuite d'utiliser ses méthodes (load(), send() et sendAnLoad()) pour gérer des transferts de données depuis la source vers Flash (chargement), de Flash vers une application serveur (envoi) ou d'une manière bidirectionnelle (interfaçage). La méthode toString() permet de coder les couples variable/valeur de l'objet LV en une chaîne au format URL (var1=valeur1var2=valeur2...). De même, les classes getBytesLoaded() et getBytesTotal() permettent, lors de l'utilisation des méthodes load() ou sendAnLoad(), de connaître le nombre d'octets téléchargés (dans le cas d'un chargement en cours) et le nombre total d'octets téléchargés (à la fin du chargement).

La classe LoadVars met aussi à votre disposition deux propriétés, contentType et loaded, qui permettent de modifier le type MIME des données avant un envoi (le type par défaut est application/x-www-urlform-encoded) et de savoir si un chargement est terminé (dans ce cas, la propriété loaded est à l'état true).

Enfin, deux gestionnaires d'événements, onData et onLoad, permettent de contrôler la fin du chargement avant ou après l'analyse des données par Flash Player lors de l'usage d'une méthode load() ou sendAndLoad().

Tableau 11-10. Syntaxe du constructeur de la classe loadVars

Classe loadVars
La classe loadVars permet de créer des objets (monObjet_lv) et d'utiliser ensuite leurs méthodes pour envoyer ou charger des données.
Création d'un objet à l'aide du constructeur : `var monObjet_lv = new loadVars()`

Tableau 11-11. Méthodes d'envoi et de chargement de la classe loadVars

Méthodes	Définitions des paramètres

`monObjet_lv.load("url")`
 	
Charge des variables depuis l'URL spécifiée, analyse les données et place les variables résultantes dans l'objet monObjet_lv.
 	
`monObjet_lv.send("url" [,"cible" ,"methode" ])`
 	
Envoie les variables de l'objet monObjet_lv à l'URL spécifiée. Toutes les variables énumérables dans monObjet_lv sont concaténées dans une chaîne au format application/x-www-form-urlencoded par défaut (ce format MIME peut être modifié au préalable à l'aide de la propriété contentType).
 	
`monObjet_lv.sendAndLoad("url", objetCible [,"methode"])`
 	
Envoie les variables de l'objet monObjet_lv à l'URL spécifiée et charge les variables issues de la réponse du serveur dans l'objet objetCible.
	url : URL absolue ou relative de la source de données. Si le fichier SWF résultant de cet appel est ouvert dans un navigateur Web, l'URL doit être du même domaine que le fichier SWF.
	
	cible : fenêtre du navigateur dans laquelle les réponses seront affichées. Par défaut, la cible est _self (fenêtre courante) mais vous pouvez utiliser _blank (nouvelle fenêtre), _parent (fenêtre du cadre parent) ou _top (fenêtre du cadre principal).
	
	methode : permet de spécifier la méthode HTTP utilisée (GET ou POST). Si aucune méthode n'est précisée, la méthode POST sera utilisée par défaut.
	
	objetCible : objet LoadVars qui reçoit les valeurs chargées (Attention ! Le nom de cet objet ne doit pas être encadré par des guillemets).
	
	[xxx] : le code xxx est facultatif.
	
	(Attention ! Vous ne devez surtout pas saisir les crochets [et] dans le code.)

Tableau 11-12. Autres méthodes de la classe loadVars

Méthodes	Définitions des paramètres
monObjet_lv.getBytesLoaded() Renvoie le nombre d'octets déjà téléchargé lors d'un chargement de données initié par l'appel de la méthode load() ou sendAndLoad().	nomDentête : nom d'en-tête de requête HTTP valeurDentête : valeur associée à nomDentête
monObjet_lv. getBytesTotal() Renvoie le nombre total d'octets téléchargés après un chargement de données initié par l'appel de la méthode load() ou sendAndLoad(). Cette méthode renvoie undefined si aucune opération load n'est en cours ou si une opération load n'a pas encore été initiée.	tabEnTete : tableau de variables contenant les couples nomDentête_n et valeurDentête_n. Ce tableau est ensuite transmis en paramètre lors de l'appel de la méthode addRequest-Header().
monObjet_Rv.addRequestHeader() Première utilisation : monObjet_lv.addRequestHeader(nomDentête, valeurDentête) Seconde utilisation : tabEnTete = ["nomDentête_1", "valeurDentête_1" ... "nomDentête_n", "valeurDentête_n"]; monObjet_lv.addRequestHeader(tabEnTete); Ajoute ou modifie les en-têtes de requête HTTP (telles que Content-type ou SOA-PAction) envoyés avec les actions POST. Dans la première utilisation, vous transmettez deux chaînes à la méthode : nomDentête et valeurDentête. Dans la seconde utilisation, vous transmettez un tableau de chaînes*, alternant noms et valeurs d'en-têtes.	(*) Attention ! Dans la syntaxe de la méthode addRequestHeader(), vous devez saisir les crochets [et] dans le code car il s'agit dans ce cas de délimiteurs de tableau de variables.

Tableau 11-13. Propriétés de la classe loadVars

Descriptions des propriétés
monObjet_lv.loaded La propriété loaded indique si une opération de chargement de données initiée par l'appel de la méthode load() ou sendAndLoad() est terminée. Elle est affectée de la valeur true lorsque l'opération est terminée et de la valeur false dans le cas contraire. Si une opération de chargement échoue avec une erreur, la propriété loaded reste définie sur la valeur false. À noter : Si la méthode load() ou sendAndLoad() n'a pas encore été initiée, cette propriété renvoie la valeur undefined.
monObjet_lv.contentType La propriété contentType est utilisée pour modifier le type MIME ajouté à l'en-tête HTTP lors de l'envoi de données initié par l'appel de la méthode send() ou sendAndLoad(). Par défaut, cette propriété est affectée avec la valeur application/x-www-urlform-encoded.

Tableau 11-14. Gestionnaires d'événements de la classe loadVars

Gestionnaires d'événements	Définitions des paramètres

```monObjet_lv.onData = function (src) {```
```//mettre ici vos instructions }```
Le gestionnaire d'événements onData est invoqué si les données ont été complètement téléchargées lors d'un chargement initié par l'appel de la méthode load() ou sendAndLoad(). Ce gestionnaire étant invoqué avant l'analyse des données, il peut être utilisé pour appeler une routine d'analyse personnalisée au lieu d'une routine intégrée dans Flash Player. Par défaut, la routine appelée est monObjet_lv.onLoad (voir ci-dessous) mais si vous affectez une fonction personnalisée à monObjet_lv.onData, la routine monObjet.onLoad ne sera plus appelée, à moins que vous ne l'ajoutiez dans les instructions de la fonction personnalisée.
 	
```monObjet_lv.onLoad = function (success) {```
```//mettre ici vos instructions }```
 	
Si aucune fonction personnalisée n'est affectée à l'objet monObjet_lv.onData (voir ci-dessus), le gestionnaire d'événements onLoad est invoqué par défaut dès que le chargement initié par l'appel de la méthode load() ou sendAndLoad() est terminé.
Si l'opération de chargement est réussie, l'objet monObjet_lv est alors renseigné par les valeurs téléchargées. Ces variables sont disponibles depuis l'objet monObjet_lv (ex : monObjet_lv.maVar) lorsque le gestionnaire onLoad est invoqué.
	src : chaîne contenant les paires nom-valeur encodées URL téléchargées depuis le serveur.
	À noter : Si une erreur se produit lors du chargement, le paramètre scr est alors affecté avec la valeur undefined.
	success : ce paramètre indique si l'opération de chargement s'est déroulée avec succès (true) ou non (false).
	Remarque : En pratique dans la plupart des applications, on utilise uniquement le gestionnaire d'événements onLoad pour gérer les variables téléchargées (comme dans l'exemple ci-dessous).
	Exemple :
	Script placé dans l'image 1 du scénario principal de l'animation loadVars.fla :
	```monObjet_lv= new LoadVars();```
	```monObjet_lv.load("fichier.txt");```
	```monObjet_lv.onLoad=function(success) {```
	```if(success){```
	```_root.nom= monObjet_lv.maVar1;```
	```_root.prenom= monObjet_lv.maVar2;```
	```} else {```
	```gotoAndStop("Erreur");```
	```}```
	```}```
	-- 	
	Contenu du document fichier.txt :
	&maVar1=Defrance&maVar2=Jean-Marie

Exemples de scripts utilisant la classe loadVars

Chargement dans un tableau avec load()

Ce script permet de charger dans une animation Flash sept variables (les sept jours de la semaine : jour1=lundi, jour2=mardi, etc.) depuis un fichier texte fichierJour.txt. Dès que le chargement est terminé, la tête de lecture de l'animation est envoyée vers une image Affiche et ces variables sont affectées à un tableau de variables nommé monTableau_array. Si un problème survient lors du chargement, la tête de lecture de l'animation est envoyée vers une image Erreur.

Script à ajouter dans l'image clé 1 du scénario principal :

```
stop();
//création du tableau récepteur
monTableau_array=new Array();
//création de l'objet LV
monObjet_lv= new LoadVars();
```

Figure 11-21

Utilisation des différentes méthodes de la classe loadVars pour gérer le chargement ou l'envoi de données entre une animation Flash et une source de données ou une application serveur PHP.

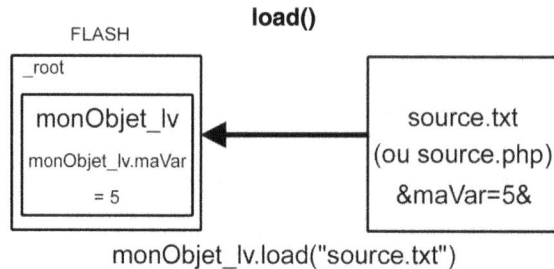

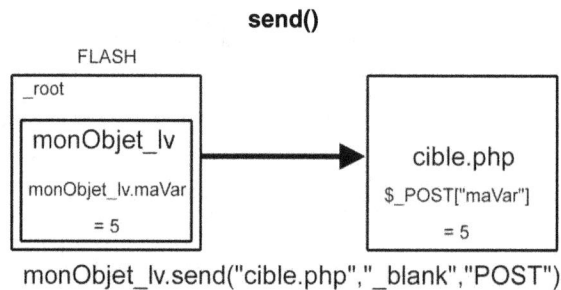

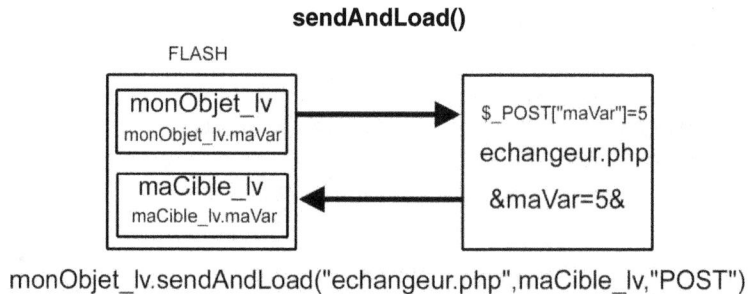

```
//chargement du fichier
monObjet_lv.load("fichierJours.txt");
//gestionnaire d'événement onLoad
monObjet_lv.onLoad=function(success) {
if (success) {
     for (var n = 1; n<=monObjet_lv.nbre; n++) {
         monTableau_array.push(monObjet_lv["jour"+n]);
         gotoAndStop("Affiche");
     }
   } else {
     gotoAndStop("Erreur");
   }
}
```

Un champ texte dynamique dont l'occurrence sera nommée afficheTableau_txt doit être créé sur la scène de l'image Affiche.

Script à ajouter dans l'image nommée Affiche :

```
stop();
afficheTableau_txt.text=monTableau_array;
```

Contenu du document fichierJour.txt utilisé dans le script précédent :

```
&jour1=Lundi&jour2=Mardi&jour3=Mercredi&jour4=Jeudi&jour5=Vendredi&jour6=Samedi&jour7=Dimanche
&nbre=7&
```

Envoi vers un script avec send()

Ce script permet d'envoyer des variables (propriétés ajoutées à l'objet LV : monObjet_lv.monNom et monObjet_lv.monMessage) au script PHP afficheMessage.php. Le message reçu par le script sera ensuite affiché dans une nouvelle fenêtre (option _blank), (voir figure 11-22).

Script à ajouter dans l'image clé 1 du scénario principal :

```
stop();
//création de l'objet LV
monObjet_lv= new LoadVars();
//initialisation des variables
monObjet_lv.monNom="Jean";
monObjet_lv.monMessage="bonjour à tous";
//envoi des variables vers le script
monObjet_lv.send("afficheMessage.php", "_blank", "GET");
```

Script PHP du fichier afficheMessage.php :

```
<?php
if(isset($_GET['monNom'])) $monNom= utf8_decode($_GET['monNom']);
    else $monNom="inconnu";
if(isset($_GET['monMessage'])) $monMessage= utf8_decode($_GET['monMessage']);
    else $monMessage="inconnu";
echo "Voici le nouveau message de <b>".$monNom."</b> : <b>".$monMessage."</b>" ;
?>
```

Figure 11-22

Message affiché dans le navigateur après l'envoi des données.

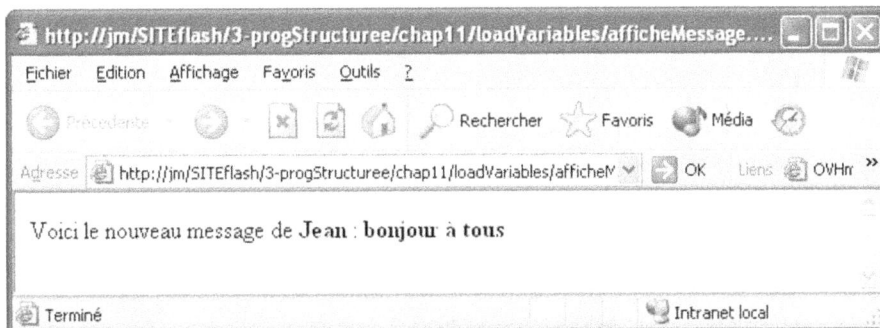

> **Remarque**
>
> Lors de nos tests de la méthode send(), nous avons relevé des problèmes de fonctionnement avec la méthode POST et Flash Player 6 et 7 sur les plates-formes PC (voir TechNote sur le site de Macromedia pour plus de détails).

Envoi et chargement avec sendAndLoad()

Ce script permet d'envoyer un nom et un message depuis un formulaire Flash (animation renvoiMessage.fla) vers un script PHP (renvoiMessage.php). Le script PHP archive les différents messages reçus dans un fichier texte (monMessage.txt) et renvoie à Flash un message attestant la bonne réception. Flash charge ensuite le message de retour et l'affiche dans un champ texte dynamique placé sur la scène (retour_txt), (voir figure 11-23).

Sur la scène de l'animation, vous devrez au préalable créer deux champs de saisie d'occurrence nom_txt et message_txt, un bouton de validation d'occurrence bouton1_btn et un champ dynamique d'occurrence retour_txt. Dans l'image clé 1 du scénario principal, créez deux objets LV (monEnvoi_lv et monChargement_lv) afin de gérer l'envoi et le chargement dans des objets différents. Le chargement et l'envoi seront déclenchés par une action sur le bouton bouton1_btn.

Script à ajouter dans l'image clé 1 du scénario principal :

```
stop();
//création des objets LV
monEnvoi_lv = new LoadVars();
monChargement_lv = new LoadVars();
bouton1_btn.onRelease = function() {
    //initialisation des variables
    monEnvoi_lv.monNom = nom_txt.text;
    monEnvoi_lv.monMessage = message_txt.text;
    //envoi des variables vers le script
    monEnvoi_lv.sendAndLoad("renvoiMessage.php", monChargement_lv, "POST");
    //affiche résultat chargement
    monChargement_lv.onLoad = function(success) {
        if (success) {
            _root.retour_txt.text = monChargement_lv.retour;
        } else {
            _root.retour_txt.text = "problème de chargement";
        }
    };
};
```

Script PHP du fichier renvoiMessage.php :

```php
<?php
//récupération des variables envoyées par Flash
if(isset($_POST['monNom'])) $monNom= utf8_decode($_POST['monNom']); else $monNom="inconnu";
if(isset($_POST['monMessage'])) $monMessage= utf8_decode($_POST['monMessage']);
else $monMessage="inconnu";
//préparation du message de retour
$messageRetour="Votre message : \"".$monMessage."\" a bien été enregistré ";
$messageRetour=utf8_encode($messageRetour);
```

```
echo "&retour=".$messageRetour."&" ;
//préparation du texte à sauvegarder dans le fichier
$monTexte="---Emetteur : ".$monNom." --- Message : ".$monMessage." \n";
$fichier=fopen("monMessage.txt","a");
fputs($fichier,$monTexte);
fclose($fichier);
?>
Contenu du fichier monMessage.txt après quatre envois de message :
---Émetteur : Dupond --- Message : Merci de m'envoyer votre CR
---Émetteur : Hamond --- Message : Mon CR a déjà été envoyé hier
---Émetteur : Dupond --- Message : Désolé mais je n'ai rien reçu !
---Émetteur : Hamond --- Message : Ok, je vous envoie une copie
```

Figure 11-23

Interface de l'animation renvoiMessage.fla utilisée pour illustrer le fonctionnement de la méthode senAndLoad().

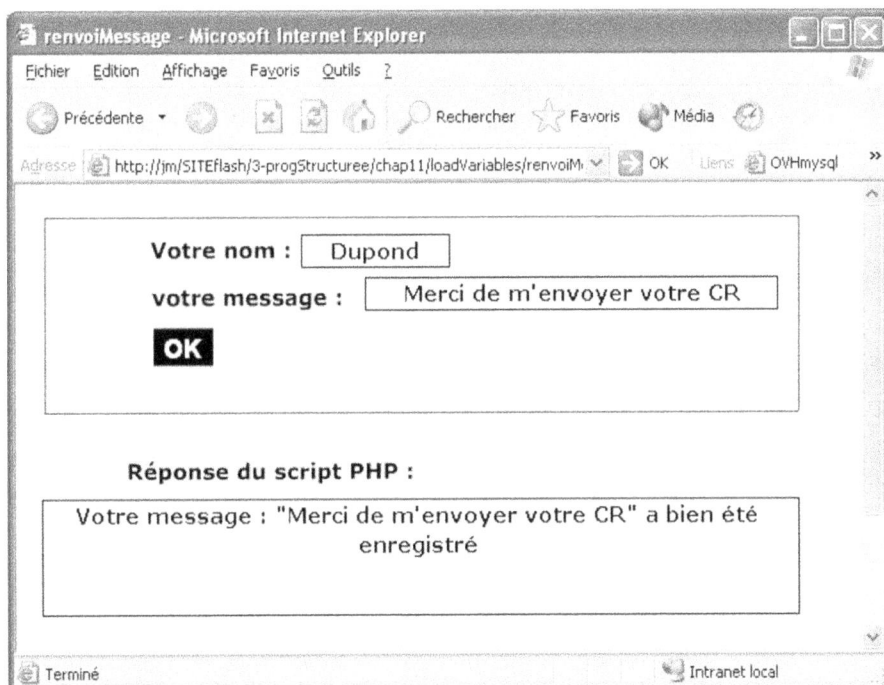

Affichage du taux de chargement

Ce script montre comment utiliser les méthodes getBytesLoaded() et getBytesTotal() pour afficher l'état du chargement.

Script à ajouter dans l'image clé 1 de l'animation :

```
monObjet_lv = new LoadVars();
monObjet_lv.load("grosFichier.txt");
_root.onEnterFrame = function() {
   var chargePourcent:Number;
   if (monObjet_lv.loaded == false) {
```

```
    chargePourcent=Math.ceil((monObjet_lv.getBytesLoaded()
➥/monObjet_lv.getBytesTotal())*100);
        chargePourcent=(isNaN(chargePourcent))?1:chargePourcent;
        trace("Téléchargement effectué : "+monObjet_lv.getBytesLoaded()+" octets");
        trace("Taux de chargement :"+chargePourcent+"%");
    } else {
        trace("Le chargement est terminé");
        trace("Total téléchargé : "+Math.floor(monObjet_lv.getBytesTotal()/1024)+"Ko");
        delete this.onEnterFrame;
    }
};
```

Un compteur Flash-PHP-Txt (étude de cas)

Pour illustrer cet interfaçage Flash-PHP-Txt, nous vous proposons de créer un système de comptage des pages visitées dans une animation Flash. Ce système sera réalisé à l'aide d'une animation Flash (compteur.fla) couplée à un script PHP (compteur.php). Différents fichiers texte (autant que de pages d'animation à gérer) seront regroupés dans un répertoire spécifique nommé compteurs/.

L'interface Flash est constituée d'un ensemble de trois boutons permettant d'accéder à des étiquettes différentes (page1, page2 et page3). Un champ de texte dynamique placé au centre de la scène permet d'afficher l'état du compteur de la page active. L'image 1 du scénario principal regroupe les gestionnaires des boutons, le script de création de l'objet LoadVars et son gestionnaire onLoad ainsi qu'une fonction compte(n). Lorsque l'on clique sur l'un des trois boutons, la tête de lecture se positionne sur la page désirée. Chaque page contient un appel à la fonction compte() qui est configurée pour passer en paramètre le numéro de la page visualisée (exemple : compte(2) pour la page 2). Cette fonction envoie un ordre de chargement au script compteur.php en lui passant le numéro de la page en paramètre d'URL. Dès réception de cette valeur, le script PHP lit le fichier texte correspondant, incrémente l'ancienne valeur et renvoie le nouvel état du compteur au fichier Flash pour affichage. Cet état sera ensuite mémorisé dans le fichier texte afin de comptabiliser les visites de la page concernée.

Le document Flash

Le document Flash est organisé en cinq calques (Label, Action, Menu, Message et Fond). Le scénario est découpé en quatre zones. La première correspond à l'image 1 et regroupe les différents scripts de l'animation ; les trois autres portent les étiquettes page1, page2 et page3 et simuleront les pages de l'animation pour lesquelles le nombre de visites devra être comptabilisé.

1. Créez un nouveau document Flash et sauvegardez-le sous le nom compteur.fla dans un sous-répertoire du dossier www/SITEflash/. Vous pouvez prendre par exemple le répertoire www/ SITEflash/3-progStructuree/chap11/loadVars/.

2. Créez cinq calques : Label, Action, Menu, Message et Fond.

3. Personnalisez le calque Fond en ajoutant un cadre qui contiendra les éléments de l'application puis insérez une image clé dans l'image 31 du scénario.

4. Dans l'image 1 du calque Message, créez un champ de texte dynamique et nommez son occurrence `visite_txt` puis insérez une image clé dans l'image 31 du scénario.

5. Dans l'image 1 du calque Menu, insérez trois boutons et nommez leur occurrence respectives : `page1_btn`, `page2_btn` et `page3_btn` puis insérez une image clé dans l'image 31 du scénario.

6. Dans l'image 1 du calque Action, ajoutez trois méthodes de gestionnaire d'événements `onRelease` pour les boutons des pages afin d'envoyer la tête de lecture sur l'étiquette correspondante.

7. Dans la même image clé, ajoutez le constructeur de la classe `loadVars` et son gestionnaire d'événements `onLoad`. Définissez à la suite la fonction `compte(n)` afin qu'elle appelle la méthode `load()` tout en passant le numéro de la page (`n`) en paramètre d'URL à la suite du nom du script (voir figure 11-24).

8. Ajoutez en bas de cette image un `gotoAndStop("page1")` afin que l'animation démarre automatiquement sur la première page. Enregistrez puis publiez l'animation.

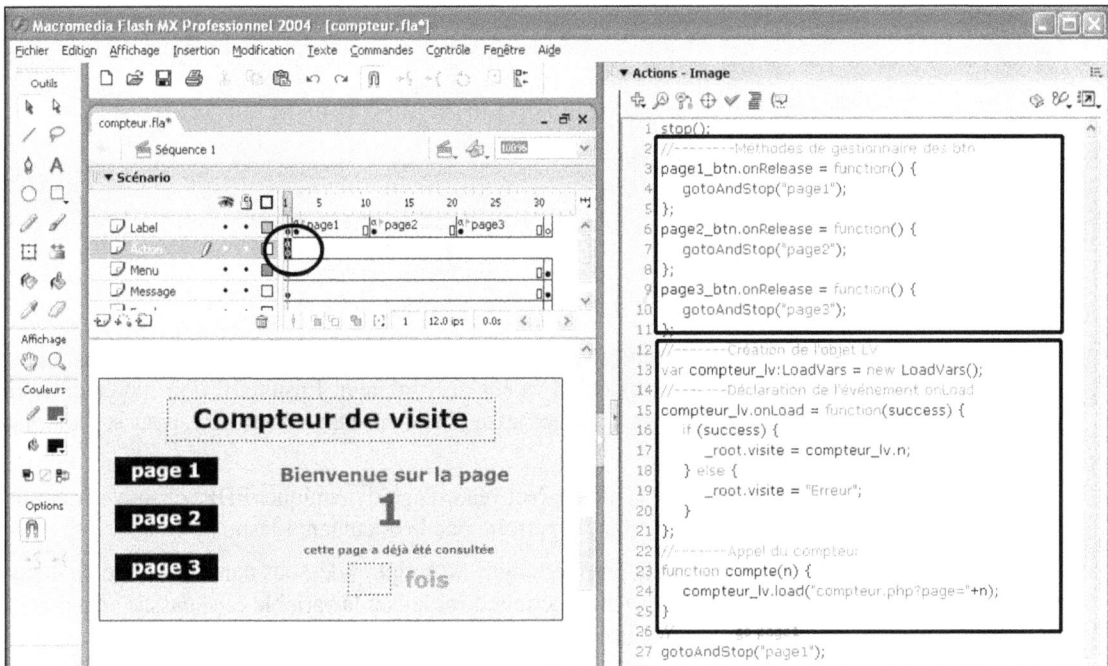

Figure 11-24

Création des cinq calques du scénario principal et intégration du code dans l'image clé 1 de ce même scénario.

Code à ajouter dans l'image 1 du scénario principal (voir figure 11-24) :

```
stop();
//--------Méthodes de gestionnaire des btn
page1_btn.onRelease = function() {
 gotoAndStop("page1");
};
page2_btn.onRelease = function() {
 gotoAndStop("page2");
};
page3_btn.onRelease = function() {
 gotoAndStop("page3");
};
//-------Création de l'objet LV
var compteur_lv:LoadVars = new LoadVars();
//-------Déclaration de l'événement onLoad
compteur_lv.onLoad = function(success) {
 if (success) {
     _root.visite = compteur_lv.n;
 } else {
     _root.visite = "Erreur";
 }
};
//-------Appel du compteur
function compte(n) {
 compteur_lv.load("compteur.php?page="+n);
}
//--------go page1
gotoAndStop("page1");
```

Le document PHP

Le fichier compteur.php doit lire le fichier texte de la page concernée (et le créer s'il n'existe pas. Exemple : visitePage2.txt) afin de récupérer la valeur du compteur. Ensuite, il doit incrémenter la valeur du compteur, la sauvegarder dans le fichier texte et la mettre au format URL pour la retourner à Flash.

1. Créez un nouveau document PHP (Fichier>Nouveau>Page dynamique>PHP) et sauvegardez-le sous le nom compteur.php dans le même répertoire que le document Flash.

2. Passez en mode Code et saisissez la première ligne de script ci-dessous dans la fenêtre du document (voir figure 11-25). Cette instruction permet d'initialiser la variable page passée en paramètre lors de l'appel du script depuis Flash (compteur.php?page="+n) :

```
<?php
//initialisation des variables
if(isset($_GET['page'])) $page=$_GET['page']; else $page=0;
//------------------------------------
```

3. Ajoutez à la suite le script suivant, destiné à ouvrir le fichier texte (option r+) ou à le créer (option w+) s'il n'existe pas (pour connaître les spécificités de chaque option de fichier, reportez-vous au tableau 6-17 du chapitre 6) :

```
//--teste si un numéro de page est bien envoyé
if($page!=0){
//--ouvre le fichier .txt du compteur de la page concernée
if(!$fichier=@fopen("compteurs/visitePage".$page.".txt","r+"))
    {
//si le fichier n'existe pas, il est créé vide$fichier=fopen("compteurs/
visitePage".$page.".txt","w+");
    }
```

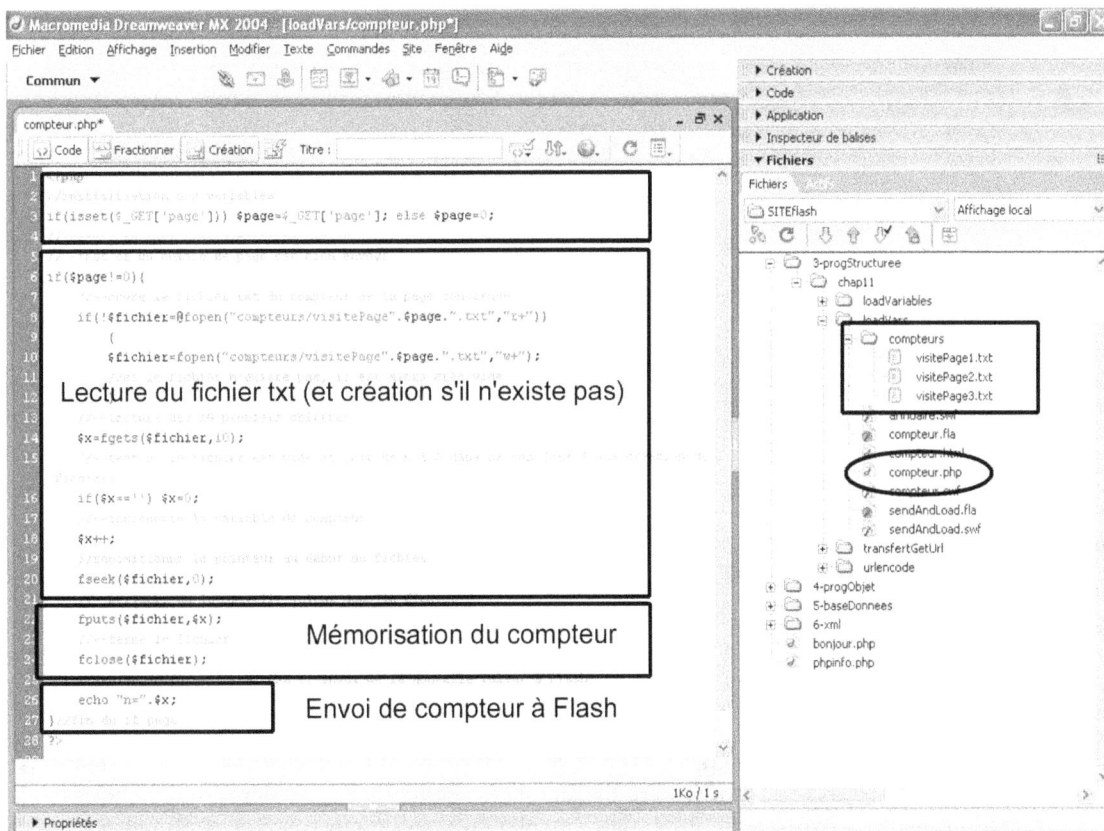

Figure 11-25

Saisie et enregistrement avec Dreamweaver des scripts du fichier compteur.php.

4. Ajoutez le script suivant, destiné à lire les dix premiers caractères du contenu du fichier (ou à initialiser à 0 la valeur $x si le fichier vient d'être créé). La dernière ligne de ce fragment de code permet d'incrémenter la valeur du compteur :

```
//--lecture des dix premiers chiffres
$x=fgets($fichier,10);
//--teste si le fichier est vide et init de x à 0 dans ce cas (cas d'une création de fichier)
if($x=='') $x=0;
//--incrémente la variable de compteur
$x++;
```

5. Ajoutez le script suivant, qui repositionne le pointeur au début du fichier avant de sauvegarder la nouvelle valeur et de fermer le fichier :

```
//repositionne le pointeur au début du fichier
fseek($fichier,0);
//--écriture de la nouvelle valeur dans le fichier
fputs($fichier,$x);
//--ferme le fichier
fclose($fichier);
```

6. Ajoutez enfin ce dernier script afin de mettre au format URL la nouvelle valeur du compteur pour la renvoyer à Flash :

```
//--mise en forme format URL et envoi de la nouvelle valeur à Flash
echo "n=".$x;
}//fin du if page
?>
```

7. Enregistrez le document PHP.

Création du répertoire compteur/

Tous les fichiers mémorisant les compteurs des pages sont regroupés dans un même répertoire nommé compteur/. Si le script présenté ci-dessus permet de créer automatiquement le nouveau fichier d'une page, il faut cependant créer au préalable ce sous-répertoire (dans le même dossier que celui où vous avez enregistré les fichiers compteur.php et compteur.fla).

Si vous désirez mettre votre application en ligne, il vous faudra modifier les droits de ce répertoire (CHMOD) afin de pouvoir modifier les fichiers qu'il contient. Le plus simple est d'utiliser votre client FTP habituel (en général, il faut faire un clic droit sur le répertoire et sélectionner l'option CHMOD).

Test dans le WebLocal

Pour le test, il suffit d'appeler le fichier compteur.htm depuis votre Web local (cliquez droit sur l'icône d'EasyPHP puis sélectionnez WebLocal. Cliquez sur les différents dossiers afin d'afficher le fichier compteur.htm). Une fois la première page de votre animation affichée à l'écran, cliquez plusieurs fois sur les autres pages afin de vérifier que les compteurs évoluent bien (voir figure 11-26).

Figure 11-26

Test du compteur dans le WebLocal.

Codes sources disponibles en ligne

Tous les codes sources des applications présentées dans cet ouvrage sont disponibles sur Internet : *www.editions-eyrolles.com* (mots-clés : Flash PHP).

Programmation orientée objet (POO)

12

Introduction à la programmation orientée objet (POO)

Le concept de la programmation orientée objet s'inspire des objets (matériels ou immatériels) de la vie de tous les jours. En effet, tous les objets qui nous entourent possèdent des caractéristiques qui leur sont propres (couleur, poids...) et peuvent réaliser les actions pour lesquelles ils ont été conçus (avancer, tourner, émettre un bruit...). La POO permet d'exploiter les actions de ces objets (que nous nommerons par la suite méthodes) et de modifier leurs caractéristiques (que nous nommerons par la suite propriétés) sans même savoir comment ils sont réellement constitués. Si l'on ajoute à cela la possibilité de créer de nouveaux objets à partir d'objets existants, on comprend rapidement l'intérêt d'utiliser les objets en programmation lorsque l'on désire être productif et capitaliser ses développements.

Notion de classe et d'objet

La classe définit les propriétés et les méthodes des futurs objets. Par exemple, la classe `voiture` comporte des propriétés qui peuvent être la couleur ou la vitesse, de même que ses méthodes lui permettront de freiner ou d'accélérer. Une classe est en quelque sorte un modèle (voir figure 12-1).

En général une classe ne peut pas être utilisée directement et il faut d'abord en créer une occurrence (on parle dans ce cas d'« instanciation ») pour créer un objet qui correspondra à son image. Pour cela, on appelle une méthode spécifique de la classe, nommée constructeur. Lors de l'instanciation, un objet possédant les mêmes méthodes et propriétés que la classe mère est créé.

> **Remarque**
>
> En AS, certaines classes peuvent être exploitées directement (sans devoir créer un objet au préalable), comme les classes `Mouse` ou `Key`, par exemple.

Figure 12-1

Création d'un objet lors de l'instanciation d'une classe.

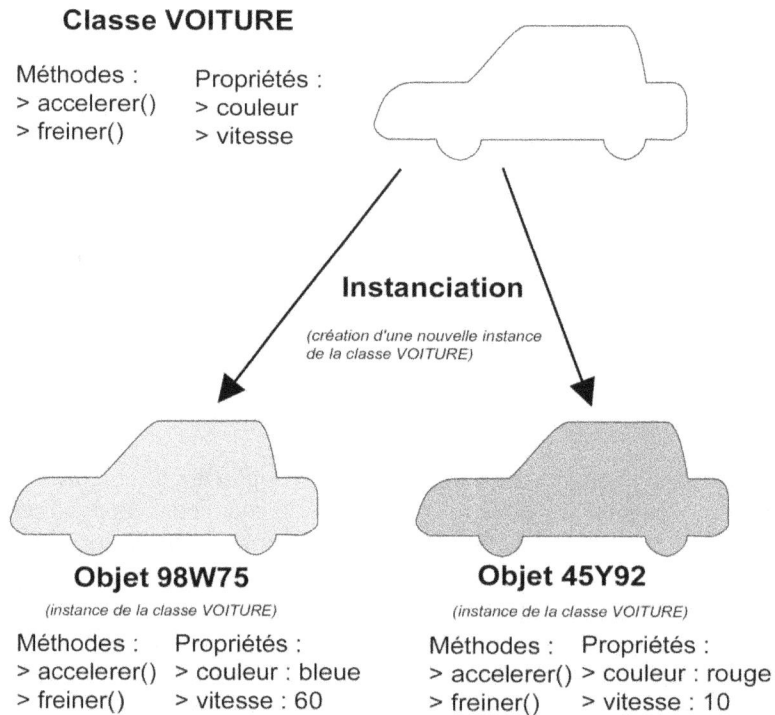

Classe VOITURE

Méthodes :
> accelerer()
> freiner()

Propriétés :
> couleur
> vitesse

Instanciation

(création d'une nouvelle instance de la classe VOITURE)

Objet 98W75

(instance de la classe VOITURE)

Méthodes : Propriétés :
> accelerer() > couleur : bleue
> freiner() > vitesse : 60

Objet 45Y92

(instance de la classe VOITURE)

Méthodes : Propriétés :
> accelerer() > couleur : rouge
> freiner() > vitesse : 10

Héritage et notion de sous-classe

Dans certains cas, il est très intéressant de créer des sous-classes d'une classe (appelée dans ce cas la classe mère). Les attributs et méthodes d'un objet d'une sous-classe sont hérités de ceux de la classe mère, mais des attributs et des méthodes spécifiques peuvent être ajoutés à cette sous-classe (voir figure 12-2). Ce concept est important, car la principale caractéristique de la programmation par objet est la possibilité pour une classe d'hériter des propriétés et des méthodes d'une autre classe.

Figure 12-2

*Création d'une
sous-classe
et principe
de l'héritage.*

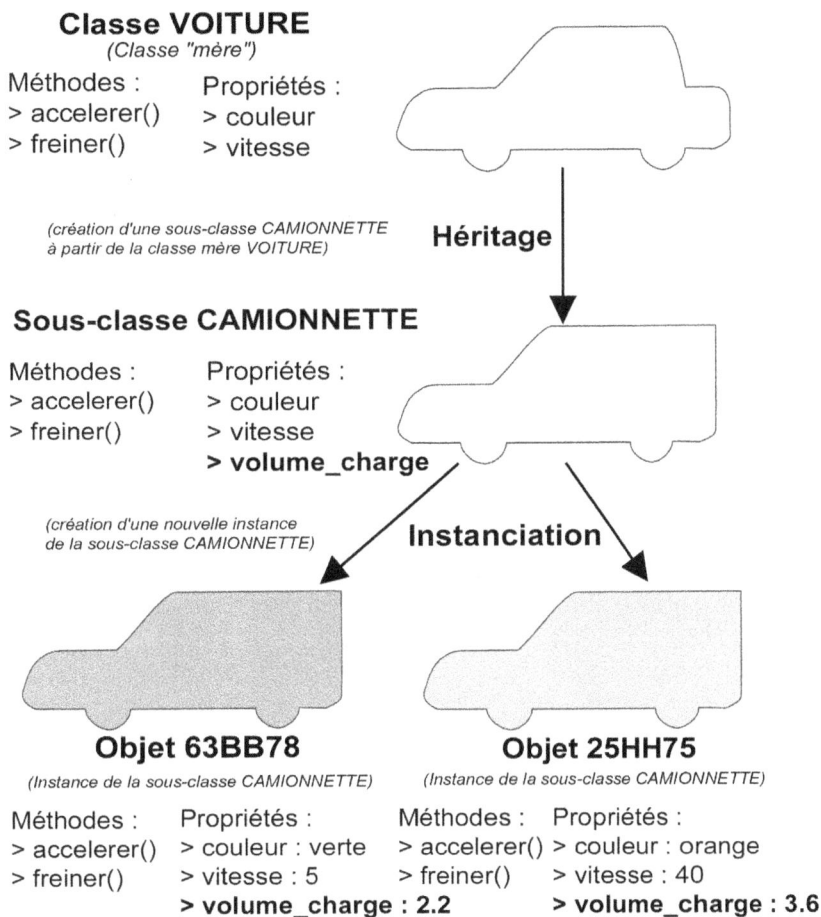

Classe VOITURE
(Classe "mère")

Méthodes :
> accelerer()
> freiner()

Propriétés :
> couleur
> vitesse

*(création d'une sous-classe CAMIONNETTE
à partir de la classe mère VOITURE)*

Héritage

Sous-classe CAMIONNETTE

Méthodes :
> accelerer()
> freiner()

Propriétés :
> couleur
> vitesse
> **volume_charge**

*(création d'une nouvelle instance
de la sous-classe CAMIONNETTE)*

Instanciation

Objet 63BB78
(Instance de la sous-classe CAMIONNETTE)

Méthodes :
> accelerer()
> freiner()

Propriétés :
> couleur : verte
> vitesse : 5
> **volume_charge : 2.2**

Objet 25HH75
(Instance de la sous-classe CAMIONNETTE)

Méthodes :
> accelerer()
> freiner()

Propriétés :
> couleur : orange
> vitesse : 40
> **volume_charge : 3.6**

Terminologie de la POO

En programmation orientée objet, on utilise souvent des termes spécifiques dont voici la définition.

Classe – une classe représente le modèle utilisé pour créer les futurs objets (la création d'un objet se conformant à la définition d'une classe est appelée instanciation). Elle comporte des variables chargées de décrire les propriétés de l'objet, ainsi que des méthodes chargées de définir son comportement. Par exemple, la classe voiture définit le modèle utilisé pour créer des objets correspondant aux différentes voitures immatriculées.

Objet – un objet est créé par instanciation de la classe qui le décrit (on appelle aussi instance d'une classe l'objet ainsi créé). Par exemple, la voiture immatriculée 89W75 est un objet de la classe voiture.

Propriétés – ce sont les caractéristiques d'une classe (constantes, variables internes…) qui personnalisent un objet. Par exemple, la couleur et la vitesse sont des propriétés de l'objet immatriculé 89W75.

Méthode – une méthode n'est rien d'autre qu'une fonction figurant dans une classe (intégrée ou personnalisée) et qui s'applique à un objet. Les méthodes s'appuient sur des paramètres passés lors de leur appel ou sur les attributs déclarés dans la classe (constantes, variables internes…). Par exemple, les actions freiner ou accélérer sont des méthodes disponibles pour l'objet immatriculé 89W75.

Constructeur – un constructeur est une méthode particulière, qui porte le même nom que la classe et qui est appelée automatiquement lorsque vous créez une nouvelle instance (donc un nouvel objet). Le constructeur permet, entre autres, d'initialiser par défaut les attributs de l'objet lors de l'instanciation. Par exemple, la méthode voiture peut être le constructeur de la classe voiture et initialiser par défaut la vitesse de l'objet à 0 lors de sa création.

Sous-classe – une sous-classe est une classe qui hérite d'une autre classe (la classe mère) et à laquelle on ajoute des propriétés et des méthodes spécifiques (break, cabriolet ou camionnette sont des sous-classes de la classe mère voiture).

Héritage – l'héritage définit une sous-classe comme appartenant à la même famille qu'une autre classe (classe mère), afin qu'elle hérite des mêmes attributs (propriétés) et méthodes que cette dernière. L'intérêt des sous-classes est qu'on peut ajouter des méthodes ou propriétés spécifiques à celles de la classe mère dont elles sont issues. Par exemple, la sous-classe camionnette peut hériter de la classe mère voiture, afin de récupérer ses attributs (exemple : couleur, vitesse) et ses méthodes (exemple : freiner(), accelerer()) et disposer en plus d'une propriété spécifique volume_charge (volume de chargement de la camionnette).

13

PHP et la programmation orientée objet (POO)

Déclaration d'une classe

En PHP, la définition d'une classe commence par le mot-clé `class`, suivi du nom de la classe (exemple : `class voiture`) et, comme pour les fonctions utilisateur, d'un bloc d'instructions délimité par des accolades (exemple : `class voiture{…}`). À l'intérieur de ces accolades, on définit les propriétés et les méthodes qui seront exploitées par la suite en utilisant un accesseur et la variable `$this` qui désigne l'objet courant (exemple : `$this->vitesse`). La syntaxe d'un accesseur est constituée des caractères `->`, qui forment une flèche. On définit les propriétés (équivalentes aux variables de la classe) à l'aide du mot-clé `var`, suivi du nom de la variable interne (exemple : `var $vitesse;`). On définit les méthodes (équivalentes aux fonctions de la classe) à l'aide du mot-clé `function`, suivi du nom de la méthode et du bloc d'instructions qui la compose, comme pour une fonction traditionnelle (exemple : `function freiner{…}`).

Voici un exemple de déclaration de la classe `voiture` :

```
//déclaration de la classe----------------------
class voiture
  {
  /* -----------déclaration des propriétés utilisées dans la classe */
  var $couleur;
  var $vitesse;
  /* -----------déclaration du constructeur de la classe "voiture" */
  function voiture($choix_couleur)
```

```
        {
        $this->vitesse=0;
        //Initialise la vitesse à 0 par défaut lors de la création de l'objet.
        $this->couleur=$choix_couleur;
        /* La couleur est affectée selon le paramètre qui est passé en argument lors
         de la création de l'objet. */
        }
    //-----------déclaration des méthodes communes à la classe "voiture"
    function accelerer()
        {
        $this->vitesse++;
        //Incrémente la vitesse si on accélère.
        }
    function freiner()
        {
        if ($this->vitesse>0)
            {$this->vitesse--;}
            /* Décrémente la vitesse si on freine à condition que la vitesse
        soit positive.*/
        }
    }//fin de la classe voiture--------------------
```

Création d'un objet

Pour exploiter une classe, il faut commencer par en créer une nouvelle instance qui donne naissance à un objet. Pour ce faire, utilisez le mot-clé new, suivi du nom de la classe que vous souhaitez instancier. Vous affectez ainsi l'objet nouvellement créé à la variable située à gauche du signe égal (exemple : $coccinelle=new voiture). Les variables peuvent être de plusieurs types (chaîne de caractères, entier, décimal, booléen, tableau et objet). L'instanciation est équivalente à la déclaration d'une nouvelle variable de type objet, dont les caractéristiques (attributs et méthodes) correspondent à celles définies par sa classe.

Voici un exemple de création d'un objet et de l'utilisation de ses méthodes :

```
//Début du programme----------------------------
/* Instanciation de la classe "voiture" création de l'objet "voiture_89W75". */
$voiture_89W75=new voiture("rouge");
/* À partir d'ici, l'objet "$voiture_89W75" existe. */
echo "Je viens d'acheter une superbe voiture".$voiture_89W75->couleur."<br>";
echo "et, au début, sa vitesse est de".$voiture_89W75->vitesse."km/h<br>";
for ($i=0;$i<5;$i++)
 {
 echo "j'accélère encore <br>";
```

```
$voiture_89W75->accelerer();
 }
echo "sa vitesse est maintenant de".$voiture_89W75->vitesse."km/h<br>";
for ($i=0;$i<5;$i++)
 {
 echo "je freine encore <br>";
 $voiture_89W75->freiner();
 }
echo "sa vitesse est maintenant de".$voiture_89W75->vitesse."km/h<br>";
//fin du programme-----------------------------
```

Passez à la pratique et saisissez le code de la déclaration de la classe voiture (voir figure 13-1) puis celui du petit programme ci-dessus (voir figure 13-2), qui permet de créer un objet et d'utiliser ses méthodes et propriétés dans une page PHP nommée maVoiture.php.

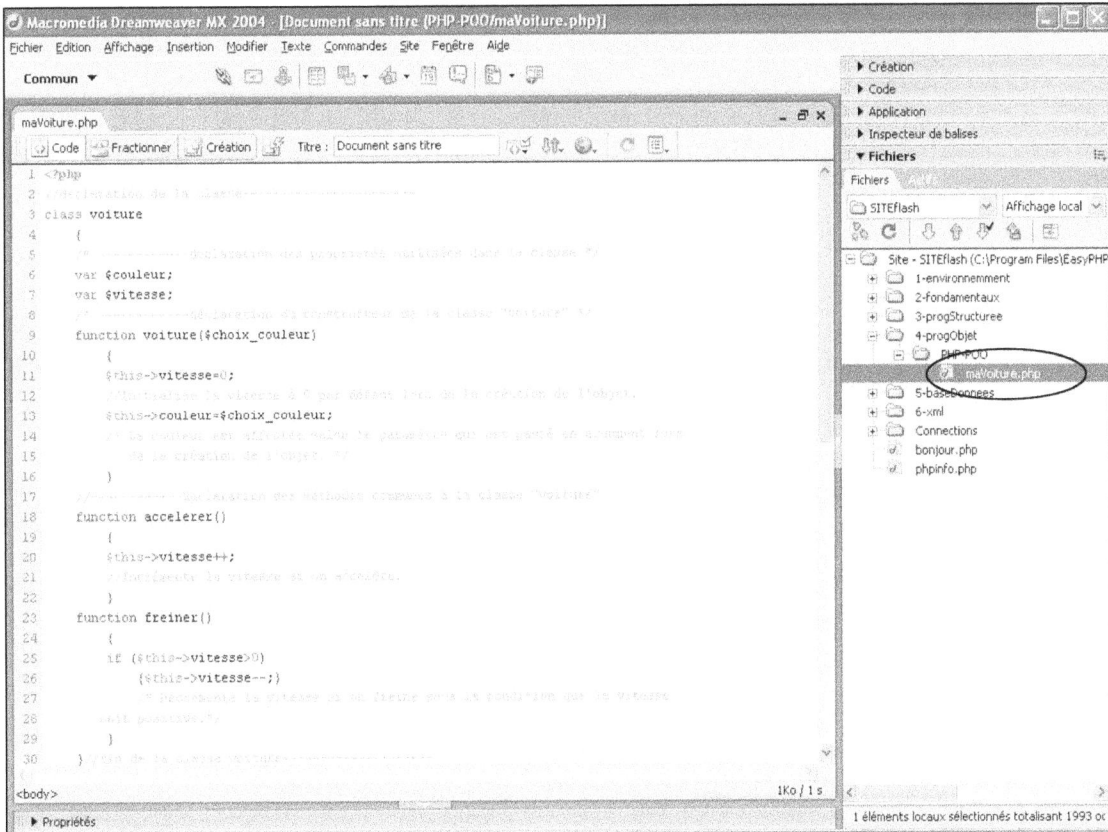

Figure 13-1

Déclaration de la classe dans le début de la page maVoiture.php.

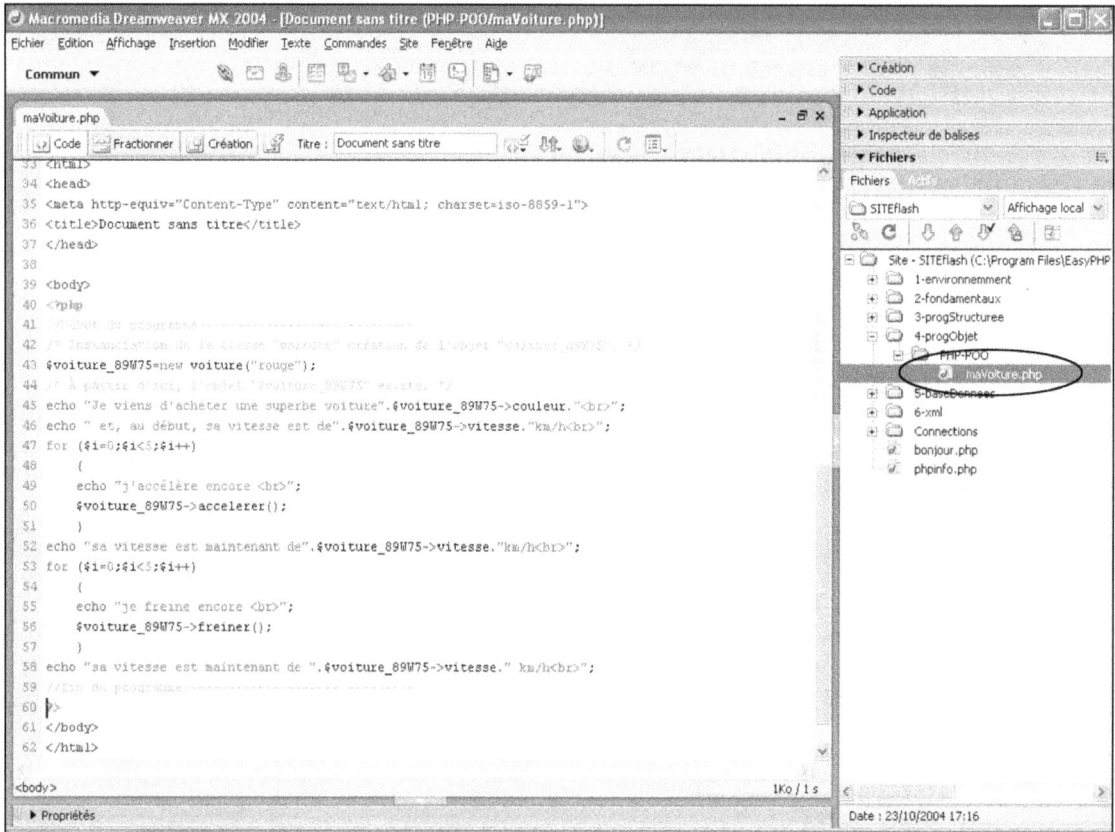

Figure 13-2

Script de création des objets et d'utilisation des propriétés et méthodes placé dans la page maVoiture.php.

Si vous testez cette page en Web local, vous devez obtenir à l'écran les mêmes informations que ci-dessous (voir aussi figure 13-3) :

```
Je viens d'acheter une superbe voiture rouge
 et au début sa vitesse est de 0 km/h
 j'accélère encore
 j'accélère encore
 j'accélère encore
 j'accélère encore
 j'accélère encore
 sa vitesse est maintenant de 5 km/h
 je freine encore
 je freine encore
 je freine encore
```

```
je freine encore
je freine encore
sa vitesse est maintenant de 0 km/h
```

Figure 13-3

Informations affichées dans le navigateur lors du test de la page maVoiture.php.

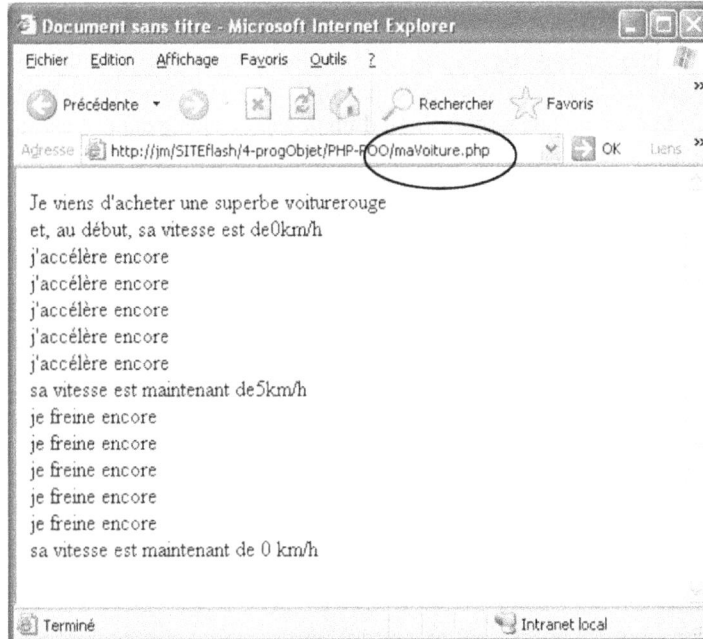

Afficher toutes les propriétés d'un objet

De même qu'il est possible d'afficher toutes les variables d'un tableau avec la fonction print_r(), il est possible d'afficher les différentes propriétés d'un objet à l'aide de la fonction var_dump() en indiquant en argument le nom de l'objet concerné. Comme pour la fonction print_r(), l'usage de cette fonction est appréciable lors de la mise au point d'un programme afin d'afficher ponctuellement l'évolution des différentes propriétés d'un objet.

Ainsi, si l'on insère l'instruction suivante : echo var_dump($voiture_89W75); dans le programme précédent après la première puis la seconde boucle for (donc pour une vitesse de 5 et de 0 km/h), on peut suivre l'évolution des propriétés de l'objet $voiture_89W75 grâce aux informations suivantes affichées dans le navigateur :

```
object(voiture)(2) { ["couleur"]=> string(5) "rouge" ["vitesse"]=> int(5) }

...

object(voiture)(2) { ["couleur"]=> string(5) "rouge" ["vitesse"]=> int(0) }
```

Inclusion de classes externes

Dans l'exemple précédent, la déclaration de la classe et son utilisation (pour créer un objet) sont intégrées dans un seul et même fichier maVoiture.php. Cependant, en pratique, il est préférable d'enregistrer les déclarations des différentes classes dans un ou plusieurs fichiers externes (s'il y a plusieurs fichiers, ils forment une bibliothèque de classes qu'il est possible d'organiser par thèmes). Une convention judicieuse de nommage de ces fichiers consiste à leur ajouter l'extension class.php afin de conserver les avantages des extensions PHP (en cas d'appel du fichier, le code source n'est pas visible…) tout en indiquant qu'il s'agit d'un fichier de classe et qu'il est structuré pour être appelé par un autre fichier et pas pour un usage autonome.

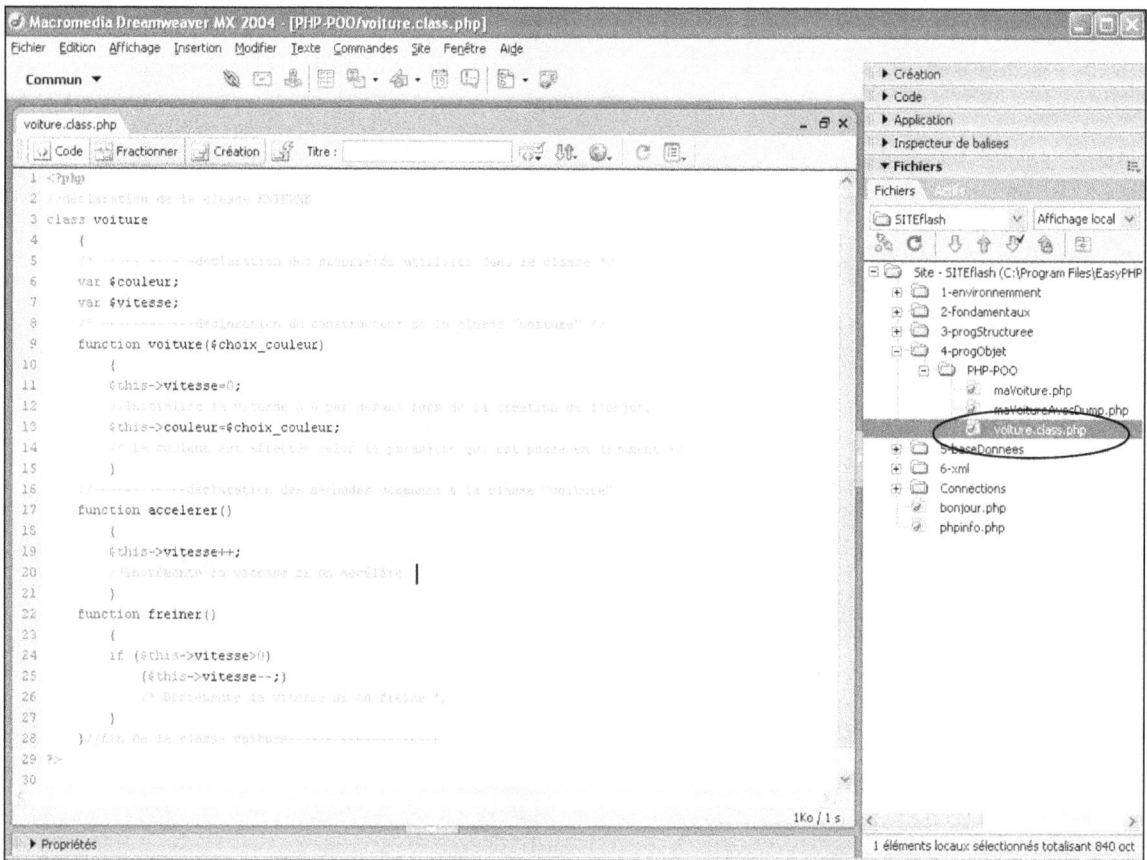

Figure 13-4

Déclaration de la classe voiture dans un fichier externe nommé voiture.class.php.

Ainsi, en enregistrant les définitions de classe dans des fichiers externes, il est aisé de réutiliser une même classe dans d'autres pages PHP. Pour disposer d'une classe dans une page PHP, il suffit d'ajouter une fonction include() en tête du fichier (exemple : include($voiture.class.php) comme dans l'exemple ci-dessous.

> **À noter**
>
> Contrairement aux classes externes ActionScript, les fichiers de classes PHP peuvent regrouper plusieurs déclarations de classe dans un même fichier. Le nom attribué au fichier externe n'est pas obligatoirement celui de la classe (même si c'est quelquefois pratique comme dans l'exemple ci-dessous).

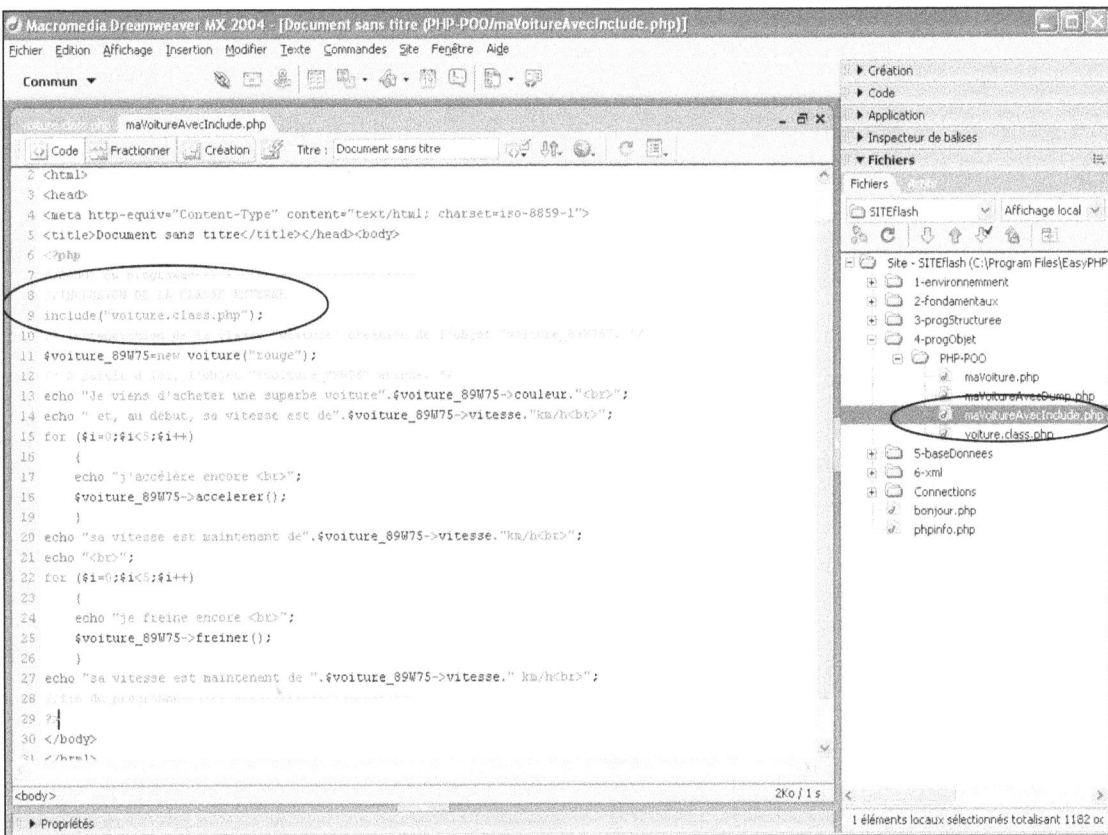

Figure 13-5

Script d'inclusion de la classe (à l'aide de l'instruction include(voiture.class.php)) dans la page maVoitureAvecInclude.php.

Dans cet exemple, la déclaration de la classe voiture a été effectuée au préalable dans un fichier nommé voiture.class.php. Le script suivant montre comment inclure celui-ci dans la page maVoiture-AvecInclude.php afin de créer des objets voiture de la même manière que dans la page maVoiture.php présentée au début de ce chapitre (voir figure 13-5) :

```php
<?php
//Début du programme---------------------------
//INCLUSION DE LA CLASSE EXTERNE
include("voiture.class.php");
/* Instanciation de la classe "voiture" création de l'objet "voiture_89W75". */
$voiture_89W75=new voiture("rouge");
/* À partir d'ici, l'objet "$voiture_89W75" existe. */
echo "Je viens d'acheter une superbe voiture".$voiture_89W75->couleur."<br>";
echo "et, au début, sa vitesse est de".$voiture_89W75->vitesse."km/h<br>";
for ($i=0;$i<5;$i++)
 {
 echo "j'accélère encore <br>";
 $voiture_89W75->accelerer();
 }
echo "sa vitesse est maintenant de".$voiture_89W75->vitesse."km/h<br>";
echo "<br>";
for ($i=0;$i<5;$i++)
 {
 echo "je freine encore <br>";
 $voiture_89W75->freiner();
 }
echo "sa vitesse est maintenant de".$voiture_89W75->vitesse." km/h<br>";
//fin du programme----------------------------
?>
```

Création d'une sous-classe

On déclare une sous-classe comme une classe (class nom_sous_class) mais en ajoutant le mot-clé extends et le nom de la classe mère dont elle dépend (exemple : class camionnette **extends** **voiture**). Nous vous proposons d'illustrer ce nouveau concept avec l'exemple ci-dessous, qui permet de créer la sous-classe camionnette, qui hérite de tous les attributs et méthodes de la classe voiture. Outre cet héritage, la sous-classe est dotée d'un attribut supplémentaire concernant le volume de son chargement ($volume_charge), calculé à l'aide de paramètres passés en argument lors de son instanciation ($haut_charge, $larg_charge, $long_charge).

Les déclarations de la classe et de la sous-classe peuvent être insérées dans un même fichier ou dans deux fichiers différents (voir figure 13-6). Dans ce cas une double inclusion doit être ajoutée dans le script utilisant la sous-classe (voir figure 13-7).

```php
//déclaration de la classe----------------------
class voiture
 {
 var $couleur;
 var $vitesse;
 function voiture($choix_couleur)
    {
    $this->vitesse=0;
    $this->couleur=$choix_couleur;
    }
```

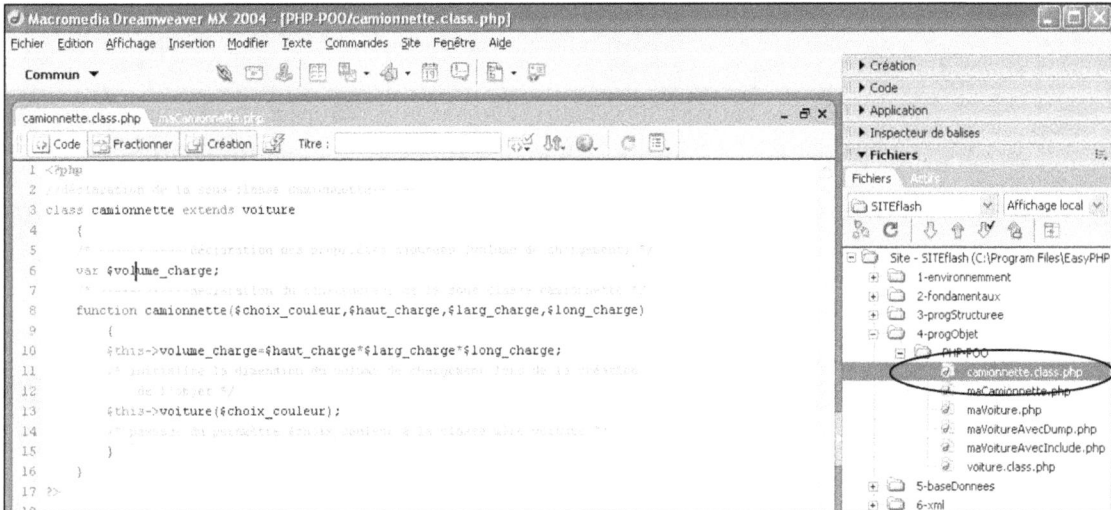

Figure 13-6

Déclaration de la sous-classe dans un second fichier externe camionnette.class.php.

```php
    function accelerer()
        {
        $this->vitesse++;
        }
    function freiner()
        {
        if ($this->vitesse>0) {$this->vitesse--;}
        }
    }
//déclaration de la sous-classe camionnette------
class camionnette extends voiture
    {
    /* ------------déclaration des propriétés ajoutées (volume de chargement) */
    var $volume_charge;
    /* ------------déclaration du constructeur de la sous-classe camionnette */
    function camionnette($choix_couleur,$haut_charge,$larg_charge,$long_charge)
        {
        $this->volume_charge=$haut_charge*$larg_charge*$long_charge;
        /* initialise la dimension du volume de chargement lors de la création
            de l'objet */
        $this->voiture($choix_couleur);
        /* passage du paramètre $choix_couleur à la classe mère voiture */
        }
    }
```

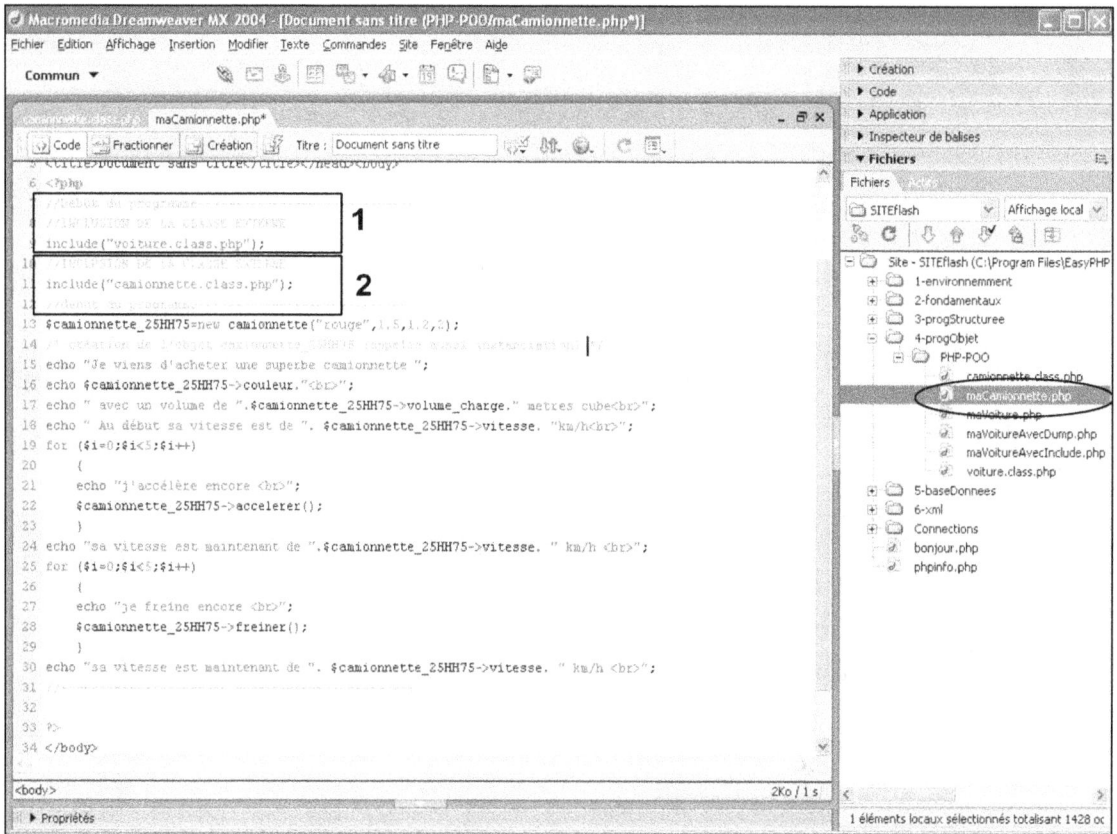

Figure 13-7

*Script avec une double inclusion (de la classe voiture : repère.1 et de la sous-classe camionnette : repère.2)
placé dans la page maCamionnette.php.*

```
//début du programme----------------------------
$camionnette_25HH75=new camionnette("rouge",1.5,1.2,2);
/* création de l'objet camionnette_25HH75 (appelée aussi instanciation) et passage des
➡paramètres couleur, hauteur, largeur et longueur du volume de chargement de la
  camionnette.*/
echo "Je viens d'acheter une superbe camionnette";
echo $camionnette_25HH75->couleur."<br>";
echo "avec un volume de".$camionnette_25HH75->volume_charge." metres cube<br>";
echo "Au début sa vitesse est de".$camionnette_25HH75->vitesse. "km/h<br>";
for ($i=0;$i<5;$i++)
  {
  echo "j'accélère encore <br>";
  $camionnette_25HH75->accelerer();
  }
```

```
echo "sa vitesse est maintenant de".$camionnette_25HH75->vitesse."km/h <br>";
for ($i=0;$i<5;$i++)
{
echo "je freine encore <br>";
$camionnette_25HH75->freiner();
}
echo "sa vitesse est maintenant de".$camionnette_25HH75->vitesse."km/h <br>";
//-----------------------------------------------
```

Si vous testez cette page en Web Local, vous devez obtenir à l'écran les mêmes informations que ci-dessous (voir figure 13-8) :

```
Je viens d'acheter une superbe camionnette rouge
 avec un volume de 3.6 mètres cube
 Au début sa vitesse est de 0 km/h
 j'accélère encore
 j'accélère encore
 j'accélère encore
 j'accélère encore
 j'accélère encore
 sa vitesse est maintenant de 5 km/h
 je freine encore
 je freine encore
 je freine encore
 je freine encore
 je freine encore
 sa vitesse est maintenant de 0 km/h
```

Figure 13-8

*Informations affichées
dans le navigateur
lors du test de la page
maCamionnette.php.*

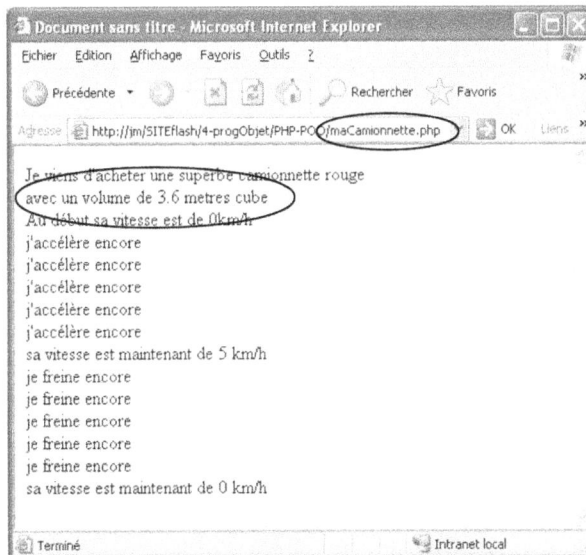

14

ActionScript et la programmation orientée objet (POO)

Dans le chapitre 7 consacré à la syntaxe d'ActionScript, nous avons présenté les classes Flash intégrées. Elles sont exploitables directement sans qu'il soit nécessaire de les déclarer au préalable, mais leur action et leur nombre sont limités. Il vous faudra souvent développer vos propres classes afin qu'elles correspondent exactement aux fonctionnalités requises dans un projet. Dans ce cas, la solution consiste à créer des classes personnalisées.

Déclaration d'une classe simple

Un fichier externe .as par classe

En ActionScript 2.0, les lignes de code qui définissent une classe doivent être enregistrées dans un fichier externe portant l'extension .as. Chaque classe doit être déclarée dans un fichier différent. Le fichier de déclaration d'une classe doit porter exactement le même nom que la classe correspondante. Ainsi, si vous désirez créer une classe voiture, le fichier contenant les lignes de code de sa déclaration devra obligatoirement s'appeler voiture.as. Pour créer un fichier externe .as, vous pouvez utiliser un éditeur de code externe (un simple bloc-notes convient) ou l'éditeur intégré dans l'interface Flash (menu Fichier puis Nouveau et Fichier ActionScript) qui propose une assistance à la rédaction (Attention ! L'éditeur de fichier externe Flash n'est disponible que pour les interfaces auteur Flash MX 2004 professionnel.)

Chargement des classes dans le SWF

Lors de la publication du document, le compilateur Flash recherche la présence d'objets personnalisés dans le code. S'il en identifie, il essaie de charger le fichier .as correspondant afin d'intégrer son code dans le SWF final. Il est donc indispensable que le fichier de la classe soit accessible au moment de la publication, mais sa présence n'est plus utile lors de la lecture du SWF par Flash Player, puisque les scripts de la classe ont été intégrés au SWF. Par défaut, le fichier de la classe doit se trouver dans le même répertoire que le document Flash au moment de la publication mais nous verrons plus loin qu'il est possible de définir d'autres répertoires pour les fichiers de classes à l'aide des chemins de classe.

Syntaxe de la définition d'une classe

La définition d'une classe commence par le mot-clé `class`, suivi du nom de la classe (exemple : `class voiture`) et, comme pour les fonctions utilisateur, d'un bloc d'instructions délimité par des accolades :

```
class voiture{
…
}
```

Méthodes et propriétés

À l'intérieur des accolades d'une définition de classe, on indique ensuite ses propriétés (en utilisant la même syntaxe que pour la déclaration d'une variable : `var couleur:String`, par exemple) et ses méthodes (en utilisant la même syntaxe que pour la déclaration d'une fonction : `function accelerer() {…}`, par exemple).

> **À noter**
>
> Les parenthèses des méthodes permettent de passer des paramètres afin de personnaliser leur appel. Dans le cas du typage strict, les variables correspondant à ces paramètres doivent être déclarées et typées dans les parenthèses avant d'être utilisées au sein de la méthode (`function voiture(choix_couleur:String)`). Si une méthode ne comporte aucun paramètre, il faut ajouter le mot-clé `Void` entre les parenthèses de la déclaration de la méthode (`function accelerer(Void)`). Enfin, si un résultat est retourné à l'aide de l'instruction `return`, il est possible d'ajouter son type après les parenthèses de la fonction (`function maMethode(monParametre:String):Number {….return monResultat;}`).

Le constructeur

L'instanciation d'une classe se fait en appelant une méthode particulière nommée constructeur. Cette méthode doit porter le même nom que la classe (soit pour notre exemple : `voiture()`). Il est d'usage de transmettre des paramètres par les arguments de la méthode constructeur pour configurer les propriétés par défaut du futur objet lors de l'instanciation (dans notre exemple, la couleur sera définie dès l'appel du constructeur : `voiture("rouge")`).

Dans l'exemple ci-dessous, nous allons déclarer la classe voiture, puis l'enregistrer dans un fichier voiture.as situé dans le même répertoire que l'animation Flash :

```
//déclaration de la classe dans le fichier voiture.as ----
class voiture
 {
 //---------déclaration des propriétés utilisées dans la classe
 var couleur:String;
 var vitesse:Number;
 //---------déclaration du constructeur de la classe "voiture"
 function voiture(choix_couleur:String)
     {
     vitesse=0;
     //Initialise la vitesse à 0 par défaut lors de la création de l'objet.
     couleur=choix_couleur;
     // La couleur est affectée selon le paramètre qui est passé en argument lors de la
     ➥création de l'objet.
     }
 //-------déclaration des méthodes communes à la classe "voiture"
 function accelerer(Void)
     {
     vitesse++;
     //Incrémente la vitesse si on accélère.
     }
 function freiner(Void)
     {
     vitesse--;
         // Décrémente la vitesse si on freine à condition que la vitesse soit positive
     }
 }//fin de la classe voiture-------------------
```

Création d'un objet (instanciation)

Pour exploiter une classe, il faut commencer par créer une nouvelle instance (l'objet). En typage strict, la syntaxe d'instanciation doit commencer par la déclaration de l'objet à créer avec le type de la classe dont il sera l'image (par exemple, si l'on désire créer un objet coccinelle issu de la classe voiture, la syntaxe sera la suivante : var coccinelle:voiture). Cette première déclaration doit être suivie du mot-clé new, puis du nom de la classe que vous souhaitez instancier. Vous affectez ainsi l'objet nouvellement créé à la variable située à gauche du signe égal (exemple : var coccinelle:voiture =new voiture).

Voici un exemple de création d'un objet (ce code est saisi dans l'image clé 1 du scénario principal) :

```
//Début du programme---------------------------
//Instanciation de la classe "voiture" pour créer un objet "voiture_89W75".
var voiture_89W75:voiture=new voiture("rouge");
// À partir d'ici, l'objet "voiture_89W75" existe.
```

> **Second sens du mot-clé constructeur en ActionScript**
>
> Dans le chapitre consacré à l'introduction à la POO, nous avons défini le constructeur comme étant une fonction au sein d'une définition de classe qui porte le même nom que la classe et qui est appelée lors de l'instanciation. Cependant, en ActionScript, le terme constructeur peut également être utilisé lorsque vous instanciez un objet en fonction d'une classe particulière (intégrée ou personnalisée). Par exemple, les instructions suivantes sont des constructeurs des classes Array (classe intégrée) et voiture (classe personnalisée) :
>
> ```
> var monTableau:Array = new Array();
> var voiture_89W75:voiture=new voiture("rouge");
> ```

Utilisation des méthodes et propriétés d'un objet

Une fois que l'objet existe, il est possible d'exploiter ses méthodes et de manipuler (modifier ou référencer) ses propriétés. Pour cela, utilisez la syntaxe pointée, comme avec les objets intégrés.

Par exemple, les lignes de code suivantes doivent être saisies à la suite des précédentes (instruction d'instanciation) dans l'image clé 1 du scénario principal :

```
trace("Je viens d'acheter une superbe voiture"+voiture_89W75.couleur);
trace("et, au début, sa vitesse est de "+voiture_89W75.vitesse+" km/h");
for (var i:Number=0;i<5;i++)
  {
  trace("j'accélère encore");
  voiture_89W75.accelerer();
  }
trace("sa vitesse est maintenant de "+voiture_89W75.vitesse+" km/h");
for ($i=0;$i<5;$i++)
  {
  trace("je freine encore");
  voiture_89W75.freiner();
  }
trace("sa vitesse est maintenant de "+voiture_89W75.vitesse+"km/h");
//fin du programme-----------------------------
```

Application pratique

Nous vous suggérons maintenant de passer à la pratique.

Création de la classe externe

Commencez par saisir les lignes de code de la déclaration de la classe voiture (reportez-vous au script de l'exemple illustrant le constructeur) dans un fichier voiture.as et enregistrez-le dans un répertoire spécifique (par exemple : FLASH-POO\testInstanciation), (voir figure 14-1).

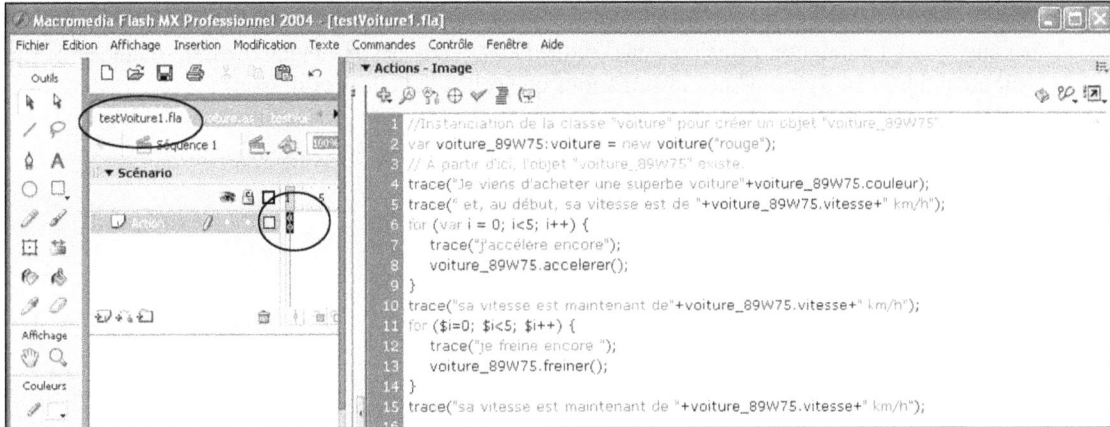

Figure 14-1

Script de la classe voiture saisie dans le fichier externe voiture.as avec l'éditeur de fichier intégré à Flash (uniquement avec la version Pro ; si vous ne disposez pas de cette version, utilisez l'éditeur externe de votre choix).

Création du document principal

Saisissez ensuite le script d'instanciation et d'utilisation des propriétés et méthodes (reportez-vous au petit programme précédent, voir figure 14-2) dans l'image clé 1 du document Flash principal et enregistrez-le sous le nom maVoiture1.fla dans le même répertoire que le fichier de classe externe (par exemple : FLASH-POO\testInstanciation).

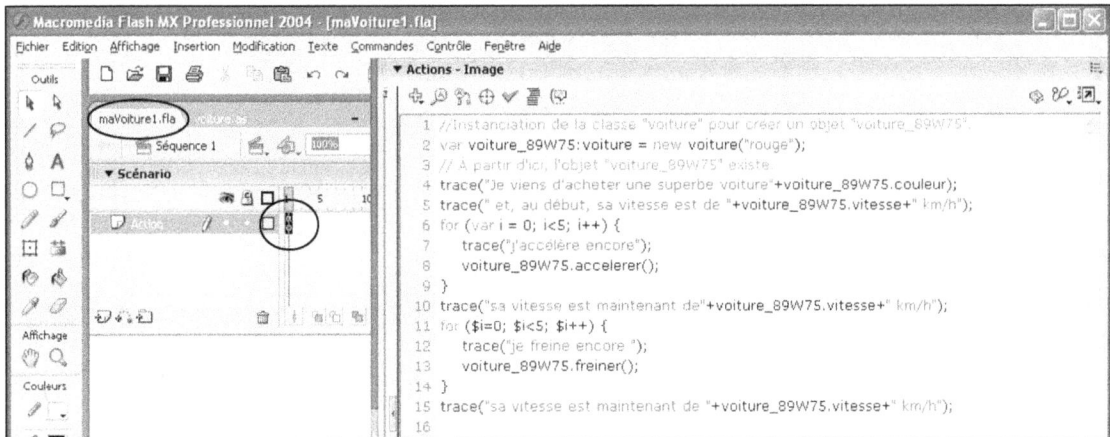

Figure 14-2

Programme saisi dans l'image clé 1 de l'animation maVoiture1.fla utilisant la classe voiture. Ce fichier doit être enregistré dans le même répertoire que la classe voiture.as.

Test de l'animation

Si vous testez l'animation principale maVoiture1.swf, vous devez obtenir dans le panneau Sortie (voir aussi figure 14-3) les mêmes informations que celles indiquées ci-dessous :

```
Je viens d'acheter une superbe voiture rouge
 et au début sa vitesse est de 0 km/h
 j'accélère encore
 j'accélère encore
 j'accélère encore
 j'accélère encore
 j'accélère encore
 sa vitesse est maintenant de 5 km/h
 je freine encore
 je freine encore
 je freine encore
 je freine encore
 je freine encore
  sa vitesse est maintenant de 0 km/h
```

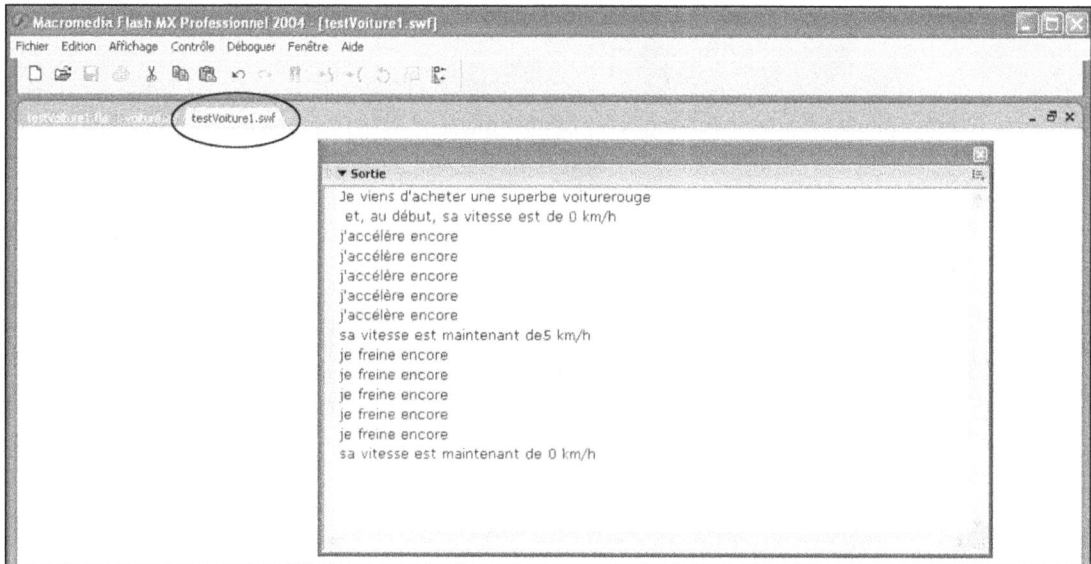

Figure 14-3

Informations affichées dans le panneau de sortie lors du test de l'animation maVoiture1.swf.

Vérifier au préalable la disponibilité du fichier externe

Le fichier externe de la classe (exemple : voiture.as) est intégré dans l'animation principale au moment de la compilation du fichier SWF (lors de la publication ou du test de l'animation dans l'environnement de contrôle de Flash, par exemple). Il faut donc impérativement s'assurer avant la compilation de la disponibilité du fichier de classe dans le même répertoire que celui de l'animation ou dans le répertoire du chemin de classe (cette seconde alternative est présentée plus loin).

Comment modifier les propriétés d'un objet ?

De même qu'il est possible de modifier facilement les propriétés d'un objet Flash intégré par une simple affectation de la nouvelle valeur, les propriétés de l'objet que nous venons de créer peuvent elles aussi être modifiées (voir figure 14-4) :

```
//code saisi à la suite des instructions précédentes dans l'image clé 1 du scénario principal
trace("maintenant j'ai fait repeindre ma voiture en vert");
voiture_89W75.couleur="vert";
trace("sa nouvelle couleur est donc : "+voiture_89W75.couleur);
```

L'exécution de ce script affiche le message ci-dessous dans le panneau Sortie :

```
maintenant j'ai fait repeindre ma voiture en vert
sa nouvelle couleur est donc : vert
```

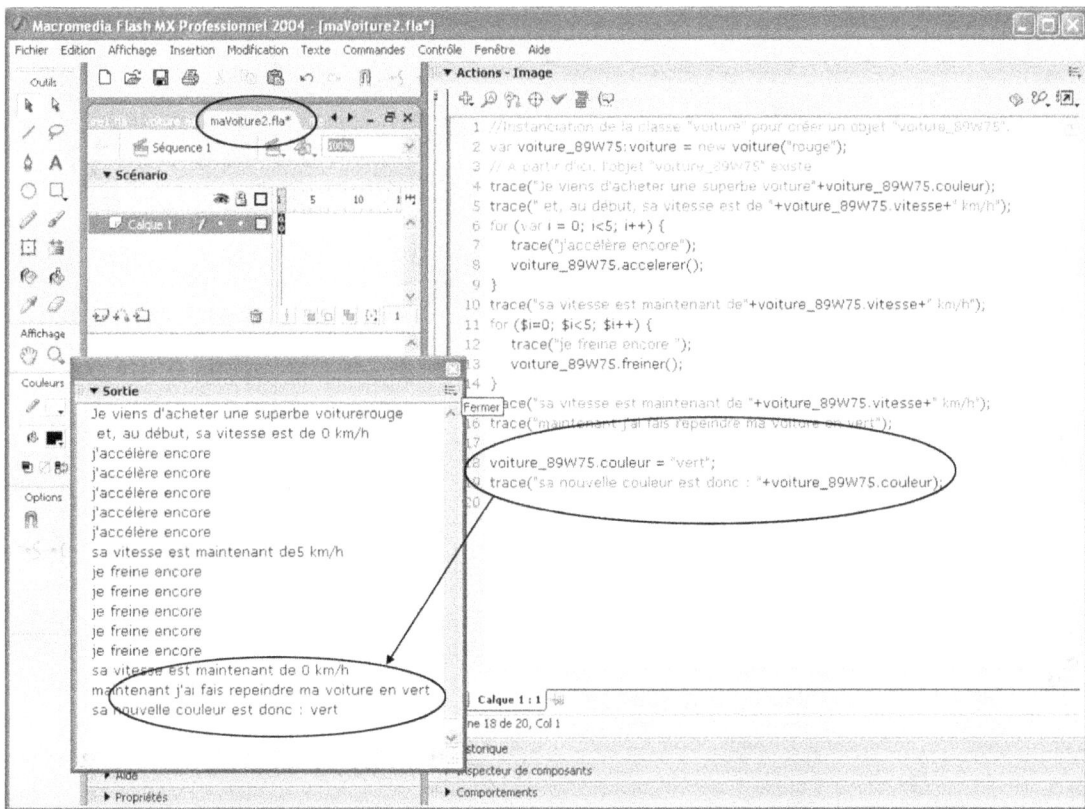

Figure 14-4

Ajout du script de modification de la valeur de la propriété couleur, puis enregistrement dans un second fichier principal maVoiture2.fla. En bas et à gauche, on peut voir le panneau de sortie contenant les informations affichées lors du test de l'animation maVoiture2.swf.

Règles d'usage des classes

Documentez vos déclarations de classe

Comme lors de la création d'une fonction, il est recommandé de commenter largement les lignes de code de définition d'une classe. Deux types de commentaires existent. Le premier correspond à des commentaires internes à la classe, qui doivent préciser toutes les spécificités des structures, variables et méthodes utilisées. Le second concerne les commentaires placés dans l'en-tête de la classe, qui doivent indiquer les domaines d'utilisation de la classe, ses précautions d'usage éventuelles, ainsi que la liste des méthodes et propriétés qui pourront être exploités par l'objet après instanciation. Théoriquement, si les commentaires d'en-tête sont suffisants, un programmeur devrait pouvoir utiliser la classe sans avoir à analyser les scripts de celle-ci.

Exemple de commentaires d'en-tête d'une classe :

```
/*-----------------------------------------------------------------
Nom de la classe : voiture
Usage de cette classe : Classe à usage pédagogique pour l'apprentissage des concepts des
➥classes Flash.
Auteur : JM Defrance
Date de mise à jour : 1-09-2004
Version : Flash MX 2004 ou MX
-----------------------------
Méthode :
voiture(couleur) : constructeur avec 1 argument qui permet de configurer la couleur de la
➥voiture
accelerer() : permet d'incrémenter la vitesse de l'objet
freiner() : permet de décrémenter la vitesse de l'objet
-----------------------------
Propriétés :
couleur : String - couleur de la voiture (initialisée par le constructeur)
vitesse : Number - mémorise la vitesse de l'objet
-----------------------------------------------------------------*/
```

Utilisez le typage strict dans vos classes

Même s'il n'est pas obligatoire d'utiliser le typage strict pour déclarer les différents éléments d'une classe, il est fortement recommandé de le faire. Dans le chapitre 7 consacré aux bases du langage ActionScript, nous avons énuméré les avantages du typage strict dans la rédaction de vos scripts. Ces avantages sont également applicables aux classes : l'usage du typage strict dans la déclaration d'une classe permet d'éviter de nombreuses erreurs lors de son exploitation.

Exemple :

```
//---------déclaration des propriétés utilisées dans la classe
  var couleur:String;
  var vitesse:Number;
  //---------déclaration du constructeur de la classe "voiture"
  function voiture(choix_couleur:String)
    {
```

Les chemins de classe et les paquets

Dans les exemples de classe présentés précédemment, le fichier de classe (voiture.as) se trouve dans le même répertoire que le document Flash au moment de la publication (avant d'être inclus dans le SWF). Cependant, il existe d'autres alternatives pour enregistrer les fichiers de classes. Par la suite, nous nommerons chemin de classe le répertoire dans lequel se trouvent ces fichiers.

Chemin de classe global

Un chemin de classe global est caractérisé par le fait qu'il est commun à tous les documents Flash publiés. Il correspond à deux répertoires différents. L'un est le répertoire dans lequel se trouve le document Flash lors de sa publication (c'est ce chemin de classe que nous avons utilisé jusqu'à présent). Le deuxième est le répertoire dans lequel sont placées toutes les classes intégrées de Flash. Par exemple, sous Windows XP, ce répertoire se trouve dans le dossier ci-dessous (voir figure 14-5) :

```
C:\Program Files\Macromedia\Flash MX 2004\fr\First Run\Classes
```

Figure 14-5

Répertoire du chemin de classe global sous Windows XP.

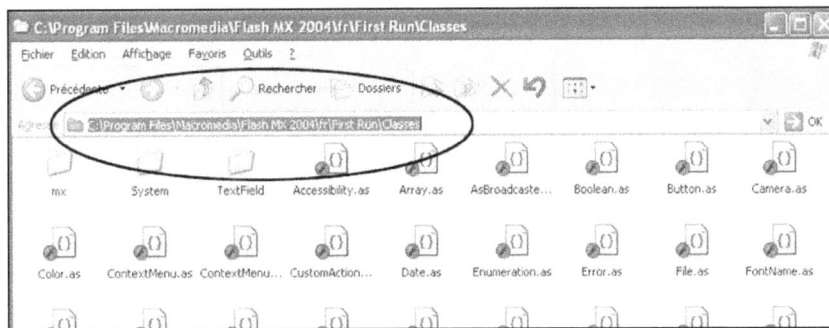

Si vous désirez regrouper vos fichiers de classes personnalisées dans un répertoire spécifique, vous pouvez enregistrer ce chemin de classe dans la fenêtre des paramètres d'ActionScript (menu Edition, Préférences, onglet ActionScript puis cliquez sur le bouton Paramètres, voir figure 14-6).

Chemin de classe lié au document

Dans certain cas, il peut être intéressant de définir un chemin de classe uniquement pour le document Flash courant. La solution consiste alors à ajouter dans ce document un chemin de classe lié au document (et donc spécifique à ce dernier). Par défaut, les fichiers FLA ne comportent aucun chemin de classe lié. Pour ajouter un ou plusieurs chemins de classe liés à un document FLA, il suffit de les configurer dans les paramètres de publication depuis la fenêtre paramètres d'ActionScript (menu Fichier, Paramètres de publication, onglet Flash puis cliquez sur le bouton Paramètres, voir figure 14-7).

Figure 14-6

Ajout d'un chemin de classe global spécifique.

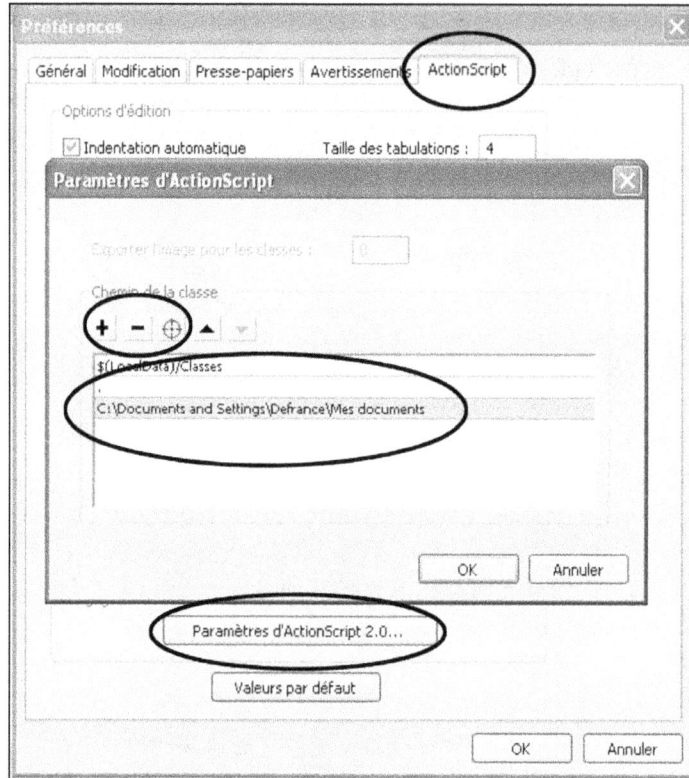

Figure 14-7

Ajout d'un chemin de classe lié à un document FLA spécifique.

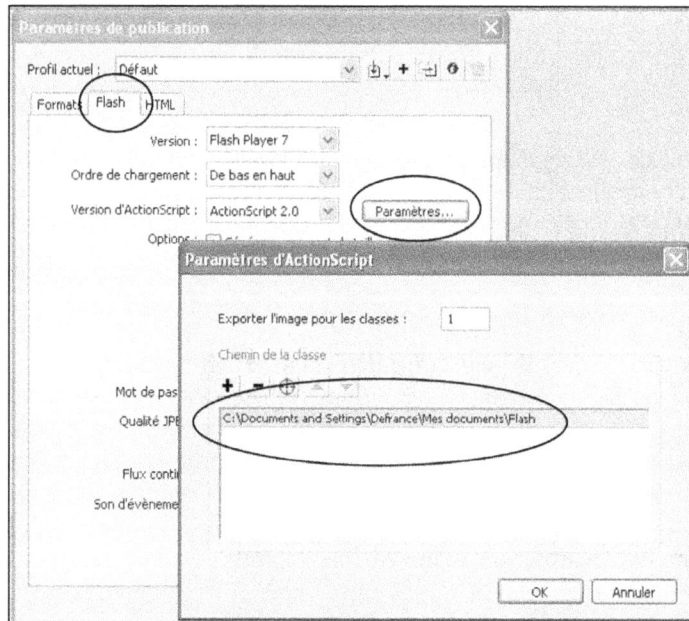

Les paquets

On appelle paquets tous les répertoires placés dans le répertoire du chemin de classe. Les paquets contiennent des fichiers de classes (voire des sous-paquets) et permettent au programmeur d'organiser logiquement ses fichiers de classes afin de les localiser facilement.

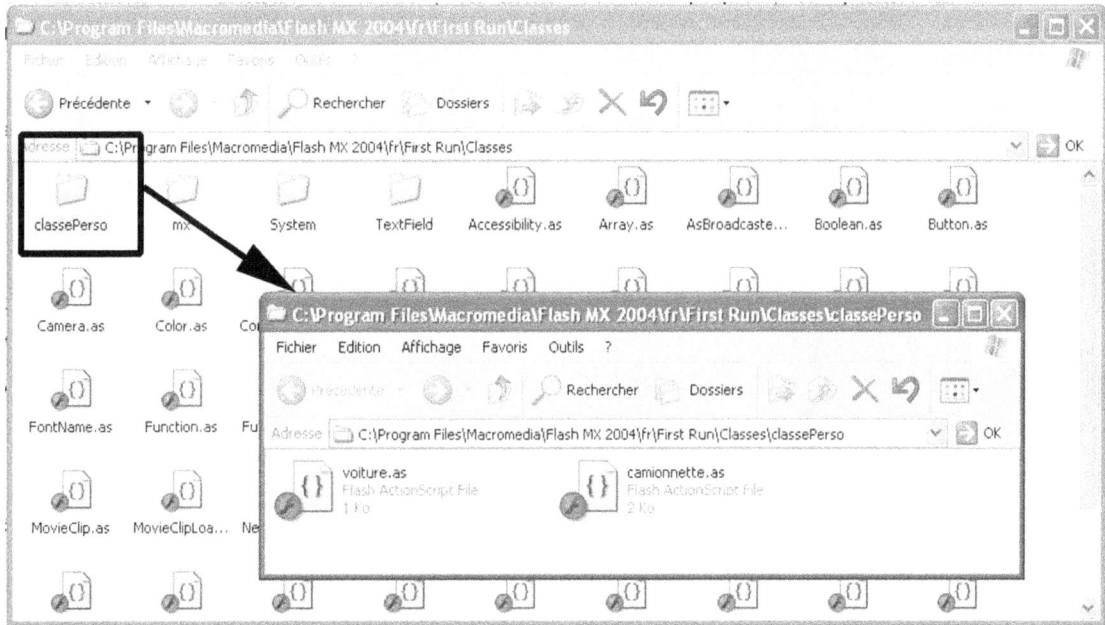

Figure 14-8

Exemple de paquets de classes placés dans le chemin de classe global.

Le chemin de fichier de la classe

La syntaxe de déclaration d'une classe organisée en paquets doit tenir compte du répertoire dans lequel le fichier de classe est enregistré. En effet, le chemin menant au fichier de classe (à partir du point de référence correspondant au répertoire du chemin de classe déclaré) doit être ajouté après le mot-clé class.

L'exemple ci-dessous correspond à la déclaration de la classe voiture enregistrée dans un répertoire nommé classePerso, lui-même placé dans le répertoire mes documents de l'ordinateur. Le chemin du répertoire mes documents a été ajouté au préalable en tant que chemin de classe global à l'aide de la fenêtre des paramètres ActionScript (revoir la procédure détaillée précédemment : figure 14-6).

```
//déclaration de la classe dans un paquet ----------------------
 class classePerso.voiture
    {
```

```
//--------déclaration des propriétés utilisées dans la classe
var couleur:String;
var vitesse:Number;
//--------déclaration du constructeur de la classe "voiture"
function voiture(choix_couleur:String)
    {
    vitesse=0;
    //Initialise la vitesse à 0 par défaut lors de la création de l'objet.
    couleur=choix_couleur;
    // La couleur est affectée selon le paramètre qui est passé en argument lors
    ➥de la création de l'objet.
    }
//-------déclaration des méthodes communes à la classe "voiture"
function accelerer()
    {
    vitesse++;
    //Incrémente la vitesse si on accélère.
    }
function freiner()
    {
    vitesse--;
     // Décrémente la vitesse si on freine à condition que la vitesse soit positive
    }
}//fin de la classe voiture-------------------
```

L'instruction d'instanciation de la classe dans le document Flash doit, elle aussi, tenir compte du fait que la classe se trouve dans un paquet. Le chemin du fichier de classe doit être ajouté devant le type de données et devant le constructeur comme dans l'exemple ci-dessous :

```
var voiture_89W75:classePerso.voiture =new classePerso.voiture("rouge");
```

L'instruction import

Si le chemin de fichier de classe est long et les créations d'objets nombreuses, la saisie du chemin de fichier à chaque instanciation peut vite devenir fastidieuse. Heureusement, il est possible de s'abstenir de rappeler le chemin de fichier de classe à chaque instanciation.

Pour cela, il faut utiliser l'instruction import, suivie du chemin de fichier et du nom de la classe. Il est ensuite possible de créer autant d'objets que l'on souhaite sans devoir rappeler le chemin du fichier de classe. Il faut toutefois savoir que ces instanciations simplifiées ne sont possibles que si elles se trouvent dans la même image clé que l'instruction import.

Exemple :

```
import classePerso.voiture ;
var voiture_89W75:voiture =new voiture("rouge");
var voiture_54T60:voiture =new voiture("verte");
var voiture_86H68:voiture =new voiture("bleue");
```

Le répertoire d'un paquet contient souvent plusieurs fichiers de classes. Dans ce cas, utilisez le caractère * à la place du nom de la classe, afin d'importer en une seule opération tous les fichiers de classes qui s'y trouvent.

Dans l'exemple ci-dessous, tous les fichiers de classes contenus dans le répertoire classePerso seront importés dans le document Flash :

```
import classePerso.* ;
```

Déclaration d'une classe dynamique

Si nous poursuivons notre comparaison avec les classes intégrées de Flash, nous pouvons nous demander s'il est possible d'ajouter de nouvelles propriétés à l'objet sans modifier sa classe originelle (comme c'est le cas avec les classes intégrées dynamiques telles que MovieClip, par exemple). Admettons par exemple que nous désirons ajouter une propriété option à notre objet et lui attribuer la valeur « métallisée » sans modifier la déclaration de la classe. On serait alors tenté d'insérer la ligne de code suivante :

```
voiture_89W75.option="métallisée";
```

Cependant, si nous testons l'animation modifiée, un message d'erreur nous indique qu'il n'existe aucune propriété nommée option. En effet, il nous faut d'abord rendre dynamique la classe originelle en ajoutant simplement le mot-clé dynamic au début de sa déclaration comme dans le début de code ci-dessous :

```
dynamic class voiture
 {
 ...
```

Dans ce cas, si on ajoute les deux lignes de code suivantes à la suite du programme placé dans l'image 1 du scénario principal (voir figure 14-9) :

```
voiture_89W75.option="métallisée";
trace("j'ai aussi pris l'option  : "+voiture_89W75.option);
```

et si l'on teste l'animation modifiée, le message suivant est affiché dans le panneau Sortie :

```
j'ai aussi pris l'option  : métallisée
```

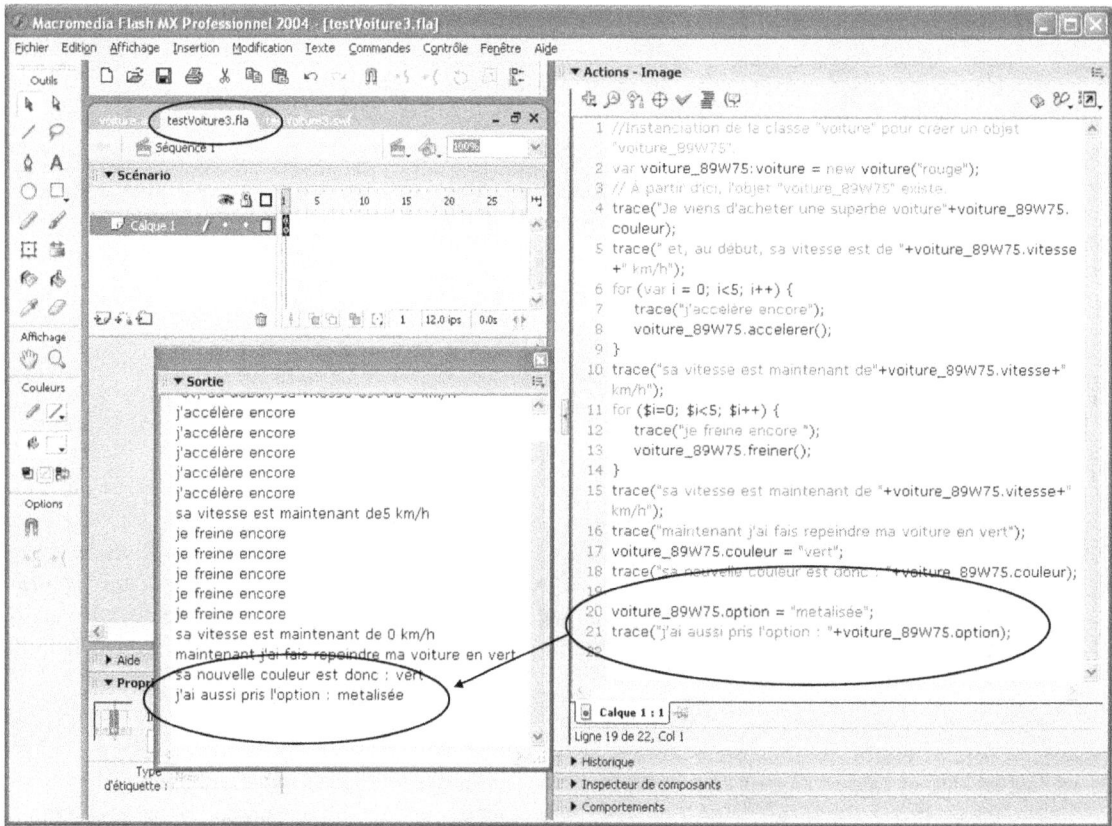

Figure 14-9

Script à ajouter pour tester l'utilisation d'une classe dynamique (Attention ! Il faut au préalable avoir modifié la déclaration de la classe voiture en ajoutant le mot-clé dynamic).

Méthodes get et set

Si nous reprenons notre exemple de classe voiture, nous avons vu qu'il était possible de régler la propriété vitesse par l'appel de méthode accelerer() ou freiner() et qu'il était également possible de la modifier directement et sans restriction par une simple instruction d'affectation, comme dans l'exemple ci-dessous :

```
voiture_89W75.vitesse =50;
```

Si vous désirez limiter la plage d'affectation de la propriété vitesse en interdisant les vitesses inférieures à 0 ou en fixant la vitesse maximale à 90, tout en conservant la possibilité de la modifier par une simple affectation, il faut utiliser les méthodes get et set.

Ces méthodes permettent de gérer l'affectation (set) ou la récupération (get) d'une propriété de classe en conservant la même syntaxe que celle utilisée pour la manipulation classique d'une propriété. C'est particulièrement intéressant si plusieurs instructions d'affectation ou de récupération ont déjà été insérées dans le document Flash. L'ajout des méthodes get et set dans la classe peut s'effectuer sans modification des instructions présentes dans le document Flash.

Syntaxe du set

La syntaxe de déclaration d'une méthode set (affectation) est la suivante :

```
    function set vitesse(v:Number)
{... utilisation du paramètre v passé en argument}
```

Cette syntaxe est identique à la syntaxe traditionnelle des méthodes, hormis le fait que le nom de la méthode est composé du mot-clé set, suivi de l'identifiant qui sera employé en tant que pseudo-propriété dans le script d'appel.

Par exemple, si le script d'appel est voiture_89W75.vitesse=50, la syntaxe de la déclaration sera alors : set vitesse(v:Number). Le script d'appel n'est pas structuré selon la syntaxe usuelle de l'appel d'une méthode : sa syntaxe est semblable à celle d'une simple affectation de propriété (voiture_89W75.vitesse=50). Si cela peut paraître déstabilisant, c'est néanmoins très pratique : si vous ajoutez une méthode set dans un programme existant, il ne sera pas nécessaire de modifier toutes les affectations de la pseudo-propriété existantes.

L'unique paramètre de la méthode permet de récupérer la valeur affectée à la pseudo-propriété lors de l'appel afin de l'exploiter au sein de la méthode (exemple : voiture_89W75.vitesse=50 ; dans ce cas, le paramètre v de la méthode récupère la valeur 50).

Syntaxe du get

La syntaxe de la méthode get (récupération) est la suivante :

```
function get vitesse():Number {
      return nouvelleVitesse;
   }
```

La syntaxe est identique à la syntaxe traditionnelle des méthodes, hormis le fait que le nom de la méthode est composé du mot-clé get, suivi de l'identifiant qui sera employé en tant que pseudo-propriété dans le script d'appel (soit vitesse dans notre exemple). Une méthode get n'a pas de paramètre mais contient une instruction return qui permet de retourner une variable gérée en interne (nouvelleVitesse dans l'exemple ci-dessus).

Pour appeler cette méthode depuis un script, il suffit d'utiliser la même syntaxe que pour une simple récupération de propriété avec l'identifiant de la méthode (soit vitesse dans notre exemple) à la place du nom de la propriété que l'on désire récupérer (exemple : maVariable=voiture_89W75.vitesse;). Dans le cas de l'exemple précédent, la valeur de la variable interne nouvelleVitesse est retournée (grâce à l'instruction return) et sera affectée à la variable maVariable.

Application pratique

Dans l'exemple ci-dessous, nous avons ajouté deux méthodes get et set dans la déclaration de la classe (enregistrée dans un fichier de classe voiture.as dans le répertoire FLASH-POO\testGet) afin de limiter la plage d'utilisation de la propriété vitesse de 0 à 90. Vous remarquerez que pour éviter tout conflit entre le nom de la variable contenant la valeur de la vitesse et celui des identifiants des méthodes get et set, une seconde variable interne nouvelleVitesse a été déclarée. Toutefois, nous verrons dans le script d'appel que cela ne change en rien la manière d'affecter ou de récupérer la pseudo-propriété vitesse de l'objet.

Commençons par saisir la déclaration de classe suivante dans le fichier voiture.as (voir figure 14-10) :

```
//déclaration de la classe ----------------------
 class voiture
     {
     //--------déclaration des propriétés utilisées dans la classe
     var couleur:String;
     var nouvelleVitesse:Number;
     //--------déclaration du constructeur de la classe "voiture"
     function voiture(choix_couleur:String)
         {
         nouvelleVitesse=0;
         //Initialise la vitesse à 0
         couleur=choix_couleur;
         // La couleur est affectée
         }
     //-------déclaration des méthodes get et set
   function set vitesse(v:Number) {
     if(v<0){
        nouvelleVitesse=0;
     } else if(v>90) {
        nouvelleVitesse=90;
     } else {
        nouvelleVitesse= v;
        }
      }
   function get vitesse():Number {
      return nouvelleVitesse;
   }

        }//fin de la classe voiture-------------------
```

Pour tester cette nouvelle classe, saisissons les lignes de code suivantes dans un nouveau document Flash maVoiture4.fla enregistré dans le répertoire FLASH-POO\testGet. Vous remarquerez que les syntaxes utilisées pour appeler les méthodes get et set sont identiques à celles utilisées lors de l'affectation ou de la récupération d'une pseudo-propriété qui serait nommée vitesse :

```
var voiture_89W75:voiture =new voiture("rouge");
// À partir d'ici, l'objet "voiture_89W75" existe.
trace("Je viens d'acheter une superbe voiture"+voiture_89W75.couleur);
trace("au début la vitesse est de "+voiture_89W75.vitesse);
```

```
voiture_89W75.vitesse=50;
trace("je règle la vitesse à 50 et elle est maintenant à "+voiture_89W75.vitesse);
voiture_89W75.vitesse=100;
trace("je règle la vitesse à -10 mais elle est limitée à "+voiture_89W75.vitesse);
voiture_89W75.vitesse=-5;
trace("je règle la vitesse à 120 mais elle est limitée à "+voiture_89W75.vitesse);
```

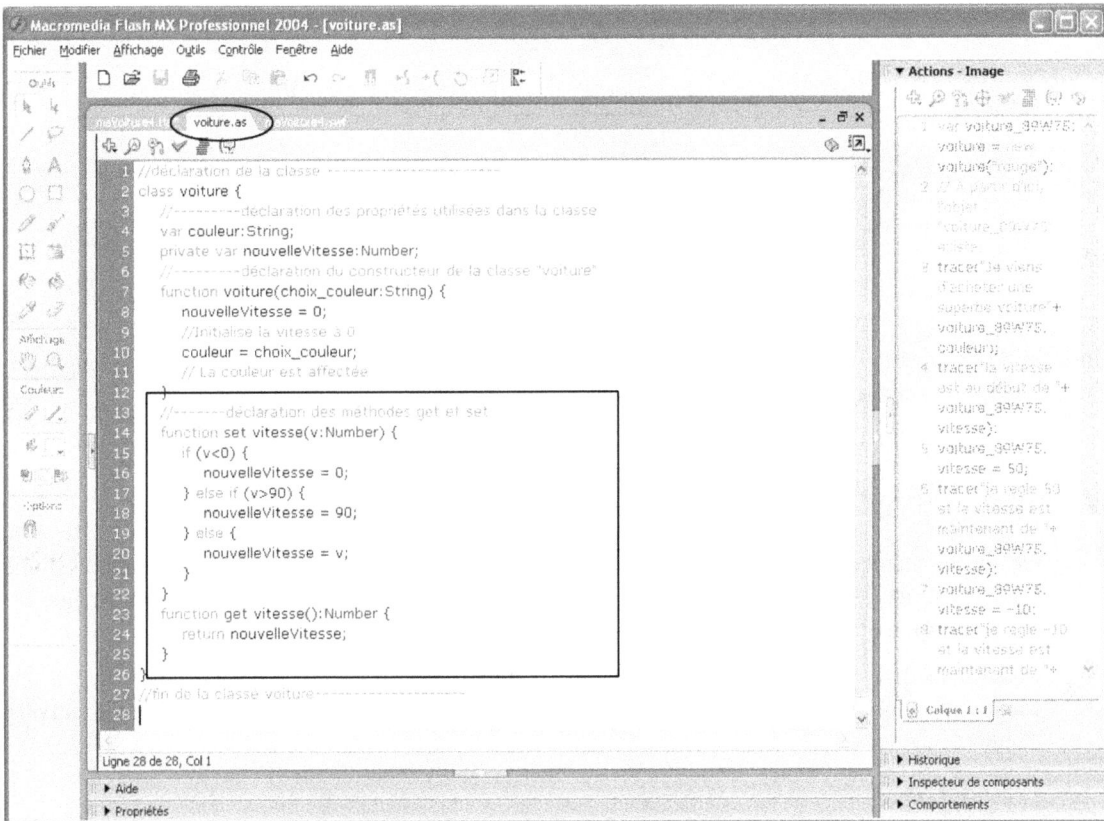

Figure 14-10

Script de la classe enregistrée dans le fichier externe voiture.as.

Si nous testons l'animation, les messages suivants s'affichent dans le panneau Sortie (voir le panneau de sortie de la figure 14-11) :

```
Je viens d'acheter une superbe voiture rouge
au début la vitesse est de 0
je règle la vitesse à 50 et elle est maintenant à 50
je règle la vitesse à - 10 mais elle est limitée à 0
je règle la vitesse à 120 mais elle est limitée à 90
```

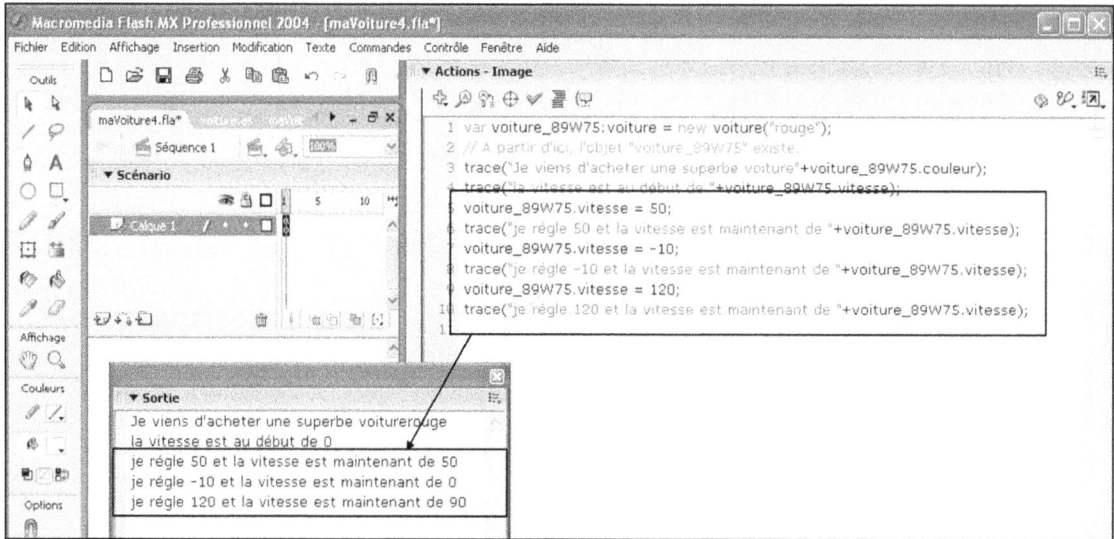

Figure 14-11

Programme du document principal enregistré dans l'image clé 1 de l'animation maVoiture4.fla.

Membre private ou public

On appelle membres les propriétés et les méthodes d'une classe. Par défaut, tous les membres d'une classe sont accessibles depuis le document Flash dans lequel l'objet a été créé. On dit que les membres sont publics (mot-clé `publics`).

Cependant, dans certains cas, il est nécessaire d'interdire l'accès à un membre particulier d'une classe. La solution consiste alors à préfixer la déclaration de ce membre par le mot-clé `private` comme ci-dessous :

```
private var membreInterdit:Number;
```

Application pratique

Pour illustrer l'utilisation des mots-clés `publics` et `private`, nous allons reprendre la classe `voiture` et y ajouter une méthode qui calcule le prix de la vignette. Le prix de la vignette correspond au produit du nombre de chevaux-vapeur de la voiture par le prix de la taxe pour un cheval-vapeur. Cette deuxième valeur est établie initialement dans une variable interne nommée `prixCheval` et ne doit pas être accessible en dehors de la classe (la propriété `prixCheval` ne peut ni être lue ni être modifiée, elle doit donc être privée).

Afin de pouvoir créer des voitures de différentes puissances fiscales, un second paramètre `nbChevaux` est ajouté dans les arguments du constructeur afin d'initialiser le nombre de chevaux-vapeur dès la création de l'objet voiture (voir figure 14-12).

Code de la déclaration de la classe voiture enregistrée dans un fichier voiture.as :

```
//déclaration de la classe -----------------------
  class voiture
      {
      //---------déclaration des propriétés utilisées dans la classe
      public var couleur:String;
      private var prixCheval:Number=20;
      public var nbChevaux:Number;
      public var prixVignette:Number;
      //---------déclaration du constructeur de la classe "voiture"
      function voiture(choix_couleur:String,choix_chevaux:Number)
          {
          couleur=choix_couleur;
          // La couleur est initialisée
          nbChevaux=choix_chevaux;
          // La puissance est initialisée
          }
      //-------déclaration des méthodes
      public function calculVignette()
          {
          prixVignette=nbChevaux*prixCheval;
          //calcule le prix de la vignette
          return prixVignette;
          }
  }//fin de la classe voiture--------------------
```

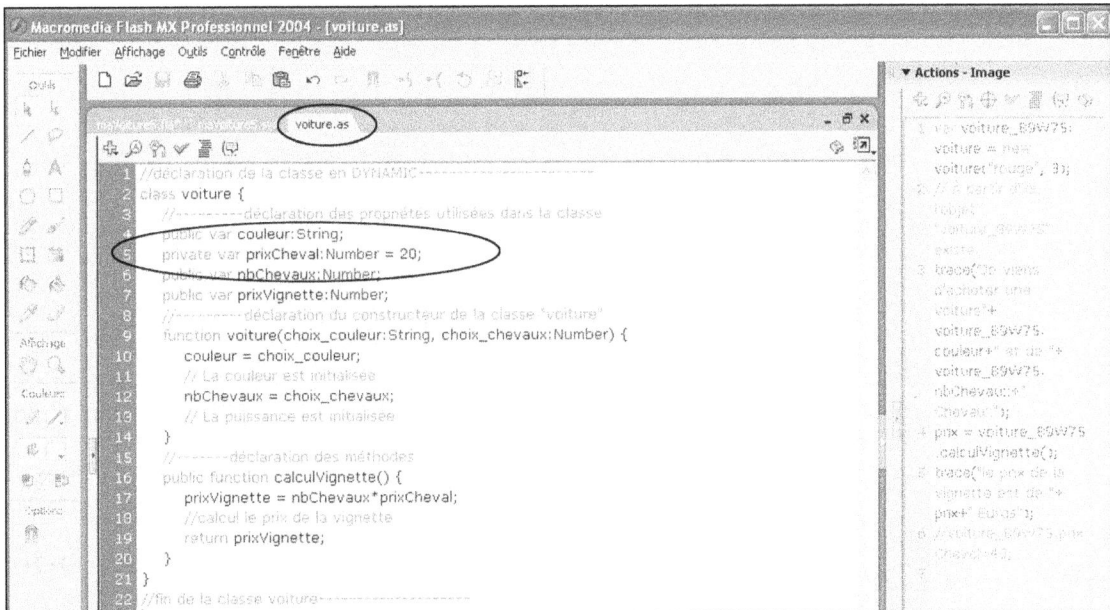

Figure 14-12

Script de la classe avec membre privé enregistrée dans le fichier externe voiture.as.

Pour tester cette classe, nous allons créer un nouveau document Flash dans lequel nous saisissons le code ci-dessous dans la première image clé du scénario principal (voir figure 14-13) :

```
var voiture_89W75:voiture =new voiture("rouge",3);
// À partir d'ici, l'objet "voiture_89W75" existe.
  trace("Je viens d'acheter une superbe voiture"+voiture_89W75.couleur+" et de "+
oiture_89W75.nbChevaux+" chevaux);
  prix=voiture_89W75.calculVignette();
  trace("le prix de la vignette est de "+prix+"euros");
```

Si nous testons l'animation et que tout fonctionne correctement, les messages suivants seront affichés dans le panneau Sortie (voir figure 14-13) :

```
Je viens d'acheter une voiture rouge et de 3 chevaux
le prix de la vignette est de 60 euros
```

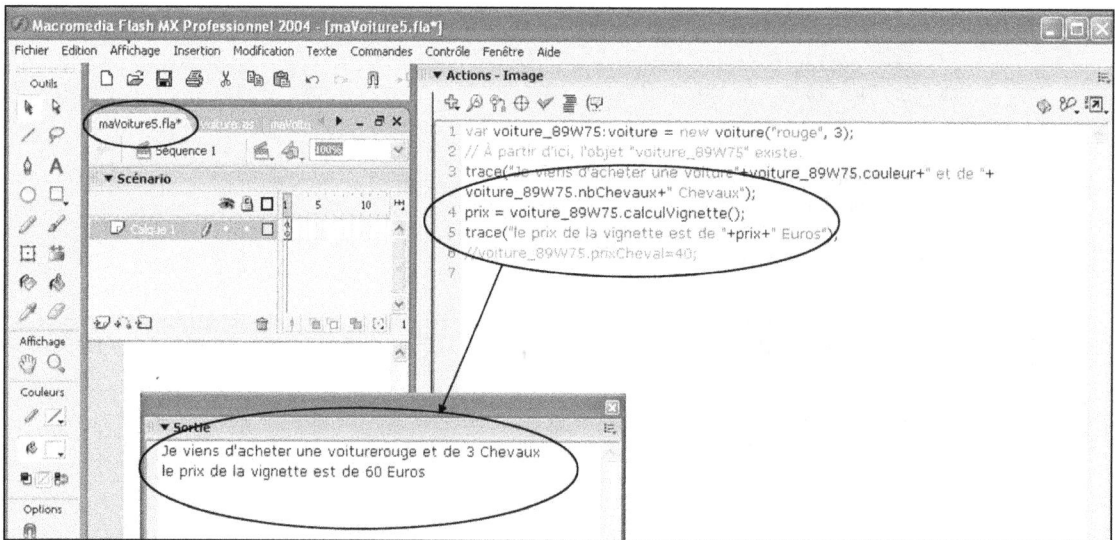

Figure 14-13

Programme du document principal enregistré dans l'image clé 1 de l'animation maVoiture5.fla.

Comme la propriété prixCheval est privée, elle ne peut plus être manipulée en dehors de la classe. Pour nous en assurer, nous allons essayer de la modifier en ajoutant à la suite du programme placé dans l'image clé 1 la ligne de code suivante :

```
voiture_89W75.prixCheval=40;
```

Si nous testons de nouveau l'animation, l'erreur suivante doit être affichée :

```
Le membre est privé : accès impossible.
    voiture_89W75.prixCheval=40;
```

Membre static (variable de classe)

Dans les exemples que nous avons présentés jusqu'à présent, chaque membre d'une classe pouvait être modifié individuellement afin de personnaliser les différentes caractéristiques de l'objet (par exemple, dans la classe voiture, la propriété couleur permet de créer des objets de couleurs différentes : rouge, vert, etc.).

Cependant, il est quelquefois nécessaire de disposer de membres communs à toutes les instances d'une même classe. Dans ce cas l'usage du mot-clé static permet de déclarer un membre spécifique de la classe comme étant « non personnalisable ».

Par exemple, s'il s'agit d'une propriété, sa valeur sera commune à toutes les instances de la classe. Si cette valeur est modifiée dans un des objets issus de la classe, la nouvelle valeur se répercutera ensuite automatiquement dans tous les autres objets. Pour modifier ou récupérer une propriété static, il faut faire appel aux méthodes get et set (revoir si besoin la présentation de ces méthodes ci-dessus).

Les membres static (propriétés et méthodes) peuvent être référencés directement avec le nom de la classe et non seulement en utilisant le nom d'une des instances de cette dernière. Dans le cas des méthodes déclarées comme static (donc des méthodes disposant des mêmes fonctionnalités dans toutes les instances de la classe), il est d'ailleurs obligatoire d'utiliser le nom de la classe pour les appeler. De même, les méthodes static ne peuvent manipuler que des variables préalablement déclarées comme static (alors qu'une propriété static peut être manipulée par une méthode static ou non).

Par exemple, si nous déclarons une méthode static nommée modifTel() dans la classe voiture, il faut l'appeler directement avec le nom de sa classe comme dans le code suivant :

```
voiture.modifTel();
```

et non avec le nom d'un des objets comme ci-dessous :

```
voiture_89W75.modifTel();
```

Application pratique

Pour illustrer l'utilisation du mot-clé static, nous allons reprendre la classe voiture et y ajouter une propriété telDepannage qui aura pour but d'afficher le numéro de téléphone du service de dépannage. Nous partons du principe que ce service de dépannage est centralisé et que son numéro est commun à toutes les voitures. Pour gérer la récupération ou la modification de cette propriété, nous utiliserons des méthodes get et set. Afin d'éviter les conflits (entre le nom des méthodes get/set et la propriété), une seconde variable interne tel, qui contient la valeur du numéro de téléphone, est créée. Afin que ce numéro de téléphone soit commun à tous les objets, cette variable tel est déclarée comme static.

Une fois cette nouvelle classe opérationnelle, nous la testerons en modifiant le numéro de téléphone par l'intermédiaire de la pseudo-propriété telDepannage d'un des objets. Nous vérifierons finalement que ce changement a bien été répercuté sur tous les autres objets et que tous les numéros de téléphone des voitures ont été actualisés.

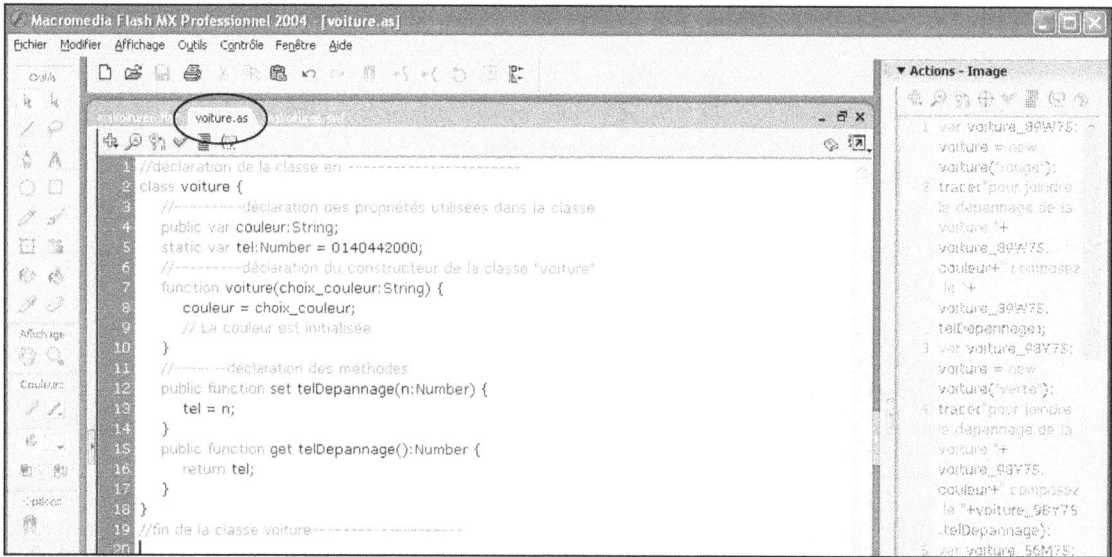

Figure 14-14

Script de la classe avec membres statiques enregistrée dans le fichier externe voiture.as.

Le script ci-dessous correspond à la déclaration de la classe voiture. Dans cette classe, la variable interne tel est déclarée comme static. Les méthodes get et set permettent de gérer cette variable depuis le document Flash par récupération (get) ou modification (set) de la pseudo-propriété telDepannage (voir figure 14-14) :

```
//déclaration de la classe voiture ----------------------
class voiture
    {
    //---------déclaration des propriétés utilisées dans la classe
    var couleur:String;
    static var tel:Number=0140442000;
    //---------déclaration du constructeur de la classe "voiture"
    function voiture(choix_couleur:String)
        {
        couleur=choix_couleur;
        // La couleur est initialisée
        }
    //-------déclaration des méthodes
    function set telDepannage(n:Number)
        {
        tel=n;
        }
```

```
    function get telDepannage():Number
        {
        return tel;
        }


}//fin de la classe voiture--------------------
```

Pour tester la classe, nous devons créer un nouveau document Flash dans lequel sera placé le code ci-dessous. La première partie du script crée trois objets de la classe voiture en leur attribuant une couleur différente, puis affiche les numéros de téléphone initialisés lors de l'instanciation. Cette partie est suivie d'une instruction qui modifie le numéro en affectant à la pseudo-propriété telDepannage la valeur du nouveau numéro (en réalité, cette instruction appelle la méthode set telDepannage qui actualise la variable interne tel). La dernière partie affiche à tour de rôle chacun des numéros de téléphone des trois objets après leur modification :

```
var voiture_89W75:voiture =new voiture("rouge");
trace("pour joindre le dépanneur de la voiture "+voiture_89W75.couleur+" composez le
➥"+voiture_89W75.telDepannage);
var voiture_98Y75:voiture =new voiture("verte");
trace("pour joindre le dépanneur de la voiture "+voiture_98Y75.couleur+" composez le
➥"+voiture_98Y75.telDepannage);
var voiture_56M75:voiture =new voiture("bleue");
trace("pour joindre le dépanneur de la voiture "+voiture_56M75.couleur+" composez le
➥"+voiture_56M75.telDepannage);
//---------------------
voiture_89W75.telDepannage=0145452222;
//---------------------
trace("je modifie le tel de la voiture "+voiture_89W75.couleur);
trace("désormais, pour joindre le dépanneur de la voiture "+voiture_89W75.couleur+" composez
➥le "+voiture_89W75.telDepannage);
trace("désormais, pour joindre le dépanneur de la voiture "+voiture_98Y75.couleur+" composez
➥le "+voiture_98Y75.telDepannage);
trace("désormais, pour joindre le dépanneur de la voiture "+voiture_56M75.couleur+" composez
➥le "+voiture_56M75.telDepannage);
```

Si nous testons notre document Flash, les messages suivants doivent s'afficher dans le panneau Sortie (voir figure 14-15) :

```
pour joindre le dépanneur de la voiture rouge composez le 25314304
pour joindre le dépanneur de la voiture verte composez le 25314304
pour joindre le dépanneur de la voiture bleue composez le 25314304
je modifie le tel de la voiture rouge
désormais, pour joindre le dépanneur de la voiture rouge composez le 26629266
désormais, pour joindre le dépanneur de la voiture verte composez le 26629266
désormais, pour joindre le dépanneur de la voiture bleue composez le 26629266
```

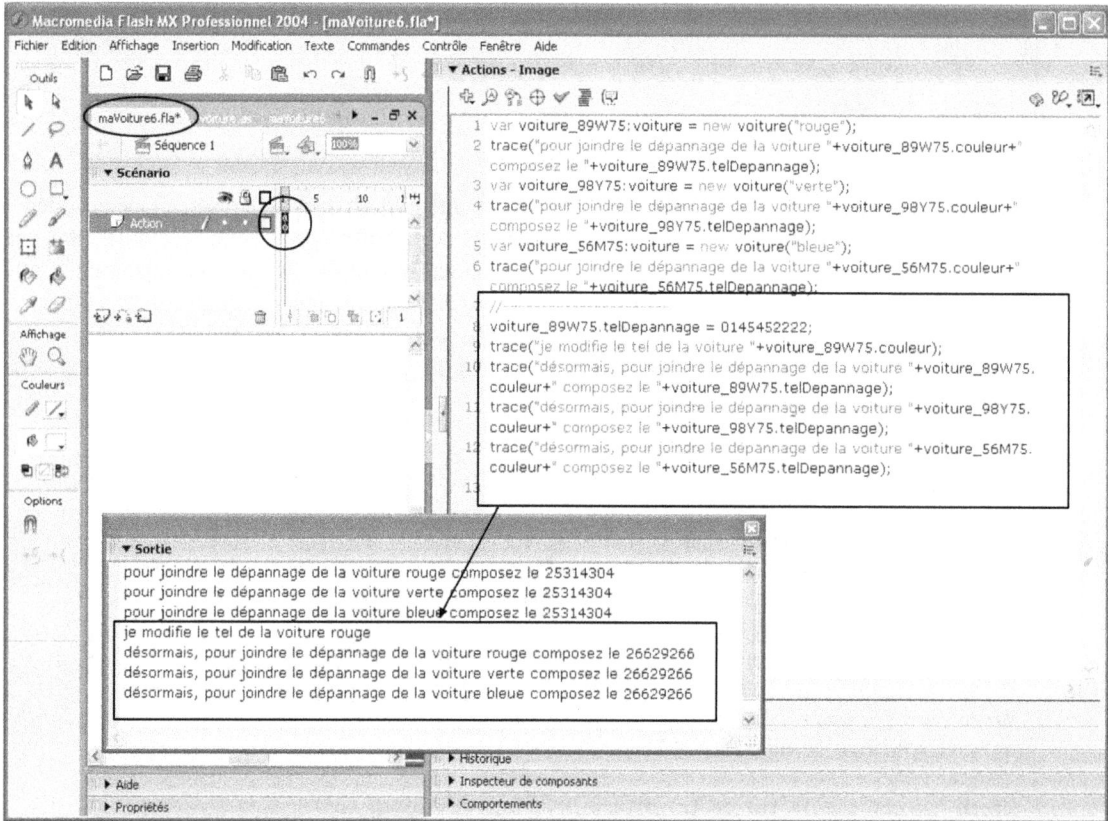

Figure 14-15

Programme du document principal enregistré dans l'image clé 1 de l'animation maVoiture6.fla.

Création d'une sous-classe

Rappelons que lorsqu'une classe (que nous nommerons dans ce cas sous-classe) hérite d'une autre classe (que nous nommerons dans ce cas superclasse), elle dispose des mêmes membres (propriétés et méthodes) que la superclasse. Une sous-classe peut cependant se voir affecter des membres en complément de ses membres hérités.

L'héritage permet donc de décliner une même classe en de nombreuses sous-classes à partir de la déclaration déjà créée. Il facilite aussi leur maintenance, car il est possible de répercuter automatiquement dans les différentes sous-classes toutes les modifications effectuées sur la superclasse.

La syntaxe d'une sous-classe est identique à celle d'une classe traditionnelle, hormis le fait qu'il faut ajouter le mot-clé `extends` suivi du nom de la superclasse après l'identifiant retenu pour désigner la sous-classe (exemple : `class camionnette extends voiture`).

Application pratique

Nous vous proposons de créer une sous-classe `camionnette` qui hérite de toutes les propriétés et méthodes de la classe `voiture`. En plus de cet héritage, la sous-classe sera dotée d'une propriété supplémentaire concernant le volume de son chargement (`volume_charge`) calculé à l'aide de paramètres passés en argument lors de son instanciation (`haut_charge`, `larg_charge`, `long_charge`).

Commençons par déclarer la superclasse `voiture` dans un fichier voiture.as (nous reprendrons le même script que la classe `voiture` utilisée dans les exemples précédents). Nous enregistrerons les trois fichiers dans le même répertoire : FLASH-POO\testHeritage :

```
//déclaration de la superclasse voiture --------------
  class voiture
      {
      //--------déclaration des propriétés utilisées
      var couleur:String;
      var vitesse:Number;
      //--------déclaration du constructeur
      function voiture(choix_couleur:String)
          {
          vitesse=0;
          //Initialise la vitesse à 0
          couleur=choix_couleur;
          // La couleur est affectée selon le paramètre
          }
      //-------déclaration des méthodes communes à la classe "voiture"
      function accelerer()
          {
          vitesse++;
          //Incrémente la vitesse si on accélère.
          }
      function freiner()
          {
          vitesse--;
          //Décrémente la vitesse si on freine
          }
      }//fin de la superclasse voiture-------------------
```

Dans le même répertoire (FLASH-POO\testHeritage), créons la sous-classe camionnette dans un fichier de classe camionnette.as avec le code ci-dessous :

```
class camionnette extends voiture
  {
  //---déclaration des propriétés ajoutées (volume de chargement)
  var volume_charge:Number;
  //---déclaration du constructeur de la sous-classe camionnette
  function camionnette(choix_couleur:String,haut_charge:Number,larg_charge:
➥Number,long_charge:Number)
      {
      volume_charge=haut_charge*larg_charge*long_charge;
      //initialise la dimension du volume de chargement
      this.couleur=choix_couleur;
```

```
        //initialise le paramètre couleur déclaré dans la superclasse
        }
    }
```

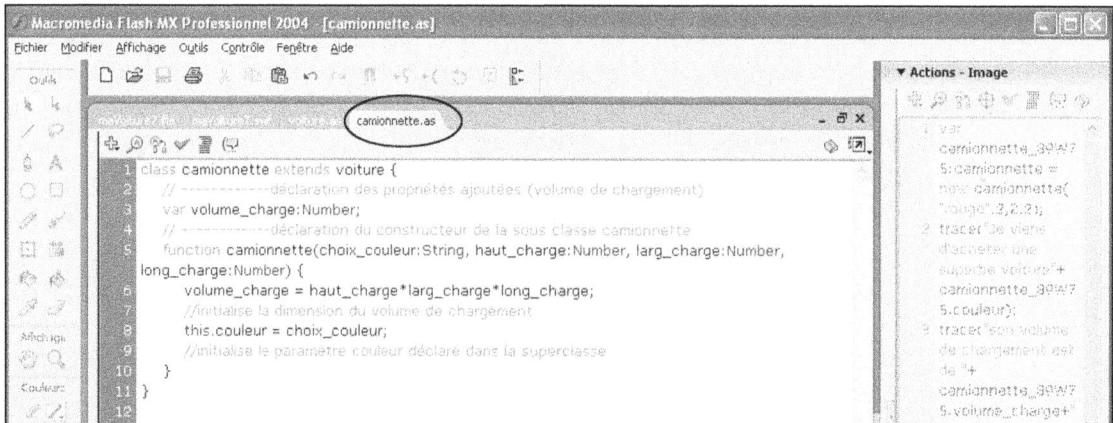

Figure 14-16

Script de la sous-classe enregistrée dans le fichier externe camionnette.as.

Enfin, créons un nouveau document Flash afin de tester nos deux fichiers de classes (ce document devra être enregistré dans le même répertoire (FLASH-POO\testHeritage) que les deux fichiers de classes précédents) :

```
var camionnette_89W75:camionnette =new camionnette("rouge",2,2,2);
trace("Je viens d'acheter une superbe camionnette "+camionnette_89W75.couleur);
trace("son volume de chargement est de "+camionnette_89W75.volume_charge+" mètres cube");
trace("et, au début, sa vitesse est de "+camionnette_89W75.vitesse+"km/h");
 for (var i:Number=0;i<5;i++)
    {
    trace("j'accélère encore");
    camionnette_89W75.accelerer();
    }
trace("sa vitesse est maintenant de"+camionnette_89W75.vitesse+" km/h");
 for ($i=0;$i<5;$i++)
    {
    trace("je freine encore");
    camionnette_89W75.freiner();
    }
trace("sa vitesse est maintenant de "+camionnette_89W75.vitesse+"km/h");
```

Si nous testons le document, les messages ci-dessous doivent être affichés dans le panneau Sortie. Nous constatons, d'une part, que la propriété complémentaire correspondant au volume de chargement a bien été calculée correctement (volume_charge est égal à 8 = 2 x 2 x 2) et que, d'autre part, la sous-classe camionnette a bien hérité des méthodes accelerer() et freiner() de la superclasse voiture (voir figure 14-17) :

```
Je viens d'acheter une superbe camionnette rouge

son volume de chargement est de 8 mètres cube
et, au début, sa vitesse est de 0 km/h
j'accélère encore
j'accélère encore
j'accélère encore
j'accélère encore
j'accélère encore
sa vitesse est maintenant de 5 km/h
je freine encore
je freine encore
je freine encore
je freine encore
je freine encore
sa vitesse est maintenant de 0 km/h
```

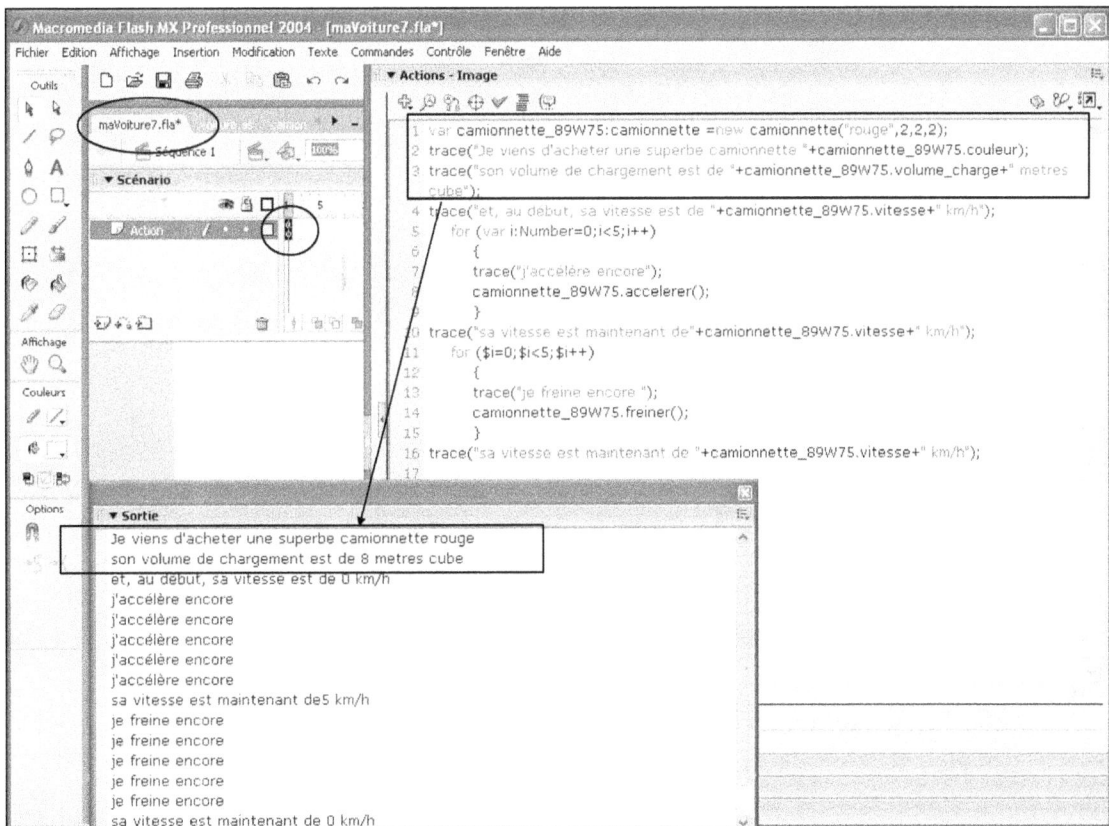

Figure 14-17

Programme du document principal enregistré dans l'image clé 1 de l'animation maVoiture7.fla.

Partie V

Base de données MySQL

Introduction aux bases de données

Ce chapitre est une introduction aux bases de données et au système de gestion de base de données relationnelles (SGBDR) MySQL qui sera utilisé dans la suite de cet ouvrage. Vous y découvrirez les concepts fondamentaux ainsi que les mécanismes qui permettent d'accéder aux données stockées dans une base de données pour les intégrer ensuite dans une page Web dynamique. Nous présenterons également une méthodologie de conception de base de données afin de vous guider dans l'étude et la conception de vos futurs projets.

Concept d'une base de données à partir de la métaphore du classeur

Nous vous proposons de comparer le principe de la base de données avec la gestion des adhérents d'un club de sport à l'aide de classeurs. Cet exemple sera repris pour vous expliquer la démarche à suivre pour créer une structure de base de données à partir d'un cas concret.

Descriptif de la métaphore utilisée

Imaginez un club de sport dans lequel la gestion des adhérents est réalisée à l'aide de classeurs (boîtes permettant le classement de fiches à onglet). Ces classeurs sont rangés dans une armoire. Le premier classeur porte l'étiquette « adherents » et comprend toutes les fiches des adhérents. Afin de pouvoir accéder rapidement à sa fiche, le numéro de membre (numéro unique) de chaque adhérent est indiqué sur l'onglet. Outre ce numéro, chaque fiche comporte des cases préimprimées qui permettent de saisir le nom de l'adhérent, son prénom, l'année de sa naissance et l'identifiant du cours auquel il est inscrit (voir figure 15-1).

Un second classeur porte l'étiquette « cours » et regroupe les fiches de chaque cours correspondant aux différents niveaux des joueurs. De la même manière que pour la fiche des adhérent, nous reporterons sur l'onglet de chaque fiche l'identifiant du cours (numéro unique) et dans les cases préimprimées le niveau des joueurs (débutant, intermédiaire ou perfectionnement), le jour et l'heure du cours ainsi que le numéro du professeur qui anime le cours (voir figure 15-1).

Un troisième classeur porte l'étiquette « professeurs » et regroupe les fiches des professeurs qui animent les cours. Nous retrouverons sur l'onglet de chaque fiche le numéro de carte de membre du personnel du club (numéro unique) et dans les cases préimprimées de la fiche les nom, prénom et numéro de téléphone du professeur (voir figure 15-1).

Similitudes avec une base de données

Maintenant que vous connaissez l'organisation du classement de ce club de sport, nous allons le comparer avec la structure d'une base de données afin de mettre en évidence certaines similitudes.

La fonction du classeur est identique à celle que l'on attend d'une table de base de données : tous deux sont exploités comme les conteneurs des données du système. Les fiches contenues dans le classeur peuvent s'apparenter aux différents enregistrements qui viendront enrichir la table au gré de son utilisation. De même, les cases préimprimées sur chaque fiche correspondent aux champs d'une table. La case de l'onglet (dans laquelle, par exemple, est inscrit le numéro de membre pour le classeur des adhérents) identifie chaque fiche d'une manière unique et permet de sortir une fiche spécifique du classeur sans ambiguïté. La fonction de cet onglet est identique à celle de la clé primaire d'une table, qui sert de point d'entrée unique permettant d'accéder à un enregistrement déterminé. Enfin, l'armoire regroupant les différents classeurs peut être assimilée à la base de données, qui regroupe les différentes tables du système (voir figure 15-2).

Certaines similitudes sont intéressantes à relever dans le domaine de la gestion du système de données, notamment en ce qui concerne la procédure à suivre pour insérer ou modifier une fiche. Lorsque vous ajoutez une nouvelle fiche dans le classeur, vous devez vous assurer que le numéro de membre reporté sur l'onglet n'est pas déjà attribué à un membre du club. Dans une base de données, il faut procéder de la même manière lors de l'ajout d'un nouvel enregistrement afin de préserver l'intégrité de votre table (la clé primaire d'une table est obligatoirement unique).

Pour modifier ou supprimer une fiche, il faut la sortir du classeur en utilisant le numéro de son onglet. Une fois la fiche extraite du classeur, vous pouvez la détruire ou modifier ses valeurs pour ensuite la réintégrer à sa place d'origine dans le classeur. De la même manière, dans une base de données, vous utiliserez la clé primaire pour supprimer ou modifier un enregistrement spécifique. La clé primaire étant unique, elle permet d'accéder à un enregistrement sans aucune ambiguïté.

Enfin, si l'on observe la fiche d'un adhérent, on remarque que la dernière case, nommée `coursID`, permet de connaître l'identifiant du cours (elle correspond à la clé primaire du classeur `cours` si l'on utilise la terminologie des bases de données) auquel il est inscrit. À l'aide de cette case, on peut extraire la fiche du cours correspondant si l'on désire avoir plus d'informations (niveau, jour et heure du cours, par exemple). Cette case correspond exactement au concept de la clé étrangère dans une base de données. La liaison entre une clé primaire et une clé étrangère permet de créer des liens entre des tables différentes. Grâce à ce lien, il est possible d'extraire simultanément des données issues de deux tables différentes (cette opération est appelée jointure dans la terminologie des bases de données).

Figure 15-1

Organisation du système de classeurs du club de sport.

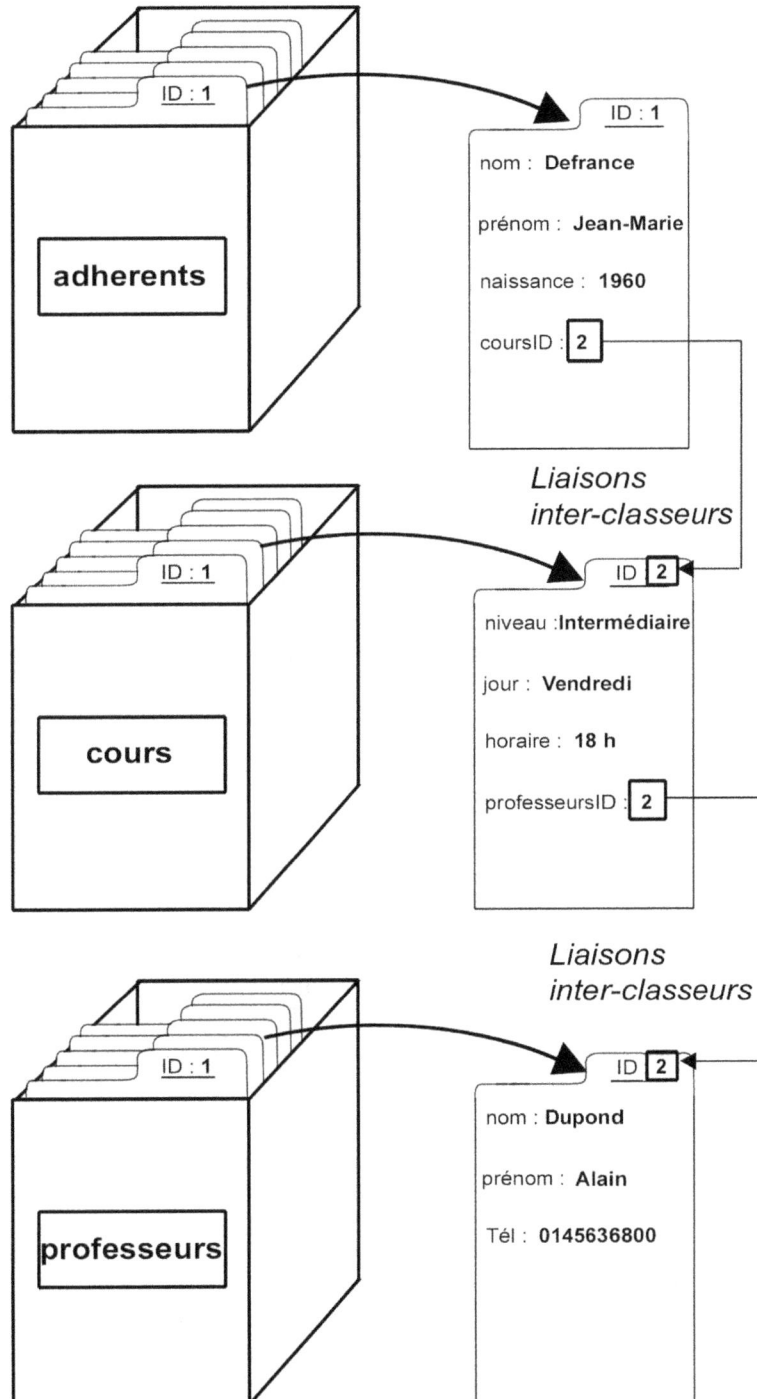

Figure 15-2

Similitudes entre la métaphore du classeur et la terminologie des bases de données.

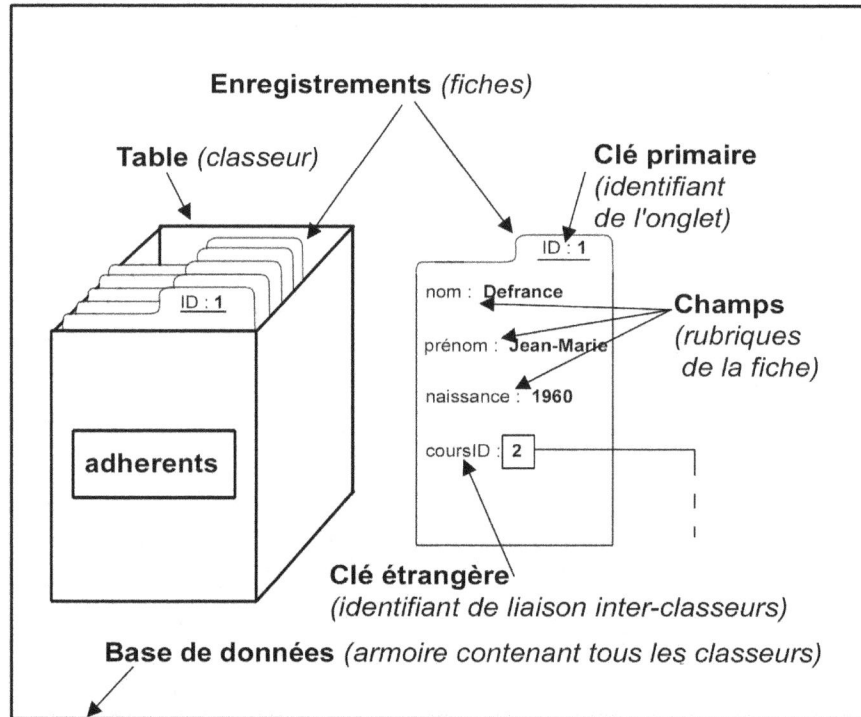

Enregistrements *(fiches)*

Table *(classeur)*

Clé primaire *(identifiant de l'onglet)*

ID : 1

ID : 1

nom : **Defrance**

prénom : **Jean-Marie**

naissance : **1960**

coursID : **2**

Champs *(rubriques de la fiche)*

adherents

Clé étrangère *(identifiant de liaison inter-classeurs)*

Base de données *(armoire contenant tous les classeurs)*

Limites de la métaphore

Comme la plupart des métaphores, la nôtre a ses limites. Nous allons préciser celles-ci afin que vous ne vous fourvoyiez pas dans de fausses similitudes.

La métaphore utilisée ne peut pas être exploitée pour expliquer le principe des requêtes sélectives d'enregistrements. En effet, avec le système des classeurs, la sélection d'une fiche ne peut être effectuée qu'à l'aide de la clé primaire et il est impossible de sélectionner un ensemble de fiches selon des critères s'appuyant sur des clés secondaires. Par exemple, il n'est pas possible de sélectionner toutes les fiches des adhérents ayant le même âge sans sortir toutes les fiches pour consulter la case correspondante (anneeNaissance). Cependant, il est important de comprendre ce concept, car ces requêtes sont fréquemment utilisées avec les bases de données relationnelles.

D'autre part, le système de classeurs utilisé dans la métaphore est déjà fortement structuré et ne fait pas apparaître les problèmes de redondance d'informations pourtant fréquents. Pour ce faire, il faudrait imaginer un système plus simple ne comportant qu'un seul classeur avec des fiches plus étoffées dans lesquelles seraient reportés le nom du professeur ainsi que le jour et l'heure de son cours. Dans ce cas, le changement d'horaire ou de responsable d'un cours entraînerait la modification de toutes les fiches concernées en raison de la redondance des données. Ces modifications seraient longues et laborieuses. En outre, il y aurait un risque d'incohérence si la modification d'une des fiches était oubliée. Dans un système de base de données, cela n'est pas concevable et il est très important de s'assurer (lors de la conception de la base) qu'une même information n'est représentée qu'une seule fois, en créant si besoin des tables différentes pour chaque entité (voir figure 15-1).

Terminologie élémentaire d'une base de données

Terminologie structurelle de la base de données relationnelles

Dans le monde des bases de données, il existe différents modèles de représentation des données : modèle hiérarchique, modèle réseau, modèle objet, modèle relationnel, etc. MySQL s'appuie sur le modèle le plus fréquemment employé, le modèle relationnel.

Le modèle relationnel permet de structurer les données d'une base en reliant les informations d'une table avec celles d'une autre table à l'aide de relations, d'où son nom. L'avantage d'une base de données relationnelles est que l'on peut extraire des données de plusieurs tables à l'aide de ces relations afin de répondre rapidement à des requêtes avancées.

Sans entrer dans des explications avancées sur le fonctionnement d'une base de données, il est important de comprendre comment elle est structurée et de connaître la terminologie employée.

Une base de données est constituée d'enregistrements qui regroupent un ensemble d'informations (ou champs) liées et traitées comme une entité unique. L'ensemble des enregistrements partageant les mêmes champs s'appelle une table. Si on compare la table avec un tableau traditionnel, les colonnes du tableau sont les équivalents des champs de la table et ses lignes peuvent être comparées aux enregistrements de la table. Enfin, une base de données peut contenir plusieurs tables, liées entre elles par des relations clé primaire-clé étrangère ou indépendantes (voir figure 15-3).

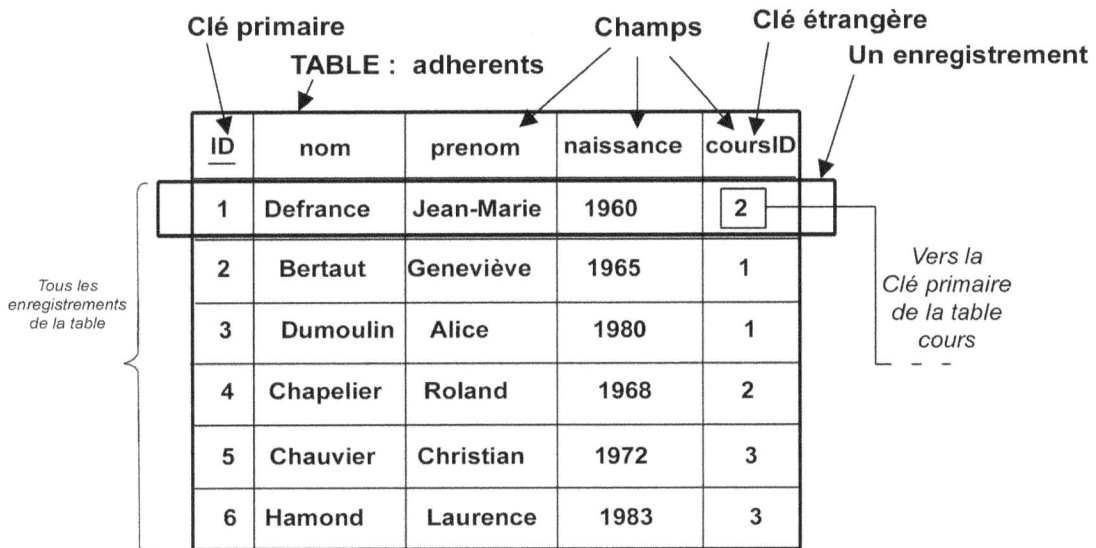

Figure 15-3

Structure d'une base de données relationnelles.

Terminologie du système de gestion de base de données relationnelles MySQL

L'utilisation d'une base de données nécessite de passer par un gestionnaire, appelé SGBDR dans le cas d'une base de données relationnelles telle que MySQL. Si l'on décompose l'acronyme SGBDR, S et G sont les initiales de système de gestion, B et D celles de base de données et le R indique que la base de données est de type relationnel. MySQL reposant sur une architecture client-serveur, le SGBDR se compose d'un programme serveur (mysqld) installé sur la machine sur laquelle sont stockées les données, qui répond aux requêtes qui lui sont envoyées, et d'un programme client, qui permet de se connecter au serveur et d'émettre des requêtes pour extraire ou manipuler les données de la base (voir figure 15-4).

> **À noter**
>
> Sur la plupart des petits systèmes, le client et le serveur sont installés sur la même machine. Dans ce cas, le serveur MySQL peut être identifié par localhost.

MySQL prend en charge plusieurs clients mais il est livré par défaut avec le client mysql.

> **Attention !**
>
> Ne confondez pas mysql (en général en minuscules), qui est le nom d'un programme client et MySQL (en général en majuscules), qui représente le SGBDR complet.

Dans le cadre de cet ouvrage, nous ne présenterons pas le client mysql qui nécessite de saisir des commandes en lignes de code pour gérer les données de la base. Nous utiliserons une interface graphique plus intuitive nommée phpMyAdmin et constituée de formulaires PHP accessibles depuis un simple navigateur (voir chapitre 16 pour plus d'information sur son utilisation).

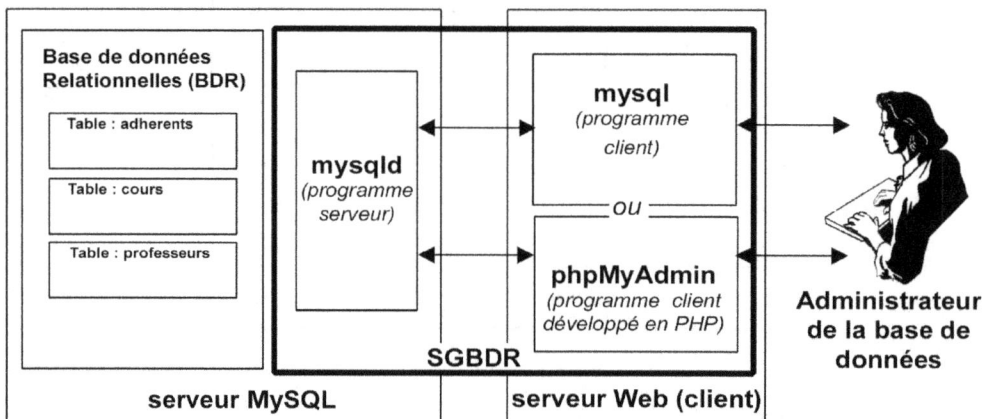

Figure 15-4

Architecture client-serveur du SGBD MySQL.

Méthodologie de conception d'une base de données

La conception d'une base de données est essentielle pour le développement d'une application dynamique performante. En effet, la base de données est le cœur d'un système dynamique et une erreur dans sa conception peut entraîner des problèmes importants et difficilement récupérables dans la suite du développement du projet.

Les méthodes de conduite d'un projet dynamique mettent souvent en œuvre des processus lourds et très structurés basés en général sur la méthode Merise. Nous vous présentons une méthodologie beaucoup plus simple et moins formelle (que les puristes nous pardonnent !) dont le modeste objectif est de vous initier aux régles de la conception d'une base de données afin que vous puissiez rapidement créer de petits sites dynamiques bien structurés.

Définition des besoins

Méthodologie de définition des besoins

Pour concevoir une base de données, il faut commencer par bien définir les besoins des utilisateurs auxquels elle doit répondre. Pour ce faire, il convient de délimiter le système, de réaliser l'inventaire des éléments nécessaires à son fonctionnement et d'identifier les contraintes à respecter.

Si nous reprenons l'exemple du club de sport utilisé plus haut, l'expression des besoins correspondant à la création d'un système de base de données destiné à remplacer la gestion du club de sport à l'aide de classeurs pourrait être formalisée comme indiqué ci-dessous.

Expression des besoins du projet Sport

Le projet Sport doit permettre de gérer les coordonnées des adhérents et des professeurs dispensant les cours ainsi que les horaires et niveaux des différents cours du club.

Chaque adhérent sera identifié par son numéro de membre (numéro unique). Ses nom et prénom, sa date de naissance et le cours auquel il est inscrit seront indiqués.

Chaque cours sera identifié par un numéro spécifique (numéro unique). Le niveau des joueurs, le jour et l'heure du cours ainsi que le professeur qui l'anime seront indiqués.

Chaque professeur sera identifié par le numéro de sa carte de membre du personnel du club (numéro unique). Ses nom, prénom et numéro de téléphone seront indiqués.

Enfin, il faut fixer certaines contraintes concernant les relations entre les entités du système afin d'éviter que la structure de la base ne soit inutilement complexe. Ainsi, dans notre exemple, un adhérent ne peut être inscrit que dans un seul cours et un cours ne peut être animé que par un seul professeur (en revanche, un même professeur peut évidemment animer plusieurs cours).

Le système final doit pouvoir extraire de la base de données une liste des adhérents précisant pour chacun le cours auquel il assiste (niveau, horaire et jour) ainsi que le nom et le numéro de téléphone du professeur qui anime celui-ci.

Élaboration d'un modèle entité-association

Méthodologie de conception d'un modèle E/A

Pour élaborer une base de données, on crée souvent une première description conceptuelle matérialisée par un modèle entité-association (E/A). C'est une représentation graphique des entités qui constituent la base de données et des associations (ou relations) pouvant exister entre ces entités. On obtient ainsi une première représentation conceptuelle de la base de données à l'aide d'un modèle graphique, ce qui facilite sa compréhension.

Figure 15-5

Convention à utiliser pour concevoir un modèle entité-association.

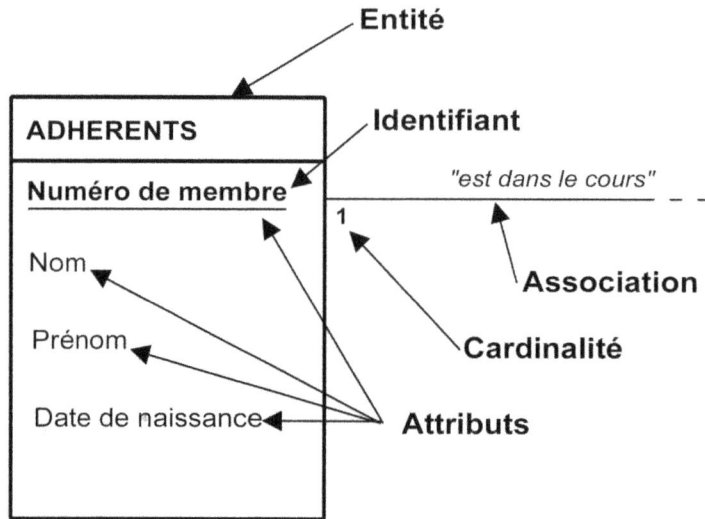

Pour élaborer un modèle E/A, il faut identifier les éléments et caractéristiques suivants :

- **L'entité :** une entité est la représentation d'un élément matériel ou immatériel identifié par le concepteur comme ayant un rôle dans le fonctionnement du système à réaliser (l'adhérent ou le cours par exemple).

- **Les attributs :** les entités d'un projet sont caractérisées par des attributs (nom, prénom, etc).

- **L'identifiant :** l'identifiant est l'attribut qui permet d'identifier d'une manière unique une entité.

> **À noter**
>
> Dans de nombreux cas, il est difficile de trouver un identifiant dans les attributs de l'entité. Dans ce cas, on crée un identifiant « abstrait » matérialisé par un attribut supplémentaire auquel on affectera un numéro séquentiel (numéro incrémenté à chaque ajout d'un enregistrement).

- **L'association :** Si des entités sont liés par une relation (par exemple l'entité adherents est lié à l'entité cours par la relation « est dans le cours »), il faut alors faire apparaître l'association entre les deux entités.

- **La cardinalité :** Chaque extrémité d'une association entre deux entités doit être caractérisée par sa cardinalité. Théoriquement, la cardinalité est composée de deux valeurs spécifiant le nombre minimal et le nombre maximal d'occurrences pouvant lier l'attribut concerné avec l'autre attribut de l'association (par exemple si l'on considère qu'un professeur doit animer un cours au minimum et sans limite maximum, sa cardinalité serait 1,n). Pour simplifier notre méthode, nous ne considérerons que la valeur maximale de la cardinalité (donc la cardinalité du professeur sera égale à n dans l'exemple précédent).

• **Type d'association :** Si la cardinalité d'une extrémité de l'association est 1 (une occurrence au maximum) et que celle de l'autre extrémité est n (pas de limite du nombre d'occurrences), l'association concernée sera de type 1 – n.

Une fois les entités et associations identifiées, on peut dessiner le modèle E/A. Une entité sera représentée par un rectangle. On indiquera son nom dans sa tête et la liste de ses attributs dans son corps. Il faut définir une convention pour représenter l'identifiant dans la liste des attributs. Dans notre exemple, nous soulignerons son nom.

Les associations entre les entités seront représentées par un trait les reliant. À chaque extrémité, seront indiquées les cardinalités qui les caractérisent.

Modèle E/A du projet Sport

Nous allons créer le modèle E/A du projet Sport (voir figure 15-6). Si on analyse l'expression des besoins du projet (voir ci-dessus), on en déduit que le système comporte trois entités que nous nommerons adherents, cours et professeurs. De même, nous pouvons identifier deux associations que nous nommerons « est dans le cours » (relation entre l'entité adherents et l'entité cours, de type 1 – n car un adhérent ne peut être inscrit que dans un seul cours et un cours n'est pas limité en nombre d'adhérents) et « est animé par » (entre l'entité cours et l'entité professeurs, de type 1 – n car un cours ne peut être animé que par un seul professeur et un professeur peut animer de multiples cours).

> **À noter**
> Pour identifier les identités et leurs associations dans un projet, il est souvent intéressant d'appuyer son raisonnement sur un cas particulier du système.

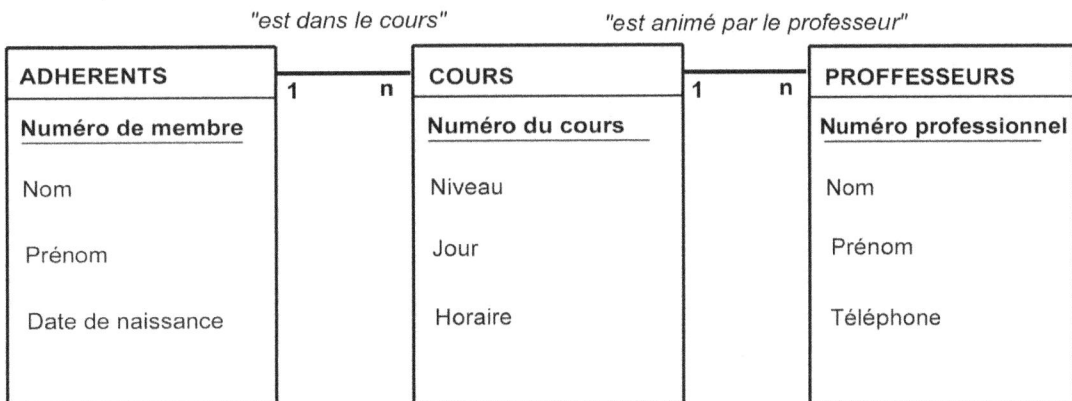

Figure 15-6

Modèle entité-association du projet Sport.

Schéma relationnel de la base de données

Avec le modèle E/A, nous disposons désormais d'une représentation conceptuelle de la base de données. Il nous faut maintenant bâtir une représentation structurelle de cette base en intégrant les différentes entités et leurs associations dans un schéma relationnel directement exploitable.

Méthodologie de transcription d'un modèle E/A en schéma relationnel de base de données

Pour transformer le modèle E/A en un schéma relationnel constitué des différentes tables de la base, nous commencerons par transformer les entités en tables. Les noms des champs seront les noms des attributs du modèle E/A et la clé primaire sera l'identifiant de l'entité.

> **À noter**
> Nous conserverons la même convention que celle utilisée pour l'identifiant d'une entité (nom du champ souligné) pour identifier la clé primaire de chaque table.

Ensuite, il faudra transcrire les liens des associations dans la nouvelle structure en appliquant une procédure différente selon le type de cardinalité de l'association (voir figure 15-7) :

- Les associations 1 – n (cardinalité unique d'un côté et multiple de l'autre) seront matérialisées par la copie de la clé primaire de la seconde table dans un nouveau champ nommé clé étrangère dans l'autre table. Pour identifier ce nouveau champ, il faut le nommer en rappelant le nom de la table initiale. Dans notre exemple, nous réaliserons une concaténation du nom de la table et de sa clé primaire pour créer l'identifiant de la clé étrangère correspondante. Par exemple, `cours ID` est le nom de la clé étrangère placée dans la table `adherents` et qui correspond à la clé primaire `ID` de la table `cours`.

> **À noter**
> Ce type d'association est celui que l'on retrouve le plus fréquemment dans les structures de base de données.

- Les associations 1 – 1 (cardinalité unique des deux côtés) seront matérialisées de la même manière que les associations 1 – n.

> **À noter**
> Ce type d'association est rare car il est souvent plus judicieux de regrouper les champs de la seconde table dans la première. Cela évite de créer une association supplémentaire.

- Les associations n – n (cardinalité multiple des deux côtés) seront matérialisées par la création d'une table supplémentaire que nous nommerons table de jointure. Le but de celle-ci est de scinder l'association n – n en deux associations 1 – n. Pour ce faire, la table de jointure devra contenir la copie des clés primaires des deux autres tables.

> **À noter**
> Ce type d'association est le plus compliqué à mettre en œuvre. Définissez bien les contraintes de l'expression des besoins lors de l'analyse, afin d'éviter de créer des tables de jointure injustifiées.

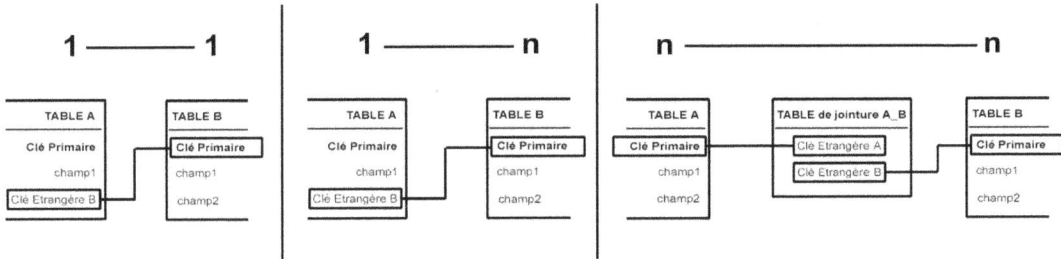

Figure 15-7

Selon leur type, les associations du modèle E/A doivent être transcrites de différentes façons dans le schéma relationnel de la base de données.

Schéma relationnel de la base de données Sport

Nous pouvons représenter rapidement les trois tables adherents, cours et professsseurs en leur affectant comme champs les noms des attributs correspondants.

La transcription des associations est, elle aussi, relativement simple à mettre en œuvre car il s'agit de deux associations de type 1 – n. Il suffit d'ajouter une première clé étrangère coursID dans la table adherents pour matérialiser l'association « est dans le cours » (entre les entités adherents et cours) et une seconde clé étrangère professeursID dans la table cours pour matérialiser l'association « est animé par » (entre les entités cours et professeurs).

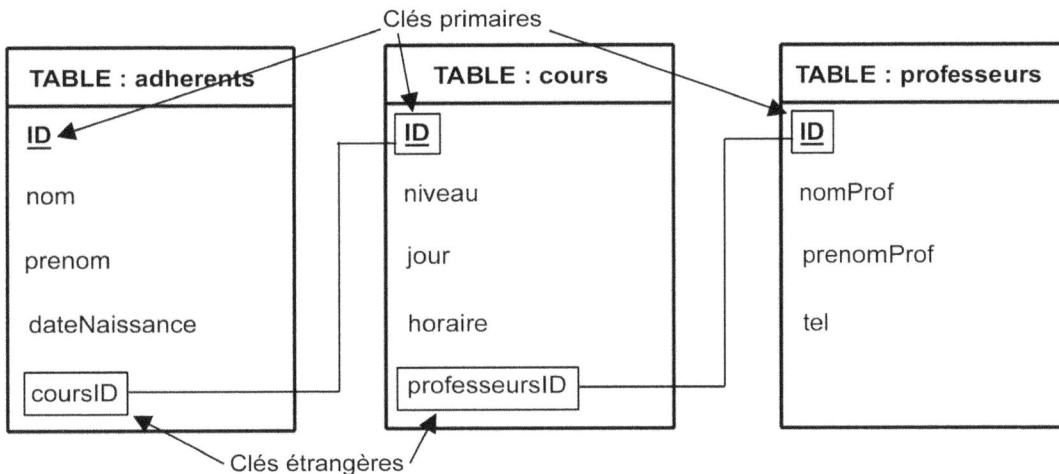

Figure 15-8

Schéma relationnel de la base de données Sport.

Le descriptif de la base que l'on obtient détaille la composition des trois tables (voir ci-dessous). Il permettra de concevoir le schéma relationnel de la figure 15-8.

- Table adherents - regroupe les champs identifiant chaque adhérent (champs : ID, nom, prenom, anneeNaissance, coursID).

- Table `cours` - regroupe les champs identifiant chaque cours (champs : ID, `niveau, jour, horaire, professeursID`).

- Table `professeurs` - regroupe les champs caractérisant chaque professeur (champs : ID, `nomProf, prenomProf, tel`).

La prochaine étape consiste à créer la base de données à l'aide de ce schéma relationnel en tenant compte des spécificités de MySQL. Cette partie est traitée dans le chapitre 16 avec l'étude du gestionnaire phpMyAdmin.

16

Gestion d'une base de données avec phpMyAdmin

PhpMyAdmin, un gestionnaire de bases convivial

PhpMyAdmin est une interface conviviale qui permet de gérer très facilement une base de données et ne nécessite pas une connaissance avancée des requêtes SQL. Elle est développée en PHP, ce qui la rend parfaitement adaptée lors de l'utilisation conjointe d'une base MySQL et d'un moteur de scripts PHP. Elle fonctionne directement sur le serveur Web et est accessible par le biais d'un simple navigateur, ce qui explique sa présence sur la plupart des sites dynamiques distants (actuellement, phpMyAdmin est le gestionnaire de bases de données préconisé par la majorité des hébergeurs proposant des serveurs qui prennent en charge MySQL/PHP). On peut ainsi créer avec la même facilité des bases de données et des tables en local comme sur le serveur distant.

Avec le gestionnaire de bases de données phpMyAdmin, vous pourrez rapidement :

- créer et supprimer des bases de données ;
- créer, copier, supprimer et modifier des tables ;
- supprimer, éditer et ajouter des champs ;
- exécuter des requêtes SQL ;
- importer et exporter des données au format CSV ;
- créer et exploiter des sauvegardes de tables.

Présentation de l'interface de phpMyAdmin

Comme nous l'avons expliqué dans le chapitre consacré à l'infrastructure serveur, la suite logicielle EasyPHP intègre le gestionnaire phpMyAdmin. Pour accéder à l'écran du gestionnaire, commencez par vous assurer qu'EasyPHP est bien actif (icône EasyPHP clignotante dans la zone d'état), puis cliquez droit sur son icône. Sélectionnez ensuite Administration dans le menu contextuel. Dans la fenêtre qui apparaît, cliquez sur le bouton Gestion bdd, au centre de la page (revoir figure 2-24). Le gestionnaire s'ouvre alors dans le navigateur. L'écran d'accueil (voir figure 16-1) est partagé en deux parties. À gauche, une liste déroulante permet de sélectionner la base de données désirée. La partie droite est utilisée pour créer une nouvelle base. En bas de l'écran, un message en rouge vous rappelle que l'utilisateur principal (le root) est actuellement configuré sans mot de passe, ce qui représente une faille de sécurité si ce serveur devait être accessible depuis l'extérieur. Nous détaillerons plus loin la procédure pour gérer les droits des utilisateurs. Pour l'instant, ne modifiez pas le paramétrage du root car nous nous limiterons à un usage local de la base de données.

Figure 16-1

*L'écran d'accueil
du gestionnaire
de bases de données
phpMyAdmin propose
de créer une nouvelle
base en indiquant
son nom dans
le champ central
ou de la sélectionner
dans la liste déroulante
de gauche si
elle existe déjà.*

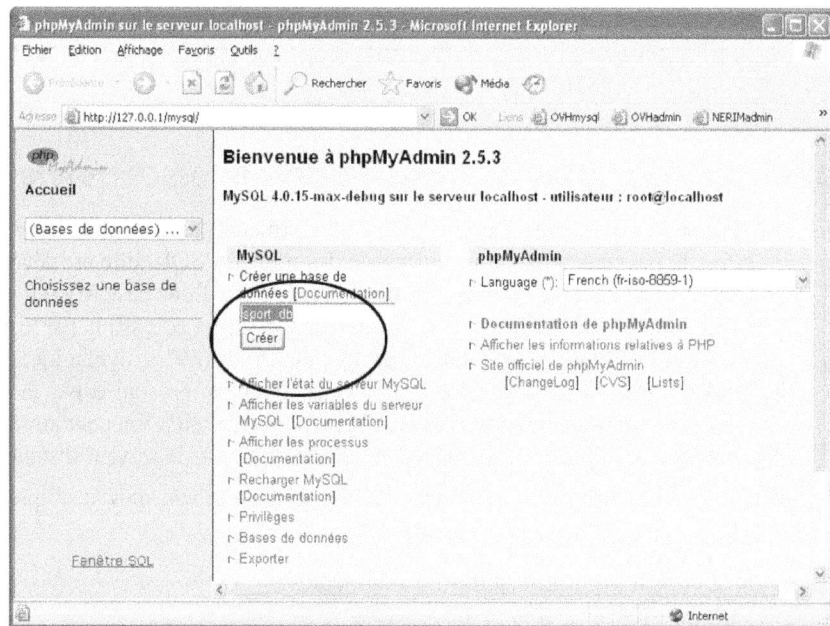

La liste déroulante de gauche propose trois possibilités : (bases de données)..., qui correspond au retour à la page d'accueil actuelle, et deux bases livrées par défaut, mysql et test. La base test est une base secondaire sans table destinée à réaliser des essais de connexion. La base mysql est en revanche très importante, car elle contient toutes les tables qui permettent de configurer et de gérer les différents droits des utilisateurs pour accéder aux autres bases de données du serveur (nous verrons à la fin de ce chapitre comment vous pouvez créer et configurer un compte utilisateur pour accéder à la base MySQL depuis vos scripts dynamiques). Il ne faut jamais supprimer cette base sous peine de ne plus pouvoir utiliser le serveur MySQL.

Création et gestion d'une base de données

Pour vous initier à l'utilisation de phpMyAdmin, vous allez créer une petite base de données en reprenant l'exemple de l'application SPORT présentée précédemment pour illustrer les concepts de la base de données. Cette première base est très simple et comporte seulement trois tables.

Définition du type de chaque champ

Il faut préalablement choisir le type de chaque champ pour chaque table. Pour ce faire, nous avons utilisé la table adherents et nous avons détaillé la nature et la taille des sept champs qu'elle contient (il convient d'en faire autant avec les autres tables avant de déterminer le type de chaque champ) :

- ID – identifiant de l'enregistrement (clé primaire) : nombre entier positif ;
- professeursID – identifiant du commercial (correspond à la clé primaire de la table professeurs) : nombre entier positif ;
- nom – nom de l'adhérent : texte de 200 caractères au maximum ;
- prenom – prenom de l'adhérent : texte de 200 caractères au maximum ;
- anneeNaissance – année de naissance de l'adhérent : 4 chiffres au format de l'année.

Dans la terminologie des bases de données, on distingue trois grandes familles de types de champs :

- type numérique (entier ou décimal) ;
- type texte (chaîne de caractères) ;
- type année, date et heure.

Pour chacune de ces familles, il existe un nombre important de types de données. Le choix du type de données au sein d'une même famille est important pour l'optimisation de la base car il détermine le meilleur compromis entre la limite du nombre de valeurs exploitables et l'espace mémoire utilisé. Pour notre première base, nous nous limiterons à l'utilisation des principaux types, qui sont résumés dans les tableaux ci-dessous.

Tableau 16-1. Principaux types de champs numériques

Type	Options* (en maigre) et paramètres* obligatoires (en gras)	Taille mémoire (en octets)	Description
TINYINT	(M) UNSIGNED	1	Entier entre 0 et 255 en non signé (UNSIGNED) et – 128 et + 127 en signé (sans option)
SMALLINT	(M) UNSIGNED	2	Entier entre 0 et 65 535 en non signé (UNSIGNED) et – 32 768 et + 32 767 en signé (sans option)
INT	(M) UNSIGNED	4	Entier entre 0 et 16 777 215 en non signé (UNSIGNED) et – 8 388 608 et + 8 388 607 en signé (sans option)
DECIMAL	**(M,D)**	M	Nombre signé enregistré sous forme d'une chaîne de caractères

(*) Définition des options et des paramètres obligatoires :
(M) : indique le nombre maximal de chiffres, avec une limite à 255.
(M, D) : indique le nombre maximal de caractères et le nombre de décimales affichées.
UNSIGNED : indique qu'il s'agit d'un nombre positif. Dans ce cas, il n'y a pas de bit de signe et la valeur positive maximale est plus importante.

Tableau 16-2. Principaux types de champs de texte

Type	Options* (en maigre) et paramètres* obligatoires (en gras)	Taille mémoire (en octets)	Description
CHAR	**(M)** BINARY	M < 256	Chaîne de caractères d'une longueur fixe de M caractères
VARCHAR	**(M)** BINARY	L + 1	Chaîne de caractères d'une longueur variable limitée à M caractères. La longueur réelle de la chaîne est L (L < 256)
TEXT		L + 2	Texte de 1 à 65 535 caractères. La longueur réelle du texte est L (L < 65 536)
ENUM	**'valeur1','valeur2'…**		Énumération de valeurs avec un maximum de 65 535 valeurs différentes.

(*) Définition des options et des paramètres obligatoires :
(M) indique le nombre maximal de chiffres, avec une limite à 255.
BINARY indique que la chaîne de caractères sera sensible à la casse dans les opérations de comparaison et de tri (option à utiliser avec précaution).

Tableau 16-3. Principaux types de champs dates et heures

Type	Options* (en maigre) et paramètres* obligatoires (en gras)	Taille mémoire (en octets)	Description
DATETIME		8	Date au format AAAA-MM-JJ HH:MM:SS de 1000-01-01 00:00:00 à 9999-12-31 23:59:59
TIME		3	Heure au format HH:MM:SS de — 838:59:59 à 838:59:59
DATE		3	Date au format AAAA-MM-JJ de 1000-01-01 à 9999-12-31
YEAR		1	Année au format AAAA de 1901 à 2155

À partir de ces informations, il faut attribuer à chaque champ des trois tables de la base le type de donnée qui lui correspond le mieux selon les exigences formulées dans le cahier des charges.

Les trois tableaux ci-dessous indiquent les choix retenus pour l'application SPORT.

Tableau 16-4. Types des champs de la table adherents

Nom du champ	Type	Taille/Valeurs	Description
ID	TINYINT		Très petit entier (maximum 255 en UNSIGNED) Identifiant : clé primaire de la table
coursID	TINYINT		Très petit entier (maximum 255 en UNSIGNED)
nom	VARCHAR	200	Chaîne de 200 caractères au maximum
prenom	VARCHAR	200	Chaîne de 200 caractères au maximum
annee	YEAR		Format année

Tableau 16-5. Types des champs de la table cours

Nom du champ	Type	Taille/Valeurs	Description
ID	TINYINT		Très petit entier (maximum 255 en UNSIGNED)
			Identifiant : clé primaire de la table
professeursID	TINYINT		Très petit entier (maximum 255 en UNSIGNED)
niveau	VARCHAR	20	Chaîne de 20 caractères au maximum
jour	VARCHAR	20	Chaîne de 20 caractères au maximum
horaire	TINYINT		Très petit entier (maximum 255 en UNSIGNED)

Tableau 16-6. Types des champs de la table professeurs

Nom du champ	Type	Taille/Valeurs	Description
ID	TINYINT		Très petit entier (maximum 255 en UNSIGNED)
			Identifiant : clé primaire de la table
nomProf	VARCHAR	200	Chaîne de 200 caractères au maximum
prenomProf	VARCHAR	200	Chaîne de 200 caractères au maximum
tel	VARCHAR	20	Chaîne de 20 caractères au maximum

Création de la base de données

Une fois les types de champs choisis, vous pouvez créer la base dans phpMyAdmin. Dans la zone du centre, saisissez le nom de la nouvelle base, sport_db, puis cliquez sur le bouton Créer (voir figure 16-1). Le nom de la nouvelle base s'affiche dans le cadre de gauche avec la mention « Aucune table n'a été trouvée dans cette base ».

Création d'une table

Dans le cadre de droite, saisissez le nom de la table à créer (adherents par exemple, pour la première table de la base sport_db), renseignez le nombre de champs (cinq pour notre exemple) puis cliquez sur le bouton Exécuter (voir figure 16-2). L'écran suivant est un formulaire destiné à renseigner les noms, types et paramètres des champs à créer (voir figure 16-3). Pour chaque champ à définir, reportez dans les colonnes Champs, Type et Taille/Valeurs de ce formulaire les informations définies précédemment (voir le tableau 16-4 pour notre exemple). Considérons que tous les champs sont indispensables et conservons l'option not null pour les informations de la colonne null de chaque champ. Il faut ensuite indiquer que le champ ID fait office de clé primaire et cocher la case primaire à l'extrême droite du formulaire. D'autre part, afin que les données de ce champ soient toujours différentes (une clé primaire doit toujours être unique), sélectionnez l'option auto_increment dans la liste déroulante de la colonne extra (le compteur est automatiquement incrémenté à chaque ajout d'un nouvel enregistrement). Maintenant, il ne vous reste plus qu'à cliquer sur le bouton Sauvegarder pour créer cette nouvelle table.

Figure 16-2

Pour créer une nouvelle table, il faut commencer par indiquer son nom et le nombre de champs qu'elle contient.

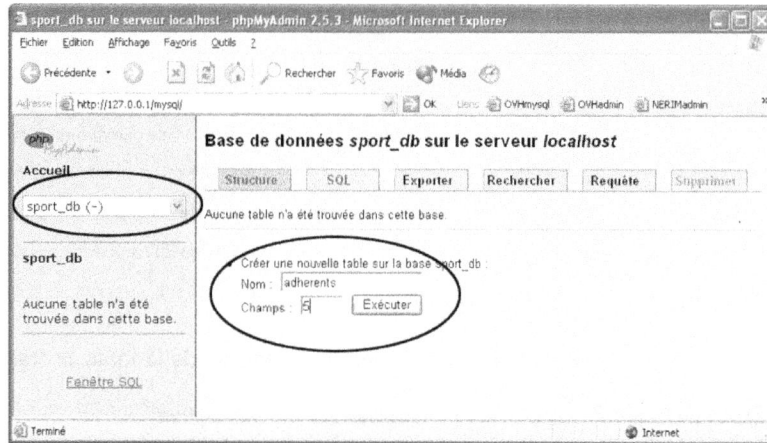

Figure 16-3

Toutes les informations relatives à la nouvelle table doivent être renseignées dans ce formulaire.

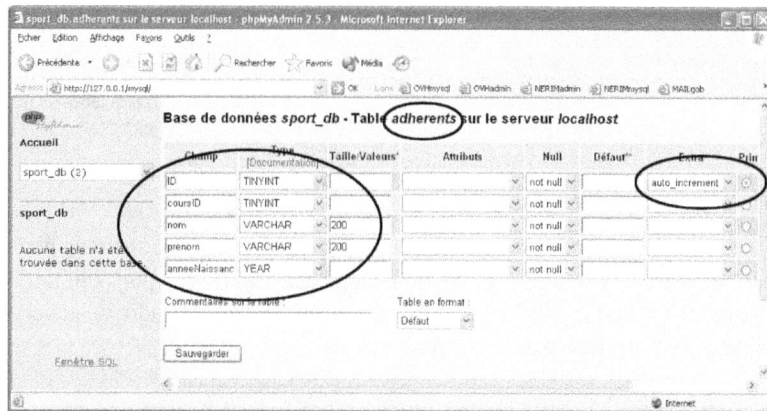

Si vous n'avez pas fait d'erreur, un nouvel écran indique la requête SQL produite automatiquement par phpMyAdmin, ainsi qu'un tableau récapitulatif des propriétés de la nouvelle table (voir figure 16-4). Le nom de la table qui vient d'être créée apparaît désormais dans la partie gauche de l'interface. Les noms affichés dans la partie gauche permettent d'accéder rapidement à la structure de la table (onglet Structure). Vous pouvez ensuite afficher les autres rubriques concernant la table en cliquant sur l'onglet en rapport (Afficher, SQL, Sélectionner, Exporter, Insérer, Exporter, Opération, Vider, Supprimer).

Afin que la structure de la base de données sport_db soit complète, il faut renouveler cette procédure pour créer les deux autres tables (en utilisant les informations des tableaux 16-5 et 16-6). Pour cela, revenez à l'écran correspondant à la première étape de la procédure de création d'une table en cliquant sur le nom de la base sport_db dans le cadre de gauche. Dans le cadre de droite, vous retrouvez les deux champs de création d'une nouvelle table. Indiquez cours pour le nom de la table et 5 pour le nombre de champs. Vous procéderez de la même manière avec la table professeurs, qui ne contient que quatre champs (voir les formulaires de création de ces deux tables, figures 16-5 et 16-6).

Figure 16-4

Après validation, un tableau récapitulatif des propriétés de la nouvelle table créée s'affiche à l'écran.

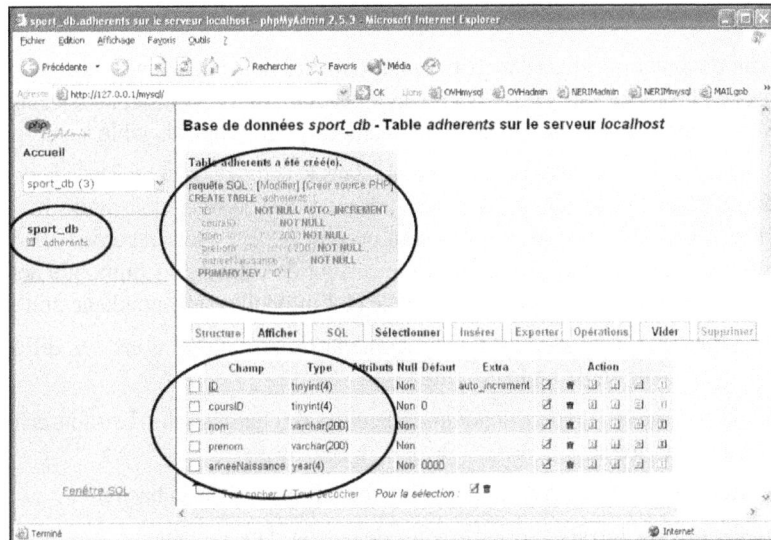

Figure 16-5

Formulaire de création de la table cours.

Figure 16-6

Formulaire de création de la table professeurs.

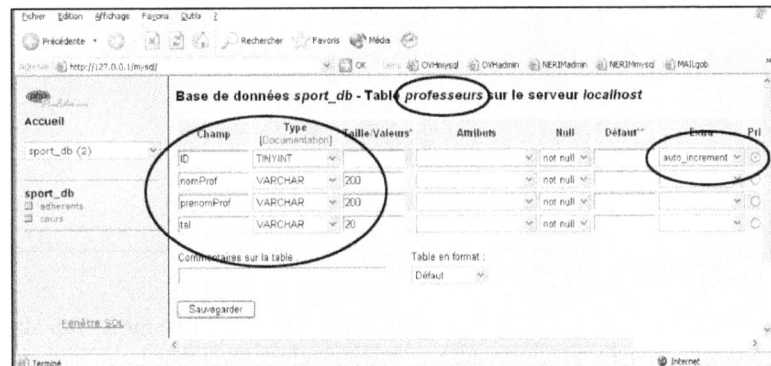

Insertion d'enregistrements

Afin d'ajouter quelques enregistrements dans les nouvelles tables, nous allons utiliser la fonction Insérer de phpMyAdmin. Pour illustrer la procédure, nous détaillerons les étapes pour la table `adherents`. Vous pourrez ensuite suivre la même méthode pour remplir la table `cours` puis la table `professeurs`.

Cliquez sur le nom de la base (`sport_db`) dans le cadre de gauche. Dans la partie droite, vous devez obtenir un tableau récapitulatif des tables présentes dans la base (voir figure 16-7). Sur la même ligne que la table concernée, plusieurs actions sont proposées. Elles sont repérées par différentes icônes et par une infobulle qui s'affiche si vous laissez le curseur de votre souris immobile dessus. Par la suite, nous identifierons toujours une action par le libellé de l'infobulle correspondante afin d'éviter toute confusion :

- **Afficher** – pour afficher tout le contenu de la table et donc ses différents enregistrements (pas encore actif car la table est vide) ;
- **Sélectionner** – pour afficher une sélection de champs selon certains critères (pas encore actif car la table est vide) ;
- **Insérer** – pour insérer un nouvel enregistrement dans la base ;
- **Propriétés** – affiche les propriétés de la base dans un tableau. À utiliser si vous désirez modifier la structure de la table (ajouter ou supprimer des champs…) ;
- **Supprimer** – pour supprimer complètement la table et son contenu ;
- **Vider** – pour supprimer le contenu de la table (et donc tous les enregistrements qu'elle contient) en conservant sa structure.

Figure 16-7

Pour chaque table de la base, vous pouvez rapidement réaliser des actions : cliquez simplement sur le lien en rapport avec l'action se trouvant sur la même ligne que le nom de la table.

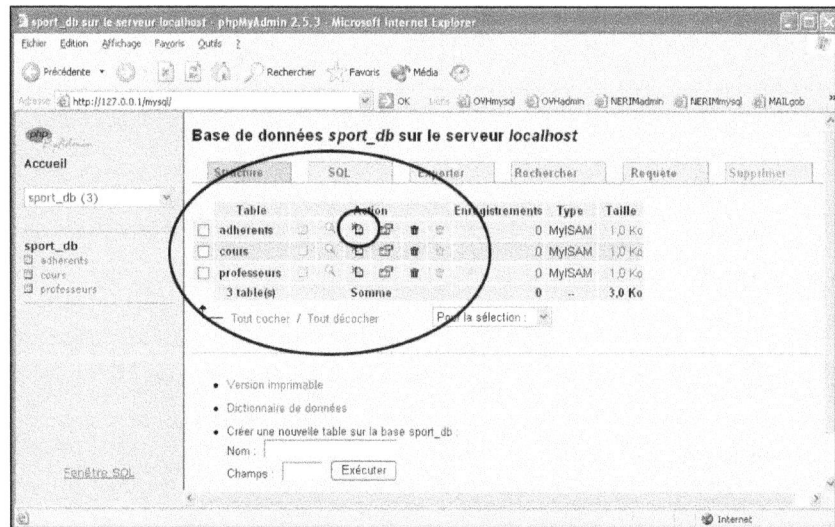

Nous désirons ajouter un enregistrement à la table `cours` (pour les valeurs à saisir dans les champs, nous vous suggérons de prendre le premier enregistrement indiqué dans le tableau 16-7 ci-après). Cliquez sur le lien Insérer sur la même ligne que le nom de la table (voir figure 16-7). Un formulaire de saisie pour chaque champ s'affiche alors dans le cadre de droite (voir figure 16-8). Ne saisissez pas de valeur dans le premier champ ID puisqu'il est incrémenté automatiquement. Saisissez les valeurs dans les autres champs comme indiqué sur la figure 16-8 (nous vous conseillons de saisir les valeurs indiquées si vous voulez obtenir des résultats identiques à ceux des visuels de cet ouvrage). Cliquez ensuite sur Exécuter pour enregistrer vos données.

Figure 16-8

Le formulaire d'insertion de phpMyAdmin permet d'ajouter directement des enregistrements dans la table. Le champ de la clé primaire ID étant auto-incrémenté, il n'est pas nécessaire de saisir une valeur dans sa cellule.

Après l'enregistrement, un message indique le nombre d'enregistrements insérés et rappelle la requête SQL produite automatiquement par phpMyAdmin pour effectuer cette action (voir figure 16-9). Vous pouvez aussi observer sur ce même écran que le nombre d'enregistrements indiqué en rapport avec la table adherents est 1 et que les liens Afficher et Sélectionner sont désormais actifs.

Figure 16-9

Dès que la table contient au moins un enregistrement, tous les liens des actions sur la table deviennent actifs.

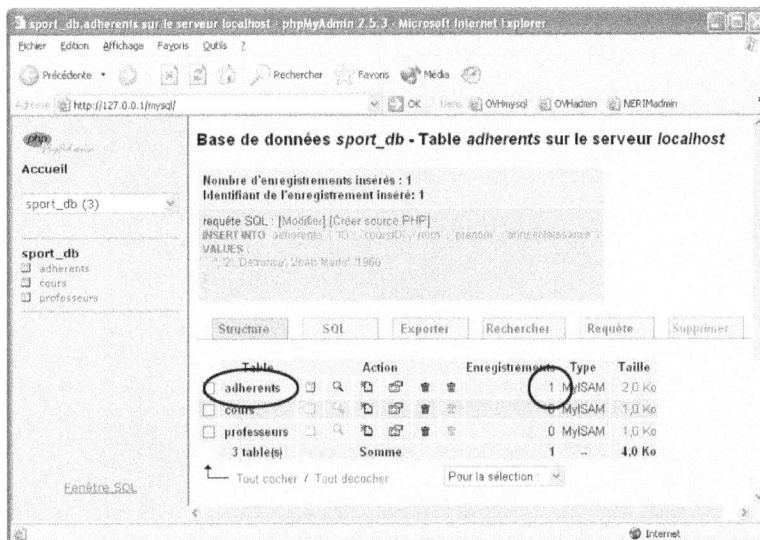

> **Attention à la gestion des apostrophes**
>
> Lors de l'insertion dans la base de données MySQL d'un texte issu d'un formulaire ou d'un cookie, il faut théoriquement préfixer chaque apostrophe de ce texte par « \ ». Cette action peut être gérée pour chaque enregistrement à l'aide des fonctions `addSlashes()` et `stripSlashes()`. Une autre solution consiste à paramétrer le fichier `php.ini` afin que cela soit automatique. Il faut alors que l'option `magic_quote_gpc` du fichier `php.ini` soit initialisée avec la valeur `On`. Cependant, les dernières versions de PHP sont configurées avec cette option initialisée à `Off`, ce qui vous oblige à utiliser systématiquement les fonctions `addSlashes()` et `stripSlashes()`. Nous vous invitons donc à vérifier la configuration de votre fichier php.ini et à la modifier éventuellement.

Afin de pouvoir manipuler plusieurs enregistrements, nous vous suggérons de saisir dans les tables `adherents`, `cours` et `professeurs` les valeurs des tableaux 16-7, 16-8 et 16-9, en suivant la même démarche que ci-dessus. Au terme de ces enregistrements, vous devez obtenir un écran semblable à celui de la figure 16-10 et totaliser onze enregistrements, toutes tables confondues. Si vous cliquez par exemple sur l'action Afficher (voir repère sur figure 16-10) pour voir le contenu de la table `adherents`, la liste des adhérents doit s'afficher (voir figure 16-11).

Tableau 16-7. Exemples d'enregistrements à saisir dans la table adherentsTableau

ID	coursID	nom	prenom	anneeNaissance
1	2	Defrance	Jean-Marie	1960
2	1	Bertaut	Geneviève	1965
3	1	Dumoulin	Alice	1980
4	2	Chapelier	Roland	1968
5	3	Chauvier	Christian	1972
6	3	Hamond	Laurence	1983

Tableau 16-8. Exemples d'enregistrements à saisir dans la table cours

ID	professeursID	niveau	jour	horaire
1	2	Débutant	mardi	19
2	1	Intermédiaire	vendredi	18
3	1	Perfectionnement	mercredi	20

Tableau 16-9. Exemples d'enregistrements à saisir dans la table professeurs

ID	nomProf	prenomProf	tel
1	Dupond	Alain	0145636800
2	Tavan	Jean-Pierre	0178653941

Figure 16-10

*Après avoir enregistré
toutes les valeurs des
tableaux 16-8, 16-9
et 16-10, les trois tables
adherents, cours
et professeurs doivent
afficher un total de six,
trois et deux
enregistrements.*

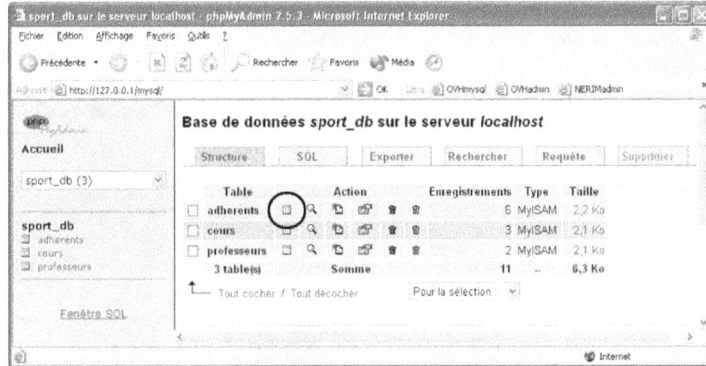

Figure 16-11

*L'action Afficher permet
de prendre connaissance
du contenu des enregis-
trements de chaque table,
d'afficher le contenu
d'une table et de modifier
ou supprimer l'un de ses
enregistrements.*

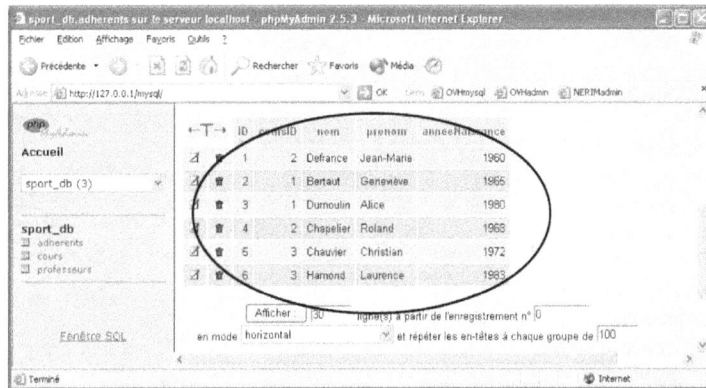

Modification d'un enregistrement

En cas d'erreur de saisie ou simplement pour mettre à jour les informations, il est possible de modifier un enregistrement de la base. Pour cela, cliquez sur le lien Afficher de la table cours par exemple
(même icône que sur la figure 16-10 mais sur la ligne de la table cours). Un écran affichant les différents enregistrements de la table apparaît (voir figure 16-12). Deux actions sont alors disponibles
pour chaque enregistrement :

- **Modifier** – permet d'afficher de nouveau un formulaire de saisie et de modifier le contenu d'un
  enregistrement ;
- **Effacer** – efface complètement l'enregistrement concerné de la table.

Cliquez sur le lien Modifier en face du cours Intermédiaire (revoir figure 16-12). Dans l'écran qui
s'affiche (voir figure 16-13), vous devez retrouver le même masque de saisie que pour un enregistrement initial, hormis le fait que les valeurs des champs sont déjà initialisées. Au passage, remarquez que
le champ ID de la clé primaire a été initialisé automatiquement à 2 lors de l'enregistrement précédent
grâce à sa propriété d'auto-incrémentation. Il ne vous reste plus qu'à modifier la valeur erronée puis à
valider en cliquant sur le bouton Exécuter (voir figure 16-13). Saisissez une nouvelle valeur dans le
champ jour (samedi au lieu de vendredi). Le tableau d'affichage du contenu de la table doit maintenant
tenir compte de cette modification (voir figure 16-14).

Figure 16-12

Dans l'écran affichant les différentes informations de la table cours, cliquez sur le lien Modifier en face de l'enregistrement à actualiser.

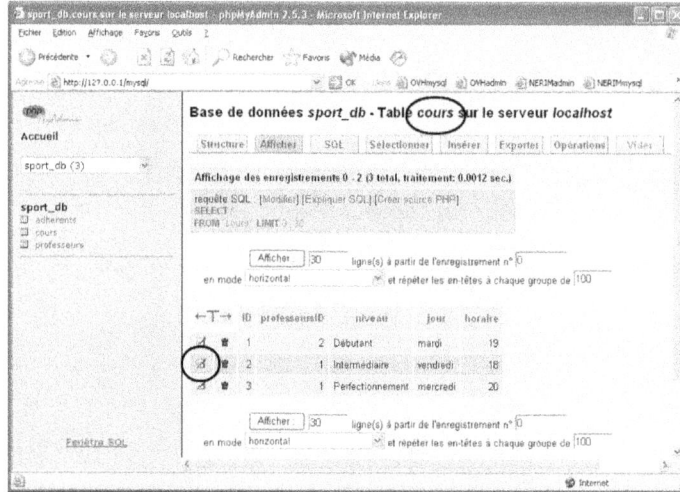

Figure 16-13

Dans la procédure de modification d'un enregistrement, nous retrouvons le même formulaire que celui utilisé lors de l'insertion d'un enregistrement. Pour modifier une donnée, il suffit de remplacer l'information dans le champ correspondant puis de valider en cliquant sur le bouton Exécuter.

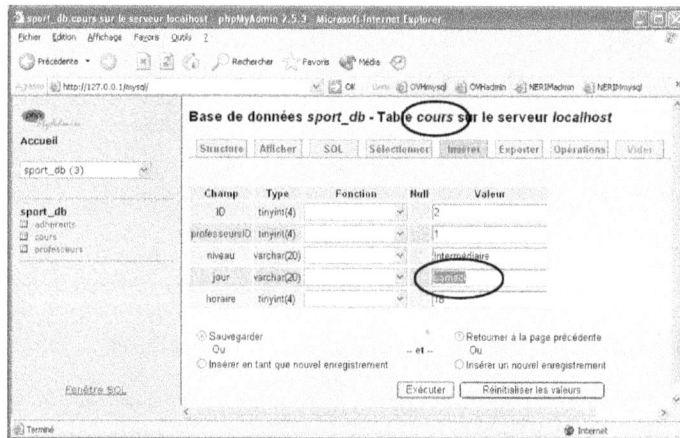

Figure 16-14

Après la modification d'une valeur dans un enregistrement, celle-ci apparaît dans le tableau d'affichage des enregistrements de la table.

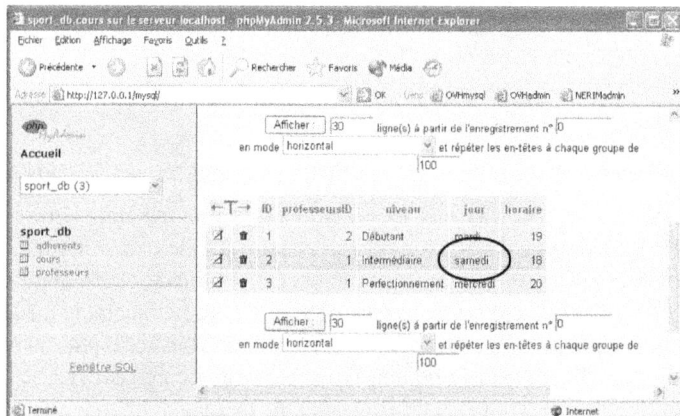

Modification des propriétés d'une table

Pour modifier les propriétés d'une table (ajout ou suppression d'un champ, par exemple), revenez sur l'écran d'affichage des tables en cliquant sur le nom de la base, sport_db, dans le cadre de gauche (voir repère 1 figure 16-15). Parmi les actions disponibles pour chaque table, vous allez maintenant utiliser le lien Propriétés (cliquez sur le lien Propriétés de la table cours, voir repère 2 figure 16-15).

Figure 16-15

Pour accéder à l'écran Structure d'une table, cliquez sur le nom de la base dans le cadre de gauche de l'interface (voir repère 1) puis sur le lien Propriétés de cette table (voir repère 2).

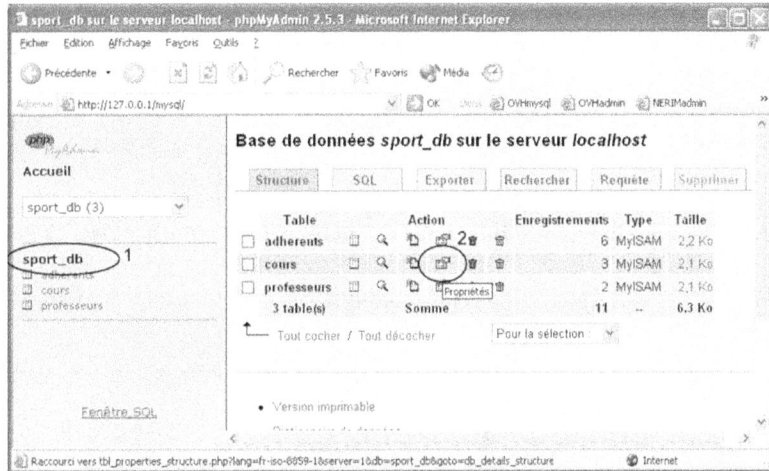

Modification ou suppression d'un champ

L'écran des propriétés (voir figure 16-16) permet d'intervenir sur les caractéristiques de chaque champ de la table. Pour cela, il faut utiliser les icônes des liens actifs à droite du champ à modifier.

Figure 16-16

L'écran des Propriétés de la table (onglet Structure) permet de sélectionner l'action à réaliser et le champ concerné pour modifier la structure d'une table.

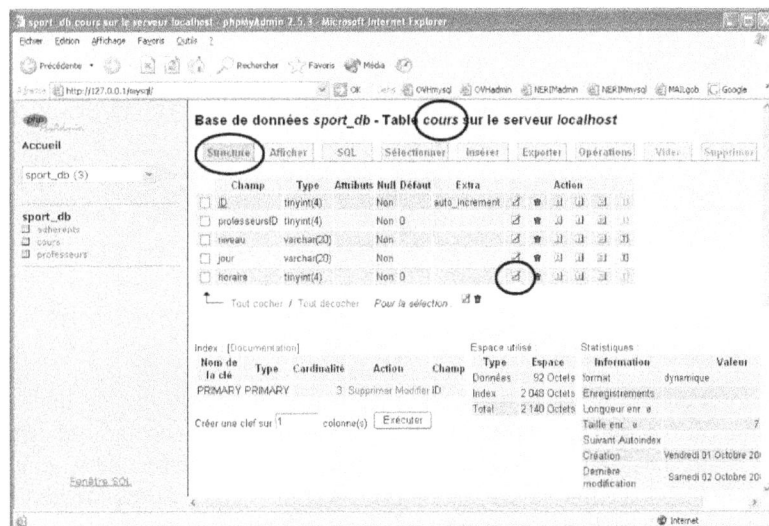

Voici les différentes fonctions de ces liens :

- **Modifier** – permet de modifier les caractéristiques d'un champ ;

- **Supprimer** – permet de supprimer complètement le champ concerné ;

- **Primaire** – définit le champ concerné comme clé primaire de la table ;

- **Index** – définit le champ concerné comme une clé d'index. Une clé d'index permet d'augmenter les performances d'un tri ou d'une recherche si le champ est utilisé comme critère ;

- **Unique** – impose que le champ concerné prenne une valeur différente pour chacun des enregistrements ;

- **Texte entier** – permet l'indexation et la recherche sur l'ensemble d'un champ « texte » (full text). Les index FULLTEXT sont utilisés avec les tables MyISAM et peuvent être créés pour des colonnes de types CHAR, VARCHAR ou TEXT.

Cliquez sur le lien Modifier situé sur la ligne du champ horaire de la table cours. La modification consiste à rendre ce champ facultatif : sélectionnez null dans la colonne du même nom (voir figure 16-17), puis cliquez sur le bouton Sauvegarder pour enregistrer votre modification.

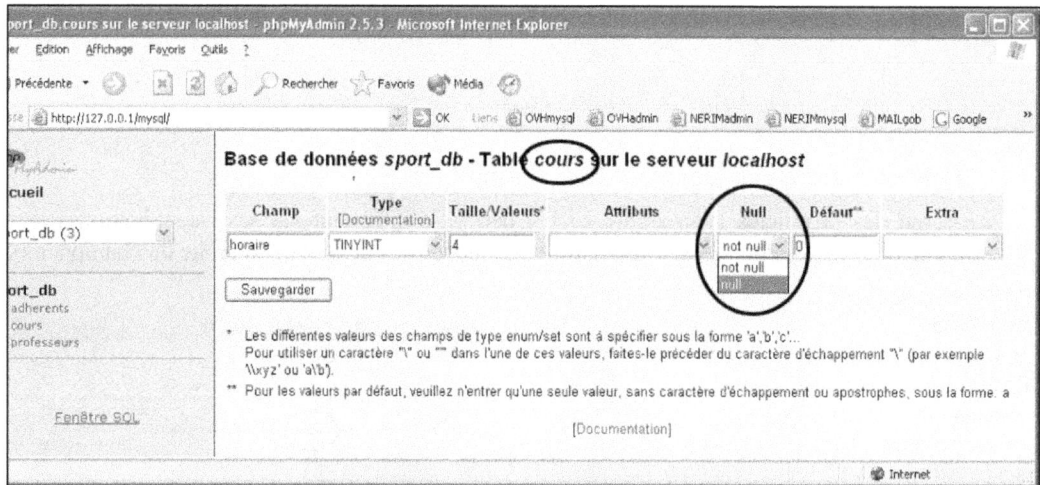

Figure 16-17

Le formulaire de modification des propriétés d'un champ vous permet d'intervenir facilement sur ses différents attributs.

Ajout d'un champ

Pour ajouter un nouveau champ à une table, il faut utiliser les deux zones prévues à cet effet en bas de l'écran Structure (voir figure 16-18). Après avoir indiqué le nombre de champs à ajouter et leur position dans la base par rapport aux champs actuels, vous accéderez à un formulaire semblable à celui de la création initiale d'une table. Validez-le après l'avoir renseigné.

Figure 16-18

Pour accéder au formulaire d'ajout de champ, vous devez utiliser la rubrique Ajouter un champ en bas de l'écran Structure.

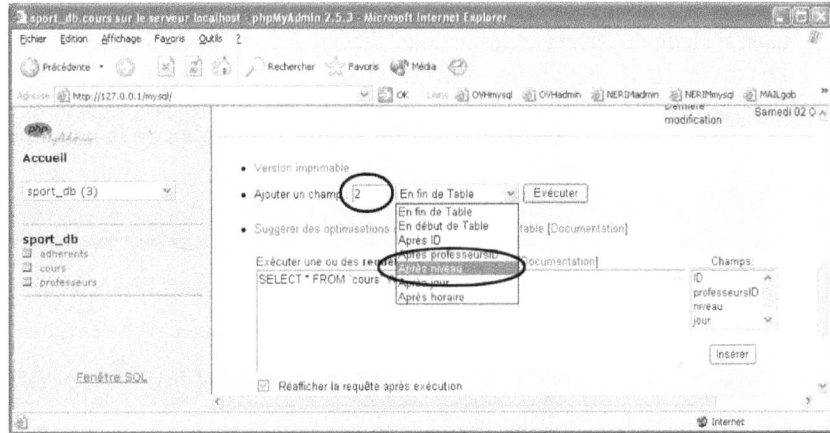

Configuration des droits d'un utilisateur

Fonctions des tables de la base mysql

Les droits des utilisateurs du serveur MySQL sont définis dans la base mysql. Chaque table de cette base permet de configurer des droits d'accès plus ou moins restreints aux données pour un utilisateur spécifique (voir figure 16-19).

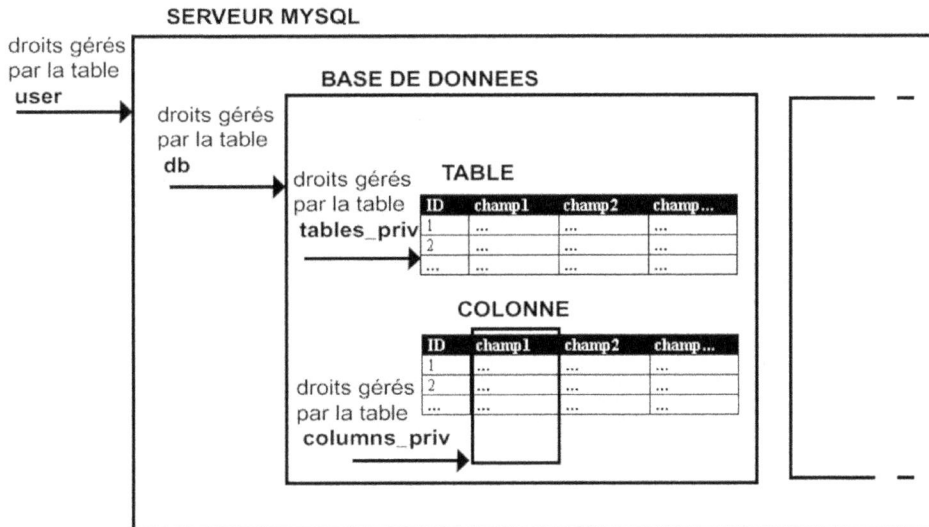

Figure 16-19

Les droits des utilisateurs peuvent être définis à différents niveaux du serveur de base de données.
Les tables de la base mysql permettent de configurer ces paramètres pour chaque utilisateur.

Si vous sélectionnez la base `mysql` dans le menu déroulant de l'accueil, la liste de ses tables apparaît dans le cadre de gauche et les actions disponibles sur chacune de ces tables dans le cadre de droite. Le tableau 16-10 indique les fonctions de ces différentes tables.

Tableau 16-10. Fonctions des tables de la base mysql

Table	Fonctions
columns_priv	Stocke les droits d'accès d'un utilisateur sur les colonnes d'une table.
db	Stocke les droits d'accès d'un utilisateur sur une base de données.
host	Permet de restreindre les droits en cas de connexion à partir d'un ordinateur particulier.
tables_priv	Stocke les droits d'accès d'un utilisateur sur les tables d'une base de données.
user	Stocke les utilisateurs, leur mot de passe et les droits d'accès globaux.

Pour accéder à la table `user`, cliquez sur le lien Afficher situé sur la ligne de la table `user`. Lors de l'installation, MySQL crée toujours un utilisateur `root` sans mot de passe, qui a tous les droits sur toutes les bases. Dans le contexte d'une utilisation en local avec EasyPHP (pour le développement de votre application, par exemple), cela n'est pas dangereux. En revanche, sur un serveur distant, le mot de passe de l'utilisateur `root` dans la table `user` doit toujours être renseigné.

Nous pourrions configurer les droits d'un utilisateur directement dans les tables de la base `mysql`, cependant phpMyAdmin met à votre disposition un assistant de création d'utilisateur que nous allons détailler dans la section suivante.

Création d'un utilisateur MySQL en mode assisté

Vous allez maintenant créer un nouvel utilisateur et paramétrer ses droits en configurant un compte utilisateur `sport` pour accéder exclusivement à la base `sport_db` (voir figure 16-20).

Les paramètres de ce compte seront repris par la suite pour configurer la « connexion à la base » utilisée dans vos scripts PHP. Nous vous conseillons donc d'utiliser les valeurs suggérées, afin d'éviter toute erreur de configuration par la suite.

Placez-vous dans la page d'accueil du gestionnaire (cliquez sur le lien Accueil dans la partie gauche de l'interface) puis cliquez sur le lien Privilèges (voir figure 16-21).

Dans la nouvelle fenêtre cliquez sur le lien Ajouter un utilisateur en bas du tableau des utilisateurs (voir figure 16-22).

Saisissez le nom d'utilisateur `sport` et sélectionnez `localhost` dans le menu déroulant Serveur. Saisissez ensuite deux fois le mot de passe correspondant à cet utilisateur (soit `eyrolles` dans notre exemple) et cliquez sur le bouton Exécuter sans valider d'autre option (voir figure 16-23). À noter que si vous validez un droit à ce niveau (privilèges globaux), cela permettrait à l'utilisateur de l'exploiter sur toutes les bases du serveur MySQL et non exclusivement sur la base `sport_db`.

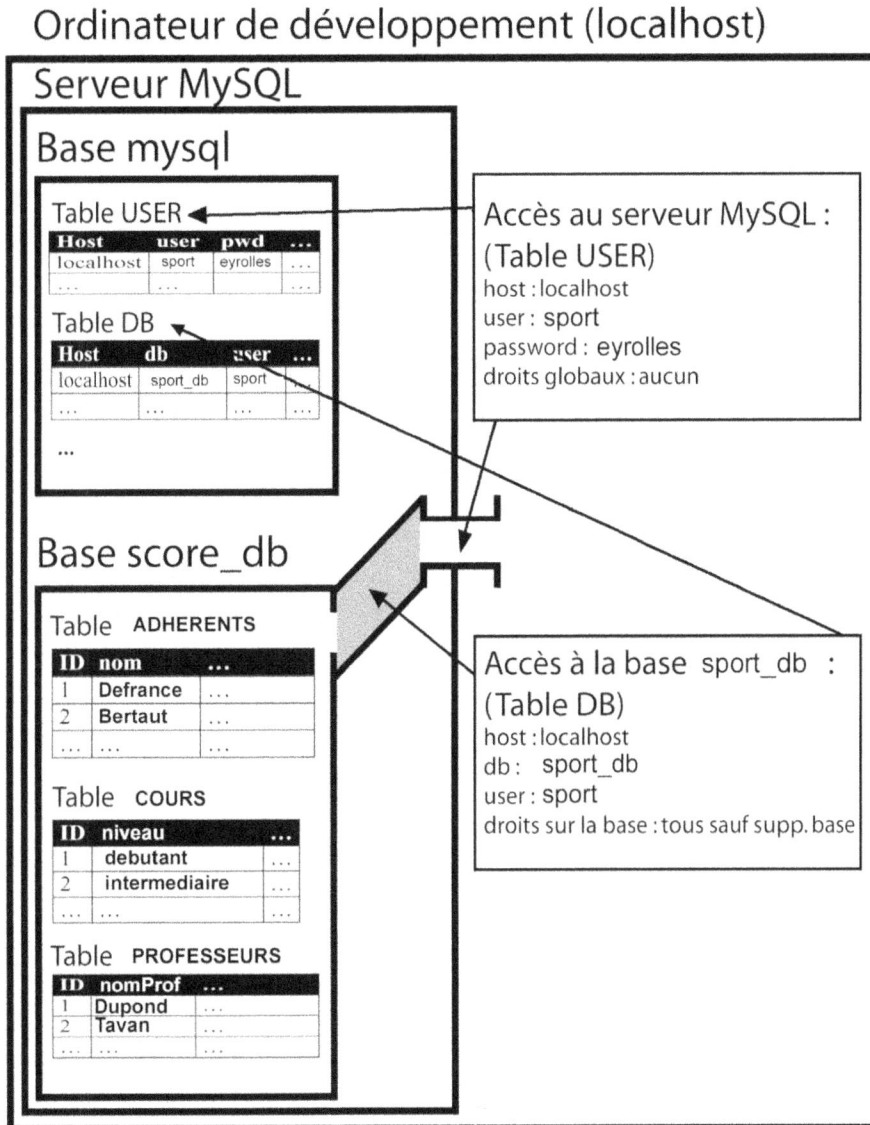

Ordinateur de développement (localhost)

Serveur MySQL

Base mysql

Table USER

Host	user	pwd	...
localhost	sport	eyrolles	...
...	...		...

Table DB

Host	db	user	...
localhost	sport_db	sport	
...	...	...	...

...

Accès au serveur MySQL :
(Table USER)
host : localhost
user : sport
password : eyrolles
droits globaux : aucun

Base score_db

Table ADHERENTS

ID	nom	...
1	Defrance	...
2	Bertaut	...
...	...	...

Table COURS

ID	niveau	...
1	debutant	...
2	intermediaire	...
...	...	...

Table PROFESSEURS

ID	nomProf	...
1	Dupond	...
2	Tavan	...
...	...	...

Accès à la base sport_db :
(Table DB)
host : localhost
db : sport_db
user : sport
droits sur la base : tous sauf supp. base

Figure 16-20

Schéma de principe du contrôle d'accès d'un utilisateur sport à la base sport_db.

Le compte root par défaut

Si vous ne créez pas de compte utilisateur, vous pourrez quand même configurer une connexion à la base en utilisant le compte `root` préconfiguré par défaut dans MySQL (dans ce cas, il faut remplacer dans le fichier de connexion le nom de l'utilisateur par `root` et ne pas indiquer de mot de passe). Attention ! L'usage de ce compte root sans mot de passe est évidemment limité à un usage local. Vous devez impérativement vous assurer que tous les comptes mysql possèdent bien un mot de passe si votre base de données doit être reliée à Internet.

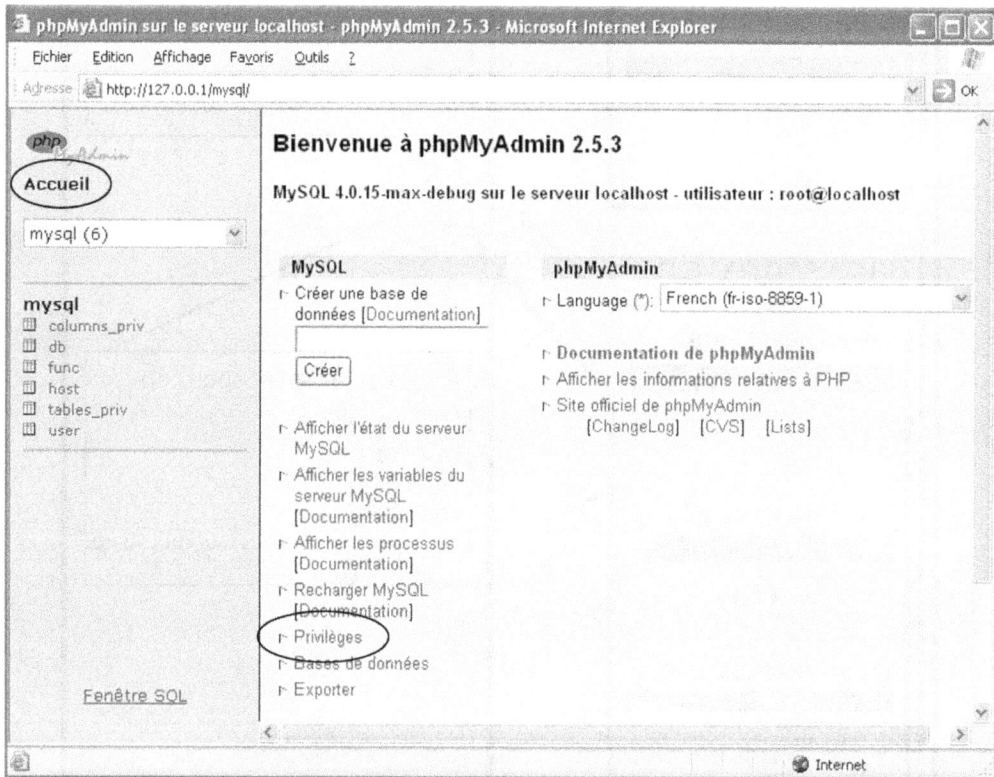

Figure 16-21

Le lien Privilèges de l'écran d'accueil de phpMyAdmin permet d'accéder à l'assistant de création d'un utilisateur.

Après validation, un écran vous informe que le nouvel utilisateur `sport@localhost` (c'est-à-dire l'utilisateur sport depuis un accès localhost) a bien été créé et vous propose de modifier éventuellement ses attributions. Un peu plus bas, dans le même écran de confirmation, se trouve une rubrique intitulée Privilèges spécifiques à une base de données. Sélectionnez la base `sport_db` dans le menu déroulant (voir figure 16-24) pour accéder au formulaire d'ajout d'un privilège d'accès à la base `sport_db`.

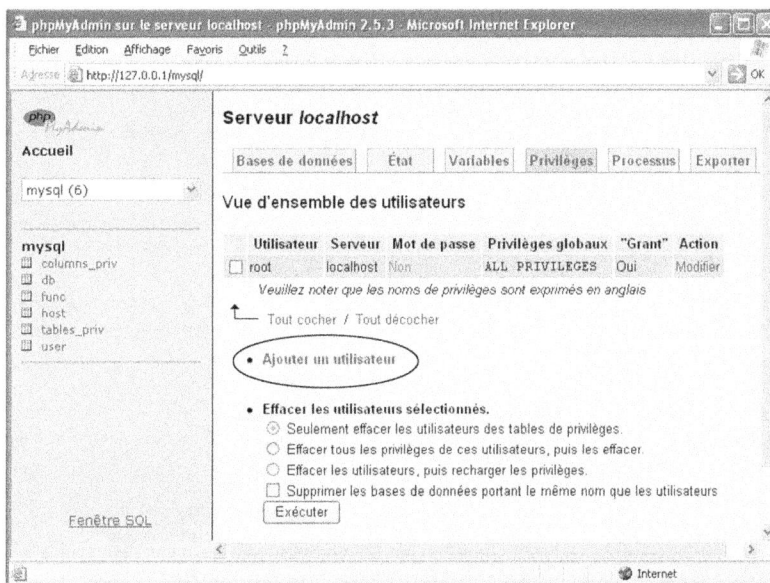

Figure 16-22

Cet écran affiche les utilisateurs existants de votre base de données. En cliquant sur le lien Créer un utilisateur, vous pouvez accéder au formulaire d'ajout d'un nouvel utilisateur.

Figure 16-23

Pour ajouter un nouvel utilisateur, il suffit d'indiquer son nom, son serveur (en général localhost) et son mot de passe.

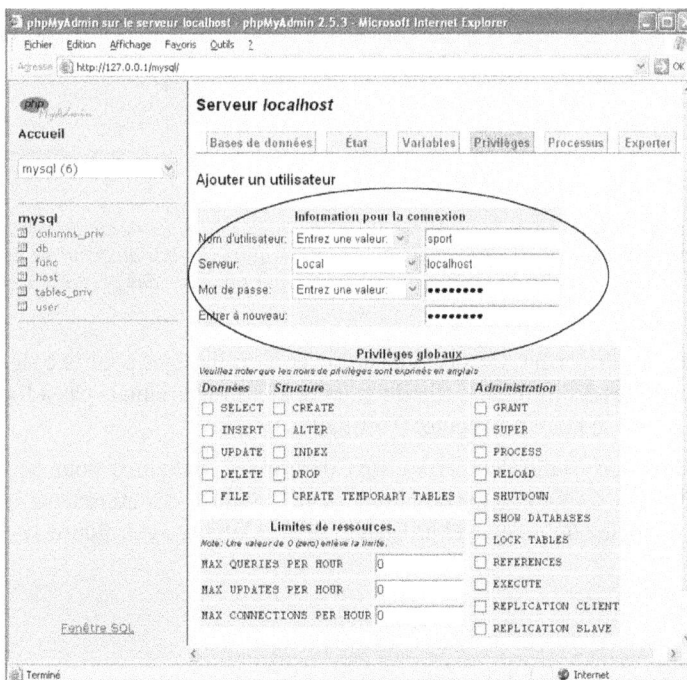

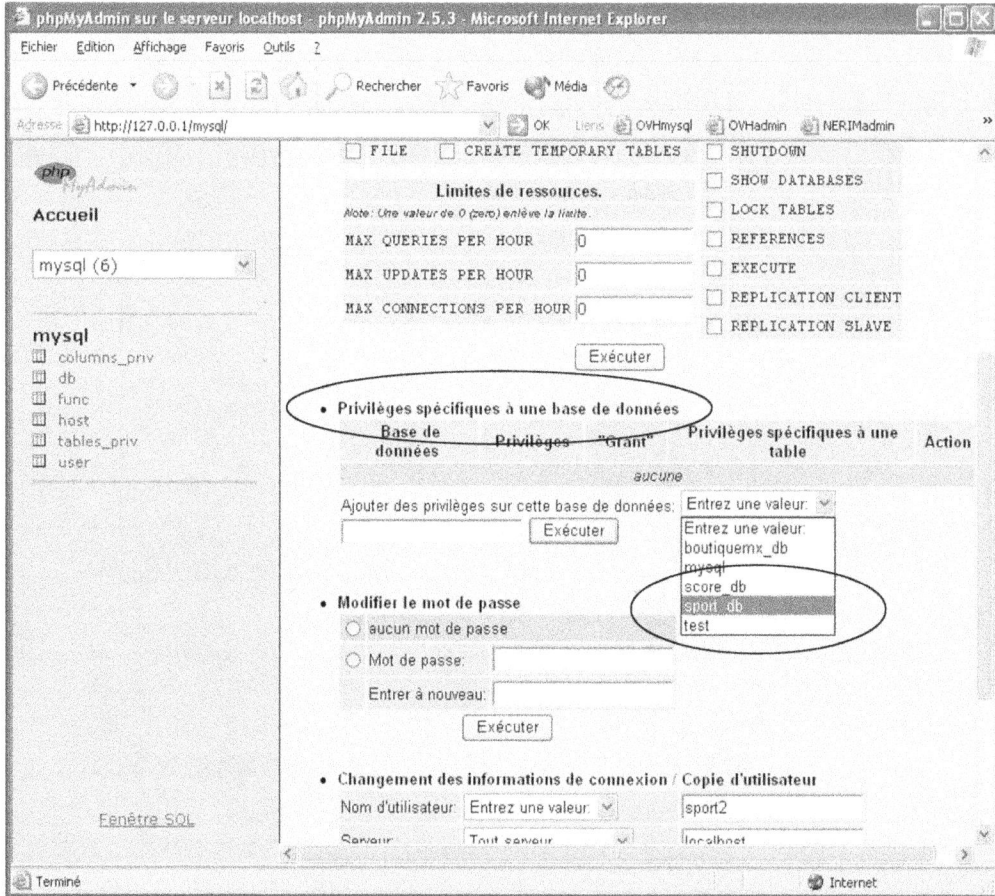

Figure 16-24

Après l'enregistrement du nouvel utilisateur, le gestionnaire affiche un écran de confirmation qui indique que l'utilisateur sport@localhost a bien été ajouté à la table users. En bas de ce même écran un menu déroulant permet de sélectionner une base de données existante pour attribuer des privilèges spécifiques à l'utilisateur sport.

Cochez les droits que vous désirez attribuer à l'utilisateur pour la base concernée (par exemple autorisez tous les droits relatifs aux données et à la structure mais pas à l'administration) puis validez en cliquant sur le bouton Exécuter (voir figure 16-25).

Les droits de l'utilisateur sport sont désormais configurés pour accéder exclusivement à la base sport_db. Si vous consultez ensuite la vue d'ensemble des utilisateurs (cliquez sur l'onglet Privilèges), vous constatez qu'un nouvel utilisateur sport s'affiche (voir figure 16-26).

Figure 16-25

Le tableau des privilèges spécifiques à une base de données permet de définir un droit d'accès à une base spécifique.

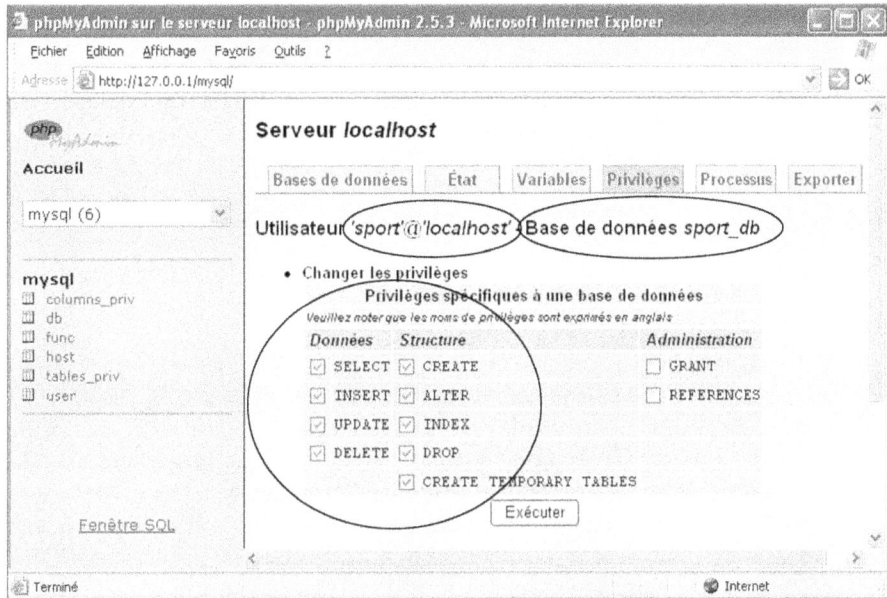

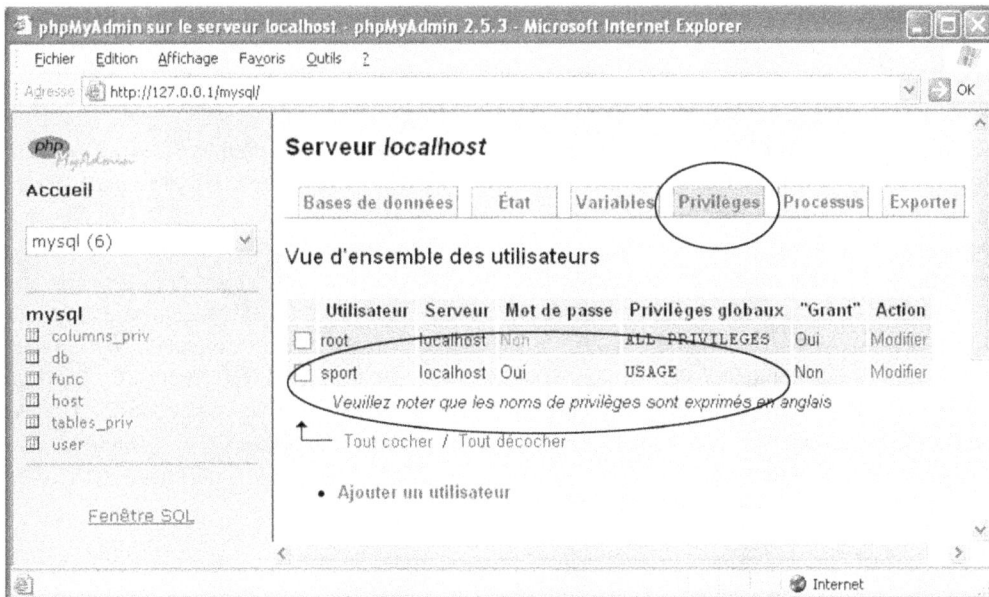

Figure 16-26

Dans la vue d'ensemble des utilisateurs, on constate que l'utilisateur sport est désormais configuré.

Sauvegarde et restauration d'une base de données

Il est hautement recommandé de faire une sauvegarde de secours de ses programmes et il en est de même pour les bases de données. Cependant, la démarche est quelque peu différente, car nous n'allons pas copier un simple fichier, mais enregistrer les requêtes MySQL qui ont été utilisées pour créer la structure de la base et éventuellement celles qui ont permis d'insérer des enregistrements dans les tables. Une fois enregistrées dans un fichier, ces requêtes pourront ensuite être utilisées dans phpMyAdmin pour recréer à l'identique la base sauvegardée.

Sauvegarde

Passons maintenant à la pratique. Pour cela, vous allez commencer par vous assurer que la base à sauvegarder est bien sélectionnée dans la liste déroulante de gauche (voir repère 1 de la figure 16-27). Dans la partie droite, cliquez sur l'onglet Exporter situé en haut de l'écran (voir repère 2 de figure 16-27). La nouvelle page de droite contient plusieurs cadres. Le premier, intitulé Exporter, permet de sélectionner les tables à exporter et le format d'exportation. Sélectionnez toutes les tables en cliquant sur le lien Tout sélectionner (voir repère 3 de la figure 16-27) et conservez le format SQL initialisé par défaut. Le second cadre, intitulé options SQL, vous permet d'ajouter un DROP TABLE (pour ce faire, cochez l'option portant le même nom : voir repère 4 de la figure 16-27) qui supprimera automatiquement les anciennes tables de la base avant d'y inclure les nouvelles, ce qui évite de générer un message d'erreur si une table de même nom existait déjà. C'est dans ce même cadre que l'on peut choisir d'exporter la structure, les données ou les deux ensembles (dans notre cas, nous validerons les deux). Le troisième cadre, intitulé Transmettre, vous permet d'indiquer que vous désirez générer un fichier (pour ce faire, cliquez dans la case à cocher intitulée Transmettre : voir repère 5 de la figure 16-27) et de choisir le type de compression à utiliser (choisissez l'option Aucune).

Validez en cliquant sur le bouton Exécuter placé en bas de l'écran. Une première fenêtre vous demande de confirmer l'enregistrement (cliquez sur Enregistrer pour confirmer). Un deuxième écran (voir figure 16-28) vous demande de sélectionner le répertoire de sauvegarde. Vérifiez l'emplacement du répertoire qui vous est proposé par défaut ou choisissez un répertoire dédié aux archives de votre projet, afin de savoir où retrouver votre fichier lors de la restauration (vous pouvez par exemple créer un répertoire archives à la racine de votre site Web et créer dans celui-ci un répertoire sql qui regroupe toutes les sauvegardes de votre base de données). Après validation, l'enregistrement s'effectue. Nous vous suggérons d'utiliser l'explorateur Windows pour vous assurer que le fichier est bien enregistré à l'endroit indiqué. Si vous ouvrez ce fichier sport_db.sql avec un simple éditeur (Bloc-notes, par exemple), vous devez retrouver les requêtes indiquées ci-dessous. Elles sont destinées à recréer des structures de tables conformes à l'origine (CREATE TABLE), puis à provoquer des ajouts d'enregistrements dans les tables (INSERT INTO) selon les valeurs actuellement présentes dans la base :

```
# phpMyAdmin SQL Dump
# version 2.5.3
# http://www.phpmyadmin.net
#
# Serveur: localhost
# Généré le : Samedi 02 Octobre 2004 à 19:34
# Version du serveur: 4.0.15
# Version de PHP: 4.3.3
```

Figure 16-27

Pour sauvegarder une base, on utilise le formulaire de la rubrique Exporter.

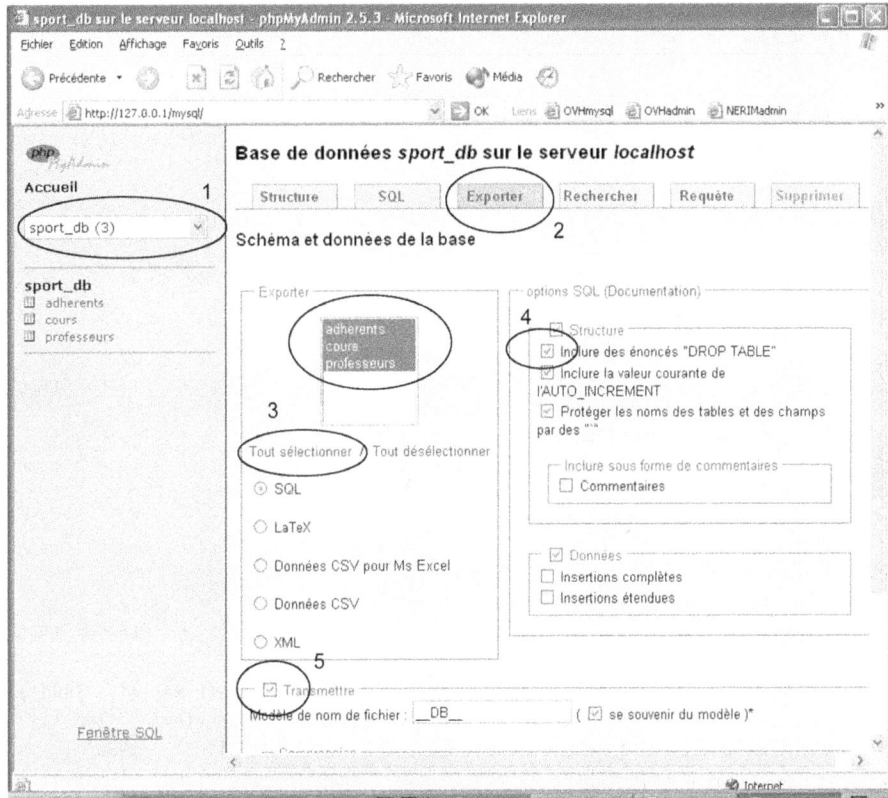

Figure 16-28

L'explorateur de fichiers vous permet de choisir l'emplacement où vous allez sauvegarder votre base de données.

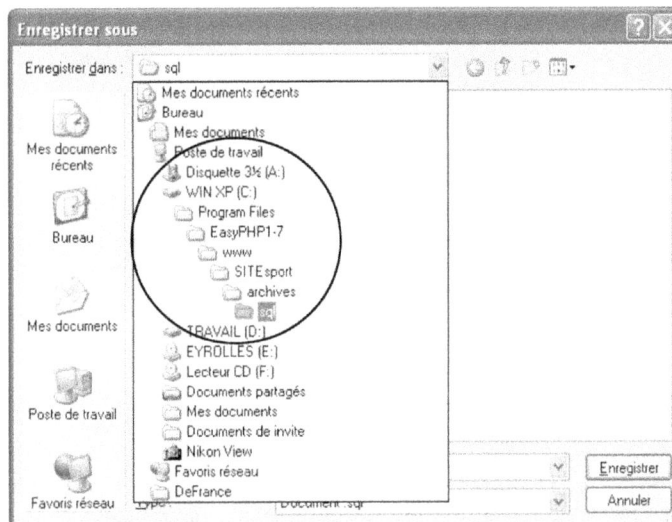

```
#
# Base de données: 'sport_db'
#

# ---------------------------------------------------------

#
# Structure de la table 'adherents'
#

DROP TABLE IF EXISTS `adherents`;
CREATE TABLE `adherents` (
 `ID` tinyint(4) NOT NULL auto_increment,
 `coursID` tinyint(4) NOT NULL default '0',
 `nom` varchar(200) NOT NULL default '',
 `prenom` varchar(200) NOT NULL default '',
 `anneeNaissance` year(4) NOT NULL default '0000',
 PRIMARY KEY (`ID`)
) TYPE=MyISAM AUTO_INCREMENT=7 ;

#
# Contenu de la table `adherents`
#

INSERT INTO `adherents` VALUES (1, 2, 'Defrance', 'Jean-Marie', '1960');
INSERT INTO `adherents` VALUES (2, 1, 'Bertaut', 'Geneviève', '1965');
INSERT INTO `adherents` VALUES (3, 1, 'Dumoulin', 'Alice', '1980');
INSERT INTO `adherents` VALUES (4, 2, 'Chapelier', 'Roland', '1968');
INSERT INTO `adherents` VALUES (5, 3, 'Chauvier', 'Christian', '1972');
INSERT INTO `adherents` VALUES (6, 3, 'Hamond', 'Laurence', '1983');

# ---------------------------------------------------------

#
# Structure de la table `cours`
#

DROP TABLE IF EXISTS `cours`;
CREATE TABLE `cours` (
 `ID` tinyint(4) NOT NULL auto_increment,
 `professeursID` tinyint(4) NOT NULL default '0',
 `niveau` varchar(20) NOT NULL default '',
 `jour` varchar(20) NOT NULL default '',
 `horaire` tinyint(4) default '0',
 PRIMARY KEY (`ID`)
) TYPE=MyISAM AUTO_INCREMENT=4 ;

#
# Contenu de la table `cours`
#
```

```
INSERT INTO `cours` VALUES (1, 2, 'Débutant', 'mardi', 19);
INSERT INTO `cours` VALUES (2, 1, 'Intermédiaire', 'samedi', 18);
INSERT INTO `cours` VALUES (3, 1, 'Perfectionnement', 'mercredi', 20);

# -------------------------------------------------------

#
# Structure de la table `professeurs`
#

DROP TABLE IF EXISTS `professeurs`;
CREATE TABLE `professeurs` (
  `ID` tinyint(4) NOT NULL auto_increment,
  `nomProf` varchar(200) NOT NULL default '',
  `prenomProf` varchar(200) NOT NULL default '',
  `tel` varchar(20) NOT NULL default '',
  PRIMARY KEY (`ID`)
) TYPE=MyISAM AUTO_INCREMENT=3 ;

#
# Contenu de la table `professeurs`
#

INSERT INTO `professeurs` VALUES (1, 'Dupond', 'Alain', '0145636800');
INSERT INTO `professeurs` VALUES (2, 'Tavan', 'Jean-Pierre', '0178653941');
```

Restauration

Pour restaurer une base, il faut que celle-ci soit déjà créée (revoir si besoin la procédure de création d'une base). Ensuite, sélectionnez-la dans la liste de gauche et cliquez sur le lien portant son nom en dessous de la liste.

> **À noter**
> La base sport_db doit être créée, mais peut être vide de toute table. Si ce n'est pas le cas, nous vous invitons à supprimer les tables pour bien comprendre la procédure de restauration (pour supprimer une table, cliquez sur le lien Supprimer correspondant).

Dans la partie droite, cliquez sur l'onglet SQL en haut de l'écran (voir repère 1 de la figure 16-29). La nouvelle page propose un formulaire avec deux zones de saisie. La première et la plus grande sera utilisée pour générer des requêtes courtes que vous pouvez directement saisir ou coller dans le champ. Le deuxième champ vous permet de choisir sur votre poste le fichier .sql qui contient les requêtes à générer. Nous utiliserons cette méthode puisque nous avons précédemment créé un fichier de sauvegarde SQL. Cliquez sur le bouton Parcourir (voir repère 2 de la figure 16-29). Sélectionnez ensuite, dans l'explorateur, le fichier précédemment sauvegardé et cliquez sur Ouvrir pour valider votre choix. Le chemin du fichier est alors copié dans le champ à gauche du bouton Parcourir (voir repère 3 de la figure 16-39). Il ne vous reste plus qu'à cliquer sur le bouton Exécuter pour démarrer la restauration. Toutes les requêtes du fichier s'exécutent alors et s'affichent en haut de l'écran. Au terme de la restauration, les tables de la base sont de nouveau visibles dans le gestionnaire.

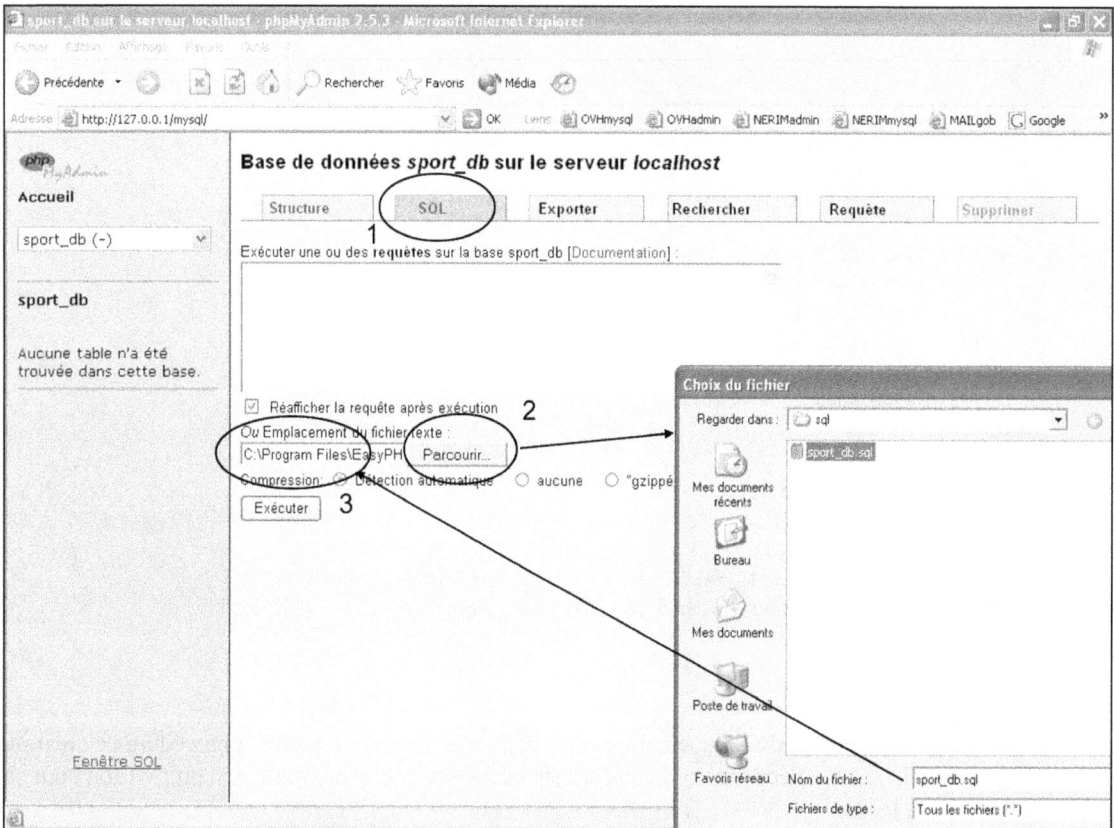

Figure 16-29

Pour la restauration d'une base de données, il faut utiliser le formulaire de la rubrique Exécuter en précisant l'emplacement du fichier de restauration sport_db.sql.

Commandes SQL avancées

Le langage SQL (*Structured Query Language*) est un langage normalisé d'interrogation de bases de données. Puisqu'il est normalisé, il est indépendant du type des bases de données : les mêmes commandes peuvent donc être exploitées quelle que soit la base utilisée (Access, MySQL…). Les commandes SQL peuvent ainsi gérer tout type d'action sur le serveur de bases de données MySQL, depuis la simple manipulation des enregistrements jusqu'à la création, la modification ou la suppression d'une base, d'une table ou d'un champ.

Méthodes d'exécution d'une commande SQL

Les commandes SQL peuvent être transmises au serveur MySQL de deux manières selon l'action qu'on désire réaliser (voir tableau 17-1).

La première manière consiste à utiliser un logiciel comme le gestionnaire phpMyAdmin ou encore le client mysql (qui permet la saisie de commandes directement sur le serveur). Cependant, ces outils nécessitent de disposer d'un compte administrateur sur le serveur de la base et demandent un apprentissage préalable. En pratique, nous les utiliserons uniquement dans le cadre de la création ou de la modification de la structure d'une base de données.

La deuxième manière consiste à utiliser des scripts PHP dont la fonction est d'assurer l'interfaçage avec la base de données MySQL. Ces derniers envoient des requêtes à la base selon les demandes qu'ils réceptionnent (à l'aide d'un formulaire en ligne ou d'une animation Flash, par exemple). Les résultats des requêtes sont ensuite mis en forme et transmis à une application spécifique (page PHP ou animation Flash configurées pour afficher les résultats). Cette deuxième méthode permet de créer des interfaces client adaptées aux besoins d'une application et utilisables en ligne sans authentification préalable de l'utilisateur. La création de ces interfaces sera traitée dans le chapitre 18.

Tableau 17-1. Tableau de choix d'une méthode pour intervenir sur une base de données

Commandes	Actions	Méthode conseillée	Chapitre à consulter
CREATE ALTER DROP	Création ou modification d'une base ou d'une table	**Gestionnaire phpMyAdmin :** Interface graphique qui permet de générer tout type de commande SQL. En pratique, le gestionnaire est utilisé pour créer ou modifier la structure de la base (CREATE, ALTER, DROP) ou pour tester des requêtes (SELECT, …) en phase de mise au point des scripts PHP (nécessite un compte administrateur).	Chapitre 16
		Client MySQL : Même utilisation que le gestionnaire phpMyAdmin mais en mode lignes de code. L'utilisation du client MySQL nécessite de connaître toutes les syntaxes SQL, contrairement à l'interface graphique présentée ci-dessus (nécessite un compte administrateur).	non abordé dans cet ouvrage
SELECT INSERT UPDATE DELETE REPLACE	Manipulations des enregistrements (données) des différentes tables d'une base	**Script PHP d'interfaçage MySQL :** Scripts PHP créés dans un éditeur de code dont la fonction est d'assurer l'interfaçage avec la base de données. Ces scripts répondent exactement aux besoins de l'application et peuvent générer tout type de commande SQL mais en pratique ils sont surtout utilisés pour gérer les enregistrements des tables (SELECT, …).	Chapitre 18

Dans ce chapitre dédié aux commandes SQL avancées, nous nous intéresserons uniquement à la rédaction des requêtes destinées à la manipulation des données (SELECT, INSERT, UPDATE, DELETE et REPLACE). Nous ne créerons pas de requêtes pour la création ou la modification de la structure de la base de données car nous utiliserons pour ce faire le gestionnaire de base phpMyAdmin en suivant les procédures présentées dans le chapitre 16.

Dans le chapitre18, consacré aux interfaçages Flash-PHP-MySQL, nous étudierons les différentes fonctions PHP qui permettent d'intégrer une commande SQL dans un script PHP. Dans le présent chapitre, nous nous limiterons à l'étude des commandes SQL.

Le tableau 17-2 présente les différentes commandes SQL destinées à la manipulation de données, leur fonction et leur syntaxe simplifiée. Nous complèterons plus loin ces informations par une syntaxe détaillée des commandes. Chaque commande sera accompagnée de plusieurs exemples.

Tableau 17-2. Principales commandes SQL de manipulation d'enregistrements

Commande SQL	Fonction	Syntaxe simplifiée
SELECT (commande utilisée pour tous les jeux d'enregistrements)	Recherche et extraction de données. Différentes options peuvent être exploitées pour sélectionner les enregistrements, les champs retournés, ou l'ordre dans lequel sont retournés les enregistrements.	SELECT champ1, champ2, … FROM table1, table2, … WHERE critère(s) de sélection ORDER BY information sur le tri
INSERT	Ajout d'enregistrement(s) dans la base	INSERT INTO table (champ1, champ2, …) VALUES (valeur1, valeur2, …)

Tableau 17-2. Principales commandes SQL de manipulation d'enregistrements *(suite)*

Commande SQL	Fonction	Syntaxe simplifiée
UPDATE	Modification d'enregistrement(s)	UPDATE table SET champ = valeur WHERE critère(s) de sélection
DELETE	Suppression d'enregistrement(s)	DELETE FROM table WHERE critère(s) de sélection
REPLACE	Remplacement d'enregistrement(s) (équivaut aux commandes DELETE et INSERT exécutées successivement)	REPLACE FROM table WHERE critère(s) de sélection

Conditions de test des exemples de commande SQL

Tous les exemples de ce chapitre ont été testés sur la base de données sport_db et à l'aide du gestionnaire phpMyAdmin. Afin que vous compreniez bien les spécificités de chaque clause, nous vous suggérons de réaliser chacun de ces exemples. Pour cela, ouvrez le gestionnaire phpMyAdmin et sélectionnez dans le cadre de gauche la base sport_db (voir repère 1 de la figure 17-1) que nous avons créée précédemment (revoir si besoin le chapitre 16). Cliquez ensuite sur l'onglet SQL (voir repère 2 de la figure 17-1), saisissez la requête à tester dans le champ Exécuter une ou des requêtes (voir repère 3 de la figure 17-1) et cliquez sur le bouton Exécuter (voir repère 4 de la figure 17-1). Vous pouvez ainsi tester la syntaxe de la commande et l'adapter en modifiant ses paramètres selon vos besoins.

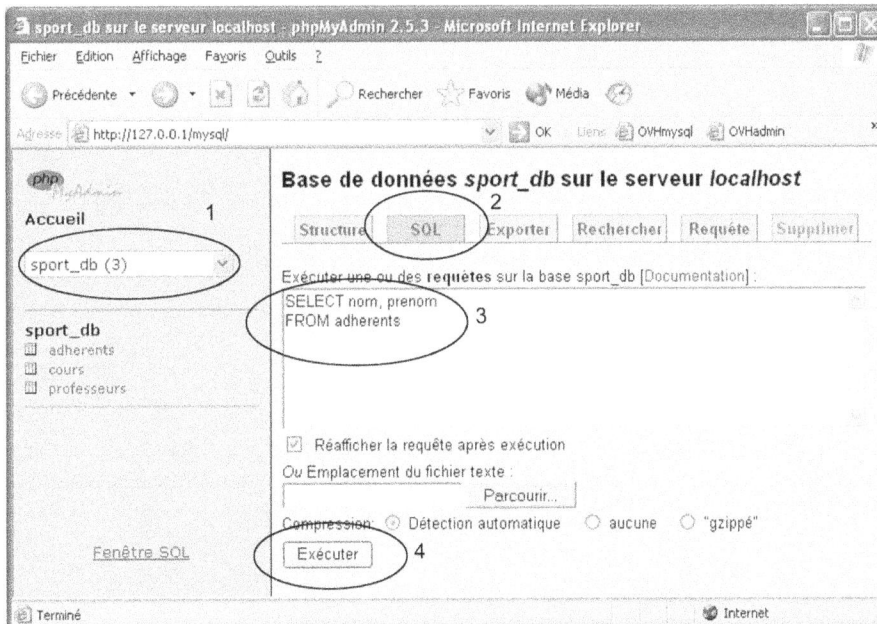

Figure 17-1
Procédure de test d'une requête SQL dans phpMyAdmin.

> **À noter**
>
> phpMyAdmin ajoutera automatiquement à la requête saisie une clause LIMIT (exemple LIMIT 0,30) pour limiter le nombre d'enregistrements affichés. Ne soyez donc pas surpris de voir apparaître cette clause dans les différentes illustrations présentées dans ce chapitre.

D'autre part, afin de partir d'une base de test commune et de pouvoir interpréter correctement les résultats des exemples que nous vous présentons dans ce chapitre, nous vous indiquons dans les figures 17-2 à 17-4 l'état des enregistrements des différentes tables de la base sport_db qui ont servi à nos essais.

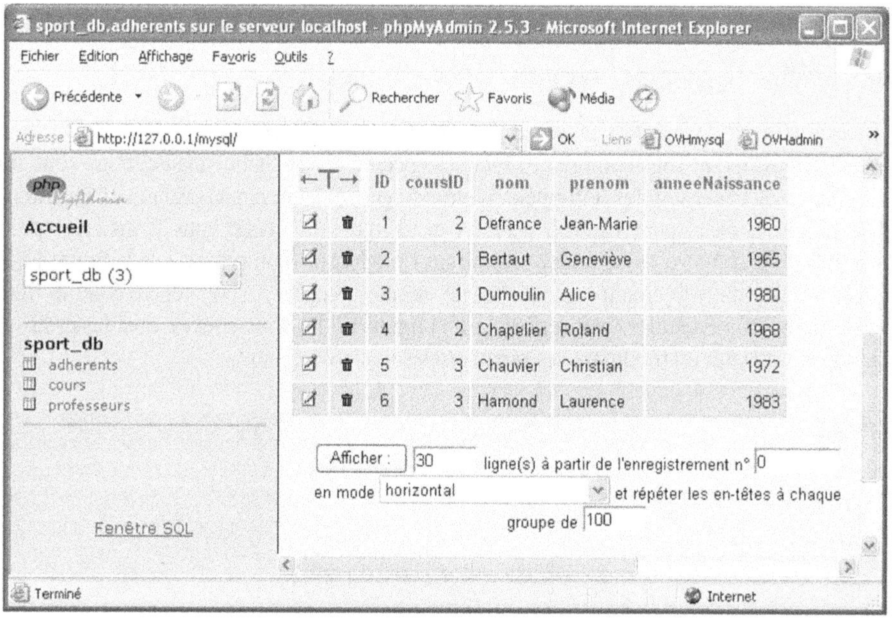

Figure 17-2

Affichage des enregistrements de la table adherents utilisés dans nos exemples.

Commande SELECT

La commande SELECT permet de rechercher puis d'extraire les champs demandés d'une ou plusieurs tables selon un ou plusieurs critères. Les résultats ainsi retournés forment des « jeux d'enregistrements ». Ceux-ci peuvent être triés ou groupés selon les options retenues dans la requête SELECT.

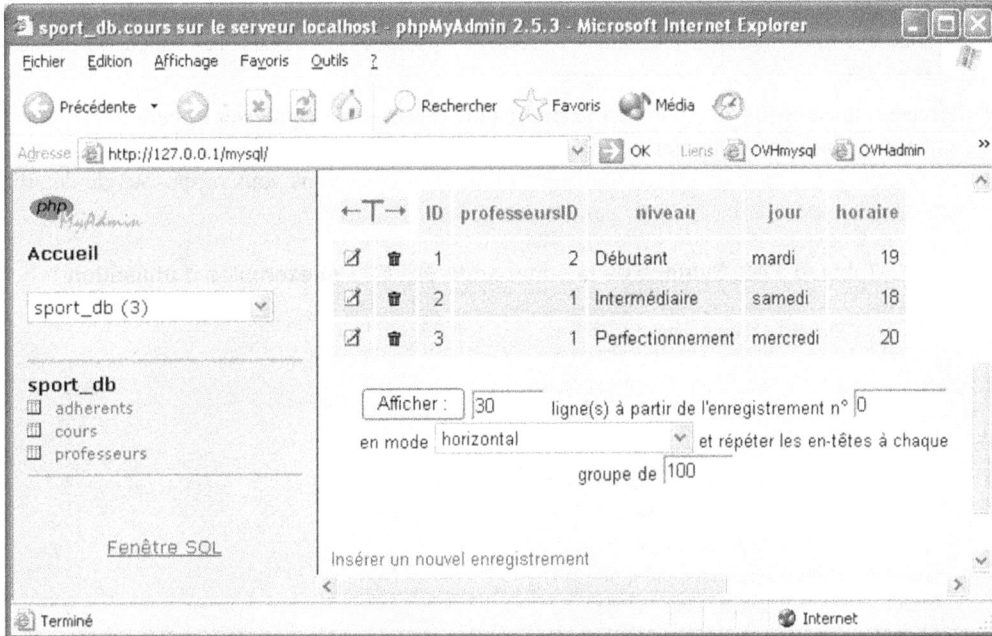

Figure 17-3

Affichage des enregistrements de la table cours utilisés dans nos exemples.

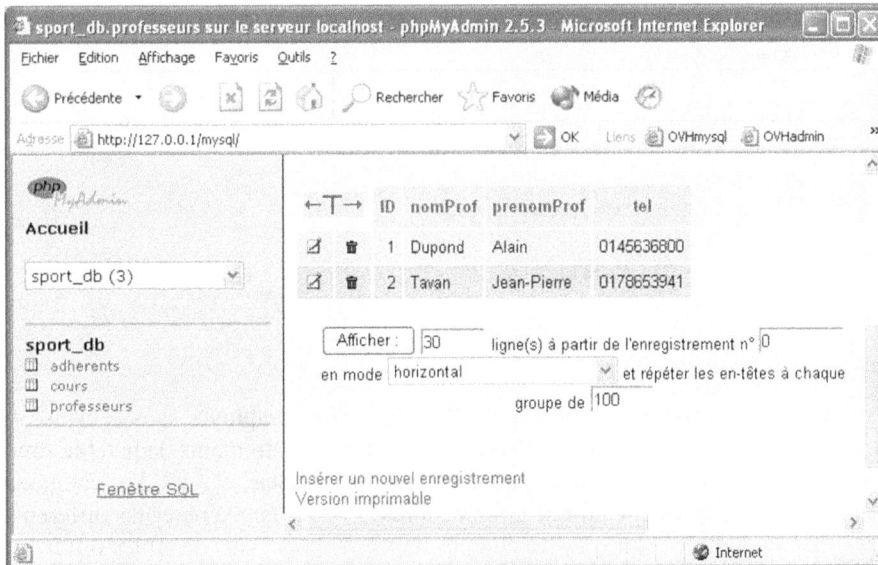

Figure 17-4

Affichage des enregistrements de la table professeurs utilisés dans nos exemples.

SELECT est une commande fréquemment utilisée dans les manipulations d'enregistrements courantes ; il est donc très important de bien maîtriser toutes ses variantes si vous désirez concevoir des requêtes SQL avancées.

Différentes clauses peuvent compléter la commande SELECT afin de préciser l'opération à réaliser. Par exemple, la clause WHERE permet de sélectionner les enregistrements à extraire. La clause ORDER BY permet quant à elle de trier les résultats après leur sélection. Nous vous proposons de détailler ces différentes clauses et de les illustrer par des exemples.

Tableau 17-3. Syntaxe de la commande SELECT et exemples d'utilisation

	Sélection d'enregistrements

Syntaxe détaillée	`SELECT [DISTINCT | DISTINCTROW]`
	`[table.]champ, … | *`
	`[FROM table, …]`
	`[WHERE expression_de_sélection]`
	`[GROUP BY [table.]champ, …]`
	`[HAVING expression_de_sélection]`
	`[ORDER BY champ [ASC | DESC] ]`
	`[LIMIT [debut,] nb_lignes ]`

Légende	[xxx] : le code xxx est facultatif. (Attention ! Les crochets [et] ne doivent surtout pas être saisis dans le code.) xxx | yyy : le code « | » sépare des groupes de code alternatifs (il faut donc choisir de saisir soit xxx, soit yyy). xxx … : la suite du code peut être complétée par des groupes de code de même structure que xxx.

Exemples	Exemple 1 :
	`SELECT * FROM adherents`
	Exemple 2 :
	`SELECT nom FROM adherents WHERE nom='Defrance'`
	Exemple 3 :
	`SELECT adherents.nom, cours.niveau`
	`FROM adherents, cours`
	`WHERE adherents.coursID=cours.ID`

Commande SELECT simple

Dans sa forme la plus simple, la commande SELECT peut être employée sans la clause WHERE. Dans ce cas, en l'absence d'expression de sélection, tous les enregistrements de la table sont retournés. Pour inclure uniquement certaines colonnes dans le résultat, il faut les énumérer après la commande SELECT. S'il y a plus d'une colonne à retourner, il faut séparer les différents noms des colonnes par une virgule. Enfin, si des champs de même nom issus de tables différentes peuvent être ambigus, il est indispensable de les faire précéder du nom de la table à laquelle ils appartiennent afin de lever l'ambiguïté. Enfin, il est possible de remplacer l'énumération des colonnes désirées par le caractère * : toutes les colonnes de la table sont alors retournées dans le résultat de la requête.

Voici quelques exemples :

- pour obtenir tous les champs de tous les adhérents :

```
SELECT * FROM adherents
```

- pour obtenir uniquement les noms et prénoms de tous les adhérents (voir figure 17-5) :

```
SELECT nom, prenom FROM adherents
```

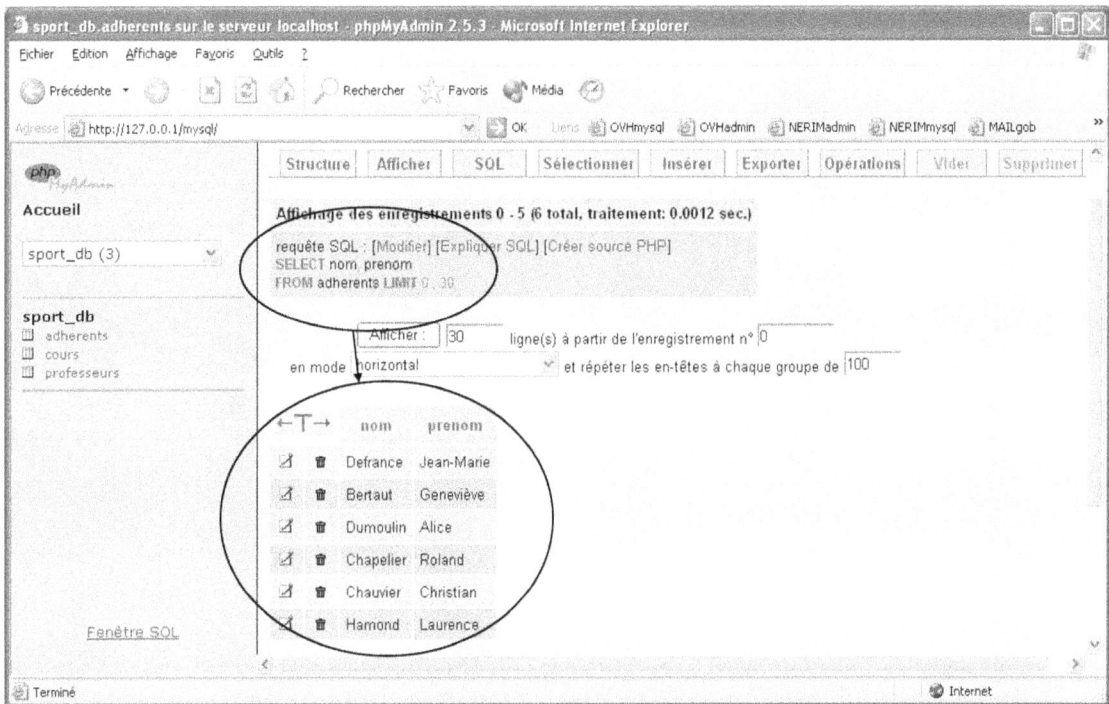

Figure 17-5

Test réalisé avec un jeu d'enregistrements : requête simple.

Commande SELECT avec des alias

Il est souvent pratique de définir des noms alias différents des noms des champs de la base. On peut s'en servir pour définir des expressions de sélection ou encore lorsqu'on utilise des fonctions, comme nous allons le voir. Pour définir un nom de champ alias, il suffit de faire suivre l'expression qu'il représente par l'instruction AS et par le nom de l'alias désiré.

Par exemple, voici la commande à saisir pour obtenir tous les identifiants des adhérents sous l'alias id1, ainsi que leur nom (voir figure 17-6) :

```
SELECT adherents.ID AS id1, nom FROM adherents
```

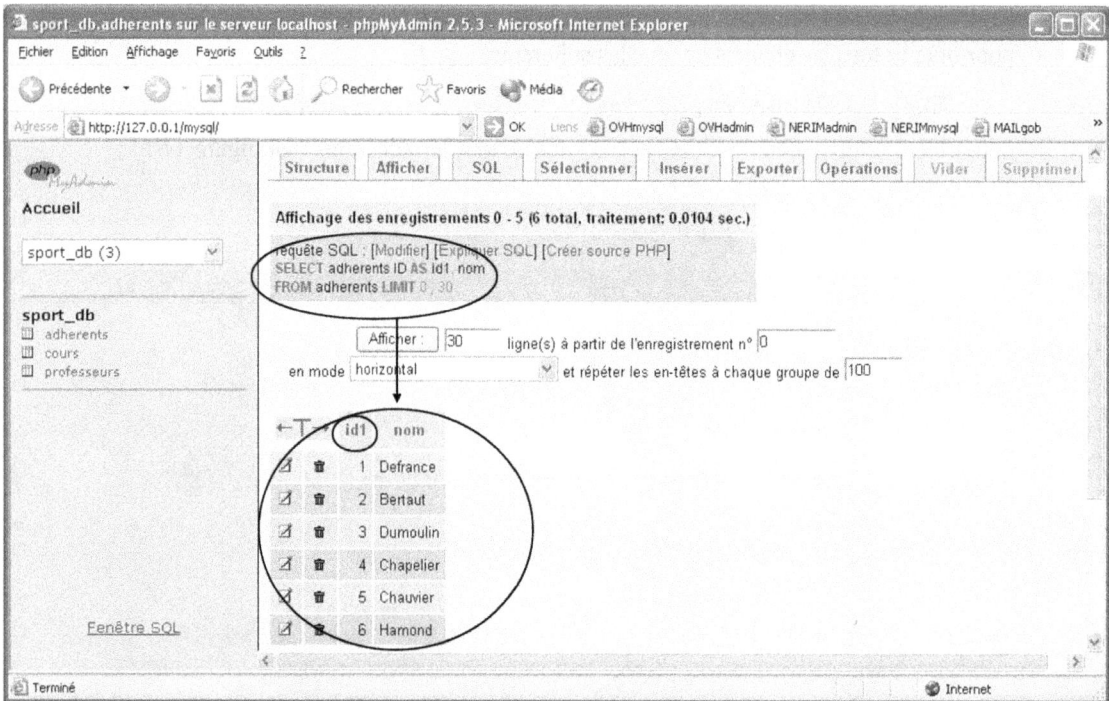

Figure 17-6

Test réalisé avec un jeu d'enregistrements : requête avec alias.

Commande SELECT avec des fonctions MySQL

De nombreuses fonctions MySQL peuvent être utilisées dans les requêtes. Elles se substituent au nom d'un champ juste après la commande SELECT. Ces fonctions permettent, entre autres, de réaliser des calculs mathématiques ou des concaténations. Elles servent aussi à préparer une date (enregistrée dans la base au format MySQL : AAAA-MM-JJ) afin qu'elle soit retournée et affichée au format français (JJ-MM-AAAA). Le tableau 17-4 propose une liste non exhaustive des fonctions MySQL disponibles.

Tableau 17-4. Liste non exhaustive des principales fonctions MySQL

Fonction	Description
ABS(nbr1)	Renvoie la valeur absolue du nombre nbr1.
ASCII(car1)	Renvoie le code ASCII du caractère car1.
AVG(ch1)	Renvoie la moyenne arithmétique des valeurs du champ ch1.

Tableau 17-4. Liste non exhaustive des principales fonctions MySQL *(suite)*

Fonction	Description
CONCAT(elem1, [elem2, …])	Renvoie la concaténation de tous les éléments, un élément pouvant être un champ, un nombre ou un caractère. Si c'est un caractère, il convient de l'encadrer avec des guillemets simples.
COUNT(ch1)	Renvoie le nombre d'enregistrements non nuls du champ ch1. À noter : Si on utilise COUNT(*), on obtient le nombre total d'enregistrements de la table, quel que soit le champ.
CURDATE()	Renvoie la date courante au format AAAA-MM-JJ.
CURTIME()	Renvoie l'heure courante au format HH:MM:SS.
ENCRYPT(chaîne[,clé])	Renvoie la chaîne cryptée, avec la clé si elle est précisée.
HEX(nbr1)	Renvoie la valeur hexadécimale du nombre nbr1.
IFNULL(elem1,elem2)	Renvoie elem1 s'il est NULL ; sinon renvoie elem2.
LAST_INSERT_ID()	Renvoie la dernière valeur créée pour un champ auto-incrémenté.
MAX(ch1)	Renvoie la plus grande des valeurs du champ ch1.
MIN(ch1)	Renvoie la plus petite des valeurs du champ ch1.
NOW()	Renvoie la date et l'heure courantes.
PASSWORD(chaîne)	Renvoie la valeur cryptée de « chaîne » avec la fonction utilisée pour les mots de passe de MySQL.
REVERSE(chaîne)	Renvoie l'expression miroir de la chaîne.
SIGN(elem1)	Renvoie le signe de elem1.
SUM(ch1)	Renvoie la somme des valeurs du champ ch1.
TRIM(chaîne)	Renvoie la valeur de « chaîne » après avoir éliminé les espaces placés au début et à la fin.
USER()	Renvoie le nom de l'utilisateur courant.
VERSION()	Renvoie la version de MySQL.

Lorsqu'on utilise des fonctions MySQL, il est très pratique de définir un nom de champ alias pour exploiter le résultat de la fonction à partir du jeu d'enregistrements.

Dans l'exemple qui suit, on désire obtenir les numéros de téléphone des professeurs préfixés avec « +33 » pour préciser l'indicatif à utiliser à l'étranger. Pour manipuler plus facilement les données ainsi créées, on définit un alias nommé telEtranger pour représenter ce nouveau champ dans le jeu d'enregistrements (voir figure 17-7) :

```
SELECT nomProf, CONCAT('+33',tel) AS telEtranger FROM professeurs
```

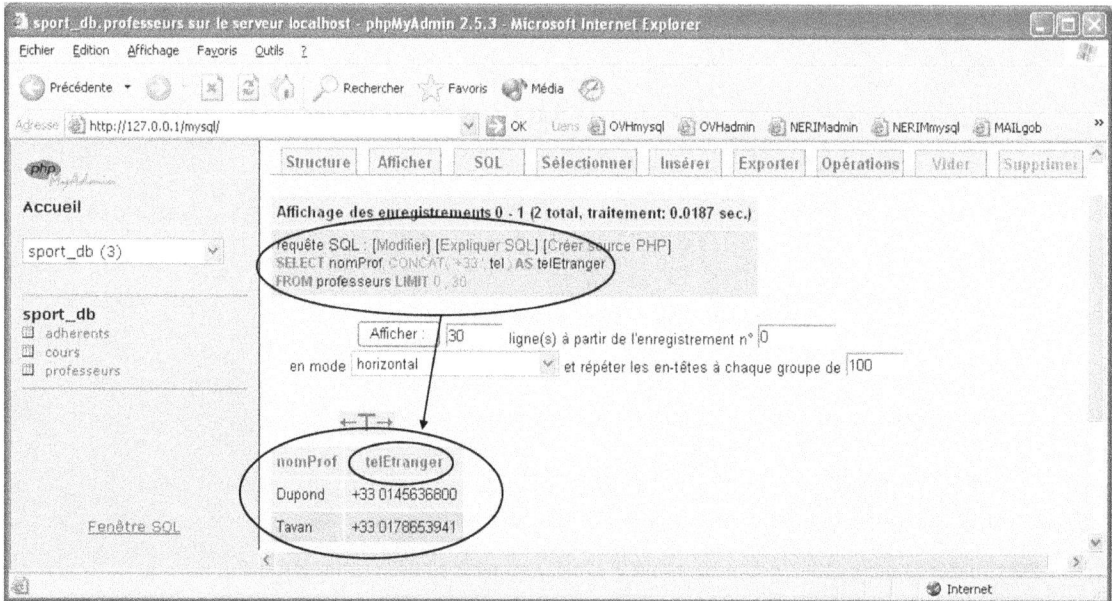

Figure 17-7

Test réalisé avec un jeu d'enregistrements : requête avec la fonction CONCAT().

Commande SELECT avec la clause DISTINCT

Si, dans les résultats sélectionnés, deux enregistrements sont identiques, la clause DISTINCT permet de ne retourner dans le jeu d'enregistrements qu'un seul des enregistrements.

Dans les exemples ci-dessous, nous posons l'hypothèse que deux enregistrements identiques (Bertaut Geneviève) ont été créés dans la table adherents (pour faire un test, il suffit, par exemple, de remplacer au préalable les nom et prénom de l'adhérente Dumoulin Alice par ceux de l'adhérente Bertaut Geneviève).

Si on n'utilise pas la clause DISTINCT, voici ce qu'on obtient :

```
SELECT nom, prenom FROM adherents
```

Tableau 17-5. Jeu d'enregistrements obtenu sans la clause DISTINCT

nom	prenom
Defrance	Jean-Marie
Bertaut	Geneviève
Bertaut	Geneviève
Chapelier	Roland
...	...

Avec la clause `DISTINCT`, le résultat devient le suivant :

```
SELECT DISTINCT nom, prenom FROM adherents
```

Tableau 17-6. Jeu d'enregistrements obtenu avec la clause DISTINCT

nom	prenom
Defrance	Jean-Marie
Bertaut	Geneviève
Chapelier	Roland
...	...

Commande SELECT avec la clause WHERE

La clause `WHERE` permet d'introduire l'expression de sélection à laquelle doit répondre le résultat retourné. Plusieurs types d'opérateurs peuvent être utilisés pour définir l'expression de sélection.

Expressions de sélection avec des opérateurs de comparaison

On utilise des opérateurs de comparaison pour définir la condition mathématique à vérifier pour que l'enregistrement soit sélectionné. Vous pouvez comparer deux champs de la base (cas des jointures), un champ et un nombre ou un champ et une chaîne de caractères (dans ce cas, la chaîne de caractères doit être encadrée par des guillemets simples « ' »).

Tableau 17-7. Liste des opérateurs de comparaison qui peuvent être utilisés dans une requête SQL

Opérateur	Fonction
=	Égal
>	Supérieur
>=	Supérieur ou égal
<	Inférieur
<=	Inférieur ou égal
<>	Différent

Dans l'exemple qui suit, nous désirons obtenir une sélection des adhérents nés avant 1975. Les colonnes renvoyées dans le jeu d'enregistrements seront le nom de l'adhérent et son année de naissance (voir figure 17-8) :

```
SELECT nom, anneeNaissance FROM adherents WHERE anneeNaissance<1975
```

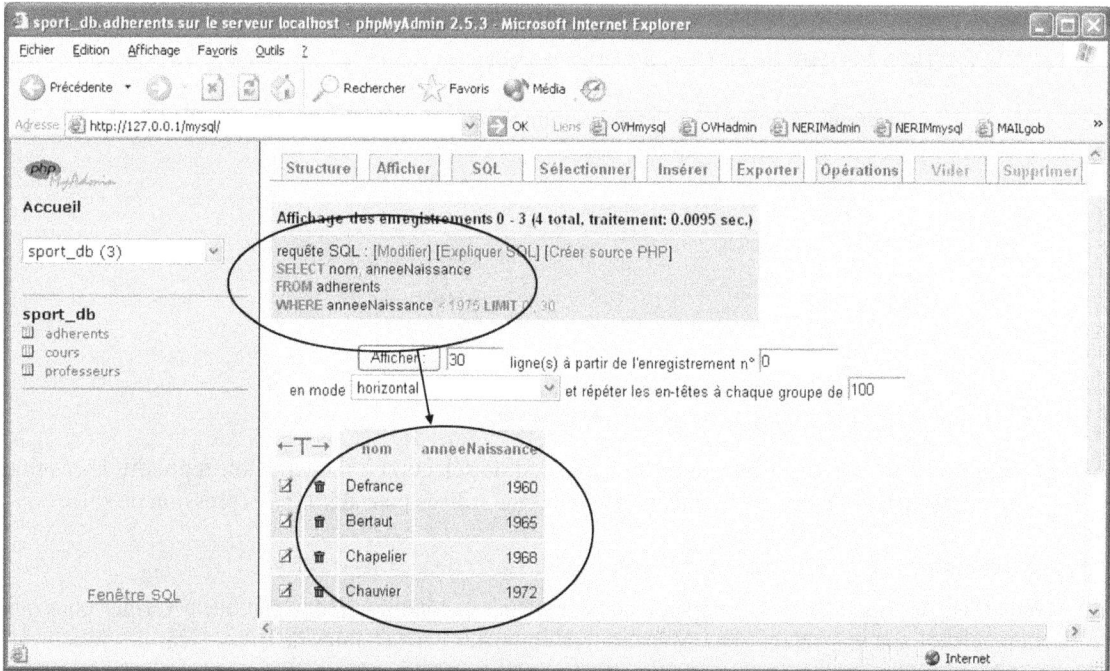

Figure 17-8

Test réalisé avec un jeu d'enregistrements : requête avec la clause WHERE anneeNaissance<1975.

Dans ce deuxième exemple, nous désirons obtenir toutes les colonnes de l'enregistrement correspondant à l'adhérent dont le nom est égal à `Bertaut` (n'oubliez pas d'encadrer le nom par des guillemets simples), (voir figure 17-9) :

```
SELECT * FROM adherents WHERE nom='Bertaut'
```

Dans ce troisième exemple, nous désirons obtenir le nom de l'adhérent dont l'identifiant est égal à 2 (dans notre exemple, il s'agit de l'adhérente `Bertaut Geneviève`), ainsi que le niveau de son cours. Comme les informations sont placées dans deux tables différentes, il faut faire une jointure entre les deux tables (voir la section consacrée à la commande `SELECT` avec jointure dans ce même chapitre) pour récupérer les informations correspondantes (`adherents.coursID=cours.ID`). Si des champs de tables différentes sont utilisés dans la requête, les noms des tables concernées doivent être ajoutés après l'instruction `FROM` (voir figure 17-10) :

```
SELECT adherents.nom, cours.niveau FROM adherents, cours
```

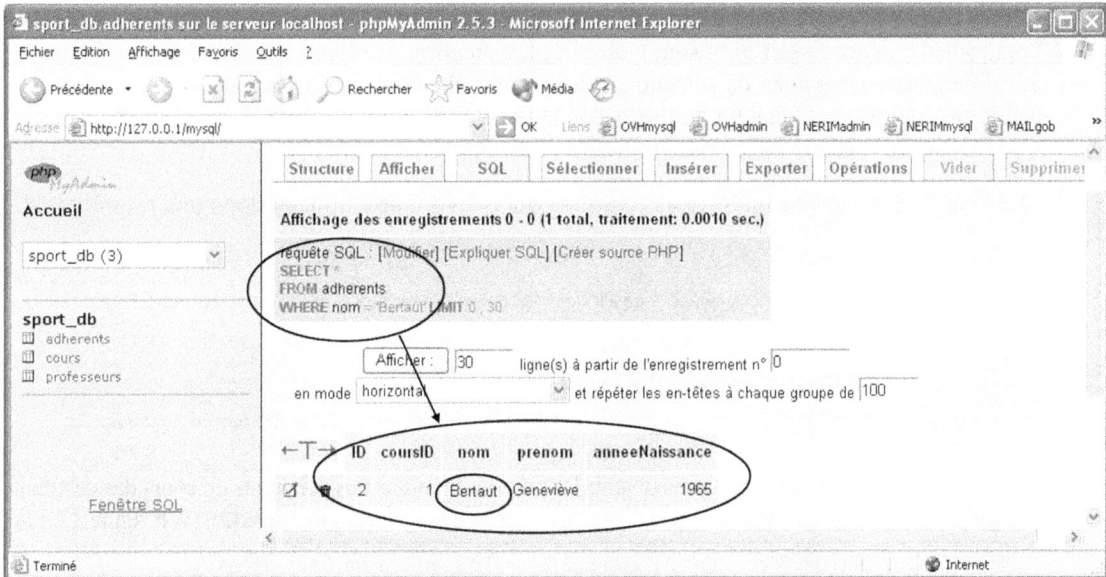

Figure 17-9

Test réalisé avec un jeu d'enregistrements : requête avec la clause WHERE nom='Bertaut'.

```
WHERE adherents.coursID=cours.ID AND adherents.ID=2
```

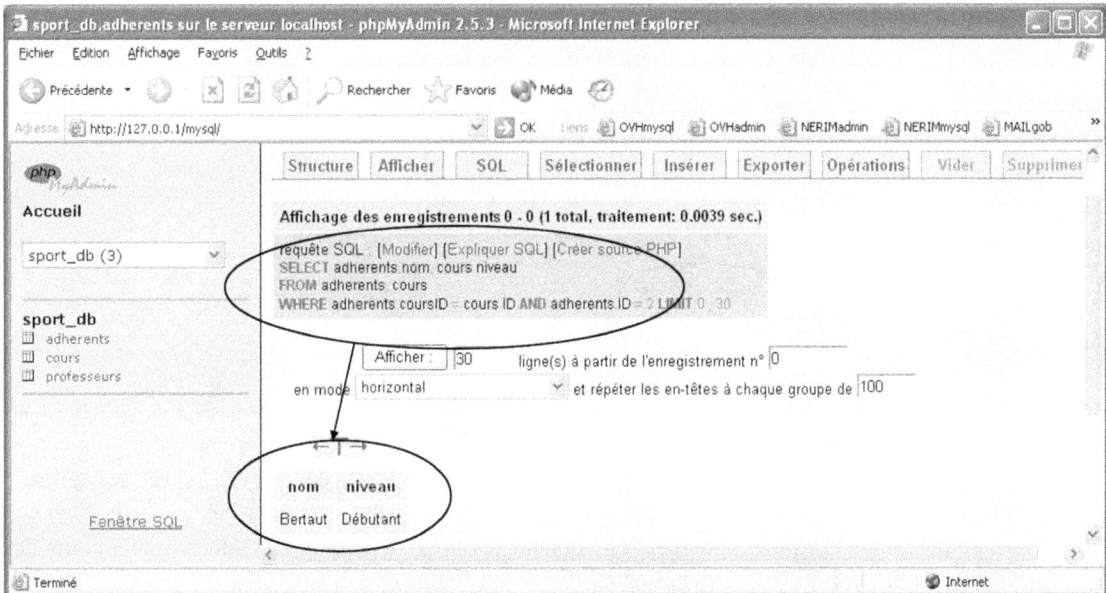

Figure 17-10

Test réalisé avec un jeu d'enregistrements : requête avec la clause WHERE adherents.coursID=cours.ID AND adherents.ID=2.

Expressions de sélection avec des opérateurs logiques

Lorsque les critères de sélection sont multiples, l'expression de sélection finale doit être composée des différentes expressions de sélection, reliées entre elles par des opérateurs logiques. Plusieurs opérateurs logiques peuvent être utilisés selon le lien désiré entre les expressions. Vous trouverez ci-après la liste des opérateurs logiques utilisables dans une requête MySQL.

Tableau 17-8. Liste des opérateurs logiques qui peuvent être utilisés dans une requête SQL

Opérateur	Fonction
AND	Les expressions reliées entre elles par AND doivent toutes être vérifiées (VRAI ou TRUE).
OR	Au moins l'une des expressions reliées entre elles par OR doit être vérifiée (VRAIE ou TRUE)
NOT	L'expression précédée par NOT ne doit pas être vérifiée.
Si vous utilisez plusieurs opérateurs logiques, il faut utiliser des parenthèses pour définir la structure de l'expression.	

Dans l'exemple suivant, nous désirons obtenir les noms et prénoms des adhérents du cours des débutants nés après 1970 (en faisant référence à la clé primaire de la table cours soit coursID), (voir figure 17-11) :

```
SELECT nom, prenom FROM adherents WHERE coursID=1 AND anneeNaissance>1970
```

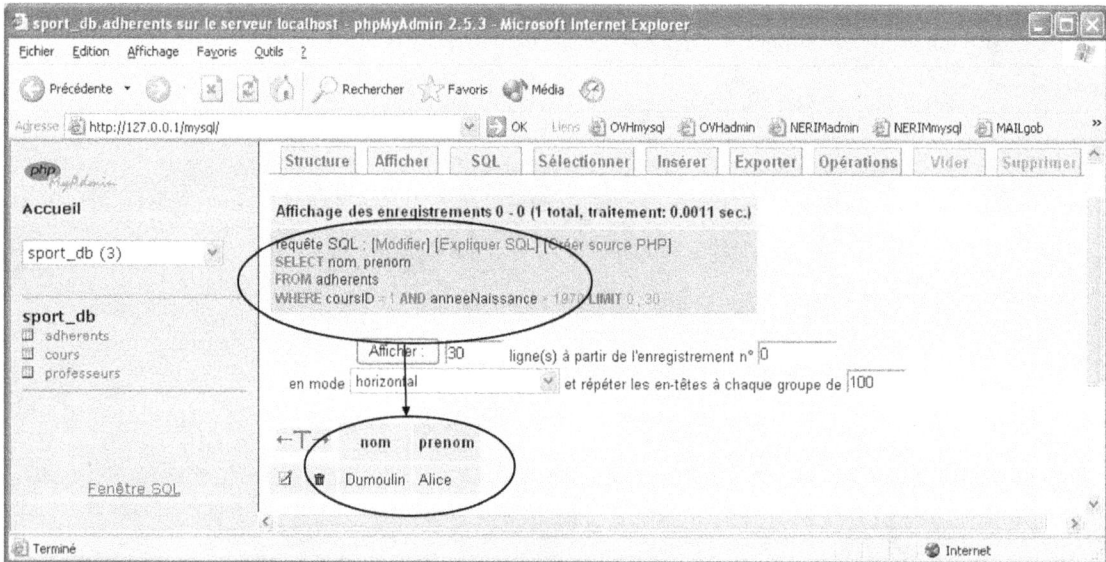

Figure 17-11

Test réalisé avec un jeu d'enregistrements : requête avec la clause WHERE coursID=1 AND anneeNaissance>1975.

Dans ce deuxième exemple, nous désirons obtenir les nom et prénom des adhérents du cours des débutants ou de perfectionnement nés après 1970 (voir figure 17-12) :

```
SELECT nom, prenom FROM adherents WHERE (coursID=1 OR coursID=3) AND anneeNaissance>1970
```

Dans ce troisième exemple, nous désirons obtenir les noms et prénoms de tous les adhérents, sauf ceux nés en 1980 (donc, dans notre cas, sauf Dumoulin Alice), (voir figure 17-13) :

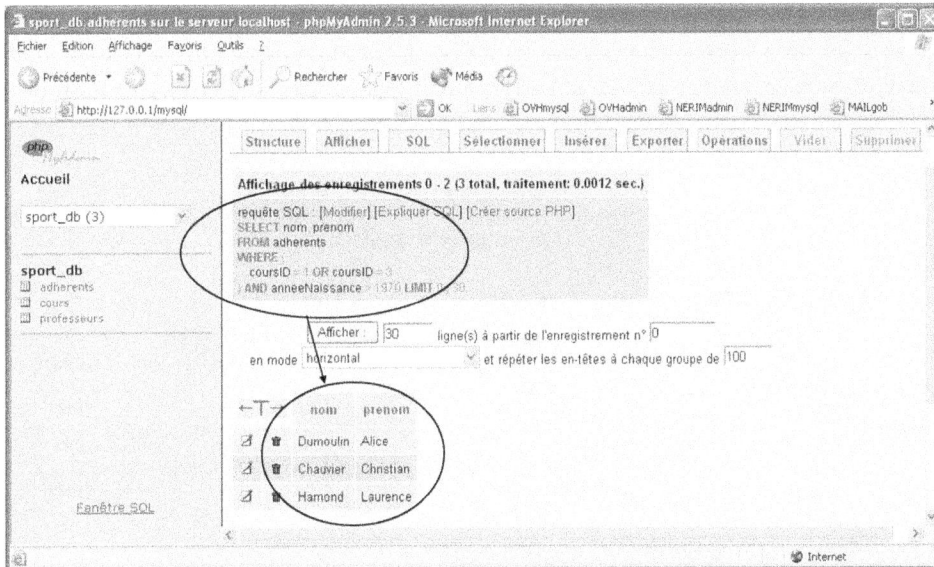

Figure 17-12

Test réalisé avec un jeu d'enregistrements : requête avec la clause WHERE (coursID=1 OR coursID=3) AND anneeNaissance>1970

```
SELECT nom, prenom FROM adherents WHERE NOT (anneeNaissance=1980)
```

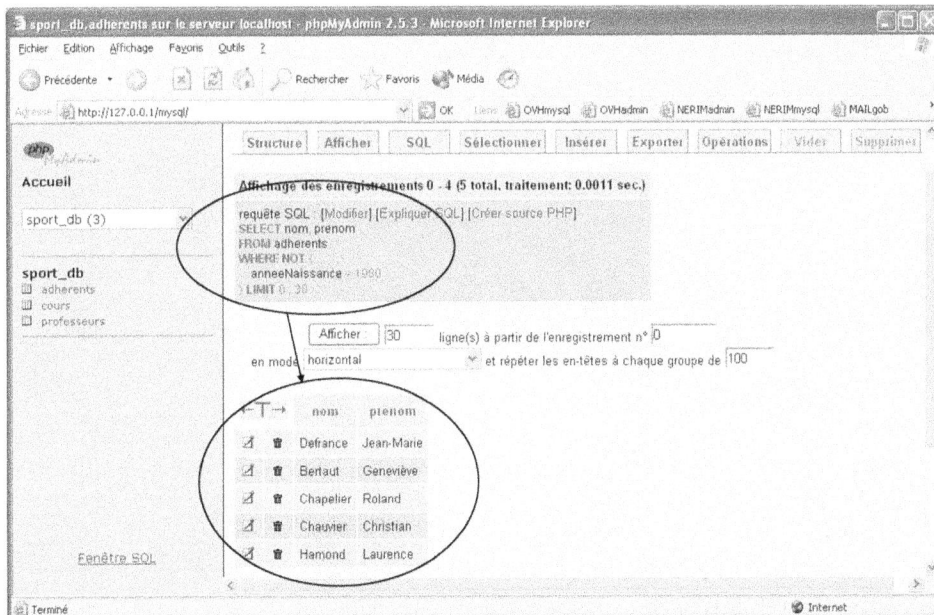

Figure 17-13

Test réalisé avec un jeu d'enregistrements : requête avec la clause WHERE NOT (anneeNaissance=1980).

Expressions de sélection avec des opérateurs de recherche

On utilise des opérateurs de recherche pour définir une condition spécifique (qui n'est ni logique ni de comparaison) à vérifier pour que l'enregistrement soit sélectionné. Il existe plusieurs types d'opérateurs de recherche selon la condition désirée. Le tableau 17-9 liste les opérateurs de recherche les plus fréquents.

Tableau 17-9. Liste des opérateurs de recherche qui peuvent être utilisés dans une requête SQL

Opérateur	Fonction
LIKE	Permet de sélectionner un champ dont la valeur commence par, finit par ou contient une chaîne de caractères (% et _ accompagnent souvent LIKE pour définir les caractères de substitution dans la chaîne).
BETWEEN	Permet de sélectionner un champ dont la valeur est comprise dans une plage de valeurs.
IN	Permet de sélectionner un champ dont la valeur appartient à une liste de valeurs.
IS NULL	Permet de sélectionner un champ dont la valeur est NULL.
IS NOT NULL	Permet de sélectionner un champ dont la valeur n'est pas NULL.

Dans l'exemple suivant, nous désirons obtenir la liste des adhérents nés entre 1962 et 1970 (voir figure 17-14) :

```
SELECT nom, prenom FROM adherents WHERE anneeNaissance BETWEEN 1962 AND 1970
```

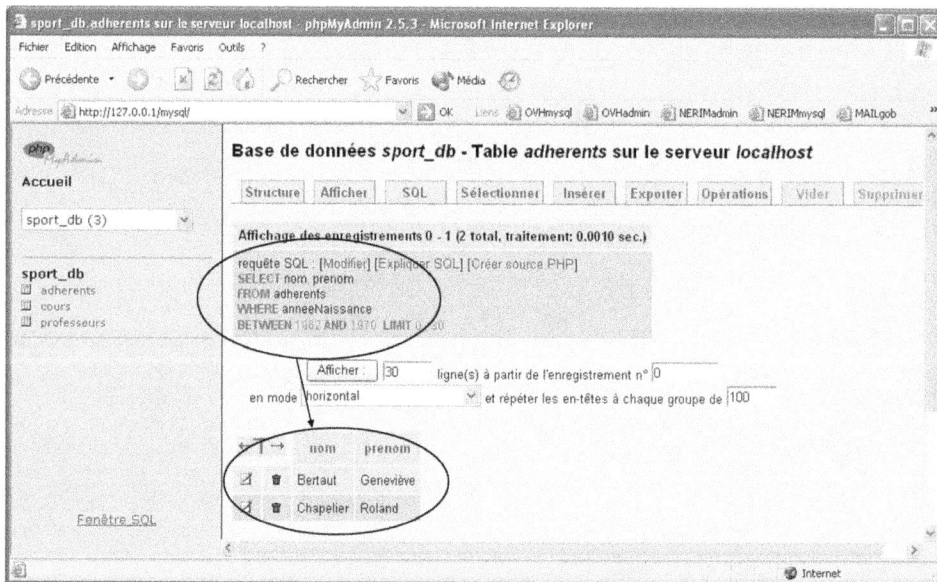

Figure 17-14

Test réalisé avec un jeu d'enregistrements : requête avec la clause WHERE anneeNaissance BETWEEN 1962 AND 1970.

Tableau 17-10. Caractères de substitution qui peuvent être utilisés dans une requête SQL

Caractère	Utilisation
_ (caractère de soulignement)	Remplace un caractère quelconque.
%	Remplace aucun ou plusieurs caractère(s) quelconque(s).

Dans ce deuxième exemple, nous désirons obtenir tous les enregistrements des adhérents dont le nom commence par un D (voir figure 17-15) :

```
SELECT * FROM adherents WHERE nom LIKE 'D%'
```

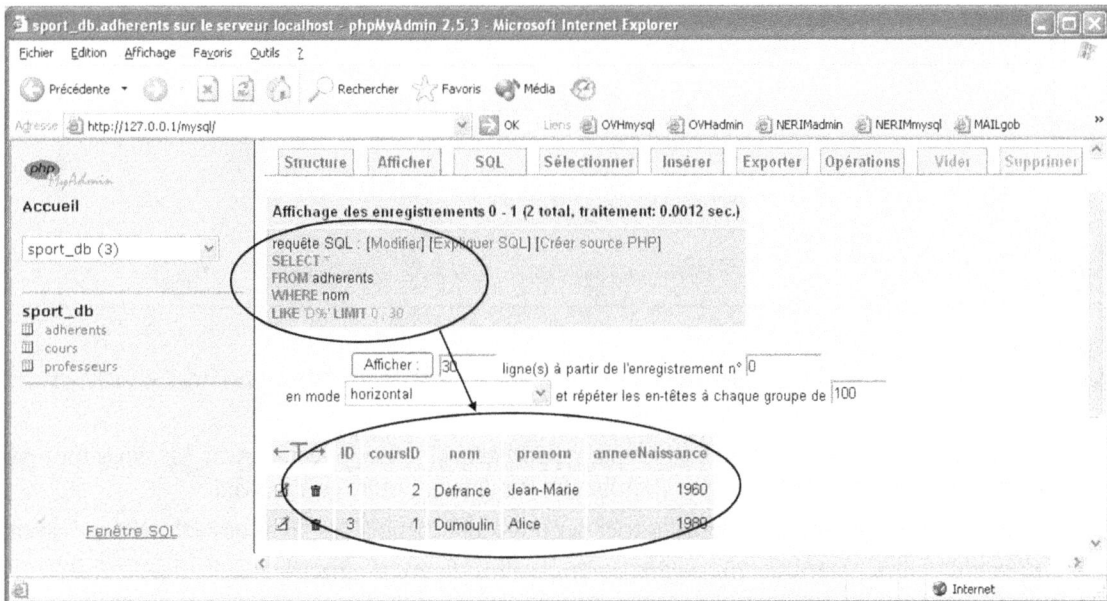

Figure 17-15

Test réalisé avec un jeu d'enregistrements : requête avec la clause WHERE nom LIKE 'D%'.

Dans ce troisième exemple, nous désirons obtenir les horaires des cours pour débutants et intermédiaires (voir figure 17-16) :

```
SELECT jour, horaire FROM cours WHERE niveau IN ('debutant','intermediaire')
```

Commande SELECT avec la clause ORDER BY

Dans les différents exemples que nous vous avons proposés jusqu'à présent, les enregistrements étaient retournés dans l'ordre de la saisie initiale (en général, l'ordre de la clé primaire ID auto-incrémentée). Si vous souhaitez présenter les enregistrements dans un ordre différent, utilisez la clause

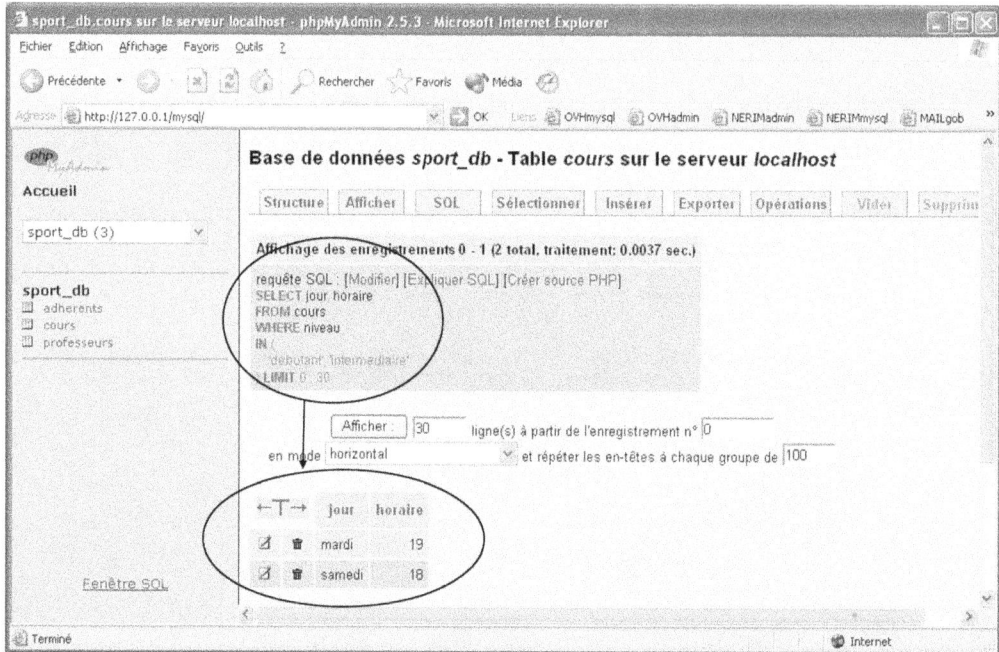

Figure 17-16

Test réalisé avec un jeu d'enregistrements : requête avec la clause WHERE niveau IN ('debutant','intermediaire').

ORDER BY en précisant le ou les champs par rapport auquel le tri s'effectue. Avec ASC, vous triez par ordre croissant, avec DESC, par ordre décroissant. Par défaut, l'ordre est croissant.

Dans l'exemple suivant, nous désirons trier par ordre alphabétique les noms des adhérents nés avant 1982 (voir figure 17-17) :

```
SELECT nom, prenom FROM adherents WHERE anneeNaissance<1982 ORDER BY nom
```

Dans ce deuxième exemple, nous désirons trier les enregistrements selon l'ordre croissant de l'identifiant du cours coursID (clé étrangère), puis selon l'ordre alphabétique du champ nom (voir figure 17-18).

```
SELECT coursID, nom FROM adherents WHERE anneeNaissance<1982 ORDER BY coursID, nom
```

Commande SELECT avec la clause LIMIT

La clause LIMIT indique le nombre maximal d'enregistrements pour le résultat retourné. Elle est toujours placée à la fin de la requête. Si vous faites suivre cette clause d'un seul chiffre, la limite s'applique à partir de la première ligne ; si vous indiquez deux chiffres séparés par une virgule, le premier indique le numéro de ligne à partir de laquelle la limite précisée par le deuxième chiffre s'applique.

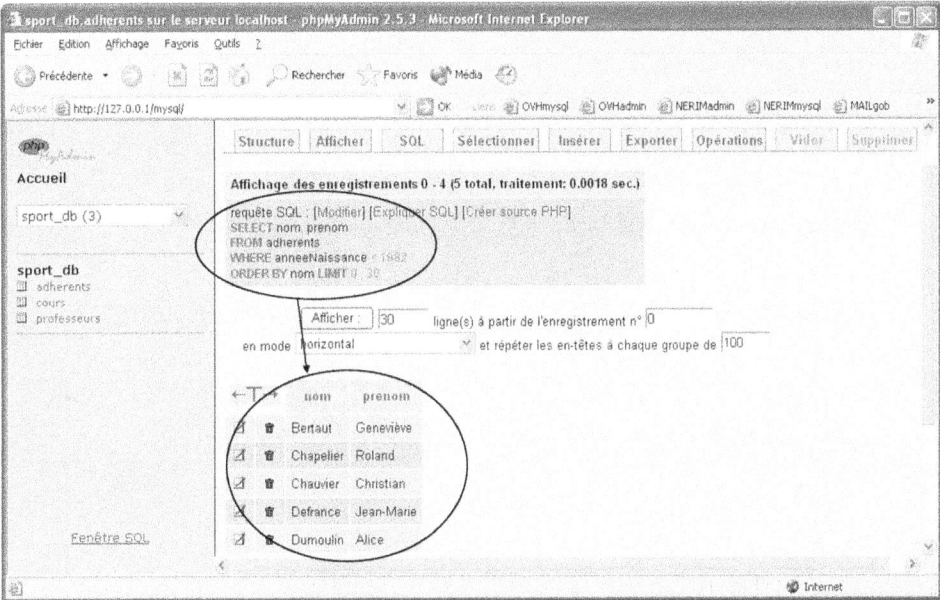

Figure 17-17

Test réalisé avec un jeu d'enregistrements : requête avec la clause ORDER BY nom.

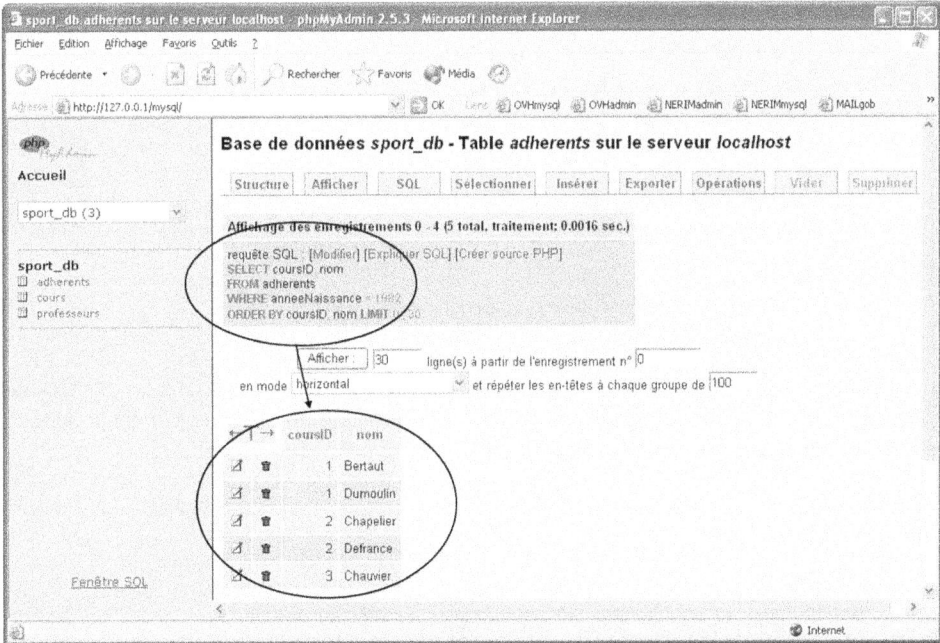

Figure 17-18

Test réalisé avec un jeu d'enregistrements : requête avec la clause ORDER BY coursID, nom.

> **À noter**
>
> Cette clause est spécifique à MyQSL et ne fait pas partie du standard SQL.

Dans l'exemple ci-dessous, nous désirons obtenir une sélection des adhérents identique à celle de l'exercice précédent, mais limitée aux trois premiers enregistrements (voir figure 17-19) :

```
SELECT nom, prenom FROM adherents WHERE anneeNaissance<1982 ORDER BY nom LIMIT 3
```

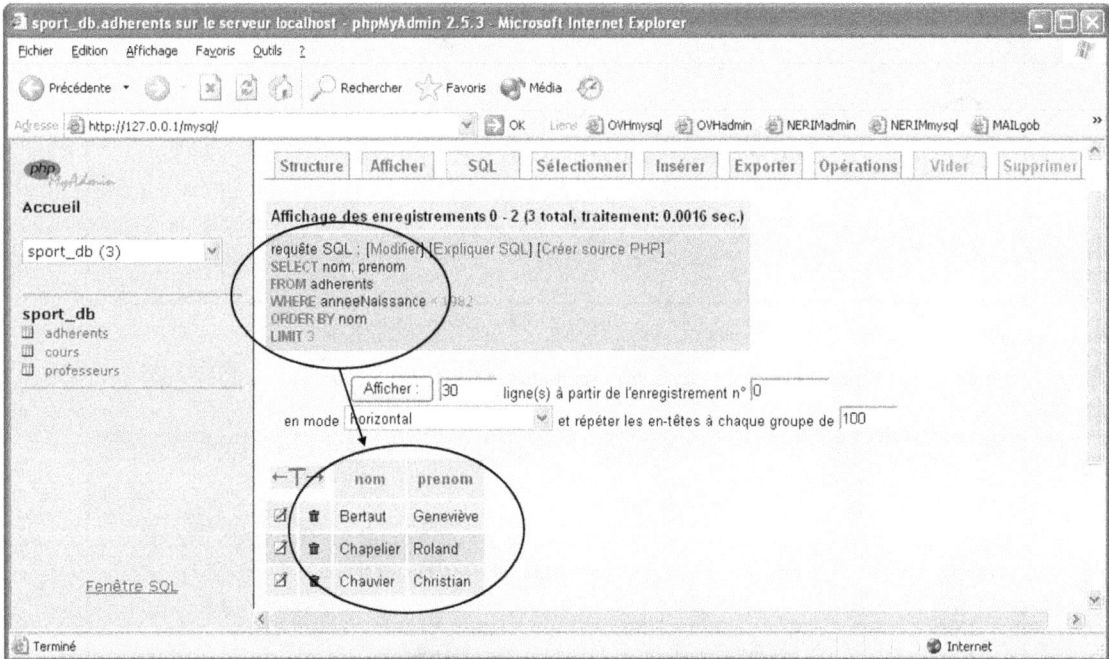

Figure 17-19

Test réalisé avec un jeu d'enregistrements : requête avec la clause LIMIT 3.

Dans ce deuxième exemple, nous désirons obtenir une sélection des adhérents identique à celle de l'exercice précédent, mais limitée aux trois premiers enregistrements situés après la deuxième ligne des résultats de la sélection initiale (voir figure 17-20) :

```
SELECT nom, prenom FROM adherents WHERE anneeNaissance<1982 ORDER BY nom LIMIT 2,3
```

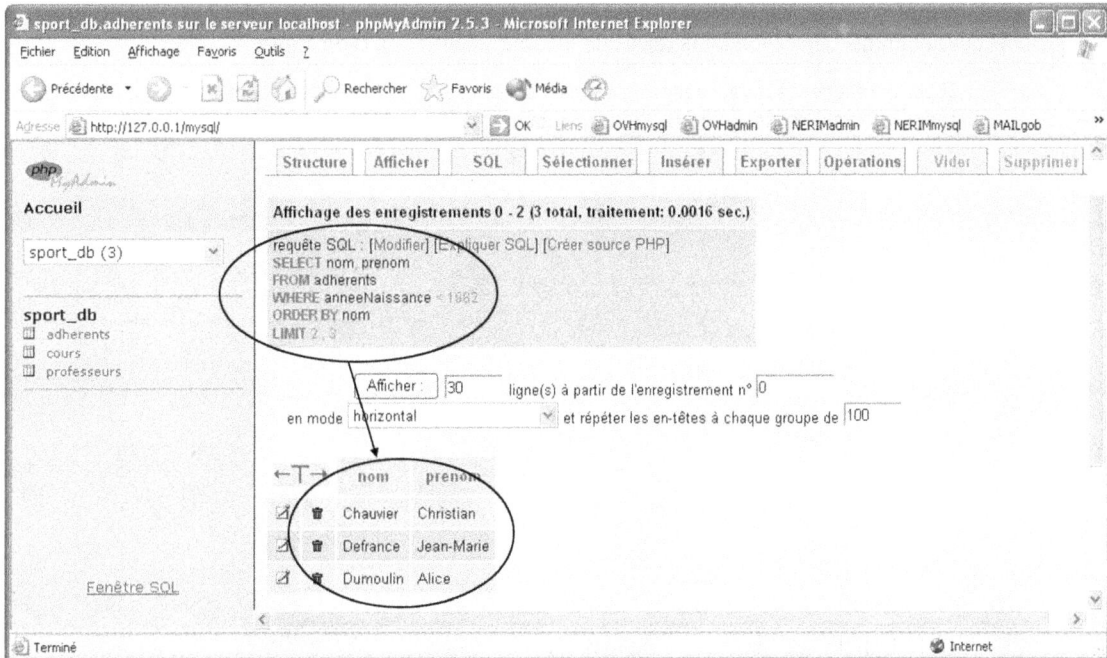

Figure 17-20

Test réalisé avec un jeu d'enregistrements : requête avec la clause LIMIT 2,3.

Commande SELECT avec jointure

La jointure permet de créer des requêtes portant sur des données réparties dans plusieurs tables. Pour réaliser une jointure, on utilise la même syntaxe que pour une requête traditionnelle, mais en indiquant dans la clause FROM la liste des tables concernées, séparées par des virgules, et en ajoutant dans la clause WHERE l'expression de sélection qui permet le rapprochement entre les tables. En général, l'expression de sélection qui permet le rapprochement entre tables s'exprime par une égalité entre la clé primaire d'une table et la clé étrangère de l'autre (par exemple : entre ID de la table cours et coursID de la table adherents). Il faut mentionner le nom de la table en préfixe des noms de champs pour éviter toute ambiguïté, notamment entre deux champs portant le même nom mais intégrés dans des tables différentes. Afin d'éviter de rappeler dans son intégralité le nom de chaque table en préfixe des noms de champs, il est intéressant de créer un alias (exemple : dans la clause FROM, si on déclare adherents AS a, on peut utiliser l'appellation a.nom dans la clause WHERE).

Dans l'exemple ci-dessous, nous désirons obtenir les niveaux (issus de la table cours), mais aussi les noms des adhérents correspondants (issus de la table adherents), (voir figure 17-21) :

```
SELECT adherents.nom, adherents.prenom, cours.niveau FROM adherents, cours WHERE
cours.ID=adherents.coursID ORDER BY cours.niveau DESC
```

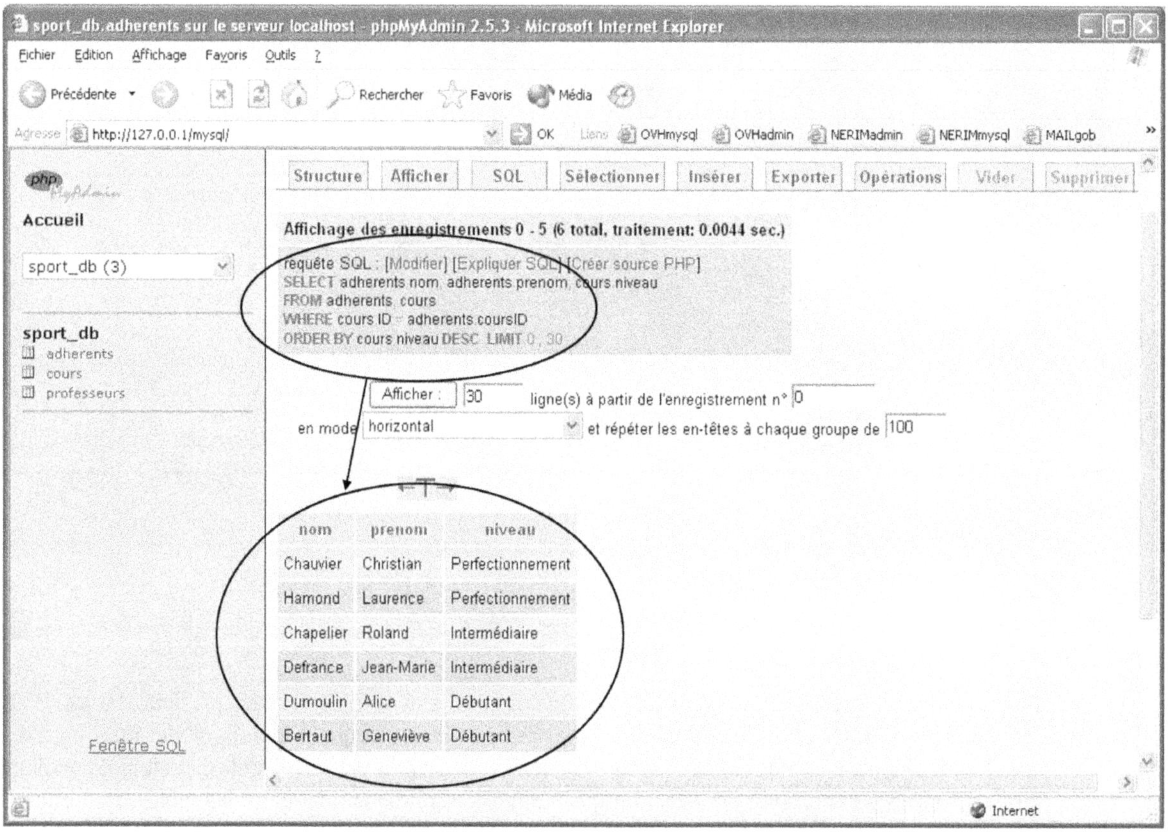

Figure 17-21

Test réalisé avec un jeu d'enregistrements : requête avec jointure sur deux tables.

Dans ce deuxième exemple, nous désirons obtenir la même sélection que dans l'exemple précédent, mais en utilisant des alias pour les deux tables concernées (voir figure 17-22) :

```
SELECT a.nom, a.prenom, c.niveau FROM adherents AS a, cours AS c WHERE
c.ID=a.coursID ORDER BY c.niveau DESC
```

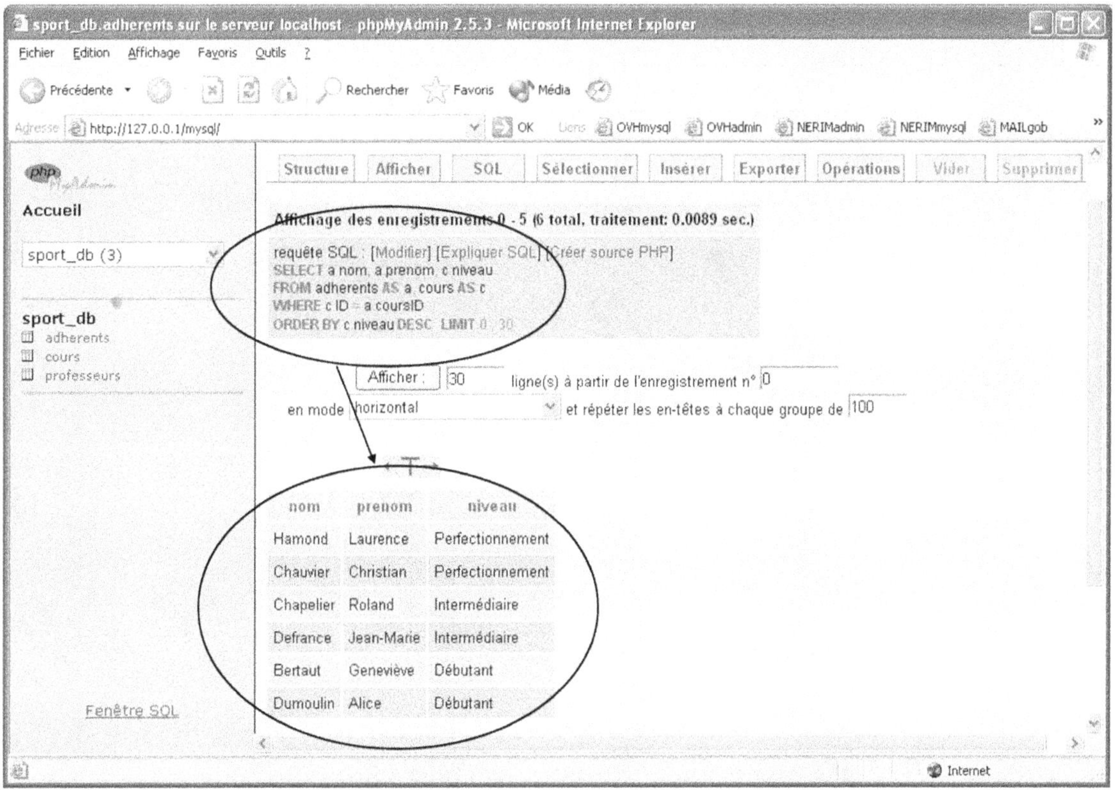

Figure 17-22

Test réalisé avec un jeu d'enregistrements : requête avec jointure et alias de tables.

Dans ce troisième exemple, nous désirons obtenir le même jeu que dans l'exemple précédent avec en plus le nom du professeur qui assure l'enseignement du cours (voir figure 17-23).

```
SELECT a.nom, a.prenom, c.niveau, p.nomProf FROM adherents AS a, cours AS c,
professeurs AS p WHERE c.ID=a.coursID AND p.ID=professeursID ORDER BY c.niveau DESC
```

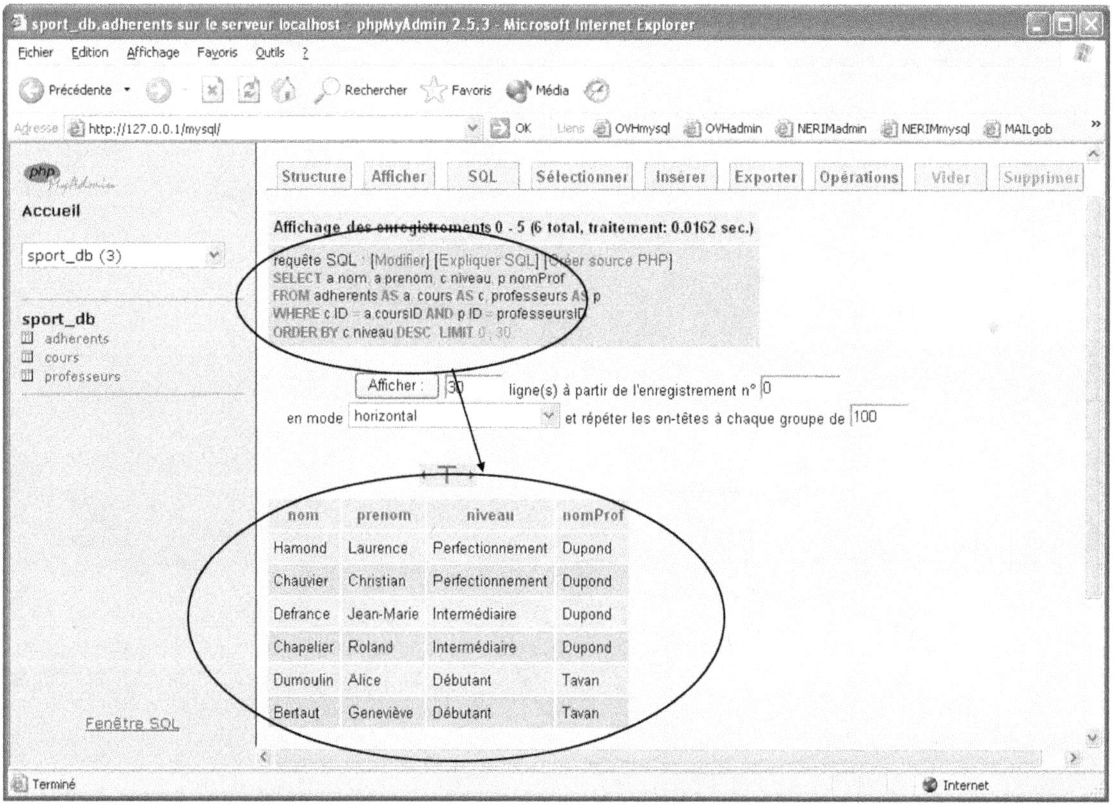

Figure 17-23

Test réalisé avec un jeu d'enregistrements : requête avec jointure sur trois tables et alias.

Commande INSERT

La commande INSERT permet d'insérer de nouveaux enregistrements dans la base et peut être utilisée selon plusieurs variantes. Pour ajouter des valeurs dans une table à partir de variables ou de constantes récupérées par un script, par exemple, il existe deux méthodes différentes : INTO VALUES et INTO SET. Nous verrons aussi comment utiliser la commande INSERT pour insérer des enregistrements à partir d'une requête (INTO SELECT). Cette dernière méthode est très intéressante pour réaliser une copie d'enregistrements d'une table vers une autre.

Lors de l'insertion directe à partir de valeurs, les textes doivent être encadrés entre guillemets simples alors que les nombres peuvent s'en passer (exemple : 'Chapelier' ou 1980).

> **À noter**
>
> Dans les scripts PHP, il est également possible d'indiquer des expressions dans une requête (des variables, par exemple : '$var'). Dans ce cas, elles sont évaluées avant d'être insérées dans la base.

Tableau 17-11. Syntaxe de la commande INSERT et exemples d'utilisation

Fonction	Insertion d'enregistrements

Syntaxe de la commande d'insertion à partir de valeurs (première méthode)	`INSERT INTO`
	`table`
	`[ (champ1, champ2, …, champN) ]`
	`VALUES`
	`(valeur1, valeur2, …, valeurN)`

Syntaxe de la commande d'insertion à partir de valeurs (deuxième méthode)	`INSERT INTO`
	`table`
	`SET`
	`champ1=valeur1, champ2=valeur2, …, champN=valeurN`

Syntaxe de la commande d'insertion à partir d'une autre table.	`INSERT INTO` `table_cible` `SELECT` `*	valeur1, valeur2, …, valeurN` `FROM table_source` `[WHERE expression_de_sélection]`
Légende	`table` : table dans laquelle sont insérées les données. `champN` : nom du champ de la table dans lequel est insérée valeurN. `valeurN` : la valeur doit respecter le format standard de son type (exemple : `'bonjour'` ou 4562 ou `'2003-03-24'`). À noter : Si la requête est intégrée dans un script PHP, la valeur peut être remplacée par une variable qui est évaluée au moment de l'insertion (exemple : `'$var'`). `xxx	yyy` : le code `|` sépare des groupes alternatifs (il faut donc choisir de saisir soit xxx, soit yyy). `table_source` : dans le cas du transfert d'une table source vers une table cible, le symbole * peut être utilisé, mais il faut veiller à ce que le nombre de champs des deux tables soit identique.

Exemples	Exemple 1 :
	`INSERT INTO adherents VALUES(7,2,'Rastout','Stéphane',1968)`
	Exemple 2 :
	`INSERT INTO adherents (ID,coursID,nom,prenom,anneeNaissance) VALUES(7,2,`
	`'Rastout','Stéphane',1968)`
	Exemple 3 :
	`INSERT INTO adherents`
	`SET ID=7, coursID=2, nom='Rastout', prenom='Stéphane', anneeNaissance=1968`
	Exemple 4 :
	(Attention ! Uniquement si la requête est intégrée dans un script PHP.)
	`INSERT INTO agences`
	`SET ID='$var1', coursID='$var2', nom='$var3', prenom='$var4', anneeNaissance='$var5'`
	Exemple 5 : transfert d'une table
	`INSERT INTO adherents SELECT * FROM adherentsBIS`

Commande INSERT à partir de valeurs : méthode 1

Dans sa première syntaxe, la commande INSERT permet d'énumérer partiellement les champs à insérer dans la base (voir l'exemple de la figure 17-26). Cela peut être intéressant dans le cas d'un premier enregistrement partiel, mais il faut alors s'assurer que les champs omis sont paramétrés pour être facultatifs (attribut null=null) ou auto-incrémentés. Dans le cas où l'énumération des champs n'est pas indiquée, il faut s'assurer que l'ordre des valeurs respecte celui des champs de la table (voir l'exemple de la figure 17-24). Sachez cependant que, même si l'énumération est facultative, il est fortement conseillé de toujours spécifier la liste des champs dans lesquels les valeurs doivent s'insérer. En effet, si la structure de la table change, votre requête risque de ne plus fonctionner.

Dans l'exemple ci-dessous, nous désirons ajouter un adhérent supplémentaire à la table adherents. Dans la syntaxe employée, nous n'indiquons pas les différents champs de la table dans lesquels les valeurs vont être enregistrées. Il faut donc impérativement que l'ordre des valeurs et leur nombre correspondent à ceux de la table adherents. Le premier champ ID étant la clé primaire (qui est auto-incrémentée), il faut lui attribuer la valeur NULL pour ne pas entrer en conflit avec la valeur que MySQL lui attribue automatiquement (voir figure 17-24) :

```
INSERT INTO adherents VALUES (NULL, 2, 'Rastout', 'Stéphane',1968)
```

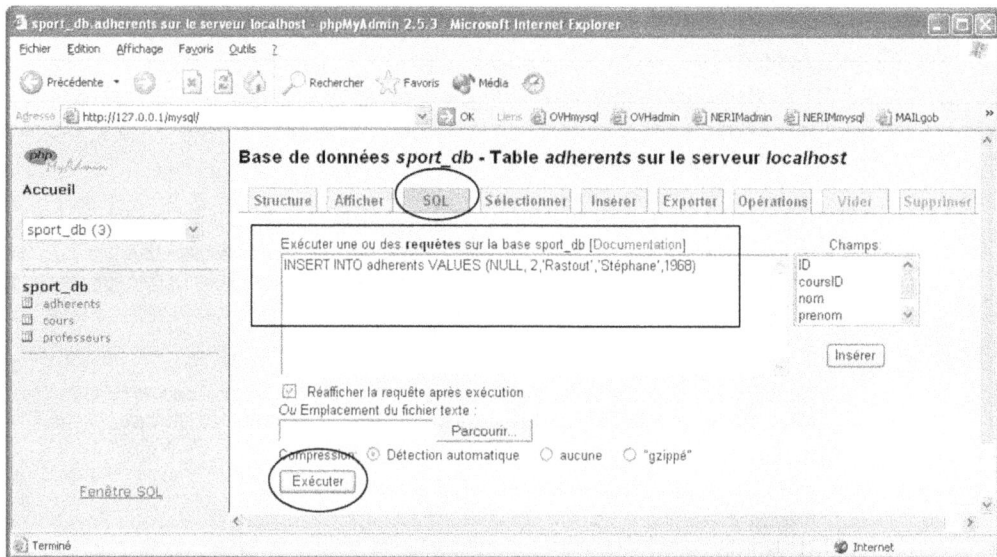

Figure 17-24

Pour tester des commandes d'insertion, vous pouvez aussi utiliser le gestionnaire phpMyAdmin de EasyPHP comme pour les requêtes SELECT que nous venons de présenter.

Pour ajouter un nouvel adhérent vous pouvez également utiliser la syntaxe complète de la commande INSERT. Dans ce cas, mentionnez uniquement les champs qui reçoivent une valeur (coursID, nom, prenom et age). La clé ID n'étant mentionnée ni dans les champs ni dans les valeurs, MySQL lui attribue une valeur par incrémentation du dernier ID saisi (voir figure 17-26) :

```
INSERT INTO adherents (coursID,nom,prenom,anneeNaissance) VALUES
(2, 'Rastout','Stéphane',1968)
```

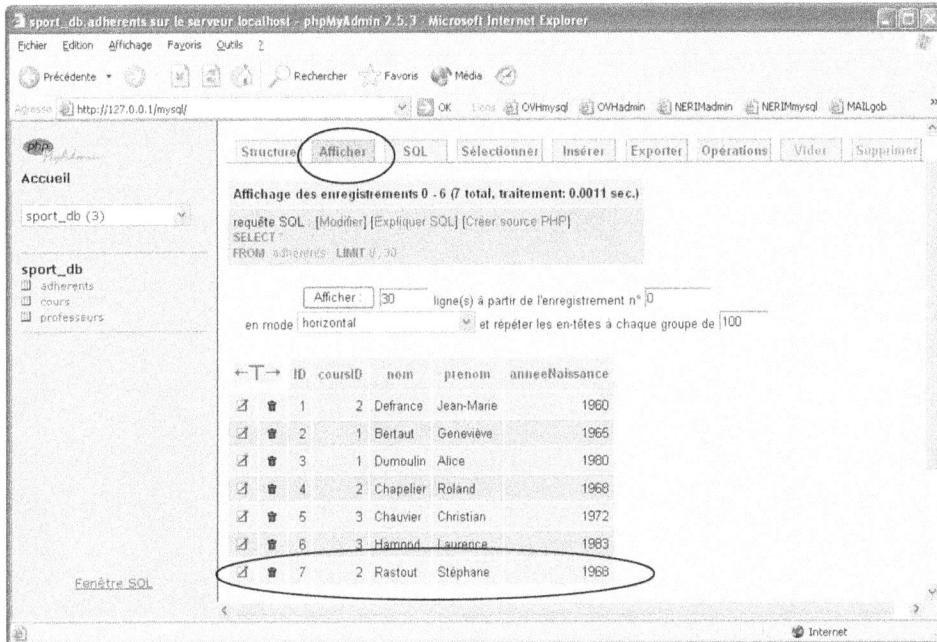

Figure 17-25

Vous pouvez vérifier le bon fonctionnement d'une insertion en affichant le contenu de la table concernée (ici la table adherents). Vous constatez que le nouvel enregistrement a bien été ajouté à la suite des précédents.

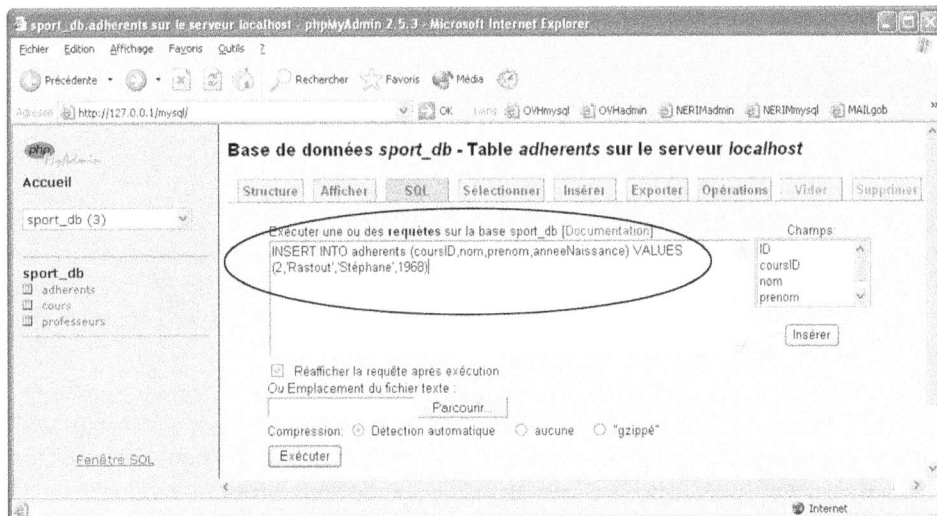

Figure 17-26

Cette deuxième requête d'insertion est équivalente à celle de la figure 17-24 et le résultat obtenu est identique à celui de la figure 17-25.

Commande INSERT à partir de valeurs : méthode 2

Dans la deuxième syntaxe de INSERT, les couples champ/valeur doivent être spécifiés et séparés par un signe égal (champ1='valeur1'). La clause utilisée n'est plus VALUES mais SET.

Dans l'exemple qui suit, nous allons ajouter un nouvel adhérent, comme dans les deux exemples précédents (voir figure 17-27) :

```
INSERT INTO adherents SET coursID=2, nom='Rastout', prenom='Stéphane', anneeNaissance=1968
```

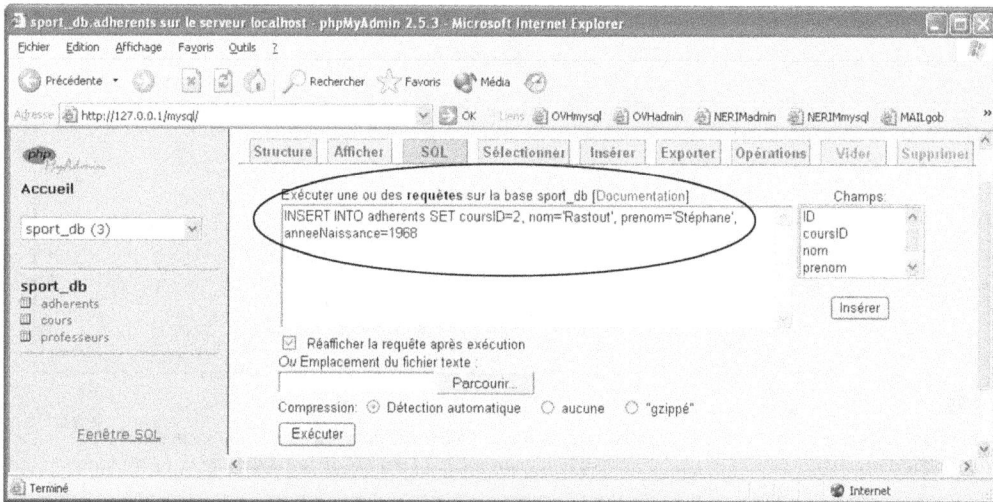

Figure 17-27

Cette troisième requête d'insertion est équivalente à celle de la figure 17-24. Le résultat obtenu est identique à celui de la figure 17-25.

Commande INSERT à partir d'une requête

Avec ce type de syntaxe, il est possible d'insérer le résultat d'une requête dans une table. Dans ce cas, la clause VALUES est remplacée par la requête à insérer. Cette syntaxe est particulièrement intéressante pour copier des données d'une table à l'autre (voir l'exemple de la figure 17-29) ou encore pour réaliser la projection d'une table : on prélève certains de ses champs pour créer une autre table de plus petite taille (voir l'exemple de la figure 17-31).

Dans ce premier exemple, on désire transférer le contenu de la table adherents dans une table de sauvegarde adherentsbackup. Il faut évidemment que le nombre et les types des champs soient rigoureusement identiques dans les deux tables (pour créer une structure identique, utilisez le formulaire de copie d'une table disponible dans l'onglet Opérations de phpMyAdmin, voir figure 17-28) :

```
INSERT INTO adherentsbackup SELECT * FROM adherents
```

Dans ce deuxième exemple, on désire faire une projection de la table adherents dans une autre table tabledesnoms (voir figure 17-31). Cette table contient uniquement les noms des différents adhérents dans un champ nom avec une clé primaire auto-incrémentée ID et devra être créée au préalable (voir figure 17-30) :

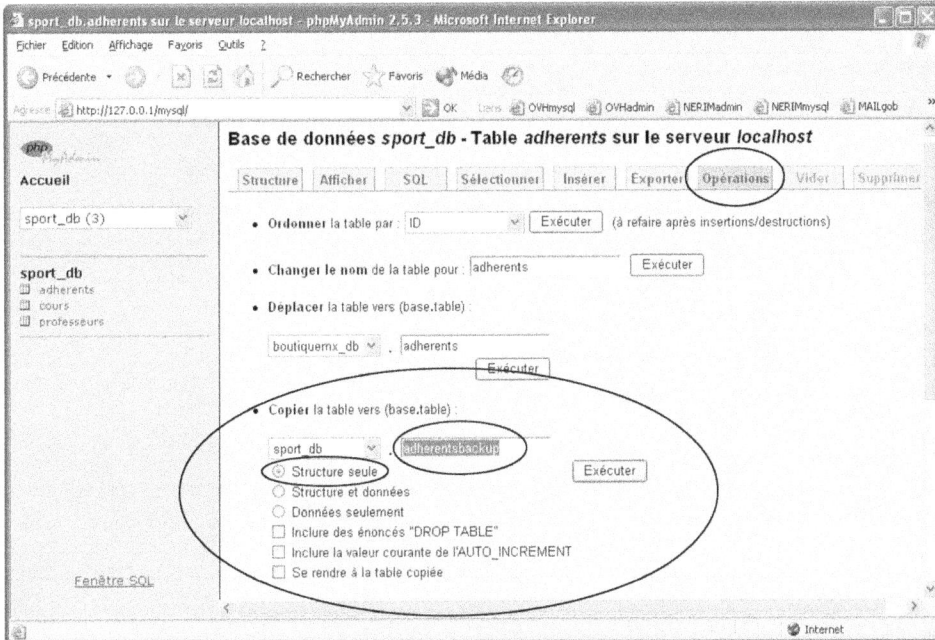

Figure 17-28

Avant de réaliser la sauvegarde d'une table à l'aide de la commande INSERT, il faut créer une structure de table identique à celle de la table à transférer. Pour cela, cliquez sur le nom de la table adherents dans la partie gauche de phpMyAdmin, saisissez le nom de la nouvelle table dans la zone Copier la table vers et cliquez sur le bouton Exécuter.

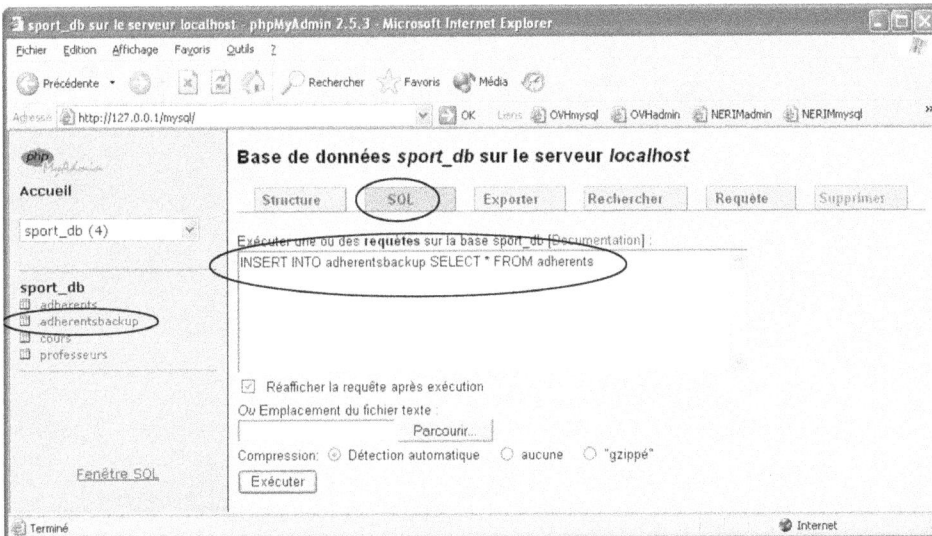

Figure 17-29

Après la création de la structure de la table adherentsbackup, saisissez la requête INSERT dans la zone de requête du gestionnaire et cliquez sur Exécuter. Il ne vous reste plus qu'à vérifier que la copie des données s'est bien effectuée d'une table à l'autre.

```
INSERT INTO tabledesnoms (nom) SELECT nom FROM adherents
```

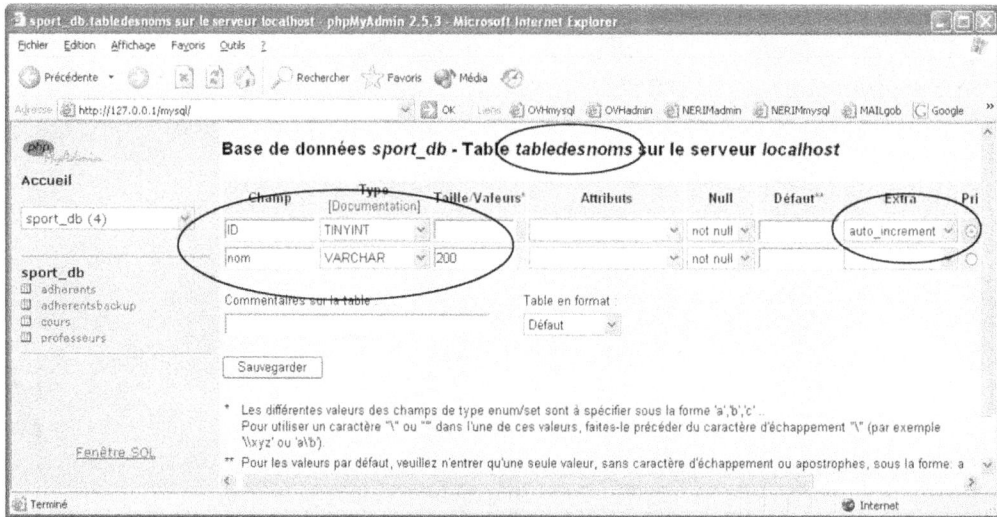

Figure 17-30

Avant de réaliser la projection, il faut commencer par créer la petite table tabledesnoms qui va accueillir les noms des adhérents. Pour créer cette table, saisissez le nom de la nouvelle table dans la zone de création d'une table, indiquez 2 pour le nombre de champs, puis renseignez le formulaire comme le montre la figure ci-dessus.

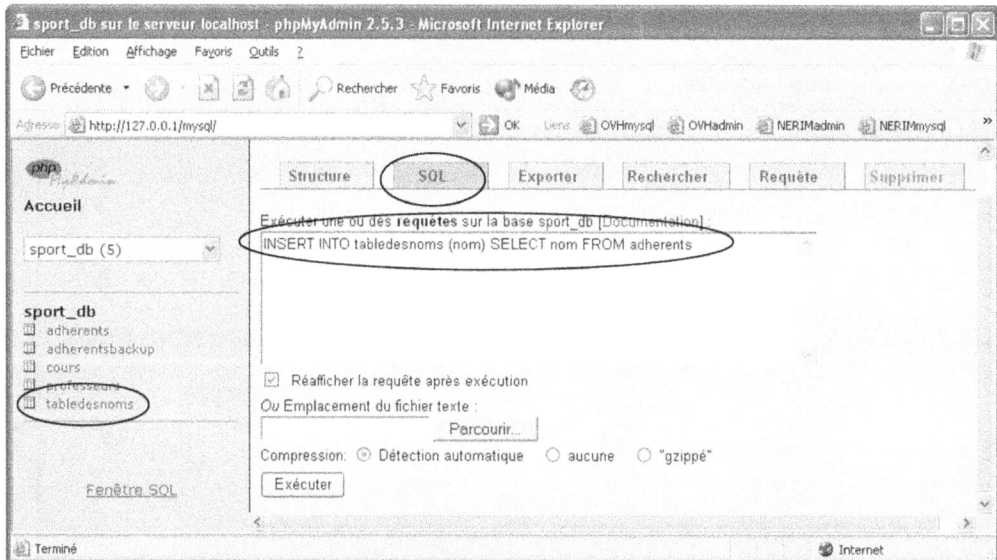

Figure 17-31

Après avoir créé la structure de la table tabledesnoms, saisissez la requête INSERT dans la zone de requête du gestionnaire et cliquez sur Exécuter. Il ne vous reste plus qu'à vérifier si la projection s'est bien effectuée.

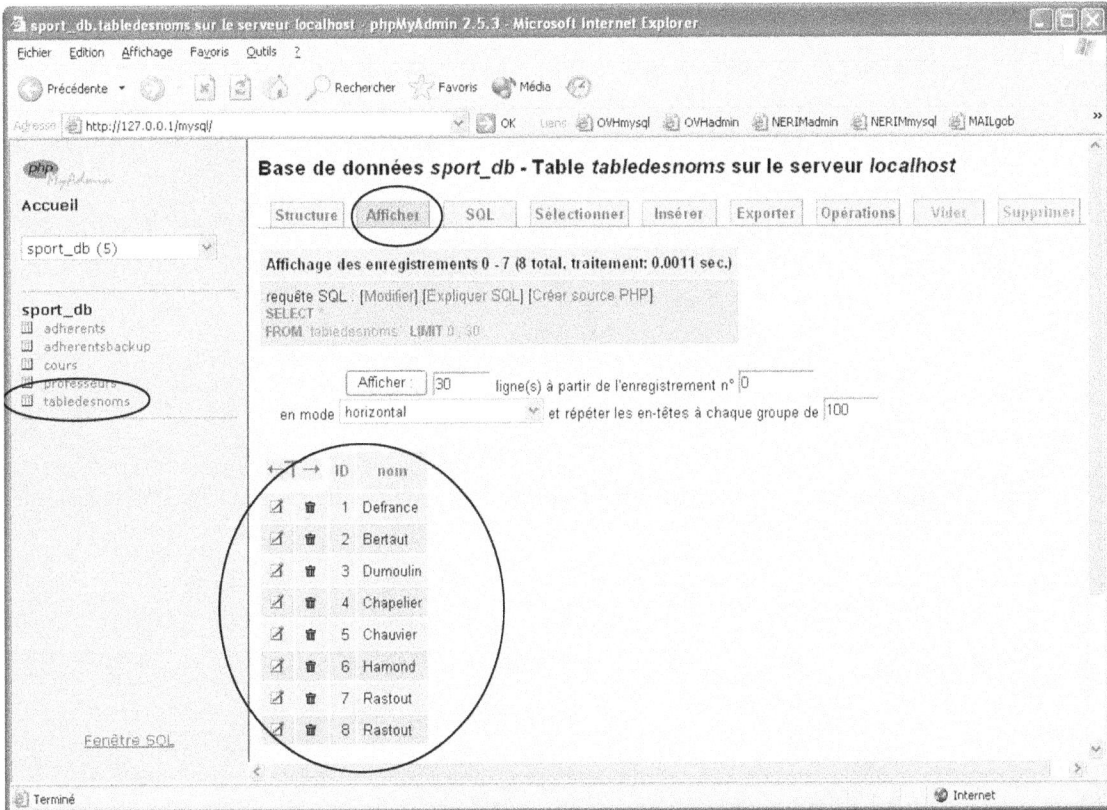

Figure 17-32

Si vous affichez le contenu de la table tabledesnoms, vous constatez que tous les noms de la table adherents ont été copiés dans les champs nom de la table tabledesnoms.

Commande DELETE

La commande DELETE permet de supprimer un enregistrement d'une table. Cette opération est irréversible et il vaut mieux prévoir l'affichage d'un message d'avertissement avant validation définitive de la requête. La commande DELETE doit être accompagnée de la clause WHERE (sinon, vous supprimez tous les enregistrements de la table), suivie d'une expression de sélection d'enregistrements à supprimer. Cette même expression peut d'ailleurs être utilisée au préalable dans une requête SELECT pour sélectionner et afficher les enregistrements à supprimer avec la requête DELETE lors de l'étape suivante :

```
SELECT * FROM adherents WHERE nom='Rastout'
```

```
DELETE FROM adherents WHERE nom='Rastout'
```

Tableau 17-12. Syntaxe de la commande DELETE et exemple d'utilisation

Fonction	Suppression d'enregistrements

Syntaxe de la commande de suppression	`DELETE FROM`
	`table`
	`[WHERE expression_de_sélection]`
	`[LIMIT [debut,] nb_lignes ]`

Légende	`table` : table où se trouvent les enregistrements sélectionnés. [xxx] : le code xxx est facultatif. (Attention ! Les crochets [et] ne doivent surtout pas être saisis dans le code.)
Exemple	Exemple : `DELETE FROM adherents WHERE nom='Rastout'`

Dans l'exemple ci-dessous, on désire supprimer l'enregistrement correspondant à l'adhérent Rastout Stéphane (voir figure 17-33) :

```
DELETE FROM adherents WHERE nom='Rastout' AND prenom='Stéphane'
```

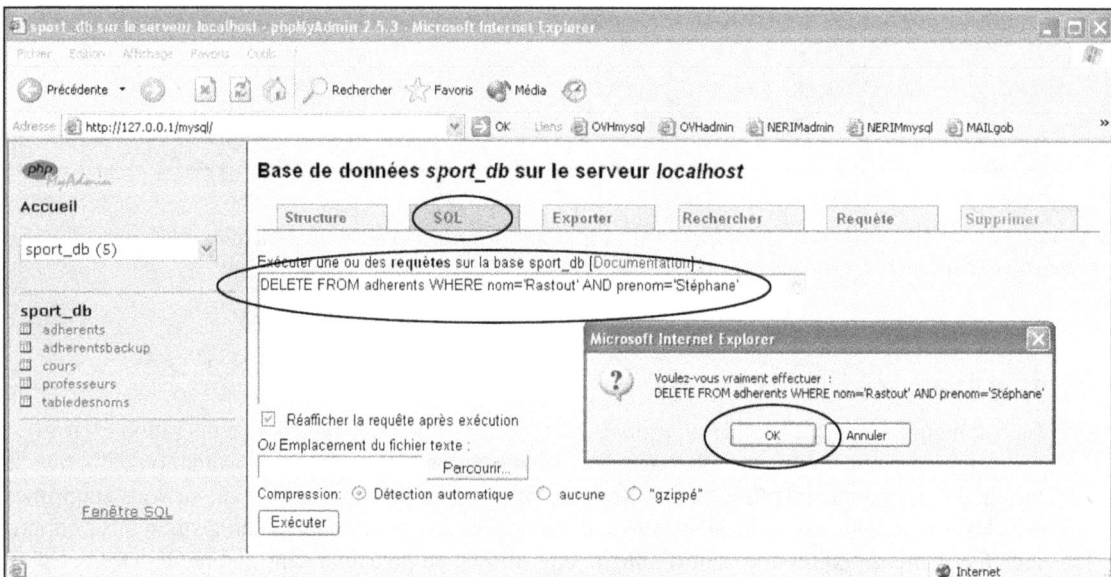

Figure 17-33

La commande DELETE permet de supprimer un enregistrement sélectionné par l'expression qui complète la clause WHERE.

Commande UPDATE

La commande UPDATE permet de modifier la valeur de certains champs si l'expression de sélection est validée. L'affectation des valeurs est introduite par la clause SET, comme pour la commande INSERT.

Tableau 17-13. Syntaxe de la commande UPDATE et exemple d'utilisation

Fonction	Mise à jour d'enregistrements

Syntaxe de la commande de modification	`UPDATE`
	`table`
	`SET`
	`chap1=valeur1, champ2=valeur2, …, champN=valeurN`
	`[WHERE expression_de_sélection]`
	`[LIMIT [debut,] nb_lignes ]`

Légende	`table` : table où se trouvent les enregistrements sélectionnés. [xxx] : le code xxx est facultatif. (Attention ! Les crochets [et] ne doivent surtout pas être saisis dans le code.)
Exemple	Exemple : `UPDATE adherents SET coursID=3 WHERE ID=4`

Dans l'exemple ci-dessous, nous désirons mettre à jour le numéro de téléphone du professeur Tavan (voir figure 17-34) :

```
UPDATE professeurs SET tel=0150505050 WHERE nomProf='Tavan'
```

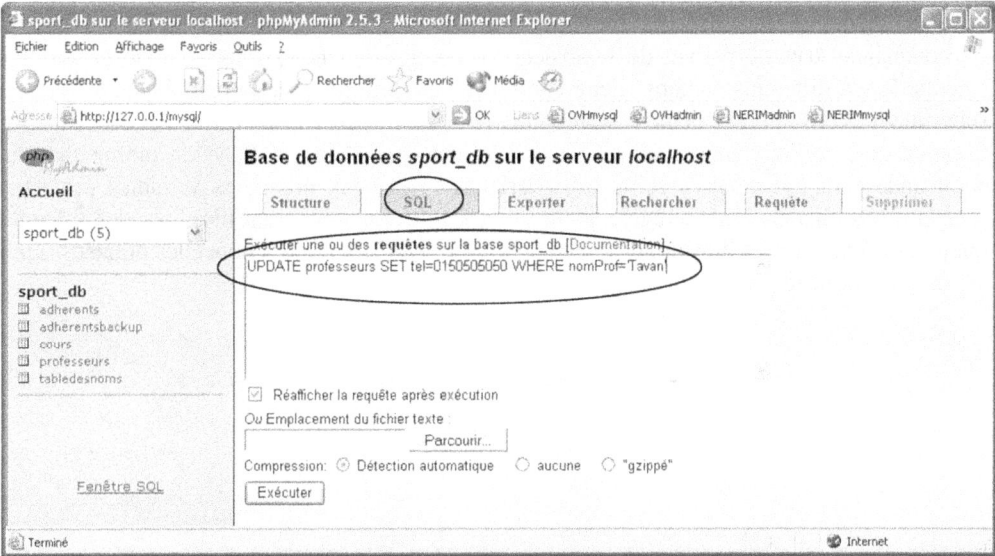

Figure 17-34

La commande UPDATE permet de mettre à jour un enregistrement sélectionné par l'expression qui complète la clause WHERE.

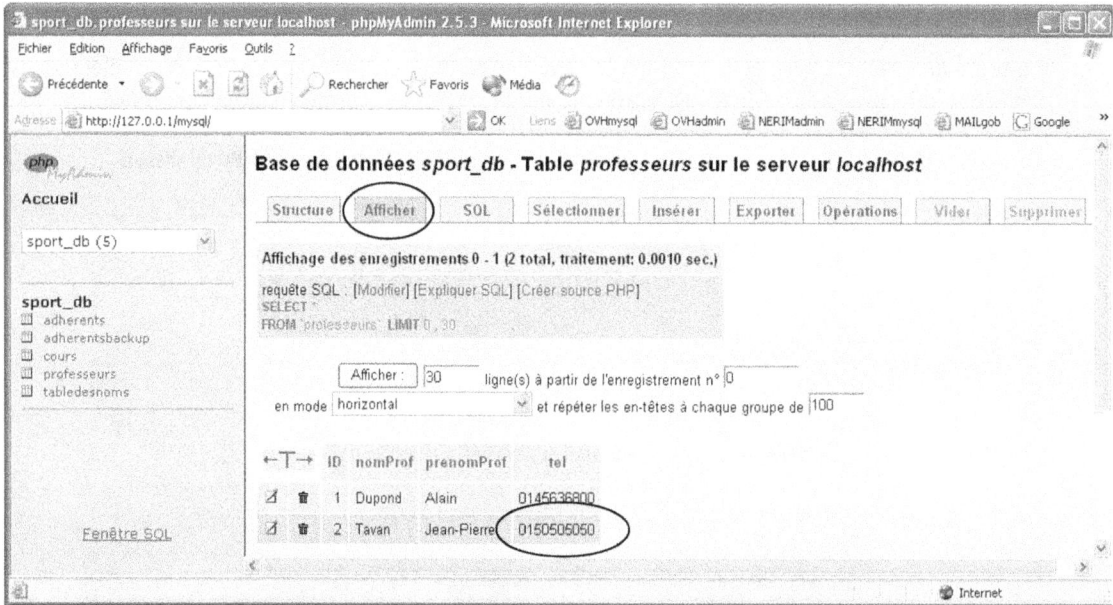

Figure 17-35

Si on consulte ensuite le contenu de la table professeurs, on constate que le numéro de téléphone du professeur Tavan a bien été modifié.

Commande REPLACE

La commande REPLACE permet de remplacer un enregistrement existant et donc de modifier les valeurs de ses différents champs. Cette commande est différente de la commande UPDATE car elle supprime d'abord l'enregistrement sélectionné pour ensuite le réinsérer avec de nouvelles valeurs. C'est en quelque sorte une combinaison des commandes DELETE et INSERT. Comme INSERT, cette commande peut être réalisée selon trois variantes. Les deux premières variantes permettent de remplacer les champs d'un enregistrement selon les informations transmises par des valeurs, alors que la troisième permet d'exploiter une requête SQL pour fournir les nouvelles données. La clause WHERE sélectionne le jeu d'enregistrements à utiliser pour ce faire.

Tableau 17-14. Syntaxe de la commande UPDATE et exemples d'utilisation

Fonction	Remplacement d'enregistrements

Syntaxe de la commande de remplacement à partir de valeurs (première méthode)	```REPLACE INTO```
	 ```table```
	 ```[(champ1, champ2, …, champN)]```
	 ```VALUES```
	 ```(valeur1, valeur2, …, valeurN)```

Syntaxe de la commande de remplacement à partir de valeurs (deuxième méthode)	```REPLACE INTO```
	 ```table```
	 ```SET```
	 ```chap1=valeur1, champ2=valeur2, …, champN=valeurN```

Syntaxe de la commande de remplacement à partir d'une requête	```REPLACE INTO```
	 ```table_cible```
	 ```SELECT```
	 ``*
		valeur1, valeur2, …, valeurN```
		 ```FROM table_source```
		 ```[WHERE expression_de_sélection]```

Légende	```table``` : table dans laquelle les données seront modifiées.
	 ```champN``` : nom du champ de la table dans lequel sera insérée la valeurN.
	 ```valeurN``` : la valeur doit respecter le format standard de son type (exemple : ```'bonjour'``` ou ```4562``` ou ```'2003-03-24'```). À noter : Si la requête est intégrée dans un script PHP, la valeur peut être remplacée par une variable qui sera alors évaluée au moment de l'insertion (exemple : ```'$var'```).
	 ``xxx
		yyy``` : le code	sépare des groupes alternatifs (il faudra donc choisir de saisir soit ```xxx```, soit ```yyy```).
			 ```table_source``` : lorsqu'un jeu d'enregistrements issu d'une table source est utilisé pour mettre à jour les champs d'une table cible, le symbole * peut être employé, mais il faut veiller à ce que le nombre de champs soit identique dans les deux tables.

Exemples	Exemple 1 :
	 ```REPLACE INTO adherents VALUES(6,3,'Hamond','Laurence',1985)```
	 Exemple 2 :
	 ```REPLACE INTO adherents (ID,coursID,nom,prenom,anneeNaissance)```
	 ```VALUES(6,3,'Hamond','Laurence',1985)```

18

Interfaçage Flash-PHP-MySQL

Après l'interfaçage Flash-PHP-Txt (voir chapitre 11), nous vous proposons de découvrir l'interfaçage Flash-PHP-MySQL. Toujours par l'intermédiaire de scripts PHP, il permet d'ajouter ou d'actualiser des informations dans une base de données MySQL depuis une animation Flash ou encore de récupérer et de mettre en forme des informations issues de cette même base.

Ce chapitre sera découpé en deux grandes parties. Dans la première, nous présenterons les techniques pour interfacer des scripts PHP avec une base MySQL. Dans la seconde, nous mettrons en application ces techniques pour réaliser des interfaçages Flash-MySQL.

Interfaçage PHP-MySQL

Dans les chapitres précédents, nous avons manipulé les informations de la base de données MySQL par l'intermédiaire du gestionnaire phpMyAdmin. Cependant, malgré son interface de gestion assez simple, cet outil est plutôt réservé aux développeurs.

Afin que les utilisateurs puissent interagir sur la base, il leur faut développer des interfaces de gestion de données sur mesure et sécurisées à l'aide de fonctions PHP dédiées à MySQL et de requêtes SQL.

Ces interfaces sont en général matérialisées par des scripts PHP auxquels on envoie des variables depuis un simple formulaire ou une animation Flash. La première fonction de ces scripts est d'établir une liaison avec la base de données (la « connexion »), puis d'élaborer une requête SQL à partir des variables reçues et de transmettre cette requête à la base de données. Après réception de cette requête, la base de données recherche et met en forme les informations demandées et les retourne aux scripts émetteurs. La seconde fonction des scripts est d'informer l'utilisateur des résultats en les affichant à l'écran ou en les retournant à l'animation Flash qui est à l'origine de la demande.

Concept de la connexion à la base

Pour créer une interface de gestion de données, il faut configurer une connexion à la base de données afin que les scripts PHP soient authentifiés comme ayant un droit d'accès aux données de la base ciblée.

Pour que vous compreniez bien le concept de la connexion à la base, nous allons comparer cette connexion à l'ouverture d'un « canal » entre la base et les scripts dynamiques du site (voir figure 18-1). Ce canal permet d'accéder aux différents champs qui constituent les tables de la base à l'aide de requêtes SQL puis de récupérer une sélection d'enregistrements.

Figure 18-1

Schéma de principe d'une connexion à la base de données : la connexion peut être comparée à un « canal » autorisant le dialogue entre le serveur Web et le serveur MySQL.

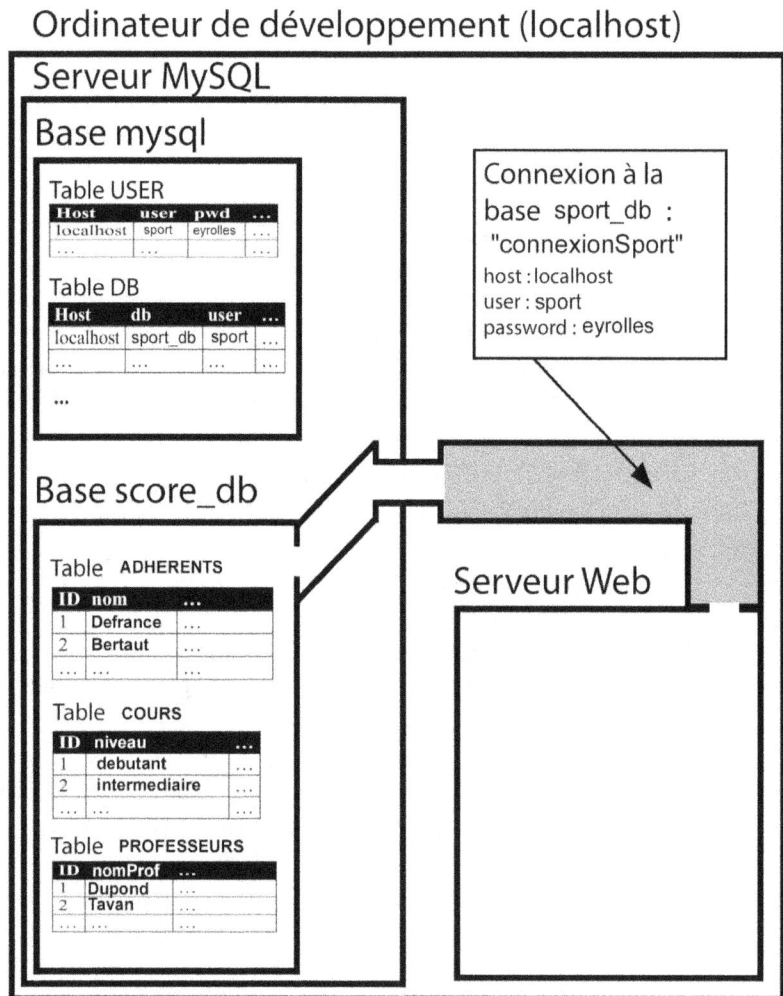

Création d'un fichier de connexion

> **Alternative au fichier de connexion**
>
> La création d'un fichier de connexion à la base de données est intéressante dès que plusieurs scripts d'un même site doivent s'y connecter. Les paramètres de configuration au serveur MySQL sont ainsi regroupés dans un même fichier ce qui facilite leur modification lors du transfert du site sur un serveur différent. Néanmoins, si votre application dynamique est la seule à nécessiter un accès à la base de données, vous pouvez aussi insérer les paramètres et instructions de connexion directement dans le code de l'application en utilisant le script ci-dessous (vous trouverez un exemple illustrant cette technique dans le fichier signetsXml.php de l'application des signets dynamiques du chapitre 22).
>
> ```
> //--------------Configuration isolée de la connexion MySQL
> mysql_connect("localhost","sport","eyrolles");
> mysql_select_db("sport_db");
> ```

La connexion à la base utilise des fonctions dédiées à la gestion de MySQL (en général, ces fonctions commencent par le préfixe mysql_, par exemple mysql_connect ou mysql_select_db). Les paramètres nécessaires à la connexion (identifiant, mot de passe, etc.) sont souvent regroupés dans un fichier externe afin de faciliter sa maintenance en cas de modification. Ce fichier de connexion peut être réalisé en mode code dans un simple éditeur ou en mode assisté à l'aide d'une boîte de dialogue de l'interface de Dreamweaver. La deuxième solution permet de disposer d'un fichier de connexion compatible avec la création de pages dynamiques générées par des comportements serveur de Dreamweaver MX. Vous pourrez ainsi utiliser le même fichier de connexion pour vos applications Flash et pour les pages dynamiques du site.

Afin que vous puissiez choisir la solution qui vous convient le mieux, nous détaillerons ces deux solutions ci-dessous.

Dans le chapitre 16 dédié au gestionnaire de base de données phpMyAdmin, nous avons créé un compte utilisateur sport dans la table user de la base mysql. Nous reprendrons ces mêmes paramètres ci-dessous afin d'être reconnu par le serveur MySQL comme un utilisateur de la base sport_db.

Si vous ne désirez pas créer d'utilisateur, vous pouvez utiliser en local l'utilisateur root, configuré par défaut lors de l'installation de la base MySQL. Dans ce cas, il vous suffit d'indiquer root comme login et de ne pas préciser de mot de passe (Attention ! Pour des raisons de sécurité évidentes, cette configuration est strictement réservée à un usage local).

Création d'un nouveau site dans Dreamweaver

Avant de créer le fichier de connexion à la base, il faut configurer un nouveau site correspondant au projet Sport (revoir si besoin la démarche, présentée dans le chapitre 4). L'étape 5 de la procédure décrite ci-dessous, dédiée à la configuration d'un serveur d'évaluation, permettra par la suite de créer automatiquement le fichier de connexion à la base de données. Si vous désirez configurer vous-même ce fichier en mode code, validez votre nouveau site à partir de l'étape 4 :

1. Depuis le menu de l'interface de Dreamweaver, cliquez sur la rubrique Sites puis sélectionnez Gérer les sites.

2. Dans la boîte de dialogue Gérer les sites, cliquez sur le bouton Nouveau.

3. Dans la boîte de dialogue Définition du site, cliquez sur l'onglet Avancé s'il n'est pas déjà sélectionné.

4. Cliquez sur la catégorie Infos Locales (voir figure 18-2) et renseignez les champs suivants :

– Nom du site : SITEsport ;

– Dossier racine : cliquez sur le petit dossier situé à droite du champ afin d'ouvrir l'explorateur de fichier. Créez puis sélectionnez un nouveau dossier /SITEsport/ dans le répertoire racine www de la suite EasyPHP.

5. Cliquez ensuite sur la catégorie Serveur d'évaluation (voir repère 1 de la figure 18-3) et renseignez les champs suivants (si vous ne désirez pas utiliser le mode assisté de Dreamweaver pour créer votre fichier de connexion, cette étape 5 n'est pas nécessaire) :

– Modèle de serveur : sélectionnez PHP-MySQL dans le menu déroulant (voir repère 2 de la figure 18-3) ;

– Accès : sélectionnez Local/Réseau dans le menu déroulant (voir repère 3 de la figure 18-3) ;

– Dossier du serveur d'évaluation : théoriquement, ce champ doit être préconfiguré avec le chemin menant au répertoire du site www/SITEsport (voir repère 4 de la figure 18-3) ;

– Préfixe de l'URL : ajoutez SITEsport/ à la suite de http://localhost/ (voir repère de la 5 figure 18-3).

6. Cliquez sur le bouton OK de la boîte de dialogue puis sur le bouton Terminer de la boîte Gérer les sites.

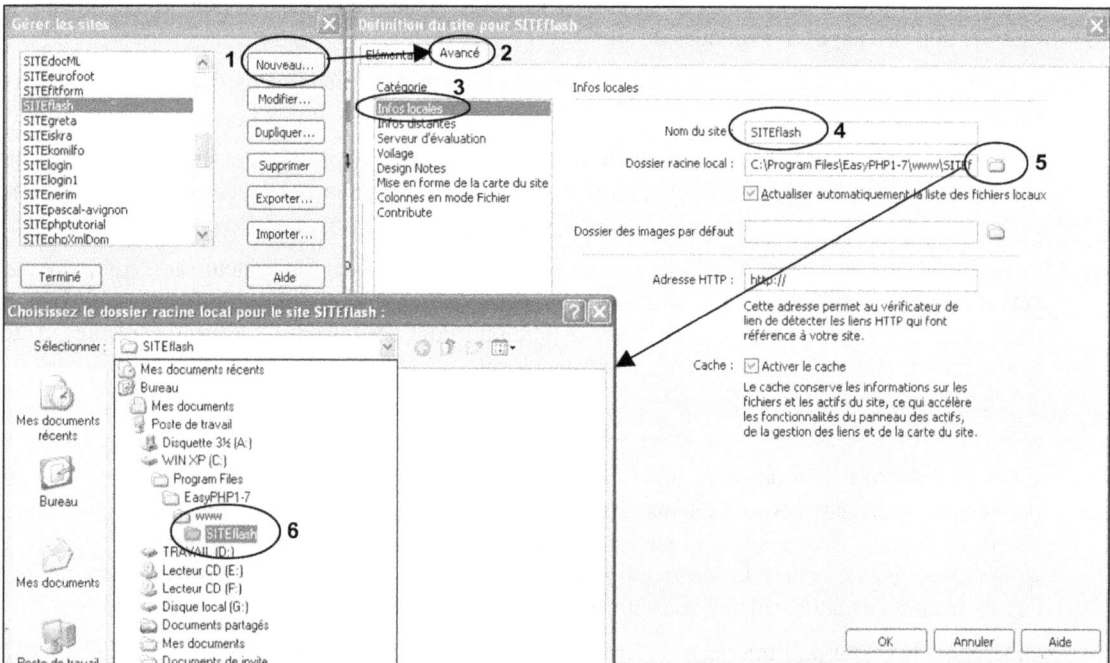

Figure 18-2

Configuration de la catégorie Infos locales d'un nouveau site destiné à tester l'application dynamique Sport.

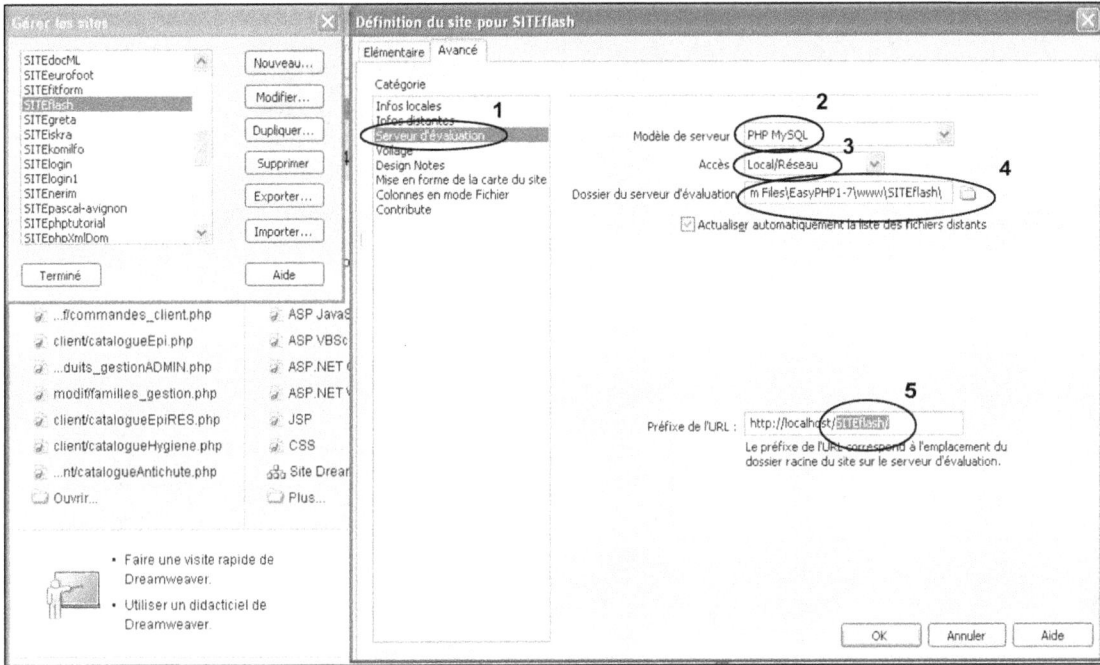

Figure 18-3

Configuration de la catégorie Serveur d'évaluation. La configuration de cette catégorie est nécessaire si l'on désire créer un fichier de connexion conforme aux comportements serveur de Dreamweaver.

Création avec la boîte de dialogue de Dreamweaver

Voici la procédure à suivre pour créer un fichier de connexion à la base MySQL à l'aide de l'assistant de Dreamweaver. Avant de commencer, assurez-vous que EasyPHP est démarré (le voyant rouge de l'icône EasyPHP doit clignoter).

1. Ouvrez une page PHP dans Dreamweaver (menu Fichier>Nouveau, sélectionnez Page dynamique et PHP puis cliquez sur Créer) (voir figure 18-4).

2. Déroulez le panneau Application et sélectionnez l'onglet Base de données (voir figure 18-5).

3. Cliquez sur le bouton + et sélectionnez la rubrique Connexion MySQL qui s'affiche dans le menu contextuel (voir figure 18-5).

4. La boîte de dialogue Connexion MySQL s'affiche (voir figure 18-5).

5. Saisissez un nom pour la connexion que vous allez créer. Ce nom doit être explicite et ne doit pas comporter d'espace. Dans le cadre de notre application, nous utiliserons ConnexionSport.

6. Dans le champ Serveur MySQL, indiquez l'ordinateur sur lequel est installé le serveur MySQL. Cela peut être une adresse IP ou un nom de serveur ; dans notre cas, le serveur MySQL étant installé sur le même serveur que PHP, nous saisissons localhost.

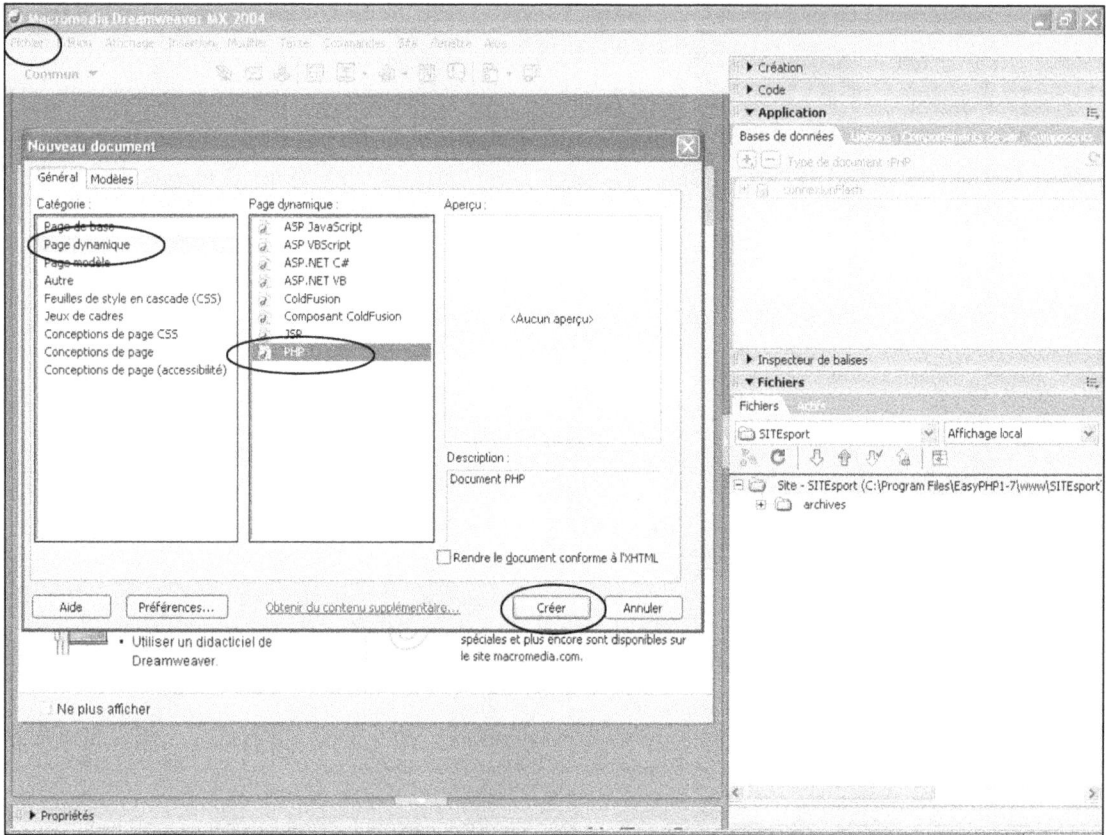

Figure 18-4

Pour créer une connexion, commencez par ouvrir une page dynamique PHP.

7. Saisissez ensuite les paramètres de l'utilisateur sport : nom de l'utilisateur = sport et mot de passe = eyrolles. Si vous n'avez pas défini l'utilisateur sport dans la base MySQL, vous pouvez saisir provisoirement l'utilisateur installé par défaut sur la base MySQL : nom de l'utilisateur = root, sans mot de passe.

8. Cliquez sur le bouton Sélectionner pour afficher toutes les bases de données disponibles (voir figure 18-5). Sélectionnez la base sport_db et validez en cliquant sur le bouton OK.

9. La base sélectionnée s'affiche dans le champ Base de données. Vérifiez que la connexion est valide en cliquant sur le bouton Tester. Un message vous informe que la connexion est établie si tous vos paramètres sont corrects (voir figure 18-6). Si la connexion échoue, vérifiez de nouveau les paramètres ci-dessus (Serveur, Nom, Mot de passe) et assurez-vous qu'EasyPHP est actif.

10. Fermez la fenêtre du message et confirmez la création de la connexion en cliquant sur le bouton OK.

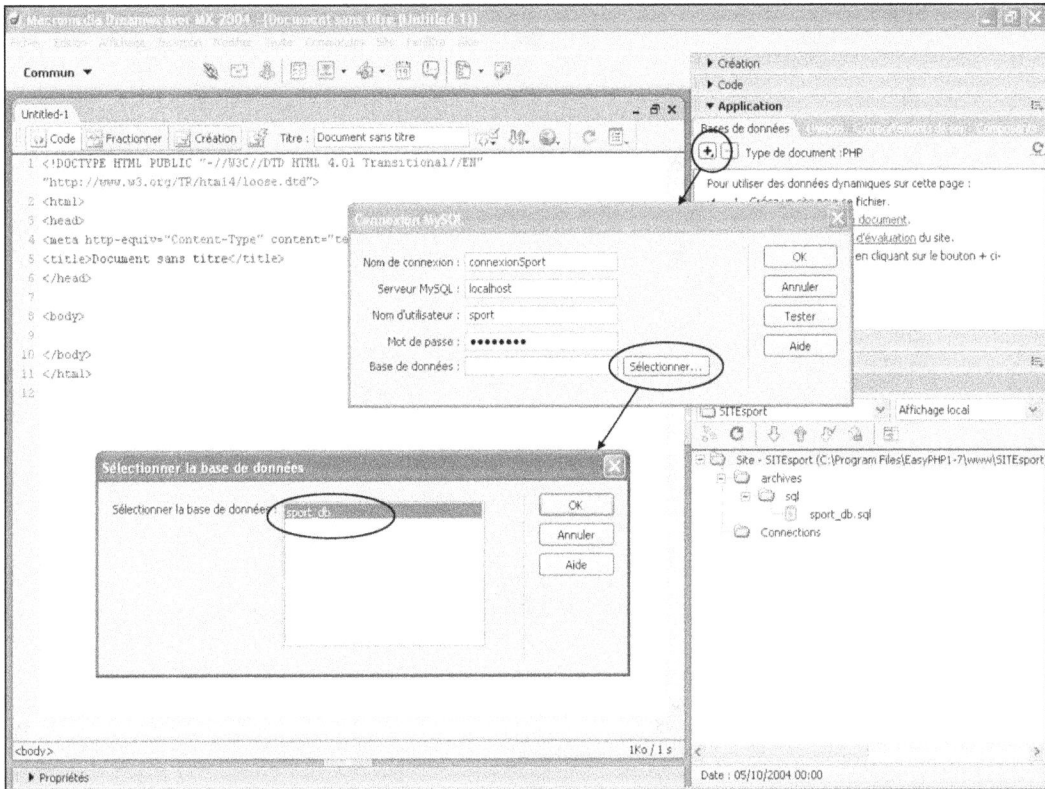

Figure 18-5

*Depuis le panneau Base de données, cliquez sur + et sélectionnez Connexion MySQL pour ouvrir la fenêtre
de paramétrage de la connexion à la base. Saisissez les paramètres du compte utilisateur Sport dans la boîte de
dialogue puis cliquez sur le bouton Sélectionner pour afficher la liste des bases disponibles sur le serveur MySQL.*

11. La connexion à la base de données est désormais établie. Une icône représentant la base `sport_db`
apparaît dans la fenêtre Base de données. Vous pouvez cliquer successivement sur les + qui précè-
dent les noms des branches de l'arborescence (`ConnexionSport`, puis `Table`, puis `adherents`, par
exemple) pour déplier l'arbre de la base de données et faire apparaître les différents champs qui
constituent chacune de ses tables (voir figure 18-7).

12. Lors de la création d'une connexion, un répertoire /Connections/ et un fichier connexionS-
port.php sont créés automatiquement. Si vous ouvrez le fichier connexionSport.php dans
l'éditeur de code de Dreamweaver, vous remarquez qu'il contient tous les paramètres de la
connexion qui vient d'être créée (voir figure 18-8). Pour ouvrir connexionScore.php, double-
cliquez sur le nom du fichier dans le panneau Fichier, puis cliquez sur le bouton Afficher en mode
code si nécessaire.

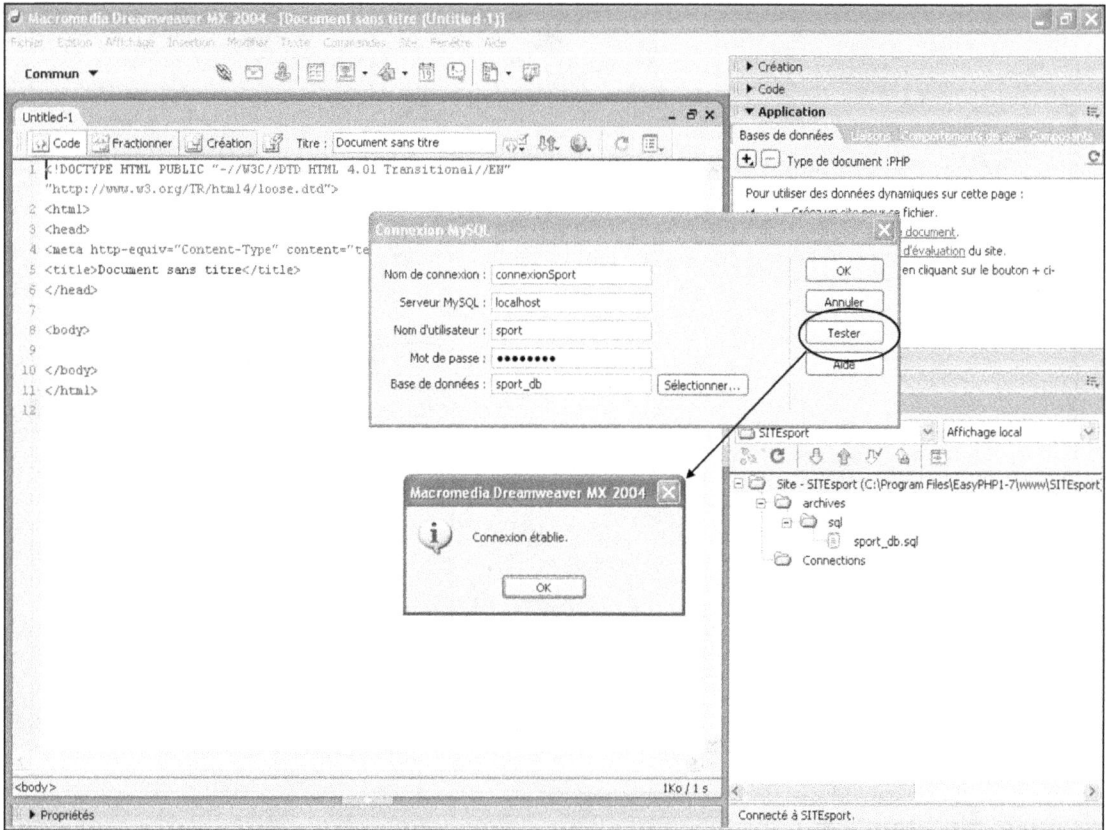

Figure 18-6

Avant de valider votre connexion, vous pouvez tester si tous les paramètres sont corrects en cliquant sur le bouton Tester.

Création en mode code à l'aide de l'éditeur

L'autre solution pour disposer d'un fichier de connexion consiste à saisir les paramètres de connexion et les fonctions en mode code dans l'éditeur de votre choix. Afin que les scripts de cet ouvrage puissent être exploités de la même manière quel que soit le mode de création choisi, nous utiliserons la même convention de nommage des variables que celle utilisée dans le fichier connexionScore.php généré automatiquement par Dreamweaver dans le mode de création précédent (voir le code ci-dessous) :

```php
<?php
# FileName="Connection_php_mysql.htm"
# Type="MYSQL"
# HTTP="true"
$hostname_connexionSport = "localhost";
$database_connexionSport = "sport_db";
```

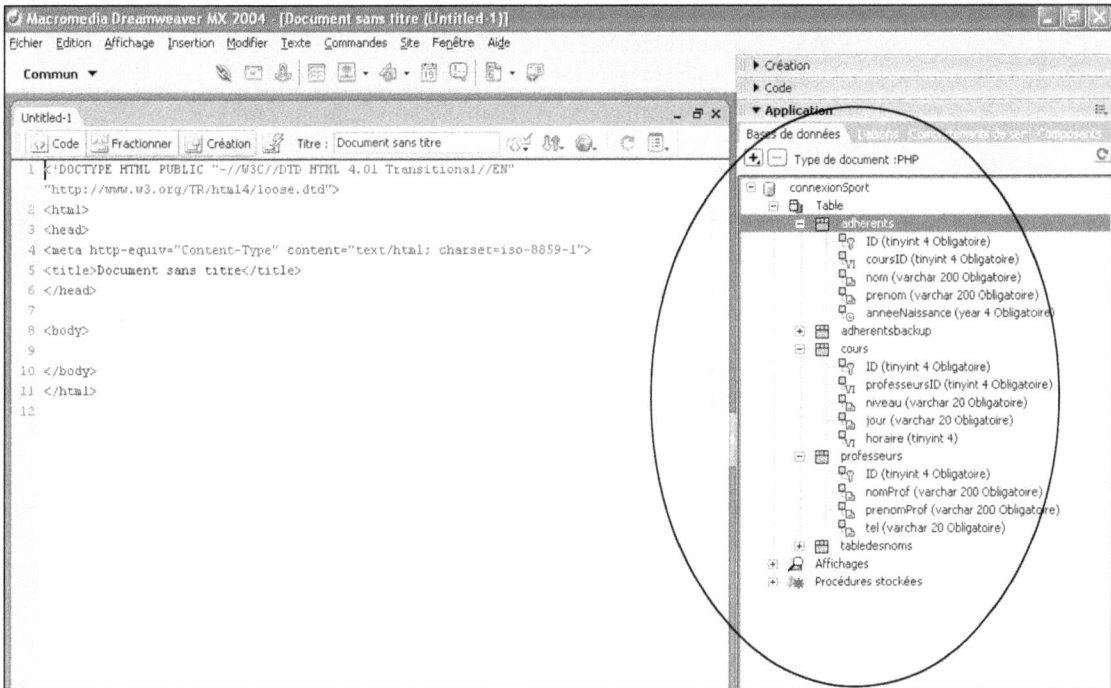

Figure 18-7

Une fois la connexion établie, vous pouvez consulter tous les champs disponibles dans chacune des tables de la base de données sport_db.

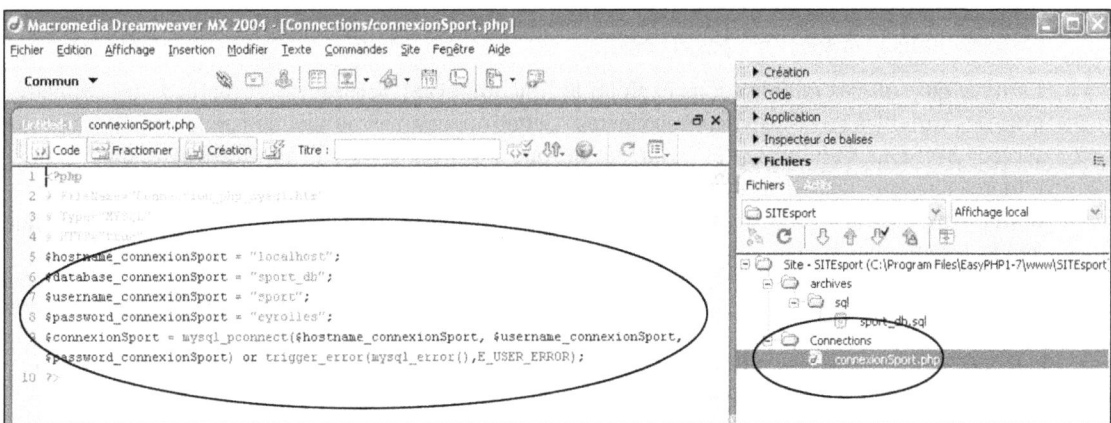

Figure 18-8

Lors de la création d'une connexion, un répertoire Connections et un fichier portant le nom de la connexion ConnexionSport.php sont automatiquement créés dans l'arborescence du site.

```
$username_connexionSport = "sport";
$password_connexionSport = "eyrolles";
$connexionSport = mysql_pconnect($hostname_connexionSport, $username_connexionSport,
➡$password_connexionSport) or trigger_error(mysql_error(),E_USER_ERROR);
?>
```

> **Attention ! Le répertoire Connections ne doit pas être supprimé !**
>
> Après la création d'une connexion, un sous-répertoire est automatiquement créé dans l'arborescence du site (C:
> Program Files/EasyPHP/www/SITEsport/). Il se nomme Connections et contient un fichier PHP qui porte le nom de
> la connexion qui vient d'être configurée (voir figure 18-8). Ce fichier regroupe tous les paramètres de votre
> connexion (nom du serveur MySQL, login du compte, mot de passe, nom de la base de données) et doit être trans-
> féré sur le serveur distant lors de la publication du site. Évidemment, ce répertoire et ce fichier ne doivent en aucun
> cas être supprimés, au risque d'interrompre toutes les interactions entre la base de données et les scripts dynami-
> ques du serveur.

Pour créer votre fichier de connexion en mode code, saisissez les instructions ci-dessus dans votre éditeur et enregistrez-les dans un fichier PHP nommé connexionSport.php dans un répertoire /Connections/.

Descriptif du fichier de connexion

Les trois premières lignes sont des commentaires (leur saisie n'est donc pas indispensable).

Les quatre lignes suivantes correspondent à l'initialisation des variables de connexion. Ainsi, le nom de la machine hôte (hostname) est affecté par la valeur localhost car le serveur MySQL se trouve sur la même machine que le serveur Web ; le nom de la base (database) est affecté par sport_db, qui est le nom de la base à laquelle vous désirez vous connecter ; le nom d'utilisateur et le mot de passe (username et password) permettent d'être authentifié par la base comme un utilisateur valide (pour ces deux derniers paramètres, vous pouvez utiliser les valeurs sport et eyrolles ou root sans mot de passe si l'utilisateur sport n'a pas été créé).

La ligne qui suit ces initialisations exploite la fonction mysql_pconnect() et reprend en paramètres trois des variables de connexion précédentes. Cette fonction envoie une demande de connexion au serveur MySQL. Celui-ci, après avoir vérifié que l'utilisateur et son mot de passe sont valides, retourne un identifiant de connexion mémorisé dans la variable $connexionSport. Si une des informations est invalide, la fonction retourne la valeur FALSE et un message d'erreur (trigger_error()) indique que la connexion a échoué.

> **À noter**
>
> Si vous désirez gérer vous-même les problèmes de connexion (en faisant un simple test sur l'identificateur
> retourné par la fonction, par exemple), ajoutez le caractère @ devant la fonction afin d'éviter qu'elle ne génère auto-
> matiquement un message d'erreur à l'écran (exemple : @mysql_connect()).

Il existe deux déclinaisons de cette fonction PHP de connexion à un serveur MySQL :

- mysql_connect() : connexion éphémère au serveur. Cette connexion se termine par l'appel de la fonction mysql_close() ou à la fin du script ;

- `mysql_pconnect()` : connexion persistante au serveur. Contrairement à la connexion éphémère, elle ne se termine pas par l'appel de la fonction `mysql_close()` ou à la fin du script mais est conservée pour un prochain accès, d'où son nom. Ce type de connexion est intéressant pour des applications très sollicitées (les moteurs de recherche, par exemple). Cependant, MySQL ayant un processus d'établissement de connexions relativement efficace, en règle générale, il est souvent préférable d'utiliser des connexions éphémères.

Attention aux connexions persistantes !

Si vous utilisez la fonction de connexion persistante `mysql_pconnect()` (et non `mysql_connect()`) et que la configuration du serveur Web Apache ou de MySQL n'est pas adaptée, vous risquez d'atteindre rapidement le nombre maximal de connexions et de bloquer votre serveur MySQL (apparition du message `Too Many Connections`). Dans ce cas, si vous ne pouvez pas modifier la configuration de vos serveurs, remplacez votre fonction de connexion persistante par une fonction de connexion éphémère (`mysql_connect()`).

Concept du jeu d'enregistrements

Une fois que le « canal » d'accès au serveur MySQL est mis en place, vous pouvez exploiter les enregistrements de la base et extraire un sous-ensemble de données d'une ou plusieurs tables. Ce sous-ensemble de données s'appelle un jeu d'enregistrements et forme une nouvelle table puisqu'il est formé de champs et d'enregistrements selon la requête d'extraction employée.

Pour créer un jeu d'enregistrements, vous allez devoir élaborer une requête SQL caractérisée par les critères de sélection des enregistrements et par les champs demandés (revoir si besoin le chapitre 17 consacré aux commandes SQL).

Nous rappelons que pour transmettre une requête SQL à la base de données, il est indispensable qu'une connexion soit préalablement établie avec le serveur MySQL. En effet, la requête et le jeu d'enregistrements emprunteront le « canal » de la connexion `connexionSport`. Les différentes informations qui constituent une requête permettent de sélectionner la table (ou les tables) de la base à laquelle la connexion donne accès et de définir les critères de sélection des enregistrements et les noms des champs qu'on désire exploiter dans la page dynamique du site (voir le repère 1 de la figure 18-9). En réponse, le serveur MySQL renvoie un jeu d'enregistrements (voir le repère 2 de la figure 18-9). Ces enregistrements sont ensuite utilisés comme éléments dynamiques dans la page PHP qui a généré la requête.

Création d'un jeu d'enregistrements

Bibliothèque de fonctions MySQL

Nous disposons maintenant d'un fichier (dans notre exemple, le fichier ConnexionScore.php) regroupant les paramètres de connexion ainsi que la fonction de connexion (`mysql_connect()`, qui retourne l'identificateur de connexion nommé `$connexionSport` dans notre exemple).

Nous pouvons désormais construire une première page dynamique qui affichera les informations issues de la base de données. Nous allons envoyer une requête SQL à la base de données afin de récupérer les différents niveaux de la table `cours`. Pour cela, nous avons besoin d'autres fonctions PHP

Figure 18-9

Schéma de principe d'une requête et d'un jeu d'enregistrements : la requête SQL et le jeu d'enregistrements utilisent le « canal » de la connexion à la base de données pour passer du serveur Web au serveur MySQL et vice versa.

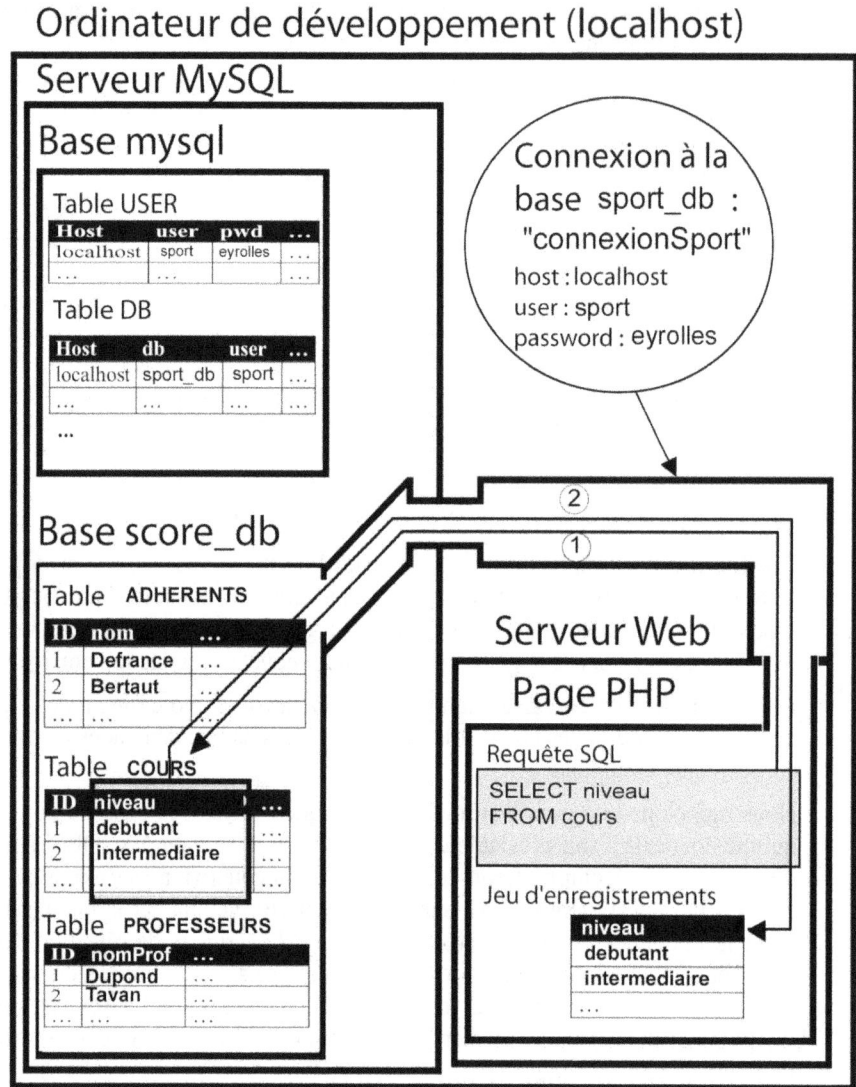

dédiées à la gestion de MySQL (revoir le tableau 6-18 ou voir le tableau récapitulatif 18-1). Ces fonctions PHP-MySQL sont regroupées dans une bibliothèque (ou extension) et permettent, entre autres, de se connecter au serveur MySQL, d'exécuter des requêtes SQL ou encore de récupérer les résultats en les mettant en forme pour les afficher dans la page dynamique.

À noter

Ces fonctions sont facilement identifiables car leur nom commence toujours par le préfixe mysql_. Vous pouvez d'ailleurs consulter la liste exhaustive de ces fonctions MySQL depuis l'écran d'administration de la suite EasyPHP (voir figure 18-10). De même, il est possible de connaître la syntaxe de chacune de ces fonctions avec Dreamweaver depuis le panneau Code, onglet Référence (sélectionnez ensuite dans les menus déroulants Livre : PHP de poche et PHP : Fonctions MySQL ; voir figure 18-11).

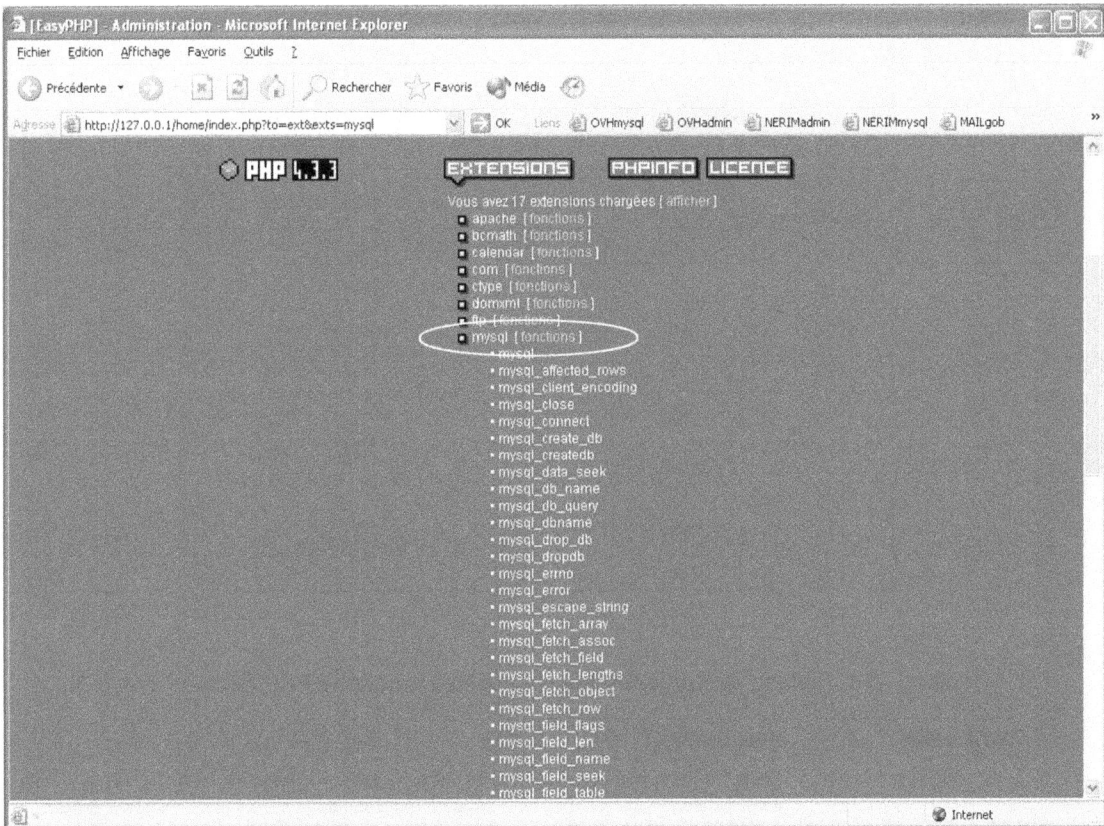

Figure 18-10

Depuis l'écran d'administration de EasyPHP, vous pouvez consulter la liste des fonctions PHP dédiées à MySQL disponibles.

Procédure de création d'un jeu d'enregistrements

Pour créer un jeu d'enregistrements dans une nouvelle page dynamique, il faut commencer par établir une connexion avec le serveur MySQL. Pour cela, il suffit d'appeler (à l'aide de la fonction require_once()) le fichier de connexion.

Figure 18-11

L'onglet Références du panneau Code de Dreamweaver permet d'accéder à la syntaxe et à la description de chacune des fonctions PHP dédiées à MySQL.

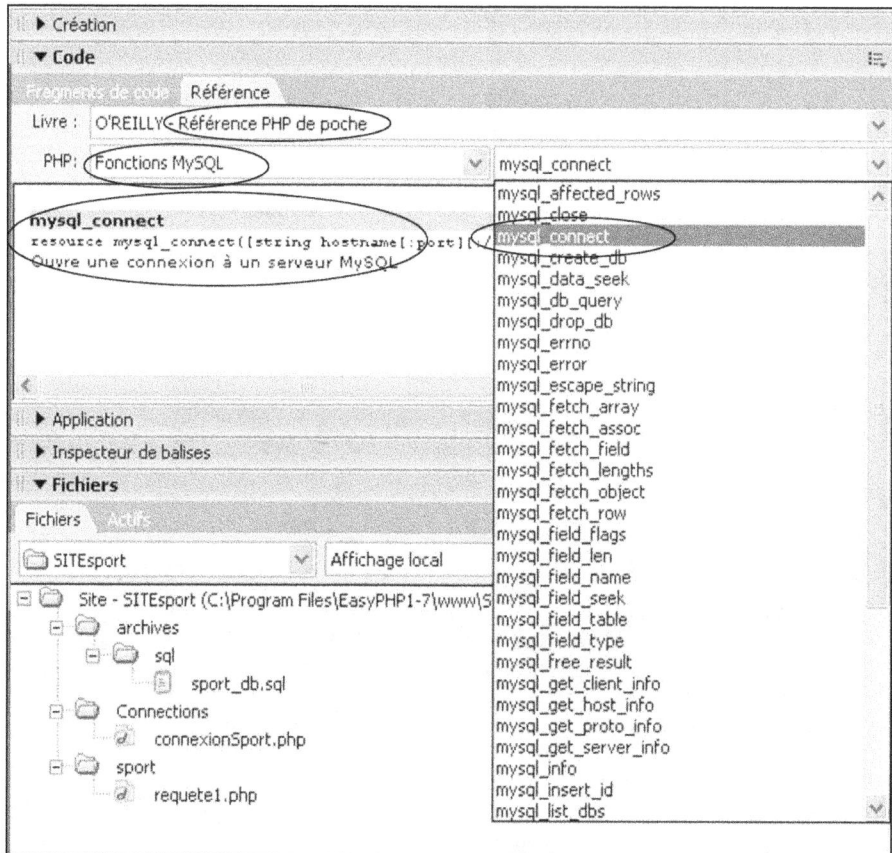

Tableau 18-1. Tableau récapitulatif des principales fonctions PHP dédiées à MySQL

Fonction PHP	Description
mysql_connect() mysql_pconnect()	Permet d'établir une connexion (ou encore un « canal » ; revoir figure 18-1) avec le serveur MySQL selon les paramètres de l'utilisateur (nom et mot de passe) et d'un serveur spécifique (exemple : monserveur.com ou localhost si le serveur MySQL est installé sur la même machine que le serveur Web). Cette fonction renvoie un identificateur qui est ensuite utilisé pour dialoguer avec le serveur. Cet identificateur peut être mémorisé dans une variable (par exemple : $connexion) afin de faciliter son intégration dans les autres fonctions PHP de la bibliothèque MySQL (mysql_select_db() ou mysql_query() par exemple). Si la connexion avec le serveur MySQL est impossible, l'identificateur renvoyé est égal à 0 et un message d'erreur s'affiche à l'écran. Le fait que la valeur retournée en cas d'échec soit nulle permet de s'assurer facilement que la connexion est bien établie à l'aide d'un simple test : if(!$connexion) {//suite des fonctions}. À noter : Une déclinaison de cette fonction (mysql_pconnect()) permet d'obtenir une connexion persistante à la base.

Tableau 18-1. Tableau récapitulatif des principales fonctions PHP dédiées à MySQL *(suite)*

Fonction PHP	Description
mysql_select_db()	Permet de sélectionner une base de données du serveur MySQL pour une connexion spécifique. Par exemple, la fonction mysql_select_db("sport_db", $connexion) permet de présélectionner la base sport_db pour toutes les requêtes utilisant l'identifiant de connexion $connexion.
mysql_query()	Permet d'exécuter une requête SQL (SELECT) mais aussi tout autre type de commande MySQL (INSERT, UPDATE, etc.). Cette fonction renvoie un pointeur qui permet d'exploiter les résultats de la requête (appelé aussi « jeu d'enregistrements » ou « RecorSet » : rs). En général, la valeur de ce pointeur est affectée à une variable du script (par exemple : $rs=mysql_query($query,$connexion)). À noter : Ce pointeur ne peut pas être directement utilisé ; il faut donc faire appel à une autre fonction (par exemple myql_fetch_row() ou myql_fetch_asso()) pour récupérer les différentes lignes du résultat.
mysql_fetch_row()	Permet de récupérer une des lignes du jeu d'enregistrements et positionne le pointeur initial sur la ligne suivante. Avec cette fonction, chaque ligne de résultat est renvoyée sous forme d'un tableau indicé. En général, une variable de type tableau est alors affectée par le résultat retourné afin de pouvoir facilement l'exploiter au sein du script. Par exemple, si $row=mysql_fetch_row($rs), on peut ensuite afficher la valeur de premier champ avec l'instruction suivante : echo $row[0];
mysql_fetch_asso()	Permet de récupérer une des lignes du jeu d'enregistrements et positionne le pointeur initial sur la ligne suivante. Avec cette fonction, chaque ligne de résultat est renvoyée sous forme d'un tableau associatif. En général, une variable de type tableau est alors affectée par le résultat retourné afin de pouvoir facilement l'exploiter au sein du script. Par exemple, si $row=mysql_fetch_row($rs), on peut ensuite afficher la valeur du champ nom avec l'instruction suivante : echo $row['nom'];
mysql_fetch_array()	Permet de récupérer une des lignes du jeu d'enregistrements et positionne le pointeur initial sur la ligne suivante. Avec cette fonction, chaque ligne de résultat peut être renvoyée sous forme d'un tableau indicé, d'un tableau associatif ou d'un tableau mixte selon un argument optionnel de la fonction
mysql_fetch_object()	Permet de récupérer une des lignes du jeu d'enregistrements et positionne le pointeur initial sur la ligne suivante. Avec cette fonction, chaque ligne de résultat peut être renvoyée sous forme d'un objet. Par exemple, si $row=mysql_fetch_objetct($rs), on peut ensuite afficher la valeur du champ nom avec l'instruction suivante : echo $row->nom;
mysql_free_result()	Permet de libérer la mémoire utilisée par un jeu d'enregistrements. Cette fonction est particulièrement recommandée lorsque des jeux d'enregistrements risquent de solliciter beaucoup de mémoire au sein d'un même script. À noter : Si cette fonction n'est pas utilisée, la mémoire allouée aux jeux d'enregistrements sera automatiquement vidée à la fin du script.

Lors de l'exécution de la page, tout le contenu du fichier est copié dans votre page dynamique à la place de l'instruction require_once() (voir repères 1 et 2 de la figure 18-12). Vous pourrez ensuite faire référence aux variables $database et $connexion dans les différentes fonctions de la page (voir repères 3 et 5 de la figure 18-12).

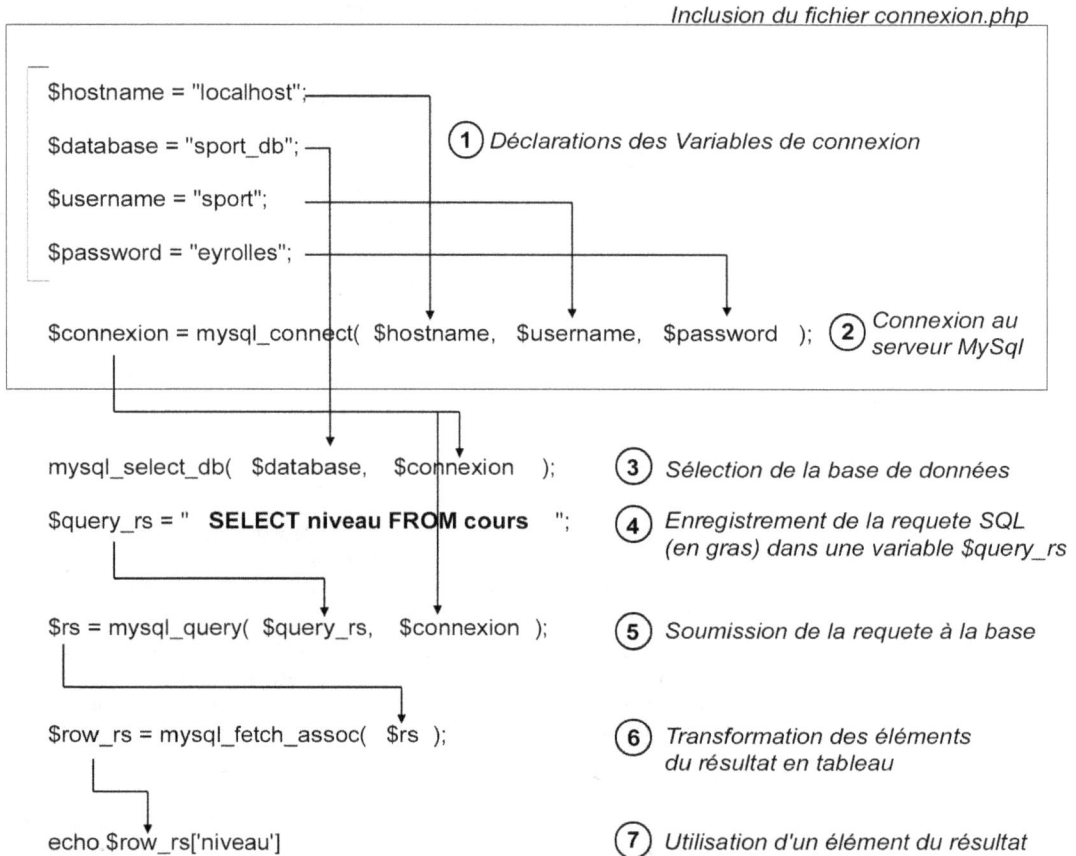

Inclusion du fichier connexion.php

Figure 18-12

Détail d'un script d'envoi d'une requête SQL et de la mise en forme du jeu d'enregistrements correspondant.

Une fois la connexion établie avec le serveur MySQL, sélectionnez la base de données sur laquelle vous désirez intervenir à l'aide de la fonction mysql_select_db() (voir repère 3 de la figure 18-12). Le nom de la base à sélectionner et la connexion concernée sont transmis dans les arguments de la fonction.

L'étape suivante consiste à élaborer la requête SQL qui sera transmise à la base précédemment sélectionnée. Pour cela, vous pouvez enregistrer cette requête dans une variable spécifique nommée $query_rs (voir repère 4 de la figure 18-12). Cette variable est ensuite transmise en argument dans la fonction de soumission mysql_query() (voir repère 5 de la figure 18-12). L'autre argument de la fonction permet de préciser que la requête doit être transmise à la base de donnée par l'intermédiaire de la connexion préalablement établie (soit $connexion dans notre exemple). En réponse à la requête, la fonction retourne un pointeur qui est enregistré dans la variable $rs (rs pour RecordSet : jeu d'enregistrements).

Le pointeur $rs ne peut pas être exploité directement. Il faut pour ce faire utiliser une fonction de mise en forme du jeu d'enregistrements (voir repère 6 de la figure 18-12). Selon les besoins de l'application, plusieurs types de fonctions peuvent être retenues pour effectuer cette transformation : (mysql_fetch_row(), mysql_fetch_asso(), mysql_fetch_array() ou encore mysql_fetch_objet()). À chaque appel de ces fonctions, une ligne du jeu d'enregistrements devient accessible sous forme d'un tableau de variables (voir repère 7 de la figure 18-12) et le pointeur se déplace automatiquement sur la ligne suivante. Lorsque le jeu d'enregistrements est complément parcouru, le pointeur retourne une valeur FALSE. Cela permet d'intégrer facilement la gestion de ces fonctions dans une structure de boucle (while ou for).

Exemple de création d'un jeu d'enregistrements

Vous allez maintenant passer à la pratique et créer le script d'une page dynamique :

1. Dans Dreamweaver, ouvrez un nouveau document PHP (menu Fichier>Nouveau>Page dynamique>PHP). Enregistrez-le sous le nom requete1.php dans le répertoire /sport (répertoire à créer si nécessaire). Il est préférable d'enregistrer le fichier tout de suite afin de pouvoir déterminer sans ambiguïté le chemin relatif d'accès au fichier connexionSport.php que nous allons créer dans l'étape suivante.

2. Afin de disposer des paramètres du fichier de connexion précédemment créé, vous allez ajouter une commande require_once() au début du fichier (voir repère 1 de la figure 18-13). N'oubliez pas de saisir au préalable la balise d'ouverture de script PHP : <?php. Lors de l'interprétation du script par le module PHP, cette ligne sera automatiquement remplacée par le contenu du fichier connexionSport.php (revoir figure 18-12).

```
require_once('../Connections/connexionSport.php');
```

3. À la ligne suivante, ajoutez la fonction mysql_select_db() en précisant en argument les variables $database_connexionSport et $connexionSport afin de sélectionner la base sport_db pour les prochaines utilisations de la connexion précédemment créée ($connexionSport).

```
mysql_select_db($database_connexionSport, $connexionSport);
```

4. Saisissez ensuite la requête SQL SELECT niveau FROM cours et enregistrez-la dans une variable $query_rsRappelNiveaux.

```
$query_rsRappelNiveaux = "SELECT niveau FROM cours";
```

5. Configurez la fonction de soumission de la requête en indiquant en argument le nom de la variable précédemment créée (contenant la requête SQL) et le nom de la variable de l'identificateur de la connexion ($connexionSport). Vous pouvez compléter cette instruction par une fonction qui affichera le détail de l'erreur si la soumission est impossible (or die(mysql_error()).

```
$rsRappelNiveaux = mysql_query($query_rsRappelNiveaux, $connexionSport)
```

6. Utilisez une fonction de transformation (voir le détail des différentes fonctions dans le tableau 18-1) de la ligne courante du jeu d'enregistrements afin de pouvoir exploiter les valeurs des résultats à l'aide d'un tableau de variables.

```
$row_rsRappelNiveaux = mysql_fetch_assoc($rsRappelNiveaux);
```

7. Utilisez la syntaxe du tableau de variables adaptée à la fonction utilisée précédemment pour afficher la valeur d'un champ spécifique du jeu d'enregistrements (voir repère 2 de la figure 18-13).

```
echo $row_rsRappelNiveaux['niveau'];
```

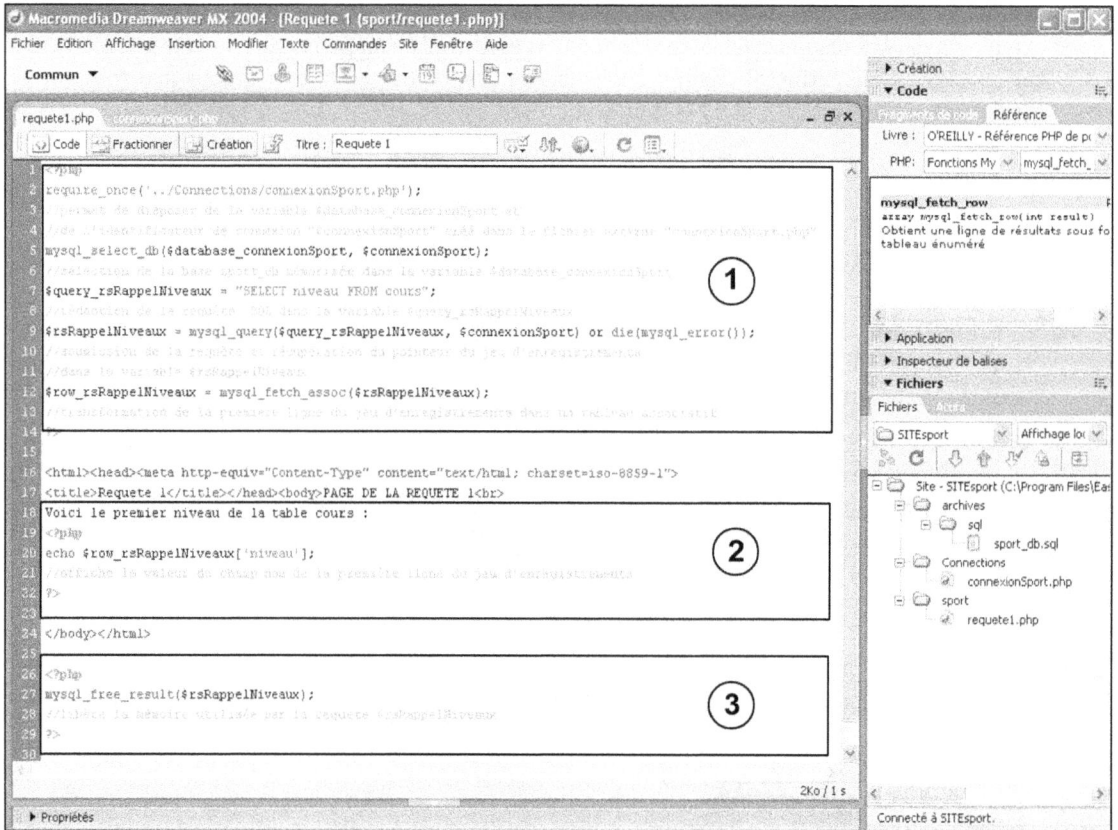

Figure 18-13

Script de la page dynamique requete1.php.

8. À la fin de la page dynamique, utilisez la fonction `mysql_free_result()` afin de libérer la mémoire utilisée par le jeu d'enregistrements.

```
mysql_free_result($rsRappelNiveaux);
```

9. Enregistrez votre fichier. Pour tester le fonctionnement de la page dynamique, vous pouvez utiliser la fonction Live Data de Dreamweaver ou consulter votre page dans le Web local d'EasyPHP. Pour utiliser le mode Live Data de Dreamweaver, passez en mode création (voir repère 1 de la figure 18-14), puis cliquez sur le bouton Live Data situé à droite des trois boutons de sélection de

mode (voir repère 2 de la figure 18-14). La valeur du premier niveau enregistré dans la base cours (soit débutant) doit alors s'afficher dans l'éditeur (voir repère 3 de la figure 18-14).

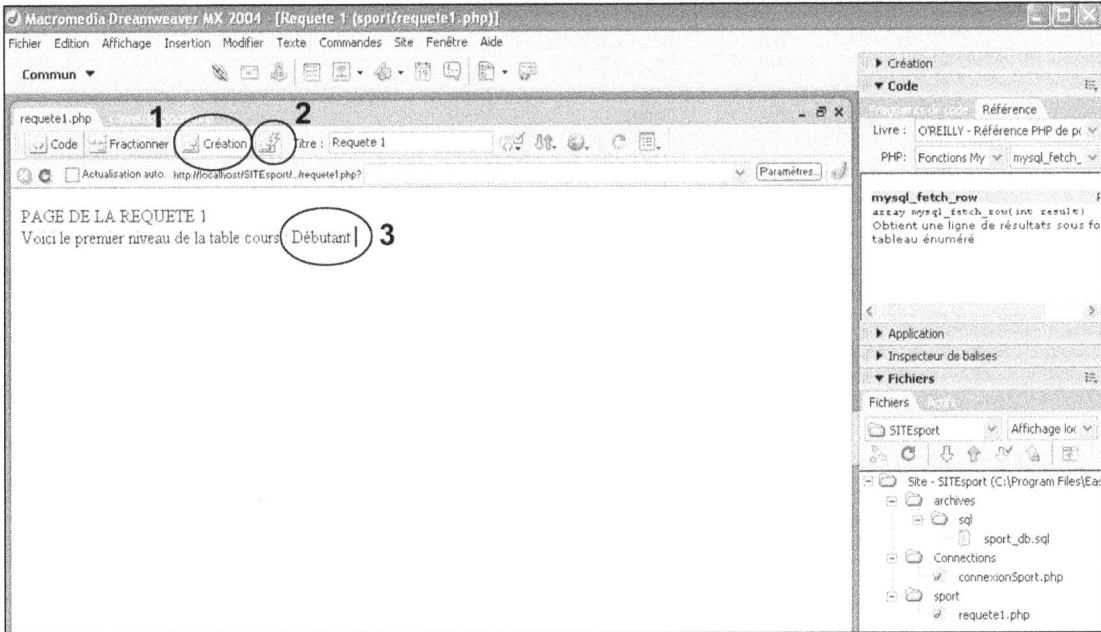

Figure 18-14
Test de la page dynamique requete1.php à l'aide de la fonction Live Data de Dreamweaver.

À noter

Le mode Live Datane peut fonctionner que si vous avez configuré votre serveur d'évaluation comme nous l'avons indiqué au début de ce chapitre.

---

10. Pour tester votre page dans le Web local d'EasyPHP, ouvrez un navigateur en Web local (cliquez droit sur l'icône EasyPHP et sélectionnez WebLocal) puis parcourez le répertoire du site SITE-sport jusqu'à la page requete1.php. La valeur du premier niveau de cours doit s'afficher dans la page de la même manière qu'en Live Data (voir figure 18-15).

Script de création et de mise en forme d'un jeu d'enregistrements (voir repère 1 de la figure 18-13) :

```php
<?php
require_once('../Connections/connexionSport.php');
//permet de disposer de la variable $database_connexionSport et
//de l'identificateur de connexion "$connexionSport" créé
//dans le fichier externe "connexionSport.php"
mysql_select_db($database_connexionSport, $connexionSport);
//sélection de la base sport_db mémorisée
```

```
//dans la variable $database_connexionSport
$query_rsRappelNiveaux = "SELECT niveau FROM cours";
//rédaction de la requête SQL
//dans la variable $query_rsRappelNiveaux
$rsRappelNiveaux = mysql_query($query_rsRappelNiveaux, $connexionSport) or
➥die(mysql_error());
//soumission de la requête et récupération
//du pointeur du jeu d'enregistrements
//dans la variable $rsRappelNiveaux
$row_rsRappelNiveaux = mysql_fetch_assoc($rsRappelNiveaux);
//transformation de la première ligne
//du jeu d'enregistrements dans un tableau associatif
?>
```

Script d'utilisation d'un élément du jeu d'enregistrements (voir repère 2 de la figure 18-13) :

```
<?php
echo $row_rsRappelNiveaux['niveau'];
//affiche la valeur du champ nom
//de la première ligne du jeu d'enregistrements
?>
```

Script de libération de la mémoire utilisée par le jeu d'enregistrements (voir repère 3 de la figure 18-13) :

```
<?php
mysql_free_result($rsRappelNiveaux);
//libère la mémoire utilisée par la requête $rsRappelNiveaux
?>
```

Figure 18-15

Test de la page dynamique requete1.php dans le Web local d'EasyPHP.

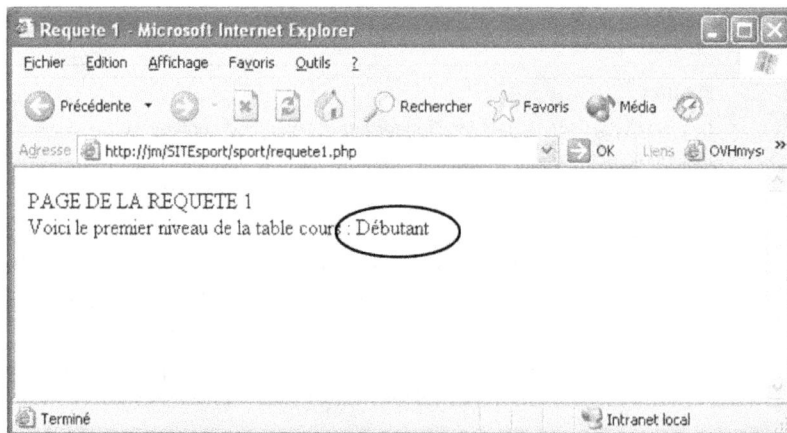

Exploitation d'un jeu d'enregistrements

Après la soumission de la requête à la base de données, celle-ci renvoie un pointeur qui ne peut pas être exploité directement. En effet, les résultats renvoyés par une base de données peuvent être conséquents et il n'est pas concevable d'enregistrer systématiquement la totalité de ces informations. Il faut donc utiliser une fonction de récupération des résultats afin de parcourir chacune des lignes du jeu d'enregistrements.

Ces différentes fonctions de récupération (de type mysql_fetch_xxx) sont présentées dans le tableau 18-1. Dans l'exemple précédent, nous en avons d'ailleurs utilisé une pour récupérer le champ nom de la première ligne du jeu d'enregistrements. Cependant, en pratique, vous aurez souvent besoin d'exploiter les résultats des différentes lignes du jeu d'enregistrement. Nous vous proposons donc d'étudier deux techniques de récupération des résultats issus d'un jeu d'enregistrements (par affichage direct à l'écran ou par transfert dans un tableau de variables).

Affichage des différentes lignes d'un jeu d'enregistrements

Cette première technique permet d'afficher toutes les lignes d'un jeu d'enregistrements dans une page dynamique. Pour chaque ligne, seuls certains champs du jeu d'enregistrements seront affichés (voir figure 18-17). Pour illustrer cette technique, nous afficherons la liste des différents niveaux de cours en précisant le jour et l'horaire correspondants. Le script sera enregistré dans un fichier requete2.php dans le même répertoire sport/ que le premier script.

Pour dérouler toutes les lignes du jeu d'enregistrements, utilisez une boucle while dont la condition de boucle sera réalisée par l'exécution d'une fonction mysql_fetch_asso(). Ainsi, dès que vous atteindrez la dernière ligne du jeu d'enregistrements, la fonction mysql_fetch_asso() retournera une valeur nulle, stoppant automatiquement la boucle while et du même coup l'affichage des lignes du jeu d'enregistrements.

À noter

Dans le cas d'un affichage partiel des champs de chaque ligne, il est plus judicieux d'utiliser une fonction mysql_fetch_asso() – qui permet de récupérer chaque valeur des champs à l'aide de son nom dans un tableau associatif (exemple : $row_rs['nom']) — qu'une fonction mysql_fetch_row() — pour laquelle il faut connaître l'indice correspondant à chaque champ (exemple : $row_rs[2]).

Script de création du jeu d'enregistrements (voir repère 1 de la figure 18-16) :

```php
<?php
require_once('../Connections/connexionSport.php');
mysql_select_db($database_connexionSport, $connexionSport);
$query_rsListeCours = "SELECT * FROM cours";
$rsListeCours = mysql_query($query_rsListeCours, $connexionSport) or die(mysql_error());
?>
```

Script d'affichage du jeu d'enregistrements (voir repère 2 de la figure 18-16) :

```php
<?php
//affichage de la liste des cours sur une ligne différente
while($row_rsListeCours = mysql_fetch_assoc($rsListeCours)) {
```

```
echo "Le cours de niveau <b>".$row_rsListeCours['niveau']."</b>";
echo " a lieu le <b>".$row_rsListeCours['jour']."</b>";
echo " à <b>".$row_rsListeCours['horaire']."</b> heure <br>";
}
?>
```

Script de libération de la mémoire utilisée par le jeu d'enregistrements (voir repère 3 de la figure 18-16) :

```
<?php
mysql_free_result($rsListeCours);
?>
```

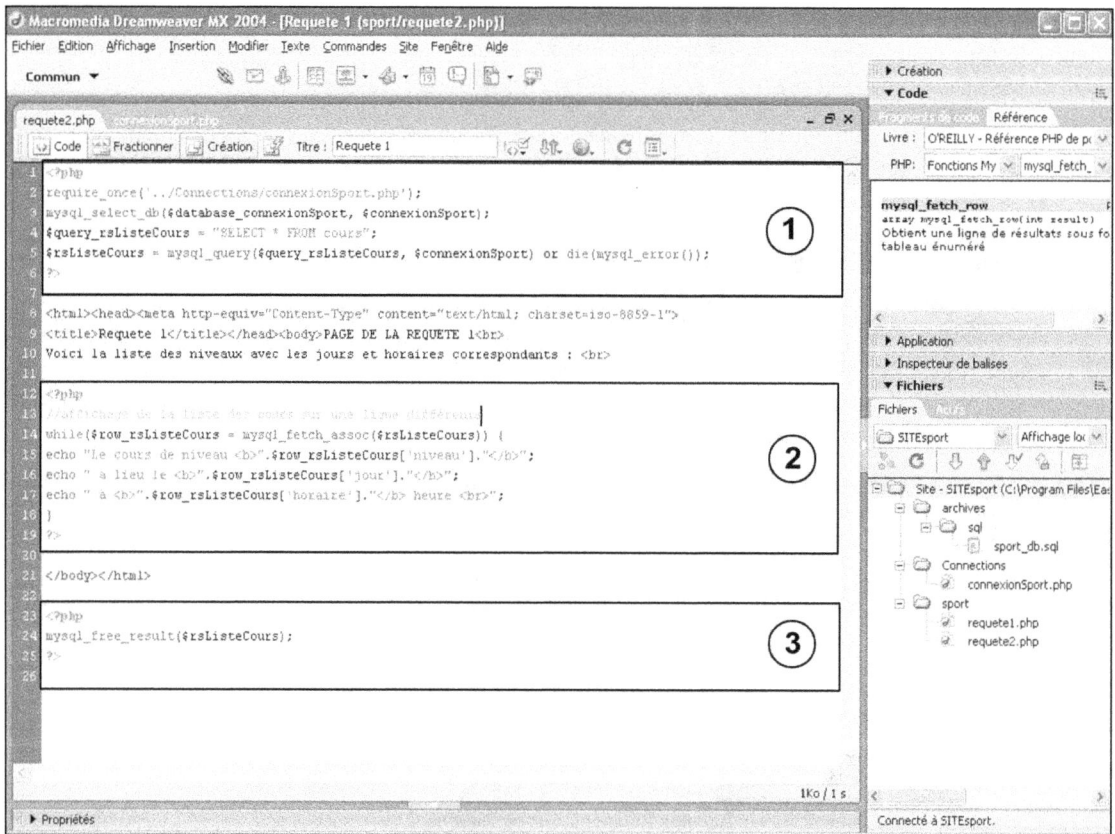

Figure 18-16

Script de la page dynamique requete2.php.

Figure 18-17

Test de la page dynamique requete2.php dans le Web local d'EasyPHP.

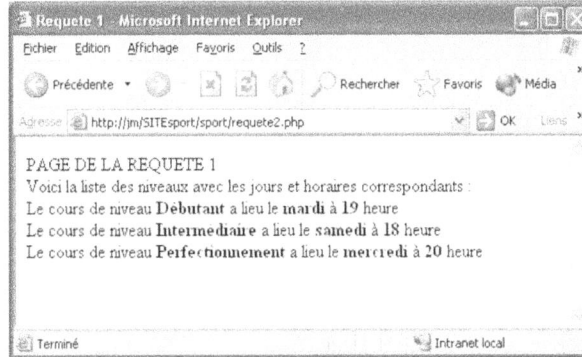

Transfert d'un jeu d'enregistrements dans un tableau de variables

Cette seconde technique permet de récupérer toutes les valeurs retournées par la base de données en les enregistrant dans un tableau de variables à deux dimensions. Pour illustrer cette technique, nous l'appliquerons au transfert de la table cours dans un tableau $tableauResultat[ ][ ].

Contrairement à l'exemple précédent, nous choisirons ici la fonction mysql_fetch_array(), qui permet de récupérer une ligne de résultat dans un tableau indicé (traitement à l'aide d'une boucle évoluant selon l'indice du tableau, par exemple).

Cette technique est très intéressante, car elle permet de transformer rapidement un jeu d'enregistrements en tableau de variables afin de traiter le résultat d'une requête.

Pour vérifier que les valeurs du tableau à deux dimensions correspondent bien à celles de la table cours, nous utiliserons la fonction print_r() pour afficher le résultat à l'écran (voir figure 18-19).

Script de création du jeu d'enregistrements (voir repère 1 de la figure 18-18) :

```php
<?php
require_once('../Connections/connexionSport.php');
mysql_select_db($database_connexionSport, $connexionSport);
$query_rsListeCours = "SELECT * FROM cours";
$rsListeCours = mysql_query($query_rsListeCours, $connexionSport) or die(mysql_error());
?>
```

Script de transfert du jeu d'enregistrements dans le tableau à deux dimensions (voir repère 2 de la figure 18-18) :

```php
<?php
$i=0;//init de l'indice du tableau
while($row_rsListeCours = mysql_fetch_row($rsListeCours)) {
$tableauResultat[$i]=$row_rsListeCours;
//affectation d'une ligne d'enregistrement
$i++;//incrémentation de l'indice du tableau
}
?>
```

Script d'affichage du jeu d'enregistrements (voir repère 3 de la figure 18-18) :

```php
<?php
echo "<pre>";
print_r($tableauResultat);
echo "</pre>";
echo '<br> Pour exemple, voici la valeur de $tableauResultat[2][3]
➡='.$tableauResultat[2][3];
?>
```

Script de libération de la mémoire utilisée par le jeu d'enregistrements (voir repère 4 de la figure 18-18) :

```php
<?php
mysql_free_result($rsListeCours);
?>
```

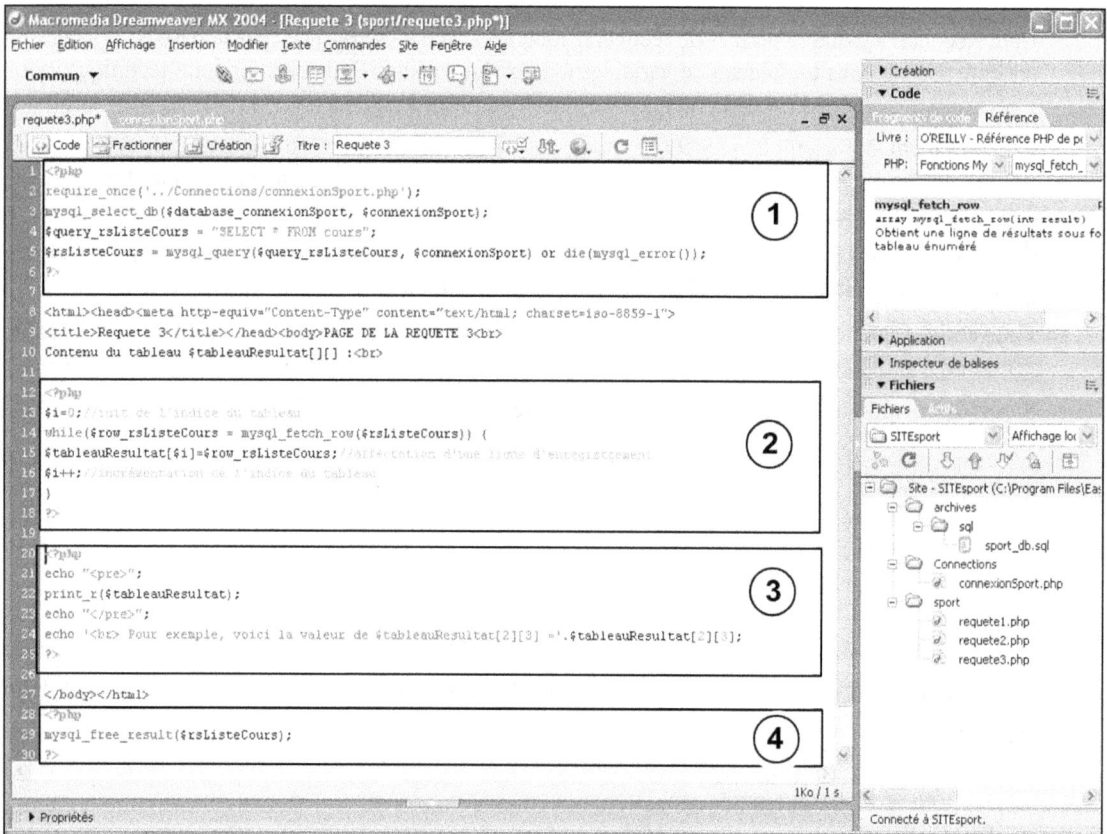

Figure 18-18

Script de la page dynamique requete3.php.

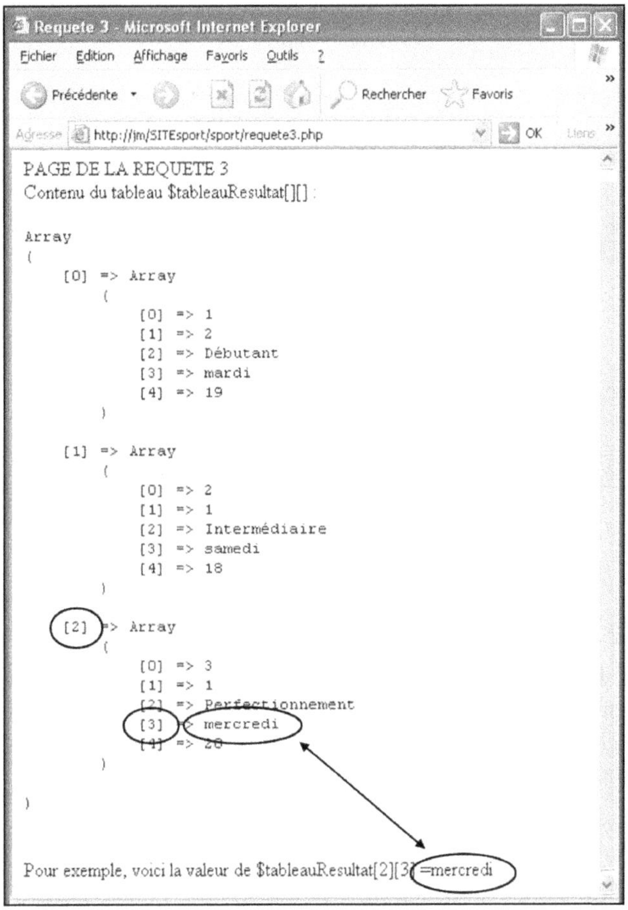

Figure 18-19

Test de la page dynamique requete3.php dans le Web local d'EasyPHP.

Construction d'une requête SQL

Dans les exemples présentés ci-dessus, nous avons utilisé une requête SQL non paramétrable (exemple : `$query="SELECT * FROM adherents"`). Cependant, en pratique vous aurez souvent à créer une requête SQL dont les éléments sont issus de variables envoyées par un formulaire, dans l'URL ou encore par le biais d'une application Flash. Voici deux techniques de personnalisation d'une requête SQL (à partir d'une variable obligatoire ou de variables optionnelles).

Construction d'une requête à partir d'une variable obligatoire

Cette première technique permet d'afficher la liste des adhérents dont l'année de naissance est supérieure à une année donnée (voir figure 18-20). Pour réaliser cette petite application, nous allons d'abord créer un formulaire HTML (formulaire4.htm) dans lequel sera intégré un champ de saisie nommé `anneeNaissance`. Ce formulaire (voir figure 18-20) sera configuré pour envoyer ses données en méthode `POST` à un script requete4.php que nous réaliserons dans un second temps.

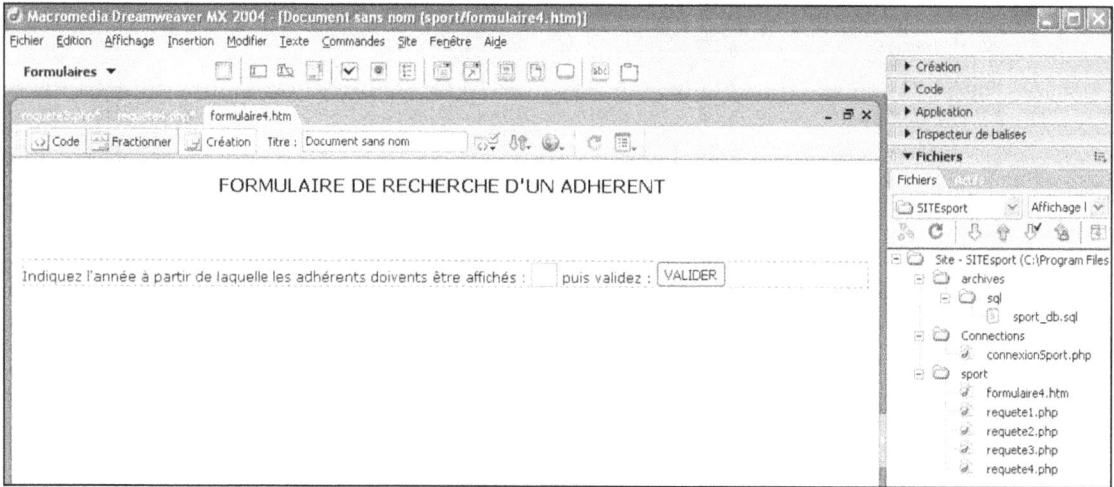

Figure 18-20

Formulaire de saisie de l'année de naissance : formulaire4.htm.

Le script PHP `requete4.php` réceptionne la variable envoyée par le formulaire. Cette variable personnalise la clause `WHERE` de la requête SQL pour sélectionner uniquement les adhérents dont l'année de naissance est supérieure à la valeur transmise (soit `$anneeNaissance`). La première ligne du script permet d'initialiser la variable `$anneeNaissance` avec la valeur de la variable HTTP correspondante transmise par la méthode `POST` (`$_POST['anneeNaissance']`).

> **À noter**
>
> L'instruction d'initialisation est conditionnée par un test qui détermine si la variable HTTP existe (`isset()`). Dans le cas contraire, la variable `$anneeNaissance` est initialisée avec une valeur par défaut (1900 dans notre exemple) afin d'éviter l'affichage à l'écran d'un message signalant que la variable est indéfinie (voir repère 1 de la figure 18-21).

```
if(isset($_POST['anneeNaissance'])) $anneeNaissance=$_POST['anneeNaissance'];
else $anneeNaissance="1900";
```

Les deux lignes qui suivent permettent d'établir une connexion avec le serveur MySQL et de sélectionner la base `sport_db` :

```
require_once('../Connections/connexionSport.php');
mysql_select_db($database_connexionSport, $connexionSport);
```

La création de la requête est réalisée par concaténation de la variable `$anneeNaissance` avec le début de la requête (voir repère 2 de la figure 18-21). Lors de l'exécution du script, la requête est reconstituée avant d'être transmise au serveur MySQL via la fonction `mysql_query()` :

```
$query_rsListeAdherents = "SELECT nom, prenom, anneeNaissance FROM adherents WHERE anneeNaissance >
➡ ".$anneeNaissance ;
$rsListeAdherents = mysql_query($query_rsListeAdherents, $connexionSport) or die(mysql_error());
```

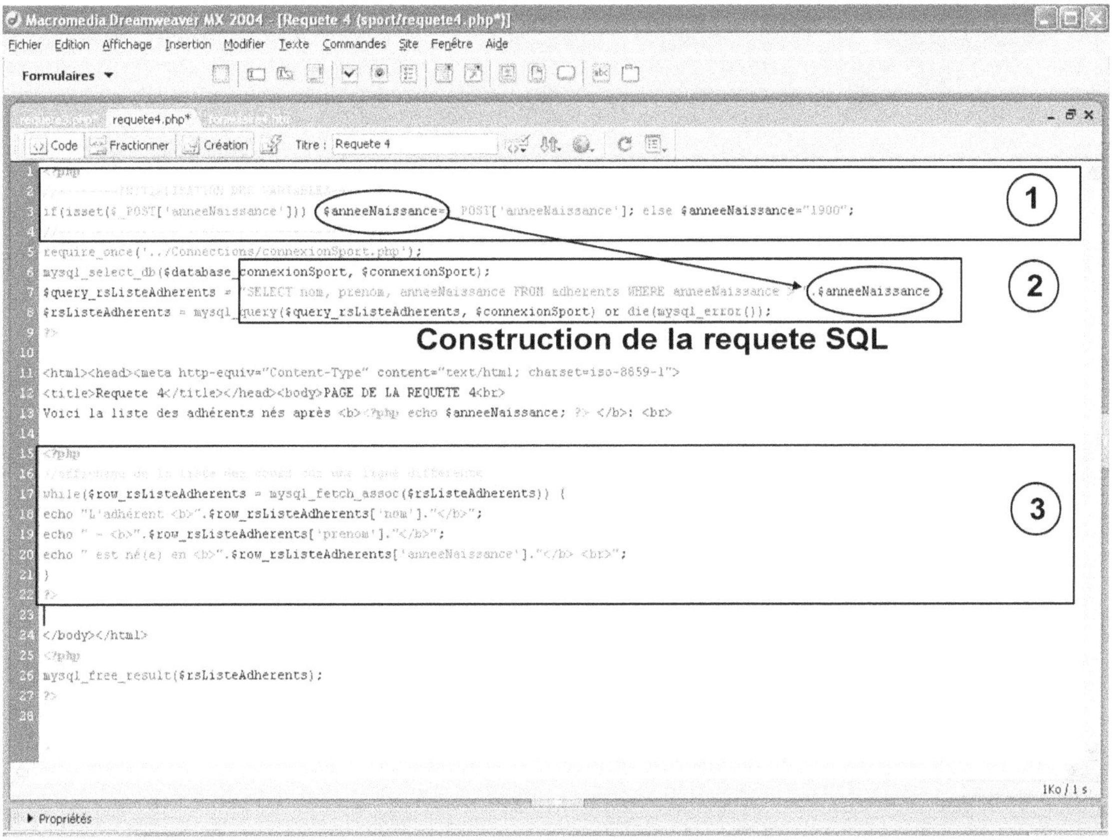

Figure 18-21

Script de la page dynamique requete4.php.

Les données du jeu d'enregistrements sont mises en forme avec la même méthode que dans l'exemple de la requête 2 (voir repère 3 de la figure 18-21). Les différentes lignes du résultat sont affichées dans le corps de la page (voir figure 18-23) :

```
while($row_rsListeAdherents = mysql_fetch_assoc($rsListeAdherents)) {
echo "L'adhérent <b>".$row_rsListeAdherents['nom']."</b>";
echo " - <b>".$row_rsListeAdherents['prenom']."</b>";
echo " est né(e) en <b>".$row_rsListeAdherents['anneeNaissance']."</b> <br>";
}
```

Une fois le script terminé, enregistrez-le, puis passez dans le Web local pour accéder au formulaire. Saisissez une année dans le champ (1970, par exemple) puis validez (voir figure 18-22). Si votre application fonctionne correctement, la page du script affiche la liste des adhérents répondant à la condition (voir figure 18-23).

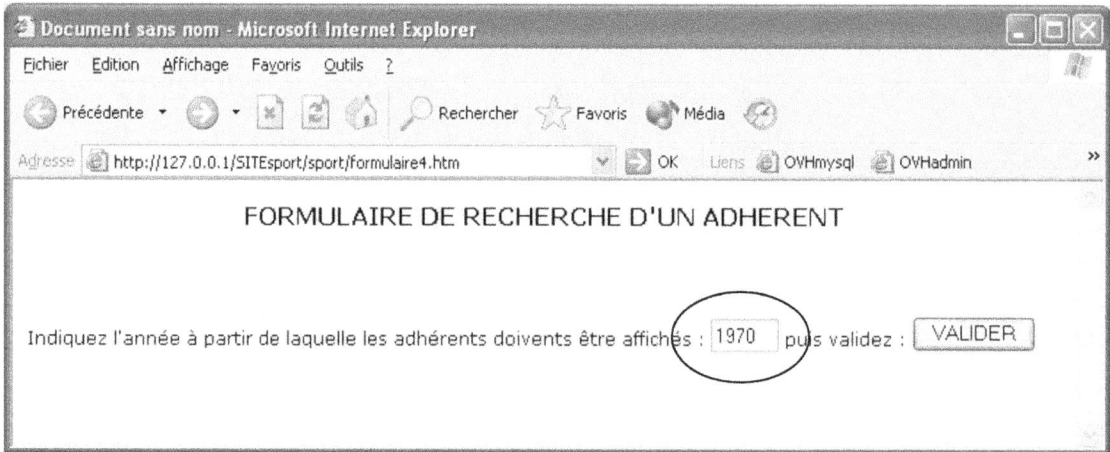

Figure 18-22

Pour tester l'application, affichez le formulaire dans le Web local, saisissez une année dans le champ, puis validez votre choix.

Figure 18-23

Dès réception de la variable HTTP envoyée par le formulaire, le script doit afficher la liste des adhérents dont l'année de naissance est supérieure à la valeur saisie.

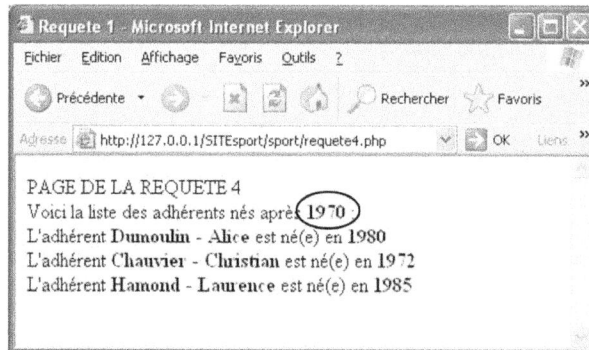

Construction d'une requête à partir de variables optionnelles

Ce deuxième exemple sera l'occasion de présenter la technique de construction d'une requête à l'aide d'opérations de concaténation successives conditionnées en fonction de l'existence d'une variable spécifique. Cette fois, les variables utilisées dans les clauses de la requête sont au nombre de trois et peuvent être optionnelles. La table interrogée est la table adherents et les trois variables transmises correspondent aux critères suivants :

- sélection selon le cours auquel est inscrit l'adhérent : variable coursID ;
- sélection selon la date de naissance de l'adhérent : variable anneeNaissance ;
- sélection selon la première lettre du nom de l'adhérent : variable lettreNom.

Les variables de sélection ne sont pas transmises par un formulaire mais directement dans l'URL derrière le nom du script (exemple : requete5.php?coursID=1&anneeNaissance=1972). Le script `requete5.php` récupère ensuite les variables HTTP (en méthode GET) et élabore la requête en fonction de l'existence de chacune d'elles (les variables étant optionnelles).

Pour la création du fichier PHP, utilisez la base du fichier requete4.php précédent, que vous renommerez requete5.php. Cela vous permet de conserver la même structure pour le script et d'apporter uniquement quelques modifications au niveau de la création de la requête et dans la boucle d'affichage des informations.

La ligne d'initialisation du précédent script n'est pas obligatoire car nous allons conditionner l'utilisation des variables lors de la création de la requête.

Les deux lignes destinées à établir la connexion avec le serveur MySQL sont identiques (voir repère 1 de la figure 18-24). En revanche, l'enregistrement de la requête se fait sur quatre lignes (voir repère 2 de la figure 18-24).

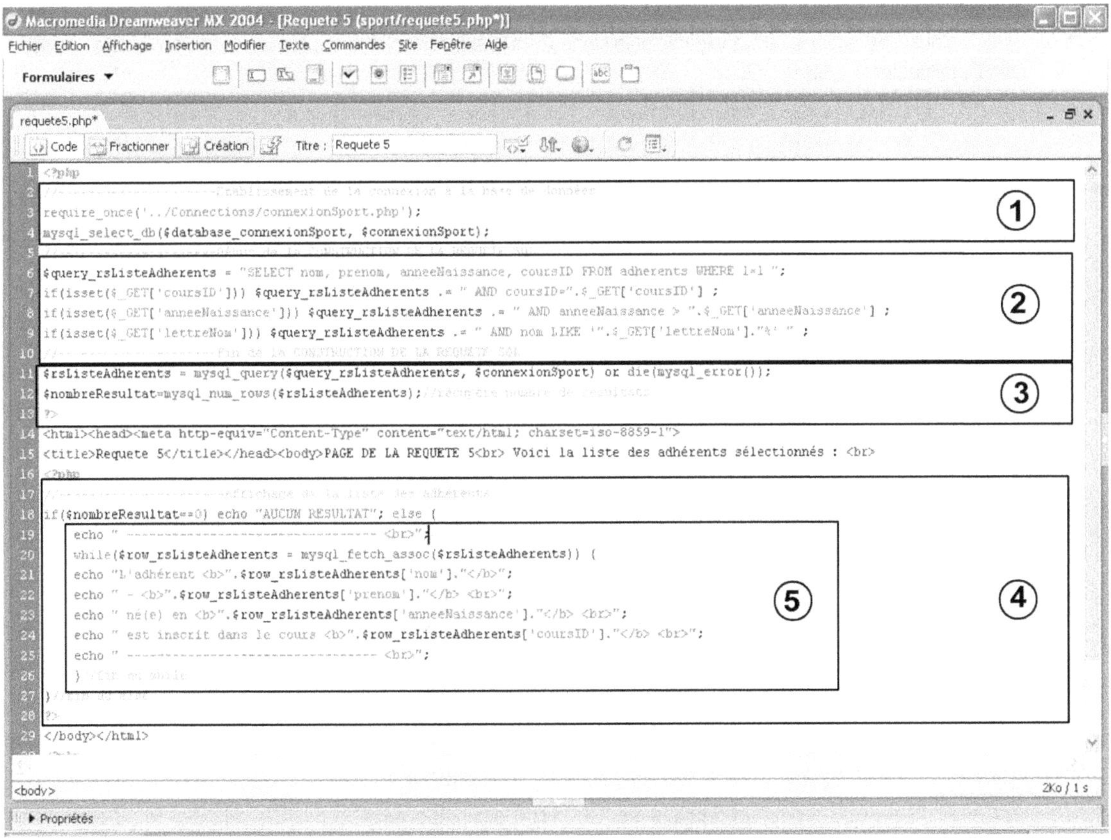

Figure 18-24

Script de la page dynamique requete5.php.

La première ligne permet d'initialiser la variable de la requête `$query_rsListeAdherents` avec la partie fixe de la requête SQL. Les trois critères étant optionnels, une première clause `WHERE 1=1` est ajoutée afin que la requête puisse fonctionner si aucune variable n'est passée dans l'URL :

```
$query_rsListeAdherents = "SELECT nom, prenom, anneeNaissance, coursID FROM adherents WHERE 1=1 ";
```

La deuxième ligne permet de conditionner l'ajout de la clause `AND coursID= $_GET['coursID']` à la suite de la requête initiale. Si la variable `$_GET['coursID']` n'est pas passée dans l'URL, cette clause (en gras ci-dessous) n'est pas ajoutée :

```
if(isset($_GET['coursID'])) $query_rsListeAdherents .= " AND coursID=".$_GET['coursID'] ;
```

Les troisième et quatrième lignes fonctionnent sur le même principe mais avec les variables `$_GET['anneeNaissance']` et `$_GET['lettreNom']`.

À noter

Pour la clause `AND nom LIKE`, la variable et le signe `%` qui la suit doivent être encadrés par des guillemets simples afin de respecter la syntaxe SQL :

```
if(isset($_GET['anneeNaissance'])) $query_rsListeAdherents .= " AND
anneeNaissance > ".$_GET['anneeNaissance'] ;
if(isset($_GET['lettreNom'])) $query_rsListeAdherents .= " AND nom LIKE
'".$_GET['lettreNom']."%' " ;
```

La ligne qui suit récupère la requête ainsi élaborée et l'envoie au serveur à l'aide de la fonction `mysql_query()` (voir repère 3 de la figure 18-24) :

```
$rsListeAdherents = mysql_query($query_rsListeAdherents, $connexionSport) or die(mysql_error());
```

Si aucun enregistrement ne correspond à la requête envoyée, nous désirons que s'affiche à l'écran le message « AUCUN RESULTAT ». L'affichage de ce message étant conditionné par un nombre de résultat nul, initialisons dès maintenant une variable à l'aide de la fonction `mysql_num_rows()` afin de préparer la condition du futur test :

```
$nombreResultat=mysql_num_rows($rsListeAdherents);
//récupère le nombre de résultats
```

Le script destiné à afficher les résultats est conditionné afin d'afficher les résultats de la requête uniquement si le nombre d'enregistrement retourné par le serveur est différent de zéro. Dans le cas contraire, un message indique qu'aucun résultat ne correspond à la recherche.

La structure de la boucle `while` est identique à celle de l'application précédente, hormis le fait que nous afficherons le numéro du cours (`coursID`) en complément :

```
//----------------------affichage de la liste des adhérents
if($nombreResultat==0) echo "AUCUN RESULTAT"; else {
  echo " ----------------------------- <br>";
  while($row_rsListeAdherents = mysql_fetch_assoc($rsListeAdherents)) {
  echo "L'adhérent <b>".$row_rsListeAdherents['nom']."</b>";
  echo " - <b>".$row_rsListeAdherents['prenom']."</b> <br>";
  echo " né(e) en <b>".$row_rsListeAdherents['anneeNaissance']."</b> <br>";
  echo " est inscrit dans le cours <b>".$row_rsListeAdherents['coursID']."</b> <br>";
```

```
    echo " -------------------------------- <br>";
    }//fin du while
}//fin du else
```

Comme dans tous les scripts de requête, ajoutez à la fin une fonction `mysql_free_result()` afin de libérer la mémoire utilisée par le jeu d'enregistrements :

```
mysql_free_result($rsListeAdherents);
```

Enregistrez votre script et passez dans le Web local pour le tester. Si vous affichez la page directement sans ajouter de variable dans l'URL, la totalité des adhérents s'affiche. Vous pouvez ensuite saisir différentes combinaisons de variables directement dans l'URL afin de vérifier que le script sélectionne bien les adhérents correspondants (voir figure 18-25).

Exemples de combinaisons de plusieurs critères de sélection à saisir dans l'URL :

```
requete5.php?coursID=3
requete5.php?lettreNom=D
requete5.php?coursID=3&anneeNaissance=1972
requete5.php?coursID=3&lettreNom=C
requete5.php?coursID=1&lettreNom=D&anneeNaissance=1975
```

Figure 18-25

Test de la page dynamique requete5.php.

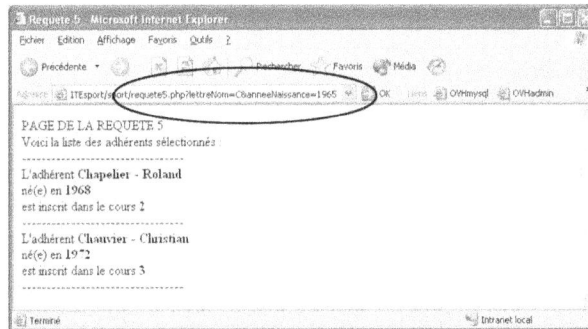

Pages d'administration d'une base de données

Nous vous avons présenté différents exemples utilisant des requêtes SQL (commande SELECT). En pratique, vous serez amené a utiliser d'autre commandes SQL pour administrer votre base de données. Voici trois pages dynamiques courantes pour ajouter (commande INSERT), modifier (commande UPDATE) ou supprimer un enregistrement (commande DELETE), (voir figure 18-26). Ces trois pages permettent d'administrer une seule table mais il vous suffit de dupliquer cette structure et de l'adapter aux autres tables si vous souhaitez administrer complètement la base de données.

Figure 18-26

Structure d'administration d'une table.

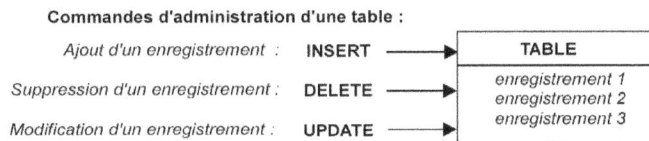

Page d'ajout d'un enregistrement

Pour illustrer le fonctionnement de ces trois pages, nous allons administrer la table adherents. La page d'ajout d'un nouvel enregistrement est constituée d'un formulaire dont les champs correspondent aux champs de la table et d'un script d'insertion des données dans la table.

1. Créez une nouvelle page dynamique dans Dreamweaver (Fichier>Nouveau>Page dynamique>PHP). Enregistrez cette page sous le nom adherentsAjout.php (par la suite, vous pourrez appliquer la même convention de nommage pour les autres tables).

2. Passez en mode création. Ajoutez un titre en haut de la page (PAGE D'AJOUT, par exemple) puis cliquez sur le bouton Formulaire du panneau Formulaire de la barre d'outils Insérer (voir repère 1 de la figure 18-27).

3. Créez à l'intérieur du formulaire un tableau HTML de cinq lignes et deux colonnes (utilisez pour cela le bouton Tableau du panneau Commun de la barre d'outils Insérer). Dans la colonne de gauche, saisissez les libellés correspondant à chaque champ de saisie (voir figure 18-27). Dans la colonne de droite, insérez un champ texte de saisie (utilisez le bouton Champ de texte du panneau Formulaire de la barre d'outils Insérer ; voir repère 2 de la figure 18-27) dans les trois premières lignes et nommez-les respectivement nom, prenom et anneeNaissance. Sélectionnez le champ de la date de naissance et configurez sa largeur et son nombre maximal de caractères à 4 dans le panneau des propriétés.

4. Dans la cellule de la quatrième ligne de la colonne de droite, insérez un élément Liste/Menu (utilisez le bouton du repère 4 de la figure 18-27), puis nommez-le coursID. Renseignez ensuite les valeurs et les étiquettes des options (valeur 1 pour l'étiquette Débutant, valeur 2 pour l'étiquette Intermédiaire et valeur 3 pour l'étiquette Perfectionnement).

5. Dans la dernière ligne, ajoutez un bouton de soumission (utilisez le bouton du repère 5 de la figure 18-27) dans la cellule de droite et un champ caché dans la cellule de gauche (utilisez le bouton du repère 3 de la figure 18-27). Nommez le champ caché action et attribuez-lui la valeur ajout.

6. Sélectionnez le formulaire (placez votre curseur dans une des cellules du formulaire puis cliquez sur la balise <form> dans le sélecteur de balise ; voir repère 6 de la figure 18-27). Une fois le formulaire sélectionné, renseignez le champ Action du panneau de propriétés avec le nom du fichier actuel adherentsAjout.php (voir repère 7 de la figure 18-27). Assurez-vous que la méthode POST est bien sélectionnée dans le panneau Propriétés.

7. Passez maintenant en mode code (en cliquant sur le bouton Code situé en haut et à gauche de la zone de travail ; voir repère 1 de la figure 18-28).

8. Saisissez autant de lignes d'initialisation de variable qu'il y a de champs dans le formulaire sans oublier le champ caché (voir repère 2 de la figure 18-28) :

```
//--------INITIALISATION DES VARIABLES---------
if(isset($_POST['nom'])) $nom=$_POST['nom']; else $nom="";
if(isset($_POST['prenom'])) $prenom=$_POST['prenom']; else $prenom="";
if(isset($_POST['anneeNaissance'])) $anneeNaissance=$_POST['anneeNaissance']; else
➡$anneeNaissance="";
if(isset($_POST['coursID'])) $coursID=$_POST['coursID']; else $coursID="";
if(isset($_POST['action'])) $action=$_POST['action']; else $action="";
```

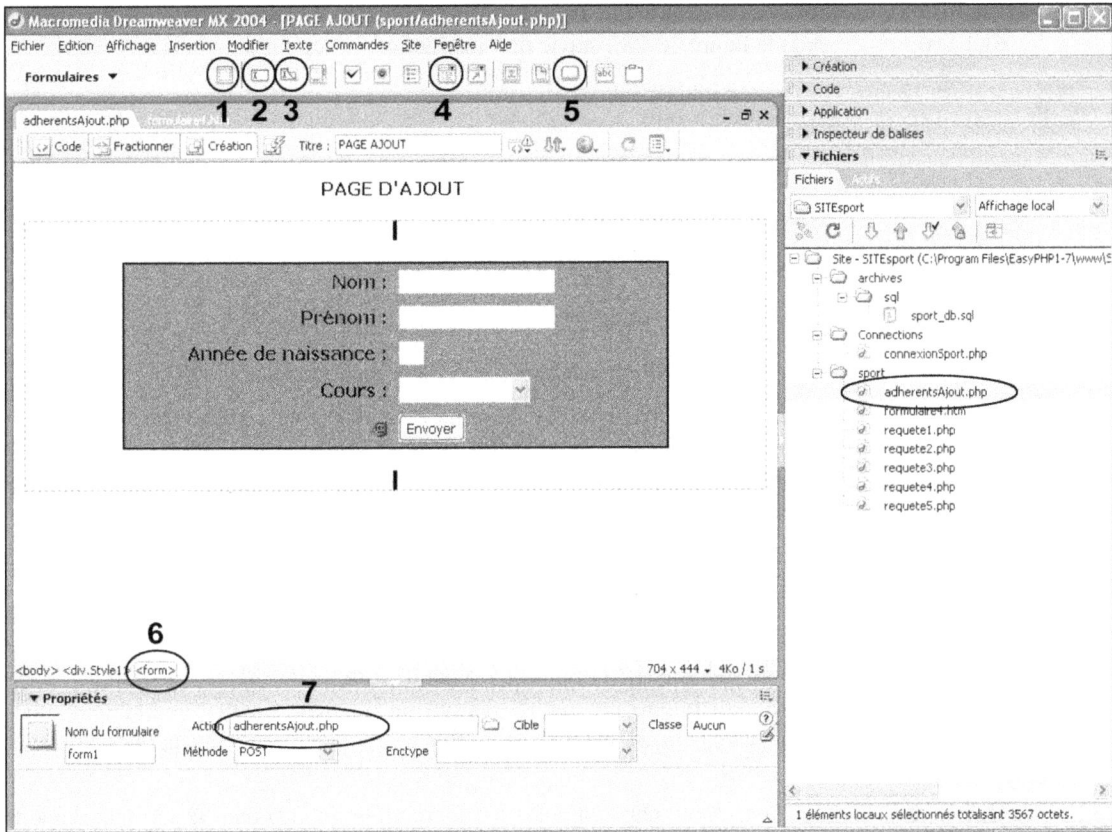

Figure 18-27

Création du formulaire d'ajout dans Dreamweaver (en mode création).

9. Saisissez les deux lignes qui permettent de vous connecter au serveur et de sélectionner la base (voir repère 3 de la figure 18-28) :

```
//--------CONNEXION ET SÉLECTION DE LA BASE ------------
require_once('../Connections/connexionSport.php');
mysql_select_db($database_connexionSport, $connexionSport);
```

10. Construisez une structure de test conditionnée par l'égalité action=="ajout" (information du champ caché du formulaire) afin de déterminer si la page est appelée suite à l'envoi du formulaire (voir repère 4 de la figure 18-28) :

```
//--------TESTE SI ENVOI DEPUIS FORMULAIRE
if($action=="ajout") {
//Ici le bloc conditionné
}
```

11. Dans le bloc conditionné par la structure de test, saisissez l'expression d'élaboration de la requête SQL (voir repère 5 de la figure 18-28), suivie de l'instruction de soumission de la requête :

```
//------------------------REQUÊTE SQL
   $insertAdherents = "INSERT INTO adherents SET
   nom='".$nom."',
   prenom='".$prenom."',
   anneeNaissance='".$anneeNaissance."',
   coursID=".$coursID."" ;
   //----------------------SOUMISSION REQUÊTE

   mysql_query($insertAdherents, $connexionSport) or die(mysql_error());
```

12. Enregistrez le fichier et passez en Web local pour tester son fonctionnement (voir figure 18-29).

13. Remplissez le formulaire en saisissant des informations plausibles (notamment en ce qui concerne l'année de naissance) et cliquez sur le bouton pour valider votre saisie (voir figure 18-29). Après validation, vous pouvez vérifier avec phpMyAdmin que les données ont bien été enregistrées dans la table adherents (voir figure 18-30).

Affichage dynamique du menu (option)

Actuellement, le menu déroulant (correspondant aux niveaux de cours) est configuré directement dans le code HTML de la page. Cependant, si l'on ajoute un quatrième niveau de cours, il faudra intervenir sur cette page pour modifier les options de l'objet de formulaire select. En pratique, il est préférable que ce menu soit dynamique afin que les options qu'il affiche s'actualisent automatiquement dès qu'un nouvel enregistrement est ajouté dans la table cours. Voici les modifications à effectuer pour ce faire :

1. Ouvrez le fichier adherentsAjout.php et ajoutez les instructions en gras dans le script ci-dessous après les deux lignes qui établissent la connexion et sélectionnent la base. Ces instructions complémentaires permettent de créer un nouveau jeu d'enregistrements $rsListeCours qui contient les colonnes ID et niveau de la table cours :

```
//--------CONNEXION ET SÉLECTION DE LA BASE ------------
require_once('../Connections/connexionSport.php');
mysql_select_db($database_connexionSport, $connexionSport);

//---------RÉCUPÉRATION DES INFORMATIONS DE LA LISTE DÉROULANTE "COURS"
$query_rsListeCours = "SELECT ID,niveau FROM cours ORDER BY ID";
$rsListeCours = mysql_query($query_rsListeCours, $connexionSport) or die(mysql_error());
```

2. Descendez plus bas dans la page au niveau du code de l'objet select. Nous désirons remplacer les valeurs et les étiquettes des options par les données issues du jeu d'enregistrements créé précédemment. Afin que le nombre d'option corresponde au nombre d'enregistrements dans la table cours, intégrez les balises de l'option dans une boucle while comme nous l'avons fait dans un précédent exemple de requête.

3. Remplacez le code de l'objet rappelé ci-dessous :

```
<select name="coursID" id="coursID">
<option value="1">D&eacute;butant</option>
```

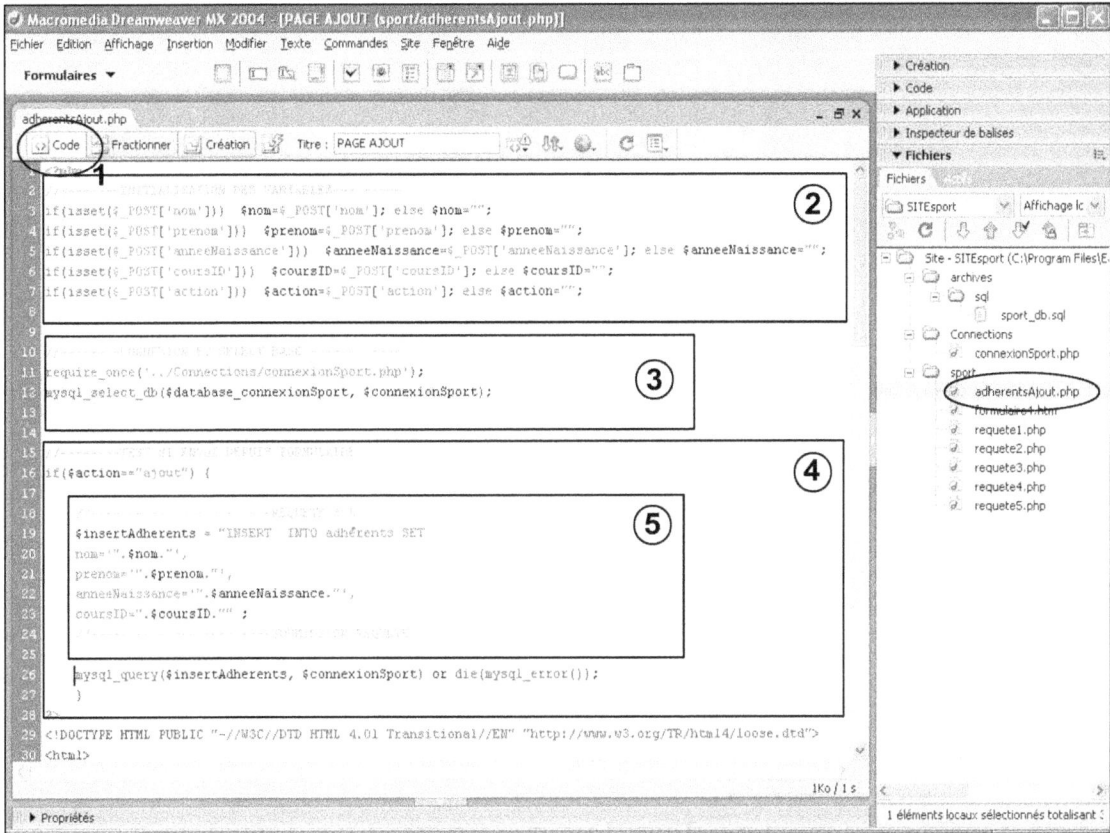

Figure 18-28

Modification du code de la page adherentsAjout.php.

Figure 18-29

*Test du formulaire
d'ajout d'un adhérent
depuis le Web local.*

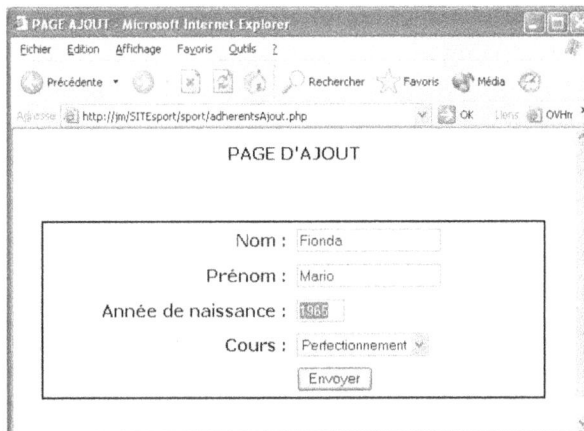

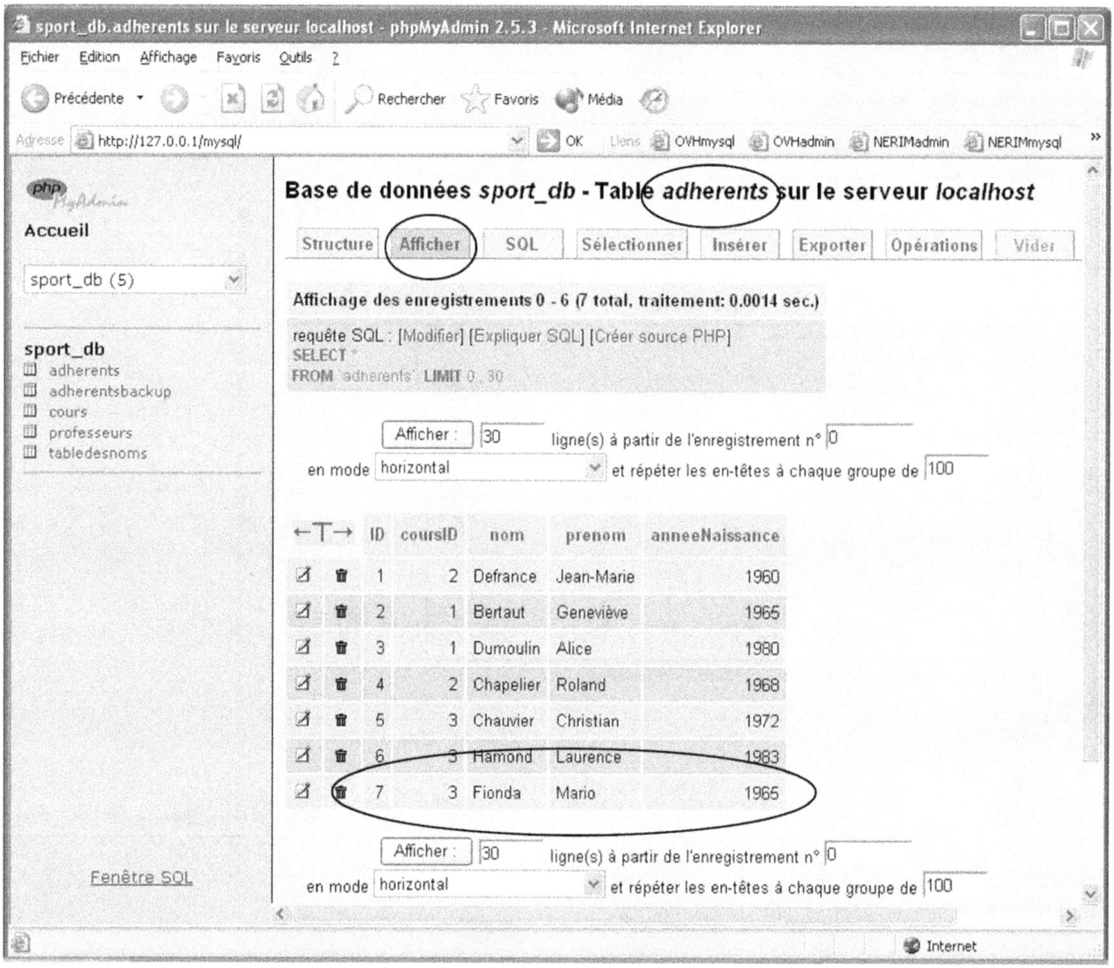

Figure 18-30

Après un ajout, vous pouvez vérifier que le nouvel adhérent a bien été ajouté dans la table adherents avec phpMyAdmin.

```
<option value="2">Interm&eacute;diaire</option>
<option value="3">Perfectionnement</option>
</select>
```

par celui-ci :

```
<select name="coursID" id="coursID">
<?php while($row_rsListeCours = mysql_fetch_assoc($rsListeCours)) { ?>
<option value="<?php echo $row_rsListeCours['ID']; ?>"><?php echo
➥$row_rsListeCours['niveau']; ?></option>
<?php } ?>
</select>
```

4. Enregistrez votre fichier et testez-le dans le Web local. Le fonctionnement du menu doit être identique à celui des tests précédents. Cependant, si vous ajoutez un enregistrement dans la table cours (avec phpMyAdmin, par exemple), il doit apparaître automatiquement dans la liste des options du menu.

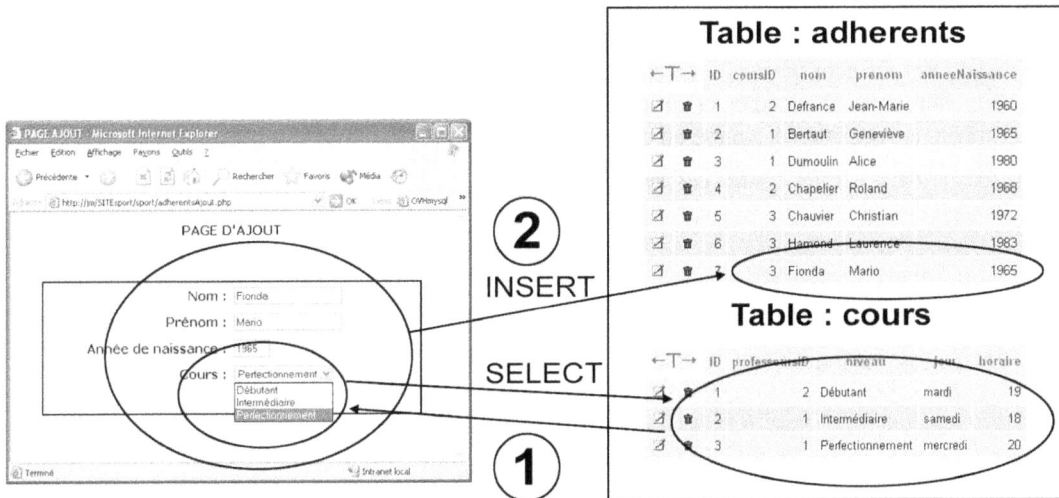

Figure 18-31

Schéma de principe illustrant la requête SELECT destinée à configurer dynamiquement le menu déroulant à partir de la table cours (repère 1) et la commande INSERT qui permet d'ajouter un nouvel enregistrement dans la table adherents (repère 2).

Enregistrement dynamique d'un fichier (option)

Il faut souvent gérer des images ou des fichiers PDF dynamiquement. Dans ce cas, il faut mémoriser l'URL du document dans la base de données et enregistrer le fichier lors de la procédure d'ajout d'un enregistrement. Pour illustrer cette technique, nous vous proposons de modifier le formulaire précédent afin d'inclure la photo de l'adhérent :

1. À l'aide du gestionnaire phpMyAdmin, ajoutez un champ supplémentaire nommé photo dans la table adherents après le champ prenom (type VARCHAR de 200 caractères au maximum), (revoir si besoin le chapitre 16).

2. Dans le fichier adherentsAjout.php, ajoutez les lignes de code suivantes afin d'enregistrer le document dans un répertoire dédié (par exemple /photos/). Attention ! Si vous utilisez ce script sur votre serveur distant, modifiez au préalable les droits du répertoire avec CHMOD. Dans ce script, l'action de copier le fichier est conditionnée par une structure de choix if qui teste la sélection préalable d'un fichier dans le formulaire (à l'aide du bouton Parcourir). Si aucun fichier n'est sélectionné, le nom d'une photo par défaut sera affecté à la variable $nomphoto :

```
if($action=="ajout") {
    if ($_FILES['photo']['name']!="")
    {
```

```
$nomphoto='photo_'.$nom.'.jpg';
copy($_FILES['photo']['tmp_name] ,'../photos/'.$nomphoto);
}else{
$nomphoto='photo_defaut.jpg';
}
```

3. À la suite de ce premier script, modifiez la requête afin d'ajouter le couple champ/variable correspondant au nom de la photo (voir code en gras ci-dessous). Attention ! Dans la requête SQL,
n'oubliez pas d'encadrer la variable "$nomphoto" avec des guillemets simples car l'URL de la
photo est considérée comme un champ texte :

```
//-----------------------REQUÊTE SQL
$insertAdherents = "INSERT INTO adherents SET
nom='".$nom."',
prenom='".$prenom."',
anneeNaissance='".$anneeNaissance."',
coursID=".$coursID.",
photo='".$nomphoto."' ";
//----------------------SOUMISSION REQUETE
mysql_query($insertAdherents, $connexionSport) or die(mysql_error());
header("Location:adherentsGestion.php");
}//fin du if($action)
```

4. Dans le formulaire de cette même page, ajoutez un champ de fichier et nommez-le `photo` :

```
<input name="photo" type="file" id="photo">
```

5. Enregistrez votre page et testez son fonctionnement depuis le Web local.

Page de suppression d'un enregistrement

Pour gérer les suppressions d'enregistrements dans une table, on peut afficher un premier formulaire
destiné à sélectionner l'enregistrement à supprimer puis envoyer une commande de suppression à la
base de données. Une autre solution consiste à afficher la liste de tous les enregistrements de la table
concernée dans un tableau HTML. Au bout de chaque ligne d'enregistrement, un lien de suppression
paramétré dynamiquement permet d'appeler un script générant une commande DELETE. Ainsi, si l'on
clique sur le lien d'un enregistrement, une commande de suppression est envoyée à la base de
données et supprime l'enregistrement concerné. Voici la procédure pour créer une page de suppression
selon cette deuxième méthode :

1. Ouvrez un nouveau document PHP et enregistrez-le sous le nom adherentsGestion.php.

À noter

Utilisez le suffixe « Gestion » et non « Suppression » pour nommer ce fichier car cette page sera également utilisée pour appeler le formulaire de modification présenté ci-dessous.

---

2. Passez en mode Création afin de créer la structure du tableau HTML utilisé pour afficher dynamiquement les différents enregistrements de la table adherents. Créez un tableau de deux lignes et
cinq colonnes (utilisez le bouton Tableau du panneau Commun de la barre d'outils Insérer ; voir

le repère 1 de la figure 18-32). Une fois le tableau créé, nommez les têtes de quatre colonnes : Nom, Prénom, Supp. et Modif. (la colonne Modif. sera utilisée dans l'exemple de page suivant). Au-dessus du tableau, ajoutez un lien hypertexte afin de pouvoir appeler le formulaire d'ajout d'un nouvel adhérent depuis cette page. Enfin, en haut de la page, placez le titre PAGE DE GESTION DE LA TABLE adherents (voir figure 18-32).

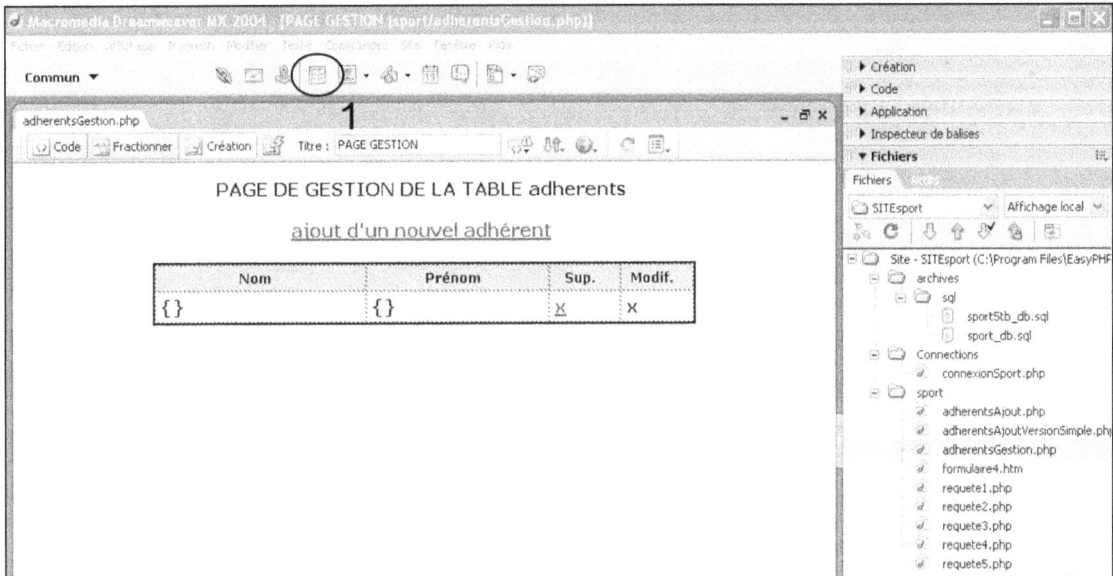

Figure 18-32

Création du tableau HTML pour la page adherentsGestion.php avec Dreamweaver en mode création.

1. Passez en mode code et positionnez votre curseur en haut de la page (au-dessus de la balise `<html>`). Ajoutez une balise d'ouverture de script PHP suivie des deux lignes de code (voir repère 1 de la figure 18-33) destinées à initialiser les variables ID et action transmises par l'URL (méthode GET) :

```
<?php
//--------INITIALISATION DES VARIABLES---------
if(isset($_GET['action'])) $action=$_GET['action']; else $action="";
if(isset($_GET['ID'])) $ID=$_GET['ID']; else $ID="";
```

2. Ajoutez les deux instructions qui permettent d'établir une connexion avec le serveur MySQL et de sélectionner la base de données sport_db (voir repère 2 de la figure 18-33) :

```
//--------CONNEXION ET SÉLECTION DE LA BASE ------------
require_once('../Connections/connexionSport.php');
mysql_select_db($database_connexionSport, $connexionSport);
```

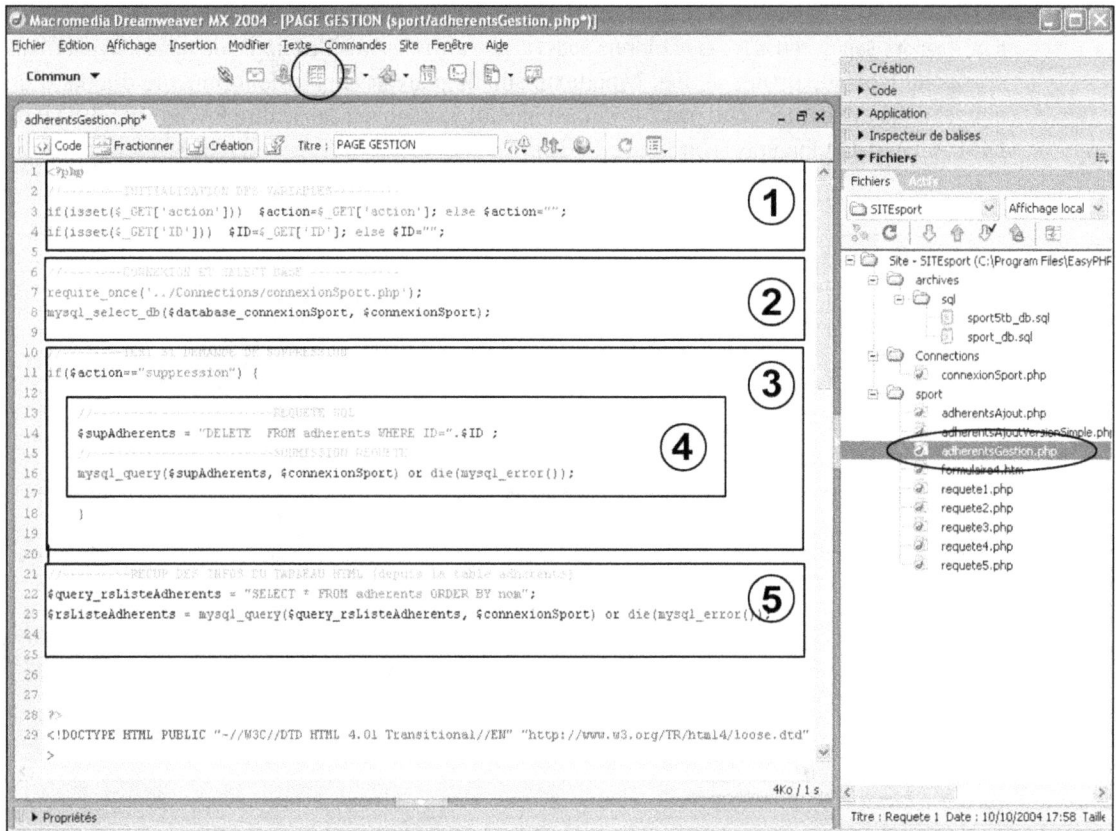

Figure 18-33

Script du haut de la page adherentsGestion.php.

3. Créez une structure de choix conditionnée par l'expression `$action=="suppression"` (voir repère 3 de la figure 18-33). Vous pourrez ainsi déterminer si la page est appelée suite à un clic sur un lien de suppression (`adherentsGestion.php?action=suppression&ID=3` par exemple) :

```
if($action=="suppression") {
//bloc conditionné
}
```

4. Entre les accolades du bloc conditionné, placez les deux lignes de code qui permettent de construire la requête SQL de suppression (paramétrée avec le `ID` de l'enregistrement à supprimer) suivies de l'instruction de soumission à la base de données (voir repère 4 de la figure 18-33) :

```
//-----------------------REQUÊTE SQL
  $supAdherents = "DELETE FROM adherents WHERE ID=".$ID ;
  //-----------------------SOUMISSION REQUÊTE
  mysql_query($supAdherents, $connexionSport) or die(mysql_error());
```

5. Après l'accolade de fermeture du bloc conditionné, ajoutez les deux lignes de code qui permettent de créer le jeu d'enregistrements destiné à récupérer toutes les données de la table `adherents` (voir repère 5 de la figure 18-33). Ce jeu d'enregistrements sera ensuite utilisé dans la construction dynamique du tableau HTML affichant la liste des adhérents :

```
//---------RECUPÉRATION DES INFORMATIONS DU TABLEAU HTML (depuis la table adherents)
$query_rsListeAdherents = "SELECT * FROM adherents ORDER BY nom";
$rsListeAdherents = mysql_query($query_rsListeAdherents, $connexionSport) or die(mysql_error());
```

6. Fermez cette première zone de script PHP en ajoutant la balise ?> puis descendez dans le code de la page et placez votre curseur sur la deuxième ligne du tableau.

7. Dans les deux premières cellules de la seconde ligne, ajoutez deux inclusions PHP afin d'afficher le nom et le prénom de l'adhérent dans chacune des cellules (voir repère 2 de la figure 18-34). Dans la cellule suivante, ajoutez un lien hypertexte dont le paramètre d'URL ID sera configuré avec l'élément du jeu d'enregistrements correspondant :

```
<tr>
<td><?php echo $row_rsListeAdherents['nom']; ?></td>
<td><?php echo $row_rsListeAdherents['prenom']; ?></td>
<td>
<a href="adherentsGestion.php?action=suppression&ID=<?php echo $row_rsListeAdherents['ID'];
➡?>">x</a>
</td>
<td>x</td>
</tr>
```

8. Placez votre curseur au-dessus de la balise de cette deuxième ligne `<tr>` et ajoutez le script de la boucle `while` afin de générer autant de lignes qu'il y aura de résultats retournés dans le jeu d'enregistrements `$row_rsListeAdherents`. Placez ensuite votre curseur en dessous de la balise de fin de cette ligne (`</tr>`) et ajoutez un deuxième script afin d'indiquer, par la présence d'une accolade fermante, la fin du bloc à dupliquer (voir repère 1 de la figure 18-34).

9. Enregistrez la page adherentsGestion.php. Ouvrez la page adherentsAjout.php afin d'ajouter un script qui permette de retourner automatiquement à la page de gestion dès qu'un nouvel adhérent est ajouté dans la table. Pour cela, placez votre curseur à la fin du bloc conditionné par l'expression `$action=="ajout"` et ajoutez une instruction de redirection (`header("Location:adherents-Gestion.php")`) à la fin du bloc (voir la ligne en gras dans le script ci-dessous). Enregistrez ensuite les modifications effectuées dans cette page :

```
//--------TESTE SI ENVOI DEPUIS FORMULAIRE
if($action=="ajout") {
    //----------------------REQUÊTE SQL
    $insertAdherents = "INSERT INTO adherents SET
    nom='".$nom."',
    prenom='".$prenom."',
    anneeNaissance='".$anneeNaissance."',
    coursID=".$coursID."" ;
    //----------------------SOUMISSION REQUÊTE
        mysql_query($insertAdherents, $connexionSport) or die(mysql_error());
```

```
//-----------------------RETOUR À LA PAGE DE GESTION APRÈS L'AJOUT
header("Location:adherentsGestion.php");
}
```

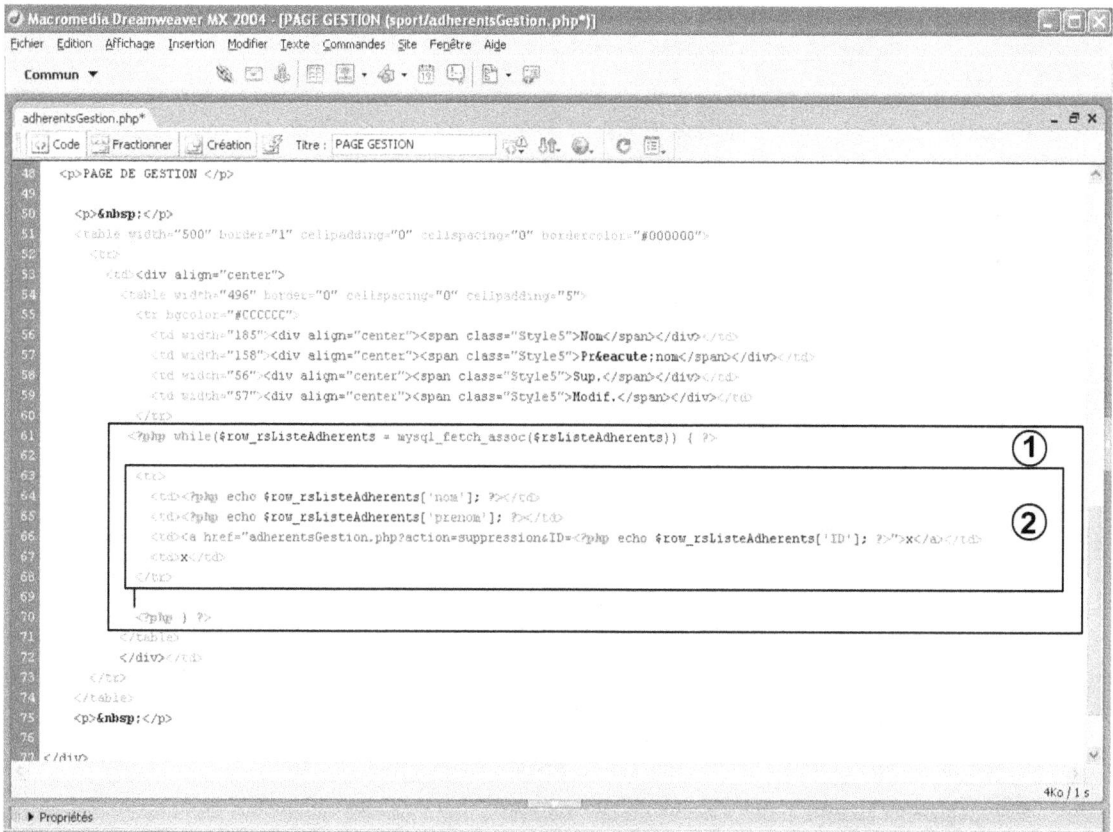

Figure 18-34

Script inséré dans la structure du tableau HTML de la page adherentsGestion.php.

10. Passez dans le Web local (voir figure 18-35). Cliquez sur le lien d'ajout d'un nouvel adhérent (au-dessus du tableau HTML) et saisissez les informations du formulaire afin de créer un adhérent. Après validation du formulaire d'ajout, vous devez être redirigé vers la page de gestion. Le nouvel adhérent doit apparaître dans la liste de la page de gestion de la table adherents. Cliquez sur le lien Supp. correspondant à ce nouvel adhérent (voir figure 18-35) et assurez-vous qu'il disparaît bien de la liste des adhérents lors de l'actualisation de la page adherentsGestion.php.

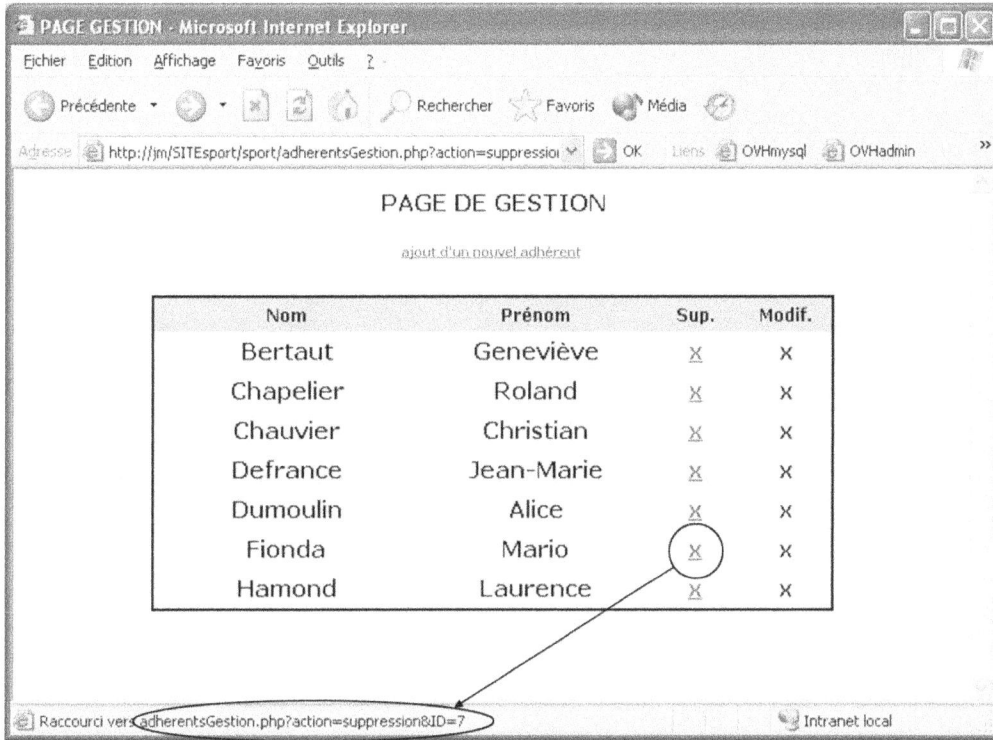

Figure 18-35

Test de la fonction de suppression de la page adherentsGestion.php.

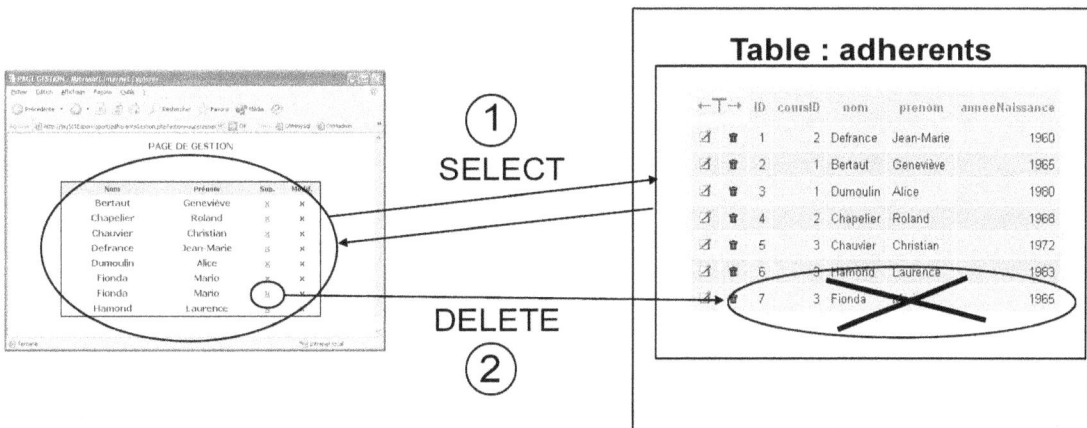

Figure 18-36

Schéma de principe illustrant la suppression d'un enregistrement à partir du clic sur un lien intégré dans un tableau HTML.

Page de modification d'un enregistrement

La troisième page est destinée à modifier les enregistrements d'une table. La structure du formulaire utilisé est identique à celle du formulaire de la page d'ajout, hormis le fait que chaque champ doit être initialisé avec la valeur de la colonne correspondante issue de la table et que la requête envoyée n'est pas une commande d'insertion (INSERT) mais une commande de modification (UPDATE).

1. Pour éviter une saisie de code inutile, nous vous proposons d'ouvrir la page adherentsAjout.php et de l'enregistrer sous le nom adherentsModif.php.

2 Passez en mode Création et ajoutez un second champ masqué nommé **IDform** (voir figure 18-37) à côté du premier champ masqué dans le formulaire (utilisez le bouton Champ masqué du panneau Formulaire de la barre d'outils Insérer). La valeur initiale de ce champ sera configurée dynamiquement par la suite. Cliquez sur le champ masqué action et remplacez sa valeur par modif.

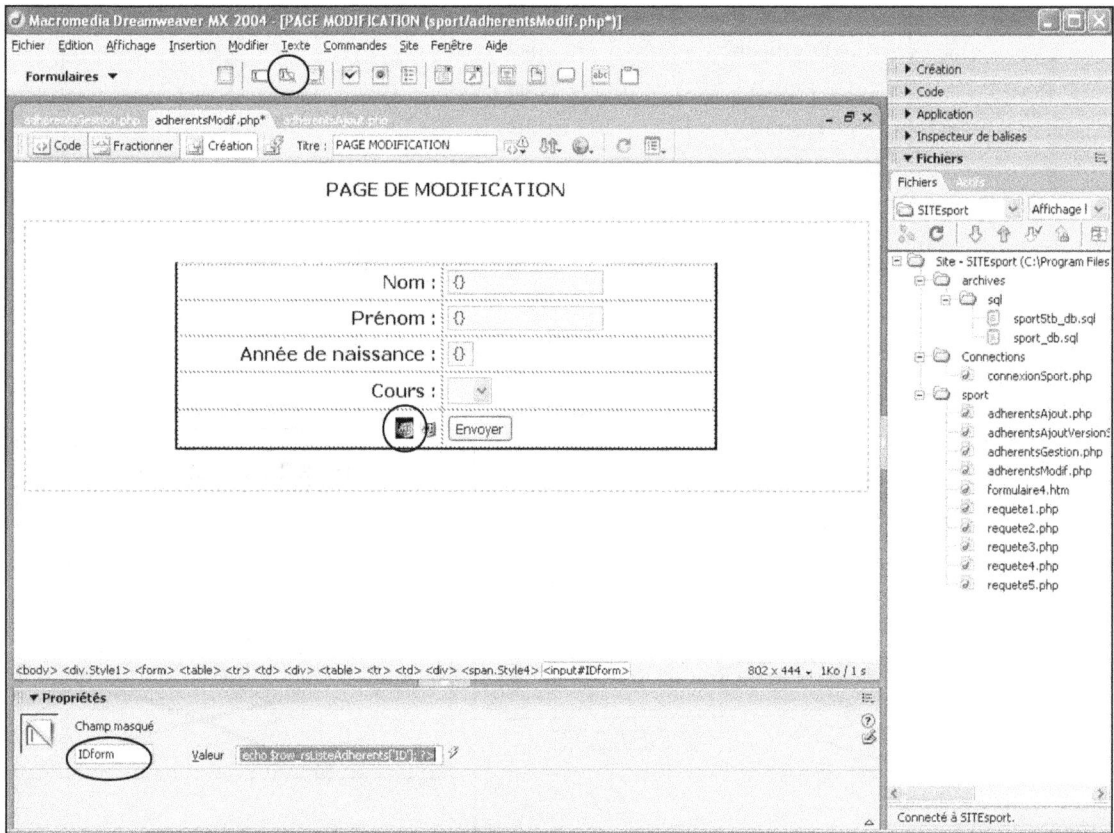

Figure 18-37

Ajout du champ masqué IDform dans le formulaire de modification d'un enregistrement.

3. Passez en mode Code et placez-vous en haut du code de la page. Ajoutez dans la page les deux lignes en gras du script ci-dessous (voir le repère 1 de la figure 18-38). La première ligne permet de récupérer la valeur de l'identifiant ID envoyée dans l'URL depuis la page d'administration (en méthode GET) lorsque l'utilisateur clique sur le lien Modif. La seconde ligne permet de récupérer ce même identifiant lors de la soumission du formulaire de modification (méthode POST depuis le champ caché IDform). La variable de cet identifiant est ensuite intégrée dans la clause WHERE de la requête de mise à jour afin de spécifier l'enregistrement qui doit être modifié.

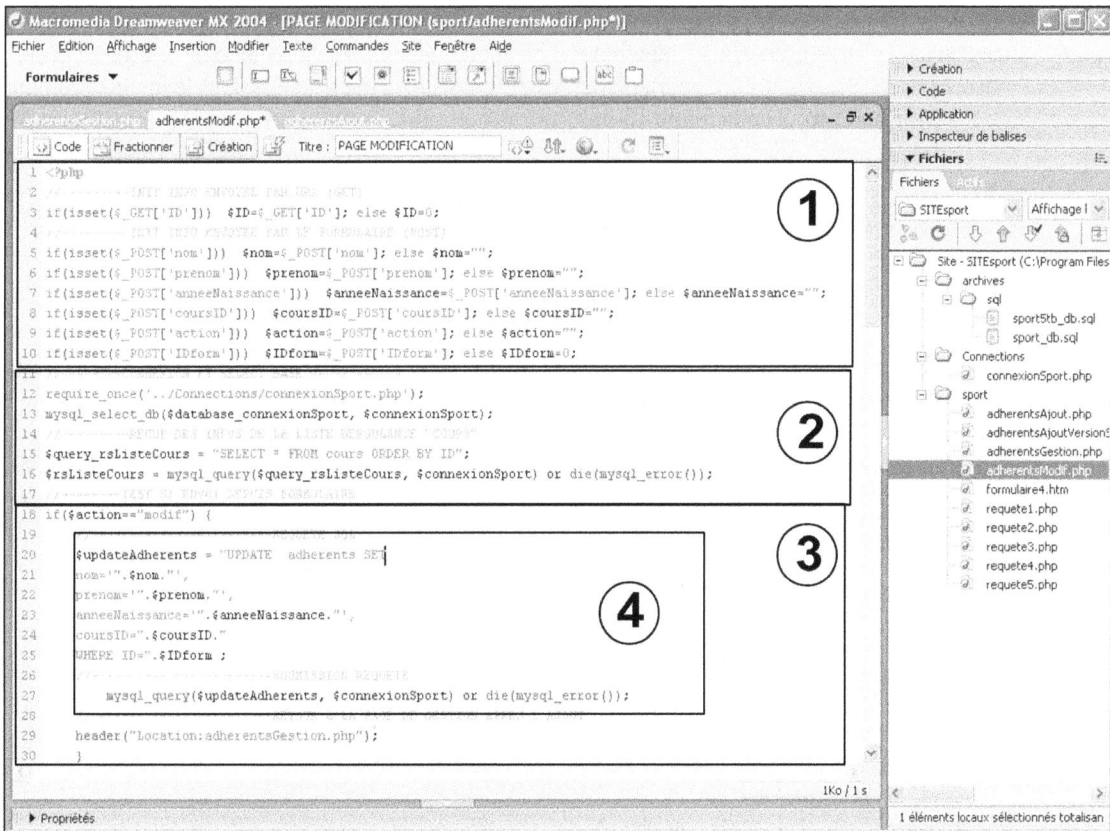

Figure 18-38

Début du script de la page adherentsModif.php.

À noter

Pour éviter tout conflit entre ces deux variables, nous avons utilisé un nom différent pour chacune d'elles.

```
//--------INITIALISATION DES VARIABLES---------
//---------INFORMATION ENVOYÉE PAR URL (GET)
```

```
if(isset($_GET['ID'])) $ID=$_GET['ID']; else $ID=0;
//--------INFORMATION ENVOYÉE PAR LE FORMULAIRE (POST)
if(isset($_POST['nom'])) $nom=$_POST['nom']; else $nom="";
if(isset($_POST['prenom'])) $prenom=$_POST['prenom']; else $prenom="";
if(isset($_POST['anneeNaissance'])) $anneeNaissance=$_POST['anneeNaissance']; else
➥$anneeNaissance="";
if(isset($_POST['coursID'])) $coursID=$_POST['coursID']; else $coursID="";
if(isset($_POST['action'])) $action=$_POST['action']; else $action="";
if(isset($_POST['IDform'])) $IDform=$_POST['IDform']; else $IDform=0;
```

4. Les deux lignes destinées à établir la connexion avec le serveur MySQL et à sélectionner la base de données sont conservées à l'identique. Il en est de même pour la requête du jeu d'enregistrements $rsListeCours utilisée pour afficher les différents niveaux de cours dans le menu déroulant Cours (voir le repère 2 de la figure 18-38) :

```
//--------CONNEXION ET SÉLECTION DE LA BASE -----------
require_once('../Connections/connexionSport.php');
mysql_select_db($database_connexionSport, $connexionSport);
//--------RECUPÉRATION DES INFORMATIONS DE LA LISTE DÉROULANTE "COURS"
$query_rsListeCours = "SELECT * FROM cours ORDER BY ID";
$rsListeCours = mysql_query($query_rsListeCours, $connexionSport) or die(mysql_error());
```

5. Sous ces lignes, la condition de la structure de choix est remplacée par $action=="modif" (la variable utilisée est issue du champ masqué action du formulaire ; voir le repère 3 de la figure 18-38) afin de détecter si le formulaire de modification a bien été envoyé. De même, la requête d'insertion est transformée en requête de mise à jour comme le montre le script ci-dessous. L'instruction de soumission doit être adaptée au nouveau nom de la requête (soit $update-Adherents ; voir repère 4 de la figure 18-38). Enfin, l'instruction de redirection après l'envoi de la commande vers la page adherentsGestion.php est conservée à l'identique (voir le repère 3 de la figure 18-38) :

```
//--------TESTE SI ENVOI DEPUIS FORMULAIRE
if($action=="modif") {
    //----------------------REQUETE SQL
    $updateAdherents = "UPDATE adherents SET
    nom='".$nom."',
    prenom='".$prenom."',
    anneeNaissance='".$anneeNaissance."',
    coursID=".$coursID."
    WHERE ID=".$IDform ;
    //----------------------SOUMISSION REQUÊTE
        mysql_query($updateAdherents, $connexionSport) or die(mysql_error());
    //------------------RETOUR À LA PAGE DE GESTION APRÈS L'AJOUT
    header("Location:adherentsGestion.php");
    }
```

6. Ajoutez à la suite de la structure de choix les lignes de code suivantes afin de disposer du jeu d'enregistrements $rsListeAdherents. Celui-ci sera ensuite utilisé pour initialiser les différents champs du formulaire :

```
//---------RECUPÉRATION DES VALEURS INITIALES DES CHAMPS
$query_rsListeAdherents = "SELECT * FROM adherents WHERE ID=".$ID." ORDER BY ID";
$rsListeAdherents = mysql_query($query_rsListeAdherents, $connexionSport) or die(mysql_error());
$row_rsListeAdherents = mysql_fetch_assoc($rsListeAdherents);
```

7. Descendez dans le code et placez votre curseur au niveau du formulaire de modification (voir les repères 1, 2, 3, 4 et 5 correspondant aux cinq lignes du formulaire dans la figure 18-39). Insérez dans chaque balise de champ un attribut value dont la valeur est initialisée dynamiquement à l'aide du jeu d'enregistrements $row_rsListeAdherents (voir les zones en gras dans le script ci-dessous). L'initialisation du menu déroulant est particulier car il faut générer le mot-clé selected dans la balise option si la valeur de l'option correspond à celle qui est mémorisée dans la base de données (voir le repère 4 de la figure 18-39) :

```
<form action="adherentsModif.php" method="post" name="form1">
<table width="500" border="1" cellpadding="0" cellspacing="0" bordercolor="#000000">
<tr><td><div align="center">
<table width="500" border="0" cellspacing="0" cellpadding="5">
<tr><td width="250"><div align="right"><span class="Style4">Nom : </span></div></td>
<td width="250"><div align="left">
<input name="nom" type="text" id="nom"
value="<?php echo $row_rsListeAdherents['nom']; ?>">
</div></td></tr>
<tr><td><div align="right"><span class="Style4">Pr&eacute;nom : </span></div></td>
<td><div align="left">
<input name="prenom" type="text" id="prenom"
value="<?php echo $row_rsListeAdherents['prenom']; ?>">
</div></td></tr>
<tr><td><div align="right"><span class="Style4">Ann&eacute;e de naissance : </span></div></td>
<td><div align="left">
<input name="anneeNaissance" type="text" id="anneeNaissance" size="4" maxlength="4"
value="<?php echo $row_rsListeAdherents['anneeNaissance']; ?>">
</div></td></tr>
<tr><td><div align="right"><span class="Style4">Cours : </span></div></td>
<td><div align="left">
<select name="coursID" id="coursID">
<?php while($row_rsListeCours = mysql_fetch_assoc($rsListeCours)) { ?>
<option value="<?php echo $row_rsListeCours['ID']; ?>"
<?php if($row_rsListeCours['ID']==$row_rsListeAdherents['coursID']) echo "selected"; ?> >
<?php echo $row_rsListeCours['niveau']; ?></option>
<?php } ?>
</select>
</div></td></tr>
<tr><td><div align="right"><span class="Style4">
<input name="IDform" type="hidden" id="IDform"
value="<?php echo $row_rsListeAdherents['ID']; ?>">
<input name="action" type="hidden" id="action" value="modif">
</span></div></td>
<td><div align="left">
```

```
<input type="submit" name="Submit" value="Envoyer">
</div></td></tr>
</table>
</div></td></tr>
</table>
</form>
```

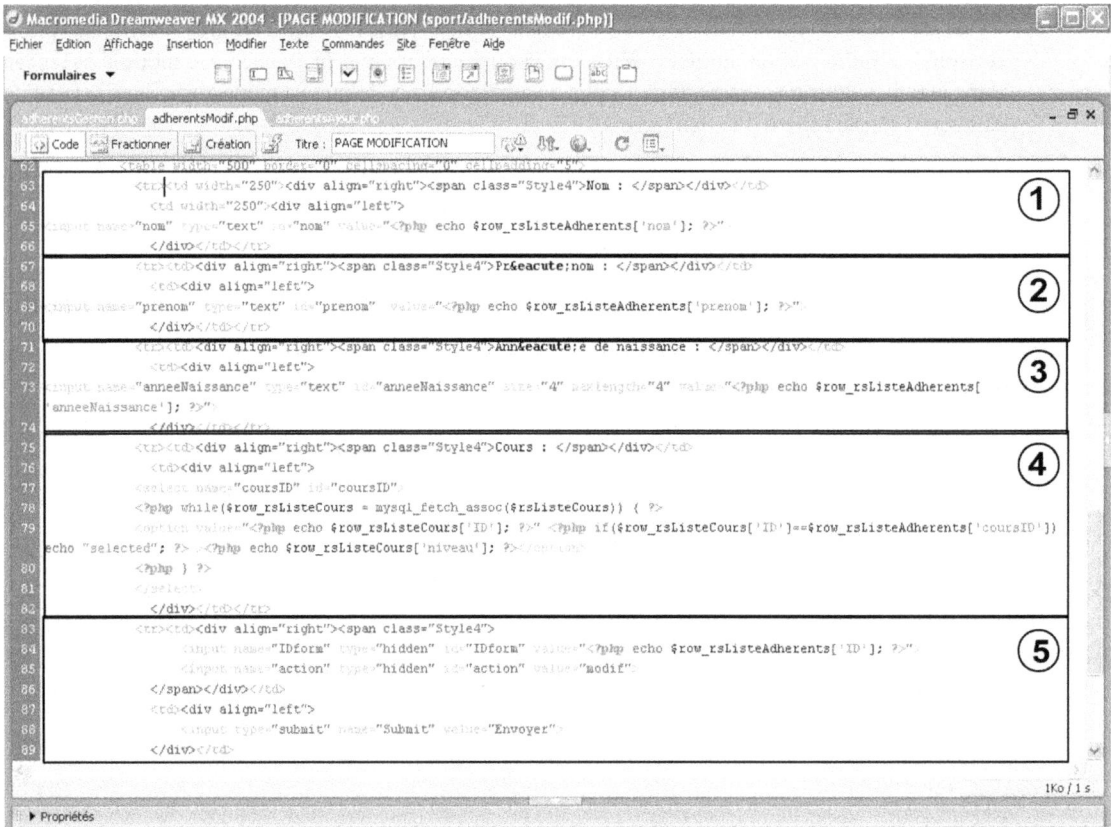

Figure 18-39

Code source du formulaire de modification.

8. Enregistrez la page et passez dans le Web local. Affichez la page adherentsGestion.php puis cliquez sur un lien de la colonne Modif. Le formulaire de modification s'affiche. Ses champs sont initialisés selon les valeurs actuellement mémorisées dans la base de données (voir figure 18-40). Modifiez le champ de votre choix et cliquez sur le bouton de validation. Après l'envoi de la requête, vous devez être redirigé vers la page adherentsGestion.php. Cliquez de nouveau sur le lien Modif. du même adhérent pour vous assurer que la modification a bien été effectuée.

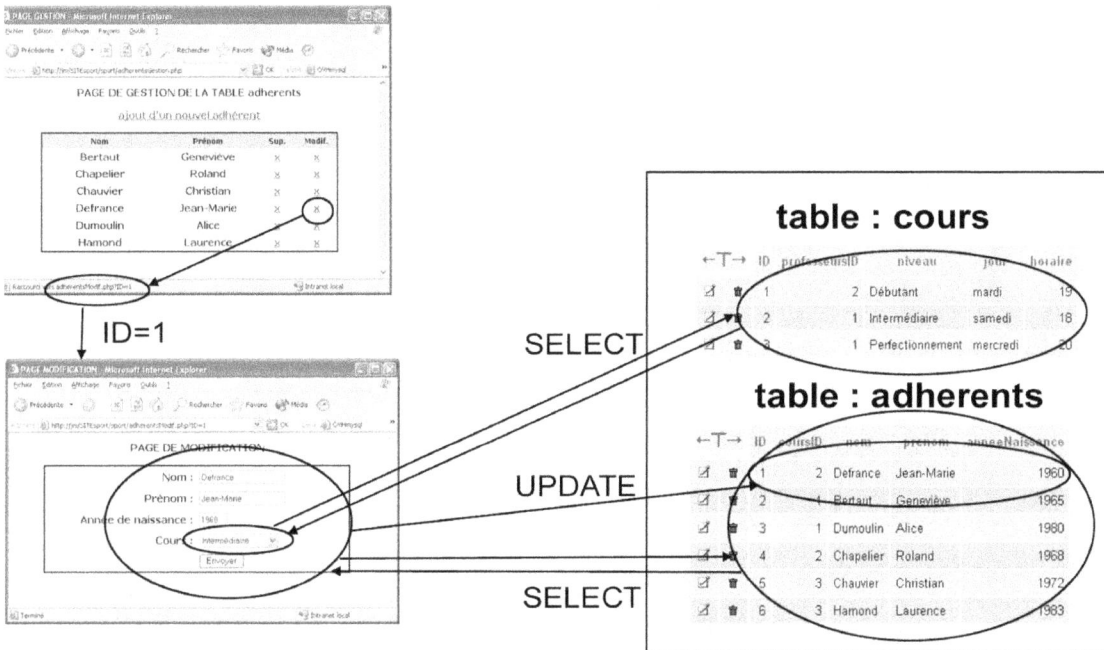

Figure 18-40

Schéma de principe du fonctionnement du système de modification d'un enregistrement.

Modification dynamique d'un fichier (option)

Dans le formulaire d'ajout, nous vous avons proposé d'intégrer un champ photo dans la table afin de mémoriser le fichier de la photo de l'adhérent. Voici les modifications à apporter à votre formulaire de modification si vous souhaitez modifier ce fichier. Nous supposons que la structure de la base de données a déjà été modifiée et que le champ photo est présent dans la table adherents.

1. Comme dans le formulaire d'ajout, il faut ajouter une structure de choix afin d'enregistrer le fichier sur le serveur uniquement si un nouveau fichier photo est sélectionné par l'utilisateur :

```
if($action=="modif") {
  if ($_FILES['photo']['name']!="")
     {
     $nomphoto='photo_'.$nom.'.jpg';
     copy($_FILES['photo']['tmp_name'] ,'../photos/'.$nomphoto);
     }
```

2. Modifiez ensuite de la même manière la requête SQL afin de mettre à jour le champ photo uniquement si un fichier photo est sélectionné par l'utilisateur :

```
//-----------------------REQUÊTE SQL
   $updateAdherents = "UPDATE adherents SET
   nom='".$nom."',
   prenom='".$prenom."',
```

```
        anneeNaissance='".$anneeNaissance."',
        coursID=".$coursID." ";
        if ($_FILES['photo']['name']!="")
        {
        $updateAdherents .=" photo='".$nomphoto."', ";
        }
        $updateAdherents .=" WHERE ID=".$IDform ;
```

Figure 18-41

Page de modification d'un enregistrement de la base adherents avec gestion d'une photo.

3. Ajoutez un champ de fichier nommé photo dans le formulaire de modification :

```
<input name="photo" type="file" id="photo">
```

4. Contrairement aux autres champs qui rappellent dans l'élément du formulaire la valeur actuelle de la variable concernée (à l'aide de l'attribut value=, par exemple, pour un élément INPUT de type text), l'objet « champ de fichier » (élément INPUT de type file) ne peut pas être initialisé

avec une valeur par défaut. Cependant, vous pouvez rappeler la photo actuellement mémorisée dans la base en l'affichant sous le champ à l'aide du code suivant :

```
<img src="../photos/<?php echo $row_rsListeAdherents['photo']; ?>" >
```

5. Enregistrez puis testez votre formulaire depuis le Web local.

Structure d'un espace d'administration multitable

Vous disposez désormais de scripts pour gérer l'ajout, la suppression et la modification d'un enregistrement dans une table. Cependant, en pratique il vous faut créer des espaces d'administration afin de gérer plusieurs tables de la base de données. Un espace d'administration est évolutif (ajout ou suppression d'une table, par exemple) ; il est donc judicieux de créer des pages d'administration dont le menu transversal (qui permet d'accéder à chaque formulaire de gestion d'une table) pourra être actualisé simplement et rapidement.

Pour réaliser ces pages d'administration, vous pouvez soit créer avec Dreamweaver un modèle de page d'administration comportant une barre de navigation (menu transversal permettant d'accéder aux pages de gestion de chaque table), soit intégrer dynamiquement cette barre de navigation dans toutes les pages à l'aide d'une instruction `include()`.

Création d'un modèle de page d'administration

Cette première solution consiste à créer avec Dreamweaver une page modèle dans laquelle sera intégré un menu dont les différents liens permettent d'accéder à chaque page de gestion de table.

Si vous utilisez ce modèle pour créer toutes les pages de l'espace d'administration, lorsque vous modifiez son menu et y ajoutez un nouveau lien, toutes les pages issues du même modèle seront automatiquement actualisées.

Pour illustrer ce principe, nous vous proposons de créer une page modèle destinée à gérer les tables `adherents` et `professeurs`. Par la suite, vous pourrez transposer la structure de ce modèle en l'adaptant à la base de données de votre futur projet et gérer autant de table que vous le souhaitez :

1. Ouvrez une nouvelle page dynamique dans Dreamweaver. Créez un tableau d'une ligne et de deux colonnes. Saisissez les noms des tables à gérer dans les cellules du tableau. Convertissez ces noms en liens hypertextes afin qu'ils appellent respectivement les pages de gestion de chaque table (soit dans notre exemple : `adherentsGestion.php` et `professeursGestion.php`).

2. Créez un autre tableau d'une seule cellule en dessous. Sélectionnez ce nouveau tableau et paramétrez sa largeur et sa hauteur à 100 % afin qu'il s'affiche en plein page.

3. Assurez-vous que le tableau est toujours sélectionné et déroulez le menu Insertion>Objets modèle>Région modifiable. Validez puis donnez le nom de votre choix à cette zone modifiable dans la boîte de dialogue Nouvelle région modifiable.

4. Enregistrez cette page comme modèle (menu Fichier>Enregistrez comme modèle).

5. Créez ensuite dans le même répertoire /administration/ toutes les pages de gestion des tables `adherents` et `professeurs` à partir de ce même modèle (menu Nouveau, onglet Modèle, sélectionnez le site Sport puis le modèle précédemment créé).

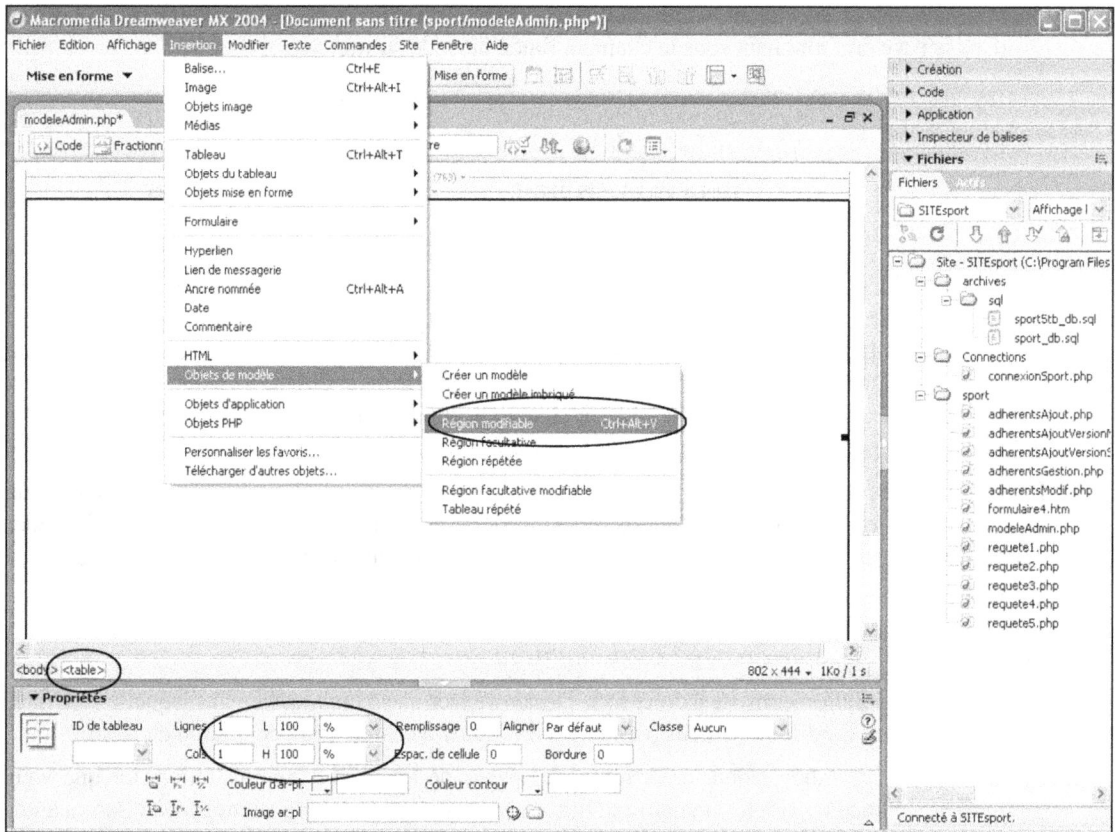

Figure 18-42

Schéma de principe du fonctionnement du système de modification d'un enregistrement.

6. Votre espace d'administration dispose des six pages suivantes, qui vous permettent d'administrer les enregistrements des deux tables de l'exemple :

- adherentsGestion.php
- adherentsAjout.php
- adherentsModif.php
- professeursGestion.php
- professeursAjout.php
- professeursModif.php

7. Par la suite, si vous désirez modifier la barre de navigation (afin de pouvoir gérer une nouvelle table, par exemple), il vous suffit d'ouvrir et de modifier le modèle d'administration (dans Dreamweaver, les modèles sont regroupés dans un répertoire /Templates/ placé à la racine du site). Lors de l'enregistrement du modèle, une boîte de dialogue vous demande si vous désirez mettre à jour tous les documents issus du modèle. Si vous acceptez, la barre de navigation de toutes les pages de l'espace d'administration sera actualisée automatiquement.

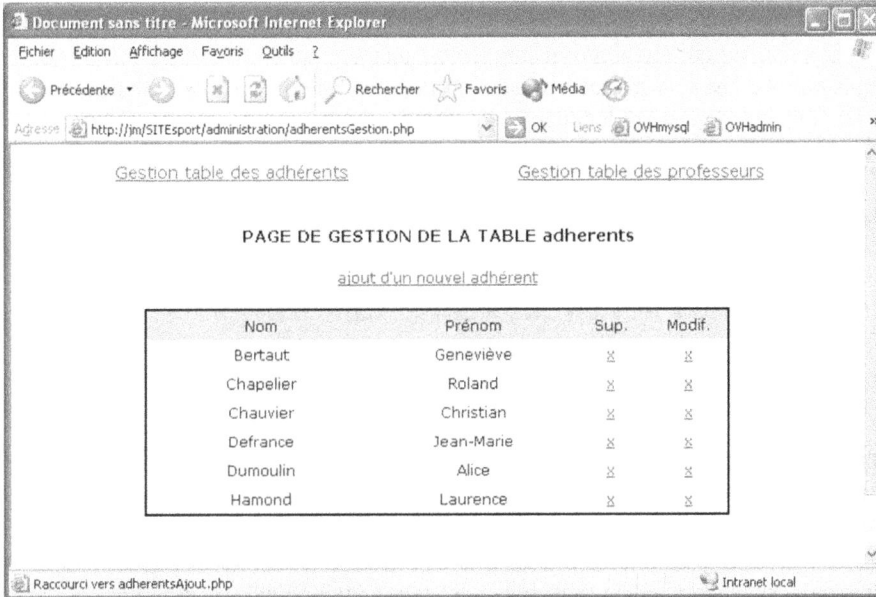

Figure 18-43

Page de gestion de la table adherents créée à partir du modèle d'administration.

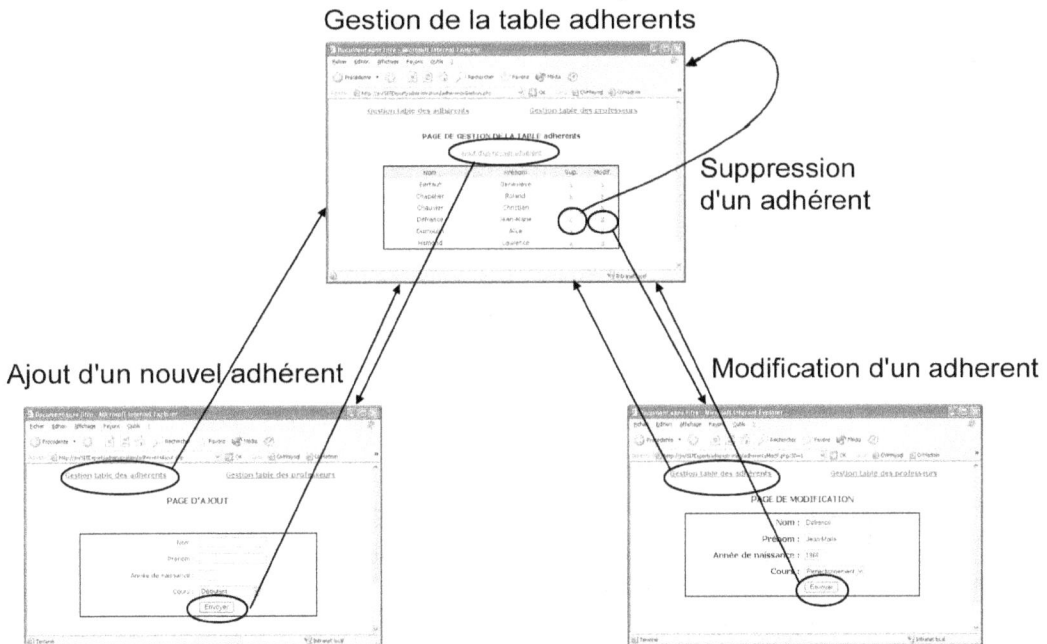

Figure 18-44

Organisation des pages de gestion de la table adherents.

Intégration dynamique du menu d'administration

La seconde solution pour intégrer dynamiquement un menu transversal dans chaque page de l'espace d'administration consiste à utiliser l'instruction include(). Pour illustrer cette méthode, reprenons le même exemple que ci-dessus (deux tables à gérer) :

1. Un premier fichier contenant le menu doit d'abord être créé (fichier menuAdmin.php) :

```
<table width="700" border="0" align="center" cellpadding="0" cellspacing="0">
 <tr><td width="350"><div align="center" class="Style3">
<a href="adherentsGestion.php">Gestion table des adh&eacute;rents </a>
</div></td><td width="350"><div align="center" class="Style3">
<a href="professeursGestion.php">Gestion table des professeurs </a>
</div></td></tr>
</table>
```

2. Ensuite, chaque page d'administration doit comporter une instruction include() afin d'insérer tout le code du menu dans le haut des pages (après la balise <body>, par exemple) comme le montre le fragment de code ci-dessous. Ainsi, si vous désirez ajouter un lien supplémentaire au menu, il vous suffit de modifier le code du fichier menuAdmin.php et le nouveau menu s'actualise automatiquement dans toutes les pages comportant l'instruction include() présentée ci-dessus :

```
...
<body>
<?php include("menuAdmin.php"); ?>
...
```

Gestion des erreurs MySQL

PHP met à votre disposition la fonction mysql_error(), qui retourne le type d'erreur sous forme de chaîne (s'il y en a une, sinon la fonction retourne une chaîne vide) et la fonction mysql_errrorno(), qui retourne le numéro de l'erreur (s'il y en a une, sinon la fonction retourne la valeur 0). Pour utiliser ces deux fonctions, vous pouvez passer l'identificateur de connexion au serveur MySQL en argument de ces deux fonctions. Si vous utilisez ces fonctions sans argument, c'est la dernière connexion active qui sera utilisée.

Lors de la soumission d'une requête, il suffit de lier l'une de ces deux fonctions à l'instruction mysql_query() à l'aide d'une fonction or die() ou or trigger_error() pour afficher un message d'erreur explicite en cas de refus de la requête SQL :

```
mysql_query($updateAdherents, $connexionSport) or die(mysql_error());
```

En phase de développement, ces messages vous seront précieux pour déboguer vos scripts. Cependant, si votre application passe en production, il faudra contrôler ces erreurs et éviter l'affichage de ces messages peu esthétiques. PHP vous permet de neutraliser l'affichage des messages d'erreur grâce à l'ajout du caractère @ devant la fonction :

```
@mysql_query($updateAdherents, $connexionSport)
```

Rappelons que la fonction `mysql_query()` renvoie un pointeur de résultat (qui doit ensuite être interprété à l'aide d'une fonction comme `mysql_fetch_assoc()`) dans le cas d'une commande `SELECT`. Pour les autres commandes SQL comme `DELETE`, `INSERT`, `UPDATE`, la fonction renvoie une valeur `TRUE` en cas de succès ou une valeur `FALSE` en cas de problème. Il peut être intéressant de récupérer cette valeur afin de traiter l'erreur :

```
$res=mysql_query($updateAdherents, $connexionSport)
if(!$res) {
echo "ERREUR MYSQL".mysql_error()." N˚ ". mysql_errorno();
}
```

De même, il est intéressant d'exploiter cette structure pour rediriger le visiteur vers un message plus rassurant et adapté à la charte graphique du site en cas de problème comme le montre ce deuxième exemple (vous remarquerez que la fonction est précédée du caractère @ afin de neutraliser l'affichage du message d'erreur généré par défaut) :

```
$res=@mysql_query($updateAdherents, $connexionSport)
if(!$res) {
header("Location:erreurMysql.php");
}
```

Des erreurs peuvent aussi être générées par la fonction `mysql_connect()` si la connexion au serveur MySQL est impossible. Si vous désirez contrôler les messages et rediriger le visiteur vers une page adaptée, modifiez la fonction `mysql_connect()` dans le fichier connexionSport.php comme indiqué ci-dessous (suppression de l'affichage du type d'erreur et ajout d'un @ devant la fonction) :

```
$connexionSport = @mysql_connect($hostname_connexionSport, $username_connexionSport,
➡$password_connexionSport);
```

Il faudra évidemment intégrer un test au début de chaque page utilisant cette fonction comme l'illustre le script ci-dessous :

```
require_once('../Connections/connexionSport.php');
if(!$connexionSport) {
header("Location:erreurMysql.php");
}
```

Interfaçage Flash-MySQL

L'interfaçage Flash-MySQL permet à une application Flash d'enregistrer ou d'exploiter des informations provenant d'une base de données MySQL. Une application Flash ne peut pas interagir directement sur une base de données MySQL. Il faut donc utiliser des scripts PHP adaptés afin de réaliser une passerelle entre Flash et MySQL. En pratique, l'interfaçage Flash-MySQL est constitué d'une interface Flash-PHP couplée à une interface PHP-MySQL (voir figure 18-45). Comme nous venons de présenter les solutions d'interfaçage PHP-MySQL et que l'interfaçage entre une application Flash et un script PHP a été présenté dans le chapitre 11, nous allons maintenant étudier l'exploitation conjointe de ces deux types d'interfaçage dans le cadre d'une application concrète de contrôle d'accès par mot de passe.

Figure 18-45

L'interfaçage Flash-MySQL est composé d'une interface Flash-PHP couplée avec une interface PHP-MySQL.

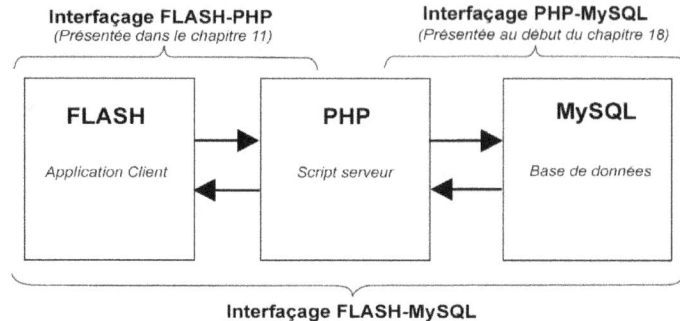

Contrôle d'accès par mot de passe

Cette application Flash dynamique permet de contrôler l'accès d'un utilisateur à des pages protégées (pageProtegee1.php et pageProtegee2.php). La page d'accès est constituée d'un formulaire Flash qui invite l'utilisateur à saisir son login et son mot de passe. Sur cette même page, un lien permet à l'utilisateur d'afficher un second formulaire lui permettant de s'inscrire. Les informations recueillies lors de l'inscription sont mémorisées dans une base de données via un script PHP adapté (inscription.php). La procédure d'authentification est elle aussi assurée par un script PHP (authentification.php) qui a pour fonction de récupérer les paramètres de connexion fournis par l'utilisateur et d'interroger la base de données afin de vérifier la présence et la concordance du login et du mot de passe fournis. Si la réponse de la base est positive, l'utilisateur est dirigé automatiquement vers la première page protégée (voir figure 18-46). Dans le cas contraire, un message d'erreur l'invite à renouveler sa saisie après avoir vérifié l'exactitude de ses paramètres. Si un utilisateur tente d'accéder directement aux pages protégées, il sera redirigé automatiquement vers le formulaire d'authentification car chaque page protégée comporte un script qui teste l'authentification de l'utilisateur (grâce à l'inclusion du code contenu dans le fichier controle.php).

Ce projet comporte un document Flash (formulaireLogin.fla), une base de données MySQL nommée login_db (constituée d'une seule table utilisateurs) et plusieurs scripts PHP afin d'assurer les interactions entre l'application Flash et la base de données ainsi que la mémorisation de l'authentification d'un utilisateur durant la session.

La base de données

Les paramètres de chaque utilisateur sont mémorisés dans la base de données. Il faut donc commencer le développement en créant la base et sa table. Pour cela, ouvrez le gestionnaire phpMyAdmin (clic droit sur l'icône EasyPHP puis sélectionnez Administration et cliquez sur le bouton Gestion BDD). Une fois le gestionnaire ouvert, saisissez le nom de la nouvelle base dans le champ de droite (voir figure 18-47) et validez en cliquant sur le bouton Créer.

Une fois la base créée, deux solutions s'offrent à vous pour construire la structure de la table : vous pouvez soit suivre les étapes de création avec le gestionnaire (ces étapes sont détaillées ci-dessous), soit utiliser les instructions de restauration SQL que vous trouverez dans le dossier /archives/sql/ du projet SITElogin (disponible en téléchargement sur le site *www.editions-eyrolles.com*). Ce fichier nommé login_db.sql doit être appelé depuis le champ Emplacement du fichier texte de l'onglet SQL du gestionnaire (voir figure 18-48). Après validation grâce au bouton Exécuter, le fichier est téléchargé sur le serveur et la base de données est restaurée automatiquement.

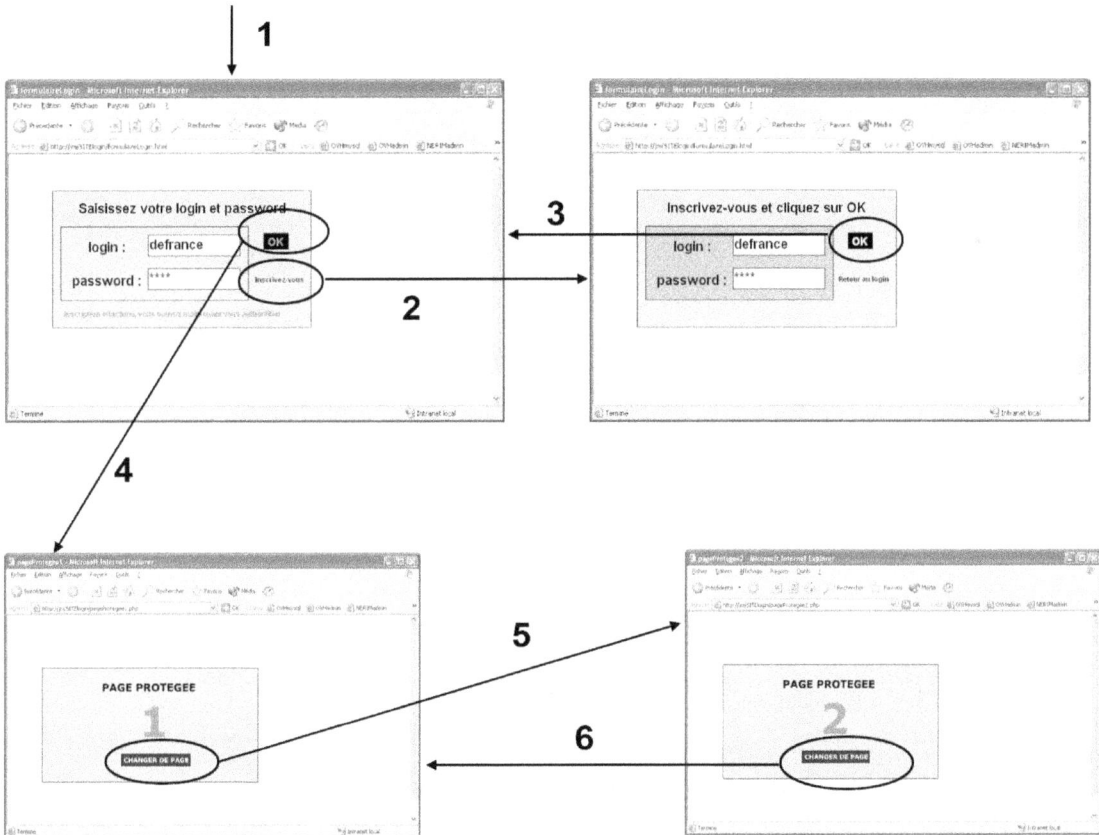

Figure 18-46

Exemple de navigation dans l'application de contrôle d'accès par mot de passe : 1 – accès au formulaire de login, 2 – passage sur le formulaire d'inscription, 3 – inscription et retour au formulaire de login, 4 – saisie du login et du mot de passe puis, si l'authentification est positive, redirection vers la première page protégée, 5 et 6 – possibilité de passer d'une page protégée à l'autre grâce à la mémorisation de l'authentification durant la session.

Voici les différentes instructions SQL contenues dans le fichier de restauration login_db.sql qui permettent de créer la structure de la table utilisateurs et d'y insérer un premier enregistrement (login=defrance et secret=1234) :

```
DROP TABLE IF EXISTS `utilisateurs`;
CREATE TABLE `utilisateurs` (
  `ID` smallint(6) NOT NULL auto_increment,
  `login` varchar(20) NOT NULL default '',
  `secret` varchar(20) NOT NULL default '',
  PRIMARY KEY (`ID`)
) TYPE=MyISAM AUTO_INCREMENT=2 ;
INSERT INTO `utilisateurs` VALUES (1, 'defrance', '1234');
```

Figure 18-47

*Création de la
nouvelle base de
données login_db.*

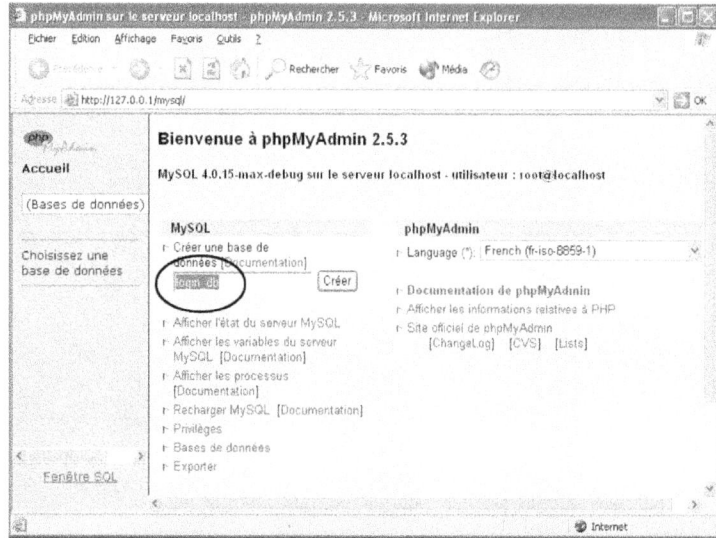

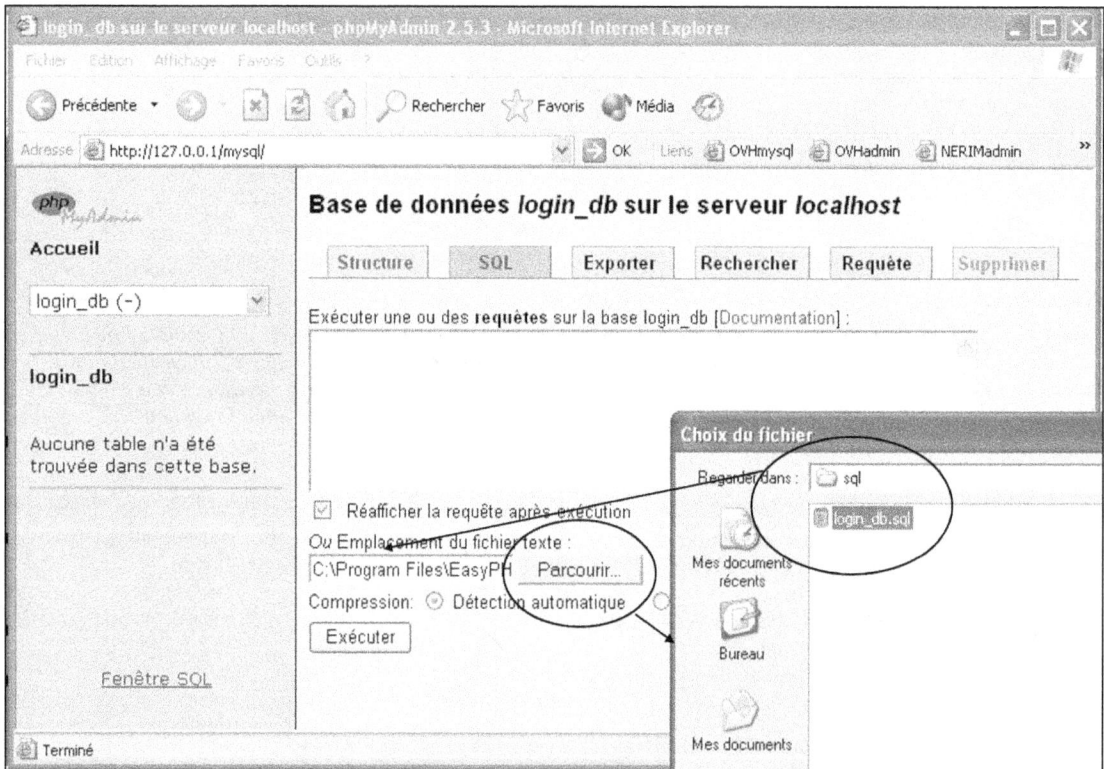

Figure 18-48

Chargement du fichier de sauvegarde de la base de données (login_db.sql).

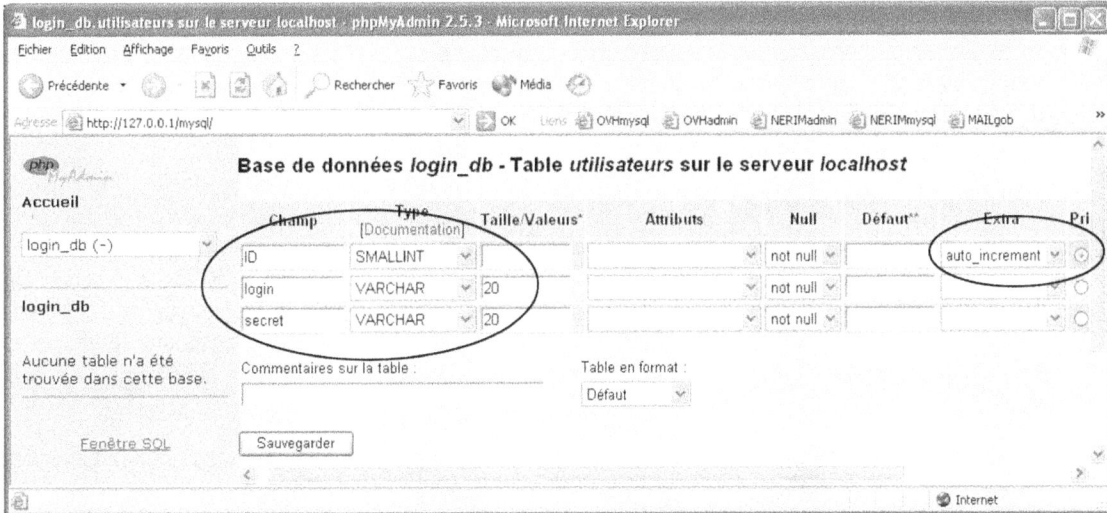

Figure 18-49

Création de la table utilisateurs à l'aide du gestionnaire phpMyAdmin.

Voici les étapes à suivre si vous désirez construire la table utilisateurs vous-même à l'aide du gestionnaire phpMyAdmin :

1. Saisissez le nom de la table à créer (soit utilisateurs) dans le champ Créer une nouvelle table et indiquez qu'elle comportera trois champs puis validez.

2. Dans le formulaire de configuration des champs de la table (voir figure 18-49), saisissez ID et sélectionnez SMALLINT pour le premier champ. À droite sur la même ligne, sélectionnez l'option auto_increment dans la colonne Extra et cochez la case Primaire.

3. Pour les deux autres champs, saisissez les noms login et secret. Sélectionnez VARCHAR pour leur type et 20 pour leur taille. Cliquez ensuite sur Sauvegarder pour confirmer vos choix et créer la table.

Votre table est désormais créée. Vous pouvez maintenant commencer à développer vos scripts PHP.

À noter

Actuellement, la table est vide mais cela n'est pas gênant car vous pourrez bientôt ajouter des enregistrements depuis le formulaire d'inscription. D'autre part, nous n'avons pas créé de user spécifique pour accéder à cette table car nous utiliserons le compte root par défaut (sans mot de passe) pour nos tests en local. Cependant, si vous devez mettre cette application en ligne, il vous faudra créer et configurer un compte user avec son mot de passe (revoir si besoin la figure 16-30 et les commentaires correspondants).

Les fichiers PHP

Nous devons d'abord créer deux scripts PHP (`authentification.php` et `inscription.php`) qui serviront de passerelle entre la base de données que nous venons de créer et l'application Flash que nous développerons ci-dessous. Un troisième script PHP, nommé `controle.php`, sera intégré dans toutes les pages à protéger à l'aide d'une simple instruction `require_once()`.

Configuration d'un nouveau site dynamique

Avant de créer les pages PHP, il faut ouvrir et configurer un nouveau site dans Dreamweaver. Comme pour les précédentes applications de ce chapitre, nous utiliserons un fichier de connexion à la base de données MySQL compatible avec l'usage des comportements serveur de Dreamweaver. La procédure de création de ce fichier ayant déjà était présentée, nous n'en détaillerons pas toutes les étapes et vous invitons à vous reporter à la figure 18-2 et aux commentaires en rapport si nécessaire.

Configuration du site :

1. Ouvrez Dreamweaver. Dans le menu, cliquez sur la rubrique Sites puis sélectionnez Gérer les sites.

2. Dans la boîte de dialogue Gérer les sites, cliquez sur le bouton Nouveau.

3. Dans la boîte de dialogue Définition du site, cliquez sur l'onglet Avancé s'il n'est pas déjà sélectionné.

4. Cliquez sur la catégorie Infos Locales et renseignez les champs suivants :

   – Nom du site : `SITElogin`.

   – Dossier racine : cliquez sur le petit dossier situé à droite du champ afin d'ouvrir l'explorateur de fichier. Ensuite, créez puis sélectionnez un nouveau dossier `/SITElogin/` placé dans le répertoire racine `www` de la suite EasyPHP.

5. Cliquez sur la catégorie Serveur d'évaluation et renseignez les champs suivants :

   – Modèle de serveur : sélectionnez PHP-MySQL dans le menu déroulant ;

   – Accès : sélectionnez Local/Réseau dans le menu déroulant ;

   – Dossier du serveur d'évaluation : théoriquement, ce champ doit être préconfiguré avec le chemin menant au répertoire du site `www/SITElogin/` ;

   – Préfixe de l'URL : ajoutez `SITElogin/` à la suite de `http://localhost/`.

6. Cliquez sur le bouton OK de la boîte de dialogue puis sur le bouton Terminer de la boîte de dialogue Gérer les sites.

Création du fichier de connexion :

1. Ouvrez une page PHP dans Dreamweaver (menu Fichier>Nouveau, sélectionnez Page dynamique et PHP puis cliquez sur Créer).

2. Déroulez le panneau Application et sélectionnez l'onglet Base de données.

3. Cliquez sur le bouton + et sélectionnez la rubrique Connexion MySQL qui s'affiche dans le menu contextuel.

4. La fenêtre Connexion MySQL s'affiche.

5. Saisissez un nom pour la connexion que vous allez créer. Ce nom doit être explicite et ne pas comporter d'espace. Dans le cadre de notre application, nous utiliserons `connexionLogin`.

6. Dans le champ `Serveur MySQL`, saisissez `localhost`.

7. Saisissez ensuite les paramètres de l'utilisateur `root` (utilisateur par défaut), soit nom d'utilisateur = `root` sans mot de passe.

8. Cliquez sur le bouton Sélectionner pour afficher toutes les bases de données disponibles. Sélectionnez la base `login_db` et validez en cliquant sur le bouton OK.

9. La base sélectionnée doit être affichée dans le champ Base de données. Vous pouvez maintenant vérifier si la connexion est valide en cliquant sur le bouton Tester.

10. Fermez la fenêtre du message et confirmez la création de la connexion en cliquant sur le bouton OK.

11. La connexion à la base de données est désormais établie. Une icône représentant la base `login_db` apparaît dans la fenêtre Base de données.

Si vous désirez créer manuellement le fichier de connexion à la base, saisissez les lignes de code suivantes dans votre éditeur et enregistrez-les sous le nom connexionLogin.php dans le répertoire SITElogin/Connection/ :

```php
<?php
$hostname_connexionLogin = "localhost";
$database_connexionLogin = "login_db";
$username_connexionLogin = "root";
$password_connexionLogin = "";
$connexionLogin   =   mysql_connect($hostname_connexionLogin,   $username_connexionLogin,
password_connexionLogin) or trigger_error(mysql_error(),E_USER_ERROR);
?>
```

Création de la page d'authentification

La page authentification.php a pour fonction de récupérer le login et le mot de passe envoyés par le formulaire de login de Flash, de construire une requête SQL afin d'interroger la base sur l'existence et la concordance de ces paramètres, de réceptionner la réponse de la base et de la mettre en forme avant de la retourner à l'application Flash. Si la réponse est positive, le login de l'utilisateur est mémorisé tant qu'il visite des pages protégées.

1. Ouvrez un nouveau document dynamique PHP et enregistrez-le sous le nom authentification.php à la racine du site (répertoire /SITElogin/).

2. Saisissez une balise ouvrante PHP puis la fonction `session_start()` afin d'activer l'usage des sessions dans cette page (voir figure 18-50) :

```php
<?php
//active les sessions
session_start();
```

3. Saisissez deux lignes d'instruction destinées à récupérer (et à convertir au bon format si elles existent) les variables `login` et `secret` envoyées par l'application Flash :

```php
//récupération des variables envoyées par Flash
```

```
if(isset($_POST['login'])) $login= utf8_decode($_POST['login']); else $login="inconnu";
if(isset($_POST['secret'])) $secret= utf8_decode($_POST['secret']); else $secret="inconnu";
```

4. Déclarez la fonction destinée à mettre en forme les variables retournées à l'application Flash :

```
//--------------FONCTIONS
function envoi($var, $val){
echo "&".$var."=".utf8_encode($val);
}
```

5. Saisissez les deux lignes suivantes afin d'établir une connexion à la base de données (appel du fichier de connexion créé précédemment) et de sélectionner la base concernée :

```
//--------CONNEXION ET SÉLECTION DE LA BASE ------------
require_once('Connections/connexionLogin.php');
mysql_select_db($database_connexionLogin, $connexionLogin);
```

6. Créez et envoyez la requête SQL à la base de données. La clause WHERE de cette requête est personnalisée avec la variable login envoyée par le formulaire Flash. Le jeu d'enregistrements retourné par la requête (valeur du champ secret correspondant au login) est ensuite converti en tableau associatif avec la fonction mysql_fetch_assoc(). La dernière ligne permet de connaître le nombre d'enregistrements retournés dans le résultat (afin de détecter si le login n'existe pas) :

```
//---------RECUPÉRATION DES INFORMATIONS (depuis la table adherents)
$query_rsVerifLogin = "SELECT secret FROM utilisateurs WHERE login='$login' ";
$rsVerifLogin = mysql_query($query_rsVerifLogin, $connexionLogin) or die(mysql_error());
$row_rsVerifLogin = mysql_fetch_assoc($rsVerifLogin);
$total_rsVerifLogin=mysql_num_rows($rsVerifLogin);
```

7. Une structure de choix if conditionnée par l'existence et la concordance du login et du mot de passe permet de retourner le couple retour=ok à l'application Flash puis de mémoriser la valeur du login dans la session si le test est positif. Dans le cas contraire, le couple retour=pb est envoyé à l'application Flash :

```
/---------TEST DE L'EXISTENCE ET DE CONCORDANCE LOGIN/PWD
if(($secret == $row_rsVerifLogin['secret'])&&($total_rsVerifLogin!=0)){
//test si le controle du mot de passe est ok
$_SESSION['login']=$login;
//mémorise le login de l'utilisateur en session
envoi("retour","ok");
//envoie la confirmation de l'authentification à l'application Flash
}
else
{
envoi("retour","pb");
//dans le cas contraire, un message d'erreur est renvoyé à l'application Flash
}
```

8. Enregistrez votre fichier sous le nom authentification.php.

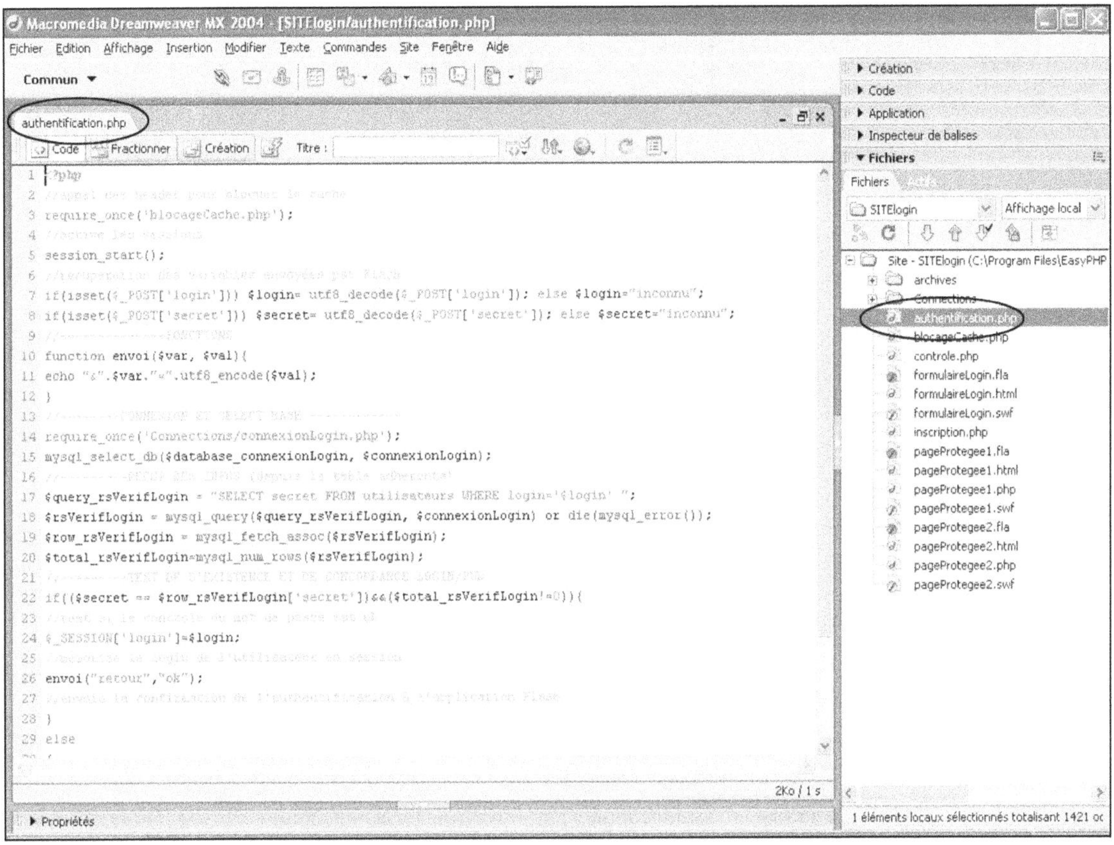

Figure 18-50

Début du programme de la page authentification.php.

Création de la page d'inscription

La page inscription.php a pour fonction de récupérer le login et le mot de passe envoyés par le formulaire d'inscription de Flash et de construire la commande INSERT nécessaire pour ajouter un nouvel utilisateur dans la base de données. Afin d'éviter les doublons lors de la création de login, une première requête SELECT est envoyée à la base de données avant la commande INSERT afin de s'assurer que le login proposé par l'utilisateur n'est pas déjà attribué. Si le nombre d'enregistrements retourné par cette requête est nul, la clause INSERT est exécutée. Un message de confirmation d'inscription est alors envoyé à l'application Flash (retour=ok). Dans le cas contraire, un message d'erreur est envoyé à l'application Flash (retour=pb) afin d'inviter l'utilisateur à renouveler son inscription avec un autre login.

1. Ouvrez un nouveau document dynamique PHP et enregistrez-le sous le nom inscription.php à la racine du site (répertoire/SITElogin/).

2. Saisissez une balise ouvrante PHP puis deux lignes d'instruction destinées à récupérer (et à convertir au bon format si elles existent) les variables login et secret envoyées par l'application Flash (voir figure 18-51) :

```
//récupération des variables envoyées par Flash
if(isset($_POST['login'])) $login= utf8_decode($_POST['login']); else $login="inconnu";
if(isset($_POST['secret'])) $secret= utf8_decode($_POST['secret']); else $secret="inconnu";
```

3. Déclarez la fonction destinée à mettre en forme les variables retournées à l'application Flash :

```
//-------------FONCTIONS
function envoi($var, $val){
echo "&".$var."=".utf8_encode($val);
}
```

4. Saisissez les deux lignes suivantes afin d'établir une connexion à la base de données (appel du fichier de connexion créé précédemment) et de sélectionner la base concernée :

```
//--------CONNEXION ET SÉLECTION DE LA BASE ------------
require_once('Connections/connexionLogin.php');
mysql_select_db($database_connexionLogin, $connexionLogin);
```

5. Créez et envoyez une première requête SQL à la base de données. La clause WHERE de cette requête est personnalisée avec la variable login envoyée par le formulaire Flash. La fonction mysql_num_rows() permet de connaître le nombre d'enregistrements retournés (la variable $totalVerifLogin mémorise ce nombre) :

```
//--------VERIFIE SI LE LOGIN EXISTE DÉJÀ (depuis la table adherents)
$query_rsVerifLogin = "SELECT secret FROM utilisateurs WHERE login='$login' ";
$rsVerifLogin = mysql_query($query_rsVerifLogin, $connexionLogin) or die(mysql_error());
$totalVerifLogin=mysql_num_rows($rsVerifLogin);//récup du nombre total de résultat
```

6. Une structure de choix if conditionnée par l'égalité de la variable $totalVerifLogin avec 0 permet d'exécuter la commande INSERT (insertion du login et du mot de passe du nouvel utilisateur dans la base) puis de retourner le couple retour=ok à l'application Flash si le test est positif. Dans le cas contraire, le couple retour=pb est envoyé à l'application Flash :

```
if($totalVerifLogin==0) {
$insertInscription="INSERT INTO utilisateurs (login,secret) VALUES ('$login','$secret')";
mysql_query($insertInscription, $connexionLogin) or die(mysql_error());
envoi("retour","ok");
}else{
envoi("retour","pb");
}
```

Création de la page de contrôle

Le fichier controle.php est appelé dans toutes les pages à protéger à l'aide d'une fonction include_once() (exemple de code à inclure dans le début de chaque page : <?php require_once('controle.php'); ?>). Le script de ce fichier est constitué d'une fonction start_session() afin d'activer l'usage des sessions et d'une structure de test if conditionnée par l'existence de la variable de session login. Si

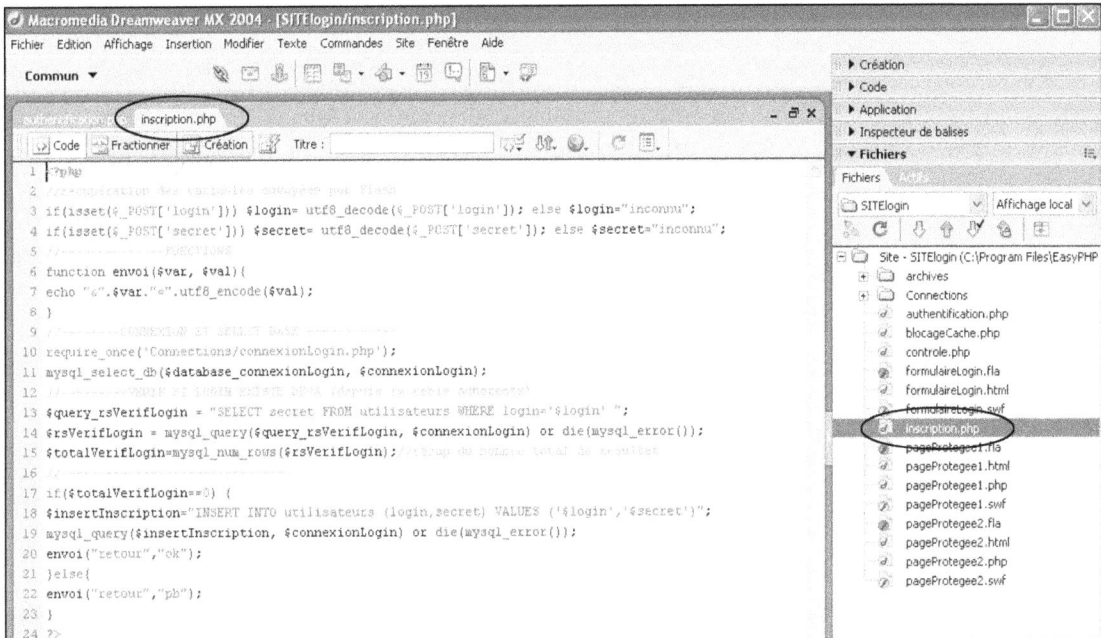

Figure 18-51

Programme de la page inscription.php.

la variable de session n'existe pas, le visiteur de la page protégée est redirigé automatiquement vers la page du formulaire de connexion. Si la variable existe, la page protégée est affichée normalement.

1. Ouvrez un nouveau document dynamique PHP. Enregistrez-le sous le nom controle.php à la racine du site (répertoire /SITElogin/).

2. Saisissez une balise ouvrante PHP puis la fonction session_start() afin d'activer l'usage des sessions dans cette page (voir figure 18-52) :

```php
<?php
//active les sessions
session_start();
```

3. Saisissez la structure de test if ci-dessous puis ajoutez une balise de fermeture PHP. Si la variable de session login n'existe pas, l'instruction header() est exécutée et le visiteur est automatiquement redirigé vers la page du formulaire de connexion. Dans le cas contraire, le reste de la page protégée dans laquelle est intégré ce script est affiché normalement :

```php
if(!isset($_SESSION['login']))
   {
   header("Location:formulaireLogin.html");
   }
?>
```

Figure 18-52

Programme du script controle.php.

Le document Flash

Le document Flash est organisé en sept calques (Label, Action, Bouton, Champ, Texte, Cadre et Fond). Le scénario est découpé en deux zones. La première porte l'étiquette Authentification, s'étend de l'image 1 à l'image 9 et regroupe les différents scripts et éléments de l'écran d'authentification. La seconde porte l'étiquette Inscription, s'étend de l'image 10 à l'image 19 et regroupe les différents scripts et éléments de l'écran d'inscription.

1. Créez un nouveau document Flash et sauvegardez-le sous le nom formulaireLogin.fla dans le dossier www/SITElogin/ (le répertoire SITElogin a déjà été créé dans le répertoire racine www d'EasyPHP).

2. Créez sept calques : Label, Action, Bouton, Champ, Texte, Cadre et Fond (voir figures 18-53 et 18-54).

3. Personnalisez le calque Fond en y ajoutant un fond gris qui délimitera la zone de l'interface. Insérez une image clé dans l'image 20 du scénario.

4. Dans l'image 1 du calque Label, saisissez le nom « Authentification » dans le champ image du panneau des propriétés. Insérez une image clé dans l'image 10 du scénario et saisissez le nom « Inscription » dans le champ image du panneau des propriétés. Créez une dernière image clé dans l'image 20.

5. Dans l'image 1 du calque Bouton, insérez deux boutons et nommez leur occurrence respective bouton1_btn (bouton OK) et boutonI1_btn (bouton Inscrivez-vous). Insérez une image clé dans l'image 10 du scénario et nommez les occurrences des boutons bouton2_btn (bouton OK) et boutonR1_btn (bouton « retour au login »).

6. Dans l'image 1 du calque Champs, ajoutez deux champs texte de saisie pour le login et le mot de passe. Nommez leur occurrence login_txt et secret_txt. Sélectionnez le champ secret_txt et configurez son type de ligne dans le panneau des propriétés en choisissant Mot de passe. Insérez une image clé dans l'image 20 du scénario.

7. Dans l'image 1 du calque Texte, ajoutez trois champs `texte statique` pour le texte d'information situé en haut du cadre, ainsi que pour les libellés du login et du password. Insérez un `texte dynamique` en bas du cadre et nommez son occurrence `message_txt` (voir figure 18-53). Insérez ensuite une image clé dans l'image 10 du scénario. Modifiez le message du texte d'information (voir figure 18-54) puis insérez une autre image clé dans l'image 20.

8. Dans l'image 1 du calque `Cadre`, ajoutez un cadre noir qui entoure les champs login et password (voir figure 18-53). Insérez une image clé dans l'image 10 du scénario. Modifiez la couleur intérieure du cadre (orange, par exemple) puis insérez une autre image clé dans l'image 20 (voir figure 18-54).

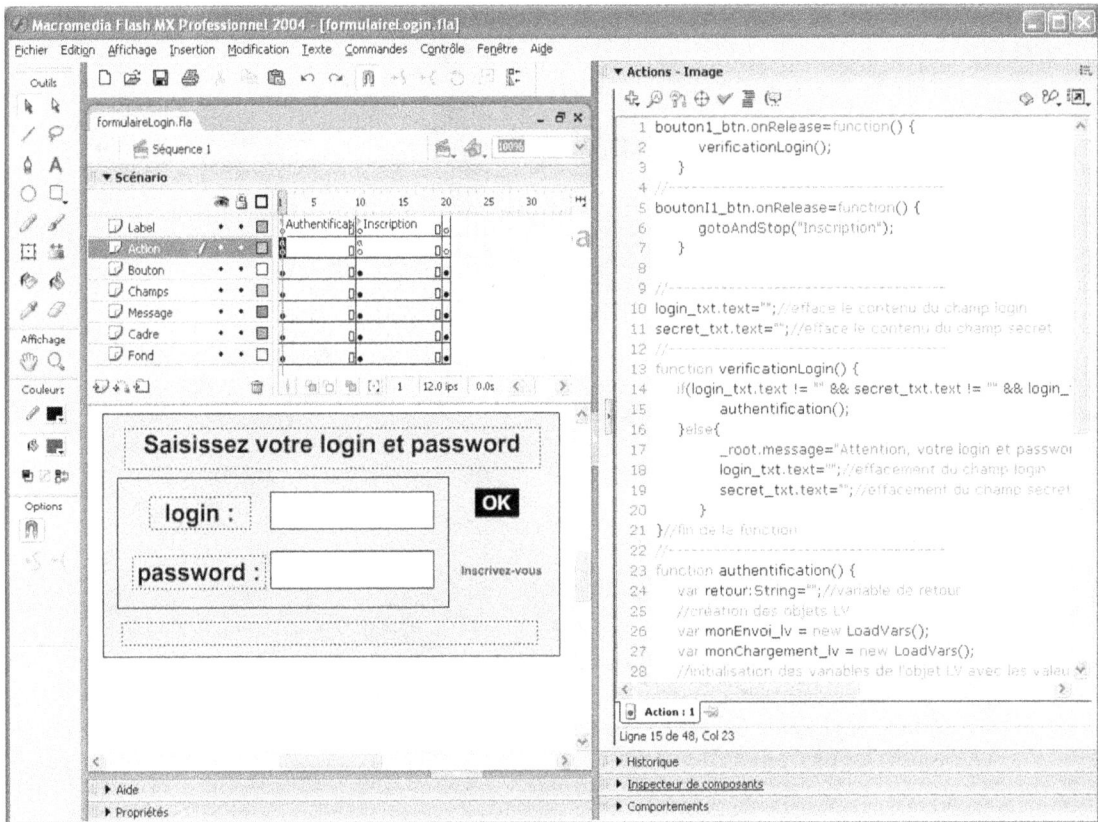

Figure 18-53

Construction de l'image Authentification.

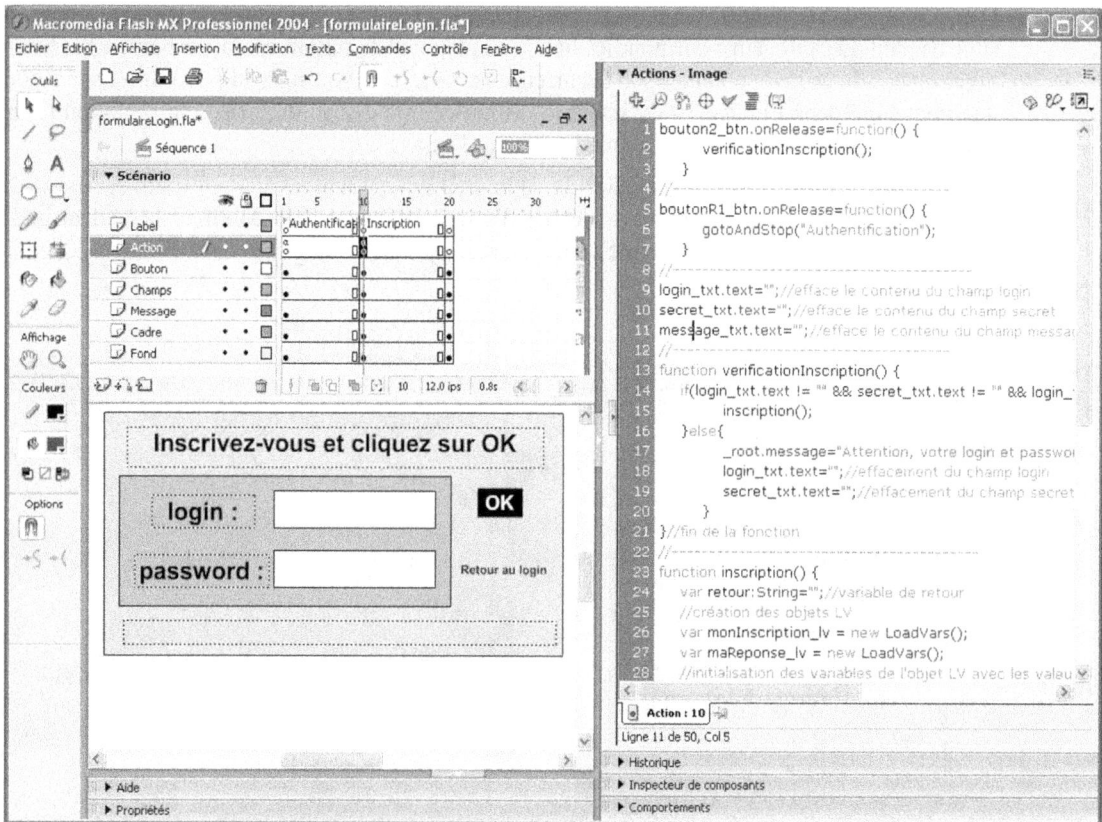

Figure 18-54

Construction de l'image Inscription.

9. Dans l'image 1 du calque Action, ajoutez les deux méthodes de gestionnaire en rapport avec les deux boutons bouton1_btn (bouton OK) et boutonI1_btn (bouton Inscrivez-vous). La première méthode appelle la fonction verificationLogin() lors d'un clic sur le bouton OK. La seconde déplace la tête de lecture sur l'image Inscription lors du clic sur le bouton Inscrivez-vous (voir figure 18-53).

```
stop();
//------------------------------------------------
bouton1_btn.onRelease=function() {
      verificationLogin();
   }
//------------------------------------
boutonI1_btn.onRelease=function() {
      gotoAndStop("Inscription");
   }
```

10. Ajoutez à la suite deux lignes de code afin d'effacer l'éventuel contenu des deux champs de saisie :

```
//-------------------------------------
login_txt.text="";//efface le contenu du champ login
secret_txt.text="";//efface le contenu du champ secret
```

11. Saisissez la première fonction `verificationLogin()` appelée par le bouton OK. Cette fonction vérifie si l'utilisateur a saisi au moins quatre caractères dans chaque champ. Si le test est positif, la fonction `authentification()` est appelée. Sinon un message d'erreur s'affiche et le contenu des champs est effacé :

```
//-------------------------------------
function verificationLogin() {
    if(login_txt.text != "" && secret_txt.text != "" && login_txt.text.length >=4 &&
    ➡secret_txt.text.length >=4){
            authentification();
    }else{
            _root.message="Attention, votre login et password doivent contenir au moins quatre
            ➡caractères";
            login_txt.text="";//effacement du champ login
            secret_txt.text="";//effacement du champ secret
    }
}//fin de la fonction
```

12. Saisissez la seconde fonction à la suite. Cette fonction est très importante car c'est elle qui réalise l'interfaçage entre l'application Flash et le fichier authentification.php. Pour cela, deux objets LoadVars doivent être créés (monEnvoi_lv et monChargement_lv). Les valeurs des champs login_txt et secret_txt sont ensuite affectées à des variables de cet objet monEnvoi_lv. Le gestionnaire d'événements onLoad détecte la fin du chargement des valeurs retournées par le script PHP dans l'objet monChargement_lv. Il teste ensuite si la variable retour est égale à Ok. Si le test est positif, il affiche le message « Authentification vérifiée » et redirige automatiquement l'utilisateur vers la page protégée. Dans le cas contraire, il affiche un message d'erreur et invite l'utilisateur à vérifier son login et son mot de passe. Enfin, la méthode sendAndLoad() déclenche l'appel et le chargement des variables entre l'application Flash (les objets LoadVars monEnvoi_lv et monChargement_lv) et le script PHP (authentification.php) :

```
//-------------------------------------
function authentification() {
    var retour:String="";//variable de retour
    //création des objets LV
    var monEnvoi_lv = new LoadVars();
    var monChargement_lv = new LoadVars();
    //initialisation des variables de l'objet LV avec les valeurs saisies
    monEnvoi_lv.login = login_txt.text;
    monEnvoi_lv.secret = secret_txt.text;
    //détection du chargement
    monChargement_lv.onLoad = function(success) {
        if (success) {
            retour = monChargement_lv.retour;
```

```
                      if(this.retour=="ok"){
                          _root.message="Authentification vérifiée";
                          getURL("pageProtegee.php", "_self", "POST");
                      }else{
                          _root.message="Accès refusé, vérifiez votre login ou votre mot de passe";
                      }
                  } else {
                  _root.message = "Désolé mais la vérification n'a pas pu être effectuée
              ➡(pb technique)";
                  }
          }//fin du onLoad
    monEnvoi_lv.sendAndLoad("authentification.php", monChargement_lv, "POST");
    }//fin de la fonction
```

13. Placez-vous ensuite sur l'image clé 10 de ce même calque et saisissez le code ci-dessous. Les premières lignes de ce code permettent de gérer le bouton OK (appel de la fonction `verificationInscription()`) et le bouton Retour au Login qui déplace la tête de lecture sur l'image 1 (l'étiquette Authentification), (voir figure 18-54) :

```
stop();
//----------------------------
bouton2_btn.onRelease=function() {
      verificationInscription();
  }
//------------------------------------
boutonR1_btn.onRelease=function() {
      gotoAndStop("Authentification");
  }
```

14. Ajoutez à la suite trois lignes de code afin d'effacer le contenu des deux champs de saisie et du champ de message dynamique :

```
//---------------------------------------
login_txt.text="";//efface le contenu du champ login
secret_txt.text="";//efface le contenu du champ secret
message_txt.text="";//efface le contenu du champ message
```

15. Saisissez la première fonction `verificationInscription()` appelée par le bouton OK. Cette fonction vérifie si l'utilisateur a saisi au moins quatre caractères dans chaque champ. Si le test est positif, la fonction `inscription()` est appelée. Sinon un message d'erreur s'affiche et le contenu des champs est effacé :

```
//------------------------------------
function verificationInscription() {
 if(login_txt.text != "" && secret_txt.text != "" && login_txt.text.length >=4
 ➡&& secret_txt.text.length >=4){
        inscription();
 }else{
        _root.message="Attention, votre login et votre mot de passe doivent comporter au
        ➡moins quatre caractères";
```

```
            login_txt.text="";//effacement du champ login
            secret_txt.text="";//effacement du champ secret
        }
}//fin de la fonction
```

16. Saisissez la seconde fonction à la suite. Comme dans la fonction `authentification()`, deux objets `LoadVars` doivent être créés (monInscription_lv et maReponse_lv). Les valeurs des champs `login_txt` et `secret_txt` sont ensuite affectées à des variables de l'objet `monInscription_lv`. Le gestionnaire d'événement `onLoad` détecte la fin du chargement des valeurs retournées par le script PHP dans l'objet `maReponse_lv`. Il teste ensuite si la variable `retour` est égale à `OK`. Si le test est positif, il affiche le message « Inscription effectuée » et place la tête de lecture sur l'image `Authentification` afin que l'utilisateur puisse se connecter avec son nouveau login. Dans le cas contraire, il affiche un message d'erreur qui indique que le login et le mot de passe doivent contenir au moins quatre caractères. Enfin, la méthode `sendAndLoad()` déclenche l'appel et le chargement des variables entre l'application Flash (les objets `LoadVars` monInscription_lv et maReponse_lv) et le script PHP (inscription.php) :

```
//----------------------------------------
function inscription() {
  var retour:String="";//variable de retour
  //création des objets LV
  var monInscription_lv = new LoadVars();
  var maReponse_lv = new LoadVars();
  //initialisation des variables de l'objet LV avec les valeurs saisies
  monInscription_lv.login = login_txt.text;
  monInscription_lv.secret = secret_txt.text;
  //détection du chargement
  maReponse_lv.onLoad = function(success) {
      if (success) {
          retour = maReponse_lv.retour;
            if(this.retour=="ok"){
                _root.message="Inscription effectuée, vous pouvez maintenant vous
                ➥authentifier";
                gotoAndStop("Authentification");
            }else{
                _root.message="Attention le login existe déjà, choisissez un autre login";
                login_txt.text="";//effacement du champ login
                secret_txt.text="";//effacement du champ secret
            }
        } else {
        _root.message = "Désolé mais l'inscription n'a pas pu être effectuée (pb technique)";
        }
  }//fin du onLoad
monInscription_lv.sendAndLoad("inscription.php", maReponse_lv, "POST");
}
```

17. Enregistrez l'animation et publiez-la sous le nom `formulaireLogin.swf`.

Simulation des pages protégées

Afin de simuler le fonctionnement complet du système d'accès par mot de passe, il faut créer deux pages protégées. Pour ce faire, ouvrez deux animations Flash (pageProtegee1.fla et pageProtegee2.fla) dans lesquelles sera intégrée une fonction getUrl() qui permettra à l'utilisateur de passer d'une page protégée à l'autre (voir figure 18-55). Enregistrez puis publiez ces deux documents dans des pages HTML. Ouvrez ces deux pages HTML depuis Dreamweaver et renommez-les en PHP. Au début de chaque page, ajoutez l'instruction d'appel du fichier controle.php suivante (voir figure 18-56) :

```php
<?php
//contrôle de l'authentification de l'utilisateur
require_once('controle.php');
?>
```

Enregistrez ensuite les deux pages sous les noms pageProtegee1.php et pageProtegee2.php.

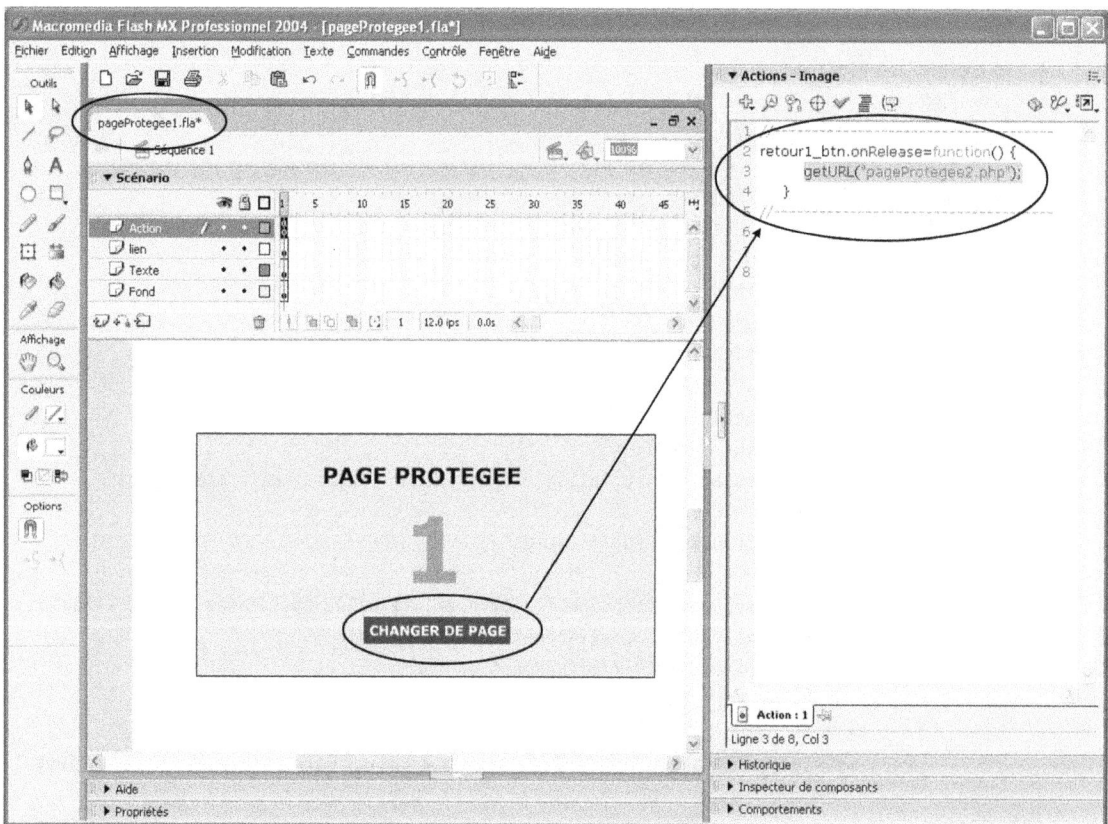

Figure 18-55

Création d'une page protégée pour tester le système d'accès par mot de passe.

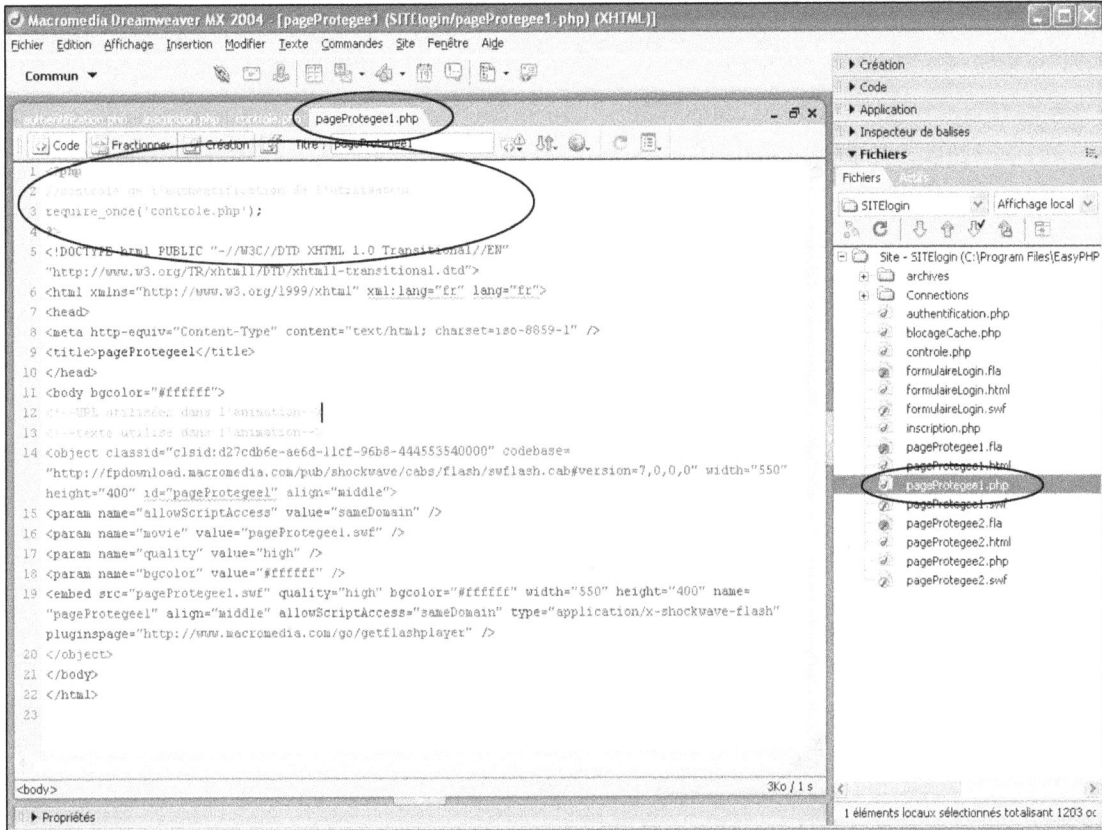

Figure 18-56

Ajout de l'appel fichier controle.php dans le code d'une des pages protégées.

Test du système en Web local

Une fois l'animation Flash et les différents scripts PHP enregistrés, il ne reste plus qu'à tester le fonctionnement de l'ensemble depuis le Web local. Parcourez les différents répertoires pour accéder au répertoire SITElogin/ puis cliquez sur la page formulaireLogin.html. La fenêtre de login s'affiche. Essayez de saisir un mot de passe quelconque (ou un login et un mot de passe de moins de quatre caractères) afin de vérifier que le contrôle fonctionne correctement et que le message indiquant que le login est incorrect s'affiche bien en bas du formulaire. Cliquez ensuite sur le lien « Inscrivez-vous » et saisissez votre nom et un mot de passe de votre choix dans le formulaire d'inscription (voir figure 18-57). Après votre inscription, vous serez redirigé vers l'écran de login dans lequel vous saisirez vos nouveaux paramètres (voir figure 18-58) et les validerez. Si le système de contrôle fonctionne correctement, vous devez être redirigé vers la première page protégée (voir figure 18-59). Vous pouvez cliquer sur le lien de la seconde page protégée pour vous assurer que votre login est bien mémorisé.

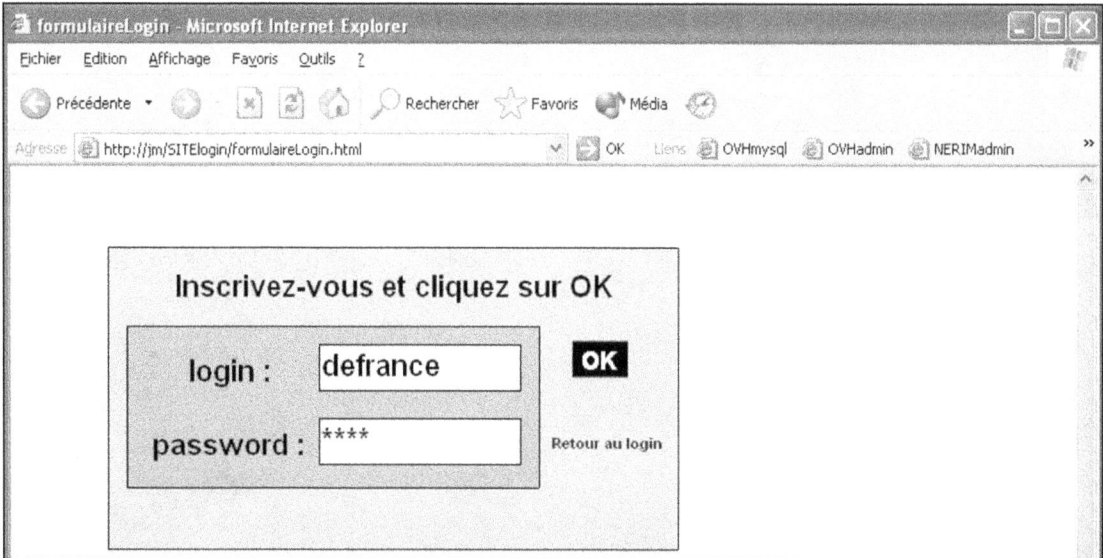

Figure 18-57

Test du système d'accès par mot de passe : formulaire d'inscription.

Figure 18-58

Test du système d'accès par mot de passe : écran de login.

Figure 18-59

Test du système d'accès par mot de passe : page protégée.

Codes sources disponibles en ligne

Tous les codes sources des applications présentées dans cet ouvrage sont disponibles sur Internet : *www.editions-eyrolles.com* (mots-clés : Flash PHP).

Partie VI

XML avec Flash et PHP

19

Introduction au XML

Définition du XML

XML est l'acronyme de eXentible Markup Language. Comme le HTML, le XML est une norme SGML (*Standard Generalized Markup Language*) mais elle a été développée bien plus tard (en 1998 alors que le HTML était défini par le consortium W3C depuis 1990).

Même si l'on a tendance à le présenter comme le successeur du HTML, le XML se caractérise par le fait qu'il contient uniquement des données structurées, sans aucune indication quant à leur présentation. Ainsi, si vous ouvrez un document XML dans un navigateur, il n'affiche que la structure des données sous forme d'arborescence, contrairement au document HTML qui affiche la traditionnelle page Web car il contient à la fois les données et toutes les indications nécessaires à leur mise en forme.

XML est donc particulièrement bien adapté pour structurer, enregister et transmettre des données.

Avantages du XML

Les avantages du XML sont multiples. En voici quelques-uns qui devraient vous convaincre de son intérêt.

- **Simple** – Comme son cousin le document HTML, le document XML est un simple document texte construit à partir de balises qui contiennent des informations. Il est donc lisible et interprétable par tous sans outil spécifique et avec peu de connaissances préalables.

- **Souple** – L'utilisateur peut, s'il le désire, structurer les données et nommer librement chaque balise et attribut du document (contrairement au HTML pour lequel les noms des balises et des attributs sont prédéfinis).

- **Extensible** – Le nombre de balises n'est pas limité (comme c'est le cas pour le HTML) et peut donc être étendu à volonté.

- **Indépendant** – Grâce à son contenu basé sur un document texte et donc universel, il peut être utilisé sur tout type de plate-forme (PC, Mac, Unix…) mais également avec tout type de langage de programmation (PHP, ASP…).
- **Interopérabilité** – Le fait que le XML soit un langage universel favorise l'interopérabilité des applications et permet de réaliser rapidement et simplement des échanges de données.
- **Gratuit** – Le XML est développé par le consortium W3C. Son utilisation est donc libre et ne nécessite pas l'achat d'une licence commerciale.

Utilisations du XML avec Flash

Pour le stockage de données

Grâce à sa structure, le document XML hiérarchise et formate des données. Couplé avec une application Flash, il permet de stocker des données complexes et favorise leur exploitation au sein de l'application. De plus, ses éléments sont descriptifs. Les données contenues par ces éléments peuvent donc être présentées directement dans l'application Flash.

Pour le transfert de données

Lors du développement d'applications dynamiques, on est fréquemment confronté à des problèmes de transfert de données entre applications. Il est toujours possible de créer des programmes pour convertir ces données d'un format en un autre, mais il est souvent plus judicieux d'exploiter un document XML pour assurer leur transfert (tout en préservant leur structure) entre ces deux applications.

Pour faciliter la maintenance d'un site

Un document XML peut être traité aussi facilement par une application Flash que par un script serveur PHP ; il est donc intéressant de regrouper les informations qui caractérisent un site dans un même document XML. Ainsi, si un site est décliné en version « tout Flash » et en HTML, la mise à jour des deux versions du site peut se réduire à l'actualisation du document XML commun.

Structure d'un document XML

Si vous avez déjà utilisé un document HTML, vous ne serez pas dépaysé face à un document XML.

L'exemple ci-dessous permet de stocker d'une manière structurée l'âge des petits-enfants de plusieurs pères de famille (pour simplifier la représentation, seuls les descendants masculins ont été représentés).

Exemple de document XML :

```
<?xml version="1.0" encoding="UTF-8"?>
<!DOCTYPE info SYSTEM "http://adressedusite.com/info.dtd">
 <ages>
<pere prenom="Jean" nom="Dupond">
        <enfant prenom="Paul">
            <petitenfant prenom="Laurent">8</petitenfant>
```

```
                    <petitenfant prenom="Julien">5</petitenfant>
            </enfant>
            <enfant prenom="Alain">
                    <petitenfant prenom="Charles">12</petitenfant>
            </enfant>
    </pere>
    <pere prenom="Claude" nom="Durand">
            <enfant prenom="Fabrice">
                    <petitenfant prenom="Alex">10</petitenfant>
                    <petitenfant prenom="Maxime">7</petitenfant>
                    <petitenfant prenom="Fabien">3</petitenfant>
            </enfant>
    </pere>
    <pere prenom="Thierry" nom="Duval">
            <enfant prenom="Nicolas">
                    <petitenfant />
                    <!--Nicolas n'a pas d'enfant-->
            </enfant>
    </pere>
</ages>
```

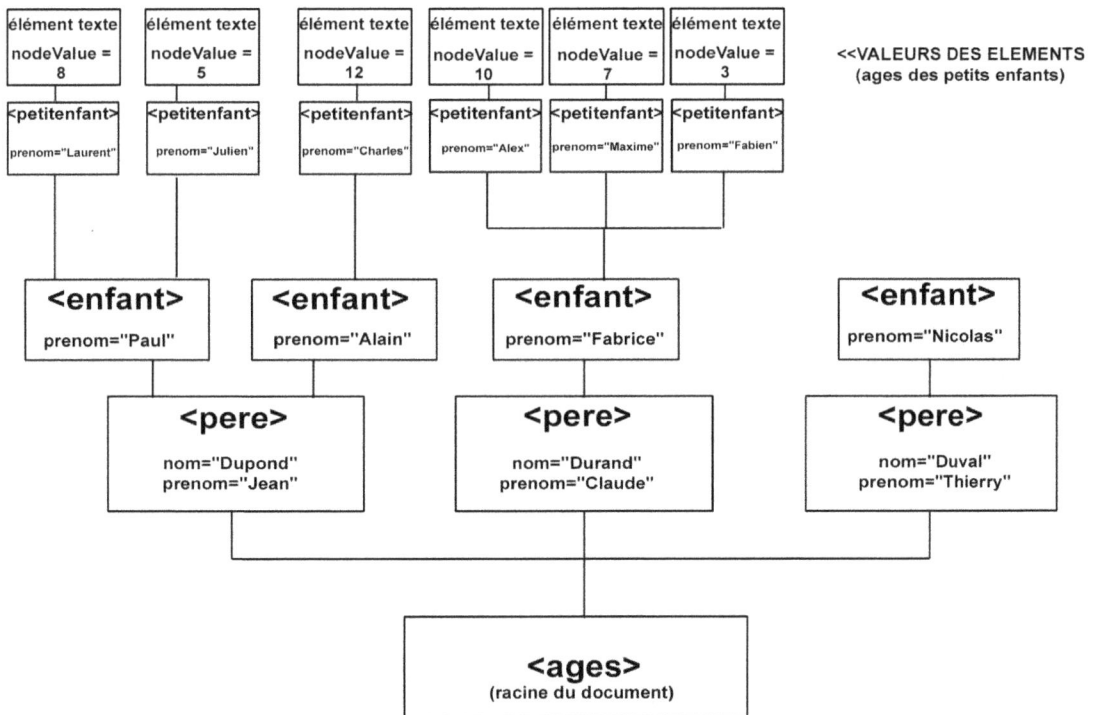

Figure 19-1

Structure d'un document XML.

L'en-tête

Le document commence par un en-tête (facultatif) qui contient des informations sur la version de XML (version="1.0"), le jeu de caractères utilisé (encoding="UTF-8") et l'autonomie du document (standalone="no"). Dans l'en-tête, seule la version est obligatoire. Si aucun type de codage n'est défini, l'UTF-8 est utilisé par défaut.

```
<?xml version="1.0" encoding="UTF-8"? standalone="no" >
```

L'en-tête peut aussi faire référence à une déclaration du type de document (la DTD : *Document Type Définition*) qui permet de valider la conformité du document en se référant à l'URL d'un document en ligne ou en local (exemple : http://adressedusite.com/info.dtd).

```
<!DOCTYPE info SYSTEM "http://adressedusite.com/info.dtd">
```

Si l'en-tête se réfère à une DTD externe (comme c'est le cas dans l'exemple ci-dessus), le document n'est pas autonome et l'attribut standlone doit être configuré avec la valeur "no". Dans le cas contraire (s'il n'y a pas de DTD ou si elle est interne), le document est autonome et la valeur de l'attribut standalone doit être définie à "yes". En cas d'absence de l'attribut standlone, la valeur par défaut est "no".

Le document XML qui suit l'en-tête utilise des blocs de construction semblables à ceux des documents HTML pour structurer son contenu (éléments, attributs, valeurs et commentaires).

L'élément

Un élément (appelé aussi nœud) est l'entité de base du document XML. Il peut contenir d'autres éléments ou tout type de contenu (chaîne de caractères, autres éléments, etc.). Le contenu d'un élément est encadré par une balise ouvrante (exemple : <pere>) et une balise fermante (une balise fermante contient le même nom que la balise ouvrante précédé d'un slash. Exemple : </pere>).

Si l'élément ne possède pas de contenu, les balises ouvrante et fermante sont remplacées par une seule et unique balise comportant un slash après le nom de l'élément (exemple : <petitenfant />).

Le nom indiqué entre ces deux balises doit décrire le contenu de l'élément, mais il n'est pas prédéfini comme en HTML (<body>, <table>, <form>, etc.). Si le nom de l'élément est libre, il doit utiliser uniquement des lettres de l'alphabet, des chiffres ou les caractères « - » et « _ ». Il ne doit jamais contenir d'espace ou commencer par un chiffre.

L'attribut

Il est possible d'ajouter des attributs à la balise ouvrante d'un élément (exemple : <enfant nom="Paul">). Les noms des attributs contenus dans une balise sont couplés avec une valeur encadrée par des guillemets (exemple : nom="Paul"). Un attribut doit toujours avoir une valeur. Le nombre d'attributs par élément n'est pas limité, à condition que chaque nom d'attribut soit différent (l'exemple ci-après est donc incorrect : <pere nom="Durand" nom="Dupond">). Si un élément comporte plusieurs attributs, ils doivent être séparés par des espaces (exemple : <pere prenom="Jean" nom="Dupond">).

Les valeurs

Dans un document XML, les valeurs peuvent correspondre à des valeurs d'attribut (exemple : nom="Paul") ou à des valeurs d'élément (exemple : <petitenfant nom="Alex">10</petitenfant>).

> **Important**
>
> La valeur d'un élément doit être considérée comme un élément texte enfant à part entière de cet élément dans la hiérarchie du document XML (voir figure 19-1).

Les commentaires

Comme pour le HTML, des commentaires peuvent être ajoutés dans un document XML. La syntaxe est d'ailleurs identique à celle utilisée pour intégrer des commentaires dans une page HTML (exemple : `<!--Ceci est un commentaire XML-->`). À l'intérieur d'un commentaire, vous pouvez utiliser tout type de symbole sauf les doubles tirets « -- ». Les commentaires servent à annoter les documents XML afin de vous souvenir de l'utilité de certains blocs d'éléments ou pour détailler la structure du document. Ils peuvent également servir à déboguer en neutralisant une partie du document afin qu'il ne soit pas visible par l'analyseur XML.

Règles d'écriture d'un document XML bien formé

Même si les documents XML sont simples et extensibles, ils n'en sont pas pour autant dépourvus de régles. On appelle « document bien formé » un document qui respecte ces règles :

- Un seul élément racine – Chaque document XML doit posséder un seul élément racine. L'élément racine contient tous les autres éléments du document. Cet élément particulier s'appelle « nœud racine » ou « root ».

Exemple :

```
<ages><pere>35</pere><pere>43</pere><ages>
```

(Ici, la balise `ages` est le nœud racine du document XML.)

- **Balises de fermeture obligatoires** – Comme nous l'avons vu précédemment, chaque élément doit être encadré par des balises ouvrante et fermante. Contrairement au HTML (dans lequel la balise `<p>` n'est pas obligatoirement fermée, de même que `<hr>`, qui est une balise inhérente sans balise de fermeture), le XML ne supporte pas l'absence de balises fermantes. Il faudra donc veiller à toujours ajouter une balise de fermeture à tous les éléments d'un document XML. Si le document possède un élément vide, utilisez une balise unique avec un slash avant le signe > final (exemple : `<enfant/>`).

- **Respecter l'imbrication des éléments** – Lorsque vous ouvrez un premier élément puis un second, insérez la balise de fermeture du second avant celle du premier. Ainsi le code suivante est incorrect : `<a><b>contenu</a></b>` alors que celui-ci est correct : `<a><b>contenu</b></a>`.

- **Respecter la casse** – Le XML est sensible à la casse. Ainsi, les noms d'éléments « pere », « Pere » et « PERE » sont considérés comme différents en XML. D'autre part, les noms des éléments et des attributs doivent être saisis en minuscules.

- **Mettre les valeurs des attributs entre guillemets** – Si une balise contient un couple nom d'attribut et sa valeur, la valeur doit toujours figurer entre guillemets (simples ou doubles) (exemple : `<enfant nom="paul">`).

- **Utiliser les entités prédéfinies pour les caractères réservés** – Comme en HTML, il existe des caractères réservés dont l'usage est interdit (<, >, &, ' et "). Pour chacun de ces caractères, utilisez l'entité prédéfinie correspondante (<, >, &, ", ').

- **Utiliser une section CDATA pour échapper un bloc de texte complet** – Afin d'éviter d'utiliser des entités pour des longs blocs de texte comportant des caractères réservés, vous pouvez ajouter une section CDATA en respectant la syntaxe suivante : <![CDATA[bloc de texte]]>.

Vérification

Pour savoir si un document est bien formé, une méthode simple consiste à l'appeler avec un navigateur Internet récent (possédant un interpréteur XML intégré, comme les navigateurs ultérieurs à IE 5 ou à Netscape 6 ; voir figure 19-2).

Figure 19-2

Affichage d'un document XML bien formé dans un navigateur Internet.

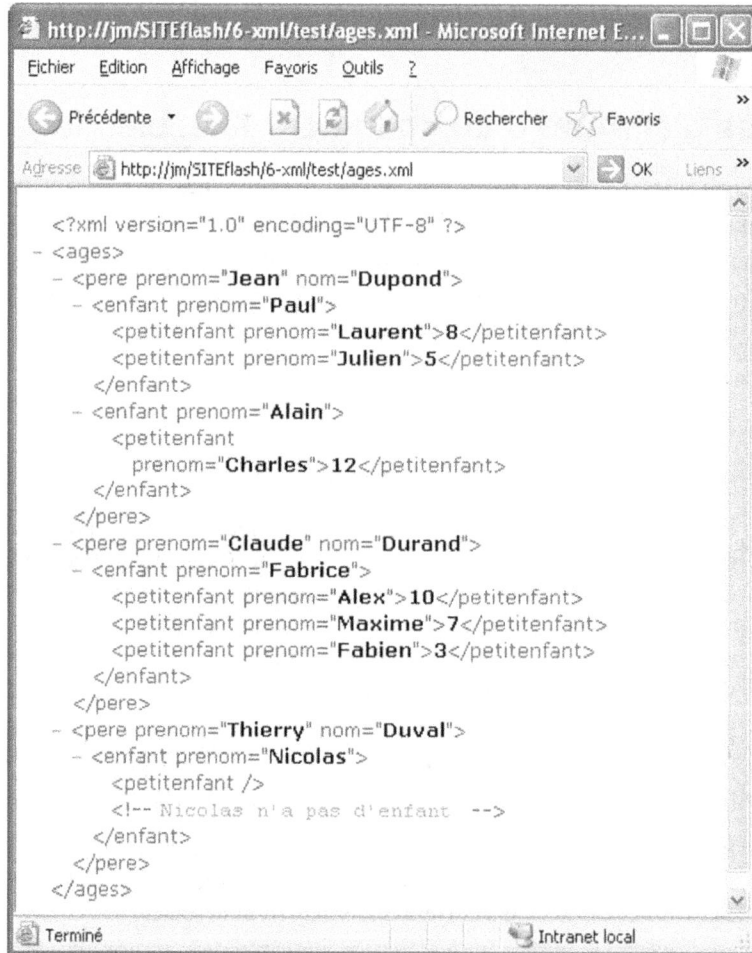

```
<?xml version="1.0" encoding="UTF-8" ?>
- <ages>
  - <pere prenom="Jean" nom="Dupond">
    - <enfant prenom="Paul">
        <petitenfant prenom="Laurent">8</petitenfant>
        <petitenfant prenom="Julien">5</petitenfant>
      </enfant>
    - <enfant prenom="Alain">
        <petitenfant
          prenom="Charles">12</petitenfant>
      </enfant>
    </pere>
  - <pere prenom="Claude" nom="Durand">
    - <enfant prenom="Fabrice">
        <petitenfant prenom="Alex">10</petitenfant>
        <petitenfant prenom="Maxime">7</petitenfant>
        <petitenfant prenom="Fabien">3</petitenfant>
      </enfant>
    </pere>
  - <pere prenom="Thierry" nom="Duval">
    - <enfant prenom="Nicolas">
        <petitenfant />
        <!-- Nicolas n'a pas d'enfant -->
      </enfant>
    </pere>
  </ages>
```

XML et Flash

L'utilisation du XML dans Flash est de plus en plus fréquente. Ce succès s'explique par les avantages du XML et la possibilité d'implémenter des objets XML directement dans la programmation Flash. Les versions MX puis MX 2004 ont encore facilité l'utilisation des objets XML, renforcé leur sécurité et, surtout, amélioré considérablement leurs performances. Désormais, tout flasheur doit savoir exploiter des documents XML au sein de ses développements Flash.

Utilisation des objets XML

La classe XML

La classe XML ressemble par bien des aspects à la classe LoadVars. Elle est utilisée pour formater ou analyser le contenu d'un document XML dans Flash ou pour charger ou envoyer un document XML externe.

Une fois l'instance de la classe créée (objet XML créé avec new XML()), on peut utiliser ses méthodes (load(), send(), sendAnLoad(), cloneNode(), createElement(), etc.) et ses nombreuses propriétés (chilNodes, firstChild, attributes, nodeValue, etc.).

La méthode toString() permet de convertir un élément XML en une chaîne de caractères. En général, son usage explicite n'est pas nécessaire car elle est invoquée automatiquement dès que l'on désire obtenir un élément sous sa forme littérale.

Comme la classe LoadVars, les classes getBytesLoaded() et getBytesTotal() permettent, lors de l'utilisation des méthodes load() ou sendAnLoad(), de connaître le nombre d'octets téléchargés (lorsque le chargement est en cours) et le nombre total d'octets téléchargés (à la fin du chargement).

La classe XML met à votre disposition deux propriétés, contentType et loaded, qui permettent de modifier le type MIME des données avant un envoi et de savoir si un chargement est terminé (dans ce cas, la propriété loaded est à l'état true).

Enfin, deux gestionnaires d'événements, onData et onLoad, permettent de contrôler la fin du chargement avant ou après l'analyse des données par le Flash Player lors de l'usage d'une méthode load() ou sendAndLoad().

Tableau 20-1. Syntaxe du constructeur de la classe XML

La classe XML permet de créer des objets XML (monObjet_xml) et d'utiliser ensuite leurs méthodes pour envoyer ou charger des données.

Création d'un objet à l'aide du constructeur :

```
var monObjet_xml = new XML(source)
```

source : élément XML optionnel qui sera analysé puis stocké dans le nouvel objet monObjet_xml. En cas d'absence d'élément source, l'objet sera créé vide. Il faudra ensuite lui ajouter un contenu à l'aide de méthodes comme appenChild() ou parseXML() (si le contenu doit être formaté en interne) ou load() (si le contenu est issu d'un document XML externe).

Méthodes des objets XML

Tableau 20-2. Méthodes d'envoi et de chargement de la classe XML

Méthodes	Définitions des paramètres
`monObjet_xml.load("url")` Importe un document externe depuis l'URL spécifiée, analyse les données et les convertit en une hiérarchie d'éléments XML qui seront placés ensuite dans l'objet monObjet_xml.	url : URL absolue ou relative où se trouve un document XML externe (dans le cas d'un chargement) ou un script PHP (dans le cas d'un envoi). Si le fichier SWF résultant de cet appel est ouvert dans un navigateur Web, l'URL doit être du même domaine que le fichier SWF.
`monObjet_xml.send("url" [,"cible"])` Convertit l'objet monObjet_xml en une chaîne de code source XML et l'envoie au script PHP localisé par le paramètre url. Le script destinataire peut éventuellement renvoyer une réponse qui sera alors affichée dans la cible. Attention ! Selon la configuration de votre serveur, l'usage de cette méthode sans le second argument peut ne pas fonctionner. Dans ce cas, utilisez la méthode sendAndLoad() présentée ci-dessous.	cible : fenêtre du navigateur dans laquelle les réponses seront affichées. Par défaut, la cible est _self (fenêtre courante) mais vous pouvez utiliser _blank (nouvelle fenêtre), _parent (fenêtre du cadre parent) ou _top (fenêtre du cadre principal). ObjetCible_xml : objet XML qui reçoit le code source XML en retour. (Attention ! Le nom de cet objet ne doit pas être encadré par des guillemets.)
`monObjet_xml.sendAndLoad("url", objetCible_xml)` Envoie le code source XML de l'objet monObjet_xml à l'URL spécifiée et charge le document XML issu de la réponse du serveur dans l'objet objetCible_xml.	[xxx] : le code xxx est facultatif. (Attention ! Vous ne devez surtout pas saisir les crochets [et] dans le code.)

Tableau 20-3. Méthodes de suivi de téléchargement de la classe XML

Méthodes	Remarques
`monObjet_xml.getBytesLoaded()` Renvoie le nombre d'octets déjà téléchargés lors du chargement d'un document XML initié par l'appel de la méthode load() ou sendAndLoad().	Le nombre retourné par ces deux méthodes indique une quantité d'octets. Il convient de diviser ce nombre par 1 024 pour le convertir en kilooctets (Ko).
`monObjet_xml. getBytesTotal()` Renvoie le nombre d'octets total téléchargés après le chargement d'un document XML initié par l'appel de la méthode load() ou sendAndLoad(). Cette méthode renvoie undefined si aucune opération load n'est en cours.	

Tableau 20-4. Méthodes de formatage de la classe XML

Méthodes	Définitions des paramètres

`elem_xmlnode.appendChild(elemEnfant_xmlnode)`
 	
Cette méthode ajoute l'élément enfant `elemEnfant_xmlnode` (y compris sa filiation) à l'élément `elem_xmlnode` ou déplace l'élément si `elemEnfant_xmlnode` est un élément existant du document XML. Dans le cas d'un déplacement, `elemEnfant_xmlnode` indique l'ancien emplacement de l'élément et `elem_xmlnode` indique le nouveau parent de l'élément.
 	
`elem_xmlnode.cloneNode(recursivement)`
 	
Cette méthode construit et renvoie un nouvel élément XML possédant les mêmes type, nom, valeur et attribut que l'élément XML spécifié. Si récursivement est défini sur true, tous les éléments enfants sont récursivement clonés. On obtient ainsi une copie exacte de l'arborescence des documents de l'élément original.
 	
`elem_xmlnode.createElement("nom")`
 	
Cette méthode crée un élément XML portant le nom spécifié dans le paramètre (nom). Le nouvel élément n'a, au début, ni parent, ni enfants, ni frères.
 	
`elem_xmlnode.createTextNode("texte")`
 	
Cette méthode crée un élément texte XML avec pour valeur le texte spécifié en argument (texte). Le nouvel élément n'a aucun parent au moment de la création.
 	
`elem_xmlnode.removeNode()`
 	
Cette méthode supprime l'élément XML spécifié de son parent. Tous les descendants de l'élément sont également supprimés.
 	
`elem_xmlnode.inserBefore(elemEnfant1_xmlnode, elemEnfant2_xmlnode)`
 	
Cette méthode insère dans l'élément `elem_xmlnode` un élément enfant `elemenXmlEnfant1_xmlnode` devant un élément enfant existant `elemenXmlEnfant2_xmlnode`.
 	
`elem_xmlnode.hasChildNode()`
 	
Cette méthode vérifie si un élément a des descendants. Elle retourne la valeur true si un élément a des enfants et la valeur false dans le cas contraire. Elle peut être utilisée notamment dans une expression de condition afin de s'assurer que des enfants d'un élément existent avant d'effectuer un traitement.
	`elem_xmlnode` : occurrence de la classe XMLnode. La classe XML étant une sous-classe de la superclasse interne XMLnode, cet élément peut être une occurrence de la classe XML (donc un objet XML habituellement nommé `monObjet_xml` dans les autres exemples) ou un élément XML issu de la hiérarchie de cet objet.
	
	`elemEnfant_xmlnode` : nom d'un élément XML enfant par rapport à `elem_xmlnode`.
	
	`monObjet_xml` : occurrence de la classe XML. Il représente exclusivement l'élément XML de niveau le plus élevé dans la hiérarchie objet XML (contrairement aux éléments nommés `elem_xmlnode` dans les exemples ci-contre).

`monObjet_xml.parseXML (chaîne)`
 	
Cette méthode lit et parse le code source XML contenu dans chaîne puis le convertit en une hiérarchie d'éléments XML qui seront ensuite placés dans l'objet `monObjet_xml`. Après le traitement de la chaîne, la propriété status de l'objet `monObjet_xml` est mise à 0 si l'opération a réussi (dans le cas contraire, les codes d'erreur vont de -2 à -10 ; voir le tableau 20-8 pour connaître les différents codes d'erreur).
 	
`elem_Xmlnode.toString()`
 	
Cette méthode évalue l'élément XML spécifié, construit une représentation textuelle de la structure XML en incluant les éléments et leur filiation ainsi que les attributs, puis renvoie le résultat sous la forme d'une chaîne. À noter : Cette méthode est souvent appelée implicitement par Flash dès que l'on sollicite un élément sous sa forme littérale. Il n'est donc pas nécessaire dans la majorité des cas d'invoquer `toString()` d'une manière explicite.	

Tableau 20-5. Propriétés de ciblage d'élément de la classe XML

Descriptions des propriétés

`elem_xmlnode.attributes.nomAttribut`

`elem_xmlnode.attributes["nomAttribut"]`

Cette propriété (en lecture/écriture) renvoie un tableau associé contenant tous les attributs de l'élément `elem_xmlnode`. Deux syntaxes peuvent être utilisées : syntaxe pointée avec le nom de l'attribut séparé par un point (`elem_xmlnode.attributes.nomAttribut`) ou syntaxe propre au tableau de variables avec le nom de l'attribut entre crochets (`elem_xmlnode.attributes["nomAttribut"]`).

`elem_xmlnode.childNodes[n]`

Cette propriété (en lecture seule) renvoie un tableau contenant les enfants de l'élément `elem_xmlnode`. L'accès à un élément particulier du tableau est possible grâce à son indice (n). Ainsi, le premier élément sera identifié par l'indice 0 (`elem_xmlnode.chilNodes[0]`), le second par l'indice 1 (`elem_xmlnode.chilNodes[1]`) et ainsi de suite. À noter : Le premier élément du tableau peut aussi être ciblé en utilisant la propriété `firstChild` (par conséquent, la référence `elem_xmlnode.chilNodes[0]` équivaut à `elem_xmlnode.firstChild`). D'autre part, cette propriété étant du type tableau de variables, il est intéressant d'utiliser la propriété length afin de connaître le nombre d'éléments enfants de l'élément XML référencé (exemple : `elem_xmlnode.chilNodes.length`) pour paramétrer une expression de condition de boucle, par exemple.

`elem_xmlnode.firstChild`

Cette propriété (en lecture seule) fait référence au premier enfant de la liste des enfants de l'élément parent `elem_xmlnode`. Cette propriété est null si l'élément n'a pas d'enfant. Elle est undefined si l'élément est un élément texte. Comme nous l'avons précisé ci-dessus, cette propriété est identique à la référence `elem_xmlnode.chilNodes[0]`.

`elem_xmlnode.lastChild`

Cette propriété (en lecture seule) retourne une référence au dernier enfant de la liste des enfants de l'élément parent `elem_xmlnode`. Cette méthode renvoie `null` si l'élément ne possède pas d'enfants. À noter : Cette propriété équivaut à l'usage de la référence `elem_xmlnode.childNodes[elem_xmlnode.childNodes.length-1]`.

`elem_xmlnode.nextSibling`

Cette propriété (en lecture seule) fait référence au frère suivant dans la liste des enfants de l'élément parent `elem_xmlnode`. Cette méthode renvoie null si l'élément ne possède pas d'élément frère suivant.

`elem_xmlnode.previousSibling`

Cette propriété (en lecture seule) retourne une référence à l'élément précédent et de même niveau que l'élément référencé `elem_xmlnode`. S'il n'y a pas d'élément précédent, la valeur de la propriété est null.

`elem_xmlnode.nodeName`

Cette propriété (en lecture/écriture) retourne le nom de l'élément XML référencé `elem_xmlnode`. Si l'élément XML est un élément XML (`nodeType == 1`), nodeName retourne le nom de la balise représentant l'élément dans le fichier XML. Si l'élément XML est un élément texte (`nodeType == 3`), nodeName est égal à `null`.

`elem_xmlnode.nodeType`

Cette propriété (en lecture seule) retourne le type d'un élément. Le DOM XML référence douze types d'éléments différents pour un objet XML, mais avec Flash seuls deux types d'objet XML peuvent être accédés en direct. Ainsi, la propriété nodeType aura la valeur 1 pour un élément XML (occurrence de la classe XML ou de la classe XMLnode) et la valeur 3 pour un élément texte.

`elem_xmlnode.nodeValue`

Cette propriété (en lecture/écriture) retourne la valeur chaîne de l'élément `elem_xmlnode`. La propriété nodeValue aura pour valeur null pour un élément XML et la chaîne de caractères contenue par l'élément pour un élément texte.

`elem_xmlnode.parentNode`

Cette propriété (en lecture seule) retourne une référence à l'élément parent dont est issu l'élément référencé `elem_xmlnode`. Si l'élément référencé est à la racine du document XML (l'élément de plus haut niveau), la propriété retourne la valeur `null`.

Tableau 20-6. Autres propriétés de la classe XML

Descriptions des propriétés

`monObjet_xml.ignoreWhite`

Cette propriété (en lecture/écriture) mémorise une valeur booléenne (`true` ou `false`) qui indique s'il faut supprimer les espaces blancs contenus dans le document XML `monObjet_xml` lors d'une opération d'analyse (initiée par des méthodes de chargement comme `load()` ou `sendAndLoad()` par exemple). La valeur par défaut est false. Lorsque cette valeur est true, les éléments texte qui ne contiennent que des espaces blancs sont supprimés au cours de l'analyse. Il suffit d'affecter la valeur true à cette propriété avant d'appeler la méthode de chargement (exemple : `monObjet_xml.ignoreWhite = true`).

`monObjet_xml.loaded`

Cette propriété (en lecture seule) détermine si le processus de chargement du document initié par l'appel d'une méthode `load()` ou `sendAndLoad()` est achevé. Si le processus s'est achevé avec succès, la méthode renvoie true. Sinon, elle renvoie false. Cette méthode peut être utilisée pour gérer le chargement d'un document XML (détecte le chargement complet d'un document XML avant d'exploiter les données) mais en pratique cette fonction est fréquemment assurée par le gestionnaire `onLoad()`.

`monObjet_xml.status`

Cette propriété (en lecture seule) indique si le traitement appliqué à l'objet XML `monObjet_xml` a réussi lors de l'utilisation du constructeur XML ou des méthodes `parseXML()`, `load()` et `sendAndLoad()`. Elle retourne la valeur 0 si l'opération s'est bien déroulée ou un code d'erreur dans le cas contraire (de -2 à -10 selon l'origine du problème rencontré ; voir la liste détaillée de ces erreurs dans le tableau 20-8).

`monObjet_xml.xmlDecl`

Cette propriété (en lecture/écriture) mémorise l'élément déclaratif de l'objet XML `monObjet_xml` (par exemple : `<?xml version="1.0" ?>`). Si cet élément n'existe pas dans l'objet XML, la valeur de cette propriété est alors égale à undefined.

`monObjet_xml.contentType`

Cette propriété (en lecture/écriture) mémorise le type MIME de l'objet `monObjet_xml`. Cette propriété est envoyée au serveur lors de l'usage d'une méthode `send()` ou `sendAndLoad()`. Par défaut, sa valeur est égale à `application/x-www-form-urlencoded` (donc au format de type `&variable=valeur`). Comme la propriété est aussi accessible en écriture, sa valeur peut être modifiée avant l'envoi des informations au serveur si nécessaire.

Tableau 20-7. Gestionnaires d'événements de la classe XML

Gestionnaire d'événements	Définitions des paramètres

```monObjet_xml.onData = function (src) { //mettre ici vos instructions } ```
 	
Le gestionnaire d'événements onData est invoqué si les éléments XML (src) ont été complètement téléchargés lors d'un chargement initié par l'appel de la méthode load() ou sendAndLoad(). Ce gestionnaire étant invoqué avant l'analyse des données, il peut être utilisé pour appeler une routine d'analyse personnalisée au lieu d'une routine intégrée dans Flash Player. Par défaut, la routine appelée est monObjet_xml.onLoad (voir ci-dessous) mais si vous affectez une fonction personnalisée à monObjet_xml.onData, la routine monObjet_xml.onLoad ne sera plus appelée, à moins que vous ne l'ajoutiez dans les instructions de la fonction personnalisée.
 	
```monObjet_xml.onLoad = function (succes) { //mettre ici vos instructions } ```
 	
Si aucune fonction personnalisée n'est affectée à l'objet monObjet_xml.onData (voir ci-dessus) le gestionnaire d'événements onLoad est invoqué par défaut dès que le chargement initié par l'appel de la méthode load() ou sendAndLoad() est terminé.
	src : chaîne contenant le code source des éléments XML téléchargés.
	À noter : Si une erreur se produit lors du chargement, le paramètre scr sera affecté par la valeur undefined.
	succes : ce paramètre indique si l'opération de chargement s'est déroulée avec succès (true) ou non (false).
	Remarque : En pratique, dans la plupart des applications, on utilise uniquement le gestionnaire d'événements onLoad pour gérer les téléchargements de document XML (voir exemple ci-dessous).
	
	Exemple :
	script placé dans l'image 1 du scénario principal de l'animation chargeXml.fla :
	```monDoc_xml = new XML();```
	```monDoc_xml.ignoreWhite = true;```
	```//--------------------------------```
	```monDoc_xml.onLoad = function(succes) {```
	``` if (succes) {```
	``` var racine = this.firstChild;```
	``` //pointe sur l'élément racine du document XML```
	
	``` trace("téléchargement réussi du document XML="+racine);```
	``` } else {```
	``` trace("Erreur de téléchargement du document XML");```
	``` }```
	```};```
	```//-----------------------------------```
	```monDoc_xml.load("ages.xml");```

Créer un objet XML

Les exemples ci-dessous créent un même objet XML de quatre manières différentes. Au terme de chaque script, le contenu de l'objet monDoc_xml sera égal à `<ages><pere>35</pere></ages>`.

Exemple 1 création d'un objet XML vide puis chargement d'un document XML externe (agePere.xml) dans celui-ci :

```
var monDoc_xml = new XML() ;
monDoc_xml.ignoreWhite = true ;
monDoc_xml.load("agePere.xml") ;
monDoc_xml .onLoad = function(succes){
    if(succes){
trace("monDoc_xml="+monDoc_xml.firstChild);
    }
}
```

Pour l'exemple 1, le contenu du document extérieur agePere.xml est le suivant :

```
<?xml version="1.0" encoding="UTF-8"?>
<ages><pere>35</pere></ages>
```

Exemple 2 création d'un objet XML vide puis ajout du contenu à l'aide de la méthode `parse-rXML()`. Le bon traitement du contenu peut ensuite est vérifié à l'aide de la propriété `status` de l'objet XML (`status` retourne la valeur 0 si le traitement s'est bien déroulé et un code d'erreur – de – 2 à – 10 – dans le cas contraire ; voir le tableau 20-8 pour connaître les différents codes d'erreur) :

```
var monDoc_xml = new XML() ;
monDoc_xml.parseXML("<ages><pere>Jean</pere></ages>");
trace("monDoc_xml="+monDoc_xml );// <ages><pere>Jean</pere></ages>
trace("status="+monDoc_xml.status);//status=0
```

Exemple 3 création d'un objet XML avec passage du contenu en argument :

```
chaineXml="<ages><pere>35</pere></ages>";
var monDoc_xml = new XML(chaineXml) ;
trace("monDoc_xml="+monDoc_xml );
```

Exemple 4 création d'un objet XML vide puis création des éléments du contenu et ajout successif de ceux-ci dans l'objet XML avec la méthode `appendChild()` :

```
var monDoc_xml = new XML() ;
elemAges=monDoc_xml.createElement("ages");
elemPere=monDoc_xml.createElement("pere");
elemTexte=monDoc_xml.createTextNode("35");
elemPere.appendChild(elemTexte);//<pere>35</pere>
elemAges.appendChild(elemPere);//<ages><pere>35</pere></ages>
monDoc_xml.appendChild(elemAges);
trace("monDoc_xml="+monDoc_xml );
```

Testez vos scripts XML en mode débogage

Il n'est pas toujours évident de suivre l'évolution de toutes les propriétés d'un objet XML lors des tests, même si dans tous les exemples qui suivent, nous avons ajouté de nombreuses fonctions `trace()` afin que vous puissiez comprendre les évolutions d'une étape à l'autre dans l'environnement de contrôle de Flash. Si vous désirez suivre précisément les modifications de chaque propriété, nous vous recommandons de poser des points d'arrêt dans les scripts étudiés afin d'utiliser le débogueur Flash. Vous pourrez ainsi apprécier tous les changements de valeur d'une étape à l'autre, mais aussi suivre les modifications de la hiérarchie de l'objet en déroulant l'arbre de sa filiation (`childNodes` ; voir figure 20-1).

Figure 20-1

Utilisez le débogueur pour observer la hiérarchie d'un objet XML ou pour suivre l'évolution de ses propriétés.

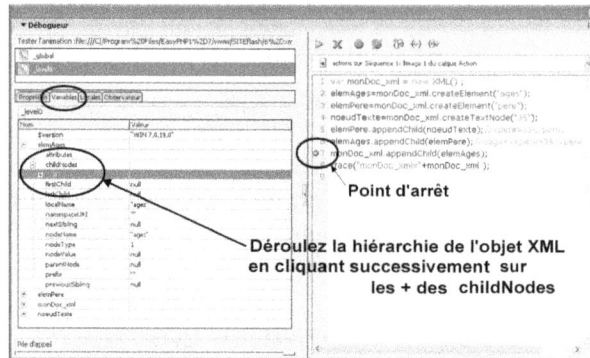

Point d'arrêt

Déroulez la hiérarchie de l'objet XML en cliquant successivement sur les + des childNodes

Charger un document XML

Figure 20-2

Principe du chargement d'un document XML dans une application Flash à l'aide de la méthode load()

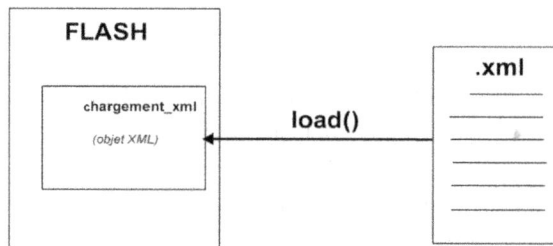

Nous avons vu précédemment qu'il est possible de traiter des données créées directement dans Flash. En pratique, il n'est pas rare que les données soient importées depuis un fichier XML externe. Pour illustrer cette technique, nous vous proposons de créer une petite application qui chargera le contenu d'un fichier XML externe (ages.xml, voir figure 20-3) dans une zone de texte dynamique.

Pour charger un fichier XML dans une application Flash, il faut utiliser la fonction load() mais si l'on observe sa syntaxe (revoir tableau 20-2), on s'aperçoit qu'un objet XML (exemple : chargement_xml) doit être préalablement créé afin de réceptionner les données lors de l'appel de la méthode load() (exemple : chargement_xml.load("ages.xml")).

Il faut donc créer cet objet en utilisant la syntaxe du constructeur présentée au début de ce chapitre (revoir tableau 20-1) :

```
chargement_xml = new XML();
```

Dans les documents XML externes, des espaces blancs sont souvent présents entre les balises. Dans la phase d'analyse du document, ces blancs sont transformés en éléments texte contenant un espace vide et risquent de perturber le référencement des éléments utiles lors de la phase de traitement des données. Il faut donc les éliminer dès le chargement du fichier en activant la propriété ignoreWhite. Si la valeur true est affectée à cette propriété, l'élimination des blancs s'effectue automatiquement pendant la phase de chargement :

```
chargement_xml.ignoreWhite = true;
```

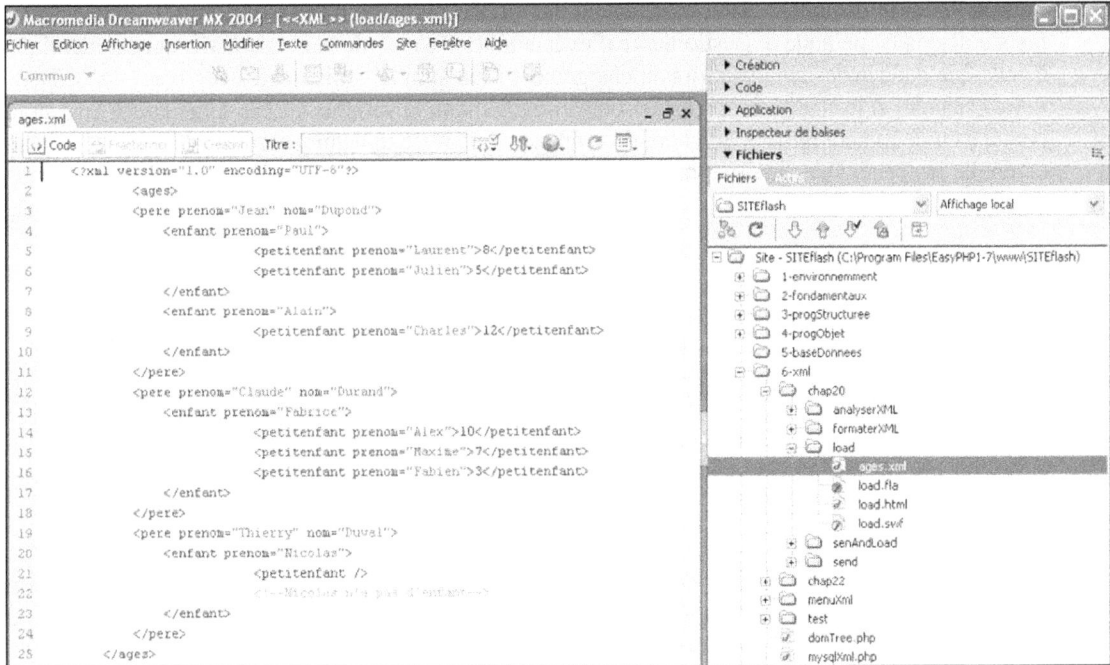

Figure 20-3

Création du fichier ages.xml qui sera chargé dans l'application Flash.

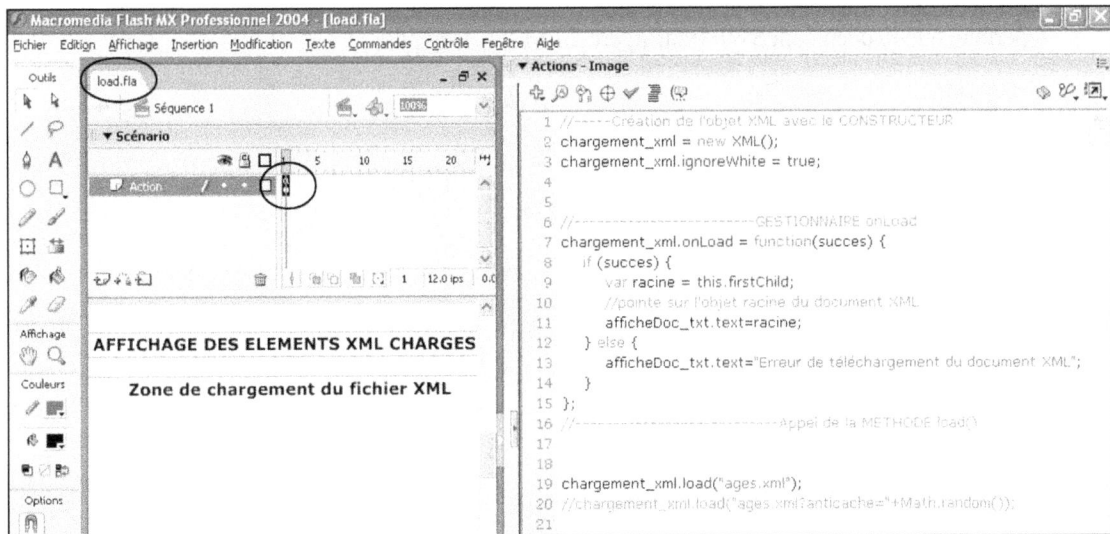

Figure 20-4

Création de l'application de chargement d'un fichier XML : load.fla.

Pour savoir si le document est complètement chargé, il faut utiliser l'événement onLoad. Pour cela, nous utilisons la méthode de gestionnaire d'événement onLoad() de la classe XML qui est identique à celle que nous avons détaillée lors du chargement d'un simple fichier texte avec loadVars(). Dans notre exemple, si le chargement s'est déroulé correctement, la variable succes sera égale à true et le contenu du document XML s'affichera dans une zone de texte dynamique afficheDoc_txt placée au centre de la scène. Dans le cas contraire, un message d'erreur indique l'échec du chargement dans cette même zone :

```
chargement_xml.onLoad = function(succes) {
 if (succes) {
    var racine = this.firstChild;
    //pointe sur l'objet racine du document XML
    afficheDoc_txt.text=racine;
 } else {
    afficheDoc_txt.text="Erreur de téléchargement du document XML";

 }
};
```

Il ne reste plus qu'à saisir l'instruction d'appel de la fonction load() afin de déclencher le début du chargement. Assurez-vous au préalable que le fichier XML est présent dans le même répertoire ou modifiez son chemin afin qu'il corresponde à la localisation du fichier dans l'arborescence du site. Après le chargement, vous devez voir apparaître les différents éléments du document XML dans le panneau Sortie :

```
chargement_xml.load("ages.xml");
```

Vous trouverez ci-dessous le code complet pour charger un fichier ages.xml placé dans le même répertoire que le document SWF (voir figure 20-4).

```
chargement_xml = new XML();
chargement_xml.ignoreWhite = true;
//--------------------------------
chargement_xml.onLoad = function(succes) {
 if (succes) {
    var racine = this.firstChild;
    //pointe sur l'objet racine du document XML
    afficheDoc_txt.text=racine;
 } else {
    afficheDoc_txt.text="Erreur de téléchargement du document XML";
 }
};
//----------------------------------
chargement_xml.load("ages.xml");
```

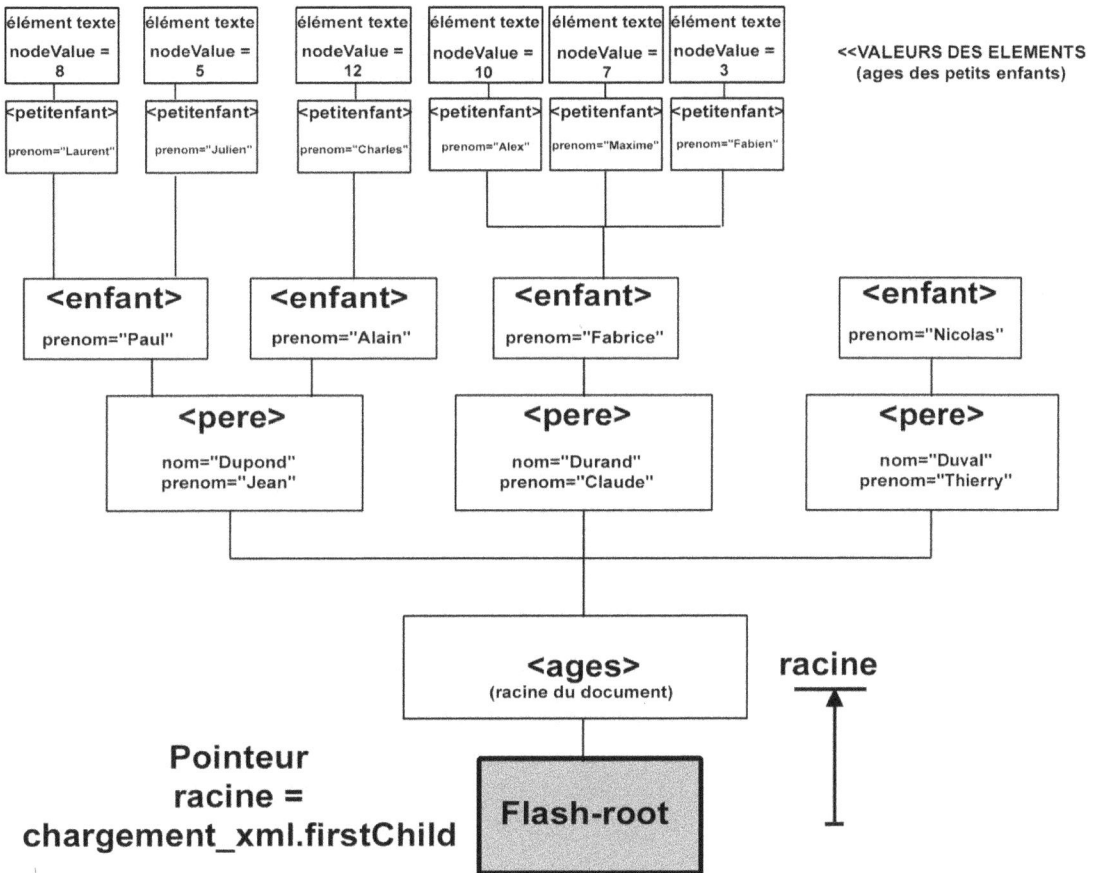

Figure 20-5

Lorsque le document XML est chargé dans Flash, un élément racine supplémentaire nommé Flash-root est ajouté automatiquement à la hiérarchie de l'objet XML (à comparer avec la figure 19-1).

À noter

Nous avons affecté un pointeur sur le premier niveau de l'objet XML à l'aide de la variable `racine` (`var racine = this.firstChild`) afin d'obtenir la même structure que le document XML externe. En effet, lors du chargement, Flash crée automatiquement un niveau supplémentaire parent de la racine du document (l'élément Flash-root). Cette variable `racine` permet de retrouver exactement la même hiérarchie que dans le document d'origine (voir figure 20-5).

Enregistrez votre document sous le nom load.fla dans le même répertoire que le fichier XML ages.xml. Publiez-le puis testez son fonctionnement dans le Web local (voir figure 20-6).

> **À noter**
>
> Cette application ne nécessitant pas l'exécution d'un script PHP peut aussi être testée en mode contrôle dans Flash, mais il est préférable de l'enregistrer et de la tester dans le Web local pour la suite des essais.

Cette procédure de chargement fonctionne très bien pour le premier chargement. Cependant, si l'une des valeurs du fichier change et que vous le chargez de nouveau, l'information modifiée risque de ne pas être actualisée dans la zone de texte. En effet, le cache du navigateur (ou des proxys) mémorisant toutes les informations que vous chargez afin d'optimiser votre navigation sur Internet, le second chargement ne chargera pas le fichier actualisé issu du serveur mais celui du cache correspondant au premier chargement. Dans ce cas, une solution simple consiste à ajouter un paramètre aléatoire dans l'URL d'appel du fichier. Ainsi, le nom complet du fichier étant différent, son chargement depuis le serveur sera forcé à chaque fois que vous le solliciterez.

> **Attention !**
>
> Le paramètre aléatoire étant passé dans l'URL, l'appel en local (ou en mode test) ne fonctionnera plus et il vous faudra obligatoirement tester son fonctionnement depuis le Web local ou votre serveur distant. Afin que vous puissiez continuer à tester votre application en mode contrôle dans Flash, nous vous suggérons de conserver une instruction d'appel de la méthode load() sans cette variable aléatoire. Il vous suffira de commenter l'une ou l'autre des instructions d'appel selon l'environnement de test utilisé :
>
> ```
> //chargement_xml.load("ages.xml");//pour test en local
> chargement_xml.load("ages.xml?anticache="+Math.random());
> ```
>
> Une autre solution consiste à passer une variable de temps dont la valeur sera initialisée à chaque chargement avec la méthode getTime() :
>
> ```
> chargement_xml.load("ages.xml?anticache="+ new Date().getTime());
> ```

Figure 20-6

Test de l'application de chargement d'un fichier XML dans le Web local.

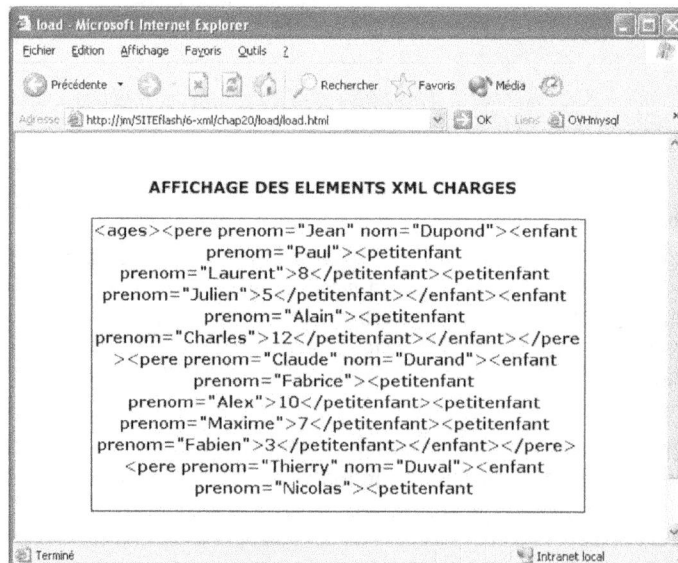

Envoyer un objet XML

Pour exporter un objet XML, il faut utiliser une méthode `send()` ou `sendAndLoad()` et disposer d'un script récepteur sur le serveur. Dans le cadre de cet ouvrage, ce script sera programmé en PHP et aura pour fonction de récupérer les données envoyées par l'application Flash et de les afficher dans le navigateur ou de les enregistrer au format XML dans un fichier sur le serveur.

Paramétrage de contentType

Assurez-vous dans un premier temps que les données envoyées par l'application Flash peuvent être correctement récupérées par le script PHP. Par défaut, le type des données transmises par Flash (`contentType`) est `application/x-www-form-urlencoded` (au format `&variable=valeur`). Dans ce cas, les données sont analysées (identification des couples variables/valeurs) puis transférées automatiquement dans le tableau de variables HTTP `$_POST` (par exemple : `$_POST['variable']=valeur`) comme dans les interfaçages précédents. Cependant, les données XML ne sont pas structurées au format `&variable=valeur` mais composées d'une hiérarchie d'éléments et peuvent difficilement être récupérées côté PHP avec ce paramétrage par défaut. Il faut donc modifier le `contentType` et lui affecter la valeur `text/xml` afin que les données ne soient ni analysées ni transférées dans le tableau de variables `$_POST` mais conservent leur structure initiale et restent dans la variable `$HTTP_RAW_POST_DATA` côté serveur.

Utilisation du flux php://input

Avant la version 4.3 de PHP, la méthode décrite ci-dessus permettait de récupérer puis d'interpréter des données XML issues d'une application Flash mais nécessitait une configuration spécifique du fichier php.ini (la directive `always_populate_raw_post_data` devait être initialisée avec la valeur `On`). Depuis PHP 4.3, il est possible d'utiliser le flux `php://input` qui permet de lire des données POST brutes. Cette méthode nécessite moins de mémoire que `$HTTP_RAW_POST_DATA` et aucune directive spéciale ne doit être configurée dans `php.ini`. La suite d'EasyPHP utilisée pour nos essais (EasyPHP 1.7) comporte une version de PHP ultérieure à 4.3 ; nous utiliserons donc cette méthode dans les scripts d'envoi de données XML (`send()` et `sendAndLoad()`) ci-dessous.

Méthode send()

Gestion de la connexion avec send()

Lorsque l'on appelle une méthode `send()`, une connexion client-serveur est ouverte durant la transmission des données de l'application Flash vers le serveur. Dès la fin du transfert, cette connexion est fermée : l'application Flash n'attend pas de réponse de la part du serveur (contrairement à la méthode `sendAndLoad()` que nous allons présenter ensuite). Dès réception des éléments XML, le script PHP peut traiter leur contenu, les enregistrer dans un fichier XML (voir repère 2 de la figure 20-7) et/ou rediriger des informations issues du traitement vers la fenêtre d'un navigateur (grâce au paramétrage du second argument optionnel de la méthode `send()`, voir repère 1 de la figure 20-7).

Figure 20-7

Principe de l'envoi d'un document XML depuis une application Flash vers un script PHP à l'aide de la méthode send().

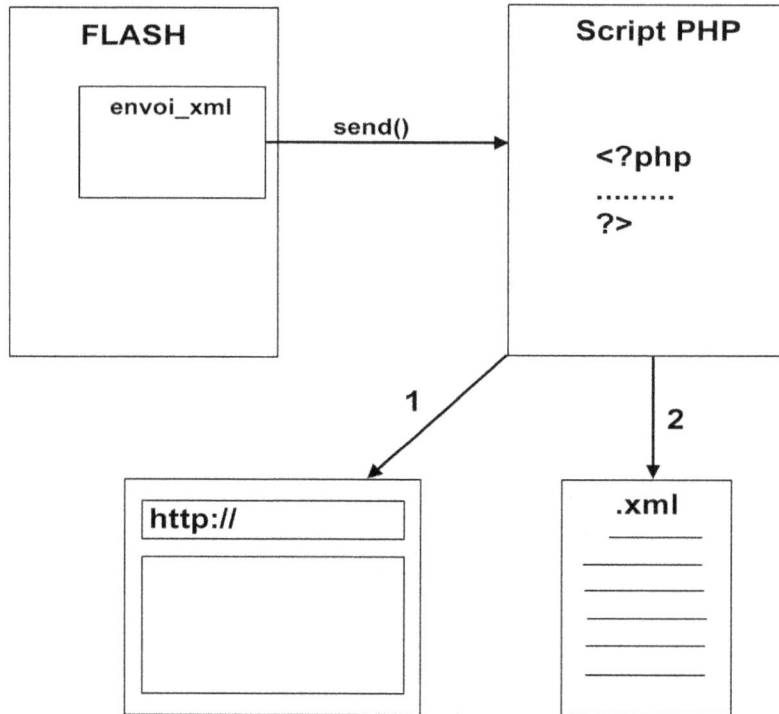

Envoi d'un objet XML et affichage dans le navigateur

Création du document Flash : send.fla

Ouvrez un nouveau document Flash et enregistrez-le sous le nom send.fla. Dans l'image clé 1 du scénario principal, saisissez le code suivant (voir figure 20-8) :

```
//création de l'objet envoi_xml
var envoi_xml = new XML();
//configuration des paramètres de l'objet envoi_xml
envoi_xml.ignoreWhite = true;
envoi_xml.contentType = "text/xml";
envoi_xml.xmlDecl = '<?xml version="1.0" encoding="UTF-8"?>';
//affectation du contenu de l'objet envoi_xml
envoi_xml.parseXML('<ages><pere prenom="Jean" nom="Dupond"><enfant
➥prenom="Paul"><petitenfant prenom="Laurent">8</petitenfant></enfant></pere></ages>');
//envoi avec la méthode send()
envoi_xml.send("reception.php","_blank");
```

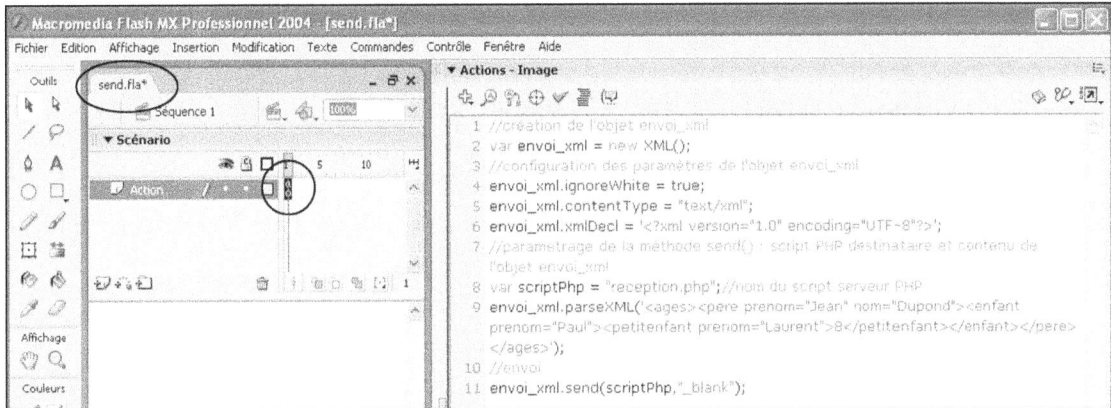

Figure 20-8

Création du document send.fla.

Le script AS commence par une instruction appelant le constructeur XML afin de créer l'objet `envoi_xml`. Les trois lignes de code suivantes sont destinées à configurer les propriétés du nouvel objet XML. La propriété `ignoreWhite` est initialisée avec la valeur `true` afin d'éviter les problèmes liés aux espaces blancs entre les balises XML. La propriété `contentType` est initialisée avec la valeur `text/xml` afin de pouvoir récupérer correctement le contenu de l'objet XML depuis le script PHP (revoir cette propriété en début de chapitre). Enfin, la propriété `xmlDecl` est initialisée avec une balise de déclaration conforme aux normes des fichiers XML afin que le fichier XML créé par le script PHP soit bien formé.

La méthode `parseXML()` permet d'affecter les différents éléments XML à l'objet `envoi_xml`. La méthode `send()` est ensuite appelée à la fin du script. Son premier argument correspond au fichier PHP destinataire de l'envoi, alors que le second argument indique que les éventuelles données affichées par le script devront être redirigés vers une nouvelle fenêtre du navigateur (`_blank`). Une fois le script saisi, enregistrez votre document et publiez-le dans un sous-répertoire de EasyPHP1-7\www\ (par exemple le répertoire SITEflash\6-xml\chap20\).

Création du script PHP : reception.php

Dans un premier temps, vous allez afficher les données XML récupérées par le script PHP dans une fenêtre de navigateur. Si les résultats affichés dans le navigateur sont bien formés vous modifierez ensuite le script PHP afin d'enregistrer ces mêmes données dans un fichier XML.

Ouvrez un nouveau document PHP dans Dreamweaver puis saisissez le code ci-dessous. Ce document sera sauvegardé sous le nom reception.php dans le même répertoire que le fichier SWF généré précédemment :

```php
<?php
header("Content-Type: text/xml");
//--------------------------------------------------------
$reception_xml = file_get_contents("php://input");
echo $reception_xml;
//--------------------------------------------------------
?>    mysql_query($supAdherents, $connexionSport) or die(mysql_error());
```

Ce script est constitué d'une première ligne générant un `header` de fichier compatible avec le type configuré dans l'application Flash (`text/xml`). La seconde ligne permet de récupérer les données XML depuis le flux `php://input` (revoir si nécessaire l'utilisation du flux `php://input` au début de ce chapitre). La dernière instruction permet d'afficher le document XML précédemment récupéré dans le navigateur afin de s'assurer qu'il est bien formé.

Test du système dans le Web local

Enregistrez le fichier reception.php dans le même répertoire que l'application Flash et passez dans le Web local pour tester le fonctionnement de cette première interface Flash-PHP-XML. Parcourez les répertoires pour localiser vos scripts et appelez le fichier HTML contenant l'application Flash. Dès l'appel de l'application Flash, le fichier XML doit être créé puis transféré au script PHP. Une nouvelle fenêtre de navigateur s'ouvre pour afficher le contenu de l'objet XML transféré. Si l'objet XML est bien formé, il est interprété par le navigateur et sa hiérarchie complète s'affiche dans le navigateur (chaque élément est précédé d'un symbole + ou – qui permet de déplier ou replier ses éléments enfants), (voir figure 20-9).

Figure 20-9

Hiérarchie de l'objet XML interprété par le navigateur après sa réception par le script reception.php.

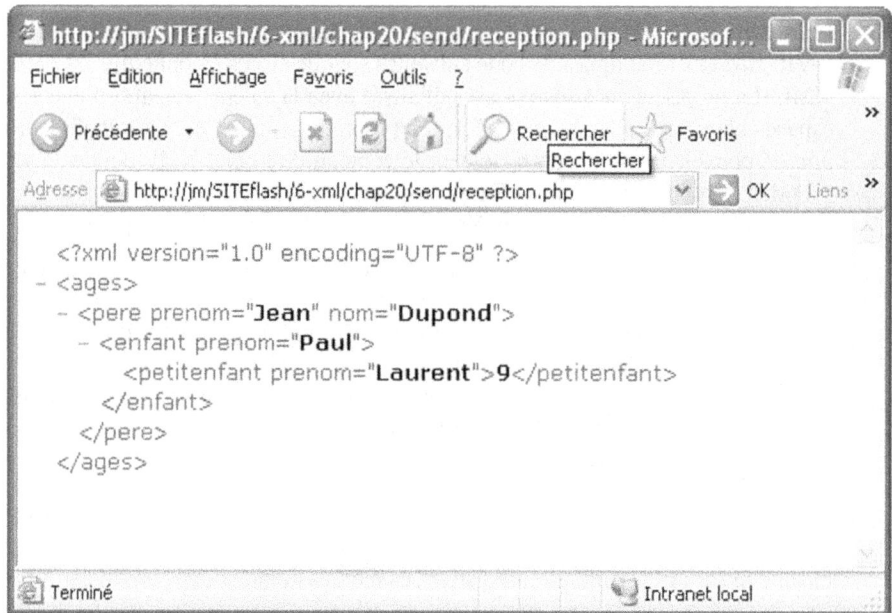

Envoi d'un objet XML et enregistrement dans un fichier

Modification du document Flash : send.fla

Avant de modifier le script PHP, ouvrez de nouveau le document FLA afin de modifier le paramétrage de la méthode `send()`. Pour ne pas afficher le contenu de l'objet dans un navigateur, supprimez le second argument (`_blank`) dans les parenthèses de l'appel de la méthode `send()`. L'objet XML est toujours envoyé au script PHP par le biais du flux `php://input`, mais les éventuelles données affichées par le script ne sont pas redirigées vers un navigateur et les éléments XML sont enregistrés directement dans un fichier côté serveur (reception.xml). Voici la ligne de script à modifier dans le document send.fla :

```
envoi_xml.send("reception.php");
```

> **Si la méthode** send() **ne fonctionne pas sans le second argument**
> Lors de nos tests, nous avons constaté que, selon la configuration du serveur, la méthode send() sans le second argument peut ne pas fonctionner. Si vous rencontrez ce problème, utilisez la méthode sendAndLoad() (voir la présentation de cette méthode ci-dessous).

Modification du script PHP : reception.php

Après avoir enregistré et publié de nouveau l'application Flash, ouvrez le fichier reception.php. À la fin de ce fichier, supprimez l'instruction echo destinée initialement à afficher le contenu de l'objet XML dans un navigateur. Ajoutez ensuite les lignes en gras du script ci-dessous afin de gérer l'enregistrement du contenu de l'objet XML récupéré dans un fichier reception.xml :

```
<?php
header("Content-Type: text/xml");
//----------------------------------------------------
$reception_xml = file_get_contents("php://input");
//----------------------------------------------------
$fichierXml = "reception.xml";
$fp = fopen($fichierXml, "w");
fwrite($fp, $reception_xml);
fclose($fp);
?>
```

Test du système dans le Web local

Enregistrez le nouveau fichier reception.php dans le même répertoire que l'application Flash et passez dans le Web local pour tester le fonctionnement de l'interfaçage Flash-PHP-XML. Parcourez les répertoires pour localiser vos scripts et appelez le fichier HTML contenant l'application Flash. Dès l'appel de l'application Flash, le fichier XML doit être créé mais aucune fenêtre ne s'ouvre car nous avons modifié nos scripts dans ce but. Pour vous assurer que le contenu de l'objet XML a bien été enregistré dans le fichier reception.xml, ouvrez ce fichier XML avec Dreamweaver. Son contenu doit être identique au code ci-dessous.

> **À noter**
> Selon la configuration du serveur, la méthode send() sans second argument optionnel peut ne pas fonctionner. Dans ce cas, utilisez la méthode sendAnLoad() (voir la présentation de cette méthode dans ce même chapitre).

```
<?xml version="1.0" encoding="UTF-8"?>
 <ages>
  <pere prenom="Jean" nom="Dupond">
  <enfant prenom="Paul">
   <petitenfant prenom="Laurent">
   9
```

```
   </petitenfant>
  </enfant>
 </pere>
</ages>
```

Envoi d'un objet XML déclenché par un bouton

Dans le précédent script Flash, utilisé pour l'envoi d'un objet XML avec la méthode send(), l'appel de la méthode était déclenché par un événement d'image (le passage de la tête de lecture sur l'image clé 1 du scénario principal). Dès l'ouverture de l'application Flash dans le navigateur, l'objet était envoyé immédiatement au script PHP reception.php. En pratique, l'envoi de l'objet XM est souvent déclenché par d'autres types d'événements (action sur un bouton, par exemple). D'autre part, dans l'exemple précédent, l'objet XML envoyé ne peut pas être modifié par l'utilisateur et il est difficile d'apprécier le fonctionnement du système d'un test à l'autre sans toucher au code du document FLA. Voici une variante de cette application de chargement qui permet d'envoyer un objet XML dont le contenu est construit à partir d'un texte saisi dans un champ de l'application Flash et envoyé par une action sur un bouton OK.

Modification du document Flash : send.fla

Un bouton OK doit être ajouté afin de déclencher l'envoi après la saisie du texte. Dans cette version, la méthode send() est configurée avec la valeur _blank comme second argument afin d'afficher le contenu de l'objet XML dans une nouvelle fenêtre dès que le bouton est actionné. Un second bouton lien1_btn permettra d'ouvrir le fichier reception.xml dans une autre fenêtre de navigateur pour s'assurer que l'enregistrement du fichier XML a bien été effectué.

1. Ouvrez le document send.fla créé précédemment et ajoutez trois calques supplémentaires : Texte, Bouton et Lien.

2. Dans le calque Bouton, ajoutez un bouton OK et nommez son occurrence bouton1_btn.

3. Dans le calque Lien, ajoutez un second bouton qui permettra d'afficher le fichier XML dans une nouvelle fenêtre du navigateur. Nommez l'occurrence de ce bouton lien1_btn.

4. Dans le calque Texte, ajoutez un champ de texte de saisie placé à gauche du bouton OK. Nommez l'occurrence de ce bouton texteEnvoi_txt.

5. Dans le calque Action, placez-vous dans l'image clé 1 et modifiez les lignes de code en gras dans le script ci-dessous. La méthode parseXML() permet d'initialiser l'objet envoi_xml avec un contenu par défaut. Le gestionnaire d'événements onRelease permet d'affecter le texte saisi dans le champ au contenu de l'élément message de l'objet envoi_xml (ciblé à l'aide du chemin envoi_xml.firstChild.firstChild.nodeValue) puis de déclencher l'envoi de ce même objet vers le script reception.php. Enfin, les dernières lignes permettent de gérer l'ouverture d'une nouvelle fenêtre affichant le fichier reception.xml (voir figure 20-10) :

```
//création de l'objet envoi_xml
var envoi_xml = new XML();
//configuration des paramètres de l'objet envoi_xml
envoi_xml.ignoreWhite = true;
envoi_xml.contentType = "text/xml";
envoi_xml.xmlDecl = '<?xml version="1.0" encoding="UTF-8"?>';
//affectation du contenu par défaut de l'objet envoi_xml
```

```
envoi_xml.parseXML("<message>contenu par défaut</message>");
//gestion de l'envoi avec la méthode send()
bouton1_btn.onRelease = function() {
 envoi_xml.firstChild.firstChild.nodeValue = texteEnvoi_txt.text;
 envoi_xml.send("reception.php", "_blank");
};
//gestion du lien pour voir le fichier XML enregistré
lien1_btn.onPress = function() {
 getURL("reception.xml", "_blank");
};
```

6. Enregistrez et publiez votre document Flash puis passez à la modification du script PHP.

Figure 20-10

*Création de
l'application Flash
permettant l'envoi
d'un objet XML
grâce à un bouton.*

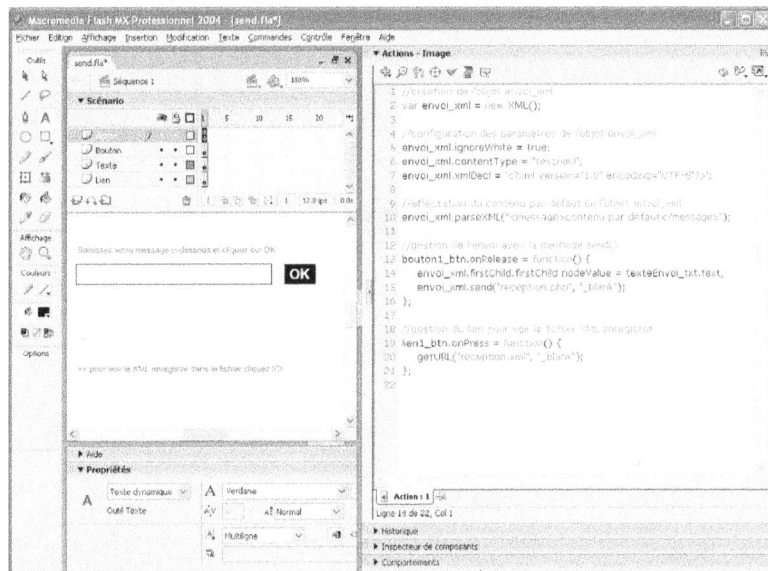

Modification du script PHP : reception.php

Côté PHP, le script est identique au précédent, hormis le fait que l'instruction echo() est de nouveau présente dans le script afin d'afficher la structure de l'objet XML dans une nouvelle fenêtre après action sur le bouton OK (voir les lignes en gras dans le code ci-dessous) :

```
<?php
header("Content-Type: text/xml");
//-----------------------------------------------------
$reception_xml = file_get_contents("php://input");
echo $reception_xml;
//-----------------------------------------------------
$fp = fopen("reception.xml", "w");
fwrite($fp, $reception_xml);
fclose($fp);
?>
```

Test du système dans le Web local

Enregistrez le nouveau fichier reception.php dans le même répertoire que l'application Flash et passez dans le Web local pour tester son fonctionnement. Parcourez les répertoires pour localiser vos scripts et appelez le fichier HTML contenant l'application Flash. Saisissez une phrase dans la zone de texte et cliquez sur le bouton OK. Une nouvelle fenêtre de navigateur s'ouvre et affiche le contenu de l'objet XML transmis au serveur. Pour vous assurer que ce contenu a bien été enregistré dans le fichier reception.xml, cliquez sur le lien qui permet d'appeler la méthode getURL("reception.xml", "_blank"). La fenêtre de navigateur qui s'ouvre est identique à la précédente, mais son contenu XML est directement issu du fichier reception.xml enregistré sur le serveur.

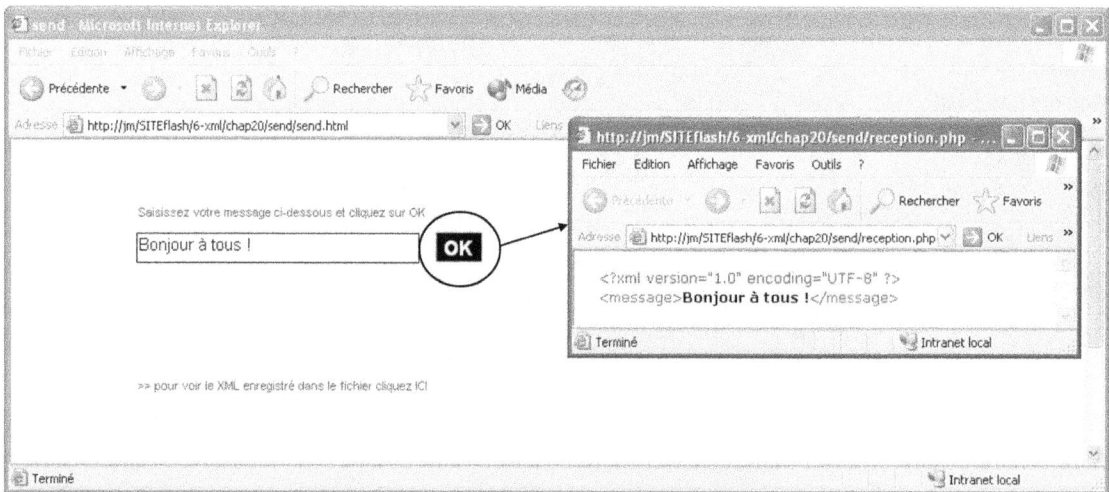

Figure 20-11

Test dans le Web local de l'application permettant l'envoi d'un objet XML grâce à un bouton.

Méthode sendAndLoad()

Gestion de la connexion avec sendAndLoad()

Lorsque l'on appelle une méthode sendAndLoad(), une connexion client-serveur est ouverte durant la transmission des données de l'application Flash vers le serveur (le nom du script PHP est paramétré dans les arguments de la méthode). Contrairement à la méthode send() présentée précédemment, la connexion restera ouverte tant que les informations retournées par le script PHP à l'application Flash ne seront pas réceptionnées. On peut renvoyer un message à l'application Flash pour signaler la bonne réception des données ou une erreur dans la transmission (voir figure 20-12).

Figure 20-12

Principe de l'envoi et de la réception d'un document XML entre une application Flash et un script PHP à l'aide de la méthode sendAndLoad().

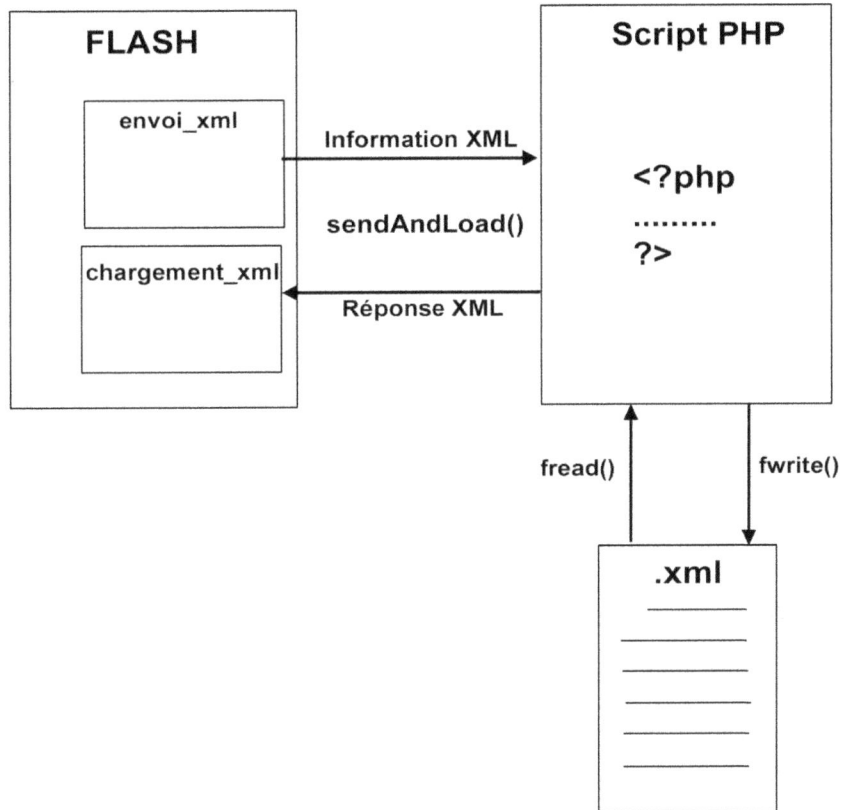

Envoi et chargement d'objets XML

Pour illustrer le fonctionnement de la méthode `sendAnLoad()`, nous allons créer une application Flash qui permettra de saisir un texte dans un champ de saisie, de le formater en XML puis de l'envoyer à un script `receptionReponse.php`. Ce dernier enregistrera les éléments XML reçus dans un fichier reception.xml et retournera une réponse à l'application Flash, elle aussi structurée en XML. Dans le script PHP, un test permettra de s'assurer du bon enregistrement XML. Si l'enregistrement s'est bien déroulé, un premier message sera retourné à l'application Flash. Dans le cas contraire, un message d'erreur informera l'utilisateur du problème.

Création du document Flash : sendAndLoad.fla

1. Ouvrez un nouveau document Flash et enregistrez-le sous le nom sendAndLoad.fla.

2. Créez quatre calques : Action, Bouton, Texte et Lien.

3. Dans le calque Bouton, ajoutez un bouton OK et nommez son occurrence `bouton1_btn`.

4. Dans le calque Lien, ajoutez un second bouton qui permettra d'afficher le fichier XML dans une nouvelle fenêtre du navigateur. Nommez son occurrence `lien1_btn`.

5. Dans le calque Texte, ajoutez deux champs de texte. Le premier, placé à gauche du bouton OK, sera de type champ de saisie. Nommez son occurrence `texteEnvoi_txt`. Le second, placé en dessous, sera de type champ dynamique. Nommez son occurrence `texteReponse_txt`.

6. Dans le calque Action, placez-vous dans l'image clé 1 et saisissez les premières lignes de code ci-dessous. Elles sont identiques à celles de l'exemple de la méthode `send()`. Elles permettent de créer un nouvel objet XML nommé `envoi_xml` et de configurer certaines de ses propriétés afin d'assurer son transfert vers le script PHP. La dernière ligne initialise l'objet avec un contenu par défaut à l'aide de la méthode `parseXML()` (celui-ci sera ensuite remplacé par le texte saisi dans le champ `texteEnvoi_txt`), (voir figure 20-13) :

```
//création de l'objet envoi_xml
var envoi_xml = new XML();
//configuration des paramètres de l'objet envoi_xml
envoi_xml.ignoreWhite = true;
envoi_xml.contentType = "text/xml";
envoi_xml.xmlDecl = '<?xml version="1.0" encoding="UTF-8"?>';
//affectation du contenu par défaut de l'objet envoi_xml
envoi_xml.parseXML("<message>contenu par défaut</message>");
```

7. À la suite de ce premier code, saisissez le script ci-dessous. Cette seconde partie de code est destinée à créer l'objet XML `chargement_xml` qui réceptionnera la réponse retournée par le script PHP. La propriété `ignoreWhite` de l'objet est configurée de telle sorte que l'analyse des éléments de l'objet XML ne soit pas perturbée par d'éventuels espaces blancs placés entre ses balises. Enfin, une méthode de gestionnaire d'événements est ajoutée afin de gérer le chargement des données et pour copier le contenu de l'élément XML retourné par le script PHP dans le champ dynamique `texteReponse_txt` :

```
//création de l'objet chargement_xml
var chargement_xml = new XML();
//configuration des paramètres de l'objet chargement_xml
chargement_xml.ignoreWhite = true;
//gestionnaire de chargement
chargement_xml.onLoad = function(succes) {
 if (succes) {
    texteReponse_txt.text = this.firstChild.firstChild.nodeValue;
 } else {
    texteReponse_txt.text = "Erreur FLASH de chargement ";
 }
};
```

8. Ajoutez le code ci-dessous dans la même image clé. Il contient un gestionnaire d'événements attaché au bouton OK qui permet d'insérer le contenu du champ de saisie `texteEnvoi_txt` à la place de l'élément par défaut configuré précédemment. L'appel à la méthode `sendAndLoad()` déclenche ensuite l'envoi de l'objet XML `envoi_xml` vers le script `receptionReponse.php` ainsi que la récupération de la réponse émise par le script serveur dans le second objet XML `chargement_xml` :

```
//gestion de l'envoi et de la réponse avec la méthode sendAndLoad()
bouton1_btn.onRelease = function() {
```

```
envoi_xml.firstChild.firstChild.nodeValue = texteEnvoi_txt.text;
envoi_xml.sendAndLoad("receptionReponse.php", chargement_xml);
};
```

9. Un dernier script doit être ajouté afin de contrôler l'action sur le bouton lien1_btn qui ouvrira une fenêtre du navigateur dans laquelle sera affiché le fichier XML enregistré sur le serveur afin de contrôler le bon fonctionnement du système :

```
//gestion du lien pour voir le fichier XML enregistré
lien1_btn.onPress = function() {
  getURL("reception.xml", "_blank");
};
```

10. Enregistrez puis publiez votre document Flash avant de passer à la création du fichier PHP.

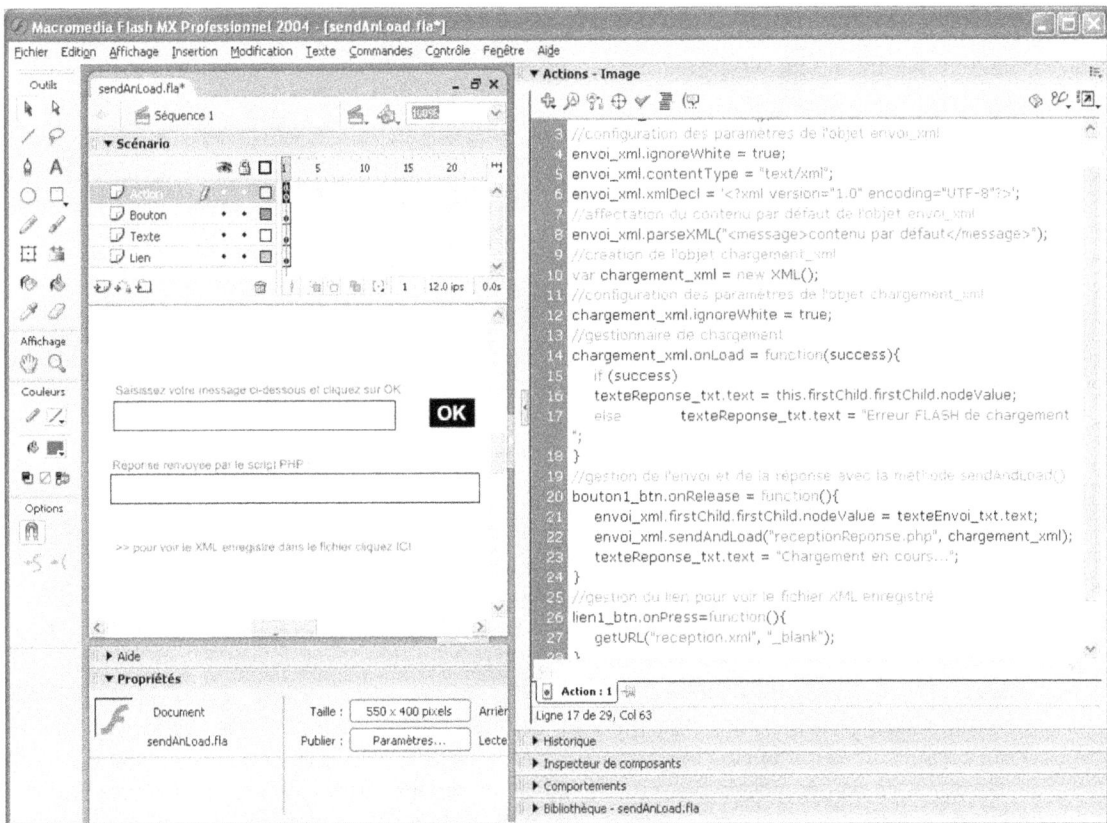

Figure 20-13

Création de l'application Flash d'envoi et de chargement d'un objet XML : sendAndLoad.fla.

Création du script PHP : receptionReponse.php

Ouvrez un nouveau document PHP dans Dreamweaver et sauvegardez-le sous le nom reception-Reception.php dans le même répertoire que le fichier SWF précédemment généré.

Placez-vous dans la zone d'édition en mode code et ajoutez le code ci-dessous. Cette première partie de script est constituée d'une ligne générant un header de fichier compatible au type configuré dans l'application Flash (text/xml). Les autres lignes sont destinées à bloquer le cache du navigateur (voir figure 20-14) :

```php
<?php
header("Content-Type: text/xml");
//------------------------Blocage du Cache
header("Expires: Mon, 12 Jul 1995 02:00:00 GMT");
// Date d'expiration antérieure à la date actuelle
header("Last-Modified: " . gmdate("D, d M Y H:i:s") . " GMT");
// Indique de toujours modifier la date
header("Cache-Control: no-cache, must-revalidate");
// no-cache pour HTTP/1.1
header("Pragma: no-cache");
// no-cache pour HTTP/1.0
//-------------------------------------------------------
```

À la suite de ce premier script, ajoutez la ligne de code ci-dessous. Elle permet de récupérer les données XML depuis le flux php://input (revoir si nécessaire l'utilisation du flux php://input au début de ce chapitre) :

```php
$reception_xml = file_get_contents("php://input");
//récupération de l'objet XML dans le flux pp://input
```

Enfin, ajoutez le script ci-dessous pour clôturer le programme PHP. Il commence par l'ouverture du fichier XML dans lequel sera sauvegardé l'objet XML envoyé par l'application Flash. La ligne qui suit permet de préparer la variable $reponse en lui affectant une déclaration XML initiale, qui sera commune quel que soit le message retourné. La structure de choix if permet de tester si l'écriture du fichier s'est bien déroulée.

À noter

Le caractère @ placé devant la fonction fwrite() évite que cette dernière n'affiche à l'écran un message d'erreur généré automatiquement (sans cet ajout, le message d'erreur affiché par la fonction fwrite() perturberait le fonctionnement car il serait lui aussi retourné à l'application Flash comme réponse).

Si l'écriture dans le fichier reception.xml s'est déroulée correctement, un message le signalant est ajouté à la suite de la déclaration XML initiale dans la variable $reponse. Dans le cas contraire, c'est un message d'erreur qui prendra place dans cette même variable. Après la structure de choix, la fonction utf8_encode() est appliquée à la variable $reponse afin de rendre son contenu conforme au format UTF8 avant qu'elle ne soit renvoyée à l'application Flash (grâce à la fonction echo $reponse).

À noter

Un caractère @ est ajouté devant la fonction close() (voir encadré concernant la fonction fwrite()).

Enfin, la dernière ligne ferme le fichier reception.xml.

```
//-------------------------------------------------------
$fp = fopen("reception.xml", "w");
//ouverture du fichier reception.xml
$reponse="<?xml version=\"1.0\" encoding=\"UTF-8\"?>"; //déclaration XML initiale
if(@fwrite($fp, $reception_xml)) //teste si l'écriture est correcte
{ $reponse.="<reponse> ok : l'enregistrement est effectué </reponse>";}
else //si problème d'écriture >> préparation du message d'erreur
{ $reponse.="<reponse> erreur : enregistrement non effectué </reponse>";}
$reponse=utf8_encode($reponse);//codage de la réponse en UTF8
echo $reponse;//affichage de la réponse destinée à l'application Flash
@fclose($fp);//fermeture du fichier reception.xml
```

Figure 20-14

Script du fichier receptionReponse.php créé avec Dreamweaver.

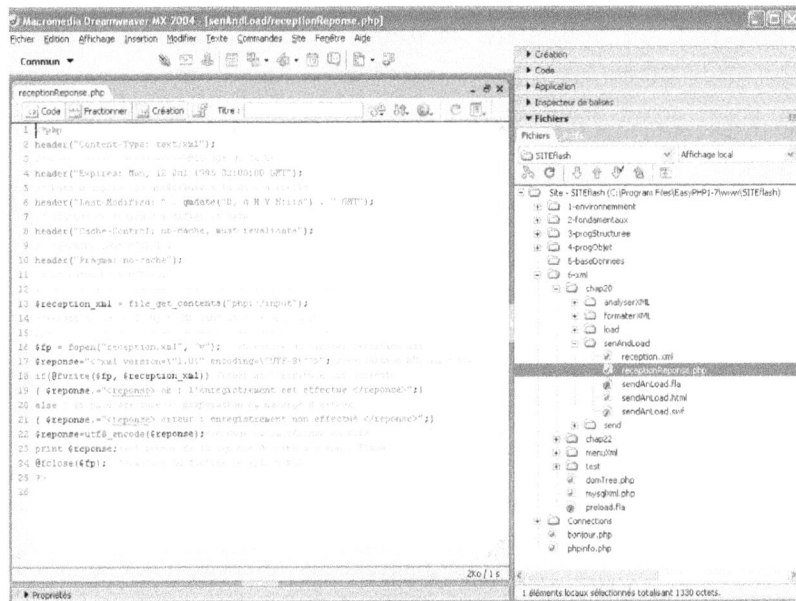

Test du système dans le Web local

Enregistrez le fichier receptionReponse.php dans le même répertoire que l'application Flash et passez dans le Web local pour tester son fonctionnement. Parcourez les répertoires pour localiser vos scripts et appelez le fichier HTML contenant l'application Flash. Saisissez une phrase dans la zone de texte et cliquez sur le bouton OK. L'objet XML envoi_xml est alors envoyé au script PHP et le texte de réponse au format XML retourné par le script PHP est récupéré dans l'objet XML chargement_xml puis s'affiche dans la zone de texte dynamique de l'application Flash. Si l'enregistrement du fichier XML s'est bien déroulé, le texte doit être le suivant : « ok : l'enregistrement est effectué. » Dans le cas contraire, un message d'erreur s'affiche dans cette même zone de texte : « erreur : enregistrement non effectué ». Pour vous assurer que le contenu de l'objet XML a bien été enregistré dans le fichier reception.xml, cliquez sur le lien qui permet d'appeler la méthode getURL("reception.xml", "_blank"). Une fenêtre de navigateur dont le contenu XML est directement issu du fichier reception.xml enregistré sur le serveur s'ouvre et affiche le contenu de l'objet XML envoyé précédemment (voir figure 20-15).

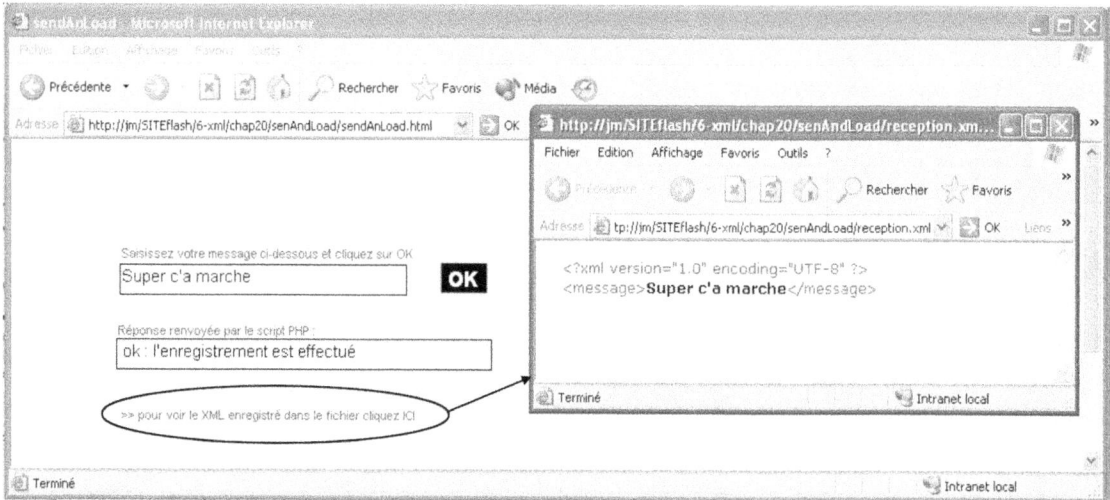

Figure 20-15

Test dans le Web local de l'application d'envoi et de chargement d'un objet XML.

Analyser un objet XML

Vérifier qu'un objet XML est bien formé

La propriété status permet de détecter la présence d'une erreur d'analyse lors de la construction d'un objet XML (constructeur new XML()), de l'utilisation de la méthode d'analyse parseXML() ou du chargement d'un objet à l'aide des méthodes load() ou sendAndLoad(). L'utilisation de cette propriété permet de s'assurer que le document XML est bien formé, notamment lors du chargement d'un document XML extérieur, avant de passer à la phase de traitement. S'il n'y a pas d'erreur d'analyse, la propriété status est égale à la valeur 0. Dans le cas contraire, un nombre négatif lui est affecté (voir tableau 20-8) et indique la nature de l'erreur rencontrée. Dans l'exemple ci-dessous, les deux premières analyses se sont effectuées sans erreur et la valeur retournée par status est égale à 0. Dans le dernier cas, la balise </pere> manque et le status le signale en affichant la valeur – 9.

```
var monDoc_xml = new XML('<ages><pere prenom="Claude"><enfant prenom="Fabrice"/></pere></ages>') ;
trace("monDoc_xmlAVANT="+monDoc_xml );

//monDoc_xmlAVANT=<ages><pere prenom="Claude"><enfant prenom="Fabrice" /></pere></ages>
trace("Etat de status après la création d'un objet XML="+monDoc_xml.status);
//État de status après la création d'un objet XML=0

monDoc_xml.parseXML('<ages><pere prenom="Jean"><enfant prenom="Alain"/></pere></ages>') ;
trace("Etat de status après l'utilisation de parseXML()="+monDoc_xml.status);
//État de status après l'utilisation de parseXML()=0

monDoc_xml.parseXML('<ages><pere prenom="Jean"><enfant prenom="Alain"/></ages>') ;
//dans le document XML ci-dessous, la balise fermante </pere> manque et son analyse renverra
➥une erreur status de type -9
trace("Etat de status après l'utilisation avec erreur de parseXML()="+monDoc_xml.status);
//État de status après l'utilisation avec erreur de parseXML()=-9
```

Tableau 20-8. Codes retournés par la propriété status

Valeur de la propriété status	Description
0	XML bien formé : document analysé sans erreur
- 2	Erreur : fermeture incorrecte d'une section CDATA
- 3	Erreur : terminaison incorrecte d'une déclaration XML
- 4	Erreur : terminaison incorrecte d'une déclaration DOCTYPE
- 5	Erreur : terminaison incorrecte d'un commentaire
- 6	Erreur : élément XML mal formé
- 7	Erreur : mémoire insuffisante pour analyser le document XML
- 8	Erreur : mauvaise lecture d'une valeur d'attribut
- 9	Erreur : absence d'une balise de fermeture
- 10	Erreur : absence d'une balise d'ouverture

Vérifier qu'un élément a des enfants

La méthode hasChildNodes() vérifie si un élément a des enfants. Elle retourne la valeur true dans l'affirmative et la valeur false dans le cas contraire. Cette méthode est souvent utilisée dans une expression de condition (structure de choix ou de boucle) afin de s'assurer qu'un élément a des enfants avant d'effectuer un traitement. Dans l'exemple ci-dessous, nous utilisons la méthode hasChildNodes() dans l'expression de condition d'une boucle while pour supprimer tous les enfants de l'élément pere :

```
var monDoc_xml = new XML('<ages><pere prenom="Jean"><enfant prenom="Paul"/>
<enfant prenom="Alain"/></pere></ages>') ;
trace("monDoc_xmlAVANT="+monDoc_xml );
// monDoc_xmlAVANT=<ages><pere prenom="Jean"><enfant prenom="Paul" /><enfant prenom="Alain" />
</pere></ages>
while(monDoc_xml.firstChild.firstChild.hasChildNodes()){
monDoc_xml.firstChild.firstChild.firstChild.removeNode();
}
//État du document après la suppression
trace("monDoc_xmlAPRES="+monDoc_xml );
// monDoc_xmlAPRES=<ages><pere prenom="Jean" /></ages>
```

Cibler les éléments XML

Cibler un élément enfant

Pour cibler un élément, il suffit de construire un chemin (en utilisant la syntaxe pointée) adapté au niveau de l'élément à l'aide de la propriété firstChild (pour cibler le premier élément d'un niveau) ou child-Nodes[n] (pour cibler un élément d'ordre n du même niveau). Une fois l'élément ciblé, le nom de l'élément correspondant est retourné si l'on ajoute la propriété nodeName à la fin du chemin. La propriété nodeValue permet de retourner la valeur de l'élément (si elle existe, sinon la valeur null est retournée).

> **À noter**
>
> La valeur est contenue dans un élément à part entière : il ne faut donc pas oublier d'ajouter une propriété first-Child supplémentaire dans le chemin précédant la propriété nodeValue.

Le chemin ci-dessous cible l'élément enfant (en référence au contenu du document XML utilisé dans l'exemple ci-après) :

```
monDoc_xml.firstChild.firstChild.firstChild
```

Pour récupérer la valeur de ce même élément enfant, il faut ajouter firstChild.nodeValue à la suite de ce chemin, ce qui donne l'expression suivante :

```
monDoc_xml.firstChild.firstChild.firstChild.firstChild.nodeValue
```

Pour illustrer l'utilisation de ces propriétés, voici deux exemples de ciblage de balises et de valeurs d'éléments. Dans le premier exemple, la propriété firstChild est utilisée car il n'y a qu'un seul élément à chaque niveau. Dans le second exemple, la propriété childNodes[n] est utilisée afin d'accéder à différents éléments d'ordre n d'un même niveau.

Exemple 1 (voir figure 20-16) :

```
var monDoc_xml = new XML('<ages><pere prenom="Claude"><enfant prenom="Fabrice">35</enfant>
➡</pere></ages>') ;
trace("monDoc_xmlAVANT="+monDoc_xml );
//monDoc_xmlAVANT=<ages><pere prenom="Claude <enfant prenom="Fabrice">35</enfant></pere></ages>
trace("Ciblage de la balise de premier niveau ="+monDoc_xml.firstChild.nodeName);
//Ciblage de la balise de premier niveau =ages
trace("Ciblage de la balise de second niveau ="+monDoc_xml.firstChild.firstChild.nodeName);
//Ciblage de la balise de second niveau =pere
trace("Ciblage de la balise de troisième niveau
➡="+monDoc_xml.firstChild.firstChild.firstChild.nodeName);
//Ciblage de la balise de troisième niveau =enfant
trace("Ciblage de la valeur de la balise de troisième niveau
➡="+monDoc_xml.firstChild.firstChild.firstChild.nodeValue);
//Ciblage de la valeur de la balise de troisième niveau =35
```

Exemple 2 (voir figure 20-17) :

```
var monDoc_xml = new XML('<ages><pere prenom="Jean"><enfant prenom="Paul">35</enfant>
➡<enfant prenom="Alain">45</enfant></pere></ages>') ;
trace("monDoc_xmlAVANT="+monDoc_xml );
//monDoc_xmlAVANT=<ages><pere prenom="Jean"><enfant prenom="Paul">35</enfant><enfant
➡prenom="Alain">45</enfant></pere></ages>
trace("Ciblage de la valeur du premier enfant avec firstChild
➡="+monDoc_xml.firstChild.firstChild.firstChild.firstChild.nodeValue);
//Ciblage de la valeur du premier enfant avec firstChild =35
trace("Ciblage de la valeur du premier enfant avec childNodes[0]
➡="+monDoc_xml.firstChild.firstChild.childNodes[0].firstChild.nodeValue);
//Ciblage de la valeur du premier enfant avec childNodes[0] =35
trace("Ciblage de la valeur du second enfant avec childNodes[1]
➡="+monDoc_xml.firstChild.firstChild.childNodes[1].firstChild.nodeValue);
//Ciblage de la valeur du second enfant avec childNodes[1] =45
```

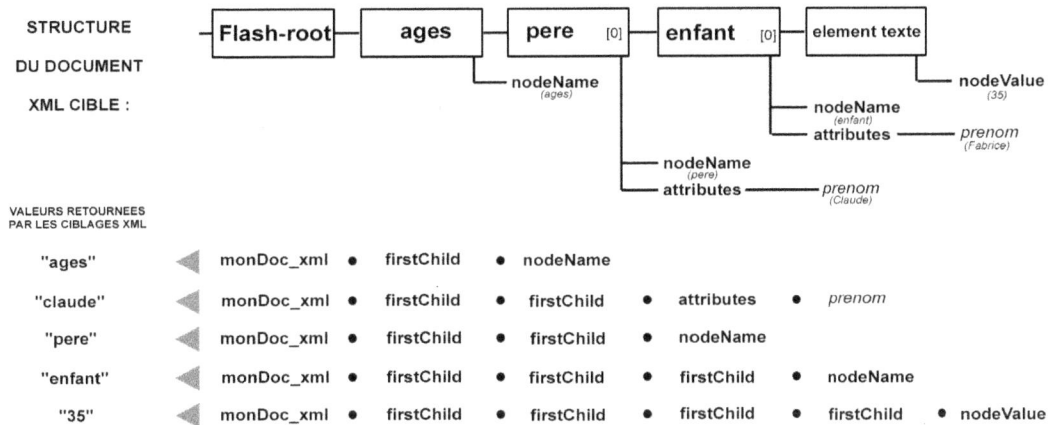

Figure 20-16

Construction d'un chemin ciblant un élément enfant avec firstChild.

```
//Ciblage de la valeur du premier enfant avec childNodes[1] =45
```

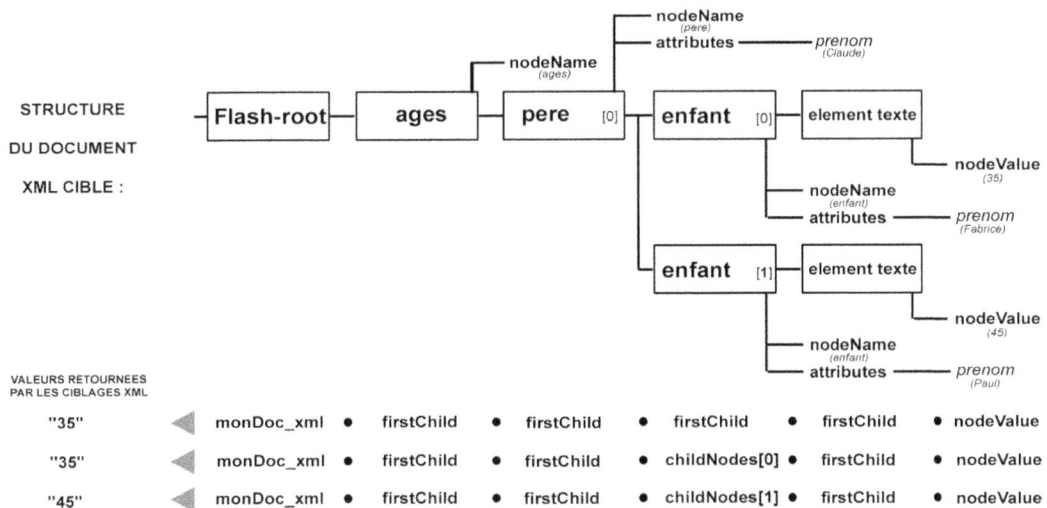

Figure 20-17

Construction d'un chemin ciblant un élément enfant avec childNodes[].

Cibler l'élément parent

Pour cibler l'élément parent (un élément ne peut avoir qu'un seul élément parent), il suffit de construire un chemin (en utilisant la syntaxe pointée) qui cible l'élément enfant concerné et de lui ajouter la propriété parentNode. Voici un exemple de ciblage de l'élément parent de l'élément enfant `<enfant prenom="Fabrice">35</enfant>` (voir figure 20-18) :

```
var monDoc_xml = new XML('<ages><pere prenom="Claude"><enfant prenom="Fabrice">35</enfant>
➥</pere></ages>') ;
trace("monDoc_xmlAVANT="+monDoc_xml );
//monDoc_xmlAVANT=<ages><pere prenom="Claude <enfant prenom="Fabrice">35</enfant></pere>
➥</ages>
var pointeurEnfant:Object =monDoc_xml.firstChild.firstChild.firstChild ;
//pointeur élément <enfant>
trace("Ciblage du nom de balise de l'élément enfant ="+pointeurEnfant.nodeName);
//Ciblage du nom de balise de l'élément enfant =enfant
trace("Ciblage de l'élément parent ="+pointeurEnfant.parentNode);
//Ciblage de l'élément parent (le contenu de l'élément)
//Ciblage de l'élément parent = <pere prenom="Claude"><enfant prenom="Fabrice">35</enfant>
➥</pere>
trace("Ciblage du nom de balise de l'élément parent ="+pointeurEnfant.parentNode.nodeName);
//Ciblage du nom de balise de l'élément parent
//Ciblage du nom de balise de l'élément parent = pere
```

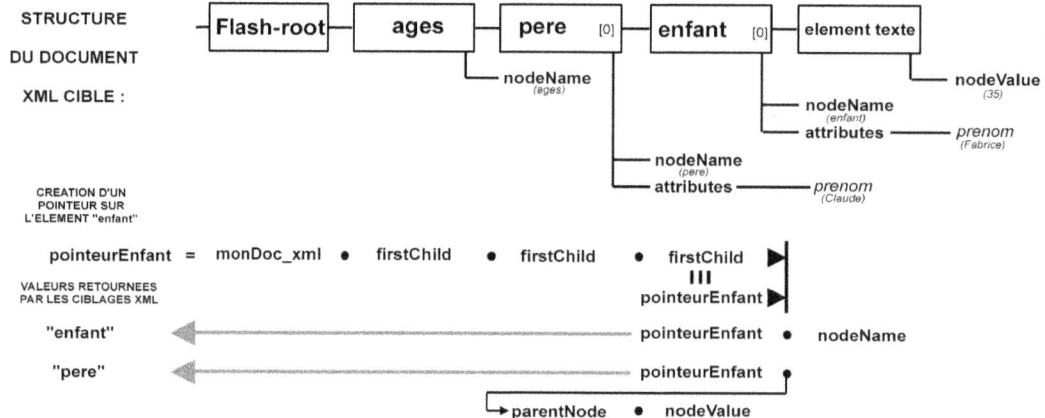

Figure 20-18

Construction d'un chemin ciblant un élément parent avec parentNode.

Cibler l'attribut d'un élément

Il existe deux manières de cibler l'attribut d'un élément à l'aide de la propriété attributes. La première utilise la syntaxe pointée exploitée traditionnellement en POO (exemple : attributes.nomAttribut). La seconde utilise la syntaxe classique d'un tableau de variable (exemple :

attributes["nomAttribut"]). Dans l'exemple ci-dessous, ces deux syntaxes sont utilisées successivement pour afficher l'attribut de l'élément père de l'objet XML (dont la valeur est « Claude »), (voir figure 20-19) :

```
var monDoc_xml = new XML('<ages><pere prenom="Claude"><enfant prenom="Fabrice"/></pere></ages>') ;
trace("monDoc_xmlAVANT="+monDoc_xml );
//monDoc_xmlAVANT=<ages><pere prenom="Claude"><enfant prenom="Fabrice" /></pere></ages>
trace("Méthode 1 pour cibler l'attribut de pere [0]
➡="+monDoc_xml.firstChild.firstChild.attributes.prenom);
//Méthode 1 pour cibler l'attribut de pere [0] =Claude
trace("Méthode 2 pour cibler l'attribut de pere [0]
➡="+monDoc_xml.firstChild.firstChild.attributes["prenom"]);
//Méthode 2 pour cibler l'attribut de pere [0] =Claude
```

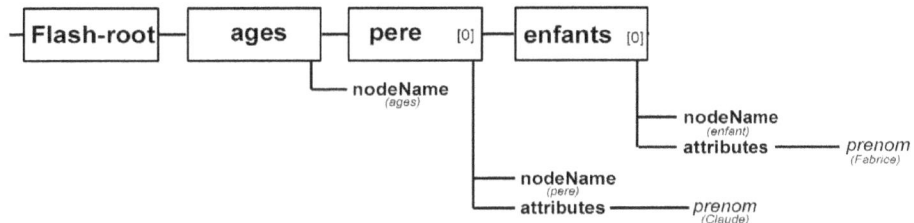

Figure 20-19

Construction d'un chemin ciblant l'attribut d'un élément avec attributes.

Traiter les éléments d'un objet XML

Traiter tous les éléments d'un même niveau

Pour traiter tous les éléments d'un même niveau, il faut parcourir les éléments et leur valeur à l'aide d'une boucle. Trois techniques peuvent être exploitées pour parcourir les éléments d'un même niveau. La première s'appuie sur la propriété childNodes couplée avec une boucle for. Les deux autres utilisent les propriétés nextSibling ou previousSibling couplées avec une boucle while.

Parcours des éléments avec childNodes

Grâce à la méthode childNodes qui permet d'accéder sous forme d'un tableau childNodes[n] à tous les éléments enfants contenu dans un même élément père, il est possible de parcourir (et donc de traiter) tous les éléments d'un même niveau. En effet, childNodes[n] étant un tableau, il est possible d'accéder à sa propriété length afin de conditionner une boucle. L'exemple ci-dessous illustre cette technique :

```
var monDoc_xml = new XML('<ages><pere prenom="Jean"><enfant >35</enfant><enfant >
➡42</enfant><enfant >38</enfant></pere></ages>') ;
```

```
trace("monDoc_xmlAVANT="+monDoc_xml );
//monDoc_xmlAVANT=<ages><pere prenom="Jean"><enfant>35</enfant><enfant>42<
➥/enfant><enfant>38</enfant></pere></ages>
var pointeurPere:Object =monDoc_xml.firstChild.firstChild ;
//pointeur élément <pere>
trace("pointeurPere= "+pointeurPere);
//pointeurPere= <pere prenom="Jean"><enfant>35</enfant><enfant>42</enfant><enfant>38<
➥/enfant></pere>
var nbreElementPere =pointeurPere.childNodes.length ;
//nombre d'éléments enfants de l'élément père, soient 3
trace("nbreElementPere = "+nbreElementPere);
//nbreElementPere = 3
var nomBalise:String=pointeurPere.nodeName;
//nom de la balise pointée, soit pere
trace("nomBalise = "+nomBalise);
//nomBalise = pere
//----Boucle de récupération des éléments
for (var n:Number =0; n<pointeurPere.childNodes.length; n++) {
 trace("Elément enfant "+n+" est égal à "+ pointeurPere.childNodes[n].firstChild.nodeValue);
 }
/*
Élément enfant 0 est égal à 35
Élément enfant 1 est égal à 42
Élément enfant 2 est égal à 38
*/
```

Parcours des éléments avec nextSibling

Contrairement à la technique précédente qui permet de parcourir tous les éléments enfants d'un élément père, nous allons cibler le premier élément d'un niveau pour parcourir ensuite tous les éléments frères du même niveau. Pour mettre en œuvre cette technique, nous utiliserons la propriété nextSibling – qui permet de déplacer un pointeur au frère suivant – et nous l'intégrerons dans une boucle while :

```
var monDoc_xml = new XML('<ages><pere prenom="Jean"><enfant >35</enfant><enfant >
➥42</enfant><enfant >38</enfant></pere></ages>') ;
trace("monDoc_xmlAVANT="+monDoc_xml );
//monDoc_xmlAVANT=<ages><pere prenom="Jean"><enfant>35</enfant><enfant>42<
➥/enfant><enfant>38</enfant></pere></ages>
var pointeurPremierEnfant:Object =monDoc_xml.firstChild.firstChild.firstChild ;
//pointeur premier élément <enfant>
trace("pointeurPremierEnfant= "+pointeurPremierEnfant);
//pointeurPremierEnfant= <enfant>35</enfant>
var n:Number =0;//init du compteur d'élément
//boucle de parcours des éléments frères
while (pointeurPremierEnfant!= null) {
 trace("Elément enfant "+nbreAttribut+" est égal à "
➥+ pointeurPremierEnfant.firstChild.nodeValue);
 pointeurPremierEnfant=pointeurPremierEnfant.nextSibling;
 //déplace le pointeur sur l'élément suivant
 n++;//incrémente le compteur d'éléments
```

```
  }
/*
Élément enfant 0 est égal à 35
Élément enfant 1 est égal à 42
Élément enfant 2 est égal à 38
*/
```

Parcours des éléments avec previousSibling

Cette dernière technique est identique à la précédente, si ce n'est que nous allons parcourir les différents frères d'un même niveau en partant du dernier et en déplaçant le pointeur au frère précédent (à l'aide de la propriété previousSibling) à chaque tour de boucle :

```
var monDoc_xml = new XML('<ages><pere prenom="Jean"><enfant >35</enfant><enfant >
➡42</enfant><enfant >38</enfant></pere></ages>') ;
trace("monDoc_xmlAVANT="+monDoc_xml );
//monDoc_xmlAVANT=<ages><pere prenom="Jean"><enfant>35</enfant><enfant>42<
➡/enfant><enfant>38</enfant></pere></ages>
var pointeurDernierEnfant:Object =monDoc_xml.firstChild.firstChild.lastChild ;
//pointeur dernier élément <enfant>
trace("pointeurDernierEnfant= "+pointeurDernierEnfant);
//pointeurDernierEnfant= <enfant>38</enfant>
var n:Number =monDoc_xml.firstChild.firstChild.childNodes.length ;
//init du compteur d'éléments
trace("nombre de frères ="+n);
//nombre de frères =3
//boucle de parcours des éléments frères
while (pointeurDernierEnfant!= null) {
 trace("Elément enfant "+n+" est égal à "+ pointeurDernierEnfant.firstChild.nodeValue);
 pointeurDernierEnfant=pointeurDernierEnfant.previousSibling;
 //déplace le pointeur sur l'élément précédent
 n--;//décrémente le compteur d'éléments
 }
/*
Élément enfant 3 est égal à 38
Élément enfant 2 est égal à 42
Élément enfant 1 est égal à 35
*/
```

Traiter tous les attributs d'un élément

Contrairement aux différents éléments d'un même niveau, les attributs d'un même élément ne sont pas contenus dans un tableau indicé mais dans un objet attributes. On peut également utiliser une boule for/in (boucle destinée à parcourir les propriétés d'un objet ; revoir si besoin le chapitre 10) comme le montre l'exemple ci-dessous, dans lequel sont affichés tous les attributs de l'élément pere (nom et prenom dans cet exemple) :

```
var monDoc_xml = new XML('<ages><pere nom="Dupond" prenom="Jean"><enfant >35</enfant>
➡</pere></ages>') ;
trace("monDoc_xmlAVANT="+monDoc_xml );
//monDoc_xmlAVANT=<ages><pere nom="Dupond" prenom="Jean"><enfant>35</enfant></pere></ages>
```

```
var nbreAttribut:Number =0;//init du compteur d'attribut
var pointeurPere:Object =monDoc_xml.firstChild.childNodes[0] ;
//pointeur élément <pere>
var nomBalise:String=pointeurPere.nodeName;
//nom de la balise <pere> soit : pere
//----Boucle de récupération des attributs
for (var nomAttribut:String in pointeurPere.attributes) {
 trace("L'attribut "+nomAttribut+" est égal à "+ pointeurPere.attributes[nomAttribut]);
 nbreAttribut++;//incrémente le compteur d'attributs
}
/*
L'attribut nom est égal à Dupond
L'attribut prenom est égal à Jean
*/
trace("L'élément <"+nomBalise+"> a "+nbreAttribut+" attributs");
//L'élément <pere> a 2 attributs
```

Formater et structurer un objet XML

Insérer ou remplacer tout le contenu d'un objet XML

Pour remplacer tout le contenu d'un objet XML (balises et valeurs de tous les éléments de l'objet), il est possible d'utiliser la méthode parseXML("contenuObjetXml"). Cette méthode doit être appliquée à un objet XML préalablement créé. Si l'objet XML a été créé vide, le contenu sera simplement inséré dans l'objet, sinon il remplacera tous les éléments qu'il contient.

L'exemple ci-dessous montre comment remplacer le contenu de l'objet monDoc_xml en utilisant la méthode parseXML() :

```
var monDoc_xml = new XML('<ages><pere>42</pere></ages>') ;
trace("monDoc_xmlAVANT="+monDoc_xml );
// monDoc_xmlAVANT=<ages><pere>42</pere></ages>
monDoc_xml.parseXML('<ages><pere nom="Dupond" >35</pere></ages>');
trace("monDoc_xmlAPRES="+monDoc_xml );
// monDoc_xmlAPRES=<ages><pere nom="Dupond">35</pere></ages>
```

Supprimer un objet XML

Pour supprimer un objet XML, il faut appliquer l'instruction delete à l'objet XML lui-même (ciblé par monDoc_xml dans l'exemple ci-dessous). Avec cette méthode, l'objet XML est définitivement supprimé, ce qui permet de libérer de l'espace mémoire. L'exemple ci-dessous montre comment supprimer l'objet monDoc_xml :

```
var monDoc_xml = new XML('<ages><pere>42</pere></ages>') ;
trace("monDoc_xmlAVANT="+monDoc_xml );
// monDoc_xmlAVANT=<ages><pere>42</pere></ages>
delete monDoc_xml;
trace("monDoc_xmlAPRES="+monDoc_xml );
// monDoc_xmlAPRES=undefined
```

Modifier la valeur d'un élément XML

Pour modifier la valeur d'un élément contenu dans un objet XML, il suffit d'affecter la nouvelle valeur en utilisant le chemin cible de l'élément terminé par la propriété `nodeValue` (revoir si nécessaire le ciblage d'un élément). L'exemple ci-dessous montre comment remplacer la valeur de l'élément enfant (soit initialement 35) par une nouvelle valeur (42) :

```
var monDoc_xml = new XML('<ages><pere prenom="Jean"><enfant prenom="Paul">35</enfant>
</pere></ages>') ;
trace("monDoc_xmlAVANT="+monDoc_xml );
//monDoc_xmlAVANT=<ages><pere prenom="Jean"><enfant prenom="Paul">35</enfant></pere></ages>
trace("Ciblage de la valeur du premier enfant avant modification
="+monDoc_xml.firstChild.firstChild.firstChild.firstChild.nodeValue);
//Ciblage de la valeur du premier enfant avant modification =35
monDoc_xml.firstChild.firstChild.firstChild.firstChild.nodeValue="42";
//affectation de la nouvelle valeur à l'élément enfant
trace("Ciblage de la valeur du premier enfant après modification
="+monDoc_xml.firstChild.firstChild.firstChild.firstChild.nodeValue);
//Ciblage de la valeur du premier enfant après modification =42
```

Modifier le nom de balise d'un élément XML

Pour modifier le nom de la balise d'un élément contenu dans un objet XML, il suffit d'affecter la nouvelle valeur en utilisant le chemin cible de l'élément, terminé par la propriété `nodeName` (revoir si besoin le ciblage d'un élément). L'exemple ci-dessous montre comment modifier le nom d'une balise :

```
var monDoc_xml = new XML('<ages><pere prenom="Jean"><enfant prenom="Paul">35</enfant></pere>
</ages>') ;
trace("monDoc_xmlAVANT="+monDoc_xml );
//monDoc_xmlAVANT=<ages><pere prenom="Jean"><enfant prenom="Paul">35</enfant></pere></ages>
trace("Ciblage du nom de la balise avant modification
="+monDoc_xml.firstChild.firstChild.firstChild.nodeName);
//Ciblage du nom de la balise avant modification =enfant
monDoc_xml.firstChild.firstChild.firstChild.nodeName="fils";
//affectation du nouveau nom de la balise : fils
trace("Ciblage du nom de la balise après modification
="+monDoc_xml.firstChild.firstChild.firstChild.nodeName);
//Ciblage du nom de la balise après modification =fils
trace("monDoc_xmlAPRES="+monDoc_xml );
//monDoc_xmlAPRES=<ages><pere prenom="Jean"><fils prenom="Paul">35</fils></pere></ages>
```

Créer des éléments d'objet XML

Pour créer les éléments d'un objet XML (balise et valeur), il faut utiliser les méthodes `createElement("nomElemXml")` (pour créer la balise de l'élément) et `createTextNode("valeurElemXml")` (pour créer la valeur contenue dans l'élément). Une fois l'élément et sa valeur créés, il faut ensuite utiliser la méthode `appendChild()` pour affecter la valeur à l'élément (`elemPere.appendChild(elemTexte)`), puis insérer l'ensemble dans l'objet XML au niveau de votre choix (`monDoc_xml.firstChild.appendChild(elemPere)`).

L'exemple ci-dessous montre comment créer un nouvel élément `<pere>` dont la valeur est 35 et comment l'insérer dans l'objet XML :

```
var monDoc_xml = new XML('<ages><pere>42</pere></ages>') ;
trace("monDoc_xmlAVANT="+monDoc_xml );
// monDoc_xmlAVANT=<ages><pere>42</pere></ages>
elemPere=monDoc_xml.createElement("pere");//<pere />
elemTexte=monDoc_xml.createTextNode("35");//35
elemPere.appendChild(elemTexte);//<pere>35</pere>
monDoc_xml.firstChild.appendChild(elemPere);
trace("monDoc_xmlAPRES="+monDoc_xml );
// monDoc_xmlAPRES=<ages><pere>42</pere><pere>35</pere></ages>
```

Copier un élément d'objet XML

Pour ajouter un élément et sa valeur au sein d'un objet XML existant, on peut utiliser la méthode `cloneNode()`, qui permet de copier un élément existant. Il suffit ensuite de modifier sa valeur ou ses attributs pour le personnaliser avant de l'insérer dans le document XML dont il est issu :

```
var monDoc_xml = new XML('<ages><pere>42</pere></ages>') ;
trace("monDoc_xmlAVANT="+monDoc_xml );
//monDoc_xmlAVANT=<ages><pere>42</pere></ages>
elemPere=monDoc_xml.firstChild.firstChild.cloneNode(true);
//<pere>42</pere>
elemPere.firstChild.nodeValue="35";
//<pere>35</pere>
monDoc_xml.firstChild.appendChild(elemPere);
trace("monDoc_xmlAPRES="+monDoc_xml );
// monDoc_xmlAPRES=<ages><pere>42</pere><pere>35</pere></ages>
```

Supprimer un élément d'un objet XML

Pour supprimer un élément d'objet XML, il faut lui appliquer la méthode `removeNode()` (cet élément est ciblé par `monDoc_xml.firstChild.childNodes[1]` dans l'exemple ci-dessous). Cette méthode supprime l'élément ciblé mais aussi toute sa filiation (enfants, petits-enfants…).

> **Attention !**
> Cette méthode permet de supprimer tous les éléments enfants d'un objet XML mais elle ne supprime pas l'objet XML lui-même (il faut pour ce faire lui appliquer l'instruction `delete`).

Dans l'exemple ci-dessous le second élément enfant de l'objet (`<pere>35</pere>`) est supprimé de la hiérarchie de l'objet XML :

```
var monDoc_xml = new XML('<ages><pere>42</pere><pere>35</pere></ages>') ;
trace("monDoc_xmlAVANT="+monDoc_xml );
//monDoc_xmlAVANT=<ages><pere>42</pere><pere>35</pere></ages>
monDoc_xml.firstChild.childNodes[1].removeNode();
trace("monDoc_xmlAPRES="+monDoc_xml );
// monDoc_xmlAPRES=<ages><pere>42</pere></ages>
```

Déplacer un élément d'un objet XML

Pour déplacer des éléments dans une hiérarchie XML, on peut utiliser la méthode `appendChild()`. Cette méthode (voir ci-dessus) permet d'ajouter un élément enfant à un élément père. Pour effectuer un déplacement au lieu d'un ajout, il suffit que l'élément enfant indiqué dans l'argument de la méthode soit présent dans la hiérarchie de l'objet XML. L'élément enfant sera alors supprimé de son emplacement actuel et recréé en tant qu'enfant de l'élément père préfixant la méthode (soit `monDoc_xml.firstChild.childNodes[1]` dans l'exemple ci-dessous).

Dans l'exemple ci-dessous, on désire modifier la paternité de l'enfant Fabrice et l'affecter au père Thierry (alors qu'initialement Fabrice est l'enfant de Claude) :

```
var monDoc_xml = new XML('<ages><pere prenom="Claude"><enfant prenom="Fabrice"/></pere>
➡<pere prenom="Thierry" /></ages>') ;
trace("monDoc_xmlAVANT="+monDoc_xml );
//monDoc_xmlAVANT=<ages><pere prenom="Claude"><enfant prenom="Fabrice" /></pere>
➡<pere prenom="Thierry" /></ages>
trace("element pere cible ="+monDoc_xml.firstChild.childNodes[1]);
// élément père cible = <pere prenom="Thierry" />
trace("element enfant source = "+monDoc_xml.firstChild.childNodes[0].firstChild);
//l'élément enfant source = <enfant prenom="Fabrice" /> sera déplacé car il existe déjà dans
➡la hiérarchie de l'objet XML
monDoc_xml.firstChild.childNodes[1].appendChild(monDoc_xml.firstChild.childNodes[0].firs
➡Child);
trace("monDoc_xmlAPRES="+monDoc_xml );
// monDoc_xmlAPRES=<ages><pere prenom="Claude" /><pere prenom="Thierry"><enfant
➡prenom="Fabrice" /></pere></ages>
```

Créer ou supprimer l'attribut d'un élément

Pour créer un attribut, il suffit de lui affecter une valeur. Il sera initialisé avec cette valeur. La suppression d'un attribut est aussi simple : il suffit d'utiliser l'instruction `delete`, suivie du chemin ciblant l'élément à supprimer.

Dans l'exemple ci-dessous, dans un premier temps, l'attribut nom est ajouté à l'élément `<pere>`, puis initialisé à la valeur Dupond. Dans un second temps, ce même attribut est supprimé de son élément afin d'obtenir une structure identique à celle du début du traitement :

```
var monDoc_xml = new XML('<ages><pere prenom="Claude"><enfant /></pere></ages>') ;
trace("monDoc_xmlAVANT="+monDoc_xml );
// monDoc_xmlAVANT = <ages><pere prenom="Claude"><enfant /></pere></ages>
monDoc_xml.firstChild.firstChild.attributes.nom="Dupond";
//ajout de l'attribut "nom" initialisé avec la valeur "Dupond"
trace("monDoc_xmlAPRESajout="+monDoc_xml );
//monDoc_xmlAPRESajout=<ages><pere nom="Dupond" prenom="Claude"><enfant /></pere></ages>
delete monDoc_xml.firstChild.firstChild.attributes.nom;
//suppression de l'attribut précédemment créé
trace("monDoc_xmlAPRESsupp="+monDoc_xml );
//monDoc_xmlAPRESsupp =<ages><pere prenom="Claude"><enfant /></pere></ages>
```

Utilisation des objets XMLSocket

Les objets XMLSocket de Flash permettent de communiquer avec un serveur socket grâce à une connexion persistante. Un serveur socket peut accepter de multiples connexions en même temps et renvoyer une information identique à tous les clients connectés. La mise en œuvre d'objets XMLSocket couplés avec un serveur socket permet de créer des applications capables de réagir en temps réel comme des plates-formes de dialogue en ligne (*chat*) ou tout type de jeu en réseau multijoueur.

Dans ce chapitre, nous présenterons uniquement la syntaxe du constructeur XMLSocket ainsi que ses méthodes et ses gestionnaires. Cependant, afin d'illustrer le fonctionnement d'un objet XMLSocket et d'un serveur socket, une application simple de dialogue en ligne est développée dans le chapitre 22.

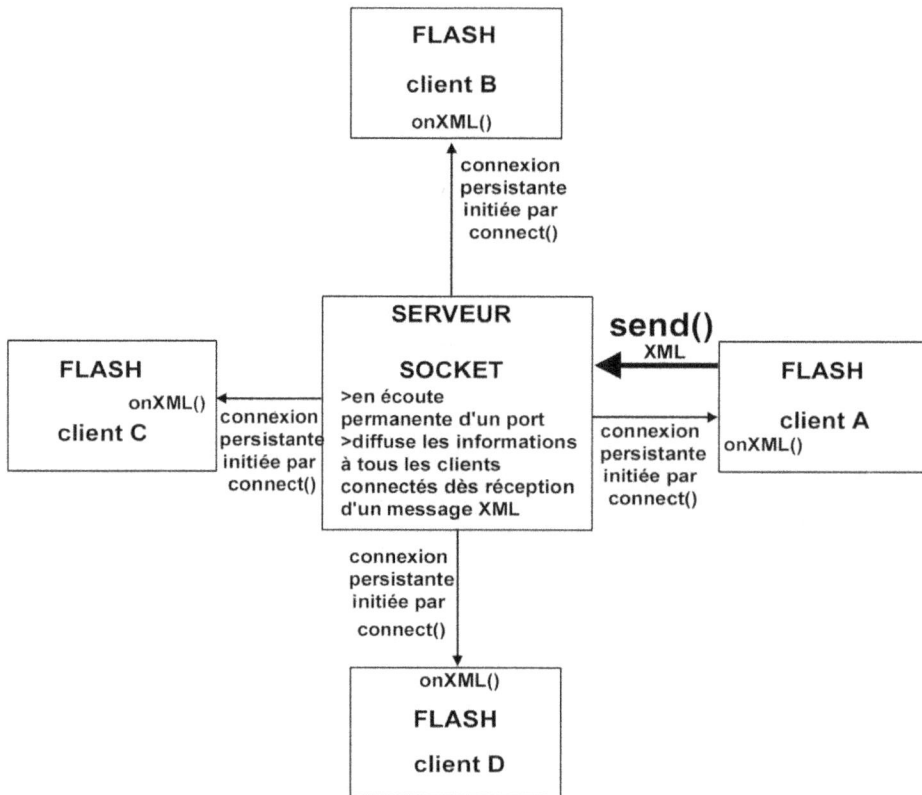

Figure 20-20

*Principe des connexions entre un serveur socket et des applications clients Flash : lorsque le client A
envoie un message XML au serveur socket, celui-ci le réceptionne et le diffuse à tous les clients connectés.
Le gestionnaire d'événements onXML de chaque client est alors invoqué et se charge de récupérer et de traiter
cette nouvelle information.*

La classe XMLSocket

La classe XMLsocket doit être créée avant de communiquer avec un serveur socket. Une fois l'instance de la classe créée (objet XMLSocket créé avec `new XMLSocket()`), on peut ensuite utiliser ses méthodes – `connect()`, `send()`, `close()` – et ses gestionnaires d'événements – `onConnect()`, `onData()`, `onClose()` et `onXML()` – pour se connecter puis communiquer avec un serveur socket.

Tableau 20-9. Syntaxe du constructeur de la classe XMLSocket

La classe XMLsocket permet de créer des objets XMLSocket (`monObjet_xmlsocket`) et d'utiliser ses méthodes et ses gestionnaires pour communiquer avec un serveur socket.

Création d'un objet à l'aide du constructeur :
```
var monObjet_xmlsocket = new XMLSocket()
```

Méthodes des objets XMLSocket

Tableau 20-10. Méthodes de la classe XMLSocket

Méthodes	Définitions des paramètres

`monObjet_xmlsocket.connect("hôte",port)`
Ouvre une connexion entre le serveur socket et l'objet `monObjet_xmlsocket`. Cette méthode retourne une valeur booléenne true en cas de succès ou false dans le cas contraire. Après la tentative de connexion, le gestionnaire `onConnect()` est ensuite invoqué.
Exemple :
`monObjet_xmlsocket.connect ("localhost",22222)`
	`hôte` : adresse absolue (exemple : *www.serveur.com*) ou adresse IP (exemple : 213.186.39.111) spécifiant où se trouve l'hôte auquel on désire se connecter. Si l'hôte est sur la même machine que l'application Flash, il est possible d'indiquer `"localhost"` comme argument.
	`port` : nombre entier correspondant à un numéro de port supérieur ou égal à 1 024. Ce numéro est spécifique au serveur socket utilisé et doit correspondre au port d'écoute de ce dernier.

`monObjet_xmlsocket.send(elem_xmlnode)`
Transmet au format XML les informations de l'élément `elem_xmlnode` au serveur socket préalablement connecté avec `monObjet_xmlsocket`. En cas de réponse du serveur socket, le gestionnaire `onXML()` sera invoqué.
Exemple 1 :
`monObjet_xmlsocket.send("<ages>52</ages>");`
Exemple 2 :
`var monDoc_xml = new XML("<ages>52</ages>");`
`monObjet_xmlsocket.send(monDoc_xml);`
	`elem_xmlnode` : occurrence de la classe XMLnode ou chaîne contenant du texte au format XML. La classe XML étant une sous-classe de la superclasse interne XMLnode, cet élément peut être une occurrence de la classe XML (donc un objet XML habituellement nommé `monObjet_xml` dans les autres exemples) ou un simple élément XML issu de la hiérarchie de cet objet.

`monObjet_xmlsocket.close()`
Termine une connexion ouverte entre le serveur socket et l'objet `monObjet_xmlsocket`. À noter : La méthode `close()` ne déclenche pas le gestionnaire `onClose()`. En effet, ce dernier est déclenché par une interruption de la connexion initiée par le serveur de socket lui-même.
Exemple :
`monObjet_xmlsocket.close();`	

Tableau 20-11. Gestionnaires d'événements de la classe XMLSocket

Gestionnaires d'événements	Définitions des paramètres

```monObjet_xmlsocket.onConnect = function (succes) {```
```//mettre ici vos instructions de traitement }```
 	
Le gestionnaire d'événements onConnect est invoqué lors d'une tentative de connexion initiée par l'appel de la méthode connect(). Si la connexion est établie correctement, le paramètre succes est affecté à true et dans le cas contraire à false.
 	
Exemple :
 	
```monDoc_xmlsocket.onConnect=function(succes){```
```   if(!succes){```
```   erreur_txt.text="erreur de connexion";```
```   }```
```}```
 	
```monObjet_xmlsocket.onData = function (src) {```
```//mettre ici vos instructions }```
 	
Le gestionnaire d'événements onData() est invoqué dès qu'une information est envoyée par le serveur socket à l'objet monObjet_xmlsocket. Par défaut, ce gestionnaire convertit l'information reçue (src) en un objet XML qu'il transmet automatiquement au gestionnaire onXML(). En pratique, ce gestionnaire est rarement utilisé sauf dans certains cas pour intercepter les informations avant qu'elles ne soient traitées par le gestionnaire onXML().
 	
```monObjet_xmlsocket.onXML = function (elem_xmlnode) {```
```//mettre ici vos instructions de traitement }```
 	
Le gestionnaire d'événements onXML() est invoqué dès qu'une information complète est réceptionnée en provenance du serveur socket. Cette information est alors analysée puis transmise par l'argument elem_xmlnode. En pratique, ce gestionnaire permet de démarrer un traitement dès réception d'une nouvelle information du serveur socket.
 	
Exemple :
 	
```monDoc_xmlsocket.onXML=function(message_xml){```
``` message_txt.text=message_xml.firstChild.firstChild.nodeValue;```
```   }```
```}```
 	
```monObjet_xmlsocket.onClose = function () {```
```//mettre ici vos instructions de traitement }```
 	
Le gestionnaire d'événements onClose() est invoqué dès que la connexion est fermée par le serveur socket. En pratique, ce gestionnaire est utilisé pour déclencher un traitement en cas de déconnexion externe du socket.
 	
Exemple :
 	
```monDoc_xmlsocket.onClose=function(){```
```avertissement_txt.text="La connexion a été interrompue par le serveur";```
```   }```
```}```
	src : Chaîne contenant le code source des éléments XML envoyé par le serveur socket.
	
	succes : ce paramètre indique si l'opération de connexion s'est déroulée avec succès (true) ou non (false).
	
	elem_xmlnode : Occurence de la classe XMLnode ou chaîne contenant du texte au format XML. La classe XML étant une sous-classe de la super classe interne XMLnode, cet élément peut être une occurence de la classe XML (donc un objet XML habituellement nommé monObjet_xml dans les autres exemples) ou un élément XML issu de la hiérarchie de cet objet.

Application des objets XMLsocket

Pour illustrer l'utilisation des objets XMLsocket, une application de dialogue en ligne (*chat*) est présentée à la fin du chapitre 22.

21

PHP et XML

La lecture et l'analyse d'un fichier XML avec PHP peuvent être mises en œuvre à l'aide de plusieurs techniques différentes (SAX, DOM, XSLT…). Cependant, la présentation de ces différentes techniques nécessiterait à elle seule un ouvrage. Dans le cadre de ce livre, nous nous limiterons donc à l'analyseur syntaxique XML de PHP (l'extension xml), simple et fréquemment disponible sur les infrastructures serveur PHP courantes.

Deux exemples d'application de la technique de lecture et d'analyse d'un fichier XML à l'aide cette extension PHP vous permettront de mettre en pratique ces nouvelles fonctions. La première application permet de convertir un fichier XML en HTML, alors que la seconde permet d'extraire des données spécifiques d'un fichier XML pour les mémoriser dans un tableau de variables.

Nous présenterons ensuite une technique d'écriture d'un fichier XML à l'aide de scripts PHP. Elle permet de construire dynamiquement un fichier XML pour l'écrire ensuite dans un fichier externe.

Trois exemples vous seront ensuite proposés. Le premier exemple permet d'écrire directement un fichier XML sans traitement préalable. Le second permet de construire un document XML à partir de données stockées dans un tableau de variables pour l'écrire ensuite dans un fichier externe. Enfin, le troisième permet de construire un document XML et de l'écrire dans un fichier externe mais, cette fois, avec des données issues d'un formulaire intégré.

Une étude de cas permettant de créer une interface de mise à jour complète d'un fichier XML figure dans le chapitre 22 dans la section consacrée à l'interface PHP-XML.

Analyseur syntaxique XML de PHP

L'extension xml de PHP

Avant de commencer, assurez-vous que l'extension xml est bien installée sur votre infrastructure serveur. La suite EasyPHP 1.7 comprend par défaut l'extension xml (voir figure 21-1). Pour savoir si l'extension xml est installée sur votre serveur distant, insérez la fonction phpinfo() dans une page de votre serveur afin de contrôler que les fonctionnalités xml sont bien activées (voir figure 21-2).

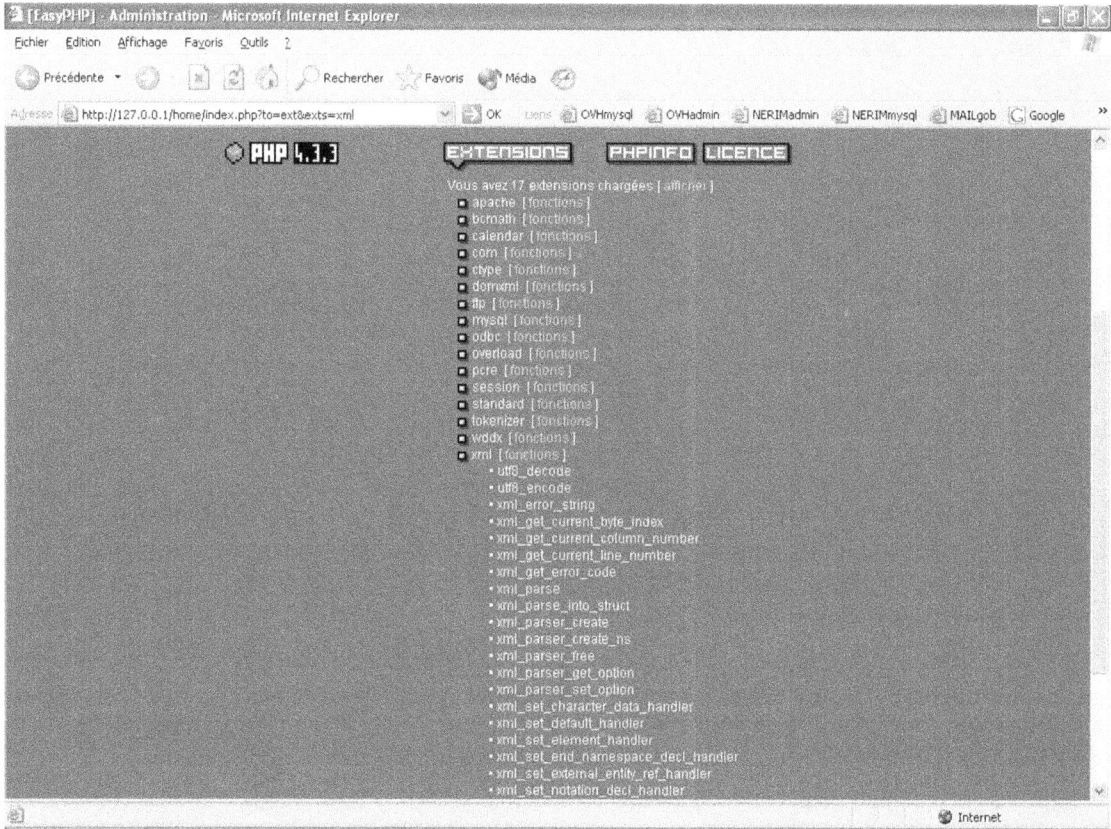

Figure 21-1

Affichage des nombreuses fonctions disponibles avec l'extension xml.

Figure 21-2

*La fonction phpinfo()
permet de vérifier que
l'extension xml est
correctement activée
sur votre serveur.*

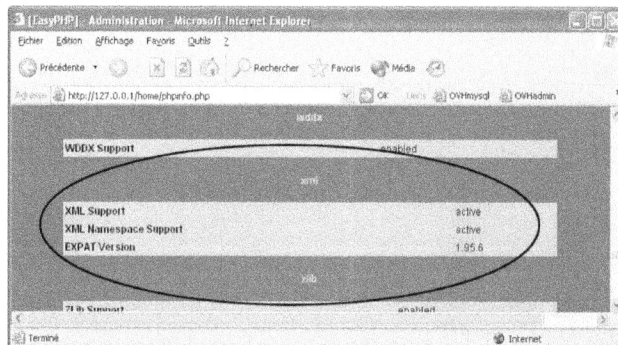

Création et utilisation d'un analyseur xml

Une fois l'extension xml préalablement installée sur votre serveur PHP, vous pourrez créer un analyseur XML puis définir des gestionnaires d'événements et des méthodes de traitement XML afin d'analyser des documents XML.

Pour analyser un document XML, il faut d'abord créer un objet analyseur XML à l'aide de la fonction xml_parser_create() (voir tableau 21-1). Celui-ci renvoie une référence qui sera ensuite exploitée dans les différents gestionnaires et méthodes de traitement du script. Cet objet est automatiquement détruit à la fin du script. Il est également possible de le supprimer à l'aide de la fonction xml_parser_free() (voir tableau 21-2).

La fonction xml_parser_set_option() permet de configurer certaines options de traitement de l'analyseur (voir tableau 21-2). Vous pourrez ainsi forcer la reconnaissance de la casse ou changer le codage initialisé par défaut (UTF-8, US-ASCII, ISO-8859-1).

Lors de l'analyse du document XML, des gestionnaires d'événements sont sollicités en fonction du type d'éléments manipulés. Le gestionnaire xml_set_element_handler() est appelé lorsque l'analyseur manipule une balise d'ouverture ou de fermeture alors que le gestionnaire xml_set_character_data_handler() est appelé à chaque manipulation du contenu d'une balise.

Ces différents gestionnaires doivent être déclarés avant le démarrage de l'analyse afin de définir les traitements exécutés pour chacun de ces événements. Les noms des fonctions de traitement utilisées ainsi que la référence de l'analyseur doivent être spécifiés dans les arguments de chaque gestionnaire d'événements XML (voir tableau 21-3).

Les fonctions auxquelles font référence les gestionnaires doivent être préalablement déclarées. Si les noms des fonctions de traitement peuvent être choisis librement par le programmeur, il faut utiliser les arguments préconisés par PHP (voir tableau 21-4).

Lorsque toutes ces déclarations sont effectuées, il est possible d'analyser le document XML. L'analyse XML est déclenchée par l'appel de la fonction xml_parse(). Cette fonction doit comporter en argument la référence de l'objet analyseur concerné ainsi que le document à analyser (voir tableau 21-2).

Gestionnaires et méthodes de l'extension xml

Les tableaux suivants présentent la syntaxe de la fonction de création de l'analyseur et celle des principaux gestionnaires et méthodes de l'extension (faisant référence à l'analyseur préalablement créé). La liste des méthodes n'est pas exhaustive mais celles que nous présentons ici vous permettront de réaliser des analyseurs de base. Nous vous invitons à consulter la documentation officielle de PHP *www.php.net* (ou la documentation de *www.nexen.net* en français) si vous désirez connaître toutes les méthodes disponibles avec l'extension xml.

Tableau 21-1. Syntaxe de la fonction de création d'un analyseur

xml_parser_create()
Cette fonction permet de créer un objet analyseur XML et retourne une référence à cet analyseur pour qu'il puisse être utilisé ultérieurement par d'autres fonctions XML. La fonction retourne false en cas d'erreur.
Création d'un analyseur à l'aide de la fonction `xml_parser()` : `$analyseur = xml_parser_create([codage])` `codage` : paramètre optionnel définissant le type de codage des caractères de l'analyseur (UTF-8, US-ASCII, ISO-8859-1). En cas d'absence de ce paramètre, le codage par défaut est ISO-8859-1. `$analyseur` : variable dans laquelle sera mémorisée la référence de l'analyseur créé. `codage` : (argument optionnel) codage des caractères utilisés : UTF-8, US-ASCII, ISO-8859-1. `[xxx]` : le code xxx est facultatif. (Attention ! Vous ne devez surtout pas saisir les crochets [et] dans le code.)

Tableau 21-2. Principales fonctions de l'extension xml

`xml_parser_set_option($analyseur, option, valeur)` Permet de modifier les options de l'analyseur. La fonction retourne `false` si `$analyseur` n'est pas une référence valide sur un analyseur XML ou si l'option n'a pas pu être modifiée. Si l'option est modifiée, la fonction retourne true. option et valeur : `XML_OPTION_CASE_FOLDING` : contrôle la gestion de la casse des balises de l'analyseur. Peut prendre la valeur 1 ou 0. Si l'option est à 1 (valeur par défaut), les noms des balises seront automatiquement transposés en majuscule avant d'être traités. Sinon les noms des balises conservent la casse utilisée dans le document XML (option conseillée en général). `XML_OPTION_TARGET_ENCODING` : modifie le codage utilisé par l'analyseur. Les valeurs peuvent être UTF-8, US-ASCII, ISO-8859-1. Par défaut, le codage correspond à celui qui est défini par la fonction `xml_parser_create()`.
`xml_parse($analyseur, $document)` Cette fonction déclenche l'analyse du document XML (`$document`). Le premier paramètre est la variable contenant la référence de l'objet analyseur XML préalablement créé. Le second paramètre correspond au document XML (ou à une partie du document) à analyser. Lors de l'analyse, différents gestionnaires d'événements pourront être sollicités en fonction du type de l'élément manipulé (voir le tableau 21-3 pour connaître ces gestionnaires).
`xml_parser_free ($analyseur)` Cette fonction supprime l'objet analyseur XML préalablement créé afin de libérer les ressources utilisées par l'analyseur. Le paramètre `$analyseur` indique la variable contenant la référence de l'objet analyseur XML à supprimer. Remarque : dans toutes les fonctions ci-dessus, `$analyseur` est la variable contenant la référence de l'analyseur préalablement créé avec la fonction `xml_parser_create()` (revoir si nécessaire le tableau 21-1).

Tableau 21-3. Gestionnaires d'événements XML

```
xml_set_element_handler($analyseur, 'traitementDebut', 'traitementFin')
```

Ce gestionnaire est sollicité chaque fois que l'analyseur XML rencontre une balise de début ou de fin. Deux fonctions de traitement sont disponibles en fonction du type d'élément manipulé. Le paramètre traitementDebut indique le nom de la fonction de traitement d'un élément de début alors que le paramètre traitementFin indique le nom de la fonction de traitement d'un élément de fin (les caractéristiques de ces fonctions sont détaillées dans le tableau 21-4).

```
xml_set_character_data_handler($analyseur, 'traitementContenu')
```

Ce gestionnaire est sollicité chaque fois que l'analyseur XML manipule le contenu d'un élément (balise). Le paramètre traitementContenu indique le nom de la fonction de traitement qui sera appelée dans ce cas (les caractéristiques de cette fonction sont détaillées dans le tableau 21-4).

Remarque : dans toutes les fonctions ci-dessus, $analyseur est la variable contenant la référence de l'analyseur préalablement créé avec la fonction xml_parser_create() (revoir si nécessaire le tableau 21-1).

Tableau 21-4. Paramétrage des fonctions de traitement XML

Descriptif des paramètres devant être employés dans les fonctions de traitement

```
traitementDebut($analyseur, $element, $attribut)
```

La fonction de traitement traitementDebut() est appelée chaque fois qu'une balise de début est manipulée. Elle doit comporter trois paramètres. Le premier ($analyseur) correspond à la référence de l'objet analyseur concerné. Le second ($element) contient le nom de la balise qui a provoqué l'appel du gestionnaire. Le troisième ($attribut) contient un tableau associatif avec les attributs de la balise (si toutefois l'élément comporte des attributs). Les clés de ce tableau seront les noms des attributs et ses valeurs seront les valeurs correspondantes.

```
traitementFin($analyseur, $element)
```

La fonction de traitement traitementFin() est appelée chaque fois qu'une balise de fin est manipulée. Elle doit comporter deux paramètres. Le premier ($analyseur) correspond à la référence de l'objet analyseur concerné. Le second ($element) contient le nom de la balise qui a provoqué l'appel du gestionnaire.

```
traitementContenu($analyseur, $contenu)
```

La fonction de traitement traitementContenu() est appelée chaque fois qu'une balise de fin est manipulée. Elle doit comporter deux paramètres. Le premier ($analyseur) correspond à la référence de l'objet analyseur concerné. Le second ($contenu) contient les caractères contenus par l'élément sous la forme d'une chaîne.

Remarque : dans toutes les fonctions ci-dessus, $analyseur est la variable contenant la référence de l'analyseur préalablement créé avec la fonction xml_parser_create() (revoir si nécessaire le tableau 21-1).

Lecture et analyse d'un fichier XML en PHP

Conversion d'un fichier XML au format HTML

Cette application utilise l'extension xml de PHP pour convertir un fichier XML au format HTML. Les informations du fichier XML source seront analysées puis intégrées dans un tableau HTML, lui-même intégré dans une structure de page HTML cible.

Fichier XML source

Le fichier XML utilisé pour le test de cette application est enregistré sous le nom nomPeres.xml dans le même répertoire que le fichier PHP. Son contenu est le suivant :

```
<?xml version="1.0" encoding="UTF-8"?>
<ages>
  <pere >
    <nom>Dupond</nom>
    <prenom>Jean</prenom>
    <age>45</age>
  </pere>
  <pere >
    <nom>Durand</nom>
    <prenom>Claude</prenom>
    <age>35</age>
  </pere>
  <pere >
    <nom>Duval</nom>
    <prenom>Thierry</prenom>
    <age>32</age>
  </pere>
</ages>
```

Fichier de conversion PHP

Le script de ce fichier est composé de deux parties principales. La première concerne l'analyseur XML et regroupe toutes les déclarations de fonction et les instructions de création et de configuration de l'objet analyseur. La seconde appelle successivement l'analyseur à chaque ligne du document et intègre le résultat dans un tableau HTML construit dynamiquement.

Étapes de création du script PHP :

1. Dans Dreamweaver, ouvrez un nouveau document HTML (menu Fichier>Nouveau>Page de base>HTML). Enregistrez-le sous le nom lectureXml1.php dans le répertoire /6-xml/chap21/ interfacePhpXml/ (sous-répertoire de /EasyPHP1-7/www/SITEflash/).

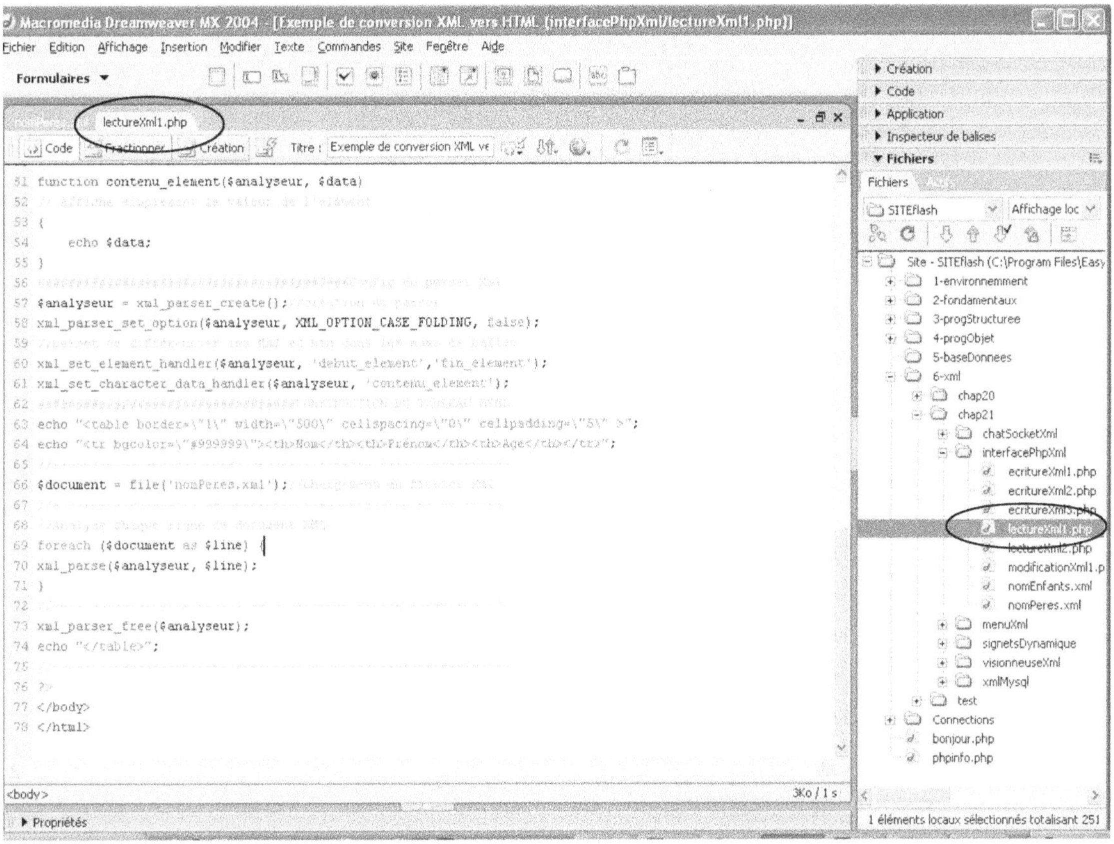

Figure 21-3

Création du fichier lectureXml1.php avec Dreamweaver.

2. La structure de la page HTML étant déjà présente dans le code, placez-vous après la balise `<body>` et saisissez les déclarations des trois fonctions de traitement ci-dessous (voir figure 21-3). La fonction `debut_element()` permet de créer une nouvelle ligne ou une nouvelle cellule de tableau HTML dès qu'une balise d'ouverture est détectée (le type de balise peut être différent selon le nom de la balise analysée : `pere`, `nom`, `prenom` ou `age`). La seconde fonction permet de fermer la ligne ou la cellule dès qu'une balise de fermeture est détectée. Enfin, la troisième permet d'afficher le contenu de la balise dans la cellule correspondante du tableau HTML dès qu'un contenu est détecté :

```
<!DOCTYPE HTML PUBLIC "-//W3C//DTD HTML 4.01 Transitional//EN"
"http://www.w3.org/TR/html4/loose.dtd">
<html>
<head>
  <title>Exemple de conversion XML vers HTML</title>
  <meta http-equiv="Content-Type" content="text/html; charset=iso-8859-1">
```

```php
</head>
<body>
<?php
###############Déclaration des fonctions de gestion Xml_parser
function debut_element($analyseur, $element, $attribut)
// Création d'une nouvelle ligne pour chaque élément PERE
//et d'une nouvelle cellule pour les autres éléments : NOM, PRENOM, AGE
{
  switch($element)
  {
  case "pere":
    echo "<tr>";
    break;
  case "nom":
    echo "<td>";
    break;
  case "prenom":
    echo "<td>";
    break;
  case "age":
    echo "<td>";
  }
}
//------------------------------------------------
function fin_element($analyseur, $element)
// Termine la ligne de chaque élément PERE
//et la cellule des autres éléments : NOM, PRENOM, AGE
{
  switch($element)
  {
  case "pere":
    echo "</tr>";
    break;
  case "nom":
    echo "</td>";
    break;
  case "prenom":
    echo "</td>";
    break;
  case "age":
    echo "</td>";
  }
}
//------------------------------------------------
function contenu_element($analyseur, $data)
// Affiche simplement la valeur de l'élément
{
  echo $data;
}
```

3. À la suite de ces déclarations, ajoutez le code ci-dessous (voir figure 21-3). La première ligne permet de créer un objet analyseur XML et mémorise sa référence dans la variable $analyseur. La seconde ligne configure l'objet analyseur afin que la casse des éléments soit prise en compte lors de l'analyse. La troisième et la quatrième lignes définissent les gestionnaires d'événements qui seront appelés lorsqu'un élément sera analysé. Selon le type d'élément (balise d'ouverture et de fermeture ou contenu de la balise), l'un des deux gestionnaires sera sollicité, ce qui déclenchera l'exécution de la fonction de traitement appropriée (debut_element(), fin_element() ou contenu_element()).

```
//////////////////////////////////////Configuration du parser xml
$analyseur = xml_parser_create();//création du parser
xml_parser_set_option($analyseur, XML_OPTION_CASE_FOLDING, false);
//permet de différencier les MAJUSCULES et les minuscules dans les noms de balise
xml_set_element_handler($analyseur, 'debut_element','fin_element');
xml_set_character_data_handler($analyseur, 'contenu_element');
```

4. Ajoutez enfin la dernière partie du script (voir le code ci-dessous). Elle permet de créer le tableau HTML et de l'intégrer dans la page. Le fichier source XML est chargé dans la variable $document. Une structure foreach() permet ensuite de déclencher successivement l'analyse de chaque ligne du document et d'appeler les gestionnaires puis les fonctions de traitement appropriés pour créer le tableau HTML tout en intégrant les informations du fichier source XML dans chacune des cellules du tableau HTML. Après analyse complète du document, la fonction xml_parser_free() est appelée afin de supprimer l'analyseur XML initialement créé :

```
///////////////////////////////////CONSTRUCTION DU TABLEAU HTML
echo "<table border=\"1\" width=\"500\" cellspacing=\"0\" cellpadding=\"5\" >";
echo "<tr bgcolor=\"#999999\"><th>Nom</th><th>Prénom</th><th>Age</th></tr>";
//----------------------------------------------------------
$document = file('nomPeres.xml');//chargement du fichier XML
//----------------------------------------------------------
//Analyse chaque ligne du document XML
foreach ($document as $line) {
xml_parse($analyseur, $line);
}
//----------------------------------------------------------
xml_parser_free($analyseur);
echo "</table>";
//----------------------------------------------------------
?>
```

5. Enregistrez le script PHP et testez son fonctionnement depuis le Web local. Lors de l'appel du fichier lectureXml1.php, un tableau HTML représentant les données du fichier source XML s'affiche dans le navigateur (voir figure 21-4).

Figure 21-4

Tableau HTML affiché lors de l'appel du fichier lectureXml1.php.

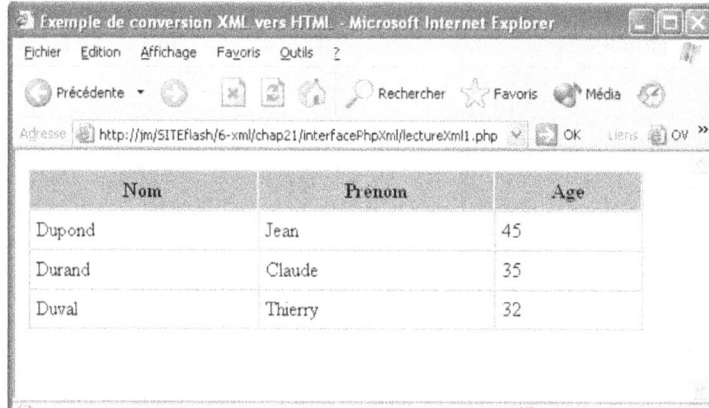

Code complet du fichier lectureXml1.php :

```
<!DOCTYPE HTML PUBLIC "-//W3C//DTD HTML 4.01 Transitional//EN"
"http://www.w3.org/TR/html4/loose.dtd">
<html>
<head>
  <title>Exemple de conversion XML vers HTML</title>
  <meta http-equiv="Content-Type" content="text/html; charset=iso-8859-1">
</head>
<body>
<?php
###############Déclaration des fonctions de gestion xml_parser
function debut_element($analyseur, $element, $attribut)
// Création d'une nouvelle ligne pour chaque élément PERE
//et d'une nouvelle cellule pour les autres éléments : NOM, PRENOM, AGE
{
  switch($element)
  {
  case "pere":
    echo "<tr>";
    break;
  case "nom":
    echo "<td>";
    break;
  case "prenom":
    echo "<td>";
    break;
  case "age":
    echo "<td>";
  }
}
//------------------------------------------------
function fin_element($analyseur, $element)
```

```php
// Termine la ligne de chaque élément PERE
//et la cellule des autres éléments : NOM, PRENOM, AGE
{
  switch($element)
  {
  case "pere":
    echo "</tr>";
    break;
  case "nom":
    echo "</td>";
    break;
  case "prenom":
    echo "</td>";
    break;
  case "age":
    echo "</td>";
  }
}
//-------------------------------------------------
function contenu_element($analyseur, $data)
// Affiche simplement la valeur de l'élément
{
  echo $data;
}
//#######################################Configuration du parser xml
$analyseur = xml_parser_create();//création du parser
xml_parser_set_option($analyseur, XML_OPTION_CASE_FOLDING, false);
//permet de différencier les MAJUSCULES et les minuscules dans les noms de balise
xml_set_element_handler($analyseur, 'debut_element','fin_element');
xml_set_character_data_handler($analyseur, 'contenu_element');
//#######################################CONSTRUCTION DU TABLEAU HTML
echo "<table border=\"1\" width=\"500\" cellspacing=\"0\" cellpadding=\"5\" >";
echo "<tr bgcolor=\"#999999\"><th>Nom</th><th>Prénom</th><th>Age</th></tr>";
//-------------------------------------------------------------
$document = file('nomPeres.xml');//chargement du fichier Xml
//-------------------------------------------------------------
//Analyse chaque ligne du document XML
foreach ($document as $line) {
xml_parse($analyseur, $line);
}
//-------------------------------------------------------------
xml_parser_free($analyseur);
echo "</table>";
//-------------------------------------------------------------
?>
</body>
</html>
```

Sélection de données issues d'un fichier XML et mémorisation dans un tableau de variables

Cette seconde application montre comment utiliser l'extension xml de PHP pour sélectionner des données dans un fichier XML puis les mémoriser dans un tableau de variables dans l'attente d'un traitement ultérieur. Les données à récupérer seront sélectionnées et classées selon la valeur de l'attribut nom de la balise pere.

Fichier XML source

Saisissez le document XML ci-dessous dans un fichier nomEnfants.xml. Afin d'éviter les dysfonctionnements liés à la présence d'éléments vides dans la structure XML analysée, veillez à ne pas ajouter d'espaces entre les balises pere et enfant :

```
<?xml version="1.0" encoding="UTF-8"?>
<ages>
 <pere nom="Dupond"><enfant >Paul</enfant><enfant >Alain</enfant></pere>
 <pere nom="Durand"><enfant >Fabrice</enfant><enfant >Nicolas</enfant></pere>
</ages>
```

Fichier de sélection PHP

Le script de ce fichier de conversion PHP est composé de quatre parties principales. La première concerne la création des deux tableaux destinés à récupérer les résultats. La deuxième regroupe toutes les déclarations de fonction et les instructions de création et de configuration de l'objet analyseur. La troisième appelle successivement l'analyseur à chaque ligne du document et intègre le résultat dans les deux tableaux de variables créés initialement. Enfin, la dernière permet d'afficher à l'écran le contenu des deux tableaux afin de s'assurer du bon fonctionnement du programme.

Étapes de création du script PHP :

1. Dans Dreamweaver, ouvrez un nouveau document PHP (menu Fichier>Nouveau>Page dynamique>PHP). Enregistrez-le sous le nom lectureXml2.php dans le répertoire /6-xml/chap21/interfacePhpXml/ (sous-répertoire de /EasyPHP1-7/www/SITEflash/).

2. Créez les deux structures de tableau dans lesquelles les résultats seront récupérés ($enfantsDupond et $enfantsDurand). Ajoutez ensuite une instruction d'initialisation de la variable $glob_attribut qui mémorisera le nom de l'attribut en cours de traitement. Afin que cette variable puisse être exploitée dans les différentes fonctions, déclarez-la comme variable globale dans chacune des fonctions (voir figure 21-5) :

```
<?php
//création des tableaux de résultats
$enfantsDupond = array();
$enfantsDurand = array();
//init de la variable globale $glob_attribut
$glob_attribut = '';
```

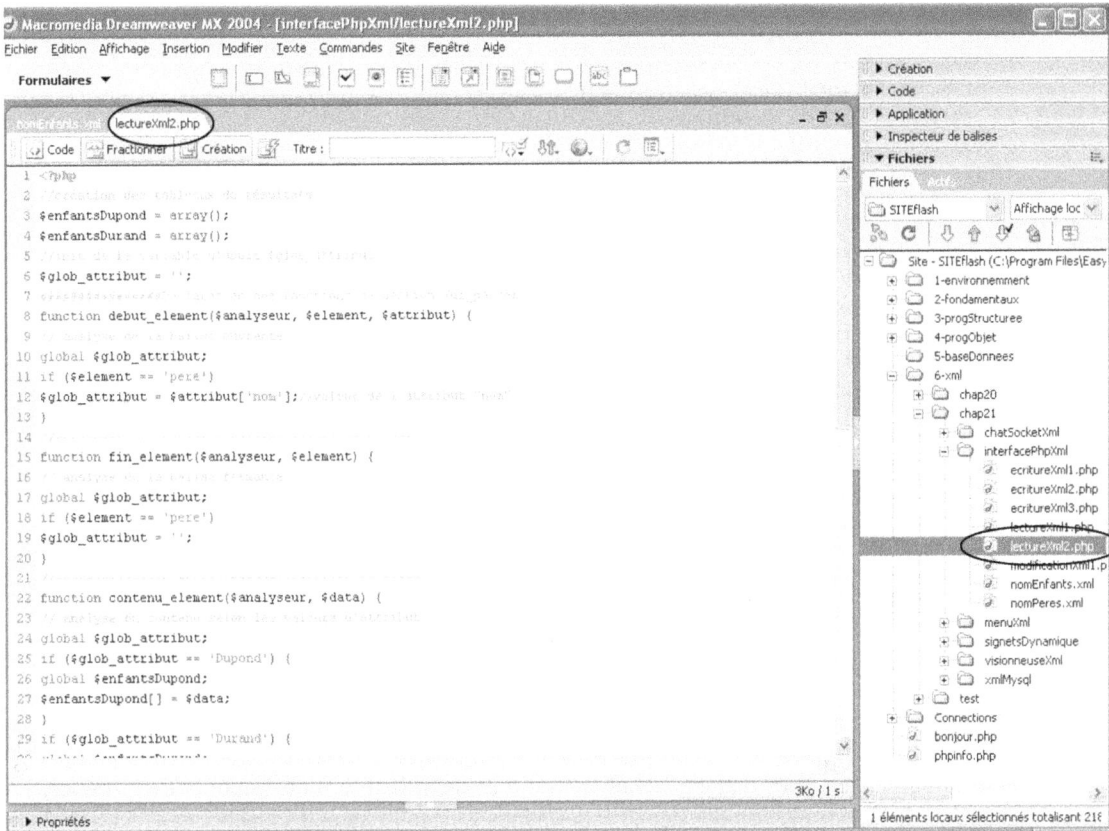

Figure 21-5
Création du fichier lectureXml2.php avec Dreamweaver.

3. À la suite de ces instructions, saisissez les déclarations des trois fonctions de traitement ci-dessous. La fonction debut_element() permet de mémoriser la valeur de l'attribut dans la variable $glob_attribut si le nom de la balise est égal à pere. Cette fonction est appelée dès qu'une balise d'ouverture est détectée. La seconde fonction permet de supprimer le contenu de la variable $glob_attribut précédemment mémorisé dès qu'une balise de fermeture pere est détectée afin d'initialiser cette variable pour le traitement de la balise suivante. Enfin, la troisième fonction permet de mémoriser la valeur de l'élément traité dans le tableau correspondant à sa famille (Dupond ou Durand). La sélection du tableau est réalisée avant l'affectation grâce à un test de la valeur $glob_attribut précédemment mémorisée. Cette dernière fonction est appelée dès qu'un contenu est détecté :

```
//////////////////Déclaration des fonctions de gestion xml_parser
function debut_element($analyseur, $element, $attribut) {
// analyse de la balise ouvrante
global $glob_attribut;
if ($element == 'pere')
```

```
$glob_attribut = $attribut['nom'];//valeur de l'attribut "nom"
}
//-----------------------------------------------
function fin_element($analyseur, $element) {
// analyse de la balise fermante
global $glob_attribut;
if ($element == 'pere')
$glob_attribut = '';
}
//-----------------------------------------------
function contenu_element($analyseur, $data) {
// analyse du contenu selon les valeurs d'attribut
global $glob_attribut;
if ($glob_attribut == 'Dupond') {
global $enfantsDupond;
$enfantsDupond[] = $data;
}
if ($glob_attribut == 'Durand') {
global $enfantsDurand;
$enfantsDurand[] = $data;
}
}
```

4. Ajoutez ensuite le code ci-dessous. La première ligne permet de créer un objet analyseur XML et mémorise sa référence dans la variable $analyseur. La deuxième ligne configure une première option afin que la casse des éléments soit prise en compte lors de l'analyse. La troisième ligne configure une seconde option afin que le codage utilisé dans le document XML soit UTF-8. Les deux dernières lignes de code définissent les gestionnaires d'événements qui seront appelés lorsqu'un élément sera analysé. Selon le type d'élément (balise d'ouverture et de fermeture ou contenu de la balise), l'un des deux gestionnaires sera sollicité et déclenchera l'exécution de la fonction de traitement appropriée (debut_element(), fin_element() ou contenu_element()) :

```
//###############Création et configuration du parser xml
$analyseur = xml_parser_create();//création du parser
xml_parser_set_option($analyseur, XML_OPTION_CASE_FOLDING, false);
//permet de différencier les MAJUSCULES et les minuscules dans les noms de balise
xml_parser_set_option($analyseur, XML_OPTION_TARGET_ENCODING,"UTF-8");
//permet d'indiquer le type de codage du fichier XML
xml_set_element_handler($analyseur, 'debut_element','fin_element');
xml_set_character_data_handler($analyseur, 'contenu_element');
```

5. Le code suivant permet de charger le document XML dans la variable $document puis d'appeler l'analyseur xml_parser() pour chacune des lignes. Une fois le traitement terminé, l'analyseur est supprimé à l'aide de la fonction xml_parser_free() :

```
//------------------------------------------
$document = file('nomEnfants.xml');//chargement du fichier XML
//Analyse chaque ligne du document XML
foreach ($document as $line) {
xml_parse($analyseur, $line);
}
//détruit l'analyseur XML
xml_parser_free($analyseur);
```

6. Les éléments désirés étant désormais mémorisés dans les deux tableaux de variables $enfantsDu-pond et $enfantsDurand, il est facile de les afficher à l'écran afin de s'assurer que le traitement a bien été effectué :

```
//////////Utilisation des résultats du parser
//affiche les resultats
echo "Voici la liste des enfants de DUPOND<br>";
foreach ($enfantsDupond as $prenom) {
echo "- ".$prenom."<br>";
}
//------------------
echo "Voici la liste des enfants de DURAND<br>";
foreach ($enfantsDurand as $prenom) {
echo "- ".$prenom."<br>";
}
?>
```

7. Enregistrez le script PHP et testez son fonctionnement depuis le Web local. Dès l'appel du fichier lectureXml2.php, le fichier nomEnfants.xml est chargé, analysé, puis les éléments sélectionnés sont mémorisé et affichés dans le navigateur (voir la figure 21-6).

Figure 21-6

*Test du fichier
lectureXml2.php
dans le Web local.*

Code complet du fichier lectureXml2.php :

```
<?php
//création des tableaux de résultats
$enfantsDupond = array();
$enfantsDurand = array();
//initialisation de la variable globale $glob_attribut
$glob_attribut = '';
///////////////Déclaration des fonctions de gestion Xml_parser
function debut_element($analyseur, $element, $attribut) {
// analyse de la balise ouvrante
global $glob_attribut;
```

```
if ($element == 'pere')
$glob_attribut = $attribut['nom'];//valeur de l'attribut "nom"
}
//------------------------------------------------
function fin_element($analyseur, $element) {
// analyse de la balise fermante
global $glob_attribut;
if ($element == 'pere')
$glob_attribut = '';
}
//------------------------------------------------
function contenu_element($analyseur, $data) {
// analyse du contenu selon les valeurs d'attribut
global $glob_attribut;
if ($glob_attribut == 'Dupond') {
global $enfantsDupond;
$enfantsDupond[] = $data;
}
if ($glob_attribut == 'Durand') {
global $enfantsDurand;
$enfantsDurand[] = $data;
}
}
###############Configuration et appel du parser xml
$analyseur = xml_parser_create();//création du parser
xml_parser_set_option($analyseur, XML_OPTION_CASE_FOLDING, false);
//permet de différencier les MAJUSCULES et les minuscules dans les noms de balise
xml_parser_set_option($analyseur, XML_OPTION_TARGET_ENCODING,"UTF-8");
//permet d'indiquer le type de codage du fichier XML
xml_set_element_handler($analyseur, 'debut_element','fin_element');
xml_set_character_data_handler($analyseur, 'contenu_element');
//------------------------------------------
$document = file('nomEnfants.xml');//chargement du fichier Xml
//Analyse chaque ligne du document XML
foreach ($document as $line) {
xml_parse($analyseur, $line);
}
//détruit l'analyseur XML
xml_parser_free($analyseur);
###############Utilisation des résultats du parser
//affiche les résultats
echo "Voici la liste des enfants de DUPOND<br>";
foreach ($enfantsDupond as $prenom) {
echo "- ".$prenom."<br>";
}
//------------------
echo "Voici la liste des enfants de DURAND<br>";
foreach ($enfantsDurand as $prenom) {
echo "- ".$prenom."<br>";
}
?>
```

Écriture d'un fichier XML en PHP

Fichier XML cible

Les différents scripts présentés ci-dessous enregistrent de trois manières différentes le même fichier XML cible.

> **À noter**
>
> Ce fichier est identique au fichier utilisé comme fichier XML source dans le deuxième exemple de lecture : nomEnfants.xml. Cela vous permettra ensuite de coupler un script d'écriture et de lecture de même structure afin de créer facilement un programme de mise à jour de fichiers XML (voir l'application présentée dans la section Interface PHP-XML du chapitre 22).

```xml
<?xml version="1.0" encoding="UTF-8" ?>
<ages>
 <pere nom="Dupond"><enfant>Paul</enfant><enfant>Alain</enfant></pere>
 <pere nom="Durand"><enfant>Fabrice</enfant><enfant>Nicolas</enfant></pere>
</ages>
```

Écriture directe d'un fichier XML

Dans ce premier script, le fichier est directement enregistré sans aucun traitement. Cette technique est souvent utilisée pour enregistrer un document XML transmis par une application Flash utilisant des méthodes send() ou sendAndLoad() de la classe XML. Dans notre exemple, nous simulerons le document XML envoyé par l'application Flash en le créant dans la variable $fichier_xml au début du fichier.

Ce script PHP très simple est constitué de deux parties. La première permet de créer un document XML en interne pour simuler la réception d'informations issues d'une application Flash. La seconde assure l'écriture directe (sans aucun traitement) du document dans un fichier XML.

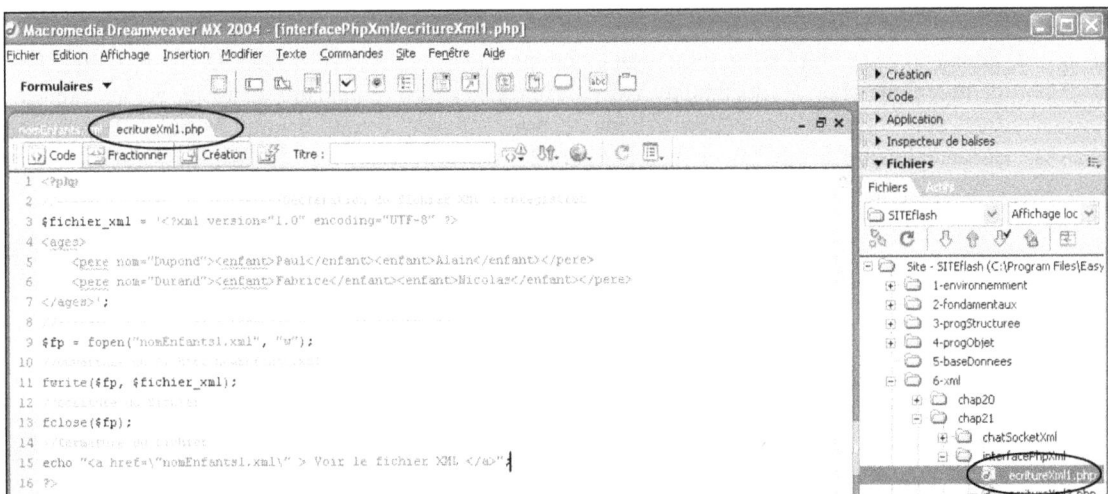

Figure 21-7

Création du fichier ecritureXml1.php avec Dreamweaver.

Étapes de création du script PHP :

1. Dans Dreamweaver, ouvrez un nouveau document PHP (menu Fichier>Nouveau>Page dynamique>PHP). Enregistrez-le sous le nom ecritureXml1.php dans le répertoire /6-xml/chap21/interfacePhpXml/ (sous-répertoire de /EasyPHP1-7/www/SITEflash/).

2. La première partie du script permet de créer un document XML en interne afin de simuler la récupération de ce dernier depuis une application Flash (voir figure 21-7) :

```
//---------------------Déclaration du fichier XML à enregistrer
$fichier_xml = '<?xml version="1.0" encoding="UTF-8" ?>
<ages>
 <pere nom="Dupond"><enfant>Paul</enfant><enfant>Alain</enfant></pere>
 <pere nom="Durand"><enfant>Fabrice</enfant><enfant>Nicolas</enfant></pere>
</ages>';
```

3. La seconde partie du code permet d'ouvrir le fichier cible nomEnfants.xml en mode écriture puis d'écrire le contenu du document précédemment créé dans ce fichier. Après l'écriture, le fichier est fermé à l'aide de la fonction `fclose()`. La dernière instruction permet d'afficher un simple lien hypertexte pointant sur le fichier nomEnfants.xml afin de pouvoir contrôler la bonne écriture du fichier XML :

```
//--------------------------Écriture du fichier XML
$fp = fopen("nomEnfants1.xml", "w");
//ouverture du fichier nomEnfants.xml
fwrite($fp, $fichier_xml);
//écriture du fichier
fclose($fp);
//fermeture du fichier
echo "<a href=\"nomEnfants1.xml\" target=\"_blank\" > Voir le fichier XML </a>";
?>
```

4. Enregistrez le script PHP et testez son fonctionnement depuis le Web local. Dès l'appel du fichier ecritureXml1.php, le document XML `$fichier_xml` est enregistré dans le fichier nomEnfants.xml. Cliquez sur le lien hypertexte pour afficher le fichier nomEnfants.xml dans une seconde fenêtre de navigateur (voir la figure 21-8).

Code complet du fichier ecritureXml1.php :

```
<?php
//---------------------------Déclaration du fichier XML à enregistrer
$fichier_xml = '<?xml version="1.0" encoding="UTF-8" ?>
<ages>
 <pere nom="Dupond"><enfant>Paul</enfant><enfant>Alain</enfant></pere>
 <pere nom="Durand"><enfant>Fabrice</enfant><enfant>Nicolas</enfant></pere>
</ages>';
//--------------------------Écriture du fichier XML
$fp = fopen("nomEnfants1.xml", "w");
//ouverture du fichier nomEnfants.xml
fwrite($fp, $fichier_xml);
```

```
//écriture du fichier
fclose($fp);
//fermeture du fichier
echo "<a href=\"nomEnfants1.xml\" target=\"_blank\" > Voir le fichier XML </a>";
?>
```

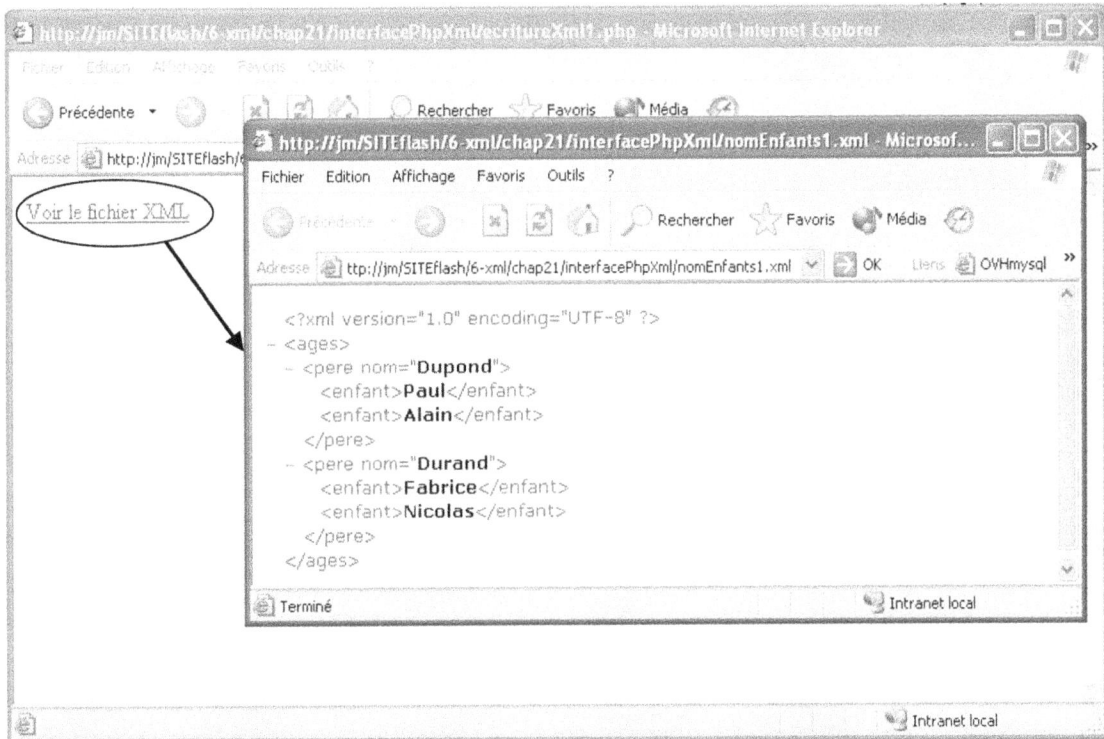

Figure 21-8

Test du fichier ecritureXml1.php dans le Web local.

Écriture d'un fichier XML à partir d'un tableau de variables

Dans ce second script, les données sont issues de deux tableaux de variables ($enfantsDupond et $enfantsDurand). Cette technique peut être utilisée après traitement d'informations côté serveur et mémorisation des résultats dans des tableaux de variables. Dans notre exemple, nous ne présenterons pas le script de traitement des informations et partirons directement des deux tableaux de variables semblables à ceux créés par le script lectureXml2.php présenté plus haut.

Le script de ce fichier d'écriture PHP est composé de trois parties principales. La première concerne la création des deux tableaux destinés à simuler les résultats issus d'un traitement préalable. La deuxième assure la construction d'un document XML et l'intégration des résultats. La troisième permet d'écrire le document précédemment créé dans un fichier XML.

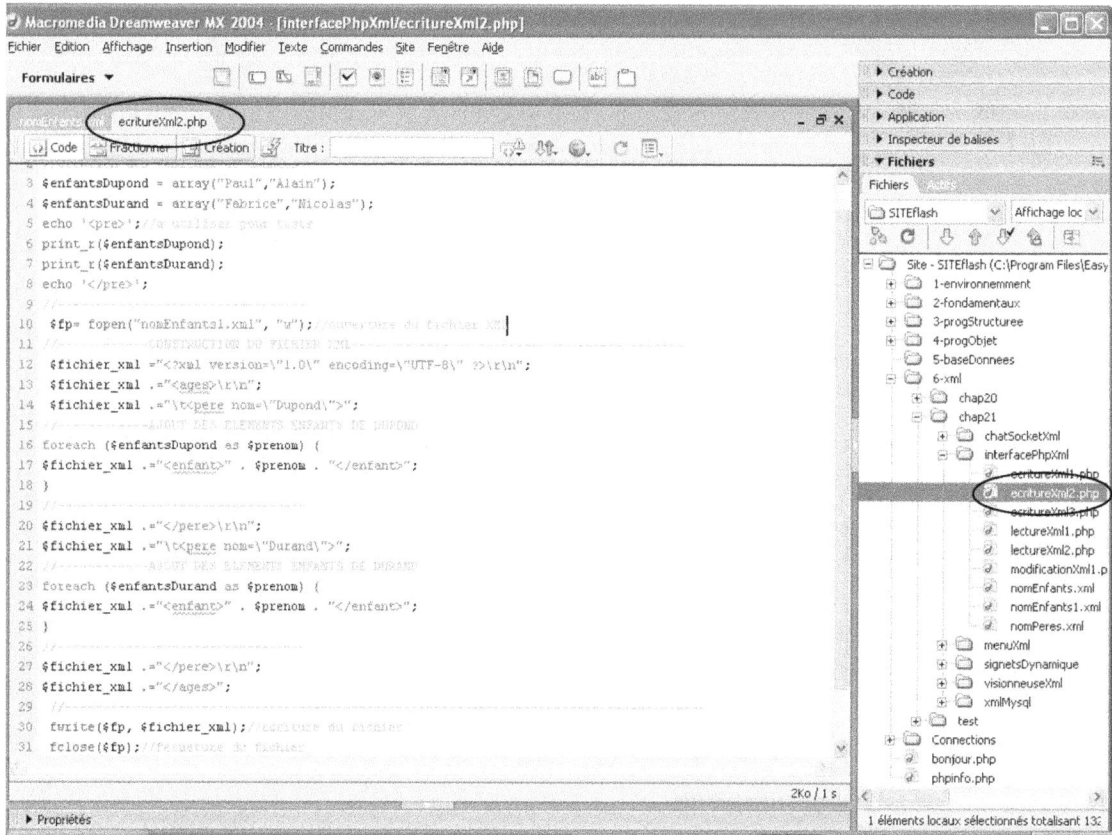

Figure 21-9

Création du fichier ecritureXml2.php avec Dreamweaver.

Étapes de création du script PHP :

1. Dans Dreamweaver, ouvrez un nouveau document PHP (menu Fichier>Nouveau>Page dynamique>PHP). Enregistrez-le sous le nom ecritureXml2.php dans le répertoire /6-xml/chap21/interfacePhpXml/ (sous-répertoire de /EasyPHP1-7/www/SITEflash/).

2. La première partie du script permet de créer les deux tableaux de variables ($enfantsDupond et $enfantsDurand) en interne. Le contenu ainsi créé est ensuite affiché à l'aide de fonctions print_r() en guise de test (voir figure 21-9) :

```php
<?php
//création des tableaux de données
$enfantsDupond = array("Paul","Alain");
$enfantsDurand = array("Fabrice","Nicolas");
//test  : affichage des tableaux créés
```

```
echo '<pre>';//à utiliser pour tests
print_r($enfantsDupond);
print_r($enfantsDurand);
echo '</pre>';
```

3. La partie suivante permet d'ouvrir le fichier cible nomEnfants.xml en mode écriture puis de construire le contenu du document XML dans la variable $fichier_xml. La création itérative des différents éléments enfant des familles Dupond et Durand est réalisée à l'aide de deux boucles foreach() (instruction de boucle dédiée à la gestion des tableaux de variables ; revoir si nécessaire le chapitre 9) :

```
//--------------------------------
$fp= fopen("nomEnfants1.xml", "w");//ouverture du fichier XML
//-----------CONSTRUCTION DU FICHIER XML----------------
$fichier_xml ="<?xml version=\"1.0\" encoding=\"UTF-8\" ?>\r\n";
$fichier_xml .="<ages>\r\n";
$fichier_xml .="\t<pere nom=\"Dupond\">";
//-----------AJOUT DES ÉLÉMENTS ENFANTS DE DUPOND
foreach ($enfantsDupond as $prenom) {
$fichier_xml .="<enfant>" . $prenom . "</enfant>";
}
//--------------------------------
$fichier_xml .="</pere>\r\n";
$fichier_xml .="\t<pere nom=\"Durand\">";
//-----------AJOUT DES ÉLÉMENTS ENFANTS DE DURAND
foreach ($enfantsDurand as $prenom) {
$fichier_xml .="<enfant>" . $prenom . "</enfant>";
}
//--------------------------------
$fichier_xml .="</pere>\r\n";
$fichier_xml .="</ages>";
```

4. Une fois le document XML élaboré et mémorisé dans la variable $fichier_xml, enregistrez-le dans le fichier nomEnfants.xml de la même manière que dans l'exemple précédent puis fermez-le à l'aide de la fonction fclose() :

```
fwrite($fp, $fichier_xml);//écriture du fichier
fclose($fp);//fermeture du fichier
echo "<a href=\"nomEnfants1.xml\" target=\"_blank\" > Voir le fichier XML </a>";
?>
```

5. Enregistrez le script PHP et testez son fonctionnement depuis le Web local. Dès l'appel du fichier ecritureXml2.php, le contenu des deux tableaux est affiché dans le navigateur. Le document XML $fichier_xml est ensuite créé puis enregistré dans le fichier nomEnfants.xml. Cliquez sur le lien hypertexte pour afficher le fichier nomEnfants.xml dans une seconde fenêtre de navigateur (voir la figure 21-10).

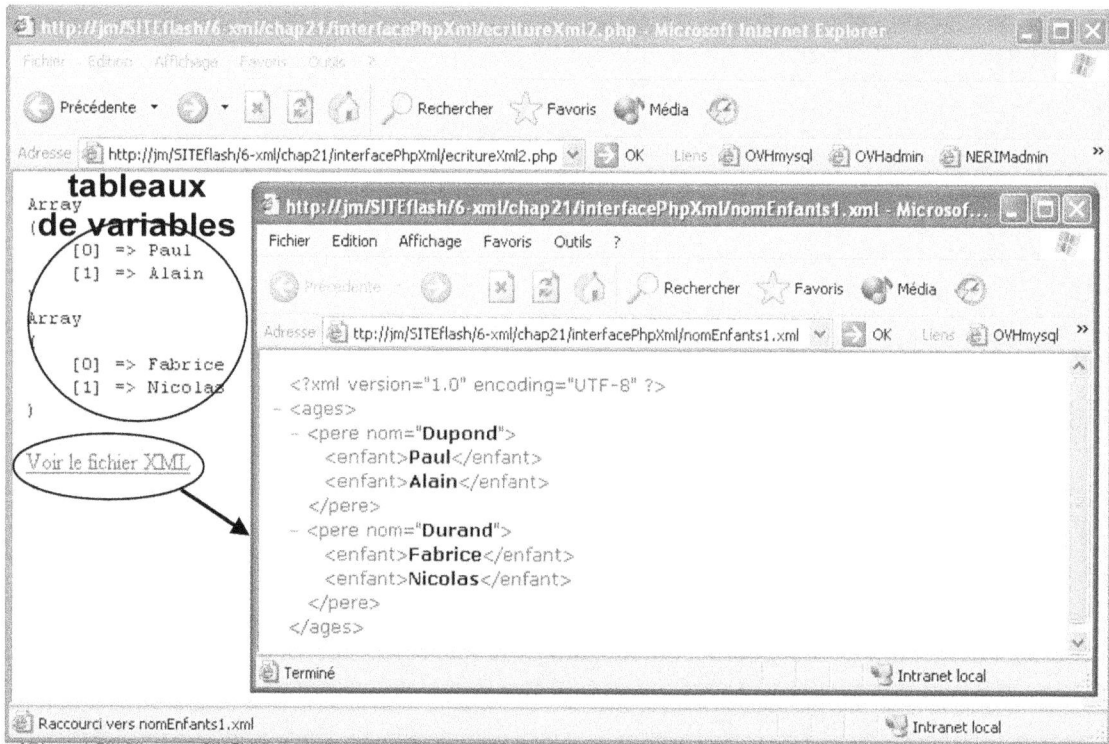

Figure 21-10

Test du fichier ecritureXml2.php dans le Web local.

Code complet du fichier ecritureXml2.php :

```php
<?php
//création des tableaux de données
$enfantsDupond = array("Paul","Alain");
$enfantsDurand = array("Fabrice","Nicolas");
//test  : affichage des tableaux créés
echo '<pre>';//à utiliser pour tests
print_r($enfantsDupond);
print_r($enfantsDurand);
echo '</pre>';
//--------------------------------
 $fp= fopen("nomEnfants1.xml", "w");//ouverture du fichier XML
//-----------CONSTRUCTION DU FICHIER XML----------------
 $fichier_xml ="<?xml version=\"1.0\" encoding=\"UTF-8\" ?>\r\n";
 $fichier_xml .="<ages>\r\n";
 $fichier_xml .="\t<pere nom=\"Dupond\">";
//-----------AJOUT DES ÉLÉMENTS ENFANTS DE DUPOND
foreach ($enfantsDupond as $prenom) {
$fichier_xml .="<enfant>" . $prenom . "</enfant>";
}
```

```
//-----------------------------
$fichier_xml .="</pere>\r\n";
$fichier_xml .="\t<pere nom=\"Durand\">";
//------------AJOUT DES ÉLÉMENTS ENFANTS DE DURAND
foreach ($enfantsDurand as $prenom) {
$fichier_xml .="<enfant>" . $prenom . "</enfant>";
}
//-----------------------------
$fichier_xml .="</pere>\r\n";
$fichier_xml .="</ages>";
 //-------------------------------------------------
 fwrite($fp, $fichier_xml);//ecriture du fichier
 fclose($fp);//fermeture du fichier
 echo "<a href=\"nomEnfants1.xml\" target=\"_blank\" > Voir le fichier XML </a>";
 ?>
```

Écriture d'un fichier XML à partir d'un formulaire

Dans ce troisième script, les données sont issues d'un formulaire HTML. Cette technique peut être utilisée pour générer une interface de création de fichier XML à partir d'un formulaire en ligne.

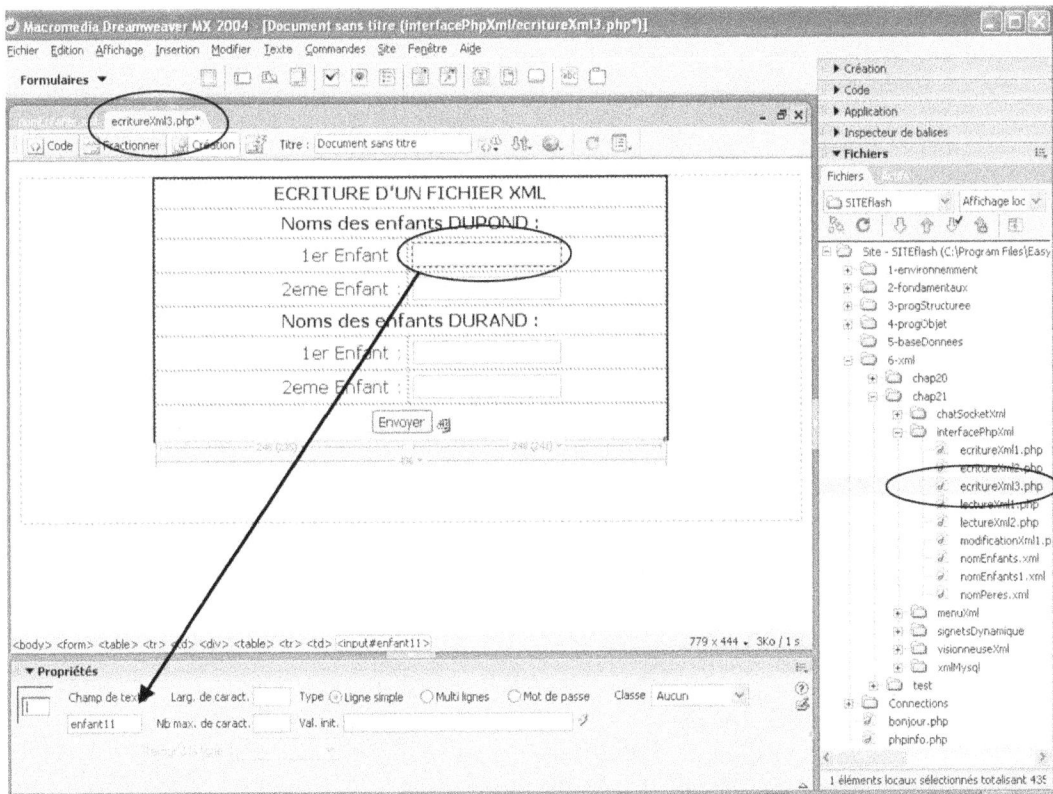

Figure 21-11

Création du formulaire intégré dans le fichier ecritureXml3.php avec Dreamweaver.

Le script de ce fichier d'écriture PHP est composé de quatre parties principales. La première concerne la création du formulaire destiné à saisir les données à intégrer dans le document XML. La deuxième est consacrée à l'initialisation des variables HTTP envoyées par le formulaire en méthode POST. La troisième assure la construction d'un document XML et l'intégration des données issues du formulaire. La quatrième permet d'écrire le document précédemment créé dans un fichier XML.

Étapes de création du script PHP :

1. Dans Dreamweaver, ouvrez un nouveau document HTML (menu Fichier>Nouveau>Page de base>HTML). Enregistrez-le sous le nom ecritureXml3.php dans le répertoire /6-xml/chap21/ interfacePhpXml/ (sous-répertoire de /EasyPHP1-7/www/SITEflash/).

2. Passez en mode création et créez une zone de formulaire (utilisez le bouton Formulaire de la barre d'outils Insérer). À l'intérieur du formulaire, créez un tableau afin d'assurer la mise en page des éléments du formulaire. Commentez chaque cellule avec un texte approprié (voir figure 21-11). Ajoutez ensuite quatre champs de texte. Dans le panneau Propriétés, nommez successivement leur nom d'occurrence `enfant11`, `enfant12`, `enfant21` et `enfant22` (voir figure 21-11).

3. Dans la dernière ligne du tableau, ajoutez un champ masqué. Nommez son occurrence action et initialisez sa valeur avec `ecriture`. À coté de ce champ, ajoutez un bouton de soumission. Sélectionnez le formulaire (en cliquant sur la balise `<form>` dans le sélecteur de balise, par exemple) puis configurez le panneau Propriétés en saisissant `ecritureXml3.php` dans le champ action et la méthode `POST` dans le menu déroulant situé en dessous. Ajoutez un simple lien hypertexte libellé « Voir le fichier avant » pointant vers le fichier `nomEnfants.xml`.

4. Une fois le formulaire créé, passez en mode code et saisissez les lignes de code ci-dessous après la balise `<body>`. La deuxième ligne permet d'initialiser la variable `action` (champ masqué) envoyée par le formulaire. La seconde teste cette variable afin d'exécuter le script d'écriture si sa valeur est égale à `ecriture`. Le début du script commence par quatre instructions d'initialisation des champs texte du formulaire (`enfant11`, `enfant12`, `enfant21`, `enfant22`), (voir figure 21-12) :

```php
<?php
if(isset($_POST['action'])) $action=$_POST['action']; else $action="inconnue";
if($action=="ecriture") {
#########################################################ECRITURE
//Initialisation des variables envoyées par le formulaire
if(isset($_POST['enfant11'])) $enfant11=$_POST['enfant11']; else $enfant11="Enfant inconnu";
if(isset($_POST['enfant12'])) $enfant12=$_POST['enfant12']; else $enfant12="Enfant inconnu";
if(isset($_POST['enfant21'])) $enfant21=$_POST['enfant21']; else $enfant21="Enfant inconnu";
if(isset($_POST['enfant22'])) $enfant22=$_POST['enfant22']; else $enfant22="Enfant inconnu";
```

5. La partie suivante ouvre le fichier nomEnfants.xml en mode écriture et assure la construction du document XML `$fichier_xml` à partir des valeurs saisies dans les champs texte du formulaire :

```php
//--------------------------------
 $fp= fopen("nomEnfants.xml", "w");//ouverture du fichier XML
 //------------CONSTRUCTION DU FICHIER XML------------------------
 $fichier_xml ="<?xml version=\"1.0\" encoding=\"UTF-8\" ?>
\r\n";
```

```
 $fichier_xml .="<ages>\r\n";
 $fichier_xml .="\t<pere nom=\"Dupond\">";
//------------AJOUT DES ÉLÉMENTS ENFANTS DE DUPOND
$fichier_xml .="<enfant>" . $enfant11 . "</enfant>";
$fichier_xml .="<enfant>" . $enfant12 . "</enfant>";
 //--------------------------------
 $fichier_xml .="</pere>\r\n";
 $fichier_xml .="\t<pere nom=\"Durand\">";
//------------AJOUT DES ÉLÉMENTS ENFANTS DE DURAND
$fichier_xml .="<enfant>" . $enfant21 . "</enfant>";
$fichier_xml .="<enfant>" . $enfant22 . "</enfant>";
 //--------------------------------
 $fichier_xml .="</pere>\r\n";
 $fichier_xml .="</ages>";
```

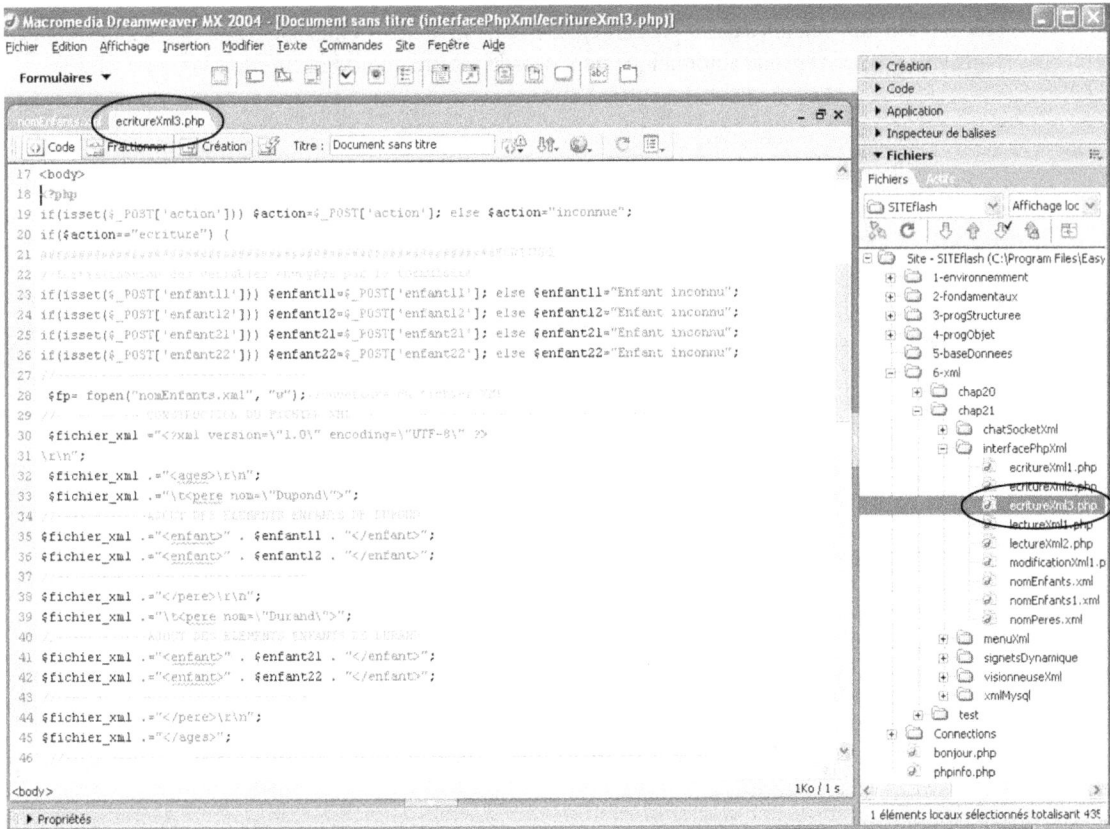

Figure 21-12

Création du fichier ecritureXml3.php avec Dreamweaver.

6. Une fois le document XML élaboré dans la variable `$fichier_xml`, il suffit de l'enregistrer dans le fichier nomEnfants.xml ouvert précédemment. Le fichier est ensuite fermé à l'aide de la fonction `fclose()`. La dernière instruction, (`header()`), redirige l'utilisateur vers l'affichage du fichier nomEnfants.xml qui vient d'être créé :

```
//-------------------------------------------------------------
fwrite($fp, $fichier_xml);//écriture du fichier
fclose($fp);//fermeture du fichier
header("Location:nomEnfants.xml");
//#########################################################FIN D'ÉCRITURE
}//fin du IF
?>
```

7. Enregistrez le script PHP et testez son fonctionnement depuis le Web local. Dès l'appel du fichier ecritureXml3.php, le formulaire s'affiche dans le navigateur. Saisissez les prénoms de votre choix dans les quatre champs texte et cliquez sur le bouton Valider. Le document XML `$fichier_xml` est créé à partir des valeurs saisies puis enregistré dans le fichier nomEnfants.xml. Le fichier nomEnfants.xml s'affiche ensuite automatiquement dans la fenêtre du navigateur (voir la figure 21-13).

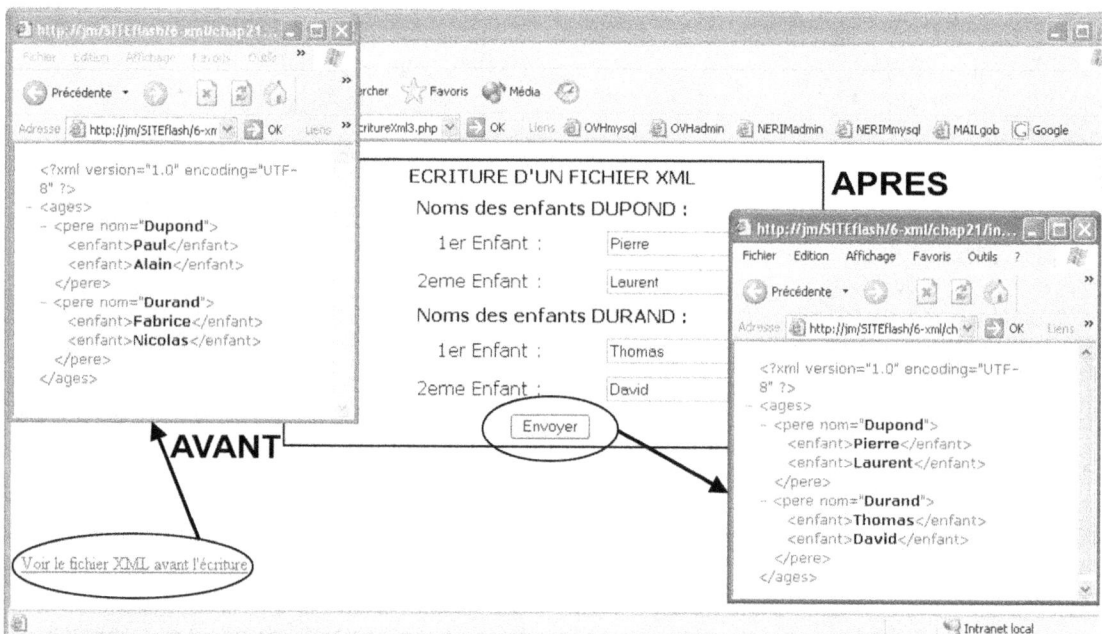

Figure 21-13

Test du fichier ecritureXml3.php dans le Web local.

Codes sources disponibles en ligne

Tous les codes sources des applications présentées dans cet ouvrage sont disponibles sur Internet : www.editions-eyrolles.com (mots-clés : Flash PHP).

22

Interfaçage Flash-PHP-XML
et autres interfaçages XML

Dans les chapitres 20 et 21, nous avons présenté différentes techniques de traitement de données XML à partir d'une application Flash ou PHP. Nous allons maintenant appliquer ces techniques d'interfaçage grâce à l'étude de plusieurs cas pratiques.

Vous découvrirez une application PHP permettant la mise à jour d'un fichier XML (interface PHP-XML), une application Flash intégrant un menu déroulant dont les options sont définies par un fichier XML externe (interface Flash-XML) et enfin une application Flash-PHP permettant de visionner et d'annoter des images dont l'URL et le commentaire sont stockés dans un fichier XML externe (interface Flash-PHP-XML).

Pour compléter ce tour d'horizon des applications Flash ou PHP utilisant le format XML, deux sections sont dédiées aux interfaçages Flash-XML-PHP-MySQL et Flash-XML-serveur socket PHP. Une application de signets dynamiques illustre les interfaces Flash-XML-PHP-MySQL et une application de dialogue en ligne (*chat*) illustre les interfaces Flash-XML-serveur socket PHP.

Interface PHP-XML

Voici une application PHP qui permet de mettre à jour un fichier XML.

À noter

Les scripts de lecture et l'analyse des données du fichier XML utilisent les fonctions de l'extension XML de PHP présentées dans le chapitre 21.

Formulaire PHP de mise à jour d'un fichier XML

Cette application permet de mettre à jour des informations stockées dans un fichier XML. Elle est composée du fichier XML dans lequel seront stockés les informations et d'un fichier PHP qui assure l'actualisation des données du fichier XML. Le fichier PHP contient un formulaire dans lequel seront affichés les informations issues du fichier XML avant modification et un programme PHP qui lit les données du fichier XML et les écrit dans ce même fichier lors de la validation du formulaire. Le script PHP est constitué de deux programmes déjà étudiés dans le chapitre 21 : un premier script assure la lecture en direct du fichier XML (revoir ecritureXml3.php dans le chapitre 21) et le second écrit les données modifiées par le formulaire dans le fichier XML (revoir lectureXml2.php dans le chapitre 21).

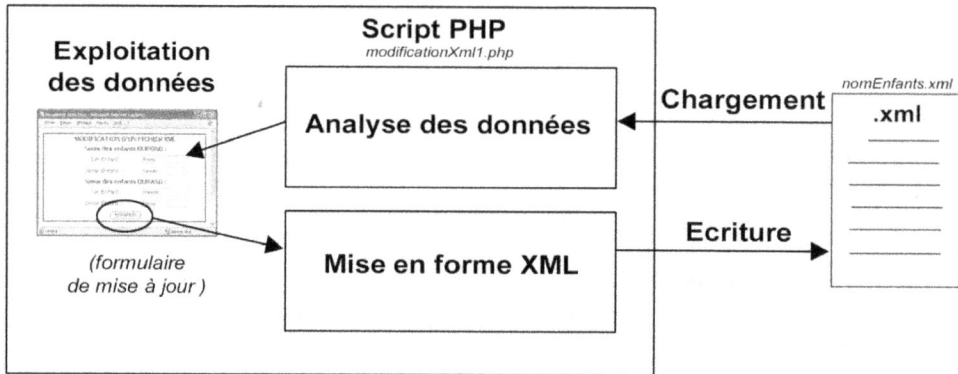

Figure 22-1

Principe de l'interface PHP-XML utilisée pour l'application du formulaire de mise à jour d'un fichier XML.

Le fichier XML

Le fichier XML est identique au fichier nomEnfants.xml utilisé dans les scripts de lecture XML présentés dans le chapitre 21. Il est structuré autour d'un élément racine <noms> dans lequel on retrouve plusieurs éléments <pere> comprenant à leur tour des éléments <enfant> et leur valeur (valeurs correspondant aux noms des enfants).

> **À noter**
>
> Les éléments <pere> sont personnalisés à l'aide d'un attribut nom indiquant le nom de la famille concernée.

Fichier nomEnfants.xml :

```
<?xml version="1.0" encoding="UTF-8" standalone="yes" ?>
<noms>
 <pere nom="Dupond">
    <enfant>Pierre</enfant>
    <enfant>Laurent</enfant>
```

```
    </pere>
    <pere nom="Durand">
        <enfant>Maxime</enfant>
        <enfant>David</enfant>
    </pere>
</noms>
```

1. Créez un nouveau document XML avec Dreamweaver et sauvegardez-le sous le nom nomEn-fants.xml dans un sous-répertoire du dossier www/SITEflash/ de votre serveur local. Nous avons enregistré le fichier XML dans le répertoire SITEflash/6-xml/chap22/miseAjourXml/ mais vous pouvez utiliser tout autre répertoire de votre choix dans la mesure où il se trouve dans le dossier www/SITEflash/.

2. Vérifiez que l'en-tête XML créé automatiquement est conforme à celui du code ci-dessous et modifiez-le si nécessaire (voir figure 22-2) :

```
<?xml version="1.0" encoding="UTF-8" standalone="yes"?>
```

3. À la suite de l'en-tête, ajoutez une balise ouvrante <noms>.

4. Sous ce premier élément, créez deux séries de balises <pere></pere>. Dans chaque balise pere, ajoutez un attribut nom suivi du nom de famille approprié.

5. À l'intérieur de chaque élément pere, ajoutez deux éléments <enfant></enfant> et renseignez leur valeur avec les noms des enfants concernés (n'ajoutez pas d'espace entre les éléments ; voir le codede la figure 22-2).

6. Clôturez le fichier en ajoutant une balise fermante </noms> puis enregistrez-le.

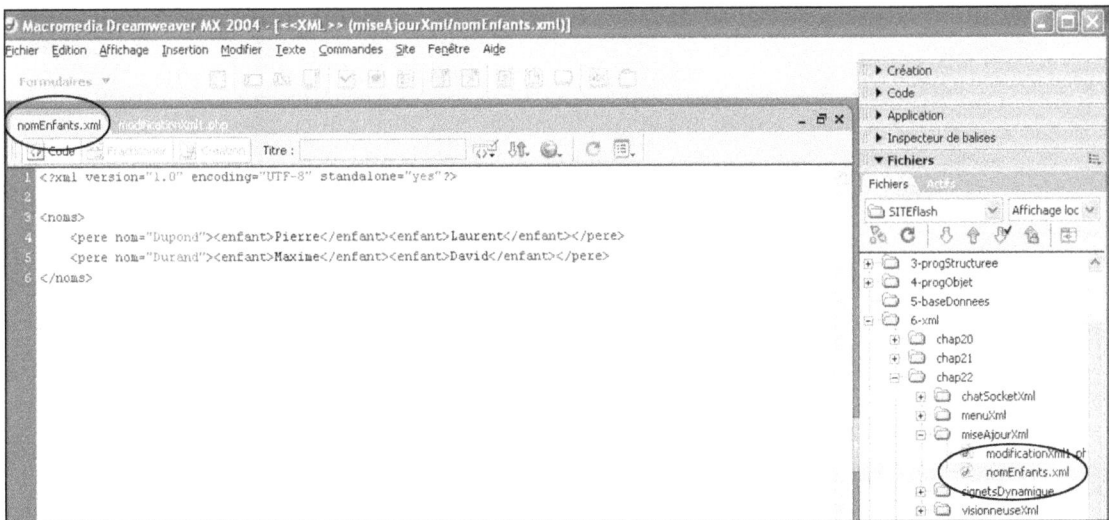

Figure 22-2

Création du fichier XML nomEnfants.xml avec Dreamweaver.

Le fichier PHP

Le fichier PHP est constitué de code et d'un formulaire qui s'affiche à l'écran lors de l'appel du fichier. La première partie du code lit les données issues du fichier XML afin d'initialiser les valeurs par défaut de chaque champ du formulaire. La seconde partie met en forme un document XML en y incluant les données modifiées (les données sont envoyées lors de la validation du formulaire intégré dans le fichier) et gère l'écriture de ce document dans le fichier XML.

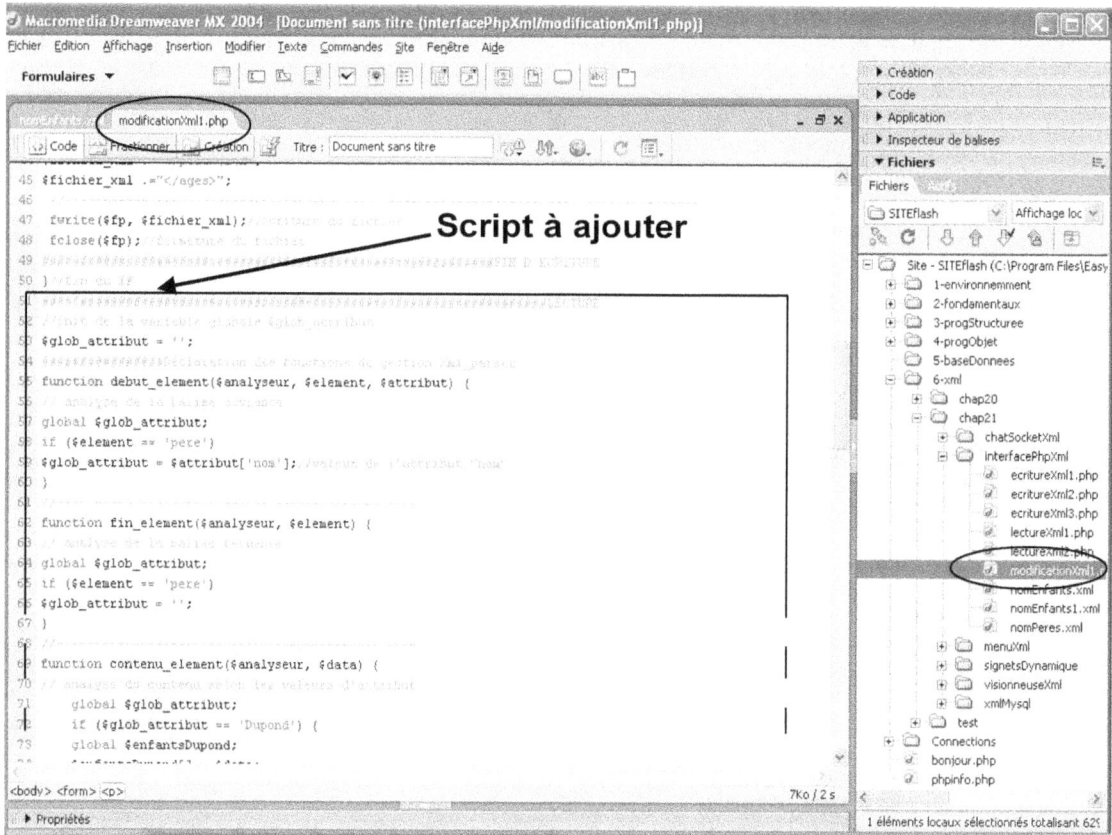

Figure 22-3

Création du formulaire intégré dans le fichier modificationXml1.php avec Dreamweaver.

Étapes de création du script PHP :

1. Pour vous éviter de créer de nouveau le formulaire de mise à jour, vous utiliserez le fichier ecritureXml3.php (revoir chapitre 21) après l'avoir enregistré sous le nom modificationXml1.php dans le répertoire /6-xml/chap22/interfacePhpXml/ (sous-répertoire de /EasyPHP1-7/www/ SITEflash/).

2. Copiez le script ci-dessous à partir du fichier lectureXml2.php (voir chapitre 21). Ce script sera intégré après le bloc de script d'écriture du fichier modificationXml1.php (voir figure 22-3) :

```php
######################################################LECTURE
//initialisation de la variable globale $glob_attribut
$glob_attribut = '';
###############Déclaration des fonctions de gestion xml_parser
function debut_element($analyseur, $element, $attribut) {
// analyse de la balise ouvrante
global $glob_attribut;
if ($element == 'pere')
$glob_attribut = $attribut['nom'];//valeur de l'attribut "nom"
}
//-----------------------------------------------
function fin_element($analyseur, $element) {
// analyse de la balise fermante
global $glob_attribut;
if ($element == 'pere')
$glob_attribut = '';
}
//-----------------------------------------------
function contenu_element($analyseur, $data) {
// analyse du contenu selon les valeurs d'attribut
    global $glob_attribut;
    if ($glob_attribut == 'Dupond') {
    global $enfantsDupond;
    $enfantsDupond[] = $data;
    }
    if ($glob_attribut == 'Durand') {
    global $enfantsDurand;
    $enfantsDurand[] = $data;
    }
}
###############Configuration et appel du parser xml
$analyseur = xml_parser_create();//création du parser
xml_parser_set_option($analyseur, XML_OPTION_CASE_FOLDING, false);
//permet de différencier les MAJUSCULES et les minuscules dans les noms de balise
xml_parser_set_option($analyseur, XML_OPTION_TARGET_ENCODING,"UTF-8");
//permet d'indiquer le type de codage du fichier XML
xml_set_element_handler($analyseur, 'debut_element','fin_element');
xml_set_character_data_handler($analyseur, 'contenu_element');
//-----------------------------------------
$document = file('nomEnfants.xml');//chargement du fichier XML
//Analyse chaque ligne du document XML
foreach ($document as $line) {
xml_parse($analyseur, $line);
}
```

```
//détruit l'analyseur XML
xml_parser_free($analyseur);
##############################################FIN DE LECTURE
?>
```

3. Le formulaire utilisé dans le script ecritureXml3.php était uniquement destiné à l'ajout de données ; les valeurs initiales des quatre champs n'étaient donc pas configurées. Ajoutez quatre petits scripts dans le formulaire afin de combler ce manque et de le transformer en formulaire de mise à jour (les valeurs initiales utilisées sont celles des tableaux $enfantsDupond et $enfantsDurand). Les scripts à ajouter dans le formulaire sont signalés par des caractères gras dans le code ci-dessous :

```html
<table width="496" border="0" cellspacing="0" cellpadding="5">
    <tr>
      <td colspan="2"><div align="center" class="Style1">MODIFICATION
        D'UN FICHIER XML </div></td>
    </tr>
    <tr>
      <td colspan="2"><div align="center"><span class="Style1">Noms des
        enfants DUPOND : </span></div></td>
    </tr>
    <tr>
      <td width="248"><div align="right" class="Style2">1er Enfant :
        </div></td>
      <td width="248"><input name="enfant11" type="text" id="enfant11" value="<?php echo
      ⮡$enfantsDupond[0]; ?>"></td>
    </tr>
    <tr>
      <td><div align="right" class="Style2">2eme Enfant : </div></td>
      <td><input name="enfant12" type="text" id="enfant12" value="<?php echo
      ⮡$enfantsDupond[1]; ?>"></td>
    </tr>
    <tr>
      <td colspan="2"><div align="center"><span class="Style1">Noms des
        enfants DURAND : </span></div></td>
    </tr>
    <tr>
      <td width="248"><div align="right" class="Style2">1er Enfant :
        </div></td>
      <td><input name="enfant21" type="text" id="enfant21" value="<?php echo
      ⮡$enfantsDurand[0]; ?>"></td>
    </tr>
    <tr>
      <td><div align="right" class="Style2">2eme Enfant : </div></td>
      <td><input name="enfant22" type="text" id="enfant22" value="<?php echo
      ⮡$enfantsDurand[1]; ?>"></td>
    </tr>
    <tr>
      <td colspan="2"><div align="center">
```

```
            <input type="submit" name="Submit" value=" MODIFIER">
            <input name="action" type="hidden" id="action" value="ecriture">
        </div></td>
    </tr>
</table>
```

4. Une fois ces modifications effectuées, enregistrez le nouveau fichier et testez son fonctionnement depuis le Web local. Dès l'appel du fichier modificationXml1.php, le formulaire s'affiche dans le navigateur avec ses champs initialisés. Modifiez l'un des prénoms et cliquez sur le bouton Modifier. Après validation du formulaire, le document XML $fichier_xml est modifié à partir des valeurs du formulaire puis enregistré dans le fichier nomEnfants.xml. Le fichier nomEnfants.xml modifié s'affiche dans la fenêtre du navigateur (voir la figure 22-4).

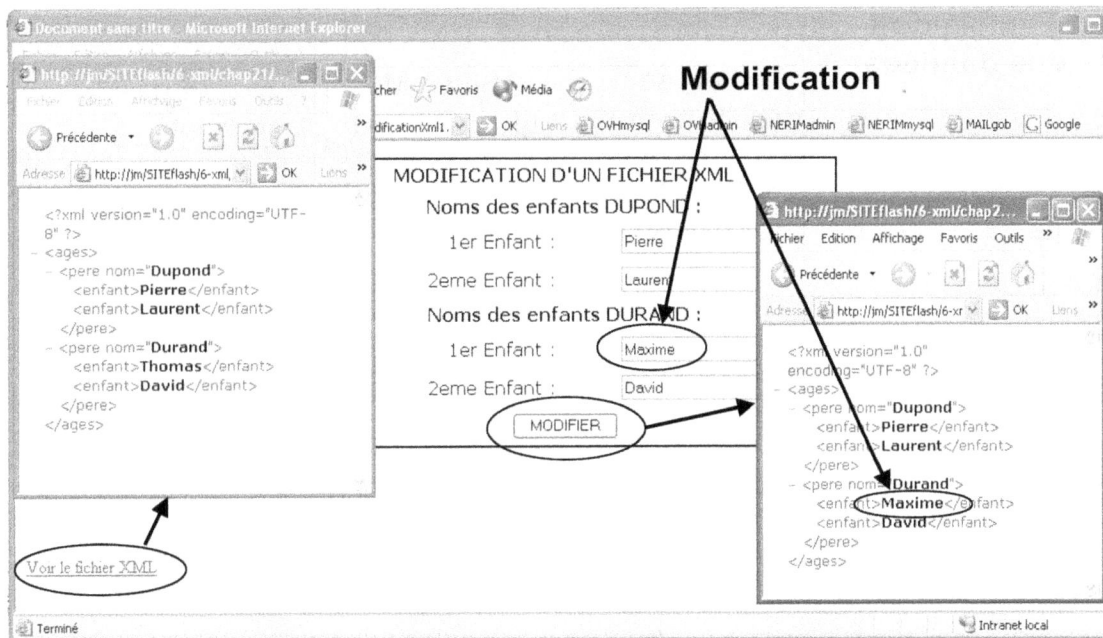

Figure 22-4

Test du fichier modificationXml1.php dans le Web local.

Interface Flash-XML

Avec les interfaces Flash-XML, les fichiers XML sont exploités pour le stockage de données structurées. Cette technique, souvent utilisée pour mémoriser les informations de configuration d'une application Flash, est aussi une bonne alternative à l'usage d'une base de données (exploitée exclusivement en lecture) car elle est relativement simple à mettre en œuvre et peut être exploitée sur tout type de plate-forme en ligne ou en local.

À noter

Cette interface Flash-XML ne peut pas être considérée comme un interfaçage (tel que nous l'avons défini dans les terminologies des sources de données du chapitre 11) entre l'application Flash et XML car le système n'assure pas un transfert bidirectionnel mais un simple chargement du fichier XML (cette application ne pourra donc pas ajouter ou modifier les données stockées dans le fichier XML).

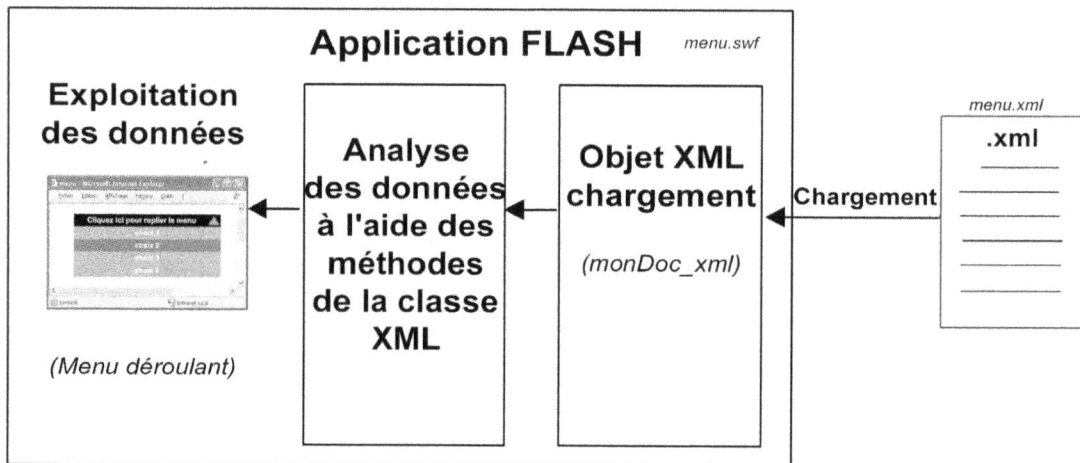

Figure 22-5

Principe de l'interface Flash-XML utilisée pour l'application du menu déroulant XML.

Un menu déroulant XML (étude de cas)

Nous vous proposons de réaliser un menu déroulant dont la configuration sera définie dans un fichier XML. Ce menu permet d'ouvrir différentes pages Web grâce à un simple clic sur l'option désirée. Le nombre d'options proposées par le menu peut varier selon la structure du fichier XML chargé.

Le fichier XML

Le fichier XML comprend un élément racine `<menu>` dans lequel on retrouve les différentes options proposées dans le menu. Chaque élément `<option>` comprend deux attributs, `titre` et `lien`, qui correspondent à l'étiquette affichée dans le menu et à l'URL ciblée si l'on clique dessus.

Fichier menu.xml :

```
<?xml version="1.0" encoding="UTF-8" standalone="yes"?>
 <menu>
        <option titre="choix 1" lien="page1.htm" />
        <option titre="choix 2" lien="page2.htm" />
        <option titre="choix 3" lien="page3.htm" />
        <option titre="choix 4" lien="page4.htm" />
 </menu>
```

1. Créez un nouveau document XML avec Dreamweaver et sauvegardez-le sous le nom menu.xml dans un sous-répertoire du dossier www/SITEflash/ de votre serveur local. Nous avons sélectionné le répertoire SITEflash/6-xml/chap22/menuXml/ mais vous pouvez utiliser tout autre répertoire de votre choix.

2. Vérifiez que l'en-tête XML créé automatiquement est conforme à celui du code ci-dessous et modifiez-le si nécessaire :

```
<?xml version="1.0" encoding="UTF-8" standalone="yes"?>
```

3. À la suite de l'en-tête, ajoutez une balise ouvrante `<menu>`.

4. Sous ce premier élément, créez une balise `<option>` avec ses deux attributs `choix` et `lien` puis dupliquez deux fois cette ligne. Personnalisez chacun des attributs en vous assurant que les URL des pages Web sont bien accessibles depuis le répertoire du fichier XML.

5. Clôturez le fichier en ajoutant une balise fermante `</menu>` puis enregistrez votre nouveau fichier (voir figure 22-6).

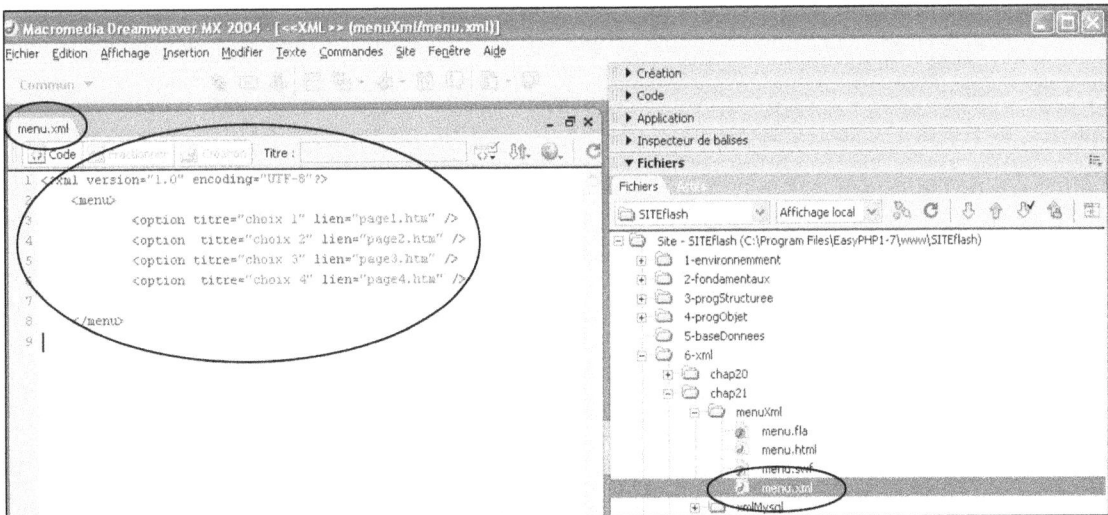

Figure 22-6

Création du fichier XML menu.xml avec Dreamweaver.

Le document Flash

Le document Flash doit afficher le menu et ses options selon la configuration du fichier menu.xml créé précédemment.

À noter

L'application réalisée ci-dessous a pour seul but de tester le fonctionnement du menu, mais la procédure serait identique si vous deviez intégrer le menu déroulant dans une application existante.

---

1. Créez un nouveau document Flash et sauvegardez-le sous le nom menu.fla dans un sous-répertoire du dossier www/SITEflash/ de votre serveur local (utilisez le même répertoire que celui dans lequel vous avez précédemment enregistré le fichier XML).

2. Créez trois calques : Label, Action et Menu.

3. Dans le calque Label, créez une image clé dans l'image 10 puis une autre dans l'image 20. Nommez l'image clé 10 affichage (dans le champ Image du panneau des propriétés) et l'image clé 20 chargement.

4. Placez-vous dans l'image clé 1 du calque Action et saisissez le code ci-dessous. Les deux premières lignes permettent de créer l'objet XML et de le configurer afin d'ignorer les éventuels espaces dans le fichier chargé. La partie qui suit correspond à la déclaration du gestionnaire onLoad(). Ainsi, dès que le fichier XML sera complètement chargé, la tête de lecture sera placée sur l'étiquette affichage. La dernière ligne appelle la méthode load() afin de démarrer le chargement du fichier menu.xml dans l'objet monDoc_xml (voir figure 22-7).

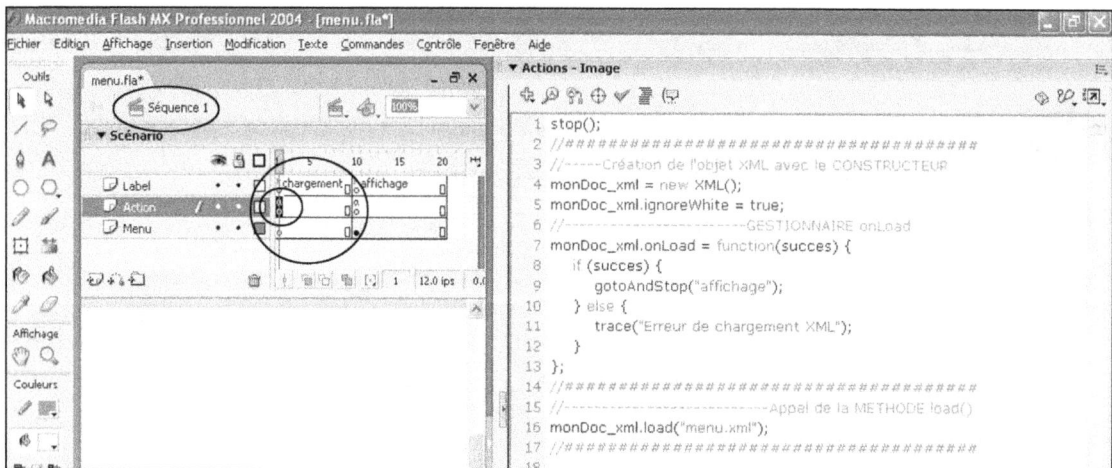

Figure 22-7

Configuration de l'image clé 1 (étiquette chargement) du calque Action.

```
//#######################################
//-----Création de l'objet XML avec le CONSTRUCTEUR
monDoc_xml = new XML();
monDoc_xml.ignoreWhite = true;
//-----------------------GESTIONNAIRE onLoad
monDoc_xml.onLoad = function(succes) {
if (succes) {
gotoAndStop("affichage");
};
//#######################################
//------------------------Appel de la MÉTHODE load()
monDoc_xml.load("menu.xml");
//#######################################
stop();
```

5. Placez-vous ensuite sur l'image clé 10 et créez une image clé. Dans cette même image, saisissez le code ci-dessous (voir figure 22-8). Cette partie correspond aux déclarations des différentes fonctions utilisées dans l'application : `initBtnDeplier()`, `initBtnReplier()` (ces deux fonctions sont appelées par les boutons `deplier1_btn` et `replier1_btn` placés dans le clip de la tête du menu), `afficheOptions(xPos, yPos)`, `effaceOptions()` (ces deux fonctions permettent d'afficher ou d'effacer les différentes options du menu) et `appelURL(url)` (cette dernière fonction permet d'ouvrir une fenêtre de navigateur lors d'un clic sur l'une des options).

```
//#######################################
function initBtnDeplier() {
   //Gestionnaire du bouton deplier1_btn
   tete1_mc.deplier1_btn.onRelease = function() {
       tete1_mc.gotoAndStop("Déplier");//aller à l'image Déplier
       initBtnReplier();//initialiser le gestionnaire du bouton replier1_btn
       afficheOptions(tete1_mc._x, tete1_mc._y);//afficher les options
   };//fin du gestionnaire
}//fin de la fonction
//#######################################
function initBtnReplier() {
   //Gestionnaire du bouton replier1_btn
   tete1_mc.replier1_btn.onRelease = function() {
       tete1_mc.gotoAndStop("Replier");//aller à l'image Replier
       initBtnDeplier();//initialiser le gestionnaire du bouton deplier1_btn
       effaceOptions();//effacer toutes les options
   };//fin du gestionnaire
}//fin de la fonction
```

```
//###########################################
// Fonction de construction et de gestion du sous-menu
function afficheOptions(xPos, yPos) {
    tableauOption_array = new Array();//création du tableau des options
    for (i=0; i<monDoc_xml.firstChild.childNodes.length; i++) {
        var nomOption:String = "option"+i+"_mc";//nom du MC option à créer
        _root.attachMovie("option_mc", nomOption, i);//création du MC option
        var cetteOption:MovieClip = _root[nomOption];//MC créé
        tableauOption_array.push(nomOption);//ajout de l'option dans le tableau
        cetteOption.titre_txt.text = (monDoc_xml.firstChild.childNodes[i].attributes.titre);
        //initialisation du champ texte de l'option
        cetteOption.lien = (monDoc_xml.firstChild.childNodes[i].attributes.lien);
        //initialisation du lien URL de l'option
        cetteOption._x = xPos;//initialisation de la position X de l'option
        cetteOption._y = yPos += cetteOption._height;//initialisation de la position Y de
        ➡l'option
        cetteOption._alpha = 60;//règle l'alpha des options à 60 % par défaut
        //Gestionnaire d'événements si l'on survole cette option
        cetteOption.onRollOver = function() {
            this._alpha = 100;//augmente l'alpha à 100 %
        };
        //Gestionnaire d'événements si l'on sort de cette option
        cetteOption.onRollOut = function() {
            this._alpha = 60;//rétablit l'alpha à 60 %
        };
        //Gestionnaire d'événements si l'on clique sur cette option

        cetteOption.onRelease = function() {
            appelURL(this.lien);
            //appelle la fonction d'ouverture d'une fenêtre

        };
    }//fin du for
}//fin de la fonction
//###########################################
// Fonction de suppression du sous-menu
function effaceOptions() {
    for (i=0; i<tableauOption_array.length; i++) {
        unloadMovie(tableauOption_array[i]);//supprime les MC option du menu
    }//fin du for
    delete tableauOption_array;//supprime le tableau de mémorisation des options
}//fin de la fonction
```

```
//################################################
// Fonction d'ouverture d'un fenêtre avec appel de l'URL de l'option sélectionnée
function appelURL(url) {
    if (url != null) {//si l'URL existe
        getURL(url, "_blank");//ouverture de la page dans un nouveau navigateur
    } else {
        trace("il n'y a pas de lien pour cette option");
    }
}
//################################################
```

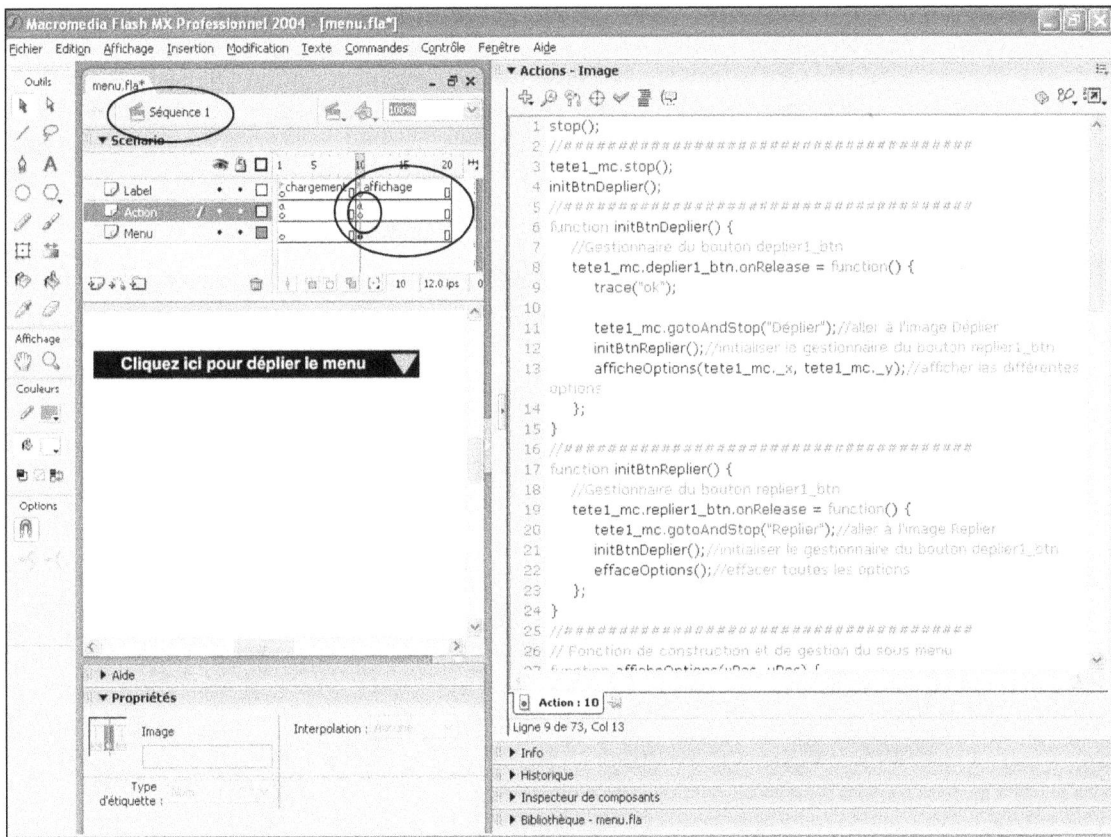

Figure 22-8

Configuration de l'image clé 10 (étiquette affichage) du calque Action.

6. À la suite de ces déclarations de fonction, saisissez le code ci-dessous. La première instruction permet d'arrêter la tête de lecture du scénario principal sur cette image clé. La deuxième instruction positionne la tête de lecture du clip tete1_mc (clip situé à la tête du menu déroulant qui gère les deux boutons deplier1_btn et replier1_btn) sur la première image clé de son scénario. La troisième instruction permet d'appeler la fonction d'initialisation du bouton deplier1_btn actuellement accessible par le clip tete1_mc afin qu'il soit opérationnel si l'on clique dessus pour déplier le menu :

```
//#########################################

stop();
tete1_mc.stop();
initBtnDeplier();
//##########################################
```

7. Création de la tête du menu : placez-vous ensuite sur l'image clé 10 du calque Menu et insérez une image clé. Sur la scène de cette image, créez un nouveau clip à partir d'un rectangle noir puis nommez son occurrence tete1_mc. Ouvrez ce clip et créez quatre calques sur son scénario : Label, Texte, Icône et Bouton (voir figure 22-9). Dans l'image clé 1 du calque Label créez un image clé et nommez-la Replier. Créez une image clé dans l'image 10 de ce même calque et nommez-la Déplier (voir figure 22-10).

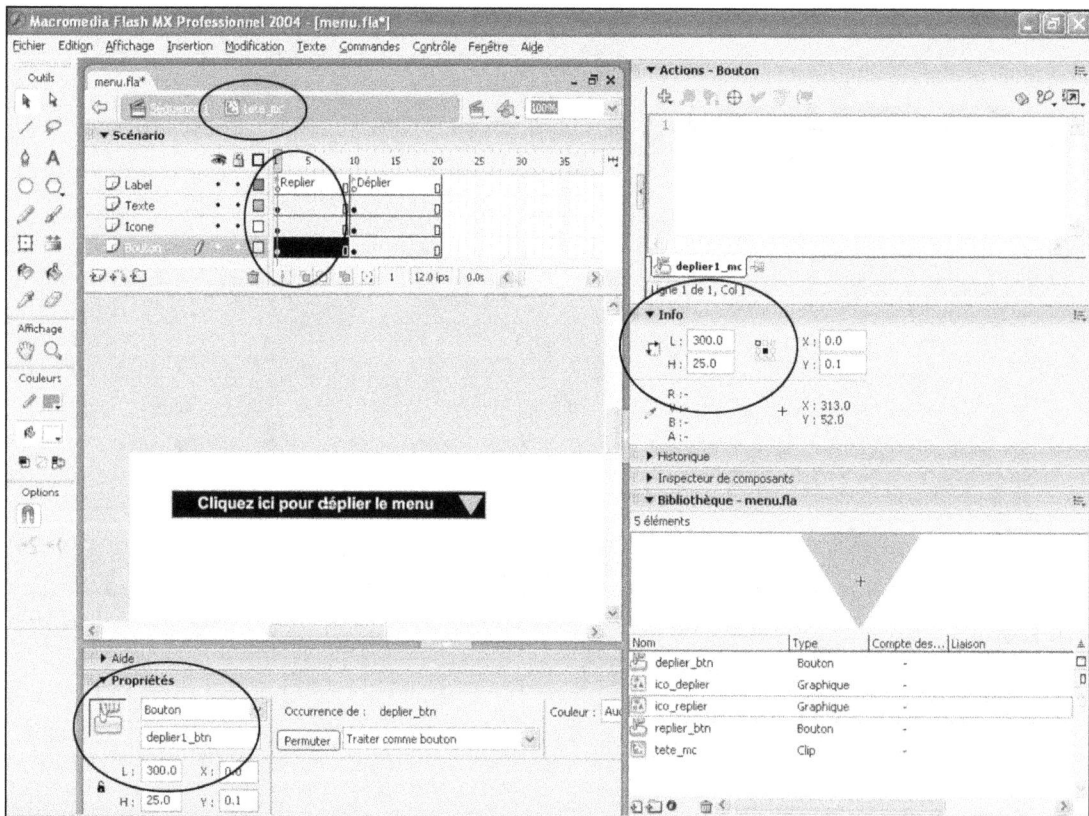

Figure 22-9

Configuration du scénario du clip tete1_mc (étiquette Déplier).

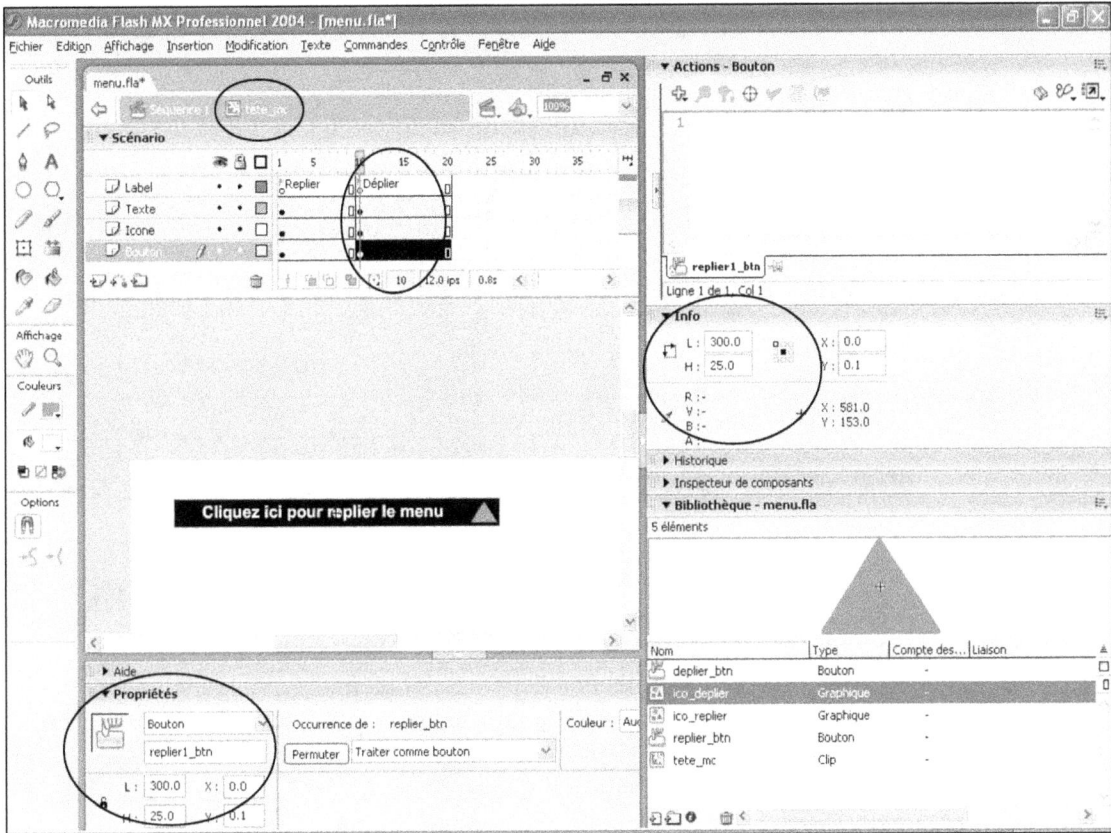

Figure 22-10

Configuration du scénario du clip tete1_mc (étiquette Replier).

8. Personnalisez les deux calques Texte et Icône afin de distinguer les deux phases Déplier et Replier. Dans l'image clé 1, convertissez le rectangle noir en bouton et nommez son occurrence deplier1_btn. Réalisez la même opération dans l'image clé 10 mais nommez cette fois le bouton replier1_btn.

9. Création du clip d'option : revenez sur le scénario principal et créez un nouveau clip (touches Ctrl + F8) que vous nommerez option_mc. Dans l'image clé 1 du scénario de ce nouveau clip, ajoutez une zone de texte dynamique dont l'occurrence sera nommée titre_txt. Ouvrez la bibliothèque (touche F11). Dans la liste, cliquez avec le bouton droit sur le clip option_mc et sélectionnez Liaison. Dans la boîte de dialogue Propriétés de liaison, validez les cases à cocher Exporter pour ActionScript et Exportez pour la première fois (voir figure 22-11) afin de pouvoir par la suite créer des occurrences de ce clip à l'aide de la méthode attachMovie().

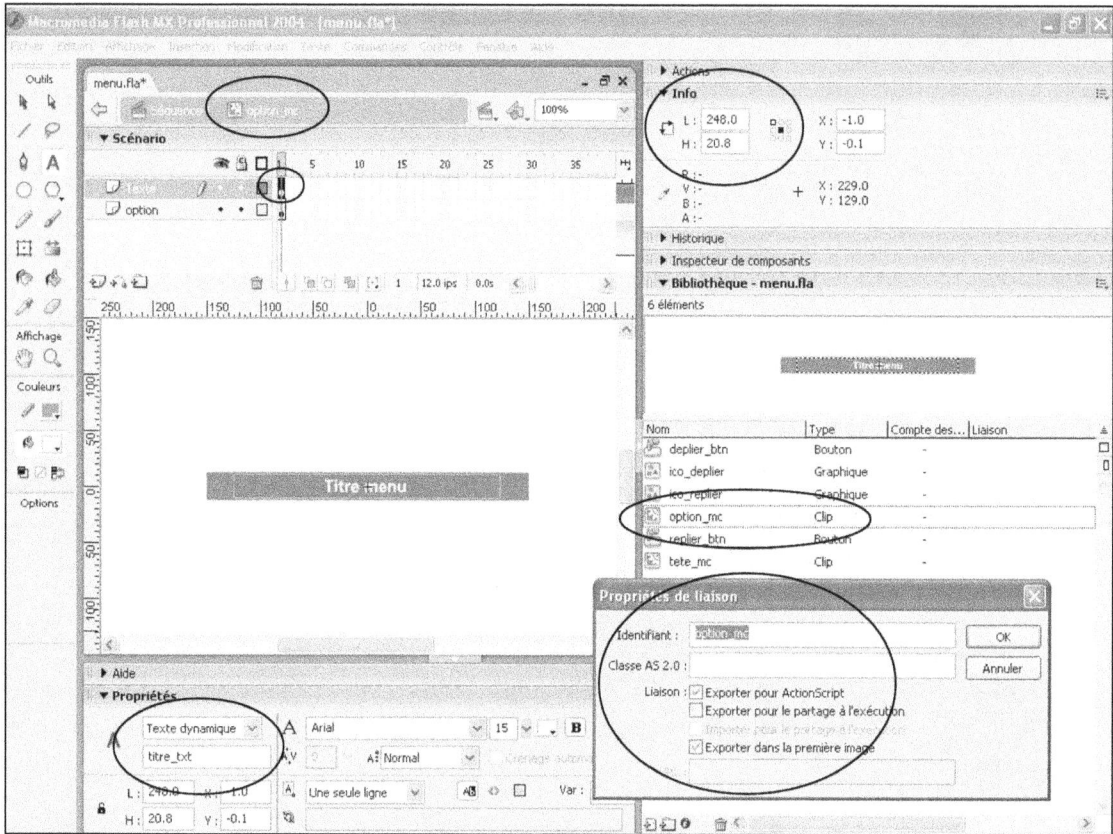

Figure 22-11

Configuration du clip option_mc.

10. Enregistrez votre document et publiez-le dans le même répertoire. Testez ensuite l'application avec le mode test de Flash (Ctrl + Entrée) afin de vous assurer de son bon fonctionnement (voir figure 22-12). Si vous cliquez sur la tête du menu, il doit se déplier (ou se replier). En position dépliée, si vous cliquez sur l'une des options, une fenêtre de navigateur doit s'ouvrir et afficher la page Web correspondante (voir figure 22-12).

Interface Flash-PHP-XML

Contrairement aux interfaces Flash-XML (lecture seule du fichier XML), les interfaces Flash-PHP-XML permettent d'ajouter ou de modifier les données stockées dans le fichier XML mais nécessitent l'usage de scripts serveur PHP et ne sont donc plus indépendantes du type de la plate-forme. Cette technique est souvent utilisée comme alternative aux bases de données lorsque l'on désire consulter, ajouter ou actualiser des informations structurées dans un fichier XML.

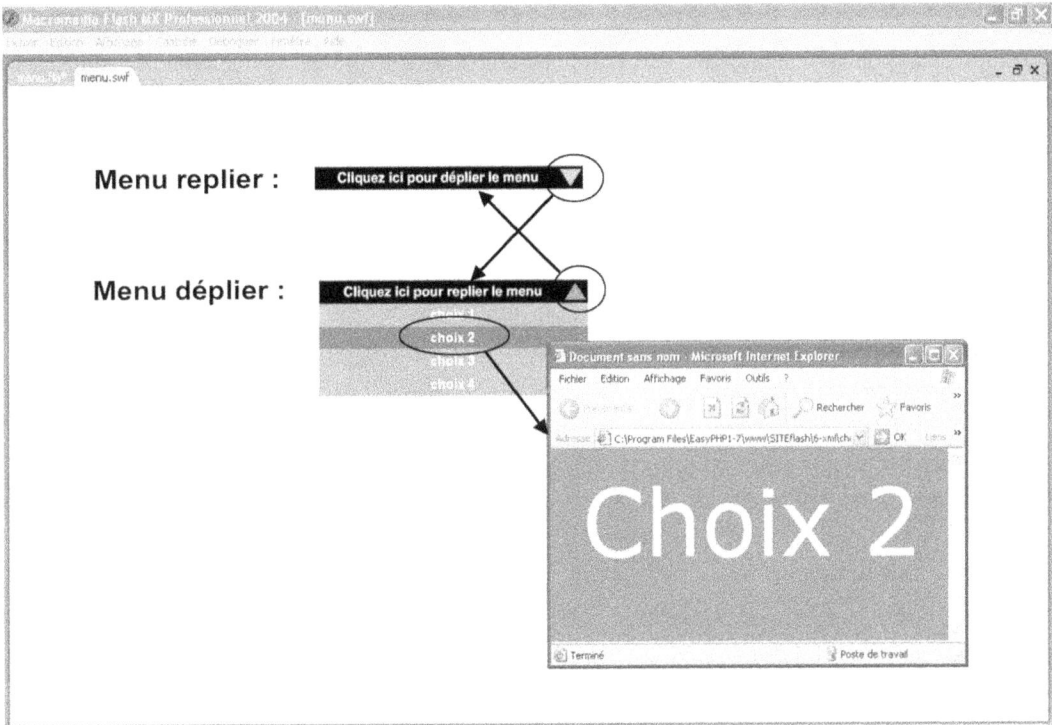

Figure 22-12

Test du menu XML.

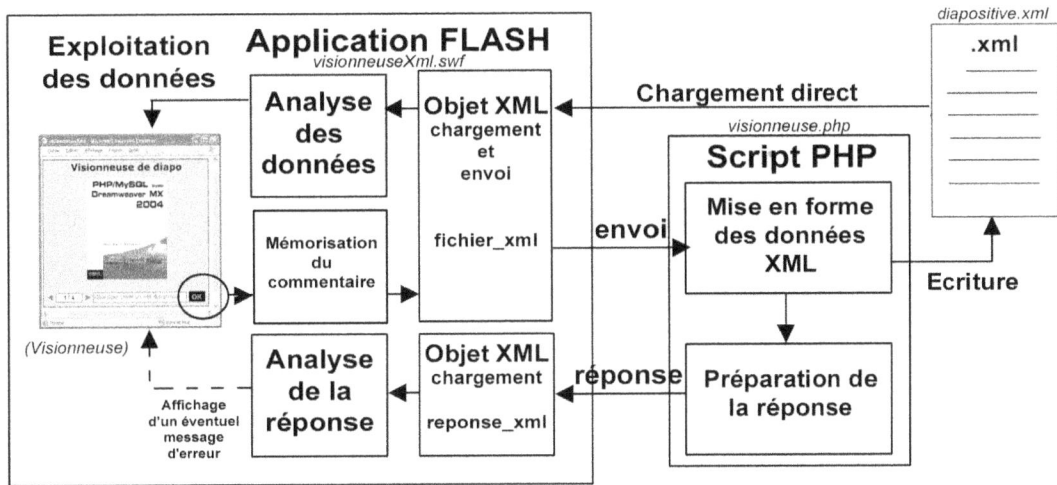

Figure 22-13

Principe de l'interface Flash-PHP-XML utilisée pour l'application de la visionneuse.

Une visionneuse de diapositives XML (étude de cas)

Nous vous proposons de réaliser une visionneuse de diapositives. Dans le contexte de cette application, nous appellerons « diapositive » une image à laquelle on peut ajouter un commentaire. Cette application peut, par exemple, être utilisée par le directeur artistique d'une agence de design qui souhaite annoter les différentes propositions de visuels d'un projet.

L'application comporte deux objets XML. Le premier est nommé fichier_xml car il sera à la fois utilisé comme objet de chargement lors de la lecture du fichier XML (utilisation de la méthode Load()) et comme objet d'envoi lors de la mémorisation d'un commentaire (utilisation de la méthode sendAndLoad()). Le second objet XML est nommé reponse_xml car il réceptionnera un message du script PHP confirmant le bon enregistrement du fichier ou un message d'erreur dans le cas contraire (voir figure 22-13).

Le fichier XML

Le fichier XML est structuré à partir d'un élément racine <visionneuse> dans lequel on retrouve autant d'éléments <diapo> que de visuels à commenter. À l'intérieur d'un élément <diapo>, chaque information relative à la diapositive est intégrée dans des balises spécifiques (<image> et <commentaire>).

Fichier diapositive.xml :

```
<?xml version="1.0" encoding="UTF-8" standalone="yes"?>
<visionneuse>
    <diapo>
        <image>photo1.jpg</image>
        <commentaire>Idéal pour créer un site dynamique</commentaire>
    </diapo>
    <diapo>
        <image>photo2.jpg</image>
        <commentaire>PHP-MySQL et Dreamweaver MX</commentaire>
    </diapo>
    <diapo>
        <image>photo3.jpg</image>
        <commentaire>FLASH MX et les jeux en réseau</commentaire>
    </diapo>
    <diapo>
        <image>photo4.jpg</image>
        <commentaire>10 jeux avec FLASH MX</commentaire>
    </diapo>
</visionneuse>
```

1. Créez un nouveau document XML avec Dreamweaver et sauvegardez-le sous le nom diapositive.xml dans un sous-répertoire du dossier www/SITEflash/ de votre serveur local. Nous avons enregistré le fichier XML dans le répertoire SITEflash/6-xml/chap22/visionneuseXml/ mais vous pouvez utiliser tout autre répertoire de votre choix dans la mesure où il se trouve dans le dossier www/SITEflash/.

2. Vérifiez que l'en-tête XML créé automatiquement est conforme à celui du code ci-dessous et modifiez-le si nécessaire :

```
<?xml version="1.0" encoding="UTF-8" standalone="yes"?>
```

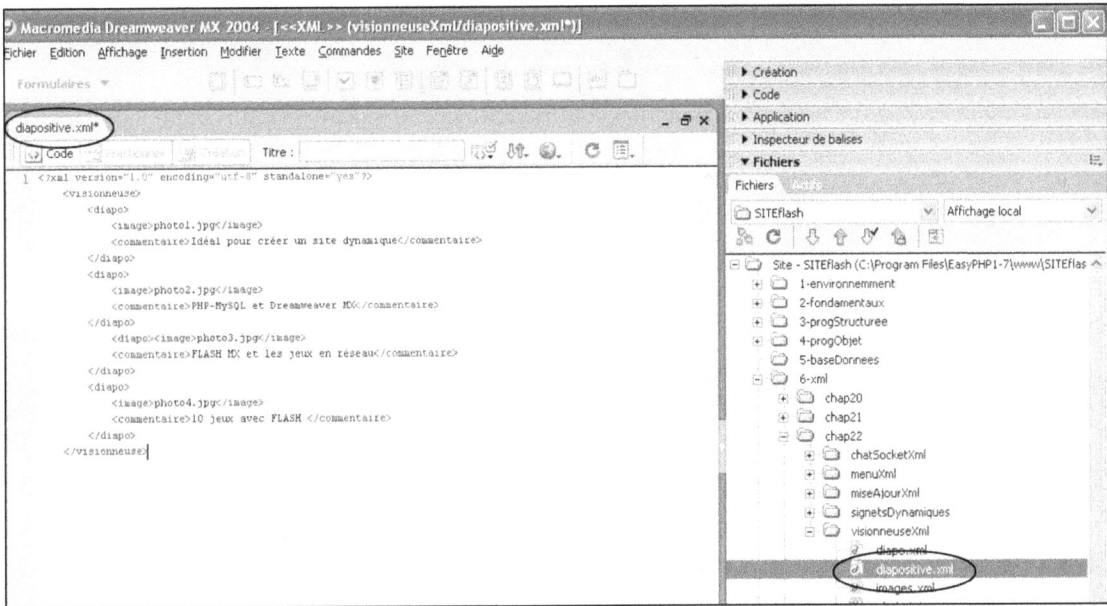

Figure 22-14

Création du fichier XML diapositive.xml avec Dreamweaver.

3. À la suite de l'en-tête, ajoutez une balise ouvrante `<visionneuse>`.

4. À l'intérieur de ce premier élément, créez autant de balises `<diapo></diapo>` que de diapositives à visionner.

5. À l'intérieur de chaque élément diapositive, ajoutez deux types de balises `<image></images>` et `<commentaire></commentaire>` puis renseignez les valeurs de l'élément image en saisissant l'URL du visuel à afficher (dans notre exemple, toutes les images se trouvent dans le même répertoire que l'application mais si ce n'est pas le cas, assurez-vous que les fichiers JPEG sont bien accessibles depuis ce répertoire).

À noter

Les photos doivent être au format JPEG sans optimisation (format standard). Leur dimension doit être en rapport avec l'espace d'affichage de l'application (prendre par exemple des photos d'une largeur de 200 pixels).

---

6. Clôturez le fichier en ajoutant une balise fermante `</visionneuse>` puis enregistrez-le.

Le fichier PHP

Le fichier visionneuse.php a pour fonction de récupérer le document XML modifié, de l'enregistrer dans le fichier diapositive.xml puis de construire et de retourner une réponse XML qui confirme que l'opération d'enregistrement s'est bien déroulée ou qui indique la nature du problème si ce n'est pas le cas.

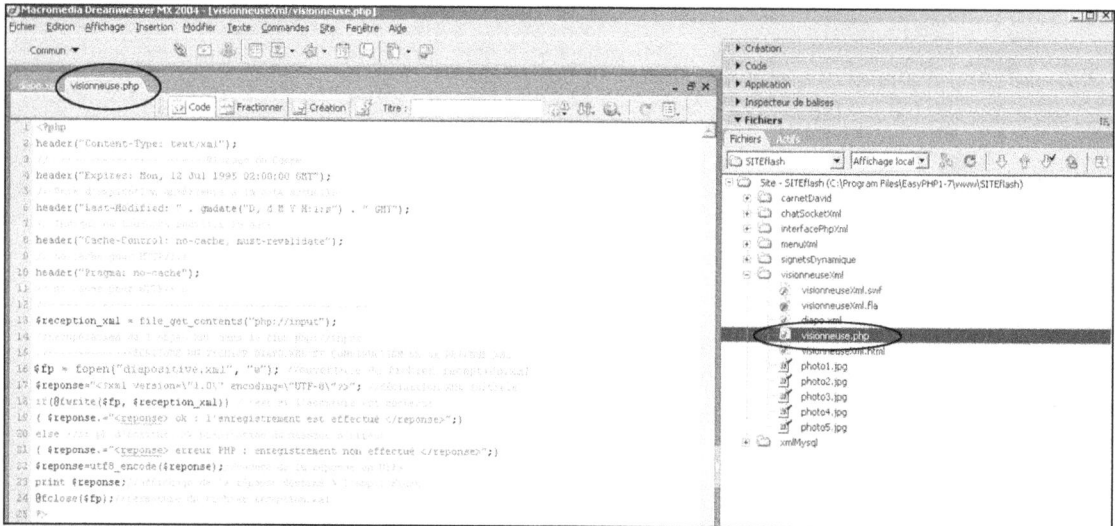

Figure 22-15

Création du fichier PHP visionneuse.php avec Dreamweaver.

1. Créez un nouveau document PHP dans Dreamweaver et sauvegardez-le sous le nom vision-
neuse.php dans un sous-répertoire du dossier www/SITEflash/ de votre serveur local (utilisez le
même répertoire que celui dans lequel vous avez précédemment enregistré le fichier XML).

2. Saisissez les instructions header() suivantes afin que les informations retournées par le script ne
soient pas mémorisées dans le cache des navigateurs ou des proxys (voir figure 22-15) :

```php
<?php
header("Content-Type: text/xml");
//------------------------Blocage du cache
header("Expires: Mon, 12 Jul 1995 02:00:00 GMT");
// Date d'expiration antérieure à la date actuelle
header("Last-Modified: " . gmdate("D, d M Y H:i:s") . " GMT");
// Indique de toujours modifier la date
header("Cache-Control: no-cache, must-revalidate");
// no-cache pour HTTP/1.1
header("Pragma: no-cache");
// no-cache pour HTTP/1.0
```

3. Sous ce code, ajoutez l'instruction qui sert à récupérer le document XML envoyé par l'application Flash. Tout le document XML sera ensuite sauvegardé dans la variable $reception_xml
(Attention ! La récupération de données par le flux PHP ne peut être utilisée qu'avec la version
4.3 de PHP ou des versions ultérieures.) :

```php
$reception_xml = file_get_contents("php://input");
//récupération de l'objet XML dans le flux php://input
```

4. Dans la dernière partie de code, on retrouve alternativement des instructions d'écriture du fichier XML (fopen(), fwrite() et fclose()) et des instructions destinées à construire la réponse XML dont le contenu sera conditionné par le succès de l'opération d'écriture. Si l'opération d'écriture du fichier XML se déroule correctement, le script affiche à l'écran le document XML suivant :

```
<reponse> ok : l'enregistrement est effectué </reponse>
```

5. Si l'écriture n'est pas possible, le document XML retourné signale une erreur :

```
<reponse> erreur PHP : enregistrement non effectué </reponse>
```

À noter

Pour éviter de perturber l'envoi du message d'erreur, les fonctions d'écriture seront précédées du caractère @ afin de neutraliser l'affichage automatique des messages d'erreur à l'écran.

```php
//ÉCRITURE DU FICHIER DIAPOSITIVE.XML ET CONSTRUCTION DE LA RÉPONSE XML
$fp = fopen("diapositive.xml", "w"); //ouverture du fichier reception.xml
$reponse="<?xml version=\"1.0\" encoding=\"UTF-8\"?>"; //déclaration XML initiale
if(@fwrite($fp, $reception_xml)) //teste si l'écriture est correcte
{ $reponse.="<reponse> ok : l'enregistrement est effectué </reponse>";}
else //si problème d'écriture >> préparation du message d'erreur
{ $reponse.="<reponse> erreur PHP : enregistrement non effectué </reponse>";}
$reponse=utf8_encode($reponse);//codage de la réponse en UTF8
print $reponse;//affichage de la réponse destinée à l'application Flash
@fclose($fp);//fermeture du fichier reception.xml
?>
```

Code complet du fichier visionneuse.php :

```php
<?php
header("Content-Type: text/xml");
//------------------------Blocage du cache
header("Expires: Mon, 12 Jul 1995 02:00:00 GMT");
// Date d'expiration antérieure à la date actuelle
header("Last-Modified: " . gmdate("D, d M Y H:i:s") . " GMT");
// Indique de toujours modifier la date
header("Cache-Control: no-cache, must-revalidate");
// no-cache pour HTTP/1.1
header("Pragma: no-cache");
// no-cache pour HTTP/1.0
//---------------------------------------------------
$reception_xml = file_get_contents("php://input");
//récupération de l'objet XML dans le flux php://input
//-------------ÉCRITURE DU FICHIER DIAPOSITIVE.XML ET CONSTRUCTION DE LA RÉPONSE XML
$fp = fopen("diapositive.xml", "w"); //ouverture du fichier reception.xml
$reponse="<?xml version=\"1.0\" encoding=\"UTF-8\"?>"; //déclaration XML initiale
if(@fwrite($fp, $reception_xml)) //teste si l'écriture est correcte
{ $reponse.="<reponse> ok : l'enregistrement est effectué </reponse>";}
else //si problème d'écriture >> préparation du message d'erreur
{ $reponse.="<reponse> erreur PHP : enregistrement non effectué </reponse>";}
```

```
$reponse=utf8_encode($reponse);//codage de la réponse en UTF8
print $reponse;//affichage de la réponse destinée à l'application Flash
@fclose($fp);//fermeture du fichier reception.xml
?>
```

Le document Flash

Le document Flash doit permettre à l'utilisateur d'afficher les différentes photos et de leur associer un commentaire.

Le scénario principal ne comporte qu'une seule image clé dans laquelle les différents symboles sont répartis sur plusieurs calques. Le code ActionScript est centralisé dans l'image 1 du calque Action (voir figure 22-16).

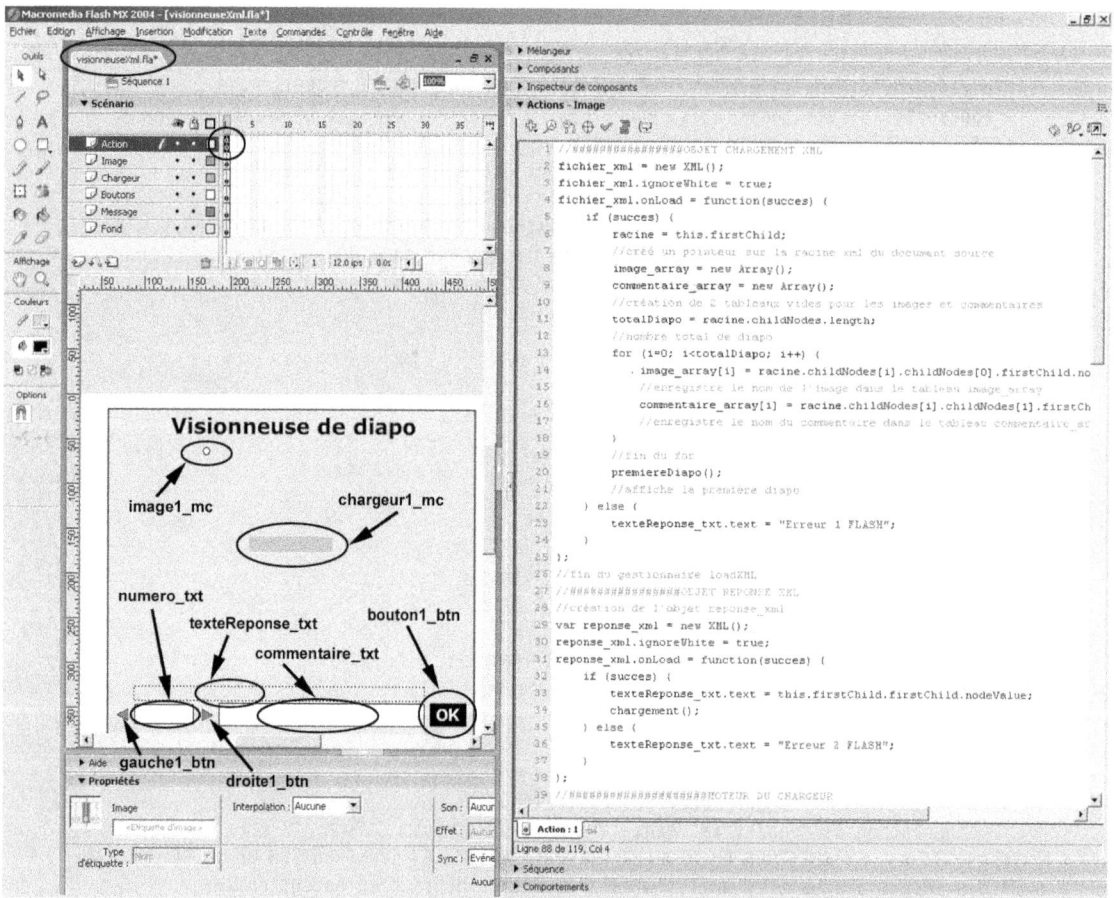

Figure 22-16

Création du document Flash visionneuseXml.fla.

1. Créez un nouveau document Flash et sauvegardez-le sous le nom visionneuseXml.fla dans un sous-répertoire du dossier www/SITEflash/ de votre serveur local (utilisez le même répertoire que celui dans lequel vous avez précédemment enregistré le fichier XML).

2. Créez six calques : Action, Image, Chargeur, Boutons, Message et Fond (voir figure 22-16).

3. Dans le calque Fond, délimitez l'interface à l'aide d'un élément graphique de votre choix et ajoutez un titre (« Visionneuse de diapositives », par exemple).

4. Dans le calque Message, créez deux champs texte dynamiques (numero_txt et texteReponse_txt) destinés à afficher le numéro de la diapositive et la réponse renvoyée par le fichier PHP lors de l'enregistrement. Créez ensuite un champ texte de saisie (commentaire_txt) destiné à afficher le commentaire accompagnant chaque diapositive.

5. Dans le calque Boutons, créez un premier bouton de validation d'enregistrement OK et nommez son occurrence bouton1_btn. Créez ensuite deux boutons en forme de flèche afin de circuler d'une diapositive à l'autre (suivante ou précédente) et nommez-les droite1_btn et gauche1_btn.

6. Dans le calque Chargeur, créez un clip à partir d'un rectangle qui fera office de barre de chargement. Nommez son occurrence chargeur1_mc.

7. Dans le calque Image, créez une occurrence de clip vide que vous nommerez image1_mc. Ce clip est destiné à accueillir les images JPEG des différentes diapositives.

8. Dans le calque Action, saisissez les différentes parties de code ci-dessous dans l'image clé 1. La première partie est destinée à créer un objet XML nommé fichier_xml dans lequel sera chargé le contenu du fichier XML diapositive.xml. Le gestionnaire qui contrôle le chargement crée un pointeur racine qui correspond exactement à l'élément racine du fichier diapositive.xml (cela évite d'avoir à gérer l'élément Flash-root généré automatiquement par Flash dans l'objet XML). Ensuite, deux tableaux de variables (image_array et commentaire_array) sont déclarés afin d'accueillir les contenus des éléments <image> et <commentaire> de chaque diapositive. Une variable totalDiapositives est initialisée avec le nombre d'éléments <diapo> chargés. À la ligne suivante, cette même variable est utilisée dans l'expression de condition de la structure de boucle for. Cette structure de boucle permet d'affecter successivement les différentes images et commentaires aux deux tableaux précédemment créés. Une fois que la boucle a parcouru tous les éléments <diapo> chargés, une fonction premiereDiapositive() est appelée afin d'afficher la première diapositive de la série. Enfin, en cas de problème de chargement, la zone de texte texteReponse_txt affichera un message d'erreur :

```
//###############OBJET CHARGEMENT XML
fichier_xml = new XML();
fichier_xml.ignoreWhite = true;
fichier_xml.onLoad = function(succes) {
 if (succes) {
     racine = this.firstChild;
     //crée un pointeur sur la racine xml du document source
     image_array = new Array();
     commentaire_array = new Array();
     //création de deux tableaux vides pour les images et commentaires
     totalDiapositives = racine.childNodes.length;
     //nombre total de diapositives
```

```
        for (i=0; i<totalDiapositive; i++) {
            image_array[i] = racine.childNodes[i].childNodes[0].firstChild.nodeValue;
            //enregistre le nom de l'image dans le tableau image_array
            commentaire_array[i] = racine.childNodes[i].childNodes[1].firstChild.nodeValue;
            //enregistre le nom du commentaire dans le tableau commentaire_array
        }
        //fin du for
        premiereDiapositive();
        //affiche la première diapositive
    } else {
        texteReponse_txt.text = "Erreur 1 FLASH";
    }
};
//fin du gestionnaire loadXML
```

9. La seconde partie du code a pour but de créer un autre objet XML, reponse_xml, qui sera exploité pour récupérer la réponse renvoyée au format XML par le script PHP. Cette réponse peut être soit un message de confirmation si l'enregistrement du fichier XML est correct, soit un message d'erreur dans le cas contraire. La déclaration de l'objet et le gestionnaire de chargement sont identiques à ceux de l'objet XML précédent, hormis le fait qu'ici on récupère le contenu du message pour l'affecter au champ texte texteReponse_txt afin que le message soit affiché dans l'interface (au-dessus des deux autres champs texte) :

```
//################OBJET RÉPONSE XML
//création de l'objet reponse_xml
var reponse_xml = new XML();
reponse_xml.ignoreWhite = true;
reponse_xml.onLoad = function(succes) {
  if (succes) {
      texteReponse_txt.text = this.firstChild.firstChild.nodeValue;
      chargement();
  } else {
      texteReponse_txt.text = "Erreur 2 FLASH";
  }
};
```

10. La partie suivante est dédiée au moteur de chargement des fichiers JPEG. Cette structure s'appuie sur un gestionnaire onEnterFrame qui scrute en permanence le chargement des images afin de faire évoluer la dimension de la barre de chargement tant que celui-ci est en cours, puis qui augmente progressivement l'alpha des images à partir du moment où elles sont complètement chargées :

```
//####################MOTEUR DU CHARGEUR
_root.onEnterFrame = function() {
  chargeur1_mc._visible = true;
```

```
chargeTotale = image1_mc.getBytesTotal();
chargeActuelle = image1_mc.getBytesLoaded();
if (chargeActuelle != chargeTotale) {
    _root.chargeur1_mc._xscale = 100*chargeActuelle/chargeTotale;
    //augmente progressivement la taille du voyant pendant le chargement
} else {
    chargeur1_mc._visible = false;
    if (image1_mc._alpha<100) {
        image1_mc._alpha += 10;
        //augmente progressivement l'alpha de la photo dès qu'elle est complètement chargée
    }
}
};
```

11. Ajoutez à la suite le code ci-dessous afin d'assurer la gestion du bouton de mémorisation (bouton OK), du bouton Diapositive suivante et du bouton Diapositive précédente :

```
//#####################GESTION DES BOUTONS
bouton1_btn.onRelease = function() {
 memorisation();
};
gauche1_btn.onRelease = function() {
 precedentDiapositive();
};
droite1_btn.onRelease = function() {
 suivantDiapositive();
};
```

12. La fonction de chargement est exécutée dès l'appel de l'animation et à chaque fois qu'un commentaire est mémorisé. Elle initialise à zéro l'indice n qui contrôle les diapositives et déclenche le chargement du fichier diapositive.xml dans l'objet fichier_xml grâce à la méthode load() :

```
//#####################FONCTION CHARGEMENT
function chargement() {
 n = 0;
 //initialisation de l'indice de diapositive
 fichier_xml.load("diapositive.xml");
}
```

13. La fonction de mémorisation est appelée par une action sur le bouton OK (bouton1_btn). Elle permet d'affecter le contenu du commentaire modifié à la valeur de l'élément <commentaire> correspondant à la diapositive en cours de consultation (spécifiée par l'indice n). La méthode sendAndLoad() est ensuite appelée afin d'envoyer le document modifié vers le script visionneuse.php et d'assurer la récupération de la réponse de ce même script dans le second objet XML reponse_xml. Enfin, l'ancien objet fichier_xml est supprimé avant d'être recréé avec le contenu téléchargé depuis le fichier XML modifié (chargement effectué par l'appel de la fonction chargement() appelée à la fin du gestionnaire de l'objet reponse_xml) :

```
//#####################FONCTION MÉMORISATION
//Mémorisation du commentaire d'une diapositive
```

```
function memorisation() {
fichier_xml.firstChild.childNodes[n].childNodes[1].firstChild.nodeValue          =
root.commentaire_txt.text;
   fichier_xml.sendAndLoad("visionneuse.php", reponse_xml);
   delete fichier_xml;//suppression de l'objet XML
 }
```

14. Les autres fonctions destinées à la gestion des diapositives sont rassemblées à la fin du script de l'image clé (voir le code ci-dessous). Elles permettent de passer à la diapositive suivante lors d'un clic sur la flèche de droite (suivantDiapositive()), de revenir à la diapositive précédente lors d'un clic sur la flèche de gauche (precedentDiapositive()) ou encore de retourner à la première diapositive après l'enregistrement d'un commentaire ou lors de la première ouverture de l'application Flash (premiereDiapositive()). Pour chacune de ces trois fonctions, le déroulement est semblable :

   – l'alpha du clip conteneur est initialisé à zéro ;

   – l'image est chargée à l'aide d'une méthode loadMovie() ;

   – le texte du commentaire de la diapositive est affecté à la zone texte commentaire_txt ;

   – l'affichage du numéro de la diapositive est assuré par l'appel de la fonction numeroDiapositive() placée à la fin de cette partie de code :

```
//##############TOUTES LES FONCTIONS GESTION DES DIAPOSITIVES
function suivantDiapositive() {
 texteReponse_txt.text = '';
 //initialisation zone réponse
 if (n<(totalDiapositives-1)) {
     n++;
     if (chargeActuelle == chargeTotale) {
         image1_mc._alpha = 0;
         image1_mc.loadMovie(image_array[n], 1);
         commentaire_txt.text = commentaire_array[n];
         numeroDiapositive();
     }
 }
}
//-------------------------------------
function precedentDiapositive() {
 if (n>0) {
     n--;
     image1_mc._alpha = 0;
     image1_mc.loadMovie(image_array[n], 1);
     commentaire_txt.text = commentaire_array[n];
     numeroDiapositive();
 }
}
//-------------------------------------
function premiereDiapositive() {
```

```
  if (chargeActuelle == chargeTotale) {
      image1_mc._alpha = 0;
      image1_mc.loadMovie(image_array[0], 1);
      commentaire_txt.text = commentaire_array[0];
      numeroDiapositive();
  }
}
//---------------------------------------
function numeroDiapositive() {
 num = n+1;
 numero_txt.text = num+" / "+totalDiapositive;
 }
```

15. Enfin, à la dernière ligne du script, se trouve l'appel de la fonction de chargement initial (charge-ment()) qui permet de charger dans l'objet fichier_xml le contenu du fichier diapositive.xml dès l'ouverture de l'application Flash :

```
//#########################APPEL FCT
chargement();
//appelle la fonction au début de l'application
```

16. Une fois que vous avez terminé de saisir le script dans l'image clé, enregistrez votre document Flash et publiez-le dans le même répertoire. Vous pouvez désormais passer dans le Web local pour tester le fonctionnement de l'ensemble du système (voir figure 22-17). Si vous installez cette application sur un serveur distant, assurez-vous que le fichier diapositive.xml dispose bien des droits d'écriture (utili-sez si besoin CHMOD pour les modifier) et que la version du PHP est ultérieure à la version 4.3 (utilisez si besoin la fonction phpinfo() pour ce faire) afin que l'instruction de récupération du flux PHP puisse être interprétée correctement (file_get_contents("php://input")).

Interface Flash-XML-PHP-MySQL

Dans le chapitre 18 sont présentés des interfaces Flash-PHP-MySQL utilisant la classe LoadVars et ses méthodes pour récupérer des informations retournées par une base de données. Cependant, les applications de cette technique d'interfaçage restent limitées à des échanges de petites quantités de variables simples.

Une autre solution consiste à utiliser la classe XML couplée à un script PHP qui a pour fonction de mettre les informations issues de la base de données au format XML. Les informations extraites de la base de données peuvent ainsi conserver leur structure grâce à une construction adaptée du document XML. D'autre part, comme pour toutes les informations récupérées par Flash au format XML, il est beaucoup plus facile d'en extraire les données désirées à l'aide des nombreuses méthodes de la classe XML.

Avec cette technique, le XML n'est plus exploité comme une solution d'archivage des données qui serait une alternative à l'utilisation d'une base de données, mais comme une solution de transfert parfaitement adaptée à la structure d'une base MySQL.

Figure 22-17

Test de la visionneuse de diapositives dans le Web local.

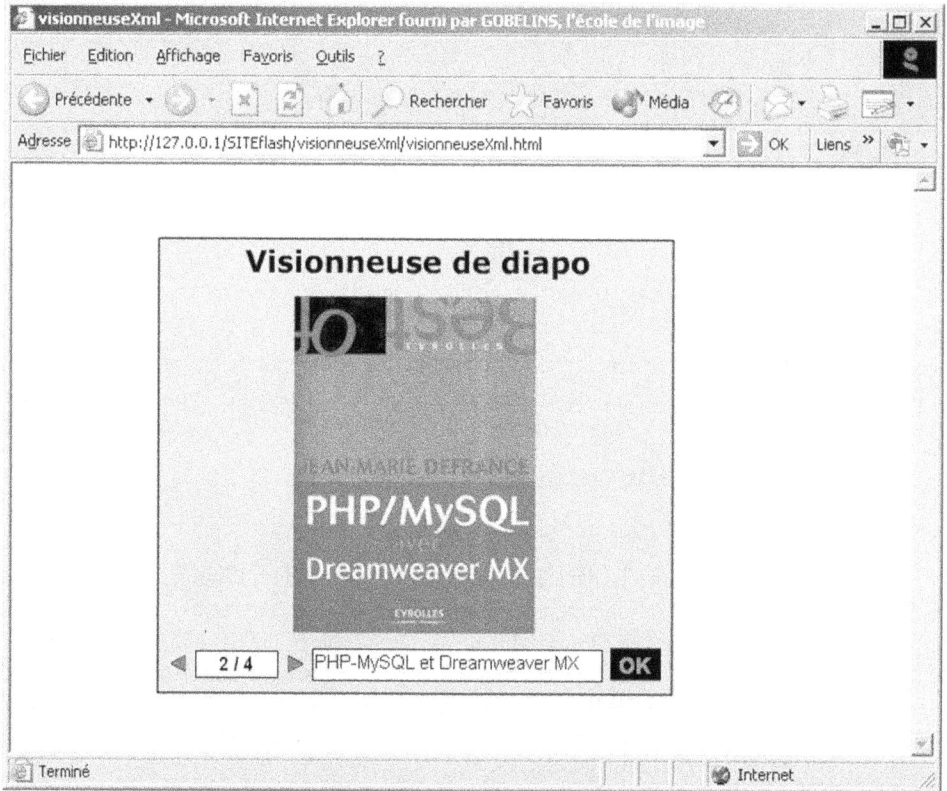

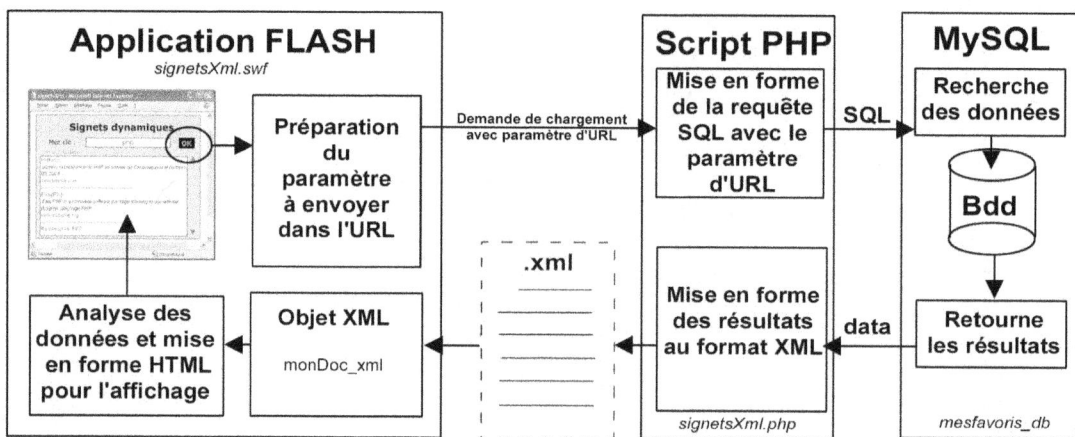

Figure 22-18

Principe de l'interface Flash-XML-PHP-MySQL utilisée pour l'application du système de signets dynamiques.

Système de signets dynamiques (étude de cas)

Nous allons utiliser cette technique d'interfaçage pour réaliser un système de signets dynamiques.

Les signets seront archivés dans la table d'une base de données MySQL. La mise à jour des données dans une base MySQL ayant déjà été traitée à plusieurs reprises (revoir le chapitre 18), nous ne détaillerons pas l'actualisation ou l'ajout des signets dans une base mais cette fonctionnalité pourra être facilement intégrée au système dans un second temps.

Un script PHP assure la jonction entre la base MySQL et l'application Flash. Lorsque l'application Flash lui envoie (en paramètre d'URL) un mot-clé à rechercher parmi les noms des signets, il l'intègre dans une requête SQL qu'il soumet à la base de données. En sens inverse, lorsque la base de données lui retourne le résultat dans un jeu d'enregistrements, il construit une structure de document XML dans laquelle les informations de chaque enregistrement sont intégrées. Dès que ce document est terminé, il est affiché dans le navigateur afin que l'application Flash puisse le charger dans un objet XML adapté (voir figure 22-18).

Une fois les données disponibles dans l'application Flash, il suffit d'utiliser les procédures d'analyse XML présentées dans le chapitre précédent pour en extraire les informations. Celles-ci seront ensuite mises en forme (au format HTML afin de pouvoir créer des liens hypertextes) avant d'être affichées. Le contrôle des erreurs éventuelles et le nombre de signets trouvés seront affichés dans un champ texte situé au-dessus de la zone d'affichage des résultats.

La base de données MySQL

La base de données MySQL utilisée dans cette application se nomme `mesfavoris_db`. Elle stocke les paramètres de chaque signet et permet d'effectuer une recherche du ou des signets correspondants. Elle est constituée d'une seule table nommée `signets` qui comporte elle-même quatre champs : une clé primaire (`ID`), l'URL de chaque signet, le nom et la description du signet.

1. Création de la base de données : ouvrez le gestionnaire de base de données phpMyAdmin (cliquez droit sur l'icône EasyPHP, sélectionnez l'option Administration puis cliquez sur le bouton GESTION BDD). Dans le champ de saisie du cadre central, saisissez le nom de la nouvelle base `mesfavoris_db`, puis cliquez sur le bouton Créer (revoir si nécessaire le chapitre 16 dédié à phpMyAdmin).

2. Création de la table `signets` : sélectionnez la base de données `mesfavoris_db` dans le menu déroulant du cadre de gauche. Dans la partie droite, sélectionnez l'onglet Structure puis, au niveau de la rubrique Créez une nouvelle table, saisissez `signets` (nom de la table à créer) dans le champ nom puis le chiffre 4 pour préciser le nombre de champs à créer. Cliquez sur Exécuter afin d'accéder au formulaire de création des champs. Renseignez le formulaire comme indiqué par la figure 22-19 puis validez vos choix en cliquant sur le bouton Sauvegarder.

3. Insérez des enregistrements dans la table : afin de pouvoir tester le système, vous devez insérer plusieurs enregistrements dans la table en vous assurant au préalable que les URL sont bien valides (voir les exemples d'enregistrement de la figure 22-20). Une fois que vous aurez ajouté vos signets dans la base, fermez le gestionnaire et passez à la création du fichier PHP.

> **À noter**
>
> Une autre solution pour créer la table signets consiste à saisir (ou à coller) le code SQL indiqué ci-dessous dans le champ dédié aux requêtes de l'onglet SQL (revoir si besoin les techniques de restauration d'une base de données dans le chapitre 16). Si vous souhaitez utiliser cette méthode, un fichier nommé signets.sql comportant ce code SQL se trouve à la racine des ressources concernant cette application.

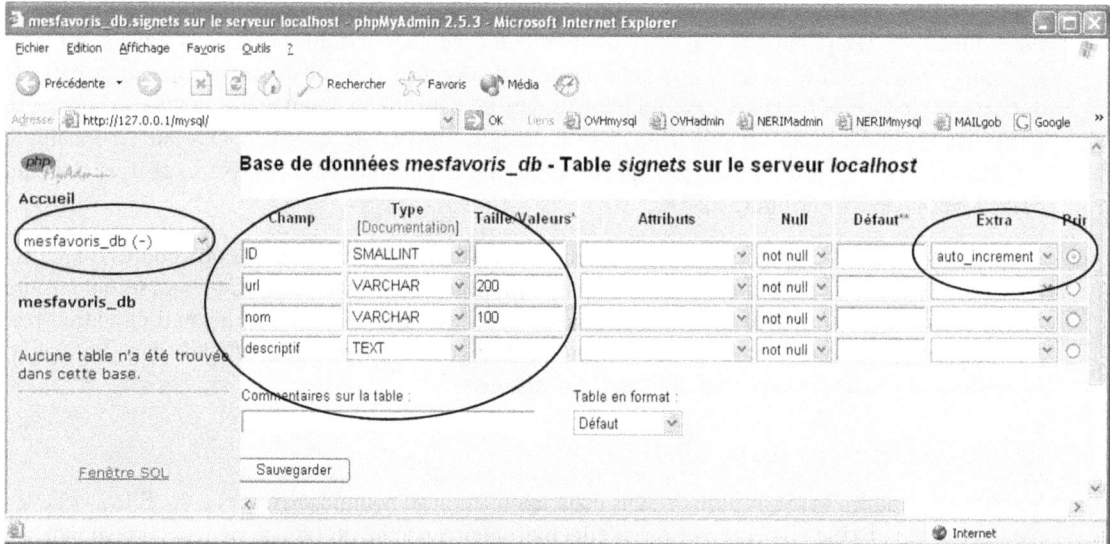

Figure 22-19

Création de la table signets dans le gestionnaire phpMyAdmin.

Code SQL correspondant à la création de la table signets :

```
CREATE TABLE `signets` (
  `ID` smallint(6) NOT NULL auto_increment,
  `url` varchar(200) NOT NULL default '',
  `nom` varchar(100) NOT NULL default '',
  `descriptif` text NOT NULL,
  PRIMARY KEY (`ID`)
) TYPE=MyISAM AUTO_INCREMENT=6 ;
```

Le fichier PHP

Le fichier visionneuse.php a pour fonction de récupérer le document XML modifié, de l'enregistrer dans le fichier diapositive.xml puis de construire et de retourner une réponse XML qui confirme que l'opération d'enregistrement s'est bien déroulée ou qui indique la nature du problème si ce n'est pas le cas.

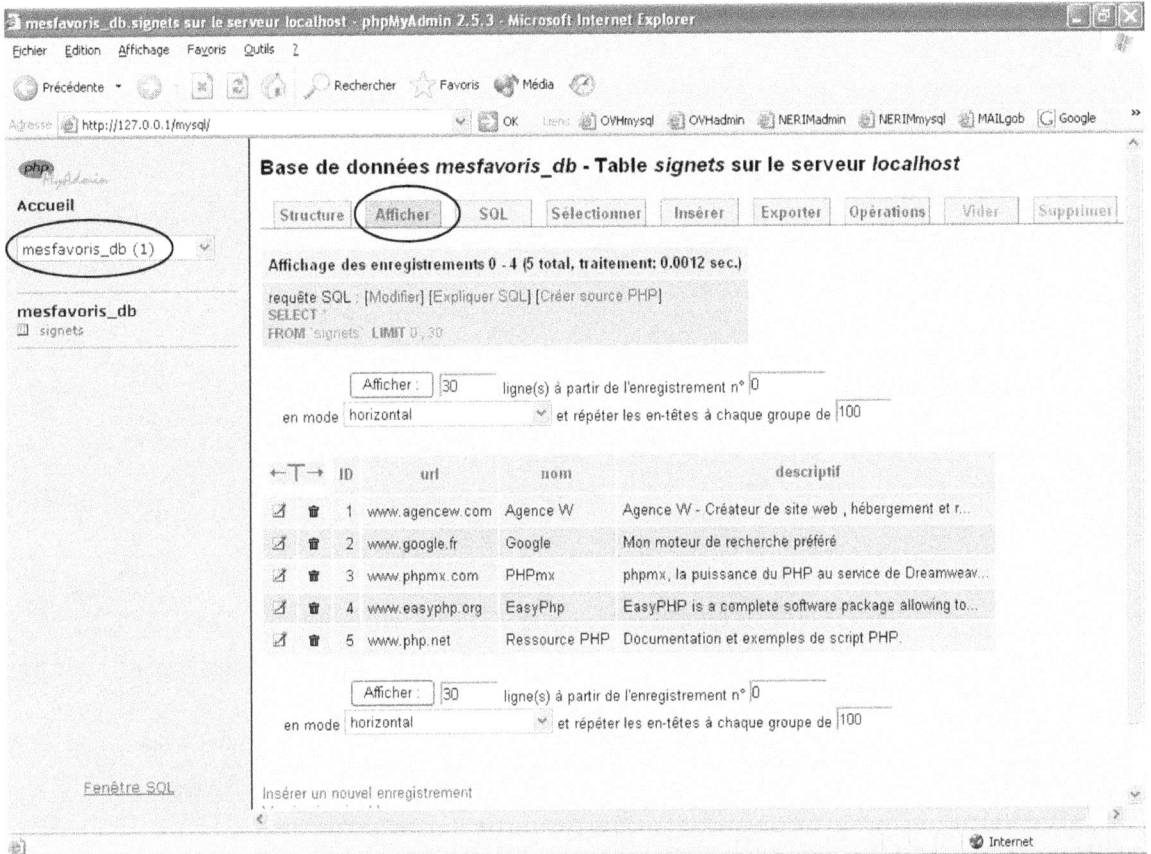

Figure 22-20

Exemple d'enregistrements de signets ajoutés dans la base de données pour les tests.

1. Créez un nouveau document PHP dans Dreamweaver et sauvegardez-le sous le nom signetsXml.php dans un sous-répertoire du dossier www/SITEflash/ de votre serveur local (utilisez par exemple le sous-répertoire /6-xml/chap22/signetsDynamiques/).

2. Saisissez les instructions ci-dessous afin d'initialiser la variable $clause qui sera envoyée en paramètre d'URL par l'application Flash (voir figure 22-21) :

```php
<?php
//----------------------Initialisation des variables
if(isset($_GET['clause'])) $clause=$_GET['clause']; else $clause="inconnu";
```

3. Sous ce code, ajoutez les instructions nécessaires à la connexion à la base MySQL.

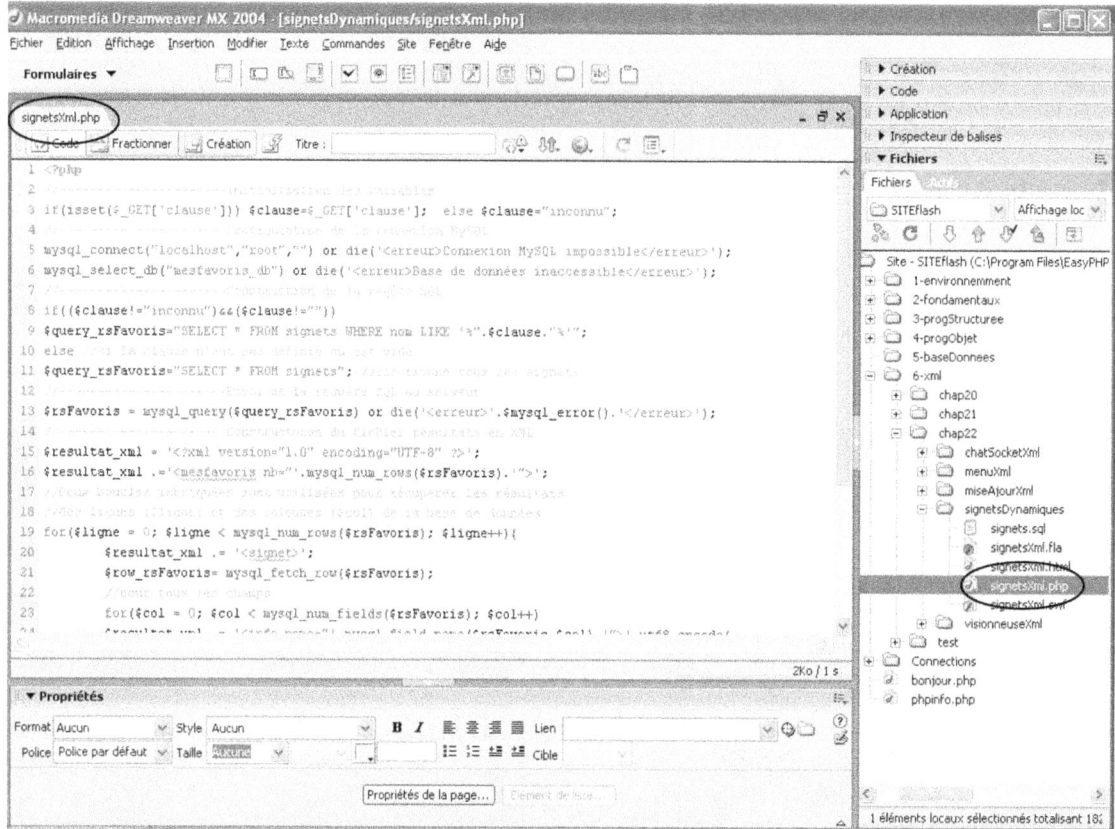

Figure 22-21

Création du fichier PHP signetsXml.php avec Dreamweaver.

> **À noter**
>
> Cette application étant isolée, nous n'utiliserons pas de fichier de connexion externe, mais intégrerons directement dans le script les instructions et paramètres de connexion. Pour les tests, nous utilisons l'utilisateur `root` (sans mot de passe) présent par défaut dans la base de données MySQL. Si vous décidez d'utiliser cette application en ligne, vous devrez créer un utilisateur spécifique et modifier le nom de l'utilisateur et son mot de passe dans ces paramètres.

```
//----------------------Configuration de la connexion MySQL
mysql_connect("localhost","root","") or die('<erreur>Connexion MySQL impossible</erreur>');
mysql_select_db("mesfavoris_db") or die('<erreur>Base de données inaccessible</erreur>');
```

4. La partie de code ci-dessous permet de construire la requête SQL en intégrant la variable `$clause`. L'intégration de cette variable est conditionnée par sa disponibilité. Ainsi si la variable n'existe pas ou est vide, la requête sera créée sans clause WHERE afin de sélectionner tous les enregistrements de la table :

```
//--------------------Construction de la requête SQL
if(($clause!="inconnu")&&($clause!=""))
$query_rsFavoris="SELECT * FROM signets WHERE nom LIKE '%".$clause."%'";
else //si la clause n'est pas définie ou est vide
$query_rsFavoris="SELECT * FROM signets";//sélectionne tous les signets
```

5. Une fois la requête élaborée, elle doit être envoyée au serveur MySQL à l'aide de la fonction `mysql_query()` :

```
//--------------------Envoi de la requête SQL au serveur
$rsFavoris = mysql_query($query_rsFavoris) or die('<erreur>'.$mysql_error().'</erreur>');
```

6. Le jeu d'enregistrements retourné par la base MySQL doit ensuite être intégré dans un fichier XML afin que ses données puissent être analysées par l'application Flash. Le script suivant permet de construire ce fichier XML d'une manière dynamique. Il est constitué de deux boucles imbriquées qui permettent de créer des éléments signets en récupérant les lignes et les colonnes du jeu d'enregistrements ($rsFavoris) retourné par la base de données :

```
//--------------------Construction du fichier résultats en XML
$resultat_xml = '<?xml version="1.0" encoding="UTF-8" ?>';
$resultat_xml .='<mesfavoris nb="'.mysql_num_rows($rsFavoris).'">';
//Deux boucles imbriquées sont utilisées pour récupérer les résultats
//des lignes ($ligne) et des colonnes ($col) de la base de données
for($ligne = 0; $ligne < mysql_num_rows($rsFavoris); $ligne++){
    $resultat_xml .= '<signet>';
    $row_rsFavoris= mysql_fetch_row($rsFavoris);
    //pour tous les champs
    for($col = 0; $col < mysql_num_fields($rsFavoris); $col++)
    $resultat_xml .= '<info name="'.mysql_field_name
    ($rsFavoris,$col).'">'.utf8_encode($row_rsFavoris[$col]).'</info>';
    $resultat_xml .= '</signet>';
}
$resultat_xml .= '</mesfavoris>';
mysql_free_result($rsFavoris);
```

7. La dernière ligne du script PHP affiche le document XML précédemment créé afin qu'il puisse être récupéré puis analysé par l'application Flash :

```
//--------------------Le résultat (au format XML) est
//affiché afin que Flash puisse le récupérer
echo $resultat_xml;
```

Code complet du fichier signetsXml.php :

```
<?php
//--------------------Initialisation des variables
```

```
if(isset($_GET['clause'])) $clause=$_GET['clause']; else $clause="inconnu";
//----------------------Configuration de la connexion MySQL
mysql_connect("localhost","root","") or die('<erreur>Connexion MySQL impossible</erreur>');
mysql_select_db("mesfavoris_db") or die('<erreur>Base de données inaccessible</erreur>');
//----------------------Construction de la reqête SQL
if(($clause!="inconnu")&&($clause!=""))
$query_rsFavoris="SELECT * FROM signets WHERE nom LIKE '%".$clause."%'";
else //si la clause n'est pas définie ou est vide
$query_rsFavoris="SELECT * FROM signets";//sélectionne tous les signets
//----------------------Envoi de la requête SQL au serveur
$rsFavoris = mysql_query($query_rsFavoris) or die('<erreur>'.$mysql_error().'</erreur>');
//----------------------Constructuion du fichier résultats en XML
$resultat_xml = '<?xml version="1.0" encoding="UTF-8" ?>';
$resultat_xml .='<mesfavoris nb="'.mysql_num_rows($rsFavoris).'">';
//Deux boucles imbriquées sont utilisées pour récupérer les résultats
//des lignes ($ligne) et des colonnes ($col) de la base de données
for($ligne = 0; $ligne < mysql_num_rows($rsFavoris); $ligne++){
    $resultat_xml .= '<signet>';
    $row_rsFavoris= mysql_fetch_row($rsFavoris);
    //pour tous les champs
    for($col = 0; $col < mysql_num_fields($rsFavoris); $col++)
    $resultat_xml.='<info name="'.mysql_field_name
    ➥($rsFavoris,$col).'">'.utf8_encode($row_rsFavoris[$col]).'</info>';
    $resultat_xml .= '</signet>';
}
$resultat_xml .= '</mesfavoris>';
mysql_free_result($rsFavoris);
//----------------------Le résultat (au format XML) est affiché afin que Flash puisse le
➥récupérer
echo $resultat_xml;

?>
```

Le document XML renvoyé par le script PHP

Dans cette interface, il n'existe réellement pas de fichier XML. Cependant, il est intéressant de connaître la structure du document XML renvoyé par le script PHP. Pour l'afficher, il suffit d'appeler le fichier PHP signetsXml.php. Vous obtiendrez alors un document XML comprenant tous les signets enregistrés dans la table. Si vous ajoutez le paramètre d'URL clause à la suite du nom du fichier comme dans l'exemple ci-dessous, vous obtiendrez la sélection des enregistrements correspondants formatés en XML (voir figure 22-22) :

```
signetsXml.php?clause=php
```

À noter

Ce test est aussi un excellent moyen de s'assurer du bon fonctionnement du script PHP...

Le document Flash

Le document Flash permet à l'utilisateur de saisir le nom du signet (ou une partie de ce nom) et de consulter en retour une liste des signets. Si la fenêtre ne peut afficher tous les signets, deux boutons placés latéralement permettent de monter ou de descendre dans la liste afin de consulter les signets non visibles. Le champ de l'URL de chaque signet est paramétré pour ouvrir une nouvelle fenêtre de navigateur affichant le site du signet concerné par un simple clic (voir figure 22-24).

Figure 22-22

Document XML affiché lors de l'appel du fichier PHP signetsXml.php avec le paramètre d'URL clause=php.

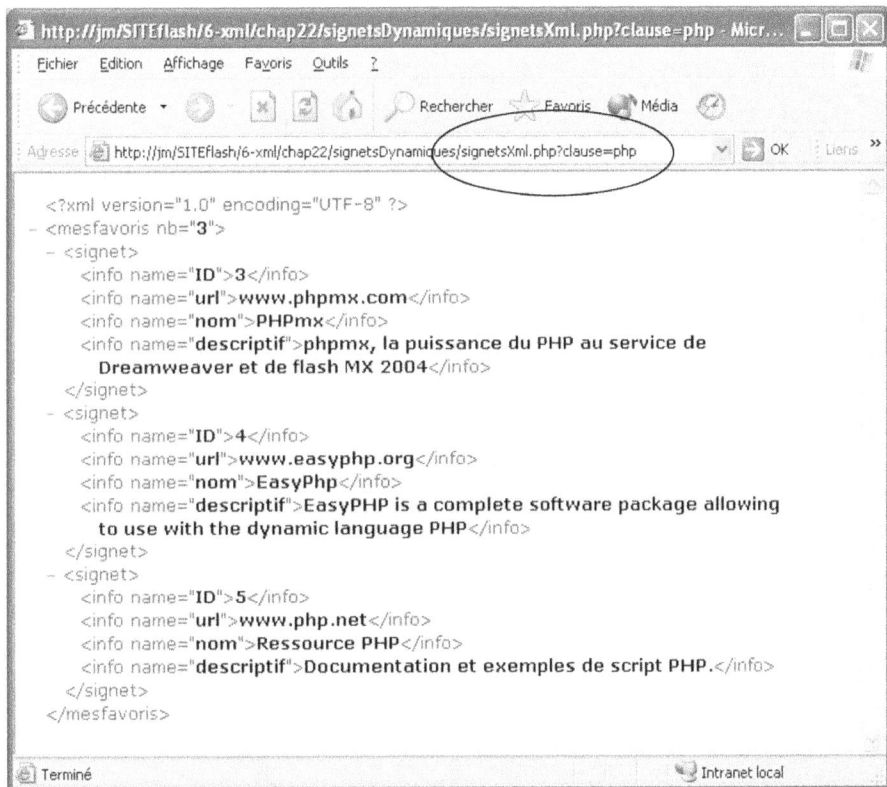

```
<?xml version="1.0" encoding="UTF-8" ?>
- <mesfavoris nb="3">
  - <signet>
      <info name="ID">3</info>
      <info name="url">www.phpmx.com</info>
      <info name="nom">PHPmx</info>
      <info name="descriptif">phpmx, la puissance du PHP au service de
         Dreamweaver et de flash MX 2004</info>
    </signet>
  - <signet>
      <info name="ID">4</info>
      <info name="url">www.easyphp.org</info>
      <info name="nom">EasyPhp</info>
      <info name="descriptif">EasyPHP is a complete software package allowing
         to use with the dynamic language PHP</info>
    </signet>
  - <signet>
      <info name="ID">5</info>
      <info name="url">www.php.net</info>
      <info name="nom">Ressource PHP</info>
      <info name="descriptif">Documentation et exemples de script PHP.</info>
    </signet>
</mesfavoris>
```

Le scénario principal ne comporte qu'une seule image clé dans laquelle les différents symboles sont répartis sur plusieurs calques. Le code ActionScript est centralisé dans l'image du calque `Action`.

1. Créez un nouveau document Flash et sauvegardez-le sous le nom signetsXml.fla dans un sous-répertoire du dossier www/SITEflash/ de votre serveur local (utilisez le même répertoire que celui dans lequel vous avez précédemment enregistré le fichier PHP).

2. Créez cinq calques : `Action`, `Boutons`, `Resultats`, `Formulaire` et `Fond` (voir figure 22-23).

3. Dans le calque `Fond`, délimitez l'interface avec un élément graphique de votre choix et ajoutez un titre (« Signets dynamiques », par exemple).

4. Dans le calque Formulaire, créez un champ texte de saisie (clause_txt) pour saisir le nom du signet à rechercher.

5. Dans le calque Resultats, créez un premier champ dynamique multiligne d'occurrence resultat_txt et dont le nom de variable (champ Var) sera nommé resultat. Configurez ensuite son panneau Propriétés afin que ce champ puisse afficher du texte au format HTML. Créez un second champ dynamique d'occurrence message_txt placé au-dessus du premier afin de pouvoir afficher les messages retournés par le fichier PHP (le message retourné peut être soit le nombre d'enregistrements, soit un message d'erreur).

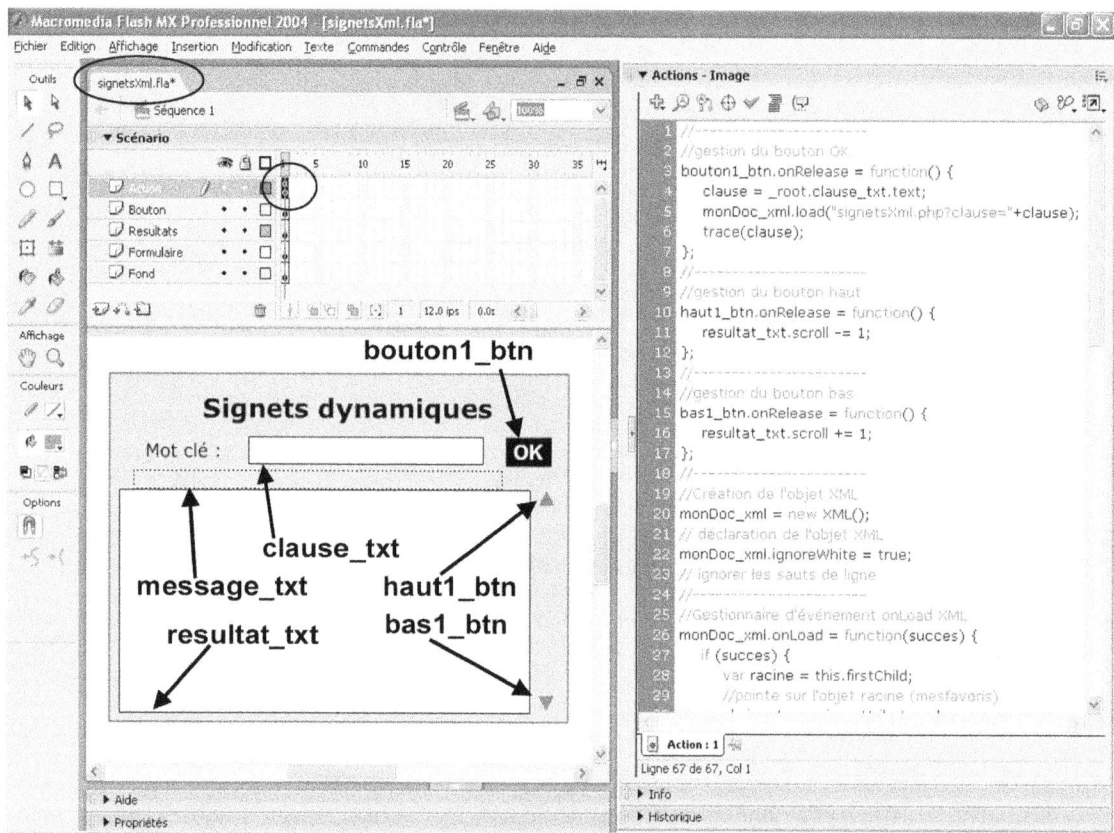

Figure 22-23

Création du document Flash signets.fla.

6. Dans le calque Boutons, créez un premier bouton de validation d'enregistrement OK et nommez son occurrence bouton1_btn. Créez ensuite deux boutons en forme de flèche afin de parcourir la liste des signets et nommez-les haut1_btn et bas1_btn.

7. Dans le calque Action, saisissez le code ci-dessous dans l'image clé 1. La première partie est destinée à la gestion des trois boutons de l'application. Le bouton OK permet de déclencher une action de chargement XML (méthode load()) en envoyant en paramètre d'URL la clause saisie par l'utilisateur. Les deux autres boutons (les deux flèches) permettent de gérer le scroll de la liste resultat_txt :

```
//----------------------
//gestion du bouton OK
bouton1_btn.onRelease = function() {
 clause = _root.clause_txt.text;
 monDoc_xml.load("signetsXml.php?clause="+clause);
};
//----------------------
//gestion du bouton haut
haut1_btn.onRelease = function() {
 resultat_txt.scroll -= 1;
};
//----------------------
//gestion du bouton bas
bas1_btn.onRelease = function() {
 resultat_txt.scroll += 1;
};
```

8. La partie suivante crée puis configure l'objet XML monDoc_xml afin de pas tenir compte des éventuels espaces dans le document XML qui sera chargé :

```
//----------------------
//Création de l'objet XML
monDoc_xml = new XML();
// déclaration de l'objet XML
monDoc_xml.ignoreWhite = true;
// ignorer les sauts de ligne
```

9. La création de l'objet XML est suivie du gestionnaire onLoad(). Les deux premières instructions du gestionnaire permettent de créer un pointeur racine et de récupérer le nombre de signets dans une variable nbsignets. Après ces deux instructions, une structure de choix if permet d'initialiser la valeur du champ message_txt grâce à un texte qui indique le nombre de signets ou un message d'erreur (si l'élément racine retourné par le script PHP se nomme erreur). La suite concerne l'élaboration du résultat (au format HTML) qui sera affiché dans la zone de texte dynamique resultat :

```
//Gestionnaire d'événements onLoad XML
monDoc_xml.onLoad = function(succes) {
 if (succes) {
     var racine : Object = this.firstChild;
     //pointe sur l'objet racine (mesfavoris)
     var nbsignet = racine.attributes.nb;
```

```
                //récupération du nombre de résultats
            if (racine.nodeName == "erreur") {
               //gestion des éventuelles erreurs
               message_txt.text = racine.firstChild.nodeValue;
            } else {
               //si pas d'erreur, affiche le nombre de résulats
               message_txt.text = "Il y a "+nbsignet+" résultat(s)";
            }
            //-------------------Gestion du résultat
            if (nbsignet == 0) {
               //si il n'y a aucun résultat
              resultat = "Il n'y a pas de réponse<br>Merci de renouveler votre requête avec un autre
              ➡mot clé";
            } else {
               //sinon construction HTML des résultats
               resultat = "";
               for (var n = 0; n<racine.childNodes.length; n++) {
                   resultat += "<font color=\"#FF0000\" size=\"14\" Face=\"Arial\"><b>";
                   resultat += racine.childNodes[n].childNodes[2].firstChild.nodeValue;
                   //nom du signet
                   resultat += "</b></font>";
                   resultat += "<br><i> ";
                   resultat += racine.childNodes[n].childNodes[3].firstChild.nodeValue;
                   //descriptif du signet
                   resultat += "</i><br> <font color=\"#0000FF\" size=\"12\" Face=\"Arial\">
                   ➡<a href='http://";
                   resultat += racine.childNodes[n].childNodes[1].firstChild.nodeValue;
                   resultat += "' target='_blank' >";
                   //lien hypertexte de l'URL du signet
                   resultat += racine.childNodes[n].childNodes[1].firstChild.nodeValue;
                   //affichage del'URL du signet
                   resultat += "</a></font><br>";
                   resultat += "------------------------------------------------------------";
                   resultat += "<br>";
               }//fin du for
            }//fin du else
      }//fin du if(succes)
   };//fin du gestionnaire
```

10. Une fois que vous aurez saisi tout le code dans l'image clé, enregistrez votre animation et passez dans le Web local pour tester l'interfaçage complet. Pour ce faire, saisissez un mot-clé puis cliquez sur le bouton OK. Tous les signets dont le nom comporte le mot-clé doivent être affichés dans la zone des résultats (voir figure 22-24). Si vous cliquez sur l'URL d'un signet, la page Web correspondante doit s'afficher dans une nouvelle fenêtre.

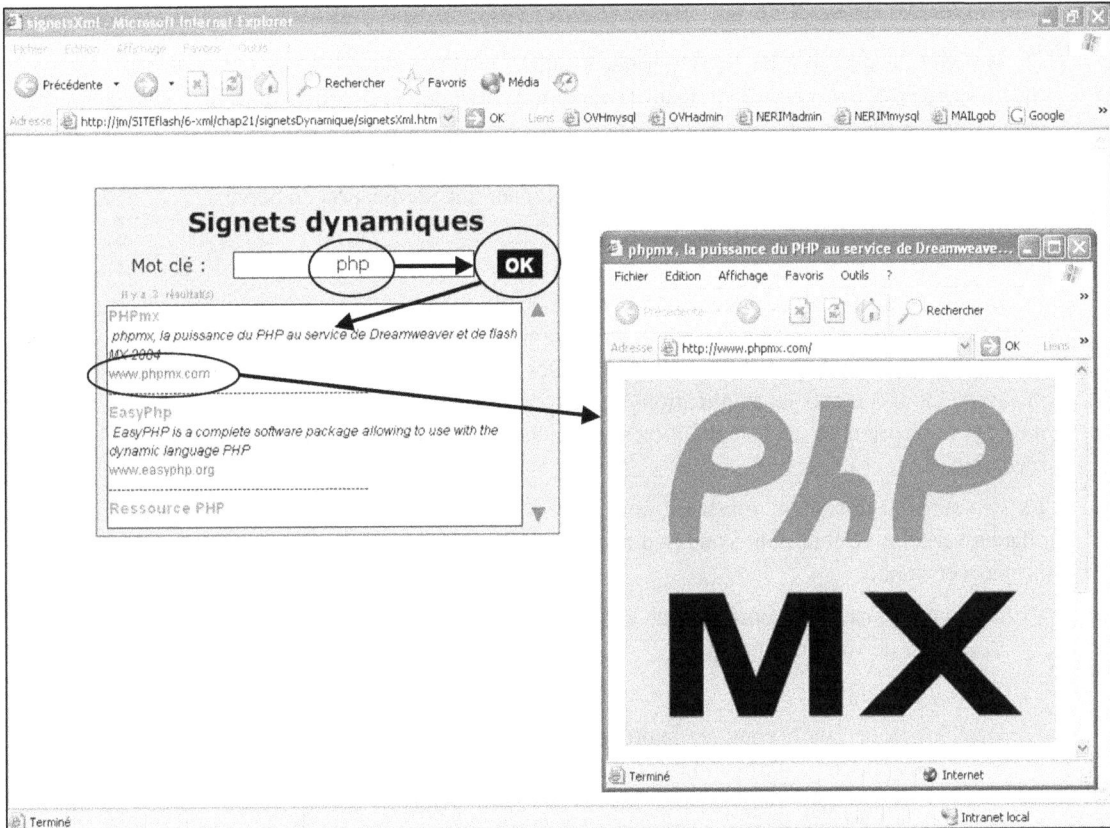

Figure 22-24

Test de l'application des signets dynamiques dans le Web local.

Interface Flash-XML-Serveur Socket PHP

À la fin du chapitre 20, nous avons présenté la classe XMLsocket et ses méthodes. Nous allons illustrer le fonctionnement de ces méthodes dans le cadre d'une petite application de dialogue en ligne (*chat*). Pour utiliser un objet XMLsocket, il faut avant tout disposer d'un serveur socket. De nombreux serveurs socket sont compatibles avec l'utilisation des méthodes XMLsocket de Flash, mais nous avons décidé de retenir un serveur programmé en PHP en raison du thème de ce livre même si cette solution n'est pas la plus performante. Les fonctions utilisées dans ce serveur socket PHP dépassent le cadre de cet ouvrage et nous ne détaillerons pas son fonctionnement. Nous nous limiterons au paramétrage d'un serveur socket PHP dont le code source est disponible sur le site Internet de son auteur (*www.your-socket.com*).

Un système de dialogue en ligne (chat) *(étude de cas)*

Un système de dialogue en ligne permet à plusieurs personnes connectées simultanément sur le même site de dialoguer en direct. Dans la version de *chat* que nous allons présenter, chaque message envoyé par un utilisateur s'affichera sur les écrans de tous les utilisateurs connectés. Le but de cette application est de vous présenter un exemple très simple d'utilisation d'un serveur socket afin que vous en appréhendiez le concept et non de développer une application élaborée.

Le document Flash

Le premier écran de l'application Flash permet à l'utilisateur de déclarer son pseudo afin d'accéder à l'espace de dialogue en ligne. Dans le second écran, un champ texte de saisie lui permet de saisir son message puis de l'envoyer au serveur socket. Dès réception du nouveau message, le serveur socket diffuse celui-ci à toutes les applications connectées (dont celle de l'émetteur du message). Tous les messages réceptionnés par l'application sont affichés dans une zone texte dynamique selon l'ordre de réception.

La structure du document Flash est simplifiée à l'extrême afin que vous compreniez l'utilité de chaque variable ou fonction. Vous pourrez ainsi adapter facilement cette application de base à vos projets personnels.

1. Créez un nouveau document Flash et sauvegardez-le sous le nom *chat.fla* dans le répertoire C:/ SITEchat/ de votre ordinateur.

2. Créez cinq calques : `Label`, `Action`, `Boutons`, `Message` et `Fond`.

3. Dans le calque `Label`, nommez la première image clé `Identification`. Créez une image clé dans les images 10, 20 et 30. Nommez ensuite l'image 10 `Dialogue` et l'image 20 `Erreur`.

4. Dans le calque `Fond`, délimiter l'interface grâce à un élément graphique de votre choix et ajoutez un titre (« Dialogue en direct », par exemple). Créez ensuite une image clé dans l'image 30.

5. Dans le calque `Message`, placez-vous dans l'image 1 et créez un champ texte de saisie `pseudo_txt` destiné à saisir le pseudo. Créez ensuite une image clé dans les images 10, 20 et 30. Dans l'image clé 10, ajoutez en haut de l'écran un champ texte dynamique `pseudo_txt` destiné à afficher le pseudo de l'utilisateur précédemment déclaré. Au centre de l'écran, ajoutez un champ de texte dynamique multiligne `liste_txt` destiné à accueillir la liste des différents messages reçus par le serveur socket. Enfin, en bas de l'écran, ajoutez un dernier champ de texte de saisie `message_txt` qui permettra à l'utilisateur de saisir son message. Placez-vous dans l'image clé 20 et ajoutez au milieu de l'écran un champ de texte dynamique nommé `erreur_txt` qui aura pour fonction d'afficher les éventuelles erreurs de connexion rencontrées.

6. Dans le calque `Boutons`, placez-vous dans l'image clé 1 et créez un premier bouton de validation du pseudo et nommez son occurrence `bouton1_btn`. Créez ensuite une image clé dans les images 10, 20 et 30. Placez-vous dans l'image clé 20 et créez un second bouton `bouton2_btn` à droite du champ texte de saisie `message_txt` afin de permettre à l'utilisateur de valider son message et de déclencher son envoi vers le serveur socket.

7. Dans le calque `Action`, saisissez le code ci-dessous dans l'image clé 1 (voir figure 22-25). La première partie est destinée à initialiser les paramètres du serveur socket. La variable `adresseServeur` correspond à l'adresse du serveur (adresse IP ou domaine). Dans notre cas, nous initialisons cette

variable avec la valeur localhost car nous désirons tester notre système en local. La seconde variable numPort permet de définir quel port du serveur est configuré pour rester à l'écoute des application Flash (ce port doit être supérieur ou égal à 1 024) :

```
//#######################CONFIGURATION
adresseServeur = "localhost";
// Adresse du serveur local
numPort = 22222;
// Numéro du port d'écoute du serveur socket
```

8. La partie suivante permet de créer l'objet XMLsocket (monObjet_xmlsocket) qui aura en charge la connexion avec le serveur socket puis le chargement des messages. Cette première instruction est suivie du gestionnaire de chargement des données de l'objet XMLsocket. Dans ce gestionnaire est créé un objet XML chargement_xml destiné à réceptionner les données du serveur. Un pointeur racine est ensuite créé afin de faciliter la gestion des chemins dans le reste du script. Une structure de choix if permet de s'assurer que le nom de l'élément récupéré est bien égal à message. Si le test est positif, le nouveau message réceptionné s'ajoute au contenu du champ liste_txt (liste des messages affichés dans l'écran Dialogue). La dernière ligne du gestionnaire est destinée à assurer la gestion du scroll lorsque le nombre de messages excède la zone de texte :

```
//#######################CRÉATION OBJET SOCKET XML
monObjet_xmlsocket = new XMLSocket();
// création de l'objet XMLsocket
//---------------Gestionnaire du chargement des données du socket
monObjet_xmlsocket.onData = function(data) {
var chargement_xml = new XML(data);
// création d'un objet XML pour récupérer les données
var racine:Object = chargement_xml.firstChild;
//création d'un élément racine (évite la gestion du Flash-root)
if (racine.nodeName == "message") {
    // teste s'il s'agit bien d'un élément <message>
    liste_txt.text += racine.attributes.pseudo+" : "+racine.attributes.texte+newline;
    //construction du message
    liste_txt.scroll = liste_txt.maxscroll;
    // gestion du scroll
}
};
```

9. À la suite de cette première partie, on retrouve deux autres gestionnaires de l'objet XMLsocket. Le premier, onClose(), sera invoqué si la connexion est interrompue par le serveur socket. Dans ce cas, un message d'erreur sera affecté à la variable erreur et la tête de lecture de l'animation sera positionnée sur l'image Erreur. L'autre gestionnaire sera invoqué lors d'une tentative de connexion initiée par la méthode connect(). Si la connexion n'est pas possible, le paramètre succes prend la valeur false et un message d'erreur est affecté à la variable erreur. Comme dans le cas précédent, la tête de lecture de l'animation est positionnée sur l'image Erreur afin de signaler le problème à l'utilisateur :

```
//---Gestionnaire d'interruption de connexion déclenchée par le serveur
monObjet_xmlsocket.onClose = function() {
erreur = "La connexion a été interrompue par le serveur ";
```

```
    gotoAndStop("Erreur");
    //initialisation de la variable erreur
 };
 //--------------------Gestionnaire de connexion au serveur
 monObjet_xmlsocket.onConnect = function(succes) {
  if (!succes) {
     erreur = "Impossible de se connecter au serveur sur le port "+numPort;
     gotoAndStop("Erreur");
     //initialisation de la variable erreur
  }
 };
```

10. La ligne de code suivante ouvre une connexion entre le serveur socket et l'application Flash. Les deux variables adresseServeur (adresse du serveur) et numPort (numéro du port en écoute) définissant le paramétrage du serveur sont passées en argument. Après l'appel de cette méthode, le gestionnaire onConnect() présenté précédemment est invoqué :

```
//###############################CONNEXION SERVEUR SOCKET
monObjet_xmlsocket.connect(adresseServeur, numPort);
```

11. Le dernier script placé dans cette image clé permet de gérer la validation du pseudo saisi par l'utilisateur. Lorsque le bouton OK est relâché, la variable pseudo est initialisée avec le nom saisi dans le champ pseudo_txt puis la tête de lecture de l'animation est positionnée sur l'image Dialogue :

```
//################################ENTREE DU PSEUDO
bouton1_btn.onRelease = function() {
 if (pseudo_txt.text != "") {
    _root.pseudo = pseudo_txt.text;
    //sauvegarde du pseudo
    gotoAndStop("Dialogue");
 }
};
//##############################################
stop();
```

12. Placez-vous ensuite sur l'image Dialogue et saisissez le code ci-dessous (voir figure 22-26). La première partie permet d'initialiser certains paramètres de l'animation : le nom du pseudo affiché en haut de l'écran, la zone d'affichage de la liste des messages et le positionnement du focus dans le champ de saisie du message :

```
//#####################INITIALISATION
pseudo_txt.text = _root.pseudo;
//initialisation du pseudo
liste_txt.text="";
//initialisation de la liste des messages
Selection.setFocus(message_txt);
//initialisation du focus sur le champ de saisie
```

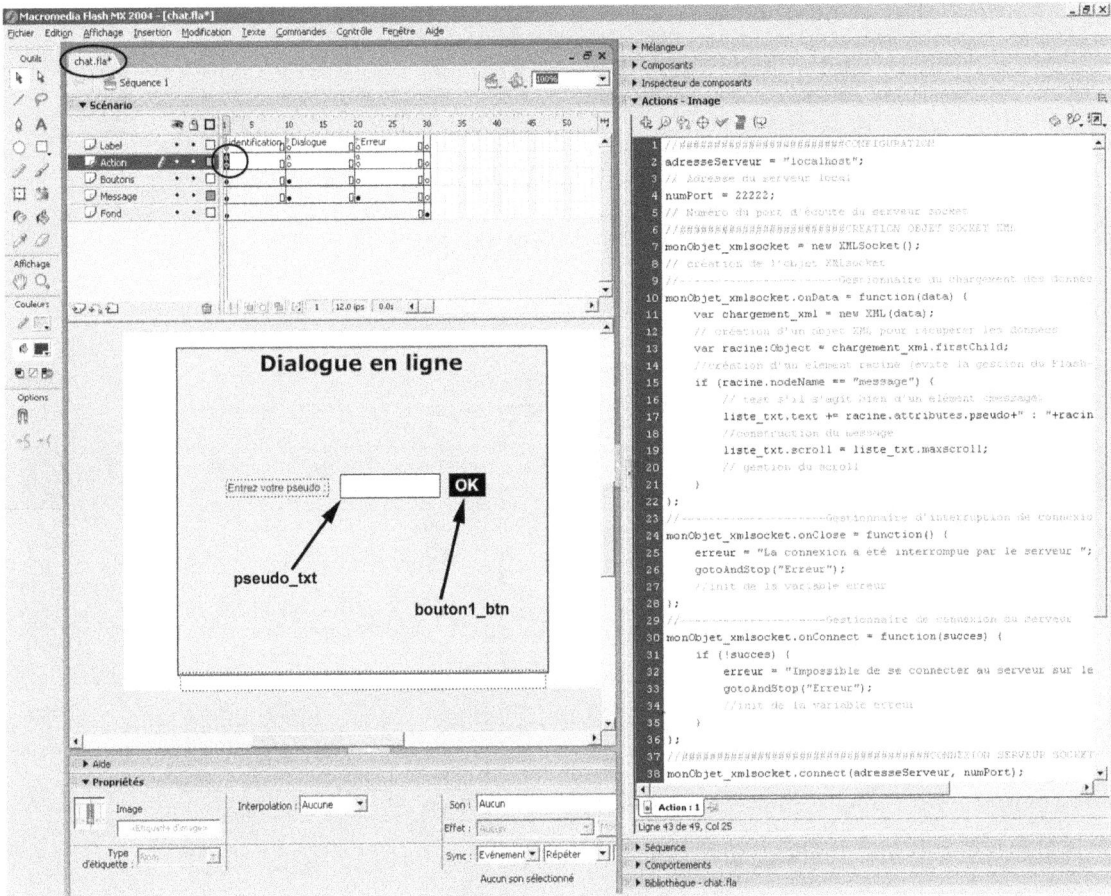

Figure 22-25

Création de l'image Identification du document Flash chat.fla.

13. La seconde partie du code permet de gérer le bouton de soumission d'un message (bouton2_btn). Dès que celui-ci est relâché, un objet XML est créé et son contenu est initialisé avec un élément message. Deux attributs pseudo et texte sont ensuite ajoutés à cet élément afin de construire le document XML. Une fois le document préparé, la méthode send() est appelée afin de l'envoyer au serveur socket :

```
//#######################ENVOI D'UN MESSAGE
bouton2_btn.onRelease = function() {
 if (message_txt.text != "") {
    //teste si un message est saisi
    //------------Construction du message
    var envoi_xml = new XML("<message/>");
    //création de l'objet initialisation avec élément <message>
    envoi_xml.firstChild.attributes.pseudo = _root.pseudo;
```

```
        //ajout attribut pseudo
        envoi_xml.firstChild.attributes.texte = message_txt.text;
        //ajout attribut texte
        monObjet_xmlsocket.send(envoi_xml);
        //envoi au serveur
        message_txt.text = "";
        // initialisation du champ de saisie du message
        Selection.setFocus(message_txt);
        //initialisation du focus sur le champ de saisie
    }
};
```

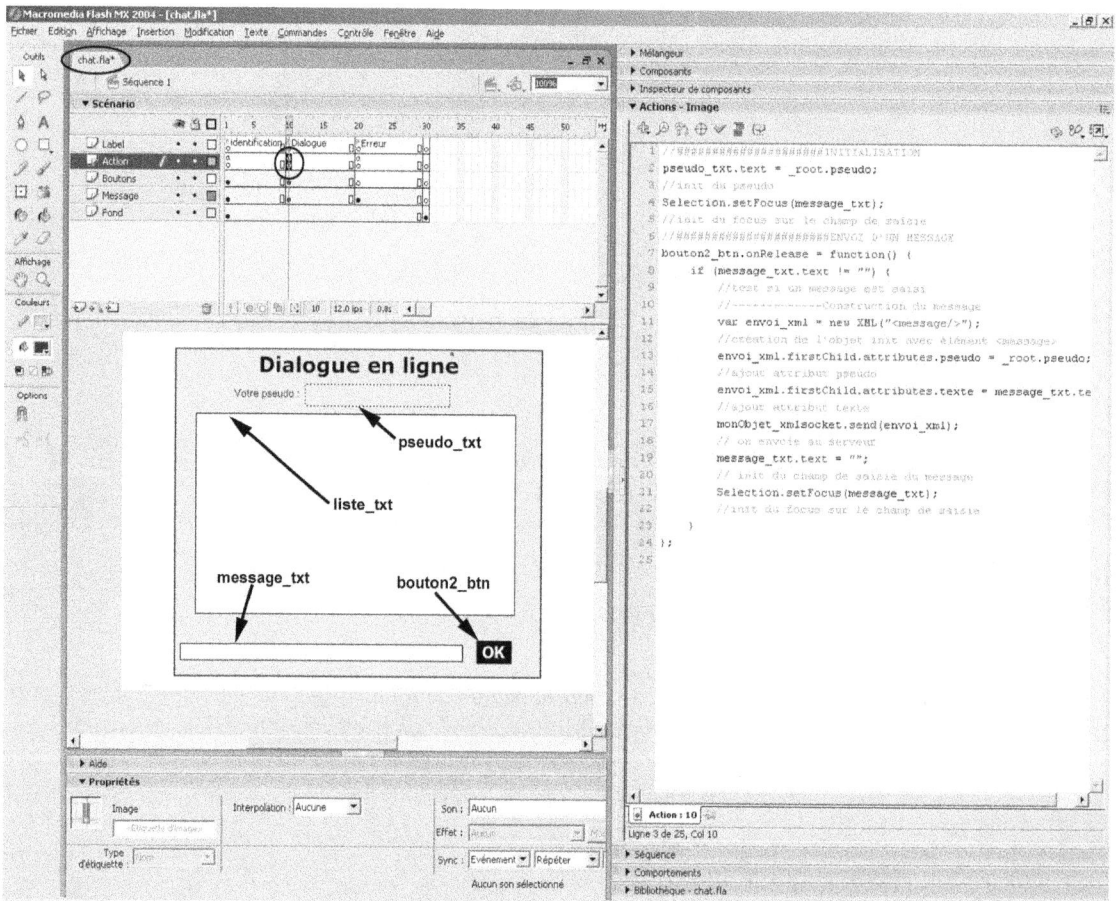

Figure 22-26

Création de l'image Dialogue du document Flash chat.fla.

14. Positionnez-vous enfin sur l'image `Erreur` (voir figure 22-27) et ajoutez l'instruction suivante afin d'initialiser le champ texte dynamique `erreur_txt` avec l'intitulé de l'erreur généré par les gestionnaires de l'objet XMLsocket (revoir l'étape 9 si nécessaire) :

```
erreur_txt.text=erreur;
```

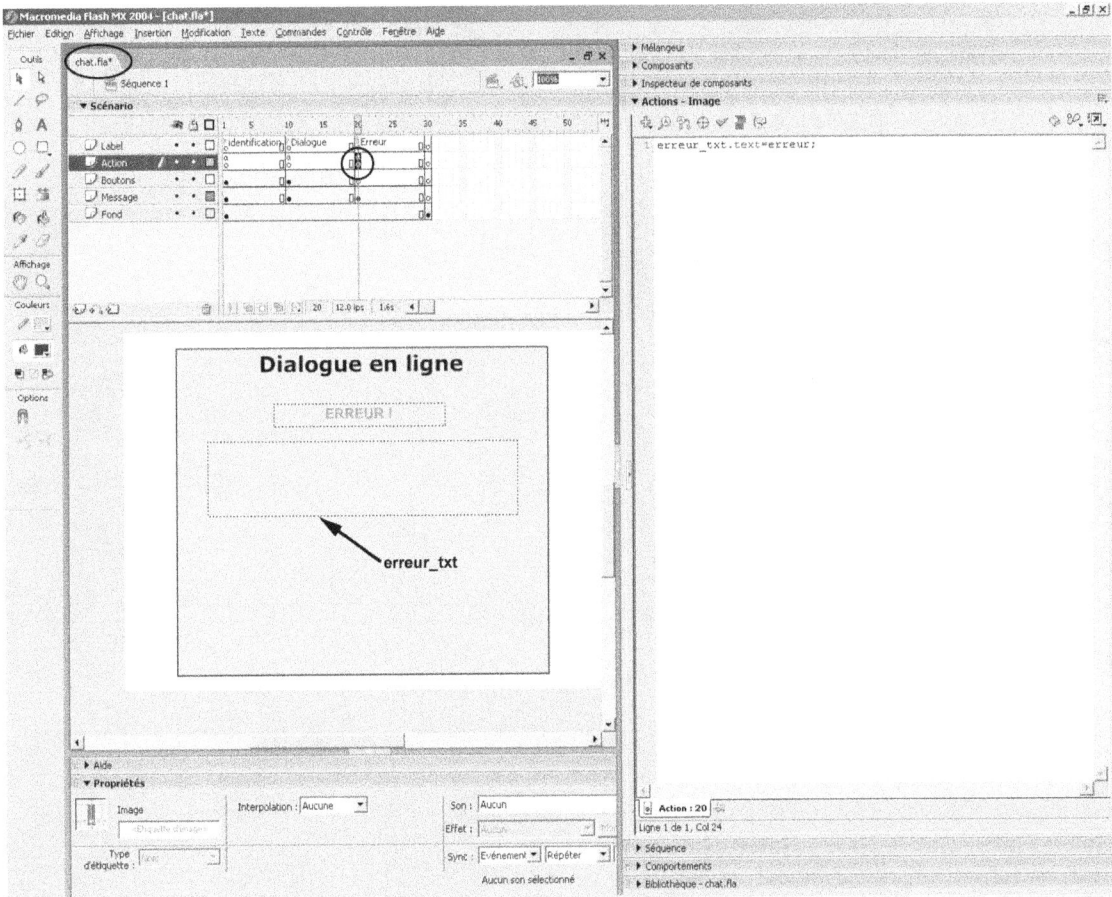

Figure 22-27

Création de l'image Erreur du document Flash chat.fla.

15. Vous pouvez maintenant enregistrer puis publier votre document Flash et passer à la configuration du serveur de socket PHP.

Le serveur de socket PHP

Contrairement aux autres applications réalisées dans cet ouvrage, l'utilisation d'un serveur socket nécessite une configuration spécifique de votre ordinateur afin de pouvoir démarrer le serveur socket en ligne de code. Les étapes de l'installation du serveur socket sur votre poste et de ses aménagements sont détaillées ci-dessous.

1. Créez un nouveau répertoire C:/*chat*/ (à la racine du lecteur C:). Copiez le fichier du serveur socket server_chat.php dans ce répertoire (disponible dans le répertoire /SITEchat/ des ressources de l'ouvrage) ou récupérez la dernière version du serveur disponible sur le site Internet de son auteur : *http://www.your-socket.com/tutoriaux/chat/*

2. Ouvrez le fichier du serveur server_chat.php avec Dreamweaver. Dans la première ligne de code, modifiez l'adresse du serveur (valeur affectée à la variable $address) en remplaçant la valeur actuelle par localhost afin que le serveur puisse fonctionner sur votre ordinateur en local (voir figure 22-28). Une fois la modification effectuée, enregistrez votre fichier sous le même nom.

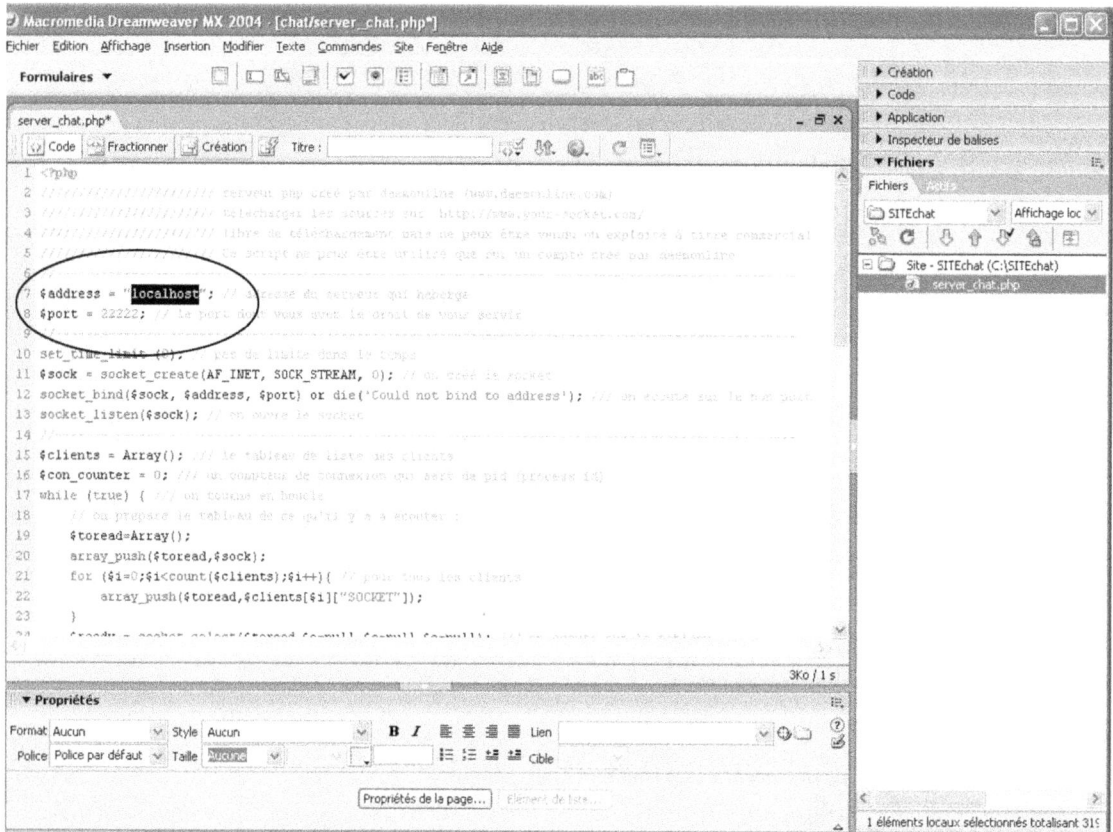

Figure 22-28

Modification de l'adresse du serveur socket dans Dreamweaver.

3. Modification du fichier php.ini : ouvrez un explorateur de fichiers (Win + E) et parcourez l'arborescence d'EasyPHP jusqu'au répertoire /php/. Dans ce répertoire, faites un copier-coller du

fichier php.ini-recommended et nommez le nouveau fichier php.ini. Ouvrez ce second fichier avec le Bloc-notes et lancez une recherche avec le mot-clé php_sockets. Décommentez alors la ligne extension=php_sockets.dll en supprimant le point-virgule placé en début de ligne afin d'activer l'extension php_sockets (voir figure 22-29). Dans le même fichier php.ini, lancez une seconde recherche avec le mot-clé extension_dir. Commentez ensuite la ligne extension_dir="./" en ajoutant un point-virgule devant cette instruction puis ajoutez en dessous l'instruction suivante : extension_dir = "extensions" (voir figure 22-30). Une fois ces modifications effectuées, enregistrez le fichier dans le même répertoire.

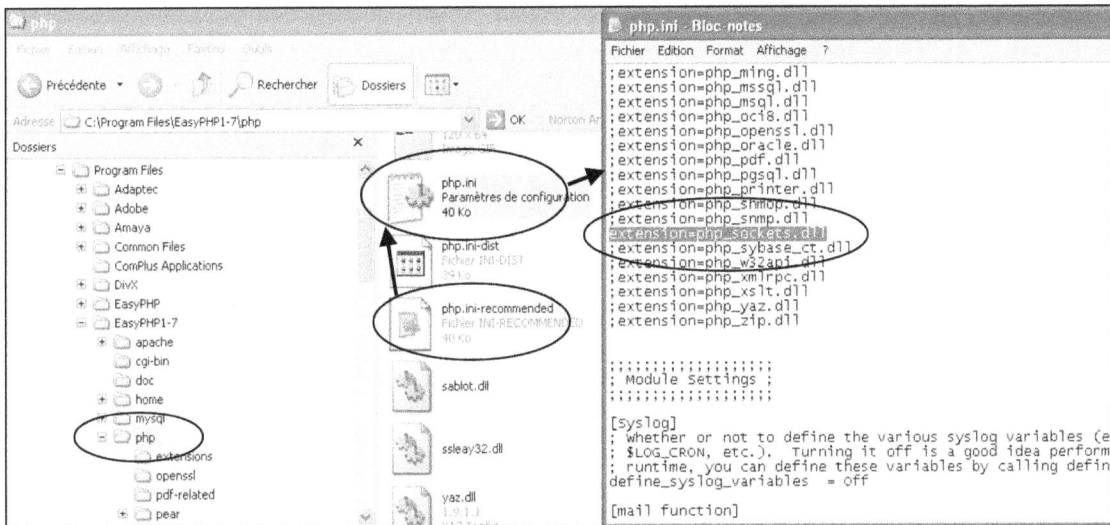

Figure 22-29

Copie et modification du fichier php.ini dans le répertoire /php/.

Figure 22-30

Modification du fichier php.ini (suite).

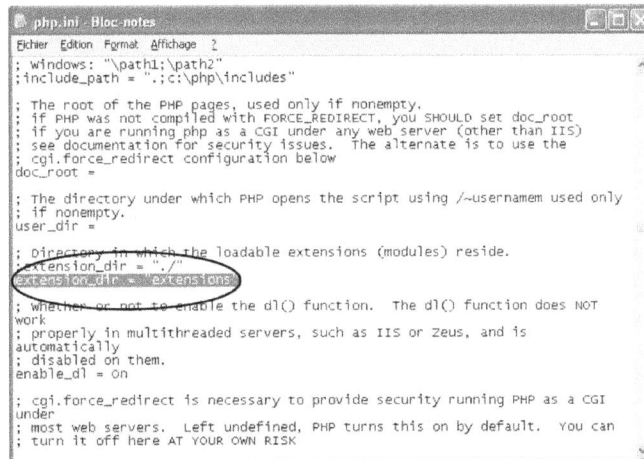

4. Configuration d'une variable d'environnement pour Windows afin de pouvoir démarrer PHP en ligne de code : Cliquez sur le bouton Démarrer de Windows, sélectionnez le Panneau de configuration et l'icône Système. Cliquez sur l'onglet Avancé de la boîte de dialogue puis sur le bouton Variable d'environnement. Dans la partie du bas, sélectionnez la ligne champ Path et cliquez sur le bouton Modifier. À la fin du champ Valeur de la variable, ajoutez un point-virgule comme séparateur, suivi du chemin suivant : C:\Program Files\EasyPHP1-7\php; puis validez successivement toutes les boîtes de dialogue ouvertes (voir figure 22-31).

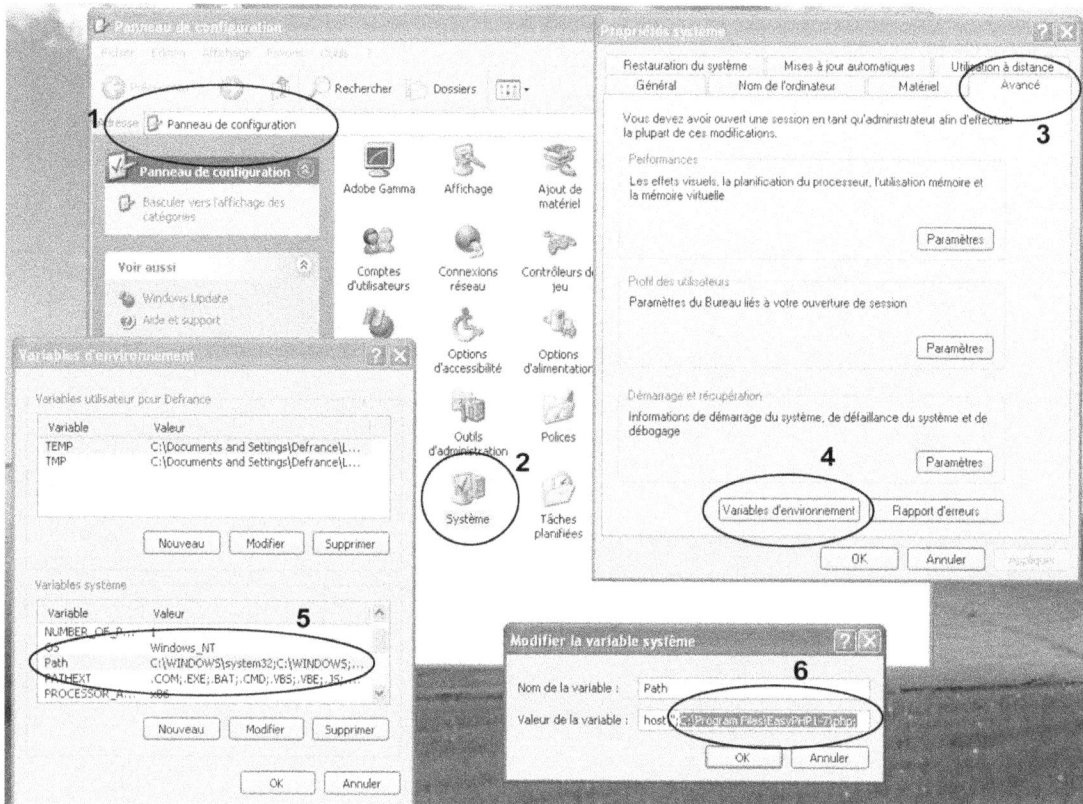

Figure 22-31

Configuration de la variable d'environnement Windows.

5. Démarrez le serveur socket PHP (EasyPHP n'est pas nécessaire car le serveur socket fonctionne d'une manière autonome sur votre poste local) : Ouvrez une fenêtre de Terminal (cliquez sur le bouton Démarrer de Windows puis sélectionnez Exécuter et saisissez « cmd » dans le champ de la fenêtre). Saisissez ensuite la ligne de commande suivante après l'invite (voir figure 22-32) puis validez en appuyant sur la touche Entrée (Attention ! N'oubliez pas de saisir php devant le chemin menant au fichier à exécuter) :

```
>php C:\SITEchat\server_chat.php
```

Figure 22-32

Démarrage du serveur socket à partir d'une fenêtre de Terminal.

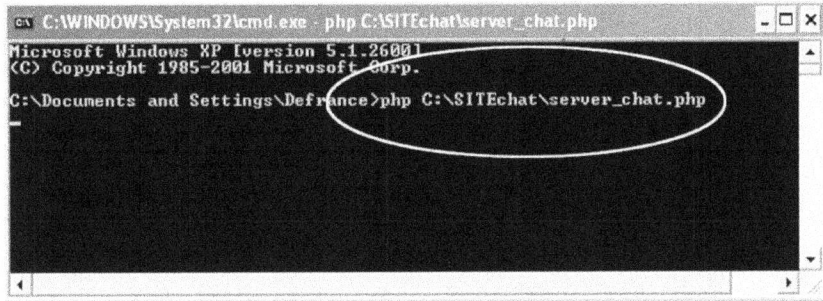

6. Votre serveur est démarré (le curseur doit clignoter au début de la ligne suivante). Si vous désirez l'arrêter, il vous suffit d'utiliser la combinaison de touches Ctrl + C.

7. Pour tester le fonctionnement en local du *chat*, il suffit d'ouvrir plusieurs fenêtres de navigateur en même temps pour simuler la présence de différents utilisateurs. Ouvrez un premier navigateur et cliquez sur Fichier>Ouvrir (ou Ctrl + O) et sélectionnez le fichier *chat.html* à l'adresse locale C:\SITEchat\chat.html. Dans le champ texte de la page d'accueil de l'animation, saisissez le nom du premier utilisateur (par exemple « Jean ») puis validez votre choix. Dans l'interface de dialogue, saisissez un premier message dans le formulaire du bas puis validez. Votre message doit apparaître dans la zone de dialogue d'utilisateur de ce même écran précédé du nom que vous avez choisi.

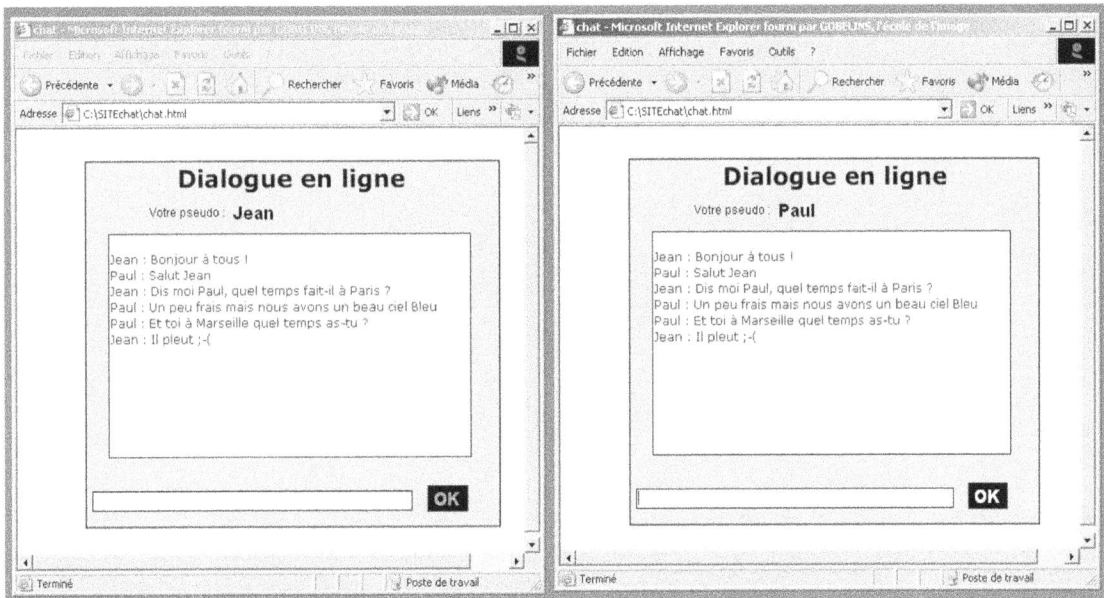

Figure 22-33

Test du serveur socket en local.

8. Ouvrez maintenant un second navigateur de la même manière et saisissez un autre nom (par exemple « Paul »). Depuis l'interface du second utilisateur, saisissez un nouveau message et validez-le. Si votre nouveau message est visible de la même manière dans les deux navigateurs, le système de dialogue en direct fonctionne correctement en local (voir figure 22-33). Si vous désirez mettre en œuvre cette application de *chat* en ligne pour connecter différents utilisateurs distants, vous devez disposer d'un serveur dont le port d'écoute est activé (pour plus de détail sur la disponibilté de ce type d'hébergement ou pour tester d'autres exemples d'application du serveur socket, consultez le site de l'auteur du serveur socket PHP utilisé dans cette démonstration : *www.your-socket.com*).

Codes sources disponibles en ligne

Tous les codes sources des applications présentées dans cet ouvrage sont disponibles sur Internet : *www.editions-eyrolles.com* (mots-clés : Flash PHP).

Mise au point
des programmes

23

Mise au point
des programmes PHP

Conseils pour bien programmer

Pour bien programmer et créer des scripts performants, quelques règles doivent être respectées.

Utilisez l'indentation

L'indentation correspond à la mise en forme des blocs de code grâce à des tabulations différentes selon le niveau d'imbrication des structures de boucle ou de choix dans lesquels ils se trouvent. Cela met en valeur le début et la fin des boucles et évite notamment d'oublier des accolades de fin ou de début.

Avec Dreamweaver, vous pouvez décaler facilement le code à partir du menu Edition>Code de retrait (ou encore plus facilement avec la touche Tabulation). Toutes les nouvelles lignes seront décalées du même espace (voir figure 23-1). Pour revenir d'un pas de décalage à gauche, utilisez l'option Décalage négatif du menu Edition (ou utilisez la touche Backspace).

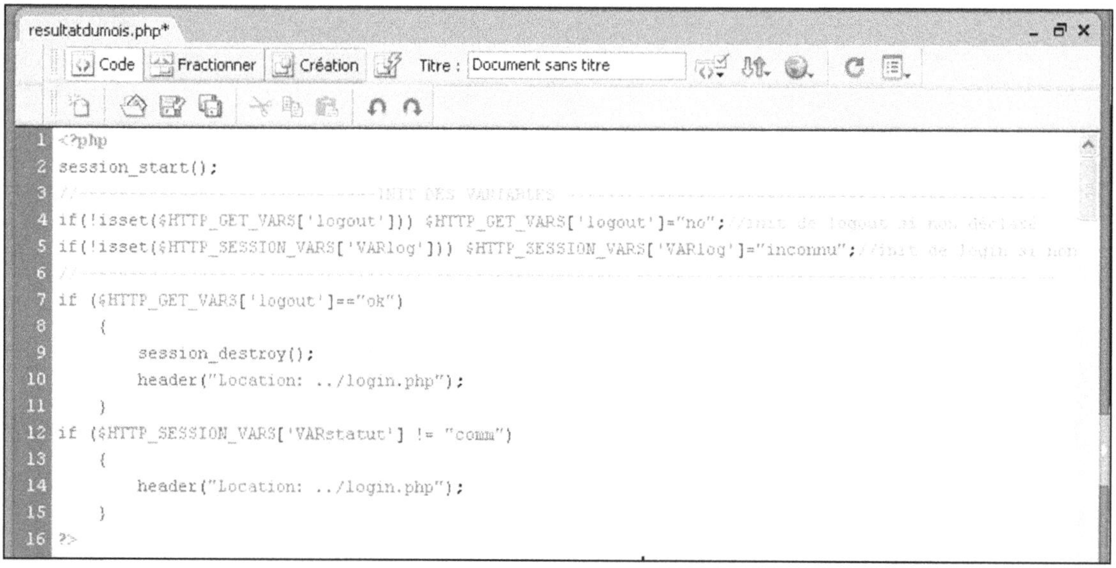

Figure 23-1

Si vous commentez vos scripts et utilisez l'indentation de vos blocs de code pour mettre en évidence leur structure, votre programme devient beaucoup plus simple à lire et plus facile à dépanner.

Commentez votre code

Qu'il soit maintenu par le programmeur lui-même ou par une tierce personne, un programme doit toujours être parfaitement commenté (vous me remercierez peut-être dans quelques mois, lorsque vous devrez modifier votre propre code…). Les commentaires d'un programme doivent porter sur des informations liées au contexte de l'application et non rappeler toutes les descriptions des fonctions issues du manuel PHP.

Exemple

Un programmeur se moque de savoir que l'instruction $a++ incrémente la variable $a d'une unité ; en revanche, il apprécie d'être informé sur l'utilisation de ce compteur dans le contexte du programme.

Les commentaires permettent aussi de préciser les liens qui existent entre plusieurs éléments d'un code.

Exemple

Une solution astucieuse consiste à commenter chaque accolade de fin de bloc avec un rappel de la condition de choix ou de boucle qui lui a donné naissance.

Avec Dreamweaver, vous pouvez utiliser la syntaxe traditionnelle des commentaires PHP s'ils sont intégrés dans une zone de code PHP, soit `//` pour commenter une simple ligne ou `/*` et `*/` pour un commentaire sur plusieurs lignes.

En dehors des balises PHP, utilisez la syntaxe des commentaires HTML, à savoir les balises `<!--` et `-->`.

Nommez les variables et les fichiers

Le choix du nom d'une variable est important. Dès qu'une variable concerne un élément fonctionnel du programme, nommez-la avec un nom explicite en rapport avec sa fonction. Vous pouvez concaténer une courte phrase qui caractérise la variable en ne conservant en majuscule que la première lettre de chaque mot (exemple : prix du produit deviendrait `$prixProduit`). En revanche, les variables d'utilisation ponctuelle, comme les compteurs de boucle ou les variables de fonction, peuvent conserver des appellations courtes et génériques (`$i` par exemple).

Pour les noms des fichiers, élaborez une convention de nommage afin de définir un préfixe commun pour tous les fichiers qui réalisent une action d'une même fonctionnalité (exemple : tous les fichiers assurant la gestion du caddie). Cela permet d'identifier les fichiers, mais aussi de les regrouper facilement par fonctionnalité dans l'arborescence d'un répertoire à l'aide d'un simple tri alphabétique (par exemple : caddie_modif.php et caddie_supp.php).

Utilisez les fonctions

Si vous découpez votre code en parties réutilisables, vous pouvez créer des fonctions faciles à exploiter dans toutes les pages du site. En outre, le code du script principal est plus léger et bien plus lisible. Rassemblez ces parties réutilisables dans un fichier commun que vous pourrez appeler au début de chaque page grâce à la commande `require()`.

Utilisez les fragments de code

Pour être encore plus efficace dans le développement de vos applications et gagner en productivité, utilisez les fragments de code de Dreamweaver. Cela vous évitera de ressaisir à chaque développement des parties de code fréquemment utilisées. Par défaut, Dreamweaver est livré avec de nombreux fragments de code standards classés par thème que vous trouverez dans le panneau Code/Fragments de code. Cependant, la version standard comporte peu de fragments PHP. Il vous faudra développer vos propres fragments avant de pouvoir les intégrer dans vos pages dynamiques. Vous pouvez aussi importer des groupes de fragments de code afin de disposer rapidement d'un ensemble de ressources créées par des développeurs chevronnés. Le site *www.phpmx.com* propose de nombreux fragments que vous pourrez facilement ajouter dans votre éditeur Dreamweaver.

Construisez brique par brique

De même qu'un maçon construit une maison brique par brique sur des fondations solides, le programmeur doit commencer par bien analyser le projet dans son ensemble pour définir sa structure et élaborer des modules correspondant à chaque fonctionnalité. Réalisez des essais pour chacun des modules dès qu'ils sont opérationnels et n'attendez surtout pas que tout le site soit créé pour les passer au banc.

Les erreurs PHP

Syntaxe d'un message d'erreur PHP

Avant d'être envoyée vers le navigateur, la syntaxe des scripts PHP est d'abord analysée puis exécutée. Lors de ces deux étapes peuvent apparaître des erreurs de syntaxe ou de sémantique. Des erreurs liées à la conception de votre programme (erreur logique) ou au contexte dans lequel il s'exécute (erreur d'environnement) peuvent également se produire. Selon le type d'erreur, des messages différents sont envoyés par PHP et s'affichent dans votre navigateur. Dans un premier temps, il est important de bien analyser ces messages d'erreur. Pour ce faire, il faut connaître la syntaxe du message d'erreur et les différents types d'erreurs qui peuvent se produire.

Tableau 23-1. Syntaxe d'un message d'erreur

`Niveau_erreur : message_erreur in nom_fichier on line num_ligne`	
Légende	`Niveau_erreur` : les niveaux d'erreur peuvent être : – `Parse_error` : erreur de syntaxe lors de l'analyse ; – `Fatal_error` : erreur qui arrête le script ; – `Warning` : erreur qui se contente d'afficher un avertissement mais qui permet de poursuivre le script. `message_erreur` : message correspondant à l'erreur rencontrée (les messages sont souvent identiques au niveau). `nom_fichier` : nom du fichier dans lequel l'erreur a été détectée. `num_ligne` : numéro de la ligne où se trouve théoriquement l'erreur.

Voici un exemple d'erreur :

```
//ligne de script qui a produit l'erreur (point-virgule oublié en bout de ligne)
echo "bonjour"
//la version corrigée serait : echo "bonjour" ;
//message d'erreur affiché dans le navigateur :
Parse error: parse error, unexpected T_VARIABLE, expecting ',' or ';' in
c:\program files\easyphp\www\sitephp\debugphp\erreur1.php on line 4
```

Si on analyse l'erreur ci-dessus, on peut en déduire les informations suivantes :

```
niveau_erreur : Parse error ;
message_erreur : « parse error, unexpected T_VARIABLE, expecting ',' or ';' » ;
nom_fichier : c:\program files\easyphp\www\sitephp\debugphp\erreur1.php ;
num_ligne : line 4.
```

Erreur de syntaxe

Une erreur de syntaxe se produit lorsque le code est analysé par l'interpréteur PHP. Elle peut être comparée à une faute de grammaire comme « mon ordinateur sont en marche ». Si la syntaxe du langage PHP n'est pas parfaitement respectée, l'analyseur renvoie un message d'erreur.

Voici un exemple d'erreur de syntaxe :

```
$var1=5;
$var2=3;
//ligne de script qui a causé l'erreur
$var3=(2+$var1)*$var2);// << ici il manque une parenthèse
//la version corrigée serait : $var3=((2+$var1)*$var2);
//message d'erreur affiché dans le navigateur
Parse error: parse error, unexpected ')' in c:\program files\easyphp\www\sitephp\
debugphp\erreur2.php on line 4
```

Si on analyse l'erreur ci-dessus, on peut en déduire les informations suivantes :

```
niveau_erreur : Parse error ;
message_erreur : parse error, unexpected ')' ;
nom_fichier : c:\program files\easyphp\www\sitephp\debugphp\erreur2.php ;
num_ligne : line 4.
```

Erreur de sémantique

Si une erreur de syntaxe peut être comparée à une faute de grammaire, l'erreur de sémantique se rapproche d'une phrase grammaticalement correcte mais n'ayant aucun sens, par exemple « j'irai hier ». La syntaxe étant correcte, aucune erreur de syntaxe n'est opposée par l'analyseur, mais une erreur survient lorsque PHP tente d'interpréter le code erroné.

Voici un exemple d'erreur de sémantique :

```
//ligne de script qui a généré l'erreur
define("TVA"); // << ici il manque un argument
//la version corrigée serait : define("TVA",19.6);
//message d'erreur affiché dans le navigateur
Warning: Wrong parameter count for define() in c:\program files\easyphp\www\sitephp\
➥debugphp\erreur3.php on line 2
```

Dans cet exemple, la syntaxe est correcte, mais il manque un argument lors de l'appel à la fonction define(), qui nécessite au minimum deux arguments. Si on analyse l'erreur ci-dessus, on peut en déduire les informations suivantes :

```
niveau_erreur : Warning ;
message_erreur : Wrong parameter count for define() ;
nom_fichier : c:\program files\easyphp\www\sitephp\debugphp\erreur3.php ;
num_ligne  : line 2.
```

Erreur de logique

L'erreur de logique est certainement la plus difficile à localiser car, dans la plupart des cas, elle ne provoque aucun message d'erreur. Elle pourrait correspondre au comportement d'une personne qui a perdu la raison : « Je suis fou et je me comporte en dépit de tout bon sens ». Lorsqu'il y a erreur de logique, le code est correct au niveau de la syntaxe et de la sémantique, mais il ne réalise pas ce que le programmeur désire !

Erreur d'environnement

Votre programme peut très bien avoir une syntaxe, une sémantique et une logique correctes et fonctionner normalement dans un contexte donné, mais causer des erreurs dans un autre environnement (serveur Web ou de bases de données différent, accès au réseau différent...). Dans ce cas, il s'agit d'erreurs d'environnement et si l'environnement ne peut pas être adapté, il faut mettre en place des scripts supplémentaires afin de neutraliser chacune de ces erreurs après identification et analyse des causes.

Configuration du niveau de rapport d'erreur :

Le fichier de configuration php.ini contient une option `error_reporting` qui peut être paramétrée selon le niveau de contrôle que vous souhaitez pour vos scripts. Dans les dernières versions de PHP (c'est le cas de la version 4.3.3 livrée avec EasyPHP 1.7), cette option est configurée par défaut avec la valeur `E_ALL` qui est le niveau maximal de contrôle. Avec ce paramétrage, toutes les variables non déclarées provoqueront automatiquement un Warning (`Undefined variable`). Si vous désirez éviter ces Warning, assurez-vous que toutes vos variables seront toujours initialisées (revoir l'instruction `isset( )` dans le tableau 6-13 du chapitre 6). Vous pouvez également remplacer la valeur actuelle par `E_ALL & ~ E_NOTICE` ou encore intégrer ponctuellement la fonction `error_reporting(7);` dans le script de la page concernée.

Techniques de débogage

Les programmes ne fonctionnent pas toujours du premier coup. Pour mettre au point vos programmes, analysez bien les messages d'erreurs et utilisez des techniques de débogage afin de localiser rapidement les erreurs dans votre script.

Utilisez l'équilibrage des accolades

Le non-respect de l'équilibrage des accolades d'ouverture et de fermeture est fréquemment à l'origine des erreurs de syntaxe. Utilisez l'équilibreur d'accolades que Dreamweaver met à votre disposition pour vous assurer que votre programme respecte bien cette règle. Pour activer l'équilibrage d'accolades, placez votre pointeur à droite de la première accolade du bloc à tester, puis activez le testeur (sélectionnez Edition>Equilibrer les accolades ou utilisez le raccourci clavier Ctrl + ,). Toute la zone correspondant à un bloc équilibré (selon le niveau d'imbrication) est alors automatiquement sélectionnée. Si vous renouvelez le test, la zone sélectionnée s'étend au niveau d'imbrication supérieur et ainsi de suite jusqu'au dernier bloc. Un son signale que le test est terminé. Vérifiez qu'il ne reste aucune accolade en dehors de la zone sélectionnée. Dans l'affirmative, ajoutez l'accolade manquante et renouvelez le test (voir figure 23-2). Si le testeur ne peut pas poursuivre sa recherche dès le début du test, il émet un son pour vous le signaler.

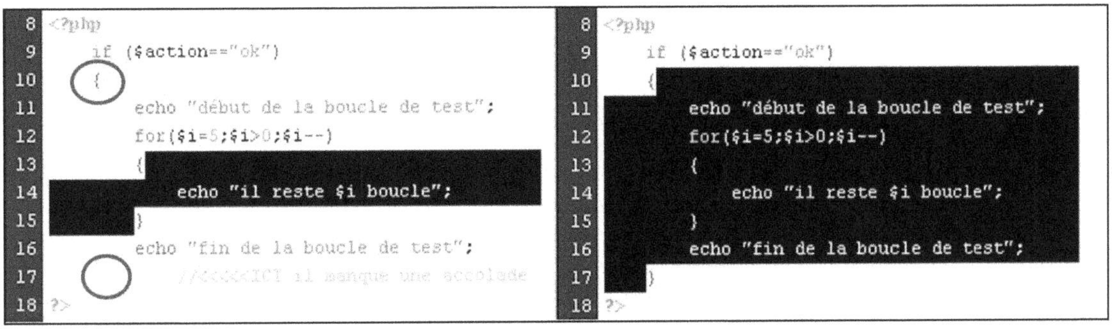

Figure 23-2

L'équilibreur d'accolades de Dreamweaver permet de localiser rapidement un déséquilibre entre le nombre d'accolades d'ouverture et de fermeture pour une zone de programme défini. À gauche, l'équilibreur émet un son pour signaler un déséquilibre car il reste un nombre impair d'accolades en dehors de la sélection. À droite, le test est concluant.

Détectez les erreurs de logique

Les erreurs de syntaxe ou de sémantique sont toujours accompagnées d'un message d'erreur qui précise le fichier et la ligne où se trouve l'erreur : il suffit en général de revoir le code situé à ce niveau pour résoudre le problème. En ce qui concerne les erreurs de logique, il est parfois difficile de localiser les lignes de code qui sont à l'origine du mauvais fonctionnement. Dans ce cas, le moyen le plus simple consiste à commenter les lignes (utilisez //) ou les blocs de code (utilisez /* et */) susceptibles de provoquer l'erreur et à tester de nouveau le programme. Ainsi, par recoupements, vous pouvez circonscrire l'erreur de manière précise.

La fonction phpinfo()

La fonction phpinfo()affiche tous les paramètres de la configuration de PHP. Pour créer une page d'affichage de ces paramètres, saisissez cette fonction dans une page PHP (qui serait nommée phpinfo.php, par exemple), comme indiqué ci-dessous, et appelez-la depuis le Web local ou depuis votre serveur distant. Vous pouvez également l'ajouter en bas de vos pages en cours de test, afin d'afficher les différentes variables actives et connaître leur valeur.

Voici le code à saisir dans le fichier phpinfo.php pour afficher la configuration de PHP :

```php
<?php
phpinfo();
?>
```

Outre tous les paramètres PHP, qui peuvent s'avérer très utiles pour connaître la configuration de votre serveur, la fonction phpinfo() affiche toutes les valeurs des variables créées avec des requêtes GET ou POST ainsi que le contenu des cookies. Dans l'exemple de la figure 23-3, nous appelons le fichier `phpinfo.php` en passant deux paramètres dans l'URL (`var1` et `var2`). Nous les retrouvons dans le tableau `Variables` (en bas de la page `phpinfo`) accompagnées de leur valeur respective.

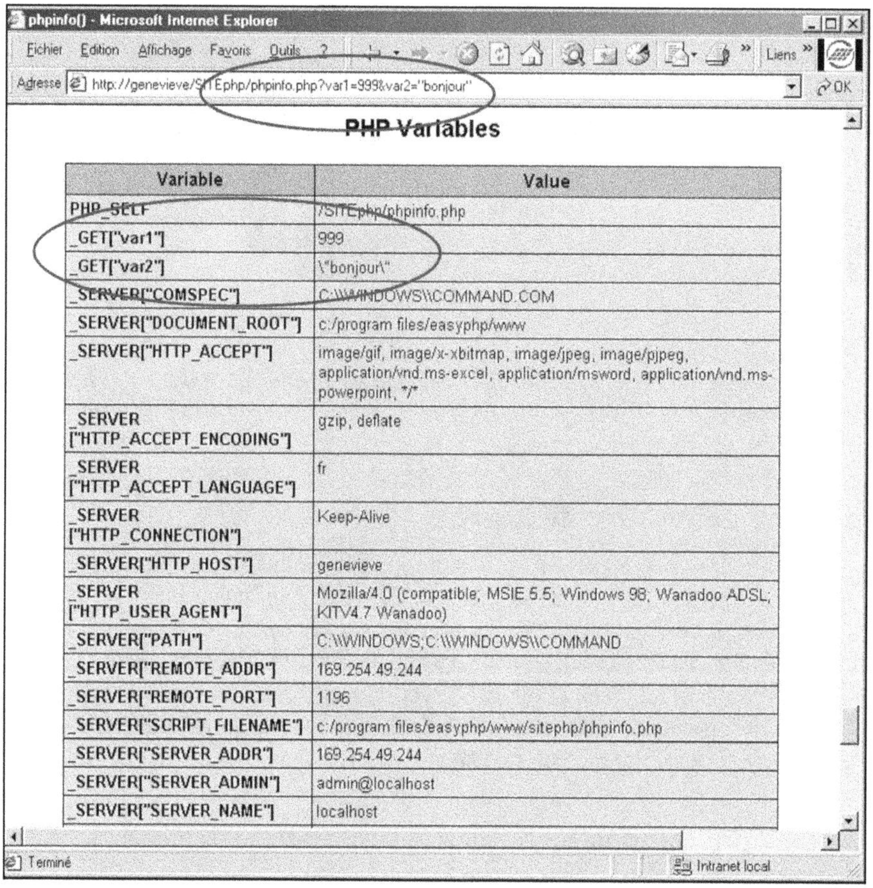

Figure 23-3

L'intégration de la fonction phpinfo() dans une page à tester permet d'afficher de nombreuses informations sur l'état des valeurs actives dans la page (GET, POST, cookies...).

Les pièges

L'examen des valeurs affectées à certaines variables pour différents endroits du script est souvent nécessaire au dépannage. Pour ce faire, vous pouvez ajouter dans votre page à tester des pièges qui affichent les noms des variables à tester suivis de leur valeur. Vous pourriez évidemment vous contenter d'ajouter dans votre code une simple fonction `echo $var1;` mais si vous désirez tester plusieurs variables dans la même page, cela devient vite illisible. Nous vous suggérons donc d'utiliser le code ci-dessous, qui présente l'avantage de rappeler le nom de la variable et d'insérer automatiquement un retour à la ligne après chaque test. Après son utilisation, vous pourrez localiser rapidement tous les endroits où vous avez inséré un piège. L'astuce consiste à lancer une recherche sur le mot PIEGE et à commenter la ligne ou à la supprimer complètement si tous les problèmes sont résolus.

```
echo '$var1='.$var1.'<br>'; //-----------PIEGE valeur
```

Dans certains cas, l'erreur peut provenir du type de la variable traitée. Pour tester cette information dans le programme, ajoutez l'affichage de son type, avec la fonction gettype() à la suite du piège précédent :

```
echo '$var1='.$var1.' de type '.gettype($var1).' <br>'; //-PIEGE type
```

Enfin, pour dépanner les scripts utilisant des variables de type tableau, employez la fonction print_r() que nous avons présentée lors de l'étude des tableaux dans le chapitre 6 :

```
print_r($tab1) ; //--------PIEGE tableau
```

Les fonctions de débogage

Une solution plus élaborée consiste à développer une fonction activée lors du débogage afin d'afficher ou d'enregistrer une trace de l'action réalisée. Pour activer ou désactiver cette fonction, vous pouvez la passer dans l'URL en lui affectant la valeur 1 pour activer le débogage (exemple : mapage.php?modedebug=1). Vous pouvez ajouter localement cette fonction au code de la page, mais il est plus judicieux de l'intégrer dans un fichier de fonctions appelé par une commande require(). Vous trouverez ci-dessous un exemple de fonctions que vous pouvez utiliser lors de la mise au point de vos programmes en local :

```php
<?php
//fonction de débogage à insérer dans la page testée

//-----initialisation des variables
 if(!isset($_GET['modedebug'])) $_GET['modedebug']=0;
 else $modedebug=$_GET['modedebug'];
 //fonction de débogage à insérer dans la page testée
 function debugphp($var1)
     {
     if($GLOBALS["modedebug"]==1)
     echo 'PIEGE:$var1='.$var1.' de type '.gettype($var1).' <br>';
     }
//affectation d'une variable pour les besoins de l'exemple
$var2="bonjour";
//insertion du piège pour tester la variable $var2
debugphp($var2);
?>
```

Si vous testez l'exemple ci-dessus en passant un paramètre dans l'URL pour indiquer que vous désirez afficher le piège, (exemple : mapage.php?modedebug=1), votre navigateur doit afficher le texte du piège ci-dessous :

```
PIEGE : $var1=bonjour de type string
```

> **Attention !**
>
> Si la variable que vous désirez tester n'est pas initialisée, des messages d'erreur Undefined variable peuvent apparaître à l'écran selon la configuration de votre serveur. Pour éviter cela, ajoutez la ligne de code suivante avant votre piège. La syntaxe $var1 est valable pour une variable interne, mais s'il s'agit d'une variable issue d'un formulaire, d'une session, d'un cookie ou encore passée dans l'URL, utilisez le tableau de variable adapté ($_XXX_VARS['var1']) :
>
> ```
>         If( !isset($var1)) $var1= "variable non déclarée";
> ```

Suppression des messages d'erreur

Si lors du développement, tous les messages doivent être affichés afin de mettre au point le programme, en production il est préférable que ces messages ne soient pas affichés dans la page Web visible par tous les internautes. Vous pouvez neutraliser l'apparition de ces messages à l'écran en ajoutant un @ devant la fonction concernée. Considérez cette méthode comme une solution de dépannage en attendant de trouver la cause du problème ou pour empêcher l'affichage d'un simple warning qui n'a pas d'incidence sur le fonctionnement du script de la page.

Dans cet exemple, nous allons créer une erreur de division par 0 :

```
$var1=0;//simulation d'une erreur d'affectation pour les besoins du test
echo "------Sans @------<br>";
$testerreur= (5/$var1);//un message de Warning signalera la division par 0
echo "-------Avec @-----<br>";
$testerreur=@(5/$var1);//ici il n'y aura pas de message d'erreur
echo "-------Fin du test-----<br>";
```

Si vous testez ce code dans votre navigateur, il affiche les lignes suivantes :

```
------Sans @------
Warning: Division by zero in c:\program files\easyphp\www\sitephp\debugphp\debug2.php
➥on line 4
-------Avec @-----
-------Fin du test-----
```

Testez vos requêtes SQL dans phpMyAdmin

Si vous développez des pages intégrant des requêtes SQL, il est possible que l'erreur provienne d'un résultat erroné ou manquant remonté par la base, voire d'une erreur de syntaxe dans la requête SQL. Pour éviter ce genre de problème, testez la requête utilisée avant de l'intégrer dans le script PHP de la page dynamique. Pour tester une requête, il suffit de la copier dans la zone Exécuter une requête du gestionnaire phpMyAdmin et de cliquer sur le bouton Exécuter. Le résultat de la requête doit alors s'afficher (voir figure 23-4). Si une erreur est signalée ou si le résultat ne correspond pas à vos attentes, corrigez la requête avant de la copier et de la tester dans la page dynamique.

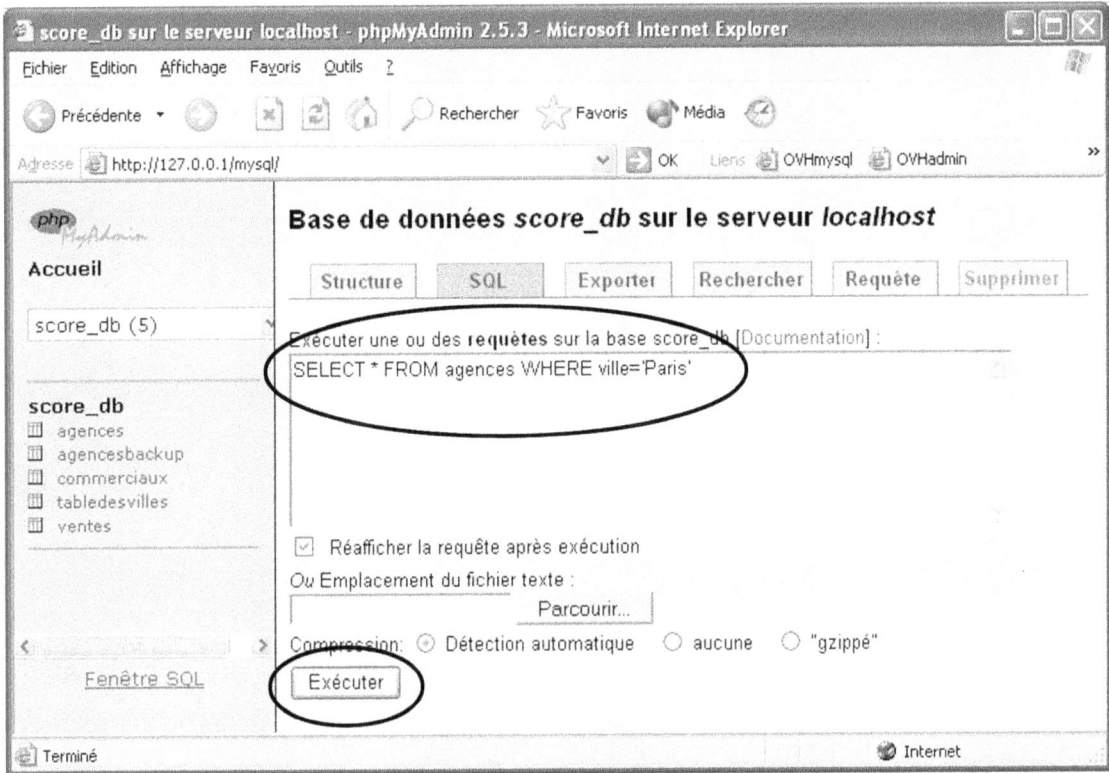

Figure 23-4

Avant d'intégrer votre requête SQL dans un script PHP, testez-la au préalable à l'aide de phpMyAdmin.

24

Mise au point des programmes
Flash ActionScript

Conseils pour bien programmer

Comme les scripts PHP, la création d'un programme en ActionScript nécessite de respecter quelques règles.

Utilisez l'indentation

Un programme AS est souvent constitué de plusieurs blocs de code imbriqués. Structurez-le à l'aide de tabulations afin de mettre en évidence la hiérarchie des différents blocs.

Avec l'interface auteur de Flash, utilisez une fonction spécifique disponible depuis un bouton de l'éditeur de script. Ce bouton, nommé Format automatique (voir figure 24-1), permet de formater automatiquement les lignes de code en appliquant l'indentation idéale pour mettre en évidence la structure du script affiché dans l'éditeur.

Commentez votre code

Un programme AS doit être commenté : cela améliore sa lisibilité et facilite sa maintenance. Comme en PHP, les commentaires peuvent également préciser les liens qui existent entre plusieurs éléments du code. Par exemple, pour les accolades de bloc, une solution astucieuse consiste à commenter chaque accolade de fin de bloc avec un rappel de la condition de choix ou de boucle qui lui a donné naissance.

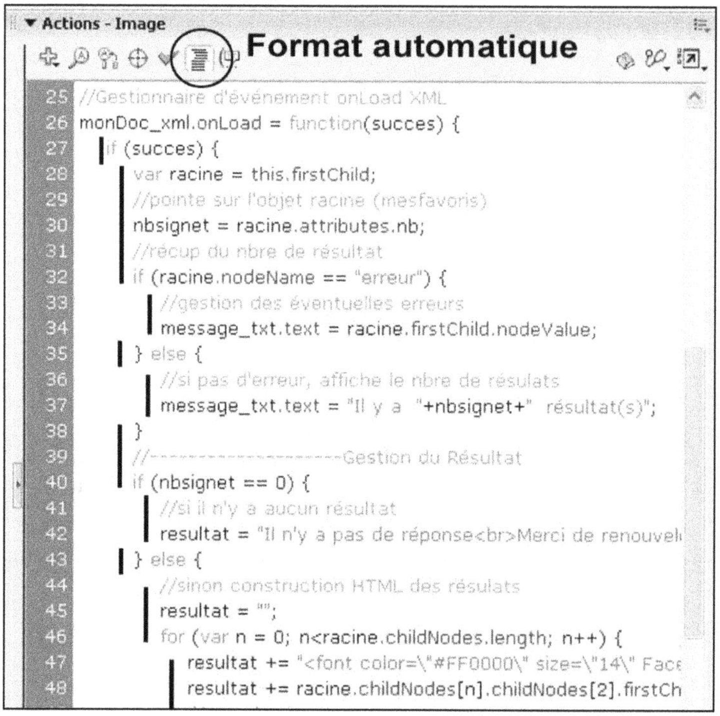

Figure 24-1

Le bouton Format automatique de l'éditeur de script permet d'appliquer l'indentation idéale au script affiché dans la fenêtre de l'éditeur.

Avec Flash, vous pouvez utiliser deux types de syntaxe pour insérer des commentaires. La première consiste à ajouter deux slash (//) au début d'une ligne pour la convertir en commentaire. La seconde consiste à insérer un slash suivi d'une étoile (/*) au début d'un ensemble de lignes à convertir en commentaire et une étoile suivie d'un slash pour marquer la fin de cet ensemble (*/).

À noter

Les commentaires sont fréquemment utilisés pour neutraliser une ligne de code ou un bloc de script en phase de débogage.

Nommez les variables et les fichiers

Comme en PHP, il est important de définir une convention de nommage et de la respecter scrupuleusement. Par exemple, vous pouvez convenir de définir vos noms de variables de fonctions ou d'objets par concaténation des mots décrivant leur signification. Dans ce cas, la première lettre du second mot concaténé (ou des mots suivants) sera toujours en majuscule afin de mettre en évidence la concaténation effectuée et d'augmenter la lisibilité (exemple : prix du produit deviendrait `prixProduit`). En revanche, les variables d'utilisation ponctuelle, comme les compteurs de boucle ou des variables de fonction, peuvent conserver des appellations courtes et génériques (`i` par exemple).

Flash est sensible à la casse et il faut la respecter dans le nommage puis dans l'utilisation des noms de variables, des fonctions et des objets utilisés en AS (le nom de variable `prixProduit` est différent de `PrixProduit`).

Utilisez les fonctions

Si vous découpez votre code en parties réutilisables, vous pouvez créer des fonctions faciles à exploiter dans un même scénario, voire dans tout le document si les fonctions sont déclarées comme des fonctions globales. En outre, le code du script principal est plus léger et bien plus lisible.

Centralisez votre code dans une même image clé

Les méthodes de gestionnaire d'événements (revoir le tableau 7-45 si nécessaire) permettent de centraliser tous les scripts définissant le comportement des éléments de l'animation pour un événement spécifique dans un seul et même endroit : le panneau Action d'une image clé.

Cela vous évite de rechercher les scripts associés à un élément sur la scène pour le modifier et vous disposerez d'une vue d'ensemble des différents scripts, ce qui facilite la mise au point et la maintenance de l'application.

Structurez votre projet

Avant de passer à la création de vos programmes, établissez un cahier des charges précis de votre projet. Pour cela, commencez par analyser le projet dans son ensemble pour définir sa structure et élaborer des modules correspondant à chaque fonctionnalité.

Lors de la phase de développement, vous devrez réaliser des essais individuels pour chacun des modules dès qu'ils sont opérationnels. N'attendez pas que l'application soit entièrement terminée pour passer dans l'environnement de test de Flash.

Les erreurs ActionScript

Comme en PHP, dans un programme ActionScript, différents types d'erreurs peuvent apparaître : erreurs de syntaxe (liées au respect de la syntaxe du code), erreurs de sémantique (liées au bon usage des fonctions ou méthodes), erreurs de logique (liées à la conception de votre programme) ou encore erreurs d'environnement (liées au plug-in du poste client sur lequel sera exécutée l'application). Selon le type d'erreur, il est plus ou moins difficile d'identifier l'origine du problème.

Erreur de syntaxe

Une erreur de syntaxe est signalée lorsque le code est compilé. La compilation d'un document Flash est effectuée lors de l'exportation du document FLA au format SWF avant sa mise en production ou dès que vous passez dans l'environnement de test de Flash. Le compilateur de Flash analyse toutes les lignes du code de votre application. Si une erreur est détectée, un message d'erreur est affiché dans le panneau Sortie.

Connaître la composition de ce message permet de localiser rapidement l'origine du problème. Un message d'erreur indique le nom de la séquence, le nom du calque, le numéro de l'image et le numéro de la ligne dans laquelle se trouve l'erreur ainsi qu'une courte description de la nature de celle-ci.

Tableau 24-1. Syntaxe d'un message d'erreur de compilation

Syntaxe	Exemple
| ```
**Erreur**
Séquence = Séquence x,
calque = nomCalque,
image = x
:Ligne x
: Nature de l'erreur
extrait du code erroné
Total des erreurs
ActionScript : x
Erreurs signalées : x
``` | ```
**Erreur**
Séquence = Séquence 1,
calque = Action,
image = 1
:Ligne 1
: Nom de paramètre attendu
bouton1_btn.onRelease=function ( {
Total des erreurs
ActionScript : 1
Erreurs signalées : 1
``` |

Nous avons volontairement réalisé une erreur dans le code d'une animation de copie de texte (oubli de la parenthèse fermante de function). Lors de sa publication, un message d'erreur s'affiche automatiquement dans le panneau Sortie (voir figure 24-2). L'analyse de ce message permet de localiser facilement l'endroit où se trouve l'erreur de syntaxe :

```
bouton1_btn.onRelease=function ( {//<< ici il manque une parenthèse
  affichage_txt.text="COPIE : "+message_txt.text
  //trace("copie effectuée");
  }
```

Message affiché dans le panneau Sortie lors de la compilation :

```
**Erreur** Séquence = Séquence 1, calque = Action, image = 1 : Ligne 1 : Nom de paramètre
attendu
   bouton1_btn.onRelease=function ( {
Total des erreurs ActionScript : 1  Erreurs signalées : 1
```

Si on analyse l'erreur ci-dessus, on peut en déduire les informations suivantes :

```
numéro de la séquence : 1 ;
nom du calque : Action ;
numéro de l'image : 1 ;
numéro de la ligne : 1 ;
nature de l'erreur : Nom de paramètre attendu ;
extrait du code erroné : bouton1_btn.onRelease=function  ( { ;
nombre d'erreurs : 1.
```

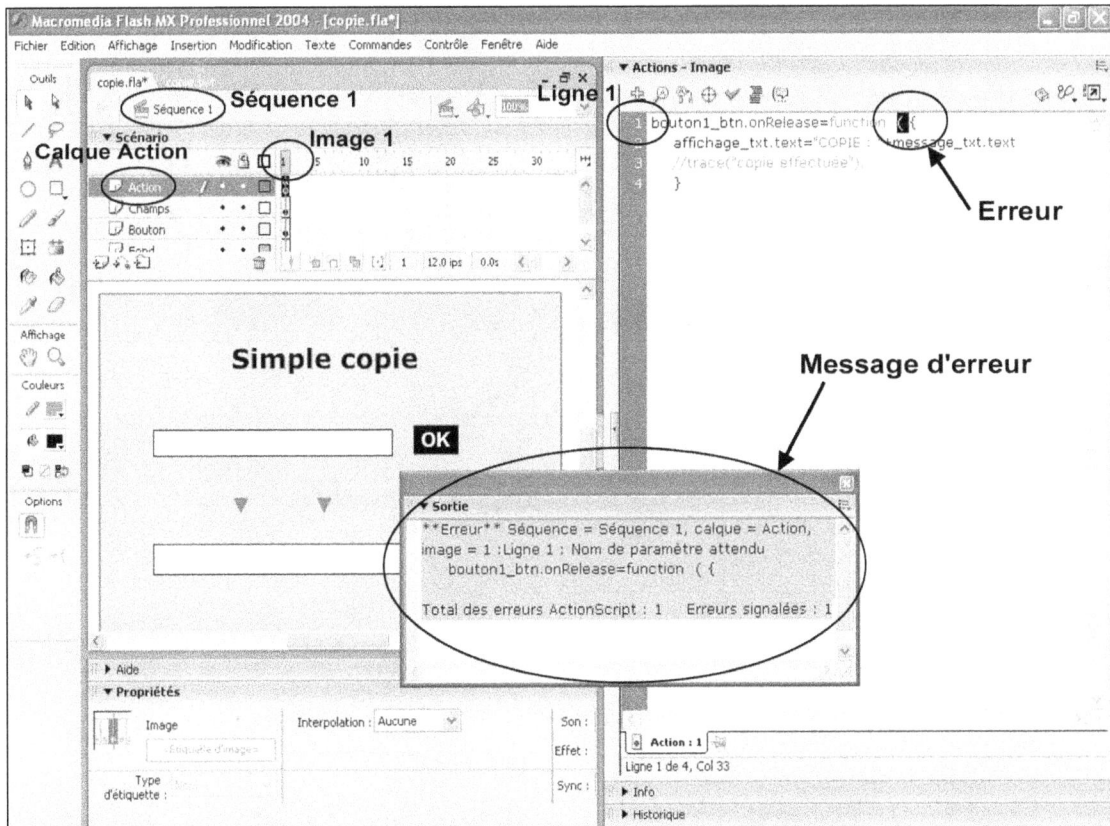

Figure 24-2

Simulation d'une erreur dans le code de l'image 1 (la parenthèse fermante de function manque).
Lors de la compilation, un message signalant l'erreur s'affiche automatiquement dans le panneau Sortie.

Le bouton Vérifier la syntaxe

Lorsque vous compilez votre application, toutes les séquences, tous les scénarios et toutes les images sont analysés en même temps. En conséquence, si vous déboguez des applications importantes, le nombre d'erreurs affichées dans le panneau Sortie peut être conséquent et leur interprétation difficile. Dans ce cas, testez chaque partie de code isolément en utilisant le bouton Vérifier la syntaxe de l'éditeur de script. Cette méthode évite de lancer de longues compilations et permet de gagner du temps (le temps de compilation d'une animation est souvent proportionnel à sa taille). D'autre part, cette méthode permet de localiser un problème dans une application importante.

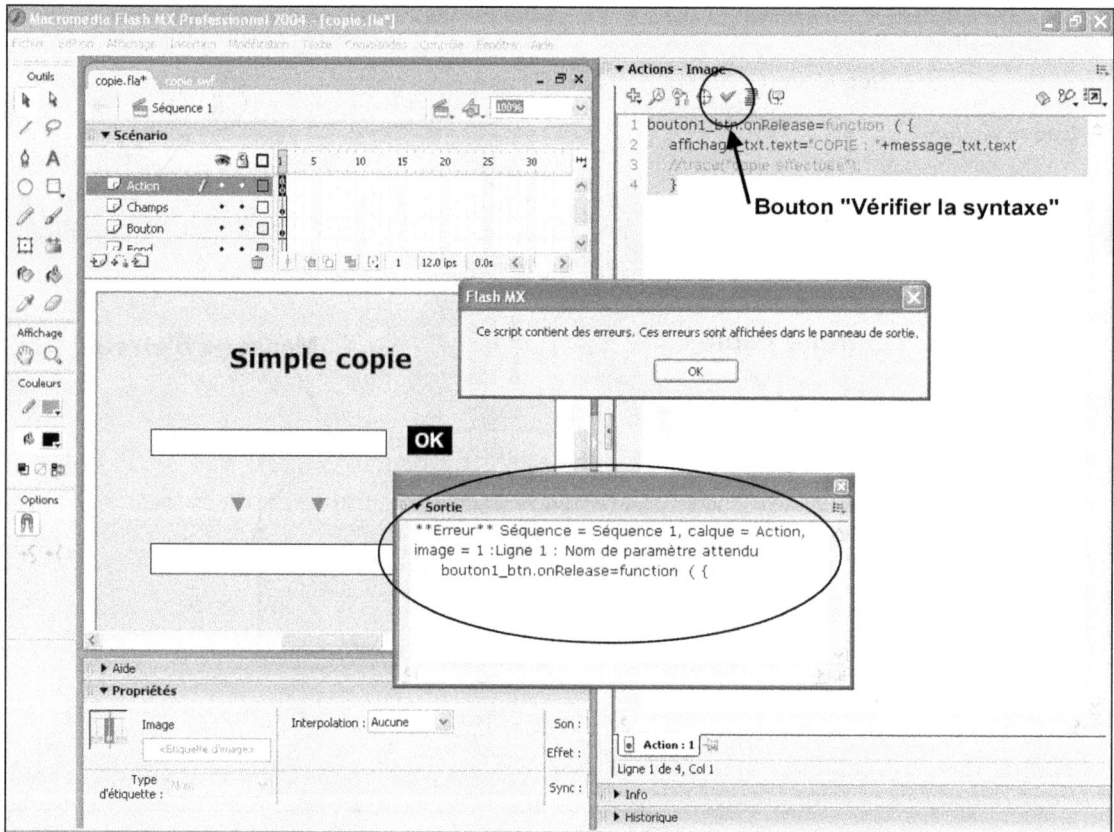

Figure 24-3

Simulation d'une erreur dans le code de l'image 1 (la parenthèse fermante de function manque). Nous avons utilisé le bouton Vérifier la syntaxe de l'éditeur de script.

Erreur de sémantique

Même si la syntaxe de votre script est correcte, des erreurs de sémantique peuvent entraîner des dysfonctionnements. Ces erreurs sont en général plus délicates à localiser car les problèmes apparaissent pendant l'exécution de l'application et aucun message d'erreur n'apparaît dans le panneau Sortie lors de la compilation. La solution consiste à insérer des instructions trace() judicieusement placées ou à utiliser le débogueur (voir figure 24-4).

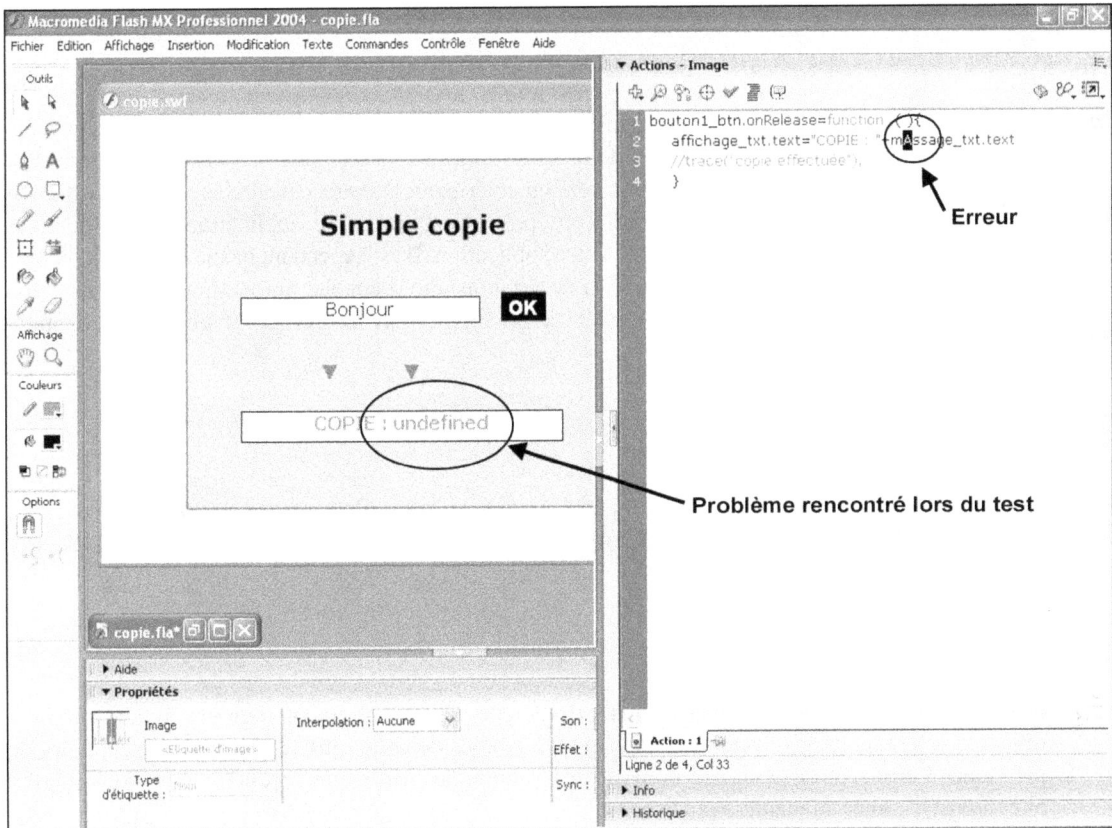

Figure 24-4

Simulation d'une erreur dans le code de l'image 1 (le nom du champ texte message_txt est erroné).
Ce type d'erreur ne renvoie pas de message d'erreur mais entraîne des dysfonctionnements lors du test
de l'application.

Erreur de logique

L'erreur de logique est certainement la plus difficile à localiser : dans la plupart des cas, elle ne provoque aucun message d'erreur ni dans la phase de compilation ni lors de l'exécution de l'application. Lorsqu'il y a erreur de logique, le code est correct au niveau de la syntaxe et de la sémantique, mais il ne réalise pas ce que le programmeur désire !

Face à ce type d'erreur, la parade consiste à faire appel à l'instruction trace() et au débogueur et à procéder à une analyse pertinente des résultats.

Erreur d'environnement

Votre programme peut très bien avoir une syntaxe, une sémantique et une logique correctes et fonctionner normalement avec une version donnée de plug-in Flash (Flash 5, Flash MX, Flash MX 2004…), mais causer des erreurs avec une version antérieure. Dans ce cas, il s'agit d'erreurs d'environnement. Pour éviter ce type d'erreur, vous pouvez publier votre application dans différentes versions et les proposer aux utilisateurs de votre application. Il est cependant beaucoup plus judicieux de mettre en œuvre un système de détection de versions afin d'appeler automatiquement la version adaptée à l'environnement du poste client ou de lui suggérer de télécharger le plug-ing correspondant.

Techniques de débogage

Les programmes ne fonctionnent pas toujours du premier coup. Pour mettre au point vos programmes, vous devez analyser les messages d'erreurs et utiliser des techniques de débogage afin de localiser rapidement l'erreur dans votre script.

Commentez le code suspect

Dans certains cas, notamment pour localiser des erreurs de sémantique ou logiques, il peut être intéressant de commenter les lignes (utilisez //) ou les blocs de code (utilisez /* et */) susceptibles de provoquer l'erreur et de tester de nouveau le programme. Ainsi, par recoupements, vous pouvez circonscrire l'erreur de manière précise.

L'instruction trace()

L'examen des valeurs affectées à certaines variables pour différents endroits du script est souvent nécessaire au dépannage. Pour ce faire, ajoutez dans la page à tester des instructions qui affichent les noms des variables à tester suivis de leur valeur.

Flash dispose d'une instruction dédié à cet usage, trace(), qui permet d'envoyer un texte ou la valeur d'une variable dans la fenêtre du panneau Sortie. Bien utilisée, cette technique permet de localiser la plupart des erreurs de code.

Nous avons ajouté trois instructions `trace()` dans le code de l'exemple précédent. Nous avons ensuite testé l'application afin d'afficher les messages correspondants dans le panneau Sortie (voir figure 24-5) :

```
bouton1_btn.onRelease=function ( ){
 affichage_txt.text="COPIE : "+message_txt.text
 trace("copie effectuée");
 trace("le texte saisi est : "+message_txt.text);
 trace("le texte affiché est : "+affichage_txt.text);
 }
```

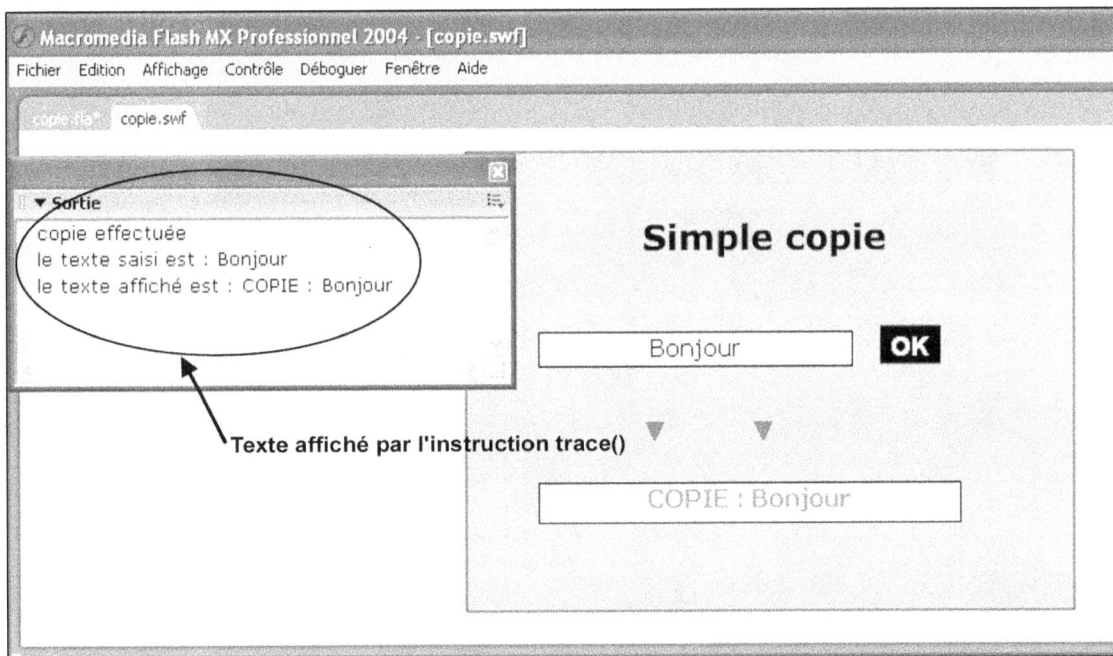

Figure 24-5

Test d'une application dans laquelle ont été ajoutées trois instructions trace().

Débogueur en mode test

Fonctionnalités du débogueur

Le débogueur et ses différentes fonctionnalités sont présentés dans le chapitre 3 consacré à l'interface Flash MX 2004 (revoir figure 3-30 à 3-37). Nous vous invitons à revoir cette partie si nécessaire.

Une autre possibilité, plus élaborée que l'insertion d'instructions `trace()`, consiste à utiliser le débogueur de Flash. Il permet non seulement de visualiser l'évolution des valeurs et des propriétés en temps réel lors de l'exécution d'une animation, mais aussi de les modifier afin de forcer leur affectation et de contrôler leur incidence dans le déroulement de l'application.

D'autre part, un système de point d'arrêt permet de contrôler l'exécution d'un programme ligne après ligne. Vous pourrez ainsi arrêter ou redémarrer l'exécution d'un script ou encore avancer en pas à pas afin d'observer l'incidence de chaque instruction dans l'évolution des variables ou propriétés de l'animation.

Pour illustrer l'utilisation du débogueur nous vous proposons de réaliser une petite application de pendule.

Le document Flash

Le document Flash que nous allons utiliser pour vous expliquer l'utilisation du débogueur permet de démarrer ou d'arrêter la rotation des deux aiguilles de la pendule. Deux clips seront réalisés pour matérialiser les aiguilles : petiteAiguille1_mc et grandeAiguille1_mc. La mise en route de la pendule sera assurée par un bouton Marche d'occurrence marche1_btn. L'arrêt de la pendule sera, quant à lui, assuré par un bouton Stop d'occurrence stop1_btn (voir figure 24-6).

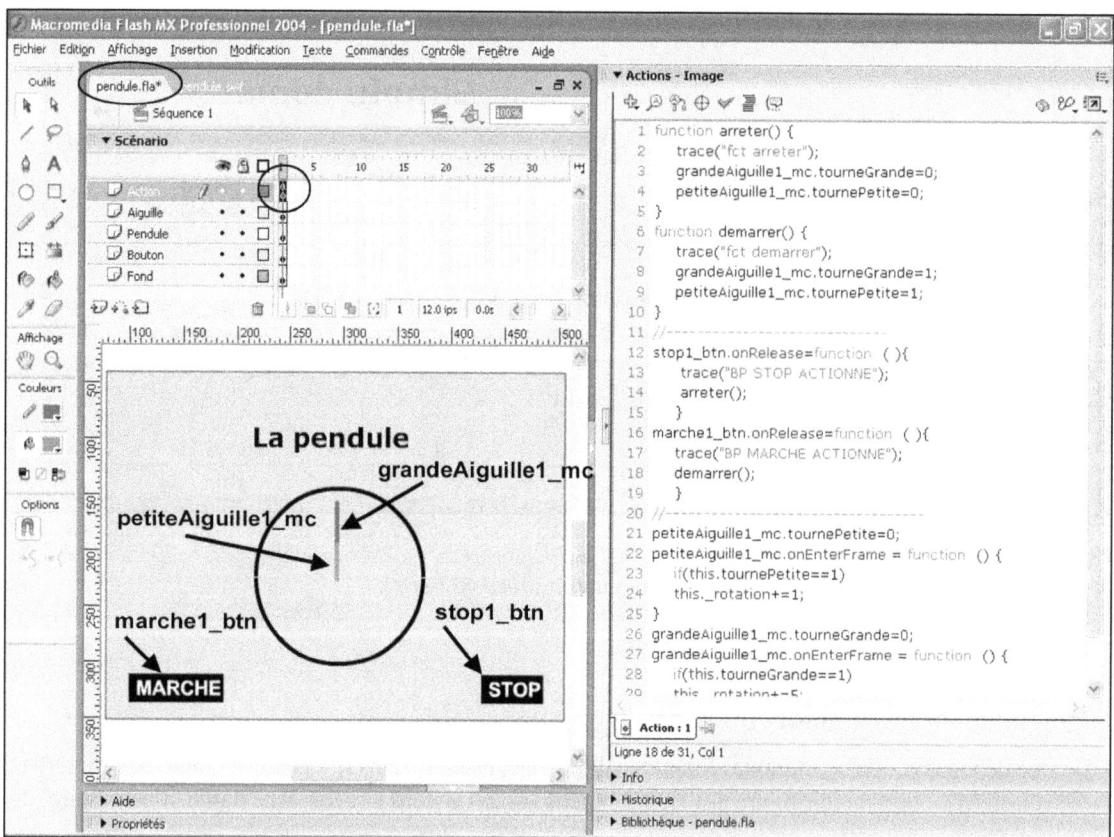

Figure 24-6

Création de l'application de test pendule.fla.

1. Créez un nouveau document Flash et sauvegardez-le sous le nom pendule.fla dans un sous-répèrtoire du dossier www/SITEflash/ de votre serveur local (par exemple, le sous-répertoire /7-debogage/).

2. Créez cinq calques : Action, Aiguille, Pendule, Bouton et Fond.

3. Dans le calque Fond, placez un fond de votre choix et ajoutez un titre (par exemple « La pendule »).

4. Dans le calque Bouton, créez et placez deux boutons d'occurrence marche1_btn et stop1_btn.

5. Dans le calque Pendule, créez le tour de la pendule.

6. Dans le calque Aiguille, créez deux clips pour deux aiguilles de taille différente et d'occurrence petiteAiguille1_mc et grandeAiguille1_mc.

7. Dans le calque Action, saisissez le code ci-dessous. Ce script est constitué de deux fonctions destinées à arrêter ou à démarrer la pendule. Elles seront appelées par les gestionnaires des boutons Stop et Marche. Enfin, deux gestionnaires onEnterFrame permettent de contrôler en permanence la rotation des aiguilles (voir figure 24-6) :

```
function arreter() {
 trace("fct arreter");
 grandeAiguille1_mc.tourneGrande=0;
 petiteAiguille1_mc.tournePetite=0;
}
function demarrer() {
 trace("fct demarrer");
 grandeAiguille1_mc.tourneGrande=1;
 petiteAiguille1_mc.tournePetite=1;
}
//---------------------------
stop1_btn.onRelease=function ( ){
  trace("BP STOP ACTIONNE");
  arreter();
 }
marche1_btn.onRelease=function ( ){
 trace("BP MARCHE ACTIONNE");
 demarrer();
 }
//--------------------------------
petiteAiguille1_mc.tournePetite=0;
petiteAiguille1_mc.onEnterFrame = function () {
 if(this.tournePetite==1)
 this._rotation+=1;
}
grandeAiguille1_mc.tourneGrande=0;
grandeAiguille1_mc.onEnterFrame = function () {
 if(this.tourneGrande==1)
 this._rotation+=5;
}
```

8. Enregistrez votre animation avant de passer en mode test.

Contrôle avec débogage

L'application dédiée aux tests étant réalisée, nous allons la contrôler avec le débogueur. Pour passer en mode test avec débogage, sélectionnez Contrôle dans le menu de l'interface auteur puis l'option Déboguer l'animation (ou utilisez les touches Ctrl + Maj + Entrée).

Le panneau de débogage doit apparaître dans l'espace de test. Par défaut, l'exécution des scripts est en mode « pause » afin de permettre à l'utilisateur de mettre en place d'éventuels points d'arrêts. Appuyez sur la flèche verte pour démarrer l'exécution du programme (voir repère 1 de la figure 24-7).

Le panneau Propriétés

Cliquez ensuite sur le clip `grandeAiguille1_mc` dans la liste hiérarchique du débogueur puis sélectionnez l'onglet Propriétés (voir repère 3 de la figure 24-7). Vous devez alors avoir accès à toutes les propriétés du clip sélectionné. Les propriétés de l'objet disponibles en lecture/écriture (en noir) peuvent être directement modifiées depuis ce panneau en double-cliquant sur la valeur correspondante. Les autres propriétés (en bleu) sont disponibles uniquement en lecture et ne peuvent donc pas être modifiées. Double-cliquez sur la valeur de l'alpha et saisissez la valeur 50 au lieu de 100. Dès que la nouvelle valeur est saisie, l'alpha de la grande aiguille est réduit à 50 %.

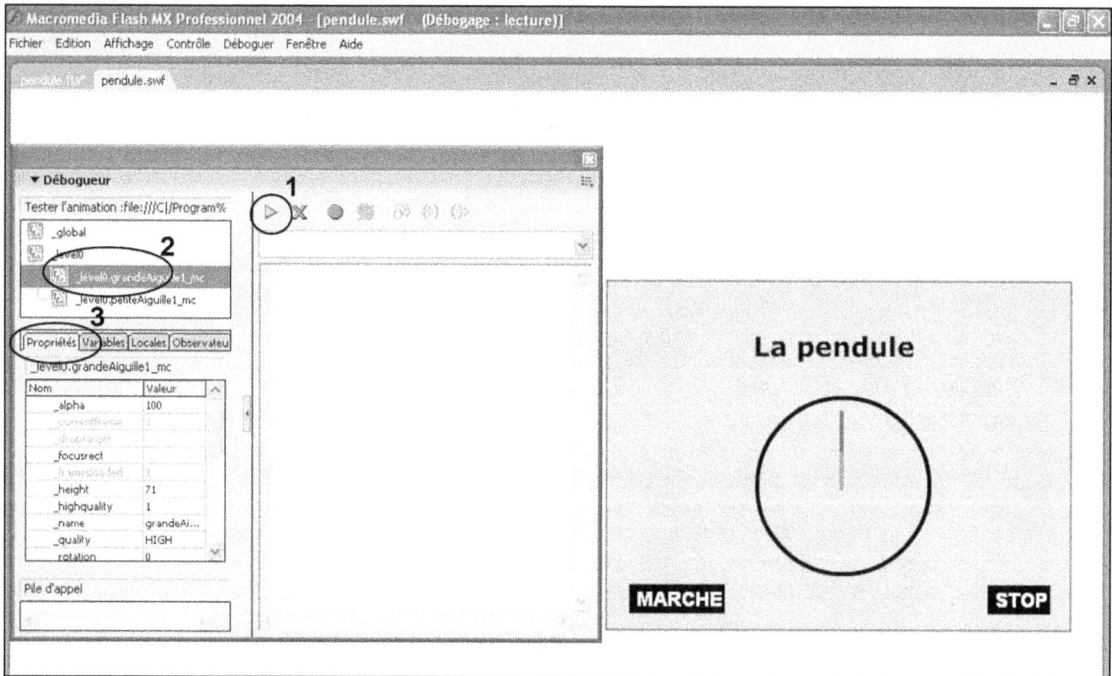

Figure 24-7

Modification d'une propriété d'un objet de l'animation.

Le panneau Propriétés permet de contrôler toutes les propriétés modifiables de l'animation. Vous pourrez ainsi forcer certaines propriétés d'un objet et apprécier l'incidence de votre action dans l'animation en temps réel.

Le panneau Variables

Cliquez ensuite sur l'onglet Variables (voir repère 1 de la figure 24-8). Vous disposez maintenant d'un tableau représentant les différentes variables du scénario sélectionné (dans notre exemple, il s'agit du scénario du clip `grandAiguille1_mc`). De la même manière que vous avez précédemment modifié la valeur de la propriété de l'alpha, vous pouvez agir sur la valeur de ces variables. Double-cliquez sur la variable `tourneGrande` (voir repère 2 de la figure 24-8) et saisissez la valeur 1 à la place du 0 initial. Dès que la valeur est saisie, la grande aiguille de la pendule commence à tourner (voir repère 3 de la figure 24-8).

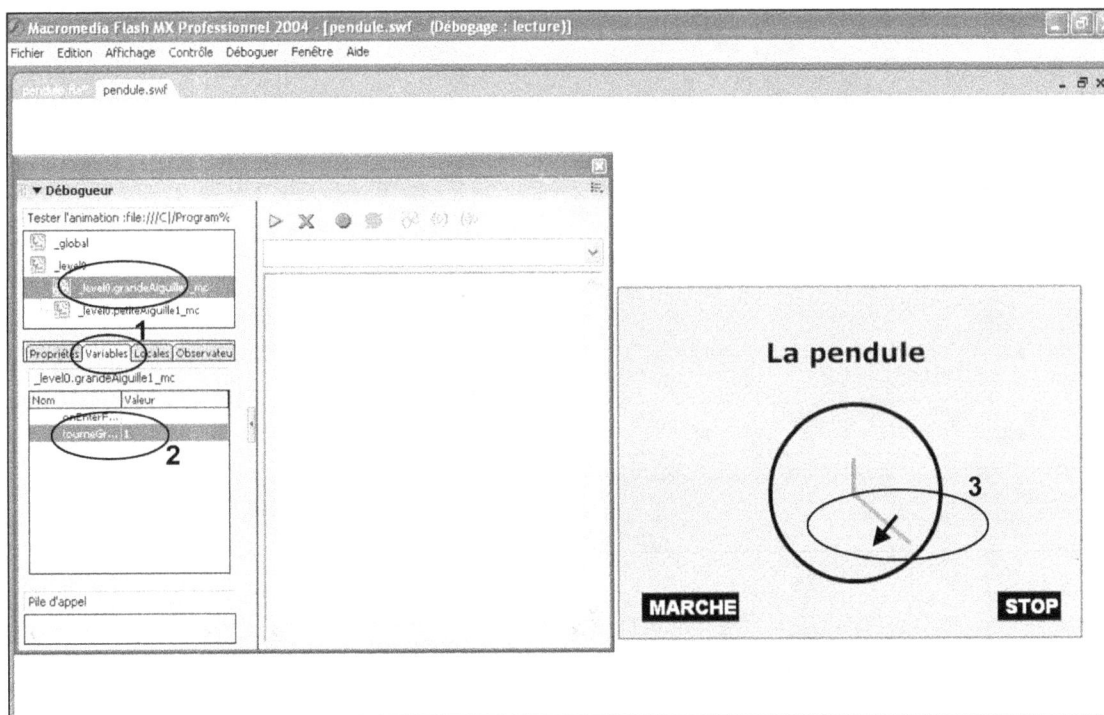

Figure 24-8

Modification de la variable d'un scénario de l'animation.

Le panneau Observateur

Ce que nous venons de faire pour la grande aiguille est applicable à la petite aiguille de la pendule et à tous les clips d'une animation. Il suffit de sélectionner le clip désiré dans la liste hiérarchique pour disposer de ses variables de scénario dans le panneau Variables. Cependant, il est souvent intéressant de surveiller ou modifier plusieurs variables se trouvant dans des scénarios différents. Le débogueur dispose d'un panneau Observateur qui permet de regrouper différentes variables de scénarios différents dans un seul et même panneau, ce qui évite de passer d'un clip à l'autre pour suivre l'évolution de leurs variables. Pour ajouter une variable au panneau Observateur, cliquez droit sur son nom dans le panneau Variables et sélectionnez l'option Observateur.

Nous vous proposons d'ajouter les deux variables `grandeAiguille` et `petiteAiguille` dans le panneau Observateur afin de contrôler le fonctionnement des deux aiguilles en même temps (voir figure 24-9).

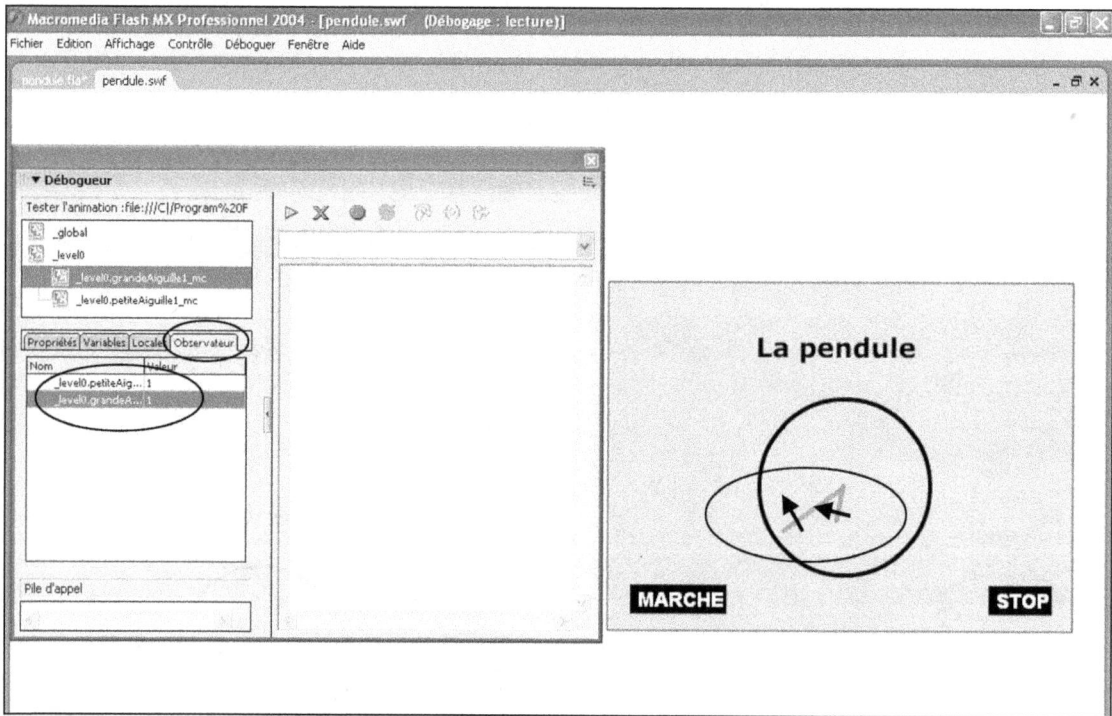

Figure 24-9

Contrôle de multiples variables depuis le panneau Observateur.

Gestion des points d'arrêt

Pour vous expliquer comment utiliser les points d'arrêts pour contrôler les variables locales des fonctions, nous allons commencer par modifier légèrement l'application afin d'ajouter un second bouton Marche. Celui-ci, outre sa fonction de démarrage de la pendule, diminuera l'alpha de la grande aiguille. Un second gestionnaire sera ajouté dans le code afin de gérer ce nouveau bouton, de même que nous ajouterons un argument à la fonction `demarrer()` afin de récupérer la valeur de l'alpha envoyée par les deux boutons Marche (voir figure 24-10) :

1. Création d'un second bouton Marche : sélectionnez le bouton actuel. Appuyez sur la touche Ctrl et déplacez en même temps le bouton afin de le dupliquer. Modifiez ensuite l'occurrence du nouveau bouton créé (nommez-la `marche2_btn`).

2. Modification du code : sélectionnez l'image clé 1 du calque Action et ajoutez les parties de code en gras dans le script ci-dessous :

```
function arreter() {
 trace("fct arreter");
 grandeAiguille1_mc.tourneGrande=0;
 petiteAiguille1_mc.tournePetite=0;
}
function demarrer(a) {
 trace("fct demarrer");
 grandeAiguille1_mc._alpha=a;
 grandeAiguille1_mc.tourneGrande=1;
 petiteAiguille1_mc.tournePetite=1;
}
//---------------------------
stop1_btn.onRelease=function ( ){
  trace("BP STOP ACTIONNE");
  arreter();
 }
marche1_btn.onRelease=function ( ){
 trace("BP MARCHE ACTIONNE");
 demarrer(100);
 }
marche2_btn.onRelease=function ( ){
 trace("BP MARCHE ACTIONNE");
 demarrer(50);
 }
//--------------------------------
petiteAiguille1_mc.tournePetite=0;
petiteAiguille1_mc.onEnterFrame = function () {
 if(this.tournePetite==1)
 this._rotation+=1;
}
grandeAiguille1_mc.tourneGrande=0;
grandeAiguille1_mc.onEnterFrame = function () {
 if(this.tourneGrande==1)
 this._rotation+=5;
}
```

3. Insertion d'un point d'arrêt : ouvrez le script de l'image clé 1 avec l'éditeur de script du panneau Action. Cliquez dans la zone bleue en regard de la ligne de code sur laquelle vous désirez ajouter le point d'arrêt (voir figure 24-10). Dans notre exemple, nous ajouterons un point d'arrêt à la ligne 22 du script (si les numéros de ligne ne sont pas affichés, validez le choix Affichez les numéros de ligne dans le menu Option de l'éditeur de script). Pour supprimer un point d'arrêt, cliquez de nouveau dessus pour le faire disparaître.

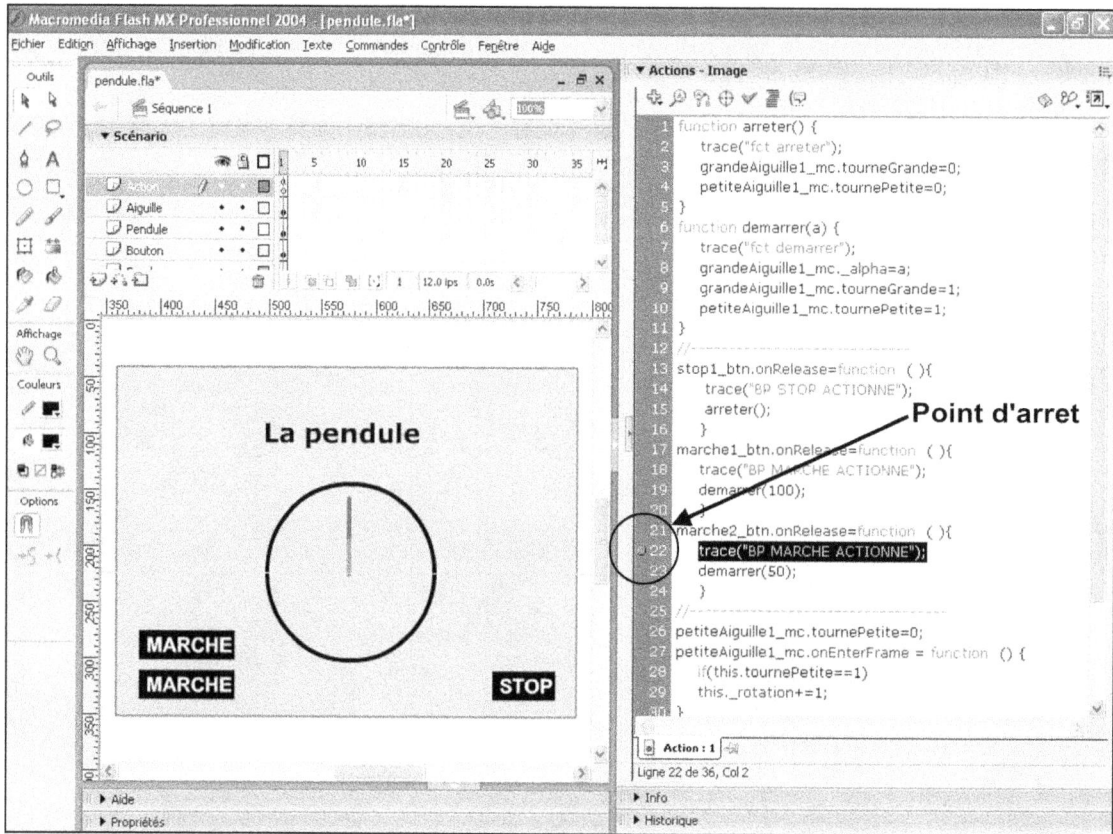

Figure 24-10
Pose d'un point d'arrêt dans l'éditeur de script.

4. Maintenant que l'application est modifiée et que vous avez posé un point d'arrêt, passez dans l'environnement de test de Flash. Dans le menu de l'interface auteur, choisissez Contrôle puis sélectionnez Déboguer l'animation ou utilisez les touches clavier Ctrl + Maj + Entrée.

5. Une fois dans l'environnement de test, sélectionnez le script de l'image clé depuis le menu déroulant placé au-dessus de la fenêtre de l'éditeur du débogueur afin de vous assurer que votre point d'arrêt est bien présent.

À noter

Les points d'arrêt peuvent également être ajoutés depuis l'éditeur du débogueur de la même manière que dans l'environnement auteur de Flash.

---

6. Cliquez sur la flèche verte pour démarrer l'exécution de l'animation. L'animation est désormais active. Appuyez sur le second bouton Marche pour que le script s'exécute jusqu'au point d'arrêt.

7. Après l'action sur le bouton, le point d'arrêt change d'aspect (un pointeur jaune se superpose au point rouge) afin d'indiquer que le script est en attente au niveau du point d'arrêt. Remarquez que vous êtes actuellement dans le gestionnaire d'événements onRelease et que celui-ci apparaît dans la fenêtre Pile d'appel.

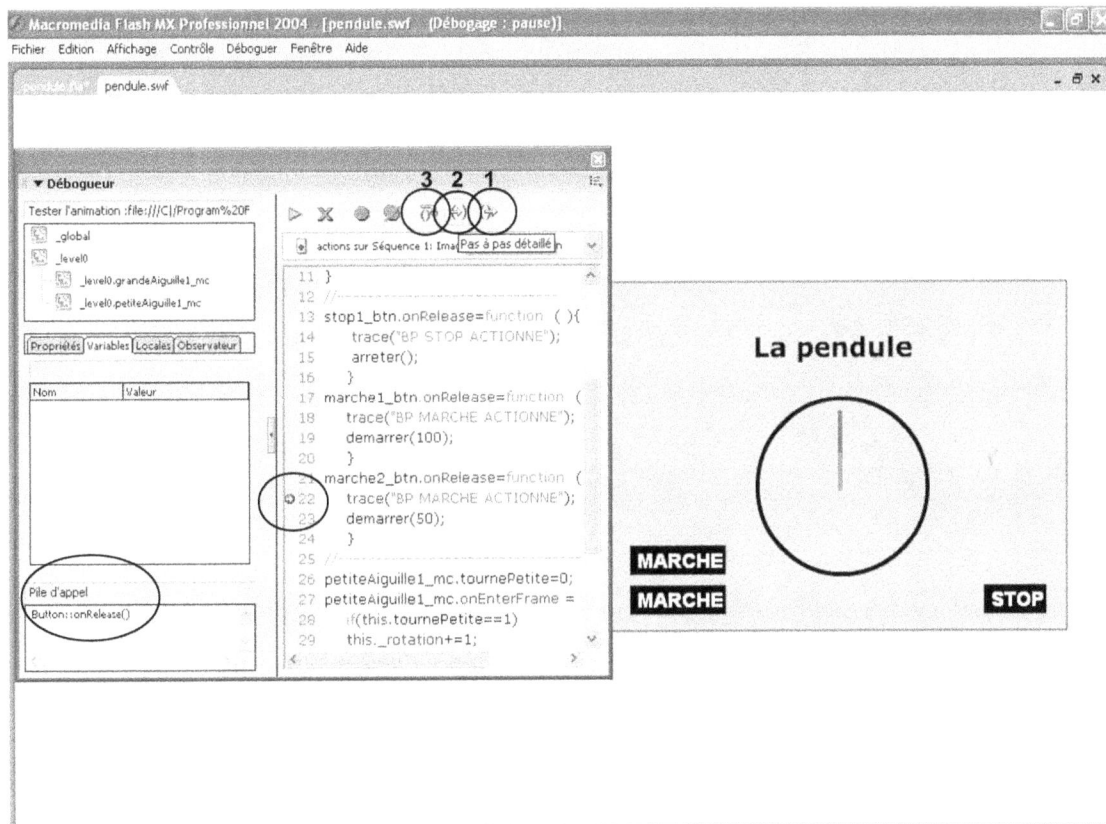

Figure 24-11

Débogage de l'application pendule.fla. Dès que le programme rencontre un point d'arrêt, son exécution est suspendue et il attend une action sur l'un des trois boutons (repères 1, 2 et 3) pour poursuivre son exécution.

8. À ce stade du débogage, plusieurs solutions s'offrent à vous. Vous pouvez cliquer sur le bouton Sortir du pas à pas (bouton placé à l'extrême droite ; voir repère 1 de la figure 24-11) pour passer le point d'arrêt et demander au programme de s'exécuter jusqu'à la fin du script (ou jusqu'au prochain point d'arrêt si vous en avez placé plusieurs). Vous pouvez aussi cliquer sur le bouton Pas à pas détaillé (deuxième bouton en partant de la droite ; voir repère 2 de la figure 24-11) afin de parcourir toutes les étapes du script ligne par ligne (y compris le code de toutes les fonctions). La troisième solution participe des deux modes précédents. En effet, si vous cliquez sur le bouton Pas à pas principal (troisième bouton en partant de la droite ; voir repère 3 de la figure 24-11), le

code sera exécuté ligne par ligne mais les instructions incluses dans les fonctions ne seront pas parcourues. Nous allons opter pour le mode Pas à pas détaillé afin de pouvoir observer le déroulement du programme dans la fonction `demarrer()`.

9. Après le premier clic sur le bouton Pas à pas détaillé, le pointeur jaune passe à la ligne suivante (celle de l'appel de la fonction `demarrer()`). Si vous cliquez de nouveau sur ce bouton, le pointeur est placé automatiquement à la première ligne de la fonction `demarrer()` (à la ligne 7). Remarquez au passage que la fenêtre Pile d'appel affiche désormais la fonction `demarrer()` au-dessus du gestionnaire qui l'a appelée (voir figure 24-11). Cette information peut se révéler très intéressante lorsqu'il s'agit de contrôler les appels imbriqués de différentes fonctions.

10. Afin de pouvoir observer l'évolution des variables locales de cette fonction, cliquez sur l'onglet Locale. La variable locale a (argument de la fonction), initialisée avec la valeur du paramètre communiqué lors de l'appel de la fonction (soit 50), s'affiche.

Cette valeur peut être modifiée de la même manière que la propriété d'un clip.

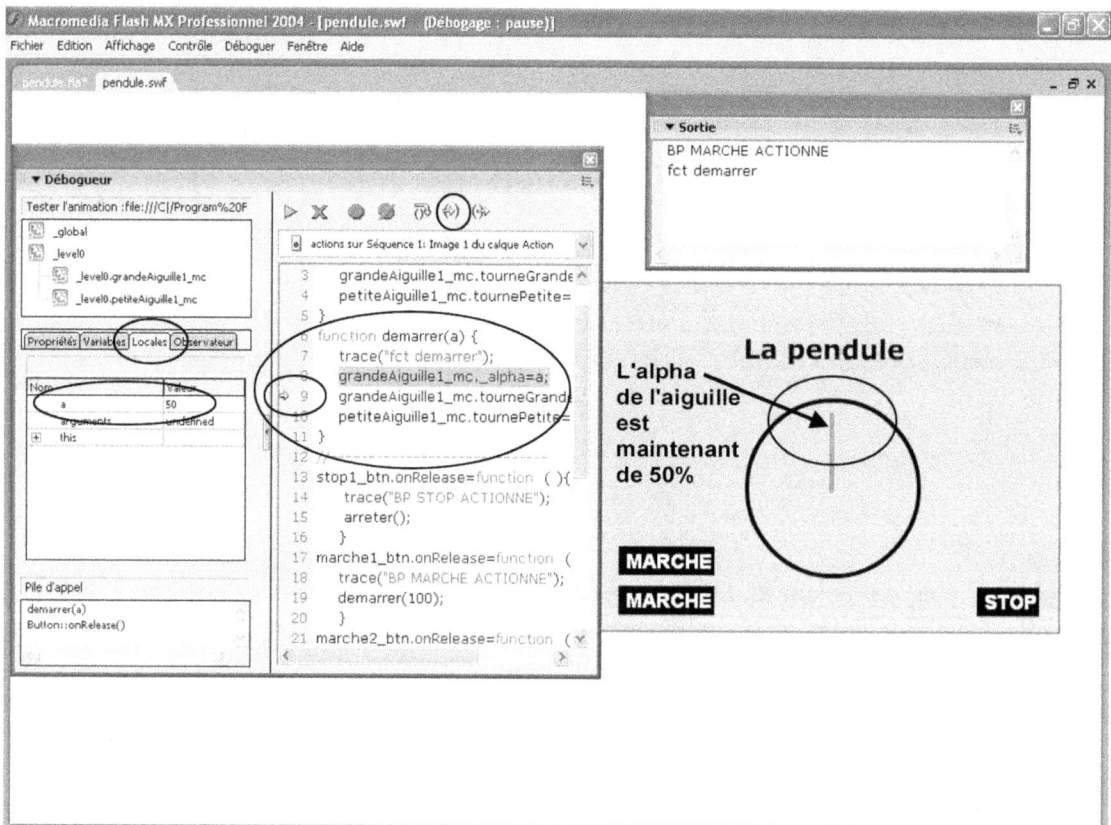

Figure 24-12

Débogage de l'application pendule.fla. Le mode Pas à pas détaillé permet de parcourir toutes les lignes de code des fonctions afin de contrôler les variables locales.

Continuez votre progression en cliquant toujours sur le même bouton. À la ligne 9, l'instruction grandeAiguille1_mc._alpha=a; venant d'être exécutée, l'alpha de la grande aiguille passe à 50 %.

11. Si vous continuez votre parcours, le pointeur arrive à la dernière ligne de la fonction. Au clic suivant, la fonction est terminée, le pointeur et les variables locales disparaissent et les aiguilles de la pendule se mettent à tourner. Le débogage est terminé.

Débogueur distant

Dans le développement des animations dynamiques, il faut souvent tester des animations directement dans le navigateur (dans le Web local ou sur le serveur distant). Cependant, par défaut, le débogueur ne peut pas être utilisé pour contrôler le fonctionnement d'une animation en ligne. Voici la procédure à suivre pour déboguer vos applications à distance.

1. Configuration des paramètres de publication de l'animation à déboguer en ligne : ouvrez la fenêtre des paramètres de publication (depuis le menu de l'interface auteur, choisir Fichier puis Paramètres de publication ou utilisez le raccourci clavier Ctrl + Maj + F12). Dans l'onglet Formats, sélectionnez les types Flash et HTML. Cliquez sur l'onglet Flash et sélectionnez l'option Débogage autorisé (voir figure 24-13). Saisissez un mot de passe dans le champ situé en dessous (le mot de passe est optionnel mais fortement conseillé pour réaliser des tests sur votre serveur distant…).

2. Enregistrez les configurations des paramètres de publication et publiez votre animation. À la différence d'une publication classique, le fait d'avoir coché l'option Débogage autorisé permet de générer un fichier supplémentaire portant l'extension SWD (en plus des fichiers d'extension SWF et HTML). C'est ce troisième fichier qui permettra le débogage en ligne. Il faut le télécharger sur le site distant dans le même dossier que les deux autres si vous désirez tester votre application en ligne. Dans notre exemple, nous allons nous contenter de tester l'application depuis le Web local.

3. Avant d'appeler l'application depuis le Web local, il faut cependant activer le débogueur dans Flash. Depuis le menu de l'interface auteur, cliquez sur Fenêtre puis sélectionnez Panneau de développement et cliquez sur Débogueur. Une fois le débogueur ouvert, cliquez sur le bouton d'option (situé en haut et à droite du débogueur) puis cochez Activez le débogage à distance.

4. Vous pouvez maintenant appeler l'animation depuis le Web local (cliquez droit sur l'icône Easy-PHP et sélectionnez Web local, puis parcourez les répertoires pour ouvrir le fichier pendule.html). Lors de l'appel du fichier, une fenêtre vous demande l'emplacement de l'animation Flash (voir figure 24-14). Sélectionnez l'option Hôte local puis validez en cliquant sur le bouton OK. Si vous avez saisi un mot de passe, une nouvelle fenêtre vous demande celui-ci. Saisissez-le et validez.

5. Vous êtes désormais dans la même situation que lors des tests effectués précédemment depuis l'environnement de contrôle interne de Flash. Cliquez sur la flèche verte pour démarrer l'application et utilisez les boutons de gestion des points d'arrêt comme dans l'exemple précédent (voir figure 24-15).

Figure 24-13

Configuration des paramètres de publication pour le débogage distant.

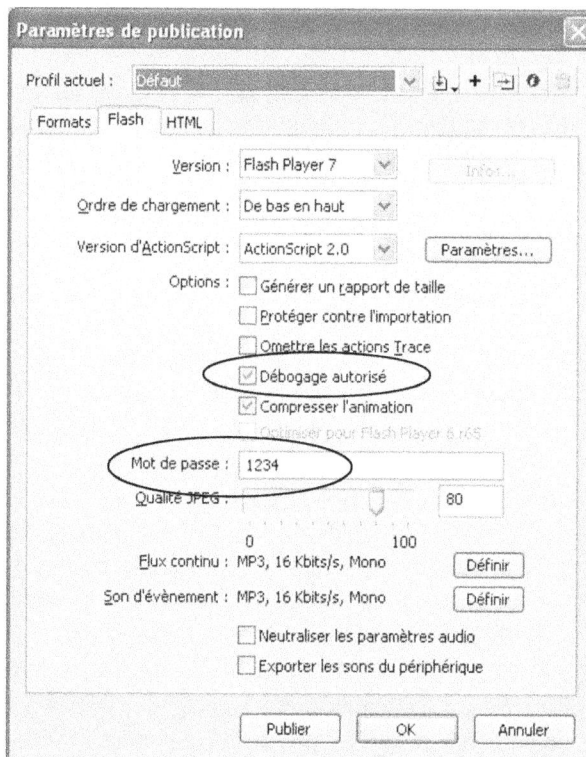

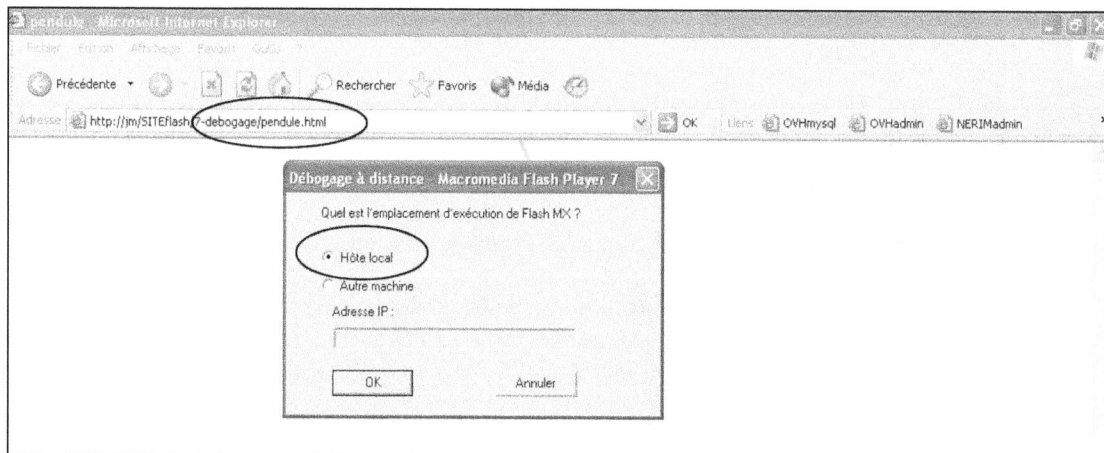

Figure 24-14

Fenêtre de débogage à distance.

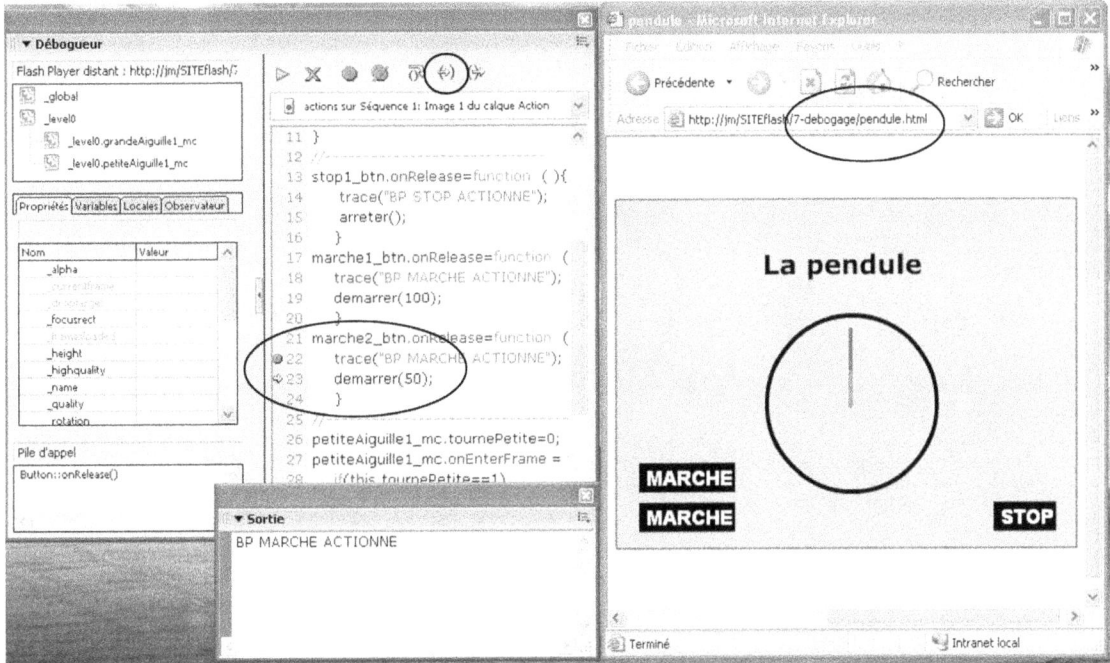

Figure 24-15

Débogage de l'animation pendule.swf depuis le Web local.

Annexes

A

Configuration d'une infrastructure serveur locale pour Macintosh

Caractéristiques des Macintosh OS X

Contrairement aux ordinateurs gérés par un système d'exploitation Windows, les Macintosh ne disposent pas de suite logicielle (comme EasyPHP) leur permettant de tester des sites dynamiques sur un serveur local intégré au poste de développement (revoir figure 2-3). Cependant, depuis les systèmes X, les machines Apple sont des ordinateurs Unix BSD qui intègrent un serveur Web Apache et le préprocesseur PHP par défaut.

Le serveur Apache et les modules PHP sont préinstallés, mais ne sont pas activés par défaut. Nous allons donc vous guider, pas à pas, pour réaliser cette opération afin que vous puissiez disposer d'un environnement de développement en local sur votre Macintosh.

Le serveur de base de données MySQL, quant à lui, doit être installé sur votre ordinateur avant d'en disposer. Vous pouvez l'installer en le compilant à partir du code source, mais il existe des versions binaires pour Mac OS X qui vous évitent cette manipulation.

En ce qui concerne le gestionnaire de la base de données, nous utiliserons aussi phpMyAdmin (comme avec la suite EasyPHP), car cette application est développée entièrement en PHP et sera facile à ajouter au serveur Web Apache précédemment configuré.

Démarrage du serveur Apache sur Macintosh OS X

Avant toute chose, vous devez vous assurer que votre serveur Apache est en état de fonctionner. Voici les étapes pour activer le serveur Apache sur votre Macintosh :

- Ouvrez le panneau des préférences Systèmes et cliquez sur l'icône Partage (voir figure A-1).

- Dans le panneau Partage (voir figure A-2), cliquez sur l'onglet Service et cochez la case Partage Web Personnel (si elle n'a pas été déjà cochée). Avant de fermer l'écran, notez l'adresse de votre serveur Web personnel, indiquée en bas du panneau (sur l'exemple de la figure A-2, le serveur Web personnel sera accessible depuis tous les postes du même réseau à partir de http://192.168.03/ ~jeanmariedefrance/).

- Votre serveur Web est désormais actif. Pour le tester, ouvrez le navigateur de votre Macintosh et saisissez dans la zone d'adresse : http://localhost/ (voir figure A-3). Vous devriez alors voir apparaître la page d'accueil du serveur Apache. De même, si vous ajoutez à cette adresse votre nom abrégé (voir l'encadré ci-après), précédé du symbole ~ (utilisez les touches alt+N), par exemple, http://localhost/~jeanmariedefrance/, vous devriez visualiser cette fois la page index.html qui se trouve dans le répertoire Sites de votre répertoire d'utilisateur. De même, comme nous l'avons signalé dans l'étape précédente, si vous remplacez localhost par l'IP que vous avez relevé dans la fenêtre Partage, vous pourrez accéder à cette même page d'accueil personnel depuis n'importe quel poste de votre réseau.

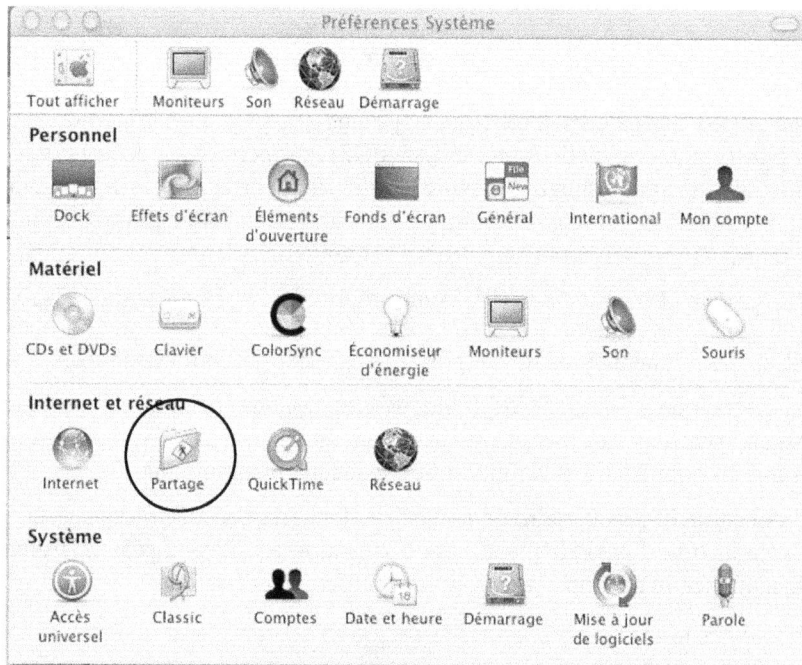

Figure A-1

Ouvrez la fenêtre des Préférences Systèmes et cliquez sur l'icône Partage.

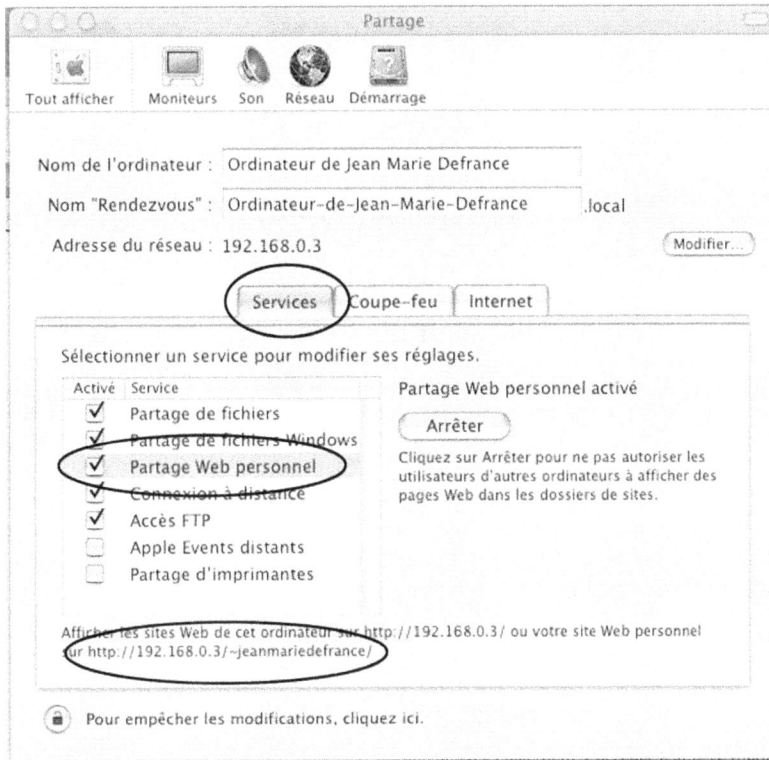

Figure A-2

Dans l'onglet Services, vous pouvez activer le serveur Web Apache de votre Macintosh en cochant le service du même nom dans la liste de la fenêtre.

Activation des modules PHP sur Macintosh OS X

Fonctions Unix de base pour utiliser le Terminal

Avant d'utiliser le Terminal, il est judicieux de connaître quelques fonctions Unix de base :

1. la fonction man, qui permet d'accéder au manuel en ligne du système. Ainsi, si vous désirez connaître les différentes options pour exploiter la commande ls, vous utiliserez la commande suivante : man ls. Une fois l'aide affichée, vous pourrez vous déplacer à l'aide des touches de direction (droite, gauche, haut, bas). Pour quitter l'aide, vous devrez utiliser la touche q.

2. la fonction pwd, qui affiche à l'écran le répertoire courant. Cette commande n'est pas très utile avec le bash standard, puisque le prompt contient le chemin courant.

3. la fonction ls, qui vous permet de lister le contenu d'un répertoire. Plusieurs options peuvent compléter cette commande. Ainsi ls –l liste les fichiers et répertoire avec tous les attributs de chaque fichier, ls –a liste tous les fichiers y compris les fichiers cachés (les fichiers cachés ont un nom qui commence par un point, comme .invisible), alors que ls-la cumule les deux options.

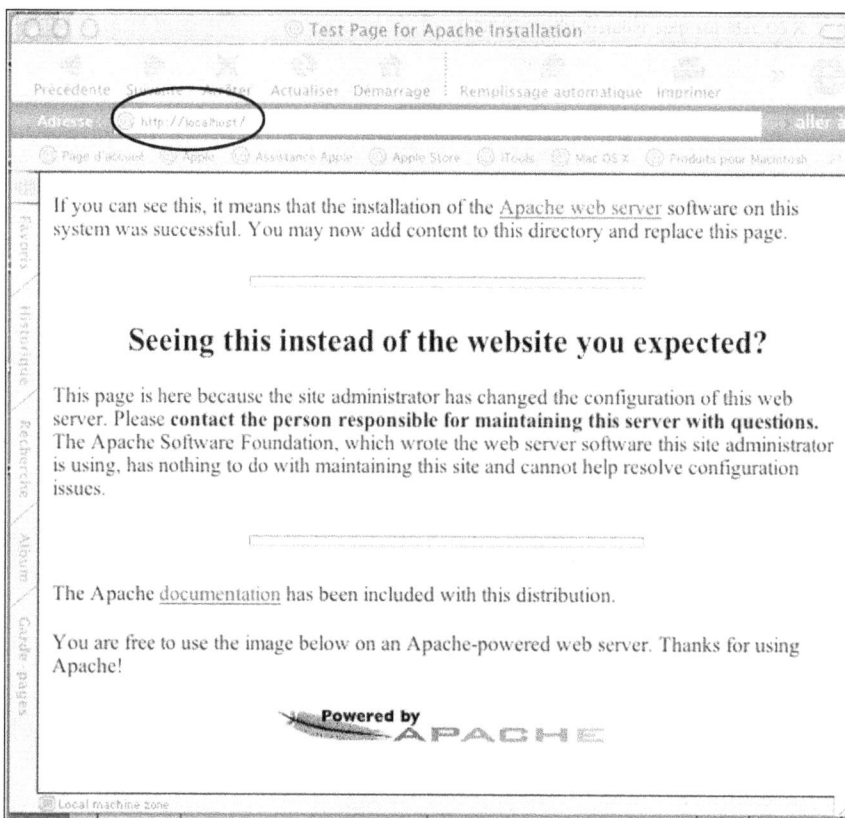

Figure A-3

Pour tester le fonctionnement du serveur Web, il suffit de saisir « localhost » dans la zone d'adresse du navigateur de votre Macintosh.

Comment connaître son nom abrégé

Si vous ne connaissez pas votre nom abrégé, vous pouvez le récupérer dans la fenêtre Compte (voir figure A-5). Pour accéder à cette fenêtre, cliquez sur l'icône Comptes de la rubrique Système du panneau Préférences Système. Dans la nouvelle fenêtre, cliquez sur le bouton Modifier (voir figure A-4).

---

4. la fonction `cd`, qui permet de changer de répertoire (attention, les systèmes Unix sont sensibles à la casse : ils distinguent les majuscules et les minuscules dans les noms de fichiers ou de répertoires). Vous pouvez monter ainsi de branche en branche dans l'arbre des répertoires, visualiser plusieurs répertoires à la fois comme grâce à la commande `cd /local/mysql/`. Pour descendre d'une branche, vous devrez remplacer le nom du répertoire par deux points (`..`). Par exemple, si vous souhaitez accéder au répertoire `mysql`, vous utiliserez la commande cd mysql, alors que pour revenir ensuite au répertoire de départ, vous utiliserez le commande `cd ..`. Attention cependant, si vous utilisez un nom de répertoire en le préfixant par un `/`, il devra impérativement se situer à la racine du serveur, par exemple : `cd /etc`.

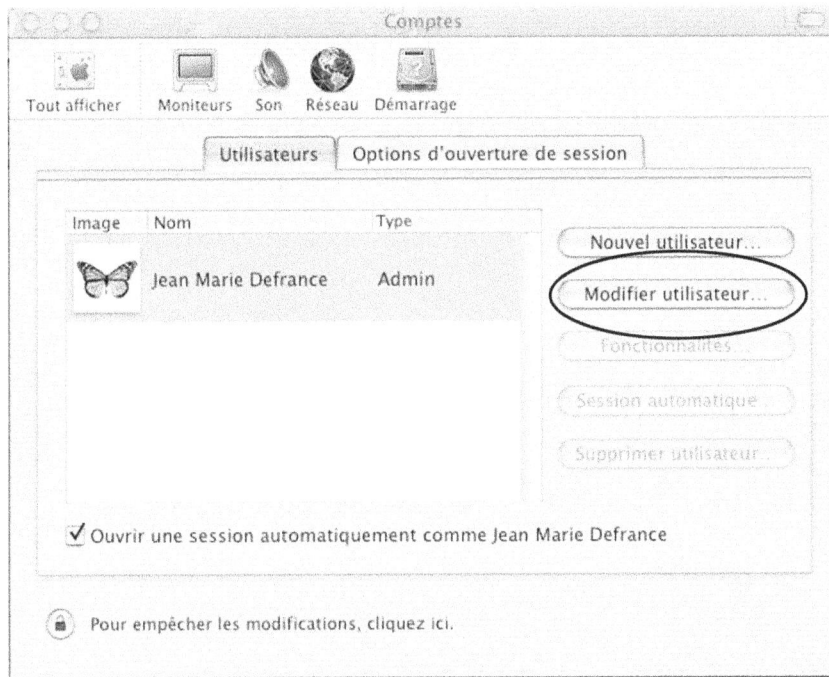

Figure A-4

Sélectionnez votre compte et cliquez sur le bouton Modifier pour connaître votre nom abrégé.

5. la fonction cp, qui copie des fichiers d'un endroit à un autre selon la syntaxe suivante : cp source destination. Ainsi, si vous désirez copier le fichier test.php dans un fichier de sauvegarde test.php.old, vous devrez utiliser la commande suivante : cp test.php test.php.old.

6. la fonction mv, qui permet de déplacer un fichier d'un endroit à un autre selon la syntaxe suivante : mv source destination. Ainsi, si vous souhaitez déplacer le fichier test.php dans un répertoire mespages supérieur, vous devrez utiliser la commande suivante : mv test.php mespages/ test.php.

7. la fonction mkdir, qui permet de créer un répertoire. Par exemple, pour créer le répertoire mysql dans le répertoire où vous vous trouvez, vous pouvez utiliser la commande suivante : mkdir mysql.

8. la fonction rm, qui permet de supprimer un fichier ou un répertoire. Ainsi, si vous désirez supprimer le fichier test.php, vous utiliserez la commande suivante : rm test.php, alors que si vous souhaitez effacer tout un répertoire (le répertoire mysql, par exemple), il faudra ajouter l'option -r (récursif), soit la commande : rm -r mysql.

Comme nous l'avons signalé précédemment, les modules nécessaires au fonctionnement du préprocesseur PHP sont installés par défaut sur les OS X. Cependant, il faudra les activer en paramétrant le fichier de configuration d'Apache httpd.conf.

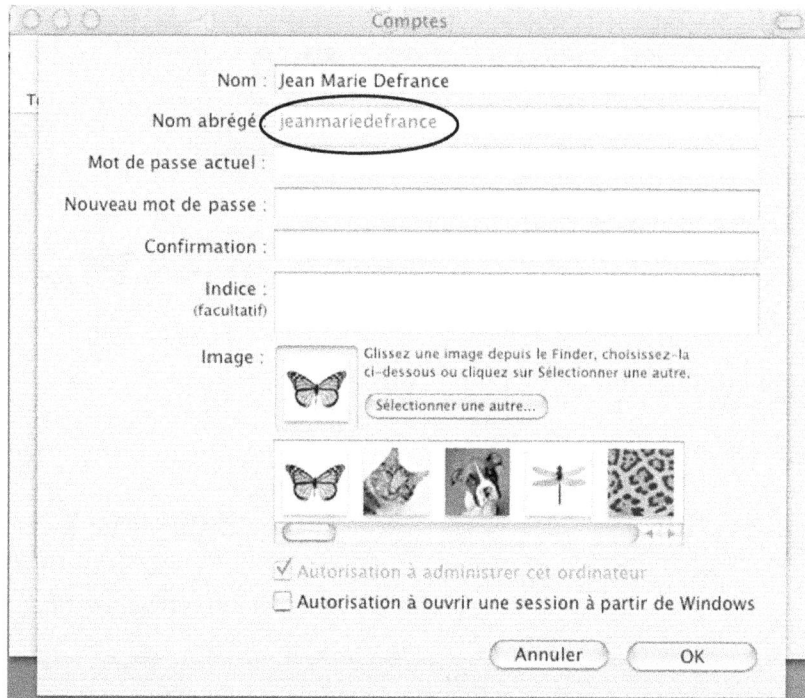

Figure A-5
La fenêtre Comptes permet de connaître le nom abrégé qui correspond à votre compte utilisateur.

Petit mode d'emploi de l'éditeur « pico »

Voici quelques commandes qui vous permettront d'utiliser l'éditeur de texte pico disponible sur votre Macintosh depuis une fenêtre de Terminal. Cet éditeur a le mérite d'être plus simple que l'éditeur vi du monde Unix, même s'il reste assez basique dans son utilisation (vous ne pouvez pas utiliser la souris et il faudra utiliser les touches de déplacement de votre clavier pour parcourir le texte, par exemple).

1. Pour ouvrir un fichier, saisir dans le Terminal la commande pico suivie du nom du fichier. Par exemple : pico httpd.conf.

2. Pour se déplacer d'un caractère à l'autre sur une même ligne, utilisez les touches flèche droite et gauche.

3. Pour passer d'une ligne à l'autre, utiliser les touches flèche haut et bas.

4. Pour passer d'un écran à l'autre, utilisez les combinaisons de touches ctrl + y et ctrl + v.

5. Pour supprimer un caractère, utiliser la touche effacement.

6. Pour faire une recherche d'un texte dans le fichier, utilisez la combinaison ctrl + w.

Pour quitter l'éditeur, utiliser la combinaison de touches ctrl + x. Vous devrez alors indiquer si vous désirez sauvegarder ou non vos modifications en saisissant y ou n.

---

1. Ouvrez une fenêtre de Terminal et connectez-vous en root à l'aide de la commande su (votre mot de passe root vous sera alors demandé). Si votre compte root n'est pas activé, reportez-vous à la démarche indiquée dans l'encadré ci-après.

2. Faites une copie de sauvegarde du fichier httpd.conf à l'aide de la commande suivante :

```
cp /etc/httpd/httpd.conf /etc/httpd/httpd.conf.sauvegarde
```

3. Maintenant que le fichier de configuration d'Apache a été sauvegardé, vous pouvez l'ouvrir et commencer les modifications. Nous utiliserons pour cela l'éditeur de texte pico (voir l'encadré précédentpour plus de détails sur l'utilisation de cet éditeur). Pour ouvrir le fichier, utilisez la commande suivante :

```
pico /etc/httpd/httpd.conf
```

4. Une fois le fichier ouvert, recherchez la première ligne à modifier en utilisant la combinaison Ctrl + W, puis indiquez le texte recherché, soit LoadModule. Lorsque la ligne est localisée, supprimez le symbole # placé en début de ligne afin de décommenter la ligne et d'activer ainsi le module PHP (voir figure A-6).

```
#LoadModule php4_module          libexec/httpd/libphp4.so
```

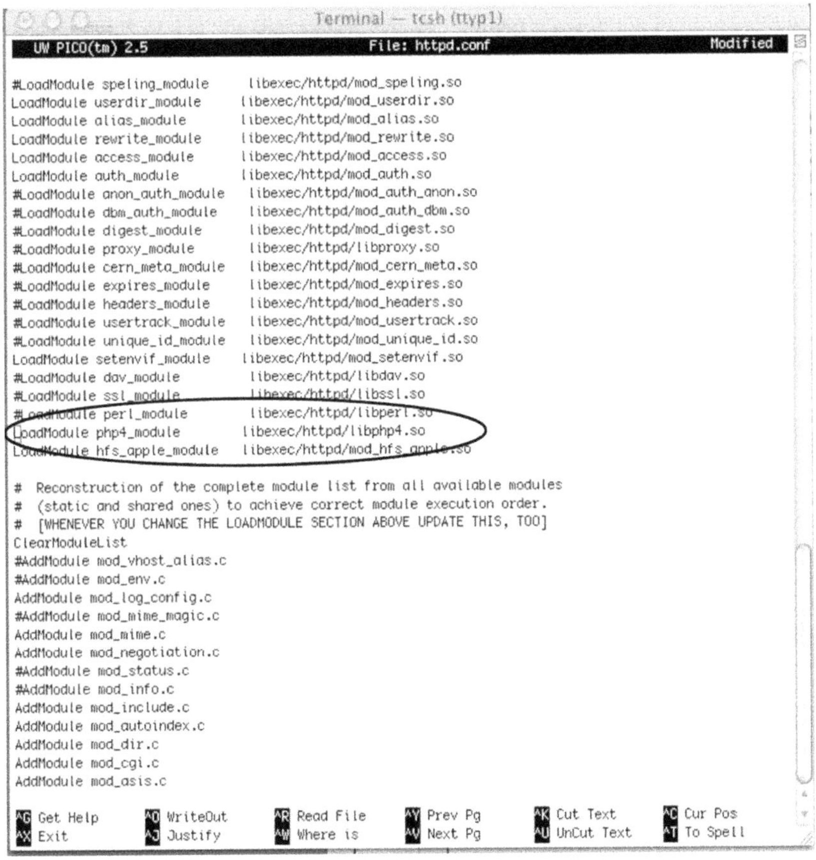

Figure A-6

Supprimez le # devant LoadModule afin de permettre le chargement des modules PHP.

5. Recherchez de la même manière la ligne suivante et supprimez de la même manière le symbole #
en début de ligne (voir figure A-7).

```
#AddModule mod_php4.c
```

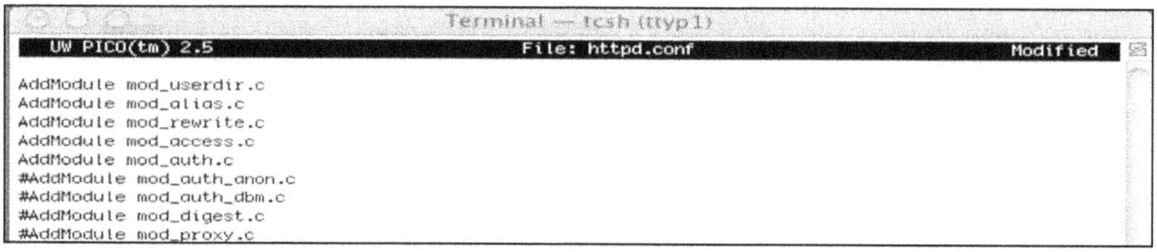

Figure A-7

Supprimez le # devant AddModule pour ajouter le module PHP dans la bibliothèque du serveur.

6. Continuez les modifications en recherchant les lignes suivantes. Ces lignes indiquent à PHP les
priorités des fichiers par défaut dans un même répertoire :

```
<IfModule mod_dir.c>
  DirectoryIndex index.html index.html index.php
</IfModule>
```

Puis ajoutez à la suite de index.html les noms des fichiers suivants (voir figure A-8) : index.htm
index.php.

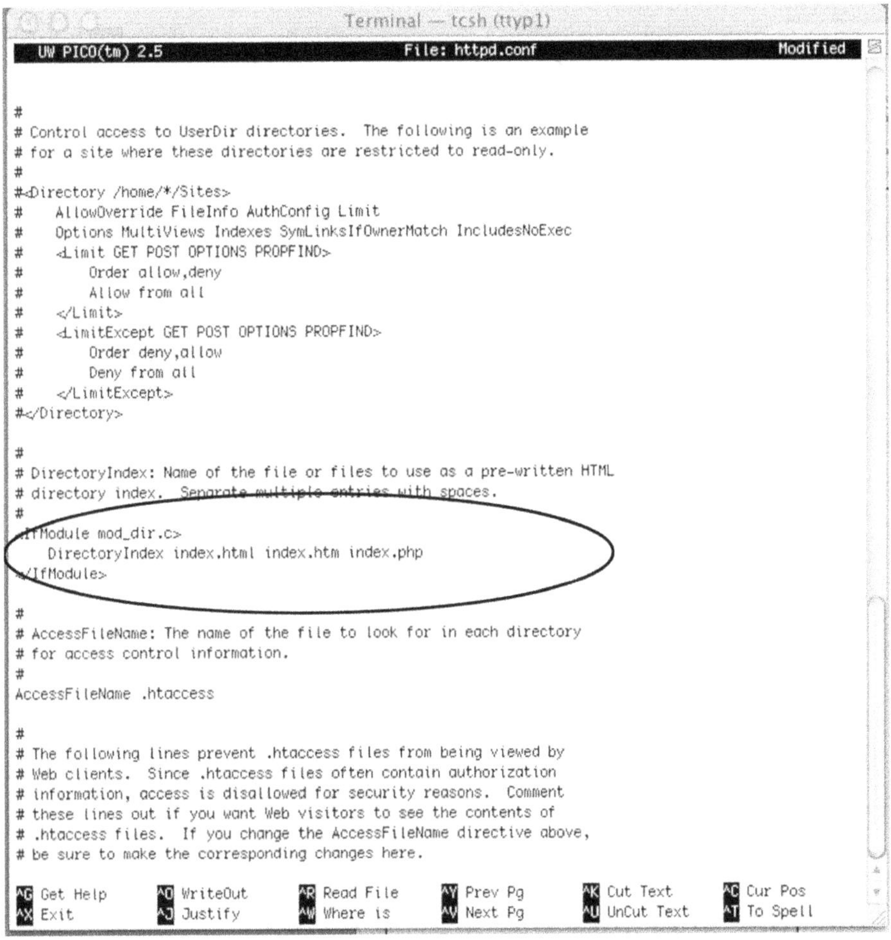

Figure A-8

Ajoutez index.html et index.php à la suite de DirectoryIndex index.html.

7. Plus loin, si vous trouvez la ligne suivante, vous devrez la décommenter. Sinon, ajoutez-la au code de la page (voir figure A-9). Cette ligne permet d'indiquer à PHP qu'il doit prendre en compte les fichiers dont l'extension est .php.

```
#AddType application/x-httpd-php .php
```

8. Les modifications du fichier de configuration étant terminées, il ne reste plus qu'à enregistrer le fichier à l'aide de la combinaison des touches Ctrl + X, puis valider l'enregistrement avec la touche Y, et enfin confirmer avec la touche Entrée.

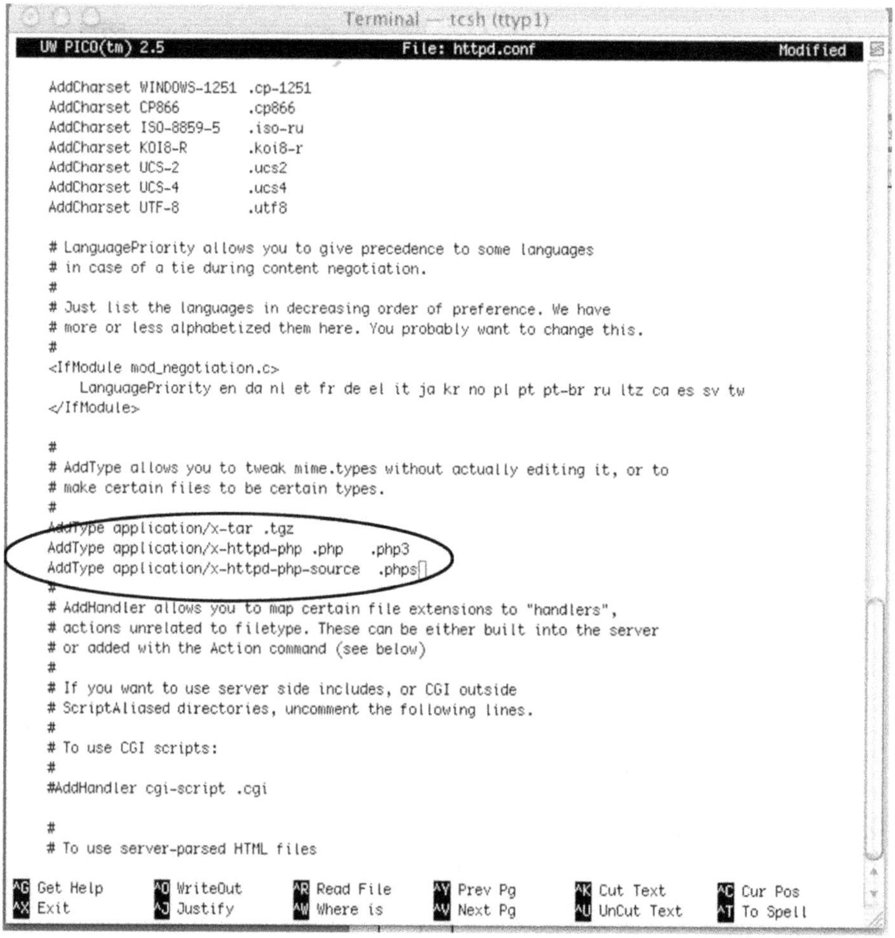

Figure A-9

Supprimez le # (ou ajoutez la ligne si elle absente) pour indiquer que les extensions .php. doivent être prises en compte.

9. Pour que les modifications du fichier de configuration d'Apache soient prises en compte, il faut maintenant redémarrer le serveur Web. Pour cela, retournez dans le panneau Partage, sélectionnez le service Serveur Web et cliquez sur le bouton Arrêter à droite. Une fois le serveur arrêté, cochez de nouveau la case du serveur Web pour redémarrer le serveur.

10. Pour tester le fonctionnement des modules PHP, nous allons créer un petit fichier nommé test.php à l'aide de l'éditeur de texte TextEdit. Saisissez le code ci-après dans l'éditeur (voir figure A-10) et enregistrez votre fichier sous le nom de test.php dans le répertoire Sites de votre compte utilisateur (voir figure A-11) :

```
< ?php
phpinfo() ;
?>
```

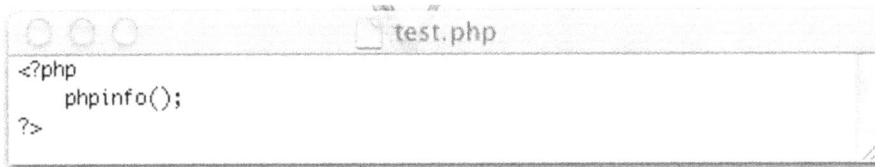

Figure A-10

Saisissez la fonction phpinfo() dans un fichier à l'aide d'un éditeur de texte.

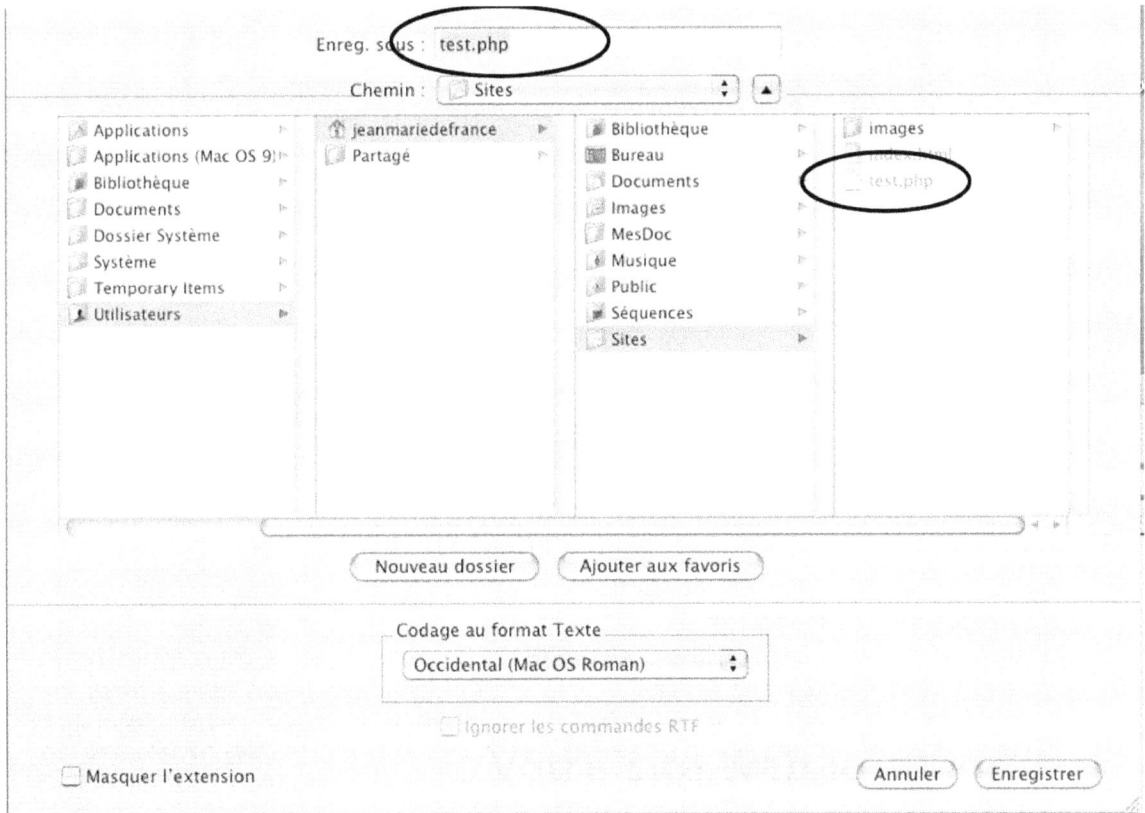

Figure A-11

Enregistrez le fichier test.php dans le répertoire Sites de votre répertoire utilisateur.

11. Ouvrez ensuite un navigateur et saisissez l'adresse suivante afin de vous assurer que les informations de la fonction `phpinfo()` sont bien affichées (voir figure A-12) :

```
http://localhost/~votreNomAbrégé/test.php
```

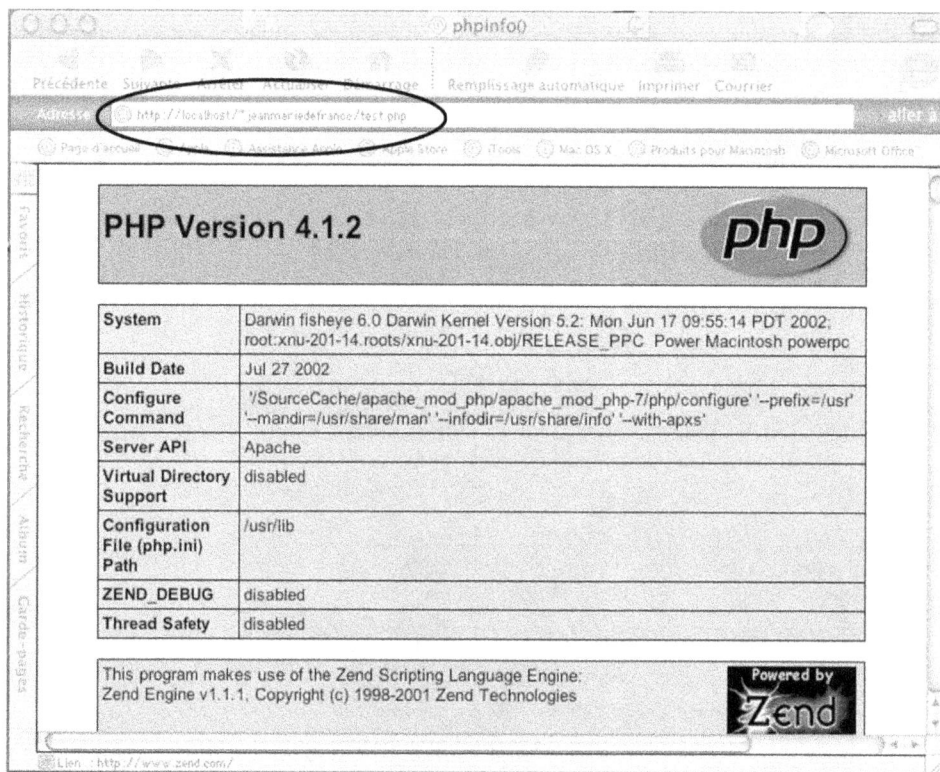

Figure A-12

Vérifiez le bon fonctionnement du préprocesseur PHP en affichant le fichier test.php.

Comment activer le compte root

Le compte `root` sur les Mac OS X est désactivé par défaut. Le compte `root` vous permet d'accéder et de modifier certains fichiers système qu'il est préférable de préserver des novices... Aussi, si vous activez le compte `root`, soyez très prudent car vous aurez tous les privilèges sur votre machine et une erreur de votre part pourrait endommager le système, voire bloquer complètement votre machine. Par ailleurs, les procédures indiquées dans ce qui suit pouvant différer d'une machine à l'autre et selon la version des logiciels installés, nous vous invitons à consulter systématiquement les recommandations qui accompagnent les logiciels afin de vous assurer de leur compatibilité.

Pour activer le compte `root`, procédez de la manière suivante.

1. Ouvrez l'application `NetInfo Manager` située dans votre dossier Applications/Utilities.
2. Depuis le menu, sélectionnez Sécurité puis Authentifier.
3. Saisissez votre nom abrégé et votre mot de passe utilisateur dans le formulaire qui s'affiche, puis validez.
4. Retournez dans ce même menu, mais sélectionnez cette fois Activez l'utilisateur root.

Vous devrez indiquer un mot de passe pour cet utilisateur `root` (vous pouvez par exemple prendre le même que celui de votre compte), saisissez-le une deuxième fois et validez. L'utilisateur `root` est désormais créé : pour l'utiliser, vous devrez vous connecter avec le nom `root` (dans un `Terminal` avec la commande `su` par exemple) et saisir le mot de passe que vous venez d'indiquer.

Installation du serveur de base de données MySQL sur Macintosh OS X

Contrairement au serveur Apache et aux modules PHP, le serveur de base de données MySQL n'est pas préinstallé sur les Macintosh. Il faut donc le télécharger, l'installer et le configurer.

1. Ouvrez un navigateur et connectez-vous sur le site *http://www.mysql.com*. Sélectionnez le package Standard correspondant à votre OS et téléchargez-le sur votre ordinateur (voir figure A-13).

2. Ouvrez un Terminal, passez en root à l'aide de la commande su (saisissez ensuite le mot de passe root) et décompressez l'archive dans le répertoire /usr/local/. Si l'archive se trouve dans le répertoire Documents, vous pouvez par exemple utiliser les lignes de commandes suivantes (à adapter selon le nom de l'archive) :

```
su
cd /usr/local
gunzip < /Documents/mysql-VERSION-OS.tar.gz | tar xvf -
```

3. Acrochez un lien symbolique mysql au repertoire précédemment créé :

```
ln -s       /usr/local/mysql-VERSION-OS          mysql
```

4. Placez-vous dans le répertoire mysql et lancez l'installation du serveur :

```
cd  mysql
./scripts/mysql_install_db
```

5. Attribuez la propriété du répertoire /mysql/ et de tous ses sous-répertoires (le -R signifie que la commande s'effectuera récursivement) à l'unique utilisateur mysql.

```
chown -R mysql /usr/local/mysql/*
```

6. Démarrer le serveur MySQL en utilisant le compte mysql comme utilisateur unique :

```
./bin/safe_mysqld --user=mysql &
```

7. Utilisez la base de données test installée par défaut pour vérifier le bon fonctionnement du serveur.

```
mysql test
```

8. Pour arrêter le serveur, vous pouvez utiliser la ligne de commande suivante :

```
/usr/local/mysql/bin/mysqladmin shutdown
```

9. Enfin, si vous désirez que MySQL soit lancé automatiquement au démarrage de votre ordinateur, vous pouvez télécharger le package suivant qui installera un StartupItem dans le dossier /Library/StartupItems/MySQL/ : *http://www2.entropy.ch/download/mysql-startupitem.pkg.tar.gz*

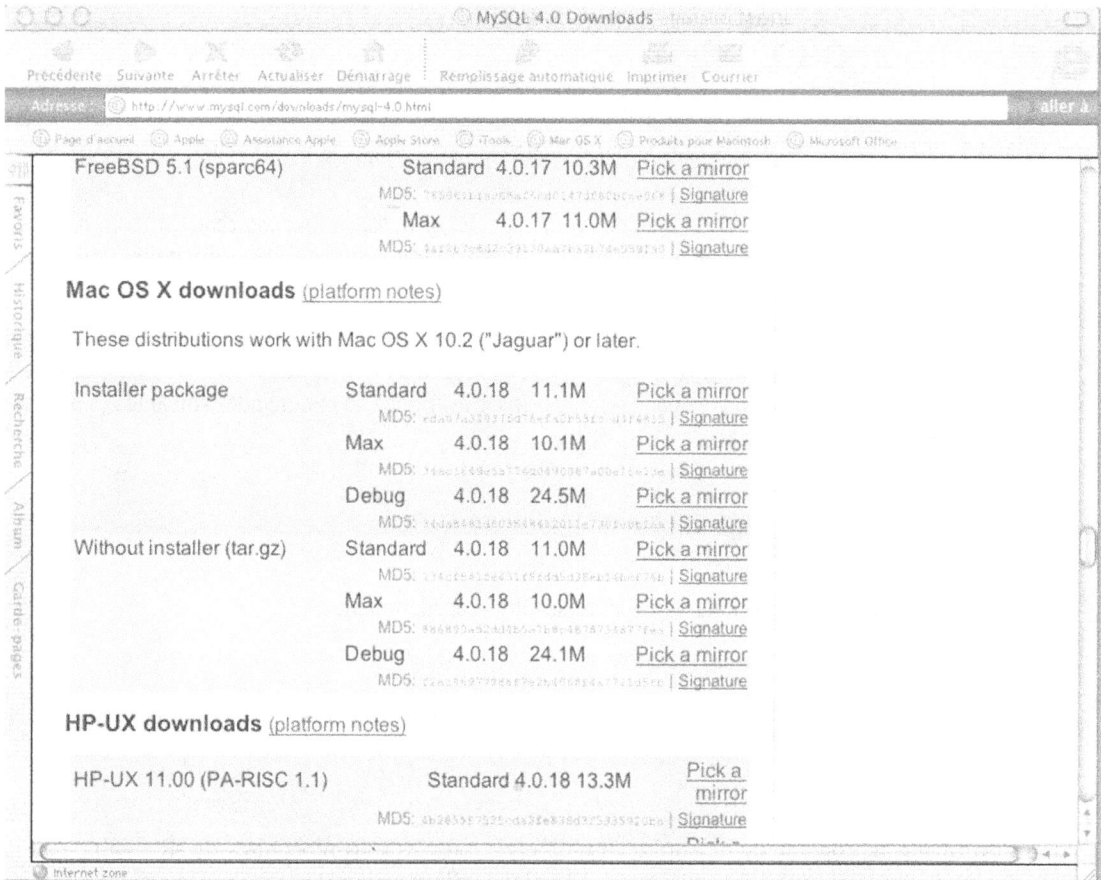

Figure A-13

Le site www.mysql.com propose de nombreux packages du serveur MySQL pour tout type de machine.

Installation du gestionnaire de base phpMyAdmin sur Macintosh OS X

Le serveur Web est en marche, les modules PHP activés et le serveur MySQL installé et configuré, il ne reste donc plus maintenant qu'à installer le gestionnaire de base de données phpMyAdmin afin de pouvoir gérer la base plus facilement qu'en ligne de commande mysql.

1. Ouvrez un navigateur et connectez-vous sur le site *www.phpmyadmin.net* pour télécharger la suite du logiciel sur votre ordinateur (voir figure A-14).

2. Décompressez l'archive et installez l'ensemble des fichiers dans un répertoire phpMyAdmin situé à la racine du répertoire Sites (voir figure A-15)

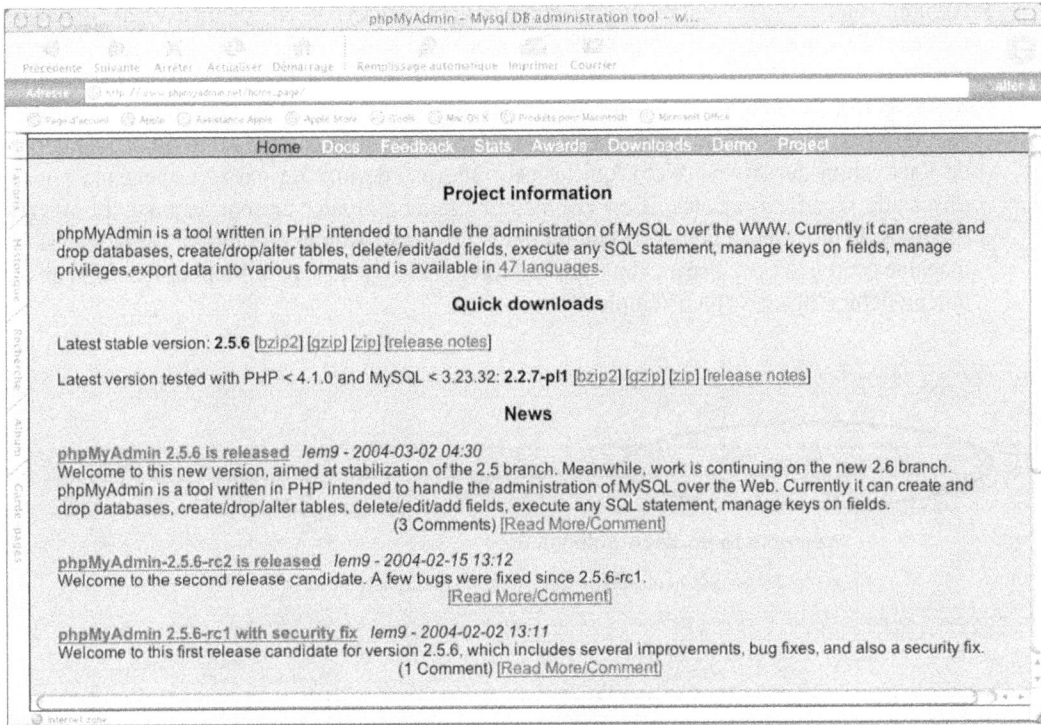

Figure A-14

Sur le site www.phpmyadmin.net, vous pourrez télécharger la dernière version du gestionnaire de base de données phpMyAdmin.

Figure A-15

Après son téléchargement et sa décompression, l'ensemble des fichiers devra être enregistré dans un répertoire phpMyAdmin placé à la racine du site Web.

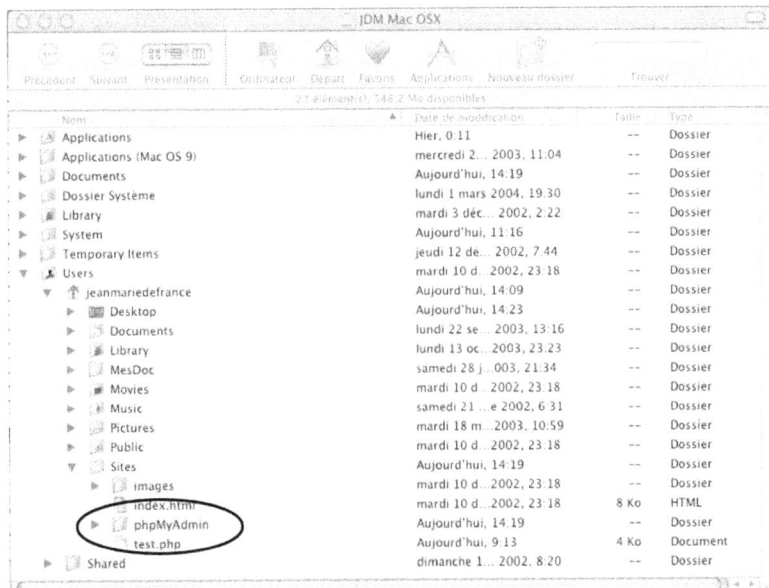

3. Assurez-vous que le serveur de base de données MySQL est actif et ouvrez un navigateur. Saisissez l'adresse de votre serveur Web personnel et ajoutez le nom du répertoire dans lequel vous avez copié les fichiers du gestionnaire. Vous devriez alors accéder à l'interface de phpMyAdmin (voir figure A-16). Actuellement, lorsque vous vous connectez à MySQL, vous utilisez l'utilisateur root de MySQL par défaut (attention, le root MySQL est différent du root d'Unix configuré lors de l'activation du serveur Web), qui ne nécessite pas de mot de passe. Cependant, pour des raisons de sécurité évidentes, il est vivement conseillé d'ajouter un mot de passe à l'utilisateur root puis de modifier le fichier de configuration de phpMyAdmin en rapport. De même, si votre machine est reliée à un réseau, vous devrez protéger l'accès au répertoire phpMyAdmin en ajoutant un fichier .htaccess par exemple.

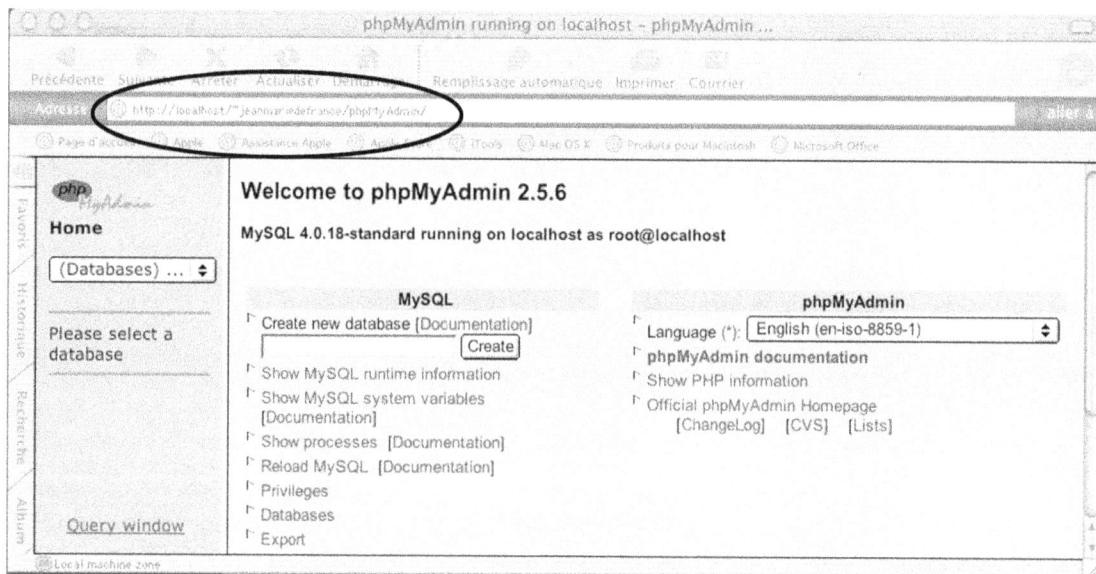

Figure A-16

Pour tester le fonctionnement du gestionnaire phpMyAdmin, ouvrez un navigateur, saisissez l'adresse de votre site Web personnel et ajoutez le nom du répertoire dans lequel ont été copiés les fichiers du gestionnaire, soit phpMyAdmin

B

Ressources en ligne

Ressources de l'ouvrage

Les codes sources de cet ouvrage sont disponibles sur le site d'accompagnement de l'éditeur *www.editions-eyrolles.com*.

Lorsque vous arrivez sur la page d'accueil du site, saisissez des mots-clés du titre du livre dans la zone de recherche (Flash et dynamique par exemple), puis validez (voir figure B-1). Dans la page des résultats, vous trouverez le titre de cet ouvrage, sur lequel il convient de cliquer pour accéder à la fiche du livre et à ses ressources disponibles en téléchargement.

Ressources Internet

Site sur EasyPHP

www.easyphp.org : il s'agit d'un site sur lequel vous pouvez télécharger la dernière version d'EasyPHP. Vous trouvez aussi sur ce site de nombreux conseils pour bien utiliser EasyPHP et un forum qui vous permet de communiquer avec d'autres utilisateurs d'EasyPHP.

Site sur Flash

www.macromedia.com : il s'agit du site officiel de Macromedia. Vous y trouvez de nombreuses ressources autour de Flash MX 2004 et vous pouvez aussi y télécharger rapidement une version d'essai de Flash MX 2004 si vous n'en disposez pas encore.

www.yazo.net : ce site en français regroupe de nombreuses ressources Flash et propose d'intéressant tutoriaux qui vous permettront de vous former rapidement à Flash.

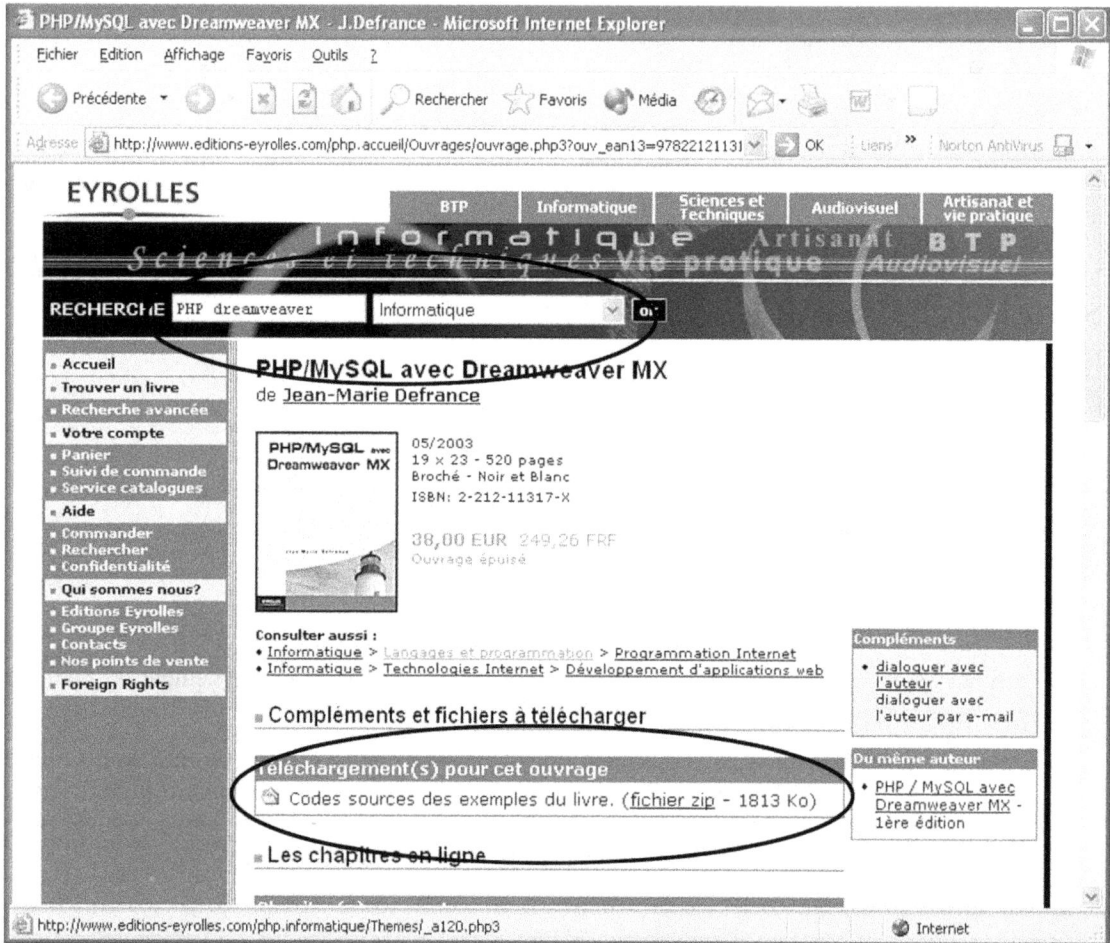

Figure B-1

Site www.editions-eyrolles.com : pour accéder aux codes sources de cet ouvrage, cliquez sur le dossier dans l'encadré
« Téléchargement des sources ».

www.lexplicateur.com : ce site en français met à votre disposition de nombreux fragments de code ActionScript. Un moteur de recherche interne vous permettra de trouver rapidement le code désiré.

Sites sur Flash MX 2004 et PHP

www.phpmx.com : ce site en français est dédié à l'utilisation de Flash et Dreamweaver MX 2004 avec PHP et MySQL. À noter que plusieurs études de cas Flash présentées dans cet ouvrage sont issues de ce site. Vous y trouvez aussi de nombreux fragments de code PHP et ActionScript téléchargeables.

www.flash-db.com : ce site en anglais propose de nombreux scripts utilisant Flash MX 2004 et le couple PHP-MySQL ainsi que plusieurs tutoriaux sur le même sujet.

www.developpez.com : développez.com est un site incontournable pour les développeurs. De nombreux onglets permettent d'accéder à des sous-domaines dédiés à différentes technologies telques PHP, SQL, XML ou encore au développement Web (dont Flash). Dans chaque sous-domaine vous retrouverez un forum, FAQ, tutoriel et des critiques d'ouvrage sur le sujet.

www.your-socket.com : ce site est dédié aux applications client-serveur telque Flash-PHPsocket. Il propose des formules d'hébergement vous permettant d'utiliser les ports de communication pour réaliser des *chats* ou des jeux multi-utilisateurs. Le serveur de socket en PHP utilisé à la fin du chapitre 22 est issu de ce site.

www.flash-france.com : ce site en français comporte de nombreuses rubriques consacrées à Flash (forum, tutoriaux, news, astuces, interview, …). Une rubrique « Film.fla » permet aussi de télécharger une sélection de fragments de code ActionScript.

www.kirupa.com : ce site en anglais présente de nombreux tutoriaux ainsi que des forums dédiés à Flash, à PHP et à XML.

www.media-box.net : ce site en français présente différents tutoriaux consacrés à Flash, à PHP et à XML. Vous y découvrirez aussi de nombreux fragments de code ActionScript qui vous seront très utiles dans vos futures réalisations.

Site sur PHP

www.php.net : il s'agit du site officiel de PHP. Vous y trouvez toute la documentation en français, disponible en téléchargement sous différents formats (HTML, PDF…). Pour accéder à cette documentation, cliquez sur documentation dans le menu du site, puis choisissez la langue et le format désirés dans la liste qui est proposée.

Site sur MySQL

www.mysql.com : il s'agit du site officiel de MySQL. Vous y trouvez de nombreuses versions de MySQL pour tous les environnements et une documentation très complète.

Sites sur PHP, MySQL et Mac OS X

www.entropy.ch : vous trouvez sur ce site toutes les ressources nécessaires à l'installation d'un serveur local PHP-MySQL sur votre Macintosh OS X.

www.macphp.net : Vous trouvez sur ce site toutes les ressources dédiées au Macintosh et aux scripts PHP.

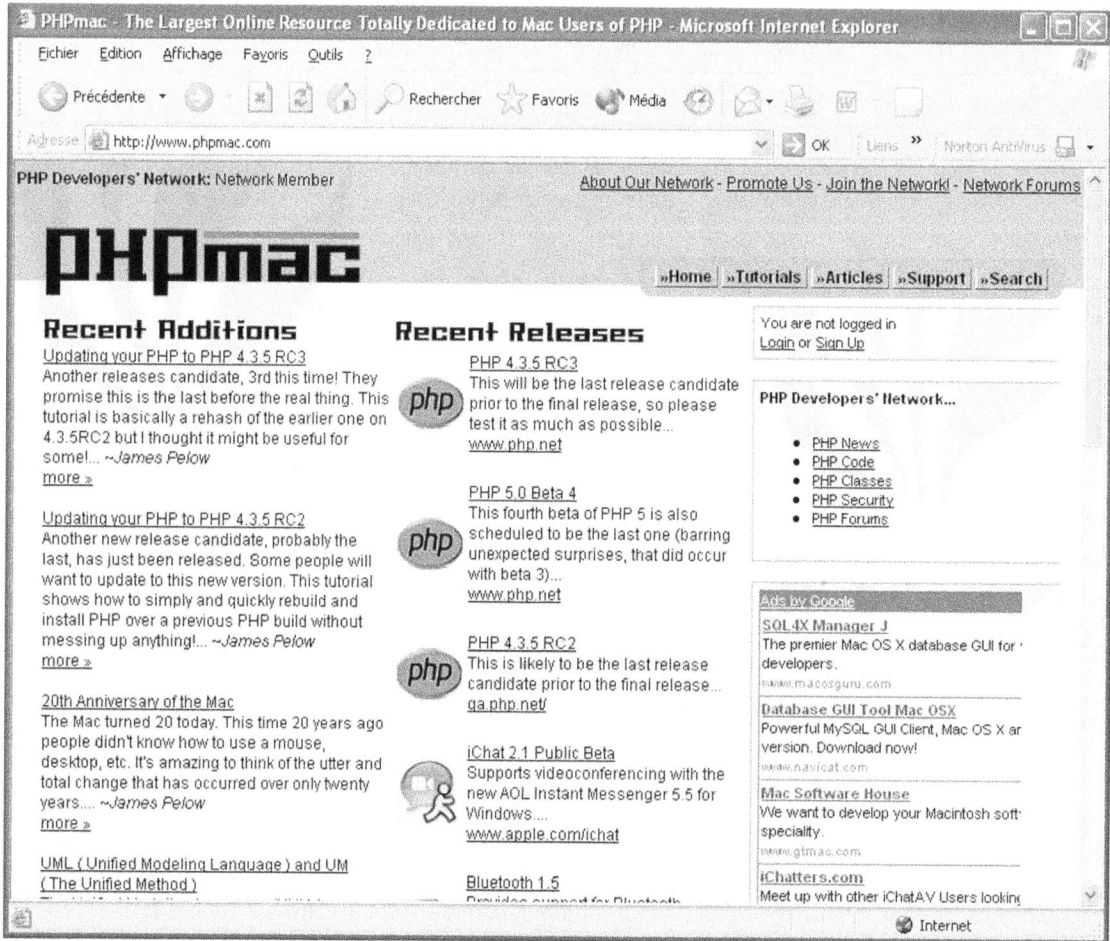

Figure B-2

Site www.macphp.com : pour trouver de nombreuses ressources concernant le couple Mac-PHP.

Index

www.ingramcontent.com/pod-product-compliance
Lightning Source LLC
Chambersburg PA
CBHW080340220326

41598CB00030B/4565